AF813346

Holzfrei

Nr. 36 1954

S. 8031—8270 8. September

Chemisches Zentralblatt

Vollständiges Repertorium für alle Zweige der reinen und angewandten Chemie

1830 gegründet. 1897—1945 von der Deutschen Chemischen Gesellschaft fortgeführt.
Im Auftrage der Deutschen Akademie der Wissenschaften zu Berlin, der Chemischen Gesellschaft in der Deutschen Demokratischen Republik, der Akademie der Wissenschaften zu Göttingen und der Gesellschaft Deutscher Chemiker

herausgegeben von Prof. Dr. **Maximilian Pflücke**

125. Jahrgang

1 9 5 4

Chefredakteure: Dr. Eugen Klever und Prof. Dr. Maximilian Pflücke

Akademie-Verlag GmbH., Berlin — Verlag Chemie, GmbH., Weinheim/Bergstr.

Inhalt

Ein vollständiger oder gekürzter Abdruck der Referate ist ohne Genehmigung der Redaktion und des Verlages verboten!

Namenregister

CHEMISCHES ZENTRALBLATT

VOLLSTÄNDIGES REPERTORIUM
FÜR ALLE ZWEIGE DER REINEN UND ANGEWANDTEN CHEMIE

GEGRÜNDET 1830

Im Auftrage der Deutschen Akademie der Wissenschaften zu Berlin,
der Chemischen Gesellschaft in der Deutschen Demokratischen Republik,
der Akademie der Wissenschaften zu Göttingen
und der Gesellschaft Deutscher Chemiker

herausgegeben von

Prof. Dr. **Maximilian Pflücke**

125. JAHRGANG

1954

SEITE 6875—8270

Chefredakteure Dr. Eugen Klever und Prof. Dr. Maximilian Pflücke

1954

AKADEMIE-VERLAG GMBH · BERLIN
VERLAG CHEMIE, GMBH, WEINHEIM/BERGSTR.

Heft Nr.	Seitenzahl	Ausgabedatum
31	6875–7106	4. August 1954
32	7107–7334	11. August 1954
33	7335–7574	18. August 1954
34	7575–7798	25. August 1954
35	7799–8030	1. September 1954
36	8031–8270	8. September 1954

Herausgeber und verantwortlich für den Inhalt: Prof. Dr. Maximilian Pflücke, Berlin NW 7, Schiffbauerdamm 19, Fernsprecher: 42 55 71. Redaktion: Chefredakteure Dr. Eugen Klever u. Prof. Dr. Maximilian Pflücke. Verlag: Akademie-Verlag GmbH, Berlin W 8, Mohrenstraße 39 (Fernsprecher 20 03 86, Postscheckkonto Berlin 35021), u. Verlag Chemie, GmbH., Weinheim/Bergstraße (Postscheckkonto Frankfurt/M. 145314 u. Berlin [West] 7430. Fernsprecher: Weinheim 2017).
Bestell- und Verlags-Nr. 1007/125.
Satz u. Druck: VEB Leipziger Druckhaus, Leipzig, III/18/203. II. 54.
Veröffentlicht unter der Lizenznummer 1212 des Amtes für Literatur u. Verlagswesen der Deutschen Demokratischen Republik.
Printed in Germany.

Prof. Dr. ARNO SCHÜLLER

Die Eigenschaften der Minerale

Ein Lehr- und Hilfsbuch zum Bestimmen von mineralischen Rohstoffen und Kristallformen

Teil II:

Mineralchemische Tabellen und qualitativ-chemische Nachweisverfahren

Für die Zwecke der Mineralbestimmung sind hier erstmalig alle uns bis 1952 bekannten Minerale zusammengestellt. Sie werden nach ihren diagnostisch wichtigen Eigenschaften kurz charakterisiert. Aufgeführt sind: chemische Formel, äußere Kennzeichen, wie Farbe, Härte, Dichte, kristalloptische Daten für die Untersuchung im Polarisationsmikroskop und im Erzmikroskop, Kristallsystem, Lagerstättentypus bzw. genetischer Typus. Die Anordnung erfolgte rein chemisch nach Elementen und nach Kationen.
Zum erstenmal ist für Spezialisten und Fachleute, für Mineralogen, Geologen und Chemiker ein neuartiges, vollständiges Hilfsmittel zur raschen Orientierung über die Eigenschaften der Minerale und eine wesentliche Hilfe beim Bestimmen von Kristallen und mineralischen Rohstoffen geschaffen.

604 Seiten - 49 Abbildungen - Gr. 8° - 1954 - in Halbleinen 42,- DM

Bestellungen an eine Buchhandlung erbeten!

AKADEMIE-VERLAG · BERLIN

Chemisches Zentralblatt

1954 Nr. 36 8. September

A. Allgemeine und physikalische Chemie.

A_1. Kernphysik und Kernchemie.

J. B. French und **Y. Shimamoto**, *Theorie der Multipolstrahlung.* Vff. prüfen die Verbindung zwischen den exakten Multipolmomenten u. ihren Wellenlängenapproximationen, wobei bes. die Bedingung eingehalten wird, daß die Strahlungsquelle gebunden ist. (Physic. Rev. [2] **91.** 898—99. 15/8. 1953. Rochester, N. Y., Univ. of Rochester.) GERHARD SCHMIDT. 80

Suraj N. Gupta, *Quantenelektrodynamik mit Hilfsfeldern.* Vf. entwickelt ein geschlossenes Schema der Quantenelektrodynamik mit Hilfsfeldern von Photonen u. Elektronen unendlich großer Massen. Für einige der Hilfsphotonenfelder wird das übliche Vorzeichen der LAGRANGE-Dichte umgekehrt, während für einige der Hilfselektronenfelder die übliche Feldstatistik aufgehoben wird. Die Meth. des Vf. liefert ein wohldefiniertes Verf. zur Best. divergierender Integrale in der Quantenelektrodynamik, wodurch sich u. a. die Eigenenergie des Photons angeben läßt. (Proc. physic. Soc., Sect. A **66.** 129—38. 1/2. 1953. Manchester, Univ., Physic. Labors.) GERHARD SCHMIDT. 80

T. A. Welton, *Zur Theorie der Lamb-Verschiebung.* (Sitzungsbericht.) Neue Formulierung der Quantenelektrodynamik, die u. a. eine konvergente Vakuumpolarisation ergibt. (Physic. Rev. [2] **90.** 373. 15/4. 1953. Oak Ridge, Tenn., Oak Ridge Nat. Labor.) KIRSCHSTEIN. 80

Frederick J. Belinfante, *Versagen der phänomenologischen Theorie der Lamb-Verschiebung.* Diskussion über die Abhängigkeit der LAMB-Verschiebung von der Kernladungszahl im Zusammenhang mit den Gleichungen von BETHE u. Mitarbeitern (vgl. C. **1950.** II. 2399). (Physic. Rev. [2] **91.** 1285—86. 1/9. 1953. Lafayette, Ind., Purdue Univ., Dep. of Phys.) GERHARD SCHMIDT. 80

Eugene N. Parker, *Ausdehnung des Heisenberg-Modells der Turbulenz auf die kritischen Reynolds-Zahlen.* Bei Verwendung der dimensionalen Relationen, auf denen die HEISENBERGsche Theorie isotroper homogener Turbulenz basiert, läßt sich die Behandlung der Turbulenz auf das anisotrope inhomogene Feld anwenden. Zur Demonstration dieser Ausdehnung wird das Problem der Berechnung krit. REYNOLDS-Zahlen betrachtet. (Physic. Rev. [2] **90.** 221—23. 15/4. 1953. Salt Lake City, Ut., Univ. of Utah, Dep. of Math. and Astron.) GERHARD SCHMIDT. 80

K. Gottstein, *Zur Aufspaltung der schweren Kerne in der kosmischen Strahlung.* Kernphysikal. Emulsionen, ILFORD G 5 von 400 μ Dicke, die auf 55° geomagnet. Breite in 29 km Höhe exponiert waren, wurden ausgewertet, um Aufschluß über die Zusammenstöße schwerer Kerne der Höhenstrahlung mit Atomkernen zu erhalten. Es wurden die Korn- u. δ-Strahlendichten sowie die mittleren Winkel der Vielfachstreuung gemessen. Vf. erhält folgendes Häufigkeitsspektr. $3 \leqq Z \leqq 5$ 35,5%; $6 \leqq Z \leqq 9$ 40,5% u. $Z > 9$ 23%. Die Ladungsverteilung der Bruchstücke wurde ermittelt. Eine Abschätzung ergibt, daß ca. 20% der am Ort der Exposition eintreffenden schweren Kerne Bruchstücke von innerhalb der Atmosphäre zertrümmerten schweren Kernen sind. (Naturwissenschaften **40.** 104—05. Febr. 1953. Göttingen, Max-Planck-Inst. für Physik.) WIEDEMANN. 85

B. Dayton und **D. Willard**, *Der Zerfall eines neutralen V-Teilchens in zwei Mesonen.* Die in 10600 ft aufgestellte Nebelkammer besaß ein Vol. von 20×20×6½ in.; in ihrem Innern waren 11 Pb-Platten von je 7,74 g/cm² Dicke parallel in gleichem Abstand angeordnet. Von einem Höhenstrahlmeson wird in Pb ein V-Teilchen ausgelöst, das nach einer Laufstrecke von einigen cm in 2 Mesonen hoher Energie zerfällt. Die beobachteten Bahnspuren gestatten keine Entscheidung, ob der Zerfall ein 2- oder 3-Teilchenprozeß ist, obwohl keines der geladenen Zerfallsprodd. in irgendeinem Fall Protonenmasse besitzt. Nimmt man 2-Teilchenzerfall an, so läßt sich der beobachtete Prozeß sowohl durch $V_2^0 \rightarrow \pi + \pi + Q_1$ als auch durch $V_2^0 \rightarrow \pi + \mu + Q_2$ mit $Q_1 \sim 185$ MeV bzw. $Q_2 \sim 150$ MeV beschreiben. (Physic. Rev. [2] **91.** 348—50. 15/7. 1953. Cambridge, Mass., MIT, Dep. of Phys. u. Labor. of Nucl. Sci.) WEIGEL. 85

Albert G. Petschek, *Die Absorption langsamer π^--Mesonen durch ⁴He-Kerne.* Unter der Annahme zentraler ladungsunabhängiger Zweiteilchenkernkräfte erweist sich die Wellenfunktion $(E + K)^{-2}(bE + K)^{-2}$ mit E der Bindungsenergie, K der kinet. Energie u. b = 5,3 als eine bessere Wellenfunktion im Sinne eines Variationsprinzips für den ^{4}He-Kern als die optimale GAUSSsche Wellenfunktion. Für mittlere Werte der PS(PV)-Kopplungskonstante erfolgen 20% der Absorptionen direkt vom 2p-Niveau. Die Anzahl energiereicher γ-Strahlen ist kleiner als 1% der Anzahl nichtstrahlender Absorptionen. (Physic. Rev. [2] **90.** 959–67. 1/6. 1953. Rochester, N. Y., Univ. of Rochester.) GERHARD SCHMIDT. 90

I. L. Rosental und **D. Ss. Tschernawski,** *Theoretische und experimentelle Daten über die Bildung von Teilchen bei hohen Energien.* Zusammenfassende Übersicht über die Bldg. von Teilchen bei hohen ($>10^{10}$ eV), bes. bei extrem hohen ($>10^{12}$ bis zu 10^{18} eV) Energien u. krit. Besprechung der Anwendbarkeit der verschied. einschlägigen Theorien. (Успехи Физических Наук [Fortschr. physik. Wiss.] **52.** 185–238. 1954.) KLEVER. 90

D. Lal, Yash Pal und **B. Peters,** *Eigenschaften schwerer instabiler Teilchen.* Die Meth. der geschichteten Emulsionen erwies sich als ein sehr wirksamer Detektor für schwere instabile Teilchen u. lieferte günstige Bedingungen für Massen- u. Energiebestimmungen. Die M. des τ-Mesons wurde zu $m_\tau = 3\, m_\pi + Q$ erhalten, wo $Q = 76{,}0 \pm 0{,}9$ MeV ist. Ziemlich genaue Massenwerte wurden für das positive K-Meson erhalten. Der beste Wert ergab sich aus Streumessungen zu $1025 \pm 50\, m_e$. Vier Beispiele des Einfangs negativer schwerer Mesonen, von denen zwei zur Emission eines π-Mesons führen, werden angeführt. Ferner wird der Fall eines geladenen Teilchens mit größerer M. als der eines Protons, das im Fluge in ein Meson zerfällt, erörtert. Der Q-Wert des $V_1{}^0$-Teilchens wurde zu 37 ± 2 MeV bestimmt. Beispiele für den Zerfall neutraler Teilchen werden diskutiert. (Physic. Rev. [2] **92.** 438–40. 15/10. 1953. Bombay, Tata Inst. of Fundament Res.) GERHARD SCHMIDT. 90

G. P. Weber, *Zur zweiten störungstheoretischen Näherung der Meson–Nucleon-Streuung.* Die Beiträge der 2. störungstheoret. Näherung zum differentiellen Wirkungsquerschnitt der π-Meson–Nucleon-Streuung werden in einer geladenen, pseudoskalaren Mesonentheorie mit pseudoskalarer Kopplung für den Fall verschwindender Mesonenmasse in ihrer Energieabhängigkeit ermittelt. Im Falle der genauen Vorwärtsstreuung ist der durch das Nullsetzen der Mesonenmasse hervorgerufene Fehler – bes. im extrem relativist. Fall – gering. Allg. Überlegungen zeigen, daß das Störungsverf. nicht bis zu beliebig hoher Energie gültig ist. Die pseudoskalare Mesonentheorie mit pseudovektorieller Kopplung scheint bessere Ergebnisse zu versprechen. (Ann. Physik [6] **13.** 369–80. 1953. Jena, Univ., Theoret.-Physikal. Inst.) NELKOWSKI. 90

M. Widgoff, *Die Multiplizität von Neutronen aus der Wechselwirkung von μ^--Mesonen in Ruhe in Pb, Bi, Sn und Al.* In einem Tunnel unter ca. 2000 g/cm² Schiefer bestimmt der Vf. die mittlere Multiplizität (ν) der Neutronen aus einem Kern, der ein μ^--Meson absorbiert hat, zu $2{,}14 \pm 0{,}13$ für Pb, $2{,}32 \pm 0{,}17$ für Bi, $1{,}54 \pm 0{,}12$ für Sn u. zu $0{,}95 \pm 0{,}17$ für Al. Aus der mittleren Multiplizität unter Heranziehung der Theorie des Compoundkerns ergibt sich die mittlere Anregungsenergie des Kerns zu $\sim$20 MeV für die untersuchten Kerne. Die μ^--Mesonenwechselwirkungen werden nach der Anzahl n von pro Ereignis beobachteten Neutronen u. aus den beobachteten Verteilungen in n Eigg. der Funktionen bestimmt, die die Wahrscheinlichkeit von Ereignissen wiedergeben, bei denen eine bestimmte Anzahl (ν) von Neutronen erzeugt wird. Die Ergebnisse liefern höhere Werte der Neutronenmultiplizität u. Anregungsenergie als die Theorie, sie stimmen jedoch mit der Annahme überein, daß ein großer Teil der Ruhenergie des μ^--Mesons aus dem Kern durch ein leichtes neutrales Teilchen fortgeführt wird. (Physic. Rev. [2] **90.** 891–99. 1/6. 1953. Ithaca, N. Y., Cornell Univ.) GERHARD SCHMIDT. 90

H. R. Worthington, J. N. McGruer und **D. E. Findley,** *Proton–Proton-Streuung von 1,8 bis 4,2 MeV.* Vff. beschießen in einer zylindr. Streukammer befindliches H_2-Gas mit p = 8 Torr mit Protonen von 6 verschied. Energien im Bereich von 1,8–4,2 MeV u. messen die auftretenden p–p-Streuspektren in einem mit Ar oder H_2 gefüllten Proportionalzähler mit Ni-Fenster. Der differentielle Streuquerschnitt wird als Funktion des Laboratoriumwinkels im Bereich von 6 bis $>45^0$ bestimmt. Bei $\Theta > 20^0$ sind die Messungen auf $\pm 0{,}3$% genau, bei $\Theta < 20^0$ betragen die Abweichungen bis zu $\pm 0{,}6$% bei 6^0. Bei allen beobachteten Energien tritt eine Abweichung von der reinen S-Wellenstreuung auf, die über die experimentelle Fehlergrenze hinausgeht. Die auftretenden Abweichungen zeigen große Ähnlichkeit mit dem Effekt einer P-Phasenverschiebung von ca. $-0{,}1^0$ bei 4 MeV. (Physic. Rev. [2] **90.** 899–911. 1/6. 1953. Madison, Wis., Univ. of Wisconsin.) WEIGEL. 90

R. E. Fields, R. K. Adair, R. L. Becker und **S. E. Darden,** *Der totale Neutron–Proton-Wirkungsquerschnitt bei 1 MeV.* (Vgl. C. **1954.** 2102.) (Sitzungsbericht.) Es wird der Gesamtquerschnitt von H für 1 MeV-Neutronen aus Durchlässigkeitsmessungen an Präpp. von 2.2.4-Trimethylpentan u. Graphit bestimmt. Die Neutronen werden durch Beschuß dünner Li_2O-Targets mit Protonen aus einem elektrostat. Generator erzeugt, E_p in einem elektrostat. Analysator gemessen. Die Dicke u. Homogenität der Targets werden mit Hilfe einer engen Neutronenstreuresonanz in S geprüft. Zum Nachw. der Neutronen dient ein He-gefüllter Rückstoßzähler in 20 in. Abstand von der Neutronenquelle unter einem Winkel von 0° zum Primärprotonenbündel. Durch Einstellung des Diskriminators auf Neutronenimpulse mit $E_n > 550$ keV läßt sich der Untergrund auf < 1 % herabdrücken; Nebeneffekte durch Neutronen geringer Energie aus $^7Li(p,n)\cdot{}^7Be$ werden ausgeschaltet. Vorläufige Berechnungen der Meßergebnisse unter Hinzuziehung der a_T-, a_S- u. r_T-Werte von Burgy, Ringo u. Hughes (C. **1952.** 4880) deuten auf eine effektive Singulettreichweite, die mit der effektiven p–p-Reichweite übereinstimmt. (Physic. Rev. [2] **91.** 441. 15/7. 1953. Univ. of Wisconsin.) Weigel. 90

J. L. Fowler, C. H. Johnson und **J. R. Risser,** *Winkelverteilung von an Stickstoff gestreuten Neutronen.* (Sitzungsbericht.) Die Winkelverteilung von an N elast. gestreuten Neutronen wird aus der Impulshöhenanalyse der N-Rückstöße in der Gasfüllung eines Zählers bestimmt. Die erforderlichen monoenerget. Neutronen wurden durch Beschuß eines T-Targets mit Protonen aus einem 5,5 MeV-Generator erhalten. Der Neutronenenergiemaßstab wurde mit Hilfe der Resonanzmaxima im totalen Neutronenquerschnitt von N geeicht. Die Breite dieser Maxima entsprach einer Halbwertsbreite von 20 keV für die Neutronenverteilung. Das Nachweisgerät vermag das 630 keV-Protonenmaximum aus der Rk. $^{14}N(n,p)^{14}C$, die durch therm. Neutronen ausgelöst wird, mit einer Halbwertsbreite von ca. 6% aufzulösen. Die an N gestreuten Neutronen zeigen eine Winkelverteilung, die sich beim Ansteigen der Neutronenenergie über eine Resonanz hinweg merklich ändert. Für die Resonanzen bei 1,40, 1,60 u. 2,22 MeV werden die Neutronen bevorzugt nach vorn gestreut, bei den Resonanzen bei 1,35 u. 1,78 MeV tritt dagegen ein Maximum auf, das einer Rückstreuung entspricht. (Physic. Rev. [2] **91.** 441. 15/7. 1953. Oak Ridge Nat. Labor.) Weigel. 90

O. Halpern und **G. L. Appleton,** *Die Streuung langsamer Neutronen durch O_2-Moleküle.* Die Streuung (sehr) langsamer Neutronen durch O_2 kann sowohl von einer Kernwechselwrkg. als auch von magnet. Kräften herrührend gedeutet werden, letztere stammen aus zwei magnet. akt. Elektronen. Die mol. Kernstreuung wird in elast. (kohärente u. inkohärente) sowie unelast. (meist hyperelast.) Übergänge aufgeteilt. Die magnet. Streuung ist rein inkohärent u. im wesentlichen elastisch. Für die integralen Querschnitte der verschied. Wechselwirkungen werden numer. Werte als Funktionen der Wellenlänge abgeleitet. Nur für den Fall sehr großer Neutronenwellenlängen steht ein erheblicher magnet. Effekt zu erwarten. Die Analyse verlangt eine Berücksichtigung der therm. Schwingungen der O_2-Moll., die mitunter von Einfl. auf die Größenordnung der Ergebnisse sind. (Physic. Rev. [2] **90.** 869–79. 1/6. 1953. Los Angeles, Calif., Univ. of Southern California.) Weigel. 90

C. F. Cook und **T. W. Bonner,** *Streuung von 14—18 MeV-Neutronen in den leichten Elementen.* (Sitzungsbericht.) Es wird die Streuung monoenerget. Neutronen im Bereich von 14–18 MeV an ^1H, ^2H, ^7Li, ^9Be, ^{10}B, ^{11}B, ^{12}C u. ^{16}O untersucht. Im allg. fällt der Streuquerschnitt langsam mit steigender Energie ab. Im beobachteten Energiebereich liegen die totalen Streuquerschnitte in der Reihenfolge $^9Be > {}^{10}Be > {}^{11}B > {}^{12}C$. Da sich aus anderen Daten kein größerer Radius für ^9Be als für ^{12}C ergibt, so beruht wahrscheinlich der beobachtete Gang von σ mit wachsender Nucleonenzahl auf einem Sättigungseffekt, der beim Hinzufügen weiterer Nucleonen zum Kern auftritt. (Physic. Rev. [2] **91.** 441. 15/7. 1953. Rice Inst.) Weigel. 90

M. Walt und **H. H. Barschall,** *Winkelverteilungen elastisch gestreuter 1 MeV-Neutronen.* Es werden die differentiellen Querschnitte für die elast. Streuung von 1 MeV-Neutronen in 15°-Intervallen im Bereich von 30–150° an *Fe, Ni, Cu, Zn, Cd, Ag, In, Sn, Hf, Pb* u. *Bi* gemessen. Die Winkelverteilungen zeigen eine charakterist. Gestalt, die je nach der Stellung des Elements im Period. Syst. verschieden ist; benachbarte Elemente zeigen ähnliche Verteilungskurven. Alle untersuchten Elemente außer Pb u. Bi zeigen Maxima sowohl in Vorwärts- als auch in Rückwärtsrichtung. Pb u. Bi zeigen Maxima bei 0 u. ~110° u. Minima bei 70 u. 180°. Durch Integration über den gesamten gemessenen Winkelbereich werden vorläufige Gesamtquerschnitte erhalten. Die Differenz zwischen diesen Gesamtquerschnitten u. den elast. Querschnitten liefert die unelast. Stoßquerschnitte. (Physic. Rev. [2] **91.** 441. 15/7. (Sitzungsbericht); **90.** 714–15. 15/5. 1953. Madison, Wis., Univ. of Wisconsin.) Weigel. 90

A. R. Bodmer, *Kernstreuung von Elektronen und Isotopenverschiebung.* Für die Behandlung der volumenabhängigen Isotopenverschiebung u. der elast. Streuung von Elektronen durch Kerne stellt Vf. eine Meth. auf, nach der beide Größen in eine einfache Beziehung gesetzt werden können. Die Isotopenverschiebung wird unter Berücksichtigung der Distorsion der elektron. Wellenfunktion durch Kernladungsverteilung unter Verwendung einer Nichtstörungsmeth. berechnet. Mit den Werten für die Streuung von Elektronen durch Ag u. Au u. unter der Annahme, daß der Kernradius proportional $A^{1/3}$ zunimmt, kann die Isotopenverschiebung in wesentlich bessere Übereinstimmung mit den experimentellen Daten gebracht werden. (Proc. physic. Soc., Sect. A **66.** 1041—58. 1/11. 1953. Manchester, Univ., Physic. Labors.) GERHARD SCHMIDT. 95

Saul Altshuler, *Anregungsquerschnitt für Heliumatome.* 2. Mitt. (1. vgl. C. **1954.** 469.) Im Anschluß an die Übergänge in P-Zustände werden analoge Rechnungen für den Übergang in den ersten metastabilen Singulett-Anregungszustand durchgeführt. (Physic. Rev. [2] **89.** 1093—95. 1/3. 1953. Ames, Io., Iowa State Coll., Dep. of Phys.) KIRSCHSTEIN. 95

H. C. Torrey, *Kernspinrelaxation durch translatorische Diffusion.* Die von BLOEMBERGEN u. Mitarbeitern (vgl. C. **1949.** I. 573) aufgestellte allg. Theorie der Kernspinrelaxation wird auf eine mehr quantitative Relaxationsunters. durch translator. Diffusion ausgedehnt. Im Falle isotrop. Diffusion werden die beiden Fälle untersucht, in denen der Flugabstand eine Wahrscheinlichkeitsverteilung hat bzw. konstant ist. (Physic. Rev. [2] **92.** 962—69. 15/11. 1953. New Brunswick, N. J., Rutgers Univ., Dep. of Phys.) GERHARD SCHMIDT. 95

William Perl und **Vernon Hughes,** *Relativistische Beiträge zum magnetischen Moment von $^3S_1$-Helium.* Vff. berechnen denjenigen Anteil des magnet. Moments von He-ähnlichen Atomen, der von der DIRAC-Gleichung ohne inneres Strahlungsfeld, aber mit COULOMBscher u. BREITscher Wechselwrkg. geliefert wird. Dieser Anteil ist von derselben Größenordnung wie der Beitrag vierter Ordnung des Strahlungsfeldes. Ein Vgl. mit experimentellen Daten läßt wegen der zu großen Meßfehlergrenze noch keine endgültigen Schlüsse zu. (Physic. Rev. [2] **91.** 842—52. 15/8. 1953. New York, N. Y., Columbia Univ.) KIRSCHSTEIN. 95

William Perl und **Vernon Hughes,** *Relativistischer Beitrag zum magnetischen Moment von $^3S_1$-Helium.* Kurze Mitt. zur der vorst. referierten Arbeit. (Physic. Rev. [2] **89.** 886—87. 15/2. 1953.) KIRSCHSTEIN. 95

William Perl, *Relativistische Beiträge zum magnetischen Moment von Atomen mit n-Elektronen.* (Vgl. vorst. Reff.) Verallgemeinerung der Rechnungen, die in vorst. referierten Arbeiten durchgeführt wurden, auf Atome mit mehr als 2 Elektronen, bes. auf Alkalimetallatome. Die beobachteten positiven Abweichungen der Verhältnisse der g-Faktoren g_{Rb}/g_{Na}, g_{Cs}/g_{Na} u. g_K/g_H von 1 können befriedigend erklärt werden. (Physic. Rev. [2] **91.** 852—58. 15/8. 1953. New York.) KIRSCHSTEIN. 95

R. Nataf, *Die Kernmatrixelemente der β-Übergänge für die ungeraden Kerne.* Vf. benutzt das Einteilchenmodell in einem Zentralpotential, dessen exakte Form nicht vorliegt, u. berechnet die Winkelfaktoren der Kernmatrixelemente für die verschied. Typen erlaubter u. verbotener Übergänge, wobei allg. eine reine T-Wechselwrkg. angenommen wird. (J. Physique Radium **14.** 72—77. Febr. 1953. Paris, Coll. de France, Labor. de Chim. nucl.) GERHARD SCHMIDT. 95

David Lawrence Hill und **John Archibald Wheeler,** *Kernaufbau und die Erklärung von Spalterscheinungen.* Im Rahmen allg. theoret. Betrachtungen auf quantenmechan. Grundlage über die Spaltung als Kernprozeß werden der fl. Tropfen u. das unabhängige Teilchen, die Annahmen über die Aufstellung des Kollektivmodells (Quantenbeschreibung der kollektiven Bewegung), das Deformationspotential (Niveaudichte), die Quadrupolmomente, die Energieaustauschgröße zwischen Oscillation u. Nucleonenanregung sowie die verschied. Spaltprozesse (Wirkungsquerschnitte, Schwellenwerte, Spaltungsasymmetrie, Ladungsteilung, Spaltungsneutronen u. Dreiteilung) behandelt. Auf die Möglichkeit der Übereinstimmung mit dem Experiment wird hingewiesen. (Physic. Rev. [2] **89.** 1102—45. 1/3. 1953. Nashville, Tenn., Vanderbilt Univ., Los Alamos, N. Mex., Los Alamos Scient. Labor.; Princeton, N. J., Princeton Univ.) GERHARD SCHMIDT. 95

J. S. Levinger, *Wirkungen radioaktiver Zerfälle auf die inneren Elektronen des Atoms.* Ausführliche Darst. der C. **1954.** 2106 referierten Arbeit. (Physic. Rev. [2] **90.** 11—25. 1/4. 1953. Baton Rouge, La., Louisiana State Univ.) GERHARD SCHMIDT. 103

Mathew M. Shapiro, *Wirkungsquerschnitte für die Bildung des Compoundkerns durch geladene Teilchen.* Vf. wendet eine schemat. Theorie zur Berechnung der Wirkungsquerschnitte für Compoundkernbldg. für den Fall an, daß das auslösende Teilchen ein Proton, Deuteron oder α-Teilchen ist. Diese Ergebnisse werden mit gemessenen Wirkungsquerschnitten für (p,n)- u. (α;n,2n ...)-Rkk. verglichen. Die Kurven für die theoret. Wirkungsquerschnitte als Funktion der Energie haben den gleichen Verlauf wie die experimentell gewonnenen Kurven. In vielen Fällen weichen die Größen der für verschied. Isotope des gleichen Elements gemessenen Wirkungsquerschnitte voneinander u. somit von den Ergebnissen der schemat. Theorie um einen Faktor 2 ab. Es werden Tabellen, die sich auf genaue Werte der COULOMB-Wellenfunktionen gründen, zur Berechnung des Querschnittes für die Compoundkernbldg. durch Protonen- u. Deuteronenbeschuß auf Targetkerne mit $Z > 10$ u. durch α-Teilchenbeschuß auf Targetkerne mit $10 < Z < 30$ angeführt. Die Tabellen sind in einem weiten Bereich der Kernradien anwendbar. (Physic. Rev. [2] **90.** 171–82. 15/4. 1953. Cambridge, Mass., MIT, Phys. Dep.) GERHARD SCHMIDT. 103

R. W. Waniek und **T. Ohtsuka,** *Durch Neutronen ausgelöste Sterne.* (Sitzungsbericht.) Ein Be-Target wurde mit energiereichen Protonen aus dem inneren Bündel des Synchrocyclotrons beschossen. Die Neutronenspektren wurden unter verschied. Winkeln zur Einfallsrichtung aufgenommen. Zwei 200 μ-ILFORD G 5-Kernphotoplatten bei 0 u. 14° vom Target wurden gleichzeitig gutgebündelten Neutronen ausgesetzt. Das Neutronenspektr. bei 0° zeigt eine vorherrschende Spitze bei hohen Energien, die in keinem Spektr. bei 14° auftritt. Pro Platte wurden ca. 400 Sterne vermessen. Die Differenzen in den Ergebnissen aus den beiden Platten werden der Wechselwrkg. der Neutronen hoher Energie mit den Kernen der Emulsion zugeschrieben. (Physic. Rev. [2] **90.** 355–56. 15/4. 1953.) GERHARD SCHMIDT. 103

Lamek Hulthén und **Bengt C. H. Nagel,** *Der Photozerfall des Deuterons.* In Fortführung früherer Arbeiten (vgl. HANSSON, C. **1951.** I. 3295) werden die photomagnet. u. photoelektr. Querschnitte für γ-Energien vom Schwellenwert (2,23 MeV) bis zu 20 MeV unter Verwendung eines zentralen YUKAWA-Potentials gleicher Reichweite für den ^{1}S- u. ^{3}S-Zustand u. ohne Wechselwrkg. im ^{3}P-Zustand berechnet. Austausch- u. Quadrupoleffekte werden vernachlässigt. Die Ergebnisse für 3 Reichweiten, die den Mesonenmassen 199, 256 u. 298,5 m_e entsprechen, werden mit den nach der Meth. der effektiven Reichweite erhaltenen theoret. Werten verglichen. (Physic. Rev. [2] **90.** 62–69. 1/4. 1953. Stockholm, KTH.) WEIGEL. 103

H. B. Willard, J. K. Bair und **J. D. Kington,** *Die Reaktionen T (p, n) ^{3}He und T(p,γ)^{4}He.* Vff. beschießen Targets aus gasförmigem T_2 u. an Zr adsorbiertem T mit monochromatisierten Protonen aus einem VAN-DE-GRAAFF-Generator u. messen die Ausbeute an Neutronen u. γ-Quanten aus den Rkk. T(p,n) ^{3}He u. T(p,γ) ^{4}He. Die unter 0° vom Schwellenwert bis $E_p = 5{,}09$ MeV gemessene differentielle Querschnittskurve der ersten Rk. zeigt bei 3 MeV ein breites Maximum. Winkelverteilungen, die in Intervallen von 0,4 MeV aufgenommen wurden, sind asymm. in bezug auf die 90°-Ebene im Schwerpunktsystem. Bei 80° wird die γ-Ausbeute der zweiten Rk. im Bereich 1–5 MeV gemessen. Sie steigt bis zu $E_p = 3$ MeV an, um sich dann einem Sättigungswert zu nähern. (Physic. Rev. [2] **90.** 865–67. 1/6. 1953. Oak Ridge, Tenn., ORNL.) WEIGEL. 103

R. D. Bent, T. W. Bonner und **R. F. Sipple,** *γ-Strahlen aus der Zertrümmerung von ^{13}C durch Deuteronen.* (Sitzungsbericht.) Mit Hilfe eines Paarspektrographen verbesserter Konstruktion wird die Paarlinie aus $^{19}F + {}^1H$ bei 6,05 MeV mit 2,8% Auflösung untersucht. Eine Unters. der möglichen „Paarlinie" bei 4,1 MeV aus dem Deuteronenbeschuß von ^{13}C (vgl. THOMAS u. LAURITSEN, C. **1954.** 6654) lieferte relativ schwache Linien, die γ-Gruppen mit den Energien 3,4, 4,5, 5,0, 5,2, 5,8 u. 6,2 MeV entsprechen. (Physic. Rev. [2] **91.** 472. 15/7. 1953. Rice Inst.) WEIGEL. 103

B. M. Carmichael, M. B. Sampson und **O. E. Johnson,** *Unelastische Streuung von α-Teilchen an ^{14}N.* (Sitzungsbericht.) Vff. beschießen ein N_2-Gastarget von 0,05 at Druck mit 21,2 MeV-Cyclotron-α-Teilchen u. messen die Reichweite der unter 35° gestreuten α-Teilchen in Al. Die Q-Werte der auftretenden α-Gruppen liefern Niveaus in ^{14}N bei 4,10, 4,44, 5,22, 5,72, 6,01, 6,68, 7,03, 7,95, 8,64 u. 9,23 MeV. Das durch andere Rkk. nachgewiesene 2,3 MeV-Niveau liefert keine α-Gruppe in Übereinstimmung mit theoret. Voraussagen, die aus Gründen der Spinerhaltung das Auftreten dieses Niveaus bei ^{14}N(α,α')^{14}N*, ^{14}N(d,d')^{14}N* u. ^{16}O(d,α)^{14}N* verbieten. (Physic. Rev. [2] **91.** 473. 15/7. 1953. Indiana Univ.) WEIGEL. 103

A. H. Wapstra und **A. L. Veenendaal,** *Der Zerfall von ^{28}Mg.* Vff. beschießen Mg-Metall mit 56 MeV-α-Teilchen aus einem Synchrocyclotron u. untersuchen die Strahlungen aus der Rk. ^{26}Mg(α,2p)^{28}Mg. Gefunden wird $T_{1/2} = 21{,}4 \pm 0{,}6$ Std.; $E_{\beta max}$ ergibt sich aus der FEATHER-Analyse der β-Absorptionskurve u. Vgl. mit ^{60}Co zu 0,39 $\pm$0,05 MeV. Daraus berechnet sich lg *ft* zu 4,6 $\pm$0,2, entsprechend einem erlaubten Übergang. Eine Messung des auftretenden γ-Spektr. mittels NaJ(Tl)-Scintillator liefert eine 32,2 keV-γ-Strahlung; dies deutet darauf hin, daß der β^--Zerfall von ^{28}Mg zum 1. Anregungszustand von ^{28}*Al* führt. Die 32,2 keV-Linie besitzt die Intensität 0,7 $\pm$0,2 pro β^--Zerfall, entsprechend einem Konversionskoeff. < 1. Für den γ-Übergang gilt der M 1-Typ als wahrscheinlich. (Physic. Rev. [2] **91.** 426. 15/7. 1953. Amsterdam, Inst. voor Kernphys. Onderz.) WEIGEL. 103

P. R. J. Burch, *Spezifische γ-Aktivität, Verzweigungsverhältnis und Halbwertszeit von Kalium 40.* Die spezif. γ-Aktivität wird durch Eichung mittels ^{226}Ra als Primär- u. ^{42}K als Sekundärstandard bestimmt u. der Wert 3,63 $\pm$0,10 γ-Quanten/sec/g gefunden. Der gewogene Mittelwert wird zu 3,48 $\pm$0,08 γ-Quanten/sec/g berechnet. Das γ/β-Verzweigungsverhältnis wird unter Benutzung einer spezif. K-β-Aktivität von 27,4 $\pm$0,3 Teilchen/sec/g zu 0,127 $\pm$0,003 gefunden, $T_{1/2}$ zu < (1,31 $\pm$0,04)$\cdot 10^9$ Jahre gemessen. (Nature [London] **172.** 361—62. 22/8. 1953. Leeds, Univ., Dep. of Med. Phys.) WEIGEL. 103

R. Braams und **C. L. Smith,** *Photoneutronenreaktion in* ^{40}*Ca.* Vff. beschießen ein Ca-Metalltarget (4 mm dick, 3 cm² Fläche) period. 3,4 Sek. lang mit γ-Strahlen u. zählen mit einem GEIGER-Zähler die auftretenden Sekundärteilchen in den anschließenden 11 Sekunden. Nach Korrektur der Untergrundeffekte ergibt sich für das durch (γ, n)-Rk. gebildete ^{39}Ca der Wert $T_{1/2}$ = 1,00 $\pm$0,05 Sekunden. Absorptionsmessungen mit Al-Absorbern liefern bei der FEATHER-Analyse den Wert E_{β^+max} = 6,7 $\pm$0,5 MeV. Ein Vgl. mit einem unter gleichen Bedingungen bestrahlten Cu-Target liefert eine durch die (γ, n)-Rk. induzierte ^{39}Ca-Aktivität von 4,7$\cdot 10^3$ Zerfällen/g pro r bei 30 MeV. Die Bedeutung dieser Befunde für die γ-Dosimetrie in der Strahlentherapie wird diskutiert. (Physic. Rev. [2] **90.** 995. 1/6. 1953. Cambridge, Univ. of Cambridge, Dep. of Radiotherapeut.) WEIGEL. 103

C. M. Braams, C. K. Bockelman, C. P. Browne und **W. W. Buechner,** *Unelastische Streuung von Protonen an* ^{40}*Ca.* (Sitzungsbericht.) Vff. beschießen auf Formvar-Folien aufgedampfte, dünne Ca-Metalltargets mit Protonen aus einem elektrostat. Generator u. untersuchen das auftretende Protonenspektr. unter einem Laboratoriumswinkel von 90° in einem Magnetspektrographen. Die verwendeten Primärprotonenenergien liegen bei 7 MeV. Unter Verwendung elast. Streudaten u. Messung der Anregungsfunktion werden 4 Gruppen unelast. gestreuter Protonen dem Ca zugeordnet, die auf Niveaus bei 3,35, 3,74, 3,90 u. 4,49 MeV in ^{40}Ca hindeuten. (Physic. Rev. [2] **91.** 474. 15/7. 1953. MIT.) WEIGEL. 103

Bernd Crasemann, *Der Zerfall von* ^{64}*Ga und* ^{65}*Ga.* Vf. beschießt Zn-Metallfolien u. an ^{64}Zn angereichertes ZnO mit 9,5 MeV-Protonen, Zn-Folien mit 19 MeV-Deuteronen u. Cu-Folien mit 40 MeV-α-Teilchen u. trennt die gemäß ^{64}*Zn*(p, n), ^{64}Zn(d, 2 n), ^{63}Cu(α, 3 n), ^{64}Zn(d, n) u. ^{64}Cu(α, 2 n) gebildeten Aktivitäten ^{64}Ga u. ^{65}Ga durch Lösen der Targets in HCl, Einstellen auf einen Geh. von 6 n HCl u. Ae.-Extraktion ab. Die auf geeigneten Trägerfolien eingedampften ^{64,65}Ga-Präpp. werden mit einem Trochoidenspektrometer u. einem Dicklinsen-β-Spektrometer untersucht. Die Zerfallskurven liefern eine β^+-Aktivität mit $T_{1/2}$ = 2,6 $\pm$0,1 Min., die ^{64}Ga zugeschrieben wird; in ^{65}Ga ($T_{1/2}$ = 15 Min.) werden 2 Positronengruppen mit E = 2,52 $\pm$0,05 MeV (10%; log *ft* = 6,0) u. E = 2,1 $\pm$0,1 MeV (90%; log *ft* = 4,7) gefunden. (Physic. Rev. [2] **90.** 995—96. 1/6. 1953. Berkeley, Calif., Univ. of California, Dep. of Phys.) WEIGEL. 103

M. Goldhaber, *„Innenkernisomerie" — Bemerkungen über* ^{93m}*Mo.* (Vgl. C. **1954.** 3620.) Im Anschluß an die l. c. angeführten allg. Betrachtungen über die Innenkernisomerie wird der wahrscheinliche Anregungsmodus von $^{93\,m}$-Mo diskutiert. Der Spin von ^{93m}Mo kann bei (8 +) + $g_{7/2}$ = 23/2 + liegen, was durch die Abwesenheit von crossover-Übergängen gestützt wird. (Physic. Rev. [2] **89.** 1146—47. 1/3. 1953. Upton, Long Island, N. Y., Brookhaven Nat. Labor.) GERHARD SCHMIDT. 103

C. W. Forsthoff, R. H. Goeckermann und **R. A. Naumann,** *Bildung und Zerfall von* ^{93m}*Mo.* Vff. beschießen ^{93}Nb mit Cyclotronprotonen u. untersuchen die Bldg. u. den Zerfall des durch (p, n)-Rk. gebildeten ^{93m}Mo (6,75 Std.). Die σ-Kurve als Funktion von E_p wird für den E_p-Bereich von 4—18 MeV angegeben; der Zerfall mittels Absorptionsmessungen sowie im 180°-β-Spektrometer u. im Kristall-γ-Spektrometer verfolgt. Gefunden werden die Konversionslinien von 3 γ-Strahlen bei 0,2622 (**I**), 0,6842 (**II**) u. 1,479 MeV (**III**) mit den Konversionskoeffizienten α_K = 0,53 (**I**), (1,5 $\pm$0,3)$\cdot 10^{-3}$ (**II**) u. (2,4 $\pm$0,5)$\cdot 10^{-4}$ (**III**) u. den K/L-Verhältnissen 3,09 $\pm$0,06 (**I**) u. 8,0 $\pm$1 (**II**). Der Multipolcharakter der Übergänge wird festzulegen versucht: **I** E 4, **II** M 1 u. **III** E 2 oder M 1. (Physic. Rev. [2] **90.** 1004. 1/6. 1953. Princeton, N. J., Princeton Univ., Frick Chem. Labor. u. Palmer Phys. Labor.) WEIGEL. 103

W. C. Jordan, J. M. Cork und **S. B. Burson,** *Der Zerfall von ^{104m}Rh (4,3 Minuten) und ^{104}Rh (44 Sekunden).* Mit Hilfe eines γ-Scintillations- u. 180°-Konversionselektronenspektrometers mit konstantem Feld werden die Strahlen von neutronenaktiviertem Rh untersucht. Die 4,3 Min.-Aktivität ist mit Konversionselektronen folgender Energien (in Klammern relative Intensität) verbunden: 27,9 (14 $\pm$3), 47,8 ($<$3), 54,0 (63 $\pm$9), 74,1 (100 $\pm$15) u. 76,7 keV (8 $\pm$2). Diese rühren von 2 Isomerenübergängen mit 51,1 $\pm$0,2 u. 77,2 $\pm$0,2 keV in Rh her. Koinzidenzmessungen zeigen, daß die beiden Übergänge in Kaskade erfolgen. Aus den K/L-Verhältnissen u. einer Diskussion der Lebensdauern ergibt sich für die beiden γ-Quanten M 1- u. E 3-Charakter. Im Scintillationsspektrometer sind weitere γ-Strahlen von 550 $\pm$10 keV u. $\sim$1,2 MeV (schwach) nachweisbar. Die 550 keV-Strahlung tritt zusammen mit beiden Rh-Aktivitäten auf u. scheint zeitlich auf den β-Zerfall zu folgen. Sie wird demgemäß ^{104}Pd zugeordnet. Das ^{104}Rh–^{104}Pd-Zerfallsschema wird aufgestellt. (Physic. Rev. [2] **90.** 862–64. 1/6. 1953. Lemont, Ill., Argonne Nat. Labor.; Ann Arbor, Mich., Univ. of Michigan.) Weigel. 103

J. B. Swan, W. M. Portnoy und **R. D. Hill,** *Radioaktivität von ^{191}Pt und ^{193m}Pt.* Ausführliche Darst. der C. **1954.** 2327 referierten Arbeit. (Physic. Rev. [2] **90.** 257–58. 15/4. 1953. Urbana, Ill., Univ. of Illinois, Phys. Dep.) Weigel. 103

J. A. Hofmann und **K. Strauch,** *Über die Wechselwirkung von 95 MeV-Protonen mit D-, Li-, Be-, C-, Al-, Cu- u. Pb-Kernen.* Vff. beschießen eine Reihe von Targets mit 95 MeV-Cyclotronprotonen u. messen die Energieverteilung der emittierten Sekundärneutronen unter den Laboratoriumswinkeln 0, 5, 10, 16 u. 28°. Die Ergebnisse lassen sich in 3 Gruppen einteilen: 1. Die Zahl der von C-, Al-, Cu- u. Pb-Targets emittierten Neutronen sinkt mit wachsender Neutronenenergie u. steigendem Laboratoriumswinkel, 2. die aus D emittierten Neutronen zeigen ein Maximum der Energieverteilung, dessen Breite jedoch im wesentlichen die Protonenenergieverteilung wiederzugeben scheint, u. 3. die aus Li u. Ba emittierten Neutronen zeigen gleichfalls ein Verteilungsmaximum; die Höhe des Maximums fällt mit wachsendem Laboratoriumswinkel rasch ab. Die aus den schweren Kernen erhaltenen Spektren stimmen im allg. mit der Theorie für solche energiereiche Kern-Rkk. überein, die auf der Ausbldg. einer Kernkaskade beruhen. Die Ergebnisse an Be werden nach einem stark vereinfachten Modell gedeutet. (Physic. Rev. [2] **90.** 449–60. 1/5. 1953. Cambridge, Mass., Harvard Univ.) Weigel. 103

W. R. Faust, V. E. Scherrer und **R. B. Theus,** *γ-Strahlung aus der Wechselwirkung von 14 MeV-Neutronen mit Materie.* (Sitzungsbericht.) Neutronen aus der Rk. ^{3}T(d,n)·^{4}He treffen auf einen so angeordneten Konverter, daß beim Auftreffen eines Neutrons ein α-Teilchen in den Beschleunigungsmesser eintritt. Die Impulshöhenverteilung der Konverter-γ-Strahlen wurde mit einem Einkristall-NaJ(Tl)-Scintillationsspektrometer u. einem 20 Kanal-Impulshöhenanalysator untersucht. Der Analysator wurde durch Koinzidenzen zwischen den Kristallimpulsen u. α-Zähler derart gesteuert, daß nur durch Neutronen im Konverter erzeugte γ-Strahlen gezählt wurden. Impulshöhenverteilungen wurden für *C-*, *O-*, *Al-*, *Fe-*, *Cu-* u. *Pb*-Konverter beobachtet. Eine mögliche Erklärung der Daten zeigt, daß ein Kontinuum niedriger Energie, überlagert durch eine Reihe von Linien oder Banden bei höheren Energien, vorhanden ist. Die Berechnung des γ-Erzeugungsquerschnitts weist auf einen ein- bis mehrfachen Wert des entsprechenden Wirkungsquerschnittes für unelast. Neutronenstreuung bei allen Elementen hin. (Physic. Rev. [2] **90.** 355. 15/4. 1953. Naval Res. Labor.) Gerhard Schmidt. 103

R. R. Edwards, J. M. Day und **R. F. Overman,** *Untersuchungen der Bindungsaufspaltung beim Zerfall von RaD als Tetramethylblei.* Es wird über Unterss. der Bindungsaufspaltung (Zerreißung) an $Pb(CH_3)_4$ berichtet, wie sie beim β-Zerfall von ^{210}Pb(RaD) in Lsg. u. in der Dampfphase auftritt. Die Zerreißung der Bindungen zeigt nicht die einfache Konzentrationsabhängigkeit, wie sie nach der Käfighypothese („cage-hypothesis") für kondensierte Systeme postuliert wird. Die Ergebnisse in der Dampfphase stimmen mit denjenigen in der Lsg. überein, daß der prim. β-Zerfall u. die innere Konversion keine Zerreißung bewirken. Es sind Anzeichen dafür vorhanden, daß die Zerreißung durch Sekundärprozesse nach dem Kernprozeß erfolgt, wobei Nachbaratome beteiligt sind. (J. chem. Physics **21.** 1555–58. Sept. 1953. Fayetteville, Ark., Univ. of Arkansas, Dep. of Chem.) Weigel. 103

R. R. Roy und **M. L. Goes,** *Winkelkorrelation zwischen α-Teilchen und Konversionselektron aus dem Zerfall von Ionium.* Vff. messen die Winkelkorrelation zwischen den α-Teilchen u. Konversionselektronen von Io in einer Diffusionsnebelkammer (Füllgas 70% A. + 30% W.; Temperaturgradient 7°/cm). Die an 1000 Aufnahmen mit 2528 α-Bahnen u. 430 Konversionselektronenbahnen erhaltenen Ergebnisse werden mitgeteilt. Als auswertbar erwiesen sich 336 α–e-Paarbahnen. Die erhaltenen Elektronenbahnen stammen zu 92,3% aus der L- u. zu 7,7% aus der M-Konversion der 70 keV-γ-Strahlung von Io. Die Winkelkorrelation ist symm. um die 90°-Richtung u. zeigt zwei Maxima, in Vorwärtsrichtung bei 50° u. in Rückwärtsrichtung bei 130°. Wird der Drehimpuls des entstehenden 1. Anregungszustandes von ^{226}Ra zu 2 angenommen, so lassen sich die Ergebnisse am besten durch den theoret. Ausdruck 54,8 $- 219{,}2 \cos^2\Theta - 274 \cos^4\Theta$ darstellen. (Nature [London] **172.** 360–61. 22/8. 1953. Bruxelles, Univ. Libre, Labor. de Phys.) WEIGEL. 103

B. Ottar, *Szilard-Chalmers-Effekt durch Bestrahlung von sechswertigem Chrom in einem Meiler.* Über das Auftreten eines SZILARD-CHALMERS-Effektes bei der Bestrahlung von Cr^{6+}-Verbb. mit Meilerneutronen wird berichtet; folgende prozentuellen Anteile von entstandenem Cr^{3+} werden gefunden: CrO_3 (fest) 13 ± 2%, 6 Mol H_2CrO_4-Lsg. 6 ± 1%, K_2CrO_4 (fest) 14 ± 3% u. $K_2Cr_2O_7$ 1,5 ± 1%. Durch Aufnahme der Absorptions- u. Zerfallscharakteristiken wird die induzierte Cr-Aktivität als ^{51}Cr identifiziert. (Nature [London] **172.** 362. 22/8. 1953. Lillestrøm, Norweg. Defense Res. Establ., Chem. and Metallurg. Div.) WEIGEL. 108

J. Weill, *Anordnung zur Messung der Reaktivierung in einem Atommeiler.* Zur Messung der Reaktivierung in einem Meiler wird entweder die Meth. des logarithm. Verstärkers, die oscillograph. Meth. oder die Meth. des automat. Potentiometers benutzt. Die beiden letzten Verff. gründen sich auf die Best. des Quotienten zwischen der zeitlichen Ableitung des Neutronenflusses u. dem Neutronenfluß selbst. Die Kontrolle des Meilers von Saclay erfolgt mittels eines Potentiometers mit automat. Registrierung. (J. Physique Radium **14.** 77–81. Febr. 1953. Saclay, Centre d'Études Nucl., Div. des Construct. électr., Comm. à l'Énergie atom.) GERHARD SCHMIDT. 110

Jacky Weill, *Messung von Reaktivitäten.* Ein unkrontollierter Atommeiler reagiert nach dem Gesetz: $P = P_0 e^{kt}$, mit P als Energietönung u. $k = r/\tau$, wo τ die Lebensdauer der therm. Neutronen bedeutet. Es werden 3 Meßverff. für die Reaktivität r angegeben, die eine Ionisationskammer als Prüfgerät benutzen. Die erste Meth. schließt die Ionisationskammerspannung an einen logarithm. Verstärker an u. mißt r an einem Galvanometer. Die 2. Meth. benutzt eine BRAUNsche Röhre. Die Ionisationskammerspannung steuert 2 Zerhacker, welche auf die 4 Elektroden der BRAUNschen Röhre arbeiten. Die entstehende LISSAJOUS-Figur ist eine Gerade, deren Neigung gegen die Abscisse ein Maß für r ist. Die 3. Meth. benutzt eine Potentiometerschaltung mit automat. Aufzeichnung. (Nucleonics **11.** Nr. 3. 36–39. März 1953. Saclay, Commiss. à l'Énergie atom.) H. HAUSWALD. 110

H. Palevsky, N. G. Sjöstrand und **D. J. Hughes,** *Neutronendetektor für den schnellen Zerhacker (Chopper) von Brookhaven.* (Vgl. C. **1953.** 4639.) (Sitzungsbericht.) Zum Gebrauch für den schnellen Neutronenzerhacker wird als Neutronendetektor ein Flugzeit-Neutronenspektrometer benutzt, welches den Energiebereich von ca. 10 eV bis 5 keV überstreicht. Bei dieser App. wird angestrebt, daß sie Stoßzeiten von ½ µsec liefert. Als Detektor dient eine impulszählende $^{10}BF_3$-Ionisationskammer. Verss. mit Mehrfachproportionalzählern sowie mit verschied. Typen von Scintillationszählern ergeben, daß die γ-Empfindlichkeit die Wirksamkeit der Zähler begrenzt. (Physic. Rev. [2] **91.** 451. 15/7. 1953. Brookhaven Nat. Labor.) GERHARD SCHMIDT. 112

A. R. Crathorn, *Benutzung eines mit Acetylen gefüllten Zählers für natürlichen Radiokohlenstoff.* Die Verwendung eines mit markiertem Acetylen als Füllgas arbeitenden Zählers wird beschrieben. Der verwendete Zähler besitzt ein Vol. von ca. 3 Liter u. gestattet die Aufnahme von ca. 3 g C in Gestalt von Acetylen bei 1 at. Der Zähler ist zur Unterdrückung des Untergrundes von 11 GEIGER-MÜLLER-Zählern in Antikoinzidenzschaltung umgeben; die gesamte Anordnung befindet sich in einem Pb-Gehäuse von 4 cm Wandstärke. Unter n. Betriebsbedingungen beträgt der Untergrund ca. 30 Impulse/Minute. (Nature [London] **172.** 632–33. 3/10. 1953. London, Roy. Inst., Davy-Faraday Res. Labor.) WEIGEL. 112

C. S. Simons, *Eine Verbesserung der 1000 r-Victoreen-Fingerhutkammer.* Bei harten γ-Dosen über 1 MeV Energie verändert sich die Ablesung gegenüber den 25 r- u. 100 r-Kammern um den Faktor 1,4–1,5 bei sonst gleichen Bedingungen. Der Grund wird in einem zu großen Vol. der Kammer mit weniger empfindlichen räumlichen Bereichen gesehen. Durch die beschriebene Volumenverkleinerung läßt sich der Fehler beheben. (Nucleonics **11.** Nr. 3. 62–63. März 1953. Oak Ridge, Tenn., Oak Ridge Inst. of Nucl. Stud.) H. HAUSWALD. 112

Bernhard Meyer, *Untersuchungen an Blitzlampen zur Beleuchtung von Wilson-Kammern.* Vf. untersucht Xenonblitzlampen zur Belichtung von WILSON-Kammern u. bestimmt photograph. nach der Graukeilmeth. die relative Gesamtlichtmenge in

Abhängigkeit von Energie (bis 5000 Wattsec), Spannung (bis 30 kV), Selbstinduktion, Gasdruck u. Widerstand des Blitzrohres. Es ergibt sich, daß die Lichtausbeute mit wachsender Energiedichte ansteigt u. nur wenig von der elektr. Spannung abhängt. (Z. angew. Physik **5.** 139—42. April 1953. Göttingen, Max-Planck-Inst. für Phys.) POLLERMANN. 112

Francis W. O'Dell, Maurice M. Shapiro und **Bertram Stiller,** *Emulsionshäutchenstapel in der Kernforschung.* (Sitzungsbericht.) Diskussion der Vorteile, Grenzen u. Anwendungsmöglichkeiten von Stapeln aus Emulsionen ohne Glasunterlage (pellicles) zur Ausdehnung der kontinuierlich verfolgbaren Länge von Bahnspuren geladener Teilchen. Die Verarbeitungsverff. werden skizziert. (Physic. Rev. [2] **91.** 496. 15/7. 1953. Naval Res. Labor.) EICHHOFF. 112

Bertram Stiller und **Maurice M. Shapiro,** *Relativistischer Anstieg beim Ionisationsverlust in Kernemulsionen.* (Sitzungsbericht.) (Vgl. C. **1953.** 330.) Unterss. zur Festlegung der Abhängigkeit des Ionisationsverlustes von der Energie für relativist., geladene Teilchen in Kernemulsionen an langen Bahnspuren von Elektronen, Mesonen u. Protonen mit Energien (γ) bis zu 3000 Ruhmasseeinheiten. Um Fehler durch Differenzen zwischen den Platten zu vermeiden, wurde eine in $\sim$30 km Höhe exponierte ILFORD G 5-Platte ausgewertet. Die Ergebnisse stützen die theoret. Voraussage einer Sättigung des Ionisationsverlustes bei $\gamma > 100$. (Physic. Rev. [2] **91.** 496. 15/7. 1953. Naval Res. Labor.) EICHHOFF. 112

A₂. Optisches Verhalten der Materie.

Harry E. Moses und **Ta-You Wu,** *Eine self-consistent-Berechnung der Dissoziation von Sauerstoff in der oberen Atmosphäre.* 2. Mitt. *Drei-Körper-Rekombination.* (1. vgl. C. **1954.** 2549.) Unter der Annahme, daß als Rekombinationsprozesse zwischen Sauerstoffatomen hauptsächlich strahlungslose Dreierrekombinationen auftreten, wird der Dissoziationsbereich von O_2 in der oberen Atmosphäre auf der Basis von mol. oder atomaren Verteilungen berechnet. Bei der angenommenen Temp. von 300° K ergibt sich, daß der Dissoziationsbereich hier um 5 km höher u. um 10 km breiter erscheint als in Rechnungen mit Zweierrekombinationen. Die maximale Atomdichte beträgt $(0{,}5-1)\cdot 10^{13}$ cm^{-3}. (Physic. Rev. [2] **91.** 1408—09. 15/9. 1953. New York, N. Y., Univ., Math. Res. Group, u. Ottawa, Can., Nat. Res. Counc.) HEINSOHN. 113

Joseph W. Chamberlain und **Norman J. Oliver,** *Atomare und molekulare Übergänge im Nordlichtspektrum.* Beobachtungen von Linien u. Banden aus den letzten Jahren werden einer krit. Unters. unterzogen, um zu entscheiden, welche Strahlungen die wichtigsten sind. Es werden erlaubte u. verbotene Übergänge im Nordlichtspektr. von *H, N I, N II, O I, O II, O III* u. N_2-Banden diskutiert u. tabuliert. Unterschiede im Spektr. mit der geograph. Breite, mit dem Typ der Nordlichterscheinung usw. sind zweifellos der Grund für viele Diskrepanzen innerhalb der Wellenlängenlisten verschied. Autoren. (J. geophys. Res. **58.** 457—72. Dez. 1953. Cambridge, Mass., Geophys. Res. Directorate, Air Force Cambridge Res. Center.) GUDZENT. 113

Arthur L. Bennett, *Detonationen in Gasen.* Stöchiometr. Mischungen von H_2 u. O_2 wurden in einer Röhre von 1 m Länge u. 2,5 cm² Querschnitt durch Funken zur Zündung gebracht (Anfangsdruck bis zu 800 mm Hg). Es werden Aussagen über das erhaltene Spektr. u. die Zeitabhängigkeit der Emissionsintensität gemacht; Einzelheiten vgl. Original. (Physic. Rev. [2] **92.** 543. 15/10. 1953. Inyokern, U. S. Naval Ordnance Test. Stat.) v. HARLEM. 118

D. Th. J. Ter Horst und **G. A. W. Rutgers,** *Spektrale Strahlungsintensität und Temperatur des Wechselstromkohlebogens hoher Intensität.* Zwischen 260 u. 600 mμ messen Vff. die absol. spektrale Strahlungsintensität eines Wechselstromkohlebogens hoher Intensität u. finden, daß die Strahlungsintensität linear mit Strom u. Druck anwächst u. bei konstantem Strom u. Druck mit dem Quadrat der Wellenlänge abnimmt. Bei einem Strom von 1000 A u. einem Druck von 2 at steigt sie auf 1 Watt/ster mμ pro cm Bogenlänge bei 450 mμ. Die Temp. in der Bogenachse beträgt ca. 16000° K beim Strommaximum u. 10000° K, wenn der Strom nahezu Null ist. Es werden Meßergebnisse u. Spektrallinien im Kohlebogen von *N I, N II, C I, C II* u. *O I* angegeben. (Physica **19.** 565—84. Juli 1953. Arnhem, Nederland, Short Circuit Labor. and Res. Dep. of KEMA.) D. HAHN. 118

Horst Meyer, *Die isotopen Verschiebungen im Spektrum des Argons.* Mit Hilfe eines PÉROT-FABRY-Etalons u. eines Spektrographen wurden die isotopen Verschiebungen im Ar I u. Ar II-Spektr. von nach dem Trennrohrverf. gereinigtem ^{36}Ar, ^{38}Ar u. ^{40}Ar gemessen. Die Ergebnisse des Ar I-Spektr. werden mit denen von KOPFERMANN u. KRÜGER (vgl. Z. Physik. **105.** [1937.] 389) verglichen. Die Verschiebungen im Ar II-

Spektr. werden diskutiert. ^{38}Ar besitzt ebenso wie ^{36}Ar u. ^{40}Ar kein magnet. Kernmoment. (Helv. physica Acta **26.** 811—20. 15/12. 1953. Zürich, Univ., Phys.-Chem. Inst., u. Genf, Univ., Inst. de Phys.) HEINSOHN. 118

H. Wagenbreth, *Zur Dublettaufspaltung von Alkalitermen.* Unter Verwendung HARTREE-FOCKscher Eigenfunktionen wird die Dublettaufspaltung für einige Terme von *Na, Si IV* u. *Ca II* mit Berücksichtigung des Elektronenaustausches berechnet. Die anomal kleinen Dubletts lassen sich im allg. nicht durch Austauscheffekte erklären, wenn ihre Berücksichtigung auch in manchen Fällen eine Verbesserung des theoret. Aufspaltungswertes mit sich bringt. Trotzdem ergeben die p-Terme allg. um 30—40% zu kleine Aufspaltungswerte. Für den 3d-Term von Ca II erhält man bei Berücksichtigung des Austausches eine Abweichung von nur 8% vom experimentellen Wert, während die Aufspaltung sonst um 60% zu klein ausfällt. (Ann. Physik [6] **13.** 285—89. 1953. Berlin.) NELKOWSKI. 118

E. Brun und **H. H. Staub,** *Die Hyperfeinstrukturanomalie des Silbers.* Vf. diskutiert die Anwendbarkeit verschied. Kernmodelle auf die Isotope ^{107}Ag u. ^{109}Ag, für die auf Grund von genauen Messungen der Hyperfeinstrukturen u. der magnet. Kernmomente die Hyperfeinstrukturanomalie zu 0,413% bestimmt wurde. Berechnungen der Anomalie auf der Basis der Modelle zeigen, daß die zwei Einteilchenmodelle von BLOCH, DE SHALIT u. MIYAZAWA u. von DAVIDSON die beste Übereinstimmung von 0,41 bzw. 0,44% ergeben. Das BOHRsche Modell mit asymm. Rumpf führt zu einem zu kleinen Wert. (Helv. physica Acta **26.** 821—27. 15/12. 1953. Zürich, Univ., Physik. Inst.) HEINSOHN. 118

A. Jabłoński, *Fluorescenzemission von Resonanzlinien bei höheren Drucken.* Erklärung der „D-Fluorescenz" in *Na*-Dampf u. der gleichen Erscheinung im *Hg*-Dampf, welche bisher locker gebundenen Moll. zugeschrieben wurde, unter der Annahme, daß diese von Atomen ausgeht. Die auffallendsten Phänomene, Wiederauftreten eines leuchtenden Bündels bei höheren Drucken u. einer Polarisation dieser Strahlung sowie einer Unempfindlichkeit dieser Polarisation gegen magnet. Felder werden unter Heranziehung der Theorie von WEISSKOPF (vgl. Ann. Physik. **9.** [1931.] 23) diskutiert. (Nuovo Cimento [9] **10.** 573—80. 1/5. 1953. Toruń, Polen, Nik. Kopernicus Univ., Phys. Dep.) EICHHOFF. 118

L. M. Brechowskich, *Reflexion begrenzter Wellenbündel und Impulse.* Ausführliche theoret. Darst. des genannten Themas. (Успехи Физических Наук [Fortschr. physik. Wiss.] **50.** 539—76. Aug. 1953.) KIRSCHSTEIN. 119

C. W. Bunn, *Bestimmung des Brechungsindex von anisotropen Kristallen.* Vf. zeigt, daß die „Meth." von AMBRONN (Ber. Sächs. Akad. Wiss. **45.** [1893.] 316) auf einer Täuschung beruht. Das von MACKAY (C. **1954.** 6421) vorgeschlagene Nomogramm kann bei Best. der Änderungen der Brechungsindices benutzt werden, welche auftreten, wenn ein Kristall um eine Richtung gedreht wird, die senkrecht zur Sehlinie steht, z. B. für die indirekte Best. sehr hoher γ-Indices (vgl. auch nachst Ref.). (Brit. J. appl. Physics **4.** 284. Sept. 1953. Welwyn Garden City, Herts., I. C. I. Ltd., Plastics Div.) V. HARLEM. 119

A. L. Mackay, *Bestimmung des Brechungsindex von anisotropen Kristallen.* Vf. bestätigt die Bemerkungen von BUNN (vgl. vorst. Ref.). (Brit. J. appl. Physics **4.** 284. Sept. 1953. London, Univ., Birkbeck Coll.) V. HARLEM. 119

S. Bhagavantam und **K. V. Krishna Rao,** *Photoelastischer Effekt in Bleinitrat.* Für die Na-D-Linien wurden mit einem BABINET-Kompensator die spannungsopt. Konstanten von *Pb(NO₃)₂* gemessen zu $(q_{11} - q_{12}) = -19{,}13 \cdot 10^{-13}$, $(q_{11} - q_{13}) = -11{,}84 \cdot 10^{-13}$ u. $q_{44} = -1{,}393 \cdot 10^{-13}$ CGS-Einheiten. Diese Werte sind ähnlich hoch wie die, die Vff. (vgl. Nature [London] **162.** [1948.] 740) für $Ba(NO_3)_2$ gefunden hatten. $(q_{11} - q_{12})$ ist verschieden von $(q_{11} - q_{13})$, wie es für die Kristallklasse T_h, in der das Nitrat krist., zu erwarten war. Der Unterschied beträgt 60% des niedrigeren Wertes u. ist sehr groß. Wie in $Ba(NO_3)_2$ wird auch in $Pb(NO_3)_2$ durch Druck parallel zur Würfelkante eine Doppelbrechung erzeugt, die ca. 14mal größer ist als die, die durch den gleichen Druck parallel der Würfeldiagonale erhalten wird. Das photoelast. Verh. von $Pb(NO_3)_2$ ist daher stark anisotrop u. bildet eine große Ausnahme. (Nature [London] **172.** 415. 29/8. 1953. Hyderabad, Osmania Univ., Phys. Labor.) GOTTFRIED. 119

W. A. Bowers, *Anwendung der Thomas-Fermi-Methode auf die Berechnung von gewissen molekularen Schwingungsfrequenzen.* (Sitzungsbericht.) Vf. versucht, die THOMAS-FERMI-Meth. zur Berechnung der Frequenz in „lebenden" Schwingungen von tetraedr. u. oktaedr. Moll. zu benutzen. Vf. bestimmt die Energie u. hieraus dann die Bindungslänge u. Schwingungsfrequenz sowie die Kraftkonstante, die mit den experimentellen Daten für eine Anzahl von Tetrahalogenmoll. verglichen werden. Es wird keine gute Übereinstimmung der Werte gefunden. Bei Berücksichtigung der effektiven Kernladungen für die Atome, entsprechend dem Druck der inneren Schalen auf den Kern, wird jedoch eine vernünftige Beziehung erhalten. (Physic. Rev. [2] **91.** 242. 1/7. 1953. North Carolina, Univ.) D. Hahn. 120

H. J. Becher und **J. Goubeau,** *Zum Bindungszustand in Bor–Stickstoff-Verbindungen.* 1. Mitt. *Raman-Spektren einiger Borazene.* Es werden die Raman-Spektren mit geschätzten Intensitäten von folgenden Borazenen (*Aminoborine*) mitgeteilt: $(CH_3)_2 \cdot BNH_2$ (I), $(CH_3)_2BNH(CH_3)$ (II) u. $(CH_3)_2BN(CH_3)_2$. Die voll zugeordneten Spektren beweisen das Vorhandensein einer koordinativen Doppelbindung zwischen B u. N mit einer Kraftkonstante $k_{BN} = 7{,}5 \cdot 10^5$ dyn/cm. Diese Bindungsart wird näher besprochen. Auch die NH-Valenzfrequenzen zeigen ein für eine Mehrfachbindung charakterist. Verhalten. Für die dimeren Formen von I u. II läßt sich die schon früher vorgeschlagene Ringstruktur aus den Spektren wahrscheinlich machen. (Vgl. hierzu C. **1954.** 1058.) (Z. anorg. allg. Chem. **268.** 133—44. Mai 1952. Göttingen, Univ., Anorg.-Chem. Inst.) Goubeau. 120

H. J. Becher, *Die Raman-Spektren der Methylborchloride.* Aus den Raman-Spektren von $B(CH_3)_2Cl$ (I) u. $B(CH_3)Cl_2$ (II), für die eine neue Darst. angegeben wird, wurden die Kraftkonstanten für die BCl- u. BC-Bindungen berechnet u. mit den entsprechenden Werten von BCl_3 u. $B(CH_3)_3$ (vgl. C. **1953.** 1760) verglichen. Dabei ergibt sich, daß k_{BCl} in I u. k_{BC} in II gegenüber den übrigen Verbb. stark geschwächt ist. Als Ursache dafür werden induktive Effekte u. die Beteiligung von Mehrfachbindungen angenommen, wobei dem induktiven Effekt der Chloratome mehr Bedeutung beigemessen wird. (Z. anorg. allg. Chem. **271.** 243—56. März 1953. Stuttgart, TH., Labor. für anorg. Chem.) Goubeau. 120

J. Goubeau und **H. Keller,** *Raman-Spektren und Struktur von Boroxolverbindungen.* (Vgl. C. **1952.** 5382.) Es wurden die Raman-Spektren von *Trimethyl-*, *Tridimethylamino-*, *Trimethoxy-*, *Trichlorboroxol* u. von *B-Trimethylborazol* aufgenommen. Die Diskussion der Spektren erbringt in Anlehnung an die gut untersuchten Spektren von 1.3.5-trisubstituierten Benzolen u. des Borazols den sicheren Nachw. für einen B_3O_3-Ring, charakterisiert durch eine starke Frequenz bei 800 cm^{-1}. Auf dieser Grundlage lassen sich die Spektren zuordnen u. die Kraftkonstanten berechnen, die diskutiert werden. Da im *Dibortrioxyd* eine starke Frequenz bei 800 cm^{-1} beobachtet wird, so kann auch in dieser Verb. das Vorhandensein von Boroxolringen angenommen werden. (Z. anorg. allg. Chem. **272.** 303—12. Juli 1953.) Goubeau. 120

A. Simon und **M. Weist,** *Über Acidiumsalze. Ramanspektroskopische und viscosimetrische Untersuchungen über die Strukturen der wasserfreien Salpeter-, Phosphor- und Überchlorsäure sowie des Phosphorsäureperchlorats.* Aus den Raman-Spektren von wasserfreier HNO_3, $HClO_4$ u. H_3PO_4 wird der Schluß gezogen, daß HNO_3 ein Acidiumsalz bildet, während $HClO_4$ weder ein Acidiumsalz noch ein Hydroniumsalz bildet. H_3PO_4 erleidet beim Schmelzen einen Anhydrisierungsprozeß unter Bldg. von Pyrophosphorsäure u. Dihydrogenphosphationen, die über Wasserstoffbrücken miteinander verbunden sind. Aus Mischungen von $HClO_4$ u. H_3PO_4 in verschied. Verhältnissen wird beim Abkühlen immer $H_3PO_4 \cdot HClO_4$ in Form von weißen Kristallen erhalten. In der Schmelze dieser Substanz ist neben der Pseudoform von $HClO_4$ spektroskop. auch das ClO_4-Ion nachweisbar. Das Kation $[P(OH)_4]^+$ hat wahrscheinlich tetraedr. Konfiguration. Viscosimetr. Unterss. beweisen das Vorhandensein von $H_2O \cdot HClO_4$, $2\,H_2O \cdot HClO_4$, $HClO_4 \cdot H_3PO_4$. Außerdem wird im Gegensatz zu HNO_3 u. $HClO_4$ bei H_3PO_4 auf weitgehende Verknüpfung der Moll. durch Wasserstoffbrücken geschlossen. (Z. anorg. allg. Chem. **268.** 301—26. Juni 1952. Dresden, TH., Inst. für anorgan. u. organ. techn. Chem.) Goubeau. 120

Harry C. Allen jr., *Reine Quadrupolspektren von Molekülkristallen.* Vf. beschreibt zuerst zwei Radiofrequenzspektrometer zur Unters. reiner Quadrupolspektren, das eine für den Bereich von 20—40 MHz, das zweite, einfachere, für den Bereich 1 bis 40 MHz. Tabellar. sind die früher (vgl. C. **1954.** 4575) für Chloressigsäuren u. verwandte Verbb. bei 295, 196 u. 77°K erhaltenen Frequenzwerte zusammengestellt, welche ausführlich diskutiert werden. Neuere Messungen wurden durchgeführt mit dem Zweck, den Einfl. der Substitution von H durch D auf die Cl-Quadrupolkopplungsfrequenzen festzustellen. Bei Messungen der reinen Quadrupolspektren von *HCl* u. *DCl* wurde in jeder Verb. für jedes Cl-Isotop nur eine Linie gefunden; bei —196° ist die Frequenz der ^{35}Cl-Linie in HCl 26,469 MHz. Unter Annahme zylindr. Symmetrie für den Feldgradienten erhält man eine Quadrupolkopplungskonstante von 52,938 MHz. Die Frequenz in DCl bei —196° ist 27,309 MHz. In dem reinen Quadrupolspektr. von $CH_2Cl \cdot$

COOD wurden wie bei *$CH_2Cl \cdot COOH$* zwei Linien gefunden, deren Abstände in beiden Verbb. dieselben sind, was auf gleiche Kristallstruktur hindeutet. Die Linien der deuterierten Verb. sind bei —196° 20 kHz höher; diese Verschiebung wird sehr wahrscheinlich durch den Unterschied zwischen den O . . . H—O- u. O . . . D—O-Bindungen in der vermutlich im festen Zustand auftretenden dimeren Säure verursacht. (J. physic. Chem. **57.** 501—04. Mai 1953. Oak Ridge, Tenn., Nat. Labor.) GOTTFRIED. 121

H. Neuert und **Th. Retz-Schmidt,** *Messung des Abklingens der Phosphorescenz bei einigen Alkalihalogeniden.* An mit *Tl* aktiviertem *NaJ*, *KJ* u. *KCl* wird das Abklingen der durch (Ra-) γ-Strahlung erregten lang dauernden Phosphorescenz mittels Sekundärelektronenvervielfacher, Untersetzer u. Zählwerk bei +5° u. —50° gemessen. Während der ersten Min. folgt das Abklingen einem hyperbol. Gesetz, später jedoch einem Exponentialgesetz. Es wird darauf hingewiesen, daß man auf die Möglichkeit eines störenden Einfl. der Phosphorescenz auf die Ausmessung energiearmer β- u. γ-Strahlen bei Scintillationsmessungen achten muß. (Z. Physik **134.** 165—72. 1953. Hamburg, Phys. Staatsinst.) BRAUER. 125

C. E. Mandeville und **H. O. Albrecht,** *Die Energiespeicherung in silberaktiviertem Kaliumchlorid.* Ausführliche Darst. der in C. **1954.** **6423** referierten Arbeit. (Physic. Rev. [2] **91.** 566—67. 1/8. 1953. Swarthmore, Pa., Franklin Inst., Bartol Res. Found.) RUDOLPH. 125

H. Gobrecht und **F. Becker,** *Über die Lumineszenz der Thallium(I)- und Blei(II)-halogenide bei tiefen Temperaturen.* Alle Tl(I)- u. Pb(II)-Halogenide außer den Fluoriden erweisen sich bei —180° dann als fluorescenzfähig, wenn sie mit Wasser(-dampf) in Berührung gekommen waren. Die aufgenommene Wassermenge ist nicht wägbar. Sie ist nur schwer zu entfernen, z. B. durch längeres Erhitzen der Salze auf Tempp. wenig unterhalb ihres Kp. (nicht F.). Die Tl(I)-Halogenide werden auch durch Zerreiben oder Abschrecken der Schmelze fluorescenzfähig. (Z. Physik **135.** 553—57. 1953. Berlin-Charlottenburg, Techn. Univ., Phys. Inst.) BRAUER. 125

H. Gobrecht und **Dietrich Hahn,** *Die Luminescenz der Erdalkalipolysulfide.* (Vgl. C. **1953.** 6616.) Es wird die Präparation von Strontium- u. Bariumpolysulfidleuchtstoffen beschrieben, die bei Anregung mit der Hg-Linie $\lambda = 366$ mμ gelb- bis rotorange luminescieren. Die Spektren der Leuchtstoffe werden bei verschied. Tempp. aufgenommen u. die Luminescenzintensität (Quantenausbeute) in Abhängigkeit von der Temp. gemessen. Die Abklingung erfolgt exponentiell: Bei Bestrahlung mit der Hg-Linie $\lambda = 366$ mμ tritt ein sehr kleiner Photostrom von einigen 10^{-14} A auf. Analogien mit den bereits bekannten Alkalipolysulfidleuchtstoffen (vgl. l. c.) werden aufgezeigt; wie bei diesen ist der monomol. Leuchtvorgang dem Polysulfidmol. zuzuschreiben, speziell dem Di- u. Trisulfid. (Z. Physik **135.** 523—30. 1953. Berlin-Charlottenburg, Techn. Univ., Phys. Inst.) BRAUER. 125

H. Gobrecht und **W. Kunz,** *Der Zusammenhang von Schwärzung und Luminescenzvermögen beim Zinksulfid.* An ZnS-Leuchtstoffen, deren Luminescenz durch Zermahlen, durch Einbau von *Co*, durch Änderung der Glühtemp. oder durch Aktivierung mit *Cu* geändert wurde, wurde die Schwärzung (Zn-Abscheidung) in Abhängigkeit von der Luminescenz untersucht, wie sie in feuchter Atmosphäre bei Bestrahlung mit dem Licht einer Hg-Spektrallampe auftritt. Die Ergebnisse zeigen einen Zusammenhang zwischen Schwärzung u. Luminescenzvermögen. (Z. Physik **136.** 21—25. 1953. Berlin-Charlottenburg, Techn. Univ., Phys. Inst.) BRAUER. 125

Immanuel Broser und **Werner Reichardt,** *Über den Einfluß der durch Druckzerstörung erzeugten Gitterfehlstellen auf die Luminescenz von ZnS-Phosphoren.* Als Maß für die Druckzerstörung eines Leuchtstoffes wird der differentielle Reflexionsfaktor definiert, der der Zahl der erzeugten Gitterfehlstellen proportional ist. Dann ist die gemessene Abnahme der Luminescenzausbeute eine monotone Funktion der Druckzerstörung. Bei α- u. γ-Strahlerregung ist — unabhängig von der Druckzerstörung — die Luminescenz der Erregung proportional. Bei UV-Erregung dagegen verändert die Druckzerstörung eine ursprünglich lineare Abhängigkeit in eine quadratische. Wie glow-Kurven zeigen, erzeugt die Druckzerstörung neue tiefe Haftstellen. Ihr Beitrag zu den strahlungslosen Übergängen wird in Rechnung gesetzt u. ermöglicht die quantitative Deutung der Druckzerstörung bei α- u. γ-Erregung sowie der Änderung der Reaktionsordnung bei UV-Erregung. Druck- u. α-Zerstörung sind wesensgleich. (Z. Physik. **134.** 222—44. 1953. Berlin-Dahlem, KWI, Phys. Chem. Elektrochem.) BRAUER. 125

H. A. Klasens, *Über die Natur der Fluorescenzzentren und Haftstellen in Zinksulfid.* Die lokalisierten Niveaus im Termschema des ZnS-Phosphors, die durch Einbau von

Fremdatomen (bzw. -ionen) erzeugt werden, sind nicht Terme des Fremdatoms, sondern solche eines Wirtsgitterbausteins an der durch das Fremdion erzeugten Störstelle. So sind die durch Aktivierung mit Cu^+, Ag^+, Au^+, Li^+, Na^+ erzeugten besetzten Aktivatorterme aus dem besetzten S^{2-}-Band gehobene S^{2-}-Terme u. die durch die Koaktivatoren (Halogenionen, Al^{3+}, Se^{3+}, Ga^{3+}, In^{3+} u. a.) hervorgerufenen unbesetzten Haftterme aus dem Zn^+- (Leitfähigkeits-) Band gesenkte Zn^+-Terme. Die Elemente der Eisengruppe erzeugen Elektronenhaftstellen; ihre Killerwrkg. wird mit der Annahme erklärt, daß die bei der Elektronen–Defektelektronen-Rekombination frei werdende Energie auf die Killerionen übertragen wird, die infolge Vorhandenseins vieler Zwischenterme strahlungslos in den Grundzustand zurückkehren. Die unterschiedliche Wrkg. von Fe, Ni u. Co hängt mit der relativen Höhe der Niveaus zusammen. Die Theorie wird in Zusammenhang mit zahlreichen alten u. neuen experimentellen Befunden diskutiert. (J. electrochem. Soc. **100.** 72—80. Febr. 1953. Eindhoven, N. V. Philips Gloeilampenfabr., Philips Res. Labor.) BRAUER. 125

R. Ritschl und **A. Schwerdtfeger,** *Selektive Reflexion der Rubin-Resonanzfluorescenzstrahlung.* Die Bedingung von MÖGLICH u. ROMPE (Z. Physik **120.** [1943.] 741) für den Übergang von Volum–Resonanz-Fluorescenz in kohärente Oberflächenreflexion („mehrere Atome im Wellenlängenkubus der Strahlung") wäre beim Rubin mit 2 Mol-% Cr ohne weiteres für die rote Resonanzlinie erfüllt. Die rote Emission eines Rubins wurde an einem Rubin u. einem Cr-freien Vergleichskristall (Korund) gespiegelt. Bei —193° erweist sich die Reflexion am Rubin wesentlich stärker, doch nur, wenn auch der emittierende Rubin auf —193° ist; sonst sind Emissions- u. Resonanzwellenlänge verschieden. (Fortschr. Physik **1.** 44. 1953. Berlin, Humboldt-Univ., I. Phys. Inst.) BRAUER. 125

H. Chomse, W. Hoffmann und **P. Seidel,** *Die Sichtbarmachung von Wärme und Ultraschall durch Organophosphore. Über Organophosphore.* 6. Mitt. (5. vgl. C. **1951.** II. 186.) Mit *Uranin* aktivierte Phosphore mit *Borsäure, Metaphosphorsäure* u. *Monomagnesiumphosphat* als Grundmaterial sind wegen der Temperaturabhängigkeit ihrer Emissionsbanden zur Sichtbarmachung von Gegenständen durch ihre Temp. als auch von Ultraschallfeldern geeignet. Die entstehenden Bilder lassen sich nach den üblichen Methoden photographieren. (Naturwissenschaften **40.** 288—89. Mai 1953. Berlin, Humboldt-Univ., Inst. für Veterinär-Chemie.) BRAUER. 125

A_3. Elektrizität. Magnetismus. Elektrochemie.

Roger Servant und **Pierre Loudette,** *Beobachtung von Anomalien bei abgewandelten Hertzschen Rotationen.* (Vgl. C. **1953.** 2072.) Die Verss. mit schraubenförmigen Resonatoren, die zur Beobachtung ellipt. polarisierter elektromagnet. Wellen im Dezimeterbereich führten, werden unter Abänderungen in den Abmessungen der Resonatoren fortgesetzt. Es ergibt sich ein weiteres Absorptionsgebiet. Vff. schließen auf einen Wirkungsmechanismus ähnlich dem bei dem von CONDON (Rev. mod. Physics **9.** [1937.] 451) beschriebenen Modell. (C. R. hebd. Séances Acad. Sci. **233.** 1593—95. 19/12. 1951.) H. JACOB. 130

L. Brück, *Das Verhalten eines Elektronenstrahls beim Eintritt in ein koaxiales Magnetfeld.* In einer Lauffeldröhre soll ein Elektronenstrahl hoher Stromdichte (1—5 A/cm²) mit möglichst konstantem Durchmesser an einer Verzögerungsleitung entlanggeführt werden. Zu diesem Zweck läßt man ein homogenes, zur Strahlrichtung paralleles Magnetfeld an derjenigen Stelle beginnen, an welcher der ursprünglich konvergente u. durch Raumladungskräfte wieder divergierende Strahl einen engsten Querschnitt erreicht. Der Verlauf der Elektronenbahnen in der Umgebung dieser Stelle wird untersucht. (Telefunken-Ztg. **26.** 85—88. März 1953.) LENZ. 130

Martin Müller, *Magnetische Elektronenoptik in Langstrahlverstärkerröhren.* Diskussion der elektronenopt. Eigg. von Strahlbeschleunigungs- u. Strahlleitsyst. nach dem Lauffeldprinzip arbeitender Verstärkerröhren für sehr hohe Frequenzen. Wie im vorst. Ref. wird auch hier das Problem behandelt, durch ein Magnetfeld einen Elektronenstrahl hoher Stromdichte in einen Zylinder konstanten Querschnitts zu bündeln. (Telefunken-Ztg. **26.** 95—101. März 1953.) LENZ. 130

H. Maecker und **T. Peters,** *Messung der Plasmaleitfähigkeit im Hochleistungsbogen.* Vff. beschreiben den wasserstabilisierten Hochleistungsbogen, einen Lichtbogen, der in dem definierten zylindr. Kanal eines rotierenden Wasserwirbels brennt. Bei einem Kanaldurchmesser von 2,3 mm u. einer Stromstärke von 1450 Å steigt die Feldstärke auf 300 V/cm, so daß auf 1 cm Bogenlänge eine Leistung von 440 kW entfällt. Die Temp. an der Kanalachse erreicht dann 52000° K. An diesem Bogen wurden für eine Reihe verschied. Stromstärken zwischen 100 u. 1500 A die radialen Temperaturverteilungen gemessen. Das Plasma in diesem Hochleistungsbogen besteht der hohen Temp. wegen fast nur aus Elektronen u. ein- u. mehrfach geladenen Ionen. Am Stromtransport beteiligen sich letztere nur mit ca. 1%. Die Beweglichkeit der Elektronen wird durch Zusammenstoß mit den Neutralteilchen u. durch die COULOMB-Kräfte der Ionen gehemmt. Mit Hilfe der Stromtransportgleichung wird der Wirkungsquerschnitt der Ionen ermittelt. Die nach der Theorie von GWOSDOWER (Physik. Z. Sowjetunion **12.** [1937.] **164**) errechnete Plasmaleitfähigkeit σ ergibt im Vgl. mit der gemessenen, daß die Theorie zwar den richtigen Verlauf mit der Temp. wiedergibt, daß jedoch der Wirkungsquerschnitt der Ionen um den Faktor a = 0,55 zu mindern ist. Übereinstimmend mit Theorie u. Meßergebnissen wird σ durch die mehrfach geladenen Ionen stark beeinträchtigt u. strebt einem Grenzwert zu. Dieser beträgt für große Stromstärken 138 Siemens/cm. (Z. physik. Chem. **198.** 318—28. Okt. 1951. Kiel, Univ., Inst. für Exp. Physik.) ENDRASS. 131

Herman Ritow, *Der elektrische Strom während der Dunkelzeiten einer intermittierenden Glimmentladung in* H_2. (Sitzungsbericht.) Bei intermittierenden Glimmentladungen fließt auch während der Dunkelzeiten ein Strom, der für Drucke oberhalb des PASCHEN-Minimums dieselbe Richtung hat wie der Strom während der leuchtenden Phase u. über 50% von dessen Größe betragen kann, während er für Drucke unterhalb des PASCHEN-Minimums seine Richtung umkehrt u. ein Vielfaches des eigentlichen Glimmstromes betragen kann. (Physic. Rev. [2] **85.** 706. 15/2. 1952; Bull. Amer. physic. Soc. **26.** Nr. 6. 10. 24/10. 1951. Northwestern Univ.) PIEPLOW. 131

K. W. Meissner und **W. F. Miller,** *Der Einfluß der Bestrahlung auf die Charakteristik einer Glimmentladung in reinen Edelgasen.* (Sitzungsbericht.) Bei der Bestrahlung der positiven Säule einer reinen Edelgasentladung durch eine zweite Entladung desselben Gases verschiebt sich die Strom–Spannungs-Kennlinie so, daß höhere Spannungen bei gleichem Strom abfallen. Der Effekt wurde in *Ne, He, Ar, Kr* u. *Xe* nachgewiesen u. wird als Verminderung der Konz. an metastabilen Atomen gedeutet. (Physic. Rev. [2] **85.** 706. 15/2. 1952; Bull. Amer. physic. Soc. **26.** Nr. 6. 10. 24/10. 1951. Purdue Univ.) PIEPLOW. 131

G. E. Evans, P. M. Stier und **C. F. Barnett,** *Die Bremsung schwerer Ionen in Gasen.* He^{+}-, N_2^{+}-, Ne^{+}- u. Ar^{+}-Ionen werden mit einem COCKCROFT-WALTON-Generator auf 20—250 keV beschleunigt u. in He, N_2, Ar u. Luft von 0,1—760 Torr abgebremst. Mit einer beweglichen Ionisationskammer wird die räumliche Verteilung des Ionisationsbereiches abgetastet. Die Raumladung des Ionenstrahls fällt axial exponentiell u. seitlich nach einer GAUSS-Verteilung ab. Zur Berechnung der Raumladungsverteilungen wird eine halbempir. Meth. angegeben. (Physic. Rev. [2] **90.** 825—32. 1/6. 1953. Oak Ridge, Tenn., Nat. Labor.) M. DRECHSLER. 131

S. M. Neamtan, *Der Čerenkov-Effekt und die Dielektrizitätskonstante.* Vf. entwickelt eine quantenmechan. Theorie der ČERENKOV-Strahlung, in der das brechende Medium nicht als Kontinuum, sondern als Ansammlung von Atomen behandelt wird. Die Atome u. das elektromagnet. Feld werden als ein einziges Syst. angenommen, das mit den einfallenden geladenen Teilchen in Wechselwrkg. tritt. Die ČERENKOV-Strahlung entsteht infolge dieser Wechselwrkg. bei Übergängen erster Ordnung. Die Art dieses Prozesses führt Vf. zu einer quantenmechan. Definition der DK., mit deren Hilfe die Theorie die bekannten Eigg. der ČERENKOV-Strahlung zu deuten vermag. Die Definition der DK. führt zu dem gleichen Ausdruck für diese Größe wie die Dispersionsgleichung von KRAMERS u. HEISENBERG. (Physic. Rev. [2] **92.** 1362—67. 15/12. 1953. Winnipeg, Univ. of Manitoba, Dep. of Math. Phys.) R. STEIN. 132

Shepard Roberts, *Dielektrische Veränderungen eines Elektrolumineszenzphosphors während der Belichtung.* (Sitzungsbericht.) An mit *Cu* aktiviertem *Zn(S, Se)* (80:20) wurde bei Belichtung mit Wellenlängen um 4000 Å optimale Änderung der DK. im elektr. Wechselfeld von 1000 Hz gemessen. Die Änderung ist größer als in ZnS-Phosphoren bei höheren Frequenzen. Es handelt sich nicht allein um eine Änderung der Leitfähigkeit. Die DK.-Änderung wächst mit abnehmender elektr. Feldstärke. (Physic. Rev. [2] **90.** 364. 15/4.; J. opt. Soc. America **43.** 590—92. Juli 1953. Gen. Electric. Res. Labor.) BRAUER. 132

Jean Roux, *Photodielektrischer Effekt, Ferroelektrizität und Thermoluminescenz von Zinkoxyd nach Bestrahlung mit ultraviolettem Licht.* Eine ZnO-Platte (analysenrein), die bei Bestrahlung mit UV einer Hg-Lampe reine Fluorescenz ohne Nachleuchten zeigt, leuchtet bei Erwärmung (200°) nach Bestrahlung auf. Diese Thermoluminescenz deutet auf das Vorhandensein von Haftstellen hin. An einem lichtempfindlichen Kondensator, bestehend aus einer ca. 20% ZnO u. 80% Paraffin enthaltenden Scheibe mit Doppelkammbelägen, wird bei Bestrahlung mit UV (bei sorgfältiger Ausfilterung der infraroten Strahlung der Lichtquelle) eine Kapazitätserhöhung um den Faktor 7 bei 10 kHz u. um den Faktor 100 bei 800 kHz beobachtet. Bes. bei den tiefen Frequenzen erniedrigen eine Felderhöhung u. Infrarotbestrahlung die Kapazität. Nach Abschalten der UV-Quelle klingt die Kapazitätserhöhung sehr langsam (über Tage) ab. Kurzzeitige Infrarotbestrahlung während des Abklingens gibt eine momentane schwache Erhöhung. Die Änderung der Kondensatorentladungen als Funktion eines angelegten elektr. Feldes von 50 kHz zeigte beim lichterregten Kondensator einen für ferroelektr. Stoffe charakterist. Hysteresecyclus. Für den photodielektr. Effekt u. die Ferroelektrizität des ZnO scheinen die nach Erregung mit Elektronen besetzten Haftstellen verantwortlich zu sein. Aus dem Temperaturverh. wird auf einen CURIE-Punkt oberhalb der Zimmertemp. geschlossen. (C. R. hebd. Séances Acad. Sci. **236.** 2492–94. 29/6. 1953.) RUDOLPH. 133

I. Ss. Andrejew, *Untersuchung der Elektronenemission eines Metalls im Übergangsgebiet von der kalten zur Thermoelektronenemission.* Mit Hilfe des sphär. Elektronenprojektors (Feldelektronenmikroskop), welcher die Ströme von den verschied. Kristallflächen eines monokristallinen Emittors zu messen gestattet, wurde die Elektronenemission im Übergangsgebiet von der kalten zur Glühemission gemessen (im Bereich von 900–1300° K bei Feldstärken von 10^7–10^8 V/cm). Zu diesem Zweck wurde mit Hilfe eines FARADAY-Käfigs bei verschied. Werten der angelegten Spannung der von einem bestimmten Oberflächenbereich der emittierenden Spitze ausgehende Strom in Abhängigkeit von der Temp. gemessen u. durch Vgl. der Meßergebnisse mit dem theoret. zu erwartenden Verlauf die Austrittsarbeit u. die Feldstärke an der Oberfläche der Kathode bestimmt. Die Meßergebnisse lassen sich gut mit der Theorie von GUTH u. MULLIN (Physic Rev. **61.** [1942.] 339) in Übereinstimmung bringen. Für die (1 1 0)-Richtung ergibt sich aus den Messungen am kugelförmigen Emittor die Austrittsarbeit zu 4,6 ± 0,08 eV, für die (1 1 1)-Richtung zu 4,32 ± 0,11 eV. Über das Material des Emittors werden keine Angaben gemacht. Die Formveränderungen des Emittors bei der therm. Bearbeitung wurden an Hand des feldelektronenmkr. Bildes verfolgt. (Журнал Технической Физики [J. techn. Physik] **22.** 1428–41. Sept. 1952. Lehrstuhl für experimentelle Physik.) LENZ. 134

E. Plötze, A. Rubin und **A. Zwetsch,** *Elektrische Widerstandsmessungen an heterogenen, mehrphasigen Gemengen.* Kurze Mitt. über Messungen der elektr. Leitfähigkeit mit Elektrometer bzw. Wechselstrombrücke an mit verschied. Wassergehh. in Pastillenform gepreßten Silicatsystemen in Abhängigkeit vom Raumgewicht. Die Dichteabhängigkeit des spezif. Widerstandes im Bereich von 0,8–2,2 g/cm³ bei Wassergehh. von 0,7–6,1% ist bei geringen Raumgewichten durch einen Abfall, bei höheren Raumgewichten (nach Durchlaufen eines Minimums) durch einen verhältnismäßig steilen Anstieg gekennzeichnet. Die aufgewandten Preßdrucke betrugen maximal 2000 at. Die absol. Größe u. der Temperaturkoeff. des spezif. Widerstandes berechtigen nach Ansicht der Vff. zu der Annahme, daß in diesen Systemen eine Ionenleitfähigkeit vorliegt. (Naturwissenschaften **40.** 408–09. Aug. 1953. Saarbrücken, Univ., Physikal. Inst.; Mettlach, Villeroy u. Boch, Keram. Versuchsanst.) R. STEIN. 135

Francis E. Low und **David Pines,** *Die Beweglichkeit langsamer Elektronen in polaren Kristallen.* Vff. finden bei der Anwendung ihrer Näherungsmeth. zur Berechnung der effektiven M. (vgl. LEE u. Mitarbeiter, C. **1954.** 2764) auf die Berechnung der Beweglichkeit u langsamer Elektronen in polaren Kristallen diese zu $u = (\frac{1}{2}\alpha\,\omega)(e/m)\cdot(m/m^*)^2 f(\alpha) \exp(\hbar\,\omega/k\,T)$. Hierin ist m die effektive Kristallmasse des Elektrons, $\alpha = (e^2/2\,\hbar\,c)\cdot(2\,m\,c^2/\hbar\,\omega)^{1/2}(1/n^2 - 1/\varepsilon)$; $m^* = m(1 + \alpha/6)$ u. $f(\alpha)$ eine sich langsam ändernde Funktion von α, die mit 5/4 für $3 < \alpha < 6$ angenommen werden kann. n^2 ist die DK. des Kristalls bei hoher, ε die DK. bei niedriger Frequenz. (Physic. Rev. [2] **91.** 193–94. 1/7. 1953. Urbana, Ill., Univ., Dep. of Phys.) SIEWERT. 135

E. J. Ryder, *Die Beweglichkeit von Elektronen und Löchern in starken elektrischen Feldern.* (Vgl. C. **1953.** 1291; **1952.** 809.) Bei *Ge* u. *Si* wird die Stromdichte u. damit die Beweglichkeit von Elektronen u. Löchern als Funktion der Feldstärke gemessen. Die krit. Feldstärken des Knickes bei 298° K betragen: 900 V/cm für n-Ge, 1400 V/cm für p-Ge, 2500 V/cm für n-Si u. 7500 V/cm für p-Si. Sie sind 2–4 mal größer als berechnete Feldstärken. Eine Sättigung der Driftgeschwindigkeit wird bei Ge entsprechend der Theorie bei $6\cdot10^6$ cm/sec beobachtet. (Physic. Rev. [2] **90.** 766–69. 1/6. 1953. Murray Hill, N. J., Bell Telephone Labors.) M. DRECHSLER. 135

Robert C. Fite, *Germanium, ein aus Abfällen gewonnenes Metall von großer Bedeutung.* Gemeinverständliches über Eigg., Vork., Herst. (sehr reine Einkristalle) u. Verwendung von Ge als Halbleiter für Gleichrichter, Transistoren usw. (Sci. Monthly **78.** 15—18. Jan. 1954. Oklahama, A. & M. Coll.) BLUMRICH. 135

M. B. Prince, *Driftbeweglichkeiten in Halbleitern.* 1. Mitt. *Germanium.* Die Driftbeweglichkeit von Löchern in n-leitendem Ge u. von Elektronen in p-leitendem Ge wird in Abhängigkeit von Temp. u. Störstellenkonz. gemessen. In Einkristallen mit höherem spezif. Widerstand als 10 $\Omega \cdot$cm beträgt bei 300° K die Beweglichkeit der Löcher 1900 ± 50 cm²/V·sec, die der Elektronen 3900 ± 100 cm²/V·sec. Die Temperaturabhängigkeit der Beweglichkeit beträgt für Material derart hohen Widerstandes $3{,}5 \cdot 10^7$ $T^{-1{,}6}$ für Löcher u. $9{,}1 \cdot 10^8$ $T^{-2{,}3}$ für Elektronen. Diese Werte stehen in Übereinstimmung mit aus der Leitfähigkeit ermittelten Beweglichkeiten. (Physic. Rev. [2] **92.** 681—87. 1/11. 1953. Murray Hill, N. J., Bell Telephone Labors.) R. STEIN. 135

E. Weisshaar und **H. Welker,** *Magnetische Sperrschichten in Germanium.* Vff. berichten über die experimentelle Bestätigung der theoret. Überlegungen von WELKER (C. **1953.** 491), wonach in einem stromdurchflossenen Eigenhalbleiter hoher Elektronen- u. Löcherbeweglichkeit beim Einschalten eines transversalen Magnetfeldes beträchtliche Veränderungen der Ladungsträgerdichte möglich sind, wenn die Volumen- u. Oberflächenrekombination hinreichend klein ist. Diese Dichteänderung sollte sich in dem Auftreten einer nichtlinearen Strom–Spannungs-Charakteristik äußern, verbunden mit einer ungewöhnlich hohen Widerstandsänderung im Magnetfeld. An einem Ge-Kristall konnte je nach dem Richtungssinn der Felder eine positive Widerstandsänderung von 470% bzw. eine negative Widerstandsänderung von 13% erzielt werden. Messungen der Frequenzabhängigkeit u. des lichtelektr. Effektes beweisen, daß die theoret. Vorstellung auf den neuen Effekt wirklich zutrifft. (Z. Naturforsch. **8a.** 681—86. Nov. 1953. Erlangen, Siemens-Schuckert-Werke A. G., Forschungslabor.) R. STEIN. 135

F. Beck, *Der Energieimpulstensor in der phänomenologischen Theorie der Supraleitung.* (Vgl. C. **1953.** 7473.) Die Grundgleichungen der Theorie der Supraleitung werden durch Einführung eines Vierersupraimpulses in eine LORENTZ-invariante Form gebracht. Die Übereinstimmung mit der Theorie von v. LAUE u. die Abweichungen gegenüber der Theorie von LONDON werden dabei bes. klar. (Z. Physik **134.** 334—45. 1953. Berlin-Dahlem, KWI für Physikal. Chem.) KIRSCHSTEIN. 136

A. W. Cochardt, *Eine Methode zur Messung der Magnetostriktion.* Torsionsunterss. an Drähten aus verschied. ferromagnet. Stoffen (*Fe, Ni,* 85% *Fe*–15% *Ni,* 72% *Fe*–28% *Ni,* 60% *Fe*–40% *Co,* 86% *Fe*–14% *Al,* 87% *Fe*–13% *Cr*) ergaben, daß die Beziehung zwischen Scherspannung u. Scherverformung für magnetisierte u. unmagnetisierte Drähte verschieden ist. Die Differenz ist erklärbar durch Wandverschiebung u. Rotation der magnet. Elementarbereiche. Werte für die Magnetostriktion lassen sich daraus ableiten. Diese Meth. zur Best. der Magnetostriktion hat mehrere Vorteile. Sie ist einfacher durchzuführen als die meisten anderen Methoden, ihre Empfindlichkeit beträgt $4 \cdot 10^{-7}$, u. sie kann bei höheren Tempp. durchgeführt werden. Sättigungswerte für die Magnetostriktion sind allerdings für solche Stoffe, die eine große Kristallanisotropieenergie besitzen, nicht zu erhalten. (J. appl. Physics **25.** 91—95. Jan. 1954. East Pittsburgh, Pa., Westinghouse Res. Labors.) v. HARLEM. 137

George T. Rado, *Einige Magnetostriktionsbeziehungen in Stoffen, die eine Vorzugsrichtung der Elementarbereiche besitzen.* Es werden einfache Beziehungen für die magnetostriktiven Verspannungen für polykristalline ferromagnet. Stoffe abgeleitet, die eine Vorzugsachse für die Verteilung der Elementarbereichsorientierung besitzen. Die Übereinstimmung mit den gemessenen Werten an *Alcomax II, Ni,* 50% *Ni*–50% *Fe* nach verschied. Behandlungen, *Alnico V, 68–Permalloy,* 87% *Fe*–13% *Al,* 69% *Co*–31% *Fe* ist gut. (J. appl. Physics **25.** 102—06. Jan. 1954. Washington, D. C., Naval Res. Labor.) v. HARLEM. 137

A. Papoulis, *Eindringen einer elektromagnetischen Welle in ein ferromagnetisches Material.* Wenn ein magnet. Feld an die Oberfläche einer Lamellierung eines metall. ferromagnet. Kerns angelegt wird, dringt es wegen der Wirbelströme nicht sofort in das Innere. Falls die B—H-Kurve des Kerns eine Gerade ist, kann die Berechnung des Feldes im Innern nach bekannten Methoden durchgeführt werden. Für eine allg. B—H-Kurve ist die sich ergebende Gleichung für H nichtlinear. Hier ist nur eine numer. Lösung möglich. Für den Fall einer rechteckigen Hystereseschleife wird eine Näherungslösung gegeben. Die durchgeführten Verss. sind in guter Übereinstimmung mit den theoret. Erwartungen. (J. appl. Physics **25.** 169—76. Febr. 1954. Philadelphia, Pa., Burroughs Corp. Res. Activity, Magnetics Dep.) v. HARLEM. 137

Bruno Elschner, *Beitrag zur Erweiterung der Kenntnis der Elementarvorgänge der Magnetisierung in Eisen–Silicium-Kristallen.* An grobkörnigen Fe–Si-Proben wird das Verh. der magnet. Elementarbereiche in der Umgebung von Korngrenzen u. anderen künstlichen u. natürlichen Fremdkörpern mit der BITTERschen Streifenmeth. untersucht. Das allg. Minimalprinzip, wonach sich die Geometrie der Elementarbereichstrukturen immer so einstellt, daß ein möglichst kleiner Betrag an freier Energie dafür aufgewandt werden muß, läßt sich bis in alle Einzelheiten verfolgen. Die Gestalt des Fremdkörpers hat danach einen maßgebenden Einfl. auf die Gestalt der Bereiche (parabelförmige BLOCH-Wände um kugelförmige Einschlüsse, dreieckförmige Abschlußbereiche an Korngrenzen usw.). Untersucht werden ferner die Bewegung einer 180°-Wand über Oberflächenfremdkörper, das Abreißen der „NÉELschen Spieße" u. die Wandbewegung bei Temperaturerhöhungen. (Ann. Physik [6] **13.** 290—304. 1953. Jena, Univ., Physikal. Inst.) FAHLENBRACH. 137

Richard Feldtkeller und **Otto Kolb,** *Die komplexe Permeabilität eines hochpermeablen Ferritkernes.* Die Form der Ortskurve eines hochpermeablen Ni–Zn-Ferrits (*Siferrit 2000 Tr. 7* von SIEMENS) wird vorwiegend durch den Hauptrelaxationseffekt der Ferrite bestimmt u. in Einzelheiten durch die JORDAN-Nachwirkungen, die elektr. u. die mechan. Resonanz des Ringkernes u. durch die Hysterese. Die Hysterese erweist sich ebenfalls als mit Relaxation behaftet u. hat eine Zeitkonstante, die viermal so groß wie die Zeitkonstante des Hauptrelaxationseffektes der Permeabilität ist. (Z. angew. Physik **4.** 448—51. Dez. 1952. Stuttgart, TH, Inst. für elektr. Nachrichtentechnik.) v. HARLEM. 137

I. J. Hegyi, *Ferromagnetische Spinelle mit rechteckigen Hysteresisschleifen.* Der ferromagnet. Spinell $MgO \cdot 3\, MnFe_2O_4$ ist anwendbar für magnet. Speicherorgane. Kleine Ringe von ca. 55 mm Durchmesser sind prakt. anwendbar, sie haben eine Umklappzeit von 0,3 μsec, eine Koerzitivkraft von ca. 3 Oe u. eine fast rechteckförmige Hystereseschleife. Ringe mit 0,5 cm Durchmesser, die zur Unters. des Einfl. der Zus. benutzt wurden, zeigen bei der gleichen Zus. u. Behandlung eine geringere Koerzitivkraft von 1,6 Oe. Die spezif. Widerstände liegen in der Größenordnung $45 \cdot 10^3\ \Omega \cdot$cm. (J. appl. Physics **25.** 176—78. Febr. 1954. Princeton, N. J., Radio Corp. of America, RCA Labor. Div.) v. HARLEM. 137

E. W. Gorter, *Ionenverteilung, abgeleitet aus dem g-Faktor für einen ferrimagnetischen Spinell: Ti^{4+} in vierfacher Koordination.* Für ferrimagnet. Spinelle kann die Verteilung der Ionen auf die A- u. B-Plätze in gewissen Fällen aus der auf 0° K extrapolierten Sättigungsmagnetisierung abgeleitet werden. Es wird zunächst eine Gleichung hierfür abgeleitet für den Fall, daß nur zwei Ionenarten vorhanden sind u. daß die g-Faktoren bekannt sind. Sind jedoch 3 Ionenarten vorhanden, so sind zusätzliche Meßergebnisse oder Annahmen zur Best. der Ionenverteilung erforderlich. Hierfür ist der effektive g-Faktor g_{eff}, der aus Mikrowellenabsorptionsmessungen bestimmbar ist, brauchbar, vorausgesetzt, daß die ion. g-Faktoren genügend voneinander abweichen. Die abgeleiteten Formeln werden für den Fall des $Ni^{II}_{1,5}Fe^{III}Ti^{IV}_{0,5}O_4$ angewendet. Die Analyse ergibt die Formel $[Fe_{0,70}Ti_{0,3}]_A[Ni_{1,50}Fe_{0,30}Ti_{0,20}]_BO_4$. Das Vorhandensein der Ti^{4+}-Ionen in den tetraedr. Plätzen ist überraschend. (Nature [London] **173.** 123—24. 16/1. 1954. Eindhoven, Niederlande, N. V. Philips Gloeilampenfabrieken, Philips Res. Labor.) v. HARLEM. 137

André Marchand, *Über die magnetische Susceptibilität von einigen Kohlenrußen.* Vf. bestimmte die mittlere (diamagnet.) Susceptibilität von Kohlenrußen in Abhängigkeit vom Durchmesser L_a der Kristallite im Bereich $L_a = 2{,}8$ bis 200 bis 250 Å. Die Susceptibilität steigt zunächst mit L_a bis 36 Å nur sehr langsam an (von $-0{,}7$ auf $-0{,}93 \cdot 10^{-6}$), um dann plötzlich sehr steil anzusteigen (auf $-6{,}5 \cdot 10^{-6}$ bei $L_a = 200$—250 Å). Für große Graphiteinkristalle beträgt die Susceptibilität $-7{,}7 \cdot 10^{-6}$. (C. R. hebd. Séances Acad. Sci. **238.** 460—62. 25/1. 1954.) v. HARLEM. 137

Alfred Kastler, *Die Drehfelder in Wellenleitern und das Vorzeichen des Landé-Faktors der paramagnetischen Resonanzen.* Die Lokalisierung eines in Resonanz befindlichen Stoffes in einem Wellenleiter, auf den ein transversales Magnetfeld einwirkt, erlaubt die Best. des Vorzeichens des LANDÉ-Faktors. Behandelte Beispiele: gasförmiger O_2 u. Ni^{2+} in $Ni(SiF_6) \cdot 6\, H_2O$. (C. R. hebd. Séances Acad. Sci. **238.** 669—71. 8/2. 1954.) v. HARLEM. 137

Roberto Piontelli, *Betrachtungen über die Energetik elektrochemischer Systeme.* 1. Mitt. Die Probleme der Energetik elektrochem. Systeme werden unter prakt. Bedingungen behandelt, bei denen die Abweichungen von der thermodynam. Umkehrbarkeit oft so groß sind, daß ihre Nichtberücksichtigung zu erheblichen Fehlern führt. Hierbei werden isotherme galvan. Ketten unter elektr. stationären Bedingungen mit

u. ohne Materieaustausch mit der Umgebung besprochen u. Gleichungen für ihre energet. Bilanz entwickelt. (Rend. Ist. lombardo Sci. Lettere, Cl. Sci. mat. natur. **84.** 59–74. 1951.) R. K. MÜLLER. 138

Roberto Piontelli, *Betrachtungen über die Energetik elektrochemischer Systeme.* 2. Mitt. (1. vgl. vorst. Ref.) Die Unters. wird auf die in den einzelnen Teilen der galvan. Kette stattfindenden Umwandlungen (Rkk.) ausgedehnt. Dabei werden „Koeffizienten der Teilnahme" der Ladungsträger an einem Wanderungsvorgang eingeführt, die auch für die damit verbundenen Mol.-Arten berücksichtigt werden müssen. Bei der Wanderung erfolgt eine Abgabe nutzbarer motor. Arbeit; diese wird bzgl. der verschied. Teile der Kette, für die Elektrodenprozesse u. für den Stromkreislauf in „quasihomogenen" Bereichen mathemat. behandelt. (Rend. Ist. lombardo Sci. Lettere, Cl. Sci. mat. natur. **84.** 111–29. 1951.) R. K. MÜLLER. 138

F. M. Karpfen und **J. E. B. Randles,** *Ionengleichgewichte und Phasengrenzpotentiale in Öl/Wasser-Systemen.* An dem Beispiel *Di-n-propylketon/W., K-, Na-* u. *$N(C_2H_5)_4$-Pikrat* wird der Einfl. der Verteilung des Elektrolyten zwischen Wasser- u. Ölphase auf die Potentialänderung an der Grenzfläche untersucht. Dabei werden unter Benutzung eines näher beschriebenen Verteilungsgefäßes die Verteilungskoeffizienten der Pikrate bestimmt, die eine lineare Abhängigkeit von $C_w(f\,w)^2$ zeigen. Zum Ausschluß von Flüssigkeitspotentialen wird eine Elektrolytbrücke in nichtwss. Lsg. benötigt. Wie auf Grund besonderer Überführungsmessungen gezeigt wird, ist hierfür Tetraäthylammoniumpikrat in (feuchtem) Di-n-propylketon geeignet. Die Messung der Potentialdifferenzen an der Phasengrenze erfolgte mittels einer Konzentrationskette

Hg, Hg_2Cl_2	KCl	M^+X^-	M^+X^-	$(C_2H_5)_4N$-Pikr.	$(C_2H_4)_4N$-Pikr.	HgPikr., Hg
	3 m	c	c_0	C_0	C_W	

wobei MX das Salz bedeutet, dessen Phasengrenzpotential bestimmt werden soll. Auch für die Messung des Phasengrenzpotentials u. der Überführungszahlen werden Elektrodengefäße beschrieben. Zum Vgl. werden auch einige Messungen in *Nitrobenzol* herangezogen. Abgesehen von sehr geringen Konzz. in der Ölphase besteht befriedigende Übereinstimmung zwischen den gemessenen u. den theoret. Potentialwerten. (Trans. Faraday Soc. **49.** 823–31. Juli 1953. Birmingham, Univ.) HENTSCHEL. 138

Heinz Gehlen, *Zur Kenntnis der Säuren–Basen-Theorie von Ussanowitsch.* Ausführliche Wiedergabe der Säuren–Basen-Theorie von USSANOWITSCH (vgl. C. **1939.** II. 1225) u. Hinweis auf ihre Bedeutung bes. im Vgl. mit den Vorschlägen von BJERRUM (C. **1953.** 1604) u. EBERT u. KONOPIK (C. **1950.** II. 2164). (Z. physik. Chem. **203.** 125–36. Mai 1954.) GEHLEN-KELLER. 139

Leon E. D. Pease jr. und **W. F. Luder,** *Säuren und Basen.* 9. Mitt. *Leitfähigkeit von Aluminiumbromid und Zinn(IV)-chlorid in Thionylchlorid unter Zusatz von Pyridin und Chinolin.* (8. vgl. C. **1953.** 6941.) Die Messungen der Leitfähigkeiten von Lsgg. von $AlBr_3$ u. $SnCl_4$ in $SOCl_2$ zeigen, daß durch die Zugabe von Pyridin oder Chinolin Komplexe, wie $C_5H_5N:AlBr_3$, gebildet werden, die nur wenig nach $C_5H_5N:AlBr_3 \rightleftharpoons C_5H_5N:AlBr_2^+ + Br^-$ dissoziieren. Vff. vermuten jedoch, daß auch Komplexe, wie $(C_5H_5N:)_2AlBr_3$, gebildet werden, deren Dissoziation nach $(C_5H_5N:)_2AlBr_3 \rightleftharpoons (C_5H_5N:)_2AlBr_2^+ + Br^-$ erfolgt. Auch die Änderungen der Leitfähigkeiten der $SnCl_4$-Lsgg. mit dem Verhältnis Mol Pyridin (oder Chinolin)/Mol $SnCl_4$ lassen sich durch derartige Gleichgewichte deuten. (J. Amer. chem. Soc. **75.** 5195–97. 5/11. 1953. Boston, Mass., Northeastern Univ., Dep. of Chem.) WOELK. 139

A. R. Olson und **J. Konecny,** *Die Dissoziationskonstante von Lithiumbromid in Aceton.* Vff. bestimmten von einer Reihe von LiBr-Lsgg. in wss. Aceton die Leitfähigkeiten bei 25 u. 35° sowie die Viscositäten bei 35°. Aus diesen Werten u. weiteren bekannten Daten der Viscosität bei 25° u. der DK. wurde die Dissoziationskonstante für LiBr in wss. Aceton nach der FUOSSschen Meth. (vgl. J. Amer. chem. Soc. **57.** [1935.] 488) berechnet. Vff. kommen zu folgenden Werten bei steigendem Wassergeh. von 0,45, 2,89, 5,35, 12,48 u. 23,67%: K_{25^0} $2{,}56 \cdot 10^{-4}$, $8{,}52 \cdot 10^{-4}$, $1{,}76 \cdot 10^{-3}$, $9{,}5 \cdot 10^{-3}$, $8 \cdot 10^{-2}$; K_{35^0} $2{,}25 \cdot 10^{-4}$, $7{,}73 \cdot 10^{-4}$, $1{,}62 \cdot 10^{-3}$, $9{,}1 \cdot 10^{-3}$, $5 \cdot 10^{-2}$. Berechnungen der Summe a der Ionenradien nach der Meth. von BJERRUM (vgl. Klg. danske Vidensk. Selsk., math.-fysiske Medd. **7.** [1926.] Nr. 9) zeigen Werte, die von etwas weniger als der Summe der Kristallradien bis zu der Summe der voll hydratisierten Radien für die gleichen Wassergehh. wie oben ansteigen: a_{25^0} 2,28, 2,50, 2,62, 3,33, 6,17; a_{35^0} 2,50, 2,73, 2,79, 3,61, 5,59. (J. Amer. chem. Soc. **75.** 5801–02. 5/12. 1953. Berkeley, Calif., Univ. of California, Chem. Labor.) PETSCH. 139

Pierre Van Rysselberghe, *Eine Bemerkung über Arbeitsfunktionen und chemische Potentiale.* Vf. zeigt, daß die Arbeitsfunktion für das Elektron in einem Metall nicht ident. mit dem chem. Potential des Elektrons im Metall ist u. damit nicht zur Ermittlung absol. Metall-Lösungspotentialdifferenzen herangezogen werden kann. (J. chem. Physics **21.** 1550—51. Sept. 1953. Eugene, Ore., Univ., Dep. of Chem.) WOELK. 140

I. A. Bagotzkaja, *Stationäre Potentiale und Kinetik der Selbstauflösung von Amalgamen in Gegenwart von Sauerstoff.* Untersucht wurden stationäres Potential (P_s) u. Geschwindigkeit der Selbstauflsg. (G_s) von Sn- u. Tl-Amalgam in 2n H_2SO_4 in O_2 in Abhängigkeit von der Amalgam- u. O_2-Konz. in der Lösung. Es zeigte sich, daß bei weniger Metall im Amalgam im Vgl. zum O_2 in der Lsg. P_s durch die Kinetik der Red. von O_2 zu H_2O_2 gegeben ist, G_s durch die Konz. des Amalgams (Diffusionsgeschwindigkeit des Metalls vom Amalgam zur Elektrodenoberfläche). Bei mehr Metall als O_2 wird P_s durch die Ionenkonz. des gelösten Metalls an der Elektrodenoberfläche bestimmt, G_s durch die Diffusionsgeschwindigkeit des gelösten O_2 zur Elektrodenoberfläche. Die Übereinstimmung der experimentellen u. theoret. Werte beweist den elektrochem. Charakter der Amalgamauflsg. in O_2. (Журнал Физической Химии [J. physik. Chem.] **27.** 362—69. März 1953. Moskau, Inst. für physik. Chem. der Akad. der Wiss. der UdSSR.) LEBTAG. 140

R. I. Agladse und **G. M. Domanskaja,** *Gewinnung von Natriummanganat und -permanganat durch anodische Auflösung von metallischem Mangan.* (Vgl. C. **1953.** 2078.) Die bei Ferromangan u. anderen Mn-Legierungen beobachtete Passivierung bei Verwendung als Anode tritt bei Mn nicht ein. In verd. NaOH löst sich Mn zu $NaMnO_4$ (optimal bei 10—15%ig. NaOH, 2—5 A/dm² u. 50—60°), in konz. NaOH zu Na_2MnO_4 (optimal bei 15—40°), in Na_2CO_3-Lsg. zu $NaMnO_4$ (optimal bei 5—10 A/dm²), daneben entsteht ein MnO_2 enthaltender Schlamm, dessen Menge mit steigender Temp. zunimmt (65° 11%, 95° 35%). Bei abnehmendem Größenverhältnis von Kathode zu Anode nimmt in NaOH die Na_2MnO_4-Ausbeute zu, in Na_2CO_3-Lsg. ist es ohne Einfluß. Die Erhöhung der Stromausbeute bei Erhöhung des Elektrolytumlaufs u. des Elektrodenabstands ist gering. Auch umgeschmolzenes Elektrolyt-Mn eignet sich als Anode. Der Energieaufwand beträgt in NaOH 4—6 kWh je kg Na_2MnO_4, in Na_2CO_3 20 kWh je kg $NaMnO_4$ bei einer Mn-Ausbeute von 80—95% u. einer Stromausbeute von 30—58 bzw. 20—32%. (Журнал Прикладной Химии [J. angew. Chem.] **24.** 915—24. Sept. 1951.) R. K. MÜLLER. 141

P. N. Kowalenko, *Über Elektrofällung von Kobalt.* Bei der elektrolyt. Fällung von Co aus (NH_4)-Oxalat (**I**)-Lsg. ergeben sich folgende optimalen Bedingungen: p_H 4, Temp. 95—100°, **I**-Konz. 0,20 Mol/Liter, Spannung 1,8 V. Bei p_H 6 oder Tempp. unter 95° erfolgt die Zers. des **I** bzw. des $C_2O_4^{2-}$ nicht unter CO_2-Bldg., sondern unter Ausscheidung von C, der das abgeschiedene Co verunreinigt. Bei gleichbleibendem p_H wird die Co-Abscheidung durch Erhöhung der **I**-Konz. von 0,21 auf 0,28 Mol/Liter verlangsamt u. das Potential der Co-Abscheidung ändert sich bei 100° von —0,505 auf —0,520 V. (Журнал Прикладной Химии [J. angew. Chem.] **24.** 951—57. Sept. 1951. Rostow/Don, Molotow-Univ.) R. K. MÜLLER. 141

J. Vaid und **T. L. Rama Char,** *Galvanische Abscheidung von Kupfer–Zinn-Legierungen aus dem Pyrophosphatbad.* Da sowohl Cu als auch Sn mit P_2O_7-Ionen Komplexe bilden, ist es möglich, aus einem Pyrophosphatbad beide Metalle gleichzeitig abzuscheiden. Dazu entwickelten Vff. ein Elektrolysebad aus Cu-, Sn-, Na-Pyrophosphat u. NaH_2PO_4. Letzterer Zusatz verhütet eine sonst nach kurzer Zeit auftretende unerwünschte Niederschlagsbildung. Durch Variierung der Badzus. u. der Versuchsbedingungen, die angegeben sind, lassen sich aus dem genannten Bad Legierungen mit 12—95% Cu (88—5% Sn) abscheiden. Die so erhaltenen, auf Cu, Messing u. Pt gut haftenden Überzüge sind sehr korrosionsbeständig, glatt, feinkörnig u. von silberweißer, gelber oder roter Farbe je nach dem Cu : Sn-Verhältnis. Auf Stahl haften die Überzüge schlecht. (Current Sci. **22.** 170—71. Juni 1953. Bangalore, Indian Inst. of Sci., Dep. of Gen. Chem., Electrochem. Labor.) PLUST. 141

Guido Poli, *Untersuchungen über das kathodische und anodische Verhalten von Metallen in Lösungen ihrer Cyankomplexe.* 1. Mitt. Mittels einer neuen Meth. werden die Erscheinungen bei der kathod. u. anod. Polarisation von *Ag* in $KAg(CN)_2$-Lsgg. ohne u. mit Zusatz von KCN bei 25 u. 50° untersucht. Die Ergebnisse zeigen, daß sich Ag auch in Lsgg. von Cyankomplexen wie ein „n." Metall verhält. In cyanidfreier $KAg(CN)_2$-Lsg. wird eine erhöhte kathod. Polarisation festgestellt. Diese ist, zumindest zum großen Teil, auf ein Anwachsen der Cyanidkonz. in der Nähe der Elektrode zurückzuführen. In freies Cyan enthaltenden Lsgg. wächst die kathod. Polarisation mit der Konz. des Cyanids, während die anod. abnimmt. Eine Temperaturerhöhung erniedrigt sowohl die kathod. als auch die anod. Polarisation. Stromdurchgang aktiviert die Elektrodenoberflächen. Die Werte, die man für die Polarisation bei sinkender Stromdichte erhält, außer bei hohen Stromdichten, sind immer niedriger, stabiler u. besser reproduzierbar als die bei ansteigender Stromdichte. Die Polarisation von Ag in Lsgg. komplexer Cyanverbb. ist größer als in Lsgg. einfacher Ag-Salze, jedoch nicht so stark wie bei anderen Metallcyaniden. Die Ergebnisse stehen wahrscheinlich in Beziehung zu der linearen Struktur des Komplexes, in dem das Ag-Ion abgeschirmt ist u. nicht in Wechselwrkg. mit den Elektrodenoberflächen treten kann. (Ann. Chimica **43.** 478—83. Aug./Sept. 1953. Milano, Politecn., Labor. d. Elettrochim., Chim. fis. e Metallurgia.) Marsen. 142

Guido Poli, *Untersuchungen über das kathodische und anodische Verhalten von Metallen in Lösungen ihrer Cyankomplexe.* 2. Mitt. (1. vgl. vorst. Ref.) Es werden die kathod. u. anod. Polarisationserscheinungen des *Hg* in $K_2Hg(CN)_4$-Lsgg. ohne u. mit verschied. KCN-Zusätzen bei 25 u. 50° untersucht. Hg zeigt in Lsgg. seiner Cyankomplexe eine erhöhte kathod. u. anod. Polarisation, während es sich in Lsgg. von $Hg_2(NO_3)_2$, $Hg_2(ClO_4)_2$, K_2HgJ_4 u. $K_2Hg(SCN)_4$ wie ein „n." Metall verhält (vgl. C. **1953.** 1605). Eine Änderung der Konz. an freien Cyanionen in Elektrodennähe bewirkt nur eine geringfügige Änderung der Polarisation. Die anod. Polarisation ist bei gleichen Bedingungen kleiner u. besser reproduzierbar als die kathod., außer in Lsgg. ohne freie CN-Ionen, in der sie nahezu gleich ist. Zusatz von freien CN-Ionen zur Lsg. des Komplexsalzes erhöht die kathod. Polarisation — doch werden die Werte dann weniger gut reproduziert — u. erniedrigt die anodische. (Ann. Chimica **43.** 484—87. Aug./Sept. 1953.) Marsen. 142

Heinz Gerischer, *Wechselstrompolarisation von Elektroden mit einem potentialbestimmenden Schritt beim Gleichgewichtspotential.* 1. Mitt. (Vgl. C. **1951.** II. 2008.) Ausführliche Erläuterung der Meth. u. Ableitung des Zusammenhangs zwischen Polarisationswiderstand u. den verschied. Reaktionsfolgen. Der kinet. Polarisationswiderstand einer Elektrode mit einem potentialbestimmenden Schritt setzt sich aus 3 Anteilen zusammen, dem Durchtrittswiderstand u. den beiden Konzentrationswiderständen für die Nachlieferung der oxydierenden u. der reduzierenden Komponenten. Er wird für verschied. Nachlieferungsprozesse berechnet. (Z. physik. Chem. **198.** 286—313. Okt. 1951. Göttingen, Max-Planck-Inst. für physikal. Chem.) Endrass. 142

H. Gerischer, *Wechselstrompolarisation von Elektroden mit einem potentialbestimmenden Schritt beim Gleichgewichtspotential.* 2. Mitt. (1. vgl. vorst. Ref.) Vf. untersucht den Einfl. heterogener Rkk., die vom Potential un- oder wenig abhängig sind, auf den kinet. Polarisationswiderstand. Als Beispiele vorgelagerter heterogener Rkk. werden der Einbau in das Metallgitter u. eine allg. heterogene Rk. mit Diffusion der Reaktionspartner im Elektrolyten diskutiert. Im ersteren Falle ist der durch die Gittereinordnung bedingte Wechselstromwiderstand in seinem elektr. Verh. äquivalent der Parallelschaltung eines Ohmschen „Reaktionswiderstandes", dessen Größe formelmäßig berechnet wird. Im zweiten Falle setzt sich der Leitwert (1/Konzentrationswiderstand) aus der Parallelschaltung zweier komplexer Widerstände zusammen, von denen der eine rein kapazitiv ist, der andere aus einer Serienschaltung des rein Ohmschen Reaktionswiderstandes mit 3 Diffusionswiderständen besteht. Als Beispiel für eine mit dem Ladungsaustausch gleichzeitig ablaufende heterogene Rk. diskutiert Vf. die Entladung eines Komplexions. (Z. physik. Chem. **201.** 55—67. Nov. 1952. Göttingen, Max-Planck-Inst. für physikal. Chem.) Wasserroth. 142

A. K. Lorenz, *Über die Abhängigkeit der Wasserstoffüberspannung von der Natur des Kathodenmetalls.* Für die experimentellen Werte der H_2-Überspannung η an verschied. Metallen gilt die empir. Gleichung $a = 2 - (1/\sqrt{\beta\,10^6})$, wenn β = die Kontraktionsfähigkeit des Kathodenmetalls, a = die Konstante in der nachst. Tafelschen empir. Gleichung bedeutet: $\eta = a + b \ln i$ (i = kathod. Stromdichte). Es werden verschied. Literaturwerte für a angeführt, die mit den nach der obigen Gleichung berechneten Werten gut übereinstimmen. Auf Grund theoret. Betrachtungen kommt Vf. zu der Schlußfolgerung, daß bei sonst gleichen Bedingungen das chem. Potential des Elektronengases im Kathodenmetall entscheidend für den η-Wert an verschied. Metallen ist. (Журнал Физической Химии [J. physik. Chem.] **27.** 317—20. März 1953. Leningrad, Wiss. Forschungsinst. für Akkumulatoren.) Lebtag. 143

Erich Müller, Elektrochemisches Praktikum. Bearb. u. erg. von **Hellmut Reuther.** 9. wesentl. umgearb. Aufl. Dresden u. Leipzig: Steinkopff. 1953. (XVI + 384 S. m. 113 Abb.) DM 14.—.

A4. Thermodynamik. Thermochemie.

Victor K. La Mer, *Einige vorhandene Mißverständnisse über N. L. Sadi Carnots Abhandlung und Cyclus.* Die einheitliche Übersetzung der Worte „feu", „chaleur" u. „calorique" als „heat" oder „Wärme", ohne auf die feineren Unterschiede zu achten, hat zu Mißverständnissen über die Anschauungen von CARNOT geführt. CARNOT hatte zumindest eine intuitive Konzeption des modernen Begriffes der Entropie bei seinem durchgehenden Gebrauch von „chute de calorique" als Analogie zu „chute d'eau". Er hat niemals von „chute de chaleur" gesprochen. Man braucht nur „calorique" mit Entropie u. „chaleur" mit Wärme gleichzusetzen, um seine Arbeit klar zu verstehen u. Übereinstimmung mit der modernen Theorie zu erhalten. (Amer. J. Physics **22.** 20—27. Jan. 1954. New York, N. Y., Columbia Univ., Dep. of Chem.)
V. HARLEM. 146

Jésus Marie Tharrats Vidal, *Ausdehnung von Körpern durch Wärme.* Vf. leitet eine Gleichung für die Wärmeausdehnung von festen Körpern ab. Unterss. an zwei *Quarz*-Kristallen in einem Dilatometer bestätigen den Verlauf der theoret. berechneten Funktion. (C. R. hebd. Séances Acad. Sci. **233.** 228—30. 16/7. 1951.)
WASSERROTH. 148

O. K. Rice und **Benjamin Widom,** *Die Thermodynamik des Heliumfilms.* Taucht eine senkrechte Fläche in fl. He ein, so bildet sich auf ihr ein Film, dessen partielle mol. Entropie sich von der der Fl. um σ unterscheidet; die entsprechende Differenz der freien Energien sei mit φ u. $\varphi + \tau\,\sigma$ mit η bezeichnet. Die Zusammenhänge zwischen η u. der Schichtdicke als Funktion der Höhe über dem Flüssigkeitsspiegel werden für $T > T_\lambda$ u. $T < T_\lambda$ diskutiert. (Physic. Rev. [2] **90.** 987. 1/6. 1953. Chapel Hill, N. C., Univ., Dep. of Chem.) KIRSCHSTEIN. 149

J. C. Morrow, *Dampf-Flüssigkeits-Gleichgewichte in ^{3}He-^{4}He-Lösungen.* (Vgl. C. **1952.** 4730.) Die Ergebnisse von DAUNT u. HEER (vgl. C. **1953.** 494) u. von SOMMERS (vgl. C. **1953.** 9079) benutzt Vf. dazu, um den Parameter a zu bestimmen, der ein Maß für die Abweichung der ^{3}He–^{4}He-Lsg. von der idealen Lsg. darstellt. Für den He II-Bereich wird die Abänderung des chem. Potentials infolge der Superfluidität mit berücksichtigt. Ob die Theorie auch bei hohen ^{3}He-Konzz. gilt, kann erst durch Verss. entschieden werden. (Physic. Rev. [2] **89.** 1034—37. 1/3. 1953. Chapel Hill, N. C., Univ., Dep. of Chem.) KIRSCHSTEIN. 149

William Band und **Raymond A. Nelson,** *„Trauben"-Theorie des gesättigten Dampfdrucks von Mischungen der Heliumisotope.* Stellt man sich die He-Dampfatome in traubenförmigen Agglomeraten zusammengeballt vor, so ist $s^{2/3}$ X (s) die Oberflächenenergie einer solchen Traube mit s Atomen. Die Funktion X (s) wird aus dem Verlauf der Dampfdruckkurve für die reinen Isotope ^{3}*He* u. ^{4}*He* berechnet. Eine Interpolationsformel, die den Dampfdruckdaten von ^{3}He–^{4}He-Gemischen genügt, läßt erkennen, daß die ^{3}He-Konz. in der Nähe der Oberflächen der Trauben anomal ist, wenn die Temp. unter dem λ-Punkt für dasselbe Gemisch liegt. (Physic. Rev. [2] **90.** 744—47. 1/6. 1953. Pullman, Wash., State Coll., Dep. of Phys.) KIRSCHSTEIN. 149

M. G. Rossman und **J. Yarwood,** *Die Genauigkeit der Knudsenschen Ausströmungsmethode zur Messung von Dampfdrucken.* Im Gegensatz zu den von WHITMAN (C. **1953.** 1446) durchgeführten Berechnungen stellen Vff. fest, daß der nach der KNUDSENschen Meth. gemessene Dampfdruck nur scheinbar von der Oberfläche unabhängig ist, eigentlich jedoch die „effektive Oberfläche" der Substanz für den gemessenen Dampfdruck maßgeblich ist. An Stelle der langwierigeren Ableitungen von WHITMAN geben Vff. eine einfache kurze Ableitung des maximal möglichen Fehlers der Dampfdruckmessung. (J. chem. Physics **21.** 1406—07. Aug. 1953. Glasgow, Royal Techn. Coll., Dep. of Nat. Philos.; London, Polytechn., Dep. of Math. and Phys.) KARUTZ. 150

Charles I. Whitman, *Bemerkung zu „Die Genauigkeit der Knudsenschen Ausströmungsmethode zur Messung von Dampfdrucken".* Die von ROSSMAN u. YARWOOD (vgl. vorst. Ref.) angegebene Formel ist nur unter Annahme eines einheitlichen Gleichgewichtsdruckes p innerhalb des gesamten Dampfvol. brauchbar. Der gemessene Dampfdruck ist unter dieser Bedingung nicht nur von der Größe der „effektiven Oberfläche", sondern auch von ihrer Lage im Meßgefäß abhängig. Dieser gleichmäßige Zustand ist aber unter n. experimentellen Bedingungen nicht realisiert, da ein Fluß der „freien Moll." vorhanden ist. Vf. hält die Betrachtungen von ROSSMAN u. YARWOOD für durchaus übereinstimmend mit seinen früheren Veröffentlichungen (vgl. C. **1953.** 1446). (J. chem. Physics **21.** 1407. Aug. 1953. Bayside, N. Y., Sylvania Electric Prod., Inc., Atomic Energy Div.) KARUTZ. 150

Je. I. Nessiss und **Ja. I. Frenkel,** *Das Aufkochen von gegaster Flüssigkeit.* Vff. untersuchen den metastabilen Zustand einer gegasten Fl. u. die Umwandlung in einen stabilen Zustand durch Verdampfen. Es ergibt sich, daß das in der Fl. gelöste Gas bei starker Übersättigung mit merklicher Geschwindigkeit aufkocht, wobei Fluktuationen zwischen den Phasen auftreten. Die wahrscheinlichste Zus. der entstehenden Blasen entspricht dem Verhältnis der Übersättigungen des gelösten Gases u. des Lösungsmittels. Die Verdampfungsgeschwindigkeit hängt nicht von dem Verhältnis der partiellen Übersättigung ab, sondern nur von der gesamten Übersättigung. Die für die Verdampfungsgeschwindigkeit abgeleitete Formel lautet: $Q = 2\,C \exp(-\Delta\,\Phi/k\,T) \cdot D(\eta^+)(\mu - \varphi + k\,T \ln 2)/6\,k\,T$ Mol/sec. C annähernd gleich der gesamten Zahl der Moll. im Syst., $\Delta\,\Phi$ = Anstieg des thermodynam. Potentials bei Entstehung der Blase, φ = chem. Potential in der Gasphase, μ = chem. Potential in der fl. Phase, η^+ = krit. Zahl der Moll. in der Blase, bei der die Verdampfung beginnt. (Журнал Технической Физики [J. techn. Physik] **22.** 1500—05. Sept. 1952.) Adolphi. 150

Je. I. Nessiss, *Sieden unter realen Bedingungen.* (Vgl. vorst. Ref.) Vf. untersucht die Faktoren, die das Sieden von Fll. erleichtern. Es wird festgestellt, daß am Boden des Gefäßes die Form der sich bildenden Dampfblasen u. ihre Ablösung von der Benetzbarkeit abhängig ist. Die nicht benetzten Stellen bilden Zentren der Verdampfung. An den Gefäßwänden bilden in ähnlicher Weise die Poren akt. Verdampfungszentren. Die Aktivität der Poren hängt von ihrer Größe ab. Dabei ist der Winkel, den die Oberfläche der Blase an der Berührungsstelle mit der Gefäßwand bildet, entscheidend für die Ablösung der Blase von der Wand. Je weniger akt. die Oberfläche ist, desto größer muß die Überhitzung der Wandfläche sein. Durch langes Verweilen der Fl. im Gefäß vor dem Siedebeginn wird die Benetzung gefördert u. das Sieden beeinträchtigt. (Журнал Технической Физики [J. techn. Physik] **22.** 1506—12. Sept. 1952.) Adolphi. 150

Guy Pannetier und **Adrien Sicard,** *Über den Wirkungsmechanismus des Distickstoffmonoxyds als Verbrennungsmittel. Bestimmung des Entzündungsbereiches von Gemischen dieses Gases mit Butan. Einfluß des Stickstoffs und des Sauerstoffs.* Vff. untersuchen den Entzündungsbereich von Butan (I)/N_2O-Mischungen (I bestehend aus 50% n-Butan u. 50% Isobutan) an Flammen, die in Rohren von 25 mm Durchmesser u. 1 m Länge aufstiegen. Die Ergebnisse werden mit denen verglichen, die an Flammen in tern. Gemischen I/N_2/O_2 (wobei Menge O_2 = $^1/_3$ Menge N_2) erhalten wurden. Vff. zeigen, daß für die oberen Zündgrenzen die Kurven Druck gegen Konz. I (Bereich 0—25%) für beide Mischungsarten verschied. Charakter haben. Vff. leiten daraus ab, daß bei der Verbrennung von I in N_2O dieses nicht in seine Bestandteile zerfällt. Diese Schlußfolgerung wird durch die beobachteten Verhältnisse bei Ggw. von viel oder wenig N_2O bestätigt sowie bei Ggw. verschied. Mengen O_2 (Auftreten von singulären Stellen in den Kurven bei Ggw. von O_2, die bei Ggw. von N_2O fehlen). Da während der Verbrennung in N_2O spektrograph. Banden des NO festgestellt wurden, wird gefolgert, daß während des Kontaktes von N_2O am Brennstoff die Rk. $N_2O \rightarrow NO + \cdots$ stattfindet. Ist N_2O im Überschuß vorhanden (Konz. des I unterhalb des stöchiometr. Verhältnisses), wird der Überschuß an N_2O oder NO_2 therm. beim Passieren der Flamme in N_2 u. O_2 zers. u. gibt mit NO die beobachteten nitrosen Gase. (C. R. hebd. Séances Acad. Sci. **237.** 1411—13. 30/11. 1953.) Roeder. 157

M. G. Zabetakis und **G. W Jones,** *Entzündbarkeit von Kohlenstoffdisulfid in Gemischen von Luft und Wasserdampf.* Vff. wollten die Mindest-O_2-Menge M feststellen, die zur Flammenfortpflanzung durch CS_2–Luft–Wasserdampf-Gemische bei 100° u. 1 at Druck notwendig ist. M wurde in diesem Syst. zu 7,6 Vol.-% bestimmt. Auf Gewichtsbasis bezogen sind 4,3 lbs. W. auf 1 lb. CS_2 notwendig, um die Flamme im Syst. CS_2–Luft zum Erlöschen zu bringen, d. h. 3,4 gallons W. pro gallon CS_2 auf Volumenbasis. Die geringste Konz. zur Entzündung von CS_2 in Luft beträgt 1,20% CS_2 pro Vol. Dampf-Luft-Gemisch. Dies bedeutet eine Konz. von 41,2 mg CS_2 pro Liter Luft unter Normalbedingungen u. das stöchiometr. Verhältnis 0,184. (Ind. Engng. Chem. **45.** 2079—80. Sept. 1953. Pittsburgh, Pa., Bur. of Min., Explosives and Phys. Sci. Div., Gaseous Explosions Branch.) Roeder. 157

Hermann Senftleben und **Ewald Bültmann,** *Die Einwirkung elektrischer Felder auf den Wärmeübergang in Gasen.* Vff. untersuchten die Zunahme des Wärmeüberganges zwischen zwei konzentr. Zylindern im elektr. Feld für mehrere Gase [C_2H_2, C_3H_6, C_4H_{10}, C_2H_5Cl, $(C_2H_5)_2O$] in Abhängigkeit von der Feldstärke u. dem Druck. Bei kleinen Feldstärken wächst die durch das Feld abgeführte Wärmemenge quadrat. mit dem Feld, bei höheren Feldstärken stärker an. Die Abhängigkeit des Effektes vom Druck ist rein quadratisch. Vff. leiten eine Gleichung ab, die neben dem Wärmetransport durch rein therm. Strömung den durch das elektr. Feld (Elektrostriktion) bedingten Anteil enthält. Dabei werden dimensionslose Kennzahlen (NUSSELTsche, GRASHOFsche u. PRANDTLsche Zahl) u. als neue Kennzahl das Verhältnis von elektr. zu therm. Auftrieb in die Rechnung eingeführt. Die untersuchten Änderungen des Wärmestromes, die zwischen 1°/₀₀ u. 100°/₀ variierten, ließen sich ausnahmslos durch die gewonnene Gleichung innerhalb der experimentellen Fehlergrenze wiedergeben. (Z. Physik **136.** 389—401. 1953. Münster, Univ., Physikal. Inst.; Marl, Kr. Recklinghausen, Chem. Werke Hüls.) WASSERROTH. 158

N. G. Stjuschin und **L. Ss. Sterman,** *Einfluß der Bewegungsgeschwindigkeit der Flüssigkeit auf den Wärmeaustausch beim Sieden.* An einer waagerechten, nach oben gekehrten, von unten beheizten, ebenen Verdampfungsfläche wurde beim Sieden im Bereich der Bläschenbldg. experimentell folgender Zusammenhang gefunden: $\alpha_w/\alpha_0 = (1 + w\, r\gamma''/q)^{0,18}$. Hierin ist: q die Wärmestromdichte (Belastung der Heizfläche); w die erzwungene waagerechte Strömungsgeschwindigkeit der Fl., gemessen im Abstand von 1,5 mm über der Heizfläche; r die Verdampfungswärme; γ'' die D. des Sattdampfes; α_w die Wärmeübergangszahl bei erzwungener Strömung; α_0 desgl. ohne erzwungene Konvektion. (Журнал Технической Физики [J. techn. Physik] **21.** 448—52. April 1951.) TRAUSTEL. 158

N. W. Sawaritzki, *Wärmeübergangswiderstand zwischen sich berührenden metallischen Oberflächen bei Heliumtemperaturen.* Bei Tieftemperaturverss. wird die Wärme von einem abzukühlenden Körper meist durch Wärmeleitung der Gasfüllung der Kältekammer auf den Kühlmantel übertragen. Zur anschließenden Wärmeisolierung des Versuchskörpers muß das Gas abgepumpt, die Kammer auf Hochvakuum gebracht werden, was mit erheblichem Zeitaufwand verbunden u. bei wiederholten Verss. hinderlich ist. Daher der Wunsch nach Kühlung des Versuchskörpers durch unmittelbaren, später zu unterbrechenden metall. Kontakt. Verss. mit einer solchen Einrichtung werden kurz beschrieben. Die Wärmeübergangszahl der Kontaktflächen ist bei schwachem Wärmefluß eine dem Kontaktdruck etwa proportionale, mit der Temp. abnehmende Konstante. Bei *Cu* unter einem Kontaktdruck von 10 kg/cm² u. Tempp. von ca. 2—4° K beträgt sie ca. $2 \cdot 10^{-4}$ bis $6 \cdot 10^{-4}$ cal/cm sec Grad. (Журнал Технической Физики [J. techn. Physik] **21.** 453—57. April 1951.) TRAUSTEL. 158

T. E. Pochapsky, *Wärmekapazität und thermische Diffusionsfähigkeit von Silberbromid.* Vf. untersuchte die Temperaturabhängigkeit der Wärmekapazität von AgBr zwischen Zimmertemp. u. 411°. Es wurde AgBr auf einem Pt-Draht niedergeschlagen u. die von Stromstößen hervorgerufene Wärme relativ zu der in reinen Pt-Drähten entwickelten gemessen. Die Meßergebnisse stimmen gut mit den von KANZAKI erhaltenen überein. Aus der Unters. der Abkühlung eines in AgBr eingebetteten Pt-Drahtes wurden die therm. Diffusionsfähigkeiten nach der Meth. von TRANTERS u. daraus die therm. Leitfähigkeiten berechnet. Die Ergebnisse zeigen, daß sich das Fehlstellengleichgewicht oberhalb 350° in weniger als ca. 10^{-4} sec einstellt. (J. chem. Physics **21.** 1539—40. Sept. 1953. Chicago, Ill., Univ., Inst. for the Study of Metals.) WASSERROTH. 158

A₅. Kolloidchemie. Grenzschichtforschung.

R. Janssen, *Die Gewinnung von anorganischen Hydrosolen.* Übersicht über die Verff. zur Gewinnung von anorgan. Hydrosolen: Dispersion (elektr. Zerstäubung, mechan. u. chem. Dispersion) u. Kondensation (durch Löslichkeitsverminderung, Red., Hydrolyse eines Salzes u. Bldg. eines unlösl. Salzes). Die Verff. werden an mehreren Beispielen erläutert. (Meded. vlaamse chem. Veren. **15.** 90—93. Mai/Juni 1953. Gent, Rijksuniv.) WESLY. 161

A. W. Bromberg, W. M. Lukjanowitsch, W. W. Nemzowa, L. W. Raduschkewitsch und **K. W. Tschmutow,** *Elektronenmikroskopische Untersuchung von Vanadiumpentoxydsolen.* (Vgl. C. **1953.** 340.) Die V_2O_5 (I)-Sole zeigen bei der Alterung Strömungsdoppelbrechung, anomale Viscosität u. Gelatinierfähigkeit bei Elektrolytzusatz, bedingt durch die Formänderung von I. Bei der elektronenmkr. u. viscosimetr. Unters. über die Alterung der durch Peptisation erhaltenen I-Sole wurde festgestellt, daß die Stäbchenlänge von I proportional der Quadratwurzel der Alterungsdauer ansteigt. Im POISSEUILLE-Gebiet des Fließens ist die Viscosität eine lineare Funktion der mittleren Stäbchenlänge von I. Das gerichtete Wachstum der I-Stäbchen wird durch Zusatz von gelbildenden oder viscosen Stoffen stark gehemmt, bei der Dialyse gegen eine gesätt. I-Lsg. stark beschleunigt, ein Beweis für die große Bedeutung der Kristallisationszentren. Auf Grund einer elektronenmkr. Unters. von Koagulaten verschieden geladener Sole mit ungleichförmigen Teilchen wird gezeigt, daß die elektr. Doppelschicht gleichmäßig auf die Oberfläche der I-Stäbchen verteilt ist (zumindest bei geringer Konz. des Soles). Mit Hilfe eines Verf., wonach die Inhomogenität der Oberfläche nach der ungleichmäßigen Ag-Fällung bei der Red. von Ag-Ionen beurteilt wird, ist eine hohe Aktivität eines Stäbchenendes von I nachweisbar. Bei Anwendung von markierten Teilchen kann festgestellt werden, daß bei geringer Elektrolytkonz. im Sol die Kristallisationsprozesse vorherrschen, bei hoher Elektrolytkonz. die orientierte Koagulation. (Журнал Физической Химии [J. physik. Chem.] **27.** 379—88. März 1953.) LEBTAG. 162

L. Ja. Kremnew und **A. A. Rawdel,** *Bedingungen für den spontanen Zerfall von Tropfen bei der Emulgierung.* Im allg. besteht der Bildungsmechanismus hochdisperser Emulsionen mit hoher Konz. der dispersen Phase (über 74 Vol.-%) in der Deformation großer Tropfen zu Zylindern von labilen Dimensionen. Die letzteren zerfallen dann in kleine Tröpfchen. Die Dispersion der inneren Fl. der Emulsion ist durch den willkürlichen Zerfall der Tropfen, die zunächst zu einem Zylinder deformiert werden u. ein gewisses krit. Verhältnis zwischen der Höhe u. dem Radius des letzteren überschreiten, bedingt: $h/a > 2\pi$ (h = Höhe, a = Radius). Die Diskussion über den Zerfall eines zunächst zu einem Zylinder deformierten Tropfens führt zu folgenden Resultaten: Der energet. ungünstigste Fall liegt vor, wenn die sich bildenden 2 Tropfen gleiches Vol. besitzen. Die günstigsten Bedingungen liegen vor, wenn $n = 10$ ($r_1 = n\,r$) u. $v_1/v = 1000$, d. h. wenn eines der entstandenen Tröpfchen ein sehr kleines Vol. besitzt. Auch durch schnelles Komprimieren findet der Zerfall eines Tropfens unter Bldg. kleinster Tröpfchen statt (z. B. Hg zwischen 2 Glasplatten). Hier liegt der Unterschied zwischen Deformierung u. Anwendung von Druck deutlich auf der Hand. Im ersten Fall findet stets die Abspaltung nur eines Tröpfchens statt, worauf eine neuerliche Deformierung notwendig wird. Beim Emulgieren durch Schütteln oder durch Bewegung einer Spirale in der Emulsion spielen mehrere Faktoren eine Rolle: ungesätt. Adsorptionsschichten des Stabilisators auf der Tropfenoberfläche, Auftreten lokaler Unterschiede der Zwischenphasenspannung bei der Deformation, Nachbarschaft des fl. Dispersionsmediums u. hydrodynam. Eigg. der Emulsionsbewegung usw. (Доклады Академии Наук СССР [Ber. Akad. Wiss. UdSSR] [N. S.] **90.** 405—07. 21/5. 1953. Leningrad, Technolog. Lensowjet-Inst.) STEINBERG. 166

A. A. Rawdel und **L. Ja. Kremnew,** *Über die Grenzdimensionen des Tröpfchens in Emulsionen.* Neben der früher (vgl. vorst. Ref.) behandelten mechan. Zerkleinerung, die bei der Emulgierung zum spontanen Zerfall der Tropfen führt, verläuft eine Koalescenz der Tropfen. An der Emulsion *Bzl.-W.* zeigt sich, daß durch eine mechan. Dispergierung keine stabile Emulsion mit Teilchen $< 1\,\mu$ erreicht werden kann. Da die Teilchen vom Radius $< 1\,\mu$ bei der Emulgierung stark koalescieren, sinkt die Zunahme der spezif. Oberfläche stark ab. Beim zusätzlichen Schütteln einer polydispersen hochkonz. Emulsion erreichen 94% der Tropfen auf der Verteilungskurve das Maximum $2\,r = 1\,\mu$, u. Koalescenz u. Zerkleinerung führen zu einer monodispersen Emulsion von der Tropfengröße $\approx 1\,\mu$. Die Emulsionen Öl in W. u. W. in Öl enthalten 90% dieser Teilchengröße. Bis zur Erreichung der krit. Tropfengröße erfolgt die Teilchenvergrößerung durch Koalescenz u. isotherm. Dest. der Tropfen. Bei der Tropfengröße $\approx 1\,\mu$ hört die Koalescenz auf, da die Tropfen von schützenden Adsorptionssolvatschichten umgeben werden. Bei der Alterung der Emulsion erfolgt eine Tropfenvergrößerung durch die Dest. der Tropfen. (Доклады Академии Наук СССР [Ber. Akad. Wiss. UdSSR] [N. S.] **90.** 599—602. 1/6. 1953. Leningrad, Technol. Lensowjet-Inst.) LEBTAG. 166

E. W. Haycock, B. J. Alder und **J. H. Hildebrand,** *Die Diffusion von Jod in Kohlenstofftetrachlorid unter Druck.* Mit der von ANDERSON u. SADDINGTON (C. **1949.** E. 990) beschriebenen Capillarzellenmeth. sowie einer opt. Vergleichsmeth. haben Vff. die Diffusion von J_2 in CCl_4 zwischen 10 u. 55° u. im Druckbereich von 1—200 at untersucht. Der Diffusionskoeff. ist in dem untersuchten Druckbereich eine lineare Funktion von 1/T. Die Aktivierungsenergien bei konstantem Vol. u. konstantem Druck ergaben sich zu 1070 cal/Mol u. 3300 cal/Mol. (J. chem. Physics **21.** 1601—04. Sept. 1953. Berkeley, Calif., Univ., Dep. of Chem. and Chem. Engng.) WOELK. 171

R. C. Koeller und **H. G. Drickamer,** *Der Druckeinfluß auf die Diffusion in Gemischen aus CS_2 und organischen Verbindungen.* Vff. geben die Diffusionskoeffizienten als Funktion des Druckes bis zu 10000 at für folgende Systeme an: 50 Mol-% *n-Heptan*-50% CS_2, 0—20—40°, 50 Mol-% *2.4-Dimethylpentan*-50% CS_2, 20—40°, 50 Mol-% *Toluol*-50% CS_2, 20—40%, 50 Mol-% *Methylcyclohexan*-50% CS_2, 0—20—40°, 50 Mol-% *n-Octan*-50% CS_2, 20°, 50% *Chlorbenzol*-50% CS_2, 20—40°, 80% Chlorbenzol-20% CS_2, 40°, 50% *n-Butanol*-50% CS_2, 20—40°, 50% *Isobutanol*-50% CS_2, 20—40°. Zur Unters. wurde mit ^{35}S versetztes CS_2 benutzt. Vff. stellen Betrachtungen über das Verh. von Aktivierungsvol., Enthalpie u. Entropie an u. diskutieren den Druckeinfl. auf die Struktur der Flüssigkeiten. (J. chem. Physics **21**. 575—88. April 1953. Urbana, Ill., Univ. of Illinois, Dep. of Chem.) WASSERROTH. 171

R. B. Cuddeback, R. C. Koeller und **H. G. Drickamer,** *Der Druckeinfluß auf die Diffusion in Wasser und in Sulfatlösungen.* (Vgl. vorst. Ref.) Vff. geben die Diffusionskoeffizienten als Funktion des Druckes bis zu 1000 at für folgende Systeme bei 0, 25 u. 50° an: *THO*-H_2O, 0,1 n $H_2{}^{35}SO_4$-0,1 n H_2SO_4 (in diesem Syst. auch bei 5°), 0,1 n $Na_2{}^{35}SO_4$-0,1 n Na_2SO_4, 1,0 n $Na_2{}^{35}SO_4$-1,0 n Na_2SO_4, 0,1 n $K_2{}^{35}SO_4$-0,1 n K_2SO_4. Vff. erklären die Ergebnisse aus dem Verh. von Aktivierungsvol. u. der tetraedr. Struktur des Wassers. Es zeigt sich, daß durch den Einfl. des Druckes diese Struktur aufgelöst wird. In einigen Gebieten tritt eine Zunahme des Diffusionskoeff. mit dem Druck auf. Im Gegensatz zu den Ergebnissen bei der Unters. der Selbstdiffusion in W. treten in den Salzlsgg. weitere Komplikationen durch überlagerte Effekte, wie Solvatation u. Ionenwechselwrkg., auf. (J. chem. Physics **21**. 589—97. April 1953. Urbana, Ill., Univ. of Illinois, Dep. of Chem.) WASSERROTH. 171

G. Frederick Hanna, Jen Tsi Yang und **Joseph F. Foster,** *Eine graphische Methode zur Bestimmung von Teilchenabmessungen aus dem Molekulargewicht und der Rotationsdiffusionskonstante.* Der Zusammenhang der Rotationsdiffusionskonstante mit den Molekülabmessungen ist nach PERRIN (J. Physique Radium [7] **5**. [1934.] 497) durch $\vartheta = (3\,k\,T/16\,\pi\,\eta\,a^3)\,[2\ln(2\,a/b) - 1]$ gegeben. Aus dieser Gleichung erhalten Vff. durch Umformung u. Substitution die beiden Beziehungen $\ln l = (2/3)\ln(a/b) + (1/3)\ln M - (B - C)/3$ u. $l^3 = [A/(\eta\,\vartheta/T)][2\ln(a/b) + C]$ (A, B, C Konstante), die von ihnen graph. ausgewertet werden, indem einmal ln l gegen ln a/b mit dem Parameter M, zum andern l gegen a/b mit dem Parameter $\eta\,\vartheta/T$ aufgetragen werden. Die Schnittpunkte der beiden Kurvenscharen ergeben direkt Länge u. Achsenverhältnis des Ellipsoidteilchens. Das dargestellte Diagramm gilt für Proteine, bei anderen Substanzen ist eine Korrektur erforderlich. (Arch. Biochem. Biophysics **44**. 15—17. Mai 1953. Iowa State Coll., Dep. of Chem.) PETER. 175

Stanislas Teichner, *Über die Messung der spezifischen Oberflächen gewisser Tone.* Geringste chem. Modifikationen (der Oberfläche) u. unterschiedliche Bedingungen zu den durch die Vakuumvorbehandlung gegebenen lassen Vorsicht gebieten gegenüber Angaben der spezif. Oberfläche aus N_2-Adsorptionsisothermen. Für gewisse Tone, wie *Montmorillonit,* hat sich eine merkliche Änderung der spezif. Oberfläche mit dem Austauschen von Ionen ergeben. So ist die Oberflächenermittlung an neutralisierten Tonen (H-Ionen durch Na^+ oder Ca^{2+} ersetzt), welche der Wärmebehandlung im Vakuum zum Zweck der Adsorptionsmessung gegenüber stabiler u. deshalb bisher für solche Ermittlungen bevorzugt wurden, nicht übertragbar auf aktivierte saure Tone, welche für katalyt. Zwecke benutzt werden. Von den die N_2-Adsorption störenden Resten von Adsorptions- u. Quellwasser befreite Proben desselben Montmorillonits verschieden langer, aktivierender Säurebehandlungsdauer (in Std.) ergaben nach der N_2-Meth. folgende spezif. Oberflächen (in m^2/g): 87 (0), 291 (1), 312 (1,5), 290 (2), 233 (4,5), 203 (7). Der Maximalwert von ca. 310 m^2/g deckt sich mit Ergebnis von RIES, MELIK u. MARVIN (Discuss. Faraday Soc. Nr. **8**. [1950.] 303) an saurer Aktiverde der Petroleumindustrie. Darauffolgende Neutralisierung in 0,1 n Sodalsg. ließ diesen Wert auf 134 m^2/g sinken. (Früher war vom Vf. u. anderen Autoren 212 m^2/g an aktivierter u. anschließend neutralisierter Tonerde gefunden worden.) Bemerkenswerterweise ergab Messung der Adsorption von *n-Butan* bei 0° am sauren u. neutralisierten Ton ein gleiches Verhältnis der Voll. von in einmol. Schicht adsorbiertem N_2 u. Butan. Die Aufnahmefähigkeit der Oberfläche für Butan war nach u. vor der Neutralisierung dieselbe. — Der starke Effekt von Na_2CO_3 auf die Oberflächengröße ist um so beachtlicher, als die Vergiftbarkeit des Tonerdekatalysators durch bereits sehr geringe Mengen einer Base eine relativ kleine Menge von Austauschionen annehmen läßt, welche diesen Effekt verursachen. (C. R. hebd. Séances Acad. Sci. **231**. 1063—64. 13/11. 1950.) v. EICHBORN. 175

K. W. Toptschijewa, *Adsorptionsisothermen von Dämpfen an Alumosilicatkatalysatoren verschiedener Zusammensetzung.* Es wurden die Adsorptionsisothermen für Dämpfe von *Methylalkohol* (I), *Cyclohexan* (II) u. *Bzl.* an Katalysatoren aufgenommen, die durch Mischen u. Glühen frisch gefällter Gele von SiO_2 (III) u. Al_2O_3 (IV) erhalten wurden. Die aus der Benzoladsorption bestimmte Oberfläche war etwas geringer als mit I u. II u. blieb in einem weiten Konzentrationsbereich von III annähernd konstant. Aus den für **I, II** u. Bzl. berechneten absol. Adsorptionsisothermen an **III, IV** u. verschied. *Alumosilicaten* (**V**) geht hervor, daß für **I** die Isothermen für **V** u. **III** affin sind. Die Isotherme an **IV** ist hiervon völlig verschieden. Bei Bzl. verhalten sich **III** u. **IV** verschieden von **V**. Die absol. Isothermen an **V** sind einander sehr ähnlich. Mit **II** erhält man nicht nur an **III** u. **IV** verschied. Isothermen, sondern auch für die einzelnen **V**, bedingt durch den starken Einfl. der chem. Zus. der Adsorbenten auf die Adsorption von ungesätt. KW-stoffen. (Журнал Физической Химии [J. physik. Chem.] **27.** 411–19. März 1953. Moskau, Lomonossow-Univ.) LEBTAG. 176

P. B. Weisz, *Einfluß des Elektronenladungstransportes zwischen Adsorbat und Festkörper auf Chemisorption und Katalyse.* Vf. überträgt die Vorstellung des Elektronentransports zwischen 2 Festkörpern auf Grund der unterschiedlichen freien Energien der Elektronen u. der mit der Anhäufung der Ladungen an der Grenzfläche verbundenen Potentialenergie auf den Vorgang der Chemisorption eines Mol. A am Festkörper B. Ausgehend von der Potentialenergiefunktion für die Grenzschicht, werden die Gleichungen für die Zahl chem. adsorbierbarer Moll. N_0 für die 3 Fälle $E_0 \gg Q$, $Q \sim kT/e$ oder $Q > kT/e$, $E_0 \ll Q$, $Q > kT/e$ u. $E_0 \approx Q$, $Q \approx kT/e$ oder $Q > kT/e$ abgeleitet. Ferner werden die Beziehungen für die Abhängigkeit von N_0 von T u. für ΔH_t, die Adsorptionswärme entwickelt. Die Natur der akt. Zentren u. die Geschwindigkeit der Sorption u. Desorption werden unter dem Gesichtspunkt des Elektronentransports an der Grenzfläche u. unter Berücksichtigung der auftretenden Polarisationsenergien diskutiert. (J. chem. Physics **21.** 1531–38. Sept. 1953. Paulsboro, N. J., Socony-Vacuum Oil, Inc., Labor., Res. and Developm. Dep.) WOELK. 176

R. M. Barrer und **A. B. Robins,** *Sorption von Gemischen.* 1. Mitt. *Trennungen permanenter und Edelgase durch Molekülsiebwirkung.* Die Okklusionsgeschwindigkeit ($D \cdot dc/dx_{x=0}$) verschied. Gase, wie H_2, *Ne*, O_2, N_2, *Ar* u. ***Kr***, in den Kristallen von entgastem synthet. (u. natürlichem) *Mordenit* ($Na_2O \cdot Al_2O_3 \cdot 10\,SiO_2 \cdot 6{,}6\,H_2O$) zeigen untereinander beträchtliche Unterschiede. Infolgedessen ergab sich bei definierter Gasströmung durch eine Säule von krist. Mordenit für gewisse Gaspaare eine sehr gute Trennmöglichkeit. Wird der entgaste Mordenit durch Zugabe geringer Wassermengen in seiner Porenweite verändert, so erfolgt eine Verminderung in der Okklusionsgeschwindigkeit für die Edelgase, wodurch der Trenneffekt für verschied. Gasgemische verändert werden kann. In einigen Fällen wurde die Trennung durch Wasserbehandlung des Zeoliths verbessert, weil durch das zwischen den Kristallen eingelagerte W. die Sorption langsamer diffundierender Moll. in stärkerem Maße als die der schneller diffundierenden verzögert wird. Nach dieser Mol.-Siebmeth. konnten folgende Gaspaare getrennt werden: $Ar + N_2$; $Ar + O_2$; $N_2 + H_2$; $Ar + Ne$; $Ar + H_2$. Hier ließen sich Versuchsbedingungen schaffen, unter denen sich in der Gasphase 100% der einen Komponente befand, während die andere in der sorbierten Phase weitgehend angereichert vorlag. Gewöhnlich war auch etwas von dem langsamer diffundierendem Gas in der sorbierten Phase, dessen Betrag durch geringen Wasserzusatz zum Zeolith sehr niedrig gehalten werden konnte. Eine Trennung von Kr u. Ar war nicht möglich, was auf eine Blockierung der Kanäle durch die sehr langsam diffundierenden, aber stärker adsorbierten Kr-Atome zurückgeführt wird. (Trans. Faraday Soc. **49.** 807–15. Juli 1953. Aberdeen, Univ.) HENTSCHEL. 176

R. M. Barrer und **A. B. Robins,** *Sorption von Gemischen.* 2. Mitt. *Gleichgewichte zwischen binären Gasgemischen und einigen Zeolithen.* (1. vgl. vorst. Ref.) Mit Hilfe einer näher beschriebenen Vakuumapp. wird die Sorption von H_2, *Ne*, O_2 u. N_2 an *Mordenit* u. von O_2, *Ar* u. N_2 an *Chabasit* bei $-183°$ sowie für die bin. Gasgemische $H_2 + Ne$; $H_2 + N_2$; $Ne + O_2$ an Mordenit u. $Ar + O_2$ sowie $Ar + N_2$ an Chabasit untersucht. Bei der Sorption aus Gemischen treten gegenseitige Beeinflussungen auf, die von der relativen Affinität zwischen den Gasen u. dem Adsorbens abhängen. Doch konnte in keinem einzigen Fall ein Anzeichen einer Verstärkung der Sorption beobachtet werden. Das Untersuchungsverf., bei dem für jede Isotherme Gasgemische von festgelegter Zus. benutzt wurden u. gegenseitige Verdrängung erfolgte, führte manchmal bei dem schwächer sorbierten Gas eines Paares zu einem Maximum in der Sorptionsisotherme, so für Ar, H_2 u. Ne bei den Paaren $O_2 + Ar$, $N_2 + H_2$, $N_2 + Ar$ u. $O_2 + Ne$. Hohe Anreicherungsfaktoren entstehen infolge selektiver Sorption, die für einige Gemische von den Gesamtdrucken u. sorbierten Anteilen abhängen. Für das Paar $O_2 + Ar$ war der Anreicherungsfaktor an Chabasit (im Mittel 6,7) von diesen beiden Faktoren nahezu unabhängig, wie es für ein dem LANGMUIRschen Gesetz folgendes Gaspaar verlangt wird. Die Anwendung dieser LANGMUIR-Isotherme wurde für Gemische nach verschied. Wegen geprüft, wie sie für die Isothermen reiner Gase nicht anwendbar sind. Das Paar $O_2 + Ar$ kommt den LANGMUIRschen Forderungen nach höheren interkristallinen Konzz. der sorbierten Gase am nächsten. Andere Paare zeigen verschied. Abweichungen von diesen Forderungen. Die Abweichungen erscheinen mit der Heterogenität unter den akt. Sorptionsstellen vereinbar u. treten bei den einzelnen Gaspaaren in verschied. Ausmaß auf. (Trans. Faraday Soc. **49.** 929–39. Aug. 1953. Aberdeen, Univ.) Hentschel. 176

J. Gillis, J. Hoste, P. Cornand und **A. Speecke,** *Die Trennung von Niob und Tantal mit Anionenaustauschern in oxalsaurer Lösung.* Die 10 mg Ta u. 10 mg Nb enthaltende oxalsaure Lsg. wird auf den stark bas., mit HCl wiederbelebten Anionenaustauscher gebracht; die Trennung erfolgt nach dem Eluierverfahren. In 1 Arbeitsgang erhält man 95% des angewandten, von Ta freien Nb. Ta wird zu 85–90% wiedergewonnen; es ist durch 1% Nb verunreinigt. (Meded. vlaamse chem. Veren. **15.** 63–65. Mai/Juni 1953. Gent, Rijksuniv., Labor. von analyt. Chem.) Wesly. 177

D. E. Conway, J. H. S. Green und **D. Reichenberg,** *Die Kinetik des Na–H-Austausches eines monofunktionell COOH-Gruppen enthaltenden Kationenaustauschers.* Es wird die Geschwindigkeit des Na^+–H^+-Austausches an dem schwach sauren Kationenaustauscher *Amberlite IRC-50* (I) in der H^+-Form mit NaCl-Lsgg. verschied. Konz. untersucht. Die Geschwindigkeit wird dabei als unabhängig von der Na^+-Konz., jedoch als umgekehrt porportional dem Quadrat des Teilchenradius der Harzteilchen gefunden. Nach Diskussion mehrerer Theorien wird als geschwindigkeitsbestimmender Faktor die Diffusion der Ionen durch das Harz angesehen. Die Diffusionskoeffizienten werden 300–2000 mal kleiner als in sulfurierten Polystyrolharzen gefunden. Für den langsamen Austausch an I wird die schwache Dissoziation der COOH-Gruppen verantwortlich gemacht. Die Dissoziationskonstante von I wird nach Diskussion mehrerer Möglichkeiten zu ca. $5 \cdot 10^{-6}$ angegeben. (Trans. Faraday Soc. **50.** 511–20. Mai 1954. Teddington, Middlesex, Chem. Res. Labor.) Blasius. 177

Alfred Lottermoser, Kurze Einführung in die Kolloidchemie unter bes. Berücksichtigung d. anorg. Kolloide. 3. erg. Aufl. v. **Carl Kalauch.** Dresden u. Leipzig: Steinkopff. 1954. (VIII + 260 S. m. 111 Abb.) DM 10,—.

A₆. Strukturforschung.

A. Bruaux, *Die Elektronenmikroskopie. Möglichkeiten und Anwendungen.* Inhaltlich ident. mit der C. **1953.** 7484 referierten Arbeit. (Rev. techn. luxembourg. **45.** 171–77. Juli/Sept. 1953.) Lenz. 181

B. Duhm und **R. Gönnert,** *Über eine Methode zum Vergleich desselben Objektes im Licht- und Elektronenmikroskop.* Die Vergleichsmöglichkeiten zwischen lichtmkr. u. elektronenmkr. Aufnahmen desselben histolog. Mikrotomschnittes werden verbessert durch Verwendung einer Großlochblende (0,4 mm Bohrungsdurchmesser) u. Entfärbung des zunächst für die lichtmkr. Aufnahme gefärbten Präp. vor der elektronenmkr. Untersuchung. (Z. wiss. Mikroskop. mikroskop. Techn. **61.** 259–69. März 1953. Elberfeld, Farbenfabr. Bayer, Physikal. u. Chemotherapeut. Inst.) Lenz. 181

G. D. Archard, *Die durch mechanische Ungenauigkeiten verursachten Bildfehler magnetischer Elektronenlinsen.* Die von Sturrock angegebenen Ausdrücke (vgl. C. **1952.** 3293) für den Zusammenhang zwischen Polschuhasymmetrien u. Bildfehlern werden für verschied. Asymmetrietypen u. verschied. Polschuhformen numer. ausgewertet. Polschuhbohrungsdurchmesser u. Spaltweiten einer magnet. Objektivlinse dürfen um nicht mehr als 0,1 μ schwanken, wenn das Auflösungsvermögen durch Fertigungsungenauigkeiten nicht wesentlich verschlechtert werden soll. Da eine solche Fertigungsgenauigkeit beim heutigen Stand der Technik nicht erreichbar ist, ist eine Verbesserung des Auflösungsvermögens nur mit Hilfe von Stigmatoren möglich. (J. sci. Instruments **30.** 352–58. Okt. 1953. Aldermaston/Berks., AEI Ltd., Res. Labor.) Lenz. 181

G. W. Spiwak, N. G. Kanawina, I. N. Tschernyschew und **I. Ss. Sbitnikowa,** *Über eine elektronenoptische Methode der Abbildung von Objekten mit magnetischen Inhomogenitäten.* Der Bildkontrast im emissionsmkr. Bild kann nicht nur durch Oberflächenunebenheiten, sondern auch durch die Ggw. magnet. Inhomogenitäten auf der Kathode bewirkt werden. Um diese sichtbar zu machen, muß man allerdings im Bereich der kalten Emission arbeiten (durch Ionen- oder Elektronenbeschuß ausgelöste Sekundärelektronen), da die magnet. Eigg. der Ferromagnetika schon vor dem Einsetzen der therm. Emission verschwinden. (Доклады Академии Наук СССР [Ber. Akad. Wiss. UdSSR] [N. S.] **92.** 541–43. 21/9. 1953. Moskau, Lomonossow-Univ.) Lenz. 181

R. E. Hartman, T. D. Green, J. B. Bateman, C. A. Senseney und **G. E. Hess,** *Präparation gleichmäßig verteilter Proben teilchenförmiger Materie für die Elektronenmikroskopie.* Beschreibung eines Verf. zur elektronenmkr. Präparation von aus vielen einzelnen Teilchen bestehenden Objekten. Man suspendiert zu diesem Zweck die

Teilchen in einer Proteinlsg., von der man einen Tropfen auf eine Wasseroberfläche bringt. Dieser Tropfen breitet sich auf der Wasseroberfläche zu einer monomol. Schicht aus, in welcher die zu untersuchenden Teilchen gleichmäßig verteilt sind. Als Beispiel werden übermkr. Aufnahmen von derart präparierten Objekten (*Polystyrollatex, Bohnenmosaikvirus* u. *Colibakterien*) gezeigt. (J. appl. Physics **24.** 90–92. Jan. 1953. Frederick, Md., Camp Detrick.) LENZ. 181

G. Chaume, J. Guillaume und **A. Mathieu-Sicaud,** *Ein Belichtungsmesser für das Elektronenmikroskop. Anwendung auf die Wahl von Entwicklern.* Die Elektronenstrahlstromdichte an der photograph. Platte in einem Elektronenmikroskop wird mittels eines ausschwenkbaren FARADAY-Käfigs gemessen, welcher an einen Gleichstromverstärker angeschlossen ist. Die Steilheit zweier Sorten von Photoplatten wird für verschied. Entwickler gemessen. Es wird empfohlen, die photograph. Emulsion, die Belichtungszeit u. das Entwicklungsverf. je nach den Eigg. des jeweiligen elektronenmkr. Bildes passend zu wählen. (Bull. Soc. franç. Minéralog. Cristallogr. **76.** 193–204. April/Juni 1953. Paris, Labor. de Minéralogie, u. Paris, Labor. Central des Services Chimiques de l'État.) LENZ. 181

Karl Wildermuth, *Zur physikalischen Interpretation der in Mehrelektronensystemen (He, H_2^+, H_2) auftretenden Kräfte.* Durch eine quantenmechan. Betrachtung des neutralen He-Atoms, des H-Molekülions u. eine physikal. Diskussion des H_2-Mol. zeigt Vf., daß die bei Mehrelektronensystemen auftretenden Kräfte rein elektr. Natur sind. Es wird versucht, das quantenmechan. durch ein Modell der klass. Physik anzunähern. Im Gegensatz zu Vielelektronensystemen, wo die möglichen Ladungsverteilungen noch durch das PAULI-Prinzip eingeschränkt werden, ist das Auftreten dieser Kräfte in den betrachteten Systemen im wesentlichen durch die nicht unabhängige Bewegung der Elektronen im Atom oder Mol. bedingt. Eine klass. Berechnung der Ladungsverteilung, die zu diesen Kräften führt, ist nicht möglich. Eine wesentliche Rolle spielen noch Tunneleffekt u. Unterscheidbarkeit der Elektronen. (Mh. Chem. **84.** 956–68; S.-B. österr. Akad. Wiss., math.-naturwiss. Kl., Abt. IIb **162.** 956–68. 1953. Graz, Univ., Inst. für theoret. Physik.) WOELK. 182

H. J. Becher, *Über den Bindungszustand in Bor–Stickstoff-Verbindungen.* 2. Mitt. *Bindungsmomente in Borazanen und Borazenen.* (1. vgl. C. **1954.** 8411.) Der RAMAN-spektroskop. Befund, daß die Valenzkraftkonstante in den Borazanen für die koordinative Bindung ebenso groß ist wie für eine gewöhnliche BN-Bindung, läßt für die Borazane ein großes Dipolmoment erwarten. Es werden deshalb nach der Meth. der verd. Lsgg. in Bzl. die Dipolmomente der Borazane $(CH_3)_3BNH_3$ (4,15 D), $(CH_3)_3BN(CH_3)_3$ (3,92 D) u. der Borazene $(CH_3)_3BNH_2$ (1,47 D) u. $(CH_3)_3BN(CH_3)_2$ (1,40 D) bestimmt. Das Moment der BN-Bindung in den Barzanen wird daraus zu ca. 2,7 D berechnet. Das sind nur 35% des bei reiner Dipol–Dipol-Anziehung zu erwartenden Bindungsmomentes. Dieser Ausgleich des ursprünglichen koordinativen Momentes ist bei den Borazenen entsprechend ihrer Isosterie mit den Alkenen so stark, daß ihr BN-Moment nahezu Null wird (0,3 D). Mesomerie allein wird diesem Verh. der Borazene nicht gerecht. (Z. anorg. allg. Chem. **270.** 273–86. Dez. 1952. Göttingen, Univ., Anorgan.-chem. Inst.) K. L. Wolf. 182

J. Jaffray und **P. Martin,** *Die Umwandlungspunkte von wasserfreiem Kaliumcarbonat; Vergleich mit Natriumcarbonat.* Unterss. an wasserfreiem K_2CO_3 zwischen Zimmertemp. u. dem F. ergaben 2 Umwandlungspunkte bei ca. 410° bzw. 465°. Gegenüber dem von den Vff. früher (vgl. C. **1954.** 6438) untersuchten wasserfreien Na_2CO_3 bestehen jedoch sehr deutliche Unterschiede. Für die beobachteten 2 Umwandlungspunkte zeigten dilatometr. Unterss. eine vollkommene Volumenkontinuität, die therm. Analyse eine fast sichere Abwesenheit von latenter Wärme, während röntgenograph. zwischen Zimmertemp. u. 500° keine Änderung der Kristallsymmetrie nachgewiesen werden konnte. Es handelt sich demnach um 2 aufeinanderfolgende Umwandlungen 2. Ordnung, welche sich in Anomalien der spezif. Wärme u. der therm. Dilatation äußert. Während sich bei dem Na_2CO_3 die Tempp. der Umwandlungspunkte sehr genau bestimmen lassen, sind diese bei dem K_2CO_3 nur bis auf 5–6° reproduzierbar. Ebenso sind, im Gegensatz zu Na_2CO_3, die Ergebnisse der therm. Analyse u. der Dilatometrie sehr unregelmäßig u. wenig gut reproduzierbar. Während schließlich die Messungen der elektr. Leitfähigkeit genau die Umwandlungstempp. ergeben, ist dies bei K_2CO_3 nicht der Fall. (J. Physique Radium **14.** 553. Okt. 1953. Clermont-Ferrand, Fac. des Sci., Labor. de Phys.) GOTTFRIED. 190

Adolf G. Smekal, *Über die Abmessungen idealer Kristallgitter.* Krit. Übersicht über die vorliegenden Arbeiten zum Problem der Ausdehnung von Idealgitterbereichen in Realkristallen. — Literaturübersicht. (Acta physica austriaca **7.** 324–33. Juli 1953.) SIEWERT. 195

H. Sörum, *Die Strukturen der Plagioklasfeldspäte.* 2. Mitt. (1. vgl. COLE, SÖRUM u. TAYLOR, C. **1952.** 5699.) In Fortsetzung der früheren Unterss. berichtet Vf. über die Best. der Parameter von einem körperzentrierten *Anorthit* mit 72% An u. 28% Ab. Die neuen u. verbesserten Parameterwerte sind tabellar. zusammengestellt, ebenso wie die mit diesen Parametern errechneten Atomabstände. Im allg. konnten die bereits früher erhaltenen Abstände gefunden werden, obgleich eine geringe Zunahme der mittleren Werte beobachtet wurde. Ganz allg. ergab die vorliegende Unters. eine Bestätigung der früheren Beobachtungen. (Acta crystallogr. [Copenhagen] **6.** 413—17. 10/5. 1953. Trondheim, Tekniske Högskole, Fys. Inst.) GOTTFRIED. 195

Rudolf Vogel und **Dietrich Horstmann,** *Das Zustandsschaubild Eisen–Eisensilicid–Kupfersilicid–Kupfer.* Als Besonderheit tritt im Syst. eine in sich geschlossene tern. Mischungslücke auf, deren oberer u. unterer krit. Punkt ermittelt wird. Die im Zweistoffsyst. Fe–Si im festen Zustand entstehende Verb. Fe_3Si_2 scheidet sich im Dreistoffsyst. auf der Cu-Seite aus der Schmelze aus, nachdem in einem bestimmten Gebiet vorher ein teilweises Wiederaufschmelzen von bereits auskrist. FeSi u. α-Mischkristallen stattgefunden hat. Aus der Konodenrichtung ergibt sich, daß Fe eine größere Affinität zum Si hat als Cu. (Arch. Eisenhüttenwes. **24.** 435—40. Sept./Okt. 1953. Göttingen, Univ.) HOCHSTEIN. 195

Ss. S. Roginski, I. I. Tretjakow und **A. B. Schechter,** *Über die Veränderungen der Metalloberflächen durch chemische Prozesse und Erhitzung.* Die bei längerem Erhitzen von Metallen mkr. beobachteten Vorsprünge u. Terrassen zeigen im Elektronenmikroskop teilweise weitere Furchungen, ferner werden pyramidenförmige Vertiefungen u. als Vorstufe etwa kreisförmige Erhebungen u. Vertiefungen (Krater) beobachtet. Thermodynam. Faktoren (Herabsetzung der freien Energie auf ein Minimum) können zur Beseitigung einer deformierten Schicht, Ersatz von Kanten höherer Oberflächenenergie durch solche von niedrigerer Oberflächenenergie, Vergröberung von Teilchen durch Rekristallisation usw. führen, wobei auch akt. Gase, elektr. Entladungen, homogene Rkk. mitwirken können. Als kinet. Faktoren kommen Verdampfung u. Kondensation infolge zu hoher Aktivierungsenergie weniger in Frage als oberflächliche Diffusion unter Bldg. flacher Keime, Schwächung der Bindung einzelner Oberflächenatome mit dem Gitter, Adsorption von Fremdstoffen u. dergleichen. Von chem. Faktoren wird Anreicherung von Verunreinigungen u. Beimengungen an Kristallitgrenzen u. Veränderung von Zus. u. Zustand dieser Grenzen angeführt. (Доклады Академии Наук СССР [Ber. Akad. Wiss. UdSSR] [N. S.] **91.** 1167—69. 1 Tafel. 11/8. 1953.) R. K. MÜLLER. 196

Ralph Klein, *Untersuchung der Oberflächenreaktion von Sauerstoff mit Kohlenstoff auf Wolfram im Feldelektronenmikroskop.* Feldemissionsbilder von O_2 auf der W-Spitze, von C auf W u. von C u. O_2 auf W werden bei verschied. Tempp. gezeigt. Bedeckungsgrade werden aus der mittleren Elektronenaustrittsarbeit der Spitze ermittelt. Bei der Oxydation von auf W adsorbiertem C ist die Trennung der Oberflächenbindung W—O der geschwindigkeitsbestimmende Schritt. Die Diffusion von C in das W-Gitter darf vernachlässigt werden. (J. chem. Physics **21.** 1177—80. Juli 1953. Pittsburgh, Pa., Bureau of Mines, Kinetics Sect.) M. DRECHSLER. 196

I. I. Kornilow und **Je. N. Pylajewa,** *Isolierung des Nickeltantalids Ni_3Ta aus Legierungen des binären Systems Nickel–Tantal.* Aus einer im Vakuum 4 Std. auf 1300°, 2 Std. auf 1200° u. 2 Std. auf 1000° erhitzten Ni–Ta-Legierung mit 39,15% Ta wird mit 5%ig. HCl (+ 2—3 Tropfen HNO_3) die feste Lsg. von Ni_3Ta (I) in Ni herausgelöst u. I isoliert. I bildet große, längliche Kristalle. In Pulverform wird I elektrolyt. mit I-Kristall als Anode u. einem Fe-Becher als Kathode in 0,75%ig. alkoh. HCl (+ 20 g Citronensäure + 5 g NH_4Cl) bei einer Stromdichte von 0,01 A/cm² gewonnen, Die Analyse ergibt 49,44% Ta (theoret. 50,70%). Die Röntgenstrukturunters. zeigt. daß I hexagonales Gitter hat. (Доклады Академии Наук СССР [Ber. Akad. Wiss. UdSSR] [N. S.] **91.** 841—43. 1 Tafel. 1/8. 1953. Kurnakow-Inst. für allg. u. anorg. Chem. der Akad. der Wiss. der UdSSR.) R. K. MÜLLER. 197

A. M. Jelisstratow, Ss. D. Finkelstein und **T. Ju. Goldstein,** *Röntgenuntersuchung der Anfangsstadien der Alterung von Berylliumbronzen.* An 1—2 Std. bei 880° geglühten, dann in W. gehärteten Drähten (0,3—1 mm) von Be-Bronze (2,02% Be) werden nach 1jähriger Lagerung oder 1std. Anlassen auf 150° sehr schwache diffuse Maxima der Röntgenstrahlung beobachtet, deren Intensität mit der Temp. u. Dauer des Anlassens zunimmt. Die Intensitätsmaxima der „Gebiete anomaler Streuung“ (GaS) entsprechen den Gitterpunkten $(1\,1\,0)_\gamma$ u. $(0\,0\,2)_\gamma$ des umgekehrten Gitters der γ-Phase. Aus dem Auftreten von 2 Typen des GaS (entsprechend der α- u. der γ-Phase)

u. ihrem Verh. bei höherer Anlaßtemp. wird geschlossen, daß zu Beginn der Alterung im Kristall der festen Lsg. kleine Bereiche von γ-Struktur in Plättchen von 25 Å Dicke u. 50 Å Durchmesser entstehen, die in der Umgebung lokale Verzerrungen bewirken u. sich schließlich zu plattenförmigen Bereichen, parallel den Flächen vom Typ $(1\,1\,0)_{\alpha}$, sammeln, die aus einzelnen Antiphaseblöcken der γ-Struktur bestehen u. nach 1std. Anlassen auf 190 bzw. 250° eine Breite von 140 bzw. 700 Å bei gleichbleibender Dicke (25 Å) erreichen; die Dicke der angrenzenden verzerrten Schicht von α-Phase beträgt infolge Störung der Kohärenz mit der Grundphase vermutlich nur 1—2 Atomabstände. Die Ergebnisse der Röntgenunters. stimmen mit elektronenmkr. Feinstrukturaufnahmen an alternden Al-Legierungen überein. (Доклады Академии Наук СССР [Ber. Akad. Wiss. UdSSR] [N. S.] **88.** 669—72. 1/2. 1953. 1 Tafel. Swerdlowsk u. Tscheljabinsk, Inst. für Mechan. u. Elektrifizier. der Landw.)

R. K. MÜLLER. 197

W. A. Iljina und **W. K. Kritzkaja,** *Untersuchung der Gesetzmäßigkeiten der Intensitätsänderung der Röntgeninterferenzen von verformtem Eisen.* Mit harter Röntgenstrahlung (MoK_{α}) wird an Fe-Feilpulver (auf 650° angelassen u. nicht angelassen) das Intensitätsverhältnis bei unverformtem u. verformtem Fe untersucht ($I_{unv.}/I_{verf.} = I'_0/I''_0$ bei 23°). Dabei bestätigt sich die lineare Abhängigkeit des $\ln I'_0/I''_0$ von $\sum h_i^2$ (h_i = Reflexionsindices), d. h. Schwächung von I proportional $e^{-A\sum h_i}$ bei der Verformung. Die Verschiebung der Schwingungszentren ist von der Größenordnung 0,10 Å. Bei Abkühlung auf —185° ändern sich I'_0 u. I''_0 in gleichem Maße, entsprechend einer charakterist. Temp. von 430°. Die Intensitätsverminderung beim Verformen beruht also auf Verzerrungen 3. Art. Der Vgl. von verformtem (im Achatmörser geriebenem) u. unverformtem red. Fe-Pulver im Gemisch mit Cu-Pulver bestätigt die Intensitätsverminderung beim Verformen. (Доклады Академии Наук СССР [Ber. Akad. Wiss. UdSSR] [N. S.] **87.** 207—10. 11/11. 1952. Inst. für Metallkunde u. Metallphysik des Zentr. wiss. Forschungsinst. für Eisenmetalle.)

R. K. MÜLLER. 197

M. P. Lewitzki, *Theorie der Bildung und Zerstörung von Verschweißungsbrücken von sich reibenden Oberflächen.* Vf. betrachtet den Prozeß der gegenseitigen Annäherung der Atomgitter der sich reibenden Oberflächen als eine Rk. $(A + B)_2 \rightleftarrows AB^{\ddagger} \rightleftarrows (A + B)_1$ (vgl. GLASSTON u. Mitarbeiter: Theorie der absol. Reaktionsgeschwindigkeiten) u. berechnet hieraus einen Ausdruck $\mu = \mu_0\,(1 - \exp\,[-(akT/vh)\,\varkappa \cdot \exp\,(-\Delta F^{\ddagger}/RT)])$. Hierin bedeuten μ_0 den durch die Festigkeit der Verschweißungsbrücken bedingten Anteil des Reibungskoeff. bei v = 0; a = Gitterkonstante; $\varkappa$ = Transmissionskoeff.; $\Delta F^{\ddagger}$ = freie Aktivierungsenergie im Normalzustand (vgl. GLASSTON). (Доклады Академии Наук СССР [Ber. Akad. Wiss. UdSSR] [N. S.] **92.** 797—98. 1/10. 1953.)

AMBERGER. 200

W. Ss. Posstnikow, *Innere Reibung und Schubmodul von reinem Kupfer und Berylliumbronze.* Die an Drähten (300:0,7 mm) aus dem logarithm. Dämpfungsdekrement der Torsionsschwingungen bestimmte innere Reibung Q zeigt bei Cu ein ausgeprägtes Maximum bei 224°, das aus der Theorie der Relaxationserscheinungen erklärt wird; bei 224° tritt auch ein Knick in der Kurve der Abnahme der Schubspannung mit steigender Temp. auf. Bei der festen Lsg. von Be in Cu (Be-Bronze) steigt Q mit der Temp. zuerst langsam, von ca. 240° an steil an u. erreicht ein Maximum bei ca. 400°. Die dem Platzwechsel der Atome an den Korngrenzen entsprechende Aktivierungswärme ergibt sich zu $H = 52400 \pm 4600$ cal/Mol. Von der Zeit t (Min.) hängt Q bei 300° ab nach $Q(t) = 0{,}0126 + 0{,}0254 \cdot e^{-t/616}$. Nach 3 Std. machen sich jedoch Zerfallsprozesse (Koagulation u. dgl.) in einer Abweichung der experimentellen Werte von dieser Gleichung geltend. Die Aktivierungswärme der Ausscheidung von Be aus der festen Lsg. ist $H = 16000 \pm 300$ cal/Mol. (Доклады Академии Наук СССР [Ber. Akad. Wiss. UdSSR] [N. S.] **91.** 79—82. 1/7. 1953. Moskau, Stalin-Stahlinst.)

R. K. MÜLLER. 200

A₇. Gleichgewichte. Kinetik.

I. L. Krupatkin, *Untersuchung der metastabilen Gleichgewichte zwischen flüssigen Phasen.* 3. Mitt. (2. vgl. Сборник Статей по Общей Химии [Samml. Aufsätze allg. Chem.] **2.** [1954.] 1221.) Nach Schmelzbarkeit u. Entmischung wurde das Syst. *Schwefel-β-Naphthylamin* (**I**) untersucht. Die Schmelzkurve zeigte ein Eutektikum bei 35% **I** u. 100°. Die Kristallisationskurve von S wies oberhalb der Kurve der metastabilen Entmischung bei 103° einen horizontalen Abschnitt von 60 bis 80% S auf. Unterhalb der Kristallisationskurve von S zeigte sich eine bei jeder Temp. u. jeder Konz. metastabile Entmischung. Das Eutektikum von *Diphenylamin* (**II**)-**I**

lag bei 42° u. 83% II. Chem. Verbb. der Komponenten konnten nicht beobachtet werden. Das Gleichgewicht zwischen festen u. fl. Phasen im Syst. S–II–I zeigte einen zweiphasigen fl. Zustand, metastabil bei jeder Temp. u. jeder Konz., mit einem Sattelpunkt, der bei den Flächen der metastabilen Entmischung von S–I u. S–II beginnt. Das bin. Syst. I–II ist ein typ. lösendes Syst. gegenüber fl. u. festem S. Es wird angenommen, daß die metastabile Entmischung von der wahren Homogenität zum latenten Entmischungszustand u. dann zur metastabilen Entmischung führt. (Журнал Общей Химии [J. allg. Chem.] **23** (85). 1096—1103. Juli 1953.) LEBTAG. 221

N. C. Deno und **R. W. Taft jr.**, *Konzentrierte Schwefelsäure–Wasser.* Vff. zeigen, daß die H_0-HAMMETT-Funktion nicht nur im bisher angenommenen Bereich von 90 bis 99,8 Gew.-% H_2SO_4 exakt abgeleitet werden kann, sondern daß dieser Bereich bis auf 83% herunter ausgedehnt werden kann, wenn angenommen wird, daß die Rk. $H_2O + H_2SO_4 = H_3O^+ + HSO_4^-$ in diesem Bereich nur zu ca. 50% abläuft gegenüber der bisher als vollständig verlaufend angesehenen Reaktion. Ebenso läßt sich die Aktivität des W. in befriedigender Übereinstimmung mit experimentellen Befunden im Bereich von 83% bis wenigstens 95% H_2SO_4 abschätzen, in welchem die Aktivitätskoeffizienten annähernd konstant sind. Dieses ideale Verh. wird der hohen DK. u. der Ähnlichkeit des Mediums mit dem geschmolzener Salze zugeschrieben. Durch die Anwendung der Ergebnisse auf verschied. Reaktionsgeschwindigkeitsunterss. im Syst. H_2SO_4–H_2O u. deren Diskussion wird die Richtigkeit der gezogenen Schlüsse gestützt. (J. Amer. chem. Soc. **76.** 244—48. 5/1. 1954. State College, Pa., Pennsylvania State Coll., School of Chem. and Phys.) NIEMITZ. 221

P. A. Smirnow, *Kryoskopische Untersuchung des Systems Naphthalin–Jod–Quecksilberjodid.* 1. Mitt. Die kryoskop. Unters. ergab, daß, unabhängig von der dem *Naphthalin* (I) zugesetzten Menge J_2, das Mol.-Gew. von HgJ_2 (II) mit 679 gegenüber dem theoret. Wert 454 konstant bleibt. Ohne Zusatz von J_2 bleibt das Mol.-Gew. mit 407 unter dem theoret. Wert (Dissoziation). Wird der Lsg. von II in I J_2 zugesetzt, so hat das Mol.-Gew. von J_2 fast den theoret. Wert. Hieraus folgt, daß bei Lsg. von J_2 u. II in I keine Polyjodide entstehen u. daß bei vorherigem (nicht nachträglichem) Zusatz von J_2 zu I die II-Moll. assoziiert werden. (Журнал Общей Химии [J. allg. Chem.] **23** (85). 1085—89. Juli 1953.) LEBTAG. 221

P. A. Smirnow, *Kryoskopische Untersuchung des Systems Naphthalin–Jod–Quecksilberchlorid.* 2. Mitt. (1. vgl. vorst. Ref.) Aus der kryoskop. Unters. des Syst. Naphthalin–J_2–$HgCl_2$ (I) wird geschlossen, daß durch Rk. zwischen I u. J_2 nachst. Polyhalogenide entstehen: $4HgCl_2 \cdot J_2$; $3HgCl_2 \cdot J_2$; $HgCl_2 \cdot J_2$; $HgCl_2 \cdot 2J_2$. (Журнал Общей Химии [J. allg. Chem.] **23** (85). 1089—92. Juli 1953.) LEBTAG. 221

J. R. Zimmerman, *Protonenrelaxationsphänomene bei der Bildung von Komplexionen.* Schwache organ. Säuren haben einen großen Einfl. auf die Relaxationszeit der Protonen in wss. Lsg. von V^{4+}, das Relaxationsverhältnis T_1/T_2 in 0,01 mol. V^{4+}-Lsg. ist in Übereinstimmung mit theoret. Überlegungen in der Größenordnung von 2. Vf. hat den Einfl. der Konz. von Oxalsäure auf T_1/T_2 in 0,01 mol. V^{4+}-Lsg. untersucht. Bis zu Säurekonzz. von 0,01 mol. erfolgt keine Beeinflussung von T_1 oder T_2. Weitere Konzentrationserhöhung der Säure ergibt eine definierte Abhängigkeit von T_2 von der Konzentration. Der reziproke Wert der Lebensdauer eines Protons in einem gegebenen Zustand in einem H_2O-Mol. ergibt sich zu $\sim$50 sec^{-1}. (J. chem. Physics **21.** 1605. Sept. 1953. Boulder, Colo., Univ.) WOELK. 223

Fred Basolo und **R. Kent Murmann**, *Sterische Effekte und die Beständigkeit von Komplexverbindungen.* 2. Mitt. *Die Chelatbildungstendenz der N.N'-Dialkyläthylendiamine mit Kupfer(II)-* u. *Nickel(II)-Ionen.* (1. vgl. C. **1953.** 8795.) Vff. untersuchten den Einfl. der ster. Hinderung auf die Stabilität der Komplexverbb. des Cu(II) u. Ni(II) mit *N.N'-Dimethyl-*(**I**), *N.N'-Diäthyl-*(**II**), *N.N'-Di-n-propyl-*(**III**), *N.N'-Di-n-butyl-*(**IV**) u. *N.N'-Diisopropyläthylendiamin* (**V**) in 0,5 mol. KNO_3-Lsg. bei 0 u. 25°. Dazu wurden die stufenweisen Bildungskonstanten der Komplexe bestimmt, da deren Unterschied auf Grund annähernd gleicher Basenstärke von **I, II, III, IV** u. **V** direkt einer ster. Hinderung der Chelatbldg. zugeschrieben werden kann. Nach diesen Messungen u. nach den Ergebnissen der 1. Mitt. ist bei der untersuchten Komplexbldg. eine ster. Hinderung vorhanden, die entscheidend durch die Größe des Alkylrestes u. durch die Zahl der Alkylgruppen am N-Atom beeinflußt wird. In der Reihenfolge der Liganden en, **I, II, III, IV** (en = Äthylendiamin) nimmt die Beständigkeit der entsprechenden Cu^{2+}- u. Ni^{2+}-Komplexe ab. Daß allg. die Bildungskonstante der Me-Komplexe mit **III** u. **IV** fast gleich, mit **IV** sogar meist etwas größer ist, erklärt sich nach Vff. dadurch, daß das Zentralatom durch das langkettige **IV** völlig umhüllt wird u. daher mit dem Lösungsm. nicht in Wechselwrkg. treten kann. Modellbetrachtungen ergaben ein Ansteigen der Spannung bei der Bldg. von $[Me(AA)_2]^{2+}$ im Vgl. zu der von $[Me(AA)]^{2+}$ (AA = en, **I, II, III, IV**). Nur noch das Ni bildet mit **I** u. **II** instabile $[Ni(AA)_3]^{2+}$-Komplexe. Bei Alkylen mit verzweigten Ketten zeigt sich die ster. Hinderung gegenüber der der entsprechenden geradkettigen Verbb. sehr vergrößert. Für die Komplexgleichgewichte des Cu u. Ni mit en u. **II** sind die calor. gemessenen Werte für ΔH^0, ΔF^0 u. ΔS^0 tabellar. aufgeführt. Unter der Voraussetzung, daß ΔH^0 als Maß für die Bindungsstärke anzusehen ist, ergibt sich auch daraus das Vorhandensein einer starken ster. Hinderung. Die im Vgl. zu den anderen Systemen großen Entropiewerte der Systeme Ni–**II** u. Cu–**II** werden dem stark unterschiedlichen hydrophilen Charakter der Metallaminkomplexe zugeschrieben. Folgende Komplexe konnten isoliert werden: $[Cu(Meen)_2]Br_2$, $[Ni(Meen)_2(H_2O)_2]Br_2$, $[Cu(N\text{-}Pren)_2](NO_3)_2$, $[Ni\cdot(n\text{-}Pren)_2(H_2O)_2](NO_3)_2$, $[Ni(\ddot{A}then)_2(H_2O)_2](NO_3)_2$, $[Cu(Buen)_2](NO_3)_2$ u. $[Cu\cdot(iso\text{-}Pren)_2](NO_3)_2$ (Meen = **I**; n-Pren = **III**; Äthen = **II**; Buen = **IV**; *iso*-Pren = **V**). (J. Amer. chem. Soc. **76**. 211—14. 5/1. 1954. Evanston, Ill., Northwestern Univ., Chem. Labor.) PLUST. 223

M. Bobtelsky und **B. Graus**, *Thorium-Citrat-Komplexe, ihre Zusammensetzung, Struktur und ihr Verhalten.* Vff. berichten über Unterss. der Komplexverbb., die in heterogenen wie homogenen Systemen von Th-Salzen u. Citraten (Ci) in saurem, neutralem u. alkal. Medium existieren. Danach bildet sich in wss. Lsg. ($p_H \sim 3{,}0$) ein lösl. Komplex der Zus. $[Th_2Ci_3]$, während in 50%ig. alkoh. Lsg. bei gleichem p_H ein lösl. Komplex der Zus. $[ThCi_2]$ beobachtet wird. Eine unlösl. Verb. der Zus. $[ThCi]_n$ ist quantitativ lösl. in einem Überschuß von Na-Citrat, aber auch in NaOH bei $p_H \sim 8{,}0$. Der lösl. $[Th_2Ci_3]$-Komplex geht bei großen p_H-Werten wahrscheinlich in $[Th_2Ci_3']^{4-}$ über. Auf Grund ihrer Ergebnisse erörtern Vff. Strukturformeln für die einzelnen Komplexe. Über das Ausmaß der Bindung freier Carboxylgruppen an die zentralen Th-Atome läßt sich nichts Bestimmtes aussagen. (J. Amer. chem. Soc. **76**. 1536—39. 20/3. 1954. Jersualem, Hebrew Univ., Dep. of Inorg. and Analyt. Chem.) R. STEIN. 223

R. W. Woronzow, *Empirische Löslichkeitsreihe der Ferrocyanide.* Man kann zwar die *Schwermetallferrocyanide* (**I**) gegenseitig aus ihren Lsgg. oder Gemische der Schwermetalle mit $K_4Fe(CN)_6$ (**II**) ausfällen, erhält jedoch dabei keine eindeutige Löslichkeitsreihe, da keine Fällungen von konstanter Zus. erhalten werden. Bei der Fällung mit **II** fallen zuerst reine **I**, dann feste Lsgg., endlich Doppelsalze aus. Daher wurden 4 Verff. angewandt, bei denen Lsgg. der Schwermetalle mit **II** bei großem Überschuß an **II** (sowohl kalt wie heiß), **I**-Lsgg. (Gemische) mit ungenügender Menge **II**, ferner mit einer nur das eine der beiden Schwermetallsalze völlig ausfällenden Menge an **II**, endlich nur durch die ersten Tropfen einer **II**-Lsg. ausgefällt wurden. Auf Grund der dabei erhaltenen Ergebnisse konnte folgende „prakt." Löslichkeitsreihe gewonnen werden (in zunehmender Unlöslichkeit): $Pb^{2+} > Al^{3+} > Bi^{3+} > Sb^{3+} > Mn^{2+} > Cd^{2+} > Co^{2+} > Ni^{2+} > Fe^{2+} > Zn^{2+} > Fe^{3+} > Cu^{2+} > Ag^{+}$. Diese Reihe hatte nur eine einzige Ausnahme in der Verdrängungsfolge. Zwar wurde Pb^{2+} von allen Schwermetallen verdrängt, jedoch durch Kobaltferrocyanid in bedeutender Menge ausgefällt. Diese Ausnahme kann jedoch die Reihe nicht umstoßen, da die Niederschlagsbldg. stets reversibel ist (von der Zus. der Lsgg. abhängt). Einzig die Bldg. des Ag-Ferrocyanids ist prakt. irreversibel. (Журнал Аналитической Химии [J. analyt. Chem.] **8**. 228—30. Juli/Aug. 1953. Swerdlowsk, Uraler Forsttechn. Inst.) v. WILPERT. 224

David Owen Campbell und **Mary L. Kilpatrick**, *Eine kinetische Untersuchung der Pyrophosphathydrolyse.* Vff. untersuchten die Hydrolyse des *Pyrophosphates* (**I**), welche von H^+-Ionen katalysiert wird, über einen größeren H^+-Ionenbereich, um Aufklärung über die Beteiligung der verschied. Ionenarten, z. B. $HP_2O_7^{3-}$, $H_2P_2O_7^{2-}$ usw. an der Gesamt-Rk. zu erhalten. Die durch die Hydrolyse bedingte Änderung der H^+-Ionenkonz., $H_4P_2O_7 + H_2O \rightarrow 2\ H_3PO_4$, konnte durch Verwendung von mit ^{32}P indiziertem **I**, auch bei kleinen Konzz. von H^+, niedrig gehalten werden, so daß bei prakt. konstantem p_H gearbeitet wurde. Da **I** von den Gefäßwänden adsorbiert wird, konnte die Ausgangskonz. an **I** nicht kleiner als $6 \cdot 10^{-5}$ Mol/Liter gewählt werden. Die Verss. wurden bei 50, 60 u. 70° durchgeführt. In stark saurer Lsg. (HCl, $HClO_4$) ließen sich bei großer $[H^+]$ keine quantitativ auswertbaren Ergebnisse gewinnen. In schwächer sauren Lsgg., bei konstanter Ionenstärke von 0,15 (NaCl), konnten die Geschwindigkeitskonstanten der Rk. von $H_3P_2O_7^-$ u. $H_2P_2O_7^{2-}$ mit W. u. H^+ bestimmt werden. Die qualitative Abschätzung der Hydrolysengeschwindigkeit für $H_4P_2O_7$ ergab, daß diese etwas größer als für $H_3P_2O_7^-$ ist. Die Hydrolysengeschwindigkeit des $HP_2O_7^{3-}$ konnte bei 70° ermittelt werden. $P_2O_7^{4-}$ hydrolysiert nicht. Da die Hydrolysengeschwindigkeit des $H_2P_2O_7^{2-}$ in carboxylgruppenhaltigen Puffern (Acetat,

Formiat) mit steigender Pufferkonz. bei gegebener Zus. des Puffers u. der Ionenstärke abnimmt, nehmen Vff. Komplexbldg. zwischen $H_2P_2O_7^{2-}$ u. der Carboxylsäure an. Unter Verwendung von p-Bromanilin als Puffer konnte dieser Effekt nicht beobachtet werden. Für die einzelnen Rkk. werden die Temperaturkoeffizienten u. die Aktivierungsenergien berechnet. — Die Best. des I erfolgte als $Zn_2P_2O_7$, da das Cd-Salz PO_4^{3-} mitfällt. (J. Amer. chem. Soc. **76.** 893—901. 5/2. 1954. Chicago, Ill., Illinois Inst. of Technol., Dep. of Chem.) NÖTH. 225

E. Briner, V. Spreter und **B. Kovaliv,** *Oscillographische und calorimetrische Untersuchungen über die stille elektrische Entladung und ihre chemische Wirkung, besonders für die Ozon-Erzeugung.* Mittels oscillograph. Methoden untersuchten Vff. die unterschiedlichen Eigg. stiller elektr. Entladungen, bes. im Hinblick auf ihre Bedeutung für die O_3-Erzeugung. Die verbrauchte Energie wird calorimetr. gemessen, was gegenüber elektr. Verff. den Vorteil besitzt, daß die Ungenauigkeiten der Strommessung keine falschen Werte mehr verursachen können. Auf diese Weise wurden genaue Zahlen über die Energieausbeute bei der O_3-Darst. erhalten u. eine systemat. Unters. über den Einfl. verschied. Faktoren auf die stille Entladung durchgeführt. (Bull. Soc. chim. belges **62.** 55—66. Jan./Febr. 1953. Genf, Univ., Labor. de Chim. techn., théor. et d'Électrochim.) SURAWSKI. 226

B. Anorganische Chemie.

W. A. Weyl, *Synthetische Mineralien.* Zusammenfassende Beschreibung der Methoden zur Mineralsynthese. — 22 Literaturangaben. (Econ. Geol. **48.** 288—305. Juni/Juli 1953.) ENSSLIN. 228

E. R. Grilly, *Die laufende Erzeugung von flüssigem, 85%igem Parawasserstoff.* Vf. schlägt zur Herst. von Para-H_2, zusätzlich zur katalyt. Umwandlung im Gaszustand bei 76°K, die Umwandlung im fl. Zustand durch einen Cr_2O_3-Katalysator vor, der unterhalb der Düse im Verflüssiger angebracht ist. Es werden die % Ortho-H_2 in Abhängigkeit von der Entnahmegeschwindigkeit, mit u. ohne Katalyse im Gaszustand, mitgeteilt. (Rev. sci. Instruments **24.** 899—900. Okt. 1953. Los Alamos, N. Mex., Univ. of California, Los Alamos Sci. Labor.) G. HARTMANN. 238

Mahadeo M. Tillu, *Die Einwirkung von Salpetersäure auf Metalle.* Sämtliche Rkk. zwischen Metall u. HNO_3 können durch die Gleichung $2n\,M/v + 2(n+1)\,HNO_3 \rightarrow 2n\,M/v(NO_3)_v + (n+1)\,H_2O + N_2O_x$ wiedergegeben werden, wobei v = Wertigkeit des Metalles M ist u. n u. x ganze Zahlen bedeuten, die durch die Gleichung $5 - n = x$ verbunden sind. — Anwendungsbeispiele. (J. chem. Educat. **30.** 290. Juni 1953. Bombay, Indien, R. R. Coll.) MOSLÉ. 243

Giuseppina Scandellari, *Der purpurfarbene Schwefel.* Überblick über die verschied. Modifikationen des S mit besonderer Berücksichtigung des von RICE u. SPARROW (C. **1953.** 5306) beschriebenen purpurfarbenen S. (Boll. chim. farmac. **92.** 290—92. Aug. 1953. Bologna, Ist. di Chim. farmac. e tossicol.) R. K. MÜLLER. 253

W. I. Michejewa und **W. Ju. Ssurs,** *Über die chemische Natur des Kaliumhypoborats.* Durch Unters. der Zus. u. Röntgenunters. der beim Einleiten von B_2H_6 (I) oder B_4H_{10} (II) in überschüssige KOH-Lsg. (gesätt., 30 u. 20%ig.) entstehenden Prodd. u. der Zwischenstadien der Hydrolyse von KBH_4 ergibt sich, daß aus I u. aus II das gleiche Endprod. der Zus. KBO_2H_4 entsteht bzw. bei Berücksichtigung der Tatsache, daß nur 2 der 4 H-Atome bei der Hydrolyse abgegeben werden, $K\left[B{}^{H_2}_{(OH)_2}\right]$ (III). Als erste Reaktionsstufe wird die Bldg. von Anlagerungsprodd. I·nKOH bzw. II·nKOH angenommen, die dann in die Verb. $BH_3 \cdot KOH$ bzw. $K\left[B{}^{H_3}_{OH}\right]$ (IV) umgewandelt werden. Es ergeben sich daraus folgende Gleichgewichts-Rkk.: IV + $H_2O \rightleftharpoons$ III + H_2; III + $H_2O \rightleftharpoons K\left[B{}^{H}_{(OH)_3}\right]$ (V) + H_2; V $\rightleftharpoons KBO_2 + H_2O + H_2$. Je nach KOH-Konz., Temp. u. Außendruck kann sich die eine oder andere Stufe der Hydrolyse des Hydrids KBH_4 einstellen oder auch mehrere Stufen. (Доклады Академии Наук СССР [Ber. Akad. Wiss. UdSSR] [N. S.] **93.** 67—69. 1/11. 1953.) R. K. MÜLLER. 258

P. Ss. Bogojawlenski und **G. W. Ssukmanskaja,** *Über die Löslichkeit im System $KSCN$–K_2SO_4–H_2O.* Aus der bei 25 u. 40° untersuchten Löslichkeit im Syst. *KSCN* (I)–K_2SO_4 (II)–H_2O geht hervor, daß das Gleichgewicht von den Kristallisationsästen von II bestimmt wird. Nur in einem bestimmten Konzentrationsbereich besitzen die I-Lsgg. ein genügend hohes Lösungsvermögen gegenüber II, da die ungesätt. I-Lsgg. oberhalb 46 Gew.-% u. die euton. Lsgg. sehr geringe, prakt. bedeutungslose Mengen II enthalten. Bei der theoret. Auswertung der Versuchsergebnisse gehen Vff. davon aus, daß die Löslichkeit von I u. II in bin. u. tert. Systemen wesentlich u. spezif. durch die Rk. zwischen den Anionen u. den Wassermoll. bestimmt wird, deren Intensität außer durch die Ladung durch die Struktur des Ions gegeben ist. (Журнал Общей Химии [J. allg. Chem.] **23** (**85**). 1092—95. Juli 1953. Lwow, Veter.-Zootechn. Inst.) Lebtag. 275

A. G. Bergman und **M. L. Scholochowitsch,** *Reziprokes System eutektischen adiagonalen Gürteltyps aus den Metaphosphaten und Sulfaten des Lithiums und Kaliums.* (Vgl. C. **1954.** 961.) Die visuell-polytherm. Schmelzunters. ergab, daß das erstmalig untersuchte Syst. KSO_4 (I)–$(KPO_3)_2$ (II) ein Eutektikum bei 22% **I** u. 718° besitzt. Das Eutektikum von Li_2SO_4 (III)–$(LiPO_3)_2$ (**IV**) liegt bei 47,5% **IV** u. 508°, der Umwandlungspunkt von α-**III** in β-**III** bei 574° u. 33,5% **IV** (untersucht bis 70% **IV**). Im erstmals untersuchten Syst. **II**–**IV** entsteht $LiPO_3 \cdot KPO_3$, F. 562°. Eutektika bei 37% **IV** u. 528° u. 64% **IV** u. 518°. Das im Syst. **III**–**I** entstehende $Li_2SO_4 \cdot K_2SO_4$ schm. bei 736°. Außerdem entsteht $2\,Li_2SO_4 \cdot K_2SO_4$, F. 573°. Die Kristallisationsfläche des reziproken Syst. Li, K || SO_4, PO_3 besteht aus 6 Feldern. Die Eutektika liegen bei 440, 460 u. 453°, der Übergangspunkt bei 474°. Die Kristallisationsfelder, Gleichgewichtsphasen u. Schnitte werden eingehend erörtert. Das behandelte Syst. ist der einfachste Vertreter der Systeme vom neuen eutekt. adiagonalen Gürteltyp. (Журнал Общей Химии [J. allg. Chem.] **23** (**85**). 1075—85. Juli 1953. Rostow, Molotow-Univ.) Lebtag. 275

J. Vaid und **T. L. Rama Char,** *Pyrophosphatkomplexe von Zinn und Zink.* Auf Grund potentiometr. u. konduktometr. Titrationen von 0,1 mol. Na-Pyrophosphat-Lsg. mit 0,148 mol. $ZnSO_4$- oder 0,175 mol. $SnCl_2$-Lsg. stellten Vff. Ndd. der Zus. $Sn_2P_2O_7$ u. $Zn_2P_2O_7$, sowie die Komplexe $[Sn(P_2O_7)]^{2-}$ u. $[Zn(P_2O_7)_2]^{6-}$ fest. Die Dissoziationskonstanten der in Lsgg. vorliegenden Komplexe sind von der Größenordnung 10^{-14} bei den Sn-Komplexen u. 10^{-7} bei den Zn-Komplexen. (Current Sci. **22.** 170. Juni 1953. Bangalore, Indian Inst. of Sci., Dep. of Gen. Chem., Electr. Chem. Labor.) Plust. 288

Gerhart Jander und **Klaus Brodersen,** *Grundlagen einer Chemie in geschmolzenem Quecksilber(II)-bromid.* 3. Mitt. *Molekulargewichte und Leitfähigkeiten von gelösten Substanzen in Quecksilber(II)-bromidschmelzen.* (2. vgl. C. **1951.** I. 171.) Neben einer Neubest. der kryoskop. Konstante des $HgBr_2$, die zu 37,45°/Mol in 1000 g $HgBr_2$ gefunden wurde, führten Vff. Molekulargewichtsbestimmungen, Leitfähigkeits- u. Viscositätsmessungen an gelösten Elektrolyten u. Nichtelektrolyten in geschmolzenem $HgBr_2$ als Lösungsm. durch. Nichtelektrolyte u. schwache Elektrolyte zeigen den van't Hoffschen Faktor i = 1 über einen Konzentrationsbereich von 2 Zehnerpotenzen u. sind somit als molekulardispers anzusehen. Elektrolyte zeigen mit zunehmender Verdünnung steigende Dissoziation, bei höheren Konzz. liegen sie assoziiert vor. Dagegen steigt die Äquivalentleitfähigkeit mit steigender Konzentration. Diese Anomalie konnte durch Viscositätsmessungen aufgeklärt werden, aus der Darst. des Prod. aus Äquivalentleitfähigkeit u. Viscosität gegen die Konz. kann gezeigt werden, daß bei konz. Lsgg. offenbar Assoziate auftreten, die besser als die monomol. Teilchen dissoziieren, ein Zustand, der auch in anderen nichtwss. Lösungsmitteln, wie SO_2 u. NH_3, gefunden wurde. (Z. anorg. allg. Chem. **264.** 57—75. März 1951. Greifswald, Univ., Chem. Inst.) Siewert. 290

Gerhart Jander und **Klaus Brodersen,** *Grundlagen einer Chemie in geschmolzenem Quecksilber(II)-bromid.* 4. Mitt. *Das Verhalten von Quecksilber(II)-sulfid, -selenid und -tellurid in Quecksilber(II)-bromidschmelzen.* (3. vgl. vorst. Ref.) Bei der von Vff. durchgeführten Unters. des Verh. von HgS, HgSe u. HgTe in $HgBr_2$-Schmelzen zeigte sich, daß diese Verbb. analog dem HgO in fl. $HgBr_2$ potentielle Elektrolyte bilden, deren Stärke mit steigendem Mol.-Gew. der Hg(II)-Chalkogenide wächst. HgTe ist ein mittelstarker Elektrolyt, der etwa die gleiche Äquivalentleitfähigkeit zeigt wie das $Hg(ClO_4)_2$, das in $HgBr_2$ das stärkste Säureanaloge ist. Im Gegensatz zu dem Verh. der analogen H-Verbb. in H_2O — H_2S, H_2Se u. H_2Te — sind die Hg-Chalkogenide in $HgBr_2$ nicht potentielle Elektrolyte saurer, sondern bas. Natur, was durch Salzbldg. des Typs $2\,HgSe \cdot Hg(ClO_4)_2$ gezeigt werden konnte. Diese Salze konnten präparativ dargestellt u. sowohl analyt. als auch durch konduktometr. Titration nachgewiesen werden. Aus den Schmelzen konnten ferner die Solvate $2\,HgS \cdot HgBr_2$, $2\,HgSe \cdot HgBr_2$ u. $(2\,HgTe \cdot HgBr_2) \cdot 3\,HgBr_2$ isoliert werden. — Lösl. Metallchalkogenide, wie Ag_2O, PbS, Sb_2S_3, Tl_2Se werden in geschmolzenem $HgBr_2$ zu HgO, HgS, HgSe u. HgTe solvolysiert, dieses Verh. entspricht der Solvolyse des KNH_2 in H_2O. (Z. anorg. allg. Chem. **264.** 76—91. März 1951.) Siewert. 290

Gerhart Jander und **Klaus Brodersen,** *Grundlagen einer Chemie in geschmolzenem Quecksilber(II)-bromid.* 5. Mitt. *Potentialmessungen mit Goldelektroden in Quecksilber(II)-*

bromidschmelzen. (4. vgl. vorst. Ref.) Bei den Verss. der Vff., Potentialmessungen in geschmolzenem $HgBr_2$ durchzuführen, wurde festgestellt, daß lediglich Au als Elektrodenmaterial brauchbare Werte ergab, Pt-, Zn-, Fe- u. Mg-Elektroden versagten. Offenbar bildet sich auf den Elektroden eine AuBr-Schicht, die unlösl. ist. Als Bezugselektrode wurde eine gebremste Hilfselektrode mit prakt. verhinderter Diffusion angewandt. Die gemessenen Potentiale hingen logarithm. von der Konz. der Bromionen in der $HgBr_2$-Schmelze ab, in der geringe Eigendissoziation nach $HgBr_2 \rightleftharpoons (HgBr)^+ + Br^-$ erfolgt. Die neutralisationsanalogen Umsetzungen, die schon konduktometr. untersucht waren, ließen sich in einigen Fällen auch gut potentiometr. verfolgen. — Ferner wurde aus Potentialmessungen in $HgBr_2$-Schmelzen, in denen etwas NaBr gelöst war, bei 250° das Ionenprod. des geschmolzenen $HgBr_2$ zu ca. $2 \cdot 10^{-8}$ errechnet. Der Dissoziationsgrad von $(HgBr)ClO_4$ in fl. $HgBr_2$ wurde in Abhängigkeit von der Konz. bestimmt, er beträgt in 10^{-2} mol. Lsgg. 0,5, in 10^{-3} mol. Lsgg. 0,6 u. in 10^{-4} mol. Lsgg. 0,8. (Z. anorg. allg. Chem. **264.** 92—105. März 1951.) SIEWERT. 290

Peter Brauer, *Über Tl^+ in Alkalihalogeniden.* Nach einer früher angegebenen gittertheoret. Meth. (BRAUER, C. **1953.** 4007) wurden die Einbauenergien für Tl^+ in sechs Alkalihalogenide berechnet. Die Ergebnisse erklären die individuell sehr verschied. Bereitschaft der Alkalihalogenide, Tl^+ aufzunehmen. Diese Bereitschaft wurde durch experimentelle Best. der Verteilungsgleichgewichte des Tl^+ zwischen Mutterlauge u. Bodenkörper bei 95° bestimmt. (Z. Naturforsch. **8a.** 273—74. April 1953. Mosbach/Baden, Osram Studienges. für elektr. Beleuchtung.) BRAUER. 297

T. Boyd, *Darstellung und Eigenschaften von Polyorthotitansäureestern.* Die Ausbeuten bei der Umsetzung von $TiCl_4$ mit aliphat. Alkoholen zu Orthotitansäureestern $Ti(OR)_4$ (I) in Ggw. von NH_3 oder Aminen können durch Zugabe von Bzl., Toluol oder CCl_4 als Reaktionsmedium oder durch Extraktion des pastenartigen Reaktionsgemisches mit denselben Lösungsmitteln gesteigert werden; sie betragen so bei $Ti(OC_2H_5)_4$ ($Kp._1$ 112°) u. bei $Ti(OC_4H_9)_4$ ($Kp._1$ 152—154°, leicht gelbe, viscose, fruchtartig riechende Fl.) 80—85%. I wird durch <1 Mol H_2O nur zu kettenförmigen Titanorthopolysäureestern (II) kondensiert gemäß $n\,Ti(OR)_4 + (n-1)\,H_2O \rightarrow RO\cdot[-Ti(OR)_2-O-]_nR + 2(n-1)\,ROH$. Das Verhältnis $n:(n-1)$ gestattet es, die Kettenlänge im voraus zu berechnen, da Hydrolyse von I u. Kondensation rasch u. quantitativ erfolgen. Bei >1 Mol H_2O pro Mol I beginnt die Querverknüpfung von II, doch reagierten bei einem Verhältnis $H_2O:I = 2{,}25:1$ nur 1,4—1,5 Mol H_2O, u. erst bei 3 (theoret. gefordert: 2) Mol H_2O war die Vernetzung zu $(TiO_2)_x$ vollendet. Die teilweise querverknüpften Zwischenprodd. mit 51—56% TiO_2-Geh. waren lösl. in Toluol, Bzl., CCl_4 u. von wachsartiger Konsistenz mit FF. bei 120—140° (51—53% TiO_2) bzw. 225° (Zers.) (55—56% TiO_2). Die Darst. von II mit höhermol. R erfolgt aus I mit H_2O nur langsam, rasch u. quantitativ dagegen durch Umesterung, z. B. von Polyorthotitansäurebutylester mit Octyl- (bzw. Stearyl-)alkohol zu Polyorthotitansäureoctyl- (bzw. -stearyl-)ester u. Butanol. Dabei können gemischte Ester durch stufenweisen Austausch des R gewonnen werden. Der Austausch von R gegen Acylgruppen (vorzugsweise aus langkettigen Fettsäuren wie Caprin-, Laurin-, Myristin-, Stearinsäure) führt zu gemischten Esteranhydriden $-O[-Ti(OR')(OCOR'')-O-]_n$ (III) oder zu reinen gemischten Anhydriden $-O[-Ti(OCOR'')_2-O-]_n$ (IV). IV u. III sind wachsartig fest u. lösl. in Bzl., Toluol, CCl_4, Kerosin, während die Konsistenz von II von viscosen Fll. bis zu wachsartig festen Körpern variiert werden kann. (J. Polymer Sci. **7.** 591—602. Dez. 1951. Springfield, Mass., Monsanto Chem. Co., Plastics Div., Res. Dep.) WANNAGAT. 321

Albert Septier, Maurice Gauzit und **Pierre Baruch,** *Nitrierung von Niob.* Es wird eine Meth. zum Nitrieren von Nb-Drähten von 0,25 mm Durchmesser bei 1400° in einer NH_3-Atmosphäre beschrieben. Der Reaktionsablauf kann direkt aus der Widerstandsänderung gemessen werden. Da die Supraleitfähigkeit solcher Drähte bei tiefen Tempp. offenbar von den Herstellungsbedingungen abhängt, wurden elektronenmkr. Querschnitte dieser Drähte beobachtet, um festzustellen, wie weit die Nitrierung vollständig u. homogen erfolgt ist. Es zeigt sich, daß um eine innere, feinkristalline Zone stets eine Zone liegt, in der mit dem vorhandenen Auflösungsvermögen keine Kristallite zu erkennen sind. Die zentrale Zone rekrist. bei 1800°; wahrscheinlich besteht die äußere Zone aus *NbN*, die wesentlich umfangreichere innere aus Nb_2N. (C. R. hebd. Séances Acad. Sci. **234.** 105—107. 2/1. 1952.) H. C. WOLF. 331

Mary G. Rhomberg und **Benton B. Owen,** *Chromcarbonylhydrid.* Die Einw. von alkoh. KOH auf $Cr(CO)_6$ bei 90° ergibt innerhalb einer Std. eine gute Ausbeute an einem leuchtend gelben Stoff, welcher nach dem Ansäuern weiße, flüchtige, zersetzliche Kristalle liefert. Aus massenspektroskop. Messungen folgt, daß es sich um Chromcarbonylhydrid handelt, dem nach seinem chem. Verh. die Formel $Cr(CO)_5H_2$ zukommt.

Auch $W(CO)_6$ u. $Mo(CO)_6$ liefern unter ähnlichen Bedingungen gelbe Lsgg. mit stark reduzierenden Eigenschaften. Das Chromcarbonylhydrid ist reaktionsfreudig u. bildet z. B. die Analoga zu $Fe(CO)_5Cd(NH_3)_2$ u. $(Fe[CO]_5H)_2Fe(Ferroin)_3$. Das *Cd-Ammoniakat des Chromcarbonylwasserstoffs* ist flüchtig u. zers. sich in der Hitze in Stufen. (J. Amer. chem. Soc. **73.** 5904–05. Dez. 1951. New Haven, Conn., Yale Univ., Dep. of Chem.)
HARTMANN. 335

H. Trivedi, *Gasreduktion von Eisenerzen.* Vf. untersucht die Red. von *Hämatit* u. *Magnetit* ind. Herkunft mit H_2, *CO* u. Gemischen dieser Gase. Es wird festgestellt, daß die optimale Temp. für die Red. des Magnetits mit H_2 bei 600°, für Hämatit bei 1000° liegt, im allg. wird eine mittlere Korngröße am schnellsten reduziert. Die Red. verläuft mit H_2 schneller als mit CO. (Trans. nat. Inst. Sci. India **3.** 221–55. 1953. Jamshedpur, India, Jamshedpur Engng. & Machine Manufacturing Comp. Ltd.)
SIEWERT. 354

W. Jost, *Über ein Problem von Diffusion und gleichzeitiger Gasströmung.* Bei der Rk. $3\,FeS + 2\,SO_2 = Fe_3O_4 + 2{,}5\,S_2$ befindet sich eine Kugel von festem FeS in einer SO_2 enthaltenden Gaszone, u. der Verlauf der Rk. hängt davon ab, wie schnell das SO_2 durch einen porösen Mantel von Fe_3O_4 diffundiert. Die kugelförmige Symmetrie wird verallgemeinert u. die Rk. zur Ermittlung der Diffusionskonstante durchgerechnet. Die Annahme, daß die Diffusion den Ablauf der Rk. bestimmt, wird bestätigt. (Chem. Engng. Sci. **2.** 199–202. Okt. 1953. Göttingen, Univ., Inst. für physik. Chem.)
MIETHING. 354

Lawrence D. Dyer, Bernard S. Borie jr. und **G. Pedro Smith,** *Alkalimetallnickeloxyde des Typs $MNiO_2$.* Vff. beschreiben Herst. u. Eigg. von zwei neuen Ni(III)-Verbb., $NaNiO_2$ (I) u. $LiNiO_2$ (II), die beim Durchleiten von O_2 durch Schmelzen von NaOH bzw. LiOH in Ni-Rohren bei Tempp. von 650–850° erhalten wurden. Aus den erstarrten Schmelzen wurde überschüssiges Hydroxyd durch Waschen mit absol. A. entfernt. I wurde auf analoge Weise auch aus einem Gemisch von NaOH u. Na_2O_2 dargestellt. Die Strukturen beider Verbb. wurden röntgenograph. bestimmt; II besitzt die rhomboedr. $CsCl_2J$-Struktur (Raumgruppe D_{3d}^5—R 3 m) mit 3 Formeleinheiten in der hexagonalen Elementarzelle, die die Dimensionen a = 2,88 u. c = 14,2 Å aufweist. Die gemessene D. beträgt 4,81 gegenüber 4,78 g/cm³ berechnet. I bildet zwei Modifikationen mit einer Umwandlungstemp. von ca. 220°. Die Tieftemperaturform, eine monoklin verzerrte II-Struktur, enthält 2 Formeleinheiten in der Elementarzelle mit den Dimensionen a = 5,33, b = 2,86, c = 5,59 Å, β = 110° 30′. Die gemessene D. beträgt 4,72 gegen 4,74 g/cm³ berechnet. Die hexagonale Elementarzelle der Hochtemperaturform, isomorph mit II, besitzt die Dimensionen a = 2,96 u. c = 15,77 Å. — Die chem. Eigg. der Verbb. werden kurz beschrieben; während II gegen W. wie gegen verd. Säuren u. Laugen in der Kälte relativ beständig ist, nimmt I aus der Luft W. u. CO_2 unter Bldg. von $Na_2CO_3 \cdot H_2O$ auf u. wird durch W. zu γ-$NiOOH \cdot x\,H_2O$ u. $Ni(OH)_2$ zersetzt. 6 n H_2SO_4, $HClO_4$ oder HNO_3 lösen I langsam unter O_2-Entw., verd. HCl rasch unter Cl_2-Entw.; die verd. sauren Lsgg. von I oxydieren Mn^{2+} zu MnO_2 u. MnO_4^- sowie J^- zu J_2 u. JO_3^-. (J. Amer. chem. Soc. **76.** 1499–1503. 20/3. 1954. Oak Ridge, Tenn., Nat. Labor., Metallurgy Div.)
R. STEIN. 356

Glenn Theodore Seaborg und **Joseph Jacob Katz,** eds. The actinide elements. New York: McGraw-Hill. (900 S., Diagr.) $ 11,75.

C. Mineralogische und geologische Chemie.

D. H. Davis, *Abschätzung der Porosität von Sedimentgesteinen aus der scheinbaren Dichte.* Die Porosität eines Sedimentgesteins kann nach der Formel $\Phi = 100 \cdot (2{,}654 - \varrho_B)/1{,}654$ abgeschätzt werden. Hierin bedeuten Φ die Porosität u. ϱ_B die scheinbare Dichte. Der Fehler für die Sedimente beträgt höchstens 3%. (J. Geology **62.** 102–07. Jan. 1954. La Habra, Calif., California Res. Corp.)
ENSSLIN. 370

Pentti Eskola, *Ein Vorschlag für die Darstellung von Gesteinsanalysen in Ionenprozenten.* Vf. gibt eine Darst. der Berechnung von Gesteinsanalysen in Ionenprozenten u. erklärt die Meth. durch Auswertung von Analysen des *Satakunto-Olivin-Diabas* u. seiner Minerale. Die Ionenprozente geben die Zus. des Gesteins völlig wieder, u. es genügt, die Summe der Analyse u. den H_2O^--Anteil anzugeben, da alles andere zurückgerechnet werden kann. Sie erlauben die Berechnung der Normen für jede Mineralfazies u. Unterfazies. Zwei Berechnungsmöglichkeiten werden vorgeschlagen: 1. Kationen = 100 u. Anionen, das heißt O^{2-}, OH^-, S^{2-}, F^- usw., in Proportionen von 100 Kationen. 2. Kationen + Anionen = 100, das heißt, die Ausgangsanalyse. Die 1. Art ist in der Petrographie vorzuziehen, weil die Prozentangaben den Gewichtsprozenten ähnlich sind u. weil 100 Kationen meistens 160 Anionen sehr nahe kommen u. die Darst. in dieser Form Barths Standardzelle von 160 O-Atomen ersetzen kann. (Suomalaisen Tiedeakatemian Toimituksia [Ann. Acad. Sci. fennicae], Sarja A. III. **1954.** Nr. 38. 1—15. Helsinki.) Hiller. 372

Bronson Stringham, *Kristallographische Kontrolle der Verdrängung von Quarz durch Feldspat.* In einem *Quarzit* aus der Lagerstätte der disseminated Copper Ores bei Bingham wurde die Verdrängung von Quarz durch *Orthoklas* entlang den Korngrenzen beobachtet. Dabei bestimmte die Struktur des Quarzes den Vorgang der Verdrängung derart, daß die entstehenden Quarzkornreste kristallograph. Umgrenzungen bes. mit den Flächen (1 0 $\bar{1}$ 1) u. (2 $\bar{1}$ $\bar{1}$ 1) zeigten. Vf. nimmt an, daß die unregelmäßigen Quarzkörner ähnlich wie bei der Kristall-Lsg. bei der Verdrängung ihre Eigengestalt annehmen. (Amer. Mineralogist **38.** 834—39. Sept./Okt. 1953. Salt Lake City, Utah, Univ.) Hiller. 372

P. K. Kuroda und **E. B. Sandell,** *Chlor in magmatischen Gesteinen. Einige Betrachtungen zur Geochemie des Chlors.* Es wird gezeigt, daß der alte Wert für die geochem. Häufigkeit des Cl von 0,048% zu hoch ist u. durch 0,02% ersetzt werden muß. Der Durchschnittsgeh. von Cl von 100 granit. Gesteinen wurde zu 0,022%, der von 20 Gabbros zu 0,021% u. der von 40 Basalten zu 0,014% bestimmt. In ultramaf. Gesteinen schwankt er zwischen 0,005 u. 0,2%. Das Hauptvork. von Cl in magmat. Gesteinen ist in Mineralen wie *Biotit* u. *Hornblende* zu sehen, wo es OH-Gruppen ersetzt. In bas. Gesteinen mit mehr als 1% P_2O_5 ist *Apatit* der Cl-Träger. Sonst ist keine Beziehung zwischen Cl u. Phosphorsäure zu erkennen. Einiges Cl ist in Einschlüssen wss. Lsgg. vorhanden, so wahrscheinlich auch in *Feldspäten.* Die Verteilung des Cl zeigt keinen Zusammenhang mit der n. Gesteinsdifferentiation. Das Verhältnis Cl/H_2O steigt im allg. von bas. zu sauren Gesteinen an. Nur wenig Elemente haben wie das Cl siderophile, lithophile, hydrophile u. atmophile Eigg. nebeneinander. (Bull. geol. Soc. America **64.** 879—96. Aug. 1953. Minneapolis, Minn., Univ., School of Chem.) Hiller. 378

P. W. Jacoe, *Vorkommen von Radon in Nichturanminen in Colorado.* Auch in nicht uranführenden Minen konnte ein beachtlicher Anteil von Rn in der Atmosphäre beobachtet werden. Soweit die Gruben in der Nähe von U-Lagern sind, kann an einen Transport durch Luft oder W. gedacht werden. Einige der Gruben lagen aber mehrere 100 Meilen von den bekannten U-Lagern in Colorado entfernt. Hieraus wird geschlossen, daß möglicherweise weitere U-Lager in der Nähe sind. Für genauere Aussagen reicht jedoch die R-Messung nicht aus, sondern sind Messungen des U- oder Ra-Geh. im Erz u. den Grubenwässern notwendig. (A. M. A. Arch. ind. Hyg. occupat. Med. **8.** 118—24. Aug. 1953. Denver.) Hiller. 378

C. B. Collins, R. M. Farquhar und **R. D. Russell,** *Isotopenzusammensetzung von radiogenem Blei und das Messen geologischer Zeiten.* Die Isotopenhäufigkeit von Pb aus einem *Bleiglanz* u. 96 U-Mineralen, meist aus der Atabasca-Provinz, wird untersucht. Die Altersbest. erfolgt aus dem Verhältnis $^{207}Pb/^{206}Pb$ u. $^{206}Pb/^{238}U$. Das Alter der Atabasca-Provinz wird dabei auf 1860—1630 Millionen Jahre geschätzt. Es wird angenommen, daß das für die *Pechblende* viel geringer geschätzte Alter richtig ist. Das bedeutet, daß die Lagerstätten gelöst u. in späterer Zeit wieder abgesetzt sind. Die Meth. der Bleianreicherung als Bleitetramethyl für die Analyse im Massenspektrographen wird beschrieben. (Bull. geol. Soc. America **65.** 1—21. Jan. **1954.** Toronto, Can., Univ., Dep. of Physics.) Hiller. 378

Claire C. Patterson, Edward D. Goldberg und **Mark G. Inghram,** *Isotopenzusammensetzung von quartärem Blei aus dem pazifischen Ozean.* Die Kenntnis der Isotopenzus. von Blei in Meeressedimenten soll als Hilfsmittel zum Studium allg. Probleme der Entw. der Erdkruste herangezogen werden. Als Vorunters. wurde der Bleigeh. u. seine Isotopenzus. von Lomitamergel, Manganaggregaten u. rotem Tiefseeton untersucht. Es zeigt sich, daß die Ähnlichkeit des Pb/Mn-Verhältnisses u. die Unähnlichkeit des Pb/Fe-Verhältnisses in den beiden letzteren zu der Annahme führen, daß der Hauptanteil von Blei an Mn-Hydrosolen absorbiert wird. Die Zuss. des Bleis in den Mn-Aggregaten u. roten Tiefseetonen sind ähnlich u. differieren von denen des Mergels. (Bull. geol. Soc. America **64.** 1387—88. Dez. 1953. La Jolla, Calif., Scripps Inst. of Oceanography.) Hiller. 378

H. D. B. Wilson, *Geologie und Geochemie der Grundmetall-Lagerstätten. Cr* u. *Ti* sind vorwiegend zusammen mit Fe^{III} an ultrabas. u. bas. Gesteine gebunden. „Thiophile“ Elemente wie *Ni, Cu, Co, Zn* u. *Pb* werden in sulfid. Erzkörpern angereichert, welche sich von ultrabas. u. bas. Schmelzen absondern u. in sauren Silicatgesteinen imprägniert sind. (Econ. Geol. **48.** 370—407. Aug. 1953. Winnipeg, Canada, Univ. of Manitoba, Dep. of Geol.) Ensslin. 378

Virgil I. Mann, *Die Beziehung der Oxydation bei der Bildung weicher Eisenerze in Michigan.* Die Erze haben sich nicht durch einfache Verwitterung, sondern durch Einw. heißer, hydrothermaler Lsgg. neutraler bis bas. Natur mit Alkali- u. Erdalkaligehh. auf silicat. Eisensteine gebildet. Ein Überschuß an Sauerstoff ist dabei nicht unbedingt notwendig. (Econ. Geol. **48.** 251—81. Juni/Juli 1953. Chapel Hill, N. C., Univ., Geol. Dep.) ENSSLIN. 378

N. K. Huber und **R. M. Garrels,** *Beziehung zwischen dem p_H und dem Oxydationspotential bei sedimentären Eisenmineralbildungen.* Verss. über das Verh. von *Hämatit, Siderit* u. *Pyrit* in dünnen Salzlsgg. in Abhängigkeit vom p_H-Wert u. Oxydationspotential zeigen, daß Fe_2O_3 in kurzer Zeit zu einem Gleichgewicht kommt, während Siderit mehrere Wochen benötigt u. Pyrit kaum Veränderungen zeigt. FeO wird in alkal. Medium in O_2-freier Lsg. nicht gefällt u. an der Luft zu Fe_2O_3 oxydiert. Die Auflösung erfolgt in Wässern mittleren Säuregrades u. wird durch das Fehlen von O_2 beschleunigt. (Econ. Geol. **48.** 337—57. Aug. 1953. Evanston, Ill., Northwestern Univ.) ENSSLIN. 378

Jacques Avias, *Über die Entstehung der Manganlagerstätten von Neukaledonien (Zentralgebiet).* Die Manganlagerstätten sind stark SiO_2-haltig, u. zwar ist letztere in Form von Jaspis vorhanden. Es erscheint aus diesem Grunde wahrscheinlich, daß sie auf biochem. Wege, sei es durch Bakterien oder Algen, entstanden ist. (C. R. somm. Séances Soc. géol. France **1954.** 17—19.) ENSSLIN. 378

W. T. Harry, *Das Klinopyroxen–Hornblende-Gleichgewicht bei der thermischen Metamorphose: Einige Angaben von Carlingford, Irland.* Die Klinopyroxene eines Eukrits wurden durch spätere Intrusion eines Granophyrs an den Grenzen durch therm. Metamorphose in Hornblende umgewandelt. Beim Vgl. des nicht angegriffenen Klinopyroxens mit der Hornblende fällt auf, daß die Umwandlung in umgekehrter Reihenfolge wie die magmat. Kristallisation erfolgt. In dem Pyroxen aus einem Porphyr wird durch das Granophyr-Magma das Ca weitgehend durch Fe^{II} ausgetauscht. (Geol. Mag. **91.** 79—85. Jan./Febr. 1954. Dundee, Univ. Coll., Dep. of Geol.) ENSSLIN. 378

R. J. Murray, *Die Klinopyroxene vom Garbh Eilean Stock, Shiant Isles.* Mineralog. u. chem. Unterss. von 8 Klinopyroxenen aus den schwach bas. Intrusionen mittleren Alkaligeh. vom untersätt. Typ von Garbh Eilean. (Geol. Mag. **91.** 17—31. Jan./Febr. 1954. Univ. of St. Andrews, Dep. of Geol.) ENSSLIN. 380

F. H. S. Vermaas, *Ein neues Vorkommen von Bariumfeldspat bei Otjosondu, Süd-West-Afrika, und eine Röntgenmethode zur Bestimmung der Zusammensetzung von Hyalophan.* Es werden 4 neue Bariumfeldspäte beschrieben: *Celsian* (Cn_{94}) u. die Hyalophane Cn_{55}, Cn_{50} u. Cn_{10}. Cn_{94} enthält 2,24% Fe_2O_3, wobei das Fe wahrscheinlich Al ersetzt. Seine Brechungsindices sind erheblich höher als die der drei anderen Feldspäte. Sie sind in der obigen Reihenfolge: n_α 1,593, 1,565, 1,555, 1,525; n_β 1,599, 1,572, 1,562, 1,530; n_γ 1,608, 1,574, 1,564, 1,532. Auch in den DEBYE-SCHERRER-Aufnahmen zeigen sich ähnliche Abweichungen. Die Analyse des Cn_{94} ergab: SiO_2 33,20, Al_2O_3 25,20, Fe_2O_3 2,24, CaO 0,12, Na_2O 0,12, K_2O 0,52, BaO 38,62%. Das Endglied der Reihe $KAlSi_3O_8$—$BaAl_2Si_2O_8$ ist der *Adular* u. nicht der *Sanidin.* Ein plötzlicher Wechsel in den Intensitäten der Röntgenlinien zwischen den Zuss. Cn_{37} u. Cn_{50} läßt 2 isomorphe Reihen erkennen. Es werden 4 Variationsdiagramme für die Röntgenlinien angegeben, mit denen der BaO-Geh. von Hyalophan von Cn_0 bis Cn_{40} bestimmt werden kann. (Amer. Mineralogist **38.** 845—57. Sept./Okt. 1953. Pretoria, South Africa, Geol. Survey.) HILLER. 380

Brian Mason, *Tridymit und Christensit.* Mit Christensit wurde ein Tridymit bezeichnet, der ca. 5% $NaAlSiO_4$ enthält. Vf. zeigt, daß auch der Original-Tridymit von Cerro San Cristobalt, Pachuca, Mexico, Al u. Na enthält. Analyse: Al_2O_3 2,4, Fe_2O_3 0,36, MgO 0,3, CaO 0,4, TiO_2 0,26, Na_2O 0,80, K_2O 0,37, MnO 0,003, SiO_2 als Differenz 95,1%. Ein ähnliches Ergebnis wurde bei der Analyse eines Tridymits aus einem Trachytgang bei Lyttleton, New Zealand, gefunden. Es wird daher vermutet, daß der Original- u. alle natürlichen Tridymite nicht reines SiO_2 sind u. daß das offene Tridymitgitter erst durch die Existenz großer Kationen stabilisiert wird. Der Name Christensit wäre dann überflüssig. (Amer. Mineralogist **38.** 866—67. Sept./Okt. 1953. New York, N. Y., Amer. Museum of Natural History.) HILLER. 380

Brian Mason, *Cummingtonit vom Mikonui River, Westland, New Zealand.* Cummingtonit wird zum erstenmal aus New Zealand beschrieben. Er wurde in Steinblöcken im Mikonui River gefunden. Bei den Blöcken handelt es sich um quarzreichen Cummingtonit-Granatschiefer. Die Kristalle sind faserige Aggregate mit bis 2 cm langen

Einzelkristallen. Die Farbe ist blaßbraun, die Härte um 5, D. 3,27. Er ist zweiachsig positiv mit 2V = 86°, $n_\alpha = 1,651$, $n_\gamma = 1,678$, wonach sich n_β zu 1,664 berechnet. Analyse: SiO_2 52,9, TiO_2 0,06, Al_2O_3 2,37, FeO 28,0, MgO 13,71, CaO 0,55, MnO 0,97, H_2O^+ 1,04, Na_2O <0,1%. (Amer. Mineralogist **38.** 862—65. Sept./Okt. 1953. New York, N. Y., Amer. Museum of Natural History.) HILLER. 380

Jewell J. Glass und **John W. Adams,** *Ein Genthelvinkristall von El Paso County, Colorado.* Aus den Pegmatiten des Pikes Peak-Granit wird ein großer Kristall von Genthelvin, dem Zinkendglied der *Helvin*-Gruppe, beschrieben. Er ist 5,5 cm lang, 4 cm dick u. wiegt 72 g. Er zeigt eine verzerrte Kombination von positivem u. negativem Tetraeder mit durch Rhombendodekaeder verrundeten Flächen. Er wurde in einer Kluft gefunden mit *Mikroklinperthit, Quarz, Rauchquarz* u. braunem *Zirkon.* Die Formel ist $Zn_4Be_3Si_3O_{12}S$. Der Kristall ist dunkelrotbraun mit Spaltrissen parallel dem Tetraeder, unebenem Bruch, spröde u. glasglänzend. Die Härte ist größer als 6, D. 3,59. (Amer. Mineralogist **38.** 858—60. Sept./Okt. 1953. Washington, D. C., u. Denver, Col., U. S. Geolog. Survey.) HILLER. 380

Clifford Frondel, *Neue Manganoxyde: Hydrohausmannit und Woodruffit.* Hydrohausmannit kommt in Franklin, N. J. u. Langban u. Pajsberg in Schweden vor als ein Oxydationsprod. von *Pyrochroit.* Er ist ident. mit Material, das bei der Oxydation von synthet. $Mn(OH)_2$ gewonnen wurde. Er ist ein verschied. stark hydratisiertes Oxyd von Mn^{2+} u. Mn^{3+} mit der Struktur von *Hausmannit,* $MnMn_2O_4$, in dem die wechselnde Wertigkeit von Mn durch Ersatz von O durch OH ausgeglichen wird. Er ist tetragonal mit den Gitterkonstanten a = 5,79 u. c = 9,49 Å, opt. einachsig negativ mit n_ω 2,055 u. n_ε 1,95. Die Farbe ist bräunlich bis eisenschwarz.— Woodruffit kommt bei Sterling Hill, N. J., vor als traubige Massen mit *Chalkophanit* u. zinkhaltigem *Kryptomelan* in sek. Zinkerzen. Dichte Stücke zeigen D. 3,71 u. die Härte $4^1/_2$ u. sind eisenschwarz. Die Analyse: Na_2O 0,06, K_2O 0,55, BaO 0,12, MgO 0,62, ZnO 13,89, MnO 7,88, MnO_2 64,27, Fe_2O_3 0,26, Al_2O_3 0,14, SiO_2 0,86, H_2O 10,48%. Daraus ergibt sich die Formel $(Zn, Mn^{2+})_2Mn^{4+}{}_5O_{12}\cdot 4\,H_2O$, mit Zn: Mn^{2+} = 1,54 : 1. (Amer. Mineralogist **38.** 761—69. Sept./Okt. 1953. Cambridge, Mass., Harvard Univ., Dep. of Mineral.) HILLER. 380

Clifford Frondel und **L. H. Bauer,** *Manganpyrosmalith und seine Polymorphiebeziehung zu Friedelit und Schallerit.* Manganpyrosmalith wird als eine neue Mineralspezies, die isostrukturell mit *Pyrosmalith* ist, beschrieben. Sie kommt in Sterling Hill, N. J., vor in Adern von *Frankliniterz.* Die Analyse ergab: MnO 39,09, FeO 12,43, MgO 0,74, ZnO 1,94, SiO_2 34,13, As_2O_5 0,13, Cl 3,80, H_2O 8,18%. Das ergibt die Formel: $(Mn, Fe)_8(Si_6O_{15})(OH, Cl)_{10}$. Er ist hexagonal mit a = 13,36 u. c = 7,16 Å. Z = 2; D. gemessen 3,13, D. berechnet 3,14. Opt. ist er einachsig negativ mit n_ω = 1,669 u. n_ε = 1,631. Härte = $4^1/_2$. Vollkommene Spaltbarkeit nach (0 0 0 1). Die Farbe ist braun. Manganpyrosmalith u. Pyrosmalith sind mit Schallerit u. Friedelit derart polymorph, daß, ähnlich wie bei den *Glimmern,* verschied. Identitätsperioden infolge anderer Schichtpackung entlang der c-Achse auftreten. Die c-Gitterkonstanten sind bei diesen Mineralien 7,16 u. 7,15 ferner 14,31 bzw. 21,43. Die Z-Werte steigen dabei von 2 bei den beiden ersten auf 4 bzw. 6. Bei all diesen Mineralien ist Ersatz von (Mn, Fe), (OH, Cl) u. (Si, As) zu beobachten. *Ferroschallerit* wird diskreditiert, er ist eine Varietät von Friedelit. *Zeophyllit, Gyrolith, Truscottit, Okenit* u. *Centrallasit* gehören nicht hierher. (Amer. Mineralogist **38.** 755—60. Sept./Okt. 1953. Cambridge, Mass., Harvard Univ.; Franklin, N. J., New Jersey Zinc Comp.) HILLER. 380

Gabrielle Donnay, *Röntgenit, 3 $CeFCO_3\cdot 2\,CaCO_3$, ein neues Mineral von Grönland.* Bei Röntgenunters. von *Bastnäsit, Parisit* u. *Synchisit* wurde ein neues Mineral, 3 $CeFCO_3\cdot 2\,CaCO_3$ gefunden, u. Röntgenit genannt. Es ist trigonal-pyramidal u. zeigt die Formen (0 0 0 1), (1 0 $\bar{1}$ 1) u. (0 1 $\bar{1}$ 2). Der Habitus ist dem des Parisit u. Synchisit ähnlich. Zwillinge sind selten nach (0 0 0 1). Der Bruch ist muschelig, die Kristalle sind durchscheinend u. wachsgelb bis braun. D. berechnet 4,19, n_ω = 1,662, n_ε = 1,756. Als Raumgruppe wurde gefunden C_3^4—R3; die Gitterkonstanten sind a = 7,13 u. c = 69,4 Å, Z = 9. Die Struktur besteht aus horizontalen Schichten, in welchen Ca u. Fe an den Ecken von Sechsecken abwechseln. Diese Schichten werden voneinander u. von Ca-Schichten durch vertikale Carbonatgruppen getrennt. Die Ca-Ionen liegen über den Ce-Ionen. (Amer. Mineralogist **38.** 868—70. Sept./Okt. 1953. Washington, D. C., U. S. Geol. Survey.) HILLER. 380

Howard W. Jaffe, Robert Meyrowitz und **Howard T. Evans jr.,** *Sahamalit, ein neues Carbonatmineral der Seltenen Erden.* Als neues Mineral der Seltenen Erden wurde Sahamalit in einem *Baryt-Dolomit*-Gestein nahe Mountain-Pass, San Bernardino County, Calif., entdeckt. Die Analyse ergab Ce_2O_3 31,7, $(La, Nd)_2O_3$ 28,1, MgO 6,2, FeO 2,0,

CO_2 32,0%. Hieraus ergibt sich die Formel (Mg, Fe) (Ce, La, Nd, Pr)$_2$(CO_3)$_4$. Das Mineral ist monoklin, Raumgruppe C_{2h}^5 — P 21/a, Gitterkonstanten a = 5,92, b = 16,21, c = 4,63 Å, β = 100° 45'; Z = 2. Die Kristalle sind tafelig nach ($\bar{2}$ 0 1), außerdem herrschen die Formen ($\bar{1}$ 3 1), (1 2 0), (1 1 0), (0 1 0) u. (0 1 1) vor. D. gemessen 4,30, D. berechnet 4,30, mäßige Spaltbarkeit nach [0 1 0]. Opt. ist das Mineral zweiachsig negativ mit 2V = 57°, n_α = 1,679, n_β = 1,776, n_γ = 1,807. Der Winkel Z/c ist 29°. Das Mineral kommt in der Paragenese von *Bastnäsit, Parisit* u. Dolomit vor. (Amer. Mineralogist **38.** 741—54. Sept./Okt. 1953. Washington, D. C., U. S. Geol. Survey.) HILLER. 380

G. L. Barthauer, C. L. Rulfs und **D. W. Pearce,** *Untersuchung des Thucholiths.* Thucholith enthält gewöhnlich 40—60% C, 20—30% flüchtige Gase u. als Rest Asche. Letztere besteht meist aus Th u. Oxyden von Seltenen Erden u. U. Eine gereinigte Probe von Ontario wurde genau analysiert, wobei die Asche kaum Th enthielt. Analyse: SiO_2 15,36, PbO 1,05, ThO_2 + CeO_2 0,54, (Seltene Erden)$_2O_3$ 18,96, U_3O_8 53,30, Al_2O_3 0,98, Fe_2O_3 0,58, BeO 0,94, CaO 5,33, MgO 1,93%. Die Seltenen Erden wurden spektralanalyt. bestimmt u. bestanden in der Hauptsache aus Y u. Yb. Daneben geringere Menge Cp, Er u. Th. Die flüchtigen Bestandteile setzten sich aus CO_2, H_2O, CO, CH_4 u. N_2. zusammen. Die Bestimmungsmethoden werden beschrieben. (Amer. Mineralogist **38.** 802—14. Sept./Okt. 1953. Library, Pa., Pittsburgh Consolidation Coal. Co.; Ann Arbor, Mich., Univ. of Michigan, Dep. of Chem.; Richland, Wash., General Electric Co.) HILLER. 380

Clifford A. Kaye, *Ein Xonotlitvorkommen in Puerto Rico.* Xonotlit, $Ca_3Si_3O_8(OH)_2$, ein relativ seltenes Mineral, wurde in Puerto Rico in einem ungewöhnlichen Kontakt mit Serpentin u. einem metavulkan. Gestein gefunden. Er kommt nur an dem Kontakt vor u. ist nadelig, farblos, zweiachsig positiv mit n_α = n_β =1,581 u. n_γ = 1,591. Er hat Härte 6 u. ist ungewöhnlich zäh. Die Entstehung des Vork. kann verschied. gedeutet werden. Entweder wurde er während der tekton. Bewegung gebildet, so daß die Orientierung der Kristalle parallel der Kontaktfläche zustande kam. Möglicherweise hat die Wärmeentw. dieser Bewegung alte *Calcit*-Adern unter Zuführung von SiO_2 in Xonotlit umgewandelt. Er kann aber auch vor der Bewegung gebildet sein u. wurde durch letztere zu der vorliegenden parallelfaserigen Varietät umkristallisiert. (Amer. Mineralogist **38.** 860—62. Sept./Okt. 1953. Spokane, Wash., U. S. Geol. Survey.) HILLER. 380

Paul Gilmour und **Max F. Carman,** *Gesteinskundliche Analysen des Loch Tay-Kalksteins von Strachur, Argyll.* Unters. von 4 Marmorproben auf ihre Textur in Abhängigkeit vom Entstehungsdruck. (Geol. Mag. **91.** 49—60. Jan./Febr. **1954.** Edinburgh, Univ., Grant Inst. of Geol.) ENSSLIN. 385

Charles Edward Weaver, *Mineralogie und Petrographie einiger ordovicischer K-Bentonite und der mit ihnen zusammenhängenden Kalkgesteine.* 22 Proben ordovic. K-Bentonite werden durch Korngrößenanalyse, Schwer- u. Leichtmineraltrennung, Dünnschliffe, Differentialthermoanalyse, Röntgendiagramme, chem. Analyse u. Elektronenmikroskopie untersucht. Die Fraktion $< 1\,\mu$ zweier typ. Proben wurden im einzelnen untersucht. Die K-Bentonite bestehen aus statist. geschichteten quellbaren u. nichtquellbaren 2 : 1 Schichten im Verhältnis 1 : 4. Außerdem enthalten viele Proben Chloritschichten, die für die endotherme Spitze in der Differentialthermokurve verantwortlich sind u. die man früher dem Illit zuschrieb. Aus den chem. Analysen zweier Proben ergibt sich der Zusammenhang zwischen K-Geh. u. dem Prozentsatz nichtquellbarer Schichten (*Illit*). Die Schwer- u. Leichtmineralanteile zeigen, daß das Ausgangsprod. der Tone vulkan. Glas ist. Es wird angenommen, daß der Ton als quellbares 2 : 1 Mineral (*Montmorillonit*) gebildet wurde u. später adsorbiertes K 80% der Schichten in nichtquellbare (Illit) umwandelte. 27 Kalksteinproben auf beiden Seiten der K-Bentonit-Serie wurden untersucht. Der unlösl. Anteil besteht aus vulkan. u. nichtvulkan. Material. Letzteres ist weitgehend ein nichtquellbarer, dioktaedr. 2 : 1 Ton (Illit). Das erstere wurde zu Chlorit umgewandelt u. nimmt mit den vulkan. Schwermineralen zur Grenze der K-Bentonite hin zu. (Bull. geol. Soc. America **64.** 921—43. Aug. 1953. Houston, Tex., Shell Development Co.) HILLER. 385

A. Kingsley Wells, *Mugearite und Oligoklas-Basalte.* Mugearit u. Oligoklas-Basalt sind chem. ident., zeigen aber eine verschied. Struktur. Da alle Mugearite zu der Klasse der Oligoklas-Basalte gehören, wird vorgeschlagen, diese als Oligoklas-Basalte vom Mugeary-Typ zu bezeichnen. Die Phantasienamen der Gesteine sollten zugunsten beschreibender Namen weitgehend vermieden werden. (Geol. Mag. **91.** 14—16. Jan./Febr. 1954. Univ. of London, King's Coll., Dep. of Geol.) ENSSLIN. 385

Boris Brajnikov, *Über das Vorkommen von Gesteinen vom Typ „Charnockit" in Brasilien.* Der *Charnockit-Gneis* wurde durch die Granitisierung eines vorhandenen *Norits* gebildet. Hierbei fand eine starke Aufnahme von K_2O u. SiO_2 statt. Der Plagioklas des Norits wird weitgehend in *Orthoklas* umgewandelt. (C. R. hebd. Séances Acad. Sci. **237.** 1258—60. 16/11. 1953.) ENSSLIN. 385

D. Organische Chemie.

D_1. Allgemeine und theoretische organische Chemie.

J. A. Pople und **R. K. Nesbet**, *Self-consistent-field-Eigenfunktionen für Radikale.* Verallgemeinerung der Meth. von ROOTHAAN (C. **1952.** 3451), bei der LCAO—AO's für Grundzustände mit abgeschlossener Elektronenschale durch schrittweise Näherung berechnet werden. Die von Vff. angegegeben Matrixgleichungen erlauben die Best. orthogonaler Linearkombinationskoeffizienten auch für Radikale u. für Anregungszustände, die durch eine einzige Wellenfunktion wiedergegeben werden können. (J. chem. Physics **22.** 571—72. März 1954. Cambridge, Dep. of Theoret. Chem.) KRESZE. D 10

Heinrich Labhart, *Ein mechanisches Modell zur Ermittlung der Absorptionsmaxima organischer Farbstoffe auf Grund ihrer chemischen Konstitution.* Vf. entwickelt ein mechan. Modell aus Federn u. Massen, dessen Bewegungsgleichung vom gleichen Typ wie die eindimensionale SCHRÖDINGER-Gleichung ist. Mit Hilfe dieses Modells lassen sich die Eigenfunktionen u. Energieeigenwerte des π-Elektronensyst. von Farbstoffmoll. ermitteln, falls man die Elektronengastheorie von KUHN (C. **1949.** II. 1173) zugrunde legt. Als Beispiele werden konjugiert-ungesätt. kettenförmige Systeme ohne u. mit Heteroatomen behandelt. Kompliziertere, z. B. verzweigte Systeme, u. Einflüsse von Substituenten auf die Eigenwerte lassen sich durch das Modell ebenfalls darstellen. (Helv. chim. Acta **36.** 1689—98. 1/12. 1953. Basel, Ciba, Physikal. Abt.) KRESZE. D 114

Herbert E. Ungnade, *Absorptionsspektren von halogenierten Nitrobenzolen im nahen Ultraviolett.* Vf. hat die Absorptionsspektren zwischen 208 u. 400 mμ bei 25° in alkoh. Lsg. von folgenden 12 Verbb. aufgenommen: *o-*, *m-* u. *p-Fluor-*, *-Chlor-*, *-Brom-* u. *-Jodnitrobenzol.* In den o- u. m-Verbb. nimmt das Maximum der ersten prim. Absorptionsbande bei 260 mμ in der Reihenfolge Fluor—Jod ab, wobei die m-Verbb. stärker absorbieren. Bei den p-Verbb. verschiebt sich in der gleichen Reihenfolge die gleiche, jedoch stark verbreiterte Bande nach längeren Wellenlängen u. ε nimmt zu. Die schwache sek. Bande bei 310 mμ ist bei den p-Verbb. nahezu mit der ersten prim. verschmolzen, bei den o- u. m-Verbb. hingegen ausgeprägt, wobei die ε-Werte der o-Verbb. größer sind als die der entsprechenden m-Verbb. u. ε beim Übergang von der Fluor- zur Jodverb. wächst. Die zweite prim. Bande um 220 mμ verschiebt sich beim Übergang von der Fluor- zur Jodverb. innerhalb einer Reihe nach längeren Wellenlängen, sie ist am stärksten bei den m- u. am schwächsten bei den p-Verbindungen. Diese Bande dürfte dem Übergang bei 183 mμ im Bzl. entsprechen. Ferner wird gefolgert, daß die erste prim. Bande der untersuchten Verbb. für die Übergänge charakterist. ist, bei denen Ionenresonanzformen mit komplanarer Anordnung der NO_2-Gruppe u. des Kerns hauptsächlich zum angeregten Zustand beitragen. (J. Amer. chem. Soc. **76.** 1601—03. 20/3. 1954. Las Vegas, N. Mex., Highlands Univ., Chem. Dep.) L. FISCHER. D 118

Paul Rumpf und **Gisèle Girault (Vexlearschi)**, *Absorptionsspektren einiger verzweigter N-Alkylarylamine.* Im Rahmen von Unterss. über die Beziehungen zwischen Konst. u. Basizität werden die UV-Spektren [Maxima der C- u. D-Banden (vgl. KLEVENS u. PLATT, C. **1949.** E. 32), Zwischenminimum] folgender Verbb. in 96%ig. A. + 0,008n wss. Na_2CO_3 (1:1) angegeben: *Anilin, Methyl-, Äthyl-, n-Butyl-, Isobutyl-, Neopentyl-, n-Hexyl-, Dimethyl-, Di-n-butyl-, Diisobutyl-, Isopropyl-, tert.-Butyl-, Diisopropyl-, Methyl-tert.-butylanilin, p-Toluidin, tert.-Butyl-p-toluidin, p-Bromanilin, tert.-Butyl-p-bromanilin, tert.-Amylanilin, tert.-Hexylanilin, vic.-m-Xylidin, vic.-Methyl-m-xylidin, vic.-Dimethyl-m-xylidin.* Die N-Alkylierung des Anilins ruft einen bathochromen Effekt hervor, der bei den Dialkylderivv. bes. ausgeprägt ist, verbunden mit einer geringen Intensitätssteigerung, bes. der C-Bande. Die doppelte Verzweigung in α-Stellung (tert.-Butylgruppe) hat dagegen eine hypsochrome Verschiebung, verbunden mit einer Verstärkung der Basizität, zur Folge. Vff. erklären dies mit ster. Hinderung der Mesomerie zwischen dem N-Atom u. dem aromat. Kern. (C. R. hebd. Séances Acad. Sci. **238.** 1892—94. 10/5. 1954.) J. ROTHE. D 118

Tom R. Thomson, *Eine empirische, quantitative Beziehung zwischen Konstitution und molekularem Drehungsvermögen.* Ausgehend von dem durch GUYE u. BROWN [1890] eingeführten „Asymmetrieprod.", bei dem die mol. Drehung einer opt.-akt. organ. Verb. mit Asymmetriezentrum durch die Formel [M] = (a — b) (a — c)· (a — d) (b — c) (b — d) (c — d) wiedergegeben wird, definiert Vf. die Gruppenbeiträge (a, b, c, d) neu unter Berücksichtigung von Valenzwinkeln. Für n-Alkylgruppen C_nH_{2n+1} ergibt sich als Beitrag der Ausdruck $[\frac{1}{2}(3^n - 1)/3^{n-1}]\cdot C + H$, wobei C u. H spezif. „Atomdrehungskonstanten" darstellen. C wird aus den Drehwerten einer Reihe von opt.-akt. KW-stoffen in guter Übereinstimmung zu 2,47—2,53 berechnet, aus den Werten für Alkylbromide folgt (Br—H) = 7,40. — Verbb. mit Isopropylgruppen sowie allg. mit Substituenten, bei denen notwendigerweise ster. Hinderung auftritt, folgen der Regel nicht; in Fällen, in denen ster. Hinderung zwar möglich ist, aber ungehinderte Konfigurationen möglich sind, treten dagegen keine Ausnahmen auf. (J. Amer. chem. Soc. **75.** 6070—72. 5/12. 1953. Alamosa, Col., Adams State Coll., Dep. of Chem.) KRESZE. D 119

R. L. Kelly, R. Rollefson und **B. Schurin,** *Die Dispersion von C_2H_2 im Infrarot.* (Sitzungsbericht.) (Vgl. C. **1952.** 6827.) Im Bereich von 1—18 μ wird der Brechungsindex von C_2H_2 gemessen u. eine Dispersionsformel für das sichtbare u. infrarote Gebiet gefunden. Sie enthält die integrierten Absorptionskoeffizienten für die starken Schwingungs-Rotations-Banden. (Physic. Rev. [2] **83.** 245. 1/7.; Bull. Amer. physic. Soc. **26.** Nr. 3. 54. 26/4. 1951, Univ. of Wisconsin.) D. HAHN. D 119

W. I. Kusnetzow, *Einfluß des p_H auf die Färbung von Lösungen innerkomplexer und cyclischer Salze.* Die Färbungen der Lsgg. cycl. Salze sind in einer Reihe von Fällen den Färbungen der Lsgg. der zugrunde liegenden Verbb. (Säuren, Phenole) bei gewissem p_H ähnlich u. können durch Gemische von Lsgg. der ionisierten u. nichtionisierten Formen der Verbb. reproduziert werden, woraus auf teilweise intramol. Dissoziation dieser Salze zu schließen ist. Z. B. liegen die Rot- bis Orangefärbungen der Lsgg. von Salzen der *3.4-Dioxyazobenzolsulfonsäure-(4')* (I) mit Al, Ga, Sb, In u. Zr zwischen der gelben Lösungsfarbe von I u. der himbeerroten ihrer Alkalisalze; Analoges gilt für *1.2-Dioxyanthrachinonsulfonsäure-(3).* Bei einigen cycl. Salzen wirken aber verschied. Atomgruppen innerhalb des Mol. aufeinander ein, so daß Färbungen resultieren, die nicht zwischen den extremalen liegen. Ein solcher Fall liegt bei *[Benzolarsonsäure-(2)]-⟨1-azo-1⟩-[naphthol-(2)-disulfonsäure-(3.6)]* vor, deren gelbe Lsgg. auf Zusatz von Alkalihydroxyd im Überschuß nur rosaorange werden, während die cycl. Salze mit Th u. den Seltenen Erden himbeerrot sind; hier beteiligt sich die Azogruppe an der Salzbldg., denn die Lsg. der freien Säure in konz. H_2SO_4 ist auch himbeerrot. Analoge Verhältnisse liegen bei der Borverb. der *[Benzolarsonsäure-(2)]-⟨1-azo-2⟩-[1.8-dioxynaphthalindisulfonsäure-(3.6)]* vor. Oder die Nichtadditivität der Färbungen macht sich nur in der Intensität bemerkbar, was bei dem Al-Salz von *4-Oxy-3-carboxyazobenzolsulfonsäure-(4')* zutrifft. Weitere Fälle vgl. Original. Es werden auch die Fälle der Fe-, Cu-, Cr- u. Co-Salze von farblosen Säuren betrachtet; bei diesen wird mit Erhöhung des p_H des Mediums die intramol. Dissoziation zurückgedrängt, u. schließlich resultiert die Färbung des sich bildenden Metallhydroxyds. Beispielsweise ist der *Ferrisalicylat*-Komplex in saurer Lsg. violett, in neutraler braun. Auch die auf Zusatz von KOH bei bestimmten p_H auftretenden gelben Färbungen bei den *Ferri*-Komplexen des *Brenzcatechins* u. der *Brenzcatechindisulfonsäure* (im Original ohne Stellungsbezeichnung) lassen cycl., teilweise dissoziierte Salze vermuten. In der Literatur werden für die verschied. Färbungen komplexer Salze veränderte Zus. u. verschied. Sättigungsgrad des Metalls bis zur völligen Ausnutzung der Koordinationszahl angeführt. Auch die vom Vf. vertretene Auffassung vom entscheidenden Einfl. des Ionenzustands der Bindungen bedarf nach seiner Ansicht weiterer experimenteller, bes. quantitativer Untersuchungen. (Журнал Общей Химии [J. Allg. Chem.] **20** (**82**). 816—30. Mai 1950. Moskau, Inst. für Geochemie u. analyt. Chemie der Akad. der Wiss. der UdSSR.) E. FÖRSTER. D 119

Alexander Nikuradse und **Raimund Ulbrich,** *Die C—H-Valenzfrequenz von Chloralkanen und des Trichloräthylens in Gemischen mit organischen Substanzen.* RAMAN-spektroskop. wurde die C–H-Valenzfrequenz von *Chlf.* (I), *Pentachloräthan* (II), *Trichloräthylen* (III) u. *Methylenchlorid* (IV) in Gemischen mit Organosauerstoffverbb., u. zwar mit Säuren u. Estern, Aldehyden, Ketten- u. Ringketonen, Alkoholen, Ring- u. Kettenäthern, Siloxanen, Bzl. u. CS_2 untersucht. Hierbei konnte die Acceptorfähigkeit des O-Atoms in Abhängigkeit von der Art der funktionellen Gruppe festgestellt werden. Es ergab sich, daß die Fähigkeit der C–H-Gruppe zur spezif. zwischenmol. Wechselwrkg. (Donatorwrkg.) in der Reihenfolge **IV—I—II—III** ansteigt. Andererseits vermag das äther. gebundene O-Atom die C–H-Frequenz der untersuchten

Verbb. leichter zu beeinflussen als das durch eine Doppelbindung abgesättigte. Ein Zusammenspiel zwischen der Doppelbindung des III u. der Carbonylgruppe ist möglich; eine Andeutung der Eigenassoziation des I wurde beobachtet. Einen verhältnismäßig starken Abfall erfährt die C–H-Frequenz in Gemischen mit Bzl. u. CS_2. Als untersuchte O-haltige Verbb. werden angeführt: *Ae., Methylbutyl-* u. *Dibutyläther, Dioxan, Paraldehyd, Pentamethylcyclopentasiloxan, Aceton, Methyläthylketon, Acetylaceton, Cyclohexanon, Essigsäuremethylester, Butyraldehyd, Ameisensäure, Propionsäure, Buttersäure, Valeriansäure, Essigsäure, Ameisensäureäthylester, Essigsäureäthylester, Propionaldehyd, Methanol* u. *Hexamethyldisiloxan*. (Z. Naturforsch. **8b.** 413–27. August 1953. München, TH, Inst. für Elektronen- u. Ionenforsch.)
GOTTFRIED. D 120

A. A. Ebert jr. und **H. B. Gottlieb,** *Infrarotspektren organischer Verbindungen mit polymorphen Modifikationen.* Es wird über vergleichende Röntgen- u. Infrarotaufnahmen an *2-Chlor-4-nitrobenzoesäure, Allylthioharnstoff, Anthranilsäure* u. metallfreiem sowie *Cu-, Co-, Ni-* u. *Zn-Phthalocyanin* berichtet. Die Infrarotspektren dieser Verbb. weisen in den verschied. durch Röntgenunterss. nachgewiesenen Modifikationen erhebliche Unterschiede in Frequenzlage u. Intensität einzelner Banden auf. Bei Auflösung in geeigneten Lösungsmitteln geben die verschied. Modifikationen derselben Substanz jedoch alle das gleiche Spektrum. – Die Umwandlung von α-Cu-Phthalocyanin in Cyclohexanolsuspension in die β-Form ist in 90 Min. beendet. (J. Amer. chem. Soc. **74.** 2806–10. 5/6. 1952. Wilmington, Del., E. I. du Pont de Nemours & Co., Jackson Labor.)
LÜTTKE. D 120

Mario Milone und **Enzo Borello,** *Anwendung der Ultrarotspektren zur Analyse der Chlorierungsprodukte des technischen Hexachlorcyclohexans.* Um die Genauigkeit des ultrarotspektroskop. Nachw. von γ-Hexachlorcyclohexan in techn. Prodd. zu verbessern, wurden die Ultrarotspektren von 2–24 μ des α-, β-, γ-, δ-, ε-*Hexachlorcyclohexans, des Monochlor-, o-, p-Dichlorbenzols,* des α-*Hepta-* u. α-, β-*Oktachlorcyclohexans* neu aufgenommen u. die analyt. verwertbaren Banden ausgesucht. Es wird gezeigt, daß die Genauigkeit des Nachw. des γ-Isomeren erhöht werden kann, wenn im Bereich 10–14 μ die Banden der höherchlorierten Prodd. berücksichtigt werden. Noch bessere Resultate liefern die Banden im Bereich von 15–24 μ (KBr-Prisma). (Gazz. chim. ital. **83.** 255–63. April 1953. Torino, Univ., Ist. chim. fis.)
GOUBEAU. D 120

Mario Milone und **Enzo Borello,** *Zu den Ultrarotabsorptionsspektren des Oktachlor- und Heptachlorcyclohexans.* (Vgl. vorst. Ref.) In Ergänzung zu früheren Beobachtungen (vgl. C. **1952.** 7147) wird unter verbesserten Bedingungen die vollständige Identität der Spektren des β-*Heptachlorcyclohexans*-(*I*) u. des β-*Oktachlorcyclohexans*-(*II*) in Übereinstimmung mit chem. Befunden bestätigt. (Gazz. chim. ital. **83.** 153–54. Febr. 1953.)
GOUBEAU. D 120

Randolph Riemschneider, *Bemerkungen zu der Arbeit von Milone und Borello über die Ultrarotabsorptionsspektren einiger isomerer Hepta- und Oktachlorcyclohexane.* Vf. weist darauf hin, daß in oben zitierter Arbeit (vgl. C. **1952.** 7147) die Spektren des sogenannten „β-*1.1.2.3.4.5.6-Heptachlorcyclohexans*" (β-*I*) u. des *Oktachlorcyclohexans* (β-*II*) ident. sind u. damit die vom Vf. auf chem. Wege (vgl. C. **1953.** 2751 nachgewiesene Konst. bestätigen. (Gazz. chim. ital. **83.** 152. Febr. 1953. Berlin-Dahlem, Freie Univ., Chem. Inst.)
GOUBEAU. D 120

Norman D. Coggeshall, *Absorptionsspektroskopische Untersuchungen der Wasserstoffbindung und der isomeren Formen in Bis-phenolalkanen.* Die Ultrarotabsorption der Hydroxylgruppe wird von 2,7–3 μ mit LiF-Optik an Lsgg. u. Pulvern von Bisphenolverbb. mit verschied. aliphat. Brückengruppen gemessen. Die Verbb. existieren in cis-Stellung mit innermol. Wasserstoffbindungen, in trans-Stellung ohne Wasserstoffbindung bzw. zum Teil mit zwischenmol. Wasserstoffbindungen. Die Verteilung zwischen cis- u. trans-Gruppierung, die bei den Verbb. je nach der ster. Hinderung verschieden ist, wird aus den Intensitätsverhältnissen der Hydroxylbanden errechnet. Durch UV-Absorptionsmessungen in alkal. Alkohollsgg. konnte auch die infolge ster. Hinderung verschied. Säurestärke nachgewiesen werden. Untersucht wurden: *1.1-Bis-[2-oxy-3-tert.-butyl-5-methylphenyl]-methan, -äthan, -cyclohexan, -phenylmethan* u. *-isobutan, 2.2-Bis-[2-oxy-3-tert.-butyl-5-methylphenyl]-butan* u. *-propan* sowie *Bis-[2-oxy-3-methyl-5-isooctylphenyl]-methan.* (J. Amer. chem. Soc. **72.** 2836–44. Juli 1950. Pittsburgh, Pa., Gulf Res. u. Developm. Comp.)
A. REUTER. D 120

Ivar Cucka und **Bernard Susz,** *Ultrarotspektrum des Komplexes von Benzophenon und Aluminiumchlorid.* Die Infrarotabsorption des von MENSHUTKIN [1910] beschriebenen Komplexes der wahrscheinlichen Formel $C_6H_5COC_6H_5 \cdot AlCl_3$ in Paraffinöl- bzw. Dekalindispersion wird untersucht u. mit der von Benzophenon verglichen. Die für monosubstituierte Benzolkerne charakterist. Frequenzen bleiben im Komplex erhalten. Die aromat. Ketonfrequenz 1651 cm^{-1} verschwindet, die Frequenz 1278 wird zu 1297. Es wird danach angenommen, daß das $AlCl_3$-Mol. in der Nähe der Ketondoppelbindung fixiert ist. (Arch. des Sci. **5**. Nr. 2. C. R. Séances Soc. Physique Hist. natur. Genève 105—08. 1952. Genf, Univ., Labor. de Chim. théorique, techn. et d'Électrochim.)

H. C. WOLF. D 120

Le-Van-Thoi, *Raman-Spektrographie der Harzsäuren und ihrer Derivate.* Von folgenden Substanzen wurden die RAMAN-Spektren, meistens in sorgfältig gereinigten CCl_4- u. $CHCl_3$-Lsgg., aufgenommen u. ausgedeutet: *Abietinsäure* (F. 173°, $[\alpha]_j$ —109° [A.], in Lsg., Pulver, Einkristall) u. *Methyl-* (Kp.₁ 180°, n_D^{20} 1,5350, $D.^{20}_4$ 1,048, $[\alpha]_j$ —42° [A.]) u. *Äthylester* (Kp.₁ 178°, n_D^{20} 1,5368, $D.^{20}_4$ 1,040, $[\alpha]_j$ —18° [A.]), *Abitienol* (Kp.₁ 175—176°, n_D^{20} 1,5350, $D.^{20}_4$ 1,030, $[\alpha]_j$ —53° [A.]), *Epoxyd* des *Diabietylglykols* (F. 120—121°, $[\alpha]_j$ —15° [Bzl.]), *Laevopimarsäure* (F. 152°, $[\alpha]_j$ —2,82° [A.]), *Dextropimarsäure* (F. 218°, $[\alpha]_j$ +82° [A.]) u. deren *Methyl-* (F. 69°, $[\alpha]_j$ +72° [A.]) u. *Äthylester* (F. 50°, $[\alpha]_j$ +65° [A.]), *β-Dihydroabietinsäure* (F. 177°, $[\alpha]_j$ +125° [A.]) u. deren *Methylester*, *Methylester* der *Dihydrodextropimarsäure* (F. 85°, $[\alpha]_j$ +17° [A.]), die inneren Ester (*Olide*) der *Oxytetrahydroabietinsäure* (F. 131°, $[\alpha]_j$ —3° [A.]) bzw. der *Oxytetrahydrodextropimarsäure* (F. 100°, $[\alpha]_j$ —17° [A.]), *Dehydroabietinsäure* (F. 172°, $[\alpha]_j$ +62° [A.]) u. deren *Methylester* (F. 63°, $[\alpha]_j$ +59° [A.]), *Methylester* der *Acetyl-6-dehydroabietinsäure* (F. 133°, $[\alpha]_j$ +75° [A.]), *Anhydride* der *Abietinsäure* (F. 151°, $[\alpha]_j$ —21° [Bzl.]), der *Dextropimarsäure* (F. 135°, $[\alpha]_j$ +73° [Chlf.]), der *Dihydrodextropimarsäure* (F. 92°, $[\alpha]_j$ +0,9° [Chlf.]), der *Dehydroabietinsäure* (F. 142°, $[\alpha]_j$ +67° [A.]), das *gemischte Anhydrid* der *Abietin-* u. *Dextropimarsäure* (F. 145°, $[\alpha]_j$ —9° [Chlf.]), *Maleoabietinsäure* (F. 230°, $[\alpha]_j$ —25° [A.], aus Abietinsäure u. Maleinsäureanhydrid nach DIELS-ALDER) u. deren *Methylester* (F. 216—217°, $[\alpha]_j$ —29° [Chlf.]), das *Olid* der (dreibas.) *Oxydihydromaleoabietinsäure* (F. 317°, $[\alpha]_j$ —11° [A.]) u. dessen *Dimethylester*, *Dimethylester* der *Diabietinsäure* (F. 165°, $[\alpha]_j$ —80° [Bzl.]), *Reten* (F. 99°) u. *1.2.3.4-Tetrahydroreten* (F. 92°). Die Spektren erlauben die einfache Charakterisierung der einzelnen Verbindungsgruppen, da sie sich in den Frequenzen ihrer Doppelbindungslinien klar unterscheiden. (Peintures, Pigments, Vernis **29**. 125—31. Febr. 1953. Bordeaux, Fac. Sci., Inst. du Pin.)

GOUBEAU. D 120

W. Klyne, *Die Stereochemie der Anteisosäuren.* Unter Auswertung der Literatur wird abgeleitet, daß die methylverzweigten C_{15}-, C_{17}- u. C_{19}-Fettsäuren mit der Gruppierung $CH_3CH(C_2H_5)\cdot(CH_2)_nCOOH$ (isoliert aus Hammelfett u. aus Wollwachs), die sogenannten Anteisosäuren, alle rechtsdrehend sind u. nach dem Entfernungssatz von TSCHUGAEFF [1898] die gleiche Konfiguration am asymm. C-Atom haben müssen. Es wird vorgeschlagen, diese (+)-Anteisosäuren als L-methylsubstituierte Säuren zu bezeichnen, wobei gemäß der Projektionsformel nach FISCHER die Methylgruppe sich auf der linken Seite der Kette befindet. (Biochem. J. **53**. 378—79. Febr. 1953. London, Postgraduate Med. School.)

TÄUFEL. D 123

W. D. Kumler, *Die Dipolmomente, Ultraviolettspektren und die Struktur von Azo-bis-[chlorformamidin] und von Azo-bis-[nitroformamidin].* Es werden in Dioxanlsg. die Dipolmomente von *Azo-bis-[chlorformamidin]* u. von *Azo-bis-[nitroformamidin]* bestimmt zu 1,95 bzw. 3,63 D. Auf Grund dieser verhältnismäßig kleinen Werte wird trans-Form in bezug auf die Stickstoffdoppelbindung angenommen. Unter Beachtung der Lage der UV-Absorption (λ_{max} für die Chlorverb. bei 345, für die Nitroverb. bei 312 mμ) wird die Iminstruktur als mit den Beobachtungen verträglich angesehen. (J. Amer. chem. Soc. **75**. 3092—93. 5/7. 1953. San Francisco, Calif., Univ., Coll. of Pharm.)

K. L. WOLF. D 132

W. D. Kumler, *Die Dipolmomente und Struktur von 2-Nitriminoimidazolidin und „1-Nitro-2-nitramino-Δ²-imidazolin".* Über die Struktur der beiden Stoffe bestehen zwei widersprechende Meinungen (vgl. MCKAY, PICARD u. BRUNET, C. **1954**. 1435 u. BARTON, HALL u. WRIGHT, C. **1952**. 5390). Vf. entscheidet durch Messung der Dipolmomente, daß die erstgenannte (F. 220,4—221,4°) mit einem Dipolmoment von 6,93 D ebenso wie die zweite (F. 151,0—151,3°) mit einem Dipolmoment von 7,65 D weder Zwitterionen noch Resonanzhybride von Zwitterionen sein können. Dagegen sind die Dipolmomente ebenso wie das UV-Spektr. u. die Säurestärke mit der Struktur als Nitrimine in Übereinstimmung. (J. org. Chemistry **18**. 676—79. Juni 1953. San Franzisco, Calif., Univ., Coll. of Pharm.)

K. L. WOLF. D 132

J. G. Aston, Bouwe Bolger, Ralph Trambarulo und **F. Segall,** *Rotation in festen Mischungen von Neohexan und Cyclopentan von 20° K bis zum Schmelzpunkt.* Vff. verfolgen die Rotation von festen Lsgg. von *Neohexan* (I) u. *Cyclopentan* (II) von 20° K bis zum F. (vgl. FINK u. Mitarbeiter, C. **1948**. II. 26) durch Unters. des kernmagnet. Resonanzspektrums. Der „Komplex" aus 1 Mol I mit 2 Mol II rotiert im festen Zustand bis herab zu 65° K. In festen Lsgg. mit einem Überschuß an II findet Rotation des Komplexes unabhängig von II bis 66° K statt. Der Komplex hat keinen Einfl. auf den niederen Rotationsübergang von II. Die Versuchsergebnisse werden tabellar. wiedergegeben u. diskutiert. — Vff. beschreiben einen Kryostat zur Temperaturkontrolle zwischen 10° K u. Zimmertemperatur. (J. chem. Physics **22.** 460—63. März 1954. State College, Pa., State Univ., Dep. of Chem.) G. WINKLER. D 137

Robert Irving Walter, *Gleichzeitige Dissoziation von 2 Protonen. Das Säure–Base-Gleichgewicht von Porphyrinen.* Vf. untersuchte die in 4 Stufen verlaufende Dissoziation des *Porphyrins,* von PH_4^{2+} zu P^{2-} (PH_2 = neutrales Porphyrin), wobei bes. die 1. u. 3. Dissoziationsstufe untersucht wurden. Hierzu wurde das wasserlösl. *Di-K-Salz* der *1.3.5.8-Tetramethylporphyrin-6.7-dipropionsäuremethylester-2.4-disulfonsäure* verwendet, das aus Eisen(II)-protoporphyrin hergestellt wurde. Zur Aufnahme der Absorptionslinien wurden sowohl saure als auch alkal. wss. Lsgg. verwendet. Die als PH_3^+ angesehene erste Stufe sowie PH^- als 3. Stufe konnte nicht nachgewiesen werden, was auf die Symmetrie im Syst. u. dessen Resonanz zurückzuführen sein dürfte. (J. Amer. chem. Soc. **75.** 3860—62. 5/8. 1953. Boulder, Col., Univ., Dep. of Chem.) PFAFF. D 139

Reginald Isaac, Kin Li und **L. N. Canjar,** *Volumetrisches Verhalten von Isopentan.* Die Dichten, Dampfdrucke u. Kompressibilitäten von *Isopentan* in fl. u. dampfförmigem Zustand werden im Temperaturbereich von 212—572° F bei Druck bis zu 3100 lb./sq.in. (217 at) gemessen. (Ind. Engng. Chem. **46.** 199—201. Jan. 1954. Pittsburgh, Pa., Carnegie Inst. of Technol.) K. O. MÜLLER. D 150

Alberto Girelli, *Zusammenhang zwischen Eigenschaften und Struktur bei organischen Schwefelverbindungen.* Vf. wendet die von EGLOFF u. Mitarbeitern (J. physic. Chem. **44.** [1940.] 730) angegebene Beziehung zwischen Kp. u. Anzahl der C-Atome im Mol. Kp. = A log (n + B) + K auf verschied. homologe Reihen organ. S-Verbb. an. Hierbei ist n die Anzahl der C-Atome, A, B u. K sind Konstanten jeweils für die homologe Reihe, der Kp. wird in ° K gemessen. Folgende Gruppen von Verbb. wurden in die Unters. einbezogen: 1. *prim. Mercaptane,* RSH mit R = CH_3 bis C_9H_{19}, A = 926, B = 10, K = —690,51. 2. *sek. Mercaptane* [n-Alkanthiole-(2)], R'SH mit R' = C_3H_7 bis $C_{10}H_{21}$, A = 926, B = 10, K = —702,99. 3. *Methyl-n-alkylsulfide* CH_3SR mit R = CH_3 bis C_8H_{17}, A = 920, B = 10,4, K = —697,23. 4. *symm. n-Alkylsulfide* R_2S mit R = CH_3 bis C_6H_{13}, A = 920, B = 10,4, K = —710,75. 5. *symm. n-Akyldisulfide* R_2S_2 mit R = CH_3 bis C_5H_{11}, A = 920, B = 14,4, K = —744,2. Die Übereinstimmung zwischen berechneten u. experimentellen Werten ist befriedigend. (Ricerca sci. **23.** 1988—91. Nov. 1953. Milano, Centro di studio per la chim. ind., Staz. sper. per i combust.) M. SCHENK. D 150

K. Schäfer und **H. Wolff,** *Zwischenmolekulare Kräfte und Raman-Effekt bei Mischungen des Acetons mit unpolaren Lösungsmitteln.* 2. Mitt. *Beziehungen zwischen Linienverschiebung und Mischungswärme.* (1. vgl. C. **1954.** 6195.) Die Frequenzänderung der C=O-Valenzschwingung des Acetons in Abhängigkeit von der Verdünnung wird benutzt, um die Mischungswärme mit verschied. gesätt. KW-stoffen zu berechnen. Die Berechnung erfolgt unter der Annahme, daß die Flüssigkeitsnahordnung sich ändert, daß die Verteilung der Partikel des bin. Gemisches der BOLTZMANN-Statistik folgt, u. daß nur der Einfl. der unmittelbar benachbarten Moll. von Bedeutung ist. Die Mischungswärmen ergeben sich zu —400 (*n-Hexan*), —460 (*n-Heptan*), —490 (*n-Octan*), —270 (*3-Methylpentan*) u. —620 cal (*Cyclohexan*). (Z. Elektrochem., Ber. Bunsenges. physik. Chem. **57.** 38—41. 1953. Heidelberg, Univ., Phys. Chem. Inst.) GOUBEAU. D 156

Norman L. Miller und **E. C. Wagner,** *Behinderung der Tautomerie im Triazolsystem durch Wasserstoffbindung. 4(7)-Nitrobenzotriazol.* Vff. vergleichen verschied. chem. u. physikal. Eigg. von *4(7)-Nitrobenzotriazol* (I) u. *5(6)-Nitrobenzotriazol* (II): 1. I ist stärker flüchtig als II (Wasserdampfdest., Sublimation); 2. I wird polarograph. schneller red. als II oder Nitrobenzol (III) [$E_{1/2}$ in W. für verschied. p_H-Werte bei 25° in Volt ±0,01: p_H 8,04, II —0,74, I —0,63, III —0,67; 7,00 (in gleicher Anordnung wie vorst.) —0,63, —0,53, —0,63; 6,24, —0,53, —0,48, —0,59; 5,29, —0,51, —0,43, —0,56]; 3. die Geschwindigkeit der katalyt. Hydrierung in A. mittels Pd-Kohle bei 25, 30 u. 50° u. ca. 770 mm ist für II größer als für I, *Benzotriazol* (IV) wird unter Reaktionsbedingungen nicht angegriffen; mit Pd auf Al_2O_3 u. PtO_2 werden ähnliche Ergebnisse erhalten, RANEY-Ni bewirkt keine Hydrierung; 4. die Basenstärken von I u. II sind annähernd gleich, dagegen nimmt die Säurestärke zu in der Reihenfolge **IV < I < II;** 5. die UV-Absorptionsspektren von I u. II in saurer u. alkal. alkoh. Lsg. sind graph. wiedergegeben, in neutraler u. saurer Lsg. sind die Spektren ident., in alkal. Lsg.

zeigen **I** u. **II** verschied. UV-Absorption (Maxima: neutrale Lsg. in A., **I** 322, 230 mμ, **II** 292,5, 241 mμ; 0,1 n $NaOC_2H_5$ in A., **I** 366, 233 mμ, **II** 316, 258 mμ); 6. Best. des Assoziationsfaktors in Phenanthren ergibt für **I** für alle Konzentrationsbereiche annähernd 1, für **II** 1,04 (0,01 mol.) –1,22 (0,06 mol.). — Vorst. Ergebnisse werden von Vff. diskutiert u. für **I** Chelatbldg. angenommen; daraus folgt eine Behinderung der Tautomerie im Triazolsyst. bei **I**. Aus der Tatsache, daß die katalyt. Hydrierung zu anderen Ergebnissen führt als die polarograph. Red., ziehen Vff. den Schluß, daß in solchen Systemen wie vorst. die Deutung von Versuchsergebnissen aus katalyt. Hydrierungen nicht eindeutig ist. Die UV-Absorption liefert gleichfalls keinen Beweis für die Chelatbldg. von **I**; Vff. nehmen an, daß die auf Chelatbldg. beruhenden Effekte in Gebieten liegen können, wo sie durch starke Absorption, bedingt durch die beiden Isomeren gemeinsame Struktur, verdeckt werden.

Versuche (alle FF. korr.): *Benzotriazol* (**IV**), F. 95–95,5° (Bzl.), nach DAMSCHRODER u. PETERSON (Org. Syntheses **20.** [1940.] 16); 75% (Ausbeute). — *4(7)-Nitrobenzotriazol* (**I**), F. 236–237,3°, durch Nitrierung von **IV**, gelbe Nadeln aus Ae.; 30,9%. — *5(6)-Nitrobenzotriazol* (**II**), F. 215–216° (A.), aus 1.2-Diamino-4-nitrobenzol mit HNO_2 nach ZINCKE [1900]; 57%. — *1-Methylbenzotriazol*, F. 95–96° (Ligroin), durch Methylierung von **IV** mit Dimethylsulfat (**V**) u. Alkali; 13%. — *1-Methyl-7-nitrobenzotriazol*, F. 202–203° (A.), durch Nitrierung vorst. Verb.; 32%. — *1-Methyl-6-nitrobenzotriazol*, F. 185–186° (A.), aus **II** durch Methylierung mit **V**; 22%. (J. Amer. chem. Soc. **76.** 1847–52. 5/4. 1954. Philadelphia, Pa., Univ., Dep. of Chem.)

G. WINKLER. D 182

D. June Sutor, *Die Elementarzelle und die Raumgruppe von Äthylnitrolsäure.* *Äthylnitrolsäure*, $C_2H_4O_3N_2$, krist. aus Chlf., Ae. oder W. in schwachgelben, nach der c-Achse gestreckten Nadeln; durch langsame Verdunstung einer Chloroformlsg. bilden sich kleine Plättchen. Die Verb. erwies sich als rhomb. u. hat die Zelldimensionen a = 11,28 Å; b = 8,06 Å; c = 4,85 Å; Raumgruppe ist $P\,2_1\,2_1\,2_1$; Z = 4; D. 1,555. (Acta crystallogr. [Copenhagen] **6.** 811. 10/10. 1953. Auckland, Univ. Coll., Dep. of Chem.)

GOTTFRIED. D 195

T. C. Tranter, *Dimensionen der Elementarzellen und Raumgruppen von synthetischen Peptiden.* 2. Mitt. *Glycyl-L-alanin, Glycyl-L-alaninhydrochlorid, Glycyl-L-alaninhydrobromid und Glycyl-L-tryptophan.* (1. vgl. C. **1953.** 6215.) *Glycyl-L-alanin* (**I**), dargestellt nach der Meth. von BERGMANN u. ZERVAS (vgl. Ber. dtsch. chem. Ges. **65.** [1932.] 1192), krist. aus W. in Form großer Nadeln. Die monoklinen Kristalle haben die Dimensionen a = 5,48 Å; b = 6,28 Å; c = 10,47 Å; β = 94° 27′; Raumgruppe ist $P\,2_1$; Z = 2; D. 1,323. — **I**-Hydrochlorid wurde in Form großer Platten mit 1 Mol H_2O aus W. erhalten. Die Verb. ist monoklin mit a = 7,57 Å; b = 5,98 Å; c = 10,62 Å; β = 109° 2′; Raumgruppe ist $P\,2_1$; Z = 2; D. 1,465. — Das Mol. H_2O wird beim Erhitzen im Vakuum auf 100° abgegeben. — **I**-Hydrobromid krist. aus W. in großen monoklinen Platten u. sublimiert beim Erhitzen im Vakuum auf 100°. Die Zelle hat a = 7,63 Å; b = 6,13 Å; c = 10,69 Å; β = 108° 36′; Raumgruppe ist $P\,2_1$; Z = 2; D. 1,714. Hydrochlorid u. Hydrobromid scheinen isomorph zu sein. — Glycyl-L-tryptophan krist. in Form sehr dünner dreieckiger Platten mit 4 Mol H_2O, von denen 2 beim Erhitzen im Vakuum auf 100° leicht abgegeben werden, während die restlichen 2 Mol erst nach Erhitzen auf ca. 145° verschwinden. Die monokline Zelle hat a = 5,87 Å; b = 8,24 Å; c = 14,81 Å; β = 96° 6′; Raumgruppe ist $P\,2_1$; Z = 2; D. 1,379. (Acta crystallogr. [Copenhagen] **6.** 805–06. 10/10. 1953. Leeds, Wool Industries Res. Assoc.)

GOTTFRIED. D 195

J. M. Skinner, G. M. D. Stewart und **J. C. Speakman**, *Die Kristallstruktur der sauren Salze einiger einbasischer Säuren.* 3. Mitt. *Kaliumhydrogendibenzoat.* (2. vgl. C. **1952.** 196.) *Saures Kaliumdibenzoat*, $KH(C_7H_5O_2)_2$, wurde in geeigneten Kristallen aus Dioxan oder besser 95%ig. A. erhalten. Die monokline Zelle hat die Dimensionen a = 29,53 ± 0,07 Å; b = 3,88 ± 0,02 Å; c = 11,20 ± 0,03 Å; β = 95,8°. Raumgruppe ist C_{2h}^6 – C 2/c; Z = 4. Die Struktur wurde mit Hilfe von PATTERSON- u. Elektronendichteprojektionen festgelegt. Die folgenden Parameter wurden gefunden: K (x =) 0,0; (y =) 0,328; (z =) 0,2500; $O_{(1)}$: 0,555; 0,165; –0,1259; $O_{(2)}$: 0,0386; 0,063; 0,0527; $C_{(1)}$: 0,0366; 0,148; –0,0178; $C_{(2)}$: 0,1153; 0,205; 0,366; $C_{(3)}$: 0,1462; 0,358; –0,0316; $C_{(4)}$: 0,1908; 0,414; 0,0170; $C_{(5)}$: 2042; 0,321; 0,1325; $C_{(6)}$: 0,1735; 0,169; 0,2007; $C_{(7)}$: 0,1293; 0,111; 0,1521. Aus der so gefundenen Struktur ergibt sich, daß keine diskreten Moll. der Zus. $KH(C_7H_5O_2)_2$ in dem Gitter auftreten. Die beiden Benzoatreste, welche etwa 25° gegen die (0 1 0)-Ebene geneigt sind, sind kristallograph. äquivalent. Die Struktur ist den der früher (vgl. l. c.) für saure Salze gefundenen Strukturen sehr ähnlich. Wie in den anderen Strukturen tritt auch hier eine kurze u. symm. H-Bindung auf, deren Natur kurz diskutiert wird. Die interatomaren Abstände sind tabellar. zusammengestellt. (J. chem. Soc. [London] **1954.** 180–84. Jan. Glasgow, Univ., Chem. Dep.) GOTTFRIED. D 195

N. A. Pušin, *Schmelzdiagramme binärer Systeme aus Zinntetrabromid und einigen organischen Verbindungen.* Es wurden die bin. Schmelzdiagramme von $SnBr_4$ (I) mit 10 organ. Verbb. untersucht. *Chinolin* bildet mit I die *Verb.* $SnBr_4 \cdot 2\, C_9H_7N$, F. 198°; im Bereich 73–100 Mol-% I erfolgt bei 179° Entmischung. Von den übrigen Systemen bildet keines Mol.-Verbb. mit I. *m-Dinitrobenzol* u. *Phthalsäureanhydrid* bilden mit I nicht nur keine festen Lsgg., sondern ergeben nicht einmal eutekt. Punkte (EP). Die restlichen Verbb. geben Systeme mit einem Eutektikum. I + *Azobenzol* (II), EP bei 22° u. 20 Mol-% II; I + *Naphthalin* (III), EP bei 23° u. 10 Mol-% III; I + *α-Nitronaphthalin* (IV), EP bei 22° u. 20 Mol-% IV; I + *Phenol* (V), EP bis 25,5° u. 55 Mol-% V; I + *o-Nitrophenol* (VI), EP bei 19° u. 25 Mol-% VI; I + *x-Trichlorphenol* (VII), EP bei 22° u. 13 Mol-% VII; I + *o-Nitroanisol* (VIII), EP bei 2° u. 95 Mol-% VIII. (Гласник Хемиског Друштва Београд [Ber. chem. Ges. Belgrad] **17.** 145–51. 1952. Belgrad, Univ., Techn. Fak., Inst. für physikal. u. Elektrochem.)
v. WILPERT. D 221

Douglas Atack und **O. K. Rice,** *Kritische Phänomene im System Cyclohexan–Anilin.* Vff. messen die Übergangstempp. zwischen 1- u. 2-Phasengebiet im Syst. *Cyclohexan–Anilin* (I), sowie die Dichten der koexistierenden Phasen. Das Gebiet extremer Trübung, in dem der Meniskus nicht beobachtet werden kann, wird untersucht nach einer Meth. von ZIMM (C. **1953.** 6198). Die früheren Ergebnisse von ROWDEN u. RICE (C. **1953.** 3700) u. ATACK u. RICE (Discuss. Faraday Soc. Nr. **15.** [1953.] 210) werden von Vff. bestätigt u. einwandfrei festgestellt, daß es ein Gebiet krit. Konzz. (0,4296–0,4656 Mol-% I) gibt, in dem die Übergangstemp. konstant bleibt (T = 29,422°). (J. chem. Physics **22.** 382–85. März 1954. Chapel Hill, N. C., Univ.)
G. WINKLER. D 224

Elliot N. Marvell, Albert V. Logan, Leo Friedman und **Robert W. Ledeen,** *Die Claisen-Umlagerung.* 1. Mitt. *Verhalten substituierter Allyläther bei der para-Umlagerung.* Vff. beschreiben die Darst. u. die p-Umlagerung von α- u. *γ-Methylallyl-2.6-dimethylphenyläther,* die in beiden Fällen ohne Inversion zu *2.6-Dimethyl-4-[α-methylallyl]-phenol* bzw. *2.6-Dimethyl-4-[γ-methylallyl]-phenol* führt (charakterisiert als Phenylurethane, deren Struktur durch unabhängige Synth. sichergestellt ist). Die Konstitutionsbest. erfolgt ferner durch Ozonisierung, Red. der Ozonide mit Zn in Essigsäure u. colorimetr. Best. des Formaldehyds nach DENIGÈS [1910] sowie Unters. der Infrarotspektren (graph. wiedergegeben). Vff. folgern aus den Versuchsergebnissen u. aus Unterss. anderer Autoren über die p-Umlagerung γ-substituierter Allylgruppen (alle Rkk. verlaufen ohne Inversion), daß für die para-CLAISEN-Umlagerung der Mechanismus von HURD-POLLACK (J. org. Chemistry **3.** [1939.] 550) ohne Einschränkung gültig ist.

Versuche: *Buten-(1)-ol-(3),* Kp. 94–99°, aus Acrolein mit CH_3MgJ, n_D^{20} 1,4126. — *3-Chlorbuten-(1)* (I), Kp. 63,5–66°, aus vorst. Verb. mit HCl, n_D^{20} 1,4148, $D.^{20}_{20}$ 0,8902. Daneben *1-Chlorbuten-(2),* $Kp._{191}$ 46–46,5°, Trennung durch Fraktionierung, n_D^{20} 1,4348, $D.^{20}_{20}$ 0,9248. — *γ-Methylallyl-2.6-dimethylphenyläther,* $C_{12}H_{16}O$, $Kp._1$ 84–88°, durch 12 std. Kochen von vorst. Verb., 2.6-Dimethylphenol (IV) u. wasserfreiem K_2CO_3 in Aceton unter Rühren u. 3–4 Std. Stehen bei Zimmertemp., n_D^{20} 1,5082, $D.^{20}_{20}$ 0,939; 30% (Ausbeute). — *2.6-Dimethyl-4-[γ-methylallyl]-phenol,* $C_{12}H_{16}O$, $Kp._1$ 107–109,5°, aus vorst. Verb. durch 6 std. Erhitzen im geschlossenen Rohr auf 200°, n_D^{20} 1,5376, $D.^{20}_{20}$ 0,9537; 79%; *Phenylurethan,* $C_{19}H_{21}O_2N$, F. 110 bis 123° (Ligroin), vermutlich Gemisch von cis–trans-Isomeren, liefert bei katalyt. Hydrierung mit Pd-Kohle in Dioxan bei 29 lbs./sq.in. *Phenylurethan* von *1-[3.5-Dimethyl-4-oxyphenyl]-butan* (II), $C_{19}H_{23}O_2N$, F. 150–152° (Ligroin). — *α-Methylallyl-2.6-dimethylphenyläther,* $C_{12}H_{16}O$, $Kp._5$ 85–90°, aus I, IV u. K_2CO_3, in Aceton durch 12 std. Erwärmen auf 65–70° u. 3–4 Std. Stehenlassen, n_D^{20} 1,5068, $D.^{20}_{20}$ 0,9399; 10,3%. — *2.6-Dimethyl-4-[α-methylallyl]-phenol,* $C_{12}H_{16}O$, $Kp._1$ 75–90°, aus vorst. Verb. durch Umlagerung wie bei dem γ-Analogon, n_D^{20} 1,5359, $D.^{20}_{20}$ 0,9574; 80%; *Phenylurethan,* $C_{19}H_{21}O_2N$, F. 109,5–111° (Ligroin), liefert bei katalyt. Hydrierung in Ae. mit Pd-Kohle bei 27 lbs./sq.in. *Phenylurethan* von *2-[3.5-Dimethyl-4-oxyphenyl]-butan* (V), $C_{19}H_{23}O_2N$, F. 101–104,5° (Ligroin). — *2.6-Dimethyl-4-butyrophenol,* F. 127–127,5° (Hexan), durch FRIESsche Umlagerung aus Buttersäure-[2.6-dimethylphenyl]-ester ($Kp._1$ 87,5–95,5°, aus IV u. Butyrylchlorid, n_D^{20} 1,4920; 80%). Katalyt. Hydrierung in A. bei 200° u. 145 at Anfangsdruck u. Umsetzung des Reaktionsprod. mit Phenylisocyanat liefert II. — *2.6-Dimethyl-4-propiophenol,* F. 106–108° (Hexan), aus Propionsäure-[2.6-dimethylphenyl]-ester ($Kp._6$ 122–124°, n_D^{20} 1,4941). — *Benzyl-*

[*2.6-dimethyl-4-propiophenyl*]-*äther* (**III**), $C_{18}H_{20}O_2$, F. 70,5—72° (PAe.), aus vorst. Verb. durch 5std. Kochen mit Benzylchlorid in wss./methanol. KOH. Durch Umsetzung von **III** mit CH_3MgJ, Dehydratation des tert. Alkohols durch 3std. Kochen mit methanol. HCl, katalyt. Hydrierung mit Pd-Kohle in Ae. bei 2,5 at Anfangsdruck u. Umsetzung mit Phenylisocyanat entsteht **V**. (J. Amer. chem. Soc. **76**. 1922—26. 5/4. 1954. Corvallis, Ore., State Coll., Dep. of Chem.) G. WINKLER. D 225

Glenn A. Russell, *Die Autoxydation von 2-Nitropropan in basischer Lösung.* 2-Nitropropan (**I**) oxydiert sich in Form seines Na-Salzes in wss. Lsg. bei 25° in Ggw. von 1,5—5 Mol/Liter NaOH nach einer kurzen Induktionsperiode autokatalyt. unter Aufnahme bis zu 0,9 Mol O_2 pro Mol **I**. In alkoh. Lsg. oxydiert sich **I** als Li-Salz nur in Ggw. von freiem **I**, das selbst jedoch nicht angegriffen wurde. Als Reaktionsprodd. wurden *Aceton* (≦ 83%) (**II**), NO_2^- (≦ 97%), wenig *2.3-Dimethyl-2.3-dinitrobutan* ($C_6H_{12}O_4N_2$, F. 211—212°), NO_3^- u. eine saure organ. Fraktion, in der *Brenztraubensäure* (*Semicarbazon*, F. 211—212°) nachgewiesen wurde, erhalten. Danach verläuft die Haupt-Rk. nach **I** + ½ O_2 + NaOH → **II** + $NaNO_2$ + H_2O. Die Rk. wurde durch Fe^{3+}- u. andere Ionen katalysiert u. vollständig durch As_2O_3 u. andere Verbb. unterdrückt. Analog zu **I** oxydierte sich das Na-Salz von *1-Nitropropan* bei 25° in alkal. Lsg. autokatalyt. zu NO_2^- u. sauren Prodd., während beim *Nitrocyclohexan* die Autoxydation wesentlich langsamer verlief u. NO_2^-, saure Prodd., wenig *Cyclohexanon* (*Oxim*, F. 89—90°) u. *1.1'-Dinitrodicyclohexan* (F. 218—219°) lieferte. Diese Ergebnisse wurden auf der Basis eines freien Radikalmechanismus mit einer Ion-Radikal-Kette u. einem intermediären Hydroperoxyd erklärt. Ein wesentliches Merkmal der vorgeschlagenen Oxydationskette ist ein Ein-Elektron-Übergang zwischen einem Peroxyradikal u. dem Anion von **I**, der ein Peroxyanion u. ein freies Alkylradikal erzeugt. Weiter wurde gefordert, daß sich das auf diese Weise gebildete Hydroperoxyd entweder in Alkoxy- u. Hydroxylradikale (Autokatalyse) spalten kann, oder daß es mit dem Anion vom **I** nach einer S_N2-Substitution am Sauerstoff zu den beobachteten Reaktionsprodd. reagiert. (J. Amer. chem. Soc. **76**. 1595. 20/3. 1954. Schenectady, N. Y., General Electric Res. Labor.) L. FISCHER. D 225

R. F. Moore und **William A. Waters,** *Über einige Produkte, die bei der Autoxydation von Cumol aus phenolischen Inhibitoren gebildet werden.* Vff. untersuchten die Luftoxydation von Alkylphenolen in Cumol in Ggw. von 0,1% Ferristearat bei 80—100° während 120 Std. u. isolierten die aus den Phenolen entstandenen Oxydationsprodukte. Dabei wurden dimere Phenole gebildet, die augenscheinlich aus Prodd. von H-Übertragungs-Rkk. Ph·C$(CH_3)_2$· + HOAr → Ph·C$(CH_3)_2$·H + ·OAr oder Ph·C$(CH_3)_2$·O·O + HOAr → Ph·C$(CH_3)_2$·O·OH + ·OAr entstanden sind. p-Kresol (**I**), 2.6-Dimethylphenol (**II**) u. 2.4-Dimethylphenol (**III**) bildeten Derivv. des Dioxydiphenyls, die durch ihre Diacetylverbb. identifiziert wurden. Mesitol (**IV**), 2.6-Di-tert.-butyl-4-methylphenol (**V**) u. 2-tert.-Butyl-4.6-dimethylphenol (**VI**) lieferten Dioxydibenzylderivate. Bei der Oxydation von 2.4-Di-tert.-butyl-6-methylphenol (**VII**) mit Ag_2O wurde nach Red. des zuerst entstandenen Ketoäthers *2.2.'-Dioxy-3.5.3'.5'-tetra-tert.-butyldibenzyl* erhalten. Die gleichen Reaktionsprodd. lieferte auch die Luftoxydation einer 0,2% Ferristearat enthaltenden Lsg. der Phenole in Chlorbenzol.

V e r s u c h e: *2.2'-Dioxy-5.5'-dimethyldiphenyl*, F. 153° (Bzl.), aus **I**; 5% [Ausbeute], oder durch Autoxydation von **I** in Chlorbenzol in Ggw. von Ferristearat; *Diacetat*, F. 88° (verd. A.). — *3.5.3'.5'-Tetramethyl-4.4'-diphenochinon*, aus Eisessig, F. 210—215° (Zers.), u. *4.4'-Dioxy-3.5.3'.5'-tetramethyldiphenyl*, F. 221° (verd. Essigsäure), aus **II**. — *2.2'-Diacetoxy-3.5.3'.5'-tetramethyldiphenyl*, F. 105°, aus **III**. — Diphenol [*2.4'-Dioxy-3.5.3'.5'-tetramethyldibenzyl?*], F. 156°; *Diacetat*, F. 132°, aus **IV**; daneben *4.4'-Dioxy-3.5.3'.5'-tetramethyldibenzyl*, F. 168°, *Diacetat*, F. 148°. — *4.4'-Dioxy-3.5.3'.5'-tetra-tert.-butyldibenzyl*, $C_{30}H_{46}O_2$, gelbe Nadeln aus Eisessig, F. 169 bis 170°, aus **V**. — *4.4'-Dioxy-3.3'-di-tert.-butyl-5.5'-dimethyldibenzyl*, $C_{24}H_{34}O_2$, aus verd. A. blaßgelbe Platten, F. 130°, aus **VI**. — Oxydation von 5 g **VII** in Bzl. mit frischem Ag_2O lieferte *3.5.6'.8'-Tetra-tert.-butyl-3'.4'-dihydrobenzopyran-2'-spirocyclohexadien-(3.5)-on-(2)*, $C_{30}H_{44}O_2$, blaßgelbe Nadeln aus verd. Essigsäure, F. 151—152°, Red. mit Zn-Staub in sd. Eisessig ergab *2.2'-Dioxy-3.5.3'.5'-tetra-tert.-butyldibenzyl*, $C_{30}H_{46}O_2$, Nadeln aus verd. Essigsäure, F. 180°, das auch aus 2.2'-Dioxystilben u. tert.-Butylchlorid mit $AlCl_3$ in CS_2 entstand. Die Infrarotspektren der beiden letzten Verbb. bestätigen die angegebene Struktur. (J. chem. Soc. [London] **1954**. 243—46. Jan. Oxford, Dyson Perrins Labor.) PREISS. D 225

Myron L. Bender, *Zwischenprodukte bei den Reaktionen von Derivaten der Carbonsäuren.* 2. Mitt. *Infrarotabsorptionsspektren als Beweis für die Bildung von Additionsverbindungen von Carbonsäurederivaten.* (1. vgl. C. **1953**. 6651.) Vf. bestimmt die Infrarotabsorptionsspektren bei folgenden Estern, Amiden u. Säuren: $CF_3COOC_2H_5$, (Kp.) 60,3 bis 60,6°; (n_D^{20}) 1,3072; (ν[C=O][cm^{-1}] Di-n-butylätherlsg.) 1790. — *$CF_2HCOO \cdot C_2H_5$*, 98—98,5°; 1,3470, 1780. — *$CFH_2COOC_2H_5$*, 114°; 1,3747; 1749 u. 1767. — *$CH_3COOC_2H_5$*, 77°; 1,3718; 1749. — *$C_2F_5COOC_2H_5$*, 76—77°; 1,3006; 1784. — *$C_3F_7COO \cdot CH_3$*, 78,8—79,5°; 1,2928; 1787. — *$C_3F_7COOC_2H_5$*, 96—96,5°; 1,3027; 1786. — *$C_3H_7COO \cdot CH(CH_3)_2$*; 105,5—106,5; 1,3105; 1777. — *$(COOC_2H_5)_2$*, 186°; 1,4101; 1747 u. 1771. — *$CCl_3COOC_2H_5$*, 168°; 1,4509; 1770. — *CF_3CONH_2*, F. 73—74°; —; 1750. — *CF_3COOH*, 70,3—70,4°, hygroskop., 1783. — *C_2F_5COOH*, 95°, hygroskop., 1773. — *C_3F_7COOH*, 119,5—120°, hygroskop., 1773. — *CH_3COOH*, F. 15,5°, 1,3726; 1720 u. 1753. Die Addition an die Carbonylgruppe dieser Verbb. wurde durch Beobachtung der intensiven Absorptionsbanden im Bereich von 1600—1800 cm^{-1}, die der C=O-Doppelbindung zugeordnet sind, entdeckt. An die C=O-Gruppe von Trifluoressigsäureäthylester (I) addieren sich in Di-n-butyläther als Lösungsm. Na-Methylat, -Äthylat u. in etwas geringerem Umfange die entsprechenden Li-Verbindungen. Keine Addition wurde bei W., A., Methanol, Propylamin, NaCl, NaCN u. $NaHSO_3$ meist unter Verwendung von Ae. als Lösungsm. beobachtet. Verwendet man Methanol als Lösungsm., so werden $LiOCH_3$ u. $NaOCH_3$ nicht addiert. Die Addition von $NaOCH_3$ an I ist reversibel. Die Wrkg. successiver Substitution durch Fluor verschiebt bei den Essigsäureäthylestern die Lage des Gleichgewichtes in Richtung zur Additionsverb., mit zunehmender Kettenlänge der Ester wird das Ausmaß der Addition geringer. Na-Alkylat wird auch an Oxalsäureäthylester u. teilweise an Trifluoracetamid addiert. Ein unzweideutiger Beweis für die Bldg. von Orthosäuren mit Perfluorsäuren konnte nicht erhalten werden. Aus den Versuchsergebnissen folgt, daß der langsamste Schritt bei der bas. Esterhydrolyse wahrscheinlich die Addition von OH^--Ionen an das Carbonyl-C-Atom ist, wobei z. B. Verbb. der Form $CF_3C(OH)(OC_2H_5)O^-$ entstehen. (J. Amer. chem. Soc. **75.** 5986—90. 5/12. 1953. Chicago, Ill., Univ., Dep. of Chem., u. Illinois Inst. of Technol.)

R. Mattner. D 225

D. Buess-Thiernagand und **P. J. C. Fierens,** *Mechanismus der Esteralkoholyse. Anwendung der Theorie von Ivanoff und Magat vom Einfluß des sterischen Effektes auf den Frequenzfaktor auf die Reaktion der Alkoholyse.* Die Ergebnisse, die Harfenist u. Baltzly (C. **1948.** 1189) bei der kinet. Unters. der sauren Alkoholyse aliphat. Ester (β-Naphtholderivv.) erhielten, werden mit den theoret. Ergebnissen von Ivanoff u. Magat (J. Chim. physique Physico-Chim. biol. **47.** [1950.] 914) bzgl. des Einfl. des ster. Effektes auf den Frequenzfaktor (PZ) verglichen. Für die von Harfenist u. Baltzly untersuchten Serien der Rkk. $RCOOR_1 + R_2OH \rightarrow RCOOR_2 + R_1OH$ (bei 25°), bei denen R gegen R' bzw. R_2 gegen R_2' ausgetauscht wurden, werden die Werte für $\varrho = (PZ)'/PZ$ für je 2 aufeinanderfolgende Rkk., bei denen R von CH_3 zu C_2H_5, C_3H_7 u. C_5H_{11} übergeht u. $R_2 = CH_3$, C_2H_5 u. C_3H_7 u. Isopropyl sein kann, berechnet (R_1 ist immer der β-Naphtholrest). Die experimentellen ϱ-Werte sind den theoret. gegenübergestellt. Bei Kettenverlängerung an R zeigt sich Übereinstimmung mit der Theorie von Ivanoff u. Magat, doch verschlechtert sie sich mit zunehmender Kettenlänge oder Verzweigung des als Lösungsm. dienenden Alkohols R_2OH. Bei Substitution in α-Stellung (R = C_2H_5 bzw. Isopropyl) differieren die theoret. mit den experimentellen ϱ-Werten. Hier bewirken die CH_3-Gruppen des Isopropyls, daß bei der Rk. beim Übergang vom Anfangs- in den Übergangszustand die Anzahl der möglichen Konfigurationen des Mol. stark vermindert wird, wodurch der Entropiefaktor u. damit auch ϱ verkleinert werden. — Um den Einfl. des Lösungsm. zu untersuchen, wurden zusätzlich aus der Literatur eine Anzahl von Veresterungs-Rkk. (bei 25°) zusammengestellt u. aus den Geschwindigkeitskonstanten (k) in CH_3OH bzw. A. die Werte für $\varrho = k_{C_2H_5}/k_{CH_3}$ berechnet (R_1 = H; R = CH_3, C_2H_5, C_3H_7, C_4H_9, C_6H_{13}, tert.-Butyl, Benzyl u. β-Phenyläthyl). Für die Veresterung wie für die Alkoholyse vermindert sich ϱ in dem Maße, wie sich die Kette der Säure verlängert oder verzweigt. Für beide Reaktionsarten ergibt sich (beim Übergang von CH_3OH zu A.) ein Mittelwert von $\varrho = 0,20 \pm 0,06$; mit geradkettigem R für die Alkoholyse $\varrho = 0,25$ u. für die Veresterung $\varrho = 0,18$. Hier vermindert die Ggw. des β-Naphtholkerns den ϱ-Wert nicht. Dagegen ist beim Übergang von $R_2 = C_2H_5$ zu Isopropyl der ϱ-Wert bei der Veresterung 10 mal größer als bei der Alkoholyse. — Harfenist u. Baltzly hatten ihre Ergebnisse mit Hyperkonjugation erklärt, Vff. meinen aber, daß die Theorie des ster. Effektes hier eher anwendbar sei, da es unwahrscheinlich scheint, daß die Hyperkonjugation eher den Frequenzfaktor als die Aktivierungsenergie beeinflußt. Da die Theorie von Ivanoff u. Magat auf bimol. Rkk. beruht, kann auf Grund der Übereinstimmung mit den experimentellen Ergebnissen geschlossen werden, daß die Alkoholyse der untersuchten Ester bimol. ist (vgl. Buess-Thiernagand u. Fierens, C. **1953.** 8556). (Ind. chim. belge **18.** 9—14. Jan. 1953. Bruxelles, Univ. Libre, Fac. des Sci.)

Cleve. D 225

Kenneth H. Vogel und **J. C. Warner,** *Die Hydrolyse einiger Alkyllactate.* 1. Mitt. *Alkalische Hydrolyse.* Die Geschwindigkeitskonstanten 2. Ordnung der alkal. Verseifung einiger normal- u. verzweigtkettiger Alkyllactate bei 0, 10, 15 u. 30° wurden bestimmt u. Aktivierungsenergien u. Häufigkeitsfaktoren errechnet. In den Zahlenwerten wurde allg. Übereinstimmung mit früheren Angaben anderer Autoren festgestellt. Die neutrale Hydrolyse kann gegenüber der alkal. vernachlässigt werden, wie in besonderen Verss. gezeigt wurde. Die Resultate sind in Übereinstimmung mit dem von INGOLD als B'2 bezeichneten Mechanismus, bei dem der geschwindigkeitsbestimmende Schritt der Angriff eines Hydroxylions auf die Estergruppe ist, gefolgt von der Abspaltung eines Alkoxylions u. schnelle Stabilisierung durch Übertragung eines Protons von der gebildeten Säure auf das Alkoholatanion. Die Aktivierungsenergien betragen bei den 10 untersuchten Estern, *Methyl-*, *Äthyl-*, *n-Propyl-*, *Isopropyl-*, *n-Butyl-*, *Isobutyl-*, *sek.-Butyl-* (**I**), *tert.-Butyl-* (**II**), *2-Methoxyäthyl-* u. *2-Chloräthyllactat* ziemlich konstant ca. 10,5 kcal/Mol, ausgenommen **I** (8,7) u. **II** (12,1). Die Substitution des β-Wasserstoffs im Äthyllactat durch CH_3, OCH_3 oder Cl hat keinen wesentlichen Einfl. auf die Aktivierungsenergie, bewirkt jedoch eine starke Erhöhung des Häufigkeitsfaktors. (J. Amer. chem. Soc. **75.** 6072—74. 5/12. 1953. Pittsburgh, Pa., Carnegie Inst. of Technol., Dep. of Chem.) LOHAUS. D 225

A. Alberto Colon, Kenneth H. Vogel und **J. C. Warner,** *Die Hydrolyse einiger Alkyllactate.* 2. Mitt. „*Neutrale" und saure Hydrolyse.* (1. vgl. vorst. Ref.) Die Geschwindigkeitskonstanten 2. Ordnung bei 30, 40 u. 50°, Aktivierungsenergien u. Häufigkeitsfaktoren der sauren Hydrolyse der im vorst. Ref. angegebenen Ester mit Ausnahme des Isopropyllactates, u. der neutralen Hydrolyse der 4 normalkettigen Lactate bei 40 u. 60° werden angegeben. Die Resultate sind im Einklang mit dem reversiblen A'2-Mechanismus von DAY u. INGOLD, bei dem die Rk. mit der Addition eines Protons an das Alkylsauerstoffatom des Esters beginnt, gefolgt von der geschwindigkeitsbestimmenden nucleophilen Substitution von ROH durch H_2O u. beendet durch schnelle Abgabe eines Protons. Lediglich für die Hydrolyse des *tert.-Butyllactates*, deren Aktivierungsenergie ca. 9 kcal u. deren Häufigkeitsfaktor ca. 10^7 mal größer ist als bei den übrigen Estern, wird der von COHEN u. SCHNEIDER (J. Amer. chem. Soc. **63.** [1941.] 3382) vorgeschlagene Mechanismus, der über die Eliminierung eines tert.-Butylcarbeniumions verläuft, als gültig angesehen. Der Einfl. von Kettenverzweigungen auf die Reaktionsgeschwindigkeit wird diskutiert. Für die „neutrale" Hydrolyse wird angenommen, daß sie tatsächlich überwiegend saure Hydrolyse durch die während der Rk. gebildeten H-Ionen darstellt, die jedoch noch durch einen anderen Reaktionstyp überlagert wird. Ein sprunghaftes Ansteigen der Geschwindigkeitskonstanten bei *n-Butyllactat,* hervorgerufen durch Vergrößerung des Häufigkeitsfaktors bei konstanter Aktivierungsenergie, kann weder durch den n. Mechanismus der sauren noch der alkal. Hydrolyse erklärt werden. (J. Amer. chem. Soc. **75.** 6074—75. 5/12. 1953.) LOHAUS. D 225

A. Alberto Colon, Kenneth H. Vogel, Robert B. Carlin und **J. C. Warner,** *Die Hydrolyse einiger Alkyllactate.* 3. Mitt. *Äthyl-O-acetyllactat und O-Acetylmilchsäure.* (2. vgl. vorst. Ref.) Geschwindigkeitskonstanten 2. Ordnung u. Aktivierungsenergien der alkal., sauren u. „neutralen" Hydrolyse von *Äthyl-O-acetyllactat* (**I**) u. *O-Acetylmilchsäure* (**II**) wurden ermittelt u. der Reaktionsverlauf diskutiert. Bei der alkal. Verseifung sind die Geschwindigkeiten der beiden Stufen so stark verschieden, daß sie bequem getrennt gemessen werden können. Die zweite Stufe zeigt starke Abhängigkeit von der Gesamtionenkonz., während Variation der DK. durch Zusatz verschied. Mengen Dioxan nur geringen Einfl. hat. Von den zwei Möglichkeiten der Reaktionsfolge bei der alkal. Hydrolyse von **I**, $I \rightarrow CH_3CH(OCOCH_3)COO^- \rightarrow CH_3 \cdot CH(OH) \cdot COO^-$ (A) u. $I \rightarrow CH_3 \cdot CH(OH) \cdot COOC_2H_5 \rightarrow CH_3 \cdot CH(OH) \cdot COO^-$ (B), wird (A) durch Vgl. der kinet. Daten mit denen der Verseifung des O-Acetyllactations, des sek.-Butylacetates u. des Äthyllactates, den starken positiven Salzeffekt der Rk. u. die qualitative Abhängigkeit von der DK. wahrscheinlich gemacht. Bei der sauren Hydrolyse haben die Stufen **I** → **II** (a), **I** → $CH_3CH(OH)COOC_2H_5$ (b) u. **II** → $CH_3CH(OH)COOH$ (c) etwa gleiche Geschwindigkeitskonstanten 2. Ordnung u. Aktivierungsenergien, während $CH_3CH(OH)COOC_2H_5 \rightarrow CH_3CH(OH) \cdot COOH$ (d) etwa 5 mal so schnell mit um 3 kcal kleinere Aktivierungsenergie abläuft. Es läßt sich demnach unter diesen Bedingungen keine Reaktionsfolge angeben, sondern alle Stufen laufen nebeneinander ab. Die „neutrale" Hydrolyse wurde nur kurz untersucht, es gilt dafür im Prinzip das im vorst. Ref. über die n-Alkyllactate Gesagte. — **I**, $Kp._{745,3}$ 175—177°, n_D^{20} 1,4051; **II**, $Kp._{1,5}$ 101°, n_D^{20} 1,4222. (J. Amer. chem. Soc. **75.** 6075—79. 5/12. 1953.) LOHAUS. D 225

Lennart Larsson, *Die Hydrolyse von Dimethylamidoäthoxyphosphorylcyanid* (*Tabun*). Die Hydrolysegeschwindigkeit der Dimethylamino- u. Cyan-Gruppe von *Di-*

methylamidoäthoxyphosphorylcyanid [*Tabun*] (I), wurde bei p_H 3,0, 4,0 u. 5,0 u. 25° bestimmt. Die Abspaltung der ersten Gruppe wird anscheinend durch Hydroxoniumionen, die der letzteren durch Hydroxylionen katalysiert. Die I-Hydrolyse verläuft in 2 parallelen 2 stufigen Rkk., deren Geschwindigkeitskonstanten bei p_H 5 zu 0,01 [h^{-1}] u. 0,021 (der Aminogruppe) bzw. 0,38 u. 0,043 (prim. Abspaltung von CN) bestimmt wurden, u. deren Mechanismus diskutiert wird. Bei der sauren Katalyse erfolgt in schneller Rk. Addition eines Protons an den Amino-N, wodurch der positive elektromere Effekt aufgehoben u. die Hydratation des P-Atom erleichtert wird. Die sich langsam bildende hydratisierte Zwischenstufe zerfällt spontan unter Abspaltung der $(CH_3)_2N$- oder CN-Gruppe. Die geschwindigkeitsbestimmende Teil-Rk. der basenkatalysierten Hydrolyse besteht wahrscheinlich in einer nucleophilen Einw. des OH^--Ions auf das P-Atom, an die sich die Abspaltung des CN^--Ions aus dem intermediär gebildeten Ion anschließt. Die Toxizitätsabnahme während der Hydrolyse geht der Abnahme der Anticholinesteraseaktivität parallel. (Acta chem. scand. **7.** 306—14. 1953. Stockholm, Res. Inst. of Nat. Defence, Dep. 1, Div. of Organ. Chem., u. Univ., Inst. of Organ. Chem. and Biochem.) K. MAIER. D 225

E. F. P. Harris und **W. A. Waters,** *Thiolkatalyse beim homolytischen Abbau der Aldehyde.* Vf. untersuchte den Abbau von aliphat. Aldehyden in fl. Phase bei 90—120° unter Verwendung von $(CH_3)_2\dot{C}—CO_2(CH_3)$ aus Azoisobuttersäuremethylester (I) als Katalysator. Es wurde festgestellt, daß hierbei jeweils nur 5—10% der Gesamtmenge abgebaut wurden. Bei Zugabe von 0,5 Mol-% *Benzylmercaptan* zu der Mischung von aliphat. Aldehyden + I ergab sich jedoch ein Abbau von 80—90%. — Gemessen wurde der Abbau durch die Menge entwickeltes CO. (Nature [London] **170.** 212—13. 2/8. 1952. Oxford, Dyson Perrins Labor.) GRAF. D 225

Richard B. Bernstein, *Anreicherung von Isotopen durch Unterschiede in den Geschwindigkeiten von irreversiblen Isotopenreaktionen.* Vf. zeigt, daß durch therm. Zers. von organ. Stoffen eine Trennung der C-Isotopen ^{13}C u. ^{12}C erreicht werden kann. Hierzu standen zwei experimentelle Verff. zur Verfügung: 1. Die sogenannte „Strömungsmeth.", hierbei befindet sich die zu zersetzende Substanz gelöst in einer Umlaufapp., u. 2. die stat. Meth., wobei sich das zu zersetzende Prod. in einem geschlossenen Kolben (ohne Lösungsm.) befindet. Da die Spaltungsenergie für die Trennung einer $^{12}C—^{13}C$-Bindung etwas größer als für die einer $^{12}C—^{12}C$-Bindung ist (Verhältnis 0,021) enthält der unzers. Anteil stets mehr ^{13}C u. die Zersetzungsprod. entsprechend mehr ^{12}C. Der Grad der Anreicherung läßt sich ausdrücken durch $S = (k/k^*)^N$, wobei k/k^* das Verhältnis der Reaktionsgeschwindigkeitskonstanten der mit Isotopen markierten Moll. zu den nichtmarkierten bedeutet, während N die Gesamtzahl der Reaktionsstufen $N = -\ln(1 - f)$ darstellt; unter f wird der in Rk. getretene Anteil der Substanz verstanden. Die „Strömungsmeth." wurde an der therm. Zers. von *Ni-Tetracarbonyl* untersucht u. ein S-Wert von 0,0345 erhalten. Die stat. Meth. ergab am Beispiel der therm. Zers. von *Malonsäure* eine Anreicherung von ca. 8% an ^{13}C im unzers. Anteil. — Diskussion. (J. physic. Chem. **56.** 893—96. Okt. 1952. Chicago, Ill., Inst. of Technol., Dep. of Chem.) ZIMMER. D 225

Arthur Fry und **Melvin Calvin,** *Der Isotopeneffekt bei der Zersetzung von Oxalsäure.* Es wurde der ^{13}C- u. ^{14}C-Isotopeneffekt bei der therm. Zers. von *Oxalsäure* (I) gleichzeitig bei 2 verschied. Tempp., 103,0° (Dioxanbad) u. 80,1 (CCl_4-Bad), bestimmt. Es zeigte sich, daß in beiden Fällen der ^{14}C-Isotopeneffekt annähernd doppelt so groß ist, wie der ^{13}C-Effekt. Beide sind in guter Übereinstimmung mit theoret. Berechnungen, die auf einen monomol. Reaktionsmechanismus der I nach $I \xrightarrow[k_1]{} CO_2 + CO + H_2O$ u. im Falle der isotopenmarkierten I $HOOC—{}^*COOH \xrightarrow[k_2]{} {}^*CO_2 + CO + H_2O$ u. $HOOC—{}^*COOH \xrightarrow[k_3]{} CO_2 + {}^*CO + H_2O$ beruhen. Die Zers. von I wurde in 99,4%ig. H_2SO_4 (App. vgl. Original) durchgeführt. Die zu den Verss. benötigte 1.2-^{14}C-I wurde aus $^{14}CO_2$ u. metall. K bei 360° synthetisiert, die Ausbeuten betragen dabei 45—55%. — Diskussion. (J. physic. Chem. **56.** 897—901. Okt. 1952. Berkeley, Calif., Univ., Radiat. Labor. u. Dep. of Chem.) ZIMMER. D 225

Arthur Fry und **Melvin Calvin,** *Der ^{14}C-Isotopeneffekt bei der Decarboxylierung von α-Naphthyl- und Phenylmalonsäure.* Der Isotopeneffekt bei der Decarboxylierung von *$^{14}C_{(1)}$-α-Naphthylmalonsäure* (I) u. *$^{14}C_{(1)}$-Phenylmalonsäure* (II) wurde in Lsg. u. im festen Zustand (72,8 bzw. 87,5°) gemessen. I u. II zers. sich in monomol. Rk. so, daß die Carboxylgruppe, die das ^{12}C-Atom enthält, ca. 10 mal so oft wie die, die das ^{14}C-Atom enthält, als CO_2 abgespalten wird. Der gemessene Isotopeneffekt bei der Zers. von I u. II läßt sich theoret. noch nicht einwandfrei deuten, auch nicht bei Verwendung einer von BIGELEISEN (C. **1950.** I. 169) gegebenen Gleichung.

Versuche: $^{14}C_{(1)}$-*Diäthyl-α-naphthylmalonat* (III), nach BLICKE u. FELDKAMP (C. **1945**. II. 643) durch Kondensation von $^{14}C_{(1,2)}$-Diäthyloxalat (**IV**) mit Äthyl-α-naphthylacetat; **IV** wurde durch Verestern von $^{14}C_{(1,2)}$-Oxalsäure- (vgl. vorst. Ref.) erhalten. — $^{14}C_{(1)}$-*α-Naphthylmalonsäure* (I), Prismen, F. 162—165° (Zers.), durch Umesterung von **III** mit Eisessig in Ggw. von konz. HCl nach 1½ monatigem Stehen bei Zimmertemp.; 69,4%. — $^{14}C_{(1)}$-*Phenylmalonsäure* (**II**), F. 162—164° (Zers.), analog I. (J. physic. Chem. **56**. 901—05. Okt. 1952. Berkeley, Calif., Univ., Radiat. Labor. u. Dep. of Chem.) ZIMMER. D 225

W. E. Rice und **J. E. Willard,** *Einfluß der Dichte im Gebiet der kritischen Temperatur auf die chemischen Produkte des* $^{79}Br(n,\gamma)^{80}Br$*-Prozesses bei Bromtrifluormethan.* Bei dem Neutronenbeschuß von CF_3Br (Kp. —58°, F. —166°, krit. Temp. 67,5°, krit. Druck 32,5 at, D.$^{-183}$ 2,68, D.$^{-166}$ 2,27) in Ggw. von 0,1 oder 1 Mol-% Br_2 bei Tempp. zwischen 30 u. 71° steigt die CF_3Br^*-Ausbeute linear mit der D. des Mediums an u. zeigt auch bei der krit. Temp. keine Unregelmäßigkeiten. Bei einer D. von 0,0068 g/cm³ beträgt sie nur ca. 1%, bei einer D. von 1,398 g/cm³ 13,3%. In Abwesenheit von Br_2 sind die Ausbeuten wesentlich höher, weisen aber starke Streuungen auf. Mit festem CF_3Br bei —183° beträgt die organ. Ausbeute 64,1%. — Die geringe Ausbeute bei niedriger D. in Ggw. von Br_2 deutet darauf hin, daß die Wahrscheinlichkeit für die bimol. Rk. $CF_3Br + Br^* \rightarrow CF_3Br^* + Br$ sehr gering ist. Aus dem Ansteigen der Ausbeute mit zunehmender D. kann einmal gefolgert werden, daß diese Austausch-Rk. durch die Ggw. anderer Moll. begünstigt wird. Wahrscheinlicher ist die Annahme, daß mit steigender D. ein größerer Anteil der Energie des Rückstoßatoms zur Radikalbldg. verwendet wird, weil in der kondensierten Phase jedes getroffene Mol. durch einen Wall anderer Moll. in seiner Bahn gehalten wird. Unter diesen Umständen wird beim Auftreffen eines akt. Br-Atoms auf ein CF_3-Radikal ein Austausch erfolgen. — Therm. u. photochem. Umsetzungen finden zwischen CF_3Br u. Br_2 nicht statt. — Das Mol-Vol. des CF_3Br wurde bei verschied. Tempp. zwischen 34,9 u. —74,9° bestimmt. (J. Amer. chem. Soc. **75**. 6156—59. 20/12. 1953. Madison, Wis., Univ., Dep. of Chem.) FORCHE. D 226

J. P. Wibaut und **A. Strang,** *Autoxydation gesättigter Kohlenwasserstoffe in flüssiger Phase.* 3. Mitt. (2. vgl. C. **1953**. 9441.) Vff. vergleichen die Untersuchungsmeth. u. die Ergebnisse von BENTON u. WIRTH (Nature [London] **171**. [1953.] 269) mit ihren eigenen bisher veröffentlichten Ergebnissen. Sie finden trotz der verschied. Untersuchungsmethoden die gleichen Resultate. Bei der Oxydation der *n-Alkane,* die vermutlich nach dem gleichen Mechanismus autoxydiert werden wie die verzweigten Alkane, können danach alle CH_2-Gruppen gleichmäßig mit O_2 in Rk. treten u. Hydroperoxyde bilden, während die CH_3-Gruppen nur geringe Neigung dazu zeigen. (Proc., Kon. nederl. Akad. Wetensch., Ser. B **56**. 340—42. Sept./Okt. 1953. Amsterdam, Univ., Labor. for Organic. Chem.) L. FISCHER. D 227

N. I. Schuikin und **I. I. Lewitzki,** *Über die theoretischen und Versuchsausbeuten an Styrol bei der katalytischen Dehydrierung von Äthylbenzol.* (Vgl. C. **1953**. 8564.) Auf Grund von in der Literatur vorhandenen thermochem. Daten wurde die Gleichgewichtskonstante der Dehydrierung von Äthylbenzol (I) zu *Styrol* (II) bei verschied. Tempp. berechnet. Die theoret. Ausbeute an II steigt danach von 5,7% bei 427° bis 52,4% bei 627°. In Ggw. des Mischkatalysators $Cr_2O_3-MoO_2-Al_2O_3$ ergaben die Verss., daß die Ausbeuten von 3,7% bei 424° bis 30,8% bei 627° steigen. Der Unterschied zwischen theoret. u. experimentellen Werten beträgt 1,9 bzw. 21,6%. Der ebenfalls geprüfte Katalysator $V_2O_5-Al_2O_3$ ist bis 525° wenig akt.; bei 525—575° liefert er aber Ausbeuten, die sich von den mit dem erstgenannten Katalysator erhaltenen wenig unterscheiden. Die experimentellen Ergebnisse sind mit den von WENNER u. DYBDAL (Chem. Engng. Progr. **44**. [1948.] 275) gewonnenen in guter Übereinstimmung. Die Abweichung der theoret. berechneten von den experimentellen Werten ist aber nicht, wie dort, durch Nichterreichen des Gleichgewichts zu erklären. Vielmehr ist auf Grund vorliegender u. früherer Unterss. anzunehmen, daß dieses in jedem Fall erreicht wurde; nur stören Neben-Rkk., wie Polymerisation von II u. Entalkylierung von I, die die Ausbeute vermindern. (Известия Академии Наук СССР, Отделение Химических Наук [Nachr. Akad. Wiss. UdSSR, Abt. chem. Wiss.] **1953**. 403—08. Mai/Juni. Inst. für organ. Chem. der Akad. der Wiss. der UdSSR.) R. KNOBLOCH. D 227

I. I. Lewitzki und **N. I. Schuikin,** *Über den spezifischen Charakter der Wirkung von Wasserdampf bei der katalytischen Dehydrierung vvn Äthylbenzol.* (Vgl. vorst. Ref.) Ein Zusatz von Wasserdampf bei der Dehydrierung von Äthylbenzol (I) zu *Styrol* (II) bewirkt am $Al_2O_3-V_2O_5$-Katalysator (90% Al_2O_3) eine mit der Zusatzmenge zunehmende Verschlechterung der **II**-Ausbeute, während er beim $Al_2O_3-Cr_2O_3-MoO_2$-Katalysator (90% Al_2O_3) die **II**-Konz. im Prod. wenig beeinflußt. Die Ausbeuteverminderung hängt nicht mit einer Verschiebung des Gleichgewichts $I \rightleftarrows II + H_2$ nach links (etwa durch den nach $2\,H_2O + C = CO_2 + 2\,H_2$ entstehenden H_2) zusammen, sondern ist rein kinet. bedingt; auch bei anderen Rkk. mit diesen Katalysatoren sind schon Vergiftungen durch Wasserdampf beobachtet worden. Man muß daher von den Katalysatoren für die Dehydrierung des I nicht nur hohe Selektivität, Aktivität u. Befähigung zur Einleitung der Rk. von W. mit dem entstehenden „Koks" verlangen, sondern auch geringes Adsorptionsvermögen für Wasserdampf. (Доклады Академии Наук СССР [Ber. Akad. Wiss. UdSSR] [N. S.] **92.** 971—74. 11/10. 1953.) R. K. MÜLLER. D 227

G. Baddeley, *Chlorwasserstoff–Aluminiumchlorid als Agens der Isomerisation.* Vf. untersucht die katalyt. Wrkg. von HCl auf die SCHOLL-Rk. u. die intramol. Umlagerung von Alkylgruppen in Phenolhomologen, aromat. Ketonen u. aromat. Oxyketonen durch $AlCl_3$. Vf. zeigt, daß Durchleiten von trockenem O_2 oder N_2 unterhalb der Reaktionstemp. (85°) die bei der Herst. eines homogenen Reaktionsgemisches aus den Komponenten entstehende HCl austreibt. Die bei höherer Temp. (120—125°) sonst üblichen Umlagerungen bleiben dann aus u. setzen erst wieder ein, wenn HCl eingeleitet wird. Zufügen von NaCl (Bldg. von $NaAlCl_4$) ersetzt die HCl nicht. Ausbleibt die Isomerisation z. B. in folgenden Fällen: 1-Benzoylnaphthalin zu *Benzanthron,* 4-Methyl-1.2'-dinaphthylketon zu *4-Methyl-9'.10'-benzmesobenzanthron,* p-Kresol zu einem Gemisch (2:3) von *p-* u. *m-Kresol,* 6-Oxy-2.4-dimethylpropiophenon zu *6-Oxy-3.4-dimethylpropiophenon.* Die Umlagerung von 2.4-Dimethylacetophenon verläuft unter Zersetzungserscheinungen, so daß völliger Ausschluß von HCl nicht erreicht wurde; doch konnte gezeigt werden, daß die Geschwindigkeit der Umlagerung bei Entfernung der HCl stark verlangsamt wurde. Vf. nimmt folgenden Reaktionsverlauf an:

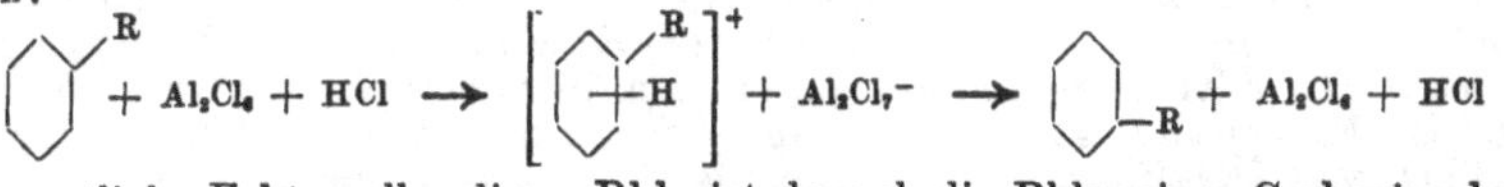

Der wesentliche Faktor aller dieser Rkk. ist danach die Bldg. eines Carbeniumkations mit anschließender WAGNER-MEERWEIN-Umlagerung. (J. chem. Soc. [London] **1950.** 994—97. März, Manchester, Coll. of Technol.) GRALHEER. D 227

G. Baddeley, G. Holt und **D. Voss,** *Die Isomerisation von p-Xylol.* Die von einem der Vff. gemachte Beobachtung (vgl. vorst. Ref.), daß Umlagerungen von aromat. KW-stoffderivv. durch Al-Halogenid nur bei Ggw. von Halogenwasserstoff vonstatten gehen, steht im Widerspruch zu der von NORRIS u. VAALA (J. Amer. chem. Soc. **61.** [1939.] 2131) vertretenen Auffassung, daß die Isomerisation von *Xylol* (I) durch $AlCl_3$ nicht durch die Ggw. von HCl beeinflußt wird. Vff. untersuchen daher erneut die Umlagerung von **I** u. die anderer aromat. KW-stoffen durch $AlBr_3$ (**II**). Sie zeigen, daß Lsgg. von **II** in m- oder p-**I** HBr bis zu einem Verhältnis von **II**: HBr = 1:1 absorbieren, wobei tern. Komplexe der Zus. $[C_6H_4(CH_3)_2]x\,[HBrAlBr_3]y$ entstehen. **I** wird durch **II** allein innerhalb eines Tages bei 17° nicht verändert, wohl aber nach Einleiten von HBr. Die Zus. des entstandenen KW-stoffisomerengemisches (bei verschied. HBr-Geh.) zeigt, daß die Geschwindigkeit der Isomerisation mit steigenden Konzz. an HBr zunimmt. Gefunden wurden an *o-*, *m-*, *p-*I u. *Toluol* bei einem Molverhältnis (V) **II**: **III** = 1:0,33 0,8; 38; 61; $<$1,0%; bei V = 1:0,52 1,6; 53; 45; $<$1,0%. Da Disproportionierung nicht auftritt, nehmen Vff. ebenfalls das intermediäre Auftreten von Carbeniumkationen (vgl. vorst. Ref.) an, die dann eine WAGNER-MEERWEIN-Umlagerung erleiden. m-I bildet mit **II** u. HBr rasch einen krist. Komplex. der Zus. $(m\text{-}C_8H_{10})_3\,(HBrAlBr_3)_2$ (F. 52—54°), der sich auch aus p-I bildet, wenn man das homogene Gemisch der 3 Komponenten 4 Tage bei 17° beläßt, wobei sich 3 Phasen (KW-stoff–dunkles Öl–Kristalle) bilden. Die Zus. des öligen Komplexes entspricht einer Formel $[C_6H_4(CH_3)_2]_3\,[AlBr_3HBr]$. Die Komplexe sind nur in einer Atmosphäre von HBr stabil u. verlieren einen Teil dieser Komponente beim Durchleiten von trockenem N_2. *Naphthalin, Tetralin, Äthyl-* u. *Propylbenzol* reagieren mit **II** bei Zimmertemp. kaum. In jedem Fall tritt Rk. ein, wenn HBr eingeleitet wird. (J. chem. Soc. [London] **1952.** 100—05. Jan.) GRALHEER. D 227

D_2. Präparative organische Chemie. Naturstoffe.

Z. M. Bacq, J. Baddiley, L. Eldjarn, F. Lipmann und **F. Lynen,** *Nomenklatur der durch Decarboxylierung von Cystein und Cystin entstehenden Amine.* Vorschlag zur einheitlichen Bezeichnung des β-Mercaptoäthylamins als *Cysteamin* u. des β.β'-Diaminodiäthyldisulfids als *Cystamin.* (Science [Washington] **119.** 163—64. 29/1. 1954. Liège, London, Oslo, Boston, München.) SCHICKE. 450

Henry M. Hellman, J. Walter Hellman und **Kurt Mislow,** *Die Chlorierung von 2.3-Dimethylbutadien: Konfiguration des festen Dichlorids.* Vff. stellten *trans-1.4-Dichlor-2.3-dimethylbuten-(2)* (I) aus trans-2.3-Dimethylbuten-(2)-diol-(1.4) mittels PCl_3 dar u. konnten beweisen, daß I u. a. auch als Chlorierungsprod. von 2.3-Dimethylbutadien (II) entsteht. Das I entsprechende cis-Isomere konnte nicht dargestellt werden. — *trans-2.3-Dimethylbuten-(2)-diol-(1.4)*, $C_6H_{12}O_2$, F. 81—82° (A.), durch Hydrolyse des Diacetats; 31% (Ausbeute). *Diphenylurethan,* F. 156—157°. — *trans-1.4-Dichlor-2.3-dimethylbuten-(2)* (I), $C_6H_{10}Cl_2$, a) aus vorst. trans-Diol in wasserfreiem Pyridin mit PCl_3 $<10°$, $Kp._{6,8}$ 65°, F. 30° (Hexan); 33%; b) aus II in CCl_4 durch Zufügen von Cl_2 in CCl_4 unter Rühren bei ca. —20°, Rohprod. fraktioniert dest. u. die Fraktionen vom $Kp._{5-6}$ 55—65° u. $Kp._{5,3}$ 65—72° umkristallisieren; $Kp._{18}$ 80—84°, F. 32 bis 34° (PAe.); 13%; Infrarotspektr. in CCl_4: λ_{max} 3,40, 6,88, 7,25, 7,95, 8,25, 8,59, 9,24, 10,73, 11,44 u. 14,20 µ. (J. Amer. chem. Soc. **76.** 1175. 20/2. 1954. New York, N. Y., Univ., Wm. H. Nichols Chem. Labor.) L. FISCHER. 520

I. L. Knunjanz und **A. W. Fokin,** *Anlagerungsreaktionen von Perfluorolefinen.* (Vgl. C. **1955.** 3003.) Bei der Anlagerung von Methyl- (I), Äthyl- (II) u. Isopropylmercaptan (III) u. Thiophenol (IV) an Tetrafluoräthylen (V), Perfluorchlorvinyl (1.1.2-Trifluor-2-chloräthylen; VI) u. symm.-Difluordichloräthylen (1.2-Difluor-1.2-dichloräthylen; VII) werden *fluorhaltige Sulfide* erhalten. Perfluorolefine besitzen infolge geringer Elektronendichte in der π-Bindung elektrophilen Charakter u. lagern Verbb. mit nucleophilen Eigg., bes. Mercaptane, an. Von den untersuchten Fluorolefinen ist VI am reaktionsfähigsten. Die Rk. erfolgt bei mehrstd. Erhitzen im Autoklaven auf 115 bis 130° in Ggw. von 3—5% KOH oder NaOH, auf die Fluorolefinmenge bezogen. Die mit I, II u. III erhaltenen Sulfide sind bewegliche Fll. mit unangenehmem Geruch; [*1.1.2-Trifluor-2-chloräthyl*]-*phenylsulfid* (aus VI u. IV) riecht dagegen angenehm. Aus einigen Sulfiden wird durch Erhitzen mit festem KOH auf 110—130° HF abgespalten; z. B. liefert [1.1.2-Trifluor-2-chloräthyl]-äthylsulfid (VIII) [*1.2-Difluor-2-chlorvinyl*]-*äthylsulfid.* Mercaptide werden bei Einw. von 1.2-Dibrom-1.1.2.2-tetrafluoräthan unter Bldg. von *Disulfiden* oxydiert; aus der Dibromverb. entsteht hierbei V.

Versuche: [*1.1.2-Trifluor-2-chloräthyl*]-*alkyl*(*aryl*)*sulfide.* Alkyl = CH_3 (IX); Kp. 104°; aus VI u. I; $D.^{20}_4$ 1,389; n_D^{20} 1,4083; 70% (Ausbeute). Alkyl = C_2H_5 (VIII); $Kp._{736}$ 120°; aus VI u. II; $D.^{17}_4$ 1,331; n_D^{17} 1,4158; 76—83%. Alkyl = *iso*-C_3H_7; Kp. 135°; aus VI u. III; $D.^{20}_4$ 1,275; n_D^{20} 1,4178; 74%. Aryl = C_6H_5; Kp. 208°; aus VI u. IV; $D.^{20}_4$ 1,387; n_D^{20} 1,5030; 89%. — [*1.1.2.2-Tetrafluoräthyl*]-*alkyl*(*aryl*)-*sulfide.* Alkyl = CH_3; Kp. 63°; aus V u. I; $D.^8_4$ 1,322; n_D^8 1,3675; 75%. Alkyl = C_2H_5; Kp. 88°; aus V u. II; $D.^{18}_4$ 1,246; n_D^{18} 1,4735; 60%. Alkyl = *iso*-C_3H_7; Kp. 96°; aus V u. III; $D.^{23}_4$ 1,266; n_D^{20} 1,3910; 67%. Aryl = C_6H_5; $Kp._{12}$ 64°; aus V u. IV; $D.^{20}_4$ 1,3515; n_D^{20} 1,4740; 76%. — [*1.2-Difluor-1.2-dichloräthyl*]-*alkyl*(*aryl*)*sulfide.* Alkyl = CH_3; $Kp._{15}$ 58,5°; aus VII u. I; $D.^{20}_4$ 1,355; n_D^{20} 1,5900; 60%. Alkyl = C_2H_5; Kp. 138°; aus VII u. II; $D.^{20}_4$ 1,425; n_D^{20} 1,4612; 62%. Alkyl = *iso*-C_3H_7; $Kp._{738}$ 159°; aus VII u. III; $D.^{25}_4$ 1,302; n_D^{20} 1,4534; 52%. Aryl = C_6H_5; $Kp._3$ 93°; aus VII u. IV; $D.^{20}_4$ 1,400; n_D^{20} 1,540; 78%. — [*1.2-Difluor-2-chlorvinyl*]-*äthylsulfid,* Kp. 106—107°; beim Erhitzen von 10 g VIII mit 6,5 g KOH auf 120—130°; bewegliche Fl.; $D.^{20}$ 1,282; n_D^{20} 1,4385; 90%. — [*1.2-Difluor-2-chlorvinyl*]-*methylsulfid,* Kp. 88—89°; aus IX mit KOH analog Vorst.; $D.^{20}$ 1,324; n_D^{20} 1,4390; 57%. — [*2-Amyloxy-1.2-difluor-2-chloräthyl*]-*methylsulfid,* $Kp._3$ 73°; aus IX beim Behandeln mit Alkalihydroxyd in Amylalkohol; $D.^{20}$ 1,190; n_D^{20} 1,4640. (Известия Академии Наук СССР, Отделение Химических Наук [Nachr. Akad. Wiss. UdSSR, Abt. chem. Wiss.] **1952.** 261—67. März/April.) TROFIMOW. 600

S. J. Averill und **H. L. Trumbull,** *Vinylidencyanid.* 4. Mitt. *Ein Dienophiles in der Diels-Alder-Reaktion.* (3. vgl. C. **1954.** 8125.) Vff. untersuchen die Eigg. des *Vinylidendicyanids* (I) als Dienophiles in der Diensynth. mit verschied. Dienen. Da Dienophile für diese Rk. derart substituiert sein müssen, daß entweder Konjugation oder (bzw. u.) starke Polarität im Mol. vorliegt, ist I für derartige Rkk. gut geeignet. Die Addukte sind stabil, u. bei Zimmertemp. scheint in Lsg. keine Rück-Rk. abzulaufen. Einige Addukte lassen sich beim Erhitzen auf relativ hohe Tempp. in die Ausgangskomponenten zerlegen. I bildet jedoch mit cis-Pentadien-(1.3), Furan u. Hexachlorbutadien-(1.3) keine Addukte.

Versuche: Die Addukte werden dargestellt durch Lösen von I in der fünffachen Gewichtsmenge Bzl., Eintragen eines Überschusses des Diens unter Rühren u. 24std. Stehen bei Zimmertemperatur. Abdampfen des Bzl. u. Vakuumdest. liefert das Addukt bis auf die nichtflüchtige Verb. mit 2-Phenylbutadien-(1.3), die aus Chlf. umkrist. wurde. Folgende *Addukte* wurden erhalten: I—*2-Phenylbutadien-(1.3)*, C_{14}·

$H_{12}N_2$, F. 138—140°; 45% (Ausbeute). — I-*2-Methylbutadien-(1.3)*, $C_9H_{10}N_2$, Kp.$_{4,8}$ 108°; 97%. — I-*trans-Pentadien-(1.3)*, $C_9H_{10}N_2$, Kp.$_{0,3}$ 67°, F. 30,6°; 67%. — I-*2.3-Dimethylbutadien-(1.3)*, $C_{10}H_{12}N_2$, Kp.$_{18}$ 136°; 56%. — I-*2-[2'.2'-Dimethylpropyl]-butadien-(1.3)*, $C_{13}H_{18}N_2$, Kp.$_{1,4}$ 108—111°; 56%. — I-*2-Chlorbutadien-(1.3)*, $C_8H_7N_2Cl$, Kp.$_{0,4}$ 105—110°, F. 59—60°, aus 8 g I u. 9 g Chlorbutadien in Bzl. durch 40std. Stehen bei 40°, Dekantieren u. Dest. der Lsg.; 66%. — I-*Sorbinsäuremethylester*, $C_{11}H_{12}O_2N_2$, F. 75—76° (Hexan/Bzl. 2 : 1), aus 15,6 g I u. 25,2 g Sorbinsäuremethylester (II) in Bzl. durch 2std. Erhitzen auf 110°, Zufügen von 2 g II, Stehen bei Zimmertemp. u. Kühlen; 65%. — I-*Anthracen* (mit ½ C_6H_6), $C_{18}H_{12}N_2 \cdot ½\, C_6H_6$, F. 133—135° (ohne Kristallbldg.); $C_{18}H_{12}N_2$, F. 188—189° (Acetonitril), durch Suspendieren von 9 g Anthracen in Bzl. u. Zufügen von 3,9 g I, 1½std. Kochen u. Kühlen; 77%. (J. Amer chem. Soc. **76.** 1159—60. 20/2. 1954. Brecksville, O., B. F. Goodrich Co., Res. Center.) RUSKE. 820

J. C. Westfahl und **T. L. Gresham,** *Vinylidencyanid.* 5. Mitt. *Die Aluminiumchlorid-katalysierte Reaktion von Vinylidencyanid mit aromatischen Verbindungen.* (4. vgl. vorst. Ref.) *Vinylidendicyanid* (I) reagiert mit geeigneten aromat. Verbb. u. 2 Mol $AlCl_3$ unter Bldg. von $AlCl_3$-Komplexen der Zus. $Ar-CH_2-CH(CN)_2 \cdot 2\, AlCl_3$, die bei der Hydrolyse die entsprechenden Arylmethylmalodinitrile u. durch weitere Hydrolyse die substituierten Methylmalonsäuren liefern, die durch Decarboxylierung in β-substituierte Propionsäuren übergeführt werden. Mit Mesitylen entsteht *2.4-Bis-[β-carboxyäthyl]-mesitylen*; Hydrochinon-bis-methyläther bildet mit I u. $AlCl_3$ (1 : 2) *1.4-Dimethoxy-2.5-bis-[2'.2'-dicyanäthyl]-benzol* (II), das auch bei der Darst. des Mono-[dicyanäthyl]-deriv. als Nebenprod. entsteht. Dieses geht mit I u. $AlCl_3$ (1 : 4) ebenfalls in II über. Mit p-Nitroanisol u. 2-Nitro-1.4-dimethoxybenzol reagiert I nicht, mit p-Chloranisol wird *2-Methoxy-5-chlorbenzylmalodinitril* (V) gebildet. Mit Furan reagiert I anomal unter Bldg. von *Furfurylmalodinitril.* Die geringe Ausbeute deutet auf Spaltung des Furanringes. Methylfuroat hingegen reagiert mit I nicht. Ebenso reagieren I, Acetanilid u. 3 Mol $AlCl_3$ nicht. Mit Bzl. liefert I *Benzylmalodinitril,* die Ausbeute kann hier durch trockenen HCl (Bldg. der reakt. Verb. $[CH_2-CH(CN)_2 \cdot 2\, AlCl_3]^+AlCl_4^-$?) gesteigert werden. Die Rk. zwischen aromat. Aminoverbb. bzw. Verbb. mit alkoh. OH-Gruppen wurde nicht untersucht, da diese I polymerisieren. Phenol. OH-Gruppen hingegen polymerisieren I nicht.

Versuche: Folgende *Arylmethylmalodinitrile* der Zus. $RCH_2CH(CN)_2$ wurden nach dem allg. Verf. dargestellt: Vor der Beschickung der App. wurde ½ Std. ein trockener Luftstrom durchgeleitet, dann zu einer Suspension von 1 Mol $AlCl_3$ in symm.-Tetrachloräthan unter Rühren die Lsg. von 0,5 Mol ArH u. 0,5 Mol I im gleichen Lösungsm. eingetropft. Bei Ar = C_6H_5 wurde in die $AlCl_3$-Suspension 30 Min. trockener HCl eingeleitet u. dann die C_6H_6- u. I-Lsg. eingetropft. Hydrolysiert wurde durch Eintragen der Reaktionsmischung in Eiswasser-HCl, Filtrieren u. Extraktion der wss. Schicht mit Chlf., Abdampfen der vereinigten Tetrachloräthan-Chlf.-Lsgg. bei Normaldruck (bis 100°), dann 0,4 mm (50°). Der meist krist. Rückstand wurde bei 0,4—0,7 mm dest. u. das erstarrte Destillat aus A. umkrist.: *R* = C_6H_5, F. 90—91°; 60,8% (Ausbeute an umkrist. Verb.). — *R* = *Tolyl* (o-p-Mischung); 89,0%, daraus *R* = *p-Tolyl,* F. 83,5—84,3°; 45,1%. — *R* = *2.4-Dimethylphenyl,* Kp.$_{0,08}$ 101—104°, D^{25}_4 1,032, n_D^{25} 1,5312; 67,4%. — *R* = *2.5-Dimethylphenyl,* F. 75,3—75,8°; 63,2%. — *R* = *Mesityl,* F. 91—92°; 67,2%. — *R* = *Naphthyl-(2),* F. 115,2—116,2°; 37,1%. — *R* = *Thienyl-(2),* F. 57—58°; 61,6%. — *R* = *p-Anisyl* (*p-Methoxyphenyl*), F. 88,5 bis 89,5°; 24,2%. — *R* = *2.5-Dimethoxyphenyl,* F. 46,8—47,8°; 67,5%. — *R* = *2-Oxyphenyl* + *4-Oxyphenyl,* daraus *R* = *4-Oxyphenyl,* F. 174—175°; 45,6%. — Aus diesen Verbb. wurden durch 16std. Kochen mit einem 100%ig. Überschuß wss. 10%ig. NaOH u. Ansäuern sowie Absaugen bzw. Ae.-Extraktion folgende *Arylmethylmalonsäuren* der Zus. $R-CH_2-CH(COOH)_2$ gewonnen: *R* = *Phenyl,* F. 120—121° (Zers.). Durch Hydrolyse mit Schwefelsäure entsteht aus dem Dinitril *Benzylmalonamid,* F. 231—232°; daraus durch partielle Hydrolyse mit 1%ig. wss. NaOH *Benzylmalonamidsäure,* F. 138,5° (Zers.). — *R* = *p-Tolyl,* F. 162,5—163,5° (Zers.). — *R* = *o-Tolyl,* nachgewiesen im Filtrat des p-Methylbenzylmalodinitrils durch Hydrolyse, Decarboxylierung u. Oxydation zu *Phthalsäure.* — *R* = *2.4-Dimethylphenyl,* F. 163,5° (Zers.). — *R* = *2.5-Dimethylphenyl,* F. 131—132° (Zers.). — *R* = *Mesityl,* F. 165,5° (Zers.). — *R* = *Naphthyl-(2),* F. 148° (Zers.). — *R* = *Thienyl-(2),* F. 138,5—139° (Zers.). — *R* = *p-Anisyl,* F. 119—120° (Zers.). — *R* = *2.5-Dimethoxyphenyl,* F. 162° (Zers.). — *R* = *4-Oxyphenyl,* F. 160,5° (Zers.). — *R* = *2-Oxyphenyl,* nachgewiesen im Filtrat von 4-Oxybenzylmalodinitril durch Kochen mit HCl. Die dabei erhaltene neutrale Fl. ist nach dem Infrarotspektr. *Hydrocumarin.* — Aus diesen Verbb. wurden durch Decarboxylierung (Erhitzen über ihren F.) folgende *β-Arylpropionsäuren* der Zus.

R—CH₂—CH₂—COOH dargestellt: *R* = *p-Tolyl*, F. 116,5—117,5°. *Amid*, F. 134 bis 135°. — *R* = *2.4-Dimethylphenyl*, F. 107—108°. *Amid*, F. 109,3—110°. — *R* = *2.5-Dimethylphenyl*, F. 44,5—45,5°. Daraus durch Oxydation *Trimellitsäure*. — *R* = *Mesityl*, F. 111,5—112,5°. *Amid*, F. 164—165°. — *R* = *Naphthyl-(2)*, F. 135—136°. *Amid*, F. 168—169°. — *R* = *Thienyl-(2)*, F. 46,7—47,7°. *Amid*, F. 102,5—103,4°. — *R* = *p-Anisyl*, F. 103,8—104,6°. — *R* = *2.5-Dimethoxyphenyl*, F. 65,2—66°. Geht durch Demethylierung mit wss. HBr in *6-Oxyhydrocumarin*, F. 162—163°, über. — *R* = *4-Oxyphenyl*, F. 129—130°. — *1.4-Dimethoxy-2.5-bis-[2'.2'-dicyanäthyl]-benzol* (II), $C_{16}H_{14}O_2N_4$, F. 212,4—213,4° (Aceton–W.), aus 0,05 Mol 1.4-Dimethoxybenzol, 0,1 Mol I u. 0,2 Mol $AlCl_3$ in symm.-Tetrachloräthan bei 30—35°, Hydrolysieren mit Eis–HCl u. Fällen durch Schütteln des Hydrolysegemisches mit Hexan; 21,2%. — *1.4-Dimethoxy-2.5-bis-[2'.2'-dicarboxyäthyl]-benzol*, $C_{16}H_{18}O_{10}$, F. 226° (Zers.; A.–W.); 81,5%. — *1.4-Dimethoxy-2.5-bis-[2'-carboxyäthyl]-benzol* (III), $C_{14}H_{18}O_6$, F. 197 bis 199,5° (W.–A.); 97,6%. — *2.5-Dimethoxyterephthalsäure*, F. 263—266° (W.), durch Oxydation vorst. Verb. mit $KMnO_4$; 4,5%. *Diäthylester*, F. 100,5—101,5°. — *3.4.8.9-Tetrahydrobenzo-[1.2:b;4.5:b']-dipyron-(2.7)* (IV), $C_{12}H_{10}O_4$, F. 292 bis 296° (Aceton–W.), aus III durch Entmethylierung mit 48%ig. HBr oder analog aus II; 43,7%. — *1.3.5-Trimethyl-2.4-bis-[2'-carboxyäthyl]-benzol*, $C_{15}H_{20}O_4$, F. 175—176° (W.), aus I, Mesitylen u. $AlCl_3$ (2 : 1 : 4), Kochen der erhaltenen fl. Verb. mit wss. H_2SO_4 (2 : 1), Aufnehmen in Ae., Extrahieren mit wss. $NaHCO_3$, Ansäuern u. Extrahieren mit Benzol. — *2-Methoxy-5-chlorbenzylmalodinitril* (V), $C_{11}H_9ON_2Cl$, F. 65—66° (A.), aus I, p-Chloranisol u. $AlCl_3$ (1 : 1 : 2) in Tetrachloräthan bei 35°; 54,6%. — *2-Methoxy-5-chlorbenzylmalonsäure*, $C_{11}H_{11}O_5Cl$, F. 150,5° (Zers.; W.); 67,2%. — *β-[2-Methoxy-5-chlorphenyl]-propionsäure*, $C_{10}H_{11}O_3Cl$, F. 95—95,5° (Hexan–Bzl.); 73,6%. — *β-[2-Oxy-5-chlorphenyl]-propionsäure*, $C_9H_9O_3Cl$, F. 134,5 bis 135,5°, durch 4std. Kochen vorst. Verb. mit 48%ig. HBr; 81,4%, oder analog aus V. — *6-Chlorhydrocumarin*, $C_9H_7O_2Cl$, F. 110—111° (A.), aus vorst. Verb. u. $SOCl_2$ unter Zusatz eines Tropfens Pyridin durch $^3/_4$std. Kochen, Abdampfen des $SOCl_2$, Aufnehmen in Ae. u. Waschen mit $NaHCO_3$; 93,4%. (J. Amer. chem. Soc. **76.** 1076—80. 20/2. 1954.) RUSKE. 820

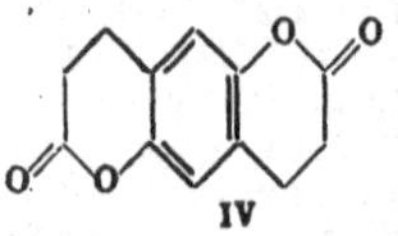

IV

W. L. Waisser, *Alkylierung von Benzol, Xylol und Butylbenzol mittels Acetylens.* (Vgl. C. **1953.** 678. 7529.) Beim Einleiten von C_2H_2 in Bzl. in Ggw. von mit BF_3 gesätt. H_3PO_4 wird als fl. Prod. *1.1-Diphenyläthan* erhalten, daneben eine gelblichgrüne, harzartige M., vermutlich entweder ein *Polystyrol* oder *9.10-Dimethyl-9.10-dihydroanthracen*; die Ausbeute an fl. Prod. nimmt mit der Versuchsdauer, mit abnehmender Katalysatormenge u. Benzolkonz. u. steigender Temp. (25→50°) ab. Bei gleicher Behandlung von o- u. m-Xylol bei 60—115° (meist 65°) wird ebenfalls neben fl. Prod. (*1.1-Dixylyläthan*) ein festes Prod. erhalten, das beim o-Xylol der Zus. des *Dimethylstyrols* entspricht. Butylbenzol liefert bei der Alkylierung mit C_2H_2 bei 75° ein dickes Öl, $Kp._8$ 198—206°, das als *1.1-Bis-[butylphenyl]-äthan* identifiziert wird. (Доклады Академии Наук СССР [Ber. Akad. Wiss. UdSSR] [N. S.] **91.** 535—38. 21/7. 1953.) R. K. MÜLLER. 1010

J. C. Butler, L. L. Ferstandig und **R. D. Clark,** *Isomerenverteilung bei der Acetylierung von tert.-Butylbenzol.* Vff. acetylieren tert.-Butylbenzol (I) nach FRIEDEL-CRAFTS u. bestimmen das Verhältnis der erhaltenen Isomeren von *tert.-Butylacetophenon* mittels spektrophotometr. Analyse (Infrarotspektr. graph. wiedergegeben) u. durch sorgfältige Fraktionierung bei 22 mm (Zus. der einzelnen Fraktionen tabellar. wiedergegeben) zu o : m : p = 0 : 1,8 : 98,2. In geringen Mengen werden *Acetophenon, m-Di-tert.-butylbenzol* u. *Di-tert.-butylacetophenon* gebildet; nach Ansicht der Vff. durch Disproportionierungs-Rkk. aus I.

V e r s u c h e: *p-tert.-Butylacetophenon*, $C_{12}H_{16}O$, F. 17,7° (korr.), durch langsame Zugabe (3 Std.) eines Gemisches von I u. Acetylchlorid zu $AlCl_3$ in CS_2 bei —5 bis +5° u. Erwärmen auf 15°, Reinigung durch Dest. (22 mm) u. fraktionierte Kristallisation, n_D^{20} 1,5210; 85,9% (Ausbeute) [*Semicarbazon*, $C_{13}H_{19}ON_3$, F. 228,6—229° (A.)], daneben *m-tert.-Butylacetophenon*, $C_{12}H_{16}O$; 1,55%, *Acetophenon* [*Semicarbazon*, F. 193 bis 195° (A.)]; 3,05%, *m-Di-tert.-butylbenzol*; 0,1%, u. *Di-tert.-butylacetophenon*, $C_{16}H_{24}O$, F. 41,0—42,0° (Methanol), Sublimation bei 75° u. 0,28 mm; 2,5%; 1,9% I zurück. (J. Amer. chem. Soc. **76.** 1906—08. 5/4. 1954. Richmond, Calif., Res. Comp.) G. WINKLER. 1160

Harry Sobotka und **John Austin,** *p-Oxyphenoxy-substituierte aliphatische Säuren.* Vff. kondensieren das Na-Salz von Hydrochinonmonobenzyläther (IV) mit α-, β- u. γ-Halogenfettsäuren bzw. deren Estern zu p-Benzyloxyphenoxyfettsäuren, aus denen durch katalyt. Hydrogenolyse p-Oxyphenoxyfettsäuren erhalten werden. Bei Verwendung von Hydrochinonmonomethyläther wurde im Falle der *γ-[p-Methoxyphenoxy]-buttersäure* bei der Entmethylierung mit konz. HCl Spaltung beider Ätherbindungen beobachtet. Als vielseitigste Meth. erwies sich die Kondensation der Alkalisalze des Hydrochinonmono-β-glucopyranosids (Arbutin, **VII**) mit den Salzen der halogenierten Säuren. *γ-[p-Oxyphenoxy]-buttersäure* wurde auch nach der Meth. von FRIESS (C. **1949.** II. 1397) dargestellt.

Versuche: *p-Methoxyphenoxyessigsäure* (I), $C_9H_{10}O_4$, F. 110°, Meth. A, aus Hydrochinonmonomethyläther u. Monochloressigsäure in 8%ig. NaOH auf dem Dampfbad (18 Std.) u. Zers. des auskrist. *Na-Salzes* (83,5% [Ausbeute]) mit konz. HCl, Blättchen aus 50%ig. A.; 86%. — *β-[p-Methoxyphenoxy]-propionsäure* (**II**), $C_{10}H_{12}O_4$, F. 109°, Meth. B. Erhitzen von Hydrochinonmonomethyläther + Na-Methylatlsg., Toluol u. β-Brompropionsäureäthylester 21 Std. am Rückfluß, Abfiltrieren des NaBr, Waschen des Filtrats mit Na_2CO_3-Lsg. u. Dest. ergibt *β-[p-Methoxyphenoxy]-propionsäureäthylester*, Kp.$_{1,8}$ 143—146°; 23%; daraus mit konz. HCl **II**, Blättchen (Bzl.-PAe.). — Analog nach A: *α-[p-Methoxyphenoxy]-propionsäure*, $C_{10}H_{12}O_4$, F. 90°, u. *α-[p-Methoxyphenoxy]-buttersäure*, $C_{11}H_{14}O_4$, F. 57°, u. nach B: *γ-[p-Methoxyphenoxy]-buttersäure*, $C_{11}H_{14}O_4$, F. 101°. — *p-Oxyphenoxyessigsäure*, $C_8H_8O_4 \cdot {}^1/_3\,H_2O$, F. 154°, a) aus I mit konz. HCl bei 95—100° im Einschlußrohr (15 Std.), oder b) durch Erhitzen (20 Std.) von **VII** u. Monochloressigsäure in NaOH, Zutropfen von konz. H_2SO_4, 12std. Erhitzen u. mit Ae. Extrahieren; 50%; Prismen aus Wasser. *Äthylester*, $C_{10}H_{12}O_4$, F. 124°. — Analog nach a) *α-[p-Oxyphenoxy]-propionsäure*, $C_9H_{10}O_4$, F. 144° (*Amid*, F. 140°), *α-[p-Oxyphenoxy]-buttersäure*, $C_{10}H_{12}O_4$, F. 137°, u. *β-[p-Oxyphenoxy]-propionsäure*, $C_9H_{10}O_4$, F. 173°. — *p-Benzyloxyphenoxyessigsäure*, $C_{15}H_{14}O_4$, F. 140°, durch Erhitzen von Hydrochinonmonobenzyläther (**IV**) u. Monochloressigsäure in NaOH-Lsg. (8 Std.), Lösen des auskrist. Na-Salzes in W., Ansäuern u. Extrahieren mit Ae., Nadeln aus Methanol; 50%; gibt bei Hydrierung (5% Pd-Kohle in 95%ig. A.) quantitativ *p-Oxyphenoxyessigsäure*. — *β-[p-Benzyloxyphenoxy]-propionsäureäthylester*, $C_{18}H_{20}O_4$, F. 67°; durch Erhitzen von **IV** + Na-Methylat, Toluol u. β-Brompropionsäureäthylester (72 Std.), Zentrifugieren, Extraktion der Toluolschicht zur Entfernung von **IV** mit NaOH, Abdest. des Toluols u. Umkristallisieren des Rückstandes aus A.; 25%; Hydrierung ergibt *β-[p-Oxyphenoxy]-propionsäureäthylester* vom F. 95°; *freie Säure*, F. 173°. — Analog: *γ-[p-Benzyloxyphenoxy]-buttersäureäthylester* (**V**), $C_{19}H_{22}O_4$, F. 47°, aus **IV** u. γ-Chlorbuttersäureäthylester, Prismen aus absol. A.; *Freie Säure*, $C_{17}H_{18}O_4$, F. 125°, Prismen aus A. (*Methylester*, F. 90°). — *γ-[p-Oxyphenoxy]-buttersäure*, $C_{10}H_{12}O_4$, F. 120°, durch Hydrierung von **V** u. Hydrolyse des Esters mit KOH. — *Glyoxylsäureäthylester-bis-[p-benzyloxyphenyl]-acetal* (**VI**), $C_{30}H_{28}O_6$, F. 67—68°, durch Erhitzen von 40 g **IV** + Na-Alkoholat, Toluol u. 15,6 g Dichloräthylacetat (24 Std.), amorphes Prod. aus absol. A.; 25 g. — *Glyoxylsäureäthylester-bis-[p-oxyphenyl]-acetal*, $C_{16}H_{16}O_6$, F. 139°, durch Hydrogenolyse von **VI**, Nadeln (A.). — *Glyoxylsäure-bis-[p-benzyloxyphenyl]-acetal*, $C_{28}H_{24}O_6$, F. 92°, durch Auflösen von **VI** in alkoh. KOH, Ansäuern u. Ausäthern, Nadeln (Bzl.-PAe.). — *γ-[p-Propiophenoxy]-buttersäureäthylester* (**III**), $C_{15}H_{20}O_4$, Kp.$_{0,1}$ 116°, durch Erhitzen von p-Oxypropiophenon in Na-Alkoholat mit γ-Chlorbuttersäure (72 Std.), Ae.-Extraktion u. fraktionierte Destillation. — *γ-[p-Propiophenoxy]-buttersäure*, $C_{13}H_{16}O_4$, F. 119°, durch Verseifen vorst. Esters. — *γ-[p-Oxyphenoxy]-buttersäure*, F. 120° (Bzl.), aus 5 g **III** mit Perbenzoesäure in Chlf. (9 Tage, Zimmertemp.) u. Verseifen des öligen Rückstandes mit alkoh. KOH; 1 g *Säure*. (J. Amer. chem. Soc. **74.** 3813—15. 5/8. 1952. New York, N. Y., Mount Sinai Hosp., Dep. of Chem.) E. VOGEL. 1250

N. M. Barantschik, I. W. Gratschew und **D. S. Sawelski**, *Methylaryl-N-nitrotriazene*. Aus o-Nitrobenzoldiazoniumsalz u. Methylnitramin (I) wurde *1-Nitro-1-methyl-3-[o-nitrophenyl])triazen*, $o\text{-}NO_2C_6H_4N{=}N{-}N(NO_2)CH_3$, erhalten. Analog reagierten m- u. p-Nitrobenzoldiazoniumsalz. Die Ausbeuten lagen bei 60—87%. Die erhaltenen Triazenderivv. sind gelb oder orange, verharzen mit der Zeit u. verpuffen beim Erhitzen. In Eisessig zers. sie sich unter Rückbldg. der Diazoniumverb. (Farb-Rk. mit α-Naphthylamin). In A. oder CH_3OH erfolgt Dissoziation in die Ausgangsverbb.: $ArN{=}N{-}N(NO_2)CH_3 \rightarrow ArN_2^+ + CH_3(NO_2)N^-$. Wird diese Rk. in Ggw. von β-Naphthol durchgeführt, so wird die entstehende Diazoniumverb. als o-, m- oder p-Nitrobenzolazo-β-naphthol fixiert, u. der Reaktionsverlauf kann durch Titration des nicht verbrauchten β-Naphthols verfolgt werden. Das abdissoziierte **I** wird entweder als solches identifiziert oder mit 0,1 n NaOH unter Anwendung der Glaselektrode titriert. Es zeigte sich, daß die Dissoziation in 24 Std. fast quantitativ ist.

Versuche: Zu der 0,015 mol. Lsg. des Na-Salzes von I wird unter Rühren eine Lsg., die 0,01 Mol der Diazoniumverb. u. 0,02 Mol HCl enthält, hinzugegeben, wobei das p_H auf 5,5—6 gehalten wird; nach 2—3 Std. wird der Nd. des Triazenderiv. abfiltriert. *o-*, *m-* u. *p-Verb.*, $C_7H_7O_4N_5$. (Доклады Академии Наук СССР [Ber. Akad. Wiss. UdSSR] [N. S.] **94.** 701—03. 1/2. 1954.) R. KNOBLOCH. 1310

S. W. Puschkarewa, W. I. Schischkina und **L. W. Warjuchina,** *Eigenschaften und Struktur einiger aromatischer Diazoaminoderivate des Guanidins. 5-Isopropylbiguanid* (I), $NH_2C(=NH)NHC(=NH)NHCH(CH_3)_2$, wurde durch Zusammenschm. von Isopropylaminhydrochlorid mit Dicyandiamid bei 150° mit 62%ig. Ausbeute erhalten; *Hydrochlorid*, F. 251—252°; Nädelchen; *Nitrat*, F. 151°; *Sulfat*, F. 228°. Beim Behandeln von **I**-Hydrochlorid mit p-Chlorbenzoldiazoniumsalz in schwach alkal. Medium entstand *N^1-[p-Chlorbenzolazo]-N^5-[isopropyl]-biguanid* („*Azobigumal*"; **II**), $C_{11}H_{16}N_7Cl$, F. 182—184°; aus 50%ig. A. gelbe Nädelchen; *Hydrochlorid*, F. 88—89°. **II** u. das bekannte N^1-[p-Chlorbenzolazo]-N^3-cyanguanidin (**III**) wurden auf ihr Verh. gegen Mineralsäuren untersucht. Hierbei bildeten sich aus **II** *p-Chlorphenol*, N_2 u. **I**, aus **III** dagegen *N^1-[p-Chlorphenyl]-N^3-cyanguanidin* (**IV**) u. N_2. **II** u. **III** können in den tautomeren Formen $p\text{-}ClC_6H_4N{=}N{-}NHR$ (Isomeres **A**) u. $p\text{-}ClC_6H_4NH{-}N{=}NR$ (Isomeres **B**) vorliegen, wobei $R = -C(=NH)NHC(=NH)\cdot NHCH(CH_3)_2$ bzw. $-C(=NH)NHCN$ ist. Um ungefähr die Lage des Gleichgewichts zu ermitteln, wurden beide mit verd. HCl in Ggw. von β-Naphthol nach JERSCHOW u. JOFFE (Журнал Общей Химии [J. allg. Chem.] **9** (**71**). [1939.] 24. 2211) behandelt; das hierbei aus **A** entstehende p-Chlorbenzoldiazoniumchlorid kuppelt mit β-Naphthol zur Azoverb., die gewogen wurde; es wurde so vor dem hydrolyt. Zerfall unter N_2-Entw. geschützt; aus **B** entstand p-Chloranilin, das mit Wasserdampf übergetrieben u. titriert wurde. So wurde gefunden, daß **III** zu 20% aus dem **A**- u. zu 80% aus dem **B**-, **II** dagegen zu 90% aus dem **A**- u. zu 10% aus dem **B**-Isomeren besteht. Die Isomeren zu trennen, gelang nur bei **III**. Dieses bildet intensiv gelbe Kristalle, die nach mehrmaligem Umkristallisieren bei 150—158° (Zers.) schmelzen. Hieraus lassen sich mit Na-Alkoholat gelbe Nädelchen des Na-Salzes gewinnen, aus dessen Lsg. in W. durch Mineralsäure weiße Kristalle vom F. 153—154° abgeschieden werden. Beide Formen von **III** unterscheiden sich im Verh. gegen 10—15%ig. HCl: die weiße Form entwickelt N_2 u. gibt **IV**, die gelbe gibt kein **IV**, scheidet N_2 aus u. verharzt. Nach dem chem. Verh. gegen HCl würde die gelbe Form das **A**-Isomere, die weiße Form das **B**-Isomere sein. Diese Auffassung findet eine weitere Stütze in der polarograph. Untersuchung. Das Halbwellenpotential für die gelbe Form ist —0,440, für die weiße —0,210 V; für *Azobenzol* wurde —0,410 gefunden. Im **A**-Isomeren ist die $-N{=}N-$ Gruppe, wie in Azobenzol, direkt an den Benzolkern gebunden, so daß ähnliche Werte resultieren. Das außerdem bestimmte Halbwellenpotential von **II** ist —0,710 V. Die Zers. mit HCl verläuft demnach bei **B** nach dem Schema $p\text{-}ClC_6H_4NHN{=}N\cdot R \rightarrow p\text{-}ClC_6H_4NH- + N_2 + R$; $p\text{-}ClC_6H_4NH- + R = p\text{-}ClC_6H_4NHR$, während **A** unter Bldg. einer Diazoniumverb. gespalten wird, die sich in wss. Lsg. wie gewöhnlich zersetzt. (Доклады Академии Наук СССР [Ber. Akad. Wiss. UdSSR] [N. S.] **92.** 89—92. 1/9. 1953. Uraler Polytechn. Kirow-Inst.) R. KNOBLOCH. 1310

Charles F. Huebner und **Hyla Ames Troxell,** *β-Phenyläthylaminderivate durch Anwendung der Mannich-Reaktion.* Die aus Phenylaceton zugänglichen MANNICH-Basen 1-Dimethylamino- bzw. 1-Piperidino-2-phenylbutanon-(3) (**Ia** bzw. **Ib**) wurden durch Red. wie auch durch GRIGNARD-Rk. in *β-oxyalkylsubstituierte β-Phenyläthylamine* übergeführt. In ähnlicher Weise wurde auch die MANNICH-Base des Hydratropaaldehyds zu einem β-Phenyläthylaminderiv. reduziert. Die Verbb. hatten keine besonderen pharmakol. Eigenschaften. Die Konst. von **Ia** u. **Ib** wurde dadurch gesichert, daß **Ib** zum Alkohol red. u. dieser durch Rk. mit $SOCl_2$ zum Chlorid u. Hydrierung in *1-[2-Phenylbutyl]-piperidin* (**II**) übergeführt wurde. Zum Vgl. wurden aus α-Phenyl- (**III**) bzw. γ-Phenylbuttersäure durch $LiAlH_4$-Red., Umsetzung mit PBr_3 u. anschließend mit Piperidin die beiden Phenylbutylpiperidine dargestellt, von denen das aus **III** erhaltene mit **II** ident. war. Rk. von **Ia** bzw. **Ib** mit verschied. GRIGNARD-Reagentien lieferte stets nur ein einheitliches Prod., während theoret. 2 Diastereomere zu erwarten wären. Im Falle von *2.3-Diphenyl-4-piperidinobutanol-(2)* (**IV**) konnte das eine Diastereomere aus **Ib** mit Phenyl-MgBr erhalten werden; das andere wurde aus 1.2-Diphenyl-3-piperidinopropanon-(1) (**V**) durch Rk. mit Methyl-MgJ dargestellt.

V e r s u c h e: *4-Dimethylamino-3-phenylbutanol-(2)-hydrochlorid*, $C_{12}H_{19}ON\cdot HCl$ F. 140—141°, durch Red. von 3 g **Ia** mit $NaBH_4$ in wss. Lsg. bei Raumtemp. (30 Min.), Zers. mit HCl, Alkalisieren mit NaOH, 15 Min. Erhitzen auf dem Dampfbad, im Vakuum Einengen u. nach Sättigung mit Soda ausäthern; die ölige Base wurde in das *Hydrochlorid* übergeführt; 1,9 g (Ausbeute). Das **Ia**-Hydrochlorid ließ sich mit

Pd-Kohle in wss. A. nicht hydrieren; dagegen gelang die Hydrierung von **Ia** mit RANEY-Ni bei ca. 3,5 at. — *3-Dimethylamino-2-methyl-2-phenylpropanal-(1)-hydrochlorid*, $C_{12}H_{17}ON \cdot HCl$, F. 164—165° (A.–Ae.), durch 6 std. Kochen von 50 g Hydratropaaldehyd mit Dimethylaminhydrochlorid u. wss. CH_2O-Lsg. in A.; nach Fällen des öligen Hydrochlorids mit Ae. wurde die *freie Base* aus wss. Lsg. mit 10%ig. NaOH ausgefällt (25 g; Kp.$_{15}$ 130—137°) u. in das Hydrochlorid übergeführt. *Methojodid*, $C_{13}H_{20}ONJ$, F. 210—213° (Zers.; A.–Essigester). — *3-Dimethylamino-2-methyl-2-phenylpropanol-(1)-hydrochlorid*, $C_{12}H_{19}ON \cdot HCl$, F. 133—134°, durch $NaBH_4$-Red. vorst. Verb. wie oben angegeben. — *1-Dimethylamino-2-phenyl-3-methylpentanol-(3)-hydrochlorid*, $C_{14}H_{23}ON \cdot HCl$, F. 178—179° (A.–Ae.), durch Zutropfen einer Lsg. von **Ia** (aus 6 g des Hydrochlorids) in absol. Ae. zur dreifach mol. Menge Äthyl-MgJ in Ae. unter Rühren, 2 Std. Kochen, unter Eiskühlung mit 2%ig. HCl zers. u. Überführen der freien Base in das Hydrochlorid; 2,7 g. — *2-Cyclohexyl-4-dimethylamino-3-phenylbutanol-(2)-hydrochlorid*, $C_{18}H_{29}ON \cdot HCl$, F. 210—211°, aus **Ia** analog Vorst. mit Cyclohexyl-MgBr. — *2.3-Diphenyl-4-piperidinobutanol-(2)* (**IV**; α-Form), *Hydrochlorid*, $C_{21}H_{27}ON \cdot HCl$, F. 212—215°, durch Rk. von **Ib** mit Phenyl-MgBr; die ölige Base wurde in das Hydrochlorid übergeführt. — **IV** (β-Form), $C_{21}H_{27}ON$, F. 102 bis 103°, aus **V** mit Methyl-MgJ. *Hydrochlorid*, $C_{21}H_{27}ON \cdot HCl$, F. 182—184°. — Oxydation von 2 g **Ib** mit einem großen Überschuß CrO_3 in sd. verd. H_2SO_4 gab *Essigsäure* (*p-Phenylphenacylester*, $C_{16}H_{14}O_3$, F. 108—110°). — *1-[2-Phenyl-3-chlorbutyl]-piperidinhydrochlorid*, $C_{15}H_{22}NCl \cdot HCl$, F. 196—197° (aus A.–Essigester, enthaltend HCl), durch Hydrierung von **Ib** mit H_2/RANEY-Ni in A. bei ca. 3,5 at zum Aminoalkohol (Kp.$_{15}$ 180—186°) u. Rk. mit $SOCl_2$ in Bzl. zuerst bei Raumtemp., dann 30 Min. in der Siedehitze; nach Aufarbeitung wurde aus dem Benzolrückstand durch Anreiben mit A.–Essigester (1 : 4) das Hydrochlorid erhalten. Beim Vers., die freie Base zu dest., trat bei ca. 180° Badtemp. Rk. ein; es wurde eine *Verb.* $C_{15}H_{22}NCl$, F. 197—199°, vermutlich ein quaternäres Salz, erhalten. — *1-[2-Phenylbutyl]-piperidinhydrochlorid* (**II**), $C_{15}H_{23}N \cdot HCl$, a) durch Hydrierung von 2 g vorst. Verb. mit H_2/RANEY-Ni in A. bei ca. 3,5 at (18 Std.) u. Überführen in das Hydrochlorid, F. 175—177° (A.–Essigester–Isopropyläther); 0,5 g; b) durch $LiAlH_4$-Red. von 25 g **III** in sd. Ae., Erhitzen des rohen Alkohols (18 g) mit PBr_3 (30 Min., Dampfbad) u. 12 std. Kochen des rohen Bromids (20 g) mit einem Überschuß Piperidin in A.; nach Aufarbeitung wurde die Base dest. (Kp.$_{15}$ 148—149°; 11 g) u. in das Hydrochlorid übergeführt; aus A., F. 178—180°. *Methojodid*, $C_{16}H_{26}NJ$, aus A., F. 239—240° (Zers.). — *1-[4-Phenylbutyl]-piperidinhydrochlorid*, $C_{15}H_{23}N \cdot HCl$, F. 148—149°, aus γ-Phenylbuttersäure wie Darst. b) bei **II**. *Freie Base*, Kp.$_{15}$ 166—167°. *Methojodid*, $C_{16}H_{26}NJ$, F. 165—166°. (J. org. Chemistry **18**. 736—39. Juni 1953. Summit, N. J., Ciba Pharmaceut. Prod., Inc., Res. Dep.) FRUHSTORFER. 1320

Arthur C. Cope und **David J. Marshall**, *Cyclische Polyolefine*. 26. Mitt. *Überführung von Cyclooctatetraenylphenylketon in ein acyclisches Tetraen*. (25. vgl. C. **1954**. 4605.) Das bei der Darst. von Cyclooctatetraenyl-Li (**I**) (vgl. 20. Mitt., C. **1954**. 1704) anfallende Nebenprod. erwies sich als *Bicyclooctatetraenyl* (**V**); es kann in größerer Menge aus **I** u. katalyt. Mengen $CoCl_2$ gewonnen werden. Mit Benzonitril liefert **I** bei —70° ein instabiles Imin, das zu *Cyclooctatetraenylphenylketon* (**II**) hydrolysiert wird, welches einen 1 : 1-$AgNO_3$-Komplex bildet, mit 10%ig. Pd-Kohle zu *Benzylcyclooctan*, mit 1%ig. Pd-$CaCO_3$ zu *Cyclooctenyl-(1)-phenylketon* (**VI**) u. mit $LiAlH_4$ zu *Cyclooctatetraenylphenylcarbinol* hydriert werden kann. Mit C_6H_5MgBr gibt **II** ein Gemisch, aus dem ein Keton isoliert wurde, welches nicht ein Phenylcyclooctatrienylphenylketon sein kann, sondern *1.9-Diphenylnonatetraen-(2.4.6.8)-on-(1)* (**IV**) sein muß, da es 4 Mol H_2 aufnimmt unter Bldg. von *1.9-Diphenylnonanon-(9)* (**III**), u. weil eines der stereoisomeren *2-Phenylcyclooctylphenylketone* synthetisiert wurde, das wesentlich andere Eigg. hat als **III**. **IV** entsteht sicher durch Ringöffnung des durch 1.4-Addition von C_6H_5MgBr an **II** gebildeten Enolats u. wurde auf unabhängigem Wege aus 7-Phenylheptatrien-(2.4.6)-al u. Acetophenon gewonnen. — Die UV-Spektren von **II**, **IV**, **V** u. **VI** werden graph. angegeben.

V e r s u c h e (FF. korr.; alle Rkk. mit metallorgan. Verbb. unter N_2): *Bicyclooctatetraenyl* (**V**), $C_{16}H_{14}$, F. 125,4—126,5°, durch Zugabe von Bromcyclooctatetraen zu n-Butyl-Li in Ae. bei —65°, 1 std. Rühren bei —70°, 40 std. Rk. mit 5 Mol-% $CoCl_2$ bei n. Temp. u. Gießen auf Eis; aus Ae. gelbe Platten; 24% (Ausbeute). Hydrierung mit vorred. PtO_2 in Eisessig, Neutralisation des Filtrats, Ausziehen mit Pentan u. Kurzwegdest. des Rohprod. führt zu *Bicyclooctyl*, F. 10—11°; n_D^{25} 1,5008; 67%. — *Cyclooctatetraenylphenylketon* (**II**), $C_{15}H_{12}O$, F. 38,0—39,5° (PAe.), durch Addition von Bromcyclooctatetraen zu n-Butyl-Li in Ae., 1 std. Rk. bei —70°, Zugabe von

C_6H_5CN in Ae. unterhalb —65°, Gießen auf Eis, Ausziehen des Ketimins aus der äther. Lsg. mit 5%ig. HCl, ½std. Erwärmen auf dem Dampfbad, Ausäthern u. Kolonnendest., wobei zunächst eine *Valerophenon* enthaltende Fraktion übergeht; **II** fällt als orangefarbenes Öl an, $Kp._{0,06}$ 96°; n_D^{25} 1,5930—1,5980; 57%. Die Hydrierung von 143 mg **II** mit 10%ig. Pd-Kohle in A. u. Kurzwegdest. des Rohprod. bei 0,1 mm führt zu *Benzylcyclooctan*; n_D^{25} 1,5251; 57 mg. Werden 213 mg **II** in Bzl. in Ggw. von 1%ig. Pd-$CaCO_3$ bis zur Aufnahme von 3 Mol H_2 hydriert, entsteht **VI** als blaßgelbes Öl; 145 mg. **II**-*$AgNO_3$-Komplex*, $C_{15}H_{12}O \cdot AgNO_3$, in heißem absol. A. dargestellt; blaßgelbe Nadeln, F. 121,4—122,0° unter Zers. (A.); 90%. Die Zers. von 1,52 g mit NH_4OH, Ausäthern u. Kurzwegdest. bei 0,1 mm liefert analysenreines **II**; n_D^{25} 1,6104; $D._4^{25}$ 1,095; 0,62 g. **II**-*2.4-Dinitrophenylhydrazon*, $C_{21}H_{16}O_4N_4$, rot, F. 178,7—179,8° (A.-Essigester 1 : 1). — Reines *Cyclooctenyl-(1)-phenylketon* (**VI**), $C_{15}H_{18}O$, $Kp._{0,06}$ 94°, wird aus Cyclooctenyl-Li u. C_6H_5CN in Ae. durch nachheriges Gießen auf Eis, Ausziehen der äther. Lsg. mit 5%ig. HCl, ³/₄std. Erhitzen auf dem Dampfbad u. Ausäthern dargestellt; blaßgelbes Öl; n_D^{25} 1,5630; 75%. *2.4-Dinitrophenylhydrazon*, $C_{21}H_{22}O_4N_4$, F. 161,0—162,3° (A.-Essigester). — *Cyclooctatetraenylphenylcarbinol*, $C_{15}H_{14}O$, durch Zugabe von **II** zu $LiAlH_4$ in Ae., 1std. Kochen, Hydrolyse u. Kurzwegdest. bei 110—120° Blocktemp./0,1 mm; viscoses, gelbes Öl; n_D^{25} 1,5982; 89%. Hydrierung mit Pd-Kohle gibt *Benzylcyclooctan*. — *1.9-Diphenylnonatetraen-(2.4.6.8)-on-(1)* (**IV**), $C_{21}H_{18}O$, F. 125,0—126,2°, durch Zugabe von **II** zu der sd. Lsg. von C_6H_5MgBr in Ae. u. Hydrolyse mit viel NH_4Cl-Lsg.; aus A. gelbe Nadeln; luftempfindlich; 20%. *2.4-Dinitrophenylhydrazon*, $C_{27}H_{22}O_4N_4$, F. 215,5 bis 216,0°, aus Nitromethan dunkelrote Kristalle. **IV** wurde auch aus 2 g 7-Phenylheptatrien-(2.4.6)-al u. 1,92 g Acetophenon in A. + Bzl. (10 : 1,5) durch Zugabe von 1,3%ig. NaOH gewonnen; 3 g. — *1.9-Diphenylnonanon-(1)* (**III**), $C_{21}H_{26}O$, durch Hydrierung von **IV** in CH_3OH mit 1%ig. Pd-$CaCO_3$ u. Kurzwegdest.; Öl; n_D^{25} 1,5426. *2.4-Dinitrophenylhydrazon*, $C_{27}H_{30}O_4N_4$, F. 114,3—115,1°. — *2-Phenylcyclooctylphenylketon*, $C_{21}H_{24}O$, F. 136,4—137,8°, aus C_6H_5MgBr u. **VI**; das Rohprod. wird bei 0,1 mm sublimiert; aus A. lange Nadeln; 79%. (J. Amer. chem. Soc. **75**. 3208—11. 5/7. 1953. Cambridge, Mass., Massachusetts Inst. of Technol., Dep. of Chem.) NITZSCHKE. 1800

Arthur C. Cope, Roscoe A. Pike und **Claude F. Spencer**, *Cyclische Polyolefine*. 27. Mitt. *cis- und trans-Cycloocten aus N.N-Dimethylcyclooctylamin*. (26. vgl. vorst. Ref.) Die therm. Zers. von N.N-Dimethylcyclooctylaminoxyd führt zu reinem *cis-Cycloocten* (cis-**I**) u. *N.N-Dimethylhydroxylamin*; damit wird der früher (vgl. C. **1949**. E. 1201) für die therm. Zers. von N.N-Dimethylalkylaminoxyden vorgeschlagene Mechanismus bestätigt. Die therm. Zers. von N.N.N-Trimethylcyclooctylammoniumhydroxyd (vgl. ZIEGLER u. WILMS, C. **1950**. II. 2545) liefert 89% eines Gemisches von cis-**I** u. *trans-Cycloocten* (trans-**I**), aus dem trans-**I** mit 20%ig. $AgNO_3$-Lsg. abzutrennen ist; aus dem Infrarotspektr. geht hervor, daß das ursprüngliche Gemisch 60% trans- u. 40% cis-**I** enthält. — Mit OsO_4 liefert cis-**I** über den Osmiumsäureester *cis-Cyclooctandiol-(1.2)*, ebenso gibt trans-**I** *trans-Cyclooctandiol-(1.2)*. — Es gelang nicht, cis-**I** in trans-**I** nach dem von HOFF u. Mitarbeitern (J. Amer. chem. Soc. **73**. [1951.] 3329) für die Umwandlung von acycl. cis- in die trans-Verbb. angegebenen Verff. überzuführen: Aus cis-**I** u. Br_2 gewonnenes *trans-1.2-Dibromcyclooctan* gab nach Dehydrobromierung zu *1-Bromcycloocten* u. dessen Rk. mit Na in fl. NH_3 cis-**I**. — Die Wiederholung der Darst. von *Cyclohepten* (WILLSTÄTTER [1901]) u. von *Cyclohexen* (SKITA u. ROLFES [1920]) durch HOFMANN-Abbau zeigte, daß ausschließlich die *cis-Verbb.* gebildet werden; gleiches wird für das Aminoxydverf. festgestellt. — Die Infrarotspektren von cis- u. trans-**I** werden angegeben.

Versuche (FF. korr.): *N.N-Dimethylcyclooctylamin*, $Kp._4$ 69—70°, durch Hydrierung von 1-Dimethylaminocycloocten-(3) in Eisessig mit vorred. PtO_2 bei n. Druck u. Temp. u. Alkalisieren; n_D^{25} 1,4710; 93% (Ausbeute). — *N.N-Dimethylcyclooctylaminoxyd*, durch langsame Zugabe von 35%ig. H_2O_2 zu vorst. Verb. in CH_3OH unter Kühlung, 26std. Stehen bei n. Temp., Zers. des überschüssigen H_2O_2 mit Pt-Schwarz u. Einengen bei 30—40° Badtemp./10—12 mm; viscoser Sirup; 98%. *Pikrat*, $C_{16}H_{24}O_8N_4$, F. 158—159,5° unter Zers. (absol. A.). — *cis-Cycloocten* (cis-**I**), $Kp._{59}$ 65°, durch Erhitzen vorst. Verb. unter N_2 bei 10 mm, wobei bei 100° die Zers. beginnt u. bei 120° beendet ist, Ansäuern des Destillats mit verd. HCl, Einfrieren der wss. Phase u. Abpipettieren des KW-stoffs; n_D^{25} 1,4684; 90%; aus der wss. Lsg. wird *N.N-Dimethylhydroxylaminhydrochlorid* isoliert; F. 104,5—106° (A.-Ae.); 95%. — *trans-1.2-Dibromcyclooctan*, $C_8H_{14}Br_2$, $Kp._{0,5}$ 89—91°, aus dem durch partielle Hydrierung von Cyclooctatetraen gewonnenen cis-**I** u. Br_2 in CCl_4; n_D^{25} 1,5522; 81%; daraus reines *cis*-**I** durch 1std. Kochen mit Zn-Staub in CH_3OH; $Kp._{18}$ 42°; n_D^{25}

1,4682; F. −15,5 bis −14,5°; $D.^{25}_4$ 0,8448. PtO_2-Hydrierung in Eisessig gibt *Cyclooctan*, F. 8−9,5°. — *trans-Cycloocten* (trans-I), $Kp._{78}$ 75°, durch 4std. Rk. von N.N.N-Trimethylcyclooctylammoniumjodid in W. mit Ag_2O, Einengen des Filtrats bei 65° Badtemp., Zers. der quartären Base bei 105−120° Badtemp./11 mm, Ansäuern des Destillats u. Isolierung des KW-stoffgemisches wie bei cis-I (89%; nach dem Infrarotspektr. aus 60% trans- u. 40% cis-I bestehend), Lösen in Pentan, Ausziehen mit 20% ig. $AgNO_3$-Lsg., Zugabe dieser Lsg. zu NH_4OH + Eis u. Ausziehen mit Pentan; n_D^{25} 1,4741; $D.^{25}_4$ 0,8456; 56%; läßt sich zu *Cyclooctan* hydrieren. Aus der ursprünglichen Pentanlsg. wurde cis-I erhalten; 31%. trans-I verändert sich nicht, wenn es in $AgNO_3$-Lsg. aufgenommen u. nach 26 Std. wieder in Freiheit gesetzt wird. — *cis-Cyclooctandiol-(1.2)*, F. 76,5−78°, durch Zugabe von OsO_4 in Ae. zu cis-I in Ae. u. wenig Pyridin, Addition von Na_2SO_3-Lsg. zu dem Osmiumsäureester (93%) in A., 1std. Kochen, Einengen des Filtrats, Gießen in W., Ausziehen mit Chlf. u. Sublimation des Rohprod. bei 55° Blocktemp./0,6 mm; 38%. *Bis-phenylurethan*, F. 172−174°. — Ebenso *trans-Cyclooctandiol-(1.2)*, $Kp._{0,5}$ 95°, aus trans-I über den Osmiumsäureester (93%); n_D^{25} 1,4970; 36%. *Bis-phenylurethan*, F. 176−177°. — Nach Überführung von trans-1.2-Dibromcyclooctan mit Dimethylamin in *1-Bromcycloocten*, Rk. mit Na in fl. NH_3, Zugabe von NH_4Cl, Lösen des nach Entfernung von NH_3 erhaltenen Rückstandes in W. u. Ausäthern wurde cis-I erhalten; 57%. — *Cycloheptylamin*, aus Cycloheptanonoxim durch Hydrierung in mit NH_3 gesätt. A. mit RANEY-Ni bei 140° u. 1200 lbs./sq.in.; 79%. — *N.N-Dimethylcycloheptylamin*, aus vorst. Verb. mit HCHO u. HCOOH; 67%. — *N.N-Dimethylcycloheptylaminoxyd*, wie das höhere Homologe gewonnen; 94%. *Pikrat*, $C_{15}H_{22}O_8N_4$, F. 150−151° (A.). — Zers. des Oxyds bei 125−135° Badtemp./13 mm unter N_2 liefert *cis-Cyclohepten*, $Kp._{300}$ 72°; n_D^{25} 1,4569; 92%; bei Zers. von N.N.N-Trimethylcycloheptylammoniumhydroxyd 87%; aus Cycloheptanol u. Borsäure durch Erhitzen von 175 auf 275° 85%. — *N.N-Dimethylcyclohexylaminoxyd-pikrat*, $C_{14}H_{20}O_8N_4$, F. 153−154° (A.); 93%. — Das Oxyd gibt nach Zers. bei 145 bis 160° Badtemp./11 mm unter N_2 *cis-Cyclohexen*; 83%; bei Zers. von N.N.N-Trimethylcyclohexylammoniumhydroxyd 62% u. 15% *N.N-Dimethylcyclohexylamin*. (J. Amer. chem. Soc. **75**. 3212−15. 5/7. 1953.) NITZSCHKE. 1800

Arthur C. Cope und **Donald F. Rugen**, *Cyclische Polyolefine*. 28. Mitt. *Substituierte Cyclooctatetraene aus Acetylenalkoholen*. (27. vgl. vorst. Ref.) Die Copolymerisation von Acetylen mit Propargylalkohol bzw. Butin-(3)-ol-(1) in Tetrahydrofuran in Ggw. von Ni-Acetylacetonat u. CaC_2 bei 85−95° u. 300−150 lbs./sq.in. C_2H_2-Druck führt zu *Cyclooctatetraenylmethanol* (**III**) bzw. *β-Cyclooctatetraenyläthanol* (**I**), die zu den entsprechenden *Cyclooctylderivv.* (**VII** bzw. **VIII**) hydriert wurden, welche auch auf unabhängigem Wege dargestellt wurden. Ebenso wurde *N.N-Dimethyl-β-cyclooctatetraenyläthylamin* (**II**) durch Copolymerisation von C_2H_2 mit N.N-Dimethylbutin-(3)-ylamin (**X**) gewonnen. — **I** gibt ein *p-Toluolsulfonat* (**IX**), das nicht krist. u. nicht destillierbar ist, aber in einige weitere *substituierte Cyclooctatetraene* übergeführt werden kann. So liefert es **II** in besserer Ausbeute, als sie bei der direkten Darst. erreicht werden kann, u. gibt mit $CaBr_2$ *β-Cyclooctatetraenyläthylbromid*, das auch aus **I** darstellbar ist, mit KCN das entsprechende *Nitril* (**IV**), welches sowohl zum *γ-Cyclooctatetraenylpropylamin* (**V**) red. (ohne daß die Doppelbindungen im Ring angegriffen werden) als auch zur *γ-Cyclooctatetraenylpropionsäure* (**VI**) verseift wurde. Diese bildet zwar ein krist. Salz mit Chinin, konnte jedoch nicht gespalten werden. — Die UV-Spektren von **I** u. **III** u. die Infrarotspektren von **I**—**VIII** u. des **I**-*Acetats* werden angegeben u. erläutert.

Versuche (FF. korr.): Die Copolymerisationen wurden wie früher beschrieben durchgeführt (vgl. 22. Mitt., C. **1954**. 1706); danach wurde mit Dampf dest., die organ. Schicht u. die benzol. Extrakte der wss. Schicht wurden dest., u. das Rohprod. wurde durch eine Silicagelkolonne filtriert, wobei das Substitutionsprod. im Gegensatz zu den begleitenden KW-stoffen adsorbiert wird; mit 1−10% ig. Lsg. von Ae. in Pentan wurde eluiert. — *Cyclooctatetraenylmethylalkohol* (**III**), $C_9H_{10}O$, $Kp._{0,12}$ 65−66°, durch Copolymerisation von Acetylen mit Propargylalkohol ($Kp._{32}$ 45−48°; n_D^{25} 1,4290); Eluierung des Prod. mit Ae.–Pentan (1:9); n_D^{25} 1,5612; $D.^{25}_4$ 1,0473; 17% (Ausbeute). *3.5-Dinitrobenzoat*, $C_{16}H_{12}O_6N_2$, F. 69−69,8° (Hexan); 73%. — *Cyclooctylmethylalkohol* (**VII**), $C_9H_{18}O$, $Kp._{0,15}$ 66−68°, durch Hydrierung von 0,11 g **III** in A. mit vorred. PtO_2; n_D^{25} 1,4810; $D.^{25}_4$ 0,9426; 0,11g. *3.5-Dinitrobenzoat*, $C_{16}H_{20}O_6N_2$, F. 68,6−69,7° (Hexan); 69%. **VII** wurde auch aus Cyclooctyl-MgBr u. HCHO gewonnen; 15%. — *β-Cyclooctatetraenyläthylalkohol* (**I**), $C_{10}H_{12}O$, $Kp._{0,2}$ 77−78°, durch Copolymerisation von C_2H_2 mit 15 g Butin-(3)-ol-(1) bei 80−95° neben 69 g Cyclooctatetraen; Eluierung nach Chromatographie mit Pentan + 2% Ae.; n_D^{25} 1,5480; $D.^{25}_4$ 1,0213; 24%.

3.5-Dinitrobenzoat, $C_{17}H_{14}O_6N_2$, F. 67—67,8° (A. + W.); 53%. — *β-Cyclooctyläthylalkohol* (**VIII**), $C_{10}H_{20}O$, Kp.$_{0,2}$ 78—79°, durch PtO_2-Hydrierung von **I** in A.; n_D^{25} 1,4825; D.$^{25}_4$ 0,9360; 0,098 g. *3.5-Dinitrobenzoat*, $C_{17}H_{22}O_6N_2$, F. 46,5—47,8°; 54%. Reines **VIII** wurde auch aus Cyclooctyl-MgBr u. viel Äthylenoxyd in Ae. + Bzl. (1 Std.; 65°) dargestellt; 26%. — *4-Chlorbutin-(1)*, Kp. 84—85°, durch langsame Zugabe von $SOCl_2$ in absol. Chlf. zu Butin-(3)-ol-(1), Pyridin u. Chlf. u. 12 std. Rk. bei n. Temp.; n_D^{25} 1,4376; 40%. — *N.N-Dimethylbutin-(3)-ylamin* (**X**), $C_6H_{11}N$, Kp. 104—106°, durch 3 tägige Rk. vorst. Verb. mit 25%ig. wss. Dimethylamin bei n. Temp., Alkalisieren u. Ausäthern; n_D^{25} 1,4294; D.$^{25}_4$ 0,8111; 45%. — *N.N-Dimethyl-β-cyclooctatetraenyläthylamin* (**II**), $C_{12}H_{17}N$, Kp.$_{0,28}$ 59°, aus **IX** in Bzl. durch Sättigen mit Dimethylamin, Einengen, Dest. bei 55°/0,2 mm, Lösen des Destillats in Ae., Ausziehen mit 6n HCl, der salzsauren Lsg. mit überschüssiger $NaHCO_3$-Lsg. u. dieser Lsg. mit Ae.; n_D^{25} 1,5198; D.$^{25}_4$ 0,9186; 53%. *Pikrat*, $C_{18}H_{20}O_7N_4$, F. 118,0—118,5°. *Hydrochlorid*, $C_{12}H_{18}NCl$, F. 179,6—180,6° (CH_3OH–Ae.); 82%. **II** wurde auch durch Copolymerisation von 10,7 g **X** mit C_2H_2 gewonnen; das Reaktionsgemisch wurde zentrifugiert, der fl. Anteil über eine Kolonne dest., der Rückstand mit 3%ig. HCl ausgezogen, die saure Lsg. alkalisiert u. ausgeäthert; 8%. — *β-Cyclooctatetraenyläthyl-p-toluolsulfonat* (**IX**), aus **I** u. p-Toluolsulfochlorid u. Pyridin durch 12 std. Rk., Zugabe zu 10%ig. HCl u. Ausäthern als Rohprod.; 92%. — *β-Cyclooctatetraenyläthylcyanid* (**IV**), $C_{11}H_{11}N$, Kp.$_{0,25}$ 62—63°, aus **IX** u. KCN in A. durch 14 std. Kochen, Zugabe von W. u. Ausäthern; n_D^{25} 1,5378; D.$^{25}_4$ 0,9853; 78%. — *γ-Cyclooctatetraenylpropylamin* (**V**), $C_{11}H_{15}N$, Kp.$_{0,1}$ 68—68,5°, durch Zugabe von **IV** in absol. Ae. zu $LiAlH_4$ in Ae. unter N_2, 1 std. Kochen, Zugabe von W. u. 10%ig. HCl, Alkalisieren u. Ausäthern; n_D^{25} 1,5411; D.$^{25}_4$ 0,9613; 56%. *Pikrat*, $C_{17}H_{18}O_7N_4$, F. 166—167,5° (A. u. W.). *Hydrochlorid*, $C_{11}H_{16}NCl$, F. 153,3—154,2° (CH_3OH–Ae.); 84%. — *β-Cyclooctatetraenylpropionsäure* (**VI**), $C_{11}H_{12}O_2$, F. 59,2—60°, durch 4 std. Kochen von **IV** u. NaOH, Ansäuern u. Ausäthern; 77%. *Chininsalz*, $C_{31}H_{36}O_4N_2$, F. 119,6—120,6° (Ae.), aus **VI** u. Chininhydrat in Ae.; $[\alpha]_D^{25}$ 123,1° ($l = 2$, $c = 0{,}83$ in A.). — *β-Cyclooctatetraenyläthylbromid*, $C_{10}H_{11}Br$, Kp.$_{0,13}$ 65—67°, durch ¼ std. Rk. von **IX** mit $CaBr_2$ in Methylcellosolve bei 50° u. Zugabe zu Ae.; nach Chromatographie an SiO_2 n_D^{25} 1,5686; D.$^{25}_4$ 1,2550; 72% roh. Die Verb. wurde auch aus **I** u. PBr_3 in Hexan in Ggw. von Pyridin erhalten u. gibt mit $(CH_3)_2NH$ **II**. — *β-Cyclooctatetraenyläthylacetat*, $C_{12}H_{14}O_2$, Kp.$_{0,15}$ 81—82°, aus **I** durch 20 minütiges Erhitzen mit Acetanhydrid, Zugabe zu W. u. Aufnehmen in Bzl.; n_D^{25} 1,5130; D.$^{25}_4$ 1,0260; 91%. (J. Amer. chem. Soc. **75**. 3215—19. 5/7. 1953.) NITZSCHKE. 1800

Arthur C. Cope und **Ronald M. Pike**, *Cyclische Polyolefine*. 29. Mitt. *Cyclooctatetraenderivate durch Copolymerisation und Seitenkettenveränderung*. (28. vgl. vorst. Ref.) Vff. stellen einige *monosubstituierte Cyclooctatetraene* durch Copolymerisation von Acetylen mit den entsprechenden monosubstituierten Acetylenen dar u. gewinnen aus ihnen durch bekannte Rkk. weitere Verbindungen. — Die Konst. des aus Pentin-(4)-ol-(1) dargestellten *γ-Cyclooctatetraenyl-n-propanols* (**I**) wurde durch Oxydation zur entsprechenden *Säure* bewiesen; ebenso wurde die Konst. des aus Butin-(3)-ol-(2) dargestellten *Cyclooctatetraenylmethylcarbinols* (**II**) u. die des aus Butin-(3)-on-(2) gewonnenen *Cyclooctatetraenylmethylketons* (**III**) durch Oxydation sichergestellt. — Die Infrarotspektren von **I**, *N.N-Dimethyl-γ-cyclooctatetraenyl-n-propylamin*, *γ-Cyclooctatetraenyl-n-propylcyanid* (**V**), *δ-Cyclooctatetraenyl-n-butylamin*, *γ-Cyclooctatetraenyl-n-buttersäure*, **II**, **III** u. *Cyclooctatetraenyldimethylcarbinol* werden angegeben.

Versuche (FF. korr.): *γ-Cyclooctatetraenylpropylalkohol* (**I**), $C_{11}H_{14}O$, Kp.$_{0,15}$ 91—91,5°, durch Copolymerisation von Pentin-(4)ol-(1) [dargestellt aus Tetrahydrofurfurylchlorid u. $NaNH_2$ in fl. NH_3; Kp.$_{29}$ 70—71°; n_D^{25} 1,4443; 78% (Ausbeute)] mit C_2H_2 u. Reinigung durch Chromatographie an SiO_2; n_D^{25} 1,5426; D.$^{25}_4$ 1,0244; 8%. *β-Cyclooctatetraenylpropionsäure*, F. 58,8—59,8° (Hexan), durch Oxydation von **I** in Aceton mit CrO_3 in H_2SO_4 unterhalb 25°, Zugabe von W., Ausäthern, Ausziehen mit 10%ig. NaOH, Ansäuern u. erneutes Ausäthern; 37%. — *γ-Cyclooctatetraenyl-n-propyl-p-toluolsulfonat* (**IV**), durch Rk. von **I** in Pyridin mit p-Toluolsulfochlorid, Zugabe von W. u. Ausäthern; 96%. — *N.N-Dimethyl-γ-cyclooctatetraenyl-n-propylamin*, $C_{13}H_{19}N$, Kp.$_{0,01}$ 55°, durch Sättigen der Lsg. von **IV** in Bzl. mit Dimethylamin u. Zugabe von Ae. nach mehreren Std.; n_D^{25} 1,5164; D.$^{25}_4$ 0,9234; 54%. *Pikrat*, $C_{19}H_{22}\cdot O_7N_4$, F. 103,5—104° (A.). — *γ-Cyclooctatetraenyl-n-propylcyanid* (**V**), $C_{12}H_{13}N$, Kp.$_{0,5}$ 103,5—104,5°, durch 2 std. Erhitzen von **IV** u. KCN in 80%ig. A., Eingießen in W. u. Ausäthern; n_D^{25} 1,5300; D.$^{25}_4$ 0,9911; 74%. **V** wurde auch durch Copolymerisation von Hexin-(5)-nitril (Kp.$_{10}$ 64—65°, n_D^{25} 1,4389, dargestellt aus Pentin-(4)-yl-(1)-p-toluolsulfonat u. NaCN) gewonnen; 11%. — *δ-Cyclooctatetraenyl-n-butylamin*,

$C_{12}H_{17}N$, Kp.$_{0,7}$ 83°, durch $LiAlH_4$-Red. von V in Ae. unter N_2; n_D^{25} 1,5334; $D.^{25}$ 0,9535; 39%. *Hydrochlorid*, $C_{12}H_{18}NCl$, F. 110,5—111,5° (CH_3OH-Ae.); 59%. — *γ-Cyclooctatetraenyl-n-buttersäure*, $C_{12}H_{14}O_2$, Kp.$_{0,019}$ 95—97°, durch 12std. Kochen von V mit NaOH, Ansäuern u. Ausäthern; n_D^{25} 1,5310; 69%. *Chininsalz*, $C_{32}H_{38}O_4N_2$, F. 101—102° (Ae.); $[\alpha]_D^{27}$ —114,8° (l = 1, c = 0,95 in absol. A.); 80%. — *Cyclooctatetraenylmethylcarbinol* (II), $C_{10}H_{12}O$, Kp.$_{0,4}$ 70°, durch Copolymerisation von Butin-(3)-ol-(2) mit C_2H_2 u. spätere Chromatographie an SiO_2; n_D^{25} 1,5460; $D.^{25}_4$ 1,0385; 11%. — *Cyclooctatetraencarbonsäure*, F. 71,5—72,8°, durch 12std. NaOBr-Oxydation von II, erst unterhalb 10°, dann bei n. Temp., Ansäuern, Ausäthern u. Sublimation bei 0,5 mm; 37%. — *Cyclooctatetraenylmethylketon* (III), Kp.$_{0,55}$ 65—68,5°, durch tropfenweise Zugabe von CrO_3 u. verd. H_2SO_4 zu II in Aceton bei 0° unter N_2, Gießen in Eiswasser u. Ausäthern; n_D^{25} 1,5470—1,5518. *Oxim*, $C_{10}H_{11}ON$, F. 150 bis 151° (CH_3OH); 85%. Reines III, $C_{10}H_{10}O$, wurde aus diesem Oxim durch 3½std. Kochen mit Brenztraubensäure, CH_3COONa u. Essigsäure, Gießen in W., Ausäthern, Einengen, Zugabe von Bzl. u. Dest. gewonnen; Kp.$_{1,2}$ 74°; n_D^{25} 1,5548; $D.^{25}_4$ 1,0319; 57%; III entsteht auch aus II durch OPPENAUER-Oxydation mit Aceton u. Al-tert.-Butylat in Bzl.; 18—30%. III-*2.4-Dinitrophenylhydrazon*, $C_{16}H_{14}O_4N_4$, F. 202—203° unter Zers. (A. + Essigester). — Die Copolymerisation von Butin-(3)-on-(2) mit C_2H_2 in 11 Std. bei 85—90° liefert 1,5% III. — *Cyclooctatetraenyldimethylcarbinol* $C_{11}H_{14}O$, Kp.$_{1,3}$ 74,5—75,5°, durch Copolymerisation von 2-Methylbutin-(3)-ol-(2) mit Acetylen bei 85—88°; n_D^{25} 1,5370; $D.^{25}_4$ 1,1024; 13%. Die Verb. wird auch aus Cyclooctatetraencarbonsäuremethylester u. CH_3MgJ in Ae. gewonnen. (J. Amer. chem. Soc. **75**. 3220—23. 5/7. 1953.) NITZSCHKE. 1800

Reynold C. Fuson, Harold L. Jackson, Joseph A. Fuller und **Donald E. Brasure,** *Carboxylationenverdrängung in Dimesitylmethylestern.* Vff. untersuchen die Einw. verschied. GRIGNARD-Verbb. auf die Dimesitylmethylester von Essig-, Benzoe- u. symm.-Trimethylbenzoesäure, wobei unter Verdrängung des Carboxylatrestes die Alkylgruppe der GRIGNARD-Verb. angelagert wird. GRIGNARD-Verbb. mit ausgeprägtem Reduktionsvermögen liefern *Dimesitylmethan* (V). Die gleichen KW-stoffe wie vorst. werden bei der Einw. der betreffenden GRIGNARD-Verbb. auf Dimesitylmethylchlorid (I) erhalten.

Versuche: *Dimesitylmethylacetat* (II), F. 95,5—97° (A.), aus Dimesitylcarbinol in Eisessig/Bzl. (1:2,5) durch 3std. Kochen, 100% (Ausbeute), ferner aus I u. Ag-Acetat nach NAUTA u. WUIS (Recueil Trav. chim. Pays-Bas **56**. [1937.] 535). — *Dimesitylmethylbenzoat* (III), $C_{26}H_{28}O_2$, F. 151—152° (Methanol), aus I u. Ag-Benzoat in absol. Bzl. durch 30 Min. Schütteln; 64%. — *Dimesitylmethylmesitoat* (IV), $C_{29}H_{34}O_2$, F. 144—145° (Methanol), wie vorst.; 69%. — *1.1-Dimesityläthan*, F. 93—95°, aus II u. CH_3MgJ; 35% (aus III 56%, aus IV 77%, aus I 55%), ferner durch Hydrierung von α,α-Dimesityläthylen. — *1.1-Dimesitylpropan*, F. 85—86°, aus II u. C_2H_5MgX; 20% (aus III 9%, aus IV 10%, aus I 32%), daneben Spuren bis 14% V. — *1.1-Dimesitylbutan* (VI), F. 110—112°, aus II u. n-C_3H_7-MgBr; 49% (aus I 35%), daneben 2% V. — *1.1-Dimesityl-n-pentan*, F. 85—87°, aus II u. n-C_4H_9MgX; 51% (aus I u. n-Butyl-Li 68%), daneben Spuren bis 9% V. — *1.1-Dimesityl-3-methylbutan*, F. 92—93°, aus II u. Iso-C_4H_9MgX; 15% (aus I 8%), daneben 2—6% V. — *Dimesitylmethylcyclohexan*, F. 148—149°, aus II u. $C_6H_{11}MgX$; 31% (aus I 46%), daneben 1—4% V. — *4.4-Dimesitylbuten-(1)*, F. 101—102°, aus II u. Allyl-MgBr; 35% (aus I 41%), Infrarotbanden bei 1642 cm^{-1} u. 915 cm^{-1}; liefert bei der katalyt. Hydrierung mittels RANEY-Ni bei 3 at u. Zimmertemp. während 3 Std. VI; Oxydation mit CrO_3 in Eisessig gibt *β.β-Dimesitylpropionsäure*. — *ω.ω-Dimesityläthylbenzol*, F. 116—117°, aus II u. Benzyl-MgX; 51% (aus III 22%, aus IV 48%, aus I 68%). — *Dimesitylmethan* (V), F. 131—133°, aus I—IV mit Isopropyl-MgX; 21—42%, aus II u. I mit sek.- oder tert.-Butyl-MgX; 41—46% bzw. 13—71%, ferner wie vorst. als Nebenprodukt. (J. Amer. chem. Soc. **76**. 499—500. 20/1. 1954. Urbana, Ill., Univ., Noyes Chem. Labor.) G. WINKLER. 2210

D. K. Tolopko und **T. I. Jurshenko,** *Über die Synthese von 1.1-Diphenylpropyl-(1)-hydroperoxyd.* (Vgl. C. **1952**. 1297.) *1.1-Diphenylpropyl-(1)-hydroperoxyd* (I) wurde aus 1.1-Diphenylpropan (II) beim Durchleiten von O_2 gewonnen. Bei der Red. entstand *Äthyldiphenylcarbinol* (III), womit seine Konst. bestätigt ist. Die Bildungsgeschwindigkeiten der Hydroperoxydderivv. werden bei II, Methyldiphenylmethan u. Dimethylphenylmethan miteinander verglichen; danach reagiert II am langsamsten, letztgenannte Verb. am schnellsten.

Versuche: *1.1-Diphenylpropan* (II), Kp.$_{12}$ 140—141°; durch Red. von 160 g III mit 40%ig. Lsg. von HJ in Eisessig u. Nachbehandeln mit Zn-Staub; 125 g (Ausbeute).

— *1.1-Diphenylpropyl-(1)-hydroperoxyd* (I), $C_{15}H_{16}O_2$, F. 80°; aus II u. O_2 bei 82—85° bei einer Geschwindigkeit des Durchleitens von 6—8 ml/Min.; I krist. zur Hälfte aus der Lsg. aus u. wird aus PAe. umkrist.; ca. 20% (bei ca. 400std. Reaktionsdauer). — *Äthyldiphenylcarbinol* (III), F. 95°; aus I durch Red. mit KJ in Eisessig; quantitativ. (Доклады Академии Наук СССР [Ber. Akad. Wiss. UdSSR] [N. S.] **94**. 707—08. 1/2. 1954. Lwow, Polytechn. Inst.) R. Knobloch. 2270

J. D. Loudon und **L. A. Summers**, *Orthohydroxylierung von Phenolen*. 4. Mitt. *Pyrogallole*. (3. vgl. C. **1954**. 1000.) Da die Einw. von Piperidin auf *2-[2'.6'-Dioxyphenoxy]-5-nitrobenzophenon* bei der Hydroxylierung von Brenzcatechin (vgl. 3. Mitt. l. c.) eine Umlagerung u. Cyclisierung zu Fluoronderivv. verursacht, werden Hydroxylierungsverss. mit *2-Chlor-3.5-dinitrobenzophenon* (I) unternommen.

Versuche: Die nachst. *3.5-Dinitrobenzophenone* wurden durch Umsetzung von **I** mit überschüssigen Phenolen in trockenem Pyridin (15 Std.) dargestellt: *2-Phenoxy-* (**III**), $C_{19}H_{12}O_6N_2$, F. 142° (Methanol + Bzl.). *2-[3'-Methylphenoxy]-* (**IV**), $C_{20}H_{14}O_6N_2$, F. 159° (Methanol). *2-[4'-Methylphenoxy]-* (**V**), $C_{20}H_{14}O_6N_2$, F. 130° (Methanol + Bzl.). *2-[2'.5'-Dimethylphenoxy]-* (**VI**), $C_{21}H_{16}O_6N_2$, F. 146° (Bzl. + PAe.). *2-[3'.4'-Dimethylphenoxy-* (**VII**), $C_{21}H_{16}O_6N_2$, F. 164° (Methanol + Bzl.). *2-[3'.5'-Dimethylphenoxy-* (**VIII**), $C_{21}H_{16}O_6N_2$, F. 217° (Methanol + Bzl.). *2-[2'-Oxyphenoxy]-* (**IX**), $C_{19}H_{12}O_7N_2$, F. 160° (Methanol), mit 6 Mol Überschuß an Brenzcatechin. *Brenzcatechin-bis-[2-benzoyl-4.6-dinitrophenyl]-äther*, $C_{32}H_{18}O_{12}N_4$, F. 160° (Essigsäure), mit 0,5 Mol Brenzcatechin. *2-[3'-Oxyphenoxy]-*, $C_{19}H_{12}O_7N_2$, F. 160 bis 163° (Methanol), mit 6 Mol Überschuß an Resorcin (**II**). *Resorcin-bis-[2-benzoyl-4.6-dinitrophenyl]-äther*, $C_{32}H_{18}O_{12}N_4$, F. 115° (Essigsäure), mit 0,5 Mol **II**. *2-[2'.3'-Benzophenoxy]-*, $C_{23}H_{14}O_6N_2$, F. 155° (Essigsäure). *2-[3'.4'-Benzophenoxy]-*, $C_{23}H_{14}O_6N_2$, F. 188° (Essigsäure). *2-[2'.3'-α-Naphthophenoxy]-*, $C_{27}H_{16}O_6N_2$, F. 248° (Xylol), aus Phenanthrol. — Die nachst. *3.5-Dinitrobenzophenone, u. auch* **IX** aus **III**, wurden durch Lösen der **II** in warmer konz. H_2SO_4, Zugabe von Essigsäure, Oxydation mit der berechneten Menge 30%ig. H_2O_2 in Essigsäure, bis die rote Lsg. hellbraun geworden ist, u. Zers. mit Eis dargestellt: *2-[5'-Methyl-2'-oxyphenoxy]-* (**X**), $C_{20}H_{14}O_7N_2$, F. 139° (Bzl. + PAe.), aus **IV**; gibt mit äther. Diazomethan **XI**-*Methyläther*. In einem Falle wurde ein Präp. vom F. 159° erhalten, das nach dem Aufbewahren im Vakuum bei 125° einen F. 146° zeigte. *2-[4'-Methyl-2'-oxyphenoxy]-* (**XI**), $C_{20}H_{14}O_7N_2$, F. 139°, aus **V**; *Methyläther*, $C_{21}H_{16}O_7N_2$, F. 186°. *2-[3'.6'-Dimethyl-2'-oxyphenoxy]-* (**XII**), $C_{21}H_{16}O_7N_2$, F. 171° (Methanol), aus **VI**. *2-[4'.5'-Dimethyl-2'-oxyphenyl]-* (**XIII**), $C_{21}H_{16}O_7N_2$, F. 175° (A.), aus **VII**. *2-[3'.5'-Dimethyl-2'-oxyphenoxy]-*, $C_{21}H_{16}O_7N_2$, F. 183° (wss. A.), aus **VIII**. *2-[2'.6'-Dioxyphenoxy]-* (**XIV**), $C_{19}H_{12}O_8N_2$, F. 148° (Zers., Eisessig + PAe.), aus **IX**. *2-[3'-Methyl-2'.6'-dioxyphenoxy]-*, $C_{20}H_{14}O_8N_2$, F. 206° (Zers., Chlf.), aus **X**. *2-[4'-Methyl-2'.6'-dioxyphenoxy]-*, $C_{20}H_{14}O_8N_2$, F. 164° (Zers., Bzl.), aus **XI**. *2-[3'.4'-Dimethyl-2'.6'-dioxyphenoxy]-*, $C_{21}H_{16}O_8N_2$, F. 203° (Zers., Methanol), aus **XIII**. — *Phenol*, aus **III** u. Piperidin allein, in Bzl. als Lösungsm. oder in Ggw. von 1 Äquivalent Essigsäure. *3.5-Dinitro-2-piperidinobenzophenon*, $C_{18}H_{17}O_5N_3$, F. 125° (A.) als Nebenprod., oder aus **I** u. Piperidin; orangefarbene Tafeln. — *4-Oxy-3-methoxytoluol*, aus dem Methyläther von **XI** mit Piperidin in Bzl., Öl. *Pikrat*, F. 104°. *Benzoat*, F. 72°. — *4-Oxy-5.7-dinitro-9-phenylfluoron*, $C_{19}H_{10}O_7N_2$, F. 335° (Zers.; Anisol), analog aus **XIV**, schwarze Kristalle. — *5.7-Dinitro-3-phenylbenzisoxazol*, F. 244° (Bzl.), aus **XIV** u. Hydroxylamin in Methanol (3 Std.), neben wenig Pyrogallol. — *Brenzcatechin*, F. 105° (Bzl. + PAe.), a) aus **XIV** u. Piperidin, b) aus **XIV** u. Phenylhydrazin in Bzl. (15 Std.). — *5.7-Dinitro-1.3-diphenylindazol*, $C_{19}H_{12}O_4N_4$, F. 218° (A.), als Nebenprod. des vorst. nach b); Tafeln. — *3.6-Dimethylbrenzcatechin*, F. 102° (Bzl. + PAe.), aus **XII** u. Phenylhydrazin in Bzl.; Nadeln. — *Pyrogallol*, F. 132° (Bzl.), analog aus **XIV**. — *4-Methylpyrogallol*, $C_7H_8O_3$, F. 142° (Bzl. + PAe.), analog. — *5-Methylpyrogallol*, $C_7H_8O_3$, F. 120° (Bzl.). — *4.5-Dimethylpyrogallol*, $C_8H_{10}O_3$, F. 148° (Bzl.). — *4.6-Dimethylpyrogallol*, F. 122—123°. (J. chem. Soc. [London] **1954**. 1134—37. März. Glasgow, Univ.) Gold. 2380

Tsch. P. Iwanow und **B. W. Alexijew**, *Über die Nitrierung von 2.3-Diaryl- und 2-Aryl-3-alkylindonen*. Beim Behandeln von 2.3-Diphenylindon (I) mit stickoxydhaltiger konz. HNO_3 wurde *2-p-Nitrophenyl-2-nitro-3-phenyl-3-oxyhydrindon* (**II**) erhalten. Beim Schmelzen oder Kochen mit A. ging **II** unter Verlust von 1 Mol HNO_3 in *2-p-Nitrophenyl-3-phenylindon* (**III**) über. Die Konst. von **III** folgt aus der Bldg. von p-Nitrobenzoesäure (**IV**) u. o-Benzoylbenzoesäure (**V**) bei der Oxydation mit $KMnO_4$ in Aceton. Wird **I** mit stickoxydfreier HNO_3 behandelt, so bleibt es unverändert. Die **II** zuerteilte Konst. wird wie folgt begründet: Die Struktur vom Typus eines Oxyhydrindonsalpetersäureesters kann ausgeschlossen werden, denn derartige Verbb. bilden sich auch bei Einw. von stickoxydfreier HNO_3. Da **II** fast farblos ist u.

bei der Abspaltung von 1 Mol HNO_3 in das rote **III** übergeht, so ist anzunehmen, daß HNO_3 an die Doppelbindung des 5gliedrigen Ringes angelagert ist, wodurch das Syst. der konjugierten Bindungen gestört wird. Es wird ein Reaktionsmechanismus auf Grund der Theorie von TITOW (C. **1953**. 3541) angegeben, aus dem die Anlagerungsweise von HNO_3 hervorgeht. Wird **I** unter milden Bedingungen mit HNO_3 behandelt, so läßt sich die Nitrierung der 2-Phenylgruppe vermeiden, u. es entsteht *2.3-Diphenyl-2-nitro-3-oxyhydrindon*, aus dem unter Verlust von 1 Mol HNO_3 **I** zurückgebildet wird. Aus 2-Phenyl-3-p-tolylindon (**VI**) u. 2-Phenyl-3-äthylindon (**VII**) wurden die **II** u. **III** entsprechenden Verbb. erhalten.

Versuche: *2-p-Nitrophenyl-2-nitro-3-phenyl-3-oxyhydrindon* (**II**), $C_{21}H_{14}O_6N_2$, F. 139° (Zers.; der F. hängt von der Schnelligkeit des Erhitzens ab); man fügt zu 1 g **I** in 20 ml 96%ig. CH_3CO_2H 2 ml rauchende HNO_3 bei 90° hinzu, kühlt nach 1 Min. ab, hält 4—6 Std. bei Zimmertemp., gießt in W., extrahiert mit Ae., schüttelt die äther. Lsg. mit verd. Alkalihydroxyd zur Entfernung von *Benzoesäure* u. **V** u. dampft auf ein kleines Vol ein; aus Bzl. + PAe. gelbliche Kristalle; 0,583 g (Ausbeute) neben 0,5 g nicht untersuchten neutralen Produkten. — *2.3-Diphenyl-2-nitro-3-oxyhydrindon*, $C_{21}H_{15}O_4N$, F. 125—126° (Zers.); beim Behandeln von **I** mit HNO_3 analog Vorst., aber bei 55°; aus Bzl. + PAe. glasartige Prismen (mit Kristallbenzol?); 0,15 g aus 1 g **I**. Hieraus (0,05 g) beim Kochen mit A. 0,026 g **I**. — *2-p-Nitrophenyl-3-phenylindon* (**III**), $C_{21}H_{13}O_3N$, F. 164—165° (korr.); durch Erhitzen von **II** auf 140—150°; aus A. rote Kristalle; 0,546 g aus 1 g **II**. Bei der Oxydation mit $KMnO_4$ in Aceton werden aus 0,002 Mol 0,365 g **V** u. 0,184 g **IV** erhalten. — *2-p-Nitrophenyl-2-nitro-3-p-tolyl-3-oxyhydrindon*, $C_{22}H_{16}O_6N_2$, F. 126° (Zers.); durch Behandeln von **VI** mit HNO_3 bei 25°; aus Bzl. + PAe. gelbe Kristalle; 12% neben 65% nachst. Verb. u. *o-Toluylbenzoesäure*. — *2-p-Nitrophenyl-3-p-tolylindon*, $C_{22}H_{15}O_3N$, F. 201—202°; rote Kristalle. — *2-p-Nitrophenyl-2-nitro-3-äthyl-3-oxyhydrindon*, $C_{17}H_{14}O_6N_2$, F. 124°; aus **VII** mit 86%ig. HNO_3, 1 Min. bei 90°, dann 4—6 Std. bei Zimmertemp.; farblose Kristalle; 1,32 g neben 0,042 g Säuren, darunter **IV**. — *2-p-Nitrophenyl-3-äthylindon*, $C_{17}H_{13}O_3N$, F. 158—159°; aus vorst. Verb. bei 140—150°; aus PAe. orange Kristalle. (Доклады Академии Наук СССР [Ber. Akad. Wiss. UdSSR] [N. S.] **94**. 57—60. 1/1. 1954. Sofia, Bulgarien, Chem.-Technol. u. Metallurg. Inst.)

R. KNOBLOCH. 2650

W. M. Rodionow und **B. I. Kurtew**, *β-[Naphthyl-(2)]-β-aminopropionsäure und ihre Pyrimidinderivate*. 2. Mitt. (1. vgl. C. **1953**. 5018.) Aus β-[Naphthyl-(2)]-β-aminopropionsäure (**I**) wurden nach bekannten Methoden *β-[Naphthyl-(2)]-β-ureido-* (**II**) u. *β-[Naphthyl-(2)]-β-[ω-phenylureido]-propionsäure* (**III**), ebenso aus β-[Naphthyl-(2)]-β-methylaminopropionsäure (**IV**) *β-[Naphthyl-(2)]-β-[N¹-methylureido]-propionsäure* (**V**) hergestellt. **II** u. **V** gingen beim Behandeln mit verd. HCl unter Abspaltung von W. u. Ringschließung in die entsprechenden *Dihydrouracil* (*2.4-Dioxohexahydropyrimidin*)-*Derivv.* über. Bei **III** gelang diese Rk. nur in stark wss. methanol. HCl mit mäßiger Ausbeute, während in wenig W. enthaltender methanol. HCl **III**-*Methylester* u. in sd. wss. HCl unter Desaminierung *β-[Naphthyl-(2)]-acrylsäure* (**VI**) gebildet wurden. Beim Behandeln von **I** mit KSCN in Ggw. von HCl wurde in geringer Ausbeute *6-[β-Naphthyl]-2-thiodihydrouracil* (*6-[Naphthyl-(2′)]-2-thion-4-oxohexahydropyrimidin*) erhalten, das durch Entschwefeln mit $(CH_3CO_2)_2Pb$ in *6-[β-Naphthyl]-dihydrouracil* überging. Bei dem Vers., in analoger Weise aus **IV** das 2-Thiodihydrouracilderiv. zu gewinnen, bildete sich nur **VI**. Nach der bei β-Alkyl-β-aminosäuren bewährten Meth. der Herst. von β-Alkyl-β-guanidinosäuren wurde **I** mit O-Methylisoharnstoff zur Rk. gebracht, wobei die Ausbeute an *β-[Naphthyl-(2)]-β-guanidinopropionsäure* jedoch gering war. Die Ringschließung, bei der ein Imino- (Amino-)-pyrimidinderiv. zu erwarten war, gelang nicht; statt dessen entstand **VI**. In Analogie zu früher durchgeführten Rkk. wurde β-[Naphthyl-(2)]-β-acetamidopropionsäureamid (**VII**) mit Acetanhydrid behandelt; die Ausbeute an *2-Methyl-6-[naphthyl-(2′)]-4-oxo-3.4.5.6-tetrahydropyrimidin* war gut.

Versuche: *β-[Naphthyl-(2)]-β-ureidopropionsäure* (**II**), $C_{14}H_{14}O_3N_2$, F. 199 bis 199,5° (Zers.); durch 15std. Erhitzen von 2,15 g **I** mit 8 g Harnstoff in 45 ml W. auf dem Wasserbad; aus A. Kristalle; 2,38 g (Ausbeute) neben 0,11 g nachst. *Amids*. — *β-[Naphthyl-(2)]-β-ureidopropionsäureamid*, $C_{14}H_{15}O_2N_3$, F. 217,5° (Zers.); aus 0,215 g **I**-Amid u. 0,072 g NaOCN in 7,6 ml 2%ig. H_2SO_4, 5—10 Min. auf dem sd. Wasserbad; seidige Kristalle aus A.; 0,2 g. Wird bei kurzem Erwärmen mit Alkalilauge zu **II** verseift. Beim Schmelzen entsteht unter Entw. von NH_3 *6-[β-Naphthyl]-dihydrouracil* (vgl. unten). — *β-[Naphthyl-(2)]-β-[ω-phenylureido]-propionsäure* (**III**), $C_{20}H_{18}O_3N_2$, F. 178,5—179,5° (Zers.); aus 1,08 g **I** u. 0,68 g Phenylisocyanat in 10 ml 4%ig. NaOH unter Kühlen mit Eis; aus A. Prismen; 1,45 g. *Methylester*, $C_{21}H_{20}O_3N_2$, F. 142–143°; bei 5std. Kochen von 0,66 g **III** mit 20 ml CH_3OH + 5 ml HCl (D. 1,18); aus wss. A. Prismen; 0,66 g. Wird durch verd. Alkalilauge schnell zu **III** verseift. — *β-[Naphthyl-(2)]-β-[N¹-methylureido]-propionsäure* (**V**), $C_{15}H_{16}O_3N_2$, F. 180–181° (Zers.); aus 0,38 g **IV** u. 0,2 g NaOCN in 10 ml W., 4 Std. auf dem sd. Wasserbad; 0,32 g. — *6-[β-Naphthyl]-dihydrouracil*, $C_{14}H_{12}O_2N_2$, F. 245–246°; 2,58 g **II** werden ½ Std. mit 100 ml HCl (D. 1,18) gekocht; aus viel A. Prismen; 1,65 g. Wird durch sd. 4–5%ig. Alkalilauge ziemlich leicht zu **II** hydrolysiert. — *3-Phenyl-6-[β-naphthyl]-dihydrouracil*, $C_{20}H_{16}O_2N_2$, F. 233–234°; 1,67 g **III** werden mit 100 ml 16%ig. HCl + 10 ml CH_3OH 15–20 Std. auf dem Wasserbad erhitzt; aus viel A. kurze Prismen; 0,47 g. — *1-Methyl-6-[β-naphthyl]-dihydrouracil*, $C_{15}H_{14}O_2N_2$, F. 200,5–201,5°; aus **V** beim Erhitzen mit verd. HCl (1:1) auf dem Wasserbad; aus A. + Ae. dicke Prismen; 70%. — *6-[β-Naphthyl]-2-thiodihydrouracil*, $C_{14}H_{12}ON_2S$, F. 261–261,5°; man verdampft 2,15 g **I** mit 1,52 g KSCN + 1 ml konz. HCl + 15 ml W. auf dem Wasserbad zur Trockne, erhitzt den Rückstand 2–3 Std. auf 145–150° u. erwärmt 10 Min. mit 20 ml 4%ig. HCl auf dem Wasserbad; aus A. Prismen; 0,57 g — *β-[Naphthyl-(2)]-β-guanidinopropionsäure*, $C_{14}H_{15}O_2N_3$, F. 249–250° (Zers.); aus 6,45 g **I** u. $NH_2C(OCH_3)=NH$ (aus 5,94 g des Hydrochlorids) in wasserhaltigem CH_3OH; das Gemisch wird 15 Tage gerührt; aus wss. A. Kristallpulver; 1,17 g. — *2-Methyl-6-[naphthyl-(2′)]-4-oxo-3.4.5.6-tetrahydropyrimidin*, $C_{15}H_{14}ON_2$, F. 127,5–129°; 1,28 g **VII** werden mit 8 ml Acetanhydrid 8 Std. auf 140° erhitzt; aus W. Nadeln; hält beim Trocknen sehr hartnäckig W. zurück; 0,71 g. (Известия Академии Наук СССР, Отделение Химических Наук [Nachr. Akad. Wiss. UdSSR, Abt. chem. Wiss.] **1952**. 268–72. März/April. Chem.-Technol. Mendelejew-Inst.) TROFIMOW. 2700

L. Sihlbom, *Die Wechselwirkung zwischen Halogenwasserstoffsäuren und Nitroaminen. 2. Mitt. Untersuchung des Reaktionsmechanismus.* (1. vgl. C. **1952**. 7969.) 4.9-Dinitro-3-aminoreten (**I**) gibt in Eisessig mit konz. HCl bei 90–100° in 15–30 Sek. quantitativ *4-Chlor-9-nitroreten-3-diazoniumchlorid* (**IIIa**, vgl. l. c.). Es wird nun gezeigt, daß bei dieser Rk. ein intermol. Kettenmechanismus vorliegt, bei dem zunächst aus 1 Mol **I** u. HCl durch Substitution der 4-Nitrogruppe durch Cl das 4-Chlorderiv. (**III**) u. HNO_2 entstehen, die HNO_2 dann ein weiteres Mol **I** diazotiert, welches nun mit HCl in **IIIa** übergeht. Dieser Mechanismus ergibt sich aus den nachst. Versuchen. Wurde die Rk. in Ggw. von p-Chloranilin (**II**) ausgeführt, so verlief sie erheblich langsamer, u. nach Red. mit H_3PO_2 bzw. CuCl wurden *4-Chlor-9-nitro-3-aminoreten* (**III**), *9-Nitro-3-aminoreten* (**IV**) u. *4-Chlor-9-nitroreten* isoliert u. bei Red. mit CuCl noch *p-Dichlorbenzol* u. *3.4-Dichlor-9-nitroreten* (**V**). Die hierbei erfolgte Diazotierung von **II** zeigt, daß das diazotierende Agens aus **I** gebildet worden sein muß, die Verlangsamung der Rk. in Ggw. von **II** deutet auf einen Kettenmechanismus. Die Bldg. von **IIIa** aus **I** u. HCl verlief schon bei Zimmertemp., wenn eine geringe Menge Nitrit zugesetzt wurde. Erhitzen von **II** mit **IIIa** unter den Versuchsbedingungen zeigte, daß eine Diazotierung von **II** durch **IIIa** (intramol. über eine Diazoaminoverb.) nicht stattfindet. Für die erwähnte Bldg. von **IV** wird Dechlorierung von **III** durch CuCl oder Denitrierung von **I** angenommen, denn aus **I** u. CuCl wurde **IV** erhalten, jedoch nicht aus **I** u. H_3PO_2 u. auch nicht aus **III** durch Behandlung mit **IIIa**, **II** u. p-Chlorbenzoldiazoniumchlorid u. Zers. der Diazoniumsalze durch Erhitzen.

Versuche (FF. korr.): Eine heiße Lsg. von **II** in Eisessig u. konz. HCl wurde unter Rühren zu einer heißen Lsg. von **I** in Eisessig gegeben u. die Reaktionslsg. nach 5 Min. bei ca. 90° in 2 Teile (**A** u. **B**) geteilt. **A** wurde mit 50%ig. H_3PO_2 versetzt, nach 5std. Stehen verd., alkal. gemacht, mit Ae. extrahiert, mit HCl die Amine gefällt, letztere in Bzn. gelöst u. an Al_2O_3 chromatographiert. Isoliert wurden: *4-Chlor-9-nitro-3-aminoreten* (**III**), $C_{18}H_{17}O_2N_2Cl$, F. 129–130°, orangegelbe Nadeln aus A., 8% (Ausbeute), u. **IV**, 8% (hieraus *9-Nitro-3-acetylaminoreten*, F. 290–291°, Schupp aus Eisessig). Aus dem Ae.-Filtrat durch Chromatographie an Al_2O_3 (in Bzn.): *4-Chlor-9-nitroreten*, F. 133–134°; flache gelbe Nadeln aus Eisessig; 8%. **B** wurde durch CuCl in heißer konz. HCl zers., die Amine wurden wie bei **A** abgetrennt u. aus dem Filtrat *p-Dichlorbenzol*, $C_6H_4Cl_2$, F. 51,5–53°, 10%, u. **V**, 16%, gewonnen. — *4-Chlor-9-nitro-3-acetylaminoreten*, $C_{20}H_{19}O_3N_2Cl$, F. 211–212° (A.), aus **III** u. Acetanhydrid in Benzin. — *3.4-Dichlor-9-nitroreten* (**V**), F. 159–160° (Eisessig), durch Lösen von 0,1 g **III** in Eisessig, Fällen des Hydrochlorids mit konz. HCl, Diazotieren bei Zimmertemp. u. Gießen in eine heiße Lsg. von CuCl ink onzH.Cl; 0,1 g. — *9-Nitro-3-aminoreten* (**IV**), F. 156–157°, aus 50 mg **III** in Eisessig mit konz. HCl u. CuCl, Schütteln bei 90° (7 Min.); rötlichgelbe Nadeln aus A.; 40 mg. (Acta chem. scand. **7**. 790–97. 1953. Stockholm, Univ., Inst. of Organ. Chem. and Biochem.) CLEVE. 2850

Ch. Marschalk, *Tetraselenotetracen.* Die Umsetzung von 5.11-Dichlortetracen (I) mit Se in einer bei 250° sd. eutekt. Mischung von Diphenyl u. Diphenyläther liefert unter HCl-Entw. *Tetraselenotetracen* (II). Sein Absorptionsspektr. ist dem von Tetrathiotetracen ähnlich, aber etwas nach Violett verschoben (vgl. auch Bull. Soc. chim. France, Mém. [5] **19.** [1952.] 147). **II** bildet leicht Salze mit starken, oxydierend wirkenden Säuren, wie H_2SO_4, HNO_3, $HClO_4$; Chloride u. Bromide werden durch direkte Einw. von Chlor u. Brom erhalten. Bei der oxydierenden Salzbldg. konnten mehrere Stufen beobachtet werden. Die Salze verhalten sich im Prinzip wie die des Tetrathiotetracens, sind jedoch leichter hydrolysierbar. Das blaue Formiat eignet sich zum Färben von Viscose. Die Entw. der Färbung mit Hydrosulfit führt zu einem braunoliven Farbton.

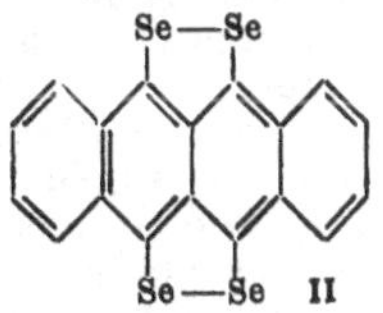

V e r s u c h e: *Tetraselenotetracen* (II), $C_{18}H_8Se_4$, sublimiert im Vakuum bei 240 bis 250°, aus I u. Se in einer sd. Mischung von Diphenyl u. Diphenyläther (250°) unter HCl-Entw. (6 Std.), Abkühlen, Waschen mit A. u. Sublimieren im Vakuum; aus Trichlorbenzol schwarze Nadeln; λ_{max} 471 $\pm$1 mμ, schwache Bande bei 508 $\pm$1 mμ, Inflexion bei 556 $\pm$2, 600 $\pm$2, 661 $\pm$2 u. 716 $\pm$1 mμ (Trichlorbenzol). — II-*Monoformiat*, aus **II**, Ameisensäure u. verd. H_2O_2, Verdünnen der blauen Lsg. mit W. u. Filtrieren; aus der wss. Lsg. blaue Nadeln. II-*Monoacetat*, analog, blaue Nadeln. — II-*Monochlorid*, $C_{18}H_8ClSe_4 \cdot H_2O$, aus dem Monoformiat in W. u. NaCl, aus W. (60—65°) blaues, mikrokristallines Pulver. Oxydiert sich an der Luft oder mit H_2O_2 zu einem braunen Produkt. — II-*Perchlorat* $(C_{18}H_8Se_4)_2 \cdot (ClO_4)_3$, aus der mit H_2O_2 erhaltenen orangefarbenen, ameisensauren Lsg. von **II** mit wss. $HClO_4$ als roter Nd.; zers. sich beim Erhitzen unter Feuererscheinung. Liefert bei Zers. mit NH_4OH eine Base. — II-*Nitrat* $(C_{18}H_8Se_4)_2 \cdot (NO_3)_3$, aus dem blauen Formiat mit wss. HNO_3 u. Behandeln des blauen Mononitrats mit wss. HNO_3 u. H_2O_2 als orangefarbene Nadeln oder aus dem orangefarbenen Formiat wie das Chlorat bzw. aus **II** mit HNO_3 (48° Bé) u. Fällen der Lsg. mit Eis. Die Spaltung mit $TiCl_3$ in verd. HCl liefert reines **II** als olivgrüne Kristalle zurück. (Bull. Soc. chim. France, Mém. [5] **19.** 800—05. Juli/Aug. 1952.) GOLD. 2950

Ch. Marschalk und **J. Dassigny,** *Konstitutionsprobleme in der Reihe des Benzanthracens-(1.2).* (Theoret. Teil vgl. C. **1949.** I. 988; vgl. auch BADGER, C. **1949.** II. 1187.) V e r s u c h e: *β-Benzoylaminonaphthalin,* F. 159°, durch Zusammenschm. von Benzoylchlorid u. β-Naphthylamin. — *Gemisch* aus *o-[2-Benzoylaminonaphthoyl-(6* u. *-7)]-benzoesäure,* aus Vorst. u. Phthalsäureanhydrid in o-Dichlorbenzol oder Trichlorbenzol mit $AlCl_3$ bei Zimmertemp. (→40°), später bei 50—52° (8 Std.) u. Zers. mit wss. HCl, Paste; 90%. — *2'-* u. *3'-Amino-1.2-benzanthrachinon* **(II + I)**, F. 185°, aus Vorst. u. 10 Teilen konz. H_2SO_4 bei 90—100° (3 Std.), Verdünnen mit W. u. Spalten der Sulfate mit Soda. — *3'-Amino-1.2-benzanthrachinon* (I), $C_{18}H_{11}O_2N$, F. 227° (Chlorbenzol), aus vorst. Mischung in konz. H_2SO_4 (7%ig. Lsg.) durch fraktionierte Fällung mit W. (16—25%) als 1. Fraktion u. Spalten des Sulfats, nach einer weiteren Fraktionierung orangebraune Kristalle; Küpe orangefarben. *Acetylverb.,* F. 275°, gelbe Kristalle. — *2'-Amino-1.2-benzanthrachinon* (II), F. 193° (Chlorbenzol), aus dem schwefelsauren Filtrat des Vorst. mit Soda; metall. glänzende, violette Nadeln. *Acetylverb.,* F. 283—285°. — **I** u. **II** sind mit den aus Chlorbenzanthrachinon (von HELLER) mit wss. NH_3 bei 170—180° (12 Std.) dargestellten Aminen identisch. — *Anthrachinon-1.2-dicarbonsäure* (III), aus I in wss. H_2SO_4 mit $KMnO_4$ u. Reinigen über das Ammoniumsalz. *Phenylimid,* $C_{22}H_{11}O_4N$, F. 268°, durch Überführen in das Anhydrid (F. 323°) in Nitrobenzol bei 200° u. Behandeln mit Anilin; Täfelchen. — *thrachinon-2.3-dicarbonsäurephenylimid,* F. 347° (Nitrobenzol, viel Eisessig), analog; Täfelchen. — *3'-Chlor-1.2-benzanthrachinon,* $C_{18}H_9O_2Cl$, F. 215° (Eisessig, Xylol), a) aus I durch Diazotieren in 90%ig. H_2SO_4 u. Spalten des isolierten Diazoniumsulfats mit HCl u. Cu_2Cl_2 bei 50°; b) aus einem Gemisch von Chlor-2-naphthoylbenzoesäuren; gelbe Nadeln. Liefert bei der sauren $KMnO_4$-Oxydation **III.** (Bull. Soc. chim. France, Mém. [5] **19.** 805—08. Juli/Aug. 1952. Usine de Villers-Saint-Paul, Comp. Française des matières colorantes, Service Scientifique.) GOLD. 2950

Franz Runge und **Arno Meckelburg,** *Auffindung und Synthese von 4.9-Dimethylpyren. 4.9-Dimethylpyren* (I) wird als Bestandteil aus dem hochsd. Rückstand der Benzinsynth. gewonnen u. seine Konst. durch Synth. bewiesen.

V e r s u c h e (FF. auf BOËTIUS-Mikroheiztisch): *3.5.8.10-Tetrachlor-4.9-dimethylpyren* (II), $C_{18}H_{10}Cl_4$, verkohlt bei 315°. — *3.5.8.10-Tetrabrom-4.9-dimethyl-*

pyren (III), $C_{18}H_{10}Br_4$, verkohlt bei 345°. — *Naphthalintetracarbonsäure-(1.4.5.8)*, $C_{14}H_8O_8$, aus II bzw. III mit HNO_3 u. Oleum. — *4.9-Dimethyl-3.5.8.10-tetraoxo-3.4.5.8.9.10-hexahydropyren*, aus 10 g Dianhydrid vorst. Verb., Methylmalonsäureäthylmethylester u. $ZnCl_2$ (3 Std., 180°), Zers. mit sd. W., Lösen in 10%ig. NH_4OH, Fällen mit HCl u. Trocknen auf Ton; 2 mal (je 100 cm³) mit CH_3COOH u. 3 mal mit Propanol ausgekocht; rotbraunes Pulver; 4 g. — Vorst. Verb. mit P u. HJ (D. 1,7) je 10 Std. im Rohr auf 160 u. 200° erhitzt; Benzolextrakt mit W., SO_2 u. NaOH gewaschen; 1 g Öl. — *4.9-Dimethylpyren* (I), F. 237,3° (Propanol); vorst. Extrakt in CO_2 bei 500° über frisch red. Cu geleitet; gelbliche Kristalle; 600 mg roh; Chromatographie aus Bzl. an Al_2O_3. *Pikrat* (IV), F. 227,2°. *Isoliertes* I, F. 238,5°; IV, F. 227,2°. Umwandlungspunkt 204,5°, Übergang der Nadeln in Rhomben. (Chem. Ber. **86**. 373—76. 1953. Halle-Wittenberg, Martin-Luther-Univ., Inst. für techn. Chem.)

LEHMSTEDT. 2950

Ju. K. Jurjew und **L. I. Chmelnitzki**, *Gewinnung von Thiophenhomologen aus ungesättigten Kohlenwasserstoffen.* Nach Literaturangaben lassen sich nur solche acycl. KW-stoffe durch Einw. von SO_2 in Ggw. von Katalysatoren in Thiophenderivv. überführen, bei denen eine Kette von wenigstens 4 C-Atomen vorhanden ist. In vorliegender Arbeit wird der Einfl. untersucht, den Substituenten am 2. u. 3. C-Atom u. Lage u. Anzahl von Doppelbindungen hierbei ausüben. 2.3-Dimethylbuten-(2) (I) gibt bei 350 u. 400° 30,5% *3.4-Dimethylthiophen* (II) (auf umgesetzten KW-stoff bezogen), während 2.3-Dimethylbutadien-(1.3) (III) nur 19,5 bzw. 24% II liefert. Aus 2-Methylbuten-(2) (IV) entsteht *3-Methylthiophen* (V); die Ausbeute beträgt 19,5% bei 400° u. 23% bei 450°. Werden 2.3-Dimethylbuten-(1) (VI) u. 2-Methylbuten-(3) (VII) der Rk. unterworfen, so ändert sich bei niedrigeren Tempp. die Ausbeute im Vgl. zu der aus I u. IV erhaltenen wenig, doch erfolgt stärkere Zerstörung der KW-stoffe. Die optimale Umwandlungstemp. ist bei allen untersuchten KW-stoffen 350—450°, während sie nach CONARY u. Mitarbeitern (vgl. C. **1950**. II. 1173) für Butan, Butene u. Butadien-(1.3) 500—550° beträgt.

V e r s u c h e: Katalysator war Cr_2O_3/Al_2O_3; Volumengeschwindigkeit 0,4 bis 0,5 ml KW-stoff/(ml Katalysator·Std.); SO_2 wurde mit der Geschwindigkeit 150 bis 160 ml/Min. durchgeleitet; das mol. Verhältnis SO_2 : KW-stoff betrug (1,1—1,2) : 1. — *3-Methylthiophen* (V), C_5H_6S; a) aus IV: 25 g gaben bei 450° 6,6 g V; das wiedergewonnene IV enthielt wahrscheinlich durch Dehydrierung entstandenes *2-Methylbutadien-(1.3)*; b) aus VII: 18,1 g gaben bei 450° 5,6 g V. Physikal. Eigg. des unter a) erhaltenen V-Präp.: $Kp._{745}$ 114—115°; $D.^{20}{}_4$ 1,0220; n_D^{20} 1,5212; Mol.-Refr. ($[MR]_D$) 29,25; die physikal. Eigg. des unter b) erhaltenen Präp. waren ähnlich. *2-Chlormercuri-3-methylthiophen*, F. 128—129°. — *3.4-Dimethylthiophen* (II), C_6H_8S; a) aus I: 35,5 g gaben bei 400° 9,1 g II; das wiedergewonnene I enthielt wahrscheinlich etwas III; b) aus VI: 15,4 g gaben bei 400° 4,5 g II; das wiedergewonnene VI enthielt wahrscheinlich I u. III; c) aus III: 28,5 g gaben bei 450° 5,6 g II. Als Beispiel die physikal. Eigg. des unter a) erhaltenen II-Präp.: $Kp._{750}$ 146—147°; $D.^{20}{}_4$ 1,0055; n_D^{20} 1,5218; $[MR]_D$ 34,02. *2-Chlormercuri-3.4-dimethylthiophen*, C_6H_7ClSHg, F. 138,5—139,5°. (Доклады Академии Наук СССР [Ber. Akad. Wiss. UdSSR] [N. S.] **92**. 101—04. 1/9. 1953. Moskau, Lomonossow-Univ., Zelinsky-Labor. für organ. Chem.)

R. KNOBLOCH. 3071

Walter T. Smith jr. und **Robert W. Shelton**, *Synthese von substituierten β-Thienyl- und β-Furylglutarsäuren.* Durch Kondensation von heterocycl. Aldehyden mit Acetessigsäureäthylester (I) in Ggw. von Piperidin (II) wurden nach RCHO + 2 I → $RCH[CH(COCH_3)COOC_2H_5]_2 + H_2O$ *Äthyl-bis-acetoacetate* erhalten, deren Hydrolyse mit konz. Alkali zu *β-substituierten Glutarsäuren* führte. Die Kondensation gelang nicht mit Chinolinaldehyd-(2), Indolaldehyd-(3), Thionaphthenaldehyd-(3) u. 5-Nitrofurfurol, die Gewinnung krist. Säuren nicht aus den Kondensationsprodd. von Nicotinaldehyd (III) u. Pyrrolaldehyd-(2) (IV) mit I.

V e r s u c h e: *2.5-Dimethylthenyliden-(3)-bis-[acetessigsäureäthylester]*, F. 116 bis 117° (Bzl.–Ligroin 1 : 2), aus 2.5-Dimethylthiophenaldehyd-(3), I u. II durch 36 std. Stehen, mehrstd. Kühlen u. Aufnehmen in A.; 68% (Ausbeute). — Analog nachst., B i s - [a c e t e s s i g s ä u r e ä t h y l e s t e r]: *5-Methylfurfuryliden-(2)-*, F. 99—100°, aus 5-Methylfurfurol; 45%. — *5-Chlorfurfuryliden-(2)-*, F. 95—96°, aus 5-Chlorfurfurol; 46%. — *5-Bromfurfuryliden-(2)-*, F. 101—103°, aus 5-Bromfurfurol; 77%. — *Thenyliden-(2)-*, F. 107—108°, aus Thiophenaldehyd-(2); 51%. — *5-Methylthenyliden-(2)-*, F. 114—116°, aus 5-Methylthiophenaldehyd-(2); 67%. — *5-Äthylthenyliden-(2)-*, F. 99—100°, aus 5-Äthylthiophenaldehyd-(2); 34%. — *5-Propylthenyliden-(2)-*, F. 96—97°, aus 5-Propylthiophenaldehyd-(2); 24%. — *5-Chlorthenyliden-(2)-*, F. 136

bis 137°, aus 5-Chlorthiophenaldehyd-(2); 70%. — *Pyrrolyl-(2)-methylen-*, F. 159 bis 160°, aus **IV**; 54%. — *Pyridyl-(3)-methylen-*, F. 144—145°, aus **III**; 60%. — *Piperonyliden-*, F. 150—151°, aus Piperonal; 51%. — Nachst. *β*-substituierte Glutarsäuren wurden durch 1std. Kochen vorst. Ester in A. mit 50%ig. NaOH u. Versetzen mit W. u. dann mit konz. HCl unter Kühlung erhalten: *5-Methylfuryl-(2)-*, F. 134—136°; 62%. — *5-Chlorfuryl-(2)-*, F. 121—122°; 73%. — *5-Bromfuryl-(2)-*, F. 93° (Zers.); 59%. — *Thienyl-(2)-*, F. 121—122°; 59%. — *5-Methylthienyl-(2)-*, F. 134—135°; 58%. — *2.5-Dimethylthienyl-(3)-*, F. 148—149°; 62%. — *5-Äthylthienyl-(2)-*, F. 95—96°; 60%. — *5-Propylthienyl-(2)-*, F. 73—74°; 69%. — *5-Chlorthienyl-(2)-*, F. 119—120°; 52%. — *3.4-Methylendioxyphenyl-*, F. 175—176°; 68%. (J. Amer. chem. Soc. **76.** 2731—32. 20/5. 1954. Lexington, Ky., Univ., Dep. of Chem., u. State Univ. of Iowa, Chem. Labor.) SPAETH. 3071

D. B. Murphy, F. R. Schwartz, J. P. Picard und **J. V. R. Kaufman**, *Identifizierung von Isomeren, die bei der Nitrierung von Carbazol gebildet werden.* Bei der direkten Tetranitrierung von Carbazol (I) wurden durch fraktionierte Kristallisation aus Aceton 3 Fraktionen verschied. Löslichkeit erhalten. Die am leichtesten lösl. Substanz scheint ein Gemisch von Zersetzungs- u. Kondensationsprodd. u. von weniger nitriertem Material zu sein. Die mittlere, F. 253—254°, u. die am schwersten lösl. Fraktion, F. 295—296° (Hauptprod.), sind 2 isomere *Tetranitrocarbazole.* Zur Strukturaufklärung wurde 2.4-Dinitrophenol jodiert u. mit Diazomethan behandelt, wobei *6-Jod-2.4-dinitroanisol* entsteht. Daraus wurde mit Hilfe der ULLMANN-Rk. *3.3′.5.5′-Tetranitro-2.2′-dimethoxydiphenyl* u. daraus durch Erhitzen mit alkoh. NH_3 *1.3.6.8-Tetranitrocarbazol* (**II**) hergestellt. **II** ist nach F., Misch-F. u. Infrarotspektr. ident. mit dem Prod. vom F. 295—296°. Beim Sulfonieren von **I** mit Oleum (30% SO_3) u. nachfolgendem Nitrieren wurde das Prod. vom F. 253—254° erhalten, das nach A. P. 1 981 301 (C. **1935.** I. 4421) 2.3.6.8-Tetranitrocarbazol sein soll. Vff. leiten jedoch aus theoret. Erwägungen ab, daß es sich bei diesem 2. Isomeren offenbar um *1.2.6.8-Tetranitrocarbazol* handelt.

Versuche (FF. korr.): *6-Jod-2.4-dinitrophenol*, $C_6H_3O_5N_2J$, F. 106—107°, durch Schütteln von 2.4-Dinitrophenol in Eisessig mit HgO u. J_2; 84% (Ausbeute). — *6-Jod-2.4-dinitroanisol*, aus vorst. Verb. durch Behandeln mit Diazomethan in Bzl.; 100%. — *3.3′.5.5′-Tetranitro-2.2′-dimethoxydiphenyl*, $C_{14}H_{10}O_{10}N_4$, F. 178,3°, Wiedererstarren u. F. 191°, aus vorst. Verb. in sd. Nitrobenzol durch Zusatz von Cu-Pulver innerhalb von 15 Min. u. 45 Min. Kochen; gelbe Nadeln; 12,5%. — *1.3.6.8-Tetranitrocarbazol* (**II**), $C_{12}H_5O_8N_5$, F. 295,6—296,0°, aus vorst. Verb. durch 4std. Erhitzen mit einer gesätt. Lsg. von NH_3 in absol. A. auf 135°; schwach gelbe Nadeln aus Eisessig; 44%. — *1.2.6.8-Tetranitrocarbazol*, $C_{12}H_5O_8N_5$, F. 253—254°, durch Lösen von **I** in Oleum (30% SO_3) bei 40—50°, 2std. Erwärmen auf 90—100°, Zusatz von 93%ig. HNO_3 bei 40—60°, Absaugen der festen Substanz, Lösen in Nitrobenzol, Filtrieren u. Zugeben von Bzl.; glänzende gelbe Platten. (J. Amer. chem. Soc. **75.** 4289—91. 5/9. 1953. Dover, N. J., Picatinny Arsenal, Chem. Res. Sect.) R. MATTNER. 3081

William E. Parham und **William R. Hasek**, *Reaktionen von Diazoverbindungen mit Nitroolefinen.* 3. Mitt. *Gruppenwanderungen bei der Zersetzung von Nitropyrazolinen.* (2. vgl. C. **1953.** 5825.) Vff. berichten über die Rk. von Diphenyldiazomethan (**I**) mit *ω*-Nitrostyrol (**II**) u. 1-Nitropropen (**III**) u. die Zers. der dabei gebildeten Nitropyrazoline zu Pyrazolen. Aus **I** u. **II** entsteht in Abwesenheit eines Lösungsm. ein krist. Additionsprod., bei dem es sich um *3-Nitro-4.5.5-triphenylpyrazolin* handeln dürfte (Struktur unsicher); das Addukt entwickelt mit HCl N-Oxyde u. geht über in *3.4.5-Triphenylpyrazol* (**IX**), das unabhängig auch aus Benzaldesoxybenzoin (**IV**) dargestellt wurde. Aus **I** u. **III** entstand bei 0° ein Prod., das als *3-Nitro-4-methyl-5.5-diphenylpyrazolin* formuliert wurde u. das mit HCl *3-Methyl-4.5-diphenylpyrazol* (**V**) lieferte. Strukturbeweis für **V** durch Oxydation zur bekannten *4.5-Diphenylpyrazolcarbonsäure-(3)* u. deren Decarboxylierung zu *3.4-Diphenylpyrazol.* Die Verss. zeigen, daß die Eliminierung von HNO_2 aus Nitropyrazolinen vom Typ **VI** mit einer Gruppenverschiebung unter Bldg. von Pyrazolen vom Typ **VII** verknüpft ist. Diese säurekatalysierte Rk. kann als zweifache Umlagerung nach WAGNER-MEERWEIN betrachtet werden.

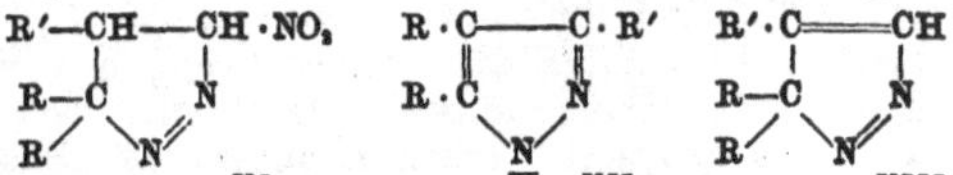

VI VII VIII

Bei der Einw. von Säure oder Alkali auf **VI** wäre die Bldg. von Pyrazoleninen vom Typ **VIII** zu erwarten, es scheint jedoch, als würden sich diese spontan umlagern zu Pyrazolen. Arylsubstitution ist für die Rk. nicht Bedingung; aus **III** u. Dimethyldiazomethan (**X**) entsteht *3.4.5-Trimethylpyrazol.*

Versuche: *3-Nitro-4.5.5-triphenylpyrazolin* (?), $C_{21}H_{17}O_2N_3$, F. 138–139° (Zers.); aus I u. II durch 48std. Stehen bei 20°; aus A. Nadeln; 41% (Ausbeute). – Daraus (0,95 g) in warmem A. mit 1 cm³ konz. HCl (Entw. von N-Oxyden), 20 Min. Dampfbad, dann mit konz. NaOH neutralisieren u. heiß filtrieren *3.4.5-Triphenylpyrazol* (IX), $C_{21}H_{16}N_2$, F. 265°; federige Nadeln; 100%. Oder durch 15 Min. Erhitzen mit alkoh. KOH; 80%. – *3.4.5-Triphenylpyrazolin*, $C_{21}H_{18}N_2$, F. 101–104°; aus 1,75 g IV u. 2,5 cm³ wasserfreiem Hydrazin in A. durch 6std. Kochen; 38%. Daneben wenig IX (unlösl. in A.). – Daraus mit Br_2 in CCl_4 (kurz erwärmen, dann abdampfen) IX; 76%. – *3-Nitro-4-methyl-5.5-diphenylpyrazolin* (?), $C_{16}H_{15}O_2N_3$, F. 133–137° (Zers.); aus 18,4 g I u. 8,25 g III (Lsg.) in PAe. durch 5wöchiges Stehen im Kühlschrank; 27%. – Daraus wie oben mit HCl (2std. Erhitzen) *3-Methyl-4.5-diphenylpyrazol* (V), $C_{16}H_{14}N_2$, F. 185–186° (A., dann Sublimation); 90%. – Daraus (0,37 g) mit 0,50 g $KMnO_4$ in 5 cm³ W. + 6 cm³ tert.-Butanol bei 100° *4.5-Diphenylpyrazolcarbonsäure-(3)*, F. 271° (W./Methanol); 54% (0,14 g Ausgangsmaterial zurück) oder nach Borsche u. Hahn (Liebigs Ann. Chem. **537** [1939.] 236). – Daraus durch Decarboxylierung unter N_2 bei 280° *4.5-Diphenylpyrazol*, F. 155° (Sublimation bei 1 mm/150°); 96%. – *3.4.5-Trimethylpyrazol*, F. 137–138°; aus X u. III u. Zers. des Reaktionsprod. mit HCl; aus W. lange Nadeln; 10,5% (bezogen auf III). *Pikrat*, F. 237 bis 239°. (J. Amer. chem. Soc. **76**. 799–801. 5/2. 1954. Minneapolis, Minn., Univ. of Minnesota, School of Chem.) Goebel. 3122

William E. Parham und **William R. Hasek**, *Reaktionen von Diazoverbindungen mit Nitroolefinen*. 4. Mitt. *Die Zersetzung von Diphenyldiazomethan*. (3. vgl. vorst. Ref.) Die Rk. von Diphenyldiazomethan (I) mit Nitroolefinen ist abhängig vom Lösungsm. u. von der Temp.; in heißem PAe. wurden *symm.-Tetraphenyläthan* (II), *Benzophenonazin* (III) u. ein *Molkomplex* aus II + III gebildet; weder II noch der Komplex II + III wurden bisher als Zersetzungsprodd. von I beschrieben; beide Verbb. entstehen aus I auch in Abwesenheit von Nitroolefinen, in Bzl. oder ohne Lösungsm. wurde die Bldg. beider Verbb. nicht beobachtet. Das UV-Absorptionsspektr. des Molkomplexes II + III zeigt, daß keine Wechselwrkg. zwischen II u. III besteht; der Extinktionskoeff. in A. ist über das gesamte Spektralgebiet gleich der Summe der Einzelkomponenten.

Versuche: Aus 0,0098 Mol 1-Phenyl-2-nitropropen-(1) (IV) u. 0,0113 Mol I in PAe. wurden erhalten: Bei 30 Min. 120° 0,50 g *Benzophenonazin* (III), F. 163 bis 163,5°, 0,15 g *symm.-Tetraphenyläthan* (II), F. 211–212°, u. 0,05 g Komplex II + III; bei 55°/9½ Tage 0,38 g III, 0,05 g II u. 0,32 g II + III; bei 22°/6 Monate 0,90 g III, kein II u. II + III, 0,10 g IV zurück; bei 22°/1 Monat 0,95 g III, kein II u. II + III, 1,33 g IV zurück. – Kochen von I in Bzl. (bis die rote Farbe verschwunden ist) lieferte nur III; 74% (Ausbeute). – Aus 4,7 g I entstand bei 2½std. Kochen in PAe. bei 120° der *Komplex* II + III, $C_{52}H_{42}N_2$, F. 177–177,5°; aus A. gelbe Kristalle; 45%. Beim Lösen in warmem Bzl., dann Abkühlen, tritt Aufspaltung des Komplexes in 1 Mol III u. 1 Mol II ein. II + III bildet sich aus den Einzelkomponenten beim Zusammengeben mol. Mengen der alkoh. Lösungen. (J. Amer. chem. Soc. **76**. 935–36. 5/2. 1954.) Goebel. 3122

J. N. Ashley, B. M. Davis, A. W. Nineham und **R. Slack**, *Tetrazoliumverbindungen*. 1. Mitt. *Tetrazoliumverbindungen mit substituierten Phenyl- und heterocyclischen Ringen*. Durch Kondensation von Diazoniumchloriden mit Phenylhydrazonen in Ggw. von Pyridin wurden zahlreiche *5-Phenylformazane* $R''N_{(1)} = N_{(2)}-C_{(3)}R' = N_{(4)}-N_{(5)}H \cdot C_6H_5$ dargestellt u. zu Tetrazoliumsalzen oxydiert; unter diesen Bedingungen wurden nicht gebildet: *1-[p-Dimethylaminophenyl]-3.5-diphenyl-*, *3-[p-Dimethylaminophenyl]-1.5-diphenyl-*, *1.5-Diphenyl-3-styryl-*, *3-Phenyl-1-[pyridyl-(3)] 5-[pyridyl-(2)]-* u. *1-[4-Acetamido-3-oxyphenyl]-3.5-diphenylformazan*. In einigen Fällen trat zwar Bldg. der Formazane ein, sie konnten aber nicht in fester Form oder analyt. rein erhalten werden, u. zwar war dies bei *Oktamethylen-bis-3-[1.5-diphenylformazan]*, *1-[p-Hexylphenyl]-3.5-diphenyl-*, *1-[4-(N-Acetyl)-dodecylaminophenyl]-3.5-diphenyl-* u. *1-[4-(N-{12'-Acetamidododecyl}-N-acetylamino)-phenyl]-3.5-diphenylformazan* der Fall, von denen die beiden letztgenannten Verbb. zu gut zu reinigenden Tetrazoliumsalzen oxydiert werden konnten. Am Beispiel des 1.3.5-Triphenylformazans (I) wurde die Oxydation der Formazane zu den Tetrazoliumsalzen näher untersucht. I wird in verd. alkoh. Lsg. sehr langsam von H_2O_2 angegriffen, durch Zufügen einer Spur Fe^{2+}-Ion jedoch erfolgt sofortige Oxydation. Fe^{3+}-Ion oxydiert nicht. Dieses Ergebnis spricht für freie Hydroxylradikale oder Radikale des Typs $CH_3-CH(OH)\cdot$ aus dem Lösungsmittel. Wss. NaOCl in Essigsäure führt I in *2.3.5-Triphenyltetrazoliumchlorat* über, wobei das Chlorat aus der Zers. des Hypochlorits bei der Reaktionstemp. stammt. $KClO_3$ selbst ist unwirksam. Ebenso wird I durch CrO_3 in Essigsäure in *2.3.5-Triphenyltetrazoliumdichromat* übergeführt, diese Methoden bieten jedoch gegenüber den bisher gebräuchlichen [Oxydation mit HNO_2, Isoamylnitrit, HgO oder $Pb(OCOCH_3)_4$] keine Vorteile. Die Oxydation von *1-[2.4.6-Tribromphenyl]-3-[p-bromphenyl]-5-phenyl-*, *1.3-Bis-[p-cyanphenyl]-5-phenyl-*, *1-[p-(2-Diäthylaminoäthoxycarbonyl)-phenyl]-3.5-diphenyl-* u. *3.5-Diphenyl-1-[p-(N-{4-diäthylamino-1-methylbutyl}-sulfamyl)-phenyl]-formazan* gelang nicht in befriedigender Weise. Die Kristallisation der Tetrazoliumsalze war mit zunehmender Mol.-Größe schwierig, die FF. (im allg. unter Zers.) sind nicht charakteristisch.

V e r s u c h e: *p-Cyanbenzaldehydphenylhydrazon*, $C_{14}H_{11}N_3$, F. 148—149°, flache gelbe Nadeln aus wss. Essigsäure; 52% (Ausbeute). — *p-Cyanbenzaldehyd-p-cyanphenylhydrazon*, $C_{15}H_{10}N_4$, F. 246°, hellgelbe Nadeln aus A.; 96%. Mit p-Cyanbenzoldiazoniumchlorid in Pyridin entsteht daraus *4.4'-Dicyanbenzophenon-p-cyanphenylhydrazon.* — *2-Chlor-4-nitroacetanilid*, $C_8H_7O_3N_2Cl$, F. 131—134° (Nadeln aus Methanol) bzw. F. 169—171° (Nadeln aus CCl_4); 71%. — *4-Amino-3-chloracetanilid*, $C_8H_9ON_2Cl$, F. 115—116° (Bzl.-PAe.), aus 3-Chlor-4-nitroacetanilid in sd. Essigsäure mit Fe-Staub; 57%. — *2-Acetamido-5-aminophenylacetatmonoalkoholat*, $C_{10}H_{12}O_3N_2 \cdot C_2H_6O$, F. 210—211° (A.), durch Hydrierung von 2-Acetamido-5-nitrophenylacetat in A. mit PtO_2; 91%. — *5-Acetamido-2-aminophenylacetat*, $C_{10}H_{12}O_3N_2$, F. 240—245° (Zers.; Methanol), analog. — *1-[p-Nitroanilino]-dodecan*, $C_{18}H_{30}O_2N_2$, F. 64—65°, gelbe Prismen aus Methanol, Kp.$_{0,05}$ 222—224°, durch 4std. Erhitzen von p-Nitranilin, Dodecyljodid, K_2CO_3 u. Cu-Bronze auf 160—180°; 33%. *Acetylderiv.*, $C_{20}H_{32}O_3N_2$, F. 60—60,5° (wss. Methanol). — *1-[N-(p-Aminophenyl)-acetamido]-dodecanhydrochlorid*, $C_{20}H_{35}ON_2Cl \cdot H_2O$, F. 165—168° (Aceton), aus vorst. Acetylderiv. durch Hydrieren in Methanol mit PtO_2, nach Entfernen des Lösungsm. in Ae. aufnehmen u. mit HCl fällen; 64%. — *1-[p-Methoxyphenoxy]-12-[p-nitroanilino]-dodecan* (II), $C_{25}H_{36}O_4N_2$, F. 84—85°, grünlichgelbe Blättchen aus A., aus 1-Jod-12-[p-methoxyphenoxy]-dodecan, überschüssigem p-Nitranilin u. K_2CO_3 durch 3½std. Erhitzen auf 150—160°, danach mit Chlf. extrahieren; 52—82%. — *N.N-Bis-[12-(p-methoxyphenoxy)-dodecyl]-p-nitranilin*, $C_{44}H_{66}O_6N_2$, F. 102—103°, hellgelbe Nadeln aus Bzn., analog II, aber mit äquimol. Mengen. — *1-Brom-12-[p-nitroanilino]-dodecan*, $C_{18}H_{29}O_2N_2Br$, F. 63—64°, gelbe Kristalle aus Bzn., aus II in Acetanhydrid durch Zufügen von 60%ig. HBr unter Rühren u. 2std. Kochen, dann in W. Gießen; 33—55%. Mit HJ entsteht aus II *1.12-Dijoddodecan.* — *1-[p-Nitroanilino]-12-phthalimidododecan*, $C_{26}H_{33}O_4N_3$, F. 116°, gelbe Nadeln aus A., aus vorst. Verb. durch 2½std. Erhitzen mit Phthalimid-K auf 130—150° u. Extrahieren mit A.; 97%. — *1-Amino-12-[p-nitroanilino]-dodecan*, $C_{18}H_{31}O_2N_3$, F. 86—87°, gelbe Prismen aus Methanol, aus vorst. Verb. in Methanol-Chlf. durch 8std. Kochen mit Hydrazinhydrat, Eindampfen u. Fällen mit verd. NH_4OH; 94%. *1.12-Diacetylderiv.*, $C_{22}H_{35}O_4N_3$, F. 83°, gelbe Blättchen aus Methanol; 91%. — *N-[p-Aminophenyl]-1.12-diacetamidododecan-Pikrat*, $C_{28}H_{40}O_9N_6 \cdot C_4H_8O_2$, F. 100° (Äthylacetat), durch Hydrierung vorst. Diacetylderiv. in Methanol mit PtO_2; Sättigen des Filtrats mit HCl gibt ein dickes Öl, das direkt für die Diazotierung Verwendung fand. — Nachst. 5 - P h e n y l f o r m a z a n e wurden durch Lösen des Amins in Eisessig, Rühren mit konz. HCl bei 0—5°, Zufügen von wss. $NaNO_2$-Lsg., Eintropfen der Lsg. des Diazoniumchlorids in eine Lsg. des Phenylhydrazons in Pyridin $<$12°, mehrstd. Stehen, Ausfällen mit W. u. Extraktion mit Bzl. dargestellt: *3-[p-Nitrophenyl]-1-phenyl-*, $C_{19}H_{15}O_2N_5$, F. 204°, dunkelrote Nadeln mit grünem Reflex aus Aceton; 40%. — *3-Phenyl-1-[p-nitrophenyl]-*, $C_{19}H_{15}O_2N_5$, F. 195°, grünlichschwarze Nadeln aus wss. Aceton; 92%. — *3-Phenyl-1-[p-chlorphenyl]-*, $C_{19}H_{15}N_4Cl$, F. 117° (wss. Aceton); 60%. — *3-Phenyl-1-[p-isopropylphenyl]-*, $C_{22}H_{22}N_4$, F. 113—114°, rote Prismen aus Methanol. — *1.3-Bis-[p-bromphenyl]-*, $C_{19}H_{14}N_4Br_2$, F. 203°, schwarze Nadeln aus Chlf.-A.; 80%. — *3-[p-Bromphenyl]-1-[2.4.6-tribromphenyl]-*, $C_{19}H_{12}N_4Br_4$, F. 169°, schwarze Nadeln aus Chlf.-A.; 10%. — *3-[3.4-Dimethoxyphenyl]-1-[p-methoxyphenyl]-*, $C_{22}H_{22}O_3N_4$, F. 152—153°, rötlichbraune Nadeln aus wss. Aceton; 25%. — *3-[p-Cyanphenyl]-1-phenyl-*, $C_{20}H_{15}N_5$, F. 215°, rote Nadeln mit metall. Reflex aus Aceton; 64,5%. — *1.3-Bis-[p-cyanphenyl]-*, $C_{21}H_{14}N_6$, F. 229° (Zers.), purpurfarbene Nadeln mit grünem Reflex aus Nitrobenzol; 80%. — *3-Phenyl-1-[p-diphenylyl]-*, $C_{25}H_{20}N_4$, F. 176° dunkelrot aus wss. Aceton; 44%. — *3-Phenyl-1-[pyridyl-(3)]-*, $C_{18}H_{15}N_5$, F. 168—169°, purpurfarbene Prismen mit gelbem Reflex aus wss. Aceton; 53%. — *3-Phenyl-1-[6-methoxychinolyl-(8)]-*, $C_{23}H_{19}ON_5$, F. 178 bis 179° (wss. Aceton); 20%. — *3-Phenyl-1-[p-dodecylphenyl]-*, $C_{31}H_{40}N_4$, F. 85°, rote Nadeln mit grünem Reflex aus A.; 83%. — *3-[p-Acetamidophenyl]-1-phenyl-*, $C_{21}H_{19}ON_5$, F. 206—207° (Pyridin); 53%. — *1.3-Bis-[p-acetamidophenyl]-* $C_{23}H_{22}O_2N_6$, F. 236 bis 237° (wss. Aceton); 17%. — *3-Phenyl-1-[2-chlor-4-acetamidophenyl]-*, $C_{21}H_{18}ON_5Cl$,

F. 184—185°, schwarze Prismen mit rotem Reflex aus A.; 76%. — *3-Phenyl-1-[3-chlor-4-acetamidophenyl]-*, $C_{21}H_{18}ON_5Cl$, F. 184—185°, purpurfarbene Nadeln mit gelbem Reflex aus Äthylacetat; 44%. — *3-Phenyl-1-[2-nitro-4-acetamidophenyl]-*, $C_{21}H_{18}O_3N_6$, F. 210,5—212°, bräunlich-purpurfarbene Blättchen aus Äthylacetat; 57%. — *3-Phenyl-1-[3-acetoxy-4-acetamidophenyl]-*, $C_{23}H_{21}O_3N_5$, F. 217—218°, rötlich purpurfarbene Nadeln aus Aceton; 39%. — *3-Phenyl-1-[4-(N-acetyl)-dodecylaminophenyl]-*, rotes Öl. — *3-Phenyl-1-[4-(N-{12'-acetamidododecyl}-N-acetylamino)-phenyl]-*, rote gummiartige Substanz. — *3-Phenyl-1-[p-(2-diäthylaminoäthoxycarbonyl)-phenyl]-*, *Hydrochlorid*, $C_{26}H_{29}O_2N_5 \cdot HCl$, F. 172°, dunkelrote Prismen mit kupferartigem Reflex aus A.; 64%. — *3-Phenyl-1-[p-(N-{4-diäthylamino-1-methylbutyl}-sulfamyl)-phenyl]-Hydrochlorid*, $C_{28}H_{36}O_2N_6S \cdot HCl$, F. 194° (Zers.), rote Prismen aus A.; 47%. — *Hexamethylen-bis-3-[1.5-diphenylformazan]*, $C_{32}H_{34}N_8$, F. 129—132°, dunkelrotes Pulver aus Cyclohexan. — Die Oxydation der Formazane erfolgte [A] mit HgO in Methanol oder [B] mit Pb-Tetraacetat in Chlf. bei Zimmertemp. oder beim Kp. der Lösungsmittel, [C] mit Isoamylnitrit unter Rühren bei 0° in Methanol, in das HCl eingeleitet wird. Nachst. 2-Phenyltetrazoliumsalze wurden nach den in [] angegebenen Methoden dargestellt: *5-[p-Nitrophenyl]-3-phenyl-*, *Chlorid*, $C_{19}H_{14}O_2N_5Cl$, F. 250° (Zers.), hellgelbe Prismen aus Chlf. oder wss. HCl; 72%, [A]. — *5-Phenyl-3-[p-nitrophenyl]-*, *Chlorid*, $C_{19}H_{14}O_2N_5Cl \cdot 1/2 H_2O$, F. 230—232° (Zers.), Nadeln aus Aceton; 82%, [B]. — *5-Phenyl-3-[p-chlorphenyl]-*, *Jodid*, $C_{19}H_{14}N_4ClJ$, F. 218°, gelbe Prismen aus A.; [A.]. — *5-Phenyl-3-[p-isopropylphenyl]-*, *Bromid*, $C_{22}H_{21}N_4Br \cdot C_2H_5OH$, F. 186° (Zers.), Nadeln aus A.–Ae.; 54%, [A]. — *3.5-Bis-[p-bromphenyl]-*, *Chlorid*, $C_{19}H_{13}N_4ClBr_2 \cdot CH_3OH$, F. 183—185° (Zers.), hellgelb aus Methanol; [B]. — *5-[p-Cyanphenyl]-3-phenyl-*, *Chlorid*, $C_{20}H_{14}N_5Cl \cdot 1/2 H_2O$, F. 240° (Zers.), mattgelb aus A.–Ae.; 71%, [B]. — *5-[3.4-Dimethoxyphenyl]-3-[p-methoxyphenyl]-*, *Jodid*, $C_{22}H_{21}O_3N_4J \cdot H_2O$, F. 146°, citronengelbe Prismen aus 50%ig. A.; 70%, [A]. — *5-Phenyl-3-[p-diphenylyl]-*, *Chlorid*, $C_{25}H_{19}N_4Cl \cdot H_2O$, F. 238° (Zers.), orangefarbene Prismen aus Chlf.–Ae.; 65%, [A]. — *5-Phenyl-3-[pyridyl-(3)]-*, *Chlorid*, $C_{18}H_{14}N_5Cl \cdot 2 H_2O$, F. 245° (Zers.), mattgelb aus A.–Ae.; 60%, [B]. — *5-Phenyl-3-[6-methoxychinolyl-(8)]-*, *Jodid*, $C_{23}H_{18}ON_5J$, F. 221°, orangefarbene Blättchen aus A.; 30%, [B]. — *5-Phenyl-3-[p-dodecylphenyl]-*, *Jodid*, $C_{31}H_{39}N_4J$, F. 74—76°, gelb aus Chlf.–Bzn.; 39%, [A]. — *5-Phenyl-3-[p-tolyl]-*, *Bromid*, $C_{20}H_{17}N_4Br$, F. 210—220°, hellgelbe Rhomben; 55%, [A]. — *5-Phenyl-3-[p-acetamidophenyl]-*, *Chlorid*, $C_{21}H_{18}ON_5Cl$, F. 262° (Zers.), hellgelbe Prismen aus Methanol–Ae.; 42%, [B]. *Bromid*, F. 287° (W.). — *5-Phenyl-3-[p-aminophenyl]-*, *Chlorid*, $C_{19}H_{16}N_5Cl \cdot 1/2 HCl$, F. 235—237° (Zers.), orangegelbe Rhomben aus Methanol–Ae., aus vorst. Verb. durch Erwärmen mit CH_3OH in verd. HCl. — *5-[p-Acetamidophenyl]-3-phenyl-*, *Chlorid*, $C_{21}H_{18}ON_5Cl$, F. 274° (Zers.), hellgelbe Prismen aus W.; 40%, [B, C]. — *5-[p-Aminophenyl]-3-phenyl-*, *Chlorid*, $C_{19}H_{16}N_5Cl \cdot C_2H_5OH$, F. 285° (Zers.), aus vorst. Verb. durch 6std. Kochen mit verd. HCl u. Alkalisieren mit 2 n NaOH; orangefarben aus A.; 74%. — *5-[p-(p-Acetamidobenzolsulfonamido)-phenyl]-3-phenyl*, *Chlorid*, $C_{27}H_{23}O_3N_6ClS$, F. 290°, aus vorst. Verb. u. p-Acetamidobenzolsulfonylchlorid in Pyridin; gelb aus 75%ig. A.; 60%. — *5-[p-(p-Aminobenzolsulfonamido)-phenyl]-3-phenyl-*, *Hydroxyd*, $C_{25}H_{22}O_3N_6S$, F. 219°, aus vorst. Verb. durch 2std. Kochen in A. u. 2 n HCl u. Ausfällen mit verd. NaOH; längliche gelbe oder orangefarbene Prismen aus wss. Pyridin (1:1). — *5-Phenyl-3-[2-chlor-4-acetamidophenyl]-*, *Chlorid*, $C_{21}H_{17}ON_5Cl_2 \cdot H_2O$, F. 245—246° (Zers.), orangerote Prismen aus A.–Ae.; 64%, [A]. — Daraus *5-Phenyl-3-[2-chlor-4-aminophenyl]-*, *Chlorid*, $C_{19}H_{15}N_5Cl_2 \cdot 2 H_2O$, F. 186—188° (Zers.), orangerote Prismen aus A.–Ae.; 80%. — *5-Phenyl-3-[3-chlor-4-aminophenyl]-*, *Chlorid*, $C_{19}H_{15}N_5Cl_2 \cdot 1/2 H_2O$, F. 250° (Zers.), gelbe Rhomben aus A.–Ae.; 79%, [A]. *$MgCl_2$-Komplex* $(C_{19}H_{15}N_5Cl_2)_2 \cdot MgCl_2$, F. 217—219°, blaßgelbe Prismen aus CH_3OH. — *5-Phenyl-3-[2-nitro-4-aminophenyl]-*, *Chlorid*, $C_{19}H_{15}O_2N_6Cl \cdot H_2O$, F. 243—245° (Zers.), orangerote Prismen aus A.–Ae.; 19%, [A]. *$HgCl_2$-Komplex*, $(C_{19}H_{15}O_2N_6Cl)_2 \cdot HgCl_2$, F. 233—234,5° (Zers.), aus A.–Ae. kleine gelbe Stäbchen. — *5-Phenyl-3-[3-oxy-4-aminophenyl]-*, *Chloridhydrochlorid*, $C_{19}H_{16}ON_5Cl \cdot HCl \cdot 1/2 H_2O$, F. 210° (Zers.), blaßgelbe Rhomben aus A.–Ae.; 29%, [C]. — *5-Phenyl-3-[p-dodecylaminophenyl]-*, *Jodid*, $C_{31}H_{40}N_5J$, F. 106—110°, rötlichbraune Rhomben aus Bzl.–Bzn.; [A]. — *5-Phenyl-3-[p-(12'-aminododecylamino)-phenyl]-*, *Chlorid*, $C_{31}H_{41}N_6Cl \cdot CH_3OH$, F. 140—142°, hellrote Blättchen aus Aceton oder W.; [C]. — *Hexamethylen-bis-5-[2.3-diphenyltetrazoliumjodid]*, $C_{32}H_{32}N_8J_2$, F. 220—224°, goldgelbe Rhomben aus A.–Bzn.; [A]. — *2.3.5-Triphenyltetrazoliumsalze*: *Chlorat*, $C_{19}H_{15}O_3N_4Cl$, aus W. Prismen, die beim Erhitzen oder auf Schlag explodieren, durch Kochen von I in Eisessig unter Zutropfen von 14—18%ig. wss. NaOCl-Lsg. bis zum Verschwinden der Farbe von I, Filtrieren u. Eindampfen im Vakuum, oder aus dem Chlorid durch Umsatz mit $KClO_3$. Red. mit $FeSO_4$ in 2 n H_2SO_4 u. Zufügen von überschüssigem KBr liefert das *Bromid*, F. 239–240° (Zers.). *Dichromat*, F. 196–197°, orangefarbene Prismen aus Eisessig–W., auf Schlag explodierend, aus I u. CrO_3 in Eisessig, oder aus dem Chlorid durch Umsatz mit $K_2Cr_2O_7$ in Essigsäure. (J. chem. Soc. [London] **1953**. 3881–88. Dez. Dagenham, Essex, May & Baker, Ltd., Res. Labors.) RUSKE. 3184

William E. Parham und **Howard E. Holmquist**, *Cyclische Vinyläther als Reagentien für die Einführung von Isopreneinheiten in organische Verbindungen.* 4-Methyl-3.4-dihydro-2H-pyran (I) reagierte in Form seines Dihalogenids (Dichlorid bzw. -bromid) mit Isobutyl-MgBr (II) in 35 bzw. 19%ig. Ausbeute zu *2-Isobutyl-3-halogen-4-methyltetrahydropyran* (III, X = Cl bzw. Br), das als Gemisch von Racematen anfiel. III (X = Cl bzw. Br) ließ sich mit feinverteiltem Na in *3.7-Dimethylocten-(4)-ol-(1)* (IV) überführen, dessen Struktur durch die katalyt. Hydrierung zum *Perhydrogeraniol*, sowie durch Rk. mit Cl_2 bzw. Br_2 zum Dichlorid bzw. -bromid u. III (X = Cl bzw. Br) bewiesen wurde. In analoger Rk. wurde 3-Methyl-2.3-dihydrofuran (V) mit n-Butyl-MgBr (VI) zu *2-Methylocten-(3)-ol-(1)* umgesetzt.

Versuche: *2-Isobutyl-3-chlor-4-methyltetrahydropyran* (III, X = Cl), $C_{10}H_{19}$·OCl, $Kp._2$ 60–75°, I in Ae. unter Kühlung mit Chlf./CO_2 mit Cl_2 umsetzen u. unter Rühren zur Lsg. von II in Ae, geben; n_D^{22} 1,450–1,456; 35% (Ausbeute). — *2-Isobutyl-3-brom-4-methyltetrahydropyran* (III, X = Br), $Kp._2$ 52–88°, n_D^{25} 1,4627 bis 1,4698; 19%. — *3.7-Dimethylocten-(4)-ol-(1)* (IV), $C_{10}H_{20}O$, $Kp._2$ 68°, III (X = Cl) in Ae. langsam zur Suspension von Na-Pulver in Ae. unter Rühren geben, 3 Std. weiterrühren u. hydrolysieren; n_D^{25} 1,4438; 75%. — *Perhydrogeraniol*, $Kp._2$ 64–65°, aus IV in A. durch Hydrierung in Ggw. von Pt; n_D^{25} 1,4435; 88%. *Allophanat*, $C_{12}H_{24}O_3N_2$, F. 119° (verd. A.). — IV-*Dichlorid*, $C_{10}H_{20}OCl_2$, $Kp._3$ 108–111°, durch Chlorierung von IV in Chlf.; n_D^{24} 1,4760; 50%; daneben III (X = Cl; $Kp._1$ 57–58°, n_D^{23} 1,4518; 26%). — IV-*Dibromid*, $Kp._2$ 110–118°, aus IV u. Br_2 in CCl_4; n_D^{24} 1,5080; 10%; daneben III (X = Br; $Kp._{2,5}$ 55–60°, n_D^{24} 1,4718; 47%). — *2-Methylocten-(3)-ol-(1)*, $C_9H_{18}O$, $Kp._2$ 62°, V in Ae. chlorieren, zur Lsg. von VI in Ae. geben u. analog IV weiterarbeiten; n_D^{25} 1,4440; 48,5%. *Allophanat*, $C_{11}H_{20}O_3N_2$, F. 141–142° (verd. A.). (J. Amer. chem. Soc. **76**. 1173–75. 20/2. 1954. Minneapolis, Minn., Univ., School of Chem.) L. FISCHER. 3211

Richard H. Wiley, L. H. Knabeschuh, A. L. Duckwall und **N. R. Smith**, *2-Pyrone*. 7. Mitt. *2-Pyridone aus 2-Pyronen.* (6. vgl. C. **1954**. 7872.) Aus Cumalinsäuremethylester (2-Pyroncarbonsäure-(5)-methylester; I) u. Benzylamin (II), p-Methoxy- (III), α-Methylbenzylamin bzw. p-Methoxyphenyläthylamin wurden in 14–81%ig. Ausbeute die entsprechenden *N-Alkarylpyridon-(2)-carbonsäure-(5)-verbb.* (IV) u. aus 2-Pyroncarbonsäure-(6)- (V) mit β-Phenyl-(VI) bzw. β-[3.4-Dimethoxyphenyl]-äthylamin die *N-Alkarylpyridon-(2)-carbonsäure-(6)-derivv.* (VII) synthetisiert. Bei der Rk. von I mit II schieden sich im Unterschied zu den anderen Rkk. beim Stehen in der methanol. Lsg. in 52%ig. Ausbeute Kristalle aus, die auf Grund ihrer Eigg. u. der Analyse als 1.4-(oder 1.6-)Additionsprod. von II an die konjugierten Doppelbindungen von I angesehen werden. Dieses ging beim Kochen mit Alkali in 20%ig. Ausbeute in IV (R = $C_6H_5CH_2$) über. Die UV-Spektren sämtlicher Verbb. wurden untersucht.

Versuche: *N-[p-Methoxybenzyl]-pyridon-(2)-carbonsäure-(5)* (IV, R = p-CH_3O·$C_6H_4CH_2$), F. 198–199° (W.), 0,019 Mol I u. 0,058 Mol III in Methanol 8 Tage bei Zimmertemp. stehenlassen, mit wss. NaOH versetzen, 20 Min. auf dem Dampfbad kochen, abkühlen u. ansäuern; nadelähnliche Kristalle; 81% (Ausbeute). — Folgende IV wurden analog dargestellt: *R* = $C_6H_5CH_2$, F. 206–208°; 45%. *R* = $C_6H_5C(CH_3)H$, F. 192–194°; 18%. *R* = 4-CH_3O·C_6H_4·CH_2·CH_2, F. 180–181°; 14%. — *N-[β-Phenyläthyl]-pyridon-(2)-carbonsäure-(6)* (VII, R = $C_6H_5CH_2$·CH_2), F. 192–193° (50%ig. A.), 0,0072 Mol V u. 0,015 Mol VI in Eisessig 50 Std. unter Rückfluß kochen; 37%. Analog wurde dargestellt: VII [*R* = 3.4-$(CH_3O)_2$·C_6H_3·CH_2·CH_2], F. 218°; 30%. — I-II-*Additionsprod.*, $C_{14}H_{15}O_4N$, F. 108–109° (W.), 0,038 Mol I u. 0,093 Mol II 15 Std. in Methanol bei Zimmertemp. stehenlassen; λ_{max} 287 mμ (ε = 4,18) u. 326 mμ (ε = 4,39); 52%. (J. Amer. chem. Soc. **76**. 625–27. 20/1. 1954. Louisville, Ky., Univ., Coll. of Arts and Sci., Dep. of Chem.) L. FISCHER. 3211

Otto Dann und **Gering Mylius**, *Chromane.* 1. Mitt. *Zur Kenntnis der Umlagerungen von Phenolestern in Fluorwasserstoff und über die Kondensation von β-Ketocarbonsäureestern mit Phenolen in Fluorwasserstoff.* Vff. untersuchen zunächst das Verh. von Essigsäurephenylester (I) bei der Einw. von wasserfreier HF in Gußstahlgefäßen unter verschied. Bedingungen (Tabelle im Original) u. erhalten dabei in bis zu 81%ig. Ausbeute *4-Oxy-* (II) u. höchstens 6% *2-Oxyacetophenon* (III); der Einfl. der Reaktionstemp. auf das Bildungsverhältnis der Isomeren ist gering; Kondensation von Essigsäure mit Phenol in Ggw. von HF führt zu demselben Ergebnis. Umlagerung von Essigsäure-m-kresylester (**IV**) liefert hauptsächlich *2-Oxy-4-methyl-* u. wenig *4-Oxy-2-methylacetophenon*; der p-Kresylester (**V**) gibt nur *2-Oxy-5* (im Original irrtümlich 4)-*methylacetophenon*, während der 2.3.5-Trimethylphenylester (**VI**) durch HF lediglich hydrolysiert wird. Näher untersucht wird die Umlagerung von Guajacolacetat (**VII**), wobei sich lange Reaktionszeiten u. tiefe Tempp. (sonst Verharzung) als günstig erweisen; man erhält ein Gemisch (64:36 [auf Grund eines F.-Diagramms]) von *4-Oxy-3-methoxy-* u. *3-Oxy-4-methoxyacetophenon*; eine ähnliche Zus. ergibt sich bei der Synth. aus Guajacol u. Eisessig in Ggw. von HF. Unbefriedigende Ergebnisse hatte die versuchte Umlagerung von Mono- u. Trichloressigsäurephenylester; auch entstanden mit HF aus Guajacolformiat kein Vanillin, aus Oxalsäurediphenylester (**VIII**) kein p.p'-Dioxybenzil u. aus Adipinsäurediphenylester (**IX**) nicht das erwartete 1.6-Bis-[p-oxyphenyl]-hexandion-(1.6). — Bei der Umlagerung von Phenolestern ungesätt. Carbonsäuren mit HF kann außer oder an Stelle der Acylwanderung eine Alkylierung mit dem olefin. Teil des Säurerestes erfolgen. So entsteht aus Zimtsäure-p-kresylester (**X**) nicht 2'-Oxy-5'-methylchalkon (**XI**) bzw. das aus diesem mit HF sich bildende 6-Methylflavanon, sondern *4-Phenyl-6-methyl-3.4* (im Original irrtümlich 2.3)-*dihydrocumarin* (**XII**), dessen Konst. durch Dehydrierung zu *4-Phenyl-6-methylcumarin* gesichert wird; für letztere Verb. wird eine neue Synth. beschrieben. Bei ungesätt. Phenolestern mit freier p-Stellung [z. B. Zimtsäurephenylester (**XIII**)] erfolgt die Acylwanderung schneller als die Alkylierung, die ihrerseits die Verschiebung in die o-Stellung bei blockierter p-Stellung überflügelt. — Die Kondensation von Acetessigester (**XIV**) mit Phenolen führt in Ggw. von HF zu den entsprechenden *Cumarinen*; analoge Rk. von Benzoylessigester (**XV**) liefert dagegen neben diesen gleichzeitig die isomeren *Flavonderivv.*, die von ersteren leicht zu trennen sind.

Versuche: Darst. aller *Phenolester* nach SPASSOW (Ber. dtsch. chem. Ges. **75**. [1942.] 779) aus dem Säurechlorid u. dem Phenol in Ggw. von Mg in Benzol. — Umlagerungs-Rkk. durch Zugabe von wasserfreier techn. (96—100%) HF von 0° zum Ester in einer Gußstahlbombe (in [] jeweilige Reaktionszeit u. -temp.); nach der Rk. Einengen, Gießen in W. (Polyäthylengefäß), Neutralisieren mit konz. NaOH, gegebenenfalls Abfiltrieren von NaF u. Ausäthern; einige Rohprodd. fallen sofort fest an u. können abgesaugt werden. — *4-Oxyacetophenon* (**II**), F. 107—109°, nach Dampfdest. des Rohprod. aus **I** [1—96 Std.; 20—120°] im Rückstand; maximal 81% (Ausbeute) bei einem Vers. mit 150 cm³ HF auf 10 g **I** [24 Std.; 20°] neben 2% **III**; **II** gibt dunkelrotes *2.4-Dinitrophenylhydrazon*. — *2-Oxyacetophenon* (**III**), aus dem Dampfdestillat bei vorst. Rk. mit Ae.; phenolhaltige Fl.; maximal 6% bei einem Vers. mit 20 cm³ HF auf 10 g **I** [1 Std.; 120°] neben 73% **II**; **III** gibt hellrotes *2.4-Dinitrophenylhydrazon*. — Kondensation von Phenol mit Eisessig in HF liefert 61,6% (bei 24std. Stehen vor der Dampfdest. nur 40%) **II** u. 2% rohes **III**. — Umlagerung von **IV** [24 Std.; 20° bzw. 1 Std.; 100°] u. Dampfdest. ergibt im Rückstand *4-Oxy-2-methylacetophenon*, F. 125°; Blättchen; 16,5 bzw. 0% (statt dessen 8,5% Teer); im Destillat *2-Oxy-4-methylacetophenon*, F. 20—21°; $Kp._{15}$ 115°; 74 bzw. 79,5%. — Aus **V** [1 Std.; 120—125°] wird *2-Oxy-5-methylacetophenon*, F. 50° (PAe.), $Kp._{16}$ 124°, erhalten; 63%. — Rk. von **VI** mit HF [1 Std.; 100°] führt nur zu *2.3.5-Trimethylphenol*, F. 95—96° (PAe.); 84%; beim Behandeln des Rohprod. mit 2.4-Dinitrophenylhydrazin sehr geringe Mengen roter Kristalle. — *Gemisch (64:36) von 4-Oxy-3-methoxy- u. 3-Oxy-4-methoxyacetophenon*, F. 72—96°, $Kp._{1,5}$ 152—159°, aus **VII** [³/₄ Std. bis 40 Tage; 0—100°]; maximal 78% bei einem Vers. mit 200 cm³ HF auf 100 g **VII** [40 Tage; 0°]; ähnliches Gemisch (6:4) auch bei Rk. von Guajacol mit Eisessig in HF [40 Tage; 0°]; 63%; Trennung der Isomeren durch fraktionierte Kristallisation aus Bzl. möglich. — Guajacolformiat (n_D^{20} 1,523; aus Salicylaldehydmethyläther mit 15%ig. Peressigsäure in Eisessig; 80%) ergibt mit HF [24 Std.; 0°] nur *Guajacol*. — Aus **VIII** wurden mit HF bei Ggw. von CCl_4 [4 Std.; 80°] Spuren von *4.4'-Dioxybenzophenon*, F. 206°, erhalten; gelbliche Nadeln. — **IX** ergab bei 2tägiger Rk. mit HF eine *Verb. vom F. 241—242°*; citronengelbe, mkr. Nadeln. *2.4-Dinitrophenylhydrazon*, F. 265—266°. — *4'-Oxychalkon*, F. 172—173°, aus **XIII** [43 Std.; 20°]; aus Toluol gelbe Nadeln; 55%. — *4-Phenyl-6-methyl-3.4-dihydrocumarin* (**XII**), $C_{16}H_{14}O_2$, F. 80—81°, $Kp._{15}$ 180—220° (Luftbad), aus **X** [2 Std.; 100°]; aus verd. Methanol Prismen; 32%. — *4-Phenyl-6-methylcumarin*, F. 130—131°, a) durch 5½std. Rk. von 10 g Phenylpropiolsäure-p-kresylester ($C_{16}H_{12}O_2$, F. 56—57°, nach SPASSOW [l. c.] aus dem Säurechlorid; aus PAe. Nadeln; 82%) in HF bei 0°, Gießen auf Eis u. Dest. des Nd. bei 140—180°/1,5 mm (Luftbad); aus Methanol Prismen; 2,2 g; b) durch 6½std. Erhitzen von 585 mg **XII** mit Pd-Schwarz auf 240° (Bad) u. Dest. bei 160—180°/3 mm; 200 mg;

im Vorlauf wahrscheinlich *α-Phenyl-α-[3-methylphenyl]-äthan.* — *β-Phenyl-β-[2-oxy-5-methylphenyl]-propionsäure,* $C_{16}H_{16}O_3$, F. 125° (Bzl.), durch 5std. Kochen von 1 g **XI** in methanol. NaOH, Fällen mit 2n H_2SO_4 u. Aufnehmen in Ae.; 0,75 g. — *β-Phenyl-β-[2-methoxy-5-methylphenyl]-propionsäure,* $C_{17}H_{18}O_3$, F. 136—137°, durch Erwärmen von 250 mg vorst. Säure mit $(CH_3)_2SO_4$ in wss. KOH, Waschen mit Ae. u. Fällen mit 2n Essigsäure; aus Methanol Nadeln; 75 mg; durch Einengen der äther. Phase Prismen vom F. 51—52°, wahrscheinlich der *Methylester.* — *6-Methylflavanon,* F. 105°, durch 1std. Erhitzen von 5 g **XI** in HF auf 100° u. Vakuumdest.; Blättchen; 1,5 g. — *4-Methylcumarin,* F. 81—82° (W.), aus **XIV** u. Phenol in HF [1 Std.; 100°], Aufnehmen in Ae. u. Dest.; 61%. — *4.6-Dimethylcumarin,* F. 149—151°, aus **XIV** u. p-Kresol in HF [1 Std.; 100°], Gießen auf Eis u. Waschen des Nd. mit Sodalsg.; aus verd. Methanol Prismen; 65%. — *6-Methylflavon,* F. 122°, aus **XV** u. p-Kresol in HF [1 Std.; 100°], Dest. bei 160—195°/0,8 mm, Aufnehmen in 5%ig. methanol. KOH u. Fällen mit viel W.; aus Methanol, dann PAe. Nadeln; 24,6%; durch starkes Ansäuern der Mutterlauge mit konz. HCl *4-Phenyl-6-methylcumarin,* F. 131°, aus verd. Methanol Prismen; 16,4%. — Analog aus **XV** u. Phenol *Flavon,* F. 96—97°, bzw. *4-Phenylcumarin,* F. 91—92°. (Liebigs Ann. Chem. **587.** 1—15. 1954. Erlangen, Univ., Inst. für angewandte Chemie.) W. Hoffmann. 3211

Otto Dann, Gerda Volz und **Otto Huber,** *Chromane.* 2. Mitt. *Synthesen von Chromanonen, Chromanen und 2-Methylchromonen mit Fluorwasserstoff.* (1. vgl. vorst. Ref.) Im Gegensatz zu früher (vgl. vorst. Ref.) an Zimtsäurearylestern gemachten Beobachtungen erfolgt bei Crotonsäureestern auch bei blockierter p-Stellung in wasserfreier HF Acylwanderung viel schnelller als Alkylierung mit dem olefin. Teil des Crotonylrestes. Daher lassen sich *2-Methylchromanone* durch Umlagerung von Crotonsäurephenylestern oder direkt durch Rk. von Crotonsäure (**I**) mit substituierten Phenolen in HF darstellen; die intermediären Ketophenole werden von den Vff. bis auf einen Fall (*Crotonsäure-[2-crotonyl-5-oxyphenyl]-ester* [**II**]) nicht isoliert. Die neu dargestellten 2-Methylchromanone werden durch ihre *Oxime* charakterisiert. Die Entstehung von Äthylcumararonen erscheint auf Grund ähnlicher Verss. von v. Auwers u. Mitarbeitern [1920] unwahrscheinlich; etwaige — ebenfalls mögliche — Oxyhydrindonderivv. werden mit der $FeCl_3$-Rk. nicht entdeckt. Eine Reihe von *Chromanonen,* die im Dihydropyronring nicht substituiert sind, wird durch Rk. von Phenolen mit *β*-Chlorpropionsäure (**III**) u. Cyclisierung der entstandenen *β-Phenoxypropionsäuren* in HF erhalten. Rk. von p-Kresol (**IV**) bzw. Resorcin (**V**) mit **III** in HF führt über die entsprechenden *o-Oxy-β-chlorpropiophenone* zu *6-Methyl-* bzw. *7-Oxychromanon;* erstere Verb. wird auch durch Umlagerung von *β*-Chlorpropionsäure-p-kresylester u. Ringschluß in 1,5%ig. NaOH bei Raumtemp. dargestellt; mit sd. wss.-alkoh. NaOH entsteht daneben *2.5-Dimethylcumaranon.* — Durch Clemmensen-Red. werden die erhaltenen Chromanone in die entsprechenden *Chromane* übergeführt. Alle synthetisierten Verbb. beider Typen werden auf ihre Wirksamkeit als Kontakt- u. Atemgifte gegen Fliegen (*Musca domestica*) u. einige gegen Fische (*Lebistes reticulatus*) untersucht u. mit *Chromanon, Chroman, γ-Hexachlorcyclohexan, Dihydrodesoxyrotenon* u. *Rotenon* verglichen (2 Tabellen); die Wrkg. des letzteren wird von einigen Chromanen im Fliegentest um das 100fache übertroffen, im Fischtest dagegen nicht erreicht. Fast alle Chromane sind hochwirksam, von den Chromanonen dagegen nur einige (meistens Mono- oder Dimethylverbb.). — Durch Rk. von Phenolen mit cis-*β*-Chlorcrotonsäure (**VI**) in HF werden ferner einige *2-Methylchromone* synthetisiert. Werden dabei als phenol. Komponente die vorher erhaltenen Oxychromane eingesetzt, so entstehen *Pyronochromane.* Die Konst. (linear oder angular) von *2.6′-Dimethyl-4′-pyrono-[3′.2′:6.7]-chroman* ergibt sich durch Vgl. seines UV-Spektr. (200 bis 350 mμ in Methanol) mit denen von *2.6′.8-Trimethyl-4′-pyrono-[3′.2′:6.7]-chroman* u. *2.6.6′-Trimethyl-4′-pyrono-[2′.3′:7.8]-chroman,* deren Konst. eindeutig ist.

Versuche: Darst. der *Phenolester* nach Spassow (l. c. [vorst. Ref.]). — *2.6-Dimethylchromanon,* F. 52—54° (PAe.), Kp.$_{11}$ 135—137°, a) durch 3std. Erhitzen von Crotonsäure-p-kresylester (Kp.$_{15}$ 133°; n_D^{23} 1,523; 90% [Ausbeute]) in techn. wasserfreier HF auf 100° in einer Gußstahlbombe, Gießen in Eiswasser, Aufnehmen in heißem A. u. mehrstd. Rk. mit 1,5%ig. NaOH unter mechan. Schütteln; 60%; b) durch 2std. Erhitzen von **I** u. **IV** in HF auf 100°, Gießen in Eiswasser, 2std. Schütteln des Nd. in 3%ig. NaOH u. Dest.; 82%. — *2.6-Dimethylchroman,* $C_{11}H_{14}O$, Kp.$_{11}$ 115—125°, durch 24std. Rk. vorst. Verb. mit amalgamiertem Zn-Staub in Eisessig-HCl bei Raumtemp., dann 6—7std. Kochen u. Ausäthern; n_D^{16} 1,531. — *Crotonsäure-[2-crotonyl-5-oxyphenyl]-ester* (**II**), $C_{14}H_{14}O$, F. 138°, aus Resorcindicrotylat (Kp.$_1$ 164°, n_D^{21} 1,539) mit HF, 3 Std. bei 18°; aus Bzl. tiefgelbe Nadeln; 60%. — *7-Oxy-2-me-*

thylchromanon, F. 175–176° (Bzl. oder Essigester), a) aus **II** (in A.) mit 1,5%ig. NaOH; 72%; b) aus **I** u. **V** in HF, 2 Std. bei 100°; 84%. Daraus *7-Oxy-2-methylchroman* (**VII**), $C_{10}H_{12}O_2$, F. 67–68°, Kp.$_{0,5}$ 120–125°; 68%. — *2-Oxy-5-methyl-β-chlorpropiophenon*, $C_{10}H_{11}O_2Cl$, F. 60–62° (Methanol), aus 20 g **III** u. 20 g **IV** in HF, 5 Std. bei 50°; gelblich; 11 g. — *6-Methylchromanon*, F. 36° (PAe.), Kp.$_{0,5}$ 100 bis 120°, a) aus vorst. Verb. mit 1,5%ig. NaOH; 52%; b) aus β-Chlorpropionsäure-p-kresylester (Kp.$_{12}$ 145–150°; 40%) mit HF, 3 Std. bei 55–60°, dann Aufnehmen in Chlf., Dest. bei 145–155°/11 mm u. Behandeln mit Sodalsg. u. sd. A.; daneben *2.5-Dimethylcumaranon*, $C_{10}H_{10}O_2$, F. 52–54° (PAe.); unlösl. in Alkali. — Für *6-Methylchroman* im Original keine Daten; wirksam im Fliegentest. — *2.4-Dioxy-β-chlorpropiophenon*, F. 96° (Bzn.-Bzl.), aus **III** u. **V** in HF, 1½ Std. bei 50°; gelb; 33%. Daraus mit 1,5%ig. NaOH *7-Oxychromanon*, F. 146° (Essigester); 81%. — *β-[2-Methylphenoxy]-propionsäure*, F. 92–93°, durch Zugabe von **III** zu o-Kresol–NaOH, ½std. Erwärmen, Ansäuern, Ausäthern u. Behandeln mit 2n Sodalsg.; 26%. Daraus mit HF (5 Std., 55–65°) *8-Methylchromanon*; n_D^{22} 1,572; 64%. Daraus (3 g) entsprechendes *Chroman*; n_D^{20} 1,541; 0,4 g. — *β-[2.5-Dimethylphenoxy]-propionsäure*, F. 108 bis 110°, aus **III** u. 2.5-Dimethylphenol in NaOH; aus 50%ig. Essigsäure Nadeln; 16%; gibt in HF (6 Std.; 50–60°) *5.8-Dimethylchromanon*, $C_{11}H_{12}O_2$, Kp.$_{1,5}$ 110–130°; hellgelbes Öl; n_D^{20} 1,567; 60%. *Oxim*, $C_{11}H_{13}O_2N$, F. 116–117° (Methanol), durch 4–5std. Kochen mit $HONH_2 \cdot HCl$ in Pyridin. *Chroman*, $C_{11}H_{14}O$, Kp.$_5$ 90–110°; n_D^{20} 1,543; 0,8 g aus 3 g (Chromanon). — *β-[2.3-Dimethylphenoxy]-propionsäure*, aus **III** u. 2.3-Dimethylphenol; 25%. Daraus (3,5 g) in HF (6 Std., 50–60°) *7.8-Dimethylchromanon*, $C_{11}H_{12}O_2$, F. 47–48,5°, Kp.$_3$ 120–140°; rötlich; 1,6 g. *Oxim*, $C_{11}H_{13}O_2N$, F. 165–166° (Bzn.-Bzl.). *Chroman*, $C_{11}H_{14}O$, Kp.$_2$ 120–140°; n_D^{23} 1,541; 0,4 g aus 1,6 g. — *β-[2.3.5-Trimethylphenoxy]-propionsäure*, F. 118–120°, aus **III** u. 2.3.5-Trimethylphenol (**VIII**); 10%. Daraus in HF (6 Std., 50–70°) *5.7.8-Trimethylchromanon*, $C_{12}H_{14}O_2$, Kp.$_2$ 100–120°; 76%. *Oxim*, $C_{12}H_{15}O_2N$, F. 142–143° (Bzn.-Bzl.). *Chroman*, $C_{12}H_{16}O$, F. 53°, Kp.$_4$ 100–120°; 59%. — *2.7-Dimethylchromanon*, $C_{11}H_{12}O_2$, Kp.$_{12}$ 150–160°, aus 5 g Crotonsäure-m-kresylester (F. ~20°, Kp.$_{12}$ 135 bis 137°; n_D^{14} 1,522; 70%) in HF (3 Std., 100°); 3 g. *Oxim*, $C_{11}H_{13}O_2N$, F. 140° (Methanol). *Chroman*, $C_{11}H_{14}O$, Kp.$_{0,5}$ 100–110°; 0,4 g aus 1,5 g. — *2.6.7-Trimethylchromanon*, F. 90–91° (Bzl.-Bzn.), aus 8,6 g **I** u. 12,2 g 3.4-Dimethylphenol in HF (2 Std., 100°); 12 g. *Oxim*, $C_{12}H_{15}O_2N$, F. 176–177° (Bzn.-Bzl.). *Chroman*, $C_{12}H_{16}O$; n_D^{20} 1,526; gelblich; 2 g aus 5 g. — *Crotonsäure-[3.5-dimethylphenyl]-ester*, $C_{12}H_{14}O_2$, Kp.$_{12}$ 138 bis 140°; 85%. Daraus (10 g) in HF (3 Std., 100°) *2.5.7-Trimethylchromanon*, F. 65°; aus PAe. gelbstichige Nadeln; 4 g. *Oxim*, $C_{12}H_{15}O_2N$, F. 140° (Methanol). *Chroman*; n_D^{22} 1,528; 1,5 g aus 2,5 g. — *2.6.8-Trimethylchromanon*, $C_{12}H_{14}O_2$, F. 59–60°, aus **I** u. 2.4-Dimethylphenol in HF (2 Std., 100°); aus Methanol bräunliche Nadeln; 63%. *Oxim*, $C_{12}H_{15}O_2N$, F. 124–125° (Bzn.-Bzl.). *Chroman*, $C_{12}H_{16}O$, F. 44–45°; 43%. — *2.5.7.8-Tetramethylchromanon*, $C_{13}H_{16}O_2$, F. 47–48°, Kp.$_4$ 140–160°, aus 4,3 g **I** u. 6,8 g **VIII** in HF (2 Std., 100°); 5,8 g. *Oxim*, $C_{13}H_{17}O_2N$, F. 151–152° (Bzn.-Bzl.). *Chroman*, F. 46–48° (wss. Methanol); 0,9 g aus 2,5 g. — *6-Oxy-2-methylchromanon*, $C_{10}H_{10}O_3$, F. 152–153° (Bzl.), aus Hydrochinondicrotylat ($C_{14}H_{14}O_4$, F. 112–114° [Methanol]) in HF; gelblich. Daraus mit $(CH_3)_2SO_4$ in 2n NaOH auf dem Wasserbad u. Aufnehmen in Chlf. *6-Methoxy-2-methylchromanon*, $C_{11}H_{12}O_3$, F. 65–67° (Bzl.). *Chroman*, $C_{11}H_{14}O_2$, n_D^{25} 1,529; gelbstichig. — *7-Methoxy-2-methylchromanon*, F. 74–77°, durch Zugabe von $(CH_3)_2SO_4$ zu 2,5 g **II** in 2n NaOH; 0,6 g. *Chroman*, $C_{11}H_{14}O_2$, Kp.$_{12}$ 130–150°, analog aus 2 g **VII**; n_D^{13} 1,539; 1,5 g. — *7-Oxy-2.6-dimethylchromanon*, $C_{11}H_{12}O_3$, F. 194–196° (mit PAe. aus Essigester), aus 3,5 g **I** u. 5 g 2.4-Dioxytoluol (**IX**) in HF (2 Std., 100°); roh 6 g. *Oxim*, $C_{11}H_{13}O_3N$, F. 172 bis 174° (mit PAe. aus Essigester). *Chroman* (**X**), $C_{11}H_{14}O_2$, F. 126–127° (mit W. aus Eisessig); 2,5 g aus 6 g. — *7-Methoxy-2.6-dimethylchromanon*, $C_{12}H_{14}O_3$, F. 116 bis 117° (aus Methanol mit W.), aus vorst. Chromanon mit $(CH_3)_2SO_4$ in 20%ig. KOH. *Chroman*, $C_{12}H_{16}O_2$, F. 53–54° (aus Eisessig mit W.), analog. — *7-Oxy-2.8-dimethylchromanon*, $C_{11}H_{12}O_3$, F. 175–176° (aus Essigester mit PAe.), aus 3,5 g **I** u. 5 g 2.6-Dioxytoluol (**XI**) in HF (2 Std., 100°); 7,5 g. *Oxim*, $C_{11}H_{13}O_3N$, F. 194–196° (mit PAe. aus Essigester), erst nach 8std. Kochen in Pyridin. *Chroman* (**XII**), $C_{11}H_{14}O_2$, F. 71 bis 73°; aus Bzn. Nadeln; 2,3 g aus 6 g. — *7-Methoxy-2.8-dimethylchromanon*, $C_{12}H_{14}O_3$, F. 80–81° (Bzn.), aus vorst. Chromanon durch 24std. Kochen mit CH_3J u. K_2CO_3 in Aceton. *Chroman*, $C_{12}H_{16}O_2$, Kp.$_{0,5}$ 95–100°, aus **XII** mit $(CH_3)_2SO_4$ in 20%ig. KOH; n_D^{18} 1,539. — *Crotonsäure-[3.4-dimethoxyphenyl]-ester*, $C_{12}H_{14}O_4$, F. 35–40°, Kp.$_{0,8}$ 150°. Daraus (5 g) mit HF (6 Std., 20°) neben einer nichtidentifizierten Verb. (hochschm. gelbe Flocken; unlösl. in 1,5%ig. NaOH) *6.7-Dimethoxy-2-methylchromanon*, $C_{12}H_{14}O_4$, F. 117–118° (Bzn.); 3,2 g. *Oxim*, $C_{12}H_{15}O_4N$, F. 172–174° (mit W. aus Methanol).

Chroman, $C_{12}H_{16}O_3$, F. 47—48°; n_D^{20} 1,545; 1,3 g aus 2,7 g. — *6-Oxy-2.5.7.8-tetramethylchromanon*, $C_{13}H_{16}O_3$, F. 111—113°, a) aus 5 g Trimethylhydrochinondicrotylat ($C_{17}H_{20}O_4$, F. 124°; aus Bzn. gelbstichige Kristalle) in HF (3 Std., 100°); aus Bzl. gelbliche Nadeln; 1 g; b) aus 7,8 g Trimethylhydrochinon u. 4,3 g **I** in HF (2½ Std., 100°); roh 5 g. *Oxim*, $C_{13}H_{17}O_3N$, F. 151—153°; aus Bzn.-Bzl. Nadeln. — *6-Methoxy-2.5.7.8-tetramethylchromanon*, $C_{14}H_{18}O_3$, F. 81—82°, aus 0,6 g vorst. Verb. mit $(CH_3)_2 \cdot SO_4$ in 2 n NaOH; aus Methanol Nadeln; 0,2 g. Daraus *Chroman*, $C_{14}H_{20}O_2$, F. 53—54°, $Kp._{0,2}$ 140—160°; gelblich. — *Methyl-dl-α-tocopheryläther*, $C_{30}H_{52}O_2$, $Kp._{0,005}$ 200°, durch gleichzeitige Zugabe von $(CH_3)_2SO_4$ u. 50%ig. NaOH zu dl-α-Tocopherol in Aceton unter N_2 innerhalb ½ Std., Behandeln mit 10%ig. NH_4OH, Aufnehmen in PAe. u. Waschen mit 50%ig. A. unter Zusatz von wenig HCl; Methylierungsverss. mit CH_2N_2 bzw. CH_3J waren erfolglos. — *Crotonsäure-[p-chlorphenyl]-ester*, $Kp._{13}$ 150 bis 152°; n_D^{18} 1,535; 83%. Daraus (10 g) in HF (3 Std., 100°) *6-Chlor-2-methylchromanon*, F. 98—99° (Bzn.); 2 g. *Oxim*, $C_{10}H_{10}O_2NCl$, F. 147°; aus Methanol Nadeln. Für das *Chroman* im Original keine Daten; im Fliegentest schwach wirksam. — *6-Methyl-2.3-cyclohexanochromanon*, $C_{14}H_{16}O_2$, F. 82,5—85° (Methanol-W.), aus Cyclohexen-1-carbonsäure (**XIII**) u. **IV** in HF (2 Std., 100°). *Oxim*, $C_{14}H_{17}O_2N$, F. 168—170° (Methanol). *Chroman*, $C_{14}H_{18}O$; wachsartig; 0,3 g aus 0,9 g. — *7-Methoxy-6-methyl-2.3-cyclohexanochromanon*, $C_{15}H_{18}O_3$, F. 144—145° (Methanol), aus 6 g **IX** u. 6,1 g **XIII** in HF (2 Std., 100°); Rk. der rohen *Oxyverb.* (10 g) mit $(CH_3)_2SO_4$ in 20%ig. KOH; gelblich; 2,2 g. *Oxim*, $C_{15}H_{19}O_3N$, F. 189—190° (Bzn.-Bzl.). *Chroman*, $C_{15}H_{20}O_2$, F. 109 bis 111°, $Kp._{0,1}$ 120—130°; 0,6 g aus 1,3 g. — *5.7.8-Trimethyl-2.3-cyclohexanochromanon*, $C_{16}H_{20}O_2$, $Kp._4$ 140—170°, aus 6,8 g **VIII** u. 6,8 g **XIII** in HF (2 Std., 100°); roh 10 g. *Oxim*, $C_{16}H_{21}O_2N$, F. 198—200° (Bzn.-Bzl.). *Chroman*, $C_{16}H_{22}O$, F. 66—68°; 1,2 g aus 6 g. — *7-Methoxy-2.3-cyclohexanochromanon*, $C_{14}H_{16}O_3$, F. 114—115°, aus 8,1 g **V** u. 10 g **XIII** in HF (2 Std., 100°); Rk. der rohen *Oxyverb.* (15 g) mit $(CH_3)_2SO_4$ in 20%ig. KOH; aus Methanol Nadeln. *Oxim*, $C_{14}H_{17}O_3N$, F. 174—175° (Bzn.-Bzl.). *Chroman*, $C_{14}H_{18}O_2$, wachsartig. — *Crotonsäure-[2-methylchromanyl-(7)]-ester*, $C_{14}H_{16}O_3$, F. 76—78°, $Kp._{0,4}$ 150—180°, aus **VII** u. Crotonsäurechlorid; aus Bzn. Nadeln; 66%. Daraus (4 g) in HF (3 Std., 100°) *2.6'-Dimethyl-5'.6'-dihydro-γ-pyrano-[3'.2':6.7]-chromanon*, $C_{14}H_{16}O_3$, F. 82—85° (Bzn.), $Kp._{0,5}$ 180—190°; 0,8 g. *Oxim*, F. 151—153° (Bzn.-Bzl.). — *Crotonsäure-β-naphthylester*, $C_{14}H_{12}O_2$, F. 46,5—48°, $Kp._{12}$ 197—198°; 76%. Daraus (10 g) in HF (3 Std., 20°) *2-Methyl-5.6-benzchromanon*, F. 73—74° (Bzn.); 2 g. *Oxim*, $C_{14}H_{13}O_2N$, F. 200—204° (Bzn.-Bzl.). *Chroman*, $C_{14}H_{14}O$, F. 88 bis 90°, $Kp._4$ 120—140°. — *2.6-Dimethylchromon*, F. 98—100°, durch 3std. Erhitzen von β-Chlorcrotonsäure-p-kresylester ($Kp._1$ 136—138°, aus β-Chlorcrotonsäurechlorid u. **IV**; n_D^{20} 1,532) in HF auf 100°, Aufnehmen in Chlf. u. Filtrieren durch Al_2O_3; aus Bzn. gelbe Nadeln; 70%. Daraus durch 5std. Kochen mit Piperonal in Ggw. von Na in Methanol *2-Piperonylidenmethyl-6-methylchromon*, $C_{19}H_{14}O_4$, F. 193—195° (Essigester). — *β-Chlorcrotonyl-2.4-dioxybenzol*, F. 114—116°, durch 18std. Rk. von **V** u. **VI** (F. 61°) bei 18° in HF u. Gießen in Eiswasser; aus Bzn.-Bzl. gelbe Nadeln; 65%. Daraus durch mehrstd. Stehen in 1,5%ig. NaOH u. Ansäuern *7-Oxy-2-methylchromon*, F. 250° (A.); 62%. — *7-Oxy-2.6-dimethylchromon*, $C_{11}H_{10}O_3$, F. 259—260° (Methanol), aus 5 g **VI** u. 5 g **IX** in HF (1½ Tage, 20°); dann Behandeln mit 1,5%ig. NaOH; 4 g. Daraus durch 24std. Kochen mit CH_3J in Ggw. von K_2CO_3 in Aceton *7-Methoxy-2.6-dimethylchromon*, $C_{12}H_{12}O_3$, F. 129—130° (Essigester); hellgelb; sublimiert bei 150—170°/0,4 mm. *Oxim*, $C_{12}H_{13}O_3N$, F. 225—226° (Methanol). — *7-Oxy-2.8-dimethylchromon*, $C_{11}H_{10}O_3$, F. 255—256° (Methanol), aus **VI** u. **XI** in HF (20 Std., 20°); Nadeln; 72%. *Oxim*, $C_{11}H_{11}O_3N$, F. 178—179° (aus Methanol mit W.). — *7-Methoxy-2.8-dimethylchromon*, F. 141—142°, aus 1,5 g vorst. Verb.; aus Essigester gelbe Nadeln; 1 g. — *6.7-Dimethoxy-2-methylchromon*, $C_{12}H_{12}O_4$, F. 146—147° (Methanol), $Kp._{0,6}$ 190—200°, aus 2 g Oxyveratrol u. 1,5 g **VI** in HF (2 Tage, 20°); 0,5 g. *Oxim*, $C_{12}H_{13}O_4N$, F. 205—206° (Methanol). — *2.6'-Dimethyl-γ-pyrono-[3'.2':6.7]-chroman*, $C_{14}H_{14}O_3$, F. 130°, aus 3,8 g **VII** u. 3 g **VI** in HF (20 Std., 20°); aus Methanol Nadeln; 1,2 g. — *2.6'.8-Trimethyl-γ-pyrono-[3'.2':6.7]-chroman*, $C_{15}H_{16}O_3$, F. 196—197°, aus 5 g **XII** u. 1,3 g **VI** in HF (20 Std., 20°); Aufnehmen in Aceton vor Behandeln mit 1,5%ig. NaOH; 0,9 g. — *2.6.6'-Trimethyl-γ-pyrono-[2'.3':7.8]-chroman*, $C_{15}H_{16}O_3$, F. 115—116° (Bzn.), aus 2 g **X** u. 1,3 g **VI** in HF (1½ Tage, 20°), Aufnehmen in Ae. u. Eingießen in 1,5%ig. NaOH; 0,2 g. (Liebigs Ann. Chem. **587**. 16—37. 1954.)

W. HOFFMANN. 3211

Otto Dann und **Wolf-Dietrich Arndt**, *Chromane*. 3. Mitt. *Das Homochromanon und andere Homochroman-Verbindungen*. (2. vgl. vorst. Ref.) Das von POWELL u. Mitarbeitern (J. Amer. chem. Soc. **53**. [1931.] 811) durch Einw. von P_2O_5 auf γ-Phenoxybuttersäure (**I**) in geringer Menge erhaltene *Homochromanon-(5)* entsteht bei Verwendung von sirupöser Phosphorsäure in bis zu 45%ig. Ausbeute; mit HF dagegen wird aus I eine bräunliche Verb. (F. ca. 250°) gebildet, wahrscheinlich ein p-Polykondensationsprod. der Zus. $C_6H_5O(CH_2)_3CO[C_6H_4O(CH_2)_3CO]_nOH$. Bei den Derivv. von I wird das Verhältnis zwischen intermol. p- bzw. intramol. o-Kondensation durch die Substituenten im Benzolring bestimmt. Aus γ-[4-Methylphenoxy]- (II) bzw. γ-[3.4-Dimethylphenoxy]-buttersäure (III) mit blockierter p-Stellung, aber auch aus γ-[3-Methoxyphenoxy]-buttersäure (IV) werden in HF die entsprechenden *Homochromanone* erhalten, nicht dagegen aus γ-[2.5-Dimethylphenoxy]-buttersäure (V); offenbar wird die Ketonbldg. in o-Stellung zur CH_3-Gruppe behindert; daher entsteht aus III auch nur ein Prod., nämlich *7.8-Dimethylhomochromanon-(5)* (VI). Die Darst. einer Reihe von VI-Derivv. wird beschrieben. Es wird festgestellt, daß die Homochromanone geringere Neigung als die Chromanone besitzen, in ungesätt. Ketone überzugehen u. mehr das Verh. von 1.2-Benzcycloheptenonen-(3) zeigen.

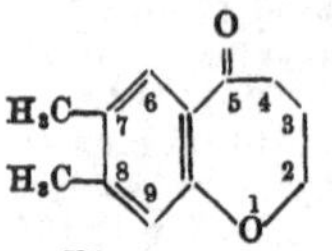

VI

V e r s u c h e: *γ-[3.4-Dimethylphenoxy]-crotonsäuremethylester*, Kp.$_{2,5}$ 155—170°, durch 10 std. Rk. von 4-Oxy-1.2-dimethylbenzol (VII) u. γ-Bromcrotonsäuremethylester in Ggw. von K_2CO_3 in Aceton, dann 7 std. Kochen, Filtrieren, Einengen u. Behandeln mit W., Ae. u. verd. NaOH; n_D^{20} 1,527; 57% (Ausbeute). *Freie Säure*, $C_{12}H_{14}O_3$, F. 106—109°; aus wss. Methanol, dann Bzn. Nadeln. — *γ-[3.4-Dimethylphenoxy]-buttersäure* (III), $C_{12}H_{16}O_3$, F. 91,5—93°, durch Hydrieren vorst. Esters in Ggw. von RANEY-Ni (80 Min., Raumtemp.) in Methanol, ½ std. Kochen mit KOH u. Ansäuern; aus Ligroin Nadeln; 91%. — Analog: *γ-Phenoxycrotonsäuremethylester*, Kp.$_{13}$ 148—152°; n_D^{18} 1,526. *Freie Säure*, F. 83—85°. — *γ-Phenoxybuttersäure* (I), F. 62—63° (Ligroin). — *γ-[4-Methylphenoxy]-buttersäure* (II), $C_{11}H_{14}O_3$, F. 85,5—87° (Ligroin). — *γ-[3-Methoxyphenoxy]-buttersäure* (IV), $C_{11}H_{14}O_4$, F. 70—71,5° (Methanol, dann Ligroin). — *γ-[2.5-Dimethylphenoxy]-crotonsäuremethylester*, $C_{13}H_{16}O_3$, F. 72,5—74°, Kp.$_{0,4}$ 134 bis 142°; aus Methanol Nadeln. — *γ-[2.5-Dimethylphenoxy]-buttersäure* (V), $C_{12}H_{16}O_3$, F. 65—66° (Ligroin). — *7.8-Dimethylhomochromanon-(5)* (VI), $C_{12}H_{14}O_2$, F. 61,5—62°, Kp.$_{0,1}$ 130—145°, a) durch 1¾ std. Erwärmen von III in sirupöser Phosphorsäure, Gießen auf Eis u. Aufnehmen in Ae.; aus PAe. seidige Nadeln; 66%; b) durch Zugabe von III zu wasserfreier techn. HF (96—100%) bei 0° in einer Gußstahlbombe, 10 tägige Rk. bei Raumtemp., Gießen in Eiswasser (Polyäthylengefäß) u. Aufnehmen in Ae.; 82%; gibt Kupplungsprodd. mit p-Nitrobenzoldiazoniumfluoroborat, diazotierter Sulfanilsäure bzw. diazotiertem Anilin. *Oxim*, $C_{12}H_{15}O_2N$, F. 109—110°; aus Bzn.-Bzl. Blättchen. *Semicarbazon*, F. 199—200° (n-Butanol). Rk. von γ-Butyrolacton u. VII in HF führt nicht zu VI. — *Homochromanon-(5)*, $C_{10}H_{10}O_2$, E. <—12°, Kp.$_4$ 100 bis 130°, analog VI (Meth. a) aus 2,5 g I; n_D^{20} 1,564; 1,05 g. — Rk. von 5 g I in HF (1 Tag) gibt *Polymerisationsprod. vom F. ca. 250°*; hellbraun, unlösl. in Ae., schwerlösl. in sd. Aceton, Methanol, Chlf., Eisessig, etwas in sd. Nitrobenzol; 4 g. — *7-Methylhomochromanon-(5)*, E. <—12°, Kp.$_{0,9}$ 114—116°, analog VI (Meth. b) aus II; n_D^{18} 1,560; 48%. *Oxim*, $C_{11}H_{13}O_2N$, F. 71,5—72,5°; aus Bzn.-Bzl. Nadeln. *Semicarbazon*, $C_{12}H_{15}O_2N_3$, F. 188,5—189,5°; aus Methanol Stäbchen. — Ebenso aus IV *8-Methoxyhomochromanon-(5)*, Kp.$_{0,6}$ 140°; n_D^{19} 1,576; 51%. *Oxim*, $C_{11}H_{13}O_3N$, F. 99—100°. *Semicarbazon*, $C_{12}H_{15}O_3N_3$, F. 193,5—194,5°. — Rk. von 2,5 g V mit sirupöser Phosphorsäure ergibt 30 mg eines neutralen *Öls* (n_D^{18} 1,544) u. mit Sodalsg. aus der äther. Phase *Kristalle vom F. 128—130°* (W.), die ein *2.4-Dinitrophenylhydrazon* bilden. — In HF werden aus 5 g V mit Chlf. 80 mg eines neutralen *Öls* erhalten, welches ebenfalls mit 2.4-Dinitrophenylhydrazin einen Nd. gibt. — *7.8-Dimethylhomochroman*, $C_{12}H_{16}O$, Kp.$_{0,4}$ 70—90°, durch 12 std. Rk. von 5 g VI mit amalgamiertem Zn-Staub in Eisessig-18%ig. HCl, dann 3 std. Kochen u. Aufnehmen in Ae.; n_D^{19} 1,535; 3,3 g. — *5.5-Dichlor-7.8-dimethylhomochroman*, $C_{12}H_{14}OCl_2$, F. 55—58° (Bzn.), Kp.$_1$ 120°, durch 2 std. Erhitzen von 5,6 g VI mit PCl_5 in Bzl., Kühlen, Abfiltrieren von PCl_5, Zugabe von Methanol, Einengen, Zugabe von W. u. Ausäthern; 5,5 g. — *5-Amino-7.8-dimethylhomochroman*, $C_{12}H_{17}ON$, Kp.$_{0,6}$ 130°, durch Eintragen von 4%ig. Na-Amalgam in eine Lsg. von VI-Oxim in wss. Methanol bei 50° u. p_H <7 (Eisessigzusatz), Einengen, Alkalisieren u. Ausäthern. *Hydrochlorid*, F. 243—246° (aus Ae. mit alkoh. HCl). — *5-Oxy-5.7.8-trimethylhomochroman*, $C_{13}H_{18}O_2$, F. 109—110° (Ligroin), durch Rk. von CH_3MgJ mit 7,5 g VI in Ae., ½ std. Kochen u. Zers. mit gesätt. NH_4Cl-Lsg.; 7 g. — *5.7.8-Trimethylhomochromen-(4)*, $C_{13}H_{16}O$, F. 59—61° (verd. Methanol), a) durch 1 std. Erwärmen vorst. Verb. mit P_2O_5 auf dem sd. Wasserbad, Aufnehmen in Ae. u. Dest.; b) durch 1 std. Kochen vorst. Verb. in Eisessig, Gießen in W. u. Ausäthern; addiert quantitativ 1 Mol Brom. — *5-Oxy-7.8-dimethylhomochroman*, $C_{12}H_{16}O_2$, F. 96—96,5° (Ligroin), durch Erhitzen von 10 g VI mit Al-Isopropylat unter Abdest. des gebildeten

Acetons (6 Std.), Gießen in Eiswasser u. Ausäthern; 9 g. — *7.8-Dimethylhomochromen-(4)*, $C_{12}H_{14}O$, F. 32—34°, durch 1std. Kochen von 1 g vorst. Verb. in Methanol + wenig HCl oder in Eisessig u. Gießen in W.; aus Methanol Schuppen; 0,8 g; entsteht auch neben anderen Prodd. bei der CLEMMENSEN-Red. von untenst. **VIII**. — *4.5-Dibrom-7.8-dimethylhomochroman*, $C_{12}H_{14}OBr_2$, F. 127—130° (Ligroin, dann verd. Aceton), aus vorst. Verb. mit Br_2 in $CHCl_3$. — *4-Brom-7.8-dimethylhomochromanon-(5)* (**IX**), $C_{12}H_{13}O_2Br$, F. 83—85°, aus **VI** mit Br_2 in CS_2; aus Methanol verfilzte Nadeln. — *4.4-Dibrom-7.8-dimethylhomochromanon-(5)*, $C_{12}H_{12}O_2Br_2$, F. 76—78°, aus **VI** mit Br_2 in sd. Chlf.; aus Methanol Prismen. — *4-Oxy-7.8-dimethylhomochromanon-(5)*, $C_{12}H_{14}O_3$, F. 99—100°, a) durch Rk. von 3 g rohem **IX** mit alkoh. KOH bei 30°, Neutralisieren mit n H_2SO_4, Abfiltrieren von Salzen, Einengen, Ausäthern u. Behandeln mit Methanol; aus verd. Methanol Nadeln; roh 2,2 g; b) durch 3tägige Einw. von alkoh. HCl auf 0,9 g nachst. Verb. unter Luftabschluß u. Gießen in Eiswasser; 0,6 g. — *4-Acetoxy-7.8-dimethylhomochromanon-(5)*, $C_{14}H_{16}O_4$, F. 91—93° (Methanol oder Ligroin), $Kp._{0,01}$ 100—120°, a) durch ½std. Kochen von **IX** mit Na-Acetat in Ggw. von Pyridin in Eisessig, Gießen in Eiswasser u. Ausäthern; b) durch 1½std. Erhitzen von 1,9 g **VI** mit $(CH_3COO)_4Pb$ in Eisessig auf dem sd. Wasserbad, dann 1 Std. bei 50° u. Gießen in Eiswasser; 2,3 g. — *4-Dimethylaminomethyl-7.8-dimethylhomochromanon-(5)*, durch 1³/₄std. Erhitzen von 5 g **VI** mit Dimethylaminhydrochlorid in 30%ig. Formaldehydlsg. unter N_2, Versetzen mit NH_4OH u. Ausäthern; Öl; n_D^{20} 1,547; 4,5 g. *Pikrat*, $C_{15}H_{21}O_2N \cdot C_6H_3O_7N_3$, F. 166—167°; aus n-Butanol kanariengelbe Stäbchen. — *4-Benzyliden-7.8-dimethylhomochromanon-(5)*, $C_{19}H_{18}O_2$, F. 92—93,5°, durch 3std. Kochen von 2 g **VI** u. Benzaldehyd in A.-konz. HCl, Zugabe von W. u. Ausäthern; aus Methanol gelbliche Prismen; 2,7 g. — *7.8-Dimethylhomochromandion-(4.5)* (**X**), $C_{12}H_{12}O_3$, F. 118—121° (Ligroin), durch 2std. Kochen von 5 g **VI** mit SeO_2 in Methanol, Filtrieren, Zugabe von W., Ausäthern, Dest. bei 120—160°/0,6 mm, Auskochen des Rohprod. (2,5 g) mit Ligroin u. Kühlen; hellgelb; rein höchstens 0,35 g; empfindlich gegen Alkali; Vers. läßt sich nicht immer reproduzieren; daneben 0,1 g einer *Verb. vom F. 133 bis 134°* u. sehr wenig einer *Verb. vom F. 110—114°*. **X**-*Dioxim*, $C_{12}H_{14}O_3N_2$, F. 188 bis 189°; aus wss. Methanol Blättchen. *Chinoxalinderiv.*, $C_{18}H_{16}ON_2$, F. 153—154°, durch kurzes Erhitzen von 0,2 g **X** u. o-Phenylendiamin in Eisessig u. Versetzen mit warmem W. bis zur Trübung; aus Methanol gelbliche verfilzte Nadeln; roh 0,3 g. — *4-Oximino-7.8-dimethylhomochromanon-(5)* (**VIII**), $C_{12}H_{13}O_3N$, F. 180—182° (Zers.), a) durch 24std. Einw. von Isoamylnitrit auf **VI** in 4¹/₄%ig. K-Isoamylatlsg. bei 0°, Zugabe von Ae., Aufnehmen des gelben *K-Salzes* in 1%ig. KOH u. Fällen mit Essigsäure; 60%; b) durch Zutropfen von Isoamylnitrit–Ae. zu **VI** in absol. Ae. unter gleichzeitigem Einleiten von HCl $<5°$; 85%; aus Bzl. Blättchen; Hydrolyseverss. mit H_2SO_4, mit HCl + CH_2O, mit HNO_2 unter Druck bzw. mit Alkali waren erfolglos. — *4-Amino-7.8-dimethylhomochromanon-(5)-hydrochlorid*, $C_{12}H_{16}O_2NCl$, F. 225° (Zers.), durch 7std. Hydrieren von 3 g **VIII** in Ggw. von 5%ig. Pd-Kohle u. etwas HCl in Methanol, Zugabe von Chlf., Einengen, Gießen in Ae. (1,7 g Nd.) u. Fällen aus Methanol mit Ae.; Nadeln. — *4-Amino-5-oxy-7.8-dimethylhomochromanhydrochlorid*, F. 202° (Zers.), durch Hydrieren von **VIII** in Ggw. von PtO_2 u. etwas HCl in Methanol, Einengen, Zugabe von konz. HCl, dann Ae. u. mehrstd. Stehen; 78%. Daraus mit Sodalsg. aus W. die *Base*, $C_{12}H_{17}O_2N$, F. 167—170° u. nach 2maligem Umkristallisieren aus Bzl. F. 155—158° (Racemgemisch?). (Liebigs Ann. Chem. **587**. 38—50. 1954.) W. HOFFMANN. 3211

C. F. Koelsch und **P. T. Masley**, *Darstellung von 7.8-Benzocumarin und [1-Methoxynaphthyl-(2)]-propionsäure.* Wird bei der Rk. von α-Naphthol mit Äpfelsäure (**I**) in Schwefelsäure **I** im Überschuß u. Essigsäure als Verdünnungsmittel angewendet, wird nahezu das Doppelte der bisher (vgl. BARTSCH [1903]) angegebenen Ausbeute an *7.8-Benzocumarin* erhalten.

Versuche: *7.8-Benzocumarin*, $C_{13}H_8O_2$, F. 141—142° (Essigsäure), durch portionsweise Zugabe von 170 g techn. α-Naphthol u. 226 g techn. **I** zum heißen Gemisch von 360 ml konz. H_2SO_4 u. 240 ml Essigsäure, 1½std. Erhitzen auf 135 bis 141°, Gießen auf Eis, Kochen, Suspendieren des harzigen Prod. in sd. W., Behandlung mit Soda bis zur Rötlichfärbung u. Dest.; $Kp._6$ 235—240°; 45—55% (Ausbeute). — *3.4-Dihydro-7.8-benzocumarin* (**II**), $C_{13}H_{10}O_2$, F. 76—77°, aus 35 g vorst. Verb. in 10%ig. NaOH durch Red. mit 3%ig. Na-Amalgam, Fällen mit HCl u. Dest.; $Kp._{15}$ 210—220°; aus A. Nadeln; 29 g. — *β-[1-Oxynaphthyl-(2)]-propionsäurephenylhydrazid*, $C_{19}H_{18}O_2N_2$, F. 176—178° unter Zers. (A.), aus **II** u. Phenylhydrazin in C_2H_5OH. — *β-[1-Methoxynaphthyl-(2)]-propionsäure*, $C_{14}H_{14}O_3$, F. 94—96°, aus **II** u. Dimethylsulfat in Alkali; Nadeln aus Ligroin + 5% Chlf.; $Kp._{20}$ ca. 240°; 80—90%. — *β-[1-Methoxy-*

naphthyl-(2)]-propionamid, $C_{14}H_{15}O_2N$, F. 103—105°, aus vorst. Verb. mit $SOCl_2$ u. NH_4OH; aus verd. A. Nadeln. (J. Amer. chem. Soc. **75**. 3596. 20/7. 1953. Minneapolis, Minn., Univ. of Minnesota, School of Chem.) NITZSCHKE. 3211

Nathan Sperber und **Rosemarie Fricano,** *Cyclische Derivate von α.α-disubstituierten Phenylacetonitrilen.* Aus α.α-disubstituierten Phenylacetonitrilen, z. B. *β-Cyan-β-phenyl-β-[pyridyl-(2)]-propionsäureäthylester* (**Ia**), wurden *Imidazolin-, Pyrrolidon-, Pyrrolidinderivv.* u. *Dialkylaminoalkylester* dargestellt, die auf Antihistaminwrkg. oder spasmolyt. Wirksamkeit geprüft wurden. — *2-{β-[Pyridyl-(2)]-β-phenyläthyl}-imidazolin* (**IIIa**) u. das *p-Chlorphenylanaloge* (**IIIb**) wurden aus **Ia** bzw. dem entsprechenden p-Chlorphenylacetonitril (**Ib**) nach Verseifung u. Decarboxylierung der Cyangruppe u. Wiederveresterung des Carboxyls durch Umsetzung mit Äthylendiamin erhalten; **IIIa** u. **IIIb** zeigten eine gewisse Antihistaminwirksamkeit. — Durch Hydrierung von **Ia** mit RANEY-Ni wurde *4-Phenyl-4-[pyridyl-(2)]-pyrrolidon-(2)* (**IVa**) erhalten, das nach $LiAlH_4$-Red. zum Pyrrolidin u. Methylierung *3-Phenyl-3-[pyridyl-(2)]-1-methylpyrrolidin* (**Va**) lieferte. **Va**, *3.3-Diphenyl-1-methylpyrrolidin* (**Vc**), *3-Phenyl-3-[pyridyl-(2)]-1-methylpiperidin* (**VIII**) sowie *4.4-Diphenylpyrrolidon-(2)* (**IVc**) zeigten keine spasmolyt. oder antihistaminähnliche Wirkung. — Durch Abspaltung der Cyangruppe in **Ia** u. Umsetzung der freien Säure mit β-Diäthylaminoäthylchlorid wurde *β-Phenyl-β-[pyridyl-(2)]-propionsäure-β-diäthylaminoäthylester* erhalten, der im MAGNUS-Test keine spasmolyt. Wrkg. besaß.

Versuche (FF. korr.): *β-Cyan-β-phenyl-β-[pyridyl-(2)]-propionsäureäthylester* (**Ia**), $C_{17}H_{16}O_2N_2$, F. 91—91,5° (Bzl.-PAe.); zu einer heißen Lsg. von 0,5 Mol α-[Pyridyl-(2)]-phenylacetonitril u. 0,54 Mol Bromessigester in Toluol wurde portionsweise eine Suspension von Na-Amid in Toluol gegeben u. 2 Std. gekocht; nach Erkalten wurde mit W. zers. u. die organ. Schicht aufgearbeitet; 80% (Ausbeute). — In analoger Weise wurden dargestellt: *β-Cyan-β-[p-chlorphenyl]-β-[pyridyl-(2)]-propionsäureäthylester* (**Ib**), $C_{17}H_{15}O_2N_2Cl$, F. 67,5—68,5° (A.-W.); 70%. — *β-Cyan-β.β-diphenylpropionsäureäthylester* (**Ic**), $C_{18}H_{17}O_2N$, Kp.$_{1,5}$ 180—184°, F. 107—107,5° (A.-W.); 61%. — *γ-Cyan-γ-phenyl-γ-[pyridyl-(2)]-buttersäureäthylester* (**VI**), $C_{18}H_{18}O_2N_2$, Kp.$_{2,5}$ 190—193°; 71%. — *β-Phenyl-β-[pyridyl-(2)]-propionsäureäthylester* (**IIa**), $C_{16}H_{17}O_2N$, Kp.$_{1,5}$ 140—142°, durch 9std. Erhitzen von 0,075 Mol **Ia** mit 70%ig. H_2SO_4 auf 130°; die Propionsäure wurde wieder verestert; das Rohprod. wurde aus ammoniakal. wss. Lsg. mit Ae. aufgenommen u. die äther. Lsg. aufgearbeitet; n_D^{24} 1,5480; 70%. — Analog: *β-p-Chlorphenyl-β-[pyridyl-(2)]-propionsäureäthylester* (**IIb**), $C_{16}H_{16}O_2NCl$, aus **Ib**; Kp.$_{1,0}$ 174—176°; n_D^{24} 1,5548; 57%. — *γ-Phenyl-γ-[pyridyl-(2)]-buttersäureäthylester* (**VII**), $C_{17}H_{19}O_2N$, aus **VI**; Kp.$_{0,5}$ 149—152°; n_D^{25} 1,5450; 68%. — *2-{β-[Pyridyl-(2)]-β-phenyläthyl}-imidazolin* (**IIIa**), $C_{16}H_{17}N_3$, Kp.$_1$ 194—197°, F. 122—123° (Bzl.-PAe.); durch 48std. Kochen von 21 g **IIa** mit Äthylendiamin im Überschuß u. Abdest. des gebildeten A. u. W. sowie des Überschusses an Äthylendiamin, der Rückstand wurde mit wenig Mg-Pulver auf 280° (30 Min.) erhitzt u. dest.; gelbes Öl, das beim Stehen erstarrte; 15 g. — *2-{β-[Pyridyl-(2)]-β-p-chlorphenyläthyl}-imidazolin* (**IIIb**), $C_{16}H_{16}N_3Cl$, Kp.$_{2,5}$ 215—218°, analog **IIIa** aus 25 g **IIb**; 13,3 g. — *4-Phenyl-4-[pyridyl-(2)]-pyrrolidon-(2)* (**IVa**), $C_{15}H_{14}ON_2$, F. 165—166° (W.), durch 6std. Hydrierung von 45 g **Ia** mit H_2/RANEY-Ni in absol. A. bei ca. 35 at u. 75°; 24,5 g. — *4.4-Diphenylpyrrolidon-(2)* (**IVc**), $C_{16}H_{15}ON$, F. 165—166° (A.), durch Hydrierung von 40 g **Ic** wie vorst.; 30 g. — *3-Phenyl-3-[pyridyl-(2)]-pyrrolidin*, $C_{15}H_{16}N_2$, Kp.$_1$ 152—154°, durch $LiAlH_4$-Red. von 0,1 Mol **IVa** in sd. Ae.; n_D^{27} 1,5960; 44%. — *3-Phenyl-3-[pyridyl-(2)]-1-methylpyrrolidin* (**Va**), $C_{16}H_{18}N_2$, Kp.$_1$ 143—144°, durch Eintropfen von 8,8 g vorst. Verb. in 7 g kalte 90%ig. HCOOH, Zugeben von 6 cm³ 37%ig. HCHO-Lsg. u. 18std. Erhitzen; n_D^{27} 1,5815; 7,8 g. — *3.3-Diphenylpyrrolidinhydrochlorid*, $C_{16}H_{18}NCl$, F. 235—236°, durch $LiAlH_4$-Red. von 13,5 g **IVc** wie oben; *freie Base* (Kp.$_{2,5}$ 162—164°; n_D^{26} 1,5968; 9,5 g). — *3.3-Diphenyl-1-methylpyrrolidin* (**Vc**), $C_{17}H_{19}N$, Kp.$_2$ 146—147°, durch Umsetzung von 15 g vorst. Verb. mit HCHO—HCOOH wie oben; n_D^{25} 1,5830; 11,5 g. — *5-Phenyl-5-[pyridyl-(2)]-piperidon-(2)*, $C_{16}H_{16}ON_2$, F. 192,6—193,4°, aus 29,4 g **VI** mit H_2/RANEY-Ni analog **IVa**; 18 g; ließ sich nicht mit $LiAlH_4$ reduzieren. — *γ-Phenyl-γ-[pyridyl-(2)]-γ-cyanbutyronitril* (**IX**), $C_{16}H_{13}N_3$, Kp.$_{1,5}$ 194—196°, F. 82 bis 83° (A.); zu einer gekühlten Suspension von $NaNH_2$ in Toluol wurden portionsweise 48,5 g α-[Pyridyl-(2)]-phenylacetonitril gegeben u. 3 Std. gekocht; dann wurden 35 g β-Brompropionitril zugetropft u. weitere 4 Std. gekocht; nach Erkalten wurde mit Eiswasser zers. u. die Toluolschicht aufgearbeitet; 45 g eines gelben, viscosen Öls, das langsam kristallisierte. — *γ.γ-Diphenyl-γ-cyanbutyronitril*, $C_{17}H_{14}N_2$, Kp$_{1,5}$ 195 bis 200°, F. 70—71° (Bzl.-PAe.) durch Umsetzung von 97 g Diphenylacetonitril mit $NaNH_2$ u. β-Brompropionitril in Toluol wie vorst.; gelbes, viscoses Öl, das beim

Stehen erstarrt; 57%. — *3-Phenyl-3-[pyridyl-(2)]-piperidin*, $C_{16}H_{18}N_2$, Kp.$_{0,5}$ 168 bis 171°, durch Hydrierung von **IX** mit H_2/RANEY-Ni in A. bei ca. 53 at u. 75—80°; orangefarbenes Öl, enthielt noch uncyclisiertes Diamin als Verunreinigung. — *3-Phenyl-3-[pyridyl-(2)]-1-methylpiperidin* (**VIII**), $C_{17}H_{20}N_2$, Kp.$_{2,5}$ 170—175°, durch Umsetzung von 11,9 g des vorst. Rohprod. mit HCHO—HCOOH analog **Va**; n_D^{25} 1,5680; 7,2 g. — *β-Phenyl-β-[pyridyl-(2)]-propionsäure*, $C_{14}H_{13}O_2N$, F. 110—111° (A.-W.), durch 14std. Kochen von 10 g **IIa** mit KOH in Isopropanol; 6,3 g. — *β-Phenyl-β-[pyridyl-(2)]-propionsäure-β-diäthylaminoäthylester*, $C_{20}H_{26}O_2N_2$, Kp.$_2$ 165—170°, durch Zutropfen von 3 g β-Diäthylaminoäthylchlorid in Isopropanol zu einer Lsg. von 5 g vorst. Verb. in Isopropanol u. 24std. Kochen; n_D^{30} 1,5245; 3,2 g. — *γ-Phenyl-γ-[pyridyl-(2)]-buttersäure*, $C_{15}H_{15}O_2N$, F. 111—112° (A.-W.); a) durch 36std. Kochen von 10 g **VII** mit KOH in Isopropanol; 4,7 g; b) durch 9std. Rühren von 72 g **VI** in 70%ig. H_2SO_4 bei 130—140°; 41 g. — *γ-Phenyl-γ-[pyridyl-(2)]-buttersäure-β-diäthylaminoäthylester*, $C_{21}H_{28}O_2N_2$, Kp.$_1$ 183—185°; durch 48std. Kochen von 4 g vorst. Verb. mit 2,3 g β-Diäthylaminoäthylchlorid in Isopropanol; n_D^{26} 1,5290; 2,2 g. (J. Amer. chem. Soc. **75**. 2986—88. 20/6. 1953. Bloomfield, N. J., Schering Corp., Chem. Res. Labors.) FRUHSTORFER. 3231

R. O. Bachmann und **Glenn L. Jenkins**, *Synthese einiger disubstituierter Piperidine*. Vff. berichten über die Darst. verschied. isomerer *2.6-Bis-[1-oxyalkyl]-piperidinhydrochloride* (**I**) durch Hydrierung der entsprechenden 2.6-Diacylpyridine.

V e r s u c h e: *3.5-Diphenylpiperidinhydrochlorid* (**II**), $C_{17}H_{20}NCl$, F. 231—232°, u. *2.4-Diphenylpentamethylendiamindihydrochlorid* (**III**), $C_{17}H_{24}N_2Cl_2$, F. 319—320°; durch katalyt. Red. von 14 g 2.4-Diphenylglutarsäurenitril in Dioxan mit RANEY-Ni/H_2 (200°, 2500 lbs./sq.in.), Dest. des Basengemisches (Kp.$_{15}$ 200—238°; Kp.$_2$ 169 bis 179°), Überführung in die Hydrochloride, die durch fraktionierte Kristallisation aus absol. Isopropanol getrennt wurden; 3 g **II**; 1 g **III** (Ausbeute). — Die *2.6-Diacylpyridine* wurden dargestellt durch Umsetzung von Pyridindicarbonsäure-(2.6)-dichlorid mit entsprechenden Alkylcadmiumchloriden in absol. thiophenfreiem Bzl. analog CASON u. PROUT (C. **1948**. E. 564); Reinigung durch Dest., Charakterisierung durch die 2.4-Dinitrophenylhydrazone. Dargestellt wurden folgende *2.6-Diacylpyridine*: *Dipropionyl-*, Kp.$_1$ 120—125°; 22%. *Bis-[2.4-dinitrophenylhydrazon]*, F. 272—273°. — *Dibutanoyl-*, Kp.$_5$ 143—146°; 40%. — *Bis-[2.4-dinitrophenylhydrazon]*, F. 254—255°. — *Dipentanoyl-*, Kp.$_2$ 163—170°; 39%. *Bis-[2.4-dinitrophenylhydrazon]*, F. 234—235°. — *Dihexanoyl-*, Kp.$_5$ 190—204°; 33%. *Bis-[2.4-dinitrophenylhydrazon]*, F. 194—195°. — *Dibenzoyl-*, F. 180°; 43%. *Bis-[2.4-dinitrophenylhydrazon]*, F. 236—237°. — Aus den vorst. Verbb. durch Red. mit H_2/PtO_2 in absol. A. mit 1 Äquivalent HCl-Gas bei 20°/2—3at (die Hydrierung gelingt nur, wenn die alkoh. Lsg. der Diacylverbb. vorher mit RANEY-Ni geschüttelt wurde) folgende *2.6-Bis-[1-oxyalkyl]-piperidinhydrochloride* bzw. *Sulfate* der Formel **IV** (fraktionierte Kristallisation aus A./Ae.): *R = Äthyl-*, *Hydrochlorid*, F. 192—193°. — *R = Propyl-*, *Hydrochlorid* (3-Isomere) F. 173—175° bzw. F. 165,5—167° bzw. F. 148 bis 149,5°. — *R = Butyl-*, *Hydrochlorid*, (3 Isomere) F. 203—205° bzw. F. 130—131° bzw. F. 119—120°. Red. mit RANEY-Ni (100°/100at) lieferte ein *Sulfat* mit F. 292°. — *R = Amyl-*, *Sulfat*, F. 286—287°. — *R = Phenyl-*, *Sulfat*, (2 Isomere) F. 288—290° bzw. F. 269°. (J. Amer. pharmac. Assoc., pract. Pharmcy Edit. **40**. 44—46. Jan. 1951. Lafayette, Ind., Purdue Univ., School of Pharm., Res. Labors.) GOEBEL. 3231

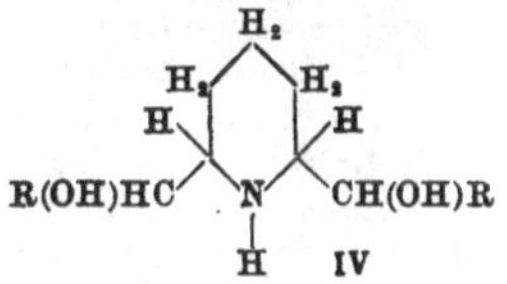

IV

Irving Allan Kaye, Herman Horn und **Mary Vouras**, *N-[Lepidyl-(2)]-substituierte Aminoalkohole*. Vff. beschreiben die Darst. von *N-[Lepidyl-(2)]-substituierten Aminoalkoholen* auf verschied. Wegen: **A**: durch Erhitzen von 2-Chlorlepidin (**I**) mit einem Aminoalkohol; **B**: durch Rk. eines sek. [Lepidyl-(2)]-amins in Ggw. von $LiNH_2$ mit Äthylenoxyd bzw. (**C**) mit einem substituierten Äthylenoxyd. — N-[2-(Lepidyl-[2])-aminoäthyl]-morpholin (**II**) reagierte nicht nach **C** mit Propylenoxyd oder Styroloxyd, während die Rk. mit Äthylenoxyd glatt zum *N-[β-Morpholinoäthyl]-N-[lepidyl-(2)]-aminoäthanol* führte; Vff. nehmen ster. Hinderung an. — Durch Rk. von Methylanilin mit Äthylencarbonat in Ggw. von $LiNH_2$ gelang die Darst. von *N-Methyl-N-phenyläthanolamin*; dagegen konnte 2-Benzylaminopyridin nicht in dieser Weise umgesetzt werden. — Die Hydrochloride von N-[Lepidyl-(2)]-äthanolamin, **I**, 2-Benzylaminolepidin (**III**) u. N-Äthyl-N-[lepidyl-(2)]-äthanolamin (**IV**) haben keinen hemmenden Einfl. auf Mäusesarkom 180; **IV**-Hydrochlorid verursacht bei Mäusen Krämpfe, hat keine curareähnliche Wrkg. u. zeigt keine Schutzwrkg. gegen Elektroschock, Metrazol oder Strychnin.

Versuche (FF. korr.): *Meth.* **A**: Ein Gemisch von 0,2 Mol **I** u. 0,8 Mol des Aminoalkohols wurde 20—24 Std. auf 160—165° Badtemp. erhitzt, das noch warme Gemisch in 150 cm³ Chlf. oder Äthylenchlorid gelöst, mit 25 cm³ gesätt. K_2CO_3-Lsg. geschüttelt, über K_2CO_3 getrocknet, eingedampft u. destilliert. *Meth.* **B**: Ein Gemisch aus 0,1 Mol des entsprechenden Lepidyl-(2)-amins, 0,15 Mol Äthylenoxyd, gelöst in 25 g Xylol, u. 0,12 Mol $LiNH_2$ wurden 15 Std. im Rohr bei 100° heftig geschüttelt. Wurde die Rk. (im Falle von **III**) ohne $LiNH_2$ durchgeführt, so konnte nur Ausgangsmaterial isoliert werden. *Meth.* **C**: Ein Gemisch von 0,1 Mol des Lepidyl-(2)-amins, 0,12 Mol Styroloxyd bzw. 0,15 Mol Propylenoxyd, 0,12 Mol $LiNH_2$ u. 100 cm³ trokkenem Bzl. wurde 24 Std. unter Rückfluß gekocht. — Auf diese Weise wurden dargestellt: *N-[Lepidyl-(2)]-äthanolamin*, $C_{12}H_{14}ON_2$, $Kp._{0,11}$ 164°, F. 107,5—108,5° (Bzl.); aus **I** + Aminoäthanol nach **A**; 77—86% (Ausbeute). *Hydrochlorid*, $C_{12}H_{14}ON_2 \cdot HCl$, F. 237,5—239,5° (A.). — *N-[Lepidyl-(2)]-3-aminopropanol*, $C_{13}H_{16}ON_2$, $Kp._{0,08}$ 185—190°, F. 100—100,5° (Bzl.–Hexan), aus **I** + 3-Aminopropanol nach **A**; 84%. *Hydrochlorid*, $C_{13}H_{16}ON_2 \cdot HCl$, F. 250—251° (Isopropanol). — *N-[Lepidyl-(2)]-3-aminopropanol-(2)*, $C_{13}H_{16}ON_2$, $Kp._{0,05}$ 148°, aus **I** + Aminoisopropanol nach **A**; 84—87%. *Hydrochlorid*, $C_{13}H_{16}ON_2 \cdot HCl$, F. 208—209°. — *N-[Lepidyl-(2)]-2-aminobutanol*, $C_{14}H_{18}ON_2$, $Kp._{0,17}$ 166°, F. 133—134,5° (Bzl.), aus **I** + 2-Aminobutanol nach **A**; 85%. *Hydrochlorid*, $C_{14}H_{18}ON_2 \cdot HCl$, F. 170—172° (Isopropanol). *Sulfat*, $C_{14}H_{18}ON_2 \cdot {}^1/_2\,H_2SO_4$, F. 231—232° (Isopropanol). — *N-[Lepidyl-(2)]-4-aminobutanol-(2)*, $C_{14}H_{18}ON_2$, $Kp._{0,03}$ 165°, F. 98,5—99,5° (Bzl.), aus **I** + 4-Aminobutanol-(2) nach **A**; 84%. *Hydrochlorid*, $C_{14}H_{18}ON_2 \cdot HCl$, F. 222—223° (A.). — *N-Äthyl-N-[lepidyl-(2)]-aminoäthanol* (**IV**), $C_{14}H_{18}ON_2$, $Kp._{0,1}$ 139—141°, aus **I** + N-Äthylaminoäthanol nach **A**; 70—73%. *Hydrochlorid*, $C_{14}H_{18}ON_2 \cdot HCl$, F. 219,5—221° (A.). — *N-[n-Butyl]-N-[lepidyl-(2)]-aminoäthanol*, $C_{16}H_{22}ON_2$, $Kp._{0,16}$ 156—162°, aus **I** + N-[n-Butyl]-aminoäthanol nach **A**; 60—65%. *Hydrochlorid*, $C_{16}H_{22}ON_2 \cdot HCl$, F. 198,5—199° (A.). — *N-Benzyl-N-[lepidyl-(2)]-aminoäthanol*, $C_{19}H_{20}ON_2$, $Kp._{0,01}$ 201—202°, aus **III** (nach **A** aus **I** + Benzylamin, F. 70—73°) u. Äthylenoxyd nach **B**; 87%. *Hydrochlorid*, $C_{19}H_{20}ON_2 \cdot HCl$, F. 176—176,5° (Isopropanol). — *N-[Lepidyl-(2)]-3-aminopropyl-(1)-isopropyläther*, $C_{16}H_{22}ON_2$, $Kp._{0,06}$ 123—124°, aus **I** + 3-Aminopropylisopropyläther nach **A**; 89%. *Hydrochlorid*, $C_{16}H_{22}ON_2 \cdot HCl$, F. 126—127° (Isopropanol). — *N-[3-Isopropoxypropyl]-N-[lepidyl-(2)]-aminoäthanol*, $C_{18}H_{26}O_2N_2$, $Kp._{0,04}$ 175—185°, aus vorst. Verb. + Äthylenoxyd nach **B**; 83%. *Hydrochlorid*, $C_{18}H_{26}O_2N_2 \cdot HCl$, F. 157—158° (Isopropanol). — *N-[β-Morpholinoäthyl]-N-[lepidyl-(2)]-aminoäthanol*, $C_{18}H_{25}O_2N_3$, $Kp._{0,04}$ 185—188°, aus **II** + Äthylenoxyd nach **B**; 51%. *Pikrat*, $C_{24}H_{28}O_9N_6$, F. 228 bis 229° (Aceton–Dioxan). — *N-[γ-Di-n-butylaminopropyl]-N-[lepidyl-(2)]-aminoäthanol*, $C_{23}H_{37}ON_3$, $Kp._{0,03}$ 175—180°, aus N-[γ-Di-n-butylaminopropyl]-[lepidyl-(2)]-amin + Äthylenoxyd nach **B**; 71%. *Dipikrat*, $C_{35}H_{43}O_{15}N_9$, F. 176—177° (A.–Aceton). — *N-[γ-Diäthylaminopropyl]-N-[lepidyl-(2)]-3-aminopropanol-(2)*, $C_{20}H_{31}ON_3$, $Kp._{0,04}$ 175—180°, aus N'.N'-Diäthyl-N-[lepidyl-(2)]-trimethylendiamin (**V**) + Propylenoxyd nach **C**; 62%. *Dipikrat*, $C_{32}H_{37}O_{15}N_9$, F. 180—181° (Isopropanol). — *N-[γ-Diäthylaminopropyl]-N-[lepidyl-(2)]-2-amino-1-phenyläthanol*, $C_{25}H_{33}ON_3$, $Kp._{0,03}$ 165—168°, aus **V** + Styroloxyd nach **C**; 55%. *Dipikrat*, F. 130—131° (Isopropanol). — *N-Methyl-N-phenylaminoäthanol*, $Kp._5$ 126—132°, durch Erhitzen eines Gemischs von Methylanilin mit Äthylencarbonat u. $LiNH_2$ auf 145° bis zur Beendigung der CO_2-Entw., dann 1 Std. auf 160° u. 2 Std. auf 190°; gelbes Öl; 53,5%. (J. org. Chemistry **18.** 664—68. Juni 1953. Brooklyn, N. Y., Brooklyn Coll., Dep. of Chem.)

FRUHSTORFER. 3231

E. C. Taylor jr. und **Norman W. Kalenda**, *Verbesserte Phenanthridinsynthese mit Polyphosphorsäure. Phenanthridin* wird in verbesserter Ausbeute durch Cyclisierung von 2-Formamidobiphenyl (**I**) in Ggw. von Polyphosphorsäure (**II**) unter stetigem Rühren dargestellt. Wird das Rühren unterlassen, so entsteht als einziges Prod. eine Verb. $C_{25}H_{20}N_2$, wahrscheinlich *N.N'-Bis-[o-biphenylyl]-formamidin*. Ebenso wird *Phenanthridon* durch Cyclisierung von o-Biphenylisocyanat in Ggw. von **I** erhalten; als Nebenprod. entsteht *N.N'-Bis-[o-biphenylyl]-harnstoff*, wahrscheinlich durch Hydrolyse kleiner Mengen nicht umgesetzten Ausgangsproduktes.

Versuche: *Phenanthridin*, F. 106—107°, durch 1std. Erhitzen von **I** mit **II** unter dauerndem Rühren auf 140—160°, Gießen in kaltes W., Alkalisieren mit NaOH bis p_H 10, mehrstd. Stehen bei Raumtemp., Filtrieren u. Waschen mit W.; aus Ligroin–Norit Nadeln; 93,4% (Ausbeute). — *N.N'-Bis-[o-biphenylyl]-formamidin*, $C_{25}H_{20}N_2$, F. 156,5—157,5° (Ligroin u. wss. Dimethylformamid), durch 1std. Erhitzen von **I** mit **II** ohne Rühren auf 175—180°, Abkühlen, Verdünnen mit W., Alkalisieren mit NaOH bis p_H 10, mehrmaliges Extrahieren mit Ae., Extrahieren mit 6nHCl, Alkalisieren mit NaOH bis p_H 10 u. mehrstd. Stehen; 33,4%. — Durch 2std. Erhitzen von 2,2 g o-Biphenylisocyanat mit II unter Rühren im Ölbad auf 140—160° u. Gießen der oberen Schicht des Reaktionsgemisches in W. entstehen 0,02 g *N.N'-Bis-[o-biphenylyl]-harnstoff*, F. 184—185°; bei Gießen der unteren Schicht in W. wird *Phenanthridon*, F. 291—292° (wss. Dimethylformamid), erhalten; 87,3%. (J. Amer. chem. Soc. **76**. 1699—1700. 20/3. 1954. Urbana, Ill., Univ. of Illinois, Noyes Chem. Labor.)

BUCHTA. 3231

Frederick G. Mann und **J. A. Reid**, *Xanthone und Thioxanthone*. 4. Mitt. *Darstellung und Eigenschaften von 9-Oxa-1-azaanthron und 9-Thia-1-azaanthron*. (3. vgl. J. chem. Soc. [London] **1951**. 761.) *2-Chlornicotinsäure* (I), die als Ausgangsmaterial zur Darst. von *9-Oxa-1-azaanthron* (II) u. *9-Thia-1-azaanthron* (III) Verwendung findet, wird aus Chinolinsäureanhydrid in besserer Ausbeute dargestellt als aus dem Imid (vgl. 3. Mitt., l. c.); auch die Darst. der als Zwischenprod. notwendigen *2-Oxynicotinsäure* wurde verbessert. III wird durch Erhitzen von I mit Thiophenol in saurem Medium unter Bldg. von *3-Carboxypyridyl-(2)-phenylsulfid* u. Cyclisierung des letzteren mit $POCl_3$ erhalten; mit C_6H_5SNa kondensiert sich I nicht, beim Erhitzen tritt vielmehr Zers. ein. Die bas. Eigg. von III sind stärker als die des ebenfalls in verbesserter Ausbeute dargestellten II; III bildet im Gegensatz zu II ein *Hydrochlorid*. Durch Einw. von H_2PtCl_6 auf die salzsauren Lsgg. beider Verbb. entstehen die *Chloroplatinate*, während durch Erhitzen mit p-Toluolsulfonsäuremethylester Quaternierung eintritt; das Prod. kann leicht in das *Methojodid* u. *Methopikrat* übergeführt werden. Die Ähnlichkeit der Methosalze beider Verbb. zeigt, daß auch bei III die Quarternierung am N-Atom stattfindet. Sowohl II als auch III werden durch Behandlung mit Hg u. Na in A. zu den entsprechenden *Anthranolen* reduziert. Bei der Oxydation von III mit 30%ig. H_2O_2 entsteht III-*9.9-Dioxyd* u. nicht Aminoxyd–Sulfoxyd, was durch Unters. der chem. Eigg. u. durch Aufnahme von Infrarotspektren bewiesen wird. *9-Thia-1-azaanthron-8-carbonsäuremethylester* wird durch Kondensation von I mit Thiosalicylsäuremethylester (VI) u. Cyclisierung des dabei entstehenden *2-Carbomethoxyphenyl-[3'-carboxypyridyl-(2')]-sulfids* (V) mit $POCl_3$ erhalten u. zur freien Säure hydrolysiert; die V entsprechende Säure konnte nicht cyclisiert werden. Der hohe F. der Säure läßt darauf schließen, daß sie wahrscheinlich als Zwitterion vorliegt. Bei der Darst. von V entsteht eine gelbe Verb., *9-Thia-4a-azaanthroniumchlorid*, dessen Kation 2 Resonanzformen besitzt. Beim Erhitzen mit W. entsteht *2-Carboxyphenyl-[3'-carboxypyridyl-(2')]-sulfid* (IV), u. beim Behandeln mit Methanol wird V erhalten.

Versuche: *2-Carbamylnicotinsäure*, F. 172° (Zers.), durch Behandeln von 27 g Chinolinsäureanhydrid in Methyläthylketon mit einem Überschuß von gasförmigem NH_3, Lösen in W. unter Zugabe von NH_4OH u. Ansäuern mit SO_2; 17 g (Ausbeute). — *2-Aminonicotinsäure*, F. 297° (Zers.; W.), durch Zugabe von 18 g vorst. Verb. zu einer Lsg. von Br_2 u. NaOH in W. bei 0° unter Rühren, 1 std. Rühren bei 70—75°, Neutralisation mit konz. HCl, Ansäuern bis p_H 5 mit CH_3COOH u. 1 std. Rühren bei 0°; 11 g. — Durch Diazotieren von 10 g vorst. Verb. entsteht *2-Oxynicotinsäure*, F. 253—255° (Zers.) in höherer Ausbeute bei Verwendung von 7,5 g $NaNO_2$; 10 g. — Daraus nach FIBEL u. SPOERRI (C. **1949**. II. 415) *2-Chlornicotinsäure* (I). — *9-Oxa-1-azaanthron* (II), $C_{12}H_7O_2N$, F. 182—183°, durch 1½ std. Erhitzen von 0,7 g 2-Phenoxynicotinsäure mit $POCl_3$ auf 130—140°, Verdünnen mit PAe., Behandeln mit verd. Sodalsg. u. Sublimieren unter vermindertem Druck; aus A. Nadeln; 0,57 g. *Methojodid*, $C_{13}H_{10}O_2NJ$, F. 206° (Zers.), durch je 2 std. Erhitzen von II mit p-Toluolsulfonsäuremethylester auf 150—160° u. 170°, Ausschütteln mit Ae., Aufnehmen des Rückstandes in A. u. Versetzen mit alkoh. NaJ-Lsg.; aus Methanol goldgelbe Nadeln. Bei Zugabe von alkoh. Na-Pikratlsg. an Stelle von NaJ entsteht das *Methopikrat*, $C_{19}H_{12}O_9N_4$, F. 197—198°; aus Methanol schwachgelb. — *9-Oxa-1-azaanthranol-(10)*, $C_{12}H_9O_2N$, F. 149,5—150° (Zers.; Bzl. u. W.), durch Zugabe von Na zu II, A. u. Hg unter kräftigem Schütteln bei ca. 40°, Abtrennen der alkoh. Lsg., Waschen des Amalgams mit heißem A., Filtrieren der vereinigten alkoh. Lsgg., Einengen u. Verdünnen mit H_2O. Durch Zugabe einer heißen, wss. Lsg. des Anthranols zu einer H_2PtCl_6-Lsg. entsteht das *Chloroplatinatdihydrat*, $C_{24}H_{16}O_2N_2Cl_6Pt \cdot 2\ H_2O$; wasserfrei nach Trocknen bei 100° u. 0,1 mm. — *3-Carboxypyridyl-(2)-phenylsulfid*, $C_{12}H_9O_2NS$, F. 171—171,5°, durch Erhitzen von 1,57 g I u. Thiophenol auf 140°, 1 std. Erhitzen auf 185—190°, Lösen in $NaHCO_3$-Lsg., Ausschütteln mit Ae. u. Ansäuern des wss. Anteils mit Eisessig; aus CCl_4 Platten; 1,58 g. — *9-Thia-1-azaanthron* (III), $C_{12}H_7ONS$, F. 234°, durch 2 std. Erhitzen von 1 g vorst. Verb. mit $POCl_3$ auf 130—140°, Behandeln mit PAe. wie bei II u. Sublimieren bei 180°/2 mm; aus A. Nadeln; 0,6 g. Durch Eindampfen einer Lsg. vorst. Verb. in HCl im Vakuum wird das *Hydrochlorid*, $C_{12}H_7ONS \cdot HCl$, gebildet; lange blaßgelbe Nadeln.

Methojodid, $C_{13}H_{10}ONJS$, F. 234°, wie bei II; aus Methanol orangefarbene Nadeln. *Methopikrat*, $C_{19}H_{12}O_8N_4S$, F. 216–217°, aus Methanol gelb. — *9-Thia-1-azaanthron-9.9-dioxyd*, $C_{12}H_7O_3NS$, F. 263–263,5°, durch 48std. Stehen von III in Eisessig mit 30%ig. H_2O_2 bei 40°, nach 8 u. weiteren 20 Std. Zugabe von weiterem H_2O_2; aus A. Nadeln. — *9-Thia-1-azaanthranol-(10)*, $C_{12}H_9ONS$, F. 147–148° (Zers.; Bzl. u. W.), durch Red. von III in A. mit Na u. Hg, 10 Min. Kochen u. Aufarbeitung wie bei der Oxaverbindung. — *2-Carboxyphenyl-[3'-carboxypyridyl-(2')]-sulfid* (**IV**), $C_{13}H_9O_4NS$, F. 192–193° (W.), a) durch 6 Min. Erwärmen von 0,7 g I u. 0,7 g Thiosalicylsäure auf 170–175°, Lösen des gelben Festkörpers in $NaHCO_3$-Lsg. u. Ansäuern mit HCl; 1 g; b) durch ½std. Hydrolyse von **IV**-Methylester (**V**) mit 0,5n-Sodalsg. u. Ansäuern. — I-*Methylester*, $C_7H_6O_2NCl$, F. 23° (PAe.), aus I in Methanol mit äther. CH_2N_2. — *2-Carbomethoxyphenyl-[3'-carbomethoxypyridyl-(2')]-sulfid*, $C_{15}H_{13}O_4NS$, F. 77–78° (PAe.), durch 1std. Erhitzen von vorst. Verb. u. **VI** auf 170°, Extrahieren mit heißem PAe., Abdekantieren des PAe., Auflösen in Methanol u. Zugabe von W.; ebenfalls bei dem Vers., aus **IV** das Anthron herzustellen, durch 5std. Kochen von **IV** mit $POCl_3$, Lösen in PAe., ½std. Kochen mit Methanol, Einengen u. Gießen in Wasser. — *2-Carbomethoxyphenyl-[3'-carboxypyridyl-(2')]-sulfid* (**IV**-*Methylester* [**V**]), $C_{14}H_{11}O_4NS$, F. 167–168° (Zers.; Bzl.), nach 1std. Kochen mit W. F. 160–164°, nach 2std. Kochen mit 0,1%ig. HCl F. 158°, durch ½std. Erhitzen von 0,5 g I mit **VI** auf 170°, mehrmaliges Extrahieren des gelben Prod. mit Bzl. u. Einengen; 0,5 g. Nach Reinigen des gelben Prod. durch Extrahieren mit Aceton wurde eine Verb. von der Zus. eines *1-Carboxy-9-thia-4a-azaanthroniumchlorids*, $C_{13}H_8O_3NClS$, erhalten, ebenfalls durch Behandeln von **V** in Diphenyläther oder **VI** mit HCl bei 170°. Daraus durch Kochen mit W. **IV** u. durch mehrstd. Behandeln mit Methanol **V**. — *9-Thia-1-azaanthron-8-carbonsäuremethylester*, $C_{14}H_9O_3NS$, F. 194–195°, durch 2std. Kochen von **V** mit $POCl_3$ bei 145–155° u. Aufarbeiten analog II; aus Methanol Nadeln. Durch 2std. Kochen vorst. Verb. mit 0,2n NaOH, Ansäuern der heißen Lsg. mit CH_3COOH entsteht *9-Thia-1-azaanthron-8-carbonsäure*, $C_{13}H_7O_3NS$, F. 348–349° (Zers.; A.). (J. chem. Soc. [London] **1952**. 2057–62. Juni. Cambridge, Univ., Chem. Labor.) BUCHTA. 3231

Marshall Kulka, *8-Nitro-7-methoxyisochinolin*. *7-Methoxyisochinolin* gibt bei Nitrierung die *8-Nitroverb.*, deren Konst. durch Red. u. Überführung in die *Chlorverb.* bewiesen wurde, welche auf unabhängigem Wege gewonnen wurde.

Versuche: *7-Methoxy-8-nitroisochinolin*, $C_{10}H_8O_3N_2$, F. 164–165°, durch portionsweise Zugabe von KNO_3 in konz. H_2SO_4 zu 7-Methoxyisochinolin in konz. H_2SO_4 bei 0–5°, Gießen auf Eis u. Alkalisieren; aus Bzl. gelbe Prismen; 80% (Ausbeute). — *7-Methoxy-8-aminoisochinolin*, $C_{10}H_{10}ON_2$, F. 156–157°, durch langsame Zugabe von $SnCl_2 \cdot 2\,H_2O$ in konz. HCl zu vorst. Verb. in konz. HCl bei 35–40°, mehrstd. Stehen, Verdünnen mit W., Zugabe zu Eis + NaOH u. Ausäthern; aus Bzl. gelbe Nadeln; 74%. — *7-Methoxy-8-chlorisochinolin*, $C_{10}H_8ONCl$, F. 124–125°, durch Diazotierung vorst. Verb., Rk. mit CuCl in konz. HCl bei 70°, Alkalisieren u. Dampfdest.; Nadeln aus CH_3OH; 50%; ident. mit der durch CH_2N_2-Methylierung von 7-Oxy-8-chlorisochinolin erhaltenen Verbindung. (J. Amer. chem. Soc. **75**. 3597. 20/7. 1953. Guelph, Ontario, Can., Dominion Rubber Co., Ltd. Res., Labor.) NITZSCHKE. 3231

P. R. Shafer, William E. Loeb und **William S. Johnson**, *Struktur des Adduktes von 3-Methylcyclohexen-(2)-on und Cyanessigsäureäthylester. Die Frage von „meta"- und „para"-überbrückten Ringen.* Die nach FARMER u. ROSS (J. chem. Soc. [London] **1926**. 3233) ausgeführte Kondensation von 3-Methylcyclohexen-(2)-on (**I**) mit Cyanessigester (**II**) liefert *1-Methyl-2-cyan-3-ketocyclohexyl-(1)-essigsäureäthylester* (**III**). Für seine Bldg. wird eine anomale MICHAEL-Addition zu 1-Methyl-1-cyanmethyl-3-ketocyclohexancarbonsäure-(2)-äthylester angenommen, der durch Alkoholyse unter dem Einfl. des verwendeten Alkoholats in β-Methyl-β-cyanmethylpimelinsäurediäthylester übergeht u. sich zu **III** cyclisiert. *1-Methyl-2-cyan-3-ketocyclohexyl-(1)-essigsäure* geht bei der sauren Verseifung in eine *Amidsäure* (**IV**) über, die unter den Verseifungsbedingungen in *1.3.8-Triketo-10-methylperhydroisochinolin* (**V**) übergeht. Die alkal. Hydrolyse liefert **IV** zurück. Die Bromierung von **V** führt zu einem Dibromid, wahrscheinlich *7.9-Dibrom-1.3.8-triketo-10-methylperhydroisochinolin* (**VI**). Die alkal. $KMnO_4$-Oxydation von **III** verläuft schon bei 0° unter Bldg. von *β-Carboxy-β-methylpimelinsäure*. Die Red. von **V** mit Na-Borhydrid ergibt *1.3-Diketo-8-oxy-10-methylperhydroisochinolin*, das unter Wasserabspaltung leicht in *1.3-Diketo-10-methyl-1.2.3.4.5.6.7.10-oktahydroisochinolin* (**VII**) übergeht u. das bei energ. alkal. Hydrolyse *1-Methyl-2-carboxy-Δ^2-cyclohexenyl-(1)-essigsäure* (**VIII**) bildet. **VIII** ergab beim Hydrieren *cis-1-Methyl-2-carboxycyclohexyl-(1)-essigsäure*, von der das *trans*-Isomere durch Epimerisation mit konz. HCl erhalten wurde.

Versuche (FF. korr): *1-Methyl-2-cyan-3-ketocyclohexyl-(1)-essigsäureäthylester* (III), Kp.$_{0,15}$ 123—124°, aus I u. II mit Na-Äthylat nach FARMER u. ROSS (l. c.); 13% (Ausbeute). *Semicarbazon*, $C_{13}H_{20}O_3N_4$, F. 167,1—167,3° (A.), Nadeln; 100%. — *1.3.8-Triketo-10-methylperhydroisochinolin* (V), $C_{10}H_{13}O_3N$, F. 183—183,6° (Bzn.), nach FARMER u. ROSS (l. c.) aus III durch Verseifen mit heißer 10%ig. Soda u. anschließende Behandlung mit konz. HCl, Prismen, λ_{max} 3,14 μ. Zeigt im Gegensatz zu III eine intensive purpurfarbene $FeCl_3$-Reaktion. *2.4-Dinitrophenylhydrazon*, $C_{16}H_{17}O_6N_5$, F. 246 bis 248° (viel Essigester), orangefarbenes mikrokristallines Pulver; 100%. *Dibromid* VI, $C_{10}H_{11}O_3NBr_2$, F. 187,5—188° (Zers.; Chlf.), Nadeln. — *β-Carboxy-β-methylpimelinsäure*, $C_9H_{14}O_6$, F. 148,7—149,3° (Bzl. + Essigester), a) durch Oxydation von III mit $KMnO_4$ in verd. Soda bei 0° (15 Min.); b) durch Verseifen des Trimethylesters (BANERJEE, J. Indian chem. Soc. **17.** [1940.] 453) mit sd. konz. HCl (72 Std.). — *1.3-Diketo-8-oxy-10-methylperhydroisochinolin*, $C_{10}H_{15}O_3N$, F. 183—184° (Bzl.), aus V mit Na-Borhydrid in wss. CH_3OH in exotherm. Rk. (30 Min.) u. Zers. mit konz. HCl, Prismen. — *1.3-Diketo-10-methyl-1.2.3.4.5.6.7.10-oktahydroisochinolin* (VII), $C_{10}H_{13}O_2N$, F. 165,5—166° (Bzl.), sublimiert bei 120—135°/0,01—0,05 mm, aus der vorst. Verb. mit konz. HCl in sd. 50%ig. CH_3OH (21 Std.), Prismen; λ_{max} 226 mμ (log E = 4,1), λ_{max} 3,2 u. 3,24 μ; 97%. — *1-Methyl-2-carboxy-Δ^2-cyclohexenyl-(1)-essigsäure* (VIII), $C_{10}H_{14}O_4$, F. 200,5—201° (W.), aus VII durch Verseifen mit sd. 20%ig. KOH, Prismen; λ_{max} 214 mμ (log E = 3,93). — *1-Methyl-2-carboxycyclohexyl-(1)-essigsäure, cis-Form*, F. 172—173,5° (W.), aus VIII durch Hydrieren in W. in Ggw. von 10% Pd-Kohle bei Zimmertemperatur. *trans-Form*, F. 131,5—132,5° (W.), aus den Mutterlaugen der vorst. Verb. oder aus dieser mit konz. HCl bei 200° (16 Std.) nach LINSTEAD u. MILLIDGE (J. chem. Soc. [London] **1936.** 478). (J. Amer. chem. Soc. **75.** 5963—67. 5/12. 1953. Madison, Wis., Univ., Dep. of Chem.) GOLD. 3231

Carl Tabb Bahner, Dorothy Ellis Bilancio und **Emma Margaret Brown,** *8-Azaguaninanaloge*. Durch Behandeln des bakteriostat. wirksamen 8-Azaguanins mit P_2S_5 werden *5-Amino-7-mercapto-1-vic.-triazolo-[d]-pyrimidin* u. *5.7-Dimercapto-1-vic.-triazolo-[d]-pyrimidin* dargestellt.

Versuche: *5-Amino-7-mercapto-1-vic.-triazolo-[d]-pyrimidin*, $C_4H_4N_6S$, Zers. bei 270°, aus 13 g 8-Azaguanin u. P_2S_5 in Pyridin durch 6 std. Rückflußkochen, Gießen der heißen Lsg. in heißes W., Lösen des Rohprod. in 0,05 n KSH-Lsg. u. Ansäuern mit Essigsäure; R_F 0,57 (W./Essigsäure/n-Butanol); UV-Absorption bei p_H 10: log E_{224} 4,132, log E_{325} 3,950; bei p_H 6,51: log E_{231} 4,097, log E_{341} 3,925; 2 g (Ausbeute). — *5.7-Dimercapto-1-vic.-triazolo-[d]-pyrimidin*, $C_4H_3N_5S_2$, aus 13 g 8-Azaguanin wie vorst., Lösen des Rohprod. in heißer HCl (1 : 1), Neutralisieren mit NH_4OH, nochmaliges Behandeln mit P_2S_5 in Pyridin, 6 std. Kochen u. Gießen in kochendes W.; aus heißer HCl (1 : 1) durch Neutralisieren mit NH_4OH Kristalle; R_F 0,76; UV-Absorption bei p_H 6,51: log E_{283} 4,153, log E_{343} 4,002; bei p_H 10: log E_{283} 4,076, log E_{343} 3,801; 1 g. (J. Amer. chem. Soc. **76.** 1370. 5/3. 1954. Jefferson City, Tenn., Carson-Newman Coll., Dep. of Chem.) AHRLÉ. 3272

P. A. J. Gorin und **J. K. N. Jones,** *Eine neue Synthese von 2-Desoxy-D-ribose*. *2-Desoxy-D-ribose* (I) läßt sich durch Oxydation von 3-Desoxy-D-glucose (II) wie folgt darstellen: 0,337 g II werden 3 Std. mit 0,19 n $NaJO_4$-Lsg. behandelt, dann wird Ba-Acetat zugegeben, das Filtrat zur Verseifung der gegen JO_4^- beständigen *2-Desoxy-4-formyl-D-ribose* mit NH_4OH leicht alkal. gemacht, mit Ionenaustauschern entsalzt u. I von nicht umgesetzter II durch Chromatographie an Whatman 1 (Butanol/A./W. 40:11:19) getrennt; erhalten wurden 80 mg Sirup; $[\alpha]_D^{20}$ —31° (c = 1,0; W.). — *N-Phenyl-2-desoxy-D-ribosylamin*, $C_{11}H_{15}O_3N$, F. u. Misch-F. 169—170° (A.), durch Kochen von I mit Anilin in A.; $[\alpha]_D^{20}$ +141° (12 Min.) → +47° (72 Std., konstant; c = 0,40; Pyridin). (Nature [London] **172.** 1051—52. 5/12. 1953. Bristol, Univ., Dep. of Chem.) WILLENBERG. 3400

John Honeyman und **J. W. W. Morgan,** *Reaktionen von Methyl-α-D-mannosid mit Aldehyden*. *Methyl-2.3;4.6-bis-[O-äthyliden]-* (I), *Methyl-2.3;4.6-bis-[O-propyliden]-* u. *Methyl-2.3;4.6-bis-[O-benzyliden]-α-D-mannosid*, die keine freien OH-Gruppen enthalten, lassen sich durch Schütteln von Methyl-α-D-mannosid (II) mit Paraldehyd u. H_2SO_4 bzw. Propionaldehyd u. HCl bzw. Benzaldehyd u. $ZnCl_2$ herstellen. In kurzer Reaktionszeit entsteht *Methyl-4.6-[O-äthyliden]-α-D-mannosid* (III), das sich über das Diacetat reinigen ließ, u. dessen Konst. durch Überführung in das *Methyl-2.3-di-[O-methyl]-α-D-mannosid-4.6-dibenzoat* bewiesen wurde. Bei der Hydrolyse von I zu II ließ sich keine Monoäthylidenverb. als Zwischenprod. feststellen. — Methyl-α-D-glucosid gibt im Gegensatz zu II mit Paraldehyd bzw. Propionaldehyd *Methyl-4.6-[O-alkyliden]-2.3-oxydialkyliden-α-D-glucoside.*

Versuche: *Methyl-2.3; 4.6-bis-[O-äthyliden]-α-D-mannosid* (I), $C_{11}H_{18}O_6$, F. 72° (wss. A. oder PAe.), durch 30 minütiges Schütteln von 20 g aus Carobbengummi hergestelltem II mit H_2SO_4-haltigem Paraldehyd bei Zimmertemp., Neutralisieren mit K_2CO_3, Schütteln des Eindampfrückstandes vom Filtrat mit W. u. Abtrennen der entstandenen festen M.; weiche Nadeln; $[\alpha]_D^{19}$ +14,2° (c = 1,0; Chlf.); 14 g (roh). — *Methyl-4.6-[O-äthyliden]-α-D-mannosid* (III), $C_9H_{16}O_6$, F. 117° (Chlf.), durch Eindampfen des wss. Filtrats von I; $[\alpha]_D^{20}$ + 77° (c = 1,0; Chlf.); 7,1 g. — Bei längerer Reaktionszeit entstand nur I. — *Methyl-4.6-[O-äthyliden]-2.3-di-[O-methyl]-α-D-mannosid*, $C_{11}H_{20}O_6$, F. 42—44°, durch zweimalige 18 std. Methylierung von III in sd. CH_3J/Ag_2O u. Reinigung der Lsg. in Bzl. mit einer Al_2O_3-Säule; große Prismen; $[\alpha]_D^{18}$ +65,8° (c = 0,48; Chlf.); 87%. — *Methyl-2.3-di-[O-methyl]-α-D-mannosid-4.6-dibenzoat*, Doppel-F. 101—102° u. 120—121° (Ae.), Misch-F. 120—121°, durch 4½ std. Erhitzen vorst. Verb. in W. mit Amberlite IR 120 H auf dem Wasserbad u. 90 minütige Behandlung des erhaltenen Sirups mit Benzoylchlorid/Pyridin bei 0°; $[\alpha]_D^{17}$ +50,2° (c = 1,2; Chlf.); 40%. Bei späteren Kristallisationen wurde nur die höher schmelzende Form erhalten. — 4—5 std. Hydrolyse von I mit Amberlite IR 120 H in sd. W. gab II, F. 188—189°; 65%; kein III im CCl_4-Extrakt des Verseifungsproduktes. — *Methyl-4.6-[O-äthyliden]-α-D-mannosid-2.3-diacetat*, $C_{13}H_{20}O_8$, F. 132°, aus III u. Acetanhydrid/Na-Acetat auf dem Dampfbad (1 Std.); schmale Nadeln aus PAe.; $[\alpha]_D^{22}$ +36,7° (c = 1,0; Chlf.); 74%. — Entacetylierung vorst. Verb. mit Na-Methylat gab reines *Methyl-4.6-[O-äthyliden]-α-D-mannosid* (III), F. 114° (CCl_4), geleeartig, aus sehr feinen Nadeln bestehend; $[\alpha]_D^{19}$ +74° (c = 1,0; Chlf.); 69%. — *Methyl-4.6-[O-äthyliden]-α-D-mannosid-2.3-di-p-toluolsulfonat*, $C_{23}H_{28}O_{10}S_2$, F. 121—122° (Methanol), aus III u. Tosylchlorid in Pyridin (3 Tage bei Zimmertemp.); $[\alpha]_D^{21}$ —11,6° (c = 1,2; Chlf.); 60%. — *Methyl-4.6-[O-äthyliden]-α-D-mannosid-2.3-dinitrat*, $C_9H_{14}O_{10}N_2$, F. 69—73° (PAe.), aus III u. rauchender HNO_3 in Acetanhydrid (15 Min. bei 0°); $[\alpha]_D^{19}$ +20,0° (c = 1,3; Chlf.); 92%. — *Methyl-2.3; 4.6-bis-[O-propyliden]-α-D-mannosid*, $C_{13}H_{22}O_6$, F. 92—93° (Methanol), aus II u. Propionaldehyd in Ggw. von konz. HCl (5 Min. Schütteln bei Zimmertemp.), nach weiteren 15 Min. Zugabe von W.; feine Nadeln; $[\alpha]_D^{18}$ +5,2° (c = 1,0; Chlf.). — Vorst. Verb. u. I ließen sich mit rauchender HNO_3 in Acetanhydrid bei 0° nicht nitrieren. — *Methyl-2.3; 4.6-bis-[O-benzyliden]-α-D-mannosid*, F. 174—178° (A./Aceton), durch 21 std. Schütteln von 20 g II mit Benzaldehyd u. $ZnCl_2$ bei Zimmertemp. u. Behandlung mit W., $NaHSO_3$- u. $NaHCO_3$-Lsg. u. PAe.; Nadeln; 7 g. (J. chem. Soc. [London] **1954.** 744—46. Febr. London, King's Coll.) WILLENBERG. 3400

Friedrich Weygand und **Hans Wolz,** *Derivate der 3-Desoxy-d-galaktofuranose.* Bei der Glykosidierung von 3-Desoxy-d-galaktose entsteht *Methyl-3-desoxy-d-galaktofuranosid* (I), dessen *5.6-Benzal-* u. *2-Methyl-5.6-benzal-*Verb. (II) krist. erhalten wurden. Durch Abspaltung der Benzalgruppe wurden *Methyl-2-methyl-3-desoxy-d-galaktofuranosid* (III) u. *2-Methyl-3-desoxy-d-galaktose* (IV) erhalten. Der Konstitutionsbeweis ergibt sich aus der Perjodatspaltung von I, III u. IV.

Versuche: *Methyl-3-desoxy-d-galaktofuranosid* (I), $C_7H_{14}O_5$, Sirup; $[\alpha]_D^{20}$ —53,0 ± 3° (c = 0,735 in Chlf.), aus 3-Desoxy-d-galaktose durch 3 std. Erhitzen mit salzsaurem CH_3OH unter Wasserausschluß (die Verb. verbraucht 1,01 Mol $NaJO_4$ u. entwickelt 0,9 Mol HCHO/Mol). — *Methyl-5.6-benzal-3-desoxy-d-galaktofuranosid*, $C_{14}H_{18}O_5$, F. 208°, aus I durch Schütteln mit Benzaldehyd u. $ZnCl_2$; $[\alpha]_D^{20}$ +21,1 ± 3° (c = 0,426 in Chlf.). — *Methyl-2-methyl-5.6-benzal-3-desoxy-d-galaktofuranosid* (II), $C_{15}H_{20}O_5$, F. 134—135° (Ae.), aus vorst. Verb. durch 6 std. Erhitzen mit CH_3J u. Ag_2O; $[\alpha]_D^{20}$ +172,4 ± 5° (c = 0,116 in Chlf.). Die Perjodatspaltung von III ergibt einen Verbrauch von 1 Mol Perjodat u. die Bldg. von 1 Mol HCHO/Mol, die von IV den Verbrauch von 2 Mol Perjodat u. die Bldg. von 1 Mol HCHO/Mol. (Chem. Ber. **85.** 466—69. 20/5. 1952. Heidelberg, Univ., Chem. Inst.) ROSSOW. 3400

Richard E. Reeves, *2.5-Dimethyl-D-glucofuranose und zwei neue kristallisierte Derivate.* Aus Methyl-2.5-dimethyl-α-D-glucuron (I) wurde durch Red. mit $LiAlH_4$ über das *Methylglucosid 2.5-Dimethyl-D-glucofuranose* gewonnen. Außerdem wird die *Methyl-2.5-dimethyl-3.6-diacetylverb.* beschrieben.

Versuche: *Methyl-2.5-dimethyl-α-D-glucofuranosid*, $C_9H_{18}O_6$, F. 55—57° (bei einigen Verss. wurde eine höherschm. Form vom F. 70—72° isoliert), aus 2,13 g I durch 6 std. Red. mit $LiAlH_4$ in sd. Ae. u. Stehen über Nacht; beide Formen haben $[\alpha]_D^{25}$ +140° (c = 1 in CH_3OH), +157° (c = 1 in Ae.), +124° (c = 0,87 in W.); 1,44 g (Ausbeute). — *Methyl-2.5-dimethyl-3.6-diacetyl-α-D-glucofuranosid*, $C_{13}H_{22}O_8$, F. 46—47°, aus vorst. Verb. in Pyridin durch 2std. Erhitzen mit Essigsäureanhydrid; $[\alpha]_D^{25}$ + 95° (c = 2,6 in Chlf.), + 133° (c = 3,6 in Ae.). — *2.5-Dimethyl-D-glucofuranose*, Sirup, durch Hydrolyse des Glucosids mit 2,4nHCl bei Raumtemp. oder durch 1std. Erhitzen mit Amberlite 120 H; $[\alpha]_D^{25}$ + 3° (c = 2 in W.); die Verb. wirkt stark reduzierend auf alkal. Hypojoditlsg., HAGEDORN-JENSEN-Lsg. u. FEHLINGsche Lsg. u. hat auf dem Papierchromatogramm eine 5—6mal größere Wanderungsgeschwindigkeit als Glucose. (J. Amer. chem. Soc. **76**. 934—35. 5/2. 1954. New Orleans, La., US Dep. of Agric.) ROSSOW. 3400

Géza Zemplén und **Rezsö Bognár**, *Synthese der Melibiose und Allolactose*. Durch Kupplung von Acetobromgalaktose u. 1-Chlortriacetylglucose nach der Acetatmeth. erhielten Vff. hauptsächlich *Allolactoseacetat* u. *Melibioseacetat* in geringer Menge. Durch Verseifung der Acetate, Emulsinspaltung u. Vergärung der Monosaccharide wurde die Melibiose von Begleitsacchariden befreit.

Versuche: *Oktaacetylallolactose*, F. 166°; aus Acetobromgalaktose u. 1-Chlortriacetylglucose in Ggw. von Hg-Acetat, die nach gründlichem Schütteln in 50° warmes Bzl. eingetragen werden; die Benzollsg. wird Hg-frei gewaschen, mit Kohle geklärt, mit $CaCl_2$ getrocknet, zum dicken Öl eingedampft u. mit Acetanhydrid/Ag-Acetat acetyliert; $[\alpha]$ 0° (in Chlf.). — *α-Acetochlorallolactose*, $C_{26}H_{35}O_{17}Cl$, F. 102 bis 103°; aus vorst. Verb. u. $TiCl_4$ in Chlf. unter Rückfluß; aus absol. A. Nadeln. — *α-Acetobromallolactose*, $C_{26}H_{35}O_{17}Br$, F. 100—101°; entsprechend mit $TiBr_4$; aus Chlf./Ae. Nadeln; $[\alpha]_D^{17}$ + 112,7° (in Chlf.). — *1-β-Methylheptaacetylallolactose*, $C_{27}H_{38}O_{18}$, F. 147,5°; aus Acetochlorallolactose in absol. CH_3OH in Ggw. von Ag_2CO_3; aus A. Nadeln; $[\alpha]_D^{26}$ —16,8° (in Chlf.). — *Oktaacetylmelibiose*, F. 174°; $[\alpha]_D^{18}$ + 96,5° (in Chlf.); aus der Mutterlauge von Allolactoseacetat durch Desacetylierung, Behandlung der freien Zuckermischung mit Emulsin zur Spaltung des β-Disaccharids, Vergärung der Monosaccharide mit Hefe u. Reinigung als Acetat. (Acta chim. Acad. Sci. hung. **1**. 245—53. 1951. Budapest, TU, Organ.-chem. Inst.) NEZEL. 3400

L. Hough, J. K. N. Jones und **E. L. Richards**, *Die Reaktion von Aminoverbindungen mit Zuckern*. 3. Mitt. *Die Einwirkung von Ammoniak auf Melibiose*. (2. vgl. C. **1954**. 6495.) Melibiose (**I**) wird in wss. NH_4OH zu *Melibiulose* (**II**) u. *6-O-α-D-Galaktopyranosyl-β-D-mannose* (**III**) isomerisiert. Dabei tritt alkal. Abbau zu *D-Tagatose* u. *β-D-Galaktose* ein. Letztere stammt wahrscheinlich aus dem reduzierenden Teil von **I**. Ferner bilden sich heterocycl. Verbb., von denen aber nur *4(5)-Methylimidazol* eindeutig identifiziert wurde. An Zuckersäuren wurden nur kleine Mengen gefunden.

Versuche: Nach HUDSON u. HARDING [1915] hergestellte **I** (7 g) wurde in Abwesenheit von Luft 3 Tage in 200 ml W. u. 50 ml NH_4OH-Lsg. (D. 0,88) bei 37° gehalten; das Reaktionsprod. wurde dann als dünner Sirup an einer Cellulosesäule fraktioniert (Butanol mit W. halbgesätt.). Fraktion 1, 0,46 g, gab papierchromatograph. Flecken mit R_G 1,1, 1,0 (diazotierte Sulfanilsäure als Sprühmittel) u. 0,53 (stark), 0,89, 0,67 u. 0,61 (mit ammoniakal. $AgNO_3$). Mittels Amberlite IR-120 wurden 0,05 g mit R_G 0,53, 0,89, 0,67 u. 0,61 nicht festgehalten; mit NH_4OH wurden 0,3 g eines Gemisches von Imidazolen eluiert u. durch Chromatographie auf Whatman 1 daraus 0,1 g Sirup abgetrennt; *4(5)-Methylimidazolpikrat*, F. u. Misch-F. 161°, aus vorst. Sirup. — Fraktion 2, 0,1 g, R_G 0,38, nicht weiter untersucht. — Fraktion 3, 0,19 g, R_G 0,22, gab nach Reinigung an Holzkohle/Celite *D-Tagatose*, F. 147°, Misch-F. 138°. — *D-Galaktosazon*, F. u. Misch-F. 185°, aus vorst. Verbindung. — Fraktion 4, 0,62 g, R_G 0,16, gab aus trockenem Methanol *β-D-Galaktose*, F. 149°, $[\alpha]_D$ + 63° → + 78° (Gleichgewicht; c = 0,945; W.); aus feuchtem Methanol *α-D-Galaktose*, F. u. Misch-F. 162°; $[\alpha]_D$ + 97° → + 78° (Gleichgewicht; c = 1,28; W.). *Methylphenylhydrazon*, F. u. Misch-F. 185°. — Fraktion 5, 0,06 g, gab papierchromatograph. Flecke mit R_{Gal} 1,0 (Galaktose) sowie 0,5 u. 0,62. Letzterer gab mit p-Anisidin rosabraune Färbung u. präparativ 0,015 g Sirup, $[\alpha]_D$ + 91 ± 2° (c = 0,77; W.); nach 4std. Hydrolyse dieses Sirups bei 100° mit n-H_2SO_4 chromatograph. Nachw. von Galaktose u. einer Pentose. — Fraktion 6, 0,48 g, zeigte Komponenten mit R_{Gal} 0,5 u. 0,44; aus der methanol. Lsg. des Sirups 0,19 g *6-O-α-D-Galaktopyranosyl-β-D-mannopyranose* (**III**), $C_{12}H_{22}O_{11}$, F. 197° (Methanol); $[\alpha]_D$ + 123° → 127,5° (Gleichgewicht; c = 0,76; W.); gab bei 4std. Hydrolyse mit n-H_2SO_4 bei 100° zu gleichen Teilen Galaktose u. Mannose. — Fraktion 7, 2,9 g, bestand nach Chromatographie aus einem Gemisch von **III** (R_{Gal} 0,44), **I** (R_{Gal} 0,24) u. der Glykosylketose, R_{Gal} 0,5. Das Gemisch wurde 3 Tage mit Bromwasser in Ggw. von $BaCO_3$ geschüttelt u. die Aldonsäuren entfernt. Analog der Isolierung von Maltulose (l. c.) wurde die Ketose abgetrennt u. nach Trennung mittels Whatman 1 von einer kleinen Menge etwas schneller laufender Begleitsubstanz erhalten: 0,19 g *Melibiulose* (**II**), $[\alpha]_D$ + 125° (c = 1,8; W.). *Osazon*, F. u. Misch-F. 176

bis 177°. Bei der Hydrolyse mit 2 % ig. Oxalsäure über Nacht gab II Galaktose u. Fructose. (J. chem. Soc. [London] **1954.** 295—97. Jan. Bristol, Univ.) WILLENBERG. 3400

Andrée de Grandchamp-Chaudun, *Fructose aus Fructosanen und Glucofructosanen.* Inhaltlich ident. mit der C. **1952.** 1255 referierten Arbeit. (C. R. hebd. Séances Acad. Sci. **231.** 1082—83. 13/11. 1950.) GRIMME. 3400

B. R. Baker, Robert E. Schaub, Joseph P. Joseph, Francis J. McEvoy und **James H. Williams,** *Ein antimalariawirksames Alkaloid aus Hydrangea.* 14. Mitt. *Synthese von 5-, 6-, 7- und 8-monosubstituierten Derivaten.* (13. vgl. HEWITT u. Mitarbeiter, Amer. J. trop. Med. Hyg. **1.** [1952.] 768; 12. vgl. C. **1954.** 6498.) Da das antimalariawirksame Hydrangeaalkaloid nur einen mäßigen therapeut. Index besitzt, wurden auf dem Wege, der für die Synth. des dl-Alkaloids beschrieben worden ist (vgl. 12. Mitt. l. c.), neue Derivv. des Alkaloids dargestellt, die verschied. Substituenten im Benzolring enthalten. Dabei zeigte sich, daß bei Substitution in 5-Stellung des 4-Chinazolongerüstes der therapeut. Index verdoppelt wurde u. die Wirksamkeit durch eine Chlor- oder Methylgruppe an dieser Stelle anstieg. Bei der Substitution in 6-Stellung wuchs zwar die Wirksamkeit, jedoch trat keine Verbesserung, oft sogar Verringerung des therapeut. Index ein. Bei der Substitution in 7- oder 8-Stellung fiel entweder die Aktivität oder der therapeut. Index oder beides ab.

Versuche: *3-Chloranthranilsäure,* $C_7H_6O_2NCl$, F. 187—188°, aus 7-Chlorisatin durch H_2O_2-Oxydation in alkal. Lsg.; gelbe Kristalle (CH_3OH); 78 % (Ausbeute). — *8-Chlorchinazolon-(4),* F. 299—300° (Methylcellosolve), aus vorst. Verb. u. Formamid im Bad während 45 Min. bei 130° u. 75 Min. bei 170°, anschließend mit Cellosolve verrühren u. in W. gießen; 84 %. — *5-Chlorchinazolon-(4),* F. 210°; 79 %. — *6-Chlorchinazolon-(4),* F. 259—261°; 92 %. — *7-Chlorchinazolon-(4),* F. 242—245°; 72 %. — *5-Methylchinazolon-(4),* F. 210—212°; 46 %. — *6-Methylchinazolon-(4),* F. 242—245°; 75 %. — *7-Methylchinazolon-(4),* F. 239—240°; 33 %. — *8-Methylchinazolon-(4),* F. 243 bis 245°; 56 %. — *2-Amino-6-methoxybenzonitril,* F. 139—141°, aus 2-Nitro-6-methoxybenzonitril u. Pd/H_2 in Methylcellosolve; 69 %. — *2-Formylamino-6-methoxybenzamid,* $C_9H_{10}O_3N_2$, F. 175—176°, aus 6-Methoxyanthranilamid u. 89 % ig. HCOOH; 71 %. — *5-Methoxychinazolon-(4),* $C_9H_8O_2N_2$, F. 208—209° (W.); vorst. Verb. wird in 3 % ig. NaOH unter Erwärmen gelöst, mit Kohle geklärt, mit Essigsäure angesäuert u. gekühlt; 88 %. — *6-Methoxychinazolon-(4),* F. 242—245°; 57 %. — *7-Methoxychinazolon-(4),* F. 238—240° (unrein); 21 %. — *5-Bromchinazolon-(4),* $C_8H_5ON_2Br$, F. 237 bis 238 (Zers.); 78 %. — *6-Bromchinazolon-(4),* F. 261—267°; 92 %. — *7-Bromchinazolon-(4),* F. 258—259°; 68 %. — *6-Phenylchinazolon-(4),* $C_{14}H_{10}ON_2$, F. 229—230°; 89 %. — *7-Phenylchinazolon-(4),* F. 261—262°. 4-Phenylanthranilamid wird mit Ameisensäure formyliert, der Vakuumrückstand mit heißem W. behandelt u. dann gekühlt; 94 %. — *6-Nitrochinazolon-(4),* durch Nitrierung von Chinazolon-(4), F. 275—277° (Zers.); 84 %. — *6-Aminochinazolon-(4),* F. 302—304° (Zers.), aus vorst. Verb. u. Pd/H_2; 95 %. — *6-Acetamidochinazolon-(4),* F. 324—326° (Zers.), aus vorst. Verb. mit Acetanhydrid; 82 %. — *7-Nitrochinazolon-(4),* F. 263—266° (Zers.); 86 %. — *7-Aminochinazolon-(4),* $C_8H_7ON_3$, F. 306° (Zers.); 86 %. — *7-Acetamidochinazolon-(4),* F. 302—303°; 65 %. — *6-Carboxychinazolon-(4),* F. $>$ 300° (Zers.); 90 %. — *6-Carbomethoxychinazolon-(4),* F. 219°, durch Veresterung mit CH_3OH/H_2SO_4; 80 %. — *7-Carboxychinazolon-(4),* F. $>$ 300° (Zers.); 86 %. — *7-Carbomethoxychinazolon-(4),* F. 252—254°; 86 %. — Durch Kondensation von 1-Carbäthoxy-2-[γ-bromacetonyl]-3-methoxypiperidin mit einem entsprechenden substituierten *Chinazolonderiv.* in Ggw. von $NaOCH_3$ wurden erhalten: *3-{β-Keto-γ-[1'-carbäthoxy-3'-methoxypiperidyl-(2')]-propyl}-* (nachst. mit *R* bezeichnet) *-6-chlorchinazolon-(4),* F. 124—125°; 40 %. — *R-7-chlorchinazolon-(4),* F. 125—126°; 21 %. — *R-8-chlorchinazolon-(4),* F. 153—154°; 26 %. — *R-6-methylchinazolon-(4),* F. 113—115°; 29 %. — *R-8-methylchinazolon-(4),* F. 143—145°; 24 %. — *R-6-methoxychinazolon-(4),* F. 102—103°; 34 %. — *R-6-phenylchinazolon-(4),* F. 134 bis 136°. — *R-7-phenylchinazolon-(4),* F. 114—116°. — *R-6-carbomethoxychinazolon-(4),* F. 128—129°. — Durch Hydrolyse vorst. Verbb. mit 6 n HCl wurden folgende *3-{β-Keto-γ-[3'-methoxypiperidyl-(2')]-propyl}-* (nachst. = R) *-chinazolon-(4)-dihydrochloride* erhalten (alle FF. unter Zers.): *R-5-chlorchinazolon-(4)·2 HCl·0,5 H_2O,* F. 200°; 13 %. — *R-6-chlorchinazolon-(4)·2 HCl·H_2O,* F. 205—206°; 13 %. — *R-7-chlorchinazolon-(4)·2 HCl·0,5 H_2O,* F. 209—210°; 7 %. — *R-8-chlorchinazolon-(4)·2 HCl·0,5 H_2O,* F. 209 bis 211°; 7 %. — *R-5-methylchinazolon-(4)·2 HCl·H_2O,* F. 233°; 14 %. — *R-6-methylchinazolon-(4)·2 HCl·2 H_2O,* F. 164—166°; 8 %. — *R-7-methylchinazolon-(4)·2 HCl·0,5 H_2O,* F. 229°; 13 %. — *R-8-methylchinazolon-(4)·2 HCl,* F. 228—229°; 8 %. — *R-5-methoxychinazolon-(4)·2 HCl·H_2O,* F. 173—174°; 7 %. — *R-6-methoxychinazolon-(4)·2 HCl·2 H_2O,* F. 165—168°; 8 %. — *R-7-methoxychinazolon-(4)·2 HCl·H_2O,*

F. 221°; 8%. — *R-5-bromchinazolon-(4)·2 HCl*, F. 211°; 8%. — *R-6-bromchinazolon-(4)·2 HCl*, F. 209°; 13%. — *R-7-bromchinazolon-(4)·2 HCl·H_2O*, F. 216—217°; 19%. — *R-6-phenylchinazolon-(4)·2 HCl·H_2O*, F. 207—208°; 15%. — *R-7-phenylchinazolon-(4)·2 HCl·0,5 H_2O*, F. 232—233°; 16%. — *R-6-aminochinazolon-(4)·3 HCl·0,5-H_2O*, F. 118—120°; 12%. — *R-7-aminochinazolon-(4)·2 HCl·0,5 H_2O*, F. 85°; 9%. — *R-6-carboxychinazolon-(4)·2 HCl·H_2O*, F. 180°; 8%. — *R-7-carboxychinazolon-(4)·2 HCl* F. 224°; 7%. — Durch Hydrolyse vorst. Verbb. mit 48%ig. HBr während 10 Min. unter Rückflußkochen wurden folgende *3-{β-Keto-γ-[3'-oxypiperidyl-(2')]-propyl}-chinazolon-(4)*-salze erhalten (alle FF. unter Zers.): *5-Chlor, 2 HCl·0,5 H_2O*, F. 223°; 56%. — *6-Chlor, 2 HCl·H_2O*, F. 255; 46%. — *7-Chlor, 2 HCl·2 H_2O*, F. 191—192°; 59%. — *8-Chlor, 2 HCl·2 H_2O*, F. 214—217°; 51%. — *5-Methyl, 2 HCl·H_2O*, F. 225°; 31%. — *6-Methyl, 2 HCl·2 H_2O*, F. 165—167°; 43%. — *7-Methyl, 2 HCl·H_2O*, F. 212—213°; 62%. — *8-Methyl, 2 HCl·H_2O*, F. 222—223°; 48%. — *5-Methoxy* (diese Methoxylgruppe war bei diesen Hydrolysebedingungen erhalten geblieben), *2 HCl·2 H_2O*, F. 224°; 64%. — *6-Methoxy, 2 HCl·2 H_2O*, F. 196—198°; 73%. — *7-Methoxy, 2 HCl·1,5 H_2O*, F. 174°; 58%. — *5-Brom, 2 HCl·H_2O*, F. 217°; 68%. — *6-Brom, 2 HCl·0,5 H_2O*, F. 226°; 63%. — *7-Brom, 2 HBr*, F. 215—216°; 77%. — *6-Phenyl, 2 HCl·1,5 H_2O*, F. 75°; 66%. — *7-Phenyl, 2 HBr*, F. 188—189°. — *6-Amino, 3 HCl·4 H_2O*, F. 90°; 72%. — *7-Amino, 2 HCl·1,5 H_2O*, F. 85°; 74%. — *6-Carboxy, 2 HCl*, amorph; 87%. — *7-Carbomethoxy, 2 HCl·1,5 H_2O*, F. 178—179°; 49%; nach der Spaltung mit HBr wurde verestert. (J. org. Chemistry **17**. 141—48. Jan. 1952. Pearl River, N. Y., Amer. Cyanamid Co., Lederle Labors. Div.) NEZEL. 3500

B. R. Baker, Robert E. Schaub, Joseph P. Joseph, Francis J. McEvoy und **James H. Williams**, *Ein antimalariawirksames Alkaloid aus Hydrangea.* 15. Mitt. *Synthese von 5-, 6-, 7- und 8-Derivaten mit zwei gleichen Substituenten.* (14. vgl. vorst. Ref.) Bei der Veränderung der dl-Form des Hydrangeaalkaloids durch Disubstitution mit gleichen Substituenten im Benzolring ergaben sich grob folgende Regelmäßigkeiten: 1. Disubstitution in 5.8- oder 7.8-Stellung erniedrigte die Aktivität stark. 2. Disubstitution in 5.7-, 6.7- oder 7.8-Stellung senkte den therapeut. Index u. teilweise auch die Aktivität. 3. 5.6-Disubstitution steigerte die Aktivität um ca. 30%. Beim Dimethylderiv. war der therapeut. Index verdoppelt, beim Dichlorderiv. jedoch unverändert. 4. Die wirksamste Verb. war das 6.7-Dichlorderiv. mit einem Chininkoeff. 200, aber einem Index von 2.

Versuche: *3.4-Dimethyl-α-isonitrosoacetanilid* (I), $C_{10}H_{12}O_2N_2$, F. 179—180° (Zers.; Essigester/Heptan); 84% (Ausbeute). — *2.5-Dimethyl-*, F. 151—153° (Toluol); 33%. — *2.4-Dimethyl-*, F. 158—159°; 55%. — *2.3-Dimethyl-*, F. 131—132° (Toluol); 64%. — *2.5-Dichlor-*, F. 166—168°; 22%. — *3.5-Dibrom-*, F. 197—200°; 11%. — *3.4-Tetramethylen-*, F. 147—150°; 87%. — *4.5-Dimethylisatin*, F. 225—226°, rot; 25%, zusammen mit *5.6-Dimethylisatin*, F. 214—215°, rot; 46%, beim Ringschluß von I mit 86%ig. H_2SO_4. — Entsprechend: *4.7-Dimethylisatin*, F. 260—264°, orange; 75%. — *5.7-Dimethylisatin*, F. 228—231°, orange; 91%. — *6.7-Dimethylisatin*, F. 230 bis 232°; orange; 57%. — *4.5-Dichlorisatin*, $C_8H_3O_2NCl_2$, F. 243—245°, dunkelrote Kristalle, aus 4-Chlorisatin u. Sulfurylchlorid in Essigsäure mit einer Spur J_2 bei 50° während 4 Std.; 60%. — *5.6-Dichlorisatin*, F. 264—268°, orangerote Kristalle; 68%, entsprechend aus 6-Chlorisatin. — *4.7-Dichlorisatin*, F. 239—241°, orange; 99%. — *4.6-Dibromisatin*, $C_8H_3O_2NBr_2$, F. 254—256°; orange; 81%. — *4.5-Tetramethylenisatin*, F. 188—190° (Zers.); 32%. — *5.6-Tetramethylenisatin*, F. 176—185° (Zers.); orange; 17%. — Durch Oxydation der Isatine mit alkal. H_2O_2-Lsg. wurden folgende *Anthranilsäuren* erhalten: *5.6-Dimethyl-*, $C_9H_{11}O_2N$, F. 140—141° (Zers.); 65%. — *4.6-Dimethylanthranilamid*, $C_9H_{12}ON_2$, F. 160—161° (Zers.) (Chlf./Heptan), aus 2-Nitro-4.6-dimethylbenzamid u. Pd/H_2 in Methylcellosolve; 91%. — *3.6-Dimethyl-*, F. 111 bis 113° (Zers.); 58%; *4.5-Dimethyl-*, F. 213—214° (Zers.); 81%. — *3.5-Dimethyl-*, F. 188 bis 189° (Zers.); 65%. — *3.4-Dimethyl-*, F. 184—186° (Zers.); 69%. — *5.6-Dichlor-*, F. 173—174° (Zers.) (Toluol); 59%. — *3.6-Dichlor-*, F. 148—150° (Zers.); 59%. — *4.5-Dichlor-*, F. 208° (Zers.); 99%. — *3.5-Dichlor-*, F. 230—231° (Zers.), aus Anthranilsäure u. Sulfurylchlorid in Essigsäure bei 40°; 39%. — *4.6-Dibrom-*, $C_7H_5O_2NBr_2$, F. 170—171° (Zers.) (verd. A.); 73%. — *5.6-Tetramethylen-*, F. 114° (Zers.); 62%. — *4.5-Tetramethylen-*, F. 171—173° (Zers.); 86%. — *2-Nitro-4.6-dimethylbenzonitril*, F. 125—128°, aus 5-Nitro-4-amino-1.3-dimethylbenzol durch Diazotierung nach SANDMEYER; 79%. — *2-Nitro-4.6-dimethylbenzamid*, F. 169—171°, aus dem Nitril mi 80 Vol.-%ig. H_2SO_4; 52%. — Durch Schmelzen der vorst. Anthranilsäuren mit Formamid wurden folgende *4-Chinazolone* erhalten: *5.6-Dimethyl-*, F. 247—248° (Zers.) (Methylcellosolve/W.); 42%. — *5.7-Dimethyl-*, F. 288—291° (Zers.; absol. A.); 70%. —

5.8-Dimethyl-, F. 255—256° (Zers; CH_3OH); 70%. — *6.7-Dimethyl-*, F. 248—249° (Zers.; Methylcellosolve/W.); 57%. — *6.8-Dimethyl-*, F. 244—245° (Methylcellosolve); 59%. — *7.8-Dimethyl-*, F. 252—254° (Toluol); 32%; daneben wurden 20% *2.3-Dimethylformanilid*, $C_9H_{11}ON$, F. 101—102°, erhalten. — *5.6-Dichlor-*, F. 271—272° (CH_3OH); 62%. — *5.8-Dichlor-*, F. 297—298° (Methylcellosolve); 73%. — *6.7-Dichlor-*, F. 287—288° (Methylcellosolve); 92%. — *6.8-Dichlor-*, F. 337—338° (Zers.; Methylcellosolve); 84%. — *5.7-Dibrom-*, F. 295—296° (Methylcellosolve); 83%. — *6.7-Benzo-*, F. 273—274° (Xylol); 89%. — *5.6-Tetramethylen-*, F. 219—220° (CH_3OH); 43%. — *6.7-Tetramethylen-*, F. 238—239° (CH_3OH); 90%. — Die Kondensation von 1-Carbäthoxy-2-[γ-bromacetonyl]-3-methoxypiperidin mit den entsprechenden Chinazolonen in Ggw. von $NaOCH_3$ ergab folgende *3-{β-Keto-γ-[3'-methoxy-1'-carbäthoxypiperidyl-(2')]-propyl}-chinazolone-(4)*: *6.7-Dimethyl-*, F. 140—141°; 45%. — *6.8-Dimethyl-*, F. 147 bis 148°; 21%. — *6.7-Dichlor-*, F. 129°; 53%. — *6.8-Dichlor-*, F. 130°; 46%. — *6.7-Benzo-*, F. 167—168°; 52%. — *6.7-Tetramethylen-*, F. 116—117°. — Durch Hydrolyse dieser Substanzen mit 6 n HCl wurden folgende *3-{β-Keto-γ-[3'-methoxypiperidyl-(2')]-propyl}-chinazolon-(4)-dihydrochloride* erhalten: *5.6-Dimethyl-, 0,5 H_2O*, F. 223° (Zers.); 9%. — *5.7-Dimethyl-, 1,5 H_2O*, F. 173° (Zers.); 8,6%. — *5.8-Dimethyl-, 0,5 H_2O*, F. 227° (Zers.); 10%. — *6.7-Dimethyl-, 1,5 H_2O*, F. 219—220° (Zers.); 15%. — *6.8-Dimethyl-*, F. 232° (Zers.); 14%. — *7.8-Dimethyl-, 0,5 H_2O*, F. 231° (Zers.); 16%. — *5.6-Dichlor-, 0,5 H_2O*, F. 227—228° (Zers.); 12%. — *5.8-Dichlor-, 0,5 H_2O*, F. 205° (Zers.); 9,4%. — *6.7-Dichlor-*, F. 223—224° (Zers.); 16%. — *6.8-Dichlor-*, F. 235° (Zers.); 15%. — *5.7-Dibrom-, 2 H_2O*, F. 214° (Zers.); 15%. — *6.7-Benzo-, 0,5 H_2O*, F. 232° (Zers.); 17%. — *5.6-Tetramethylen-, 2 H_2O*, F. 226° (Zers.); 8%. — *6.7-Tetramethylen-, 0,5 H_2O*, F. 230° (Zers.); 12%. — Hydrolyse dieser Verbb. mit 48%ig. HBr gab folgende *3-{β-Keto-γ-[3'-oxypiperidyl-(2')]-propyl}-chinazolon-(4)-dihydrochloride*: *5.6-Dimethyl-, 1,5 H_2O*, F. 229° (Zers.); 66%. — *5.7-Dimethyl-, 1,5 H_2O*, F. 193° (Zers.); 33%. — *5.8-Dimethyl-, H_2O*, F. 218° (Zers.); 56%. — *6.7-Dimethyl-, 2 H_2O*, F. 189° (Zers.); 77%. — *6.8-Dimethyl-, H_2O*, F. 222° (Zers.); 71%. — *7.8-Dimethyl-, H_2O*, F. 223° (Zers.); 73%. — *5.6-Dichlor-, H_2O*, F. 231° (Zers.); 66%. — *5.8-Dichlor-, 0,5 H_2O*, F. 213° (Zers.); 66%. — *6.7-Dichlor-, H_2O*, F. 234° (Zers.); 61%. — *6.8-Dichlor-*, F. 240° (Zers.); 54%. — *5.7-Dibrom-, 2 H_2O*, F. 222° (Zers.); 52%. — *6.7-Benzo-, 1,5 H_2O*, F. 202° (Zers.); 64%. — *5.6-Tetramethylen-, 1,5 H_2O*, F. 207° (Zers.); 61%. — *6.7-Tetramethylen-, 1,5 H_2O*, F. 201° (Zers.). 70%. (J. org. Chemistry **17**. 149—56. Jan. 1952.) NEZEL. 3500

B. R. Baker, Joseph P. Joseph, Robert E. Schaub, Francis J. McEvoy und **James H. Williams**, *Ein antimalariawirksames Alkaloid aus Hydrangea.* 16. Mitt. *Synthese von 5-, 6-, 7- und 8-Derivaten mit zwei verschiedenen Substituenten.* (15. vgl. vorst. Ref.) Die Einführung von zwei verschied. Substituenten in den Benzolring des antimalariawirksamen Chinazolonsyst. führte zu keiner Wirkungsverbesserung.

Versuche: *4-Chlor-5-methylisatin*, F. 242—244°, rot, durch Ringschluß von *3-Chlor-4-methyl-α-isonitrosoacetanilid* [F. 164—167° (Zers.)] mit 85%ig. H_2SO_4 neben *6-Chlor-5-methylisatin*, F. 256—258°, orange. Das rote Isatinderiv. wurde durch alkal. H_2O_2-Oxydation in *5-Methyl-6-chloranthranilsäure*, F. 156—157°; 72% (Ausbeute), übergeführt. Hieraus *2-Chlor-3-methylbenzoesäure*, $C_8H_7O_2Cl$, F. 138—140°; 76%. — Folgende *α-Isonitrosoacetanilide* wurden dargestellt: *5-Chlor-2-methyl-*, F. 143—145° (Zers.); 79%. — *4-Chlor-3-methyl-*, F. 175—177°; 88%. — *4-Chlor-2-methyl-*, F. 154 bis 157° (Zers.); 55%. — *3-Chlor-2-methyl-*, F. 153—154°; 79%. — *2-Chlor-4-methyl-*, F. 183—184°; 62%. — *3-Chlor-4-methoxy-*, F. 207—209° (Zers.); 80%. — *5-Chlor-2-methoxy-*, F. 162—175° (Zers.); 56%. — *5-Chlor-4-methylisatin*, F. 226—227°, orangerot; 35%, aus *3-Methyl-4-chlor-α-isonitrosoacetanilid*, F. 175—177°; 88%, neben *5-Chlor-6-methylisatin*, F. 264—266°, gelborange; 19%. Strukturbeweis durch Abbau zu *4-Methyl-3-chlorbenzoesäure*, F. 193—194°; 71%. — Folgende *Isatine* wurden aus vorst. Isonitrosoacetaniliden erhalten: *4-Chlor-7-methyl-*, F. 266—274°, orange; 99%. — *5-Chlor-7-methyl-*, F. 253—258°; orange; 94%. — *6-Chlor-7-methyl-*, F. 228—234° (Zers.); orange; 95%. — *7-Chlor-5-methyl-*, F. 158—162°; kastanienbraun; 86%. — *4-Chlor-5-methoxy-*, F. 261—262°; rot; 14%. — *4-Chlor-7-methoxy-*, F. 238—240°; kastanienbraun; 96%. — *6-Chlor-5-methoxy-*, F. 243—244°; rot; 45%. — Aus den Isatinen durch Oxydation nachst. *Anthranilsäuren*: *6-Chlor-3-methyl-*, F. 167—168°; 31%. — *5-Chlor-6-methyl-*, F. 155—157°; 68%. — *5-Chlor-4-methyl-*, F. 205—207°; 95%. — *5-Chlor-3-methyl-*, F. 228—229°; 90%. — *4-Chlor-5-methyl-*, F. 210—211°; 77%. — *4-Chlor-3-methyl-*, F. 211—212°; 78%. — *3-Chlor-5-methyl-*, F. 208—209°; 81%. — *6-Chlor-5-methoxy-*, F. 186°; 70%. — *6-Chlor-3-methoxy-*, F. 145—146°; 60%. — *4-Chlor-5-methoxy-*, F. 205—206°; 89%. — Aus vorst. Anthranilsäuren durch Formamidschmelze nachst. *4-Chinazolone*: *5-Chlor-6-methyl-*, F. 248—249° (Zers.); 81%. —

5-Chlor-8-methyl-, F. 276—278°; 44%. — *6-Chlor-5-methyl-*, F. 274—276°; 78%. — *6-Chlor-7-methyl-*, F. 258—260°; 82%. — *6-Chlor-8-methyl-*, F. 307—308°; 63%. — *7-Chlor-6-methyl-*, F. 248—249° (Zers.); 78%. — *7-Chlor-8-methyl-*, F. 260—261° (Zers.); 83%. — *8-Chlor-6-methyl-*, F. 298—300°; 83%. — *5-Chlor-6-methoxy-*, F. 233—235° (Zers.); 66%. — *5-Chlor-8-methoxy-*, F. 311—313° (Zers.); 84%. — *7-Chlor-6-methoxy-*, F. 262—264°; 89%. — Kondensation der Chinazolone mit 1-Carbäthoxy-2-[γ-bromacetonyl]-3-methoxypiperidin gab folgende *3-{β-Keto-γ-[1'-carbäthoxy-3'-methoxypiperidyl-(2')]-propyl}-chinazolone-(4)*: *5-Chlor-8-methyl-*, $C_{21}H_{26}O_5N_3Cl$, F. 140—142°; 33%. — *6-Chlor-5-methyl-*, F. 134—136°; 30%. — *6-Chlor-7-methyl-*, F. 140—141°; 26%. — *6-Chlor-8-methyl-*, F. 128°; 49%. — *7-Chlor-6-methyl-*, F. 151—152°; 40%. — *8-Chlor-6-methyl-*, F. 174—176°; 34%. — *5-Chlor-8-methoxy-*, $C_{21}H_{26}O_6N_3Cl$, F. 145 bis 146°; 23%. — Hieraus durch Hydrolyse mit 6nHCl die *Dihydrochloride* folgender *3-{β-Keto-γ-[3'-methoxypiperidyl-(2')]-propyl}-chinazolone-(4)*: *5-Chlor-6-methyl-*, F. 226° (Zers.); 7,9% (auf Chinazolon vor der Kondensation bezogen). — *5-Chlor-8-methyl-*, ½ H_2O, F. 213° (Zers.); 8,4%. — *6-Chlor-5-methyl-*, H_2O, F. 245—248° (Zers.); 12%. — *6-Chlor-7-methyl-*, ½ H_2O, F. 222° (Zers.); 15%. — *6-Chlor-8-methyl-*, F. 240° (Zers.); 12%. — *7-Chlor-6-methyl-*, F. 222—223° (Zers.); 13%. — *7-Chlor-8-methyl-*, ½ H_2O, F. 240° (Zers.); 14%. — *8-Chlor-6-methyl-*, ½ H_2O, F. 211° (Zers.); 9,5%. — *5-Chlor-6-methoxy-*, ½ H_2O, F. 227° (Zers.); 12%. — *5-Chlor-8-methoxy-*, H_2O, F. 201—202° (Zers.); 14%. — *7-Chlor-6-methoxy-*, H_2O, F. 205° (Zers.); 20%. — Mit 48%ig. HBr hieraus folgende *3-{β-Keto-γ-[3'-oxypiperidyl-(2')]-propyl}-chinazolone-(4)* als *Dihydrochloride*: *5-Chlor-6-methyl-*, 2 H_2O, F. 235° (Zers.); 85%. — *5-Chlor-8-methyl-*, H_2O, F. 232° (Zers.); 66%. — *6-Chlor-5-methyl-*, H_2O, F. 245—250° (Zers.); 62%. — *6-Chlor-7-methyl-*, H_2O, F. 232° (Zers.); 56%. — *6-Chlor-8-methyl-*, ½ H_2O, F. 228° (Zers.); 61%. — *7-Chlor-6-methyl-*, 1½ H_2O, F. 229° (Zers.); 71%. — *7-Chlor-8-methyl-*, ½ H_2O, F. 246° (Zers.); 59%. — *8-Chlor-6-methyl-*, 2 H_2O, F. 172° (Zers.); 71%. — *5-Chlor-6-methoxy-*, 2 H_2O, F. 230° (Zers.), 79%. — *5-Chlor-8-methoxy-*, F. 218—219° (Zers.); 66%. — *7-Chlor-6-methoxy-*, H_2O, F. 181° (Zers.); 72%. (J. org. Chemistry **17**. 157—63. Jan. 1952.) NEZEL. 3500

B. R. Baker, Robert E. Schaub, Joseph P. Joseph, Francis J. McEvoy und **James H. Williams**, *Ein antimalariawirksames Alkaloid aus Hydrangea.* 17. Mitt. *Einige in 5-Stellung substituierte Derivate.* (16. vgl. vorst. Ref.) Unter den in 5-Stellung substituierten Derivv. erwies sich die Fluorverb. der Chlorverb. etwa wirkungsgleich, während die Jodverb. nur wenig akt. war. Beim Ersatz der Methylgruppe durch Äthyl oder Propyl sank die Aktivität mit der zunehmenden Größe des Substituenten. Die Trifluormethylverb. besitzt mit 15 den größten therapeut. Index von allen bisher dargestellten Analogieverbb. des Hydrangeaalkaloids. 6-Jodanthranilsäure war aus der entsprechenden Nitroverb. durch Red. nicht zu erhalten. Auch aus 6-Amino-2-formamidobenzoesäure war über die Diazoniumverb. die Darst. nicht möglich. 5-Jodchinazolon-(4) ließ sich aber aus dem 5-Aminochinazolin-(4) erhalten. 5-Äthylchinazolon-(4) sollte aus 3-Nitrophthalsäuremonomethylester über das Säurechlorid, Kondensation mit Mg-Malonester zum Ketomalonat, anschließende Verseifung, Decarboxylierung usw. zugänglich sein. Höhere Derivv. hätten durch Alkyl-Mg-Malonester dargestellt werden können. Wegen Schwierigkeiten bei der Hydrierung der Carbonylgruppe wurde der Weg aufgegeben. Über eine Isatinsynth. ließen sich schließlich die 5-Alkylchinazolone erhalten.

V e r s u c h e: *2-Nitro-6-jodbenzoesäure*, F. 181—183°, aus 6-Nitroanthranilsäure über die Diazoniumverb.; 80% (Ausbeute). Die Red. der Nitrogruppe zur 6-Jodanthranilsäure gelang nicht. — *2-Nitro-6-methylmercaptobenzoesäure*, $C_8H_7O_4NS$, F. 176—177°, aus der Diazoniumverb. der 6-Nitroanthranilsäure mit K-Äthylxanthogenat; 28%. — *2-Formylamino-6-nitrobenzoesäure*, $C_8H_6O_5N_2$, F. 184—185° (Zers.; Essigester/Heptan). — *6-Formylaminoanthranilsäurehydrochlorid*, $C_8H_8O_3N_2 \cdot HCl \cdot 2\,H_2O$, Zers. bei 210—230°, aus vorst. Verb. durch Hydrierung mit Pd/Kohle in Methylcellosolve. — *5-Nitrochinazolon-(4)*, F. 248—252°, aus 6-Nitroanthranilsäure u. Formamid während 45 Min. im Bad bei 130—135° u. 7 Std. bei 160°; orangebraune Kristalle; 68%. — *5-Aminochinazolon-(4)*, F. 225—227°, aus vorst. Verb. mit Pd/Kohle; 99%. — *5-Acetamidochinazolon-(4)*, F. 286—287°, Nadeln (W.); 79%. — *5-Jodchinazolon-(4)*, $C_8H_5ON_2J$, F. 268—270°, aus dem Diazoniumsalz vorvorst. Verb.; 59%. *Hydrojodid*, F. 298—301° (Zers.). — *5-Methylmercaptochinazolon-(4)*, $C_9H_8ON_2S$, F. 271—272° (25%ig. A.), über die Diazoniumverb. mit Methylmercaptan in verd. KOH bei 40—50°; 71%. — *5-Phenylmercaptochinazolon-(4)*, $C_{14}H_{10}ON_2S$, F. 250—252°, analog; 28%. — *5-Methylsulfonylchinazolon-(4)*, $C_9H_8O_3N_2S$, F. 275—276° (A.), aus vorvorst. Verb. u. $KMnO_4$ in verd. Essigsäure bei 40—45°; 54%. — *5-Fluorchinazolon-(4)*, $C_8H_5ON_2F$,

F. 225—227° (Essigester), über das *Chinazolondiazoniumfluoroborat*, F. 130—135° (Zers.). — *2-Carbomethoxy-3-nitrobenzoesäure*, F. 151—152°, aus 3-Nitrophthalsäure in CH_3OH; 65%. *Esteranilid*, $C_{15}H_{12}O_5N_2$, F. 147—148° (absol. A.), aus dem Säurechlorid vorst. Verb.; 67%. — *2-Carbomethoxy-3-nitrobenzoylmalonsäurediäthylester*; das Säurechlorid vorst. Säure wird mit Mg-Malonester in Toluol umgesetzt. *Cu-Salz*, $C_{32}H_{32}O_{18}N_2Cu$, F. 182—184° (Zers.), aus A. grüne Kristalle. — *2-Nitro-6-acetobenzoesäure*, $C_9H_7O_5N$, F. 196—197° (Essigester/Heptan), durch Säurehydrolyse u. Dicarboxylierung vorst. Verb.; 30%. *Methylester*, $C_{10}H_9O_5N$, F. 78—79° (Heptan). — *6-Acetoanthranilsäure*, $C_9H_9O_3N$, F. 155—156°, aus Toluol hellgelbe Kristalle, aus der Nitroverb. in NH_4OH mit Pd/Kohle; 73%. Weder mit RANEY-Ni noch nach CLEMMENSEN konnte die Carbonylgruppe red. werden. Die Red. nach WOLF-KISHNER lieferte ein alkaliunlösl. Prod., vermutlich das *4-Methyl-8-aminophthalazon*, F. 276—278°. — *2-Acetamido-6-acetobenzoesäuremethylester*, $C_{12}H_{13}O_4N$, F. 87—88° (Heptan); 2-Nitro-6-acetobenzoesäuremethylester wird über Pd-Kohle hydriert u. acetyliert; 52%. — *α-Methyl-6-acetamidophthalid*, $C_{11}H_{11}O_3N$, F. 106—107° (Heptan) aus vorst. Verb. in CH_3OH durch Hydrierung über Cu-Chromit bei 150° u. hohem Druck; 68%. — *m-Äthylanilin*, Kp.₁₅ 101—102°; m-Nitroacetophenon wird zu *m-Aminoacetophenon*, F. 93—95°, hydriert u. nach WOLF-KISHNER reduziert. — *m-Propylanilin*, $Kp._{15}$ 114 bis 116°, hellgelbes Öl. *Acetylderiv.*, F. 52—53°, entsprechend. — *m-Äthyl-α-isonitrosoacetanilid*, $C_{10}H_{12}O_2N_2$, F. 145—145,4° (wss. CH_3OH), aus m-Äthylanilin, Chloral u. Hydroxylamin nach SANDMEYER; 82%. — *m-Propyl-α-isonitrosoacetanilid*, $C_{11}H_{14}O_2N_2$, F. 132—133°, analog; 80%. — *m-Trifluormethyl-α-isonitrosoacetanilid*, $C_9H_7O_2N_2F_3$, F. 141—142° (Toluol); 96%. — *4-Äthylisatin*, $C_{10}H_9O_2N$, F. 139—140° (50% ig. CH_3OH), orange Kristalle, durch Cyclisierung mit 86% ig. H_2SO_4; 24%. Daneben *6-Äthylisatin*, F. 177—178°, gelborange Kristalle aus 50% ig. CH_3OH. — *4-Propylisatin*, $C_{11}H_{11}O_2N$, F. 121—123°. — *6-Propylisatin*, F. 157—158°, aus 50% ig. CH_3OH gelborange Kristalle. — *4-Äthylanthranilsäure*, $C_9H_{11}O_2N$, F. 119—120°, durch Oxydation von 6-Äthylisatin mit alkal. H_2O_2; 86%. Hieraus durch Desaminierung p-Äthylbenzoesäure, F. 105—107°. — *6-Äthylanthranilsäure*, F. 97—99°; 71%; decarboxyliert leicht. — *4-Propylanthranilsäure*, $C_{10}H_{13}O_2N$, F. 133—134° (Heptan); 84%, p-Propylbenzoesäure, F. 139—140°. — *4-Äthylisatosäureanhydrid*, $C_{10}H_9O_3N$, F. 197—198°, aus 4-Äthylisatin in Essigsäure bei 60° mit CrO_3; 42%. — *4-Propylisatosäureanhydrid*, $C_{11}H_{11}O_3N$, F. 171—172° (Toluol); 38%. — *5-Äthylchinazolon-(4)*, $C_{10}H_{10}ON_2$, F. 215 bis 216°. 4-Äthylisatosäureanhydrid (4,8 g) wird in 24 ml Aceton u. 2,7 ml 28% ig. NH_4OH 40 Min. unter Rückfluß gekocht, erneut mit der gleichen Menge NH_4OH versetzt u. 30 Min. unter Rühren u. Rückfluß gekocht, im Vakuum zur Trockne gebracht u. mit 24 ml 87% ig. HCOOH auf dem Wasserbad 1 Std. erhitzt. Der Vakuumrückstand wird in W. gelöst, stark alkal. gemacht, über Kohle filtriert, mit Essigsäure auf p_H 4 gebracht u. zur Kristallisation gekühlt; 62%. — *5-Propylchinazolon-(4)*, $C_{11}H_{12}ON_2$, F. 198—199°, analog; 62%. — *4-Trifluormethylisatin*, $C_9H_4O_2NF_3$, F. 224—225° (Zers.), durch Ringschluß der Isonitrosoverb.; orange Kristalle aus Xylol; 25%. Ein Isomeres entstand dabei nicht. — *6-Trifluormethylanthranilsäure*, $C_8H_6O_2NF_3$, F. 131—132° (Toluol/Heptan); 51%. Durch Desaminierung o-Trifluormethylbenzoesäure, F. 106 bis 108. — *5-Trifluormethylchinazolon-(4)*, $C_9H_5ON_2F_3$, F. 236—237° (W.); 80%. — *3-{β-Keto-γ-[3'-methoxypiperidyl-(2')]-propyl}-5-nitrochinazolon-(4)-dihydrochlorid*, F. 212—213° (Zers.), durch Kondensation von 1-Carbäthoxy-2-[γ-bromacetonyl]-3-methoxypiperidin mit dem entsprechenden Chinazolon u. anschließende Hydrolyse mit 6 n HCl; 6,8%. — Entsprechend folgende *3-{β-Keto-γ-[3'-methoxypiperidyl-(2')]-propyl}-chinazolone-(4)* als *Dihydrochloride*: *5-Amino-*, F. 115—120° (Zers.); 14,5%. — *5-Fluor-*, F. 206° (Zers.); 12%. — *5-Jod-, 1,5 H_2O*, F. 253° (Zers.); 7,7%. — *5-Methylmercapto-, H_2O*, F. 218—219° (Zers.); 7,6%. — *5-Methylsulfonyl-*, F. 217—219° (Zers.); 8,6%. — *5-Äthyl-, H_2O*, F. 210° (Zers.); 2%. — *5-Propyl-*, F. 202° (Zers.); 6,4%. — *5-Trifluormethyl-*, F. 215° (Zers.); 9,2%. — Aus diesen Verbb. durch Hydrolyse mit 48% ig. HBr folgende *3-{β-Keto-γ-[3'-oxypiperidyl-(2')]-propyl}-chinazolone-(4)* als *Dihydrochloride*: *5-Nitro-, ½ H_2O*, F. 209—210° (Zers.); 55%. — *5-Acetamido-, H_2O*, F. > 275° (Zers.); 54%. — *5-Fluor-, ½ H_2O*, F. 216° (Zers.); 54%. — *5-Jod-*, F. 252° (Zers.); (*Monohydrochlorid*); 81%. — *5-Methylmercapto-, 2 H_2O*, F. 229° (Zers.); 65%. — *5-Methylsulfonyl-, H_2O*, F. 246—248° (Zers.); 77%. — *5-Äthyl-, H_2O*, F. 217—218° (Zers.); 67%. — *5-Propyl-, 1,5 H_2O*, F. 213° (Zers.); 70%. — *5-Trifluormethyl-*, F. 211° (Zers.); 50%. (J. org. Chemistry 17. 164—76. Jan. 1952.) NEZEL. 3500

B. R. Baker, Robert E. Schaub, Joseph P. Joseph, Francis J. McEvoy und James H. Williams, *Ein antimalariawirksames Alkaloid aus Hydrangea.* 18. Mitt. *Derivate des 4-Pyrimidons.* (17. vgl. vorst. Ref.) Den Chinazolinring des wirksamen Prinzips von *Hydrangea* kann man auch als ein 5.6-substituiertes Pyrimidon auffassen. Vff.

dehnten daher ihre synthet. Verss. auch auf analoge 4-Pyrimidonderivv. aus u. führten in die 5-Stellung des 4-Pyrimidons Aryl- u. Alkylreste ein. Die erhaltenen 4-Pyrimidole wurden mit der im Alkaloid enthaltenen Seitenkette 1-Carbäthoxy-2-[γ-bromacetonyl]-3-methoxypiperidin kondensiert. Dabei wurden nur krist. Substanzen erhalten, wenn das 4-Pyrimidol in 5-Stellung einen Arylrest enthält. Durch den niedrigen Chininkoeff. (maximal 3) befriedigten die Verbb. nicht.

Versuche: *2-Mercapto-4-amino-5-[p-chlorphenyl]-6-methylpyrimidin*, $C_{11}H_{10}N_3ClS$, F. 334° (Zers.), aus 2-[p-Chlorphenyl]-3-methoxycrotononitril u. Thioharnstoff in Ggw. von $NaOCH_3$ in absol. A. während 2 Std. auf dem Wasserbad, mit W. verdünnen, filtrieren u. mit Essigsäure ansäuern; 95%. — *2-Mercapto-4-amino-5-[p-chlorphenyl]-6-äthylpyrimidin*, $C_{12}H_{12}N_3ClS$, F. 330° (Zers.), entsprechend aus α-[p-Chlorphenyl]-β-äthyl-β-methoxyacrylonitril; 82%. — *2-Mercapto-5.6.7.8-tetrahydrochinazolon-(4)*, $C_8H_{10}ON_2S$, F. 315—317° (Zers.), aus 2-Carbäthoxycyclohexanon wie oben; 67%. — *2-Mercapto-5-benzyl-6-methylpyrimidol-(4)*, $C_{12}H_{12}ON_2S$, F. 256—257° (CH_3OH), aus Benzylacetessigsäureäthylester u. Thioharnstoff; 67%. — *2-Mercapto-5-n-propyl-6-methylpyrimidol-(4)*, F. 206—208°; entsprechend aus n-Propylacetessigsäureäthylester; 65%. — *4-Amino-5-[p-chlorphenyl] 6-methylpyrimidin*, $C_{11}H_{10}N_3Cl$, F. 141—142° (aus CH_3OH, nach Trocknung bei 80°/1 mm); in 85 ml 12%ig. H_2O_2 wird bei 90° portionsweise 2-Mercapto-4-amino-5-[p-chlorphenyl]-6-methylpyrimidin eingetragen, nach dem Abkühlen die klar dekantierte Lsg. mit 10%ig. NaOH alkal. gemacht u. gekühlt; 91%. — *4-Amino-5-[p-chlorphenyl]-6-äthylpyrimidin*, $C_{12}H_{12}N_3Cl$, F. 141—142°, analog; Reinigung über das *Hydrochlorid*, $C_{12}H_{12}N_3Cl \cdot HCl$, F. 310° (Zers.), aus absol. alkoh. HCl. — *5-[p-Chlorphenyl]-6-methylpyrimidol-(4)*, $C_{11}H_9ON_2Cl$, F. 236—237° (50%ig. CH_3OH). Die entsprechende 4-Aminoverb. wurde in konz. HCl 22 Std. gekocht, im Vakuum zur Trockne gebracht, der Rückstand in wss. NaOH gelöst, über Kohle geklärt u. mit Essigsäure ausgefällt; 62%. — *5-[p-Chlorphenyl]-6-äthylpyrimidol-(4)*, $C_{12}H_{11}ON_2Cl$, F. 271—271,5° (CH_3OH), entsprechend aus der 4-Aminoverb.; 53%. — *5.6.7.8-Tetrahydrochinazolon-(4)*, $C_8H_{10}ON_2$, F. 162—164° (Essigester), aus der 2-Mercaptoverb. mit H_2O_2; 79%. — *5-Benzyl-6-methylpyrimidol-(4)*, $C_{12}H_{12}ON_2$, F. 157—158° (Essigester). — *5-n-Propyl-6-methylpyrimidol-(4)*, $C_8H_{12}ON_2$, F. 115—116°; 63%. — *3-Phenacyl-5.6.7.8-tetrahydrochinazolon-(4)*, $C_{16}H_{16}O_2N_2$, F. 171 bis 173° (CH_3OH), durch Kondensation des Chinazolons mit Phenacylbromid in CH_3OH in Ggw. von $NaOCH_3$ während 1 Std.; nach Zusatz von Eiswasser u. 10%ig. NaOH Extraktion mit Chlf.; 62%. — *3-Phenacyl-5-phenylpyrimidon-(4)*, $C_{18}H_{14}O_2N_2$, F. 142 bis 144°, analog; 67%. — *3-(β-Keto-γ-[3'-methoxypiperidyl-(2')]-propyl)-5-phenylpyrimidon-(4)-dihydrochlorid*, $C_{19}H_{23}O_3N_3 \cdot 2\,HCl$, F. 210—211° (Zers.), durch Kondensation von 1-Carbäthoxy-2-[γ-bromacetonyl]-3-methoxypiperidin mit dem Na-Salz von 5-Phenylpyrimidol-(4) u. anschließend Hydrolyse mit Salzsäure; 3,2%. — *3-{β-Keto-γ-[3'-methoxypiperidyl-(2')]-propyl}-5-[p-chlorphenyl]-6-methylpyrimidin-(4)-dihydrochlorid*, $C_{20}H_{24}O_3N_3Cl \cdot 2\,HCl \cdot 0{,}5\,H_2O$, F. 214° (Zers.); entsprechend; 8,8%. — *3-{β-Keto-γ-[3'-oxypiperidyl-(2')]-propyl}-5-phenylpyrimidon-(4)-dihydrochlorid*, $C_{18}H_{21}O_3N_3 \cdot 2HCl$, F. 120° (Zers.), durch Hydrolyse der Methoxyverb. mit 48%ig. HBr; 26%. — *3-{β-Keto-γ-[3'-oxypiperidyl-(2')]-propyl}-5-[p-chlorphenyl]-6-methylpyrimidon-(4)-dihydrochlorid*, $C_{19}H_{22}O_3N_3Cl \cdot 2\,HCl \cdot 1{,}5\,H_2O$; F. 135° (Zers.); 45%. (J. org. Chemistry **18.** 133—37. Febr. 1953.) NEZEL. 3500

William R. Nes und **Erich Mosettig**, *Die Umlagerung von Dehydroergosterylacetat zu einem symm.-Oktahydroanthracenderivat.* Durch katalyt. Mengen HCl wird Dehydroergosterylacetat in ca. 30%ig. Ausbeute (bei Zimmertemp. in Chlf.) zu *1.2.3.4.7.8-Hexahydro-3'-[5.6-dimethyl-Δ^3-heptenyl-(2)]-2.10-dimethylcyclopentano-[1'.2':1.2]-anthracen* (I) ($C_{28}H_{40}$, F. 105—107°; $[\alpha]_D^{20}$ —70° [Chlf.]; λ_{max} 222, 227, 266, 296 u. 308 mμ [ε=26100, 27100, 18600, 2760 u. 2220, in Isooctan]; λ_{max} 968 cm^{-1} [CS_2]) umgelagert. Die Umlagerung ist nach kinet. Messungen in bezug auf das Steroid 1. Ordnung u. bezogen auf HCl ca. 2. (1,85.) Ordnung, die Reaktionsgeschwindigkeitskonstante ist 0,146 $\pm$0,003 Liter^2·Mol^{-2}·sec^{-1} bei 20°. Katalyt. Hydrierung (mit PtO_2 in Äthylacetat–Essigsäure) von I liefert das entsprechende *symm.-Oktahydroanthracenderiv.* ($C_{28}H_{44}$, F. 106—107°; $[\alpha]_D^{20}$ +21° [Chlf.]; λ_{max} 273, 278 u. 282 mμ [ε = 670, 550 u. 695, in Isooctan]; λ_{max} 247 mμ [ε = 95]). Durch Oxydation mit 70%ig. HNO_3 u. nachfolgende Veresterung mit CH_2N_2 wird I in das *1-Methyl-2.3.5.6-tetracarbomethoxybenzol* ($C_{15}H_{16}O_8$, F. 121—123°) übergeführt, das auch durch analoge Oxydation von 9-Methyl-symm.-oktahydroanthracen erhalten wird. Die entsprechende Oxydation von 9-Methyl-symm.-oktahydrophenanthren gibt *Pentacarbomethoxybenzol.* (J. Amer. chem. Soc. **75.** 2787. 5/6. 1953. Bethesda, Md., Dep. of Health, Educat. and Welfare, Nat. Inst. of Health, Publ. Health Serv., Nat. Inst. of Arthritis and Metabolic Diseases.) H.-J. KOCH. 3750

A. W. Johnson, G. W. Miller, J. A. Mills und **A. R. Todd,** *Die Chemie der Vitamin-B_{12}-Gruppe.* 2. Mitt. *Die Synthese des 5.6-Dimethyl-1-α-D-ribofuranosylbenzimidazols.* (1. vgl. BUCHANAN u. Mitarbeiter, J. chem. Soc. [London] **1950.** 2845.) Verschied. Möglichkeiten der Synth. von *Glykosylbenzimidazolen* wurden geprüft. Die Kondensation der freien Basen mit O-Acetylglykosylhalogeniden liefert eine Mischung der α- u. β-Anomeren der N-Glykosylverbindungen. *5.6-Dimethyl-1-α-D-ribofuranosylbenzimidazol* (**II**), ein Vitamin-B_{12}-Abbauprod., wurde neben dem *β-Deriv.* synthetisiert.

Versuche: *1-β-D-Glucopyranosylbenzimidazol* (**I**), *Monohydrat,* $C_{13}H_{16}O_5N_2 \cdot H_2O$, F. 141—142°; Benzimidazol (20 g) u. Tetra-O-acetylglucosylbromid (32 g) bei 100° in Dioxan (80 cm³) lösen, 3,5 Std. bei dieser Temp. halten, mit Xylol (300 cm³) verdünnen, filtrieren, die Lsg. mit n HCl (3 mal 30 cm³) jeweils 30 Min. auf 100° erhitzen, die wss. Phasen nach Alkalisieren mit NH_3 eindampfen (Vakuum), Rückstand mit A. (3 mal 150 cm³) auskochen, das W. aus dem Extrakt durch azeotrope Dest. mit Bzl. entfernen, die Lsg. an Al_2O_3 chromatographieren, Benzimidazol mit A. herauswaschen, das Glucosylderiv. mit W. eluieren u. Eluat konzentrieren; $[\alpha]_D^{15}$ —28° (c = 2, Pyridin); Ausbeute 4,9 g (21%). *Wasserfreie Verb.* (**Ia**), durch Lösen in sd. Isopropanol, F. 210—212°. *Pikrat,* F. 145—148°; aus **Ia**; $[\alpha]_D^{15}$ —18° (c = 2, Pyridin). — *Tetra-O-acetylderiv.*, F. 152—153°; aus **Ia**; feine Nadeln; $[\alpha]_D^{15}$ —27° (c = 2, Pyridin). — *1-α-D-Glucopyranosylbenzimidazolpikrat, Monohydrat,* $C_{19}H_{19}O_{12}N_5 \cdot H_2O$, F. 125—135°; die wss. Mutterlaugen von **I** an Aktivkohle–*Hyflo supercel* (1:1, 300 g) adsorbieren, mit W. eluieren, bis dieses keine Reduktionswrkg. gegenüber ammoniakal. $AgNO_3$ mehr zeigt, dann mit A. (+1% Pyridin) eluieren, einengen, mit Pikrinsäure umsetzen, die Pikratfraktionen mit $[\alpha]_D^{19} > 80°$ vereinigen u. aus W. umkristallisieren; federartige Nadeln; $[\alpha]_D^{19}$ 93° (c = 1, 2, Pyridin); 1,5 g (3,7%). — *1-α-D-Glucopyranosylbenzimidazol,* $C_{13}H_{16}O_5N_2$, F. 178—179°; aus der methanol. Lsg. des Pikrats (100 mg) durch Zersetzen mit *Dowex 2*-Austauschharz (1 g, Hydroxydform); Nadeln (A.); $[\alpha]_D^{15}$ 170° (c = 1,8, Pyridin); 52 mg. — *1-β-D-Glucopyranosyl-5.6-dimethylbenzimidazol,* F. 248—250°; 5.6-Dimethylbenzimidazol (10,5 g) u. Tetra-O-acetylglucosylbromid (13,5 g) in trockenem Dioxan (32 cm³) 3 Std. auf 100° erhitzen, mit Xylol (200 cm³) verdünnen, das Filtrat mit n HCl hydrolysieren, die ammoniakal. wss. Lsg. wie bei **I** weiterbehandeln, die wss. Lsg. der Glucosylderivv. an Kohle–*Hyflo supercel* adsorbieren u. die 1. alkoh. Eluate eindampfen; federartige Kristalle (absol. A.); 2 g (20%). — Aus dem 2. Eluat: *1-α-D-Glucopyranosyl-5.6-dimethylbenzimidazol,* $C_{15}H_{20}O_5N_2$, F. 176°, Nadeln (W., wss. A.); $[\alpha]_D^{19}$ 171° (c = 1,2, Pyridin); 0,52 g (5,1%). *Pikrat, Monohydrat,* $C_{21}H_{23}O_{12}N_5 \cdot H_2O$, F. 205° (wss. A.), $[\alpha]_D^{19}$ 101° (c = 1, Pyridin); die Verb. verbraucht 2 Mol Na_5JO_6; das *Pikrat* (**V**), F. 185—186°, des Oxydationsprod. gab mit dem Pikrat des Oxydationsprod. von **II** keine Depression. — *Tetra-O-acetyl-D-ribofuranose* (**III**), F. 81—82°; aus D-Ribose in Dioxan–Pyridin u. Acetanhydrid; Überführung in *Tri-O-acetyl-D-ribofuranosylchlorid* (**IV**). — *1-β-D-Ribofuranosyl-5.6-dimethylbenzimidazol,* F. 197—200°; die Lsg. von 5.6-Dimethylbenzimidazol (7,5 g) in trockenem Dioxan (100 cm³) mit **IV** (aus 7,5 g **III**) 3 Std. auf 100° erhitzen, mit Xylol (200 cm³) verdünnen, wie bei **I** weiterbehandeln, die Riboside mit 7 mal 1 Liter A.–Pyridin (9:1) aus der Kohle–*Hyflo supercel*-Säule eluieren, die Rückstände von Fraktion 4—7 in Pikrate (F. 175°, W.) überführen u. mit *Dowex 2* spalten; $[\alpha]_D^{19}$ —44° (c = 1, Pyridin); 0,65 g (10%); Na_5JO_6-Verbrauch 1,0 Mol. — *1-α-D-Ribofuranosyl-5.6-dimethylbenzimidazolpikrat* (**VI**), $C_{20}H_{21}O_{11}N_5$, F. 210°; aus der Eluatfraktion 1—3 (vorst.); 463 mg; Na_5JO_6-Verbrauch 0,92 Mol; *Dialdehydpikrat,* F. 185 bis 186°, keine Depression mit **V**. — *1-α-D-Ribofuranosyl-5.6-dimethylbenzimidazol,* $C_{14}H_{18}O_4N_2$, F. 198°; die warme Lsg. von **VI** (0,46 g) in CH_3OH (20 cm³) mit *Dowex 2* (1 g, Hydroxydform) behandeln; Nadeln (Aceton, W.); $[\alpha]_D^{19}$ 14° (c = 1, Pyridin); 243 mg (96%); Reinigung auch über das Isopropylidenderiv. möglich. (J. chem. Soc. [London] **1953.** 3061—66. Okt. Cambridge, Univ., Chem. Labor.) K. MAIER. 3800

T. I. Williams, *Einige chemische Eigenschaften von Helvolsäure.* Das analyt. u. Abbauverh. von *Helvolsäure* (**I**) spricht für die Zus. $C_{32}H_{42-44}O_8$. **I** läßt sich als einbas. Carbonsäure titrieren. Als **I**-Derivv. wurden ein *Semicarbazon, Dioxim, Methylester, Ag-Salz* u. durch Oxydation mit H_2O_2 oder Perjodat wahrscheinlich ein *Lacton* erhalten. Das Verh. von **I** u. gewissen **I**-Derivv. bei der alkal. Hydrolyse deutet auf Ggw. von 2 *Acetoxygruppen* in **I** hin. **I** verhält sich wie eine ungesätt. Verb. mit 2 ⊨.

Versuche: *Helvolsäure* (**I**), $[\alpha]_D^{23}$ —113° (c = 3,1 in $CHCl_3$), —117° (c = 2,6 in $CHCl_3$). *Semicarbazon,* $C_{32}H_{47}O_8N_3$, F. 240—250° (Zers.), Kristalle (75%ig. A.); aus **I** in Pyridin + konz. wss. Semicarbazidhydrochlorid. *Dioxim,* $C_{32}H_{46}O_8N_2$, F. 189°, Nadeln (A.); Darst. analog wie vorst. bei 100° im Einschlußrohr. *Monomethylester*(**II**), $C_{33}H_{44-46}O_8$, F. 262°, $[\alpha]_D^{23}$ —133° (c = 2,6 in $CHCl_3$). **II**-*Semicarbazon,* $C_{34}H_{49}O_8N_3$,

F. 212°, Nadeln (A.). — *Ag-Helvolat*, $C_{32}H_{43}O_8Ag$, farblos; aus neutralisierter I-Lsg. mit wss. $AgNO_3$-Lösung. — Bei Einw. von Br_2 in Eisessig auf I Aufnahme von 3,71 bis 3,81 Br-Atome/Mol; Isolierung eines ca. 5 % Br enthaltenden nichtkrist. Produkts. — Oxydation von I mit H_2O_2 in Eisessig bei Raumtemp. oder mit 2,5 % ig. Na-Perjodat-lsg. in 75 % ig. Essigsäure liefert ein *neutrales Prod.* (III), $C_{32}H_{46}O_{11}$, F. 229—230°, Nadeln (Essigsäure), unlösl. in W., langsam in 0,1 n NaOH. III-*Dioxim*, $C_{32}H_{48}O_{11}N_2$. III-*Monoacetylderiv.*, $C_{34}H_{48}O_{12}$, F. >225° (Zers.), Kristalle; mit Keten in äther. Lösung. III-*Monobenzoylderiv.*, $C_{39}H_{50}O_{12}$, F. 248°, Kristalle. III-*3.5-Dinitrobenzoylderiv.*, $C_{39}H_{48}O_{16}N_2$, F. >215° (Zers.). — Durch Weiteroxydation von III mit Pb-Tetraacetat in Eisessig bei Raumtemp. *neutrales Prod.*, $C_{32}H_{44}O_{11}$, F. unbestimmt (Zers.), Nadeln. (Biochem. J. **51**, 538—42. Juli 1952. Oxford, Univ., Sir William Dunn School of Pathol.) K. MAIER. 3950

D_3. Makromolekulare Chemie.

K. E. Russell und **A. V. Tobolsky**, *Diradikale in Lösung: Ihre Rolle bei der Polymerisation.* Die ursprüngliche Annahme, daß die therm. u. Photopolymerisation des Styrols über Diradikale verläuft, konnte nicht aufrechterhalten werden. Vff. untersuchen die Rolle von Diradikalen in Monomerenlsgg. im Hinblick auf die Probleme der therm. u. Photopolymerisation. Zu diesem Zweck wurde *Dibutyldisulfid* (I) u. *1.4.5-Oxadithiacycloheptan* (II) 1. in benzol. Lsg. mit Licht der Wellenlängen 300 bis 370 mμ bestrahlt u. die Geschwindigkeit des Verbrauchs gelöster 2.2-Diphenylpikrylhydrazylradikale (III) bestimmt, 2. in Methylmethacrylatlsg. (IV) bestrahlt u. Geschwindigkeit u. Grad der IV-Polymerisation bestimmt, 3. bei II in Lsg. von IV die Geschwindigkeit des Verschwindens der S—S-Bindung während der Photolyse bestimmt. I liefert bei der Bestrahlung 2 Monoradikale, während II ein Diradikal gibt. Zu 1. wurde gefunden, daß die Geschwindigkeit der Radikalbldg. aus I, gemessen am III-Verbrauch, für die I-Konz. 0,014 Mol/Liter $5{,}6 \cdot 10^{-8}$ Mol/Liter·sec, die aus II (0,02 Mol/Liter) $2{,}5 \cdot 10^{-8}$ Mol/Liter·sec beträgt. Daraus folgt, daß gegenüber allen Monoradikalen aus I nur $\sim 1/4$ der Diradikale aus II reagiert, wenn gleiche Quantenausbeuten angenommen werden. Die nicht reagierenden Diradikale scheinen zu rekombinieren. Zu 2. fanden Vff., daß I-Monoradikale wie solche aus 2.2'-Azobis-isobutyronitril oder Benzoylperoxyd reagieren. Die Startgeschwindigkeit der IV-Polymerisation bei 60° wurde bei einer I-Konz. von 0,014 Mol/Liter zu $11{,}8 \cdot 10^{-8}$ Mol/Liter·sec gefunden. Mit 0,027 Mol/Liter II bildet IV nur ca. 80 % der bei reiner Photopolymerisation gebildeten Polymeren. Der Initiierungseffekt der Diradikale aus II dürfte damit <1 % des von den Monoradikalen aus I ausgeübten Effekts betragen. Zu 3. wurde die UV-Absorption der IV-Lsg. von II vor u. nach der Bestrahlung gemessen, wobei die Absorption bei 320 mμ um ~16 % ihres Wertes vermindert wurde. Wahrscheinlich reagieren die Diradikale mit wenigstens einem Monomerenmol., um dann zu rekombinieren. Die durch Photolyse des *Ascaridols* (V) induzierte IV-Polymerisation bei 60° ergab die gleiche Monoradikalkurve wie mit dem Monoradikal aus I. In benzol. Lsg. verbraucht V (Konz. 0,015 Mol/Liter) III-Radikale mit der Geschwindigkeit $6 \cdot 10^{-8}$ Mol/Liter·sec, die Startgeschwindigkeit der IV-Polymerisation beträgt $8 \cdot 10^{-8}$ Mol/Liter·sec. *Keten* polymerisiert IV unter Bestrahlung etwas langsamer, als es Bestrahlung allein erreicht, u. verhält sich damit ähnlich den Diradikalen aus II. (J. Amer. chem. Soc. **76**, 395—99. 20/1. 1954. Princeton, N. J., Univ., Frick Chem. Labor.) RUSKE. 4010

H. Gilbert, **F. F. Miller**, **S. J. Averill**, **R. F. Schmidt**, **F. D. Stewart** und **H. L. Trumbull**, *Vinylidencyanid*. 3. Mitt. (2. vgl. C. **1951**. I. 1858.) Monomeres *Vinylidendicyanid* (I) polymerisiert in der Kälte in Kontakt mit W. zu einem harten, weißen u. unschmelzbaren Harz nach einer anion. Start-Rk., die auch durch Alkohole, Amine u. Ketone bewirkt werden kann, wobei als Polymerisationsträger (bei Start-Rk. durch Alkohol) die Verb. $R-\overset{(+)}{O}H-CH_2-\underset{(-)}{\ddot{C}}(CN)_2 \rightleftharpoons R-O-CH_2-\underset{(-)}{\ddot{C}}(CN)_2 + R\overset{(+)}{O}H_2$ zu denken ist, da die CN-Gruppen in I stark Elektronen der Doppelbindung anziehen. Eine Emulsionspolymerisation in W. kann nicht durchgeführt werden, da eine Kontaktpolymerisation bereits vor der Bldg. der Emulsion einsetzt. Bei der Radikalpolymerisation mit Benzoylperoxyd oder UV-Licht verläuft das Kettenwachstum nur sehr langsam auf Grund elektrostat. Abstoßung u. Resonanzstabilisierung der Kettenenden. Dagegen läuft unter der Wrkg. von Diazokatalysatoren eine schnelle Polymerisation ab, die jedoch über einen Ionenmechanismus ablaufend gedacht wird. *Polymeres* I dunkelt beim Stehen an feuchter Luft nach u. wird ab ~160° depolymerisiert. Es zeigt keinen scharfen F., die Röntgenanalyse deutet jedoch auf das Vorhandensein kristalliner Bereiche, es ist lösl. in Dimethylformamid, Cyclotetramethylensulfon, Tetramethylharnstoff u. Triäthylphosphat, jedoch unlösl. in den üblichen Lösungsmitteln. Durch W. erfolgt langsame, durch Basen schnelle Zers., wobei CH_2O entsteht.

Versuche: Vff. geben die Ergebnisse ihrer Polymerisationsverss. mit den 3 Nitranilinen, verschied. Ketonen (Acetylaceton, Methyläthylketon, Cyclopentanon, p-Methylacetophenon, Chloraceton u. Benzophenon), tert.-Butanol, W., Dimethylformamid, o-Chlorbenzoylperoxyd, UV-Licht, p-Methoxyphenyldiazothionaphthalin, Tetramethylensulfon u. der Abbauverss. des Polymerisats in W. sowie in Dimethylformamid mit oder ohne Säuren (SO_2 bzw. Acetanhydrid). (J. Amer. chem. Soc. **76**. 1074—76. 20/2. 1954. Brecksville, O., B. F. Goodrich Co., Res. Center.) RUSKE. 4010

Elizabeth Dyer und **George W. Bartels jr.**, *Die Wirkung von Alkali auf lineare Polyurethane.* Bisher ist das Verh. von *Polyurethanen* gegen Alkali nicht im einzelnen beschrieben, sondern nur ihre relativ gute Stabilität erwähnt worden. Vff. stellen Vertreter der vier Polyurethantypen (aromat. Diisocyanat + aromat. Diphenol, aromat. Diisocyanat + aliphat. Diol, aliphat. Diisocyanat + aromat. Diphenol, aliphat. Diisocyanat + aliphat. Diol) durch Polymerisation in Lsg. mit Triäthylamin als Katalysator oder durch Schmelzen der Komponenten dar. Die letzte Meth. vermeidet das Auftreten der in Aceton unlösl. homopolymeren Diisocyanate, die mit Triäthylamin in Lsg. gebildet werden. Die Alkalistabilität wurde an Proben dieser Verbb. in 1%ig. NaOH bei 50° u. verschied. Einwirkungszeiten bestimmt. Polyurethane aus aliphat. Diolen wurden dabei nicht angegriffen, wie auch der Vgl. der Infrarotspektren vor u. nach der Behandlung (6 Tage) zeigt, während Polyurethane aus aromat. Diphenolen mehr oder weniger zers. werden. Diese Zers. geht der Geschwindigkeit der alkal. Hydrolyse von Alkyl- im Gegensatz zu Phenylestern einfacher Carbonsäuren parallel. Nach der alkal. Behandlung des Polyurethans aus Hexamethylendiisocyanat u. Resorcin hinterbleibt *Polyhexamethylenharnstoff*, der durch sein Infrarotspektr. nachgewiesen wurde, daneben werden Resorcin, Hexamethylendiamin u. CO_2 gebildet. Andere phenol. Polyurethane ergaben analoge Ergebnisse. Die Polyharnstoffbldg. erklärt sich aus der prim. Hydrolyse des Polyurethans zu Diphenol, Diamin u. CO_2, das Diamin reagiert dann mit nicht angegriffenem Polyurethan unter Abspaltung von Diphenol zum Polyharnstoff.

Versuche: *Methylen-bis-[phenylisocyanat-(4)]* (**I**), Kp.$_3$ 184°. — *Hexamethylendiisocyanat* (**II**), Kp.$_1$ 99—101°. — *2.2-Dimethylpropandiol-(1.3)* (**III**), F. 127° (Bzl.). — *2.2-Diäthylpropandiol-(1.3)* (**IV**), Kp.$_6$ 115°, F. 62°. — *2-Äthylhexandiol-(1.3)* (**V**), Kp.$_2$ 95,5°; n_D^{20} 1,4510. — *2-n-Butyl-2-äthylpropandiol-(1.3)* (**VI**), Kp.$_{10}$ 122°, F. 41°. — *2.2-Bis-[p-oxyphenyl]-propan* (**VII**), F. 151—152° (verd. Essigsäure). — *Lösungspolymerisation*: 0,03 Mol Dioxyverb. in 200—300 cm³ Lösungsm. (Bzl. oder Chlorbenzol/o-Dichlorbenzol 8 : 2) u. 0,03 Mol Diisocyanat in 100 cm³ Lösungsm. werden mit 3 Tropfen Triäthylamin nach MARVEL u. JOHNSON (C. **1954**. 4861) umgesetzt u. durch Umfällen aus Dimethylformamid/Methanol oder Tetrahydrofuran/W. gereinigt. — *Blockpolymerisation*: 0,03 Mol Diol werden in trockenem, O-freiem N_2 geschmolzen u. unter Rühren 0,03 Mol Diisocyanat langsam zugefügt. Mit fortschreitender Rk. wird die Reaktionsmischung viscos, so daß die Temp. auf 180° gesteigert wird. Nach Abkühlen in Aceton Lösen u. nach Stehen über Nacht in gerührtes W. eintragen. — Folgende *Polyurethane* wurden dargestellt: **I-VII**, 190—193° (Erweichungstemp.), 260° (Zers.), lösl. in m-Kresol (**VIII**), Dimethylformamid (**IX**) u. Nitrobenzol (**X**). — **I-III**, 180—190°, 280°, lösl. in Aceton (**XI**), **VIII**, **IX** u. **X**. — **I-IV**, 150°, 235°, lösl. in **XI**, **VIII**, **IX** u. Tetrahydrofuran (**XII**). — **I-VI**, 110—120°, 160°, lösl. in **XI**, **VIII**, **IX** u. **XII**. — **I-V**, 140°, 210°, lösl. in **XI**, **VIII**, **IX** u. **XII**. — **II-VII**, 130°, 230°, lösl. in **XI**, **VIII** u. **IX**. — **II**-*Resorcin*, 150°, 220°, lösl. in **XI**, **VIII** u. **IX**. — **II-VI**, 60°, 250°, lösl. in **XI**, **VIII** u. **IX**. (J. Amer. chem. Soc. **76**. 591—94. 20/1. 1954. Newark, Del., Univ., Dep. of Chem.) RUSKE. 4010

H. Leth Pedersen, *Beziehung zwischen Spannungsrelaxation und Alterungsbeständigkeit von Kautschukvulkanisaten.* 2. Mitt. *Einfluß von Kupfer bei verschiedenen Mischungen mit Beschleunigern.* (1. vgl. C. **1952**. 2517.) Mit einer modifizierten FIRESTONE-Modulwaage u. einer neuen Form von Prüfkörpern für Alterungsteste wurde durch Messung der Spannungsrelaxation der Einfl. von Cu (als Cu-Stearat) bei 4 verschied. Mischungen mit Beschleunigern ermittelt. Die Mischungen zeigten sehr verschied. Empfindlichkeit. Übereinstimmende Ergebnisse wurden für die Alterung, die Relaxation u. die Oxydationsgeschwindigkeit gefunden. Die Befunde werden erörtert. (J. Polymer Sci. **10**. 449—56. Mai 1953. Kopenhagen, North. Cable & Wire Works.) SCHÄFF. 4030

J. Crabtree und **B. S. Biggs,** *Rissebildung von gedehntem Kautschuk, hervorgerufen durch freie Radikale.* Außer Ozon sind auch Dämpfe flüchtiger Peroxyde bei UV-Bestrahlung imstande, Rissebldg. von gedehntem Kautschuk hervorzurufen. Die Ggw. von O_2 ist nicht erforderlich. Die Rk. wird offensichtlich durch Radikale, wie tert.-Butoxy-, Phenyl-, Benzoyl-, Acetyl- oder OH-Radikale, die bei der Photolyse von Peroxyden entstehen, ausgelöst. (J. Polymer Sci. **11.** 280—81. Sept. 1953. Murray Hill, N. J., Bell Telephone Labor.) SCHÄFF. 4030

M. A. Golub, *Versuch zur Fraktionierung von GR–S mittels selektiver Gelierung im Latex.* Nach der Meth. von BARDWELL u. WINKLER (Canad. J. Res., Sect. B **27.** [1949.] 128) versuchte Vf. durch Zugabe von $K_2S_2O_8$ zu GR–S-Latex (dabei Vernetzung) infolge selektiver Gelierung die Mol.-Gew.-Verteilung von GR–S zu bestimmen. Hierfür erwies sich die Meth. aber als nicht geeignet. Es wurde zwar gefunden, daß im allg. die Viscositätszahl der Solanteile mit zunehmender Gelierung laufend abnimmt, jedoch erlaubten die auftretenden Schwierigkeiten keine genauen Berechnungen der Mol.-Gew.-Verteilung. (J. Polymer Sci. **10.** 591—93. Juni 1953. Akron, O., B. F. Goodrich Chem. Co., Exp. Stat.) SCHÄFF. 4030

Vincent C. Barry und **P. W. D. Mitchell,** *Eigenschaften von mit Perjodat oxydierten Polysacchariden.* 1. Mitt. *Die Darstellung von stickstoffhaltigen polymeren Substanzen aus oxydierten Stärken.* Mit Perjodat hergestellte *Oxystärke* (I) wird mit Cyclohexylamin zur doppelten SCHIFFschen Base von Glyoxal abgebaut. Dagegen verlaufen die Rkk. von I mit Isonicotinsäurehydrazid (**II**), Thiosemicarbazid (**III**) u. p-Aminobenzoesäure (**IV**) unter Bldg. in W. unlösl. polymerer Substanzen (**V** aus **II** u. **VI** aus **III**). Analog verhalten sich die Phenylendiamine, p-Chloranilin usw.; dagegen liefert Hydrazin eine wasserlösl., in schwach saurer Lsg. ein zähes Gel bildende Substanz. Einfache aliphat. Basen, wie Äthylendiamin, verändern das oxydierte Polysaccharidmol. langsam, ohne daß sich unlösl. Prodd. abscheiden. — Das polymere Prod. **V** aus 1 Grundmol **I** u. 1 Mol **II** ist blaßgelb, in verd. Mineralsäuren u. mäßig verd. Essigsäure lösl. u. in NH_4OH- u. bes. in Alkalilsg. zersetzlich. Beim Ansäuern der wenige Min. alkal. gehaltenen Lsg. scheidet sich krist. Material ab. Das entsprechende Prod. **VI** aus **I** u. **III** ist ein blaßgelbes amorphes Pulver, das auf jede α-Glykolgruppe in der ursprünglichen Stärke einen **III**-Rest enthält. Nach gründlichem Trocknen löst sich **VI** nach Quellung in verd. Alkali zu einer blaßgelben viscosen Lsg., die beim Ansäuern einen flockigen koll. Nd. gibt. Es löst sich nicht in verd. NH_4OH oder 50%ig. Essigsäure u. in Mineralsäuren nur beim Kochen. Beim Neutralisieren tritt dann keine Fällung mehr ein. Wegen der herabgesetzten Löslichkeit u. erhöhten Beständigkeit im Vgl. zu **V** dürfte **VI** vernetzt sein. Ähnliche Verhältnisse fanden sich bei den Prodd. aus o-Phenylendiamin u. aus p-Aminobenzaldehydthiosemicarbazon. — Bei der Umsetzung von **IV** mit **I** in wss. Lsg. entstand ein Prod. mit weniger N als erwartet, da es vorzeitig ausfiel. Mit dem Na-Salz von **IV** dagegen erhält man eine Substanz, die dem für ein Kondensat aus 1 Grundmol **I** u. 1 Mol **IV** berechneten N-Geh. näherkam u. sich in $NaHCO_3$ oder NH_4OH leicht löste. — Zu den Umsetzungen wurde eine in 1½—2 Std. auf dem Wasserbad hergestellte 2%ig. Lsg. von **I** verwendet. Beim Kochen dieser **I**-Lsg. erfolgte offensichtlich Zers., u. das damit hergestellte Präp. **V** war dann von mikrokristallinem Material begleitet. — **V** u. **VI** hemmen das Wachstum von ***Mycobacterium tuberculosis.*** Bes. ist **V** sehr akt. bei experimentellen Infektionen von Mäusen.

V e r s u c h e: *Oxystärke* (**I**), durch 48std. Oxydation von Kartoffelstärke mit $NaJO_4$ im Dunkeln (Verbrauch 0,9 Mol $NaJO_4$/Grundmol); 100% (Ausbeute). — *Doppelte Schiffsche Base von Glyoxal u. Cyclohexylamin,* $C_{14}H_{24}N_2$, F. u. Misch-F. 149 bis 150° (wss. A.), durch 24std. Schütteln einer wss. Lsg. von 0,4 g **I** mit Cyclohexylamin; glitzernde Blättchen; 0,15 g. — *Polymeres aus* **I** *u.* **II** (**V**), $[C_{12}H_{13}O_5N_3 \cdot H_2O]_n$, durch 1std. Verrühren von 5 g **I** mit 9 g **II** in wss. Lsg. u. Koagulation des Nd. mit etwas Eisessig; $[\alpha]_D^{23}$ + 122° (22 Min.) → + 49,8° (100 Min.; c = 0,796 in 0,1 nNaOH); 7,1 g. — *Polymeres aus* **I** *u.* **III** (**VI**), $[C_7H_{11}O_4N_3S \cdot H_2O]_n$, aus 6 g **III** u. 5 g **I** in W. in 1 Std.; $[\alpha]_D^{21}$ + 104° (18 Min.) → + 107° (72 Min.; c = 0,781 in 5%ig. NaOH); 7,4 g. — *Polymeres aus* **I** *u.* **IV**, entspricht etwa $[C_{13}H_{13}O_6N \cdot H_2O]_n$, durch Umsetzung von 1 g **I** u. 2 g Na-Salz von **IV** in W. über Nacht, Ansäuern mit verd. Essigsäure, Lösen des Nd. in A. u. Fällen mit Ae.; 3,8% N; ist in 0,1 nNaOH kaum opt.-aktiv. — Rk. von **I** mit freier **IV** liefert ein Prod. mit nur 3,0% N. (J. chem. Soc. [London] **1953.** 3610—12. Nov. Dublin, Trinity Coll., Labors. of the Med. Res. Council of Ireland.) WILLENBERG. 4050

Vincent C. Barry und **P. W. D. Mitchell,** *Eigenschaften von mit Perjodat oxydierten Polysacchariden.* 2. Mitt. *Die Struktur einiger stickstoffhaltiger Polymerer.* (1. vgl.

vorst. Ref.) Bei der Perjodatoxydation von Stärke (vgl. l. c.) u. Alginsäure entstehen vermutlich Prodd., die keine freien Aldehydgruppen enthalten, sondern aus durch „Hemialdalbindungen" gebildeten Siebenringen (I) bestehen. Bei der Rk. mit 1 Mol eines Hydrazids pro Grundmol I entstehen Prodd. vom Typ II. Bei der Einw. von NH_4OH bzw. Na-p-Aminobenzoat (III) bzw. NaOH auf Oxystärke (IV) bzw. Oxyalginsäure (V) auftretende Schwankungen der opt. Drehung wurden gemessen. Isonicotinsäurehydrazid (VI) gibt mit den durch Einw. von NaOH erhaltenen Prodd. keine Ndd. mehr. Die aus IV u. VI erhaltene *Verb.* (X) gibt beim Kochen mit 50% ig. Essigsäure *Glyoxal-bis-isonicotinoylhydrazon* (VII), mit Phenylhydrazin *Glyoxal-bis-phenylhydrazon* (VIII) u. mit Cyclohexylamin VII. V lieferte mit Essigsäure bzw. Phenylhydrazin VII bzw. VIII u. mit Cyclohexylamin die doppelte SCHIFFsche Base von Glyoxal u. Cyclohexylamin. Es wurden keine Derivv. von anderen bei diesen Rkk. entstandenen Bruchstücken gefunden. Das *Reaktionsprod.* aus *Oxyinulin* (IX) u. VI erwies sich gegenüber den vorst. Zersetzungs-Rkk. als recht beständig. Vermutlich entsteht bei der Oxydation von Inulin infolge seiner Furanoseform ein Sechsring, der auch im VI-Deriv. erhalten bleibt. Die größere Empfindlichkeit des Siebenringes der IV u. V dürfte in der wahren cis-Stellung von 2 benachbarten C-Atomen begründet sein.

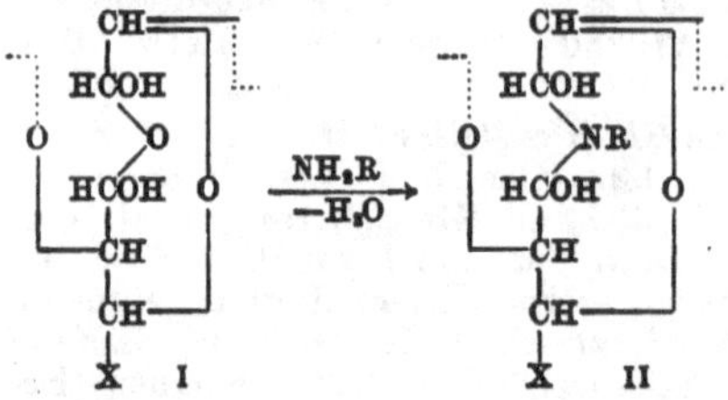

IV u. X X = CH_2OH, V u. XI X = COOH

Versuche: *Polymeres aus Oxyinulin* (IX) *u. Isonicotinsäurehydrazid* (VI), $C_{12}H_{15}O_6N_3$, durch 48std. Oxydation von 2 g Inulin ($[\alpha]_D^{21}$ −35,3°; c = 0,957; W.) mit $NaJO_4$ in wss. Lsg., Red. mit SO_2, Neutralisation, Zugabe von wss. VI-Lsg. zur schwach essigsauren Lsg. von IX, Zentrifugieren des Nd., Waschen mit W., Methanol u. Ae. u. Trocknen; amorphe Substanz; 2,12 g. — *Polymeres* (XI) *aus Oxyalginsäure* (V) *u. Isonicotinsäurehydrazid* (VI), $C_{12}H_{13}O_7N_3$, durch Oxydation von 2 g Na-Alginat („Manucol") mit $NaJO_4$ (Verbrauch 0,008 Mol/48 Std.), Zugabe von Äthylenglykol, Dialyse u. Umsetzung der Hälfte der gebildeten V ($[\alpha]_D^{22}$ +133°) mit VI in W. u. Fällung mit verd. Essigsäure; blaßgelbe Substanz; 0,349 g. — *Polymeres aus Oxyalginsäure* (V) *u. Thiosemicarbazid*, $C_7H_{11}O_6N_3S$, aus der anderen Hälfte der V mit Thiosemicarbazid; 0,196 g. — *Glyoxal-bis-isonicotinoylphenylhydrazon* (VII), F. > 360°, durch 10minütiges Kochen von XI mit 50% ig. Essigsäure u. Abkühlen; rechteckige Kristalle; λ_{max} 366 mμ (in 0,1 n NaOH); oder durch 2std. Kochen von 0,5 g X mit 50% ig. Essigsäure; 136 mg, oder aus X in 50% ig. Essigsäure mit Cyclohexylamin in 24 Std.; Nadeln (ohne Cyclohexylamin kein Nd.). — *Glyoxal-bis-phenylhydrazon* (VIII), F. u. Misch-F. 169°, durch Umsetzung von XI in $NaHCO_3$-Lsg. mit Phenylhydrazinacetat u. Umkristallisieren des Nd. durch Zugabe von wenig A. zur erwärmten Lsg.; gelbe, sägeförmige Kristalle, oder durch Zugabe von Phenylhydrazin zu einer abgekühlten Lsg. von X in warmer 50% ig. Essigsäure. — *Doppelte Schiffsche Base von Glyoxal u. Cyclohexylamin*, F. 147—149°, Misch-F. 148—149°, aus XI in $NaHCO_3$-Lsg. mit Cyclohexylamin in A.; speerförmige Kristalle. — Eine Mischung von 10 ml 1,088% ig. IV-Lsg. mit 0,5 ml 10% ig. NH_4OH zeigte α_D +0,52° (Beginn) → −0,71° (Minimum nach 2 Min.) → +0,80° (330 Min.). — Oxyamylopektin (1,666%) zeigte mit NH_4OH analog α +0,70° (0 Min.) → −1,07° (1 Min., Minimum) → +0,69° (130 Min.). — Mit $NaJO_4$ oxydierte wachsige Maisstärke (1,999%) gab analog α +0,81° (0 Min.) → −1,14° (5 Min., Minimum) → +1,07° (360 Min.). — Oxydierte Florideenstärke aus *Dilsea edulis* (vgl. J. chem. Soc. [London] **1949.** 1468) gab nach Dialyse (c = 0,84%) analog α +0,24° (0 Min.) → −0,61° (3 Min., Minimum) → +0,29° (540 Min.). — 0,645% ig. Na-Salz der V gab α 1,75° (0 Min.) → +0,18° (156 Min.); kein Minimum. — 5 g Kartoffelstärke verbrauchten 0,026 Mol $NaJO_4$; zu 10 ml einer 2% ig. Lsg. dieser IV wurden 0,249 g III zugegeben: α +0,91° (0 Min.) → 0,26° (34—44 Min., Minimum) → 0,74° (388 Min.); bei Verwendung von 0,500 g III wurde gemessen: α −0,11° (Minimum, 11 Min.) → +0,42° (325 Min.); bei 1,250 g III −0,79° (2,5 Min., Minimum) → +0,08° (352 Min.) u. bei 0,750 g III −0,45° (4,5 Min., Minimum) → +0,24° (217 Min., konstant); durch Ansäuern der vorst. Lsg. mit verd. Essigsäure nach 48 Std. u. Umfällen mit A./Ae. 250 mg gelbes Pulver, $C_{13}H_{15}O_7N$. — 1 ml 2 n NaOH-Lsg. wurde mit 20 ml 2% ig. IV-Lsg. gemischt: α +1,10° (0 Min.) → +1,89° (5 Min.) → +1,84° (6,5 Min.) → +1,90° (7,5 u. 8 Min.) → +1,86° (20,5 Min.) → +1,92° (22 Min.) → +1,68° (97 Min.); die Lsg. gab am nächsten Morgen nach Ansäuern mit Essigsäure keinen Nd. mit VI. (J. chem. Soc. [London] **1953.** 3631—35. Nov.) WILLENBERG. 4050

H. A. Lillevik und **W. M. Sandstrom,** *Die katalytische Hydrogenolyse von Proteinen und verwandten Modellsubstanzen.* Auf Grund einer Arbeit von ADKINS (Univ. of Wisconsin Press, Madison 1937), daß H_2 unter hohem Druck u. hoher Temp. in Ggw. von Katalysatoren (I), wie Cu-Chromit oder RANEY-Ni, die C—N-Bindung von Amiden spaltet (Hydrogenolyse), untersuchen Vff. zum Vgl. Zein, acetyliertes Zein, Nylon (II), Polyacrylamid, Butylhippurat (III) u. Acetamid. Als Lösungsm. dient n-Butanol, so daß außer Hydrogenolyse auch Butanolyse erfolgen könnte. Beide Möglichkeiten werden untersucht. In Abwesenheit von I entsteht NH_3 aus allen geprüften Substanzen außer II u. III. Dagegen wird nach Hydrogenolyse mindestens 85% des Gesamt-N als Tributylamin wiedergefunden, wobei N aus Peptid- u. Amidbindung gleichmäßig umgewandelt wird. (J. Amer. chem. Soc. **76.** 292—94. 5/1. 1954. St. Paul, Minn., Univ., Dep. Agricult. Biochem.) FREIMUTH. 4070

Esmond E. Snell and others, eds. Biochemical preparations. V. 3. New York: Wiley. 1953. (136 S. m. Abb., Diagr., Bibl. Fußnoten.) $ 3,50.

—, Reglas de nomenclatura de la Química Orgánica y de la Química Biológica según la Union Internationale de Chimie Pure et Apliquée. Barcelona: C. S. I. C., Instituto Alonso Barba, Edit. Bayer. 1953. (89 S.) ptas 50,—.

E. Biologische Chemie. Physiologie. Medizin.

E_1. Allgemeine Biologie und Biochemie.

P. W. Afanassjew und **D. L. Talmud,** *Über mögliche Wege der Biosynthese des Eiweißes.* Kurzer Übersichtsbericht. — 43 Literaturangaben. (Известия Академии Наук СССР, Серия Биологическая [Nachr. Akad. Wiss. UdSSR, biol. Ser.] **1952.** 115—20. Jan./Febr. Bach-Inst. für Biochem. der Akad. der Wiss. der UdSSR.) K. MAIER. 4100

G. I. Ssemenenko, *Änderung des Gehaltes an Nucleoproteiden in Pflanzen bei vegetativer Hybridisation.* In den Organen der vegetativen Hybriden *Tomate* × *Eierfrucht* (TE) u. *Eierfrucht* × *Tomate* (ET) sowie deren Samengenerationen wurde der Geh. an *Nucleoproteiden* (I) in der Weise ermittelt, daß der P-Geh. nach Entfernung des säurelösl. u. Lipid-P bestimmt wurde. Während bei TE der I-Geh. des Blattes während der Knospen- u. Fruchtbldg. sowie während der Blüte geringer war als in der Ausgangsform, wurde bei ET in der 1. Periode eine I-Abnahme, während der Fruchtbldg. dagegen eine I-Zunahme gegenüber der Ausgangsform beobachtet. Diese Verschiebungen des I-Geh. wurden durch Wiederholung der Pfropfung verstärkt. Bei der Samennachkommenschaft der Hybriden wurde neben einer sehr starken Heterosis ein erhöhter I-Geh. in den Blättern, Blüten, Triebspitzen u. Keimlingen der Hybriden im Vgl. zur Ausgangsform beobachtet. (Биохимия [Biochemie] **17.** 655—59. Nov./Dez. 1952. Charkow, Univ., Lehrstuhl für Pflanzenphysiol.) LEBTAG. 4130

S. P. Shemkowa, *Die Ribonucleinsäure in den Placentageweben der Kaninchen.* Durch Unterss. an Kaninchenplacenta in verschied. Trächtigkeitsstadien unter Anwendung von *Ribonuclease* (I) u. Färbung mit Azureosin (II) wird gezeigt, daß die Basophilie der Placentagewebe durch die Ggw. von *Ribonucleinsäure* (III) bedingt ist. Unter der Einw. von I verschwindet die Basophilie aller Abschnitte der Placenta, unabhängig vom Trächtigkeitsstadium, vollständig. Alle Placentagewebe geben mit II eine Rosafärbung. Die Körner mit verlorengegangener Basophilie bleiben im Trophoblastencytoplasma erhalten. Die Trophoblasten von Zell- u. Plasmodialstruktur sind während der gesamten Trächtigkeit reich an III. (Доклады Академии Наук СССР [Ber. Akad. Wiss. UdSSR] [N. S.] **86.** 1219—21. 21/10. 1952. Inst. für exp. Med. der Akad. der Med. Wiss. der UdSSR.) LEBTAG. 4150

R. W. Chessin, *Die Geschwindigkeit des Phosphorstoffwechsels der Ribonucleinsäure der Strukturelemente des Cytoplasmas bei verschiedenen physiologischen Zuständen.* An weißen Mäusen wurde durch subcutane Zufuhr von ^{32}P als anorgan. Phosphat die Geschwindigkeit des Umsatzes von *Ribonucleinsäure* (I) u. *Phospholipiden* (II) untersucht. Danach nimmt die Geschwindigkeit des I-Umsatzes in der n. Leber in der folgenden Reihe zu: Cytoplasmagranula–Mikrosomen–Zentrifugat. Bei verstärkter Eiweißbldg. wird der I-Umsatz in den Granula im Vgl. zu den Mikrosomen verstärkt. Die Cytoplasmaelemente zeigen während der Lactation einen geringeren I-Umsatz als die Leber. Die Aktivierung des II-Umsatzes bei Prozessen mit verstärkter Eiweißbldg. ist geringer als die von I. Die absol. Geschwindigkeit des ^{32}P-Einbaues in die II der großen Granula ist in der Milchdrüse viel, in den Embryonen etwas geringer als in der Leber. Bei allen untersuchten physiol. Zuständen ist der Einbau von ^{32}P in die II der Leber viel intensiver als in I. Im embryonalen Stadium ist der ^{32}P-Einbau in Cytoplasma-II gleich oder niedriger als der Einbau in I. Das gleiche gilt für die Milchdrüsen. Die großen Cytoplasmakörner sind demnach unmittelbar an der innercellularen Synth. sowohl der Struktur- als auch der sekretor. Eiweiße beteiligt. (Биохимия [Biochemie] **17.** 664—75. Nov./Dez. 1952.) LEBTAG. 4150

L. L. Uzman und **Claudine Desoer,** *Die Zusammensetzung hochpolymerer Desoxypentosenucleinsäuren aus menschlicher Milz.* Aus der Milz von n. Personen u. Patienten mit Leukämie oder anderen Erkrankungen (BAUTIs Syndrom, HURLER-PFAUNDLERsche Krankheit) wurden *Desoxypentosenucleinsäure* (**I**)-Präpp. hohen Polymerisationsgrades (hohe Viscosität der wss. Lsgg.) erhalten. Die quantitative papierchromatograph. Analyse des *Purin-* u. *Pyrimidinbasen* (**II** bzw. **III**)-Geh. ergab die Zugehörigkeit aller Präpp. von Human-I zum „*A–T*"-Typ, wobei *Adenin* (**IV**) u. *Thymin* (**V**) hinsichtlich der mol. Mengen überwiegen. Die Gesamtmengen an **II** u. **III** standen annähernd im äquimol. Verhältnis zueinander. *5-Methylcytosin* war in keinem Fall in nachweisbaren Mengen vorhanden. Bei der enzymat. Spaltung von 3 **I**-Präpp. mit krist. *Desoxyribonuclease* entstand ein nichtdialysierbarer Rückstand (23—40% des ursprünglichen Gewichts), in dem nach Hydrolyse mit HCOOH papierchromatograph. in der Zus. ein Überwiegen von **IV** u. **V** gegenüber *Guanin* u. *Cytosin* nachgewiesen wurde, wobei das ursprüngliche **II–III**-Verhältnis aufrechterhalten blieb. (Arch. Biochem. Biophysics **48.** 63—71. Jan. 1954. Boston, Mass., Harvard Med. School, Dep. of Pathol., u. Children's Med. Center, Children's Cancer Res. Found., Chem. Pathol. Labors.) K. MAIER. 4150

G. A. Medwedewa, M. N. Meissel und **Ja. L. Schechtman,** *Über die Anwendung momentaner kurzzeitiger Bestrahlungen großer Stärke zur Untersuchung der Dynamik des radiobiologischen Effektes.* Mit Hilfe einer Strukturanalyseröhre mit LINDEMANN-Glas u. Cu-Anode wurden Präpp. von *Endomyces magnusii* in 6 cm Entfernung vom Brennpunkt mit ca. 21000 r/Min. (60 kV, 9 mA) bestrahlt, wobei die Gesamtdauer der Bestrahlung 48 Min. betrug. Die Änderungen der lebenden Protoplasten (**I**) im Frühstadium unter der Einw. der Röntgenstrahlen wurden mit Hilfe der Phasenkontrastmikroskopie untersucht. Zum Vgl. wurden die Präpp. 10 cm vom Brennpunkt mit 1400 r/Min. ca. 6 Std. bestrahlt. Durch dieses neue Verf. (extrem hohe Dosierung) konnten erstmalig Verdichtungen der Nucleotidkaryosomen u. der protoplasmat. Nucleotidchondriosomen nachgewiesen werden. Die frühen u. deutlichen Änderungen der Struktur u. des Zustandes des Gesamtzell-I, darunter in Protoplasma, Vakuolenapp. u. Chondriosomen, widerlegen die „Target-Theorie", wonach die Zelle einzelne strahlungsempfindliche Bereiche aufweist, deren Schädigungen zum Tod der Zelle führen. (Журнал Общей Биологии [J. allg. Biol.] **13.** 243—45. Mai/Juni 1952. Inst. für Mikrobiol. u. Abt. biol. Wiss. der Akad. der Med. Wiss. der UdSSR, Labor. für Strahlungen u. Isotope.) LEBTAG. 4150

L. R. Cerecedo, D. V. N. Reddy, A. Pircio, M. E. Lombardo und **J. J. Travers,** *Nucleinsäureveränderungen in tumortragenden Mäusen.* Best. der *Pentose-* (**I**) u. *Desoxypentosenucleinsäure* (**II**) in Leber, Lunge, Milz u. Nieren von Mäusen mit spontanem Mammacarcinom, malignem Melanom S-91 u. transplantiertem Sarkom 180. Nach Transplantation steigt der Geh. an **I** u. **II** in Leber u. Lunge, sowie an **II** in den Nieren. Die Größe der Veränderungen ist abhängig von der Art der Mäuse (Leber: bei dba-Mäusen Anstieg des **I**-Geh. um 72%, des **II**-Geh. um 115%; bei Schweizer Mäusen liegen die Werte bei 20 bzw. 73%). Bei den Tieren mit Mammatumoren ist der **I**- u. **II**-Geh. der Lunge erhöht. Mit zunehmendem Tumorwachstum wird das Verhältnis **I**/**II** kleiner. Im nekrot. Teil des Tumors sinkt mit zunehmendem Tumorwachstum der **I**- u. **II**-Geh., im nichtnekrot. dagegen nur der **I**-Gehalt. Im nekrot. Teil ist der **I**- u. **II**-Geh. niedriger als im nichtnekrotischen. (Proc. Soc. exp. Biol. Med. **78.** 683—87. Dez. 1951. New York, N. Y., Fordham Univ., Dep. of Biochem.) REISS. 4160

F. Lembeck, *Über den Nachweis von 5-Oxytryptamin (Enteramin, Serotonin) in Carcinoidmetastasen.* Bericht über Unterss. an Metastasen eines typ. Dünndarmcarcinoides einer 65jährigen ad exitum gekommenen Frau. Es konnte ein Geh. von mindestens 2,5 mg/g *5-Oxytryptamin* (**I**) sowie die Anwesenheit eines zweiten darmwirksamen Stoffes nachgewiesen werden. Bei dem Carcinoid handelt es sich um eine patholog. Anhäufung enterochromaffiner (ERSPAMER) oder „Gelber Zellen" (FEYRTER). Der Nachw. von **I** wurde durch Verss. am Tier (Meerschweinchen-, Kaninchenileum, Rattenuterus u. -colon) sowie durch papierchromatograph. u. colorimetr. Unterss. erbracht. (Naunyn-Schmiedebergs Arch. exp. Pathol. Pharmakol. **221.** 50—66. 1954. Graz, Univ., Pharmakol. Inst.) R. KÖNIG. 4160

John J. Salley, *Experimentelle Carcinogenese in der Backentasche beim Syrischen Hamster.* Mit *9.10-Dimethyl-1.2-benzanthracen* (**I**), *20-Methylcholanthren* u. *3.4-Benz-*

pyren lassen sich auch im oralen Bereich (Epithel der Backentaschen von Cricetus auratus) Tumoren hervorrufen. Nach I, in *Aceton* gelöst, traten die meisten malignen Erkrankungen auf. Mit *Bzl.* als Lösungsm. riefen alle 3 geprüften Verbb. nur wenige benigne Tumoren hervor. (J. Dental Res. **33.** 253—62. April 1954. Rochester, N. Y., Univ. of Rochester, School of Med. and Dent., Div. of Dental Res., u. Dep. of Pathol.) KLESSE. 4160

L. W. Law (unter technischer Mitarbeit von **Peter J. Boyle**), *Resistenz leukämischer Zellen gegen ein Guaninanalogon, 8-Azaguanin.* Vf. berichtet über Resistenzerscheinungen bei Mäusen mit transplantierter akuter lymphat. Leukämie nach subcutaner Injektion von *8-Azaguanin* [5-Amino-7-oxy-1 H-vic.-triazolo-(d)-pyrimidin] (I) bei einer Dosis von 75 mg/kg täglich. Etwas unterhalb der maximal verträglichen Dosis (600 mg/kg) zeigen die resistenten Zellen optimales Wachstum; sie bleiben gegen A-Methopterin oder 2.4.6-Triäthylenimino-symm.-triazin weiterhin empfindlich. Das morpholog. u. biol. Verh. der resistenten Zellen ist das gleiche wie das der nicht mit I behandelten: die Mäuse zeigen schwere Leukämie, Lymphknoteninfiltrate, Schädigungen der Milz u. Leber. Der Tod tritt bei Mäusen mit u. ohne Resistenzerscheinungen nach etwa der gleichen Zeit ein. (Proc. Soc. exp. Biol. Med. **78.** 499—502. Nov. 1951. Bethesda, Md., Nat. Cancer Inst.) REISS. 4160

A. Lacassagne, N. P. Buu-Hoï, R. Royer und **G. Rudali,** *Über die geschwulstbildende Wirkung verschiedener organischer Arsenderivate.* 180 Tage dauernde Tropfungsverss. (2 mal wöchentlich 1 Tropfen einer 0,3% ig. Lsg.) mit *10-Chlor-6.7-dimethyl-5.10-dihydro-1.2-benzophenarsazin* (I), *10-Chlor-6.7-dimethyl-5.10-dihydro-3.4-benzophenarsazin* (II) u. *10-Chlor-6.9-dimethyl-5.10-dihydro-3.4-benzophenarsazin* (III) bei Verwendung von je 10 Mäusen ergeben die folgenden Resultate: I völlig inakt., II bewirkt Haarausfall, III führt zur Bldg. von Papillomen, die jedoch nicht cancerisieren. (C. R. Séances Soc. Biol. Filiales **145.** 1451—53. Okt. 1951. Inst. du Radium, Labor. Pasteur.) REISS. 4160

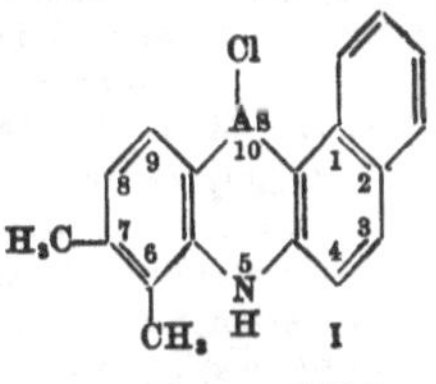

I

Udo Köhler, *Die analgetische Wirkung von Testosteron und Vitamin C.* Nach Verabreichung von *Testosteron* u. nachfolgender intravenöser Injektion von *Vitamin C* bei Frauen jenseits des Klimakteriums mit rheumat. Erkrankungen u. inoperablen Mammacarcinomen konnten Schmerzlinderung u. Besserung des Allgemeinbefindens beobachtet werden. (Therap. d. Gegenwart **92.** 350—51. Sept. 1953. Halle/Saale, Univ., I. Med. Klinik.) LEUSCHNER. 4160

David R. Weir und **William A. Morningstar,** *Die Wirkung des durch Desoxypyridoxin hervorgerufenen Pyridoxinmangels bei lymphatischer Leukämie Erwachsener.* 4 erwachsene Patienten mit akuter lymphat. Leukämie wurden durch große perorale Dosen von *Desoxypyridoxin* bei n. Kost in den Zustand des Pyridoxinmangels versetzt. Bei einem zeigte sich eine deutliche klin. Remission. Seborrhoische Dermatitiden, Degeneration der Nebennierenrinde u. nichtidentifizierte Kristalle in den Nierentubuli stehen möglicherweise mit der Therapie in Zusammenhang. (Blood **9.** 173—82. Febr. 1954. Cleveland, O., Crile Veterans Adm. Hosp., u. Western Res. Univ., School of Med., Inst. of Pathol.) LEUSCHNER. 4160

M. V. Tracey, Principles of biochemistry. London: Pitman. 1954. (IX + 194 S.) 20 s.

E₂. Enzymologie. Gärung.

Hartwig Dannenberg und **Manfred Kiese,** *Untersuchungen über Cytochrome.* 1. Mitt. *Die prosthetische Gruppe des sauerstoffübertragenden Ferments (Cytochromoxydase).* (Vgl. KIESE, C. **1953.** 5053.) Aus Rinderherzen wurden die in W. unlösl. Partikel, die neben dem sauerstoffübertragenden Ferment noch die *Cytochrome a, b* u. *c* enthalten, gewonnen u. in 2% ig. Cholatlsg. suspendiert. Durch fraktionierte Fällungen mit Ammonsulfat (175 g u. 125 g/Liter bei p_H 8,5) wurde das sauerstoffübertragende Ferment zusammen mit dem Cytochrom a von den anderen Cytochromen isoliert. Die prosthet. Gruppe beider Fermente wurde mit salzsaurem Aceton quantitativ abgespalten. Es wurde nur ein *Hämin* gefunden, das also beiden Fermenten zukommt. Als Schwermetall liegt nur *Eisen* vor. Die Banden des entsprechenden Pyridinhämochroms liegen bei 587 mμ u. 430 mμ. Das nach Abspaltung des Eisens erhaltene Porphyrin hat eine hohe SZ., ein Absorptionsspektr. vom Rhodotyp, die Banden liegen gegenüber dem Protoporphyrin nach Rot verlagert. Es enthält eine Carbonylgruppe (vermutlich Formylgruppe), ist jedoch nicht ident. mit einem der schon bekannten Formylporphyrine. Eine Reihe von opt. Daten des Porphyrins, seines Oxims u. Nitrils sowie

anderer hier interessierender Porphyrine wird gegeben. (Biochem. Z. **322**. 395—413. 1952. Kiel, Med. Klinik; Marburg/Lahn, Univ., Pharmakol. Inst.)
W. D. WEINMANN. 4210

Manfred Kiese und **Dankwart Reinwein**, *Untersuchungen über Cytochrome. 2. Mitt. Die Reaktion des in Cholatlösung isolierten sauerstoffübertragenden Ferments mit Cytochrom c und Sauerstoff.* (1. vgl. vorst. Ref.) Durch Behandeln der Partikel von Rinderherzmuskelzellen mit *Cholat* konnten das sauerstoffübertragende Ferment u. die Cytochrome herausgelöst werden. Die *Cytochrome b* u. *c* wurden durch fraktionierte Fällung mit Ammonsulfat abgetrennt. Die Rk. des Fermentes mit Cytochrom c (dargestellt nach der Meth. von KEILIN u. HARTREE aus Pferdeherz) u. Sauerstoff wurde bei 37° manometr. gemessen. Zur Red. des Cytochroms diente Hydrochinon. Die Geschwindigkeit dieser Rk. war in ähnlicher Weise von der Konz. des Cytochroms c abhängig wie bei dem im Partikel verankerten Ferment. Zunächst nimmt die Geschwindigkeit schnell zu u. ist in gewissen Bereichen dem log der Cytochromkonz. proportional, nähert sich dann aber einem Grenzwert. Die Konz., bei der die Reaktionsgeschwindigkeit auf die Hälfte des Maximalwertes abgesunken ist, wurde bestimmt. Ferner wurde gefunden, daß bei langsamer O_2-Aufnahme (durch geringe Konz. am sauerstoffübertragenden Ferment) die Reaktionsgeschwindigkeit bei 150—4 Torr Sauerstoffdrück gleich bleibt, erst bei 1,3 Torr ist sie auf die Hälfte abgesunken. Eine reversible Hemmung des sauerstoffübertragenden Ferments durch Cholat wurde festgestellt. Durch mehrfache Umfällung u. Verdünnung mit Phosphatlsg. wurde die Cholatkonz. auf 0,025 g/100 cm^3 herabgesetzt; aber auch Phosphat wirkt hemmend. (Biochem. Z. **324**. 51—59. 1953. Marburg/Lahn, Univ., Pharmakol. Inst.) W. D. WEINMANN. 4210

B. Leijnse und **W. Terpstra**, *Versuche über die Bildung von Carboxylase und Thiaminpyrophosphat in lebender Bäckerhefe.* Die Bldg. von *Carboxylase* (**I**) durch lebende Bäckerhefe wurde durch Incubation der frischen Hefe (Schütteln unter N_2, nicht streng anaerob, 27°, 4 Std.) in Ggw. von *Thiamin* (**II**) (6 γ/100 cm^3) oder *2-Methyl-4-amino-5-äthoxymethylpyrimidin* (**III**) (3 γ/100 cm^3), mit u. ohne Glucose (**IV**), nachgewiesen. **I** entsteht auch bei der Züchtung von Hefe mit $(NH_4)_2SO_4$ u. **IV**. In Ggw. von **IV** übertrifft die Wrkg. von **II** + $(NH_4)_2SO_4$ oder **III** + $(NH_4)_2SO_4$ die Wrkg. einer dieser Verbb. allein beträchtlich. Die **III**-Wrkg. beruht auf der prim. Bldg. von **II**-*Pyrophosphat.* (Biochim. biophysica Acta [Amsterdam] **7**. 574—77. Nov. 1951. Utrecht, Univ., Labor. of Physiol. Chem.) K. MAIER. 4210

B. N. Ghosh und **K. L. Battacharya**, *Die Anwesenheit eines Hemmungsfaktors für Brenztraubensäurehydrogenase in einigen Schlangengiften.* Die anaerobe Oxydation von *Na-Lactat* durch Gehirnzellen von Tauben wird von einigen Schlangengiften gehemmt, wenn Ferricyanid an Stelle von O_2 als Elektronenacceptor benutzt wird. Diese Hemmung wird durch den Einfl. des Giftes auf *Brenztraubensäureoxydase* hervorgerufen, die eine Anreicherung von Brenztraubensäure in der Zelle zur Folge hat. Durch Verss. konnte bewiesen werden, daß eine Beeinträchtigung anderer Enzyme durch das Gift nicht vorliegt. (Sci. and Cult. **18**. 253—54. Nov. 1952. Calcutta, Univ., Coll. of Sci.) ROSSOW. 4210

Th. Posternak und **J. P. Rosselet**, *Die Wirkung der Phosphoglucomutase des Muskels auf Aldose-1-phosphorsäuren. Die Umwandlung der Galaktose-1-phosphorsäure.* Die *Phosphoglucomutase* (**I**) aus Kaninchenmuskel wandelt *α-Galaktose-1-phosphorsäure* (**II**) in eine säurestabile Substanz um, die wahrscheinlich mit *Galaktose-6-phosphorsäure* ident. ist. Die Umwandlung erfordert die Ggw. von *α-Glucose-1.6-diphosphorsäure* (**III**) oder *α-Mannose-1.6-diphosphorsäure* (**IV**) als Coferment. Maximale Aktivierung erfolgt mit ca. 10^{-4} mol. Konz. von **III** oder **IV**. Gleiche **III**- u. **IV**-Konzz. hemmen die **I**-Wrkg. auf *Glucose-1-phosphorsäure* (**V**), während die maximale Aktivierung der *Mannose-1-phosphorsäure*-Umwandlung unter **I**-Wrkg. durch gleiche Cofermentkonzz. erzielt wird. Bei optimalen Cofermentkonzz. war unter den Versuchsbedingungen die **I**-Wrkg. auf **II** ca. 400fach langsamer als auf **V**. Vorläufige Verss. zeigten, daß die Wrkg. von Hefe-**I** auf **II** anscheinend noch viel langsamer verläuft. (Helv. chim. Acta **37**. 246—50. 1/2. 1954. Bâle, Univ., Inst. de Pharm.; Genève, Univ., Labor. de Chim. biol. et organ.) K. MAIER. 4210

E. Racker, G. de la Haba und **I. G. Leder**, *Die durch Transketolase katalysierte Verwertung von Fructose-6-phosphat und deren Bedeutung innerhalb eines Glucose-6-phosphatoxydationscyclus.* Krist. *Transketolase* (**I**), die *Ribulose-5-phosphat* (**II**) in *Triosephosphat* (**III**) u. „*akt. Glykolaldehyd*" (**IV**) spaltet, bildet auch aus *Fructose-6-phosphat* (**V**) **IV**, wobei Ggw. eines Acceptoraldehyds, wie *Glycerinaldehyd* (**VI**) oder *Ribose-5-phosphat* (**VIII**), erforderlich ist. In Ggw. von **I** wurden folgende Rkk. beobachtet: a) Verschwinden von **V** bei **VI**-Zusatz; b) **II**-Bldg. aus **V** u. *Glycerinaldehyd-*

3-phosphat (**IX**); c) Bldg. von *Heptulosephosphat* (**X**) aus **V** u. **VIII**; d) Bldg. eines Substrats für **IX**-*Dehydrogenase* aus **V** bei Zusatz eines Acceptoraldehyds (**VIII**). **I** katalysiert die **II**-Bldg. durch Kondensation von **III** u. „*akt. Aldehyd*" aus **V** oder *Oxypyruvat*. Die von **I** katalysierte *Heptulose*-Bldg. aus **V** u. **VIII**, wobei ein weiteres Reaktionsprod., vermutlich ein *Tetrosephosphat* (**XI**), entsteht, wird durch Zusatz von *Fructose-1.6-diphosphat* u. krist. *Aldolase* (**XII**; Kaninchenmuskel) aufs 3fache gesteigert. Dies beruht wahrscheinlich auf Kondensation von **XI** u. **III** zu *Heptulosediphosphat* durch **XII**. Für die Resynth. von **V** nach dessen Umwandlung in **II** u. **VIII** wird ein Schema vorgeschlagen, nach dem die $C_{(1,2,3)}$-Atome des durch Isomerisierung (*Phosphohexoisomerase*) von **V** entstandenen *Glucose-6-phosphats* zu CO_2 oxydiert u. $C_{(3,4,5)}$ in **III** umgewandelt werden. (Arch. Biochem. Biophysics **48**. 238—40. Jan. 1954. New Haven, Conn., Yale Univ., Dep. of Biochem.) K. MAIER. 4210

Arthur Stoll und **Ewald Seebeck**, *Über die Spezifität der Alliinase aus Allium sativum*. Aus Rettichsaft wurde ein krist. *Glucosid* erhalten, das mit *Sinigrosid* (**III**) aus weißem oder schwarzem Senf ident. war. *Alliinase* (**I**) kann von *Alliin* (**II**)-Derivv. nur solche spalten, die an Stelle des *Allyl*-Restes andere aliphat. Gruppen, wie Äthyl, Propyl oder Butyl, enthalten. Ferner ist die enzymat. Spaltbarkeit stark von der **II**-Konfiguration abhängig. Natürliches **II**, (+)-*S-Allyl-L-cysteinsulfoxyd*, wird von **I** optimal abgebaut, (—)-*S-Allyl-L-cystein* nur langsam gespalten, während die entsprechenden Derivv. des *D-Cysteins* überhaupt nicht angegriffen werden. **I** spaltet nur **II**, jedoch kein **III**, *Myrosinase* (aus schwarzem Senf) nur **III**, jedoch kein **II**. (C. R. hebd. Séances Acad. Sci. **232**. 1441—42. 9/4. 1951.) K. MAIER. 4210

S. Begović, S. Džinić, R. Košak und **P. Stern**, *Über die intercelluläre Cholinesterase*. Im Intercellularraum des Froschmuskels wurde *Pseudocholinesterase* (Pseudo-**I**) gefunden, die mit *Prostigmin* (**II**) hemmbar ist. Die echte **I** in den Muskelzellen selbst ist nicht durch die gleichen **II**-Dosen hemmbar. **II** u. andere **I**-Gifte bewirken infolge Hemmung der intercellulären **I** eine gesteigerte Empfindlichkeit der Organe gegenüber *Acetylcholin* (**III**). Hierdurch wird eine größere **III**-Anhäufung am Erfolgsorgan ermöglicht. Ohne echte **I** ist keine **III**-Wrkg. möglich. Die Pseudo-**I** des Serums u. der Intercellularräume ist am Wirkungsmechanismus von **III** im Sinne der Theorie von STRAUB-GREMELS nicht direkt beteiligt. Der Organismus reguliert anscheinend mit einem speziellen Mechanismus, d. h. mit Hilfe von Pseudo-**I** u. akt. Änderungen der Membranpermeabilität des Erfolgsorgans (Histamin, Sterine?), die nervöse Reizübertragung bzw. das Eindringen von **III** in die Zelle selbst. (Acta neurovegetat. [Wien] **3**. 551—58. 1951. Sarajevo, Univ., Pharmakol. Inst. Sep.) K. MAIER. 4210

Charles A. Zittle, Edward S. Della Monica und **Jonathan H. Custer**, *Reinigung der Acetylcholinesterase menschlicher roter Blutzellen*. Durch Extraktion mit hämolysierenden oberflächenakt. Lösungsmitteln u. anschließende sechsstufige Reinigung wurden Fermenttrockenpulver von 250facher Anreicherung erhalten. Der papierelektrophoret. bestimmte isoelektr. Punkt der *Acetylcholinesterase* liegt unter p_H 6,0. (Arch. Biochem. Biophysics **48**. 43—49. Jan. 1954. Philadelphia, Pa., Eastern Reg. Res. Labor.) M. W. ROTHE. 4210

Martin B. Mathews und **Albert Dorfman** *Wirkung von Hitze und p_H auf Hyaluronidase*. Teilweise (800 TRU/mg N) u. höher gereinigte (25000) Testes-*Hyaluronidase* (**I**) zeigte im Trübungsminderungstest nach 10 Min. bei 100° zwischen p_H 1 u. 3,5 eine Restaktivität (Ra.) von ca. 10%, bei höherem p_H wird sie völlig inaktiviert. Ra. ist bei Benutzung von Hyaluronsäuren u. Chondroitinschwefelsäure als Substrat gleich, womit die Identität der auf diese beiden Substrate wirkenden Fermente gesichert erscheint (im Gegensatz zu LILLIE u. Mitarbeiter, A. M. A. Arch. Pathol. **52**. [1953.] 1). Ra. nimmt bei längerem Stehen bei niederen Tempp. wieder zu, falls dazu das p_H auf 5—7 eingestellt wird. Alkal. inaktivierte **I** kann so nicht reaktiviert werden. Es wird ein hypothet. Reaktionsmechanismus diskutiert in Anlehnung an ähnliche Erfahrungen mit Cytochrom c, Ribonuclease, Insulin, Trypsin u. a. mehr. (J. biol. Chemistry **206**. 143—49. Jan. 1954. Chicago, Ill., Univ., Dep. of Pediatr. and Biochem., u. La Rabida Jadeson Park Sanitarium.) GIBIAN. 4210

O. Braun-Falco und **R. Geimer**, *Über den Einfluß von Hyaluronidase und Heparin auf experimentell erzeugte Hautblasen*. Subcutan u. intravenös gegebene *Hyaluronidase* fördert, *Heparin* dagegen mindert die Neigung zur Blasenbldg. nach Harnstoffinjektionen (den „Blasenschwellenwert" des Harnstoffs). Es wird der Zusammenhang zwischen Zustand der Bindegewebsgrundsubstanz u. der Festigkeit der Epidermis diskutiert, bes. im Hinblick auf Ätiologie u. Behandlungsmöglichkeit z. B. von Epidermolysis bullosa, exsudativen Dermatosen u. a. mehr. (Arch. Dermatologie Syphilis **197**. 42—50. 1953. Mainz, Univ., Hautklinik.) GIBIAN. 4210

T. W. Gorskaja-Ankudinowa, *Das Hyaluronidaseausscheidungsvermögen der Hautflora.* Die Hautflora gesunder u. früher nicht mit Hautkrankheiten behafteter Menschen enthält keine Streptokokken; unter den Staphylokokken (St.) überwiegen Saprophyten. Von 70 Stämmen zeigen nur zwei (von St. aureus) pathogene Eigg. (Ausscheidung von *Hyaluronidase* [I]), bei einem Stamm (St. albus) ist die I-Ausscheidung der einzige Hinweis auf Pathogenität; schwach positive u. unsichere MacKlin-Rk. findet sich bei 7 Stämmen von St. albus u. 1 Stamm von St. citreus, die neben geringer I-Ausscheidung auch Gelatine verflüssigen u. mit Blutagar Hämolyse ergeben. (Вестник Венерологии и Дерматологии [Nachr. Venerol. Dermatol.] **1953.** Nr. 6. 19–22. Nov./Dez. Kasan, Med. Inst., Dermato-Venerol. Klinik.) R. K. Müller. 4210

Yata Haneda und **E. Newton Harvey,** *Weitere Daten zur Adenosintriphosphat- und Luciferin–Luciferase-Reaktion verschiedener Leuchtorganismen.* Bei weiteren 20 Leuchtorganismen wurde die *Adenosintriphosphat* (I)-Rk. (**A**) u. die *Luciferin* (**IIa**)-*Luciferase* (**IIb**)-Rk. (**B**) untersucht. **A** ist positiv, wenn wieder Leuchten in einem Frisch- bzw. Seewasserextrakt luminescierender Zellen, deren Luminescenz abgeklungen ist, bei Zusatz von *Na*- oder *K*-I auftritt. **B** ist positiv, wenn im Dunkelextrakt leuchtenden Gewebes (**IIb**-haltig) bei Zusatz eines Heißwasserextraktes aus luminescierendem Gewebe (**IIa**-haltig) wieder Leuchten einsetzt. *Aequorea* sp., **A** —, **B** —, *A. aequorea,* —, fehlt, *Pelagia noctiluca,* —, —, *Obelia geniculata,* —, —, *Renilla kölliker*i, +, fehlt, *R. reniformis,* —, —, *Beroë cucumis,* —, —, *Pholas dactylus,* —, +, *Planaxis viratus,* —, —, *Chiroteuthis imperator,* —, —, *Watasenia scintillans,* —, —, *Calliteuthis* sp., —, —, *Cypridina noctiluca,* —, +, *Sergestes prehensilis,* —, —, *Heterocarpus sibogae,* —, +, *Luminodesmus sequoiae,* —, —, *Platyura fultoni,* —, —, *Phengodes plumosa,* —, fehlt, *Pyrosoma atlanticum,* —, —, *Diaphus* sp., —, —, *Polyipnus stereope* —, —. (Arch. Biochem. Biophysics **48.** 237–38. Jan. 1954. Tokyo, Japan, Jikeikai Coll.; Princeton, N. J., Univ., Dep. of Biol.) K. Maier. 4210

Je. W. Ssaposhnikowa und **A. Jussubow,** *Umwandlungen der Pektinstoffe bei der Lagerung von Äpfeln.* Lagerfähige (**a**) u. wenig lagerfähige (**b**) Äpfel wurden während der Lagerung bei 10–17° in bestimmten Zeitabständen auf lösl. *Pektin* (**I**) u. *Protopektin* (**II**) untersucht. Während bei (a) das Verhältnis **I**:**II** fast unverändert blieb, ging bei (b) **II** rasch in **I** über. Im Preßsaft von (b) beobachtete man eine rasche Zunahme der Viscosität u. der **I**-Menge, während bei (a) diese Werte sich wenig veränderten. Durch Verss. mit autolyt. Gemischen von 25 ml Preßsaft u. 10 g Fruchtfleisch bei natürlichem p_H u. bei p_H 6,0 durch Zusatz von **0,1** n NaOH wird gezeigt, daß die Lagerfähigkeit mit der verminderten hydrolyt. Aktivität der Fermente, vor allem der Fermente des **I**-Komplexes, zusammenhängt. (Доклады Академии Наук СССР [Ber. Akad. Wiss. UdSSR] [N. S.] **93.** 693–95. 1/12. 1953.) Lebtag. 4210

William Moses und **M. A. Joslyn,** *Die Äquivalenz von Thiamin und Pyridoxin bei einem Stamm von Saccharomyces cerevisiae.* 1. Mitt. *Wirkung auf Wachstum und Carboxylaseaktivität.* Es wird über vergleichende Unterss. der quantitativen Wrkg. von *Vitamin* B_1 u. B_6 auf die Wachstumsrate u. die *Carboxylase*-Aktivität von Brauhefe berichtet. Beide Vitamine sind für optimales Wachstum unbedingt notwendig. Die benutzte *Saccharomyces cerevisiae* (S. c.)-Kultur war nicht fähig, Pyrimidin in zu optimalem Wachstum nötigem Maße zu synthetisieren; das Bildungsvermögen für Thiazol (**I**) war vermindert. In einem Medium mit $(NH_4)_2SO_4$ als N-Quelle wächst S. c. schlecht, durch **I**-Zusatz tritt eine Wachstumssteigerung ein; es besteht also eine Beziehung zwischen **I**-Synth. u. exogener N-Quelle; die Zellenneubldg. ist abhängig vom Ausmaß der **I**-Synthese. *Thiamin* oder *Pyridoxin* dienen als funktionelle Substituenten füreinander, denn in Abwesenheit einer der beiden Verbb. bildet der Organismus die fehlende. Funktionelle Verminderung der Carboxylaseaktivität wurde durch Zugabe des Coenzyms aufgehoben (Kultur in Pyridoxin-Mangelmedium). Das Thiaminbildungsvermögen scheint eine Funktion des Pyridoxingeh. im Medium zu sein. (J. Bacteriol. **66.** 197–203. Aug. 1953. Berkeley, Calif, Univ. of California, Div. of Food Technol.) Goebel. 4270

William Moses und **M. A. Joslyn,** *Die Äquivalenz von Thiamin und Pyridoxin bei einem Stamm von Saccharomyces cerevisiae.* 2. Mitt. *Die Abnahme von Pyridoxin während des Wachstums und ihre Sparwirkung auf die Thiamintransaminaseaktivität.* (1. vgl. vorst. Ref.) Vff. machen Angaben über die Natur der Äquivalenz von *Thiamin* (**I**) u. *Pyridoxin* (**II**) bei Brauhefe. Trotz Anwesenheit optimaler **II**-Konzz. im Medium trat eine funktionelle Verminderung der *Transaminase*-Aktivität auf. Die **I**-Biosynth. ist eine Funktion des **II**-Geh.; für jedes gebildete Mol. **I** wird eine fortschreitend sich vergrößernde Menge **II** verbraucht. Bei der Synth. von **II** ist die gebildete **II**-Menge unabhängig vom I-Geh. des Mediums. Durch *Thiazol* (III) wird das Wachstum der Organismen in I-Mangelmedium etwas vermindert, während in I-haltigem Medium ohne II starke Wachstumsdepression beobachtet wurde. Uracil, Cytosin, Adenin u. Guanin haben keinen Einfl. auf die I-Bldg., Pyrimidin (IV) bewirkt Steigerung der I-Synth.; III+IV wirken fast ebenso auf die II-Bldg. wie I. — Diskussion der Ergebnisse, Kurven, Tabellen. (J. Bacteriol. **66.** 204—09. Aug. 1953.) GOEBEL. 4270

E_3. Mikrobiologie. Bakteriologie. Immunologie.

Kiyoshi Konno, *Stoffwechsel der Tuberkelbacillen. Untersuchung durch Analyse des Kulturfiltrates von Tuberkelbacillen.* Nach Züchtung humaner Tuberkelbacillen wurden im Kulturfiltrat *Gesamt-N* (I), *Amino-N* (II), *Glucose* (III), K, Mg, P u. S bestimmt. Der *Asparagin* (IV)-Geh. im Kulturmedium als Quelle für N variierte von 0,1—1,5%, der Geh. an anderen Stoffen wurde konstant gehalten. Angabe der Bestimmungsmethode. Das Bacillengew. stieg mit dem N-Geh. des Kulturmediums; aber Erhöhung des IV-Geh. über 0,5% blieb ohne Einfl. auf das Gew.; im Laufe von 30 Tagen war mit steigendem N-Geh. des Mediums ein Anstieg im I- u. II-Verbrauch festzustellen, darüber hinaus nicht; während bei III der Verbrauch noch nach 40 Tagen u. mehr Tagen zu beobachten war. Der Verbrauch pro mg getrockneter Bacillen ergab für P 20, K 10, S 5—7, Mg 1 μg, bei Erhöhung des IV-Geh. stieg ihr Verbrauch proportional, in allen Fällen wurde das Maximum nach 30 Tagen erreicht. (Sci. Rep. Res. Inst. Tôhoku Univ., Ser. C **5.** 83—92. Juni 1953. Sendai, Japan, Tôhoku Univ., Res. Inst. for Tuberculosis and Leprosy.) DOSSMANN. 4320

Francis W. Minor, Glenn A. Greathouse, Harold G. Shirk, Anthony M. Schwartz und **Milton Harris,** *Die Biosynthese spezifisch mit ^{14}C markierter Cellulose durch Acetobacter xylinum.* 1. Mitt. *Aus D-$^{14}C_{(1)}$-Glucose mit und ohne Äthanol. Acetobacter xylinum* synthetisiert aus *D-$^{14}C_{(1)}$-Glucose* (D-$^{14}C_{(1)}$-I) als alleiniger markierter *C*-Quelle spezif. mit ^{14}C markierte *Cellulose* (II). Bei Ggw. von A. im Nährmedium steigen Ausbeute u. die Menge des in II gefundenen ^{14}C an. Die Unters. der ^{14}C-Verteilung in D-I aus Hydrolysat der Bakterien-II ergab ca. 82% Aktivität in $C_{(1)}$, der aus D-$^{14}C_{(1)}$-I in alkoholfreiem Medium gebildeten II u. 70% bei Ggw. von Alkohol. Die restliche Aktivität war annähernd gleichmäßig zwischen $C_{(3)}$ u. $C_{(4)}$ verteilt. II wies eine geringere spezif. Radioaktivität auf als die eingesetzte D-$^{14}C_{(1)}$-I. Dies deutet darauf hin, daß die Hexoseeinheiten vor der II-Bldg., vermutlich in C_3-Zwischenstufen, gespalten werden. Bei dem untersuchten Bakterium stellt demnach einfache Polymerisation von D-I ohne vorhergehende *C*-Kettenspaltung nicht den einzigen Mechanismus der II-Biosynth. dar. Die spezif. Aktivität des gebildeten CO_2 war in der alkoholfreien Kultur prakt. gleich derjenigen der Substrat-I, d. h. alle 6 *C*-Atome von D-I wurden gleichmäßig in CO_2 übergeführt. (J. Amer. chem. Soc. **76.** 1658—61. 20/3. 1954. Washington, D. C., Harvis Res. Labors.) K. MAIER. 4320

Jean Lavollay und **Joseph Neumann,** *Die Toxizität von p-Amino- und p-Oxyacetophenon gegenüber Aspergillus niger. Spezifität der antitoxischen Wirkung der p-Amino- und p-Oxybenzoesäure.* Der Schimmelpilz *A. niger* wurde in Ggw. steigender Konzz. von *p-Aminobenzoesäure* (I), *p-Aminoacetophenon* (II) oder I+II auf RAULIN-JAVILLIER-Lsg. bei 34° 48—97 Std. gezüchtet. Die depressive Wrkg. von 5—10 mg II/100 cm³ auf das Mycelwachstum wurde durch 0,5—1 mg I unterdrückt. 80—168 mg/100 cm³ II hemmten das Wachstum vollständig, jedoch konnte dieser Effekt durch 1—40 mg I/100 cm³ kompensiert werden. Mehr als 40 mg I/100 cm³ wirkten toxisch. Die vollständige Wachstumshemmung durch massive II-Dosen (210 mg/100 cm³) war durch I nicht mehr aufhebbar. I besaß keine antagonist. Wrkg. gegenüber *p-Oxyacetophenon* (III), das mit >120 mg/100 cm³ jedes Wachstum unterdrückt. Die vollständige Hemmung durch III (136 mg/100 cm³) war durch *p-Oxybenzoesäure* (IV) (5,52 mg) aufhebbar. Die Entw. betrug dann ca. 50% derjenigen der Kontrolle. Bei bestimmten IV-Konzz. (>11,04 mg/100 cm³) störte die Eigentoxizität von IV u. addierte sich der von III. IV war auf den tox. Effekt von II ohne Einfluß. Eine entgiftende Wrkg. beider substituierter Benzoesäuren auf die tox. substituierten Acetophenone besteht nur dann, wenn beide Moll. in 4-Stellung den gleichen Substituenten tragen. (C. R. hebd. Séances Acad. Sci. **232.** 758—60. 19/2. 1951.) K. MAIER. 4330

Joseph Thibaut, *Die Empfindlichkeit der Corynebakterien gegenüber 2.3.5-Triphenyltetrazoliumchlorid.* Die Unters. der Empfindlichkeit gegenüber *2.3.5-Triphenyltetrazoliumchlorid* (I) bestätigt die Homogenität der *gravis*-(I-Hemmkonz. ca. 6,25 γ/cm³) u. die größere Heterogenität der *mitis*-Gruppe (I-Hemmkonz. ca. 1,5 γ/cm³) von *Corynebacterium diphtheriae.* Wie die *Streptomycin*-Empfindlichkeit macht auch das Verh. gegenüber I eine Trennung von *Corynebacterium asperum* (I-Hemmkonz. 1,5 bis

25 γ/cm³, Mittelwert 6 γ) u. *C. asperum-flavum* (I-Hemmkonz. 1,5—6 γ/cm³) in 2 Spezies notwendig. Das gleiche gilt, wie auch die unterschiedliche *Penicillin*-Empfindlichkeit zeigt, für *C. fermentans* (durchschnittliche I-Hemmkonz. 12,5 γ/cm³) u. *C. pseudodiphtheriticum* (I-empfindlicher), die bislang auf Grund der Kohlenhydratvergärung unterschieden wurden. Dagegen erlaubt das Kriterium der Hemmbarkeit durch I keine Aufteilung von *C. fermentans* auf Grund der Pigmentbldg., da zwischen dieser u. der Hemmung durch I keine Beziehung feststellbar war. (C. R. Séances Soc. Biol. Filiales **145.** 159—61. Jan. 1951. Liège, Labor. de Microbiol. générale du C. R. P. A. u. Inst. provincial E. Malvoz, Service de Bactériol.) K. MAIER. 4330

W. I. Waschkow und **A. K. Asstafjewa**, *Virulicide und bakterizide Eigenschaften einiger chemischer Präparate.* Es wurde die desinfizierende Wrkg. von *Milchsäure* (I), *Resorcin* (II), *Hexylresorcin* (III), *Pyrogallol* (IV), *Glycerin* (V), *DDT* (VI) u. *Tannenöl* (VII) auf Grippevirus u. Staphylococcus albus an Mäusen untersucht. Die sofortige Wrkg. war tödlich (in % der Fälle) für Viren: I: 54,2; II: 5; III: 26,2; IV: 17,5; V: 30; VI: 25; VII: 75; für Staphylococcus (nach 10 Min.): I: 99,2; II: 99,7; III: 99,4; IV: 99; V keine Angaben; VI: 93; VII: 97. Später in die Kammer eingebrachte Mäuse überlebten besser. Verss. ohne Viren oder Staphylokokken ergaben, daß alle Versuchsstoffe an Mäusen tox. Wrkg. zeigten (am stärksten III, am schwächsten V) jedoch erst in 80—430 mal höherer Konz. als die baktericiden. (Гигиена и Санитария [Hyg. u. Sanitätswes.] **1953.** Nr. 7. 48—49. Juli. Zentr. Wiss. Forschungs-Inst. für Desinfektion des Gesundheitsminist. der UdSSR.) v. WILPERT. 4330

D. G. Hessayon, *Fungitoxine im Boden.* 1. Mitt. *Geschichtliches.* Überblick über Stoffe im Boden, die auf Mikroorganismen (Bakterien, Fungi) tox. wirken. — 69 Literaturangaben. (Soil Sci. **75.** 317—27. April 1953. Manchester, Univ.) KNÖPKE. 4330

François Jacob, *Experimentelle Unterdrückung des Bakterienwachstums während der Bakteriophagenentwicklung bei Pseudomonas pyocyanea.* Das Wachstum von *P. pyocyanea* kann bei lysogenen Stämmen (z. B. Stamm *13/8 A*) nach der Induzierung u. bei infizierten phagenempfindlichen (z. B. Stamm *13*) während der Entw. der Bakteriophagen durch Einschränkung des Nahrungs-*C* unterdrückt werden. *13* u. *13/8 A* verwerten nur *Glucose* (I). Durch Zusatz überschüssiger *Lactose* u. abgestufter Mengen *β-Galaktosidase* (II) wird I mit einer der II-Konz. proportionalen Geschwindigkeit freigemacht. Bei bestimmten, sehr kleinen II-Konzz. (ca. $^1/_5$ der für n. Entw. erforderlichen) ruht das Bakterienwachstum, während die Kontrollen noch meßbares Wachstum zeigen. Die frei werdende I wird ausschließlich für Entw. des Phagen verbraucht. Weitere Verminderung der II-Konz. beeinflußt die Phagenausbeute nicht, jedoch nehmen Latenzphase u. Lysedauer mit abnehmender *C*-Quelle zu. Die zur Phagenentw. benötigte Gesamtmenge I bleibt gleich u. beträgt je Bakterium (von *13/8 A*) $4 \cdot 10^9$ Moll. I. Zur Verdoppelung eines Bakteriums sind $2 \cdot 10^{10}$ I-Moll. erforderlich. (C. R. hebd. Séances Acad. Sci. **232.** 1605—07. 23/4. 1951.) K. MAIER. 4331

Fred V. Soltero und **Marvin J. Johnson**, *Die Wirkung des Kohlenhydratnährfaktors auf die Penicillinproduktion des Penicillium chrysogenum Q-176.* Der *Penicillin*-Ertrag bei Schüttelkulturen (synth. Nährlsg. üblicher Zus. mit 1% Glucose) ist bei intermittiertem Zusatz (5 g/Liter/12 Std.) von *Glucose, Galaktose, Saccharose* oder Stärke gleich hoch u. bei *l-Sorbose* u. *d-Xylose* etwas höher als bei der *Lactose*-Kontrolle. — Optimale Ausbeute bei einer Glucoserate von 0,030% pro Std. u. bei einer Saccharoserate von 0,036% pro Stunde. (Appl. Microbiol. **1.** 52—57. Jan. 1953. Madison, Wisc., Univ., Coll. of Agricultur.) J. KEIL. 4340

B. Fogh, *Wirkung von kombinierten Antibioticis auf Salmonella typhimurium.* Kombinationen von *Penicillin* (I), *Streptomycin* (II), *Chloromycin* (III), *Terramycin* (IV) u. *Sulfathiazol* (V) wurden gegen Salmonella typhimurium in fl. Medien auf ihre synergist. (s.) u. antagonist. (a.) Wrkg. geprüft. I+V: s.; II+V: s.; III+V: a., bei niedriger III-Konz.: s.; IV+V: a., die V-Wrkg. tritt wenig in Erscheinung; I+II: s.; I+III: a., bei niedriger III-Konz.: s.; I+IV: nur bei geringer IV-Konz.: s., I-Wrkg. wird gehemmt, IV-Wrkg. überwiegt; II+III: hohe II-Konzz. kommen nicht zur Wrkg., sonst: s.; II+IV: hohe II-Konzz. kommen nicht zur Wrkg., sonst: s.; III+IV: synergistisch. Aus den Verss. geht hervor, daß eine gegenseitige steigernde oder mindernde Aktivität auch von Konzz. abhängig ist. (Acta pathol. microbiol. scand. **31.** 481—91. 1952. Copenhagen, Univ., Inst. of General Pathology.) GERDA SCHULZE. 4340

R. Linz und **E. Lecocq**, *Die Entwicklung von Gemischen streptomycinempfindlicher und -resistenter Bakterien (Welschsches Phänomen).* Das WELSCHsche Phänomen, wonach in einem Gemisch aus *Streptomycin* (I)-empfindlichen u. I-resistenten Zellen von *Staph. aureus, Oxford*-Stamm *H*, bei mehrmaliger Passage in fl., I-freiem Nährmedium der Anteil der resistenten Keime auf die n. Häufigkeit im I-empfindlichen Stamm absinkt, wurde auch bei einem anderen *Staph. aureus*-Stamm (*J. B.*) sowie bei *Esch. coli* (Stamm *φS* u. resistente Variante) u. *Ps. aeruginosa* (Stamm *R* u. resistente Variante)-Stämmen festgestellt u. hat demnach anscheinend allg. Bedeutung. Die Erscheinung ist bei Gemischen empfindlicher u. resistenter Zellen verschied. Stämme einer Bakterienspezies nicht immer zu beobachten. Das Welschsche Phänomen tritt sowohl in fl. wie auf Agarkultur auf. (C. R. Séances Soc. Biol. Filiales **145**. 143—46. Jan. 1951. Bruxelles, Univ. libre, Labor. de Bactériol., u. Hôpital univers. Labor. de Biol. clin.) K. Maier. 4340

Emanuel Wolinsky und **William Steenken jr.**, *Unregelmäßiges Auftreten von chemoresistenten Tuberkelbazillenstämmen bei mit Streptomycin und p-Aminosalicylsäure behandelten Versuchstieren.* Vff. berichten über die Empfindlichkeit verschied. Tuberkelstämme, die nach längerer Behandlung mit *Streptomycin* (I) u. *p-Aminosalicylsäure* (II) aus Meerschweinchen, Mäusen u. Kaninchen isoliert wurden. Kombinierte Behandlung mit I+II hat je nach Versuchstier eine andere Wrkg. auf die Bldg. von Resistenz; die an Tieren gefundenen Ergebnisse lassen sich also keinesfalls auf den Menschen übertragen. Bei den vorst. Versuchstieren konnte Resistenzbldg. bei Tuberkelbazillen nur in geringem Maße beobachtet werden. (J. Bacteriol. **66**. 229—37. Aug. 1953. Trudeau, N. Y., Trudeau Labor. of the Trudeau Found. for Clin. and Exp. Study of Pulmonary Disease.) Goebel. 4340

K. V. Rao und **W. H. Peterson**, *Xanthomycin A. Herstellung, Isolierung und Eigenschaften. Xanthomycin*, ein Gemisch von mindestens 2 antibiot. wirksamen Komponenten *A* (I) u. *B* (II), wurde in maximaler Ausbeute (38—45 γ/cm³) durch 24 std. Züchtung einer *Streptomyces*-Spezies (*S-94*) bei 30° in Submerskultur (30—190 Liter) erhalten. Die Abtrennung von I, der der Hauptanteil der Aktivität zukommt, erfolgte durch 2 malige Gegenstromverteilung zwischen Chlf. u. 0,5 mol. Citratpuffer bei p_H 4,2. I erleidet unter den hierbei angewandten Bedingungen stets eine gewisse Umwandlung in II oder ähnliche Substanzen. I ist eine tieforangerote, bitter schmeckende, bas. Substanz, deren saure Lsg. hellgelb u. deren alkal. tiefrosa ist. Die Färbung der letzteren schlägt beim Stehen an der Luft irreversibel nach hellgelb um. I enthält eine CH_3O-, eine CH_3N-Gruppe, 2 endständige CH_3-Gruppen u. 1 akt. *H*-Atom. Das I-*Hydrochlorid* hat die Zus. $C_{23}H_{29-31}O_7N_3 \cdot 2\,HCl$. I enthält 2 schwach bas. Gruppen.

V e r s u c h e : *Xanthomycin A-dihydrochlorid*, $C_{23}H_{29-31}O_7N_3 \cdot 2\,HCl$; I in absol. A. lösen, mit alkoh. HCl-Lsg. behandeln, im Vakuum eindampfen, aus absol. A.-Äthylacetat (3:1) umkrist.; orangegelbe, rechteckige Platten, $[\alpha]_D^{25}$ 115° (c 0,4, W.), λ_{max} 265 u. 345 mμ (0,1 n HCl). — *Freie Base*, $C_{23}H_{29-31}O_7N_3$; Reinigung durch Fällung der Chloroformlsg. mit Ae.; amorph, λ_{max} 288 u. 460 mμ (abs. A.) (J. Amer. chem. Soc. **76**. 1335—38. 5/3. 1954. Madison, Univ. of Wisconsin, Dep. of Biochem.) K. Maier. 4340

K. V. Rao und **W. H. Peterson**, *Xanthomycin A. Chinoides Verhalten.* (Vgl. vorst. Ref.) *Xanthomycin A* (I) hat chinoide Eigg.: SO_2, $SnCl_2$ u. $TiCl_3$ red. zum instabilen *Dihydroxanthomycin A* (II), das als Sulfat isolierbar ist. In Ggw. von Adams-Kontakt nimmt I 2 Moll. H_2 unter Bldg. von *Tetrahydroxanthomycin A* (III) auf, das durch $Ce(SO_4)_2$, unter Aufnahme von 1 Mol O_2, leicht zu *Isodihydroxanthomycin A* (IV) oxydiert wird. Nach diesen Befunden besitzt I 2 ungesätt. Gruppierungen, deren eine durch katalyt. Hydrierung irreversibel red. wird, während die andere ein reversibel reduzierbares u. oxydierbares chinoides Syst. darstellt. Das Acetylderiv. von III bildet ein instabiles, krist. Chloroplatinat. Der entsprechende Dimethyläther, *Methyltetrahydroxanthomycin A*, wurde als stabiles Chloroplatinat isoliert. Die Redoxpotentiale von I—II u. III—IV (643 bzw. 633 mV) sprechen für das Vorliegen einer Benzochinonstruktur.

V e r s u c h e : *Dihydroxanthomycin A-Sulfat*, $C_{23}H_{31-33}O_7N_3 \cdot H_2SO_4$; durch Lsg. von I (50 mg) in W. (0,5 cm³) 5 Min. SO_2 leiten (orangerot → hellgelb), im Vakuum unter Luftausschluß eindampfen, Rückstand mit absol. A. verreiben, nach Filtrieren in CH_3OH lösen u. mit A. fällen; hellgelbes, mikrokrist. Pulver. — *Tetrahydroxanthomycin A-dihydrochlorid*, $C_{23}H_{33-35}O_7N_3 \cdot 2\,HCl$; I·2 HCl (50 mg) in A. lösen u. in Ggw. von Adams PtO_2-Kontakt u. H_2 1 Std. rühren, etwas festes CO_2 zugeben, wasserfreien Ae. bis zur Trübung zusetzen, durch Asbest in CO_2-Atmosphäre filtrieren, mit absol. A.-Ae. (4:1) waschen, Filtrat mit überschüssigem Ae. fällen; amorpher, farbloser Niederschlag. — *Isodihydroxanthomycin A-dihydrochlorid*, $C_{23}H_{31-33}O_7N_3 \cdot 2\,HCl$; Lsg. von I in Äthylacetat katalyt. hydrieren (Aufnahme 2 Moll. H_2), Filtrat mit Luft schütteln, schwerlösl., orangerotes Pulver, Überführung durch äthanol. HCl in das Hydrochlorid, Fällung mit Äthylacetat; gelbes, amorphes Pulver, in saurer Lsg. hellgelb, in alkal. rosa. — *Acetyltetrahydroxanthomycin A·Chloroplatinat*, $C_{23}H_{29-31}O_7N_3(CH_3CO)_4 \cdot H_2PtCl_6$, F. >300° (Zers.); I-Hydrochlorid (100 mg) in Eisessig–Acetanhydrid (1 cm³

+ 5 cm³) mit ADAMs PtO_2-Katalysator (50 mg) hydrieren, 2 Std. bei Raumtemp. u. 4 Std. bei 70—80° rühren, Filtrateindampfrückstand in das Chloroplatinat überführen; hellgelbe, schmale, rechteckige Platten. *Hydrochlorid*, farbloses, amorphes Pulver; beim Schütteln der alkal. Lsg. Rosafärbung. — ***Methyltetrahydroxanthomycin A*** · *Chloroplatinat*, $C_{25}H_{37-39}O_7N_3 \cdot H_2PtCl_6$; I-Hydrochlorid (0,5 g) in A. mit PtO_2 (300 mg) hydrieren, $(CH_3)_2SO_4$ (2 cm³) u. gepulvertes K_2CO_3 (5 g) zugeben, in Ggw. von H_2 12 Std. rühren, nochmals PtO_2 (200 mg), $(CH_3)_2SO_4$ (2 cm³) u. K_2CO_3 (4 g) zugeben, 12 Std. rühren, aus Filtrateindampfrückstand Methyläther (hellgraues, amorphes Pulver) mit Chlf. isolieren u. in das Chloroplatinat überführen; hellgelbes, mikrokrist. Pulver. *Dihydrochlorid*, $C_{25}H_{37-39}O_7N_3 \cdot 2HCl$; amorphes Pulver. (J. Amer. chem. Soc. **76.** 1338—40. 5/3. 1954. Madison, Univ. of Wisconsin, Dep. of Biochem.)
K. MAIER. 4340

Maurice Welsch, *Über die Bestimmung des Aureomycins.* Bei der Best. von *Aureomycin* (I) nach der Reihenverdünnungsmeth. mit *Staphylococcus aureus* (Stamm *H*) als Testobjekt wurde beobachtet, daß nach längerer Inkubation (37°) auch die Röhrchen mit höheren Konzz. sukzessive wieder Wachstum zeigen, d. h. der antibiot. Effekt von I verschwindet. In Verdünnungen von Serum I-behandelten Patienten erfolgt die Selbstzersetzung von I anscheinend langsamer als in I-Lsgg. (Bouillon), d. h. die wirksame Minimalkonz. von I, die eine 24 Std.-Sterilität einer Kultur ermöglicht, ist nicht mit der hierzu erforderlichen I-Minimalkonz. in reiner I-Verdünnungen identisch. Die Schutzwrkg. von Serum auf I ist kein in vitro-Effekt, da in n. Pferdeserum gelöstes u. mit Bouillon verd. I die gleiche Selbstzers. erleidet. Der beobachtete Effekt beruht vielleicht darauf, daß I nach Passieren des Verdauungstraktes u. des Kreislaufes eine Veränderung erfahren hat oder in vivo eine neue antibakterielle Wrkg. entfaltet, die die ursprüngliche verstärkt. Die beschriebene Erscheinung tritt bei Verwendung von *Proteus vulgaris OX 19* in weit schwächerem Maße auf. Dieser Testorganismus ermöglicht bei Verwendung großer Impfmengen eine schnelle I-Best. nach der Meth. der Reihenverd. (37°, 2 Std., Nachweisgrenze 0,16 γ I/cm³). (C. R. Séances Soc. Biol. Filiales **145.** 162—64. Jan. 1951. Liège, Univ. et Labor. de Microbiol. du C. R. P. A.)
K. MAIER. 4340

Claes Weibull, *Beobachtungen bei der Färbung von Bacillus mageterium mit Triphenyltetrazolium.* Vf. zeigt, daß die neugefärbten Granula, die bei der Behandlung von *Bacillus megaterium* mit *Triphenyltetrazolium* erhalten werden, keine sicheren Rückschlüsse auf die Reduktionszentren in diesem Bakterium zulassen. (J. Bacteriol. **66.** 137—39. Aug. 1953. Berkeley, Calif., Univ. of California, Dep. of Bacteriol. u. Virus-Labor.)
GOEBEL. 4350

Lowell A. Rantz, Joseph M. Di Caprio und **Elizabeth Randall,** *Antistreptolysin O und Antihyaluronidasetiter während Gesundheit und verschiedener Krankheiten.* Die höchsten Werte für den *Antistreptolysin* O (I)- u. *Antistreptokokkenhyaluronidase* (II)-Titer fanden sich bei Gesunden im späten Kindesalter, bei Kranken (entweder I oder II oder I u. II) mit akuten rheumat. Fieber, Erythema nodosum, akuter Glomerulonephritis, Purpura SCHÖNLEIN-HENOCH u. bei einigen Fällen von rheumat. fieberhafter Arthritis u. Periarthritis nodosa. Patienten mit nephrot. Syndrom wiesen auffällig niedrige Titerwerte auf. (Amer. J. med. Sci. **224.** 194—200. Aug. 1952. San Francisco, Calif., Stanford Univ., School of Med., Dep. of Med.)
SCHWEIGER. 4370

N. Ss. Kljatschko, *Materialien zur Charakteristik des Virus der Parotitis epidemica.* Durch intraamniot. Infektion von Hühnerembryonen mit Schleim bzw. Liquor werden 10 Stämme des Virus der Parotitis epidemica isoliert. Die Antigenstruktur dieser u. anderer Stämme ist weitgehend die gleiche. Charakterist. ist, daß sie unter optimalen Bedingungen an Erythrocyten von Huhn, Schwein u. Mensch nicht adsorbiert werden, wohl aber an Hammelerythrocyten. Bis zum 4. Inkubationstag ist das Virus kaum nachweisbar, am 7. Tag wird das Maximum erreicht, vom 10. Tag an erfolgt Abklingen. Die größte Menge findet sich im Fruchtwasser u. im Embryo selbst. Die Vermehrung erfolgt vor allem in den Zellen der Eihaut u. der Embryonen. Schwierig u. unregelmäßig ist die Adaptation an die Allantoishaut. (Журнал Микробиологии, Эпидемиологии и Иммунобиологии [J. Mikrobiol., Epidemiol., Immunobiol.] **1953.** Nr. 12. 50—55. Dez. Pasteur-Inst., Abt. für Virusologie.)
R. K. MÜLLER. 4374

John A. Ulrich und **Thomas B. Fitzpatrick,** *Reversible Hemmung des Wachstums von Microsporum audouini durch Neopyrithiamin. Neopyrithiamin* (I), ein Antimetabolit des *Thiamins* (II), hemmt auf festen Nährböden in sehr niedrigen Konzz. (0,8 γ/cm³) das Wachstum des pathogenen Hautpilzes *Microsporum audouini.* Die Hemmung ist durch Spuren von II (0,008 γ/cm³) aufhebbar. In fl. Medium ist die Hemmwrkg. von I weniger ausgeprägt. Möglicherweise kann I allein oder in Kombination mit anderen

Mitteln oder Vitaminantagonisten zur Behandlung der durch den Pilz verursachten Haarinfektion (Mikrosporie) herangezogen werden. (Proc. Soc. exp. Biol. Med. **76.** 346–49. Febr. 1951. Mayo Clin., Sect. of Bacteriol., and Mayo Foundation.) K. Maier. 4380

E_4. Pflanzenchemie. Pflanzenphysiologie. Pflanzenpathologie.

T. L. Petrischin und **Ss. P. Landau,** *Zur Frage des Einflusses des kurzwelligen Teiles des Sonnenspektrums auf Pflanzen.* Verss. über den Einfl. der UV-Strahlen 290–400 mμ auf die physiol. Vorgänge in etiolierten Haferkeimlingen u. Rübenpflanzen ergaben, daß die UV-Strahlen durch die Blattepidermis dringen. Die Strahlen >290 mμ zeigen keine, die Strahlen <290 mμ eine stark schädigende Wrkg. auf das Pflanzengewebe. (Известия Академии Наук СССР, Серия Биологическая [Nachr. Akad. Wiss. UdSSR, biol. Ser.] **1953.** Nr. 6. 79–89. Nov./Dez.) Lebtag. 4404

A. A. Gurewitsch, *Eine photochemische Methode der vergleichenden Phytoaktinometrie.* Theoret. Betrachtungen über die vom Vf. (Доклады Академии Наук СССР [Ber. Akad. Wiss. UdSSR] [N. S.] **59.** [1948.] 937) beschriebene Phytoaktinometrie, bei welcher die H-Redoxübertragung von Phenylhydrazin auf o-Dinitrobenzol in der durch Chlorophyll in alkoh. Lsg. photosensibilisierten Rk. von einer Gelbfärbung begleitet ist, die in alkal. Lsg. in Rot, in W. in Violett übergeht. Bei der vergleichenden Best. der Lichtstärke nach diesem u. dem luxometr. Verf. betragen die Abweichungen höchstens 25%. (Доклады Академии Наук СССР [Ber. Akad. Wiss. UdSSR] [N. S.] **91.** Nr. 5. 1221–23. 11/8. 1953. Moskau, Landw. Timirjasew-Akad.) Lebtag. 4404

G. T. Okita, F. E. Kelsey, E. J. Walaszek und **E. M. K. Geiling,** *Biosynthese und Isolierung von ^{14}C-markiertem Digitoxin.* Es wird eine Meth. zur Biosynth. u. Isolierung von *^{14}C-markiertem Digitoxin* (I) aus *Digitalis purpurea L.* beschrieben. Dazu werden die Pflanzen in einer Atmosphäre aus CO_2 u. $^{14}CO_2$ (4,2 mc ^{14}C pro Pflanze in 5 Dosen) gezogen u. die getrockneten u. gemahlenen Blätter mit Chlf. extrahiert. Der Extrakt wird zwischen CCl_4 u. A.–W. verteilt u. der CCl_4-Extrakt an Al_2O_3 bzw. DeCalso chromatograph. gereinigt, anschließend Chromatographie des Digitonids. Ausbeute 0,04% I vom F. 255,5–256° (rechteckige Tafeln aus wss. A.); spez. Aktivität 0,26–0,54 μc/mg. Die Papierchromatographie von I unter Verwendung von CCl_4–95%ig. A.–dest. W. (1:1:1) zeigte einen R_F-Wert von ca. 0,65. Die mit $^{14}CO_2$ behandelten Pflanzen hatten gegenüber Kontrollpflanzen kein vermindertes Wachstum, jedoch zeigten die Blätter histolog. Veränderungen. (J. Pharmacol. exp. Therapeut. **110.** 244–50. Febr. 1954. Chicago, Ill., Univ. of Chicago, Dep. of Pharmacol.) H.-J. Koch. 4420

H. Kumar und **J. P. Srivastava,** *Toleranz verschiedener Nutzpflanzen und Samen für verschiedene H-Ion-Konzentrationen.* Die Verss. wurden durchgeführt in Lsgg. von p_H 4–10. Hierbei keimten Weizen, Gerste, Hafer, Hülsenfrüchte u. Safflor am besten bei p_H 4–5, Lein u. Flaschenkürbis bei p_H 7, Wundklee bei p_H 6, Reis- u. Zuckerrohrsaat bei p_H 8. Bei Heraufgehen auf p_H 10 traten mit Ausnahme von Hafer u. Wundkraut in fast allen Fällen starke Schädigungen auf. (Indian J. agric. Sci. **21.** 39–44. März 1951. Banares, Banares Hindu Univ., College of Agric.) Grimme. 4455

W. A. Brilliant und **T. A. Krupnikowa,** *Über den verschiedenen Verlauf der Dunkelreaktionen der Photosynthese.* Werden die Blätter u. Triebe von Potamogeton perfoliatus L, Callitriche Verna L, C. autumnalis L, Ceratophylum demersum L u. Elodea canadensis Rich. nach gravimetr. festgestelltem Wasserverlust an der Luft oder über konz. H_2SO_4 u. Verweilen in W. bei Belichtung mit 0,011 Sek. (a) oder 0,085 Sek. Dunkelintervall (b) auf Photosynth. u. Atmungsintensität untersucht, so wird bei (a) im Vgl. zur Kontrolle bei jedem Wasserverlust die Photosynth. etwas vermindert, die Atmung schwach intensiviert. Bei b-Belichtung ist bei 4–5% Wasserverlust die Photosynth. erhöht, bei 20–33% Wasserverlust stark vermindert, sonst bald erhöht, bald vermindert. Werden die genannten Blätter u. Triebe 16 Std. bei 8° gehalten, so ist die bei 11–13° bestimmte Photosynth. bei a-Belichtung gegenüber der Kontrolle vermindert, bei b-Belichtung bald erhöht, bald vermindert. Die Atmungsintensität ist bei (a) hierbei vermindert. Diese Ergebnisse u. die früher von Vff. (vgl. C. **1953.** 4389) nachgewiesene Intensivierung der Photosynth. durch KCN werden damit erklärt, daß die verminderte Geschwindigkeit der enzymat. Rk. im Vgl. zur Kontrolle eine bessere Ausnutzung des Hell–Dunkelwechsels sichert, da die Rückumwandlung der Syntheseprodd. bei b-Belichtung verzögert wird. Bei a-Belichtung wird die Photosynth. durch Beeinflussung der Fermentaktivität vermindert. (Доклады Академии Наук СССР [Ber. Akad. Wiss. UdSSR] [N. S.] **86.** 1223–26. 21/10. 1952. Bot. Garten der Akad. der Wiss. der UdSSR.) Lebtag. 4460

A. A. Krassnowski und **K. K. Woinowskaja,** *Die Teilnahme von Bakteriochlorophyll und Chlorophyll an der photochemischen Übertragung des Wasserstoffes in Lösung.* Untersucht wurden die durch *Bakteriochlorophyll* (**I**), *Chlorophyll a* (**II**) u. die entsprechenden *Phäophytine* sensibilisierten photochem. Oxydoreduktionsreaktionen. Als reduzierende Stoffe dienten Ascorbinsäure (**III**), Na_2S (**IV**), als H-Acceptor Riboflavin (**V**), Diphosphopyridinnucleotid (**VI**) u. Safranin T. Die Verss. erfolgten in A. u. Pyridin mit 15% Wasser. Sie ergaben, daß **I**, **II**, Bakteriophäophytin u. Phäophytin a in der Lsg. die mit einer H-Überführung zusammenhängenden Oxydoreduktions-Rkk. sensibilisieren. Das ähnliche Verh. von **I** u. **II** berechtigt zur Annahme, daß auch bei **I** der Prozeß in 2 Stufen verläuft. Bei der Photored. von **I** verläuft die rückwärtige Rk. so rasch, daß die Spektraleigg. des Photoprod. nicht untersucht werden können. Die sensibilisierte Red. von **V** durch **III** verläuft in folgenden 2 Stufen: $Xr + AH \rightarrow XH + A$ (Photostufe); $XH + R \rightarrow X + RH$ (Dunkelstufe) usw., wo Xr das photoreduzierte biradikale, langlebige Pigment-Mol., AH Ascorbinsäure u. R Riboflavin bedeuten. Mit **IV** verlaufen folgende Rkk.: $Xr + SH \rightarrow X^- + SH$; $X^- + H^+ \rightarrow XH$; $2\,SH \rightarrow H_2S + S$ usw. Auf Grund der Versuchsergebnisse ist folgende Überführung des H (Elektrons) denkbar: H-Donator $\rightarrow \Phi \rightarrow I \rightarrow \Phi' \rightarrow$ Red. von CO_2. Hier bedeutet Φ ein Ferment- oder Redoxyhilfssyst., das den H (das Elektron) überträgt. Die Energie des aufgenommenen Lichtquantes verteilt sich hierbei auf die polymere u. monomere Form von **I**. (Доклады Академии Наук СССР [Ber. Akad. Wiss. UdSSR] [N. S.] **87.** 109—12. 1/11. 1952. Bach-Inst. für Biochem. der Akad. der Wiss. der UdSSR.) LEBTAG. 4460

B. Esther Struckmeyer, *Die Wirkung von Maleinhydrazid auf die anatomische Struktur von Lilium longiflorum Thunb. Var. Croft.* (Vgl. **1954.** 5158.) Bei den Pflanzen werden nach Behandlung mit 0,2%ig. Lsg. des *Diäthanolaminsalzes* des cycl. *Maleinhydrazids* im Wachstum gehemmt u. vermögen ihre Blütenknospen nicht zu differenzieren. Die Blätter der gespritzten Pflanzen sind dicker infolge von erweiterter Zellgröße, loserer Anordnung der Schwammparenchymzellen u. weiterer Intercellularräume. Die Phloemelemente der Gefäßbündel befinden sich in verschied. Kollapsstadien. Die Chloroplasten der Palisadenzellen zeigen allg. Zerfallserscheinungen. Der größere Stengeldurchmesser kann teilweise durch Größenzunahme der Rindenzellen erklärt werden. (Amer. J. Bot. **40.** 25—27. Jan. 1953. Madison, Wis., Univ. of Wisconsin, Dep. of Hortic.) RANG. 4485

R. O. Mirsabekjan und **N. A. Karapetjan,** *Einfluß der Antagonisten und ihrer antibiotischen Stoffe auf den Erreger der Gommose bei Baumwolle.* Unter den Bodenmikroorganismen befinden sich solche Aktinomyceten, die eine antibakterielle Wrkg. auf den Erreger der Gommose *Pseudomonas malvacearum* ausüben. Am wirksamsten ist das *Antibioticum Nr. 15* (n) (keine näheren Angaben). Es dringt, nachdem es durch die Baumwollsamen aufgesaugt ist, zum Keim vor u. desinfiziert ihn gegen äußere Infektion. Es wird leicht von allen Organen der Pflanze aufgesaugt (Wurzeln, Stengel, Keimblätter) u. schützt die Pflanze vor einer prim. Infektion mit Gommose. (Агробиология [Agrobiologie] **1953.** Nr. 6. 55—62. Nov./Dez. Mikrobiol. Inst. der Akad. der Wiss. der UdSSR u. Mikrobiol. Sektor der Akad. der Wiss. der ArmSSR.) A. JACOB. 4490

—, Lehrbuch der Pflanzenphysiologie. Bd. 2.3. (in e. Bd.) Berlin, Göttingen, Heidelberg: Springer. 1953. 2/3. **Bünning, Erwin:** Entwicklungs- und Bewegungsphysiologie der Pflanze.

E₅. Tierchemie. Tierphysiologie. Tierpathologie.

Karl Meyer, *Hyaluronsäure, Chondroitinsulfate und ihre Proteinkomplexe.* Es wird ein Überblick über die bisher gewonnenen experimentellen Daten gegeben bzgl. Proteinkomplexbldg. von *Hyaluronsäure* (**I**), *Chondroitinsulfaten* (**II**) aus hyalinem Knorpel (**III**) u. Bindegewebe (**IV**). **I** scheint vor allem reversible polare Komplexe zu bilden, wobei Mitspielen sek., nicht polarer Kräfte nicht ausgeschlossen ist. Der bei der Herst. zu beobachtende, irreversible Verlust der hohen Viscosität dürfte eher auf der Depolymerisation der Kohlenhydratkette durch noch unbekannte Reaktionsweisen beruhen, als auf irreversibler Spaltung eines nativen Proteinkomplexes. Auch die Befunde an **II** aus **III** („**IIA**") werden am besten durch polare Bindungen an Protein geklärt. Die **II** aus **IV** jedoch dürften im nativen Zustand stabil mit Protein verknüpft sein. (Discuss. Faraday Soc. Nr. **13.** 271—75. **1953.** New York, Columbia Univ., Coll. of Physicians and Surgeons.) GIBIAN. 4520

D. V. Parke, *Das Auftreten von Lactose in den Milzcerebrosiden bei einem Fall von Gaucher's Krankheit.* Die Milzlipoide einer Patientin mit GAUCHERs Krankheit wurden mit Aceton, PAe. u. Methanol/Chlf. fraktioniert extrahiert. Das Gewebe enthielt 72,8% W., 1,1% Neutralfett u. Cholesterin, 2,1% Phospholipide u. 3,4% Cerebroside. Der hohe Phospholipid-Geh. wird auf Zunahme des Sphingomyelins (1,6%) zurückgeführt. Hydrolyse der Cerebrosid-Fraktion in 2 n H_2SO_4 3 Std. bei 100° u. anschließende Chromatographie in Äthylacetat/Pyridin/W. (2:1:2) u. n-Butanol/W. ließ Glucose, Galaktose u. wenig Lactose erkennen. Durch mehrwöchiges Stehen des Hydrolysats in wss. A. bei 0° konnte Lactose isoliert werden, F. 200—205°, Zers.; Misch-F. 202°, Zers. (Biochem. J. 56. XV—XVI. Febr. 1954. London, St. Mary's Hospital Medical School, Dep. of Biochemistry.) GENEST. 4520

L. I. Woolf, *Die Zucker enthaltenden Lipide bei Gaucher's Krankheit.* Von 4 Patienten wurden die Milzlipoide papierchromatograph. untersucht. Sie wurden mit Na-Laurylsulfat emulgiert u. 10 Min. bei 100° mit 3 n H_2SO_4 vollständig hydrolysiert. Nach Entfernung der Anionen u. Kationen erfolgte die papierchromatograph. Unters., wobei Anilinphthalat als Reagens für die Aldosen u. Naphthoresorcin mit Trichloressigsäure für die Ketosen diente. Es konnte Glucose, Galaktose u. Fructose nachgewiesen werden. Bei Teilhydrolyse mit n H_2SO_4 4 Min. bei 100° unter Weglassen des Na-Laurylsulfats wurde die Zuckerausbeute verringert. Außerdem trat dabei auch Saccharose auf. (Biochem. J. 56. XVI—XVII. Febr. 1954. London, Hospital for Sick Children.) GENEST. 4520

S. M. Bose und **V. Subrahmanyan,** *Fettsäurekomponente des Leberfettes von Albinoratten, die ein Reisfutter mit hohem Fettgehalt erhalten hatten.* Albinoratten wurden mit einem Reisfutter gefüttert, das 30% Gheefett enthielt. Am Ende der Versuchsperiode wurden die Lebern der getöteten Ratten mit Ae. extrahiert u. das erhaltene Fett mit redest. PAe. (Kp. 60°) gereinigt. Das Fett wurde dann nach der Meth. der Esterfraktionstechnik nach HILDITCH analysiert u. die einzelnen Fraktionen chem. bestimmt. Die REICHERT-MEISSL-Zahl (0,6) ist prakt. zu vernachlässigen. Der Fettgeh. der Leberproben variierte zwischen 6,01 u. 9,17% (durchschnittlich 8,01%), bezogen auf Frischgewicht. Während das Futterfett ca. 20% niedrige Fettsäuren enthielt, wurden diese im Leberfett nicht gefunden. Von den gesättigten Fettsäuren waren 30,76% Palmitinsäure, von den ungesättigten 40,65% Ölsäure im Leberfett enthalten. (Bull. centr. Food technol. Res. Inst., Mysore 2. 236—37. Juni 1953. Mysore, C. F. T. R. I., Div. of Biochem. and Nutrition.) PATZSCH. 4520

J. A. Blair und **J. Graham,** *Die Pigmente der Schlangenhaut.* 1. Mitt. *Die Isolierung von Riboflavin als Pigment der Haut der grünen Schlangen Philothamnus semivariegatus und Dispholidus typus.* Papierchromatograph. konnte in der Haut von Philotamnus semivariegatus u. Dispholidus typus (D. t.) *Riboflavin* nachgewiesen werden. Während beide Arten ein weiteres mit 0,01 n NaOH extrahierbares Pigment enthielten, war in D. t. noch ein zweites gelbes, nicht fluorescierendes Pigment vorhanden. Die Extraktion des Riboflavins erfolgte im Dunklen mit W./Pyridin/n-Propanol (1:3:1) 45 Min. auf dem Dampfbad. Zur Entw. der Chromatogramme wurden n-Butanol/Essigsäure/W. u. tert.-Butanol/Pyridin/W. (50:15:35) benutzt. (Biochem. J. 56. 286—87. Febr. 1954. Gold Coast, Univ. College.) GENEST. 4520

T. M. Yanagita und **Tuneyo Wada,** *Wirkung von Trypsin und Thioglykolat auf die Nematocysten der Seeanemone.* Der Einfl. von *Trypsin* (I) u. *Thioglykolat* (II) auf den Entladungsmechanismus von Nematocysten (*Diadumene*) wurde untersucht. I verursachte bei isolierten Nematocysten in Konz. von 1, 0,3 u. 0,1% eine Entladung (Puffer von p_H 8,3, Temp. 30°) in einer bestimmten Zeiteinheit. In ungepuffertem dest. W. wurde der Prozeß entweder völlig abgestoppt (1%, p_H 4,3) oder stark abgeschwächt (0,1%ig. Lsg., p_H 4,8). Entsprechend wirkte Temperaturherabsetzung auf 3°. Erhitzen von I auf 100° vor Inkubation ließ die I-Wrkg. völlig verschwinden. — 0,25 mol. II-Lsg. bewirkte ebenfalls eine n. Freisetzung der Nematocysten u. Auflösung der Kapseln in ca. 5 Min. (p_H 8,4). Durch Herabsetzen der Konz. auf 0,125 mol. II war die Freisetzung u. Auflösung verlangsamt. Weitere Verdünnungen ermöglichten noch den Freisetzungsprozeß, die Auflösung der Kapseln fand nicht mehr statt. — Die Ergebnisse sprechen dafür, daß für den Stoppungs-Mechanismus Keratin u. Nichtkeratinsubstanzen (Protein) verantwortlich sind. (Nature [London] **173.** 171. 23/1. 1954. Tokyo, Ochanomizu Univ., Dep. of Biology.) WOLFGANG ALBRECHT. 4550

T. Ss. Passchina, *Über den Gehalt an Adenylsäure und Adenosintriphosphorsäure in entzündlichen Exsudaten.* Unmittelbar nach intravenöser Injektion einer 1%ig. Trypanblau-Lsg. wurde Kaninchen intramuskulär *Adenin* (I), *Adenosin* (II), *Adenylsäure* (III) oder *Adenosintriphosphorsäure* (IV) zugeführt, danach Durchlässigkeit der Capillaren (D_c) u. Emigration der Leukocyten untersucht. I u. II zeigten prakt. keine Wrkg. auf die D_c, III erhöhte sie bei ca. 3%, IV bei mindestens 1—1,5%. Die Fähigkeit der entzündlichen Exsudate von Mensch u. Hund, die D_c der Haut von Kaninchen zu erhöhen u. eine Emigration der Leukocyten zu bewirken, ist nicht durch die Ggw.

von I—IV bedingt, da im Exsudat der Geh. an II, III u. IV prakt. gleich Null, die I-Konz. 3000—5000mal geringer ist als die akt. Dosis. (Доклады Академии Наук СССР [Ber. Akad. Wiss. UdSSR] [N. S.] **87.** 253—56. 11/11. 1952.) LEBTAG. 4552

P. Soupart, Stanford Moore und **E. J. Bigwood,** *Aminosäurenzusammensetzung menschlicher Milch.* Die chromatograph. Analyse der Hydrolysate von 2 Sammelproben Muttermilch an Dowex 50 (an Dowex 2 für die Cystinbest. nach Perameisensäureoxydation) ergab folgende Durchschnittswerte in mg Aminosäure/100 ml Muttermilch: Asparaginsäure 93, Glutaminsäure 198, Glycin 23, Alanin 38, Valin 54, Leucin 100, Isoleucin 54, Serin 49, Threonin 48, Cystin 23, Methionin 20, Prolin 86, Phenylalanin 41, Tyrosin 46, Tryptophan (nach alkal. Hydrolyse mikrobiol. bestimmt) 19, Histidin 21, Lysin 64, Arginin 31. (J. biol. Chemistry **206.** 699—704. Febr. 1954. Brussels, Univ. of Brussels, Fac. of Med., Dep. of Biochem. and Nutr.) NEHRING. 4555

Bruno Kantorowicz und **Otto Birman,** *Säureentwicklung im Speichel in Beziehung zur Berührung mit Luft.* Verss. mit einem Speichel-Glucose-Gemisch in vitro (1 Std. bei 37°) ergaben, daß die Säureentw. abhängig ist vom O_2-Geh. des Gemisches, u. zwar ist die Säureentw. bei niederem O_2-Geh. erhöht, was u. a. mit dem Überwiegen der bakteriellen Glykolyse bei geringem O_2-Geh. erklärt wird. (J. Dental Res. **32.** 601—05. Okt. 1953. Amersfoort, Holland, Medinos-Prodenta Res. Labor.) KLESSE. 4555

Penni Ann Laurence und **Albert Edward Sobel,** *Änderungen des Serum-Vitamin A-Spiegels während des Menstruationscyclus des Menschen.* Bei 6 jungen, gesunden Frauen mit n. Regel u. 2 Frauen mit cycl. Anomalien wurde der Serum-*Vitamin A*-Spiegel nach den Methoden von SOBEL, SNOW u. BESSEY u. Mitarbeitern bestimmt. Bei n. Periode zweigte sich eine Abhängigkeit mit einem Spiegeltiefstand während der Menstruation u. 2 Gipfeln, etwa am 14. u. am 25. Tage. Nach großen Dosen Vitamin A waren diese Gipfel ausgeprägter. Bei Frauen mit Unregelmäßigkeiten fehlte diese Periodizität. Es werden die hormonellen Zusammenhänge diskutiert. (J. clin. Endocrinol. Metabolism **13.** 1192—1200. Okt. 1953. Brooklyn, N. Y., Jewish Hosp. of Brooklyn, Dep. of Biochem.) LEUSCHNER. 4558

Sanford L. Steelman und **Florence M. Pohley,** *Nachweis des Follikelreifungshormons nach Verabreichung von menschlichem Gonadotropin.* Das Gewicht der Ovarien steigt bei jungen Ratten nach der Verabreichung von *Follikelreifungshormon* proportional mit der Hormornmenge an. Die Wrkg. des Hormons wird durch menschliches *Gonadotropin* noch verstärkt. Andere Hypophysenhormone steigern die Wrkg. des *Follikelreifungshormons* nicht. (Endocrinology **53.** 604—16. Dez. 1953. Chicago, Ill., Armour & Comp.) U. BAUMANN. 4559

H. Hortling und **K. E. U. Jäämeri,** *Therapeutische Untersuchungen an Zwergen von dem als Turner's Syndrom bekannten Typ.* Es wurde die Wrkg. einer kombinierten Behandlung mit *Methyltestosteron* (I), *Thyreoidin* (II) u. *Äthinyloestradiol* (III) auf das Wachstum u. die Ausbldg. der sek. Geschlechtsmerkmale bei 6 Fällen von weiblichem Zwergwuchs, die offenbar dem TURNERschen Symptomenkomplex angehörten, untersucht. Behandlung mit I u. II bewirkte in 2 Fällen (Alter der Patientinnen 19 u. 21 Jahre) ein Längenwachstum von 5, bzw. 6 cm innerhalb eines Jahres. In 2 anderen Fällen schien eine spontan einsetzende Größenzunahme durch die Medikation beschleunigt zu werden. Bei den ältesten Patientinnen (22 u. 23 Jahre) konnte keine Größenzunahme beobachtet werden. III führte zur Ausbldg. der sek. Geschlechtsmerkmale. Ein Sistieren des Wachstums durch die III-Medikation konnte nicht beobachtet werden. II allein oder zusammen mit III war ohne Wrkg. auf das Wachstum. (Acta endocrinol. [Copenhagen] **13.** 97—108. Juni 1953. Helsinki, Univ., Medic. Outpatient Dep.) v. KEREKJARTO. 4559

W. Kühnau, *Erfahrungen mit Hypophysenimplantationen bei chronischen Hautkrankheiten.* Bei 102 chron. Fällen von Psoriasis, Ekzem u. Pruritus vulvae, die bisher therapieresistent waren, implantierte Vf. intramuskulär den Brei von 1—3 Kalbshypophysen u. verabreichte nachfolgend massive Dosen von Vitamin C sowie *Hypophysenextrakte.* In 34 Fällen konnte vollständige u. dauerhafte Heilung, in zahlreichen Fällen Besserung erzielt werden. Häufig wurde auch günstige psych. Beeinflussung beobachtet. Nur 2 vollständige Versager traten auf. Die Wrkg. des Hypophysenbreies wird in einer neurohumoralen Harmonisierung gesehen. (Z. Haut- u. Geschlechtskrankh. **16.** 46—57. 15/1. 1954.) KRUSEN. 4560

Hans Rudolf Frank, *Über den Wirkungsmechanismus der Adrenalin-Hypophysenhinterlappenextrakt-Kombination beim Asthma bronchiale.* Übersicht des Schrifttums u. eigene Erfahrungen mit 240 Literaturangaben. (Arzneimittel-Forsch. **2.** 506—12. Nov. 1952. Wuppertal-Elberfeld.) BROSEMANN. 4560

Harold Rifkin, Leon J. Marks, David J. Hammerman, Mortimer J. Blumenthal, Alter Weiss und **Berthold Weingarten,** *Die Anwendung von Corticotropin und Cortison bei akuter homologer Serumhepatitis.* Bericht über 4 Fälle von akuter homologer Serumhepatitis, die mit *Corticotropin* u. *Cortison* behandelt wurden. In jedem Falle kam es zu einer Besserung der Symptome, bes. auch des Allgemeinbefindens. Da die Substanzen weder baktericide noch viruoide Eigg. besitzen, beruht die Wrkg. möglicherweise auf der Wiederherstellung des geschädigten Eiweiß- u. Kohlenhydratstoffwechsels in der Leber. (A. M. A. Arch. intern. Med. **89.** 32—40. Jan. 1952. New York, N. Y.) ZORN. 4560

G. Je Pertschikowa, *Cortison und das adrenocorticotrope Hormon der Hypophyse bei der Behandlung von rheumatischen Schädigungen des Herzens.* An Hand der nichtsowjet. Literatur (52 Literaturstellen) wird festgestellt, daß *Cortison* (**I**) u. *ACTH* (**II**) bei rheumat. Pericarditiden u. Pleuritiden möglich sind u. auch den Herzmuskel günstig beeinflussen. Eine schon bestehende Endocarditis wird kaum beeinflußt, jedoch erhalten die rheumat. Herzleiden einen milderen u. gutartigeren Verlauf. **I** u. **II** sind hoch zu dosieren (bis zu 200 mg täglich) u. über lange Zeit (6—8 Wochen) anzuwenden. An Nebenwirkungen werden genannt: Acne, Folliculitis, „Mondgesicht", Glykosurie, Blutdruckerhöhung, Adipositas, W.- u. NaCl-Retentionen. Kontraindikationen sind: Hypertonie, Tbc, Malaria, Syphilis, Ulcuskrankheit, Magendarmblutungen, Glomerulonephritis, Morbus Cushing, verschied. Psychosen. (Вопросы Патологии Сердечно-Сосудистой Системы [Fragen Pathol. Herzgefäßsystem] **2.** Nr. 5. 3—19. 1953.) RENTZ. 4561

James O. Davis und **David S. Howell,** *Diurese bei adrenalektomierten Hunden mit Wassersucht während der Behandlung mit Cortison.* Die Nierenfunktion u. der Na/K-Haushalt von Hunden, deren Nebenniere entfernt wurde u. die mit *Cortison* behandelt wurden, wird untersucht. Die Symptome der Ascites verschwinden bei großen *Cortison*-Gaben vollständig. (Endocrinology **53.** 653—60. Dez. 1953. Bethesda, Md., Public Health Serv., Dep. of Health, Education and Welfare, Nat. Inst. of Health, Nat. Heart Inst., Labor. of Kidney and Elektrolyte Metabolism.) U. BAUMANN. 4561

Lila Redmond McCorriston, *Hydrocortison- (Compound F-)Acetat-Salbe bei Ekzemen von Säuglingen und Kindern.* Bei 104 Kindern von 1 Monat bis 10 Jahren mit Ekzemen konnte Vf. durch Applikation von 1 u. 2½% *Hydrocortison-(Compound F-) Acetat* enthaltender Salbe mit geeigneter Grundlage in allen Fällen Besserung oder Heilung erzielen. 60% der Fälle zeigten nach Absetzen der Therapie keinen Recurrens. Kontraindikationen konnten nicht ermittelt werden, Neben-Rkk. traten nicht auf. Der Wirkungsmechanismus ist noch nicht bekannt. (Canad. med. Assoc. J. **70.** 59—62. Jan. 1954. Montreal, Children's Memorial Hosp.) KRUSEN. 4561

Sydney M. Friedman, Constance L. Friedman und **Miyoshi Nakashima,** *Weitere Beobachtungen über die hypertensive Wirkung von Compound F-Acetat bei der Ratte.* Die Verss. bestätigen die Ergebnisse der vorigen Arbeit (vgl. C. **1953.** 6710), nach denen die blutdrucksteigernde Wrkg. von *Compound F* (**I**) größer ist als die des *Desoxycorticosteronacetats.* Junge Ratten reagieren stärker auf die Behandlung mit **I** als ältere. Durch Entfernung der Nieren wird die Wrkg. von **I** nicht beeinflußt. (Endocrinology **53.** 633—39. Dez. 1953. Canada, Vancouver, Univ. of British Columbia, Dep. of Anat.) U. BAUMANN. 4561

Florencio Fuenzalida und **Alexander Lipschutz,** *Resorption von subcutan implantierten Corticoiden und verwandten Steroiden beim Meerschweinchen.* Resorptionswerte von subcutan implantierten Corticoiden u. deren Derivv. in Abhängigkeit von der Oberfläche des Preßlings wurden untersucht. Der Wert von *Cortisonacetat* ist 3—4 mal größer als der von *17-Oxycorticosteronacetat. Pregnenolen* u. dessen Abkömmlinge haben niedrige Werte. Die Beimengung von Cholesterin erniedrigt die Resorption. (J. clin. Endocrinol. Metabolism **13.** 1201—05. Okt. 1953. Santiago, Chile, Nat. Health Service of Chile, Dep. of Exper. Med.) LEUSCHNER. 4561

J. M. Felts, I. L. Chaikoff und **M. J. Osborn,** *Insulin und das Schicksal von Acetat und Formiat in der diabetischen Leber.* Vff. untersuchen an Leberschnitten alloxandiabet. Ratten den Einfl. von *Insulin* (**I**) auf den Grad der Umsetzung von zugesetztem Na-Acetat, bei dem einmal das $C_{(1)}$-, ein zweites Mal $C_{(2)}$ durch ^{14}C ersetzt ist, sowie von Na-^{14}C-Formiat in CO_2 u. Fettsäuren. In jedem Fall bewirkt **I**-Therapie ein Absinken der CO_2-Bldg. zugunsten der Synth. von Fettsäuren. Ein Zusatz von Na-$^{14}C_{(1)}$-Acetat führt bei Tieren ohne **I** zu einer 2—4 mal so hohen CO_2-Bldg. wie ein Zusatz von Na-$^{14}C_{(2)}$-Acetat. Nach Applikation von **I** verhalten sich die beiden Acetat-C-Atome in bezug auf die CO_2-Bldg. nicht gleichwertig. Der Grad der Fettsäurebldg. ist dagegen sowohl bei den nichtbehandelten Ratten als auch bei solchen mit I unabhängig von der Lage des C-Atoms. (J. biol. Chemistry **193.** 557—62. Dez. 1951. Berkeley, Calif., Univ. of California, School of Med., Div. of Physiol.) REISS. 4564

Alberto B. Houssay und **Carlos I. Abinzano,** *Klinische Erfahrungen mit dem Insulin NPH 50.* Bericht über die Anwendung des *Insulins NPH 50,* das einen geringeren Geh. an Protamin (I) hat als das Protamin-Zink-Insulin (0,5 mg gegenüber 1,25 mg I je 100 Einheiten). Die Dosierung ist günstiger, der Insulinverbrauch geringer. (Semana méd. **103 (60).** 33—37. 9/7. 1953. Buenos Aires, Hosp. Rivadavia, Serv. de Enfermedades Endocrinas.) P. G. SCHEURLEN. 4564

J. L. Mongar und **H. O. Schild,** *Ein Vergleich zwischen den Wirkungen des anaphylaktischen Schockes und chemischer Histaminauslöser.* Die quantitative biol. Best. des *Histamins* (I), das aus verschied. Organen von sensitiven Meerschweinchen (Injektion von Ei-Albumin) durch ein spezif. Antigen oder durch chem. Histaminauslöser, wie natürlich vorkommendes *d-Tubocuramin* (II) u. das synthet. *Polymere 48/80* (BALTZLY u. Mitarbeiter, J. Amer. chem. Soc. **71.** [1949.] 1301), freigesetzt wird, ergibt für beide Stoffklassen entsprechende Werte. Die Freisetzung des I durch chem. Stoffe u. bei dem anaphylakt. Schock erfolgt selektiv. Die ausgeschiedenen Mengen an I sind nach Art des Gewebes verschieden u. betragen 2—40% des ursprünglich in dem Gewebe vorhandenen I. Im Anschluß untersuchen Vff. an verschied. Organen die Wechselwirkungen zwischen chem. Auslösern u. Antigen auf Freisetzung von I u. muskuläre Kontraktion. (J. Physiology **118.** 461—78. 30/12. 1952. London, Univ. Coll., Dep. of Pharm.) NIESWANDT. 4569

J. Brugsch jr., *Die Hämoglobinsynthese als klinisches Problem.* Übersichtsref., keine Literaturangaben. (Folia haematol. [Leipzig] **71.** 577—81. 1953. Berlin, Humboldt-Univ., I. Med. Klinik.) MATTHIES. 4572

Ethel M. Zaiser und **Jacinto Steinhardt,** *Eine spezifische Wirkung des Formiations auf die reversible Säuredenaturierung von Pferde-Ferrihämoglobin.* Bei Säurebehandlung von nativem Pferde-Carbonyl- oder -Ferrihämoglobin werden 36 bas. Gruppen in Freiheit gesetzt, die in nativem Protein nicht titriert werden können. Gleichzeitig erfolgt Veränderung des Spektr. (Abnahme der Extinktion bei der 4060 Å-Bande) u. Löslichkeitsverlust beim isoelektr. p_H. Das Freiwerden der bas. Gruppen in nicht gepufferten HCl-Lsgg. verläuft schneller bei gegebenem p_H als die Denaturierung in Formiat (I)-Puffer. Bei Verwendung von HCl, Acetat-, Lactat- oder Monochloracetatpuffer an Stelle von I-Puffer verschwindet dieser Unterschied. Die spezif. Wrkg. des I-Ions verändert nicht die Abhängigkeit des Gleichgewichtes oder Reaktionsgrades vom p_H, sondern verschiebt sie in einen tieferen p_H-Bereich. Vff. konnten feststellen, daß die p_H-Werte der nicht maskierten 36 bas. Gruppen so hoch sind, daß die neu befreiten Gruppen sich quantitativ mit Säure bei dem Loslösungs-p_H verbinden. Vff. glauben, daß es sich um ε-Aminogruppen des *Lysins* oder teilweise um Guanidogruppen des *Arginins* handelt.

V e r s u c h e : Darst. von Pferde-*Ferrihämoglobin* (I) u. Messungen vgl. STEINHARDT u. ZAISER (J. Amer. chem. Soc. **75.** [1953.] 1599). Spektroskop. Daten mit 0,06%ig. I-Lsg., μ 0,02. (J. Amer. chem. Soc. **76.** 1788—91. 5/4. 1954. Massachusetts Inst. of Technol., Dep. of Chem.) BRATFISCH. 4572

R. J. O'Connor, *Kohlenhydratstoffwechsel und Zellteilung bei Erythrocyten im Entwicklungsstadium. Fluoride* u. *Jodacetat* bewirken in Erythrocyten von Hühnerembryonen eine Schwellung u. Auflösung der Chromosomen u. gleichzeitig eine wahrscheinlich damit verbundene Hemmung der Zellatmung. (Brit. J. exp. Pathol. **33.** 462—67. Okt. 1952. Westminster School of Med., John Burford Carlill Pathol. Labor.) FISCHOEDER. 4573

F. De Venanzi, A. Podrizki und **M. Masin,** *Wirkung der Muskelarbeit auf die Glykämie und den anorganischen Phosphorspiegel im Serum während der Glucosebelastung.* Beim Hunde ändert sich der Glucosespiegel weder im Hungerzustand mit oder ohne Muskelarbeit, noch nach Glucose (I)-belastung (1 g/kg als 50%ig. Lsg. intravenös). Anders verhält sich der anorgan. P (II), der nach 15 Min. beim ruhenden Tier stärker abfällt als beim arbeitenden. Gibt man I, so sinkt II noch stärker ab; die tiefsten Werte werden nach 45 Min. gemessen. (Acta ci. venezolana **3.** 178—81. Sept./Okt. 1952. Caracas, Venezuela, Inst. de Investigación Cientifica.) P. G. SCHEURLEN. 4574

W. A. Belitzer und **Je. L. Chodorowa,** *Über die Natur der Umwandlung des Fibrinogens in Fibrin.* Die Umwandlung von *Fibrinogen* (I) in *Fibrin* (II) erfolgt in 2 Phasen: Fermentative Bldg. von II-Monomer aus I unter der Einw. von Thrombin;

Polymerisation des **II**-Monomers unter Bldg. von **II**. In Verss. mit **I** aus Ochsenblut wird gezeigt, daß sowohl **I** wie **II**-Monomer beim Erhitzen auf 49—50° rasch die Fähigkeit zur **II**-Bldg. verlieren. Während bei Temperaturerhöhung die Bldg. des **II**-Monomers beschleunigt wird, tritt bei der Polymerisation eine Verzögerung ein. Die Polymerisation des **II**-Monomers wird durch **I** u. Eialbumin gehemmt, durch Albumin, γ-Globulin u. Gelatine nicht beeinflußt. (Биохимия [Biochemie] **17**. 676—83. Nov./Dez. 1952. Kiew, Inst. für Biochem. der Akad. der Wiss. der UkrSSR.)
Lebtag. 4574

Eberhard Perlick, *Zur klinischen Bedeutung der Prothrombinumwandlungsfaktoren.* Vf. stellt eine Veränderung der Prothrombinumwandlungsgeschwindigkeit in Thrombin bei verschied. Krankheitsbildern fest. (Folia haematol. [Leipzig] **71**. 499—505. 1953. Halle, Martin-Luther-Univ., II. Med. Klinik.) Matthies. 4574

Jörg Jürgens, *Das Verhalten des Gerinnungssystems bei der Herzinsuffizienz.* Bei Herzinsuffizienz kommt es nicht nur zum Abfall des Prothrombinpotentials, sondern auch zur Zunahme gerinnungsfördernder Substanzen. Prophylaxe der daraus resultierenden Gerinnungsneigung wird angeraten. (Folia haematol. [Leipzig] **71**. 669—76. 1953. Berlin, Humboldt-Univ., I. Med. Klinik.) Matthies. 4574

Dietrich Wolf und **Günther Stille,** *Über die Verträglichkeit von Eisensaccharaten.* Verschied. Eisensaccharate wurden an Katzen auf die allg. Gift- u. Blutdruckwrkg. untersucht. Bei intravenösen Gaben von 100 mg Fe/kg Tier traten bei den verschied. Präpp. unterschiedliche Blutdrucksenkungen auf, bei einigen nur in ganz geringem Maße. Es wurden embolieähnliche Gefäßverschlüsse durch Ausfällungen bes. im kleinen Kreislauf festgestellt. Diese als Fe-Proteinkomplexe identifizierten Ausfällungen zeigten in Stärke u. Zeitpunkt des Auftretens entsprechende Unterschiede bei den verschied. Präparaten. Die Befunde weisen auf einen ursächlichen Zusammenhang zwischen „Blutdruckkollaps" u. Gefäßverschlüssen bei Behandlung mit solchen Präpp. hin. Die unterschiedliche Wrkg. der Saccharate bei der Fällung von Serumprotein wurde auch in vitro nachgewiesen. (Ärztl. Forsch. **6**. II/169—172. 10/11. 1952. Hamburg-Rissen, Allg. Krankenhaus, II. med. Abt.) Schwaibold. 4575

Harold D. West, Andrew H. Jackson, Raven Rivera Elliott, Paul F. Hahn, William A. Patterson und **Robert S. Anderson,** *Die Ausnutzung von aufgenommenem Eisen bei Krankheit.* (Vgl. Hahn u. Mitarbeiter, C. **1952**. 396.) Bei Unterss. an 423 Personen wurde zur Feststellung der Fe-Ausnutzung das Blutbild vor u. 8 Tage nach Eingabe per os von 15 mg mit ^{55,59}Fe markiertem $FeCl_2$ mit überschüssiger Ascorbinsäure festgestellt. Die größte mittlere Ausnutzung von 28,28% wurde bei der Gruppe von Schwangeren festgestellt, die geringste von 0,6% bei der Gruppe mit akuten Infektionen. In der Gruppe der Schwangeren u. der Personen mit gutartigen Neubildungen waren deutliche Erhöhungen über den mittleren Bezugswert vorhanden. Die Werte der Gruppen mit bösartigen Neubildungen, cardiovasculären Krankheiten u. traumat. Fällen zeigten keine deutliche Abweichung von den Werten der n. Gruppe. (Southern med. J. **45**. 629—33. Juli 1952. Nashville, Meharry Med. Coll., Dep. of Biochem. u. George W. Hubbard Hosp.) Schwaibold. 4575

Kenneth W. Walton und **Colin R. Ricketts,** *Anaphylaktische Reaktion von Meerschweinchen gegenüber der parenteralen Verabreichung von Sulfatestern von hochmolekularem Dextran. Dextransulfat* mit mindestens 10% S u. einem Mol.-Gew. von über 20000 ruft bei Meerschweinchen mit dem Mol.-Gew. an Stärke zunehmende, an anaphylakt. Rk. erinnernde, durch Antihistaminica aber nicht beeinflußbare Erscheinungen hervor (Zuckungen u. Kollaps, aber keine Rkk. der Atemorgane). Ähnliche Erscheinungen wurden bei *Xylansulfat* u. *Na-Polyanetholsulfonat* (*Liquoid*) an Meerschweinchen beobachtet. Es wird auf die Beziehungen dieser Rkk. zur Komplexbldg. von höhermol. Dextransulfat mit Blutbestandteilen (vgl. Walton, Brit. J. Pharmacol. Chemotherapy. **7**. [1952.] 370 u. **8**. [1953.] **340**) hingewiesen. (Nature [London] **173**. 31. 2/1. 1954. Birmingham, Univ. Dep. of Exp. Pathol. u. Accident Hosp., Industr. Injuries and Burns Res. Unit.) Willenberg. 4576

Nathan Kaufman, J. A. Cartaya, Philip L. White, D. Mark Hegsted und **Thomas D. Kinney,** *Ein Versuch, experimentell eine Hämochromatose zu erzeugen, und der Einfluß von hohem Kupfer- und Cholingehalt der Diät.* Der Zusatz von *Cholin* zu einer Cholin- u. Protein-armen Diät, die tox. Mengen Cu enthält, steigert bei Albinoratten die gewichtssenkende Wrkg. der Diät sowie den Cu- u. den Fe-Geh. der Leber u. senkt den Fettgeh. der Leber. Cholin steigert offensichtlich Resorption oder Deposition von Cu bzw. beides, oder hemmt die Ausscheidung. Es gelang aber nicht, einen der Hämochromatose ähnlichen Zustand zu erzeugen. (J. Nutrit. **46**. 433—44. 10/4. 1952. Cleveland, O., Cleveland City Hosp., Dep. of Pathol.) Klingmüller. 4585

—, *Wirkstoffe der biologischen Eiweißsynthese.* Kurze Übersicht, bes. über die Arbeiten von W. C. ROSE zur Aufklärung der Bedeutung der essentiellen Aminosäuren u. Erörterung der Sonderstellung von *Isoleucin* u. *Methionin.* (Minerva med. [Torino] **43.** I. 1383—84. 25/6. 1952. Torino, Univ., Ist. di Patol. Generale.) IPPEN. 4585

M. R. Venkatachala Murthy und **M. Sreenivasaya,** *Wirkung von Antibioticis auf das Wachstum der Seidenraupe, Bombyx mori L.* Zulagen von *Aureomycin* (I) oder *Chloromycetin* (II) zu einem Grundfutter (Maulbeerblätter) erhöhen zwar Körper- u. Puppengewicht (9—10%), erniedrigen aber den Seidenertrag (—5 bis 8%). Durch zusätzlich gegebene Aminosäurengemische a) aus Glycin, Alanin, Serin u. Tyrosin („Seidengemisch") u. b) aus den im Casein enthaltenen Aminosäuren erhöhten sich die Gewichte von Körper (15%), Larve (8,5%) u. Seide (2,5%). Da durch gleichzeitige Zulage von Antibioticis u. Aminosäuren früher Gewichtszunahme u. Erhöhung der Seidenausbeute um 8—14% erreicht wurde, scheinen die Antibiotica eine bessere Ausnutzung auch inadäquater N-Quellen („Seidengemisch") zu bewirken. *Terramycin* zeigte keine Wirkung. (Nature [London] **172.** 684—85. 10/10. 1953. Bangalore, Indian Inst. of Science.) DOSSMANN. 4585

H. Schlüssel, *Beitrag zur Verwertung mehrwertiger Alkohole in der Ernährung.* Bericht über Fütterungsverss. an jungen weiblichen Albinoratten, denen folgende mehrwertige Alkohole (I) verabreicht wurden: *1.3-Butandiol* (CHEM. WERKE HÜLS), *1.2-Butandiol, 1.4-Butendiol, 1.2.4-Butantriol, Mesoerythrit, 1.6-Hexandiol, 2.5-Hexandiol* (sämtliche Prodd.: BASF). Die Gewichtszunahme u. Futteraufnahme wurde über einen Zeitraum von 8 Wochen täglich kontrolliert. Bei nicht tox. Dosierung zeigten die mit I gefütterten Tiere eine stärkere Gewichtszunahme als die Tiere, die nur das Grundfutter erhalten hatten. Eine besondere Wrkg. der I scheint somit in einer vermehrten Futteraufnahme u. besseren Futterausnutzung zu liegen. (Naunyn-Schmiedebergs Arch. exp. Pathol. Pharmakol. **221.** 67—75. 1954. Köln, Univ., Med. Klinik.) RODERICH KÖNIG. 4585

Albert E. Sobel, Abraham Rosenberg und **Eli Engel,** *Intravenöse Injektion von fettlöslichen Vitaminen und Ausscheidung von injiziertem Vitamin A in der Milch.* Milchkühe erhielten *Vitamin A* (I) als wss. Dispersion in 0,85%ig. NaCl unter Zusatz eines Detergents intravenös oder oral oder in Maisöl gelöst. Die Ausscheidung von I in der Milch war bei intravenöser Gabe 15mal, bei oraler Gabe in Dispersion 5mal so groß wie bei oraler Gabe als Lsg. in Öl. Bei intravenöser Zufuhr trat die erhöhte Ausscheidung von I früher ein als bei oraler. Keine patholog. Wirkungen wurden bei intravenöser Administration beobachtet. (J. Nutrit. **48.** 183—92. 10/10. 1952. Brooklyn, N. Y., Jewish Hosp.) DU MONT. 4587

J. Ferreira-Marques, *Zur Auffassung und Therapie des Pruritus ani idiopathicus. Vitamin A in der Behandlung des Pruritus ani. Der Pruritus ani als ein physiopathologisches Syndrom der Circumanaldrüsen.* Klin. Bericht über 3 Krankheitsfälle von *Pruritus ani idiopathicus,* bei denen, wie bei weiteren 40 Fällen, eine Heilung mit *Vitamin A* gelang. (Arch. Dermatologie Syphilis **197.** 85—90. 1953. Addis Abeba, Ethiopia, W. G. O. „Filphaklin." für Haut- u. Geschlechtskrankheiten.) BRATFISCH. 4587

T. T. Beresow, *Einfluß der B_6-Avitaminose auf die Umwandlung von L-Glutaminsäure, L-Asparaginsäure, Glycin und Ammoniumacetat im Organismus der Ratte.* (Vgl. C. **1954.** 3970.) Auf Grund von Harnunterss. bei B_6-avitaminot. Ratten schließt Vf., daß die Bldg. von *Harnstoff* (I) aus *L-Phenylalanin* u. *L-Tryptophan* u. die Synth. dieser Verbb. aus α-Ketosäuren gestört ist. Die Verhinderung der I-Bldg. aus *L-Glutaminsäure* (II) bei B_6-Avitaminose weist darauf hin, daß II nur über *L-Asparaginsäure* (III) durch Umaminierung in I übergeht, wobei die in verschied. Organen vorkommende Glutamincodehydrase keine wesentliche Rolle spielen dürfte. Andernfalls müßte bei der oxydativen Desaminierung von II das sich bildende NH_3 bei B_6-Avitaminose in I übergehen. Ein wesentlicher Teil des N von II wird in Form bisher unbekannter N-haltiger Prodd. ausgeschieden. Die Umwandlung von *Citrulin* in *Arginin* kann bei der I-Synth. aus NH_3 anscheinend auf Kosten von vorgebildeter III oder von III, die unmittelbar aus NH_3 u. C_4-Dicarbonsäuren ohne vorbereitende Synth. von II gebildet wird, verlaufen. (Доклады Академии Наук СССР [Ber. Akad. Wiss. UdSSR] [N. S.] **90.** 1087—90. 21/6. 1953. Inst. für biol. u. med. Chem. der Akad. der Wiss. der UdSSR.) ULMANN. 4587

H. Goldeck, *Vitamin B_{12} und verwandte Faktoren.* Übersichtsref., 83 Literaturangaben. (Folia haematol. [Leipzig] **71.** 403—19. 1953. Hamburg-Eppendorf, II. Med. Univ.-Klinik.) MATTHIES. 4587

F. H. Kratzer, *Die Wirkung von Vitamin B_{12} auf die Verwertung von Cholin und Betain bei jungem Geflügel.* Küken von Vitamin B_{12} (I)-Mangel-Hennen wurden mit variierten Mengen *Cholin* (II), *Betain* (III) u. I gefüttert. II bewirkte Wachstumssteigerung, I verstärkte diese Wrkg., auch III bewirkte bei geringem II-Geh. der Nahrung eine leichte Wachstumssteigerung, zusätzliche Gaben von I bewirkten eine leichte Steigerung der Wrkg. von III. Bei n. I-Geh. der Nahrung waren weitere Gaben von I ohne Wrkg. auf die durch II verursachte Wachstumssteigerung. III vermochte nicht die bei II-Mangel auftretenden Perosis zu verhindern, I verringerte sogar die Fähigkeit von II, Perosis zu verhindern, da es vielleicht II für Wachstumszwecke anstatt zu Verhütung von Perosis einsetzt. Wie bei Ratten scheint auch bei Küken I für Methylierungsprozesse nötig zu sein. (J. Nutrit. **48.** 201—07. 10/10. 1952. Davis, Calif., Univ. of California, Div. of Poultry Husbandry.) DU MONT. 4587

William P. Murphy und **Isabel Howard,** *Vergleich der Wirksamkeit von Vitamin B_{12} und Leberextrakt bei der Behandlung der perniciösen Anämie im Rückfall und zur Erhaltungstherapie.* Vff. behandelten zwei Gruppen von Perniciosapatienten im Rückfall u. später zur Aufrechterhaltung des Therapieerfolges mit *Vitamin B_{12}* (I) in Dosen von 0,5—2,0 γ täglich bzw. mit *Leberextrakt* (II) in einer Dosierung von 1 E. pro Tag (im Rückfall) bzw. 0,7—2,0 E. pro Tag, im letzteren Fall bis zu 30 Monaten. Dabei zeigte sich kein nennenswerter Unterschied zwischen beiden Medikamenten. Bereits vorhandene Nervenschädigungen, die in Gehstörungen zum Ausdruck kamen, zeigten unter beiden Therapieformen kein Fortschreiten. Gemessen an dem erreichten Reticulocytenmaximum bei den Patienten im Rückfall entspricht 1 USP-Antiperniciosaeinheit nicht 1 γ I, sondern viel eher 1,3 γ I. Das Fehlen von Nebenwirkungen bei der I-Behandlung bewerten Vff. nicht sehr hoch, da auch bei der II-Behandlung prakt. keine solchen auftraten. Manche Patienten gaben bei der Umstellung der Behandlung von II auf I gewisse Störungen an, obgleich sie von dieser Umstellung nichts erfuhren. (New England J. Med. **247.** 838—40. 27/11. 1952.) IPPEN. 4587

O. Carere-Comes, *Über den Wirkungsmechanismus von antianämischen Faktoren und Antagonisten.* Alle antianäm. Wirkstoffe fördern die Gärung der Hefe u. das Wachstum von Kornsamen, während die antifol. Stoffe entgegengesetzte Wrkg. haben. Untersucht wurden: *Leberextrakt, Folsäure, Vitamin B_{12}, Vitamin T, Fe^{2+}-Ionen,* die *Vitamine B_1, B_2, B_6, PP, C,* ferner *Pantothensäure, Cholin, Xanthopterin* u. *Teropterin.* Als Inhibitoren gelangten *Chloramin, Aminopterin* u. *Isonicotinsäurehydrazid* zur Verwendung. Aus Orangenschalenextrakten u. neuerdings aus Leberextrakt wurde eine antianäm. Substanz isoliert, die Vitamin B_{12} in ihrer Wrkg. übertrifft u. vom Vf. *Vitamin B_{13}* genannt wird. Die Wrkg. der antianäm. Stoffe liegt in ihrer Bedeutung für die Synth. der Flavinkörper, die für Glykolyse u. Wachstum unentbehrlich sind, begründet. Vf. sieht Vitamin B_{12}, Pterine u. Pyrimidine als CASTLEschen „extrinsic factor" an, u. gewisse proteolyt. Fermente, die sie aus ihren Eiweißkomplexen lösen, als „intrinsic factor". Die Beeinflussung der Hefegärung u. des Kornwachstums werden als neue Testverff. zur Prüfung der antianäm. Wrkg. empfohlen. (Schweiz. med. Wschr. **82.** 1283—87. 13/12. 1952. Rom, Univ., Pathol. Inst.) MATTHIES. 4587

W. J. Jordan, *Die Anwendung eines Leberextraktes (Vitamin-B-Zubereitung) bei der Diarrhoe junger Ferkel.* Diarrhoe von Ferkeln kann durch subcutane Injektion von 0,5—1 mm^3 *HepaconB forte (Leberextrakt, Vitamin B_{12}, Vitamin B-Pyrophosphat* u. Folsäure) verhütet u. behandelt werden. (Veterin. Rec. **66.** 215. 10/4. 1954. Rossett, Nr. Wrexham.) PATZSCH. 4587

K. R. Johansson, *Wirkung von Vitamin B_{12} auf eine Mutante von Escherichia coli als Testorganismus.* Vf. beschreibt eine turbidimetr. Meth. für die Best. von *Vitamin B_{12}* (I), wobei die Mutante *Escherichia coli* (E.c.) *113-3* (DAVIS u. MINGIOLI, J. Bacteriol. **60.** [1950.] 17) als Testorganismus dient. Es wird untersucht, wie I u. *Methionin* (II) das Wachstum anregen, welche Einflüsse einige Faktoren, wie Belüftung, Zugabe von *KCN, Na-Thioglykolat* (III) u. *Ascorbinsäure* (IV), ausüben. Die L-Form von II zeigt die höchste Wachstumsanregung im Konzentrationsbereich von 0,5—20 γ/ml, während die D-Form bei Konzz. $<$25 γ/ml unmerklich ist, $<$1 γ/ml jedoch die Wrkg. der L- u. DL-Isomeren übertrifft. Die Wachstumssteigerung von E.c. durch I (0—0,090 γ/Liter) variiert mit der Belüftung der Kulturen. Streng anaerobe Züchtung unterdrückt die Wachstumssteigerung durch I ganz; dies trifft auch für II zu, wenn die Nährlsgg. O_2-frei sind. Unter nicht bes. belüfteten Versuchsbedingungen verläuft die Kurve Wachstum/I-Konz. im Bereich 0,002—0,020 γ/Liter linear. Das Maximum wurde bei 0,075 γ/Liter beobachtet. Zugabe von KCN über 1 γ/ml, von III über 10 γ/ml u. IV über 5 γ/ml unterdrücken die von I induzierte Wachstumssteigerung. (Proc. Soc. exp. Biol. Med. **83.** 448—53. Juli 1953. Minneapolis, Minn., Univ. of Minnesota, Dep. of Bacteriol. and Immunol.) ENDRASS. 4587

W. J. J. de Sauvage Nolting, *Besteht eine Beziehung zwischen Schwachsinn und Vitamin-C-Defizit?* Statist. Unterss. über den Zusammenhang zwischen der *Vitamin-C*

Versorgung von Föten u. Geburt schwachsinniger Kinder. Reichliche Vitaminversorgung soll diese Gefahr verringern. (Geneeskund. Gids. **32.** 44—47. 4/2. 1954. Utrecht.) PATZSCH. 4587

Barnet M. Levy und **Robert J. Gorlin,** *Das Kiefergelenk bei Vitamin-C-Mangel.* Die histolog. Veränderungen im Condylus des Unterkiefers von Meerschweinchen mit Vitamin-C-Mangel entsprechen genau denen anderer Knochen von skorbut. Tieren. (J. Dental Res. **32.** 622. Okt. 1953. New York, N. Y., Columbia Univ., School of Dental and Oral Surgery.) KLESSE. 4587

E. L. Hove und **J. O. Hardin,** *Verminderte Ausscheidung von Kreatinin im Harn bei Vitamin-E-Mangel-Ratten. Vitamin-E* (I)-Mangel-Ratten zeigten verminderte *Kreatinin* (II)- aber erhöhte *Kreatin* (III)-Ausscheidung im Harn. Der Effekt trat bei Ratten mit 10% Casein-Diät früher auf als bei solchen mit 18%. Bei Kaninchen zeigt sich unter I-Mangel hohe III-Ausscheidung bei unverminderter Exkretion von II. I scheint bei der Synth. von III beteiligt zu sein. (J. Nutrit. **48.** 193—200. 10/10. 1952. Auburn, Alabama Polytechnic. Inst., Agricult. Exp. Stat., Dep. of Animal Husbandry and Nutrit.) DU MONT. 4587

T. H. Bothwell, H. van W. van Doorn-Wittkampf, M. L. Du Preez und **T. Alper,** *Die Resorption von Eisen. Radioeisenuntersuchungen bei idiopathischer Hämochromatose, Cytosiderose infolge Unterernährung und Hämosiderose infolge Bluttransfusion.* Bei 21 Personen, davon 8 n., wurde die Fe-Verwertung durch Analyse der Fäces u. häufig entnommener Blutproben sowie durch Messungen in vivo untersucht. Bei idiopath. Hämochromatose wurde eine erhöhte Fe-Resorption festgestellt, wobei ein Teil zur Hämoglobinbldg. ausgenutzt u. der Rest in der Leber u. anderen Organen abgelagert wurde. Die Art u. Geschwindigkeit dieser Resorption wurde weder durch Phosphate noch durch fettlösl. Vitamine beeinflußt. Bei 4 Fällen von Cytosiderose war die Fe-Resorption offensichtlich niedrig, bei einem weiteren fand eine deutliche Aufnahme in das Blut u. eine anomale Ablagerung in der Leber statt. Bei transfusionsbedingter Hämosiderose war die Fe-Resorption nicht ganz ausgefallen, die Ausnutzung für Hämoglobin aber mit einer Ausnahme sehr gering. Bei n. Personen zeigte der Spiegel des Radio-Fe im Hämoglobin starke individuelle Schwankungen. Die Fe-Resorption ist nicht gleichbedeutend mit Ausnutzung für die Hämoglobinbildung. (J. Lab. clin. Med. **41.** 836—48. Juni 1953. Pretoria, Univ. of Witwatersrand, Dep of Med.) SCHWAIBOLD. 4594

A. E. Denton und **C. A. Elvehjem,** *Aminosäurekonzentration in der Portalvene nach Aufnahme von Aminosäuren.* In Verss. an Hunden (vgl. auch DENTON u. Mitarbeiter, J. biol. Chemistry **204.** [1953.] 731) ergab sich nach Verabreichung eines Futters, das Aminosäuren als einzige Proteinquelle enthielt, eine schnelle Resorption aller untersuchten Aminosäuren mit Ausnahme von *Phenylalanin* u. gegebenenfalls *Leucin.* Nach Aufnahme der Aminosäuren ließen sich zwei Gipfel (nach 1 u. 2½ Std.) in der Aminosäurekonzentrationskurve der Portalvene beobachten. Die Verfütterung eines proteinfreien Futters bewirkte eine Abnahme der Konz. aller Aminosäuren im Blutplasma der Portalvene mit Ausnahme von Tryptophan. (J. biol. Chemistry **206.** 455—60. Jan. 1954. Madison, Wis., Univ. of Wisconsin, Coll. of Agricult., Dep. of Biochemistry.) NEHRING. 4594

H. K. Gräfe, *Nahrungsbedarfsnormen für qualifizierte und nichtqualifizierte Produktionsarbeiter. Versuch einer Umschreibung des lebensnotwendigen Kalorienbedarfes bei verschiedenartiger Arbeitsleistung.* Es werden die folgenden Mittelwerte für den kalendertäglichen Kalorienbedarf als Norm vorgeschlagen: für männliche Industriearbeiter mit vorwiegend geistigen Anstrengungen in Verbindung mit erheblichem phys. Kräfteaufwand 3600 cal (da ca. $^1/_3$ Frauen in der Industrie eingesetzt sind, läßt sich der Betrag auf 3400 cal reduzieren); für qualifizierte männliche Arbeitskräfte ohne wesentliche phys. Anstrengungen 2950 cal (unter Berücksichtigung von $^1/_3$ weiblichen Arbeitskräften: 2880 cal); für vorwiegend phys. tätige Arbeiter 3900 cal (ohne Abschlag für Frauenarbeit). (Pharmazie **7.** 800—11. Dez. 1952. Potsdam-Rehbrücke, Inst. für Ernährungsforsch.) NEHRING. 4595

Frederick A. Fuhrman, *Glykogen, Glucosetoleranz und Gewebemetabolismus in K-armen Ratten.* 4 Wochen alte männliche Ratten wurden 8 Tage lang mit einer K-armen Diät gefüttert. Hiernach war ein Abfall des Muskel-K-Geb. von 51,2 auf 29,4 m Mol pro 100 g festzustellen, während das Muskel-Na von 14,7 auf 24,8 gestiegen war. Plasma-K fiel von 5,0 auf 3,0. Die Nebennierengewichte waren erhöht, der Thymus zeigte Atrophie. Es bestand keine Differenz im oralen Glucosetoleranztest im Gegensatz zum intravenösen, bei dem die Versuchstiere eine verminderte Glucosetoleranz zeigten. Der O_2-Verbrauch von Leber, Muskel, Niere usw. ergab keinen Unterschied bei n. u. Versuchstieren gegenüber einer unbedeutenden Erhöhung der anaeroben Glykolyse des Diaphragmas bei den K-arm ernährten Tieren. Der Leber- u. Muskelglykogengeh. war bei den Versuchstieren erhöht. Die Ergebnisse werden mit den Befunden von GARDNER u. Mitarbeiter (J. Lab. clin. Med. **35.** [1950.] 592) verglichen, zu denen sie in gewissem Gegensatz stehen. (Amer. J. Physiol. **167.** 314—20. 1/11. 1951. Stanford, Calif., Stanford Univ., School of Med., Dep. of Physiol.) REISS. 4596

Bruce Mackler, James Mithoefer und **George M. Guest,** *Glucosestoffwechsel bei hepatektomierten Hunden.* Blutzuckerbestimmungen bei 4 hepatektomierten Hunden vor u. nach intravenöser Injektion von *Glucose* (I) (0,5 g I/kg in 5%ig. Lsg.). Der Abfall der Blutzuckerwerte ist geringer vor als nach I-Injektion. Danach scheint I bei hepatektomierten, im Gegensatz zu eviscerierten Hunden, bei denen SOSKIN u. MIRSKY (Amer. J. Physiol. **114.** [1935.] 106) keine Differenz vor u. nach I-Injektion feststellten, die Insulinsekretion zu stimulieren. Glucosurie nach I wurde nicht beobachtet. (Proc. Soc. exp. Biol. Med. **78.** 224—26. Okt. 1951. Cincinnati, O., Univ., Children's Hosp., Res. Foundation u. Deps. of Pediatrics and of Surgery.) REISS. 4596

W. A. Kaplan, A. I. Karnatzkaja und **W. N. Nikitin,** *Über die Rolle der Leber bei den biochemischen Prozessen des lactierenden Organismus. Desaminierung der Aminosäuren in der Leber.* Verss. mit weißen Ratten ergaben, daß die Desaminierung von *dl-Alanin* in der Leber des lactierenden Tieres fast doppelt so stark ist wie in der Leber des nichtlactierenden Tieres. Diese Desaminierung hängt mit einer intensiven Umwandlung der Eiweißstoffe zusammen. Die hierbei entstehenden N-freien Aminosäurereste (Ketosäuren) sind wahrscheinlich an der Synth. des Milchfettes beteiligt. (Биохимия [Biochemie] **17.** 660—63. Nov./Dez. 1952. Charkow, Zootechn. Inst., Lehrstuhl für Physiol. u. Biochem. der Haustiere.) LEBTAG. 4596

Per Schambye und **Harland G. Wood,** *Die biologische Asymmetrie des Glycerins und die Bildung asymmetrisch markierter Glucose.* Das durch Verfütterung von $^{14}C_{(1)}$-*Acetat* an Ziegen aus der Milch erhaltene $^{14}C_{(1)}$-*Glycerin* (I) wurde an Ratten verfüttert, das Leberglykogen isoliert, durch Hydrolyse mit n-H_2SO_4 in *Glucose* (II) gespalten u. II durch Vergärung mit *Leuconostoc mesenteroides* abgebaut. ^{14}C fand sich vorwiegend im $C_{(3)}$- u. $C_{(4)}$-Atom von II. In Verbindung mit den Befunden von DOERSCHUK (J. biol. Chemistry **196.** [1952.] 423), der $^{14}C_{(1\ u.\ 3)}$-I verfütterte, zeigen die Ergebnisse, daß die End-*C*-Atome von I hinsichtlich des Verh. im Stoffwechsel nicht ident. sind u. I in Übereinstimmung mit der OPSTONschen Hydrolyse asymm. umgewandelt wird. Wahrscheinlich wird I asymm. durch eine Kinase zu *L-α-Glycerinphosphat* phosphoryliert, dieses durch eine *L-α-Glycerinphosphatdehydrogenase* dehydriert u. dann in Glykogen umgewandelt. Die ^{14}C-Verteilung in der *C*-Kette von II war nicht symm.; $C_{(3)}$ enthielt 1,4—2,4fach mehr ^{14}C als $C_{(4)}$. (J. biol. Chemistry **206.** 875—82. Febr. 1954. Cleveland, O., Western Reserve Univ., School of Med., Dep. of Biochem.) K. MAIER. 4596

Robert W. Swick und **Akira Nakao,** *Die biologische Asymmetrie des Glycerins.* (Vgl. vorst. Ref.) $^{14}C_{(1)}$-*Glycerin* (I) wurde durch Vergärung von $^{14}C_{(3,\ 4)}$-*Glucose* (II) mit *Saccharomyces chevalieri* erhalten, Ratten zugeführt u. durch Abbau der aus Glykogen erhaltenen II die Verteilung der Radioaktivität bestimmt. Vergärung von II mittels *Lactobacillus casei* zu *Milchsäure* (III) u. deren oxydativer Abbau zu CO_2 u. *Acetaldehyd* zeigten, daß ca. 91% der Aktivität in den $C_{(3)}$- u. $C_{(4)}$-Atomen von II u. in der *COOH*-Gruppe von III lokalisiert waren. Nach Injektion von $NaH^{14}CO_3$ fanden sich bei der Ratte 97% der Aktivität in den $C_{(3\ u.\ 4)}$-Atomen von II u. 3% in den $C_{(1,\ 2,\ 5\ u.\ 6)}$-Atomen. Bei Vergärung von $^{14}C_{(1)}$-I zu III durch *L. casei* erschienen 90% der Radioaktivität in $C_{(1)}$, 10% in $C_{(2,\ 3)}$. Die Verss. zeigen, daß I, wie *Citronensäure*, als eine biol. asymm. Verb. angesehen werden kann. (J. biol. Chemistry **206.** 883—86. Febr. 1954. Berkeley, Calif., Univ., School of Med., Dep. of Physiol.) K. MAIER. 4596

Paul Fournier, *Schutzwirkung der Milch gegen die Resorption der Knochen bei säugenden Ratten.* Ratten, die vorwiegend mit Milch ernährt werden, verlieren während der Lactationsperiode wesentlich weniger Ca, als n. ernährte. Das läßt darauf schließen, daß die Milch einen Stoff enthält, der die Resorption der Knochen herabsetzt. (C. R. hebd. Séances Acad. Sci. **238.** 391—93. 18/1. 1954.) U. BAUMANN. 4596

Paul Fournier, *Schutzwirkung der Lactose auf das Skelett von säugenden Ratten.* (Vgl. vorst. Ref.) Durch Verabreichung von *Lactose* wird der Ca-Umsatz von lactierenden Ratten, der im allgemeinen auf Kosten der Knochen stark vermehrt wird, normalisiert. (C. R. hebd. Séances Acad. Sci. **238.** 509—11. 25/1. 1954.) U. BAUMANN. 4596

Sam L. Hansard, C. L. Comar und **M. P. Plumlee,** *Die Wirkungen des Alters auf die Calciumausnutzung und die Erhaltung beim Rindvieh.* Resorption u./oder „wahre“

Verdaulichkeitswerte waren bei Jungrindern am größten, nahmen bis zur Geschlechtsreife schnell ab, während der Geschlechtsreife nur langsam, um abermals bei alten Tieren abzunehmen. Endogenes Fäcal-Ca nahm mit wachsendem Alter u. Körpergewicht von 0,42 g/Tag bei 10 Tage alten Tieren über 3,3 g bei 6 Monate alten zu 8 g bei geschlechtsreifen zu. Die Menge (endogenes Fäcal-Ca/kg Körpergewicht) blieb merklich konstant von 1 Monat Lebensalter bis zur Reife. (J. Animal Sci. **13**. 25—36. Febr. 1954. Univ. of Tennessee Atomic Energy Comm., Agr. Res. Program.)
PATZSCH. 4596

Walter Brenner und **Walter Birk**, *Experimenteller Beitrag zum Kaliumstoffwechsel.* Im Zusammenhang mit Angaben anderer Autoren über das Bestehen von Beziehungen zwischen Störungen des K-Stoffwechsels u. Veränderungen des EKG wurden bei Kaninchen mit Veratrin intraperitoneal Schockzustände erzeugt u. Unterss. von EKG, Herzschall, K u. Na im Serum u. Harn, Erythrocyten- u. Hämoglobinwerten, Eiweiß u. Sediment im Harn durchgeführt. Es wurde festgestellt, daß EKG-Veränderungen, die als typ. für Hypokaliämie angesehen werden, auch bei Hyperkaliämie auftreten können. Das Plasma-K übt demnach keinen direkten Einfl. auf die EKG-Befunde aus. Damit wird die Annahme gestützt, daß nur die Störung des intracellulären K-Stoffwechsels (K-Mangel in der Zelle) die EKG-Veränderungen bedingt. Die Indikation für therapeut. K-Zufuhr kann aus dem EKG demnach nicht mit Sicherheit abgeleitet werden, sondern nur aus der Feststellung einer vorhandenen Hypokaliämie. (Z. Kinderheilkunde **73**. 251—64. 1953. Bonn, Univ.-Kinderklinik.) SCHWAIBOLD. 4596

Joseph F. Fazekas und **Alice N. Bessman**, *Comamechanismen.* Vf. stellt eine physiol. Klassifizierung cerebraler Stoffwechselstörungen auf, die von der Voraussetzung ausgeht, daß die zur Funktion u. für die strukturelle Intaktheit der Gehirnzellen erforderliche Energie aus enzymat. katalysierten Rkk. zwischen *Glucose* (I) u. O_2 stammt. I- oder O_2-Insuffizierung, Hemmung oder Fehlen für den I-Abbau unentbehrlicher Enzyme haben cerebrale Stoffwechselstörungen zur Folge. Die verschiedenartige Rk. des Zentralnervensyst. auf den Entzug unentbehrlicher Substanzen beruht anscheinend auf deren Zugänglichkeit u. den unterschiedlichen Verwertungsgeschwindigkeiten durch die einzelnen Bezirke des Zentralnervensystems. Einteilung: 1. Substrat: (Glucose)-Insuffizienz: verminderte Blutkonz., red. Blutdurchströmung des Gehirns, verschlechterte Diffusion von Capillaren zu Zellen; 2. enzymat. Störungen: Mangel an Enzymaktivatoren (*Thiamin, Niacin, Pantothensäure, Vitamin* B_{12}), Hemmung der Enzymtätigkeit (Schwermetallvergiftung, diabet., uräm. u. hepat. Coma), Entkopplung der enzymat. Oxydation, Zerstörung von Enzymen; 3. O_2-Mangel: verminderte O_2-Konz. des Blutes, verminderte Blutdurchströmung des Gehirns, verschlechterte Diffusion von Capillaren zu Zellen; 5. Coma verschied. Ätiologie. — 27 Literaturangaben. (Amer. J. Med. **15**. 804—12. Dez. 1953. Washington, D. C., Gallinger Municipal Hosp., Georgetown and George Washington Univ., Med. Div.)
K. MAIER. 4596

A. G. Shape, *Eine für Tropengebrauch geeignete Leberfunktionsprüfung.* Einem Tropfen LUGOLscher Lsg. wurde ein Tropfen Patientenserum zugesetzt, stehengelassen u. die Trübung nach 1—2 Min. abgelesen. Die Mehrzahl der Patienten mit Lebererkrankungen, dekompensierter Herzinsuffizienz, Leberabsceß u. Diabetes hatten positive Reaktion (feiner bis braunschwarzer Nd.). Im Gegensatz zu anderen Leberfunktionsproben war eine falsche positive Rk. unwahrscheinlich. (Trans. Roy. Soc. trop. Med. Hyg. **47**. 324—28. Juli 1953. South Rhodesia, Salisbury African Hosp.)
BROSEMANN. 4597

Yojiro Tsuzuki und **Junzo Yamazaki**, *Über die Süße von Fructose und einigen anderen Zuckern, besonders über ihre Änderung mit der Temperatur.* In Verss. mit einigen nach eigenem Verf. ausgewählten für süß bes. geschmacksempfindlichen Personen fanden Vff., daß die relative Süße (r. S.; Saccharose = 100) von *Fructose* (I) von 143,7 bei $+5^0$ auf 79,0 bei 60^0 fällt. Da in gleichem Maße die spezif. Drehung infolge Isomerisierung zu α-I abnimmt, muß α-I von geringerer r.S. als *β*-I sein. Bei rasch abgekühlter geschmolzener I, die 97,2% enthält, wurde dementsprechend auch nur $^1/_3$ der r.S. von n. I gefunden. Ebenso nimmt die r.S. von I mit steigenden Konzz. bei 18^0 von 130,0 bei 3% auf 106,9 bei 20% ab. Bei ca. 20^0 wurden für andere Zucker folgende r.S.-Werte festgestellt: *l-Sorbose* 64, *d-Galaktose* 49, *d-Glucose* 57 u. *Maltose* 34. Diese Werte zeigten keine wesentliche Temperaturabhängigkeit. (Biochem. Z. **323**. 525—34. 1953. Tokyo-Kagurazaka, Japan, Tokyo Coll. of Sci.)
KRUSEN. 4598

Jacques Chevrel, Vitamine B_{12} et A. P. F. en alimentation animale. Paris: Presses documentaires. 1953. (32 S.)

E_6. Pharmakologie. Therapie. Toxikologie. Hygiene.

N. W. Nikolajewa, *Die Behandlung von Erythrämie mit radioaktivem Phosphor.* Da der Aderlaß mit Einführung von Plasma nur begrenzte Wirkungsdauer bei Erythrämie zeigt, die Anwendung von *radioakt. P* (I) vielfach zu Anämisierung führt, empfiehlt Vf. zuerst Aderlaß, dann I mit 6—4 Millicurie anzuwenden, wodurch die Vorteile beider Verff. gewahrt bleiben, die Nachteile vermindert werden, zudem der Krankenhausaufenthalt von 56 auf 30 Tage herabgesetzt werden kann. (Клиническая Медицина [Klin. Med.] **31** (**34**). Nr. 12. 12—15. Dez. 1953. Moskau, Zentr. Inst. für Hämatol. u. Bluttransfusion, Hämatol. Klinik.) R. K. MÜLLER. 4601

Marcus Oliphant, *Strahlenschäden durch Atomenergie.* Vf. bringt eine zusammenfassende Darst. der Kenntnisse vom Atombau, der Kernstruktur, der Kerntransformationen der zur Atombombe führenden Ketten-Rk. u. der durch die Kernstrahlungen ausgelösten Strahlenschäden. (Med. J. Australia **39.** I. 277—81. 1/3. 1952. Canberra.) REUSSE. 4601

F. Wachsmann, *Vergleich der Wirkung von Röntgen- und Radiumstrahlung auf die menschliche Haut.* Auf der Haut von Menschen u. Schweinen wurden Erytheme gesetzt, u. zwar vergleichsweise einmal mit Röntgenstrahlen von 45—200 kV, in anderen Fällen durch die härtere Strahlung eines Ra-Präparates. In diesem Fall wurde zur Erzielung vergleichbarer Verhältnisse der bei der harten Strahlung nach der Tiefe des Gewebes hin resultierende Dosisanstieg durch eine vor die Haut geschaltete gewebeäquivalente Trolitulplatte von 4 mm Stärke nach außen verlegt. Die Verss. zeigten, daß bei Ra höhere Dosen verabreicht werden müssen als bei Röntgenstrahlen, um die gleiche Wrkg. zu erreichen. Der Faktor, um den die Ra-Dosis erhöht werden muß, ist bei kleinen Dosen an der Erythemschwelle 3 u. mehr, bei hohen Dosen (Nekrosen) 1,5. Die Deutung der Befunde sieht Vf. in der spezif. Ionisationsdichte. (Strahlentherapie **90.** 438—45. 1953. Erlangen, Univ.) REUSSE. 4601

Emil Tonutti, Theophil Hornykiewytsch und **Willi Sohre,** *Zur Abhängigkeit des allgemeinen Resistenzvermögens von Nebennierenrindenhormonen nach Röntgenganzbestrahlung.* 4 Gruppen von Ratten erhielten Röntgenbestrahlungen von 1000 r (200 kV, 20 mA, HWS 1,12 mm Cu, Fokusabstand 75 cm). Die 1. Gruppe enthielt n. Kontrolltiere, die 2. bestand aus adrenalelektomierten Tieren, die 3. ebenfalls, jedoch in 3 verschied. Dosierungen mit *Cortison* (I) behandelt (1,25 mg, 2,50 mg u. 5,0 mg) u. die 4. Gruppe aus Tieren, denen nach Adrenalektomie 3 bzw. 6 mg *Desoxycorticosteronacetat* (II) injiziert wurden. Die Beobachtung der mittleren Überlebensdauer ergab: Die Adrenalektomie erhöht die Strahlensensibilität, diese Erhöhung kann durch hohe I-Dosen kompensiert werden. Eine ähnliche, jedoch geringere Wrkg. hat **II.** Vff. diskutieren die Befunde u. heben die Bedeutung der Nebennierenrindenfunktion für die Strahlenresistenz des Organismus hervor, Glucocorticoide u. Mineralocorticoide scheinen nach Ansicht der Vff. in gleicher Weise von wesentlicher Bedeutung zu sein. (Strahlentherapie **90.** 429—37. 1953. Gießen, Justus-Liebig-Hochschule, Anatom. Inst. u. Med. Klinik, Strahlenabt.) REUSSE. 4601

E. Picha und **K. Weghaupt,** *Emedyl in der Behandlung des Röntgenkaters.* Kurze Übersicht über Maßnahmen zur Vermeidung des Röntgenkaters, an Präpp. werden erwähnt *Cortiron, Vasano* (*Nautisan*), *Colsil, Vitamin* B_{12}, *Cardiazol-Ephedrin, Insulin, Nicotinsäureamid, Avil* u. a. Vff. berichten über Erfahrungen mit *Emedyl* (I; *Montavit,* Absam/Tirol) bei 100 Frauen mit Gebärmutter- bzw. Eierstockkrebs, die nach Röntgenbestrahlung an Brechreiz oder Erbrechen litten. Der I-Wirkstoff ist die direkt an *8-Chlortheophyllin* gekoppelte *Dibendrinbase.* I-Dosierung im allg. 3 mal täglich 1 Tablette zu 0,05. Die Erscheinungen verschwanden meist nach 2—4 Tagen, gute Verträglichkeit. 84 Heilungen, 11 gebesserte Fälle, 5 Versager. (Wiener klin. Wschr. **65** ([N. F.] **8**). 911—13. 30/10. 53. Wien, Univ., I. Frauenklinik.) DOSSMANN. 4601

A. P. Blasiu, *Erfahrungen mit Thesit bei der Röntgendermatitis.* Vf. berichtet über ein Krankengut von 89 Fällen, die nach therapeut. Röntgenbestrahlung Dermatitisbefunde aufwiesen. Es gelang, diese durch Anwendung von *Thesit* in Form von Salbe oder Suppositorien (I) rasch zum Verschwinden zu bringen. I enthält einen Polyäthylenoxydäther des Dodecylalkohols, der eine antipruriginöse Wrkg. in Verbindung mit einem anästhesierenden Einfl. auf die sensiblen Hautnerven ausübt. (Strahlentherapie **92.** 75—79. 1953. München, Univ., I. Frauenklinik, Strahleninstitut.) REUSSE. 4601

J. Giban, *Toxizitätsvergleich der Natrium-, Barium- und Calciumsalze von Dinitro-o-kresol bei der weißen Ratte und der Elritze.* Bei Verabreichung mit Schlundsonde an weiße Ratten wurden für *Dinitro-o-kresol* (I)-Na, I-Ba u. I-Ca DL_{50} von 36, 54 u. 42 u. DL_{100} von 59, 56 u. 45 mg/kg gefunden. Bei Zufuhr mit dem Futter wurden hinsichtlich der DL_{100} wesentlich höhere Werte gefunden. Unterss. an der Elritze (Phoxinus phoxinus L.) ergaben keine Unterschiede hinsichtlich der Toxizitäten von I-Na, -Ba u. -Ca, in dest. W. wirkten 5—10 mg/Liter bei Einwirkungsdauer von 5—10 Min. bei allen Tieren tödlich. Bei Verwendung von n. W. wurden Konzz. von 5—10 mg/Liter 30 Min. bei nur geringer Mortalität vertragen, bei Anreicherung des W. mit $Ca(OH)_2$ konnte die erträgliche Konz. noch weiter gesteigert werden, solange der p_H-Wert im Bereich des Neutralpunktes verblieb. (Ann. Inst. nat. Rech. agronom., Sér. C **4.** 13—22. Jan./März 1953. Versailles, Labor. de Vertébrés.) KRUSEN. 4607

G. M. Kolmodin, *Der Einfluß von Äthylalkohol auf den monosympathischen Extensorreflex und den multisynaptischen Reflex.* (Acta physiol. scand., Suppl. **29.** Nr. **106.** 530—37. 1952. Stockholm, Karolinska Inst., Department of Physiology.) ZEMKE. 4607

W. Heubner und **D. Viessmann,** *Reflektorische Atemhemmung durch p-Chlorphenyläthanolamin. 2-[p-Chlorphenyl]-äthanolamin* (I) wirkt an Ratten u. Meerschweinchen ähnlich blutdruckksteigernd, wie z. B. *Ephedrin*, vermehrt am isolierten Meerschweinchendarm vorübergehend die Peristaltik, vermindert jedoch die Empfänglichkeit für die Kontraktionswrkg. von *Acetylcholin* u. *$BaCl_2$* u. bewirkt bei Ratten, Katzen u. Meerschweinchen eine kurzdauernde Hemmung (bis 20 Sek.) der Atmung (nach 1 bis 20 mg/kg, intravenös). Vff. nehmen auf Grund des Verh. nach Durchtrennung der Verbindung Sinusnerv–Zentrum bzw. beider Vagi an, daß es sich um eine vom Kreislauf unabhängige Wrkg. von I auf Receptoren in einem Gebiet handelt, aus dem Impulse im Sinne einer Atmungshemmung zentralwärts durch den Vagusstamm verlaufen. Möglicherweise sind bei den nach *Adrenalin* beobachteten Atmungsstörungen ebenfalls Wirkungen auf ähnliche Receptoren beteiligt. (Naunyn-Schmiedebergs Arch. exp. Pathol. Pharmakol. **220.** 40—42. Berlin, Freie Univ., Pharmakol. Inst. 1953.) K. MAIER. 4607

F. Testoni und **G. Lomeo,** *Die Wirkung einiger dihydrierter Mutterkornalkaloide auf das experimentelle Adrenalin-Lungenödem beim Kaninchen.* Vff. erzeugten beim Kaninchen durch intravenöse Applikation von *Adrenalin* ein akutes tödliches Lungenödem. Durch *Hydergin* konnte dieser Effekt, sofern es in einer Dosis von 0,3 mg/kg u. 5—22 Min. danach injiziert wurde, aufgehoben werden. (Experientia [Basel] **9.** 30—31. 15/1. 1953. Roma, Univ., Ist. di Patologia spec. Medica.) P. G. SCHEURLEN. 4607

F. Testoni und **V. Moscato,** *Die Wirkung einiger dihydrierter Mutterkornalkaloide auf das mit Chlorpikrin erzeugte experimentelle Lungenödem beim Kaninchen.* Das durch *Chlorpikrin* beim Kaninchen erzeugte experimentelle tödliche Lungenödem kann durch *Hydergin* nicht verhindert werden. Dieser Befund spricht gegen die Annahme, daß hier das sympath. Nervensyst., wie beim Lungenödem nach Adrenalin, pathogenet. line Rolle spielt. (Experientia [Basel] **9.** 31—32. 15/1. 1953. Roma, Univ., Ist. di Patoeogia spec. Med.) P. G. SCHEURLEN. 4607

A. A. Pychtina. *Der Einfluß von Papaverin, Natriumnicotinat und Pilocarpin auf die Interoceptoren der Milz, des Dünndarms und der hinteren Extremität.* In Verss. an durchströmten, mit dem Organismus nur durch Nervenverb. zusammenhängenden Organen (Milz, Dünndarm, hintere Extremität) der urethannarkotisierten Katze wird festgestellt, daß *Papaverin* (1:1000) durch Reizung der Chemoreceptoren der durchströmten Organe zu reflektor. Erhöhung des Blutdrucks, Steigerung oder Verminderung des Herzrhythmus u. Zunahme der Atmungsbewegungen führt. Ähnlich wirken auch *Na-Nicotinat* (1:100) u. *Pilocarpin* (1:1000). Vf. nimmt an, daß bei der klin. Anwendung der genannten Präpp. außer mit ihrer direkten auch mit der beschriebenen reflektor. Wrkg. über die Interoceptoren der Organe zu rechnen ist. (Фармакология и Токсикология [Pharmakol. u. Toxikol.] **16.** Nr. 3. 12—14. Mai/Juni 1953. Moskau, 2. Med. Stalin-Inst., Lehrstuhl für Pharmakol.) RENTZ. 4607

A. D. Care, *Kropferzeugende Eigenschaften von Leinsamen.* Vf. berichtet über Beobachtungen, daß Mutterschafe bei einem Futter aus Leinsamen, Hafer u. Luzerneheu Lämmer mit Kropf warfen. *KJ* oder *Dinatrium-1-thyroxin*, zum Trinkwasser gegeben, wirkten prophylaktisch. Unterss. an Mäusen mit Radiojod ergaben, daß *Thiocyanat*, das bei der Entgiftung des aus dem Linamarin frei werdenden Cyanids entsteht, als die Kropfnoxe anzusehen ist. Auch Unterss. von weißem Klee (Trifolium repens L), der das Cyanid abspaltende *Lotaustralin* enthält, ergaben Hinweise auf eine kropfmachende Wirkung. (Nature [London] **173.** 172—73. 23/1. 1954. Lincoln, N. Z. Canterbury Agricultural College.) K. BÖHM. 4608

G. Ss. Solotych und **I. D. Morosow,** *Der Einfluß von Coffein auf die Speichelsekretion des Hundes bei Dysenterieintoxikation.* In Verss. an einem 12,8 kg schweren Hund mit Parotis- u. Submaxillarisfistel führen 0,07—0,1 g *Coffein* (I) per os zu einer deutlichen Zunahme der Speichelsekretion. Bei experimenteller Dysenterieintoxikation durch intravenöse Zufuhr von 2 ml *Shiga-Exotoxin* in 5 ml physiol. NaCl-Lsg. ist die **I**-Wrkg. stark herabgesetzt u. wird erst nach 1—$1^1/_2$ Monaten wieder normal. Wiederholung des Vers. nach $4^1/_2$ Monaten führte zu dem gleichen Ergebnis. Demnach kommt es unter der Dysenterieintoxikation zu einer funktionellen Störung in der Großhirnrinde, die sich in einer Hemmung der Rk. auf I äußert. Die experimentellen Ergebnisse haben eine Parallele in klin. Befunden, wonach es beim schwer dysenteriekranken Menschen zu einer Abnahme u. bei einer durch den Shiga-Bacillus hervorgerufenen Infektion sogar zu einem wochenlangen Sistieren der Speichelsekretion kommt. Bei Dysenteriekranken ist **I** deshalb nur in kleinen Dosen anzuwenden. (Фармакология и Токсикология [Pharmakol. u. Toxikol.] **16.** Nr. 3. 39—43. Mai/Juni 1953. Iwanowo, Landwirtschaftl. Inst., Lehrstuhl für Pharmakol. u. Toxikol.) RENTZ. 4608

Je. N. Gussewa, *Zur Pharmakologie des Antisympathins.* Das aus Blutplasma von Hunden nach TITAJEW (vgl. C. **1951.** II. 701) gewonnene *Antisympathin* (**I**) wirkt auf das isolierte Froschherz u. das Katzenherz in situ unter Urethan (**I**)-Narkose negativ inotrop, ohne den Rhythmus zu beeinflussen. Der Antagonismus zwischen **I** u. Adrenalin–Atropin ist gegenseitig. Der isolierte Kaninchendarm wird durch **I** gehemmt. An Katzen in **I**-Narkose, intravenös verabreicht, wirkt **I** — auch nach Atropinisierung — vorübergehend blutdrucksenkend. Durch vorausgegangene $BaCl_2$-Gaben wird die hypotensive Wrkg. abgeschwächt. Sie ist auch bei der experimentellen Kaolinhypertension des Hundes geringer. Während des Barbamyl- u. Medinalschlafs, weniger deutlich unter Morphin bzw. A., ist der **I**-Geh. im Blut herabgesetzt. (Фармакология и Токсикология [Pharmakol. u. Toxikol.] **16.** Nr. 4. 10—13. Juli/Aug. 1953. Physiol. Inst. der Akad. der Med. Wiss. der UdSSR, Pharmakol. Labor.) RENTZ. 4609

M. N. Akramowski, *Die Anwendung von Kaliumpermanganat bei Rinderbabesiose.* Vom Rind werden 5—10 g *$KMnO_4$* (**I**) ohne Nebenwirkungen vertragen. Wenn bei Babesiose an einem Tag ein- oder zweimal 5 g (entsprechend 0,16—0,17 g/kg Körpergewicht) per os gegeben werden, verschwinden die Parasiten beim erwachsenen Tier innerhalb 24—60 Std. aus dem peripheren Blut. Die Dosis wird in 3 Liter W. gelöst. (Ветеринария [Tierheilkunde] **31.** Nr. 1. 44—45. Jan. 1953. Weißruss. NIWOS.)
R. K. MÜLLER. 4610

W. Ss. Ssereda, *Ein Versuch zur Anwendung von Flavacridin und Proflavin bei Uteruskrankheiten der Kühe.* Bei chron. Endometritis, Abort traumat. Ursprungs u. Uterusprolaps bei Kühen werden gute Erfolge erzielt, wenn man 4—5 Uterusspülungen mit Lsgg. von *Flavacridin* oder *Proflavin* in abgekochtem Flußwasser 1:1000, auf 30—35° erwärmt, vornimmt; daneben ist, bes. bei chron. Erkrankungen, Massage von Uterus u. Ovarien zweckmäßig. (Ветеринария [Tierheilkunde] **31.** Nr. 1. 54—55. Jan. 1953.) R. K. MÜLLER. 4610

M. F. Guljakow, *Kombinierte Behandlung eitriger Wunden der Hornhaut und ulceröser Keratitiden mit Dionin und Natriumalbucid.* Nachdem sich in Verss. am Kaninchen das Gemisch von *Dionin* u. *Albucid-Na* bei Einbringung in den Conjunctivalsack als unschädlich u. therapeut. wirksam erwiesen hatte, wurde die Kombination an 45 Patienten mit eitrigen Hornhautulcera erprobt (Einstäubung alle 3, später alle 5 Std.) u. erwies sich, bes. im Anfangsstadium der Erkrankung, als sehr wirksam, auch hinsichtlich der Wiederherstellung der Sehschärfe. Ratsam ist die gleichzeitige Behandlung der Patienten mit Sulfanilamiden per os u. Penicillin intramuskulär. (Вестник Офталмологии [Nachr. Ophthalmol.) **33.** Nr. 1. 34—35. Jan./Febr. 1954. Saporoshje, Eisenbahner-Krankenhaus, Augenabt.) RENTZ. 4610

A. T. G. Thomas, G. I. Robertson und **D. G. Davey,** *Versuche mit Antimalariapräparaten bei Menschen.* 1. Mitt. *Schutzwirkung des Proguanil („Paludrine") gegen einen ostafrikanischen, durch Anopheles gambiae übertragenen Stamm des Plasmodium falciparum.* 5 Freiwillige erhielten 0,1 g *Proguanil* (*„Paludrine"*; **I**) täglich, 10 2 mal wöchentlich 0,1 g, 10 1 mal wöchentlich 0,3 g u. wurden dabei ständig Bissen von mit Plasmodium falciparum infizierten Anopheles gambiae (A. g.) ausgesetzt, 10 erhielten 1 mal wöchentlich 0,3 g u. wurden an dem Tage vor A. g. geschützt. Außer 2 zweifelhaften Fällen konnte jedesmal einwandfrei Prophylaxe erzielt werden. (Trans. Roy. Soc. trop. Med. Hyg. **47.** 338—45. Juli 1953.) BROSEMANN. 4610

Najib Khan, *Resochin bei Malaria.* Bericht über Erprobung von *Resochin* = *Chloroquine* = *7-Chlor-4-[4'-diäthylamino-1'-methylbutylamino]-chinolindiphosphat* (**I**) bei 36 Fällen, 20 mit falciparum- u. 16 mit vivax-Infektionen. 1 Tablette enthält 250 mg **I**. Dosierung 500 mg dreimal täglich, 2 Tage. **I** ist besser als *Mepacrine* u. etwa gleichwertig dem *Camoquine*, Fieberdauer im Mittel 23 Std., Parasitenfreiheit in 48 Stunden. (Indian med. Gaz. **88.** 57—58. Febr. 1953. Jamshedpur, Tata Main Hosp.)
DOSSMANN. 4610

Ss. Ss. Rotenburg, *Besonderheiten der Zirkulation von Antimalariamitteln im Organismus.* Nach einem Überblick über den Einfl. der parenteralen Zuführung der verschied. Mittel auf den Zeitpunkt, an dem die Maximalkonz. im Blut erreicht wird (im Vgl. mit intramuskulärer Injektion), werden die Unterschiede in Speicherung u. Ausscheidung besprochen. Die Konzentrierung in den Geweben nimmt ab von *Atebrin* (I) über *Chlorochin* (II) u. *Bigumal* (III) zum *Chinin* (IV). Die Gesamtausscheidung mit dem Harn beträgt bei IV 10—20%, bei I 5% der eingeführten Dosis. In allen Fällen wird ein Gleichgewicht mit konstant bleibendem Spiegel erreicht. Von I, II u. III wird zweckmäßig am 1. Tag eine massive Dosis, z. B. das Doppelte der späteren Norm, angewandt, bei IV sind wegen der raschen Zerstörung im Organismus kurze Abstände zwischen den Cyclen geboten. Durch spezif. (z. B. Pentachin) u. unspezif. Zusatzstoffe kann die IV-Konz. im Blut erhöht werden. Auch bei I bewirkt gleichzeitige Zufuhr von Plasmochin eine Konzentrationserhöhung. Auch Lebercirrhose oder Hepatitis führt zu höherem I-Spiegel. (Советская Медицина [Sowjet-Med.] **17.** Nr. 12. 9—12. Dez. 1953. Inst. für Malaria, med. Parasitol. u. Helminthol. des Gesundheitsminister. der UdSSR.) R. K. MÜLLER. 4610

Wm. Holmes Taylor, *Die Behandlung der Lepra mit Isonicotinoylhydrazin. Bericht eines Falles.* Eine seit 10 Jahren bei einem Manne bestehende schwere Lepra wurde 5 Monate mit *Isonicotinoylhydrazin* behandelt („*Rimifon*"-ROCHE; in der ersten Woche 3 mal täglich 50 mg, später 3 mal täglich 100 mg). Es kam ohne Nebenerscheinungen zu deutlicher klin. u. histolog. Besserung. (Trans. Roy. Soc. trop. Med. Hyg. **47.** 334 bis 335. Juli 1953. Manyovu, Kasulu, Tanganyika, Heri Mission, Hosp. of Seventh-day Adventists.) BROSEMANN. 4610

Parvati K. Malkani und **C. K. Rajani,** *Behandlung endometrischer Tuberkulose mit Isonicotinsäurehydrazid.* Bericht über 10 Fälle mit endometr. Tuberkulose, Behandlung mit *Isonicotinsäurehydrazid* als *Tibusan* (I) in 50 mg-Tabletten, Dosierung täglich 3—4 mg/kg bis zu 8 Wochen. Histolog. Unterss. ergaben nach dieser Zeit in allen Fällen Tuberkelfreiheit. Gutes Ansprechen auf I u. keine tox. Erscheinungen. (Indian med. Gaz. **88.** 69—70. Febr. 1953. Delhi, Sterility Clinic.) DOSSMANN. 4610

Françoise Grumbach, Noel Rist und **Jeannine Riebel,** *Unterbrochene Isonicotinsäurehydrazid (Isoniazid)-Behandlung bei experimenteller Mäusetuberkulose.* Vff. vergleichen die Wrkg. von *Isoniazid* (I) u. *Streptomycin* (II) auf experimentelle Mäusetuberkulose bei täglicher, 2- u. 3-tägiger Verabreichung, entsprechende Dosierung I: 2,5—5—7,5 mg/kg, II: 50—100—150 mg/kg. Der I-Effekt ist gleich günstig unabhängig von den zeitlichen Zwischenräumen, was bei II nicht der Fall ist. Behandlung mit I + II ist aber wirkungsvoller als mit I allein, Nachweis durch Auszählung der Tuberkelbacillen an Lungen- u. Milzproben. (Ann. Inst. Pasteur **83.** 397—99. Sept. 1952. Paris, Inst. Pasteur, Service de la Tuberculose.) DOSSMANN. 4610

M. I. Teodori und **W. P. Tschernyschenko,** *Über agranulocytäre Reaktionen bei Anwendung von PAS.* In zwei Fällen *PAS*-behandelter Lungentuberkulose wird mehr oder weniger schwere Agranulocytose beobachtet, wobei die Tuberkuloseinfektion als sensibilisierender Faktor angenommen wird. Die zugeführte PAS-Menge scheint nicht für das Auftreten der Rk. entscheidend zu sein. Es wird empfohlen, bei PAS-Behandlung mindestens einmal in 5—8 Tagen eine Blutkontrolle durchzuführen. (Советская Медицина [Sowjet-Med.] **17.** Nr. 12. 6—9. Dez. 1953.) R. K. MÜLLER. 4610

Harold A. Wurzel und **Robert L. Mayock,** *Durch p-Aminosalicylsäure verursachte Thrombocytopenie.* Bericht über eine Patientin, bei der nach *p-Aminosalicylsäure* (*PAS*) Thrombocytopenie (Thr.) mit Haematemesis beobachtet wurde. In 2 Testverss. konnte der ursächliche Zusammenhang zwischen der Thr. u. *PAS* bestätigt werden. Es handelte sich wohl um eine hypersensitive Rk. mit Agglutination u. Zerstörung der Blutplättchen bei Reifungshemmung der Megakaryocyten. (J. Amer. med. Assoc. **153.** 1094—95. 21/11. 1953. Philadelphia.) K. BÖHM. 4610

K. Neidhardt und **W. Ohlig,** *Panmyelopathie bei Geschwistern nach Conteben.* Bei zwei Schwestern trat während *Conteben*-Behandlung im Verlaufe einer Lungentuberkulose Panmyelopathie auf. Neben dem Conteben werden Tuberkulotoxine u. eine konstitutionelle Bereitschaft verantwortlich gemacht. (Therap. d. Gegenwart **92.** 326—31. Sept. 1953. Ludwigsburg, Kreiskrankenhaus, Innere Abt., u. Tuberkulosekrankenhaus Taubertal.) LEUSCHNER. 4610

Karl-Friedrich Schlegel, *Vorläufige Ergebnisse der Neotebenbehandlung der Knochen- und Gelenktuberkulose.* Bericht über Behandlung von 47 Knochen- u. Gelenktuberkulosen mit *Neoteben* (I) bzw. I + *Streptomycin* (II) über 4—16 Wochen, davon 19 frische u. 28 vorher schon mit II oder anderen Präpp. behandelte Fälle. I-Dosierung meist 10 mg/kg, gute Beeinflussung von Appetit u. Körpergew. sowie in 50% der Fälle auf das rote Blutbild, beste I-Wrkg. bei fistelnden Tuberkulosen; geringe u. harmlose Nebenerscheinungen. (Med. Klin. **47.** 1430—34. 24/10. 1952. München-Harlaching, Univ., Orthopäd. Klinik.) DOSSMANN. 4610

F. Penati und **G. Donati,** *Terramycin in der Behandlung der Brucellosen.* Vff. behandelten 10 Maltafieberkranke mit *Terramycin* (I) in einer Dosierung von ca. 32 mg/kg Körpergewicht u. Tag 10—13 Tage lang. Von diesen bekamen 4 in wenigen bis zu 60 Tagen ein Rezidiv, von denen zwei durch erneute I-Behandlung in Kombination mit Vaccine ausgeheilt werden konnten. Zur Verringerung der Rezidivgefahr schlagen Vff. vor, das I mit Vaccine oder Streptomycin zu kombinieren u. das I besser über längere Zeit in niedrigerer als kurze Zeit in hoher Dosis zu geben. (Athena [Rass. mens. Biol., Clin. Terap.] **18.** 407—12. Nov./Dez. 1952. Torino, Univ., Ist. di Clin. Med. Generale.) IPPEN. 4611

Milton Thiago de Mello, *In vitro-Wirksamkeit von Micoina auf Brucella verglichen mit Terramycin. Myocin C* mit seinen Komponenten C_{1-4} ist die Basis des Präp. *Micoina* (I); C_3 scheint ident. mit *Patulin* zu sein. Angabe von Testverss. mit I u. *Terramycin* (II) gegenüber den 3 Arten von Brucella: a) abortus, b) suis, c) melitensis. Große Unterschiede zwischen I- u. II-Wirkung. Größte Hemmwrkg. von I (II) gegenüber a (b), geringste Wrkg. gegenüber b (a), die c-Werte liegen bei I u. II dazwischen. Bei gleichen Versuchsbedingungen beträgt die I-Wrkg., bezogen auf das Gewicht, $^1/_4$ derjenigen von II. (Science [Washington] **118.** 413—15. 9/10. 1953. Rio de Janeiro, Brasilien, Inst. Oswaldo Cruz, Sect. of Bacteriol.) DOSSMANN. 4611

L. D. Ssidorowa, *Die Behandlung von Eiterungsprozessen der Lunge durch endobronchiale Einführung von Penicillin.* Nach Anästhesie der Schleimhaut der oberen Atmungswege u. der Trachea selbst wird mit elast. Katheter unter Röntgenkontrolle *Penicillin* in den entsprechenden Bronchus eingeführt, beginnend mit 200000 I.E. in 4 cm³ physiol. Lsg., dann alle 2 Tage, später täglich bis zu 400000 I.E. in 8 cm³. Damit werden bes. bei Lungenabszeß wesentlich bessere Erfolge erzielt als bei intramuskulärer Injektion. Im akuten Stadium, vor Abgrenzung des Eiterherds, ist das Verf. nicht anzuwenden. Die besten Ergebnisse werden aber bei verhältnismäßig frischen Fällen beobachtet. Auch die Hypoproteinämie wird günstig beeinflußt. (Терапевтический Архив [Therap. Arch.] **25.** Nr. 6. 36—40. Nov./Dez. 1953. Nowosibirsk, Med. Inst., Therapeut. Hospitalklinik.) R. K. MÜLLER. 4611

G. Litnitzki, *Nabelschnurentzündung bei Kälbern.* Vf. legt in den Nabelkanal lockere, mit *Penicillinlsg.* getränkte Tampons oder solche mit *Sulfidin-* (I) u. *Streptocid*-Emulsion ein, die 2—3mal täglich gewechselt werden. Bei Temperaturerhöhung werden morgens u. abends je 0,15—0,2 cm³ alkal.-alkoh. I-Lsg. je 1 kg Körpergewicht angewandt: 7 cm³ NaOH + 50 cm³ dest. W. + 16 g I-Pulver bis zur Auflösung geschüttelt u. mit 50 cm³ A. versetzt. (Ветеринария [Tierheilkunde] **31.** Nr. 1. 54. Jan. 1953.) R. K. MÜLLER. 4611

Helge Bjørn Jensen, *Behandlung von komplizierten Infektionen des Harntrakts mit Chemotherapeuticis bei Patienten mit chirurgischen Erkrankungen des Harntrakts.* Die klin. u. bakteriolog. Wrkg. bei 30 unter verschied. Gesichtspunkten u. mit verschied. Chemotherapeuticis (*Streptomycin, Chloromycetin, Aureomycin, Penicillin, Terramycin, Sulfathiazol* sowie *Salol*) behandelten Patienten ist eingehend untersucht worden. Danach wurden die besten Resultate mit prophylakt., präoperativer Behandlung mit Chemotherapeuticis erreicht. Ausführliche Tabellen von 3 nach diesem Prinzip recht erfolgreich behandelten Patienten sind wiedergegeben. Auf die Unerläßlichkeit der Best. der Chemoresistenz zwecks erfolgreicher bakteriolog. Behandlung, auch bei Infektionen des Harntrakts, wird hingewiesen. (Acta pathol. microbiol. scand. **31.** 530—44. 1952. Copenhagen, Univ., Inst. of Gen. Pathol. and of the Bispebjerg Hosp.) GERDA SCHULZE. 4611

H. Jenne und **H. D. Jung,** *Zur Oralpenicillinbehandlung der Gonorrhoe.* (Vorl. Mitt.) 134 Männer u. Frauen mit akuter oder chron. Gonorrhoe, darunter 5 kindliche Vulvovaginitiden, erhalten nachts nüchtern insgesamt 500000 I.E. *Oralpenicillin* (PHARMA VVB, Dresden-Radebeul, MADAUS; 1 Tablette = 50000 I.E. *K-Penicillin* mit neutralem *Na-Citrat* gepuffert). Bis auf 3 komplizierte Fälle, die rezidivierten, kam es bei allen zur Heilung. (Dtsch. Gesunsheitswes. **7.** 1233—36. 26/9. 1952. Greifswald, Univ., Hautklin.) BROSEMANN. 4611

Alfred Schmeiser, *Zweiter Scharlach nach Penicillinbehandlung.* Zweiterkrankungen an Scharlach traten in der Berichtszeit von 3½ Jahren in einer Häufigkeit von knapp 1% auf. Es muß eine leichte Steigerung an Rezidiven als Folge der *Penicillin* (I)-Behandlung zugegeben werden. Ursache dürfte eine schwache Immunisierungsstörung durch I sein. Mit einer verringerten Immunisierung infolge schwacher Virulenz der Erreger muß aber auch ohne Mitwrkg. von I gerechnet werden. Zweiterkrankungen verlaufen wie Ersterkrankungen u. werden mit den gleichen guten Erfolgen behandelt. Die I-Behandlung von Scharlach wird als die Meth. der Wahl angesehen, die geringe Steigerung von Rezidiven ist kein Argument gegen die I-Behandlung. (Dtsch. Gesundheitswes. **8.** 587—91. 14/5. 1953. Dresden-Neustadt, I. med. Klinik des Krankenhauses.) ENDRASS. 4611

William N. Christenson, Gerald W. Hedrick und **Robert F. Schugmann,** *Tödliche anaphylaktische Reaktion nach Penicillininjektion.* Ein bereits früher mit *Penicillin* behandelter Patient mit unspezif. Urethritis klagte innerhalb 5 Min. nach Injektion von 13000 I.E. *Procain-Penicillin G* über allg. Jucken, es folgten Übelkeit, Erbrechen u. Kollaps, dann Harn- u. Stuhlfluß, Reflexlosigkeit, Pulslosigkeit u. Coma. Trotz Behandlung mit Epinephrin, Ephedrin, Coramin, Ca-Gluconat u. Aminophyllin u. O_2-Beatmung trat nach $5\frac{1}{2}$ Std. der Tod ein. Der Sektionsbefund zeigte allg. leichten Muskelkrampf, extreme Splanchnicuskongestion mit Hämorrhagie u. Gebiete akuter tox. Degeneration der inneren Organe. (U. S. Armed Forces med. J. **4.** 249—52. Febr. 1953.) H.-J. KOCH. 4611

H. Brieger, *Biologische Daten des Blutzellstatus bei Infekten im Kindesalter unter der Anwendung neuerer Arzneistoffe.* Die Beeinflussung des Blutbildes bei verschied. Erkrankungen durch *Penicillin, Aureomycin, Chloromycetin, Terramycin, Streptomycin* u. *TB I* wird eingehend untersucht, bestimmte typ. Wirkungsformen können festgestellt werden. (Folia haematol. [Leipzig] **71.** 549—65. 1953. Greifswald, Univ., Kinderklinik.) MATTHIES. 4611

Santosh Kumar Auddy, *Synthomycetin (Lepetit) bei Typhus. Synthomycetin = Lepetit* (I; RANBAXY & CO. LTD.), ein neues synthet. *Chloramphenicol*-Präp., wurde bei 1 Erwachsenen u. 1 Kind erprobt. 1. Dosis 500 (250) mg, dann 250 (125) mg 4stündlich, insgesamt 12 (8,5) g. Neben I allg. Maßnahmen, wie Verabreichung von Alkali, Glucose u. Vitaminen. Langsamer Fieberrückgang durch I ohne Komplikationen, keine Rückfälle. (Indian med. Gaz. **88.** 77—80. Febr. 1953. Calcutta, Calcutta Nat. Med. Inst. u. Calcutta Med. School Hosp.) DOSSMANN. 4611

Ernest Jawetz, *Mittels Polymyxin B behandelte Infektionen mit Pseudomonas aeruginosa.* Bei der Behandlung von Infektionen mit Pseudomonas aeruginosa (bisher als Bac. pyocyaneus bezeichnet) hat sich *Polymyxin B* (I), ein bas. Polypeptid aus dem Bac. polymyxa, bei 45 Patienten gut bewährt; es wirkt auch bei entsprechenden Mischinfektionen. Man gibt 1,5—2,8 mg I/kg Körpergewicht intramuskulär, wobei leichte Nierenreizungen u. geringe neurotox. Symptome auftreten können, während die örtliche Anwendung wegen geringer Resorption ganz unschädlich ist. (A. M. A. Arch. intern. Med. **89.** 90—98. Jan. 1952. San Francisco, Calif.) ZORN. 4611

J. Soleil, *Die neuesten Präparate auf dem Gebiet der Antibiotica.* Übersichtsreferat. Besprochen werden Entdeckung, Darst., Konst., Synth., Eigg., biol. Spektr., Indikationen u. Dosierung von *Chloramphenicol = Chloromycetin = Tifomycin.* — 40 Literaturangaben. (Bull. Assoc. Diplômés Microbiol. Fac. Pharmac. Nancy **1953.** 5—19. Nancy, Fac. de Pharm.) DOSSMANN. 4611

E. Geyer, *Über die Erkennung latenter Entzündungsherde mittels Pyrifer.* Unter 100 Patienten manifestierten sich bei über 50% nach *Pyrifer* (15 E. intravenös) latente Entzündungsherde. (Dtsch. Gesundheitswes. **7.** 1228—30. 26/9. 1952. Görlitz, Stadtkrankenhaus.) BROSEMANN. 4616

M. M. Lenkewitsch, *Der Einfluß von Phenadon auf die defensiv-motorisch bedingten Reflexe.* In Verss. an Hunden wird gezeigt, daß *Phenadon* (I) die bedingten defensiv-motor. Reflexe dämpft, u. zwar in erster Linie durch Beeinflussung der Großhirnrinde (die bedingten Reflexe werden bereits durch 4 γ, die nichtbedingten erst durch 100 γ/kg abgeschwächt). Aus dem Fortfall nichtbedingter Reflexe u. aus der Erhöhung der Schmerzschwelle auf direkte elektr. Reizung ist ferner auf eine Beeinflussung auch des Subcortex durch I zu schließen. Die klin. feststellbare analget. I-Wrkg. hängt mit dessen Eig. zusammen, den Prozeß der inneren Hemmung zu verstärken. (Фармакология и Токсикология [Pharmakol. u. Toxikol.] **16.** Nr. 3. 3—8. Mai/Juni 1953. Inst. für exp. Med. der Akad. der Med. Wiss. der UdSSR, Abt. für Pharmakol. u. Abt. für allg. Physiol.) RENTZ. 4620

R. P. Kruglikowa-Lwowa, *Vergleichende Untersuchung des Einflusses von Promedol und Morphin auf Reflexe von inneren Organen.* Reizung der Mechanoreceptoren der Harnblase u. des Dickdarms durch Einblasen von Luft unter einem Druck von 40—50 mm Hg führt an urethannarkotisierten Katzen zu reflektor. Steigerung des Blutdrucks u. der Atmungsfrequenz. Durch vorherige intramuskuläre Injektion von

1—5 mg/kg *Morphin* (I) wird die reflektor. Blutdrucksteigerung wesentlich verstärkt, die reflektor. Atmungs-Rk. hingegen abgeschwächt. Ähnlich, wenn auch nicht so intensiv, wirkt *Promedol* in gleichen Dosen auf die genannten Reflexe. Die von der Harnblase ausgehenden Reflexe werden stärker beeinflußt als die vom Darm ausgehenden. An der decerebrierten Katze wirkt I in gleicher Weise auf die Reflexe wie am. n. Tier. (Фармакология и Токсикология [Pharmakol. u. Toxikol.] **16**. Nr. 3. 8—11. Mai/Juni. 1953. Allunions Wiss. Chem.-Pharmazeut. Ordshonikidse-Forschungsinst., Abt. für Pharmakol.) RENTZ. 4620

Leo J. Cass, Willem S. Frederik und **John B. Andosca,** *Quantitativer Vergleich von Dextromethorphanhydrobromid und Codein.* Die Wrkg. von *Dextromethorphanhydrobromid = Dextro-3-methoxy-N-methylmorphinan* (I; HOFFMANN-LA ROCHE, INC., Nutley, N. J.) wurde mit der von *Codein* (II) bei 69 Patienten mit teilweise schwerem Husten verglichen. Gleichzeitig wurden auch Blindproben verabreicht. Sämtliche Präpp. wurden oral gegeben: I in Dosen von 6, 12 u. 18 mg, II von 15 mg, 3mal/Tag, 7 Tage lang. Die Ergebnisse wurden mathemat. mit Hilfe der Varianzanalyse ausgewertet. Es zeigte sich, daß die hustenreizstillende Wrkg. von I u. II ungefähr gleich ist. Eine Tablette mit 10—15 mg I dürfte den prakt. Erfordernissen am besten entsprechen. (Amer. J. med. Sci. **227**. 291—96. März 1954. Cambridge, Harvard Univ., Dep. of Hyg., u. Boston, Mass., Harvard School of Public Health u. Harvard Med. School, Long Island Hosp.) R. KÖNIG. 4627

Vittorio Malamani, *Die Intensität des Kreislaufes in der Barbitursäurenarkose.* Übersicht über die Kreislauffunktionen unter *Barbitursäure*-Narkose. — 93 Literaturangaben. (Arch. Scienze med. **95** (**78**). 171—246. März 1953. Pavia, Univ., Ist. Pat. Spec. Med. e Metod. Clin.) SPEYER. 4627

G. Jörgensen, A. Flach und **G. Voss,** *Zur Anwendung der Phenothiazinkörper in der Chirurgie und inneren Medizin.* Besprechung des Problems des künstlichen Winterschlafs durch *Phenothiazin* (I)-Präpp. u. der prakt. Durchführung der „lytischen" Therapie, ihrer Indikationen u. Nebenerscheinungen. Vff. verwenden als Stammpräp. *Megaphen* (II), *Atosil* (III), *Dolantin* (IV) im Verhältnis 1:1:2, je nach Wirkungsweise werden auch *Padisal* oder *Dibutil* gegeben. Eine Ergänzung des Gemisches kann mit Sparteinsulfat, Mg, Analgeticis, Anästheticis u. Methoniumpräpp. vorgenommen werden, bes. bei längerer Anwendung, bei der immer Gewöhnung an I auftritt. Zur Erreichung eines schlafartigen Zustandes u. vor kleinen Eingriffen geben Vff. je 50 mg II u. III + 100 mg IV in der Mischspritze, zur Erreichung potenzierter Narkosen wird Nachinjektion vorgenommen; der Abbau der Medikamente erfolgte stufenweise. (Med. Klin. **49**. 442—45. 19/3. 1954. Neumünster/Holstein, Friedrich-Ebert-Krankenhaus.) DOSSMANN. 4627

E. Fingl, L. J. Olsen, B. W. Harding, A. T. Cockett und **L. S. Goodman,** *Wirkungen chronischer Verabfolgung krampfhemmender Mittel auf die Hirnübererregbarkeit nach Cortison.* Die Herabsetzung der Krampfschwelle beim Elektroschock bei Ratten durch *Cortison* (I) kann durch gleichzeitige Gabe von *Phenobarbital* (II) u. *Diphenylhydantoin* (III) verhindert werden. Bei nicht mit I vorbehandelten Tieren wird die Krampfschwelle durch II u. III bei chron. Verabreichung erhöht, bei einmaliger Gabe auch durch II, dagegen nicht durch III. Plötzliches Absetzen von II oder III bei kombinierter Behandlung mit I + II bzw. I + III bewirkt sofortiges Absinken der Krampfschwelle auf Werte wie bei alleiniger Behandlung mit I. (J. Pharmacol. exp. Therapeut. **105**. 37—45. Mai 1952. Salt Lake City, Ut., Univ. of Ut., Coll. of Med., Dep. of Pharmacol.) DAUTZENBERG. 4628

Arthur P. Phillips, *Dialkylaminoäthylamide der Benzilsäure und deren quaternäre Ammoniumsalze als Krampflösemittel.* Die krampflösenden Eigg. nachst. Benzilsäuredialkylaminoäthylamide wurden untersucht. *Benzilsäurediäthylaminoäthylamid* zeigt 4%, die übrigen nur bis zu 1% der Wirksamkeit des Atropins. Im Gegensatz zu den analogen Estern sind die *CH_3J-Derivv.* weniger wirksam als die *tert. Amine.* — Folgende *Benzilsäuredialkylaminoäthylamide,* $(C_6H_5)_2C(OH)\cdot CO\cdot NH\cdot CH_2CH_2NR_2$, wurden dargestellt aus Benzilsäuremethylester u. Dialkylaminoäthylamin durch 24std. Kochen in Methanol; aus Gemischen von Bzl. u. Skellysolve B. *Quart. Ammoniumsalze,* $(C_6H_5)_2C(OH)\cdot CO\cdot NH\cdot CH_2CH_2NR_2R'X^-$, durch Kochen vorst. Amide mit CH_3J in Methanol; aus Ae./Methanol. Ausbeuten 90% u. mehr: $R = CH_3$, $C_{18}H_{22}O_2N_2$, F. 94—95°. — $R = CH_3$, $R'X = CH_3J$, $C_{19}H_{25}O_2N_2J$, F. 204—205°. — $R = C_2H_5$, $C_{20}H_{26}O_2N_2$, F. 104—105°. — $R = C_2H_5$, $R'X = CH_3J$, $C_{21}H_{29}O_2N_2J$, F. 189—190°. — $R_2 = (C_2H_4)_2O$, (Morpholin), $C_{20}H_{24}O_3N_2$, F. 127—128°. — $R_2 = (C_2H_4)_2O$, $R'X = CH_3J$, $C_{21}H_{27}O_3N_2J\cdot H_2O$, F. 230—231°. — $R_2 = (CH_2)_5$ (Piperidin), $R'X = HCl$, $C_{21}H_{27}O_2N_2Cl\cdot H_2O$, F. 201—202°, aus Methanol-Äther. — $R_2 = (CH_2)_5$, $R'X = CH_3J$,

$C_{22}H_{29}O_2N_2J \cdot H_2O$, F. 171—172°. (J. Amer. chem. Soc. **76**. 1955—56. 5/4. 1954. New York, N. Y., Wellcome Res. Labors.) ASCHERL. 4628

H. M. Mohelsky und **H. Ruben**, *Wirkungsänderungen von Succinylcholinjodid bei kontinuierlicher Anwendung.* In 15 Fällen wurde bei N_2O–O_2-Anästhesie das Muskelrelaxans *Succinylcholin* (I; Curacit) mit einer automat. Injektionsspritze kontinuierlich infundiert. Die Dosis betrug 5—7,3 mg/Min. bis insgesamt 3100 mg. 2mal trat eine Bradycardie auf, gelegentlich eine Tachyphyllaxie u. bei hohen Dosen eine Verlängerung des Erholungsstadiums. I soll gegenüber länger wirkenden Relaxantien in kontinuierlicher Anwendung keine Vorteile bieten, aber bei kurzdauernder Erschlaffung von Bedeutung sein. (Wiener med. Wschr. **103**. 502—04. 4/7. 1953. Kopenhagen, Finsen Inst., Chirurg. Abt.) BROSEMANN. 4628

E. Lange, H. Matthes und **K. Hutschenreuter**, *Elektrokrampfbehandlung unter Schutzwirkung des Bis-cholinsuccinatdichloriddihydrates (HL 8606-„Succicuran").* *„Succicuran" (Bis-cholinsuccinatdichloriddihydrat*; DEUTSCHE HYDRIERWERKE VEB, Rodleben) wurde in Dosen von 0,4—0,7 mg/kg Körpergewicht zur Milderung der motor. Krampferscheinungen bei der Elektrokrampfbehandlung angewandt. Chirurg. Komplikationen wurden dadurch weitgehend vermieden, u. die allg. Indikation konnte erweitert werden. (Psychiatrie, Neurol. med. Psychol. **6**. 87—91. März 1954. Jena, Univ., Klin. für Psychiatr. u. Neurol., u. Chirurg. Klin.) LOTHAR BARTH. 4628

W. Strauch, *Hydantointherapie bei Epilepsie.* Nach einem Rückblick auf die Epilepsietherapie mit *Hydantoin*-Präpp. wird über eigene Unterss. mit *Diphenylhydantoin* allein u. in Kombination mit Barbituraten berichtet. Bei ca. 76% der Patienten waren gute klin. Erfolge zu beobachten, sowohl bei genuiner wie auch symptomat. Epilepsie. Bemerkenswert ist die bei einem Teil der Patienten auftretende Verschiebung des Anfalltyps von klass., großen Anfällen zu kleineren leichten. An Nebenwirkungen der Therapie wurden beobachtet: Gingivitis hypertrophicans mit Exanthem, Fingertremor u. Schwindel, Leukopenie unter 4000 Leukocyten, Eosinophilie, reversible Veränderungen der ST-Strecke im EKG, Gewichtsabnahmen u. auffallend geringe Körpergewichte sowie ein Anstieg von mehr als 20 mm Hg bei Blutdruckmessungen. (Dtsch. Gesundheitswes. **8**. 591—601. 14/5. 1953. Berlin, Krankenhaus u. Poliklinik, Christburger Str.) ENDRASS. 4628

U. Ritter, *Der derzeitige Stand der Curareforschung mit besonderer Berücksichtigung der Entwicklung synthetischer Körper.* Verwendung, Handelssorten von Curare u. ihre Wirkstoffe werden besprochen. Die synthet. Stoffe mit Curarewrkg. sowie die Gegenmittel bei Überdosierungen sind zusammengestellt. — 30 Literaturangaben. (Chem. Techn. **4**. 455—58. Okt. 1952. Rodleben.) FRESENIUS. 4628

Je. W. Erina, *Über die Behandlung der Hypertoniekrankheit mit sympathicolytischen und ganglienblockierenden Mitteln.* An Hand der nichtsowjet. Literatur (65 Literaturangaben) berichtet Vf. über *Dibenamin, Dibenzylin, Benzodioxan, Regitin, Revertonal, Tetraäthylammonium,* die Methoniumverbb. u. das *Pendiomid* sowie über die zentralen Sympathicolytica *Apresolin,* die *Secalealkaloide* (*Hydergin*) u. *Reserpin.* Keines der angeführten Präpp. ist in der Lage, den erhöhten arteriellen Blutdruck für längere Zeit zu normalisieren. Am geeignetsten erscheint die Kombination von Hexamethonium mit Apresolin zu sein. (Вопросы Патологии Сердечно-Сосудистой Системы [Fragen Pathol. Herzgefäßsystem] **3**. Nr. 1. 3—16. 1954.) RENTZ. 4630

J. Habenicht, *Zur Frühbehandlung des Schlaganfalles mit Nicotinsäurenatrium.* Vf. berichtet über 2 Fälle von Schlaganfall, die durch frühzeitige intravenöse Verabreichung von 100 mg *nicotinsaurem* Na (*Nicodan*) als gefäßerweiterndem Mittel günstig beeinflußt werden konnten. Die Injektion soll möglichst in der 1. Std. nach Einsetzen des Apoplexes im Hause des Patienten durch den Arzt erfolgen, ein Transport ins Krankenhaus erst nach der 1. Erholung des Patienten vorgenommen werden. (Dtsch. Gesundheitswes. **8**. 601—05. 14/5. 1953. Aschersleben, Kreiskrankenhaus, Innere Abt.) ENDRASS. 4630

M. Kothe und **G. A. Schoger**, *Der Einfluß von Nicotinsäure auf die periphere Durchblutung. Niconacid* (1 Ampulle = 0,05 g Na-Nicotinat) intravenös gegeben verstärkt die Durchblutung in der Peripherie, eigenartigerweise stärker im Bereich der oberen Extremitäten. Dies wird therapeut. bei der Brachialgia paraesthetica nocturna ausgenutzt. Vereinzelt wurde dabei Kollaps u. Übelkeit beobachtet, immer aber resultierten ein metall. Geschmack im Munde, Druckgefühl im Mastdarm u. Magensensationen vor dem als befreiend empfundenen vasomotor. Effekt. (Dtsch. med. Wschr. **79**. 503—05. 26/3. 1954. Schlangenbad/Ts., Staatl. Sanator. Römerbad.) JORDAN. 4630

Willi Edelhoff, *Die orale Kreislaufbehandlung mit einem Noradrenalinderivat.* (Vorl. Mitt.) *Novadral* (DIWAG) = m-Oxyphenylaminäthanolhydrochlorid zeigt alle

Eigg. des Noradrenalins u. eignet sich dank seiner Stabilität im Magen-Darm-Kanal zur oralen Therapie, bes. bei tox. Kreislaufschäden u. Hypotonie (3—6 Tabletten von 3—10 mg Substanz pro Tablette). (Med. Klin. **49.** 413—14. 12/3. 1954. Dortmund, Städt. Krankenanstalten.) JORDAN. 4630

Hans Hofmann, *Noradrenalin in der Augenheilkunde. Noradrenalin* ist nach den Verss. des Vf. gleichwertig dem *Adrenalin* für die Anämisierung, Blutstillung, Augendrucksenkung u. als Zusatz bei Lokalanästhesien u. dem Atropin für die Pupillenerweiterung, dabei besser verträglich. (Klin. Monatsbl. Augenheilkunde augenärztl. Fortbild. **124.** 63—76. 1954. Graz, Univ., Augenklinik.) ZEMKE. 4630

H. Giertz, F. Hahn und **R. Schunk,** *Über Bindung und Elimination von Herzglykosiden in der Leber und Niere von Meerschweinchen.* Es wird über Infusionsverss. an Meerschweinchen mit u. ohne Ausschaltung von Leber u. Darm, sowie von Leber u. Niere nach HATSCHER berichtet. Die Bindung von Herzglykosiden an die Leber nimmt in der Reihenfolge *Digitoxin* (**I**) > *Scillaren A* (**II**) > *k-Strophantin* (**III**) u. die Bindung an die Niere in der Reihenfolge **III** > **II** > **I** ab. Der *Scillawirkstoff* ASTA (**IV**) mit 60% *Scillirosid* u. 10% *Scillaren B* verhält sich ähnlich wie **II**. Ein Wechsel in der Infusionsgeschwindigkeit ließ erkennen, daß **I** rascher als **III** in der Leber der Versuchstiere eliminiert wird. **II** u. **IV** ließen in der gleichen Zeit keine Elimination erkennen. Das gleiche gilt auch für **I**, **II** u. **III** in der Niere. Bei sehr langsamer Infusion ist elektrocardiograph. ein anderer Ablauf des Vergiftungsbildes feststellbar als bei rascher Infusion. Verd. Lsgg. von **I** u. **III** ergaben eine Erhöhung der tödlichen Dosen gegenüber den Werten bei höher konz. Lösungen. Eine Erhöhung des Alkoholgeh. vermindert die Bindung von **I** u. **III** an die Leber. Bei Tieren ohne Leber wird die tödliche Dosis vergrößert. Die Einzelergebnisse werden in 9 Tabellen zusammengefaßt. (Naunyn-Schmiedebergs Arch. exp. Pathol. Pharmakol. **221.** 34—49. 1954. Düsseldorf, Med. Akad., Pharmakol. Inst.) RODERICH KÖNIG. 4630

P. Uhlenbruck und **K. Weyers,** *Zur Therapie der peripheren Durchblutungsstörungen.* Mittels Gehtest, Hauttemperaturunterss. u. Oscillographie werden die Therapieerfolge von *Hydergin, Priscol, Vasculat, Dilatol* u. *Depotpadutin* untersucht u. der chirurg. Therapie gegenübergestellt. Gehtest u. Hauttemperaturmessungen geben die besten Aufschlüsse u. die sichersten Hinweise für den etwaigen chirurg. Eingriff. Sonst wird die bekannte Gefäßwrkg. dieser Substanzen bestätigt. (Therap. d. Gegenwart **91.** 321—25. Sept. 1952. Köln-Stadt, St. Vinzenz-Krankenhaus, Inn. Abt.) JORDAN. 4630

William H. Button jr. und **Charles C. Foote,** *Anwendung der Wirkungen von Khellin auf das menschliche EKG.* An 13 Patienten mit anginösen Symptomen, die auf *Amylnitrit* gut reagierten, wurden EKG-Verss. vor u. nach intramuskulärer Injektion von 100 mg *Khellin* (**I**) gemacht. 11 Fälle reagierten deutlich, d. h. die ST-Senkung nach Belastung trat nicht oder nur geringfügig ein. Auch die Pulsfrequenz ließ nach Belastung nach, verglichen mit der Kontrolle ohne **I**. Es wurden keine tox. Erscheinungen festgestellt. (Amer. J. med. Sci. **223.** 663—66. Juni 1952. New York, N. Y., Roosevelt Hosp., Cardiac Clin.) L. BERGER. 4630

Ursula Manthey, *Die Verbesserung der Heilungstendenz des Ulcus cruris durch Roßkastanienextrakt.* Bei 214 Fällen von Ulcus cruris konnte Vf. durch neben der Lokalbehandlung zusätzliche perorale, intravenöse oder intramuskuläre Verabreichung von *Venostasin* (*Roßkastanienextrakt*; KLINGE, München) deutliche Heilungsbeschleunigung erzielen; im Mittel von 58 auf 37 Tage verminderte Bettlägerigkeit. Am günstigsten wirkte kombinierte Zufuhr, peroral u. durch Injektionen. (Z. Haut- u. Geschlechtskrankh. **16.** 52—56. 15/1. 1954. Berlin-Schöneberg, Auguste-Viktoria-Krankenhaus.) KRUSEN. 4630

A. M. Ssigal, *Über Heparin.* An Hand von 34 nichtsowjet. Literaturangaben werden Anwendung u. Wrkg. der Antikoagulantien, vor allem des *Heparins* (**I**), bei Thrombophlebitiden, Phlebothrombosen u. thromboembol. Krankheiten dargestellt. Hinsichtlich des Nutzens von **I** beim Myocardinfarkt sowie bei rheumat. Erkrankungen besteht noch keine einheitliche Auffassung. (Вопросы Патологии Сердечно-Сосудистой Системы [Fragen Pathol. Herzgefäßsystem] **2.** Nr. 2. 13—25. 1953.) RENTZ. 4630

Günther Malorny, *Extrarenale Wirkungen diuresewirksamer Stoffe.* 1. Mitt. *Biphasische Wirkungen der Purinkörper in vivo auf den Kolloiddruck und auf die Eiweißzusammensetzung des Serums sowie auf den Wasserhaushalt des Blutes.* Vf. konnte für *Coffein* (**I**), *Theophyllin* u. *Theobromin* in vivo sowohl am wachen als auch am narkotisierten Hund extrarenale Wirkungen nachweisen. Nach intravenöser Injektion kleiner Purinkörper (PK.)-Gaben (3—10 mg/kg) sinkt der spezif. Kolloiddruck (KD.)

signifikant ab. Die Hydratation ist vermindert. Nach großen I-Gaben (60—100 mg/kg) steigt der spezif. KD. über die Norm an. PK. entfalten demnach im Organismus in Abhängigkeit von der Dosis biphas. Wirkungen, die im Wachzustand u. auch in der Pernoctonnarkose in gleicher Weise nachweisbar sind. Die biphas. KD.-Effekte sind nicht durch Änderungen der H^+-Konz. im Blut oder in den Geweben zu erklären, sie sind auch nicht durch Verschiebung in der Albumin/Globulin-Verteilung bedingt. Es bleibt nur die Annahme, daß die PK. am Eiweiß selbst angreifen. Mit der Senkung des KD. nach kleinen Dosen geht eine Förderung, mit dem Anstieg des KD. nach großen Dosen eine Hemmung der Diurese parallel. (Naunyn-Schmiedebergs Arch. exp. Pathol. Pharmakol. **215.** 619—48. 1952. Kiel, Univ., Pharm. Inst.) K. BÖHM. 4634

Jacques Picard und **Anne-Marie Picard,** *Wirkung von Cholinhydrochlorid im Verlauf von Lebererkrankungen.* 25 Leberkranke mit z. B. alkoh. u. tuberkulösen Steatosen, Cirrhosen, Ikterus, Leberinsuffizienzen u. Neoplasmen erhielten bei n. Kost von 2200—2600 kcal u. Fleischeinschränkung auf 100 g täglich 2—5 g *Cholinhydrochlorid* (I) 3—4 Wochen lang oral. Die Besserung war objektiv u. subjektiv feststellbar, obwohl die Alkoholiker weiter A. zu sich nahmen. Bes. gingen Wasserretention u. histolog. nachgewiesene Verfettung zurück. Die Werte für Plasmafett besserten sich, das Verhältnis Phospholipide/Gesamtlipide stieg an. (Presse méd. **60.** 807—09. 31/5. 1952. Paris, Hôp. Broussais, Clin. Méd. Propédeutique.) KLINGMÜLLER. 4640

Carlos F. Geyer, *Vanadium, ein carieshemmendes Spurenelement beim Syrischen Hamster.* Bei Versuchstieren, die bei einer cariogenen Diät gehalten wurden, konnte durch Gaben von täglich 0,08 mg V_2O_5 die Entstehung von Caries verhindert werden. Ebenso wurde durch orale Gaben von 0,04 mg V_2O_5 bzw. durch subcutane Verabreichung von 0,07 mg V_2O_5 in bidest. W. einmal wöchentlich an Tiere, die bereits cariöse Stellen aufwiesen, die Weiterentw. der Caries gehemmt. Nach V_2O_5 änderte sich die Farbe des Dentins. (J. Dental Res. **32.** 590—95. Okt. 1953. Berlin, Freie Univ.) KLESSE. 4655

E. Leopold, *Organotherapie mit Vaduril.* Hinweis auf gute Erfolge mit *Vaduril* (Extrakt aus embryonalen Pulpen- u. Paradentiumgeweben von Kälbern) bei chron. Entzündungen, schlechtheilenden Kieferwunden, florider Caries u. verzögertem Zahndurchbruch. Injektion submucös, subcutan oder intramuskulär oder Tabletten peroral. — Beschreibung von 5 Fällen. (Dtsch. Zahnärztebl. **8.** 319—20. 22/4. 1954. Stuttgart.) KLESSE. 4655

P. Grüneis, *Erfahrungen mit Antipruriginosum Eurax.* Es wird über 25 Fälle berichtet, bei denen neben inneren Krankheiten Pruritis bestand. Diese konnte außer 1 Fall immer durch *Eurax* (J. R. GEIGY AKT.-GES., Basel; *Crotonyl-N-äthyl-o-toluidin* in fettfreier, salzloser, cremeartiger Salbengrundlage) günstig beeinflußt werden. (Wiener med. Wschr. **103.** 500—02. 4/7. 1953. Wien, Städt. Allg. Poliklinik. I. Med. Abt.) BROSEMANN. 4661

G. A. Ssardak, *Die parenterale Anwendung von Pyramidon in der Klinik.* 38 Patienten mit akutem Gelenkrheumatismus erhielten 1 mal täglich 3—5 ml 3,3%ig. *Pyramidon* (I)-Lsg. intravenös (insgesamt 1,5—6,7 g). Die Kur dauerte 2—3 Wochen u. war in allen Fällen von Erfolg. 12 Patienten mit chron. Polyarthritis erhielten entweder subcutan oder intravenös (einige Patienten nach beiden Verff.) insgesamt 5—6 g I. Eine Heilung wurde im Durchschnitt in 16 Tagen erzielt. (Советская Медицина [Sowjet-Med.] **17.** Nr. 8. 36. Aug. 1953. Winnikowka, Bezirkskrankenhaus.) LEBTAG. 4670

I. S. Friedman, *Probleme der Behandlung mit Kationenaustauschern.* Als Nebenerscheinungen werden am häufigsten Hyperchlorämie, Acidosis u. Erhöhung des Harnstickstoffs im Blut beobachtet; auch Hypokaliämie u. Hypocalcämie können vorkommen. Im Harn aller Patienten werden nach wirksamer Dosis der Harze granulierte Ndd. ausgeschieden, die aber anscheinend keine patholog. Bedeutung haben u. nach Aufhören der Behandlung von selbst verschwinden. Das Einnehmen der Austauscher ist wenig angenehm, da sie oft Stuhlverstopfung u. Auftreibung des Leibes verursachen. (A. M. A. Arch. intern. Med. **89.** 99—106. Jan. 1952. Brooklyn, N. Y.) ZORN. 4670

—, *Chlorophyll bei Ozaena. Chlorophyllin* ist das wasserlösl. Hydrolyseprod. des fettlösl. *Chlorophylls.* Es wurde in 10 Fällen von Ozaena, davon 3 beginnenden u. 7 fortgeschrittenen mit fötidem Geruch, dichten Borken u. Atrophien, lokal als 0,5%ig. Lsg. oder 1%ig. Salbe angewendet. Nach wenigen Tagen trat Besserung ein, nach Absetzen der Therapie tritt aber unabhängig von der Dauer ein Rückfall ein. (Presse méd. **60.** 810. 31/5. 1952.) KLINGMÜLLER. 4670

Rudolf Hoschek, *Tödliche akute Trichloräthylenvergiftung mit Nachweis des Giftes in der Leiche.* Beim Reinigen einer *Trichloräthylen* (I)-Waschwanne kam es bei einem Arbeiter zur Intoxikation mit letalem Ausgang. Nach negativem Ausfall der BEILSTEIN-Probe konnte im Hirn mit dem DRÄGER-Gasspürgerät (DRÄGERWERK, Lübeck) I nachgewiesen werden. Nach Verss. des Vf. kann mit dem Gerät noch 0,07 mg I nachgewiesen werden, auch eine halbquantitative Best. ist möglich. (Samml. Vergiftungsfällen, Arch. Toxikol. **14.** 330—37. 1953. Stuttgart, Gewerbeärztl. Aufsicht Nord-Württemberg.) KRUSEN. 4675

Karl-Hans Osterwald, *Zwei Beobachtungen von Atemlähmung nach Polamidonmißbrauch.* Nach Einnahme von 85 bzw. 150 mg *Polamidon* (*2-Dimethylamino-4.4-diphenylheptanon-*(*5*)*-hydrochlorid*) in suicidaler Absicht kam es bei 2 Personen zu lebensbedrohender Atemlähmung. Durch künstliche Atmung unter O_2-Zufuhr u. Verabreichung von Lobelin u. Analeptica konnten die Zustände überwunden werden. (Samml. Vergiftungsfällen, Arch. Toxikol. **14.** 349—51. 1953. Eckernförde, Kreiskrankenhaus.) KRUSEN. 4675

Hannelore Keller, *Vorhofsflattern nach Pilzvergiftung* (*Amanita pantherina?*). Bei einem Fall von Pilzvergiftung (vermutlich mit Amanita pantherina) wurden Symptome einer *Atropin-* u. einer *Muscarin*-Intoxikation, nämlich Puls- u. Elektrocardiogrammveränderungen (Vorhofsflattern mit absol. Arrhythmie) beobachtet. (Samml. Vergiftungsfällen, Arch. Toxikol. **14.** 325—28. 1953. Frankfurt/M., Univ., I. Med. Klin.) KRUSEN. 4675

M. A. J. Verwer, *Die Behandlung der Strychninvergiftung beim Hund.* Hunde, die *Strychnin* (I) aufgenommen haben, erbrechen nicht immer oder viel zu spät, so daß eine I-Vergiftung oft zu spät erkannt wird. *Apomorphin* (II)-Anwendung entspricht bei I-Vergiftung, bei der bereits Krämpfe aufgetreten sind, nicht immer den Erwartungen. Intravenöse Injektion eines Barbiturates in Verbindung mit II verdient bei allen Fällen, bei denen bereits Krämpfe aufgetreten sind, den Vorzug. Beschreibung zweier eigener Fälle, bei denen durch intravenöse Injektion von Somnifen (HOFFMANN-LA ROCHE) kombiniert mit *Luminal Na* Besserung erzielt wurde. (Tijdschr. Diergeneeskunde **79.** 260—**65.** 1/4. 1954.) PATZSCH. 4675

K. I. Ginter, *Anwendung der Novocainblockade bei Schlangenbiß.* Bei Schlangenbiß führt *Novocain*-Blockade mit 200—450 cm³ 0,25%ig. Lsg., möglichst im nichtödematösen Gewebe, zu sofortiger Schmerzstillung u. allmählicher Verminderung von Übelkeit u. Erbrechen. Die Schwellungen halten noch 4—7 Tage an. (Хирургия [Chirurgie] **1953.** Nr. 12. 64—**65.** Dez.) R. K. MÜLLER. 4675

S. Rocchietta, *Moderne Behandlungsmethoden einiger Vergiftungen.* Vf. beschreibt an Hand der Literatur Vergiftungsfälle mit *Acetylsalicylsäure, Antihistaminen, Atropin, Bromiden* u. *LiCl* u. ihre Behandlung. — 14 Literaturangaben. (Minerva med. [Torino] **43.** I. 1386—88. 25/6. 1952.) IPPEN. 4675

R. du Toit und **O. G. H. Fiedler,** *Bericht über den Wert von Isodrin und Endrin als wirksame Schutzmittel gegen den Schmeißfliegenbefall von Schafen. Isodrin* (I), das endo–endo-Isomer von *Aldrin* (III; *1.2.3.4.10.10-Hexachlor-1.4.4a.5.8.8a-hexahydro-1.4;5.8-dimethanonaphthalin*) u. *Endrin* (II), das endo–endo-Isomer von *Dieldrin* IV; *1.2.3.4.9.10-Hexachlor-6.7-epoxy-1.4.4a.5.6.7.8.8a-oktahydro-1.4;5.8-dimethanonaphthalin* wurden an L. cuprina-Larven geprüft. Dabei war I wirksamer als III u. IV, am wenigsten wirksam war II. Die Schutzwrkg. an Schafen hielt bei I 22 u. bei II 12 bis 17 Wochen an. Neu bei I u. II war das Auftreten einer störenden Bleichwrkg. des Fells der befallenen Schafe, diese beruht offenbar auf einer Verseifung des Wollfettes. Hersteller JULIUS HYMAN & CO., Denver, Colorado. (Onderstepoort J. veterin. Res. **26.** Nr. 2. 221—24. Nov. 1953. Onderstepoort Labor.) DOSSMANN. 4675

S. K. Beglowa und **A. I. Alexejewa,** *Zur Frage des Siliciumgehaltes des Blutes von Silicosekranken.* Die spektrograph. Analyse des elementaren *Si* im Blute ergab nach entsprechender Umrechnung auf SiO_2 folgende Werte: Bei gesunden Versuchspersonen im Mittel 1,76 mg%, bei prakt. gesunden, jedoch silicoseverdächtigen Grubenarbeitern 4,38 mg% u. bei Silicosekranken im 1. u. 2. Stadium (frühere Grubenarbeiter) im Mittel 1,6 mg%. Alle Gewebe Silicosekranker, bes. die Lungen, sind reich an Si. Bei wiederholt durchgeführten Bestimmungen bei Grubenarbeitern ist weniger der absol. Geh. des Blutes an SiO_2 als vielmehr die Stabilität des SiO_2-Geh. von Wichtigkeit. (Вестник Академии Наук Казахской ССР [Nachr. Akad. Wiss. KasachSSR] **10.** Nr. 7. 89—95. Juli 1953.) RENTZ. 4681

Heinz Petry, Die chronische Kohlenoxydvergiftung. Mit e. Geleitw. v. **E. W. Baader.** Leipzig: Barth. 1953. 131 S. m. 17 Abb.) = Arbeitsmedizin H. 29. DM 10,50.

F. Pharmazie. Desinfektion.

K. Münzel, *Das „Boda"-Universalgerät.* Inhaltlich ident. mit der C. **1954.** 7923. referierten Arbeit. (Dtsch. Apotheker-Ztg. **94.** 61–65. 28/1. 1954. Zürich, ETH, Pharmazeut. Inst., Galen. Abt.) BARZ. 4758

H. Flück, *Der Einfluß des Bodens auf den Gehalt von Arzneipflanzen an aktiven Stoffen.* Übersichtsarbeit mit 69 Literaturangaben. (J. Pharmacy Pharmacol. **6.** 153–63. März 1954. Zürich, Federal Inst. of Technol., Pharmaceut. Inst.) BARZ. 4782

Erik Sandell, *Über die Herstellung von Linimentum zinci spissi (XI. Schwedisches Arzneibuch).* Wenn zur Herst. des Zinkliniments durch Verreiben von ZnO mit Öl statt des früher verwendeten Olivenöls mit hoher SZ. Erdnußöl mit SZ. 0,45 verwendet wird, wird durch einen Zusatz von 1–2% Ölsäure (berechnet auf die Gesamtmenge) zum Ausgleich der niedrigen SZ. vor der Wärmebehandlung die Haltbarkeit verbessert. Zusatz von Monoolein setzt die Haltbarkeit herab, Zusatz von Triäthanolamin zeigt geringe Wirkung. (Farmac. Revy **52.** 798–801. 4/12. 1953.) R. K. MÜLLER. 4790

—, *Arzneimittelübersicht. Nitrotabletten* (SCHERING AG., Berlin): Enthalten 1 mg Biphosphat des Triäthanolamintrinitrats. — *Normacol* (Hersteller wie vorst.): Pflanzliche Quellstoffe zur Förderung des Stuhlgangs. — *Irgafen* (J. R. GEIGY A.-G., Basel): Tabletten zu 0,5 g Dimethylbenzoylsulfanilamid. (Pharmazie **7.** 457–58. Juli 1952.) HOTZEL. 4800

—, *Neue Arzneimittel. Crephex* (SCHENLEY LABORATORIES, INC., Lawrenceburg): Hustensaft. — *Ediol* (Hersteller wie vorst.): Zuckerhaltige Cocosfettemulsion als calorienreiche Zusatznahrung. — *Esteed Tablets* (WARREN-TEED PRODUCTS CO., Columbus): Äthinylöstradiol 0,05 mg. — *Histussin* (MEYER CHEMICAL CO., INC., Detroit): Hustensaft. — *Sorsis* (AR-EX COSMETICS, INC., Chicago): 2 Salben gegen Psoriasis. — *Tegumin Creme* (WARREN-TEED PRODUCTS CO., Columbus): Gegen Hautleiden. — *Vascutol* (SCHENLEY LABORATORIES, INC., Lawrenceburg): Sirup, 1 Eßlöffel enthält 4,15 g Tricholincitrat, 500 mg Inosit, 4 mg Pyridoxin. — *Vi-Lin Drops* (ABBOTT LABORATORIES, North Chicago): Polyvitaminpräparat. (J. Amer. pharmac. Assoc., pract. Pharmacy Edit. **13.** 761–62. Nov. 1952.) HOTZEL. 4800

—, *Neue Arzneimittel. Carbentose* (ZELLSTOFFABRIK WALDHOF, Wiesbaden): Quellstoffe mit Hefekohle. Stuhlregulans. — *Cyclospasmol* (CHEMISCHE FABRIK TEMPELHOF, Berlin): Suppositorien mit 0,1 (g) Cyclohexylphenylacetyldiäthylaminoäthanolhydrochlorid (I), 0,05 Phenyldiallylacetamid (II), 0,15 Aminophenazon (III). Kindersuppositorien: 30 (mg) I, 30 II, 75 III. — *Ergosanol* (DR. SCHWARZE KG., Monheim): Tabletten mit Ergotamintartrat 0,25 (mg), Coffein 60, Vitamin B_1 5, Fel tauri 50, Aminophenazon 100. — *Euraxilsalbe* (DR. THOMAE GMBH., Biberach): Enthält 10% Crotonyl-N-äthyl-o-toluidin. Gegen Juckreiz. — *Glutaminetten* (CHEMIEWERK HOMBURG AG., Frankfurt/M.): 0,2 g Glutaminsäure in magenresistenten Dragees. — *Glumetan* (ZELLSTOFFABRIK WALDHOF, Wiesbaden): Glutaminsäure u. andere Aminosäuren. — *Gynodal* (CHEMIEWERK HOMBURG AG., Frankfurt/M.): Stäbchen u. Zäpfchen mit 0,075 g 4-Butylamino-2-oxybenzoesäurediäthylaminoäthylesterhydrochlorid. Bei spast. Frauenleiden. — *Pantolax* (DR. R. REISS, Berlin): Succinyl-bis-[cholinchlorid]. Muskelrelaxans. — *Phosaden* (ZELLSTOFFABRIK WALDHOF, Wiesbaden): Tabletten mit 20 mg Adenosin-5-monophosphorsäure. — *Retensin* (ASTA-WERKE AG., Brackwede): 1.2.3-Tri-[β-triäthylaminoäthoxy]-benzoltrijodid. Muskelrelaxans. — *St 52 Asta* (Hersteller wie vorst.): Diäthyldioxystilbendiphosphat als Cytostaticum bei Prostatacarcinom. — *Succinyl Asta* u. *Succinyl Asta forte* (Hersteller wie vorst.): Bis-[cholinsuccinat]-dijodid für kurze chirurg. Eingriffe. (Arzneimittel-Forsch. **3.** A 20. 22. Jan. 1953.) HOTZEL. 4800

Ulisse Gallo, *Über die Kombination Phenylbutazon–Pyramidon.* Die Reihe der Gemische Phenylbutazon–Pyramidon zeigt ein Minimum des E. mit 69° bei der Zus. 1:1; Eutektika oder definierte Verbb. treten in diesem Syst. nicht auf. Die papierchromatograph. Unters. in 1%ig. Butanollsg. mit einem Gemisch 70 Butanol + 20 A. + 10 Essigsäure als beweglicher Phase ergibt bei 25° die R_F-Werte 0,95 bzw. 0,87; auch das äquimol. Gemisch liefert 2 getrennte Flecken, stellt also kein definiertes Prod. dar. (Boll. chim. farmac. **92.** 370–72. Okt. 1953.) R. K. MÜLLER. 4806

C. F. Krewson und **J. Naghski,** *Einige physikalische Eigenschaften des Rutins.* Die Löslichkeit von *Rutin* (I) in verschied. Lösungsmitteln (W., A., Methanol, Isopropanol, Aceton) wurde untersucht. Kurven werden für die Löslichkeit in W.–Lösungsmittel-Gemischen bei Zimmertemp. u. nahe dem Kp. angegeben. Die maximale Löslichkeit liegt bei Verwendung wasserfreier Lösungsmittel u. bei einer Konz. des Lösungsm. von 50–80%. Die geringste Löslichkeit findet sich bei einer Lösungsmittelkonz. von 90—98%. Eine Meth. zur Herst. von I für parenterale Injektion wird beschrieben. Weiterhin wird die opt. Drehung von I-Lsg. in den genannten Lösungsmitteln aufgeführt. In neutraler u. saurer Lsg. dreht I rechts, im alkal. Medium u. in 50%ig. Lsg. dreht I links. Beim Verdünnen der Lsgg. mit W. ändert sich die Drehung. (J. Amer. pharmac. Assoc., sci. Edit. **41.** 582—87. Nov. 1952.) Reppel. 4806

J. Naghski, E. F. Mellon, A. H. Korn und **C. L. Ogg**, *Wasseradsorptionsuntersuchungen an Rutin und Bestimmung des Feuchtigkeitsgehaltes.* Die Wasseradsorptionsfähigkeit von pharmazeut. verwendetem u. stärker gereinigtem *Rutin* (I) wurde untersucht. Die aufgeführten Kurven für die Adsorptionsfähigkeit kennzeichnen I als einen äußerst hygroskop. Stoff. Es werden verschied. Methoden der Feuchtigkeitsbest. angegeben. Zum Erreichen vollkommener Trockenheit werden hohe Temp., Vakuum u. eine extrem trockene Atmosphäre empfohlen. (J. Amer. pharmac. Assoc., sci. Edit. **41.** 599—602. Nov. 1952.) Reppel. 4806

W. Auerswald, *Hämoderivate.* Es werden besprochen: Humanes Albuminkonzentrat, menschliches γ-Globulin, antihämophiles Globulin bzw. antihämophiles Plasma. (Österr. Apotheker-Ztg. **8.** 214—15. 20/3. 1954.) Boye. 4812

G. Gioseffi, *Periston N.* Zusammenfassende Darst.: Allg.; physikal.-chem. u. pharmakol. Eigg.; Bestimmungsmethoden: Best. in Urin, Blut, Plasma, Serum; klin. Prüfung. — 26 Literaturhinweise. (Boll. chim. farmac. **92.** 427—33. Nov. 1953.) R. K. Müller. 4812

L. S. Fosdick, *Enzymhemmende Mittel.* Literaturüberblick über die Möglichkeit, durch Zusatz von enzymhemmenden Verbb. zu Zahnpflegemitteln die Säureentw. (als eine Ursache der Caries) zu hemmen. (J. Amer. Dental Assoc. **48.** 19—21. Jan. 1954. Chicago, Ill., Northwestern Univ., Dental School.) Klesse. 4822

H. A. Zander, *Antibiotica in Zahnpflegemitteln.* Literaturüberblick mit dem Hinweis, daß durch ständigen Gebrauch von *Penicillin* (I)-haltigen Zahnpflegemitteln sich I-resistente Mikroorganismen entwickeln können. (J. Amer. Dental Assoc. **48.** 3—7. Jan. 1954. Minneapolis, Minn., Univ. of Minnesota, School of Dent., Div. of Periodontia.) Klesse. 4822

Ole Weis-Fogh, *Diagnosticum diodoni.* Für die zur Lsg. von *Diodon* (*Diodrast, Umbradil*) verwendete 50%ig. Diäthanolamin (I)-Lsg. wird eine Prüfung des I-Geh. durch Titration mit 1 n HCl gegen Bromkresolgrün vorgeschlagen. Die fertige Lsg. mit p_H 6—8 soll folgende J-Gehh. (%) aufweisen: 35%ig. Lsg. 16,6—18,4, 50%ig. Lsg. 23,7—26,3, 70%ig. Lsg. 33,2—36,8. Die Anforderungen an die Ausgangsstoffe werden erörtert. (Arch. Pharmac. og Chem. **60** (**110**). 706—09. 19/9. 1953. Kopenhagen, Kommunehospitalets apotek.) R. K. Müller. 4824

M. Wichtl, *Probleme bei der Bestimmung des ätherischen Öles in Drogen.* Übersicht mit 10 Abbildungen u. 23 Literaturangaben. (Scientia pharmac. **22.** 43—53. 31/3. 1954. Wien, Univ., Pharmakognost. Inst.) Barz. 4880

Hans Wojahn, *Zur Reaktion der Senföle und Rhodanide mit Hypojodit. Ein neuartiges Verfahren zur Bestimmung von Ol. Sinapis.* **4.** Mitt. *über C=S-Verbindungen.* (3. vgl. Arch. Pharmaz. Ber. dtsch. pharmaz. Ges. **285/57.** [1952.] 280.) Die Hypojoditmeth. des Vf. läßt sich auch zur Best. von *Allylsenföl* (**I**), *Allylthioharnstoff* (**II**), *N-Allylthiourethan* (**III**) u. *Phenylthioharnstoff* (**IV**) anwenden; hierbei wird der S zu H_2SO_4 unter Verbrauch von 8 Äquivalenten J oxydiert. Vorteilhafter ist es noch, die Best. des I erst nach NH_3-Einw., wobei II entsteht, vorzunehmen. Durch die Hypojoditmeth. ist auch I in der Droge bestimmbar. — Rhodanide (*p-Rhodanphenol*) werden durch Hypojodit vorwiegend zur Sulfonsäure oxydiert; daneben findet auch S-Abspaltung in Form von H_2SO_4 statt. — Ausführung: Best. von **II**: 10 ml einer wss. 0,025 mol. Lsg. werden mit 7,5 ml n-NaOH u. dann langsam mit 25 ml 0,1 n Jodlsg. versetzt. Nach 10—15 Min. wird nach Ansäuern mit HCl der Jodüberschuß titriert. 1 ml 0,1 n Jodlsg. = 1,45 mg **II**. — Best. von **III**: 10 ml einer 0,025 mol. Lsg. in 8%ig. NaOH werden mit 25 ml 0,1 n Jodlsg. 20—45 Min. stehengelassen; Rücktitration des Jodüberschusses. 1 ml 0,1 n Jodlsg. = 1,8125 mg **III**. — Best. von **IV**: 10 ml einer 0,025 mol. Lsg. in 0,1 n NaOH werden mit 19 ml n-NaOH u. 25 ml 0,1 n Jodlsg. versetzt; nach 5 Min. Stehen bei Raumtemp. erwärmt man noch 15 Min. auf dem Wasserbad; dann Ansäuern u. Rücktitration. 1 ml 0,1 n Jodlsg. = 1,9 mg **IV**. — Best. von **I**: 100—120 mg frisch dest. **I** werden nach Zusatz von 30 ml A. u. 5 ml 20%ig. NH_4OH 10 Min. gelinde, dann 20 Min. auf dem Wasserbad erhitzt; nach dem Abkühlen füllt man auf 100 ml auf. 20 ml dieser Lsg. werden zunächst gelinde, dann stärker bis zur Entfernung des A. u. NH_3 erhitzt. Die erkaltete Lsg. versetzt man mit 6 ml n-NaOH u. dann langsam mit 25 ml 0,1 n Jodlsg.; nach 5 Min. Ansäuern u. Rücktitration. 1 ml 0,1 n Jodlsg. = 1,2375 mg **I**. Best. von **I** in Senfsamen: 5 g werden mit 100 ml W. übergossen u. 2 Std. verschlossen bei Zimmertemp. stehengelassen. Dann setzt man 30 ml A. hinzu u. dest. in einen 100 ml-Meßkolben, der 5 ml W. + 5 ml 20%ig. NH_4OH enthält, 80 ml Destillat ab, das wie oben weiterbehandelt wird. (Pharmaz. Zentralhalle Deutschland **91.** 326—33. Aug. 1952. Bad Oldesloe, Tuberkulose-Forschungsinst. Borstel.) K. F. Müller. 4880

K. R. Gottlieb, *Colorimetrische Bestimmung einiger quartärer Ammoniumverbindungen und Amine durch Salzbildung mit Bromthymolblau.* Zur Best. von quartären NH_4-Verbb. in Desinfektionsmitteln u. dgl. eignet sich ihre Rk. mit Bromthymolblau (I) in colorimetr. Ausführung. Zur Feststellung der Eichkurve werden 100 bis 500 γ Substanz mit 20 cm^3 0,5nNa_2CO_3-Lsg., 5 cm^3 frischer I-Lsg. u. 20 cm^3 Chlf. 2 Min. geschüttelt, dann 2mal mit je 10 cm^3 Chlf. je 1 Min., die Chloroformextrakte vereinigt, auf 50 cm^3 aufgefüllt, durch 7 cm-Filter filtriert, die ersten 25 cm^3 verworfen, die Extinktion bei 4200 Å in 1 cm-Zelle gemessen. Zur Best., z. B. von Cetrimid, in Salben wird eine 200 γ entsprechende Menge Salbe (auf Pergamentpapier gewogen) im Scheidetrichter mit 15 cm^3 warmem W. geschmolzen u. fein verteilt, dann abgekühlt u. wie oben mit 5 cm^3 2nNa_2CO_3-Lsg., 5 cm^3 I-Lsg. u. Chlf. geschüttelt (Blindprobe mit W. statt I-Lsg.). Ein p_H-Wert von 8 darf nicht unterschritten werden, um Störungen durch die in Chlf. lösl. saure Form von I zu vermeiden. Beim Arbeiten in $NaHCO_3$-Lsg. soll diese 1n sein. Bei Best. von Aminen in Salben wird die 200 γ entsprechende Menge in 20 cm^3 W. von 50° gelöst, abgekühlt, 1,6 g $NaHCO_3$ u. 5 cm^3 I-Lsg. zugesetzt, sonst wie zuvor verfahren. (Dansk Tidsskr. Farmaci **27.** 199—209. Sept. 1953. Kontrollabor. for med. specialiteter.) R. K. Müller. 4880

Ulisse Gallo, *Chromatographische Prüfung einiger nichtionischer synthetischer oberflächenaktiver Mittel.* Verschied. oberflächenakt. Mittel wie *Tween* (I) *61, 20, 60, 80*; *Triton X 100* (II); *Postonatal* (III) werden nach der Meth. der Papierchromatographie (Papier Whatman Nr. 1) mit verschied. Lösungsmitteln untersucht. **III** u. **I** 61 verhalten sich im allg. verschieden von den übrigen Prodd.; **III** läßt sich am besten papierchromatograph. identifizieren: R_F mit Butanol (mit u. ohne Bzl.) 0, bei Zusatz von 10% Essigsäure 0,58 (Mitte), mit Bzl.-A.-Gemischen um 0,95. Während bei **I** 20, 60 u. 80 der Einfl. der Mol.-Geww. der Fettsäuren erkennbar ist, zeigt **II** trotz struktureller Verschiedenheit prakt. dasselbe Verh. wie diese I-Typen. Die Unterschiede im Polymerisationsgrad des Äthylenoxyds zeigen keinen Einfl. auf das chromatograph. Verh. des **III**. Bei **I** 61 zeigt sich die Verschiedenheit der chem. Konst. u. der physikal. Eigg. im chromatograph. Verhalten. Eine Trennung der Alkaloide von den untersuchten Stoffen erscheint möglich, bei **III** gegebenenfalls mittels zweidimensionaler Chromatographie. (Boll. chim. farmac. **92.** 332—38. Sept. 1953.) R. K. Müller. 4880

Dino Coppini und **Riccardo Cameroni,** *Colorimetrische Bestimmung der „Carbowax"-Präparate und ihr Verhalten gegenüber Alkaloidreagentien.* Von den verschied. Alkaloidreagentien bilden mit den Polyäthylenpräpp. *Carbowax 4000* (I) u. *Carbowax 1500* (II) Ndd. die Doppeljodide, Phospho- u. Silicowolframsäure, Phosphomolybdänsäure, $HgCl_2$, Gerbsäure u. in saurem Medium $K_4Fe(CN)_6$ (III), nicht aber $K_3Fe(CN)_6$. Zur Best. von I werden 1—10 cm^3 0,1%ig. I-Lsg. mit 1 cm^3 HCl (20 Vol.-%), 3 cm^3 0,5%ig. III-Lsg. versetzt, auf 20 cm^3 aufgefüllt, umgeschüttelt, nach 30 Min. durch trockenes Doppelfilter filtriert, 2 cm^3 Filtrat mit 0,5 cm^3 0,5%ig. $FeCl_3$ (IV)-Lsg. u. nach 30 Sek. mit 0,5 cm^3 2%ig. Oxalsäure (V)-Lsg. versetzt, auf 20 cm^3 aufgefüllt, umgeschüttelt u. nach 30 Min. photometriert; die Extinktionskoeffizienten sind den Konzz. umgekehrt proportional. Bei der Best. von II werden 1—10 cm^3 0,1%ig. Lsg. mit 2 cm^3 konz. HCl (D. 1,18) u. 3 cm^3 0,5%ig. III-Lsg. versetzt, weiter wie oben verfahren, jedoch unter Zugabe von 2 cm^3 n-NaOH vor dem Zusatz von IV- u. V-Lösung. Barbiturate stören nicht. (Boll. chim. farmac. **92.** 363—67. Okt. 1953. Modena, Univ., Ist. di Chim. farmac.) R. K. Müller. 4880

Jolán Tuzson und **Gábor Vastagh,** *Chemische Wertbestimmung und papierchromatographische Trennung der hydrierten Ergotoxinpräparate.* Vff. konnten beweisen, daß die Rk. mit dem van Urkschen Dimethylaminobenzaldehyd auch für die hydrierten Mutterkornalkaloide quantitativ verläuft. Für die Rk. ist nur der Lysergsäureanteil verantwortlich. Mit einem Gemisch Toluol–PAe.–Methanol (25 : 25 : 10) können die hydrierten Alkaloide vom nativen Ergotoxin mittels Papierchromatographie gut getrennt werden. (Pharmac. Acta Helvetiae **29.** 118—21. April 1954.) Barz. 4880

R. Pleticha, *Oscillographisch-polarographisches Studium des Vitamin B_1 in alkalischer Lösung.* (Vgl. C. **1954.** 1073.) Es wird über eine systemat. oscillograph.-polarograph. Unters. von *Vitamin B_1* (I) berichtet, wobei in Alkalilsgg. verschied. Konz. gearbeitet wird. Das polarograph. Verh. des I in verschied. Pufferlsgg., die Abhängigkeit von der Alkalikonz. u. anderen Versuchsbedingungen werden erörtert. Elektrocapillarkurven des I in Lauge u. die Oberflächenspannung des Hg als Funktion der Konz. des I u. der Lauge werden dargestellt. Die analyt. Anwendbarkeit der Alkalistufen des I wird an pharmazeut. Präpp. überprüft. I, Cystin, Cystein u. Methionin (II) werden an der Tropf- u. an der strömenden Elektrode oscillograph. untersucht, wobei II vollständig inakt. ist. Die Ergebnisse werden diskutiert. (Pharmaz. Zentralhalle Deutschland **92.** 395—402. Nov. 435—39. Dez. 1953. Prag, Forschungsinst. für Lebensmitteltechnol. u. Polarograph. Zentralinst.) FRESENIUS. 4880

F. Weiß, *Zur Analytik der p-Aminobenzoesäure. p-Aminobenzoesäure* (I) gibt nach TAUBER u. LAUFER (J. Amer. chem. Soc. **63.** [1941.] 1488) in wss. Lsg. mit p-Dimethylaminobenzaldehyd in Eisessig eine Gelbfärbung, die nach dem Alkalisieren mit NH_3 verschwindet. Die entsprechende Verb. ist (im Gegensatz zur analogen Verb. des *p-Aminobenzoyldiäthylaminoäthanolhydrochlorid* [II]) aus NH_3-alkal.-wss.-Lsg. mit Ae. nicht extrahierbar. Nach Zusatz von Eisessig tritt die Gelbfärbung wieder auf. — Die Abtrennung der I von II u. seinen Zersetzungsprodd. mit MAYERs Reagens, Kieselwolframsäure, Ammoniumreineckat u. Aurantia befriedigt nicht. — I wird von $\geqq$0,1n-H_2SO_4 u. 0,01nHCl zers., u. a. werden p-Aminophenol u. Anilin, vielleicht auch p-Oxybenzoesäure gebildet. Bereits in warmer Ae.-Lsg. erfolgt Decarboxylierung. — Zur titrimetr. Best. von I neben II wird deshalb die wss. Lsg. eben kongosauer gemacht u. dreimal mit Ae. ausgeschüttelt. Die Ae.-Auszüge werden mit wenig W. gewaschen, durch ein trockenes Filter gegeben, vereinigt u. mit 20 u. danach mit 10 ml 0,02nNa_2CO_3-Lsg. ausgeschüttelt. Vereinigte Na_2CO_3-Auszüge mit 0,02nHCl gegen Methylrot neutralisieren; vor Zugabe der letzten Säureanteile kurz aufkochen u. wieder abkühlen. 1 ml 0,02nNa_2CO_3-Lsg. entspricht 2,742 mg I. — Zur colorimetr. Best. von I neben II schlägt Vf. die von BONAMY (Diss. Paris 1950) empfohlene Diazotierung u. Kupplung der I mit N-α-Naphthyl-N'-diäthylpropylendiamin u. Trennung der gefärbten Kupplungsprodd. von I u. II mit Ae. aus alkal. Lsg. vor. (Pharmaz. Zentralhalle Deutschland **92.** 77—85. März 1953. Berlin, Humboldt-Univ., Pharmazeut. Inst.)
E. SCHEIBE. 4880

D. Perlman, *Colorimetrische Methode zur Bestimmung von Aureomycin, Carbomycin, Erythromycin und Terramycin in wässeriger Lösung.* Die Tatsache, daß saure Hydrolysate von *Aureomycin* (I), *Carbomycin* (II), *Erythromycin* (III) u. *Terramycin* (IV) mit *Arsenmolybdat* blau gefärbte Komplexverbb. ergeben, u. die Beobachtung, daß die opt. Dichte eine Funktion der I–IV-Menge ist, wurde einer colorimetr. Mikromeßmeth. zugrunde gelegt, die in saurer Lsg. den Geh. an I–IV zu bestimmen gestattet. (Science [Washington] **118.** 628—29. 20/11. 1953. New Brunswick, N. J., Squibb Inst. for Med. Res.) DOSSMANN. 4880

Johann A. Wülfing, Gronau, *Suppositorienherstellung* dadurch, daß Medikamente, wie Ca-Lactat, Ca–Na-Lactat oder Ca-Salze von Fettsäuren mit höchstens 6 C-Atomen, in einer Schwingmühle zu einer Teilchengröße von 1—10 μ gemahlen u. in Mengen von 20—50% in einer Suppositoriengrundmasse verteilt werden. Die Medikamente können vor der Mahlung scharf getrocknet werden. (**E. P. 701 831** vom 16/10. 1951, ausg. 6/1. 1954. D. Priorr. 19/10. 1950 u. 18/6. 1951.) K. HEINZE. 4767

Farbwerke Hoechst Akt.-Ges., vormals Meister Lucius & Brüning (Erfinder: **Wilhelm Föllmer**), Frankfurt/M.-Höchst, *Cervicalstyli* in T-Form, bei denen der Querbalken gegebenenfalls kürzer als der Längsbalken ist, die aus einer resorbierbaren M. bestehen u. die gegebenenfalls mit einem üblichen resorptionserschwerenden Überzug versehen sind. (**D. B. P. 906 613** Kl. 30h vom 28/11. 1951, ausg. 15/3. 1954.)
K. HEINZE. 4767

Research Corp., New York, N. Y., übert. von: **Perry A. Foote, Werner M. Lauter,** Gainesville, Fla., und **Ross M. Baxter,** Toronto, Ontario, V. St. A., *Gewinnung von Mutterkornalkaloiden* (I) erfolgt aus *Clitocybe subilludens*-Kulturen (II), indem man diese nach Trocknen bei 40—50° mit 10%ig. wss. Al-Sulfatlsg. anfeuchtet, nochmals wie zuerst trocknet, 5 Std. mit heißem Bzl. extrahiert, trocknet, mit 10%ig. Na_2CO_3 anfeuchtet, die Benzolextraktion wiederholt, *Ergotamin* mit PAe. herauslöst, während man die restlichen Alkaloidtartrate (? der Referent) einschließlich *Ergonovin* später isoliert. — Man kann auch die II-Suspension auf p_H 8,0 einstellen, abfiltrieren, mit W. erschöpfend auswaschen, I aus dem Filtrat an akt. Kohle adsorbieren u. sie z. B. mit einer 1%ig. Lsg. von Weinsäure in CH_3OH herauswaschen. — Beschreibung der II-Herstellung. (**A. P. 2 640 007** vom 4/4. 1951, ausg. 26/5. 1953.)
MÜLLER-MEININGEN. 4791

Frans D. Timmermans, Frankreich, *Hydrophile Stoffe für Verbandmaterialien* mit guter Oberflächenaktivität werden durch Zugeben von Aktivkohle oder Silicagel zu den zu verspinnenden Viscoselsgg. erhalten. (**F. P. 1 004 116** vom 30/12. 1949, ausg. 26/3. 1952. Holl. Prior. 31/12. 1948.) WITTHOLZ. 4795

Eli Lilly & Co., Indianapolis, Ind., V. St. A., *Arzneimittel zur Behandlung von Ödemen*, bestehend aus einem Carboxylgruppen enthaltenden Kunstharzionenaustauscher, der zum Teil in freier Form u. zum Teil als K-Salz vorliegt. Beispiele mit „Amberlite XE-64“ u. „Permutit XAC“. Die Harze werden in wss. Suspension oder gemeinsam mit Schleimstoffen u. nichtionigenen Emulgatoren eingenommen. Ausschwemmung des Na-Überschusses. (**E. P. 692 897** vom 30/3. 1951, ausg. 17/6. 1953. A. Priorr. 17/4. u. 3/11. 1950.) K. HEINZE. 4807

Imperial Chemical Industries Ltd., London, und **Eric Hoggarth**, Blackley, England, *Diazabutadiensulfonsäuren* der Formel R—CH=N—N=C(SO_3H)—NH_2 (R = Phenyl, das in p-Stellung —Cl, —$SO_2C_2H_5$ oder —$NHCOCH_3$ tragen kann) erhält man durch Oxydation eines Arylaldehydthiosemicarbazons der Formel R—CH=N—NH—CS—NH_2 mit Peressigsäure (aus H_2O_2 + Eisessig). — Benzaldehydthiosemicarbazon → *1-Amino-4-phenyl-2.3-diazabuta-1.3-dien-1-sulfonsäure*, F. 254—256°. — p-Äthylsulfonylbenzaldehydthiosemicarbazon → *1-Amino-4-p-äthylsulfonylphenyl-2.3-diazabuta-1.3-dien-1-sulfonsäure*, F. 242—243°. — p-Acetylaminobenzaldehydthiosemicarbazon → *1-Amino-4-p-acetylaminophenyl-2.3-diazabuta-1.3-dien-1-sulfonsäure*, F. 198—200°. — p-Chlorbenzaldehydthiosemicarbazon → *1-Amino-4-p-chlorphenyl-2.3-diazabuta-1.3-dien-1-sulfonsäure*, F. 151° (Zers.). — *Heilmittel* gegen *Tuberkulose*. (**E. P. 677 258** vom 10/8. 1949, ausg. 13/8. 1952.) KRAUSS. 4807

Deutsches Hydrierwerk Rodleben VEB (Erfinder: **W. Hentrich, Ch. Grundmann** und **H.-J. Engelbrecht**), Rodleben bei Roßlau, *Herstellung von Abkömmlingen cyclischer Sulfonamide* von der allg. Formel [H_2N—R—SO_2—N(X)]$_n$—R'. R ist ein gegebenenfalls substituierter aromat., heterocycl. oder gemischt aromat.-heterocycl. Rest, X ist H oder ein KW-stoffrest, R' ist ein fünfgliedriges heterocycl. Ringsyst. mit drei Heteroatomen, von denen wenigstens eines ein N-Atom ist, n ist 1 oder 2. — Organ. Sulfonsäuren der allg. Formel G—R—SO_3H, bzw. deren reaktionsfähige Sulfonsäureabkömmlinge, werden mit Aminoverbb. der allg. Formel [NH(X)]$_n$—R' umgesetzt, oder organ. Sulfonsäureamide der allg. Formel G—R—SO_2—N(X)—H, bzw. deren Alkaliverbb., werden mit Halogenverbb. der allg. Formel Halogen—R' umgesetzt. In diesen allg. Formeln bedeutet G eine Aminogruppe oder einen Substituenten, der in eine Aminogruppe überführbar ist, während die übrigen Reste die oben angegebene Bedeutung besitzen. G ist z. B. eine Acylamino-, Azomethin-, Säureamid- u. Säurehydrazidgruppe, ferner die Nitro-, Nitroso- u. Hydroxylaminogruppe, die Azo-, Azoxy- u. Hydrazogruppe, sowie Halogen. — Als Ausgangsstoffe sind genannt: 4-Aminobenzolsulfonsäure, 3.5-Diaminobenzolsulfonsäure, 4-Methylaminobenzolsulfonsäure, 4-Dimethylaminobenzolsulfonsäure, 1-Aminonaphthalin-4-sulfonsäure, 2-Aminopyridin-5-sulfonsäure, 5-Aminochinolin-8-sulfonsäure, 4-Acetylaminobenzolsulfonsäure, 4-Benzoylaminobenzolsulfonsäure, 4-Nitrobenzolsulfonsäure, 3.5-Dinitrobenzolsulfonsäure, 4-Sulfamino-2'.4'-diamino-1.1'-azobenzol, 4-Amino-3-methoxy-6-methylbenzolsulfonsäure, 2.5-Dichlor-4-aminobenzolsulfonsäure, 3-Brom-4-amino-5-methylbenzolsulfonsäure, 3-Chlor-4-aminobenzolsulfonsäure. — Heterocycl. Verbb., welche für die Umsetzung in Betracht kommen, sind z. B. 2-Amino-1.3.4-triazol, 2.5-Diamino-1.3.4-triazol, 1-Phenyl-5-amino-1.2.3-triazol, 2-Aminothiodiazol, 2.5-Diaminothiodiazol, 2-Methylaminothiodiazol, 2-Amino-5-äthylthiodiazol, 2-Amino-5-alkoxymethylthiodiazole u. andere 2-Aminothiodiazolabkömmlinge, 2-Aminofurodiazol, 2-Amino-4-phenyloxdiazol-1.3.4-on-5. — Sulfonamidabkömmlinge, die nach diesem Verf. erhalten werden, sind z. B. das *2-(4'-Aminobenzolsulfon)-amino-5-methylthiodiazol, 2-(4'-Aminobenzolsulfon)-amino-5-methylfurodiazol, 3.5-Di-(4'-amino-2'.5'-dichlorbenzolsulfon)-aminotriazol-1.2.4.* — Die Sulfonamide sind hochwirksame Mittel zur *Bekämpfung von Bakterien* u. sonstigen Parasiten, bes. von Strepto-, Gono- u. Pneumokokkeninfektion sowie des Gasbrandes u. anderen durch Anaerobier hervorgerufenen Infektionen. — 2-Aminothiodiazol u. 4-Acetylaminobenzolsulfochlorid geben 2-(4'-Acetylaminobenzolsulfon)-aminothiodiazol, F. 196—198°, welches beim Verseifen das *2-Sulfanilaminothiodiazol*, F. 218,5—219°, liefert. — 2-Amino-5-methylthiodiazol wird mit 4-Acetylaminobenzolsulfochlorid umgesetzt. Es entsteht 2-(4'-Acetylaminobenzolsulfon)-amino-5-methylthiodiazol, welches beim Verseifen das *2-Sulfanilamino-5-methylthiodiazol*, F. 204—205°, gibt. — Dieselbe Verb. erhält man aus 2-Amino-5-methylthiodiazol u. 4-Nitrobenzolsulfochlorid, wobei zunächst 2-(4'-Nitrobenzolsulfon)-amino-5-methylthiodiazol, F. 224—226°, entsteht, welches durch Red. der Nitrogruppe in die NH_2-Verb. übergeht. — 2-Amino-5-isopentylthiodiazol wird mit 4-Nitrobenzolsulfochlorid umgesetzt. Es entsteht dabei *2-(4'-Nitrobenzolsulfon)-amino-5-isopentylthiodiazol*, F. 160°, welches red. wird unter Bldg. von *2-Sulfanilamino-5-isopentylthio-*

diazol. — 5-Methyl-2-aminofurodiazol u. Acetylsulfanilsäurechlorid liefern das 2-(4'-Acetylaminobenzolsulfon)-amino-5-methylfurodiazol u. nach dem Verseifen *2-(p-Aminobenzolsulfamino)-5-methylfurodiazol,* F. 168—169°. (**D. P.** [**DDR**] **1 577** Kl. 12p vom 24/5. 1939, ausg. 25/8. 1952 [Wirtschaftspatent].) M. F. MÜLLER. 4807

Knoll Akt.-Ges. Chemische Fabriken, Ludwigshafen/Rh. (Erfinder: **Philipp Zutavern** und **Kurt Kraft,** Heidelberg), *4-Aminobenzolsulfonylaminomethansulfonsaures Triäthanolamin.* Aus den Komponenten; F. 117—119°. Wirkt *baktericid;* wss. Lsgg. besitzen ein p_H von 5,5 u. können schmerz- u. reizlos injiziert werden. (**D. B. P. 894 560** Kl. 12q vom 13/5. 1942, ausg. 26/10. 1953.) LANGER. 4807

J. R. Geigy Akt.-Ges. (Erfinder: **Henry Martin** und **Rudolf Hirt**), Basel, Schweiz, *p-Aminobenzolsulfonacylamide* der Formel I, worin R_1 einen niedrigmol. aliphat. ungesätt. Rest, R_2 = H, Alkyl oder Aralkyl u. R_3 = H oder Alkyl bedeuten, sind wirksam gegen *Pneumokokken.* — *p-Acetylaminobenzolsulfon-β.β-dimethylacrylsäureamid,* aus p-Acetylaminobenzolsulfonamid u. Dimethylacrylsäureanhydrid, F. 233°. Gibt beim Verseifen *p-Aminobenzolsulfon-β.β-dimethylacrylsäureamid* (**II**), F. 177—178°. — Analog: *p-Nitrobenzolsulfon-β.β-dimethylacrylsäureamid,* F. 155°. — *p-Aminobenzolsulfon-β-äthylcrotonsäureamid,* F. 189°. — *4-Carbäthoxyaminobenzolsulfon-β.β-dimethylacrylsäureamid;* gibt mit NaOH **II.** (**D. R. P. 757 750** Kl. 12q vom 10/7. 1940, ausg. 4/5. 1953. Schwz. Prior. 21/6. 1940.) LANGER. 4807

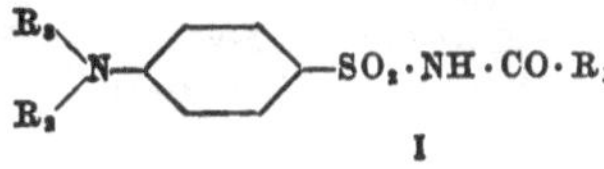

I

J. R. Geigy Akt.-Ges. (Erfinder: **Henry Martin, Rudolf Hirt** und **Otto Neracher**), Basel, Schweiz, *p-Aminobenzolsulfonacylamide der Formel* I, worin R_1 einen durch Alkyl- u./oder Alkoxyreste substituierten Benzolrest, R_2 = H, Alkyl oder Aralkyl u. R_3 = H oder Alkyl bedeuten, wirken *baktericid.* — *p-Nitrobenzolsulfon-(4-methoxybenzoesäureamid)* (**II**), aus p-Nitrobenzolsulfonamid u. 4-Methoxybenzoesäurechlorid, F. 156°. — *p-Aminobenzolsulfon-(4-methoxybenzoesäureamid),* aus **II,** Fe u. Essigsäure, F. 160°. — Analog: *p-Nitrobenzolsulfon-(3-methyl-4-methoxybenzoesäureamid),* F. 179°. *p-Aminobenzolsulfon-(3-methyl-4-methoxybenzoesäureamid),* F. 187°. — *4-Nitrobenzol-N-(4-methylbenzoyl)-sulfamid,* F. 244°. — *4-Aminobenzol-N-(4-methylbenzoyl)-sulfamid,* F. 144°. — *p-Nitrobenzolsulfon-(2-methylbenzoylamid),* F. 186°. — *p-Aminobenzolsulfon-(2-methylbenzoylamid).* F. 176°. — *p-Nitrobenzolsulfon-(3-methylbenzoylamid),* F. 126—127°. — *p-Aminobenzolsulfon-(3-methylbenzoylamid),* F. 160°. — *p-Nitrobenzolsulfon-(2.4-dimethylbenzoylamid),* F. 170°. — *p-Aminobenzolsulfon-(2.4-dimethylbenzoylamid),* F. 222°. — *p-Aminobenzol-(3.4-dimethylbenzoylamid),* F. 214—215°. (**D. R. P. 758 806** Kl. 12q vom 13/5. 1941, ausg. 16/4. 1953. Schwz. Prior. 24/4. 1941.) LANGER. 4807

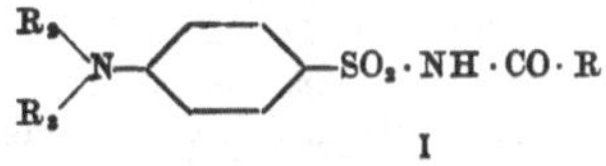

I

Hoffmann-La Roche, Inc., Nutley, übert von: **Moses Wolf Goldberg,** Upper Montclair, und **Albert Israel Rachlin,** Maywood, N. J., V. St. A., *p-substituierte Phenylazomalonitrile* wirken *anthelminthisch.* — *p-Acetamidophenylazomalonitril,* aus diazotiertem p-Aminoacetanilid u. Malonitril, F. 221°. — Analog: *p-Methoxyphenylazomalonitril,* F. 148°. — *p-Allyloxyphenylazomalonitril,* F. 128°. (**A. P. 2 658 889** vom 22/8. 1950, ausg. 10/11. 1953.) LANGER. 4807

Bristol Laboratories, Inc., Onondaga County, N. Y., übert. von: **Merrill E. Speeter,** Kalamazoo, Mich., V. St. A., *2.2-Diphenyl-1.4-pentandiamine* der Formel $(R_1)(R_2)N\cdot CH_2\cdot C(C_6H_5)_2\cdot CH_2\cdot CH(CH_3)\cdot N(R_3)(R_4)$, worin R_1 = H oder Alkyl, R_2 = H, Alkyl, $R_5\cdot CO$– oder $R_5\cdot SO$–, R_3 u. R_4 = Alkyl oder den Rest eines Heteroringes u. R_5 Alkyl oder Alkyloxy bedeuten, wirken *analget.* u. dienen auch als *pharmazeut. Zwischendrodukte.* — *2.2-Diphenyl-4-(N.N-dimethyl)-1.4-pentandiamin* (**I**), aus 4-Dimethylamino-2.2-diphenylpentannitril u. $LiAlH_4$ in Äther, F. 74—75°. *Dihydrochlorid,* F. 177 bis 178°. — *2.2-Diphenyl-4-(N.N-dimethyl)-1-(N-acetyl)-1.4-pentandiamin,* aus **I** u. Acetylchlorid in Äther, F. 225—226°. — *1-(4'-Dimethylamino-2'.2'-diphenylpentyl)-2.5-dimethylpyrrol,* aus **I** u. Acetonylaceton in sd. Alkohol. *Saures Oxalat,* F. 205—207°. — *N-(4-Dimethylamino-2.2-diphenylpentyl)-carbamidsäureäthylester,* aus **I** u. $ClCO_2\cdot C_2H_5$ in Äther. *Hydrochlorid,* F. 190—191°. — *2.2-Diphenyl-4-(N.N-dimethyl)-1-(N-methansulfonyl)-1.4-pentandiamin,* aus **I** u. Methansulfonylchlorid in Äther. *Hydrochlorid,* F. 245—246°. (**A. P. 2 632 762** vom 8/6. 1950, ausg. 24/3. 1953.) LANGER. 4807

N. V. Philips' Gloeilampenfabrieken (Erfinder: **Hendrik Durk Moed** und **Meier Asscher**), Eindhoven, Holland, *Aminoalkohole,* die teilweise *physiol. Wrkg.* besitzen, erhält man durch Rk. von Diphenol- oder Triphenoläthern mit gegebenenfalls alkylierten Aminoessigsäurenitrilen in Ggw. von $AlCl_3$ in einem polaren Lösungsm. u. Red. des Reaktionsproduktes. — *3.4-Dimethoxy-ω-methylaminoacetophenonhydrochlorid* (**I**), aus Methylaminoacetonitrilhydrochlorid, o-Dimethoxybenzol, $AlCl_3$ u. HCl in Nitrobenzol. — *Adrenalindimethyläther*, aus I, H_2 u. RANEY-Ni in W.; F. 103—105°; *Hydrochlorid*, F. 135—136°. — Analog: *3.4-Dimethoxy-ω-isopropylaminoacetophenon*. — *1-(3'.4'-Dimethoxyphenyl)-2-isopropylaminoäthanol-(1)-hydrochlorid*, F. 182—183°. (**D. B. P. 905 246** Kl. 12q vom 9/4. 1950, ausg. 1/3. 1954. Holl. Prior. 13/4. 1949.) LANGER. 4807

Chemodur G. m. b. H., Deutschland, *Herstellung von 3.5-Dijodtyrosin* (I). Reines Tyrosin wird in Alkalilsg. gelöst u. feinpulveriges Jod unter Kühlung zugesetzt. Danach wird die erhaltene Lsg. mit Essigsäure neutralisiert u. mit Na-Acetat ein Gemisch von Tyrosin, I u. Nebenprodd. ausgeschieden. Das abgetrennte Gemisch wird mit Methylalkohol in Ggw. von HCl-Gas verestert. Es scheidet sich der krist. Methylester ab, welcher danach verseift wird u. I liefert. (**F. P. 1 013 495** vom 27/4. 1948, ausg. 29/7. 1952.) M. F. MÜLLER. 4807

Merck & Co., Inc., N. J., übert. von: **Everett M. Schultz**, Glenolden, Pa., V. St. A., *3.3-disubstituierte 6-Dimethylamino-2-hexanone* der Formel I, worin R für Alkyl u. Y für H, Alkyl, Halogen u. Alkoxy stehen, wirken *anticholinergisch*. — (*3.4.5.6-Tetrahydropyridin* = **II**.) — *2.3-Dimethyl-3-phenyl-***II** (**III**), aus γ-Methyl-γ-phenyl-δ-oxocapronitril, H_2 u. RANEY-Ni bei 90—100° unter Druck; $Kp._{0,5}$ 80 bis 83°; *Bisulfat*, F. 151,5—153°. — Analog: *2-Methyl-3-äthyl-3-phenyl-***II**, $Kp._{0,5}$ 94 bis 95°; *Hydrochlorid*, F. 148—150°; *Pikrat*, F. 127—128°. — *2-Methyl-3-n-propyl-3-phenyl-***II**, $Kp._{1,0}$ 112°; *Bisulfat*, F. 135,5—137°. — *2-Methyl-3-n-butyl-3-phenyl-***II**, $Kp._{0,4}$ 118,5°; *Bisulfat*, F. 121—123°. — *2-Methyl-3.3-diphenyl-***II**, $Kp._{0,5}$ 128—130°; F. 106—107°; *Hydrochlorid*, F. 207—209°. — *2-Methyl-3-benzyl-3-phenyl-***II**, $Kp._{0,5}$ 137 bis 139°; F. 69,5—70,5°; *Hydrochlorid*, F. 218—220°; *Pikrat*, F. 174—175°. — (*3-Phenyl-6-dimethylamino-2-hexanon* = **IV**.) — *3-Methyl-***IV**, man behandelt **III** mit HCOOH u. CH_2O u. dann mit HCl; $Kp._{1,0}$ 115°; *Hydrochlorid*, F. 177—178°. — Analog: *3-Äthyl-***IV**, $Kp._{0,5-1,0}$ 104—106°; *Hydrochlorid*, F. 166—167°. — *3-n-Propyl-***IV**, $Kp._{0,5}$ 121—128°; *Hydrochlorid*, F. 193—194°. — *3-n-Butyl-***IV**, $Kp._{0,5}$ 127—131°; *Hydrochlorid*, F. 151,5—153°. — *3-Benzyl-***IV**, $Kp._{0,5}$ 157—160°; *Hydrochlorid*, F. 205 bis 206°. (**A. P. 2 656 388** vom 16/8. 1950, ausg. 20/10. 1953.) LANGER. 4807

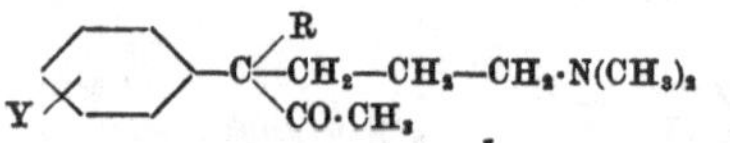

I

Badische Anilin- & Soda-Fabrik Akt.-Ges. (Erfinder: **Heinrich Hopff, Hermann Spanig** und **Curt Schuster**), Ludwigshafen/Rh., *Herstellung antihistaminisch wirkender Pyrrolidinverbindungen*. Man erhält Verbb. der Formel **I** (X u. Y = Phenyl- oder Benzylrest mit jeweils 1 Kern, n > 1), z. B. *N-(β-N'-Phenyl-N'-benzylaminoäthyl)-pyrrolidin*, $Kp._1$ 198—205°, durch Kondensation von ω-Halogenverbb. der Formel **II**, z. B. N-β-Chloräthylpyrrolidinhydrochlorid, mit substituierten Aminen, z. B. N-Benzylanilin, oder durch Kondensation von ω-Halogenaminoverbb., z. B. N-β-Chloräthyl-N-benzylanilin, mit Pyrrolidin oder durch Einführung der Reste X u. Y, z. B. mittels Benzylchlorid, in prim. oder sek. Aminoverbb., z. B. N-(β-N'-Phenylaminoäthyl)-pyrrolidin. (**D. B. P. 842 345** Kl. 12p vom 11/12. 1948, ausg. 26/6. 1952.) LÜTTGEN. 4807

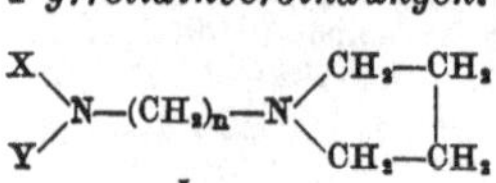

I

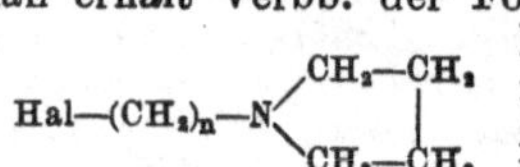

II

Aschaffenburger Zellstoffwerke Akt.-Ges. (Erfinder: **Johannes Miksch**, Redenfelden, und **Artur Schäfer**, Reischenhart), *Haltbare Lösungen von 1-Phenyl-2.3-dialkyl-4-dialkylamino-5-pyrazolonen*, wie 1-Phenyl-2.3-dimethyl-4-dimethylamino-5-pyrazolon, durch die Verwendung von Alkalisalzen des Phenoxyessigsäureamids als Lösungsvermittler. Die Lsgg. können eingedampft u. das angefallene Pulver zu Tabletten verarbeitet werden. (**D. B. P. 903 624** Kl. 30h vom 8/5. 1952, ausg. 8/2. 1954. Anmeldung bekanntgemacht 28/5. 1953.) K. HEINZE. 4807

Farbwerke Hoechst Akt.-Ges., vormals Meister Lucius & Brüning, Frankfurt/M. (Erfinder: **Friedrich Weygand**, Heidelberg), *Chinoliniumverbindungen* gemäß D. B. P. 825 409, dad. gek., daß man Verbb. der Formel **I**, worin R = aliphat. oder araliphat. Reste u. R_1 = H oder araliphat. Reste bedeuten, mit α-Alkylacroleindibromiden umsetzt. — 3,2 (g) N.N-Dibenzyl-p-aminobenzoesäure (**II**) werden zu einer Lsg. von 4α-Methylacroleindibromid in 30 wasserfreiem, frisch dest. Dioxan gegeben, wobei das Hydrobromid der **II** ausfällt. Beim Erwärmen geht es in Lsg., während des 2 std. Siedens scheidet sich ein Öl aus, das nach dem Erkalten gewaschen wird. Aus A. kristallisieren 1,8 = 50% des Umsetzungsprod. mit F. 224° aus. Nach dem Umkristallisieren aus A. erhält man *1-Benzyl-3-methyl-6-carboxychinoliniumbromid*, farbloses Pulver vom F. 232° (Zers.), das sich ab 180° schwach zersetzt. Ferner

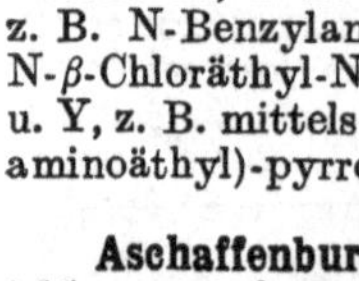

werden beschrieben: *1-Benzyl-3-äthyl-6-carboxychinoliniumbromid*, F. 159° (Zers.), *1.3-Dimethyl-6-carboxychinoliniumbromid*, F. 260° (Zers.), *1-Methyl-6-äthyl-6-carboxychinoliniumbromid*, F. 239° (Zers.). (**D. B. P. 906 334** Kl. 12p vom 18/5. 1951, ausg. 11/3. 1954. **Zusatz zu D. B. P. 825409; C. 1952. 3869.**) SEIZ. 4807

Farbenfabriken Bayer Akt.-Ges., Leverkusen (Erfinder: **Alfred Dornow** und **Günther Petsch,** Hannover), *Herstellung von Pyridin- und Thiazolderivaten*, die in β-Stellung zum Kernstickstoff durch eine β-Oxyäthylgruppe substituiert sind, dad. gek., daß Pyridin-3-essigsäureester bzw. Thiazol-5-essigsäureester in Lsg. oder in Suspension mit $LiAlH_4$ (**I**) red. werden. — Zu 1,8 (Gewichtsteilen) **I** in 200 sd. absol. Ae. (**II**) werden unter Rühren innerhalb 30 Min. 4 2-Methylpyridinessigsäure-(3)-methylester in 60 **II** tropfenweise gegeben u. danach wird mit wss. Ae. das überschüssige **I** zersetzt. Die filtrierte, über K_2CO_3 getrocknete Ae.-Lsg. enthält *2-Methyl-3-(β-oxyäthyl)-pyridin*, das nach dem Abdampfen krist. zurückbleibt, F. 59—60°; Ausbeute 2,75 = 83% der Theorie. — *4-Methyl-5-(β-oxyäthyl)-thiazol*, Kp. 1115°. Pikrat, F. 164°; wird aus 4-Methylthiazolessigsäure-5-methylester hergestellt; gelbliches Öl. Die Verbb. dienen zur Herst. von *Pharmazeutika*. (**D. B. P. 906 332** Kl. 12p vom 7/8. 1951, ausg. 11/3. 1954.) SEIZ. 4807

American Cyanamid Co., New York, N. Y. (Erfinder: **Martin Everett Hultquist,** Bound Brook, und **Kenneth Leon Howard,** Westfield, N. J.), V. St. A., *In 1-Stellung durch einen heterocyclischen Rest substituierte Piperazine* der allg. Formel I, in der Y_1, Y_2, Y_3 u. Y_4 =H oder niedrigmol. Alkylreste bedeuten u. Het ein 5- oder 6-gliedriger, stickstoffhaltiger, einkerniger heterocycl. Rest ist, der mit dem N-Atom des Piperazinringes durch ein solches kernständiges C-Atom verbunden ist, welches mit einem benachbarten kernständigen N-Atom durch eine Doppelbindung verknüpft ist, dad. gek., daß 1—4 Mol eines Piperazins der Formel II, in welcher Y_1, Y_2, Y_3 u. Y_4 die oben angegebene Bedeutung haben, mit 1 Mol einer Verb. Het—X umgesetzt werden, in welcher X = Cl, Br oder J ist u. Het die obige Bedeutung hat u. in der das Halogenatom sowie die benachbarten Atome des Restes Het die Gruppierung

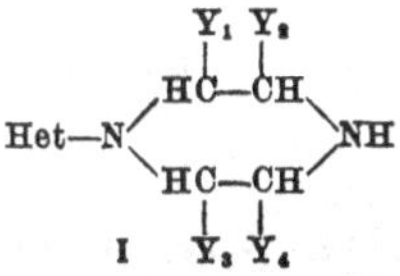
I

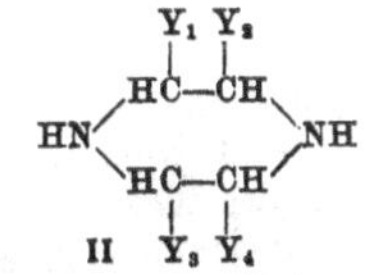
II

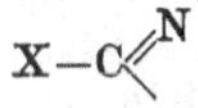 bilden. Die Umsetzung wird in wss. Medium in Ggw. von Alkalihydroxyd oder von Carbonaten der Alkali- oder Erdalkalimetalle vorgenommen, u. als Umsetzungsmedium wird ein bas., organ. Lösungsm., wie Chinolin oder Pyridin, angewendet. — Eine Aufschwemmung von 87 (Teilen) Na_2CO_3 in 129 2-Brompyridin, 140 wasserfreiem Piperazin u. 240 Amylalkohol wird unter Rühren 6½ Std. am Rückflußkühler erhitzt. Die Temp. steigt hierbei auf 133—135°. Die abgekühlte Suspension wird filtriert u. das Filtrat zur Entfernung des Amylalkohols u. Piperazins destilliert. Der Destillationsrückstand wird nach seiner Abkühlung der Vakuumdest. unterworfen. Die Fraktion, die bei 5 mm u. 141—170° überdest., wird gesammelt. Die Ausbeute an ungereinigtem *1-(2'-Pyridyl)-piperazin* beträgt 99,2, die M. des Rückstandes 30. Beschrieben ist ferner die Herst. von: *1-(2'-Pyrimidyl)-piperazinhydrochlorid*, F. 289—289,5° (Zers.); *1-(2'-Pyrazinyl)-piperazin*; *1-(2'-Thiazolyl)-piperazincitrat*, F. 187—188,5°; *1-(5'-Chlor-2'-pyrimidyl)-piperazinhydrochlorid*; *1-(2'-Pyridyl)-2.5-dimethylpiperazin*. Die gewonnenen Verbb. sind *Analgetica*. (**D. B. P. 906 335** Kl. 12p vom 11/11. 1948, ausg. 11/3. 1954. A. Prior. 14/10. 1948.) SEIZ. 4807

Usines Chimiques des Laboratoires Français „U. C. L. A. F.“, Frankreich, *Herstellung des Camphosulfonats des Hordenins* der Formel I aus äquimol. Mengen Camphosulfonsäure u. Hordenin durch Rk. in Ggw. eines Lösungsm., welches beide Komponenten zu lösen vermag, wie W., A., Methanol oder Aceton. Das Reaktionsprod. enthält 41,5% Hordeninbase, F. 112—113°. Kristalle in W. u. A. leicht löslich. (**F. P. 1 002 298** vom 4/9. 1946, ausg. 4/3. 1952.) M. F. MÜLLER. 4807

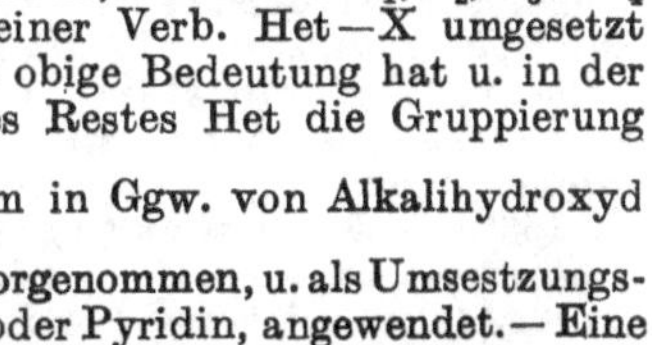
I

Parke, Davis & Co., Detroit, Mich., übert. von: **Boyd L. O'Dell,** Columbia, Mo., V. St. A., *Dihydro-N-[4-([(2-amino-4-oxy-6-pteridyl)-methyl]-amino)-benzoyl]-glutaminsäure* (= *Dihydrovitamin B_c*, $C_{19}H_{21}O_6N_7$) erhält man durch katalyt. Hydrierung von N-[4([(2-Amino-4-oxy-6-pteridyl)-methyl]-amino)-benzoyl]-glutaminsäure (= Vitamin B_c, $C_{19}H_{19}O_6N_7$) mit H_2 in Ggw. eines Edelmetallkatalysators (5%ig. Pd-$BaSO_4$) in alkal. Lsg. (NaOH). — Zwischenprod. u. Heilmittel. (**A. P. 2 545 305** vom 14/9. 1946, ausg. 13/3. 1951.) KRAUSS. 4809

Laboratoires Français de Chimiothérapie, Frankreich, *Herstellung von in 3-Stellung substituierten Oxy-4-cumarinen* durch Kondensation eines Phenols mit einem Malonsäureester. — Man erhält dabei Verbb. mit Vitamincharakter, wie *Methyl-3-oxy-4-cumarin* (*Vitamin K*) (F. 230°) aus 1 Mol Phenol u. 1 Mol des Diäthylesters der Methylmalonsäure (I). — Bei Verwendung von 2 Mol Phenol u. 1 Mol I entsteht *Antivitamin K, Methylen-bis-3.3'-dioxy-4.4'-cumarin*, F. 280°. (**F. P. 981 424** vom 6/4. 1943, ausg. 25/5. 1951.) M. F. Müller. 4809

Simes S. p. A., Mailand, Italien, *Heilmittel* aus geröstetem Kaffee bzw. Kaffeesatz durch Gewinnung der Lipoide mit PAe., Bzn., Ae., Behandlung des Trockenrückstandes vom Extrakt mit Alkalihydroxyd in Ggw. von A., Ae., Extraktion der verd. wss. Seifenlsg. u. Ae.-Verdampfen. Rückstand ist *Cafesterin* ($C_{20}H_{28}O_3$), welches bei 60° mit Cyclohexan gewaschen u. aus Ligroin umkrist. wird. Acetylderiv., F. 170°, Propionat 130°, Palmitat 95°. — *Cortisonähnliche Wrkg. bei Arthritis u. Leukämie.* — Beispiele. (**Schwz. P. 286 677** vom 7/2. 1950, ausg. 16/2. 1953.) K. Heinze. 4809

Glaxo Laboratories Ltd., Greenford, England, *Diphenyläther* der Formel I entstehen durch Rk. einer Verb. II mit einer Verb. III, worin RN eine tert. Base, R' ein

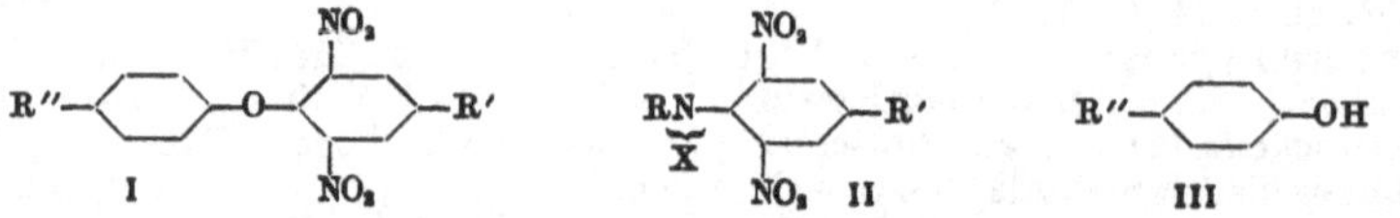

in eine Alaningruppe überführbarer Rest, R'' eine beliebige, nicht in die Rk. eingehende Gruppe u. X ein Anion bedeuten; sie dienen zur *Herst. von Thyroxin.* — *3.5-Dinitro-4-(p-toluolsulfonyloxybenzyl)-hydantoin* (**IV**), aus p-Toluolsulfonylchlorid u. 3.5-Dinitro-4-(p-oxybenzyl)-hydantoin, F. 208°. — *3.5-Dinitro-4-(4'-oxyphenoxybenzyl)-hydantoin,* beim Kochen von **IV** mit Hydrochinon in Pyridin, F. 242°. — *3.5-Dinitro-4-(4'-methoxyphenoxybenzyl)-hydantoin.* Beim Kochen von **IV** mit Hydrochinonmonomethyläther in Pyridin, F. 235°. — Analog: *3.5-Dinitro-4-(p-toluolsulfonyloxy)-dihydrozimtsäureäthylester* (**V**), F. 102°. — *3.5-Dinitro-4-(p-methoxyphenoxy)-dihydrozimtsäureäthylester,* F. 102°. — **V**-*Pyridiniumsalz,* F. 172°. — *4-Chlor-3.5-dinitrodihydrozimtsäureäthylesterpyridiniumsalz,* F. 166—167°. — *3.5-Dinitro-4-(4'-methoxyphenoxy)-toluol,* F. 146°. — *3.5-Dinitro-4-benzolsulfonyloxytoluol,* F. 166°. — *3.5-Dinitro-4-pyridiniumtoluol-(toluolsulfonat),* F. 184°. — *3.5-Dinitro-4-phenoxytoluol,* F. 134°. — *3.5-Dinitro-4-(4'-methylphenoxy)-toluol,* F. 109°. — *3.5-Dinitro-4-(4'-nitrophenoxy)-toluol,* F. 172°. — *3.5-Dinitro-4-(4'-carbomethoxyphenoxy)-toluol,* F. 137—138°. — *3.5-Dinitro-4-(4'-methoxyphenoxy)-benzoesäuremethylester,* F. 128°. — *l-3.5-Dinitro-4-(4'-methoxyphenoxy)-N-acetylphenylalaninäthylester,* F. 110 bis 111°; $[\alpha]_D$ —22,2°. — *l-3.5-Dinitro-4-(4'-acetoxyphenoxy)-N-acetylphenylalaninäthylester,* F. 104—106°; $[\alpha]_D$ —20,5°. — *3.5-Dinitro-4-(4'-propionyloxyphenoxy)-toluol,* F. 150°. — *3.5-Dinitro-4-(4'-acetamidophenoxy)-toluol,* F. 195°. — *3.5-Dinitro-4-(4'-acetamidophenoxy)-N-acetyl-dl-phenylalaninäthylester,* F. 178°. — *3.5-Dinitro-4-(4'-acetamidophenoxy)-N-acetyl-l-phenylalaninäthylester,* F. 160°. — *dl-5-(3'.5'-Dinitro-4'-p-acetamidophenoxybenzyl)-hydantoin,* F. 275°. — *3.5-Dinitro-4-(4'-benzamidophenoxy)-benzoesäuremethylester,* F. 245—247°. (**E. P. 642 159** vom 23/10. 1947, ausg. 30/8. 1950.) Langer. 4809

Farbenfabriken Bayer Akt.-Ges., Leverkusen (Erfinder: **Fritz Schultz,** Wuppertal), *Gewinnung von Kallikrein* aus Harn oder Pankreasthermolysaten oder -autolysaten durch Fällung mit wasserlösl. Pb- oder Zn-Salzen. Die Ndd. werden mit Bicarbonat- oder Diammonphosphatlsgg. eluiert, durch Dialyse gereinigt u. reines Kallikrein mit A. oder dgl. gefällt. (**D. B. P. 910 580** Kl. 30h vom 26/8. 1952, ausg. 3/5. 1954. Anmeldung bekanntgemacht 17/9. 1953.) K. Heinze. 4809

Farbenfabriken Bayer Akt.-Ges., Leverkusen (Erfinder: **Heinrich Kraut** und **Willy Körbel,** Dortmund), *Reinigung von Kallikrein* über das Zn-Salz dadurch, daß Kallikrein (I) aus verd. alkoh., bes. 30%ig. Lsg. oder aus wss. Lsgg. entsprechender, mit W. mischbarer organ. Lösungsmittel mit Zinkacetatlsg. bei p_H 5—6 ausgefällt u. aus dem Nd. das I-Zinksalz mit W. oder verd. Neutralsalzlsg. extrahiert wird. Das I-Zn-Salz kann aus der wss., gegebenenfalls salzhaltigen Lsg. mit A. oder Aceton gefällt werden. Weitere Reinigung der Lsg. durch Dialyse. Zn kann aus einer reinen Lsg. durch Basenaustauscher entfernt u. die Lsg. getrocknet werden. (**D. B. P. 909 495** Kl. 30h vom 26/8. 1952, ausg. 22/4. 1954. Anmeldung bekanntgemacht 27/8. 1953.) K. Heinze. 4809

General Aniline & Film Corp., New York, N. Y., V. St. A., *Herstellung von α-Halogen-p-nitroacetophenonen* erfolgt z. B. durch Rk. von Styrol (I) mit CH_3OH u. 2,18 bis 2,28 Atomen Cl_2 je Mol I bei —5 bis +5° in Ggw. eines säurebindenden Stoffs, Nitrieren des Reaktionsprod. mit einer Mischung aus ca. 30 (Gew.-%) HNO_3, 60 H_2SO_4 u. 10 W. bei der gleichen Temp., Dehalogenieren des erhaltenen Gemisches isomerer Nitroverbb. durch Erhitzen mit alkoh. KOH oder NaOH, Isolierung von 4-Nitro-α-methoxystyrol (F. 83—84,5°), das man durch Erhitzen mit verd. CH_3COOH zu p-Nitroacetophenon hydrolysiert, welches dann bromiert oder chloriert wird. — *4-Nitro-α-bromacetophenon*, F. 96—98°. — Zwischenprodd. zur Herst. von *Chloromycetin*. (**E. P. 699 042** vom 3/7. 1951, ausg. 28/10. 1953. A. Prior. 11/7. 1950.) MÜLLER-MEININGEN. 4811

Parke, Davis & Co., übert. von: **Nickolas D. Jenesel**, Detroit, Mich., und **Loren M. Long**, Grosse Pointe Woods, Mich., V. St. A., *Herstellung von Aminoketoverbindungen des Furans*. Man hydrolysiert ein 2-Furylhalogenmethylketon–Hexamethylentetramin-Komplexsalz mit anorgan. Säure bei 20—30° in wss. Lsg. zu dem entsprechenden 2-Furylaminomethylketonsalz (I) u. acyliert dieses in schwach alkal. Lsg., z. B. Pyridin, mit Säurehalogeniden oder -anhydriden, z. B. 2-Furylbrommethylketon–Hexamethylentetramin-Komplex über I mit Crotonylchlorid zu *2-Furylcrotonamidomethylketon*. — Analog: *2-Furylacetamidomethylketon, 5-Nitro-2-furylacetamidomethylketon, 5-Nitro-2-furyldichloracetamidomethylketon, 5-Brom-2-furylbromacetamidomethylketon, 5-Jod-2-furylbenzamidomethylketon*. — Zwischenprodd. zur Herst. von *Antibiotica*. (**A. P. 2 547 714** vom 9/3. 1950, ausg. 3/4. 1951.) LÜTTGEN. 4811

Chimie et Atomistique, Frankreich, *Herstellung von neuen aromatischen Diazoaminoverbindungen von Diaminodiarylsulfonen und Aminoarylsulfamiden*, z. B. p-Aminophenylsulfamid, p-Aminophenylsulfonylguanidin, p-Aminophenylsulfamidopyrimidin, p-Aminophenylsulfamidopyridin u. p-Aminophenylsulfamidothiazol. — Man läßt 1 Mol HNO_2 oder ein Nitrit in Ggw. einer Säure auf 2 Mol von Aminoarylsulfamiden $H_2N-Ar-SO_2\cdot NH_2$ oder $H_2N-Ar-SO_2NHR$ oder von Aminoarylsulfonen $H_2N-Ar-SO_2-Ar-NH_2$ oder $H_2N-Ar-SO_2-Ar-NHR$ in Ggw. von Aceton einwirken. — 1 Mol p-Aminophenylsulfamid (I), 2500 g W., 100 cm^3 konz. HCl werden gemischt u. dazu wird die notwendige Menge einer wss. $NaNO_2$-Lsg. gegeben. Es entsteht dabei die Diazoaminoverb. von I. — Die erhaltenen Verbb. besitzen *antibiot.* Eigg.; sie werden als gärungshemmend in Industrie u. Landwirtschaft verwendet. (**F. P. 996 954** vom 5/9. 1949, ausg. 31/12. 1951.) M. F. MÜLLER. 4811

Walter Berdel, Jesteburg, Kr. Harburg, *Gewinnung von Giften und Gegengiften zur Heilbehandlung entsprechender Infektionskrankheiten*, z. B. Tuberkulose, dad. gek., daß spezif. Wirkstoffe aus den entsprechenden Bakterien, z. B. Tuberkelbacillen, oder ihren Leibesbestandteilen oder ihren Ausscheidungsstoffen oder z. B. aus Tuberkulin auf Körperzellen eines Organismus zur Einw. gebracht werden, der vorher auf natürliche oder künstliche Weise empfindlich (allerg.) gemacht worden u. daher Träger entsprechender Gegenwirkstoffe (Antikörper) ist. So kann z. B. ein auf vorbeschriebene Weise gewonnenes Gift, z. B. Tuberkulosegift, in einen nicht befallenen tier. Organismus eingebracht u. dann in bekannter Weise isoliert werden. (**D. B. P. 905 882** Kl. 30h vom 1/4. 1951, ausg. 8/3. 1954. Anmeldung bekanntgemacht 9/7. 1953.) SCHINDLER. 4813

Westminster Laboratories Ltd., London, England, *Sennespräparat*. Die Sennesschoten werden grob zerkleinert u. nach Aussortieren der völlig wirkungslosen Samen wird das Pericarp fein gemahlen. Das Mehl wird unter Mitverwendung von Zucker, Kakao, etwas Süßstoff u. Geschmacksstoffen, wie Vanillin u. einem Netzmittel, wie Na-Laurylsulfat, mit Malzextrakt zu einem Granulat verarbeitet u. getrocknet. (**E. P. 683 990** vom 10/10. 1950, ausg. 10/12. 1952.) K. HEINZE. 4815

Jean Poggioli und **André Brunel**, Seine, Frankreich, *Zahnreinigungsmittel*. Es besteht aus einem Pulver von Harnstoff u. 3% Na_2HPO_4. (**F. P. 1 039 472** vom 9/7. 1951, ausg. 7/10. 1953.) OPPERMANN. 4823

Mallinckrodt Chemical Works, St. Louis, übert. von: **H. Wallingford**, Ferguson, Mo., V. St. A., *Anhydro-2-acylamino-3.5-dijodbenzoesäuren* dienen als *Röntgenkontrastmittel*. — *2-Acetylamino-3.5-dijodbenzoesäure* (I), aus 2-Amino-3.5-dijodbenzoesäure u. Acetylchlorid, F. 224—226°. — *Anhydro*-I, beim Kochen von I mit Acetanhydrid u. wenig konz. H_2SO_4, F. 199—201°; gibt mit NaOH I. — Analog: *2-Butyrylamino-3.5-dijodbenzoesäure* (II), F. 203,5—205°; *Anhydro*-II, F. 153—154°. — *2-(n-Caproylamino)-3.5-dijodbenzoesäure* (III), F. 205,5—206,5°; *Anhydro*-III, F. 71—71,5°. — *2-Benzoylamino-3.5-dijodbenzoesäure* (IV), F. 211,5—213°; *Anhydro*-IV, F. 227 bis 228°. — *2-(o-Jodbenzoylamino)-3.5-dijodbenzoesäure* (V), F. 222,5—224,5°; *Anhydro*-V, F. 171—172°. — *2-(α-Phenylbutyrylamino)-3.5-dijodbenzoesäure* (VI), F. 227—227,5°; *Anhydro*-VI, F. 113—113,5°. (**A. P. 2 633 466** vom 27/12. 1948, ausg. 31/3. 1953.) LANGER. 4825

August Kettenbach, Wissenbach/(Dillkr.), *Herstellung eines Desinfektionsmittels*, dad. gek., daß den als Desinfektionsmittel bekannten quaternären NH_4-Verbb. Na-Benzoat bzw. andere Alkalibenzoate in beliebigen Mengen zur Erhöhung der Desinfektionswrkg. u. Erzielung eines Rost- bzw. Korrosionsschutzes zugemischt werden. Die Mischungen können in Pulver, Pasten oder Lsgg. übergeführt werden. (**D. B. P. 891 136** Kl. 30i vom 13/11. 1949, ausg. 24/9. 1953.) KETTNER. 4833

Rohm & Haas Co., Philadelphia, übert. von: **Sidney Melamed**, Philadelphia, und **Willard J. Croxall**, Bryn Athyn, Pa., V. St. A., *Acetonylalkylbenzyldialkylammoniumsalze* wirken *baktericid*. — *Octylbenzylacetonyldimethylammoniumchlorid*, aus Octylbenzylchlorid u. Dimethylaminoaceton. — Analog: *Nonyldimethylbenzylacetonyldiäthylammoniumchlorid*. — *Nonylbenzyldimethylacetonylammoniumbromid*. — *Dodecylmethylbenzyldimethylacetonylammoniumchlorid*. — *Dodecylbenzyldimethylacetonylammoniumchlorid*. — *Pentadecylbenzyldimethylacetonylammoniumchlorid*. (**A. P. 2 605 286** vom 4/1. 1951, ausg. 29/7. 1952.) LANGER. 4833

B. Lorenzo Velázquez, Terapéutica con sus fundamentos de Farmacología Experimental. Sexta edición. Barcelona: Edit. Científico Médica. 1953. 2 vols. (XXIII + 1057 S. m. Abb.) und (XVII + 1108 S. m. Abb.) Los dos vols: ptas 500,—.

G. Analyse. Laboratorium.

W. I. Ssemischin, *Gewinnung von Sauerstoff im Kipp-Apparat*. Zur Herst. eines Katalysators für die H_2O_2-Zers. im KIPPschen App. wird aus 70 g gekörntem MnO_2, 150 g Bauzement u. W. ein Teig hergestellt, aus dem zum Zeitpunkt des Abbindens Würfel von 6—8 cm^3 geformt werden. Die erhärteten Würfel werden im KIPP-App. mit 3%ig. H_2O_2-Lsg. übergossen. 2—2,5 Std. werden ununterbrochen 110—150 ml O_2 in der Min. entwickelt. (Химия в Школе [Chem. Schule] **1953**. Nr. 6. 57—58. Nov./Dez.) LEBTAG. 5006

Theodore W. Stein und **Robert C. Reid**, *Wasserdampfsättigung in Gasmeßbüretten*. Es wird auf die Fehlermöglichkeit bei Gasanalysen durch unzureichende Wasserdampfsättigung hingewiesen, u. die Zeiten werden berechnet, die zur vollständigen Wasserdampfsättigung in Büretten mit befeuchteten u. unbefeuchteten Wänden erforderlich sind, unter der Annahme, daß das Gas sich in Ruhe befindet u. nur Molekulardiffusion stattfindet. (Analytic. Chem. **25**. 1919—20. Dez. 1953. Cambridge, Mass., Massachusetts Inst. of Technol.) LUCHSINGER. 5014

John K. Scoggin und **Oscar E. Tauber**, *Apparat zur Extraktion kleinster Lipoidmengen*. Vff. beschreiben einen einfachen App. zur schnellen Mikroextraktion alkoholätherlösl. Lipoide, der nach dem SOXHLET-Prinzip arbeitet u. in 30 Min. die gleiche Wrkg. zeigt, wie ein SOXHLET-App. in 12 Stunden. (Iowa State Coll. J. Sci. **28**. 165—66. 15/11. 1953. Dep. of Zool. and Entomol.) BRESSAU. 5034

Lloyd B. Barkley, **James K. Sneed**, **Thomas F. McGrath** und **Robert Levine**, *Ein geeigneter Apparat zur Destillation fester Körper*. Zur Dest. von festen Körpern wurde der App. von VIGREUX abgeändert. Er besaß ein elektr. beheiztes Seitenrohr mit Anschluß an eine Vakuumpumpe. Betriebsspannung war 10 V. Es wurden folgende Stoffe dest.: Benzophenon, Phenylbenzylketon, Triphenylmethan, Benzoesäure, Tetraphenyläthylen. (J. chem. Educat. **30**. 115. März 1953. Pittsburgh, Pa., Univ.) MIETHING. 5038

Silvano Casadio, *Scheinbares Volumen von Pulvern*. Die verschied. Vorschläge für die Best. des scheinbaren Volumen V_s von Pulvern werden krit. erörtert. Es ist zu beachten, daß die Fehlergrenzen bei höherem V_s größer sind. Die Verwendung siliconbehandelter Zylinder wird empfohlen. (Boll. chim. farmac. **92**. 349—51. Sept. 1953.) R. K. MÜLLER. 5042

A. F. Hallimond, *Universaldrehtischmethoden*. Es werden die orthoskop. u. konoskop. Messungen am Universaldrehtisch behandelt, die Vorteile der „cyclograph. Projektion" geschildert u. bes. auf die zur möglichst genauen Festlegung der Indicatrix notwendigen Vorsichtsmaßregeln u. Korrekturen hingewiesen. (Mining Mag. **83**. 12—22. Juli. 77—80. Aug. 1950.) W. FABER. 5056

B. Kamieński, *Elektrometrische Adsorptionsanalyse in der anorganischen Chemie. Potentiometrische Chromatographie*. 5. Mitt. (4. vgl. C. **1954**. 3527.) Mit Hilfe einer Sb-Mikroelektrode wird die Verteilung u. Elution einer $CuSO_4$-Lsg. auf einer Chromatographiersäule mit verschieden vorbehandelter Tonerde verfolgt. Auf Grund der erhaltenen Potential–Eluatvol.-Kurven schließt Vf., daß das die Säule passierende Eluens um so basischer wird, je langsamer der Durchfluß vor sich geht. (Bull. int. Acad. polon. Sci. Lettres, Cl. Sci. math. natur., Sér. A **1950**. 73—77. Jan./Dez. Krakau, Jagiellonian Univ., Labor. of physic. Chem. and Electrochem.) ENDRASS. 5062

Adolf Fischer und **Martin Behrens,** *Einfache Methoden zur präparativen Papierchromatographie und Papierelektrophorese.* Angabe einer Meth. zur Erhöhung der Genauigkeit in der Auswertung papierchromat, Best. durch Benutzung von Filterpapierpacken, die nach Entw. u. Identifizierung mit UV bzw. einer bestimmten Farb-Rk. eine exakte Zonenausbildung ergeben. Ferner Angaben zur Verbesserung der Ergebnisse der Papierelektrophorese mit dem ELPHOR-II-Gerät durch Einbringung von Isolierpacks in die Elphorkammer. (Hoppe-Seyler's Z. physiol. Chem. **291.** 14—15. 1952. Gießen, Med. Akad., Physiol.-chem. Inst.) DOSSMANN. 5062

D. I. Rjabtschikow, M. M. Ssenjawin und **K. W. Filippowa,** *Vergleichende Charakteristik einiger ionenaustauschender Stoffe.* 2. Mitt. (1. vgl. C. **1952.** 7062.) Es wurden Proben von 12 Kationiten: *Espatit-1* (*KU-1*), *Sulfokohle* u. 10 mit Buchstaben bezeichnete russ. Marken sowie 14 Anioniten untersucht. Bestimmt wurden: Feuchtigkeit, relative Quellung, spezif. Aufschüttgewicht, totale Austauschkapazität bei p_H 1, 3, 5, 7, 13. Für die Praxis der chromatograph. Analyse werden die Kationite *KU-2*, *SsBSs* u. *KB-4* sowie die Anionite *MMG-1*, *PE-9*, *EDE-10* u. *AN-2F* als die aussichtsreichsten bezeichnet. (Журнал Аналитической Химии [J. analyt. Chem.] **8.** 220—24. Juli/Aug. 1953. Moskau, Vernadsky-Inst. für Geochem. u. analyt. Chem. der Akad. der Wiss. der UdSSR.) v. WILPERT. 5062

M. Servigne, *Einige Gesichtspunkte der chromatographischen Analyse in der organischen Chemie.* Es werden die hauptsächlichsten Faktoren, die den Mechanismus der Chromatographie steuern, hervorgehoben. Die Form der Elutionskurve wird durch 2 Effekte bestimmt u. weicht dadurch von der Entwicklungskurve ab. Die zu eluierende Substanz unterliegt auf ihrem Weg „Verspätungen" gegenüber der Lösungsmittelfront; Ursache ist die Adsorption u. Desorption. Diesem Effekt ist die Deformation überlagert. Sie wird durch die gegenüber der Vorderfrontgeschwindigkeit verminderte Geschwindigkeit der Rückfront verursacht. Es werden geeignete Ausdrücke für die Beziehungen zwischen diesen Effekten u. den geometr. u. physikal. Daten der Arbeitstechnik aufgestellt, die es erlauben, von vornherein geeignete Größen zn wählen, um sie analyt. nutzen zu können. Weiter wird die Trennung mehrerer Stoffe betrachtet. Endlich werden der Effekt des „Mitschleppens", eine Wrkg. der weniger stark adsorbierten Teilchen auf die stärker adsorbierten, sowie der der „Überführung", einer durch die ganze Säule fortschreitenden Besetzung der Adsorptionsoberfläche durch irreversibel adsorbierte Moll., z. B. durch Verunreinigungen, besprochen. (Chim. analytique [4] **36.** 3—8. Jan. 1954. Paris, Inst. nat. Agronom.) ENDRASS. 5062

L. J. Bellamy, *Analyse mit Doppelstrahlinfrarotspektrometern.* Diskussion der Möglichkeiten u. Grenzen in der Anwendung von Doppelstrahlsystemen in der Infrarotspektrometrie, bes. bei der qualitativen Unters. von Ölen u. Farben sowie bei dem Nachw. u. der Identifizierung von Substanzen, welche durch chromatograph. Säulen oder speziell präpariertes Filtrierpapier getrennt wurden. Quantitative Verff. werden durch Beispiele von Analysen an Corditen u. Schmierölen erläutert. Hinweis auf die Möglichkeit einer Verfolgung der durch Oxydation hervorgerufenen Veränderungen von Schmierölen mit solchen Methoden. (J. appl. Chem. **3.** 421—25. Sept. 1953. Woolwich, London, Chem. Insp., Ministry of Supply C. 36 Royal Arsenal.) EICHHOFF. 5063

Georges Déjardin, Joseph Janin und **Maurice Peyron,** *Einrichtung zur spektralphotometrischen Untersuchung schwacher Strahlungen im nahen Infrarot.* Ein Plangitterspektrometer mit einer linearen, reziproken Dispersion von 40 bzw. 20 Å/mm in den ersten beiden Ordnungen in der Ebene des festen Austrittsspaltes arbeitet mit einer AEG-Bildwandlertriode, welche zur Unterdrückung der thermion. Emission in einem gekühlten Gehäuse sitzt, u. einem nachgeschalteten R.C.A. 1 P 21-Photomultiplier als Empfänger. Das gesamte Empfängersyst. ist in einem abgedichteten Gehäuse untergebracht, dessen Atmosphäre absol. trocken gehalten wird. Der Photostrom ist dem empfangenen Lichtfluß streng proportional. Die mit Hilfe eines Vakuumthermoelementes u. einer W-Bandlampe geeichte Anordnung hat bei 7600 Å eine $\sim$25mal höhere Empfindlichkeit als das Thermoelement (HILGER FT 12), dieses Verhältnis nimmt mit wachsender Wellenlänge ab u. wird 1 bei 10500 Å, kann jedoch durch geeignete Verstärker u. empfindlichere Galvanometer noch verbessert werden. Die Meßgenauigkeit beträgt $\pm 2\%$, das Auflösungsvermögen einige Å, wie aus der völligen Trennung der Ar-Liniengruppen 7504—7515, 8006—8015, 8104—8115 u. 8408—8425 Å hervorgeht. (C. R. hebd. Séances Acad. Sci. **238.** 224—26. 11/1. 1954.) EICHHOFF. 5063

Toena Pult Lorusso, *Bemerkungen zur Polarographie.* Überblick: Anwendungen; Vorteile; theoret. Grundlage; der Polarograph u. seine Handhabung; der „Maximumeffekt" u. seine Anwendungen in der Polarographie; Anwendungen der Adsorption u. der Katalyse; Einfl. von Änderungen der Arbeitsbedingungen auf die erhaltenen Zahlenwerte. (Boll. chim. farmac. **92**. 373—79. Okt. 1953.) R. K. Müller. 5066

Max Wichtl, *Die p_H-Skala.* Es wird über den p_H-Wert u. seine Best. sowie über Pufferlsgg. berichtet. (Österr. Apotheker-Ztg. **8**. 218—19. 20/3. 1954.) Boye. 5066

Piero Sensi und **Gian Gualberto Gallo**, *Titrationen in nichtwässerigem Medium. — Potentiometrische Analysen in Eisessig.* Vff. prüfen die Anwendbarkeit der potentiometr. Titration in Eisessig an 65 organ. Verbb. verschied. Klassen. Es sind: Alkali- u. Erdalkalisalze organ. Säuren, prim., sek. u. tert. Amine, Aminosäuren, Aminoalkohole, Derivv. des Pyridins, Chinolins u. Pyrazolons, Hydrazine n. Hydrazide, Sulfonamide sowie Hydrochloride verschied. Basen. Titriert wird mit einer n/10 Lsg. von $HClO_4$ in Eisessig. Es werden 3 Methoden beschrieben, die je nach dem Typ der Verb. anzuwenden sind: 1. Titration in Eisessig. 2. Titration in Eisessig, der 10% Essigsäureanhydrid enthält. Dadurch ist eine völlige Wasserfreiheit gewährleistet. Diese Meth. ist nicht anwendbar für prim. u. sek. Amine, da diese acetyliert werden. 3. Titration in Eisessig, der 1% $Hg(CH_3COO)_2$ enthält. Diese Meth. wird angewandt bei der Best. von Hydrochloriden, da diese in Eisessig zu schwache Basen sind, die nicht titrierbar sind. Durch den Zusatz werden die Cl-Ionen gegen Acetationen ausgetauscht. (Ann. Chimica **43**. 453—77. Aug./Sept. 1953. Milano, Labor. di Ricerche Lepetit S. p. A.) Marsen. 5066

G. Meyer und **P. Voogel**, *Über die quantitative Analyse von Gasmischungen, welche Stickstoff und die verschiedenen Oxyde des Stickstoffs enthalten.* Vff. bestimmen gasanalyt. N_2 in Ggw. der verschied. N-Oxyde. Bei Abwesenheit von NO_2 wird das zu untersuchende Gasgemisch bei ca. 800° über Ni geleitet, wobei NiO u. N_2 entstehen. N_2 wird volumetr, der von Ni gebundene O ebenfalls volumetr. durch Red. des NiO mit einer bekannten H_2-Menge bestimmt. Aus dem Anfangsvol., der Gesamt-O- u. der Gesamt-N-Menge kann der Geh. des Gasgemisches an N_2, N_2O u. NO berechnet werden. In Ggw. von NO_2 wird dieses durch Abkühlen des Gasgemisches auf —80° abgeschieden u. danach über NiO bestimmt. (Recueil Trav. chim. Pays-Bas **70**. 833—40. Sept./Okt. 1951. Delft, Techn. Univ., Labor. for Inorgan. Chem.) R. Mattner. 5086

A. Naumann, *Ein Sauerstoffanalysengerät auf magnetischer Grundlage.* Es wird ein O_2-Analysengerät mit Anwendungsbereich, Meßgenauigkeit u. Fehlerquellen beschrieben. Bei ihm wird das Prüfgas durch vier Kammern geleitet, die Platinheizdrähte in Brückenschaltung führen, von denen zwei in magnet. Feldern liegen. Im Bereich der größten Empfindlichkeit hat das Gerät eine Genauigkeit von mindestens 0,1% O_2. (Mesures Contrôle ind. **18**. 327—32. Juni 1953. Siemens & Halske.) Luchsinger. 5086

a) Elemente und anorganische Verbindungen.

B. Stempel, *Argentometrische Bestimmung von Jod. (Makro- und Mikrobestimmung.)* Gibt man eine J-Lsg. zu einer mit Lauge gegen Methylrot neutralisierten Hydrazinsulfatlsg., so kann man nach 15 Min. das erzeugte HJ nach Zusatz von 1—5 Tropfen 0,5%ig. Eosinlsg. mit eingestellter $AgNO_3$-Lsg. (bis zu 0,001n) bis zum plötzlichen Umschlag nach Purpurrot titrieren. 1000 ml 0,1n $AgNO_3$-Lsg. entsprechen 12,692 g J. Der Fehler der mitgeteilten Analysen betrug mit einer Ausnahme $\pm 0,3\%$. (Z. analyt. Chem. **141**. 101—02. 1954. Recklinghausen.) Pluskal. G 249

H. de Saint-Chamant und **R. Vigier**, *Über eine neue Fällungsart des Ammoniummagnesiumphosphates. Anwendung zur Bestimmung des Phosphations PO_4^{3-} in der Phosphorsäure, den Alkali- und Erdalkaliphosphaten und den natürlichen Phosphaten des Calciums.* Vff. modifizierten die quantitative Fällung des Phosphations PO_4^{3-} als *$MgNH_4PO_4 \cdot 6\,H_2O$* (I), indem sie die Fällung mittels *Monoäthanolamins* (II) in Ggw. von $MgCl_2$ u. NH_4Cl vornahmen: $OH^- + (HO{-}CH_2{-}CH_2{-}NH_3)^+ + NH_4^+ + Cl' \rightleftharpoons HCl(HO{-}CH_2{-}CH_2NH_2) + NH_3 + H_2O$; $Mg^{2+} + NH_4^+ + PO_4^{3-} \rightarrow Mg \cdot NH_4PO_4$. Es wird so eine Mitfällung von Trimagnesiumphosphat vermieden, u. es werden große, gut ausgebildete I-Kristalle erhalten. Die Fällung beginnt bei p_H 6,2 u. ist bei p_H 8 quantitativ. Ein Überschuß an $MgCl_2$, NH_4Cl u. II stört nicht. Die Meth. eignet sich bes. zur Best. von 100—400 mg P_2O_5. PO_4^{3-} läßt sich in Ggw. von Ca^{2+} bestimmen, wenn man dieses mit dem Ammoniumsalz der *Äthylendiaminotetraessigsäure* (III) komplex bindet. Fe, Al u. Ti lassen sich mit *Milchsäure* (IV) maskieren. Die Fällung wird durch die Ggw. von III u. IV nicht gestört. — Die Best. des PO_4^{3-} erfolgt, nach der Fällung als I, als $Mg_2P_2O_7$. Vff. geben Beleganalysen u. Arbeitsvorschriften zur Best. des P_2O_5-Geh. in H_3PO_4, in Alkali- u. Erdalkali- sowie Superphosphaten u. in natürlich vorkommenden Phosphaten des Ca. Die Meth. erlaubt eine rasche Best. des PO_4^{3-} mit einem relativen Fehler von 0,4%. (Bull. Soc.

chim. France, Mém. [5] **21.** 180—88. Febr. 1954. Labor. de Rech. du Comptoir de Phosphates de l'Afrique du Nord.) NÖTH. G 264

Enrico Bovalini und **Enzo Mannucci,** *Volumetrische Bestimmung des Magnesiums.* Die volumetr. Best. des Mg nach WILLIAMS (C. **1947.** 1013) gibt bei Ggw. von Ca zu hohe Werte, bis zu 10% u. mehr. Der Fehler wird dadurch verursacht, daß das CO_2 der Luft oder ein Carbonatgeh. der zur Titration benutzten NaOH etwas $CaCO_3$ fällt, das dann mit $Mg(OH)_2$ abgetrennt wird, während $Ca(OH)_2$ bei den gewählten Verdünnungen in Lsg. bleibt. Eine Kontrollbest., ausgehend von 500 mg Mg mit 112 mg CaO, ergab im $Mg(OH)_2$-Nd. 43,7 mg CaO. Durch Zugabe von 95%ig. A. im Verhältnis 2 : 1 bei der 1. Behandlung mit H_2SO_4 u. folgendes Waschen mit 70%ig. A. konnte der größte Teil des Ca als Sulfat beseitigt u. die Störung bis auf einen Fehler von ca. 1,5% gemindert werden. Weniger wirksam erwies sich das Calcinieren des Rückstandes nach dem Abdampfen der H_2SO_4. Das Arbeiten unter CO_2-freien Bedingungen erwies sich als zu umständlich u. zeitraubend. (Ann. Chimica **41.** 237—40. April/Mai 1951. Siena, Italia, Univ., Ist. di Chim. generale.) ENDRASS. G 282

M. C. Steele, *Colorimetrische Bestimmung von säurelöslichem Aluminium in Stahl.* Vf. beschreibt eine colorimetr. Meth. zur Best. von säurelösl. Al in Stählen unterhalb einer Konz. von 0,01%. Die Stahlprobe wurde mit $HClO_4$ aufgeschlossen u. Al_2O_3 u. SiO_2 abgetrennt. Mit einer Hg-Elektrode wurde Fe elektrolyt. abgeschieden. Spuren von restlichem Fe wurden mit 1%ig. Thioglykolsäure gebunden. Danach konnte die Farbentw. durch Zusatz einer drei Tage alten Lsg. aus gleichen Teilen einer Acetatpufferlsg. vom p_H 5,25—5,35 u. Ammoniumaurintricarbonatlsg. (= Aluminon) erzielt werden. Der Aluminonlsg. wurde in Methanol gelöste Benzoesäure zugesetzt. Der Verhinderung von Trübungen diente der Zusatz einer 0,1%ig. Gelatinelösung. Die günstigste Farbentw. erfolgte bei 100°. Da das handelsübliche Aluminon schwankende Zus. aufwies, wurde für jeden neuen Ansatz eine neue Eichkurve aufgestellt. (Amer. Foundryman **25.** Nr. 1. 56—57. Jan. 1954. Wollongong, Australia, Techn. Coll. Head, Chem. and Met. Dep.) CZEKAY. G 294

Walter Koch und **Heinrich Ploum,** *Photometrische Bestimmung des Titans mit Chromotropsäure in Roheisen und Stählen, einschließlich der Chrom–Nickel-Stähle, ohne Abtrennung des Eisens und der Legierungsmetalle.* Vierwertiges Ti bildet in sauren Lsgg. mit Chromotropsäure einen Komplex von roter Farbe, während dreiwertiges Fe eine grüne Verb. liefert u. zweiwertiges Fe farblose Lsgg. gibt. Bei der Best. ist es daher nicht erforderlich, Fe aus der zu untersuchenden Probe zu entfernen; es wird jedoch in die zweiwertige Stufe red., wobei als Reduktionsmittel Ascorbinsäure dient. Die günstigste H-Ionenkonz. entspricht dem p_H-Wert 2,5. Das Verf. ist zur Unters. von Roheisen sowie unlegierten u. legierten Stählen geeignet. Jedoch müssen bei mit V u. W legierten Stählen gesonderte Eichkurven aufgestellt werden. (Arch. Eisenhüttenwes. **24.** 393—96. Sept./Okt. 1953. Düsseldorf, Max-Planck-Inst. für Eisenforsch.) HOCHSTEIN. G 321

Leonard Shapiro und **W. W. Brannock,** *Eine Feldmethode zur Bestimmung des Titans in Gesteinen.* Etwa 4 mg Gesteinspulver (mit einem Löffelchen gemessen) werden mit $KHSO_4$ in einem kleinen Probeglas geschmolzen. Nach dem Erkalten wird ein Löffel Tiron (Dinatrium-1.2-dioxybenzol-3.5-disulfonsäure)-Pulver u. 15 ml Pufferlsg., bestehend aus 40 g Ammoniumacetat, 15 ml Essigsäure auf 1 Liter W., zugesetzt u. umgeschüttelt, bis sich der Schmelzkuchen zers. hat. Nach dem Abkühlen werden einige mg $Na_2S_2O_4$ zugegeben u. umgeschüttelt. Nach 1 Min. wird die gelbe Farbe mit einer Standardlsg. verglichen. Als dauerhafte Vergleichslsgg. können solche von $K_2Cr_2O_7$ verwendet werden, welche auf eine Standardprobe eingestellt sind. (Econ. Geol. **48.** 282—87. Juni/Juli 1953. Beltsville, Md., U. S. Geol. Surv. Agricult. Res. Center.) ENSSLIN. G 321

P. Srirama Murty und **Bh. S. V. Raghava Rao,** *Die analytische Chemie des Zirkoniums.* Zur Best. von Zr wurden 100 ml Lsg., die 0,5—100 mg Zr, 20 ml 50%ig. NH_4NO_3-Lsg. u. 50 ml 2nHCl enthalten, im Sieden mit 100 ml 1%ig. Tetrachlorphthalsäure gefällt u. 2 Min. im Sieden gehalten. Da der nebenst. Nd. **A** bei längerem Auswaschen leicht hydrolysiert, muß verglüht u. als ZrO_2 gewogen werden. Die Fällung darf höchstens in 0,6nHCl erfolgen. Die gewöhnlichen Kationen stören auch in größeren Mengen nicht. Th, Ti u. Sn stören erst, wenn sie in mehr als 2fachem Überschuß vorhanden sind. Größere Mengen V machen eine doppelte Fällung erforderlich. (Z. analyt. Chem. **141.** 93—96. 1954. Waltair, South India, Andhra Univ.) PLUSKAL. G 322

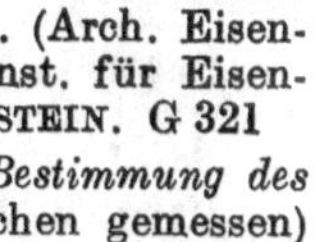

A

Eugene L. Colichman und **Walter H. Ludewig,** *Polarographie von Zirkoniumsalzen in Methanol.* Die Schwierigkeiten der Zr^{4+}-Best. in wss. Perchlorsäurelsg. werden durch Verwendung von 0,1 mol. LiCl in Methanol als Leitlsg. umgangen. Die Red. von $Zr(SO_4)_2 \cdot 4 H_2O$ erfolgt irreversibel in zwei Stufen (—1,25 u. —1,55 V gegen S C E), welche Vff. auf unterschiedliche Formen des Zr^{4+} in dieser Lsg. zurückführen. Es handelt sich dabei um Diffusionsströme, wie sich aus der Variation der Tropfzeit ergibt, u. ihre Summe ist für analyt. Zwecke auswertbar. Dagegen ist $ZrOCl_2 \cdot 8 H_2O$ hierfür nicht geeignet, da die erste Stufe nicht konzentrationsproportional ist u. die zweite im Endanstieg verschwindet. (Analytic. Chem. **25.** 1909—10. Dez. 1953. Livermore, Calif., Res. Div., Livermore Res. Labor., California Res. and Development Co.) Berg. G 322

A. Purushottam und **Bh. S. V. Raghava Rao,** *Phenylessigsäure, ein neues Reagens auf Thorium.* Zur Best. von Th brachten Vff. 150 ml einer 10—15 g NH_4Cl enthaltenden Th-Lsg. zum Sieden u. versetzten mit 150 ml einer sd. 4%ig. Lsg. von Phenylessigsäure. Der Nd., vermutlich $Th(OH)(C_6H_5CH_2COO)_3 \cdot 2 H_2O$, wurde geglüht u. als Oxyd gewogen. Zur Trennung des Th von den Ceriterden wird die Fällung unter Zusatz von 20 ml 0,1 n HCl/300 ml Lsg. vorgenommen. Ist der weiße Nd. durch spurenweise Verunreinigungen schwach gefärbt, so löst man ihn in wenig heißer 6 n HCl, neutralisiert u. fällt nochmals. Für die Th-Best. im Monazitsand wird ebenfalls doppelte Fällung empfohlen. Fe^{III} stört, dagegen nicht Zn, Cd, Ca, Ba, Sr, Mg, Ni, Co, Pb, Mn, Cu, Be, Al. Bis 0,4 mg Th lassen sich bestimmen. Der Fehler der mitgeteilten Analysen beträgt bis 0,5 g Th 0 oder 0,1 mg. (Z. analyt. Chem. **141.** 97—100. 1954. Waltair, South-India, Andhra Univ.) Pluskal. G 324

J. Gillis, J. Hoste und **Y. van Moffaert,** *2.2'-Dilepidin als spektrophotometrisches Reagens auf Kupfer. 4.4'-Dimethyl-2.2'-dichinolyl* (**I**), F. 253—255° (Chlf.), aus Lepidin in Ggw. des Katalysators nach Kommarowsky (Журнал Прикладной Химии [J. angew. Chem.] **10.** [1937.] 565), 24 Std. im Rohr unter N_2 bei 390°, Ausbeute 22%. I ist wenig lösl. in A. u. Isoamylalkohol (**II**). — Nachw. von Cu: Man versetzt 25 cm^3 einer $CuSO_4$-Lsg., entsprechend 5 γ Cu/cm^3 im Scheidetrichter mit einigen Kristallen $NH_2OH \cdot HCl$, schüttelt 4 mal je 3 Min. mit 5 cm^3 einer 0,02%ig. **I**-Lsg. in **II**, füllt die **II**-Schichten mit 0,02%ig. Lsg. von **I** in **II** auf u. mißt die Extinktion dieser Lsg. gegen eine Blindprobe in einer 1 cm-Küvette als Funktion der Wellenlänge von 400—600 mμ. Beim Maximum 548—550 mμ beträgt die Extinktion 0,552. — Die mol. Extinktionskoeffizienten von Cu-Komplexen mit 2.2'-Dipyridylderivv. sind niedriger als die der entsprechenden 1.10-Phenanthrolinkomplexe, verglichen werden: *2.2'-Dipyridyl, α.α'-Dimethyldipyridyl, 2.2'-Dichinolyl* [*Cuproin*] u. **I** mit 1.10-Phenanthrolin, *2.9-Dimethyl-, 2.4.7.9-Tetramethyl-* u. *2.3;8.9-Dibenzo-1.10-phenanthrolin.* (Meded. Kon. vlaamse Acad. Wetensch., Letteren schone Kunsten Belgie, Kl. Wetensch. **15.** Nr. 7. 3—12. 1953. Gent, Univ., Labor. voor analyt. Chem.) Wesly. G 358

Robert L. Miller, *Ein Modell für die Analyse von Sedimentationsproben.* Vers. zur mathemat.-statist. Erfassung der Kornverteilung bei der Sedimentation. (J. Geology **62.** 108—13. Jan. 1954. Chicago, Ill., Univ.) Ensslin. 5290

Harry V. Warren, Robert E. Delavault und **Ruth I. Irish,** *Acetonische Dithizonlösungen in der Geochemie.* Zur Zn- u. Cu-Best. in Wässern werden wss. ammoniakal. Dithizonlsgg. verwendet, deren Haltbarkeit sehr beschränkt ist. In Aceton ist Dithizon sehr lange ohne Zers. haltbar. Beim Arbeiten mit aceton. Lsgg. ändert sich die Art der Durchführung der Meth. nicht. (Econ. Geol. **48.** 306—11. Juni/Juli 1953. Vancouver, Can., Univ. of Brit. Columbia.) Ensslin. 5290

Rustum Roy und **E. E. Francis,** *Über die Unterscheidung des Sillimanits von Mullit durch Infrarottechnik.* Sillimanit u. Mullit sind sowohl opt. als auch röntgenograph. schwer zu unterscheiden. Deshalb haben Vff. die Infrarotabsorptionsspektren der beiden Mineralpulver aufgenommen u. damit eine neue Bestimmungsmeth. geschaffen. (Amer. Mineralogist **38.** 725—28. Juli/Aug. 1953. State College, Pa., School of Mineral Ind.) Hiller. 5292

b) Organische Verbindungen.

Junzo Noguchi, *Eine verbesserte Methode für die quantitative Stickstoffanalyse organischer Verbindungen.* Bei der Halbmikro- u. Mikro-Dumas-Best. von organ. N-haltigen Verbb. wird durch Zusatz von *Glucose* (**I**) eine bedeutende Verbesserung der Ergebnisse erreicht. **I** zeigt eine katalyt. Wrkg. bei der Oxydation durch Kupferoxyd u. verursacht, da es nur in geringen Mengen hinzugefügt zu werden braucht, keine Verlängerung der Verbrennungsdauer, z. B. bei Zusatz im Verhältnis 1 : 1, Analysendauer = 30 Minuten. Erprobt wird dieses Verf. mit gutem Erfolg bei explosiven

(Pikraten z. B.) u. schwer verbrennbaren Substanzen (Alkaloiden). Die zahlreichen Resultate werden in Tabellen wiedergegeben, die jeweiligen Fehler berechnet u. ihre Häufigkeiten graph. dargestellt. (Sci. Pap. Osaka Univ. **1951**. Nr. 22. 1—14. Febr. Osaka, Osaka Univ., Fac. of Sci., Chem. Dep.) JÄGER. 5352

A. Lacourt, G. Sommereyns, C. Francotte und **N. Delande,** *Qualitative Mikroanalyse auf Grund physikalischer Konstanten: Identifizierung von Aminosäuren.* Zur Identifizierung von Aminosäuren (u. anderer organ. Verbb.) empfehlen Vff. die Best. der FF. bin. Eutektika u. die Best. von Brechungsindices; diese Bestimmungen lassen sich in sehr kurzer Zeit mit nur wenigen Kristallen durchführen. FF. bin. Eutektika: *Glykokoll* (I)-*β-Alanin* (II) 166—168°; I-*ε-Aminocapronsäure* (III) 193—195°. — III-II 169°; III-*dl-Norleucin* (IV) 188°; III-*dl-Isoleucin* (V) 192—195°; III-*dl-Asparaginsäure* (VI) 145—148°; III-*l*(+)-*Glutaminsäure* (VII) 154—156°; III-*dl-Valin* 198°; III-*dl-β-Phenylalanin* (VIII) 186°; III-*l*(—)-*Tyrosin* (IX) 190—191°. — *dl-Leucin* (X)-*Glucose* 138—139°; X-*Hippursäure* (XI) 173—174°; X-*α-Chloracetamid* (XII) 109 bis 110°. — V-*Mannit* 163—164°; V-XI 168—169°; V-XII < 100°. — IV-*Weinsäure* (XIII) 118°; IV-*Malonsäure* (XIV) < 90°; IV-*Phthalsäure* 111—115°; IV-*Aspirin* 115—120°; IV-*Pyrogallol* 99—100°. — VI-XIV 99—102°; VI-XIII 141—142°. — VII-XIII 130°; VII-XIV < 90°; VII-*Ascorbinsäure* 159—160°. — VIII-XIV 105°; VIII-*o-Oxybenzoesäure* 139—140°; VIII-*Thioharnstoff* 163—166°. — IX-*Oxalsäure* 71°; IX-XIV 119—121°; IX-XIII 156°. (Nature [London] **172**. 906—07. 14/11. 1953. Brüssel, Univ., Dep. of Microchem.) K. F. MÜLLER. 5362

R. B. Bernstein, G. P. Semeluk und **C. B. Arends,** *Bestimmung einiger chlorsubstituierter Methane und Äthane. Infrarote und massenspektrometrische Bestimmung.* Zur Analyse von Gemischen, die Hexachloräthan, Pentachloräthan, symm.-Tetrachloräthan, Tetrachloräthylen, Methylenchlorid u. Tetrachlorkohlenstoff jeweils in geringen Konzz. in Chlf. gelöst enthielten, wurde die Infrarottechnik u. die Massenspektrometrie verglichen. Ein registrierendes PERKIN-ELMER-Doppelstrahlspektrophotometer, Modell 21, mit NaCl-Optik u. ein CONSOLIDATED analyt. Massenspektrometer mit 70 V Ionisierungsspannung wurden verwendet. Zur Infrarotbest. wurden Banden bei den Wellenzahlen 680, 822, 1279, 912 u. 1265 benutzt, jedoch fand sich für CCl_4 keine geeignete Bande im Steinsalzbereich. Von jeder der 7 Verbb. wurde das Massenspektr. der reinen Substanz aufgenommen u. aus den bekannten Isotopengehh. die monoisotop. Spektren der Verbb. berechnet. Analysen synthet. Mischungen zeigten, daß die massenspektrometr. Meth. über einen weiten Konzentrationsbereich brauchbar ist. Die infrarote Meth. ist in einigen Fällen empfindlicher. Mit beiden Methoden wurde eine Genauigkeit besser als ± 0,3 Mol-% erhalten. (Analytic. Chem. **25**. 139—42. Jan. 1953. Chicago, Ill., Inst. of Technol., Dep. of Chem.) CONRAD. G 510

L. Rosenthaler, *Reduktionsreaktionen von Aldehyden.* 43 Aldehyde werden auf ihr Verh. gegenüber Oxydationsmitteln untersucht. Als solche finden Verwendung NESSLERs Reagens (I), ammoniakal. Ag-Lsg. (II), Ag_2O, FEHLINGsche Lsg., BARFOEDs Reagens, NYLANDERs Reagens, alkal. Methylenblaulsg., alkal. Lsg. von o-Nitrophenylpropiolsäure. Nur **I** u. **II** werden von allen Aldehyden reduziert. BARFOEDs Reagens wurde nur durch Glyoxal, aber von keinem einzigen Monoaldehyd reduziert. Dagegen wirken manche Zucker darauf ein. Die aromat. Oxyaldehyde zeigten sich am reaktionsträgsten. (Pharmac. Acta Helvetiae **29**. 23—26. Jan. 1954. Bern.) FRESENIUS. G 660

C. O. Rydin, *Bestimmung von Citronensäure und Citrat in Mischung.* Zur Best. von *Citronensäure* (I), *Na-Citrat* (II) u. *Glucose* (III) nebeneinander eignet sich die Titration von I mit n/10 NaOH gegen Phenolphthalein, die gleiche Titration nach Durchgang durch den Kationenaustauscher Amberlit IR—120 im Eluat zur Best. von I + II (Faktor 0,009804) u. polarimetr. Best. der **III**. (Farmac. Revy **52**. 722—23. 13/11. 1953. Örebro, Apoteket Falken.) R. K. MÜLLER. G 850

A. P. Kreschkow, Ss. Ss. Wilborg und **K. I. Filippowa,** *Neue qualitative Reaktion auf Rhodanide.* Um Rhodanide auch in Ggw. von Acetaten u. Jodiden nachweisen zu können, wird die Komplexbldg. $[Cu(C_6H_5NH_2) \cdot 5\,H_2O](CNS)_2$ — gelbbraune Kristalle — verwendet. Das Reagens wird durch Auflösen von 5 g frisch dest. Anilin (Kp. 184,4°) in 95 ml 5%ig. Essigsäure u. Zugabe von 0,1 n Cu-Acetatlsg. (im Verhältnis 1 : 1) dargestellt. Bei der Tüpfelprobe auf Filtrierpapier beträgt die Empfindlichkeit 20 γ. Bei verd. Lsgg. (Rk. nicht sehr deutlich) wird das Papier gewaschen u. mit $FeCl_3$ betupft: roter Fleck (ohne Fe gelbbraun). Mikrokristalloskop. Unters.: goldige Kristalle, Empfindlichkeit 1 γ. Ferro- u. Ferricyanide sowie Sulfide werden mit Zn-Acetat ausgefällt, störende Nitrite mit Sulfaminsäure zerstört. Acetate u.

Halogenide stören nicht. (Журнал Аналитической Химии [J. analyt. Chem.] **8.** 225—27. Juli/Aug. 1953. Moskau, Chem.-technol. Mendelejew-Inst.)
v. WILPERT. G 890

K. Felix, H. M. Rauen und **E. Becker,** *Über das Adorptionsverhalten des Wofatit M gegenüber aromatischen Aminosäuren und einigen ihrer Derivate.* Beschreibung von Adsorptionsverss. an Säulen mit dem Kunstharz-Ionenaustauscher *Wofatit* (AGFA, Wolfen) gegenüber *Glutaminsäure, Asparaginsäure, Tryptophan* (**I**; HOFFMANN-LA ROCHE), **I**-*Methylester, Phenylalanin* (**II**), *Tyrosin* (**III**), *N-Acetyl*-**III**, **III**-*Methylester, N-Acetyl*-**III**-*Methylester* (**IV**), *p-Methoxy*-**III** (**V**), **V**-*Methylester, p-Methoxy*-**IV** u. *p-Oxyphenylbrenztraubensäure* (**VI**). **I** wird quantitativ zurückgehalten, **III** läuft durch, die Ester von **I** u. **III** verhalten sich umgekehrt; bei Ausschaltung der Aminogruppe durch Acetylierung werden **III** u. seine Ester adsorbiert, *p-Methoxy*-**II** wird nicht adsorbiert, aber sein *N-Acetylderiv.*, ferner quantitative Adsorption von **VI.** (Hoppe-Seyler's Z. physiol. Chem. **291.** 24—29. 1952. Frankfurt/M., Univ., Inst. für vegetative Physiol.)
DOSSMANN. G 950

Charles M. Wheeler jr. und **Conrad G. Houle,** *Brechungsindices einiger Morpholinlösungen.* Die Brechungsindices n_D^{25} der Lsg. von *Morpholin* (**I**) in Anilin, Bzl., A. u. W. wurden für Konzentrationsbereiche von 0—100% Lösungsm. bestimmt. Die Daten können zur schnellen Best. der Konz. der bin. **I**-Lsgg. benutzt werden. (Analytic. Chem. **26.** 414—15. Febr. 1954. Durham, N. H., Univ. of New Hampshire.)
K. F. MÜLLER. G 3500

Daniel Banes, *Die colorimetrische Bestimmung von Östron, Equilin und Equilenin in Gemischen.* Während freies *Equilin* (**I**) u. *Equilenin* (**II**) mit *Dibromchinonchlorimid* (**IV**) ein stabiles Pigment bilden, reagiert nach der Überführung in die Benzolsulfonate nur noch **I** mit **IV**. *Östron* (**III**) reagiert in keiner Form mit **IV**. In Verbindung mit der Rk. nach KOBER zur Best. von **III** durch die opt. D. bei 510 mμ ist es möglich, **I, II** u. **III** durch Vgl. des **IV**-Pigments mit Standardlsgg. vor u. nach der Veresterung nebeneinander zu bestimmen. Dazu wird die getrocknete Probe mit Benzolsulfonylchlorid in Pyridin verestert u. nach Extraktion mit Chlf. unter Zusatz von Pufferlsg. u. **IV** nach 4 Std. mit 10%ig. NaOH behandelt u. im chloroform. Auszug die opt. D. bei 570 mμ mit Standardlsgg. verglichen. Das entsprechende Verf. wird dann ohne Veresterung bei 530 mμ angewandt. Die Meth. zeigt gute Übereinstimmung mit der Meth. der Infrarotspektrophotometrie. (J. Amer. pharmac. Assoc., sci. Edit. **39.** 37—41. Jan. 1950.)
H.-J. KOCH. G 3750

C. L. Harders und **J. M. van Mulken,** *Die Papierelektrophorese von Eiweiß.* (*Verfahrensweise.*) Übersicht über Grundzüge, Anwendung, Geräte, Papier, Pufferlsgg. u. Arbeitsweise. (Pharmac. Weekbl. **88.** 673—83. 26/9. 1953. 's-Gravenhage, Gemeente-Apotheek.)
WESLY. G 4070

c) Bestandteile von Pflanzen und Tieren.

Friedrich Walter, *Einbettungsmittel für die Herstellung von dünnsten Mikrotomschnitten.* Die beschriebenen Einbettungen in *Polymethacrylsäurebutylester* oder *Aquax* (*Polyoxyäthylenprod.*) erlauben die Herst. von Dünnschnitten bis zu einer Dicke von 0,1 μ herab. (Mikrokosmos **43.** 118—20. Febr. 1954. Wetzlar.)
BLUMRICH. 5661

Hilde Levi, *Verbesserte α-Bahnenautoradiographien von biologischen Präparaten.* (Vgl. BÉLANGER, C. **1954.** 5587.) Durch Verwendung geschmolzener ILFORD G 5-Emulsion zum Bedecken der mit *Thorotrast* indizierten Gewebedünnschnitte u. eine nochmalige Inversion nach dem Anfärben wird eine bessere Zuordnung der Bahnspuren zu ihren Ausgangspunkten im Präp. erreicht. Beschreibung der Methodik. (Nature [London] **171.** 123—24. 17/1. 1953. Kopenhagen, Univ., Zoophysiol. Labor., Dep. of Biol. Isotope Res.)
EICHHOFF. 5661

F. Tödt, G. Teske, F. Windisch, W. Heumann und **Chr. Goslich,** *Über die biologische Anwendbarkeit der elektrochemischen O_2-Meßmethode.* Die elektrochem. O_2-Meßmeth. ist im Prinzip auf biol. Objekte anwendbar. Man verwendet eine in die zu untersuchende Fl. eintauchende Pt-Kathode, die mit der Pb-Anode das galvan. Element bildet. Die Anode befindet sich in einer Standardacetatlsg., die durch 2, einen mit konz. Salzlsg. gefüllten Trennraum abteilende Diaphragmen aus Ton vom Kathodenraum getrennt ist. Die zu untersuchende Fl. kann gerührt werden. Es wird über Einzelheiten eines Vers. zur Messung des O_2-Verbrauchs von 100 mg proliferationsfähiger Unterhefe U in 10%ig. Zuckerphosphatlsg. bei p_H 5,4 berichtet. Das Absinken der O_2-Konz. wird als Funktion von Zeit u. O_2-Verbrauch dargestellt. (Biol. Zbl. **72.**

146—52. 1953. Berlin-Dahlem, KWI für physikal. Chem., u. Berlin-Buch, Inst. für Med. u. Biol. der Deutschen Akad. der Wissenschaften.) FRESENIUS. 5664

N. G. Doman und **S. Ss. Kagan**, *Die Bestimmung von Phosphorsäureestern nach der Methode der Papierchromatographie.* Der Nachw. von *Phosphorsäureestern* (I) organ. Verbb. auf papierchromatograph. Wege läßt sich bis zu einer Grenze von 0,15 γ durchführen (vgl. BENSON u. Mitarbeiter, C. **1952**. 3511). Als Sprühreagentien werden benutzt: NH_4-Molybdat, Benzidin u. Na-Acetat. Zur Hydrolyse von I auf dem Papier wird eine alkal. Lsg. (NH_4-Acetatpuffer, p_H 8,9) von Phosphatase aus Rinderdarm benutzt, wobei eine verbesserte Vorschrift zur Darst. des Präp. aus Zwölffingerdarm unter Verwendung von leichter erhältlichem Pankreatin statt Trypsin angegeben wird (vgl. SMIDT u. TANNHAUSER, J. biol. Chemistry **149**. [1943.] 369). — Gewöhnliche Filterpapiere aus Zellstoff erweisen sich als ungeeignet, ebenso ein einheim., aschefreies Blauband-Filterpapier u. schließlich SCHLEICHER & SCHÜLL 597. Gut brauchbar sind reine Leinenpapiere, jedoch erst nach Vorbehandlung mit 0,1 n HCl. Von den untersuchten Lösungsmitteln sind brauchbar Methanol–Ammoniak (d = 0,928)–W. (80 : 12,5 : 27,5), nicht brauchbar Methanol–Ameisensäure–W. u. Butanol–Essigsäure–Wasser. Bei Anwendung der vorst. Meth. auf biol. Material, wie Blätter von Zuckerrüben u. Muskelfasern von Ratten, werden zufriedenstellende Resultate erhalten. (Биохимия [Biochemie] **17**. 719—24. Nov./Dez. 1952. Moskau, Biochem. Bach-Inst. der Akad. der Wiss. der UdSSR.) WITTWER. 5666

d) Medizinische und toxikologische Analyse.

L. Epars, *Bestimmung von Fluor im Blut.* 5—10 cm³ Blut werden mit O_2 bei 20 at nach Zugabe von 1 cm³ n NaOH u. Trocknen mittels Infrarotstrahlen in einem in der calorimetr. Bombe aufgehängten Goldtiegel verbrannt. Ein Nickelindraht geht durch die M., um im Moment des Stromdurchgangs die Entzündung zu sichern. Der Rückstand wird mit W. aufgenommen, Fe mit NH_3 gefällt u. abzentrifugiert. Die Fl. wird zur Entfernung des NH_3 eingeengt. Falls nötig wird dann neutralisiert u. mit W. auf 50 cm³ aufgefüllt. Zu 25 cm³ gibt man 1 cm³ Perhydrol u. 7,5 cm³ 1,2 n HCl u. füllt wieder auf 50 cm³ auf (Lsg. 1). Die anderen 25 cm³ werden außerdem noch mit 3 cm³ Reagens (3,67 Ionen-g Ti^{4+}, 60 cm³ H_2O_2, 100 cm³ konz. H_2SO_4/Liter) versetzt u. aufgefüllt (Lsg. 2). Lsg. 2 wird gegen die als Kompensations-Fl. (TYNDALL-Effekt) dienende Lsg. 1 mit einem Violettfilter photometriert. Die F-Werte werden aus einer Eichkurve entnommen. Man findet 97—101% F bei einem Mindestgeh. von 10 γ. (Bull. schweiz. Akad. med. Wiss. **8**. 360—68. Juli 1952. Genève, Univ., Inst. Méd. dentaire, Labor. de Chim. analyt.) FRESENIUS. 5727

C. K. V. van Dommelen und **M. J. Schulte**, *Die klinische Bedeutung der Bestimmung des Bluteiweißes mittels der Papierelektrophorese.* Übersicht über die Ergebnisse von ca. 300 in der Klinik ausgeführten papierelektrophoret. Bestimmungen. (Pharmac. Weekbl. **88**. 669—72. 26/9. 1953. Arnheim, Gemeente-Ziekenhuis, Interne Afd. en Klin. Chem. Labor.) WESLY. 5727

Engelbert Lindgen und **Heinz Rodeck**, *Kritische Bemerkungen zur Calciumbestimmung im Blutserum.* Bei einem Vgl. der beiden gebräuchlichen Ca-Bestimmungsmethoden nach KRAMER-TISDALL u. RAPPAPORT wird festgestellt, daß die cerimetr. Best. nach RAPPAPORT der anderen vorzuziehen ist, da die Red. von vier- zu dreiwertigem Cer geradlinig u. ohne Zwischenstufen verläuft, die angesetzte fertige Cerisulfatlsg. prakt. unbegrenzt haltbar ist u. durch Licht- u. Temperatureinwrkg. nicht beeinträchtigt wird, die Titration bei gewöhnlicher Temp. stattfinden kann u. der Titrationsumschlag durch Anwendung der Jod–Stärke-Rk. sehr scharf ist. Um zu verhindern, daß Ca aus dem Serum durch Diffusion in die Blutkörperchen verlorengeht, ist das Serum unmittelbar nach dem Absetzen zu verwenden. Ferner wird zur Beseitigung der organ. Beimengungen, welche sich bei jeder Ca-Best. im Ansatz befinden u. einen höheren Ca-Wert vortäuschen, eine „Mikroveraschung" vorgeschlagen, die hier näher beschrieben ist. (Klin. Wschr. **29**. 424. 15/6. 1951. Düsseldorf, Med. Akad., Kinderklinik.) GERDA SCHULZE. 5728

Hans Brandenberger, *Über die Verwendung von Cellulose als Adsorbens für Blutplasmaproteine aus wässeriger Lösung.* Bei Chromatographie an Säulen von *Cellulosepulver* (I) wurde aus Blutplasma (Mensch, Hund) *Fibrinogen* (II) vollkommen, dagegen keiner der bekannten Eiweißkörper des Serums zurückgehalten. Da II auch durch Zusatz von Harnstoff, Dextrose, Lactose, Serumalbumin u. a. oder durch Variation der Pufferlsg. nicht wieder eluiert werden konnte, wird Denaturierung am I angenommen. Isoliertes Albumin u. ein saures α_1-Glykoproteid passieren die Säule vollständig. Teilweise Adsorption der (nach COHN erhaltenen) γ-Globuline (**III**) wird auf Veränderungen während der Aufarbeitung oder Aufbewahrung zurückgeführt. Schon das Passieren der I-Säule bewirkt Veränderungen, da nach einem 2. Durchgang nur 85% **III** wiedergefunden werden. (Helv. chim. Acta **37**. 97—103. 1/2. 1954. Bern, Univ., Theodor-Kocher-Inst.) FREIMUTH. 5728

E. Kautzsch und **A. Rauscher**, *Colorimetrische Fibrinolysebestimmung mittels des Tyrosinäquivalentes*. Ein Gerinnsel aus recalcificiertem Citratplasma wird in NaOH-Lsg. (10%) gelöst, mit dest. W. verd., mit FOLIN-WU-Reagens u. Na_2CO_3-Lsg. (20%) versetzt u. die blaugrüne Färbung, die dem Tyrosingeh. entspricht, mit einer Tyrosinstandardlsg. (0,5 g Tyrosin auf 1000,0 n/10 HCl) im LANGE-Colorimeter verglichen. (Klin. Wschr. **28**. 694—95. 15/10. 1950. München-Oberföhring, Kreiskrankenhaus, Inn. Abt.) J. JÜRGENS. 5728

Silvio Guglielminetti, *Methode zum mikrochemischen Nachweis des Arsens in organischen Substanzen in Anwendung auf das Erkennen von Kampfstoffen auf dem Schlachtfeld*. Feste Stoffe werden verascht u. zugleich As in die As^{5+}-Stufe übergeführt, indem man mit konz. H_2SO_4 u. $KMnO_4$ erhitzt, überschüssiges MnO_2 nach Verdünnen mit H_2O_2 zers. u. dessen Überschuß zerstört. Durch die erhaltene H_3AsO_4-Lsg. wird (optimal bei 70—80°) 15 Min. ein kräftiger H_2S-Strom geleitet, dann ½ Std. stehengelassen, das entstandene As_2S_5 auf dem Filter mit NH_4OH in Lsg. gebracht u. durch Mikro-Rk. mit $AgNO_3$ als krist. rotbrauner Nd. identifiziert. Wenn keine Verwechselung mit H_3PO_4 zu erwarten ist, eignen sich auch die Rkk. mit Bldg. von NH_4MgAsO_4 oder NH_4–As-Molybdat zum mikrochem. Nachw., wobei letztere Rk. die empfindlichste u. sicherste ist. Falls die zu untersuchende Probe eine wss. Lsg. ist, wird diese vorsichtig eingedampft u. mit dem Rückstand, wie beschrieben, verfahren; die Prüfung von Luft erfolgt durch Filtrieren u. Verarbeitung der Filtriermasse. (Boll. chim. farmac. **92**. 403—14. Nov. 1953. Rom, Ministero Difesa, Labor. chim. bromatolog.) R. K. MÜLLER. 5764

Heinrich Biltz und **Wilhelm Biltz**, Ausführung quantitativer Analysen. 6. Aufl. Bearb. u. ergänzt von **Werner Fischer**. Stuttgart: Hirzel. 1953. (XX + 456 S. m. 52 Abb.) DM 24,—.

Hermann M. Rauen und **Walter Stamm**, Gegenstrom-Verteilung. Berlin, Göttingen, Heidelberg: Springer. 1953. (VII + 81 S. m. 65 Abb.) = Anleitungen f. d. chemische Laboratoriumspraxis. Bd. 6. DM 12,80.

H. Angewandte Chemie.

I. Allgemeine chemische Technologie.

C. R. Payne, *Bindemittel*. Überblick über neuere Veröffentlichungen auf dem Gebiete säure- u. chemikalienfester Bindemittel u. Werkstoffe auf Basis von Furankondensationsprodd., Polyestern, Epoxyharzen, Phenol–CH_2O-Harzen u. einigen anderen Kunststoffen, sowie hydraul. Zementen auf Basis Portlandzement mit eigenschaftsverbessernden organ. u. anorgan. Zusätzen. Angaben über Korrosionsfestigkeit gegenüber chem. Agentien, über Festigkeitseigg. u. über Verwendung als Werkstoffe im chem. Apparatebau, als Holzimprägnierungs- u. Korrosionsschutzmittel, als säurefeste Mörtel u. als Überzüge über Massivfußböden u. Betonbauteile. — 66 Literaturangaben. (Ind. Engng. Chem. **45**. 2185—88. Okt. 1953.) GELMROTH. 5804

A. G. Thomson, *Kathodischer Schutz von Rohrleitungen und Lagertanks. Eine Übersicht über die derzeitigen russischen Anlagen und Praxis*. Übersichtsbericht. (Petroleum [London] **17**. 54—55. 64. Febr. 1954.) SPINDLER. 5808

H. Trawinski, *Zentrifugen. Trenngeräte mit höchster Abscheidungswirkung*. (Chemie-Ing.-Techn. **26**. 189—201. April 1954.) P. ECKERT. 5828

Alan J. Hayter, *Sehr leistungsfähige Füllkörper aus gewellten Drahtnetzen für regelmäßige kontinuierliche Destillation*. Beschreibung einer aus gewelltem Drahtnetz bestehenden Füllkörperpackung für Destillationskolonnen. Die einzelnen Elemente sind mit zwei gegenüberliegenden Segmenten versehen. Je zwei dieser mit Mittelbohrung versehenen Elemente sind gegeneinander um 90° versetzt. Die Vorteile dieser Anordnung werden durch Verss. festgestellt. (Ind. Chemist **88**. 59—64. Febr. 1952. London, Univ. Coll.) STEINER. 5844

F. R. Houghton, *Holzkohle und ihre Verwendung in der Industrie*. Außer den Ausgangsstoffen, der Herst. von Aktivkohle u. ihren Anwendungsgebieten werden die Adsorptionstheorie, die Theorie von LANGMUIR u. die Capillarkondensationstheorie besprochen. Die Herst. erfolgt bei 600—800° Hitze unter Luftabschluß; Beigabe von Chemikalien, die dann wieder entfernt werden, u. Behandlung mit Dampf oder CO_2 sollen die Kohle aufnahmefähiger machen. — 18 Zitate. (Chem. Products chem. News [N. S.] **15**. 362—67. Okt. 1952.) H. PAULI. 5848

Eric A. Walker und **John E. Coolidge,** *Halbempirische Gleichung für die elektrostatische Fällung.* Aus den mit einer laboratoriumsmäßigen Versuchsanlage mit verschied. Entstaubern an mit Flugasche, Hochofenstaub, Ruß, bes. aber mit Gipsstaub beladener Luft erhaltenen Meßergebnissen ließ sich für einen einstufigen Entstauber bzgl. Gipsstaub folgende Gleichung ableiten: $E = [1 - e^{-Kh\alpha}(V - V_c)(L/v)] \cdot 100$. Hierin bedeuten: E Wirkungsgrad, K Entstauberkonstante $= 0{,}345 \pm 0{,}011$, h relative Feuchtigkeit, α durchschnittlicher Radius der Staubteilchen, V angelegte Spannung, V_c krit. Koronaspannung, L Länge des Entstaubers u. v Geschwindigkeit des Luftstroms. (Ind. Engng. Chem. **45.** 2417—22. Nov. 1953. State College, Pa., Pennsylvania State Coll.; Bellwood, Ill., Borg-Warner Central Res. Labor.)
OPPERMANN. 5850

D. Hasenclever, *Bestimmung des Feinstaubgehalts der Luft. Eine Übersicht über Meßgeräte und Meßverfahren.* (Chemie-Ing.-Techn. **26.** 180—87. April 1954.)
P. ECKERT. 5888

E. Perry und **F. E. Reese,** *Wärmeübertragung bei der Verarbeitung viscoser Materialien.* Die Wärmeübertragung bei der Verarbeitung viscoser Materialien ist für *Schmieröle, Wachse, Asphalte,* vor allem aber für *Hochpolymere,* wichtig. Es werden prakt. Unterss. der Wärmezufuhr: a) für den Start von Rkk., b) für das Schmelzen, c) für das Lösen, oder des Wärmeentzugs: d) von Reaktionswärmen, e) von mechan. erzeugter Wärme, f) von Wärme zum Reaktionsstop, g) von Wärme zur Erhöhung der Härte ausgeführt. Eine Wärmezufuhr zu niedrigviscosen Stoffen (<2 Poise) für a) ist nicht schwierig. Auch die Prozesse b) u. c) ergeben keine besonderen Probleme. Die Vorgänge unter d) bis g) sind nicht so einfach zu übersehen. Bei der Wärmezufuhr hat die M. eine relativ niedrige Viscosität u. der Grenzfilm an der Wand kann klein gehalten werden. Der feste Grenzfilm mit seinem Wärmeübergangswiderstand bildet das Hauptproblem. Der Wärmeübertragungswiderstand U ist $1/(1/h_m + L_b/K_b + 1/h_p)$. Hierbei sind h_m der Filmkoeff. der Wärmeübertragung für das Übertragungsmedium, h_p der Filmkoeff. der Wärmeübertragung für das zu erwärmende oder zu kühlende Medium, L_b die Dicke der trennenden Barriere, K_b die Wärmeleitfähigkeit der trennenden Barriere. h_p ist proportional zur Wärmeleitfähigkeit des Films u. umgekehrt proportional zur Filmdicke. Für die meisten viscosen M. ist h_p klein, verglichen mit h_m u. L_b/K_b wegen der niedrigen therm. Leitfähigkeit u./oder wegen des dicken Grenzfilms. h_p ist der vorherrschende Widerstand gegen eine Wärmeübertragung. h_p kann durch Verringerung der Filmdicke wachsen, bisweilen sogar so sehr, daß sein Widerstand vernachlässigbar ist gegenüber dem Gesamtübergangswiderstand. Als Beispiele werden angeführt: die Additionspolymerisation von *Styrol* (10^{-3} bis 10^{-5} Poise) mit 3 Operationen 1. Anwärmen auf 80—160°, 2. Entzug der Reaktionswärme, 3. Abkühlung auf 25°. Der Übertragungskoeff. nimmt mit wachsender Viscosität ab. Der Wärmeentzug bei dem festen Styrol dauert sehr lange. — Ferner werden behandelt: die Kondensationspolymerisation von *Phenol* u. wss. *HCHO* (10^{-2} bis 10^{8} Poise), das Mischen von *Celluloseacetat* (10^{1}—10^{5} Poise), das Strangpressen (10^{3}—10^{7} Poise), das Schmelzen u. Mischen von *Vinylharz*-Wachs (10^{1}—10^{3} Poise), das Warmverformen (10^{4}—10^{5} Poise), das Lösen auf dem Rollgang (10^{3}—10^{6} Poise), das Pressen (10^{3}—10^{5} Poise), die Trommelkühlung (10^{5}—10^{10} Poise), die Trommeltrocknung (10^{10}—10^{12} Poise), Abkühlung durch Verdünnen von Polymerem mit Monomerem, die Suspensionspolymerisation, die Abkühlung durch Verdampfen zusätzlicher Stoffe. Als allg. Regeln für die Wärmeübertragung in viscosen Massen werden gefunden: Beim Anwärmen ist eine große Oberfläche erwünscht. Eine zusätzliche mechan. Bearbeitung stellt ein schnelles u. zuverlässiges Hilfsmittel dar u. sollte für Massen mit mehr als 10^{3} Poise gebraucht werden. Auch bei der Abkühlung sollte eine große Oberfläche vorhanden sein, es sollten nur dünne Grenzfilme gestattet sein u. der entfernte Film sollte mit der Hauptmasse verrührt werden. Wenn die Viscosität wächst, sollte das Rühren möglichst eingeschränkt werden, um zusätzliche Wärme zu vermeiden. Schließlich muß die zu kühlende M. in kleinere Mengen unterteilt werden. In gewissen Fällen kann der Wärmeentzug durch ein zu verdampfendes Medium oder durch Einbringen kleiner Mengen hochviscosen Materials in niederviscoses Material vorgenommen werden. (Chem. Engng. Progr. **47.** 354—62. Juli 1951. Springfield, Mass., Monsanto Chem. Co.)
KLEFFNER. 5896

Maria Telkes, Cambridge, Mass., V. St. A., *Chemischer Wärmespeicher.* Dieser besteht aus einem geschlossenen Stahlbehälter, der eine wss. Lsg. von 34—44 (%) Na_2SO_4 neben 1—5 Borax enthält, wobei noch ½ eines korrosionsverhütenden Stoffes zugesetzt sein kann. Durch den Zusatz des Borax krist. nur Dekahydrat aus u. es wird die unerwünschte Bldg. von Heptahydratkristallen verhindert, die durch das dabei frei werdende W. zum Bersten der Behälter führen kann. — Zeichnung. (**E. P. 694 553** vom 12/2. 1952, ausg. 22/7. 1953. A. Prior. 19/2. 1951.) MATTHAES. 5815

Körting Maschinen- und Apparatebau Akt.-Ges. (Erfinder: **Oskar Gärtner**), Hannover, *Reinkondensat- und Wärmerückgewinnung aus Kühlwasser mittels Thermokompression.* Der angesaugte Dampf für die Wärmepumpe (I) wird aus dem Kühlwasser (II) einer Kondensationsanlage gewonnen, wobei zur Gewinnung einer großen Dampfmenge für die I eine entsprechend große Kühlwassermenge im Umlauf gehalten wird. 2 getrennte Kreisläufe: einer für das Destillat, einer für das II u. seine Dämpfe. (**D. B. P. 876 395** Kl. 12a vom 31/3. 1942, ausg. 11/5. 1953.) HEINSEN. 5817

Deutsche Gold- und Silberscheideanstalt vormals Roessler (Erfinder: **Harry Kloepfer,** Frankfurt/M.), *Herstellung hochdisperser Oxyde.* Durch therm. Zers. von flüchtigen Metall- oder Metalloidverbb., z. B. $SiCl_4$, in gasförmigem Zustand in Ggw. von brennbaren u./oder unbrennbaren, bes. O_2-haltigen Gasen in einer Flamme, gegebenenfalls in Ggw. von Wasserdampf, werden bes. hochdisperse Oxyde (z. B. des Si, Ti, Be, Zr, Fe) erhalten, indem die bei der therm. Zers. entstehenden hochdispersen Oxyde in Fll., z. B. in W., aber auch in wss. Lsgg. von NaCl, NH_4Cl, $CaCl_2$ oder CCl_4 Alkoholen oder KW-stoffen aufgenommen u. daraus durch Sedimentieren, Schleudern oder Filtrieren abgeschieden werden. Die koll. gelösten Anteile können durch Zusatz entgegengesetzt geladener Kolloide abgeschieden werden. (**D. B. P. 886 446** Kl. 12g vom 2/11. 1943, ausg. 13/8. 1953.) MATTHAES. 5825

Herbert Bachl, Erlangen, *Trennen von Gasgemischen durch Diffusion.* Das Gemisch wird bei mindestens 400° u. hohem Druck über ein Filter (I) aus Metallfolien geleitet, die durch ein Widerlager aus druck- u. temperaturbeständigen, gasdurchlässigen (keram.) Stoffen von mechan. Beanspruchung, entlastet werden, so daß die Druckdifferenz zwischen Innen- u. Außenraum des I eine Diffusion des abzutrennenden Gases durch Folie u. keram. Auflage hindurch fördert. (**D. B. P. 874 436** Kl. 12e vom 21/7. 1951, ausg. 23/4. 1953.) HEINSEN. 5829

Metafiltration Co. Ltd., Joseph Allen Pickard und **Charles Samuel Garland,** Hounslow, England, *Herstellung von feinverteilter, als Filtermittel zu verwendender Holzkohle,* wobei die Faserstruktur des Rohmaterials erhalten bleibt. Das zerkleinerte Holz wird in einem eisernen Zylinder bei ca. 500—600° von flüchtigen Bestandteilen befreit u. carbonisiert. (**E. P. 689 779** vom 13/9. 1949, ausg. 8/4. 1953.) DEMMLER. 5831

Standard Oil Development Co., Elizabeth, N. J., V. St. A., *Trennen flüssiger oder gasförmiger Mischungen durch Adsorption.* Gemische, die verschied. stark adsorbierbare Komponenten, z. B. einen leicht adsorbierbaren Teil **A** u. einen weniger leicht adsorbierbaren Teil **B**, enthalten, z. B. C_2- bis C_4-KW-stoffe oder Methylcyclohexan u. Toluol, werden im Gegenstrom mit den Adsorbentien in Kontakt gebracht. Man desorbiert das adsorbierte **A** in 2 Stufen, führt einen Teil der teilweise regenerierten Adsorbentien in das Verf. zurück u. benutzt den anderen Teil nach vollständiger Regenerierung zur Entfernung der letzten Reste von **A** aus **B**. — Zeichnung. (**E. P. 679 905** vom 22/5. 1951, ausg. 24/9. 1952. A. Prior. 16/10. 1950.) LÜTTGEN. 5849

British Celanese Ltd., London, England, *Gaswäscher.* Die Waschvorr. besteht aus einem zylindr. Behälter mit einem tangentialen Eintrittsrohr für das zu waschende Gas u. einem Austrittsrohr an der Decke des Behälters. Zentr. ist darin ein mit Spritzdüsen besetztes Rohr angeordnet, das nicht bis an die Decke des Behälters reicht, dem von unten die Wasch-Fl. zugeführt wird u. das an seinem oberen Ende eine Prallscheibe trägt. In dem Raum oberhalb der Prallscheibe trennen sich Gas u. Waschflüssigkeit. Die Vorr. dient für die Niederschlagung von festen Teilchen u. bes. der weitgehenden Entfernung von Säurenebeln, wie HCl u. H_2SO_4, aus Gasen. — Zeichnung. (**E. P. 689 165** vom 4/1. 1949, ausg. 25/3. 1953. A. Prior. 16/1. 1948.) MATTHAES. 5851

Standard Oil Development Co., Elizabeth, N. J., V. St. A., und **John Conrad Arnold,** London, England, *Zerlegen von Gasgemischen.* Man unterwirft das Gemisch, bes. *Luft,* in einem größeren (A) u. einem kleineren (B) Teil einer getrennten Abkühlung unter Druck zwecks Ausscheidung von W. u. CO_2, benutzt einen kleinen Teil des gereinigten kalten Gases von A zum Abkühlen von B, vereinigt diesen so angewärmten Teil mit dem nicht gereinigten Teil A u. benutzt einen Teil hiervon zum Entfernen (Abtauen) von ausgeschiedenem CO_2 u. W., vereinigt die gereinigten Teile A u. B, verflüssigt in üblicher Weise unter Betrieb einer Turbine u. fraktioniert. — Zeichnung. (**E. P. 663 003** vom 3/6. 1949, ausg. 12/12. 1951.) LÜTTGEN. 5857

Koppers Co., Inc., übert. von: **Earl V. Harlow,** Beaver, Pa., V. St. A., *Trennen von Gasgemischen nach dem Diffusionsverfahren.* Man führt das Gemisch an einem porösen Diaphragma (I) entlang, dessen andere Seite von einem inerten Spülgas (II) bestrichen wird. Der abzutrennende Teil, z. B. H_2 aus Koksgas, diffundiert durch I, während das in geringem Maße durch I diffundierende II aus dem Gemisch durch Kondensation entfernt wird. — Zeichnung. (**A. P. 2 626 679** vom 15/6. 1949, ausg. 27/1. 1953.) LÜTTGEN. 5863

Bamag-Meguin Akt.-Ges. (Erfinder: **Willi Bender**), Berlin, *Erzeugung von Edeldampf* (I) für Destillations-, Desodorisierungs- u. dgl. Zwecke, dad. gek., daß der I unmittelbar an der Verwendungsstelle derart erzeugt wird, daß W. bzw. Kondensat in überhitzten Wasserdampf im Gegenstrom eingedüst wird. (**D. B. P. 882 695** Kl. 12a vom 13/7. 1951, ausg. 9/7. 1953.) HEINSEN. 5865

Günther Matz, Die Kristallisation in der Verfahrenstechnik. Berlin, Göttingen, Heidelberg: Springer. 1954. (VIII + 194 S. m. 58 Abb.) = Verfahrenstechnik in Einzeldarstellungen. 2. DM 22,50. Mit Literaturverz. (S. 172—177).

III. Elektrotechnik.

Dow Corning Corp., Mich. (Erfinder: **Rob Roy McGregor**, Verona, und **Earl Leathen Warrick**, Pittsburgh, Pa.), V. St. A., *Dielektrische Öle* bestehen aus fl. *polymeren Dimethylsiloxanen*, denen als Alterungsschutzmittel Phenole oder substituierte Phenole zugesetzt sein können. (**D. B. P. 882 260** Kl. 21c vom 20/9. 1950, ausg. 10/8. 1953. A. Prior. 26/2. 1942.) KESSEL. 5957

E. I. du Pont de Nemours & Co., Wilmington, Del., übert. von: **Philip Francis Sanders**, Lima, Pa., V. St. A., *Isolation für elektrische Leiter*. Man überzieht den Leiter mit keram. Material u. dann mit einer Dispersion von Tetrafluoräthylenpolymeren oder -mischpolymerisaten in einem organ. oder wss. Medium u. erhitzt den Überzug. Man kann den elektr. Leiter auch mit einer wss. Suspension aus keram. Material u. Polytetrafluoräthylen überziehen, erhitzen, bis die Teilchen der Suspension sich ausscheiden, abkühlen u. den obengenannten Überzug aufbringen. (**Can. P. 486 365** vom 21/10. 1948, ausg. 9/9. 1952. A. Prior. 31/10. 1947.) PANKOW. 5957

Badische Anilin- & Soda-Fabrik Akt.-Ges., Ludwigshafen/Rh., *Herstellung eines porösen Elektrodengerüstes aus einer Nickel–Eisen-Legierung für alkalische Akkumulatoren*. Ein durch therm. Zers. eines Gemisches von Ni- u. Fe-Carbonyl gewonnenes Ni–Fe-Pulver wird auf solche Temp. erhitzt, daß durch Diffusion ein poröses Gerüst aus einer Ni–Fe-Legierung entsteht, in welches Cd als akt. M. eingelagert wird. Zur Minderung der Schrumpfung des Sinterstückes u. der Rißbldg. kann das Fe in Form von Oxyden angewendet werden; die Sinterung wird dann in reduzierender Atmosphäre, z. B. H_2-Strom, durchgeführt. (**Schwz. P. 294 140** vom 25/1. 1951, ausg. 4/1. 1954. D. Prior. 20/4. 1950.) LAASS. 5971

Elbric Soc. An., Lausanne, Schweiz, *Geschlossener Kleinakkumulator*, der nach 1 maliger Entladung zum Wegwerfen bestimmt ist. Sein Gefäß besteht aus 2 gleichartigen Teilen mit Boden u. Seitenwänden aus Preßstoff. Auf jeden Boden ist ein dünnes Pb-Blech eingepreßt, das Ableitungen nach außen besitzt. Auf jedes Blech werden die entsprechenden akt. Massen als in pyramidenartige Form gepreßte Tabletten aufgebracht, ebenso ein elast. Wellenseparator. Nach dem Zusammenfügen u. Verkleben der beiden Gefäßteile wird der Elektrolyt eingefüllt u. die akt. Massen der Formation unterworfen. Danach wird die Einfüllöffnung verklebt. — Ein Gefäß kann auch aus 2 Seitenwänden u. einem Zwischenrahmen zusammengesetzt werden, wobei der Rahmen den Separator aufnimmt, der die Tabletten elast. an die Pb-Bleche drückt. (**Schwz. P. 286 986** vom 9/12. 1950, ausg. 2/3. 1953. A. Prior. 15/12. 1949.) LAASS. 5971

Oldham & Son, Ltd., Denton, England, *Kontrolle des Elektrolyten in Akkumulatoren*. Damit die notwendige Höhe des Elektrolyten im Gefäß festgestellt werden kann, wird ein mit einem kegelförmigen Innenende versehener Zylinder aus durchsichtigem Kunststoff, z. B. Polymethacrylsäureester, oder Glas schräg durch den Deckel in das Gehäuse eingeführt. Da die Kegelspitze in der Höhe des gewünschten Flüssigkeitsspiegels angeordnet ist, kann durch die Lichtreflexion am Außenende des Zylinders die Höhe erkannt werden. (**E. P. 694 568** vom 7/2. und 30/6. 1950, ausg. 22/7. 1953.) LAASS. 5971

Flexa Industria Materie Plastiche, S. p. A., Mailand, Italien, *Elektrischer Separator für Akkumulatoren*. Ein mit W. behandeltes Quellungskolloid, wie Bentonit oder Silicagel, wird mit einer alkoh. Lsg. von Phenolformaldehydkresol vermischt u. die erhaltene Paste beidseitig auf einen 0,5 mm dicken Flor aus Glaswolle, Asbest oder Kunststoffasern aufgebracht. Nach einer 5std. Trocknung bei 50° werden aus den Blättern die gewünschten Formate geschnitten u. diese unter Druck u. Hitze ausgehärtet, wobei gleichzeitig Rippen u. Wellungen eingepreßt werden. (**Schwz. P. 291 328** vom 11/6. 1951, ausg. 16/9. 1953. It. Prior. 13/6. 1950.) LAASS. 5971

Paul Schneider, Berlin, *Galvanische Batterie aus Plattenzellen.* Die Leichtfolien, die aus einer Mischung von Ruß u. demselben thermoplast. Kunststoff, aus dem der Rahmen hergestellt ist, bestehen, werden innerhalb des Rahmens angeordnet, um den Austritt des Elektrolyten sicher zu verhindern. — Die Kontaktfedern der Endzellen werden in kleine Blöcke obigen Kunststoffs eingebettet u. diese mittels des im Hauptpatent angegebenen Überzuges fest mit der Batterie verbunden. (**D. B. P. 906 586** Kl. 21b vom 14/9. 1951, ausg. 15/3. 1954. **Zusatz zu D. B. P. 900 958; C. 1954. 5372.**) Laass. 5971

Pertrix Union G. m. b. H., Hannover, *Verbesserung der Lagerfähigkeit von galvanischen Batterien mit bipolaren Elektroden.* In einem Vakuumkessel werden die Batterien luftfrei gepumpt u. dann im Vakuum mit Paraffinwachs oder anderen isolierenden Stoffen überzogen. Diese Batterien besitzen zusätzlich einen sehr kleinen inneren Widerstand. — Vorrichtung. (**E. P. 685 401** vom 16/11. 1950, ausg. 7/1. 1953. D. Prior. 16/11. 1949.) Laass. 5971

Egyesült Izzólámpa és Villamossági Részvén ytársaság, Budapest, Ungarn, *Mehrfach gewendelter Metalldraht für Glühkörper.* Die Glühdrähte werden mit einer Isolierschicht überzogen u. dann mehrfach gewendelt, wobei die Windungsrichtung von Wendelung zu Wendelung umgekehrt wird. (**Dän. P. 74 764** vom 11/5. 1943, ausg. 29/9. 1952. Ung. Prior. 9/6. 1942.) Jürgen Schmidt. 5973

Radio Corp. of America, Del., übert. von: **Schuyler M. Christian**, Princeton, N. J., V. St. A., *Strahlungsdetektor für harte Strahlung.* Anodenplatten aus einem Metall mit einem At.-Gew. < 50 u. geringer Elektronenergiebigkeit wechseln ab mit Kathodenplatten aus einem Metall mit einem At.-Gew. > 50 u. hoher Elektronenergiebigkeit u. sind von diesen durch gitterartige oder vielfach durchlochte Zwischenschichten aus dielektr. Material (z. B. (Polystyrol) getrennt. (**A. P. 2 631 246** vom 28/2. 1950, ausg. 10/3. 1953.) Kessel. 5975

Sylvania Electric Products, Inc., Salem, Mass., V. St. A., *Sekundäremissionselektrode.* Das Grundmetall der Elektrode wird mit einer Sperrschicht aus Rh, Pt, Ag, Au oder Cu überzogen. Darauf kommt eine dünne Schicht eines Alkali- oder Erdalkalicarbonats oder -fluorids, die bei ca. 200° aktiviert wird. (**E. P. 689 966** vom 30/3. 1949, ausg. 8/4. 1953. A. Prior. 5/4. 1948.) Kessel. 5975

N. V. Philips' Gloeilampenfabrieken, Eindhoven, Holland, *Entladungsröhre mit Leuchtstoff.* Der Leuchtstoff enthält Zn, Cd, S, Au, Ag u. Al in solchen Mengen, daß das Atomverhältnis zwischen Zn u. Cd zwischen 97 : 3 u. 84 : 16 liegt u. auf 100 Atome Zn u. Cd 10^{-5} bis $2 \cdot 10^{-2}$ Atome Au u. Ag vorhanden sind, ferner das Verhältnis Au zu Ag zwischen 3 : 1 u. 4 : 1 liegt, ferner die Menge der Al-Atome mindestens gleich der, der Au u. Ag-Atome u. höchstens gleich $^1/_{10}$ der Atomsumme von Zn u. Cd ist u. der S-Geh. ausreicht, um alle Metalle in Sulfide überzuführen. Außerdem kann der Leuchtstoff noch Halogenatome enthalten, sowie auch etwas Ni in Mengen von 10^{-4} Atome je 100 Atome Zn u. Cd. Die Massen luminescieren auch bei Bestrahlung mit UV- u. Röntgenstrahlen. (**Dän. P. 74 877** vom 11/1. 1950, ausg. 27/10. 1952. Holl. Prior. 14/1. 1949.) Jürgen Schmidt. 5975

Thorn Electrical Industries Ltd., London, England, *Leuchtschicht für Gasentladungsröhren und Kathodenstrahlröhren.* Ba-Phosphat (I) als Grundstoff mit einem Geh. von ca. 1—20 (%) Ti in Form einer Ti-Verb. wird bei 850—1200° gebrannt, bes. mit BaF_2 als Flußmittel. I entspricht in seiner Zus. etwa dem des Ba-Pyrophosphats (II), enthält aber bis 25 BaO-Überschuß oder bis 5 P_2O_5-Überschuß über die stöchiometr. Zus. des II. Bei der Herst. des I wird prakt. von BaO u. einem (NH_4)-Phosphat ausgegangen. (**Belg. P. 502 430** vom 7/4. 1951, ausg. 18/7. 1952. E. Prior. 17/7. 1950.) Kessel. 5975

Thorn Electrical Industries Ltd., England, *Unter der Einwirkung von ultravioletten, Kathoden- oder Röntgenstrahlen luminescierende Leuchtstoffe.* Sie bestehen aus Bariumphosphat mit 1—20% Ti u. werden z. B. hergestellt durch Glühen eines Gemisches von 8,8 (g) $BaCO_3$, 1 TiO_2 u. 5,9 $(NH_4)_2HPO_4$ bei 1050°. (**F. P. 1 034 270** vom 21/3. 1951, ausg. 21/7. 1953. E. Prior. 17/7. 1950.) Oppermann. 5975

General Electric Co. Ltd., London, England (Erfinder: **A. H. McKeag** und **P. W. Ranby**), *Fluorescenzmasse.* Die M. besteht im wesentlichen aus Cadmiumorthophosphat mit Pb als Aktivator u. wird zur Phosphorescenz angeregt durch Bestrahlung mit einer Wellenlänge von 2537 Å. Die M. kann auch noch Mangan u. S enthalten. Zur Herst. fällt man $CdSO_4$ mit Diammoniumphosphat, setzt gefälltes Pb-Phosphat zu u. gegebenenfalls eine S-Verbindung. Die M. wird dann gebrannt bei ca. 800°. (**Schwed. P. 134 742** vom 7/8. 1944, ausg. 4/3. 1952. E. Prior. 6/8. 1943.) Jürgen Schmidt. 5975

Siemens-Reiniger-Werke Akt.-Ges. (Erfinder: **Josef Heinrich Hartmann**), Erlangen, *Röntgenschirm.* Die Leuchtschicht enthält mindestens 2 Leuchtstoffe (gemischt oder in getrennten Schichten), von denen der eine durch Röntgenstrahlen gut erregbar ist, der andere nicht, dagegen durch das von dem ersteren unter Einw. der Röntgenstrahlen ausgesandte Fluorescenzlicht. (**D. B. P. 900 413** Kl. 57b vom 1/10. 1933, ausg. 28/12. 1953.) KALIX. 5975

Philco Corp., Philadelphia, Pa., V. St. A., *Leuchtschirm für Kathodenstrahlröhren.* Gegen das Schwarzwerden wird die Leuchtstoffschicht mit einer NH_4- oder K-Persulfat-lsg. befeuchtet u. dann getrocknet. (**E. P. 687 191** vom 16/2. 1951, ausg. 11/2. 1953. A. Prior. 18/2. 1950.) KESSEL. 5975

Claude Marcel François Brachet, Seine, Frankreich, *Leuchtschirme*, bes. für Kathodenstrahlröhren. Sie enthalten zwei Leuchtstoffe, von denen der eine (z. B. ZnS) eine gut sichtbare Fluorescenz, der andere (z. B. Ca-Wolframat) eine photograph. sehr wirksame Fluorescenz besitzt. (**F. P. 981 400** vom 31/12. 1948, ausg. 25/5. 1951.) OPPERMANN. 5975

Comp. Française Thomson-Houston, Seine, Frankreich (Erfinder: **Howard Willis Goodrick**), *Herstellung von Leuchtschirmen*, bes. für Radioskopie u. Radiophotographie. Zur Erhöhung der Brillanz der Röntgenbilder im sichtbaren Gebiet des Spektr. verwendet man Leuchtschirme, die aus zwei übereinander angeordneten, auf transparenten Trägern aufgetragenen fluorescierenden Substanzen bestehen. Hierbei erstreckt sich die unter der Einw. der Röntgenstrahlen ausgelöste Fluorescenz der ersten Schicht über den sichtbaren Bereich des Spektr. u. darüber hinaus (z. B. ins UV, Wellenlänge ca. 2540 Å). Die darunter liegende zweite Schicht verwandelt die UV-Strahlung der ersten Schicht in sichtbares Licht von ca. 5500 Å. (**F. P. 999 503** vom 10/11. 1949, ausg. 1/2. 1952. A. Prior. 12/11. 1948.) OPPERMANN. 5975

Raytheon Mfg. Co., übert. von: **Percy L. Spencer,** Newton, Mass., V. St. A., *Leuchtschirm.* Auf einer Glasröhre wird eine ZnO-Schicht aufgebracht, die Röhre in geschmolzenes $ZnCl_2$ getaucht, evakuiert u. H_2S eingeleitet. Nach Anlegen eines elektr. Potentials, wobei eine Elektrode der Schmelzfluß ist, die andere im Innern der Röhre angeordnet ist, bildet sich auf dem eingetauchten Teil der Röhre ein ZnS-Überzug. (**Can. P. 488 948** vom 12/10. 1950, ausg. 16/12. 1952. A. Prior. 9/6. 1950.) WITTHOLZ. 5975

Philips Electrical Ltd., London, England, *Halbleiter.* Zur Herst. wird eine Mischung aus Fe_2O_3 u. TiO_2, ZrO_2 oder SnO_2 pulverisiert u. unter Bldg. von Mischkristallen gesintert. Zur Einstellung des Leitfähigkeitswertes kann noch ein isolierendes Oxyd, z. B. Cr_2O_3, zugegeben werden, das mit Fe_2O_3 Mischkristalle bildet, oder ein isolierendes keram. Oxyd, z. B. Bentonit, das eine 2. Phase bildet. (**E. P. 649 985** vom 5/1. 1948, ausg. 7/2. 1951. Holl. Prior. 8/1. 1947.) KESSEL. 5977

Western Electric Co. Inc., V. St. A., *Transistor.* In der mit der Trägerelektrode im Kontakt stehenden Schicht des Halbleiters (z. B. Ge) ist die Konz. der den Leitfähigkeitstyp bestimmenden Verunreinigungen (z. B. Sb oder Ga) größer als in den übrigen Halbleiterschichten. (**F. P. 1 037 516** vom 25/5. 1951, ausg. 17/9. 1953. A. Prior. 10/10. 1950.) KESSEL. 5977

Western Electric Co., Inc., V. St. A., *Halbleiterelement*, bes. für *Trockengleichrichter.* Ein Halbleiter, z. B. Si, wird in einem Gasentladungsraum, der die zur Bldg. von Störstellen erforderlichen Verunreinigungen in Ionenform enthält, an eine solche Spannung gelegt, daß die Ionen auf den Halbleiter auftreffen u. in ihn hineindiffundieren. Zur Förderung der Diffusion wird der Halbleiter prakt. möglichst stark erwärmt (z. B. Si auf 370—430°), u. es wird in ihm ein die Ioneneinwanderung unterstützendes elektr. Feld aufrechterhalten. (**F. P. 1 030 745** vom 2/1. 1951, ausg. 16/6. 1953. A. Priorr. 11/1. u. 31/1. 1950.) KESSEL. 5977

Süddeutsche Apparate-Fabrik G. m. b. H., Nürnberg, *Se-Trockengleichrichter.* Auf eine metall. Trägerplatte, z. B. aus Fe oder Ni-plattiertem Fe, wird eine Bi-Schicht aufgedampft, die vor dem Aufdampfen der Se-Schicht zur Vertreibung von O_2-Einschlüssen evakuiert u. dann mit einem Schutzgas, bes. N_2 oder Leuchtgas, begast wird. (**Schwz. P. 289 521** vom 21/6. 1950, ausg. 1/7. 1953. **F. P. 1 020 650** vom 21/6. 1950, ausg. 9/2. 1953. Beide D. Prior. 21/6. 1949.) KESSEL. 5977

Hydrawerk Akt.-Ges. (Erfinder: **Hermann Beckmann**), Berlin, *Elektrolytkondensator.* Als Trennschichten zwischen den Belegungen dienen saugfähige Faserstoffschichten, die ganz oder zum Teil aus einem Glasgewebe oder einem organ. Faserstoffe enthaltenden Glasfadenmischgewebe bestehen. (**D. B. P. 891 891** Kl. 21g vom 9/7. 1937, ausg. 1/10. 1953.) KESSEL. 5983

Siemens & Halske Akt.-Ges., Berlin und München (Erfinder: **Werner Herrmann,** Berlin), *Kondensator.* Die mit einer nichtleitenden Schicht versehene Elektrode besteht wenigstens an ihrer Oberfläche aus einer Mg—Al-Legierung, bes. im mol. Verhältnis 2 Al : 1 Mg. Zur Herst. wird prakt. eine bes. bei Unterdruck oberflächlich oxydierte Al-Elektrode in eine $MgCO_3$-Lsg. getaucht oder mit MgO plattiert. Die aufgebrachte

MgO-Schicht wird dann durch Erhitzen auf ca. 500° mit der Al_2O_3-Schicht vereinigt. (**D. B. P. 892 326** Kl. 21g vom 27/6. 1942, ausg. 5/10. 1953.) KESSEL. 5983

C. Lorenz Akt.-Ges., Stuttgart (Erfinder: **Hermann Gönningen**, Berlin), *Kondensator*. Die dielektr. Schicht besteht aus einem pulverförmigen Stoff von hoher DK. (z. B. TiO_2), der durch einen Zusatz eines Stoffes von bei 20° zähplast. Konsistenz u. hoher Haftfähigkeit (z. B. Ozokerit oder Chlornaphthalin) an metall. Folien gebunden ist. (**D. B. P. 892 485** Kl. 21g vom 6/2. 1942, ausg. 8/10. 1953.) KESSEL. 5983

Orkla Grube-Aktiebolag, Norwegen, *Elektrolytische Zelle*. In einer Zelle zur elektrolyt. Abscheidung von Fe aus $FeSO_4$-Lsg. steigt der zwischen der Anode u. einem diese umgebenden Diaphragma entstehende O_2 in Kanälen an der Außenwand der Anode empor u. wird dann einem Hohlraum in der Anode zugeführt u. hier gesammelt. Eine in diesem Hohlraum gespeicherte Teilmenge des Elektrolyten wird dadurch nach unten u. aus der Anode heraus gedrückt, so daß die Lsg. zwischen Anode u. Diaphragma stetig erneuert wird. — 3 Zeichnungen. (**F. P. 1 036 044** vom 23/4. 1951, ausg. 2/9. 1953. N. Prior. 8/5. 1950.) B. SCHMIDT. 5993

IV. Wasser. Abwasser.

H. Heukelekian, *Mikrobiologie des Wassers und Abwassers*. Übersichtsbericht (bis Dez. 1952). — 91 Literaturangaben. (Annu. Rev. Microbiol. **7.** 461—72. 1953. New Brunswick, N. J., Rutgers Univ., Dep. of Sanitat.) K. MAIER. 6010

R. C. Ulmer und **J. W. Wood**, *Verhütung von Korrosion in Kühlwasser*. Es wurde die Wrkg. verschied. Zusätze zur Verhinderung des Korrosionsangriffes von Kühlwasser untersucht. $CaCO_3$ ist nur bedingt wirksam; bei großen Temperaturunterschieden ist die Wrkg. unbefriedigend. Gute Resultate wurden mit Zusätzen von Silicat-Phosphat-Kombinationen u. von Chromaten erzielt. — Schrifttumsangaben. (Corrosion [Houston] **8.** 402—06. Dez. 1952. New York, N. Y., E. F. Drew & Co., Inc.) MARKHOFF. 6030

W. Wesley Eckenfelder jr., **Donald J. O'Connor** und **J. M. Asce**, *Planung industrieller Abwasserverfahren*. Voraussetzungen u. Gesichtspunkte für Abwasserreinigung der Konserven-, Lumpen- u. Papier-, Fleischwaren- u. Farbenherst. u. Molkerei u. die verschied. Verff. werden besprochen u. durch graph. Darst. erläutert. (Proc. Amer. Soc. Civil Engr. **80.** Nr. 411. 1—25. Febr. 1954. Ridgewood, N. J., Manhattan College N. Y., Western, Eckenfelder & Hood Inc.) MÜHLMEISTER. 6036

Russell L. Culp und **Howard A. Stoltenberg**, *Verunreinigung durch synthetische Reinigungsmittel in Kansas*. Die Ursache von Schwierigkeiten durch starke Schaumbldg. bei Flockung u. Absetzen, üblen Geruch, Geschmack u. Farbe bei der Reinigung des W. aus dem „Marais des Cygnes"-Fluß in Osawatomie, Kans., wurde gefunden in der Einleitung synthet. Reinigungsmittel (I) mit den durch Belebtschlammverf. gereinigten Abwässern des 45 km oberstromgelegenen Ottawa, Kans., bei geringer Wasserführung im Winter; das Leitungswasser enthielt 3,6 mg I im Liter. Als Ergebnis umfassender Labor-Verss. gelang es, mit 2 mg ClO_2/Liter zum Filtereinlauf u. Nachchlorung ein einwandfreies W. zu erhalten. Bei einer Verdünnung Fluß- zu Abwasser über 10 : 1 sind keine Schwierigkeiten zu erwarten. (J. Amer. Water Works Assoc. **45.** 1187—95. Nov. 1953. Lawrence, Kansas Board of Health.) MÜHLMEISTER. 6038

Karl Imhoff, *Die Geschichte der biologischen Abwasserreinigung*. Inhaltlich ident. mit der C. **1954.** 628 referierten Arbeit. (Water Sewage Works **101.** 28—30. Jan. 1954.) P. ECKERT. 6044

Jerome F. Thomas, *Chloridbestimmung mit Mercurinitrat*. Cl-Ion in W. wird mit scharfem Umschlag bestimmt mit 0,0141 n $Hg(NO_3)_2 \cdot H_2O$ (2,52 g + 0,25 cm^3 HNO_3 konz. zum Liter) u. Diphenylcarbazon (I) als Indicator (0,5 g krist. I + 0,05 g Bromphenolblau mit 95%ig. A. zu 100 cm^3). Das nach den Standard Methods mit $Al(OH)_3$-Suspension geklärte u. entfärbte Muster mit höchstens 20 mg Cl-Ion wird notfalls auf 100 cm^3 verd., mit 10 Tropfen Indicator versetzt u. falls orange-violett ($p_H > 7{,}9$) oder blau-blaugrün (p_H 7,9—3,6) auf Gelb ($p_H < 3{,}6$) mit 0,2 n HNO_3 eingestellt. Der Umschlag mit der Hg-Lsg. ist scharf in Violett, kurz vorher erscheint Orange. Vergleichverss. mit Cl-Lsgg. u. 6 typ. Frisch- u. Abwässern verschied. Konz. ergaben gute Übereinstimmung mit der Titrierung nach MOHR mit $AgNO_3$ u. K_2CrO_4. (J. Amer. Water Works Assoc. **46.** 257—62. März 1954. Berkeley, Calif., Univ. of California.) MÜHLMEISTER. 6060

T. B. Stjunkel, Je. M. Jakimetz und **D. A. Ssawinowski**, *Über das Verhalten einiger Kationen bei der komplexometrischen Methode der Härtebestimmung von Wasser*. Die Meth. beruht auf der Ionen-Rk. des Ca^{2+} bzw. Mg^{2+} mit *Dinatriumäthylendiaminotetraessigsäure* (I) (*Trilon B*). Die Rk. führt zur Bldg. in H_2O leichtlösl. farbloser innerkomplexen Verbindungen. I gibt analoge lösl. innerkomplexe Verbb. mit Se^{2+}, Ba^{2+},

Zn^{2+} u. anderen. Die Bestimmungstechnik dieser Meth. besteht in der Bindung der Ca- u. Mg-Ionen aus ihren Verbb. an organ. Farbstoffe zu Verbb., die bei Ggw. oder Abwesenheit von Ca- u. Mg-Ionen bei einem bestimmten p_H-Wert verschieden gefärbt sind. In der Literatur werden zu diesem Zweck *Eriochromschwarz T* bzw. *Chromogenschwarz ET-00* (UdSSR); *Chromsäureblau K* (UdSSR) u. *Chromsäuredunkelblau* empfohlen. Der erstgenannte Farbstoff Chromogenschwarz ET-00 ist im alkal. Medium in Ggw. von Ca^{2+} u. Mg^{2+}, in saurem Medium in jedem Fall weinrot. Chromsäureblau K ist in alkal. Medium in Ggw. von Ca^{2+} u. Mg^{2+}, in saurem Medium in jedem Fall rot. In alkal. Medium in Abwesenheit von Ca^{2+} u. Mg^{2+} violett. Chromsäuredunkelblau ist in alkal. Medium in Ggw. von Ca^{2+} u. Mg^{2+}, in saurem Medium in Abwesenheit von Ca^{2+} u. Mg^{2+} rosa. In alkal. Medium ist es in Abwesenheit von Ca^{2+} u. Mg^{2+} graublau. Alle 3 Farbstoffe sind in alkal. Medium den Ionen Ca^{2+}, Mg^{2+}, Zn^{2+}, Mn^{2+} u. Cu^{2+} gegenüber hochempfindlich. Die störende Wrkg. des Fe u. Al wird durch Verdünnung der Probe mit H_2O für Fe unter 10 mg/Liter, für Al unter 20 mg/Liter ausgeschaltet. Die störende Wrkg. von Cu^{2+}, Zn^{2+} u. Mn^{2+} kann durch Ausfällen dieser Ionen als schwerlösl. Salze (Sulfide) behoben werden. (Журнал Аналитической Химии [J. analyt. Chem.] **8.** Nr. 3. 163—67. Mai/Juni 1953. Uraler Polytechn. Kirow-Inst.) STEINBERG. 6062

—, *Technik der bakteriellen Wasserprüfung mit Molekularmembranfiltern.* Eingehende Beschreibung aller Arbeitsvorgänge u. Hinweise zur Vermeidung von Fehlern. — 20 Zitate. (J. Amer. Water Works Assoc. **45.** 1196—1210. Nov. 1953.) MÜHLMEISTER. 6064

A. Tulinskaja und **A. Bukbardt,** *Bakteriologische Untersuchung des Wassers.* Vff. empfehlen, neben den üblichen Kulturen auf Fleischpeptonagar zur Erfassung der Fäulnisbakterien im Brunnenwasser für Molkereien auch Kulturen auf Milchagar anzusetzen. Die in der Standardvorschrift 5216–50 vorgesehene 24 std. Bakterienkultur bei 37° ist nicht ausreichend, da nach Verss. der Vff. das Brunnenwasser auch kälteliebende Bakterien (bis 8° untersucht) enthält. Bei welcher Temp. die zusätzliche Aussaat zu erfolgen hat, ist noch ungeklärt. (Молочная Промышленность [Milch-Ind.] **14.** Nr. 8. 40. Aug. 1953. Omsk, Landw. Kirow-Inst.) SCHMEISS. 6064

Koppers Co., Inc., Del., übert. von: **Gaetono F. D'Alelio,** Pittsburgh, Pa., V. St. A., *Ionenaustauschharze.* Zur Entfernung von Kationen aus Fll., z. B. zur *Wasserenthärtung*, wird ein wasserunlösl. sulfoniertes Harz verwendet, das ein vernetztes Polymerisationsprod. darstellt aus einer Mischung von 75—98 (%) einer polymerisierbaren aromat. Verb., bes. *Styrol*, u. 2—25 eines mischpolymerisierbaren Alkylenhalogenids, bes. *Vinylchlorid.* (**A. P. 2 628 193** vom 24/9. 1949, ausg. 10/2. 1953.) REICHELT. 6021

L. & C. Steinmüller GmbH., Gummersbach/Rheinland (Erfinder: **E. Seyb**), *Überwachen von Wasserreinigungsanlagen zur Entcarbonisierung.* Die Härtebildner werden in bekannter Weise mit Kalk ausgefällt, u. das reine W. wird auf den gewünschten p_H-Wert eingestellt. Hierbei wird die notwendige Menge Säure nur einem Teilstrom des vom Reaktionsbehälter kommenden W. zugeführt u. erst dieses angesäuerte W. wieder mit dem Restwasser vereinigt. (**Schwed. P. 137 459** vom 6/11. 1950, ausg. 23/9. 1952. D. Prior. 30/1. 1950.) JÜRGEN SCHMIDT. 6025

František Kopecký und **František Vondruška,** Brno, Tschechoslowakei, *Herstellung von reinem $CaCO_3$.* Nach Dän. P. 71 125 behandelt man Kesselspeisew. mit $Ca(OH)_2$ u. CO_2, wobei SiO_2, CO_2, temporäre Härte, Mg-Salze, organ. Stoffe u. Kolloide entfernt werden u. aus dem warmen Rohwasser eine klare, gesätt. Kalkwasserlsg. erhalten wird. Man sättigt dann diese mit gereinigten Rauchgasen oder anderen CO_2-enthaltenden Gasen. Das hierbei gefällte $CaH_2(CO_3)_2$ wird durch Sedimentieren entfernt. Nach Dän. P. 73 638 wird dieses Verf. dahin weitergebildet, daß das vom Sedimentierbehälter ablaufende Klarwasser im Kreislauf unter Vermischen mit Kalkmilch, die hierbei geklärt wird, zurückgeführt wird. — Zeichnung. (**Dän. P. 73 638** vom 12/11. 1948, ausg. 14/1. 1952.) JÜRGEN SCHMIDT. 6031

Zellwolle Lenzing Akt.-Ges. (Erfinder: **Theodor Kleinert, Wilhelm Wincor** und **Walter Sackel**), Lenzing, Oberösterreich, *Reinigen von Abwässern der Viscoseindustrie.* Die Verunreinigungen in den Abwässern werden durch saure Chemikalien ausgeflockt, wobei durch Mischen, Rühren oder Bewegen des Abwassers oder durch Einblasen von Luft oder Entgasung im Vakuum die Bldg. von an den Flocken haftenden Gasbläschen verhindert oder solche entfernt werden. Die Sedimentation der Verunreinigungen erfolgt rasch. Auch kann dem Abwasser vor, während oder nach der Flockung gealtertes Sediment aus vorhergehenden Chargen zugemischt werden. (**Oe. P. 178 073** vom 1/8. 1952, ausg. 10/4. 1954.) WITTHOLZ. 6043

Cecil B. Ellis and others, Fresh water from the ocean for cities, industry and irrigation. New York: Ronald Press. 1954. (228 S., Diagrs.) $ 5,—.

V. Anorganische Industrie.

Mansel Davies, *Grundzüge und Verfahren zur Luftzerlegung.* Übersichtsbericht. Verwendung der Bestandteile der Luft. Errechneter Mindestaufwand an Energie bei der Verflüssigung bei tiefen Tempp. nach LINDE u. CLAUDE, Expansionsturbine von KAPITZA. Wärmeaustausch; einfache u. doppelte Rektifikation, Doppelkolonne; Verf. nach LINDE-FRÄNKL. Verf. zur Herst. von „angereicherter", d. h. ca. 50% O_2 enthaltender Luft für metallurg. Zwecke, z. B. RESCOL-Verf. der BRITISH OXYGEN CO.; Verf. zur techn. Gewinnung der Edelgase. — 72 Literaturhinweise. (Sci. Progr. **40.** 419—35. Juli 1952. Aberystwyth, Univ., Coll. of Wales.) STEINER. H 239

P. Remy-Gennetè, *Bemerkung zur Trocknung von Ammoniumsulfat.* Vf. versucht festzustellen, ob man feuchtes Ammoniumsulfat (I) durch Erhitzen mit einer Infrarotlampe auf 50° ohne NH_3-Verlust trocknen kann. Er nimmt daher mit einem geeigneten Feuchtigkeitsmesser bei 50° Entwässerungskurven an I-Proben verschied. Feuchtigkeit auf u. stellt keine merkliche Zers. fest. Ferner ergab die Analyse von einem angefeuchteten u. wieder getrockneten I gegenüber einem trocknen I des Handels nur eine relative Abnahme von 0,68% NH_3 u. 0,5% H_2SO_4. Auf Grund dieser Ergebnisse glaubt Vf., daß für industrielle Verss. die Hydrolyse des I zu vernachlässigen ist. (Bull. Soc. chim. France, Mém. [5] **20.** 1105. Nov./Dez. 1953. Clermont, Fac. des Sci.) FEIT. H 243

L. Moller, *Die Wiedergewinnung von Schwefeldioxyd aus den Abwässern der Schwefelsäureherstellung.* Zur Wiedergewinnung von SO_2 aus den Waschwässern der Kontaktschwefelsäurefabrikation wurde das folgende Verf. angewendet: 1. Durchspülen der Wasch-Fl. mit einem großen Vol. Luft, wobei ein Gas mit einer Konz. von 1,8—2,8% SO_2 anfällt. 2. In einem zweiten Absorptionsturm wird das im Gas enthaltene SO_2 in frischem kaltem W. absorbiert. Die so erhaltene Lsg. wird zwecks Kühlung dem Waschturm zugeführt. 3. Die nahezu SO_2-freie Luft wird entweder ins Freie geführt oder zusammen mit Luft in den Prozeß zurückgeleitet. Es werden 90—95% SO_2 zurückgewonnen. Beschrieben werden Art u. Größe der erforderlichen Anlagen. 5 Abbildungen. (Trans. Instn. chem. Engr. **30.** 20—27. 1952. Avonmouth, Imperial Smelting Corp. Ltd.) SCHEIFELE. H 253

František Krechl, *Die Erzeugung von Schwefelsäure und Zement aus Calciumsulfat.* Überblick über die Entw. der Verff.: therm. Dissoziation, Red. zu Sulfid, Aufbereitung durch Zusätze, Konversion in andere Sulfate. — 3 Tabellen, 18 Literaturhinweise. (Chem. Průmysl **2** (**27**). 197—201. 1952. Min. pro chem. průmysl.) ROTTER. H 253

W. M. Kakabadse und **T. A. Iwanowa,** *Ein neues Verfahren zur Gewinnung von Ätznatron.* Als Ausgangsmaterial dient Mirabilith, der durch reduzierendes Brennen bei 850—1000° in Na_2S (I) übergeführt wird. Die I-Lsg. wird mit zerkleinertem MnO_2-Erz (II) mit hohem MnO_2 (III)-Geh. bei ständigem Umrühren versetzt. Im Laboratoriumsvers. ist das Absitzen der Suspension in 20 Min. beendet. Durch Verss. bei Zimmertemp. bis 100° wurde festgestellt, daß der Grad der S-Entfernung (Kaustifizierung) durch II bei 18—25° optimal ist. Zur völligen Entfernung des Sulfid-S ist das Verhältnis I:III = 1:1,5 erforderlich. Hierbei erfolgt die Rk. $Na_2S + MnO_2 + H_2O \rightleftarrows 2NaOH + MnO + S$. Durch kontinuierliche Zugabe von geringen Mengen II erreicht die optimale I-Konz. 11,5—12%. Die für die S-Entfernung aus I erforderliche Zeit ist nicht höher als 2 Stunden. Am zweckmäßigsten ist eine Korngröße von 400 Maschen. Das erhaltene NaOH besitzt die Konz. 117—120 g/Liter. Die weitere Behandlung des so gewonnenen NaOH erfolgt wie üblich. (Доклады Академии Наук СССР [Ber. Akad. Wiss. UdSSR] [N. S.] **94.** 733—35. 1/2. 1954. Grusin. Polytechn. Kirow-Inst.) LEBTAG. H 274

Buffalo Electro-Chemical Co., Inc., Tonawanda, übert. von: **Edward S. Shanley** Grand Island, und **Hans O. Kauffmann,** Eggertsville, N. Y., V. St. A., *Stabilisieren von wässerigen Wasserstoffsuperoxydlösungen,* indem in diesen Lsgg. koll. Zinn in Mengen von wenigstens 2 pro Million dispergiert wird. So behandeltes 30%ig. H_2O_2 verliert in 24 Std. bei 100° nur 1,6% akt. O_2, während unbehandeltes 21,1% verliert. (**A. P. 2 658 818** vom 5/10. 1945, ausg. 10/11. 1953.) DEMMLER. H 241

Deutsche Gold- und Silberscheideanstalt vormals Roessler, Frankfurt/M. (Erfinder: **Josef Müller,** Paternion, Österreich), *Elektrolytische Prozesse, besonders anodische Oxydationsprozesse,* z. B. bei der Herst. von *Peroxydsalzen,* oder anderen Perverbindungen unter Verwendung von mit kühlend wirkenden Medien beschickten Hohlelektroden (z. B. Hohldrähte, deren Wandungen aus Sparmetallen bestehen u. deren Außenseite mit Ag, Au, Pt in dünner Schicht homogen überzogen sind). Die in dem in das Bad eintauchenden Teil der Hohlelektrode entwickelten oder erhitzten

Dämpfe oder Gase werden in einem außerhalb des Bades befindlichen, als Rückflußkühler ausgebildeten Teil der Hohlelektrode kondensiert. Das Kondensat wird in dem in das Bad eintauchenden Teil der Hohlelektrode wieder eingeführt. (**D. B. P. 891 388** Kl. 12b vom 26/11. 1942, ausg. 28/9. 1953. Anmeldung bekanntgemacht 20/11. 1952.) STEIL. H 241

Farbwerke Hoechst Akt.-Ges. vormals Meister Lucius & Brüning (Erfinder: **Heinz Schmitz, Jürgen Schaafhausen** und **Georg Mika**), Frankfurt/M., *Herstellung von Hydroxylamindisulfonatlösungen* durch kontinuierlich geführte Umsetzung von Alkali-, NH_4- oder Erdalkalinitriten u. Bisulfiten u./oder zur Bisulfitbldg. geeigneten Salzen bzw. Hydroxyden dieser Metalle mit SO_2 bei $>0^0$, bes. 15—40⁰. Man bemißt die Menge des Nitrits u. des Bisulfits u./oder eines der genannten Salze oder Hydroxyde in den Ausgangsstoffen entsprechend einem Verhältnis $HSO_3^-/NO_2^- < 1$, bes. 0,95 bis ca. 0,90. (**D. B. P. 908 490** Kl. 12i vom 1/3. 1952, ausg. 5/4. 1954.) ZÜRN. H 243

Deutsche Gold- und Silberscheideanstalt vormals Roessler, Frankfurt/M. (Erfinder: **Hermann Holzmann,** Hanau/M.), *Gewinnung des bei der NH_3-Verbrennung mit Hilfe von Katalysatoren aus Pt oder Pt-Legierungen sich verflüchtigenden Pt.* Man leitet die heißen Verbrennungsgase durch eine das verflüchtigte Pt bindende Schicht aus Ag oder Ag-reichen Legierungen. Diese Schicht wird in Zonen niedriger Temp. angeordnet, in denen störende Korrosionen des Ag, bes. solche, die zum Zerfall des Ag führen, nicht stattfinden, bes. in Zonen zwischen 600 u. 500⁰. Vorher kann man durch eine heißere (600—700⁰) Schicht leiten, die Au oder eine Au-reiche Legierung enthält. (**D. B. P. 900 572** Kl. 12i vom 19/8. 1943, ausg. 28/12. 1953. **Zusatz zu D. B. P. 878 799; C. 1954. 4234.**) ZÜRN. H 243

Bamag-Meguin Akt.-Ges. (Erfinder: **Thomas Fischer**), Berlin, *Kontinuierliche Herstellung von hochkonzentrierter HNO_3*, ausgehend von fl. N_2O_4, W. bzw. wss. HNO_3 u. O_2, unter Druck. Bei Arbeiten unter Drucken von ca. 50 at wird die erforderliche O_2-Menge teilweise in Form von reinem O_2 dem unteren Ende des Reaktionsrohres u. der übrige Teil in Form von komprimierter Luft bzw. O_2-angereicherter Luft in etwa der Mitte des Reaktionsweges dem Gemisch aus fl. N_2O_4, W. bzw. wss. HNO_3 zugeführt. — Abbildung. (**D. R. P. 767 497** Kl. 12i vom 17/5. 1938, ausg. 12/4. 1954. **Zusatz zu D. R. P. 750 981; C. 1953. 3940.**) ZÜRN. H 243

General Electric Co., New York, N.Y., übert. von: **John F. Ross,** Shaker Heights, und **Harold W. Sloyer,** Willoughby, Ohio, V. St. A., *Herstellung von Calciumfluorid.* Eine $CaCl_2$-Lsg. (ca. 60—300 g/Liter) wird bis zum Kp. erhitzt u. mit so viel konz. HCl angesäuert, daß sie 0,05—0,25% HCl enthält; dann wird NH_4F-Lsg. (ca. 135 g/Liter) in einer Menge zugesetzt, daß das $CaCl_2$ gegenüber der zum vollständigen Umsatz des NH_4F erforderlichen Menge etwa mit 5—25% im Überschuß ist. Das ausgefallene, filtrierte u. leicht auswaschbare CaF_2 hat eine gleichmäßige u. feine Beschaffenheit. (**A. P. 2 653 857** vom 1/5. 1951, ausg. 29/9. 1953.) DEMMLER. H 246

Pennsylvania Salt Mfg. Co., Philadelphia, Pa., übert. von: **William K. Earnest,** Portland, Oreg., und **Errol H. Karr,** Tacoma, Wash., V. St. A., *Elektrolytische Herstellung von Alkalichloraten.* Die wss. Lsg. eines Alkalichlorids wird zwecks genauerer Einstellung ihres Säuregrades wenigstens 5 Min. lang mit Cl_2 behandelt, ehe sie in die elektrolyt. Zelle eingeleitet wird. (**A. P. 2 628 935** vom 12/8. 1946, ausg. 17/2. 1953.) DEMMLER. H 247

Johann Bähr, Herne, *Gewinnung von Schwefel aus schwefelhaltigen heißen Gasen,* indem diese mit fl. S in Berührung gebracht oder dessen Temp. im Gebiet seines Dünnflüssigkeitszustandes gehalten wird. Die von dem fl. S aufgenommene Wärme wird durch direkte Kühlung mittels Gasen oder Fll., bes. W., abgeführt, bes. durch Mischung des S mit W. oder wss. Lsgg. unter Druck. Die heiße Fl. oder der Dampf werden bes. außerhalb der Zone des fl. S gekühlt u. die gekühlte Fl. oder das Kondensat ganz oder teilweise in das Kühlgefäß zurückgeführt. (**D. B. P. 908 489** Kl. 12i vom 12/3. 1952, ausg. 5/4. 1954.) ZÜRN. H 253

Günther Dobke, Berlin, *Herstellung von Kohlekörpern und Kohleschichten* aus einer im elektr. Lichtbogen durch Niederschlagen aus der Dampfphase gewonnenen C-Modifikation. Die Niederschlagung des dampfförmigen oder fl. C erfolgt im Vakuum. Der Lichtbogen kann durch Kontaktgewebe zwischen beweglichen Elektroden gezündet werden. Bei feststehenden Elektroden wird zwischen diesen eine Brücke aus granuliertem C bzw. Graphit hergestellt. Der Lichtbogen kann mit Wechselstrom betrieben werden, wobei die Kondensationsflächen quer zur Stromrichtung angeordnet werden. Bei Gleichstrom dient die Anode als Kondensationsfläche. — Abbildungen. (**D. B. P. 906 807** Kl. 12i vom 1/10. 1949, ausg. 18/3. 1954.) ZÜRN. H 260

Rudolf Maier, Laufenburg, Baden, *Gewinnung technisch verwertbarer Feststoffe, wie Metalloxyde, über die Dampfform.* Die innere Bodenfläche oder eine besondere, im Ofen angeordnete Unterlage eines Tiegelofens werden fortlaufend mit kleinen Mengen der Metalle, Metallegierungen oder artverwandter Stoffe beschickt, wobei der Ofen bei einer Temp. weit oberhalb des Kp. dieser Stoffe betrieben wird, der Boden bzw. die Unterlage nur ganz unvollständig bedeckt sind u. die Verdampfung nach Art des Leidenfrostschen Phänomens vor sich geht. — Zeichnungen. (**D. R. P. 767 858** Kl. 12g vom 9/6. 1936, ausg. 29/3. 1954.) Matthaes. H 270

Dow Chemical Co., Midland, übert. von: **Wallis R. Bennett,** Midland, und **Louis N. Carmouche,** Ludington, Mich., V. St. A., *Gewinnung von wasserfreiem $CaCl_2$* in Form von harten Kügelchen (I). Man versprüht eine $CaCl_2$-Lsg. in einen rotierenden Mischer, in dem eine Temp. von 150—190° herrscht u. in dem sich halbentwässerte $CaCl_2$-Teilchen befinden. Dabei führt man den rollenden u. sich wälzenden Teilchen ein Trockengas von 200—500° entgegen, wobei sich um diese Teilchen ein Überzug bildet u. sie selbst Kugelform annehmen. Dabei werden diese **I** 160—190° heiß, u. sie geben die Hälfte ihres Kristallwassers ab. Einen Teil dieser **I** hebt man für eine neue Charge auf, dem Rest führt man weiter Trockengas zu u. erhält nur wasserfreie **I**, die 180 bis 300° heiß sind. Man läßt sie erkalten u. erhält so die harten **I**. (**A. P. 2 646 343** vom 24/11. 1950, ausg. 21/7. 1953.) Nebelsiek. H 283

Lonza-Werke Elektrochemische Fabriken G. m. b. H. (Erfinder: **Hans Füldner**), Waldshut, *Durchführung elektrothermischer Verfahren,* wie Erzeugung von *Calciumcarbid.* Die Wandzonen des den Reaktionsherd überdachenden Teils werden im wesentlichen aus keram. Baustoffen mit einer Verhältniszahl $a/E\beta$ von 0,03—0,5 ausgebildet, wobei a die Temperaturleitfähigkeit, E den Elastizitätsmodul u. β den linearen Ausdehnungskoeff. bedeutet. Die Wände werden gekühlt. Mit abnehmendem Abstand zwischen Überdachung u. Reaktionsherd werden Baustoffe mit zunehmendem Modul $a/E\beta$ angewendet. Solche Baustoffe sind bes. gebrannte Mischungen aus hochfeuerfesten keram. Stoffen mit solchen Stoffen, die E erniedrigen u./oder a erhöhen, z. B. SiC, Si-Legierungen, Metalle, Metalloxyde u./oder C-haltige Stoffe. Das metall. Traggerüst für die Überdachung wird bes. ganz oder teilweise aus ferrounmagnet. Material, wie Cu, hergestellt. (**D. B. P. 908 855** Kl. 12i vom 30/12. 1943, ausg. 12/4. 1954.) Zürn. H 283

Mahlon J. Rentschler, Willoughby, Ohio, V. St. A., *Gewinnung von reinen Hydroxyden des Ba und Sr.* Zu trockenem $BaCO_3$ bzw. $SrCO_3$ fügt man trockenes MgO [bei 5 (%) vorhandenen Verunreinigungen (Fe- u. S-Verbb.) ca. 2½ MgO] u. erhitzt in Ggw. von C. Das erhaltene Prod. löst man in heißem W., wobei die Verunreinigungen mit dem MgO unlösl. Komplexverbb. bilden, die abfiltriert werden. Aus der Lsg. gewinnt man die entsprechenden reinen Hydroxyde. (**A. P. 2 651 563** vom 24/9. 1947, ausg. 8/9. 1953.) Nebelsiek. H 285

E. I. du Pont de Nemours & Co., Wilmington, Del., übert. von: **Frank W. Lane,** Elkton, Md., V. St. A., *Gewinnung von Metalloxyden* durch Zers. flüchtiger Metallhalogenide. Chloride des Fe, Ti, Al u. a. werden mit O_2 bei ca. 700—1200° zu den entsprechenden Oxyden umgesetzt. Dabei werden dampfförmiges Halogenid u. O_2 getrennt in die Reaktionszone eingebracht u. mischen sich dort. Geschieht dieses nicht schnell genug, so verläuft die Rk. unvollständig, u. man erhält Prodd. verschied. Teilchengröße. Mischt man die Komponenten aber zu schnell, so lagert sich an den Zuleitungsmündungen der Reaktionsgefäße ein harter, krist. Belag ab, der mit der Zeit die Zuleitungen (I) verstopft. Um dieses zu verhindern, leitet man über die **I** aus korrosionsfestem Material eine Kühl-Fl. (II) so, daß sie mit den Reaktionsgasen nicht in Berührung kommt. Dadurch werden die **I** auf einer solchen Temp. gehalten, daß sie unterhalb der der Reaktionsgase liegt. Wenn letztere, z. B. $FeCl_3$ u. O_2, eine Reaktionstemp. von 700—1000° haben, so würde die **II** ca. 500° heiß sein. (**A. P. 2 653 078** vom 2/1. 1951, ausg. 22/9. 1953.) Nebelsiek. H 354

Combustion Processes Co., Pittsburgh, Pa., übert. von: **Norman J. Urquhart,** Scenery Hill, Pa., und **Clarence A. Rider,** Bridgeport, W. Va., V. St. A., *Reduktion von Eisenoxyden.* Man leitet in einen Drehrohrofen (I) reduzierende Gase über ein fl. Bad (II) aus Fe_2O_3 u. C, wobei durch die ständige Drehung u. Bewegung das **II** kräftig umgewälzt wird. Dadurch kommt ständig frisches Material an die Oberfläche, u. das **II** reichert sich allmählich mit Schlacke (III) an. Dabei lagern sich durch die ständige Rotation des **I** die Reduktionsprodd. aus metall. Fe u. viscoser **III** zu Klumpen zusammen, die nach Beendigung abgezogen werden. Temp. ca. 1800—2100° F. (**A. P. 2 654 669** vom 2/10. 1951, ausg. 6/10. 1953.) Nebelsiek. H 354

Siemens-Schuckertwerke Akt.-Ges., Berlin und Erlangen (Erfinder: **Karl Stuckardt,** Hofgeismar, **Reinhold Reichmann** †, Moskau, Rußland, und **Viktor Middel,**

Warburg), *Herstellung von synthetischem Glimmer* aus einer Schmelze von Verbb. 1-, 2- u. 3wertiger Metalle, wie K, Mg u. Al, in Form von Oxyden, Fluoriden oder Silicofluoriden. Die Schmelze weist einen F-Geh. von >8—16% auf. Der Schmelz- u. Kristallisationsvorgang wird in einem geschlossenen Tiegel vorgenommen. Bei Verwendung eines Rührers besteht dieser aus einem hochschm. Teil aus gesintertem Al_2O_3, der am Ende pilzförmig ausgebildet ist, u. einer Stange aus z. B. Sillimanit. Beim Herausziehen des Rührers aus der Schmelze verschließt der Rührer die Durchführung im Deckel des Tiegels. (**D. B. P. 868 743** Kl. 12i vom 21/4. **1944**, ausg. 26/2. 1953.)
ZÜRN. 6151

VI. Silicatchemie. Baustoffe.

Akira Naruse und **Takashi Sugimura**, *Untersuchungen über die Reaktionen des Systems FeO–SiO₂ in fester Phase. 1. Mitt. Bildung von Fayalit durch Glühbehandlung des Systems Eisenoxyd–Quarz in reduzierender Atmosphäre.* Mischungen von 1, 2 u. 4 Moll. SiO_2 pro Mol Fe_2O_3 werden zur Beseitigung von W. u. organ. Substanz in oxydierender Atmosphäre u. dann in reduzierender jeweils auf 800° erhitzt; die Red. ist am stärksten bei 800—850°. Als einziges Fe-Silicat tritt in jedem Fall, nach mkr. Unters., *Fayalit* auf. Die Rk. $2FeO + SiO_2 \rightarrow 2FeO \cdot SiO_2$ vollzieht sich bei 900° zu 20%, bei 1050° zu 90%. Als Mineralisatoren wirksam waren NaF, NaCl u. Na_2WO_4, nicht NaH_2PO_4. (J. ceram. Assoc., Japan [Yogyo Kyokai Shi] **61.** 247—50. 28/6. 1953. Nagoya, TH. [Orig.: japan.]) SCHULER. 6168

Buhlmann, *Vorschlag eines neuen Verfahrens zur Elektroglasschmelze.* Eine Neukonstruktion, welche bei 80% Wirkungsgrad kleinste bis große Glasmengen in sehr reiner Form zu erschmelzen gestattet. Die Elektroden werden von einem Tiegel u. einem von oben hineinragendem Rohr gebildet. Das Gemenge rieselt durch das Rohr zu, u. das Glas fließt dann über den Tiegelrand ab. (Sprechsaal Keram., Glas, Email **86.** 547—48. 20/11. 1953. Marktredwitz.) SCHÜTZ. 6172

Kozo Ishino, *Einige Untersuchungen über den Bau von elektrischen Glasschmelzöfen.* Die beim Bau eines Glasschmelzofens mit direkter elektr. Widerstandsheizung zu beachtenden Bedingungen, wie Temp., spezif. elektr. Widerstand der Schmelzflußbestandteile, die Wärme- u. Fließbewegungen in der Schmelzmasse u. die Möglichkeiten der Wärmeverluste werden untersucht u. theoret. erörtert. (J. ceram. Assoc., Japan [Yogyo Kyokai Shi] **61.** 215—18. 28/5. 1953. Nagoya, TH. [Orig.: japan.])
SCHULER. 6172

Goro Yamaguchi, *Untersuchung über die Verwendung von Spinell mit niedrigwertigem Aluminium als Reduktionsmittel für Glasflüsse. Spinell* mit Al^+, welcher 0,82 Äquivalente Reduktionswrkg. pro Formelgewicht hat, konnte mit Erfolg für die Herst. von Cu-Rubinglas u. UV-durchlässigem Glas benutzt werden. — 12 Diagramme. (J. ceram. Assoc., Japan [Yogyo Kyokai Shi] **61.** 549—53. 28/11. 1953. Tokyo, Univ. [Orig.: japan.]) SCHULER. 6174

Raisaku Kiyoura und **Yoshitaka Ito**, *Untersuchung über thermische Umwandlung in natürlichen und synthetischen Serpentinen, besonders über exothermische Reaktion von Serpentinen.* Bei 500—700° wird für natürlichen *Serpentin* (**I**) ein endothermes Maximum (EM.) erreicht durch Verlust von Konstitutionswasser, bei 790—800° ein exothermes Maximum (ExM.), bei 760—810° für synthet. **I.** Auf 880° erhitzter **I** war amorph, wurde beim Wiedererhitzen auf 1000° (3 Std.) krist. u. zeigte ein Beugungsdiagramm von nahezu äquimol. Mischung von *Forsterit* u. $MgSiO_3$. Das ExM. wird der Bldg. von Mg-Silicat aus der amorphen Mischung von $MgO + SiO_2$, die beim EM. entsteht, zugeschrieben. Synthet. **I** wurde durch 120std. Erhitzen von $MgO + SiO_2$ bei 240 bis 260 at auf 410—430° dargestellt. (J. ceram. Assoc., Japan [Yogyo Kyokai Shi] **61.** 525—28. 28/11. 1953. Tokyo, TH. [Orig.: japan.]) SCHULER. 6206

Paul A. Huppert, *Cadmium- und Selenpigmente in Emails.* 3. Mitt. (2. vgl. C. **1954.** 6802.) Literaturübersicht über rote u. gelbe Pigmente ohne Cd-Geh., über Cd–Se-Verbb. in Rubingläsern u. über besondere Anwendungen von Cd-Pigmenten für mehrfarbige Effekte. (Ceram. Age **59.** Nr. 6. 55. 58. Juni 1952. Canandaigua, N. Y.)
MARKHOFF. 6212

Goro Yamaguchi und **Koji Tomiura**, *Untersuchung über rote Pigmente der Systeme MnO–P₂O₅–Al₂O₃ und Cr₂O₃–P₂O₅–Al₂O₃.* Außer der richtigen Zus. des Grundkörpers des Glasurpigments aus $MnO–P_2O_5–Al_2O_3$ ist eine Temp. über 1050° u. wahrscheinlich ein Mineralisator nötig, um statt Braun ein Rot zu erzeugen, das der Bldg. von Mn-Spinell mit α-Al_2O_3-Gitter zu verdanken ist. B_2O_3 statt P_2O_5 vermag gleichfalls ein Rot zu liefern. Für die Cr-haltige Glasur eignen sich Mischungen von $Al_2O_3/Cr_2O_3 = 7$, so daß 7 $Al(OH)_3$ u. 1 $CrPO_4$ entstehen (1300°, 1 Std.). Bei einem Molverhältnis unter 5 entstehen purpurne bis graue Töne. Röntgenograph. Daten. 13 Tabellen. (J. ceram. Assoc., Japan [Yogyo Kyokai Shi] **62.** 111–14. 1954. Tokyo, Univ. [Orig.: japan.]) SCHULER. 6212

Kozo Ishino, *Auswahl und wirtschaftliche Lebensdauer feuerfester Materialien und gesamte Schmelzkosten beim elektrischen Glasschmelzen.* Die Lebensdauer feuerfester Materialien (*Schamotte*-Ziegel), welche die elektr. Glasschmelzkosten am niedrigsten halten, im Vgl. zu den Gesamtschmelzkosten, wird auf Grund mathemat. Ableitungen erörtert. (J. ceram. Assoc., Japan [Yogyo Kyokai Shi] **61.** 254–56. 28/6. 1953. Nagoya, TH. [Orig.: japan.]) SCHULER. 6218

E. Cremer, K. Allgeuer und **W. Aschenbrenner,** *Der Einfluß der Kohlendioxydatmosphäre auf die Geschwindigkeit des Abbaues von Magnesiumcarbonat.* Unters. des Abbaues von reinem, synthet. $MgCO_3$ im Vakuum unter verschied., konstant gehaltenen CO_2-Drucken von 50–700 mm Hg bei 750, 800 u. 850°. Im Vakuum verlief die Rk. nach der 1. Ordnung. Die Halbwertszeit betrug bei 800° 73 Min., die Aktivierungswärme 37 kcal. Bei den Verss. unter CO_2-Druck ist die Diffusion geschwindigkeitsbestimmend. Die theoret. Auswertung führt auf die Annahme einer in nur einer Richtung verlaufenden Diffusion mit druckabhängiger Diffusionskonstante. (Radex-Rdsch. **1953.** 494–502. Okt./Nov.) K. SEIDEL. 6218

J. A. Reising, *Eigenschaften von Zinkoxyd als Rohmaterial für die Herstellung von Ferriten.* Im Hinblick auf die Verwendung von ZnO bei der Herst. von als Dielektrikum dienenden Ferriten wurden geschichtliche Entw. von Zn u. ZnO, Herstellung von ZnO, chem. Zus. u. die bei jedem Brand unterschiedlichen physikal. Eigg. beschrieben, ohne daraus Schlußfolgerungen auf die auch nicht näher beschriebene Herst. der Ferrite zu ziehen. (Ceram Age **62.** Nr. 3. 13–16. Sept. 1953. Monaca, Pa., St. Joseph Lead Co., Zinc Smelting Div.) F. HEINRICH. 6220

F. Ferrari, *Der wirtschaftlichste Zement.* In Anlehnung an frühere eigene u. Arbeiten anderer Wissenschaftler berichtet Vf. über ergänzende Unterss. zur Klärung des Chemismus des Hydratationsprozesses von Zement–Puzzolane-Anhydrit. Es zeigt sich, daß ein Zementmörtel mit 30–40% Puzzolane u. 2–4% Anhydrit größere Festigkeiten als ein Ansatz mit reinem Portlandzement aufweist. Nach Ansicht des Vf. tritt die Puzzolane unter Bldg. von Tricalciumaluminatsulfathydrat in Rk. mit dem $CaSO_4$, welcher Vorgang durch eine der Anhydritmenge proportionale Quellung, die eine erhöhte Dichtigkeit u. bessere Elastizität des abgebundenen Materials zur Folge hat, gek. ist. Durch sehr langsam verlaufende Sekundär-Rkk. wird allmählich das gesamte beim Abbinden des Portlandzements frei werdende CaO durch die Puzzolane gebunden. Wenn statt Portlandzement Ferrari-(Ferro-)Zemente mit einem Tonerdemodul von 0,64–0,90 für den Mörtelansatz verwendet werden, übertreffen die Ergebnisse bzgl. Festigkeit, Wasserundurchlässigkeit, chem. Widerstandsfähigkeit u. schnelles Erhärten die bisherigen Werte, so daß nach Ansicht des Vf. der prakt. Verarbeitung eines Mörtelgemisches von Ferrarizement–Puzzolane–Anhydrit in Zukunft große Bedeutung zukommen wird. Die Verss. machen deutlich, daß bei vorsichtiger therm. Behandlung koll. Tone der Montmorillonitgruppe diese im Sinne eines hydraul. Zuschlags eine äußerste Aktivität erfahren u. in Ggw. von Ferrozementen u. Anhydrit zur Aktivierung schwacher Puzzolane oder überhaupt an ihrer Stelle verwendet werden können. Ähnliche Erscheinungen, bei gleicher Behandlung, zeigte auch amorphe SiO_2, die an künstliche oder natürliche Puzzolane mit Montmorillonitstruktur gebunden war. – 13 Literaturangaben. (Cemento [Milano] **51.** 9–12. Jan. 1954.) ANIKA. 6222

H. Manche, *Die Zusammensetzung von Rüttelbeton. Anwendung auf die Fabrikation von Gewölbesteinen für Bergwerksbetriebe.* Es wurde, ausgehend von der Meth. von VALETTE, ein Weg gesucht, um die beste Zus. für Beton zu finden, der zu Gewölbesteinen für Bergwerksbetriebe Verwendung finden sollte. Es wurde eine neue Meth. gefunden, welche weder eine Siebanalyse noch Vorausberechnungen benötigt u. welche sehr hohe Betonfestigkeiten ergibt. (Rev. Matér. Construct. Trav. publ., Édit. C **1953.** 114–20. April. 150–58. Mai. 187–93. Juni.) K. SEIDEL. 6224

W. C. Hansen, *Der Einfluß des Alters des Betons auf die Widerstandsfähigkeit gegen Abblättern durch Verwendung von Calciumchlorid zum Auftauen.* An Hand von Gefrier- u. Auftauverss. unter Benutzung von $CaCl_2$ als Tausalz wurde festgestellt, daß von den Betonen mit 1,5% Luftporengeh. nur diejenigen bis zu 30 Frost- u. Tauwechsel aushalten, die 117 Tage alt sind, bevor sie den Versuchsbedingungen ausgesetzt werden, daß Betone mit ca. 3,5% Luftporen etwa die gleiche Widerstandsfähigkeit hatten, wenn sie nur 56 Tage alt waren, u. daß Betone mit ca. 5% Luftporen bereits im Alter von 35 Tagen einen 45 maligen Frost–Tau-Wechsel aushielten. (J. Amer. Concrete Inst. **25.** 341–51. Jan. 1954. Buffington, Ind., Univ., Atlas Cement Co.) K. SEIDEL. 6224

H. Eigen, *CO-Verlust und Abgaswärmeverlust des koksbeheizten Schachtofens.* Die Berechnung des CO-Verlustes am Ofenkopf aus der Abgasanalyse u. die Gleichung zur Errechnung des Abgaswärmeverlustes werden mitgeteilt u. nähere Angaben über die Kornform des aufzugebenden Kokses gemacht. (Radex-Rdsch. **1953.** 480—88. Okt./Nov.) K. SEIDEL. 6226

Y. Seurat, *Die industrielle Verwendung der Lava.* Es werden die chem. u. physikal. Eigg. der Lava des Puy de la Nugeyre beschrieben sowie ihre Verwendungsmöglichkeiten für Industrie u. Labor. erörtert. (Chim. et Ind. **69.** 447—53. März 1953.) LEHWALD. 6228

Renichi Kondo, *Untersuchung über Leichtbaustoffe.* 1. Mitt. *Eigenschaften von Leichtbaustoffbestandteilen.* Die physikal. Eigg. einer Reihe von natürlichen u. künstlichen Roh- bzw. Füllstoffen für *Leichtbaustoffe* wurden untersucht, wie Kornvol., D. usw. Hervorgehoben wird die mkr. untersuchte Porosität u. daraus folgende Wärmeisolierfähigkeit bei *Permalit* u. *Vermiculit.* (J. ceram. Assoc., Japan [Yogyo Kyokai Shi] **61.** 541—44. 28/11. 1953. Tokyo, TH. [Orig.: japan.]) SCHULER. 6228

Renichi Kondo, *Untersuchung über Leichtbaustoffe.* 2. Mitt. *Eigenschaften von Leichtbeton.* (1. vgl. vorst. Ref.) *Vermiculit* u. *Permalit* erzeugten besseren *Beton* als Bimsstein u. Kieselgur. (J. ceram. Assoc., Japan [Yogyo Kyokai Shi] **61.** 544—48. 28/11. 1953. Tokyo, TH. [Orig.: japan.]) SCHULER. 6228

Goro Yamaguchi, *Meßverfahren für die Sinterungseigenschaften und magnetische Bestandteile von Schleifmitteln.* Durch Zumischung von Gummi arabicum zur „Körnung-A" (I) des Alundumschleifmittels werden bei 1 kg/cm² Zylinder von 2 cm Durchmesser u. 3 cm Höhe gepreßt. Die Proben werden in 4 Std. auf 1200—1300° erhitzt, 2 Std. bei dieser Temp. gehalten u. nach dem Abkühlen auf Druckfestigkeit (DF.) geprüft. Mit Zunahme des SiO_2-Geh. nimmt die DF. u. Sinterung zu. Magnet. Bestandteile in I waren hauptsächlich Ferrosilicum. Dies erzeugt Flecken u. verursacht rauhe Polierflächen. Das gepulverte Muster wurde mit Magneten von 2000 Gauß behandelt. Der Fe-Geh. magnet. Proben soll niedrig sein. (J. ceram. Assoc., Japan [Yogyo Kyokai Shi.] **61.** 500—03. 28/10. 1953. Tokyo, Univ. [Orig.: japan.]) SCHULER. 6238

James S. Blackman, *Über ein Verfahren zur Bestimmung des Wassergehaltes von Beton während der Erhärtung.* Es wird an Hand von Verss. gezeigt, daß der Wassergeh. eines erhärteten Betons mit genügender Genauigkeit ermittelt werden kann, wenn er 2 Std. lang auf 1100° F erhitzt wird. Dabei ist zu berücksichtigen, daß gewisse Zuschlagstoffe bei dieser Temp. flüchtige Bestandteile abgeben. Alter u. Lagerungsbedingungen haben auf die Best. keinen Einfluß. (J. Amer. Concrete Inst. **25.** 533—41. März 1954.) K. SEIDEL. 6252

François-Désiré-Roger Navarre, gen. Malherbe, Seine, Frankreich, *Nutzbarmachen der physikalisch-chemischen und biologischen Wirkung der Ultraviolettstrahlen* durch Herst. von *Glasfiltern* jeder Art in Form von Linsen, Prismen oder Schirmen, um nur die UV-Strahlen des jeweils gewünschten Wellenbereiches auf das Material einwirken zu lassen. Dementsprechend wird die Zus. der Glasfilter mit schwarzem Ni-Oxyd variiert (z. B. für den Bereich zwischen 2947 (Å) u. 4046 wie folgt: Sand 10, Natron 1, Kali 3, Baryt 2, KNO_3 0,5, schwarzes Ni-Oxyd 2,5 u. Dolomit 1). Die verschied. Glasfilter werden benutzt: beim Photographieren nur im UV-Licht sichtbarer Erscheinungen, bei photoelektr. Zellen, bei den photochem. Oxydations-, Reduktions-, Spaltungs-, katalyt. Rkk., zur Erzielung optimaler biol. Wirkungen (z. B. werden einer Hg-Dampflampe ausgesetzte Typhus- u. Ruhrbacillen innerhalb 5—20 Sek. getötet), bei der sterilen Blutübertragung. Zweckmäßig werden auch die Laborglasgeräte entsprechend zusammengesetzt, ebenso die Gefäße für bestrahlte Lebensmittel u. andere Erzeugnisse. (**F. P. 1 000 658** vom 20/3. 1946, ausg. 14/2. 1952.) RIEPE. 6201

Alvin Marks und **Mortimer Marks,** New York, N. Y., V. St. A., *Gefärbte, extrem dünne und optisch isotrope Filmzwischenschichten für Glaslinsenkombinationen.* Auf eine rotierende Linse wird eine Lsg. eines Harzes aufgetropft, nach der Bldg. des Überzugs getrocknet, mit einem Weichmacher befeuchtet u. mit der Gegenlinse verbunden. — Geeignet ist z. B. eine mit Sudanrot gefärbte 5—20, bes. 10—15%ig. Trichloräthanlsg. eines Gemisches aus 90 (Teilen) Polyvinylformal u. 10 Polyvinylacetal. Die Gegenlinse kann z. B. mit einer 10—21%ig. Lsg. von Äthylmethacrylat in einem Gemisch von Äthylendichlorid u. Xylol behandelt werden. Beide getrockneten Linsenüberzüge werden z. B. mit Dioctylphthalat befeuchtet u. miteinander verbunden. — 5 Abbildungen. (**A. P. 2 632 725** vom 6/8. 1943, ausg. 24/3. 1953.) MÖLLERING. 6201

E. I. du Pont de Nemours & Co., Wilmington, Del., übert. von: **William R. Beatty**, Highlands, N. J., und **Oliver A. Short**, Staten Island, N. Y., V. St. A., *Mattes Deckemail für Aluminium und aluminiumreiche Legierungen* besteht aus einer Fritte aus 10—18 (Mol-%) PbO, 38—65 SiO_2, 5—12 Li_2O, 0—22 Na_2O, 0—20 K_2O, 0—20 TiO_2 u. 0—5 Sb_2O_3. Der Gesamtgeh. an Alkalioxyd soll 25—36 Mol-% betragen, das Verhältnis der Summe von SiO_2 u. des doppelten Geh. an TiO_2 zu dem Gesamtalkalioxydgeh. soll zwischen 1,8 u. 3 liegen. Der Fritte werden 12—50% Mühlenzusatzmittel gegeben, die im wesentlichen aus Flint, Ton u. einem Pigment bestehen. Das Grundemail soll aus 13,4 (Mol-%) PbO, 40,4 SiO_2, 14,9 TiO_2, 19,5 Na_2O, 6,5 Li_2O, 2,0 K_2O, 0,8 Sb_2O_3 u. 2,5 BaO bestehen. (**A. P. 2 642 364** vom 23/5. 1950, ausg. 16/6. 1953.) MARKHOFF. 6213

United States Steel Co., übert. von: **Henry M. Davis**, State College, Pa., V. St. A., *Kühlen von emaillierten Gegenständen nach dem Einbrennen.* Nach dem Einbrennen bei 1500—1550° F wird die Ware bis auf 400° durch natürliche Abstrahlung u. Konvektion u. dann von 400° bis auf 200° F langsam innerhalb von 20—60 Min. abgekühlt. Hierdurch werden Fehler, wie Fischschuppenbldg., vermieden. — Diagramme. (**A. P. 2 572 702** vom 7/3. 1950, ausg. 23/10. 1951.) MARKHOFF. 6213

Deutsche Gold- und Silberscheideanstalt vormals Roessler, Frankfurt/M. (Erfinder: **Johannes Löffler**, Witten, Ruhr), *Herstellen von haarrißsicheren Glasuren.* Kleine Zusätze, bis ca. 1,5%, ZrO_2, die Trübungen nicht hervorrufen, erhöhen die Festigkeit keram. Glasuren gegen die Bldg. von Haarrissen. Zugleich kann der Geh. an SiO_2 in den Glasuren um den gleichen Betrag erniedrigt werden, ohne daß die Haarrißfestigkeit gemindert wird. Die beschriebene Wrkg. ergibt nur solches ZrO_2, das in der Glasur aufgelöst ist. (**D. B. P. 902 954** Kl. 80b vom 29/7. 1941, ausg. 28/1. 1954.) REINHART. 6213

Staatliche Porzellan-Manufaktur Nymphenburg, München, *Erzeugung poriger Tauchformen.* Ton, Kaolin, Bentonit oder dgl. werden mit Quarz, Quarzit, Sand oder Sillimanit u. BeO, Al_2O_3, TiO_2, ZrO_2 oder mehreren Stoffen dieser drei Stoffgruppen vermischt. Derartige Mischungen sind im wesentlichen zur Herst. keram. Körper bekannt. Eine bes. zweckmäßige Zus. besteht aus 40 (Teilen) Kaolin, 30 Al_2O_3 u. 30 Quarz. Die M. wird zu Tauchkörpern verarbeitet u. diese werden gebrannt. Die Tauchkörper werden zum Formen von Hohlkörpern aus Kautschuk oder dgl. verwendet. (**D. R. P. 763 200** Kl. 80b vom 16/4. 1937, ausg. 25/1. 1954.) REINHART. 6215

Robert Wyndham Young, Caterham, Surrey, England, *Poriges Tonmaterial.* Ton wird mit W. zu einem steifen Brei gemischt, dem ein gesondert hergestellter Schaum beigemischt wird. Die M. wird gegebenenfalls geformt u. nach dem Trocknen gebrannt. (**E. P. 697 712** vom 28/12. 1951, ausg. 30/9. 1953.) REINHART. 6217

Intraest International Industrial Trading Co. Establishment, Vaduz, Liechtenstein (Erfinder: **Othmar Gerster**, Binningen, Basel, und **Edmund Wild**, Basel, Schweiz), *Herstellung von feuerfesten und wärmeisolierenden Stoffen.* Zu Asche gebrannte Reisspelzen, deren SiO_2 prakt. in Tridymit u. Cristobalit umgewandelt ist, werden mit anorgan. koll. Lsgg., wie mit Kieselsäurehydraten der Erdalkalimetalle oder der 3wertigen Metalle, dünn umhüllt, worauf die M. bei Tempp. zwischen 950 u. 1450° gebrannt u. verfestigt wird. Zweckmäßig werden die Spelzen unter Zuführung geringer Luftmengen langsam verascht. (**D. B. P. 900 312** Kl. 80b vom 30/11. 1950, ausg. 21/12. 1953. Schwz. Prior. 2/12. 1949.) HANS HOFFMANN. 6219

Dortmund-Hörder Hüttenunion Akt.-Ges., Dortmund (Erfinder: **Alfred Karius**, Müggensturm, und **Heinrich Gruß**, Dortmund-Dorstfeld), *Wärmeschutz für autogene Oberflächenhärtung.* Knetbare Massen u. Formsteine zum Schutz der Kanten von Aussparungen u. Bohrungen in Stahlblechen oder dgl. bei der autogenen Oberflächenhärtung werden aus amorpher Kohle oder Graphit hergestellt, denen gegebenenfalls andere feuerfeste Massen, wie Ton, Kaolin, Schamotte, zugesetzt sind. — Z. B. kann eine Mischung von Graphit, Quarzsand, Ton u. Natriumsilicat verwendet werden. Die aus der M. hergestellten Formkörper sind feuerfest, temperaturwechselbeständig u. gut wärmeleitend, so daß sie Flammentempp. von 2000° u. das folgende Abschrecken mit fließendem W. aushalten. (**D. B. P. 901 391** Kl. 80b vom 3/5. 1941, ausg. 11/1. 1954.) REINHART. 6219

Électro-Réfractaire Soc. An., Paris, Frankreich (Erfinder: **Gordon S. Fulcher**, Chevy Chase, Md., und **Theodore Estes Field**, Louisville, Ky., V. St. A.), *Gegossenes feuerfestes Erzeugnis* wird aus kristallinem ZrO_2 u. β-Tonerde durch Gießen der geschmolzenen M. hergestellt, der Gesamtgeh. an ZrO_2 muß hierbei mindestens 20 (%) betragen. Außerdem kann SiO_2 in Mengen bis 6 enthalten sein, die in den erstarrten Prodd. als kieselsäurehaltiges Glas vorliegt. Die Prodd. sind temperaturwechsel- u.

korrosionsbeständig u. bes. zum Auskleiden von Glasschmelzgefäßen geeignet. (**D.B.P. 902 235** Kl. 80b vom 10/10. 1940, ausg. 21/1. 1954. A. Prior. 11/10. 1939.)
REINHART. 6219

Heinrich Koppers G. m. b. H. (Erfinder: **Elisabeth Lux**), Essen, *Keramischer Körper*, besteht aus einer M., deren Anteil an Quarzgut ca. 60—70% ausmacht, wobei die Korngröße unter 3, vorzugsweise unter 1 mm liegt. Als Bindemittel dient ein wenig schwindender kieselsäurereicher Ton, u. die Formlinge aus dieser M. werden gegebenenfalls bei ca. 1000° gebrannt. Das Quarzgut kann bis zu 50% durch ein anderes Magermittel, wie Schamotte, ersetzt werden. Die Körper sind temperaturwechselbeständig, sie eignen sich z. B. für die Düsensteine der Heizzüge von Koksofenbatterien oder Absperrschieber, wie sie in Glashütten zum Absperren von mit fl. Glas gefüllten Kanälen verwendet werden. (**D. B. P. 905 237** Kl. 80b vom 12/9. 1951, ausg. 1/3. 1954.)
REINHART. 6219

André Jean Arnould, Seine, Frankreich, *Herstellung eines feuerfesten Gießmörtels* zum Einbringen in einen Ofen oder zur Formung von Ofenfuttersteinen. Man vermischt z. B. 1 (Volumenteil) Tonerdezement mit 1—8 Vermiculit u. 0,5—5 eines feuerfesten gebrannten Pulvers auf Kieselsäure–Tonerde-Basis, das aus Bauxit oder Korund oder Mischungen beider Stoffe hergestellt wird. Ein mit solchem Mörtel hergestelltes Ofenfutter zeigt keine Zerstörungserscheinungen bis oberhalb 1250°. (**F. P. 1 035 021** vom 3/4. 1951, ausg. 12/8. 1953.) BEWERSDORF. 6219

Siemens-Schuckertwerke Akt.-Ges., Berlin und Erlangen (Erfinder: **Reinhold Reichmann,** Berlin), *Festhaftende Metallisierung auf keramischen Körpern.* Keram. Körper werden vor dem Aufspritzen von Metall mit einer nichtmetall., mit dem keram. Körper eine innige Verb. eingehenden Zwischenschicht, bes. Glasur, versehen, deren Erweichungspunkt in der Nähe des F. des aufzuspritzenden Metalls liegt. Während des Aufbringens des Metalls befindet sie sich also im erweichten Zustande. Dadurch wird eine bes. innige Verbindung des Metalls mit dem keram. Körper erreicht. (**D. R. P. 763 140** Kl. 80b vom 20/12. 1936, ausg. 25/1. 1954.) REINHART. 6221

Licentia Patent-Verwaltungs-G. m. b. H., Hamburg (Erfinder: **Günther Dobke,** Berlin-Wilmersdorf), *Verbinden von Keramikteilen mit Metallteilen.* Für eine vakuumdichte Verbindung wird eine Zwischenschicht niederer Oxyde der Schwermetalle der 7. u. 8. Gruppe des Period. Syst., z. B. der Mn-, Fe-, Co- oder Ni-Oxyde, zwischen der Keramik u. dem Hartlot vorgesehen. Diese Schicht wird z. B. durch den Zerfall von Salzen organ. Säuren der Schwermetalle bei hohen Tempp. hergestellt, etwa unter den reduzierenden Bedingungen einer H_2-Atmosphäre. Die niederen Oxyde gehen durch die freien Valenzen eine innige Verb. mit den Kristallen des keram. Körpers ein. (**D. B. P. 904 158** Kl. 80b vom 11/11. 1951, ausg. 15/2. 1954.) REINHART. 6221

Pilkington Brothers Ltd., Liverpool, England, *Herstellen von synthetischen anorganischen Silicaten.* Eine innige Mischung von Tonerde u. Al-Silicaten, welche eine organ. Si-Verb. als Bindemittel enthält, wird bei einer Temp. von wenigstens 1500° gebrannt. Das Verhältnis von Al_2O_3 zu SiO_2 in der gebrannten Mischung liegt zwischen 72 u. 78 (Gew.-%) Al_2O_3 zu 28 u. 22 SiO_2. Zur Herst. der M. wird z. B. Natursillimanit fein zerkleinert u. mit Tonerde gleicher Korngröße u. Silicoester gemischt u. nach dem Formen bei ca. 1650—1700° gebrannt. Es entsteht ein im wesentlichen aus Mullit, $3Al_2O_3 \cdot 2SiO_2$, bestehendes Prod., das bes. für Wannenöfen verwendet wird. (**D.B.P. 900 911** Kl. 80b vom 10/6. 1950, ausg. 4/1. 1954. E. Prior. 6/1. 1948.)
REINHART. 6221

Porzellanfabrik Kahla, Schönwald, OFr. (Erfinder: **Werner Rath,** Lauf, Pegnitz), *Dielektrikum.* Die Massen für das Dielektrikum bestehen aus 10—60 (%) TiO_2 u. 90—40 ThO_2. Sie sintern schon bei SEGER-Kegel 12—14 dicht, ohne daß es des Zusatzes von Flußmitteln bedarf, welche die dielektr. Eigg. des gesinterten Gemenges verschlechtern, nämlich die DK. herabsetzen u. den Verlustwinkel erhöhen. Der Verlustwinkel der Massen wird nur wenig von der Frequenz beeinflußt. (**D. B. P. 905 238** Kl. 80b vom 4/2. 1941, ausg. 1/3. 1954.) REINHART. 6221

Kamillo Konopicky, Millstatt, Kärnten, Österreich, *Zementherstellung.* Auf den Zusatz von abbinderegelnden Stoffen kann bei der Zementherst. verzichtet werden, wenn der Zementklinker in CO_2-haltiger Atmosphäre gemahlen wird. (**D. B. P. 881 476** Kl. 80b vom 19/6. 1951, ausg. 29/6. 1953.) HANS HOFFMANN. 6223

Maria Pleithner geb. **Praschnikar** (Erfinder: **Maria Pleithner** geb. **Praschniker** und **Walter Bernatzik**), Benediktbeuren, Obb., *Verbessern von Zementschlämmen.* Einem lediglich mit W. angemachten Zementschlamm wird vor der Zugabe von Füllstoffen Wasserglas in einer Menge zugesetzt, welche dem Zementschlamm thixotrope Eigg. verleiht, ohne den Abbindevorgang zu beeinflussen. Der Schlamm kann, obgleich er an sich dickfl. ist., gepumpt werden. (D. B. P. 901271 Kl. 80b vom 22/12. 1951, ausg. 7/1. 1954.) Hans Hoffmann. 6223

Oskar Krebs (Erfinder: **Herbert Hanke-Fuhrherr**), München, *Herstellung von Leichtbeton auf Anhydritbasis.* Zur Erzeugung von Bläschenstruktur während des Mischens von anhydrithaltigen Kunststeinmassen werden den Ausgangsstoffen bis zu 0,05%, bezogen auf das Gewicht des Anhydritanteiles, Alkalistearate, verseifbare Fette oder Öle zugesetzt. (D. B. P. 901 390 Kl. 80b vom 17/11. 1948, ausg. 11/1. 1954.) Hans Hoffmann. 6225

S. H. Nycander, Stockholm, Schweden, *Herstellung von Kalkfarbe.* Man mischt feingepulverten, gelöschten oder ungelöschten Kalk, Zement u. feingepulvertes Steinmaterial, bes. Marmormehl (Korngröße 0—0,6 mm), W. u. Pigment unter starkem Rühren zusammen, bis eine Gelbldg. eintritt. (**Schwed. P. 136 842** vom 11/9. 1950, ausg. 12/8. 1952.) Jürgen Schmidt. 6227

Julius Hasenau, Neudorf bei Duisburg, *Herstellung eines Trockenmörtels.* Beim Brechen von Hochofenschlacke anfallendes Mehl wird mit Abfallkalk der Acetylenherst. vermahlen, worauf das Mehl mit gemahlener, mindestens 8jähriger, verwitterter Haldenhochofenschlacke, körnigen Hüttenbimsabfällen u. Sand oder Staub aus Hochofengasleitungen vermischt wird. (D. B. P. 902 474 Kl. 80b vom 9/8. 1951, ausg. 21/1. 1954.) Hans Hoffmann. 6227

Warren Earle Cox, The book of pottery and porcelain. New York: Crown. 1954. (1174 S. m. Abb.) $ 7,50.

VII. Agrikulturchemie. Schädlingsbekämpfung.

S. P. Raychaudhuri und **A. Sankaram**, *Entwurf einer Nomenklatur für Begriffe der Bodenklassifizierung.* Entwurf einheitlicher Nomenklatur zur Bodenklassifizierung unter krit. Sichtung des neueren Schrifttums (27 Zitate). (Indian J. agric. Sci. **22.** 347—55. Dez. 1952. New Delhi, Ind. Agric. Res. Inst.) Grimme. 6300

J. G. A. Fiskel und **S. B. McCaleb**, *Natur der Tonfraktionen einiger Böden in Florida.* Mittels Kationenaustausch u. Röntgendiagramm wurde die Beschaffenheit der anorgan. koll. Fraktionen folgender Bodenprofile in Florida untersucht: Norfolk, Ruston, Red Bay, Greenville, Faceville u. Irvington im Nordwesten; Leon, Lakeland, Bladen, Manatee u. Rockdale im Nordzentralteil u. im Süden des Staates; Kaolinit, Illit, Montmorillonit, Vermiculit, Glimmer, Gibbsit, Feldspat u. Quarz lagen in verschied. Mengenverhältnissen vor. Die Kationenaustauschwerte zeigten allg. Übereinstimmung mit den Schätzungen des mineralog. Geh. u. lagen zwischen 7 u. über 100 Milliäquivalent/100 g Ton. — Geolog. Karte der Formationen u. Lagen der Proben. — 25 Literaturzitate. (Soil Sci. **76.** 431—46. Dez. 1953, Gainesville u. Raleigh, Florida & North Carolina Agric. Exp. Stat.) Scheifele. 6300

W. O. Robinson und **L. T. Alexander**, *Molybdängehalt von Böden.* Überblick über den Geh. an Mo in verschied. Bodenarten. — 24 Literaturangaben. (Soil Sci. **75.** 287—91. April 1953. Beltsville, Md., U. S. Dep. of Agric.) Knöpke. 6300

Yutaka Kamoshita und **Yasushi Iwasa**, *Einfluß von Bodenerhitzung auf die Adsorption von Farbstoff durch den Boden.* 1. Mitt. Drei *Bodentypen* (aus vulkan. Asche gebildete, mineral., saure u. kaolinit.) mit einem Molverhältnis Al_2O_3/SiO_2 von 1 bis >2 wurden auf ihre *Adsorptionsfähigkeit* (AF.) für Farbstoffe (z. B. Methylenblau) vor u. nach dem Erhitzen auf 300, 400, 500 u. 600° geprüft. Bei Böden mit $SiO_2/Al_2O_3 > 2$ nahm die AF. mit der Temp. der Hitzebehandlung ab, bei den übrigen zu. Man hofft, daraus auf Grund des Zusammenhangs mit der Natur der Bodenkolloide ein neues Hilfskriterium zur Kennzeichnung der Bodentypen bzw. der genet. Horizonte zu entwickeln. (J. Sci. Soil Manure, Japan [Nippon Dozyô-Hyryô-Gaku Zasshi] **23.** 141—42. März 1953. Nat. Inst. of Agric. Sci., Sect. of Soils and Fertilizers. [Orig.: japan.; Auszug: engl.]) Schuler. 6300

J. Rex Goates und **Conrad v. Hatch**, *Standard-Adsorptionspotentiale von Wasserdampf an Bodenkolloiden.* Erörterung der theoret. Grundlagen der Adsorption von Wasserdampf an Bodenkolloiden u. Resultate von Berechnungen für verschied. Bodenarten (Tabelle u. graph. Darst.). (Soil Sci. **75.** 275—78. April 1953. Brigham, Young Univ.) Knöpke. 6302

H. D. Orchiston, *Adsorption von Wasserdampf.* 1. Mitt. *Böden bei 25°.* An einer großen Anzahl von New Zealand-Böden wurden die Adsorptionswerte für Wasserdampf bei 25° mittels der Vakuumexsikkatormeth. bestimmt. Die Werte zeigten weitgehende Übereinstimmung mit berechneten Daten. Für viele Böden sind die Oberflächenwerte linear abhängig von der adsorbierten Feuchtigkeit bei konstantem Druck. Demnach dürfte physikal. adsorbiertes W. unabhängig von der chem. Konst. der Adsorbentien sein. Es wurden drei halbempir. Adsorptionsgleichungen entwickelt, die eine Best. der spezif. Oberfläche von Böden bei 25° aus einem einzigen Adsorptionspunkt auf der Isotherme ermöglichen. — 17 Literaturzitate. (Soil Sci. **76**. 453—65. Dez. 1953. Canterbury Agric. Coll., Univ. of New Zealand.) SCHEIFELE. 6302

W. Schmalz, *Über die Sorption von Phosphorsäureionen an Ca- und NH_4-Bentonit.* Bei Durchlaufverss. an Ca-Bentonit (I) mit $(NH_4)_2HPO_4$-, KH_2PO_4- u. Na_2HPO_4-Lsgg. (0,100; 0,050 bzw. 0,010 mg P_2O_5/cm^3) wurde aus den höher konz. Lsgg. mehr Phosphat aufgenommen als aus den weniger konz., diese wurden aber mehr erschöpft. Der Kationenumtausch zwischen I u. Phosphatlsg. erfolgt nicht äquivalent, sondern es tritt ein Defizit an Ca-Ionen auf (Verbrauch zur Ca-Phosphatbldg. oder Festhaltung durch den angelagerten Phosphationenschwarm). Die Kationen der Phosphatlsg. beeinflussen die Sorption nicht. — Die PO_4-Belegung am NH_4-Bentonit (II) durch $Ca(H_2PO_4)_2$- u. KH_2PO_4-Lsg. (Konz. 0,100 mg/cm³) unterscheidet sich wesentlich von der am I. Während beim II die Sorptionskapazität schon aus den ersten dargebotenen Phosphationen befriedigt wird, nimmt I stetig abnehmend PO_4-Ionen auf u. nähert sich viel später der Sättigung. Die tatsächliche Sorption an I ist um 0,4 Milliäquivalent größer als am II. Die erheblichen Unterschiede in der Phosphationenbindung zwischen I u. II zeigen, daß neben der Sorption die Ca-Phosphat-Bldg. bei der Phosphatbindung einen wesentlichen Faktor darstellt. (Z. Pflanzenernähr., Düng., Bodenkunde **60**. 181—94. 1953. Göttingen, Univ., Agrikulturchem. u. bodenkundl. Inst.) RANG. 6302

Ettore Bottini, *Die Phosphatdünger und ihre Beziehungen zur Bodenkonstitution.* Bericht über das Verh. von verd. Lsgg. von H_3PO_4 von $Ca(H_2PO_4)_2$, Na_2HPO_4, K_2HPO_4 u. $(NH_4)_2HPO_4$ in Böden verschiedener Rk. sowie unterschiedlicher physikal. u. chem. Zusammensetzung. Es ergab sich, daß das Eindringungsvermögen der Lsgg. u. die Fixierung des PO_4'''-Anions durch das begleitende Kation beeinflußt wird. So sind H_3PO_4 u. $Ca(H_2PO_4)_2$ für leicht durchlässige, $(NH_4)_2HPO_4$ hingegen für dichte Böden besser geeignet. Des weiteren werden diskutiert die Festlegung von PO_4''' durch Adsorption anorgan. u. organ. Kolloide u. der Einfl. des p_H-Werts der verschied. Bodentypen. — 15 Literaturzitate. (Ann. Sperimentaz. agrar. [N. S.] **6**. 1637—58. 1952. Turin, Staz. Chim.-agrar. sperim.) GRIMME. 6304

N. R. Benson, *Einfluß von Jahreszeit, Phosphatgehalt und Acidität auf den Pflanzenwuchs in arsenvergifteten Böden.* Arsenrückstände (von Pb-Arsenatsprays) sind im Boden beständig, da sich Arsenat ähnlich wie Phosphat verhält. Durch Steigerung der Phosphatkonz. wird die As-Toxizität in der Nährlsg. verringert. In Sandkulturen, Topf- u. Feldverss. auf arsenvergifteten Böden mit Phosphatzusatz wurden folgende Resultate erzielt: Wintergerste im Treibhaus wurde im Wachstum kaum beeinträchtigt, wenn Pb-Arsenat Sandkulturen zugegeben wurde, welche 2—10 Mol Phosphat auf 1 Mol Arsenat enthielten. Sommergerste wurde hingegen schwer beeinträchtigt. Lösl. Arsenat wirkte giftig im Sommer u. Winter, auch bei starker Phosphatgabe. Arsenvergiftete Böden zeigten nur geringe Toxizität gegen Wintergerste beim Topfvers. im Treibhaus; Sommergerste gedieh auf diesen Böden jedoch nur schlecht. Andere Böden waren im Winter u. Sommer tox., so daß Arsenat in verunreinigten Böden nicht gleichmäßig verfügbar sein dürfte. Konz. Superphosphat wirkte günstig bei p_H 4,0—8,0. Im Feldvers. sprach Gerste auf Phosphatgaben jedoch nur wenig oder gar nicht an. — 21 Literaturzitate. (Soil Sci. **76**. 215—24. Sept. 1953. State Coll. of Washington.) SCHEIFELE. 6304

W. B. Harris, *Über die Düngung von Citrussträuchern und die Bodenacidität.* Übermäßige Düngung von Citrussträuchern mit Ammonsulfat (I) ließ ein Ansteigen der Bodenacidität erwarten. Nach den angestellten Verss., bei denen der p_H-Wert des Bodens gemessen wurde, änderte sich der p_H-Wert gegenüber den Werten, die bei einer n. Düngung mit I gemessen wurden, nur unwesentlich. Eine für den Anbau gar schädliche Änderung der Bodenacidität trat nicht ein. (J. Dep. Agric. South Australia **56**. 456—57. Mai 1953.) W. LORENZ. 6304

S. Sen, Sher Singh Bains und **Y. C. Gupta,** *Düngerwert von Ammoniumnitrat allein und in Mischung mit verschiedenen Mengen von TNT.* NH_4NO_3 allein oder mit 1—3% *TNT* (Trinitrotoluol) war als N-Dünger ebenso wirksam wie $(NH_4)_2SO_4$ in Feldverss. mit Hirse, Weizen, Mais, Baumwolle u. Reis (alle Felder zusätzlich bewässert; Boden-p_H 7,3 bzw. 8,1). Angewandte N-Menge 40 lb./acre, für Mais 20 lb./acre. 1—3% TNT im NH_4NO_3 wirkte nicht toxisch. (Indian J. agric. Sci. **22**. 389—95. Dez. 1952. New Delhi u. Karnal, Ind. Agric. Res. Inst.) GRIMME. 6304

T. R. Swanback, *Ammoniumnitrat und Geflügeldung bei der Tabakdüngung.* Es wird geprüft, inwieweit Ammoniumnitrat (I) oder Geflügeldung (II) andere organ. Stickstoffdünger, z. B. Baumwollsaatmehl (III), in Tabakanpflanzungen zu ersetzen vermag. I allein erreicht als Tabakdünger nicht ganz die Wrkg. von III. Es ist ratsam, den N-Bedarf nicht aus einer einzigen Quelle zu decken. I in Verbindung mit anderen Düngern erhöht die Erntemenge u. Güte des Tabaks gegenüber bei Verwendung von III allein. II wird mit dem üblichen Handelsdünger durch Anwendung nach zwei verschied. Methoden verglichen, die sich etwa gleichwertig zeigten. Empfohlen wird, gleiche Teile II u. Handelsdünger zu verwenden. Wegen des geringen K_2O-Geh. von II ist zusätzliche Anwendung eines Kalidüngers ratsam. (Connecticut agric. Exp. Stat., New Haven, Bull. **1951.** 1—26. März.) W. LORENZ. 6304

S. D. Nijhawan und **J. S. Kanwar,** *Physikochemische Eigenschaften von Regenwurmausscheidungen und ihr Einfluß auf die Bodenproduktivität.* Im Punjab finden sich 2 Arten von Regenwurmausscheidungen: feinere Agglomerate (**A**) u. gröbere Agglomerate (**B**). Letztere enthalten ein Vielfaches an $CaCO_3$ u. Gesamt-Ca gegenüber **A** u. dem Mutterboden. Ferner ist in **B** der Geh. an P_2O_5 (Gesamt-P u. nutzbarer), K, Mn u. austauschbaren Kationen, wie Ca, Mg, K u. Na, größer als in **A**. Beide Typen enthalten mehr grobe, sandige Bodenanteile u. weniger feinere (Ton u. Schlamm) als der Mutterboden, ferner war der Geh. an organ. Substanz, Gesamt-N u. Nitraten (bes. in **B**) viel höher, dagegen das C/N-Verhältnis niedriger als im Mutterboden. Der p_H-Wert ist kleiner als in den neutralen oder alkal. Mutterböden. **A** u. **B** verbessern die Struktur u. physikal. Eigg. des Bodens u. steigern die Fruchtbarkeit, z. B. den Körnerertrag von Weizen nach Zumischen zum Boden oder Aufstreuen. — 25 Literaturhinweise. (Indian J. agric. Sci. **22.** 357—73. Dez. 1952. Ludtriana, Punjab, Government Agric. Coll.) GRIMME. 6304

Ettore Bottini und **Roberto Marsella,** *Beitrag zur Untersuchung des Molybdäns als Mikronährstoff.* Bei Topfverss. zeigte sich, daß Mo-Gaben von 1—10 p.p.m. das Wurzelwachstum von Erbsen stark steigern, wodurch ein natürlicher Schutz gegen Chlorophyllzers. ausgelöst wird. Andererseits wirkt Mo tox. auf die anderen Pflanzenorgane u. hemmend auf die Nährstoffaufnahme. Vff. schließen, daß ein Mo-Überschuß im Boden gefährlicher ist als ein Mangel. — 32 Literaturzitate. (Ann. Sperimentaz. agrar. [N. S.] **6.** 1659—81. 1952. Turin, Staz. Chim.-agrar. sperim.) GRIMME. 6304

P. K. De und **N. R. Datta Biswas,** *Stickstoffixierung in Reisböden während der Trockenperiode.* Reisböden, darunter phosphatarme, aus verschied. Teilen Indiens wurden ohne Zusatz bzw. mit Strohzugabe bei 15% Feuchtigkeit gehalten, um zu klären, ob während der Trockenzeit meßbare N-Fixierung eintritt u. geeignete Wuchsbedingungen für Azotobacter (Az) vorliegen. Gesamt-N war nach 75 Tagen nur in 1 Fall erhöht. Az nahm in den ersten 15 Tagen stark ab, bes. in Ggw. von Stroh, u. blieb dann ungefähr konstant. Impfen des Bodens mit einer N-freien Az-Kultur (mit Reiswurzeln oder -stroh als Energiequelle) ergab in 60 Tagen eine Fixierung von 5 mg N/g Stroh, jedoch keine Fixierung bei Wurzeln. Bei weiter verminderter Feuchtigkeit (so, daß das Stroh gerade naß ist) tritt keine N-Fixierung ein. Strohzugabe zu Reisböden wirkte günstig auf andere Bakterien u. Fungi, ungünstig auf die Nitratbldg.; Abwesenheit von Stroh wirkte günstig auf Nitratbldg., ungünstig auf Vermehrung anderer Mikroben. Die Ursache ist offenbar der Wettbewerb von Az mit anderen Mikroorganismen um die Nährstoffe. Ergebnis: Während der Trockenzeit tritt in den Reisböden keine wesentliche N-Fixierung ein wegen ungeeigneter Wuchsbedingungen für Az. (Indian J. agric. Sci. **22.** 375—88. Dez. 1952. Dacca, Univ., Dep. of Soil Sci.) GRIMME. 6306

J. H. Quastel und **P. G. Scholefield,** *Arsenitoxydation im Boden.* Vff. untersuchten die durch Bodenorganismen (*Bacillus arsenoxydans*) bewirkte Oxydation von Arsenit zu Arsenat. Es zeigte sich, daß die Oxydation bei Anwesenheit von NaN_3 u. Sulfanilamid gehemmt wurde, doch trat bei letzterem schnell Anpassung ein. Bei p_H 7,0 war die Oxydation reichlicher als bei p_H 10,5; höhere Ausgangskonzz. ergaben bessere Oxydationsquoten. Die Rk. von Stickstoffbakterien war unabhängig von der Anwesenheit der Arsenitbakterien. (Soil Sci. **75.** 279—85. Aptil 1953. Montreal, Gen. Hosp., Res. Inst.) KNÖPKE. 6306

A. J. Loustalot, T. J. Muzik und **H. J. Cruzado,** *Eine Untersuchung über die Verweilzeit von CMU im Boden.* Mit *CMU* (I; 3-p-Chlorphenyl-1.1-dimethylharnstoff) behandelte Bodenproben wurden unter verschied. Gewächshausbedingungen bis zu 10 Wochen lang aufbewahrt u. anschließend mit Mais bzw. Velvetbohnen bepflanzt. Die I-Toxizität für die Versuchspflanzen hält im Boden bei 10° länger an als bei Zimmertemp. oder 45° u. bei höheren I-Gaben länger als bei niedrigen. — In lufttrockenen Böden bleibt die I-Wrkg. länger erhalten als bei mittlerem oder gesätt. Feuchtigkeitsgehalt. Sandböden halten die tox. I-Wrkg. länger fest als Böden mit hohem Tongehalt. Die mikrobielle Umsetzungen fördernden Bodenfaktoren scheinen auch die I-Zers. zu begünstigen. (Agric. Chemicals **8.** Nr. 11. 52—53. 97—99. 101. Nov. 1953. Puerto Rico, Mayaguez, P. R., Federal, Exp. Stat.) RANG. 6312

L. J. Matthews, *Chemische Methoden der Unkrautbekämpfung.* Ausführlicher Überblick über die Bekämpfung von Unkräutern mit *MCP, 2.4-D* u. *2.4.5-T* (Angaben über Dosierung, Wrkg. u. Einfl. auf Kulturpflanzen) im Hinblick auf die Verhältnisse in Neu-Seeland. (New Zealand J. Agric. **84.** 273—75. 277—79. 15/4. 409. 411. 413—16. 15/5. 1952. Wellington, Dep. of Agric.) WINIKER. 6312

J. M. Richardson, *Solanum rostatum Dunal.* Zur Bekämpfung der Klette Solanum rostatum Dunal wird entweder Ausharken der befallenen Pflanzen vor der Samenreife der Klette empfohlen oder Spritzung im Anfangsstadium des Befalls mit *MCPA* oder *2.4-D.* Wirksam erwiesen sich auch andere Herbicide, wie *Atlacide* (= Na-Chlorat + Ca-Chlorat), As_2O_5 u. *Na-Arsenat.* (J. Dep. Agric. South Australia **56.** 449—50. Mai 1953.) W. LORENZ. 6312

J. M. Richardson, *Centaurea repens L. (creeping knapweed).* Zur Bekämpfung des Unkrauts Centaurea repens L. sind 2.4-D-Ester bzw. $NaClO_3$ geeignet. (J. Dep. Agric. South Australia **56.** 538—39. Juli 1953.) WINIKER. 6312

H. L. Harvey, *Lattichmosaikkrankheit.* Das entweder durch befallenes Saatgut oder durch Blattläuse übertragene Lattichmosaikvirus kann in verschied. Weise an seiner weiteren Ausbreitung gehindert werden, z. B. durch Verwendung einwandfreien Saatgutes. Soweit Setzlinge verwendet werden, empfiehlt sich Behandlung mit *Nicotinsulfat* vor der Umpflanzung zur Vernichtung gegebenenfalls vorhandener Blattläuse, häufige Anwendung von Insekticiden, bes. im ersten Wachstumstadium der Pflanzen, Entfernen erkrankter Pflanzen nach Erscheinen der ersten Symptome, Bekämpfung der Unkräuter in der Nähe der Pflanzungen u. pflanzungstechn. Maßnahmen. (J. Agric. Western Australia [3] **1.** 667—69. Sept./Okt. 1952.) W. LORENZ. 6312

B. G. Coombe, *Bekämpfung der Schwarzfäule bei Reben.* Zur Bekämpfung der Schwarzfäule bei Reben ist *TMTD* geeignet. (J. Dep. Agric. South Australia **56.** 562—64. Juli 1953.) WINIKER. 6312

H. Bremer, *Kohlhernie.* Zusammenfassender Überblick über neuere Arbeiten, die Krankheit, ihren Erreger, Plasmodiophora brassicae Wor., u. seine Bekämpfung. — 42 Literaturhinweise. (Z. Pflanzenkrankh. [Pflanzenpathol.] Pflanzenschutz **61.** 4—8. Jan. 1954.) WINIKER. 6312

Jole Scurti, *Oxychinolin bei der Bekämpfung der Gladiolengelbkrankheit.* Die Gelbkrankheit der Gladiolen wird ausgelöst durch den Pilz Fusarium orthoceras App. u. Woll., var. gladioli McCulloch. Eine Behandlung der Zwiebeln u. befallener Pflanzen mit Oxychinolinsulfat scheint gute Erfolge gegen die Krankheit zu zeitigen. Bei Verss. mit dem Pilze selbst ergab schon eine Konz. von 1 : 25000 restlose Abtötung. (Ann. Sperimentaz. agrar. [N. S.] **6.** 1715—20. 1952. Turin, Staz. Chim.-agrar. sperim. u. Osservatorio per le Malattie delle Piante.) GRIMME. 6312

G. D. Glynne Jones und **R. A. Edwards,** *Untersuchungen zur Giftigkeit von 3.5-Dinitro-o-kresol und seines Natriumsalzes gegenüber der Honigbiene.* Die als Unkrautvertilger bewährte Verb. *3.5-Dinitro-o-kresol* (I) u. ihr Na-Salz (II) wirken als Magengift bei Honigbienen. II ist nicht tox. als trockener Film, die schädigende Wrkg. tritt erst mit zunehmender Luftfeuchtigkeit nach dem Versprühen ein. Nach dem Versprühen von I tritt ein derartig schnelles Welken der Blüten vom Ackersenf (*Sinapis arvensis L.*) ein, daß diese von sammelnden Bienen nicht mehr angeflogen werden. (Bull. entomol. Res. **43.** 67—78. März 1952. Devon, Seale-Hayne Agric. Coll.) LÜPNITZ. 6312

P. Malucelli, *Einwirkung von Gesarol auf die Seidenraupenzucht.* Die Seidenraupenlarven erwiesen sich als sehr empfindlich gegen Gesarol, auch nach 4 Wochen nach der Anwendung. Eine Gesarolbehandlung der Maulbeerbäume ist deshalb ausgeschlossen. (Ann. Sperimentaz. agrar. [N. S.] **6.** 1497—1505. 1952. Ascoli Piceno, Staz. sperim. di Gelsicoltura e Bachicoltura.) GRIMME. 6312

B. C. Basu, *Überblick über DDT und BHC.* Überblick über Herst., Eigg. u. Anwendungen. — 72 Literaturangaben. (Indian med. Gaz. **88.** 145—52. März 1953. Calcutta, School of Trop. Med.) KRUSEN. 6312

F. Schwerdtfeger, *Über die Wirkungsdauer von Hexamitteln bei der Engerlingsbekämpfung.* Vf. schließt aus seinen Labor- u. Freilandverss., daß Vollbegiftungen mit Gamma-Mitteln (I; 30 g/a) auf Larven des 1. Stadiums nur dann genügend wirken, wenn sie frühestens im Frühjahr des Vorflugjahres ausgeführt wurden. Pflanzlochbegiftungen mit 5 g I hingegen werden noch ausreichend wirksam sein, wenn sie 2 Jahre vor dem Flugjahr vorgenommen wurden. Mit einiger Wahrscheinlichkeit kann sogar eine 3 Jahre vor dem Flugjahr erfolgte Behandlung einen entsprechenden Effekt haben. Höhere Dosierungen, bes. 80 g/a, bewirkten auch bei den älteren Larvenstadien eine stärkere Mortalität, wobei sich eine klare Staffelung nach den Entwicklungsstadien zeigte. (Z. Pflanzenkrankh. [Pflanzenpathol.] Pflanzenschutz **61.** 9—17. Jan. 1954. Göttingen.) WINIKER. 6312

Herbert Knutson, *Empfindlichkeit eines normalen und eines Inzuchtstammes von Drosophila melanogaster gegen Dieldrin, Toxaphen, DDT und Methoxychlor.* Tiere eines n. Wildstamms (**N**) u. eines Inzuchtwildstamms (**In**) von Drosophila melanogaster wurden im Alter von 1—2 Tagen verschieden lange *Dieldrin* (**I**), *Toxaphen* (**II**), *DDT* u. *Methoxychlor* (**III**) ausgesetzt. **In** war gegen **I** weniger empfindlich, gegen **II**, DDT u. **III** jedoch empfindlicher als **N**. Die Toxizität fällt in der Reihe **I**>**II**>DDT>**III**. Außer bei **II** ist die Todesrate der ♀ kleiner als die der ♂; der stärkste Unterschied in der Abtötung von ♂ u. ♀ tritt bei **III** auf. Tabelle, Kurven. — 18 Literaturangaben. (J. econ. Entomol. **46.** 137—41. Febr. 1953. Kingston, Univ. of Rhode Island, Dep. of Zool.) GOEBEL. 6312

C. M. Cooper, *Pseudococcus longispinus auf Reben.* Die Erfahrungen lehrten, daß von *Pseudococcus longispinus* befallene Weinstöcke mit Insekticiden davon nicht befreit werden können. Nur wenn unmittelbare Gefahr für die Ernte besteht, sollte mit Insekticiden, wie *DDT*, *E 605* oder *HETP*, gespritzt werden. Der im darauffolgenden Jahr einsetzende, noch stärkere Befall läßt von einer Anwendung von Insekticiden zur Bekämpfung von I abraten. (J. Dep. Agric. South Australia **56.** 453—55. Mai 1953.) W. LORENZ. 6312

C. F. H. Jenkins, *Blattläuse.* Nach Beschreibung der allg. Lebensweise der Blattläuse, z. B. von Myzus persicae Sulz., werden die Bekämpfungsmethoden mitgeteilt, die entweder mit Spritzmitteln oder mit Stäuben erfolgen. Neben *Nicotinsulfat* u. *Tabakstaub* werden *DDT*, *BHC*, *HETP* (Hexone), *E 605* u. *systemat. Insekticide* verwendet. (J. Agric. Western Australia [3] **1.** 661—66. Sept./Okt. 1952.) W. LORENZ. 6312

T. Passlow, *Heerwurmbekämpfung im Getreide.* Zur Bekämpfung des Heerwurmes, Cirphis unipuncta Haw., dessen Lebensweise beschrieben wird, wird ein Gemisch aufgebrühter Kleie u. Pariser Grün (**I**) mit Melasse oder Pb-Arsenat mit BHC an Stelle von **I** verwendet. Als Spritzmittel zur Bekämpfung des Heerwurmes wird DDT-Emulsion empfohlen. (Queensland agric. J. **75.** 242—44. Okt. 1952.) W. LORENZ. 6312

T. Passlow, *Heliothisbekämpfung im Leinsamen.* Zur Bekämpfung von *Heliothis armigera* (**I**) im Leinsamen eignet sich Spritzung mit DDT-Emulsion. (Queensland agric. J. **75.** 240—41. Okt. 1952.) W. LORENZ. 6312

Remigio Baldoni, *Versuche zur Bekämpfung der Maisschädlinge Pyrausta nubilaris Hb. und Sesamia cretica Led.* Bericht über gute Bekämpfungserfolge mit DDT u. Parathion. HCH-Mittel versagten oft. — 63 Literaturzitate. (Ann. Sperimentaz. agrar. [N. S.] **7.** 1829—51. 1953. Bologna, Univ., Ist. di Agronom. Generale e Coltivazione Erbacee.) GRIMME. 6312

S. L. Calhoun und **E. W. Dunnam,** *Endrin zur Bekämpfung von Baumwollschädlingen.* Im Freilandvers. wurden mit *Endrin* (**I**) gegen Anthonomus grandis u. Heliothis armigera bessere Ergebnisse erzielt als mit einem Dieldrin/DDT-Gemisch (**II**). Anwendungsmenge **I** 0,2 lb./acre, **II** 0,2 lb. Dieldrin + 0,5 lb. DDT als Emulsion. (J. econ. Entomolog. **46.** 170—72. Febr. 1953. U. S. D. A. Agr. Res. Adm., Bureau of Entomol. and Plant Quarantine.) GOEBEL. 6312

A. L. Scales, E. E. Ivy, J. C. Gaines und **C. F. Rainwater,** *EPN zur Baumwollinsektenbekämpfung.* Vergleichende Toxizitätsprüfungen im Feld-, Gewächshaus- u. Laborvers. haben ergeben, daß *EPN* (O-Äthyl-O-p-nitrophenylbenzolthiophosphonat) in verhältnismäßig geringer Dosierung wirksam ist gegen Anthonomus grandis Boh., Alabama argillacea, Estigmene acrea u. die 2 Milbenarten Septanychus texazona u. Tetranychus bimaculatus; keine ausreichende Wrkg. besteht gegen Heliothis armigera u. die Blattlaus Aphis gossypii. Parathion war gegen die Schädlinge, mit Ausnahme von A. grandis, wirksamer als EPN. Anwendungsmenge 0,3 lb./acre EPN. (J. econ. Entomol. **46.** 130—33. Febr. 1953. Texas Agricult. Exp. Stat.; U. S. D. A., Agr. Res. Adm., Bureau of Entomol. and Plant Quarantine.) GOEBEL. 6312

A. W. S. May, *Bekämpfung der Apfelschädlinge im Granite Belt.* Als Apfelschädlinge, die auch andere Früchte befallen können, werden Cydia pomonella L. (**I**), Tortrix postvittana Walk. (**II**), Spinnmilben (**III**), Eriosoma lanigerum Hausm. (**IV**) u. Strumeta tryoni Frogg. (**V**) herausgestellt. Die Bekämpfung von **I** erfolgt mit 0,1% *DDT*, von **II** mit Pb-Arsenat, von **III** mit *E 605*, von **IV** im Frühjahr mit E 605 u. von **V** mit 0,1—0,2% DDT. (Queensland agric. J. **75.** 233—400. Okt. 1952.) W. LORENZ. 6312

H. K. Kemp, *Carpocapsa pomonella L. und DDT.* Allg. Ausführungen, die Bekämpfung von Carpocapsa pomonella L. mit DDT betreffend. (J. Dep. Agric. South Australia **56.** 558–61, 566. Juli 1953.) WINIKER. 6312

P. E. Madge, *Bekämpfung von Oncopera fasciculata Walker.* Bericht über erfolgreiche Bekämpfungsverss. mit *DDT.* (J. Dep. Agric. South Australia **57.** 332–36. März 1954. Adelaide, Univ., Waite Agric. Res. Inst.) WINIKER. 6312

N. K. Gaprindaschwili und **T. N. Nowitzkaja,** *Zur Frage der Untersuchung der Wirkung phosphororganischer Präparate auf die Entomophagen der Schädlinge subtropischer Kulturen in der Grusinischen SSR.* Bei der Bekämpfung der Schädlinge subtrop. Kulturen mit chem. Mitteln werden auch die Entomophagen vernichtet, so daß der nicht erfaßte Teil der Schädlinge sich dann wieder unbehindert entwickeln kann. Es ergab sich, daß phosphororgan. Präpp. günstiger wirken, als die üblichen Bekämpfungsmittel, wie NaCN u. Ölemulsionen, wenn man sie zeitlich richtig anwendet, weil sie die biol. Bekämpfung der Schädlinge, die der chem. Bekämpfung entgangen sind, nicht verhindern. (Доклады Всесоюзной ордена Ленина Академии Сельскохозяйственных Наук имени В. И. Ленина [Ber. Allunions landwirtsch. (Lenin-Orden) Lenin-Akad.] **17.** Nr. 12. 11–15. Dez. 1952. Inst. für Pflanzenschutz der Akad. der Wiss. der GrusSSR.) A. JACOB. 6312

Vernon C. Jamison, *Die Bedeutung der Luftadsorption durch Bodenkolloide bei pyknometrischen Messungen.* Bei Messungen der Bodenporosität mit dem sogenannten Luftpyknometer beobachtet man bei gewissen getrockneten Böden Druckverluste. Diese erklären sich durch Adsorption von Luft bzw. O_2 an den trockenen Bodenkolloiden. Die Gasadsorption nimmt bei Zutritt von Feuchtigkeit rasch ab. Bes. adsorptiv ist ein montmorillonit. Hurrican-Ton; nach Trocknen im Trockenschrank adsorbierte er 45,3 cm^3 Luft/100 g bei 23° u. atmosphär. Druck, dagegen in kaolinit. Lloyd-Ton nur 3,7 cm^3 Luft/100 g. Die so entstehenden Fehler bei pyknometr. Feuchtigkeits- oder Porositätsmessungen sind auf einen engen Bereich sehr geringen Wassergeh. beschränkt (nahe oder unterhalb Lufttrockenheit). Sandboden u. dessen organ. Kolloide zeigten keine meßbare Gasadsorption unter den Versuchsbedingungen. (Proc. Soil Sci. Soc. America **17.** 17–19. Jan. 1953. Auburn, Ala., Division of Soil Management.) LENHARD. 6324

George John Bouyoucos, *Haltbarere Gipsblöcke zur Bestimmung der Bodenfeuchtigkeit.* Bei Best. der Bodenfeuchtigkeit nach der elektr. Widerstandsmeth. werden die Gipsblöcke bei hoher Feuchtigkeit rasch zerstört. Durch Imprägnieren des Gipses mit der alkoh. Lsg. eines Nylonharzes, das zugleich zäh ist u. W. leicht aufnimmt u. abgibt, konnte die Lebensdauer der Blöcke erhöht werden, ohne daß Pufferwrkg., Wasserabsorption, elektr. Leitfähigkeit u. Empfindlichkeit gegen Feuchtigkeitsänderungen durch die Imprägnierung merklich verändert wurden. Pflanzenwurzeln u. Frost greifen den imprägnierten Gips nicht stärker an. Auch wurden neuartige Elektroden verwendet. Das günstigste Ergebnis der Laborverss. wird in Feldverss. nachgeprüft. (Soil Sci. **76.** 447–51. Dez. 1953. East Lansing, Michigan Expt. Station.) SCHEIFELE. 6324

William E. Collins und **Herman L. King,** *Modifizierte Technik zur Laborbewertung von Kontaktinsekticiden.* Es wird eine Meth. beschrieben zur Best. von insekticiden Rückständen. Das Material wird durch einen BÜCHNER-Trichter abgesaugt u. das Filterblatt dann an Tribolium confusum ausgetestet. (J. econ. Entomol. **46.** 51–53. Febr. 1953. East Lansing, Michigan.) GOEBEL. 6328

K. Neuhaus, *Methoden zur Bestimmung des Kupfergehaltes in Kupferkalkspritzbelägen auf Pflanzen.* Aus den bespritzten Blättern werden Streifen ausgeschnitten, sodann wird der Belag der ausgeschnittenen Fläche mit möglichst wenig 2n H_2SO_4 quantitativ in ein Reagenzglas gespült. Ist die Lsg. trübe, so wird durch ein kleines Faltenfilter filtriert u. mit wenig W. nachgespült. Durch Rk. mit 10%ig. NH_4OH-Lsg, (bei Cu-Gehh. $>$15 mg) bzw. 5%ig. $K_4[Fe(CN)_6]$-Lsg. (bei Cu-Gehh. $<$15 mg) entstehen blau- bzw. braungefärbte Lsgg., deren Farbtiefe mit der einer Lsg. bekannten Cu-Geh. verglichen wird. Der so erhaltene Wert wird durch die Größe der Blattfläche dividiert. (Nachrichtenbl. dtsch. Pflanzenschutzdienstes [Braunschweig] **4.** 124–25. Aug. 1952. Braunschweig, Biol. Bundesanstalt, Mittelprüfstelle.) WINIKER. 6328

Dortmund-Hörder Hüttenunion Akt.-Ges., Dortmund (Erfinder: **Friedrich Harders,** Ahlenberg, und **Hubert Grewe,** Hörde), *Herstellung von Phosphatdüngemitteln durch Luftabschreckung aus dem Schmelzfluß.* Fl. Thomasschlacke wird auf eine rotierende Scheibe gegossen u. von dieser zentrifugal abgeschleudert, wobei die Umdrehungsgeschwindigkeit so groß gewählt wird, daß die Schmelze in Form der R-Phase erstarrt. Die Scheibe oder eine sich schnell drehende Walze wird mit W. gekühlt, ohne daß das

W. mit der Schmelze in Berührung kommt. Die Bldg. von im Boden schwer aufschließbarem Apatit wird vermieden. (**D. B. P. 906 573** Kl. 16 vom 12/2. 1952, ausg. 15/3. 1954.) KARST. 6283

Swift & Co., Chicago, Ill., übert. von: **William Arthur Hodges**, Plan City, Fla., V. St. A., *Schwimmaufbereitung kieselsäure- und phosphathaltiger Mineralien.* Das Ausgangsmaterial mit einer Korngröße zwischen —28 u. + 150 Maschen wird zunächst mit Säure, z. B. konz. H_2SO_4, behandelt, dann in einer Absetzzone mit W. zwecks Entfernung der Säure gewaschen u. schließlich der Flotationsstufe zugeleitet, die mit einem SiO_2-flotierenden Reagens bei einem p_H 7,4—8 arbeitet. Als Flotationsreagens dienen freie Amine u. Aminsalze. (**A. P. 2 599 530** vom 23/5. 1946, ausg. 10/6. 1952.) W. HAUSWALD. 6283

Anorgana, Gendorf, Obb. (Erfinder: **Ernst Woldan, Eugen Reindl**, Burgkirchen, Alz, und **Kurt Härtel**, Altötting), *Streumittel zur Regelung des Pflanzenwachstums und Vernichtung von Unkräutern auf Acker- und Wiesenflächen.* 2.4-Dichlorphenoxyessigsäure oder eines ihrer Derivv. wird mit Hilfe von Glykolen, oxäthylierten Alkylphenolen oder Alkylnaphtholen in gekörnten oder gepulverten Trägerstoffen in Form bekannter Düngemittel verteilt. Als netzende Verbb. sind ferner geeignet: Alkylarylsulfonate, Fettalkoholsulfonate, sulfonierte Öle, Fettsäure — u. Eiweißfettsäurekondensationsprodd., die in Mengen von ca. 1—3% zugesetzt werden. Dikotyle Unkräuter, bes. Hederich, Ackersenf u. Disteln, werden zum Absterben gebracht, monokotyle Kulturpflanzen im Wachstum gefördert. (**D. B. P. 906 811** Kl. 16 vom 10/9. 1950, ausg. 18/3. 1954.) KARST. 6313

Shell Development Co., San Francisco, übert. von: **Lawrence B. Scott**, Oakland, **Richard R. Whetstone**, Orinda, **Johannes Van Overbeek** und **René Blondeau**, Modesto, Calif., V. St. A., *Unkrautvernichtungsmittel*, bestehend aus 90—40 (%) eines KW-stofföls (Kp. 275—550°), das 10—50 Aromaten enthält, u. 10—60 einer cycloaliphat. Carbonsäure der allg. Formel X—(C)$_n$-COOH, in der X ein cycl. aliphat. Rest u. n 0 oder eine ganze Zahl bedeuten. Die Säure ist in dem Öl bei 20° lösl. u. besitzt 7—20 C-Atome im Mol. u. hat eine Wasserlöslichkeit von 0,0003 (g) auf 100 W. bei 20°. Beispiele: 1. a) γ-Cyclohexanalkanolsäuren, Cyclohexanbuttersäure, Cyclohexanvaleriansäure, Cyclohexancapronsäure; b) p-tert. Butylcyclohexansäure, m-sek.-Amylcyclohexansäure, o-n-Octylcyclohexansäure, m-Isopropylcyclohexansäure, m-Isopropylcyclohexansäure, m-Isopropyl-o-tert. butylcyclohexansäure, 2.) 2-Jod-4-methylcyclohexansäure, 3-Chlor-5-isopropylcyclohexansäure, 2.4.6-Trichlor-3-tert.-butylcyclohexansäure, 3.5.6-Trichlor-2-isooctylcyclohexansäure, 4-Chlor-5-isoamylcyclohexansäure, 3.) Harzsäuren, Abietinsäure. (**A. P. 2 633 418** vom 15/7. 1950, ausg. 31/3. 1953.) NEBELSIEK. 6313

Paul Lecompte, Seine-et-Oise, Frankreich, *Fraktionieren von technischem Hexachlorcyclohexan zur Gewinnung des γ-Isomeren.* Man fraktioniert das Hexachlorcyclohexan durch Behandeln mit Methanol von 0° u. n. Temp., in dem die Isomeren in verschied. Grade lösl. sind. Man erhält ein aus den γ-, δ- u. ε-Isomeren bestehendes Endprod. mit einem Geh. von 60% an γ-Isomeren. (**F. P. 1 012 994** vom 17/2. 1950, ausg. 21/7. 1952.) OPPERMANN. 6313

B. F. Goodrich Co., New York, N. Y., übert. von: **William D. Stewart**, Brecksville, Ohio, V. St. A., *Schädlingsbekämpfungsmittel*, bes. gegen Insekten u. Fungi, bestehend aus einem üblichen Trägerstoff, gemischt mit bis zu 10 Gew.-% O-Alkylthiocarbamat der Formel: R_1-O-C(=O)-N<(R_2)(R_4), in der R_1 eine Alkylgruppe u. —N<(R_2)(R_3) einen Rest darstellt, der entstanden ist durch Entfernen eines H-Atoms aus NH_3 oder einem Amin, das wenigstens 1 H besitzt, das mit dem Amino-N verbunden ist. Beispiel für I: *O-Isopropyl-N.N-diäthylthiocarbamat.* (**A. P. 2 650 876** vom 1/2. 1950, ausg. 1/9. 1953.) NEBELSIEK. 6313

C. H. Boehringer Sohn (Erfinder: **Wilhelm Konz** und **Richard Sehring**), Ingelheim/Rh., *Herstellung von Halogenaryloxyketonen und Halogenarylthioketonen* der allg. Formel I, in der X Halogen, n eine Zahl von 1—5, R einen aliphat. Rest mit 1—5 C-Atomen u. Y O oder S bedeuten, dad. gek., daß man ein Alkalisalz eines Phenols bzw. Thiophenols der allg. Formel II mit einem chloriertem Keton der allg. Formel Cl·CH_2—CO—R umsetzt. Man arbeitet bei 60—100° in Ggw. eines Lösungsm., bes. Alkohol. Die erhaltenen Verbb. besitzen *acaricide* u. *fungicide* Wrkg. u. sind daher zur Herst. von *Schädlingsbekämpfungsmitteln* verwendbar. — Zu

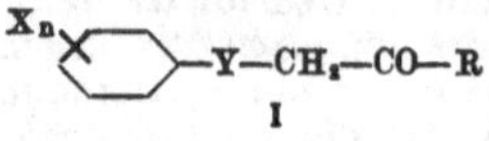

I

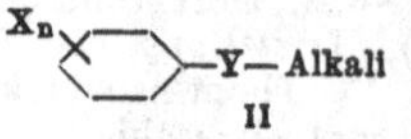

II

einer Lsg. von 72 (g) p-Chlorthiophenol u. 20 NaOH in 200 cm^3 A. läßt man unter Rückfluß 50 Chloraceton zutropfen. Nach 3std. Erhitzen wird vom ausgefallenen NaCl abgesaugt, der A. abdest. u. der Rückstand mit 2n-NaOH-Lauge alkal. gemacht. Das abgeschiedene dicke Öl wird in Ae. aufgenommen u. nach dem Abdampfen des Ae. im Vakuum destilliert. Man erhält *p-Chlorphenthioaceton*, $Kp._{13}$ 170—173°; F. 31°. In analoger Weise werden hergestellt: *p-Chlorphenoxyaceton*, $Kp._{13}$ 143—145°; *2.4-Dichlorphenoxyaceton*, $Kp._{13}$ 160—162°; *2.4.6-Trichlorphenoxyaceton*, $Kp._{13}$ 170—174°; *2.6-Dichlorphenoxyaceton*, $Kp._{13}$ 165—167°; *Pentachlorphenoxyaceton*, F. 95°. (**D.B.P. 904 651** Kl. 12q vom 5/12. 1951, ausg. 22/2. 1954.) SCHWECHTEN. 6313

R. T. Vanderbilt Co., Inc., New York, N. Y., übert. von: **Kenneth S. Karsten**, Westport, Conn., V. St. A., *Begasungsmittel*, bestehend aus einem bekannten Trägerstoff, z. B. Diatomeenerde, der imstande ist, den tox. Stoff (**I**) zu absorbieren u. dem **I** der allg. Formel $\frac{X}{Y}{>}C{<}\frac{COOR_1}{COOR_2}$, worin X Br oder Cl ist, Y H, Br oder Cl u. R_1 u. R_2 Alkylreste mit 1—4 C-Atomen. — Beispiel: *Diäthylbrommalonat*. (**A. P. 2 651 590** vom 13/4. 1951, ausg. 8/9. 1953.) NEBELSIEK. 6313

Böhme Fettchemie G. m. b. H., Hamburg (Erfinder: **Gustav Lietz**, Düsseldorf), *Herstellung von Schädlingsbekämpfungsmitteln mit erhöhter und nachhaltiger Wirksamkeit.* In feste, zum Auskristallisieren aus Dispersionen neigende Wirkstoffe der allg. Formel $X_3C \cdot CH(Y)(Z)$, worin X F, Cl oder Br, Y u. Z KW-stoffreste, die auch substituiert sein können u. die denselben KW-stoffring angehören können, bedeuten, werden teilweise Nitrogruppen eingeführt oder die Wirkstoffe mit geringen Mengen ihrer Nitrosubstitutionsprodd. vermischt. Beispiel *teilweise nitriertes* $Cl_3C \cdot CH(C_6H_4Cl)_2$. Aus Lsgg. oder Dispersionen tritt Ausscheidung des Wirkstoffs nicht ein. (**D. B. P. 874 086** Kl. 451 vom 3/1. 1945, ausg. 20/4. 1953.) KARST. 6313

Leo P. Curtin, Cranbury, N. J., V. St. A., *Herstellung von DDT* durch Kondensation von Chloral u. Chlorbenzol in Ggw. von rauchender H_2SO_4. Als Katalysator verwendet man aromat. Polysulfonsäuren mit 2—4 Sulfonsäuregruppen, die wohl lösl., aber mit den anderen Komponenten nicht reaktionsfähig sind, z. B. Chlorbenzol-2.4-disulfonsäure. Unter Rühren u. langsamem Zusatz von H_2SO_4 kühlt man auf —10 bis +25° u. trennt dann das DDT ab. (**A.P. 2654790** vom 3/7. 1951, ausg. 6/10. 1953.) NEBELSIEK. 6313

Farbenfabriken Bayer Akt.-Ges., Leverkusen (Erfinder: **Gerhard Schrader**, Optladen), *Dialkoxythiophosphorsäureanhydride.* Dialkylphosphite werden in Form ihrer Salze oder in Ggw. wenigstens einer äquivalenten Menge eines tert. Amins mit Säurehalogeniden u. S nach dem Reaktionsschema: $(RO)_2P—OH$ + Hal·Ac + S + tert. Amin → $(RO)_2P(S)—O—Ac$ + tert. Amin·H·Hal (R = Alkyl, Hal = Halogen, Ac = beliebiger Säurerest) umgesetzt. — Aus Diäthylphosphit in Toluol u. Diäthoxyphosphorigsäurechlorid in Ggw. von Pyridin: *Pyrothiophosphorsäuretetraäthylester*, $(C_2H_5O)_2P(=S)—O—P(=S)(OC_2H_5)_2$, $Kp._3$ 140—141°. Ferner werden die Anhydride hergestellt von: Diäthoxythiophosphorsäure (**I**) u. Methansulfonsäure, $Kp._2$ 130 bis 133° (aus Diäthylphosphit + Methansulfonsäurechlorid); Dimethylaminocarbaminsäure + **I**, $Kp._2$ 128°; Benzoesäure + **I** (nicht unzers. destillierbares Öl). — *Schädlingsbekämpfungsmittel.* (**D. B. P. 896 643** Kl. 12o vom 9/7. 1944, ausg. 12/11. 1953.) KRAUSS. 6313

Allied Chemical & Dye Corp., übert. von: **Silvio L. Giolito**, New York, und **Everest E. Gilbert**, Flushing, N. Y., V. St. A., *Dekachlortetrahydro-4.7-endomethylenindenon = 2.3.3a.4.5.6.7.7a.8.8-Dekachlor-3a.4.7.7a-tetrahydro-4.7-endomethyleninden-(1)-on* (**I**) $C_{10}OCl_{10}$, sublimiert bei $Kp._{1-1,5}$ bei ca. 140°, leicht lösl. in Aceton, Alkoholen, Äthern, Nitrobenzol, SO_2Cl_2, wenig lösl. in Bzl., Toluol, Hexan u. PAe., in sd. W. weniger als 0,4% lösl., erhält man durch Erhitzen von 2 (Mol) Hexachlorcyclopentadien mit SO_3 oder z. B. 60%ig. Oleum auf ca. 35—70° u. Hydrolyse des SO_3-Adduktes (**II**) mit mindestens 5 Voll. W. (bezogen auf die Reaktionsmischung) nach dem Reaktionsschema:

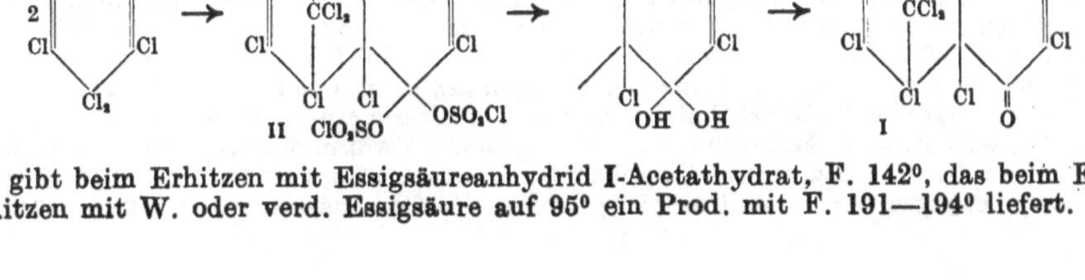

I gibt beim Erhitzen mit Essigsäureanhydrid **I**-Acetathydrat, F. 142°, das beim Erhitzen mit W. oder verd. Essigsäure auf 95° ein Prod. mit F. 191—194° liefert. —

4 Spektrogramme. — *Insekticid, Fungicid* u. *Mottenschutzmittel.* (**A. PP. 2 616 825** u. **2 616 928** vom 17/11. 1950, ausg. 4/11. 1952.) KRAUSS. 6313

Delmar Chemicals Ltd., Lachine, übert. von: **Geza S. Delmar**, Baie d'Urfe, und **Ernest Neil Macallum**, Lachine, Quebec, Can., *Nagetierbekämpfungsmittel*, bes. gegen Ratten, in Verb. mit einem eßbaren Trägerstoff, bestehend aus *3-[α-(p-Acetaminophenyl)-β-acetyläthyl]-4-oxycumarin*, F. ca. 160°, der Formel I. Man gewinnt es durch Kondensieren von 4-Oxycumarin mit p-Acetaminobenzolacton in Ggw. von Dioxan. (**A. P. 2 651 591** vom 7/5. 1952, ausg. 8/9. 1953.)

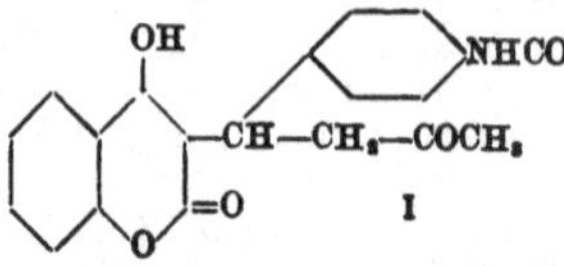

I

NEBELSIEK. 6313

—, Toxic chemicals in agriculture. Residues in food. Report of the working party. Chairman: S. Zuckerman. London: H. M. S. O. 1954. (34 S.)

VIII. Metallurgie. Metallographie. Metallverarbeitung.

J. E. Clay und **Philip Rabone**, *Flotation von Pyrit aus Rückständen der Cyanidlaugerei in saurem Grubenwasser.* Der in Rückständen der Cyanidlaugerei von Pyrit noch enthaltene Pyrit (2%) wird zu 90% in einer halbkontinuierlichen Betriebsanlage durch Flotation extrahiert. Als Flotationsreagentien werden verwendet $CuSO_4$, H_2SO_4 u. eine Mischung von Kienöl u. Kresylsäure, bzw. sek. Butylxanthogenat. (J. chem., metallurg. Mining Soc. South Africa **52.** 97—108. Nov. 1951. Government Metallurgical Labor.) WESLY. 6362

Hans Schiffers, *Das Boudouardsche Gleichgewicht und seine Bedeutung für den Schachtofen, insbesondere für den Kupolofen.* Bei der Unters. der dynam. Verbrennungs-Rkk. zeigte sich, daß die Umsetzungen bei schneller Bewegung der Gase im Ofen der Beobachtung zugänglich sind. Es sind drei Reaktionsgebiete zu unterscheiden, die durch ganz bestimmte Verbrennungsumsätze gekennzeichnet sind. Diese Gebiete werden zu einem schemat. Diagramm zusammengestellt, das den Verbrennungsverlauf vom Beginn der Verbrennung bis zum BOUDOUARDschen Gleichgewicht darstellt. Ferner wurde ermittelt, daß in der Windzone eines Ofens entsprechend der ansteigenden Temp. auch die je Flächeneinheit abgegebene C-Menge größer wird u. daß die Verbrennung in dieser Zone in möglichst kurzer Berührungszeit u. an der kleinstmöglichen Berührungsfläche vonstatten gehen muß. Bei großen Geschwindigkeiten verlassen bei üblicher Bauhöhe der Öfen die Gase den Ofen, ehe noch die dynam. Rkk. abgelaufen sind u. ein Gleichgewicht nach BOUDOUARD nicht erreicht, sondern vorgetäuscht wird. — Schrifttumsangaben. (Giesserei, techn.-wiss. Beih. Nr. 12. 561—70. Okt. 1953. Aachen, TH, Giesserei-Inst.) HOCHSTEIN. 6370

D. Fleming, *Beziehung zwischen der Verbrennung und den metallurgischen Reaktionen im Kupolofen.* Das Kupolofen-Diagramm von JUNGBLUTH u. KORSCHAN wird an Hand von Betriebsergebnissen überprüft u. es wird festgestellt, daß die Abhängigkeit des CO/CO_2-Verhältnisses vom C/Fe-Verhältnis unabhängig von der Blaswindmenge ist. Die Einfll. des C/Fe-Verhältnisses, der Koksgröße u. der Windtemp. werden untersucht u. der Verlauf der Verbrennung erörtert. In die Berechnungen wird der Begriff der Reaktionstemp. eingeführt. Die im Kupolofenschacht, in der Schmelzzone u. im Herd möglichen Rkk. werden untersucht u. die grundlegende Bedeutung einer hohen Temp. u. einer niedrigen Fe_2O_3-Erzeugung festgestellt. Ferner wird die große Bedeutung einer Regelung der Schlacke/Metall-Rkk. ermittelt. Als Idealfall wird das Erschmelzen eines weichen grauen Gußeisens behandelt, bei dem die notwendige Regelung durch eine Kombination von Heißluft, Wasserkühlung u. kontinuierlichem Abgießen erreicht wird. Hierdurch wird eine wirtschaftliche Gußeisenherst. ohne Roheisen ermöglicht, wenn Vorräte von Ferrolegierungen u. von Eisen- oder Stahlschrott vorhanden sind. (Foundry Trade J. **95.** 349—58. 17/9. 1953.) HOCHSTEIN. 6402

Johan D. Fast, *Erzeugung von reinem und absichtlich verunreinigtem Eisen und Untersuchungen an diesen Metallen.* Durch Reinigung von im Hochvakuumofen erschmolzenem Eisen mit H_2 wird ein Reineisen mit 0,000 (%) *C*, 0,002 *Si*, 0,000 *S*, 0,001 *Al* u. 0,003 *Ni* erzeugt, dem dann genau bestimmte Mengen an Begleitelementen zugesetzt werden. Derartig hergestellte Legierungen, die neben Eisen nur 0,04 C, bis 0,02 *N* oder bis 0,03 *O* enthalten, werden auf Alterung untersucht. Es zeigte sich, daß O weder Abschreckalterung (Aushärtung) noch Verformungsalterung verursacht. C u. N werden als gleichwertige Ursachen der Abschreckalterung in sonst reinem Eisen erkannt; dagegen sind sie in ihrer Wrkg. auf die Verformungsalterung u. Blausprödigkeit nicht gleichwertig; hier wurde N als die Hauptursache erkannt. Wird dem C- u. N-haltigen Eisen noch bes. 0,5 *Mn* zugesetzt, so sind C u. N auch in der Abschreckalterung nicht mehr gleichwertig, weil die Nitridausscheidung durch Mn in erheblichem Maße verzögert wird. (Stahl u. Eisen **73.** 1484—96. 5/11. 1953. Eindhoven, Niederlande, Philip's Gloeilampenfabrieken.) HOCHSTEIN. 6408

John Chipman, *Untersuchungen über die Nebenbestandteile des Stahles.* Die Wrkg. der Elemente *S, P,* N_x u. der unbeabsichtigten Stahlbegleiter *Cu, Ni, Mo, Sn, Pb, Cr, La, Ce, B,* wenn sie durch den Schrott in den Stahl gelangen, der Elemente O_2 u. H_2 sowie die nichtmetall. Einschlüsse u. Desoxydationsrückstände auf die Stahleigg. u. die Aufgaben der Forschung für die nächste Zukunft, werden erörtert. (Blast Furnace Steel Plant **41.** 1057—64. 1106. Sept. 1953. Massachusetts, Inst. of Technol.) HOCHSTEIN. 6408

J. Lomas, *Moderne Eisenmaterialien für Federn.* Kurze Übersicht über für die Federherst. verwendete Stähle. Angaben über Wärmebehandlung u. Anwendungsbereich der verschied. Stähle. (Machinery Lloyd (europ. Edit.) **25.** Nr. 24 A. 65—67. 69. 28/11. 1953.) O. WERNER. 6408

Ernst Hermann Schulz und **Wilhelm Bischof,** *Zusammensetzung und Festigkeit von Brückenbaustählen aus der Zeit von 1870 bis 1880.* Die Schweißstähle waren von bekannter Zus. u. wiesen sehr geringe Gehh. an *C, Si* u. *Mn* bei stark schwankendem u. überwiegend sehr hohem *P*-Geh. auf. Ihre Zugfestigkeit lag durchweg an der unteren Grenze des heutigen *St 37,* wobei die Bruchdehnung sehr gering u. die Streckgrenze meist verhältnismäßig hoch lag. Die Kerbschlagzähigkeit war so niedrig, daß ein Vgl. mit den heutigen Stählen zu Ungunsten der Schweißstähle ausfällt. Die Neigung zur Alterung war groß. Im Grobgefüge trat die für einen Schweißstahl kennzeichnende Faserung auf. Bei Flußstählen engl. Herkunft aus dieser Zeit schwankte der C-Geh. zwischen 0,10—0,45%, während der Si-Geh. gering, der Mn-Geh. n. u. der P-Geh. nicht übermäßig hoch war. Im Vgl. zu den heutigen Anforderungen zeigten alle Flußstähle geringere Bruchdehnung, geringere Kerbschlagzähigkeit u. stärkere Alterungsneigung. (Stahl u. Eisen **73.** 1583—90. 19/11. 1953. Dortmund.) HOCHSTEIN. 6408

Heinz Kiessler und **Karl Schweyher,** *Härtbarkeit verschiedener gebräuchlicher Baustähle nach dem Stirnabschreckversuch.* Die Streuung der Stirnabschreckhärtekurve bei der Härtbarkeitsprüfung von Stählen bei Entnahme von Proben aus verschied. Stellen eines Blockes u. aus verschied. Blöcken einer Schmelze beträgt bis ca. 50 mm Entfernung von der abgeschreckten Probenstirnseite höchstens 2 HRc. Die ermittelten Stirnabschreckhärtekurven für verschied. Schmelzen einiger Vergütungs- u. Sonderstähle (unlegiert, *Mn-, Mn–Si-, Mn–V-, Cr-, Cr–Al-, Cr–V-, Cr–Mo-, Cr–Mo–V-* u. *Cr–Ni*-Stähle) werden mit dem Härtbarkeitsstreuband entsprechender amerikan. genormter Stähle verglichen. Mit dem Härtbarkeitskennwert auf der Grundlage von 50% Martensit im Gefüge wurden nach der Stirnabschreckhärtekurve der ideale krit. Durchmesser u. die krit. Durchmesser für verschied. Abschreckbedingungen (Wasser-, Ölabschreckung) berechnet. Ein Zusammenhang der Härtbarkeit nach dem Stirnabschreckverf. mit der MACANAID-EHN-Korngröße wurde nicht gefunden. (Arch. Eisenhüttenwes. **24.** 475—81. Nov./Dez. 1953. Krefeld u. Düsseldorf.) HOCHSTEIN. 6408

Roland Mitsche und **Alois Legat,** *Hochfester schweißbarer Großbaustahl mit Aluminium- und Titanzusatz.* Durch Behandlung unlegierter Großbaustähle auf *Mn*-Grundlage mit Al u. Ti als Keimbildnern werden bei geeigneter Schmelzführung Festigkeitswerte des Baustahls *St 52* erreicht. Neben einem hohen Streckgrenzenverhältnis u. günstigen Verformungswerten zeichnet diese Stähle eine gute Sprödbruchsicherheit aus, die für Schweißzwecke unerläßlich ist. (Stahl u. Eisen **73.** 1652—54. 3/12. 1953. Leoben u. Leoben-Donawitz.) HOCHSTEIN. 6410

A. A. Bibee, *Stähle mit besonders hoher Festigkeit.* Die Stähle „*Hy Tuf*" mit 0,25 (%) *C,* 1,35 *Mn,* 1,5 *Si,* 2,0 *Ni* u. 0,4 *Mo* u. „*Super Hy Tuf*" mit 0,40 *C,* 1,5 *Mn,* 1,9 *Si,* 1,4 *Cr,* 0,25 *V* u. 0,3 *Mo* haben im vollgehärteten martensit. Zustand Festigkeiten von 185—210 kg/mm². Solche Stähle mit 1,5—3,0 Si sind nach einem Anlassen im Gebiete von 205—315° von guter Zähigkeit. Stähle mit über 0,33 C werden zweckmäßig einer doppelten Anlaßbehandlung unterworfen. Zusätze von *Al* u. Si verringern die Sprödigkeit nach einer Wärmebehandlung im alterungsspröden Temperaturgebiet. Ein Zusatz von Si u. V verringert die Neigung der Stähle zur Kerbsprödigkeit. Durch eine Behandlung in fl. N_2 können Zerreißfestigkeit u. Streckgrenze ohne Verschlechterung der Dehnung verbessert werden. Es wird angenommen, daß hierdurch die Stabilisierung des Restaustenits nach einer n. Abschreckung verhindert wird. (Metal Progr. **63.** Nr. 5. 95—96. 167. Mai 1953. El Segundo, Calif., Douglas Aircraft Co., Inc.) HOCHSTEIN. 6410

H. O. Teeple, *Nickel und Legierungen mit hohem Nickelgehalt.* Überblick mit 231 Schrifttumsangaben. (Ind. Engng. Chem. **43.** 2242—51. Okt. 1951. New York, N. Y., International Nickel Co., Inc.) HOCHSTEIN. 6434

H. G. Warrington, *Magnesium in Canada.* Überblick über Verwendung von Mg u. Mg-Knet- u. Gußlegierungen. (Light Metals **15.** 16—18. Jan. 1952.) HAUG. 6444

M. F. Odina und **M. W. Scharow,** *Über die Behandlung von Aluminium-Magnesium-Legierungen im flüssigen Zustande.* Bedeutende Verbesserung der mechan. Eigg. der Al–Mg-Legierungen durch Vermeidung von Gasblasenbldg. u. Gefügeverbesserung wurde an mit H gesätt. u. mit *Zr*-Salzen behandelten Legierungen experimentell nachgewiesen. (Литейное Производстве [Giessereiwesen] **1951.** Nr. 9. 18—27. Sept.) VOLLENBRUCK. 6446

—, *Die Korrosionsbeständigkeit einiger Neben („minor")-Metalle.* Das chem. Verh. von *Ti*, einer *Ti–Cr*-Legierung mit 11% Cr, von *Nb, Zr, Mo, Ta* u. *Ta–Mo*-Legierungen gegen verschied. Reagentien wird beschrieben. — Schrifttumsangaben. (Metal Ind. [London] **80.** 83—85. 1/1.; 111—13. 8/2. 1952.) APEL. 6448

Franco Gatto, *Neue Richtungen in der Untersuchung der Eigenschaften fester Stoffe.* Überblick über neuere Arbeiten: Globalanalyse; Zugprobe; Anwendung monom. u. binom. Korrelationen; Härteprobe; Unters. der Beziehungen zwischen verschied. mechan. Eigg.; neue Parameter. — 33 Literaturhinweise. (Metallurgia ital. **44.** 391—98. Aug./Sept. 1952. Novara, Ist. sperim. Met. legg.) R. K. MÜLLER. 6480

Kurt Guthmann, *Stand der Tauchtemperaturmessung in Schmelzbetrieben.* (Stahl u. Eisen **73.** 1693—1705. 17/12. 1953. Düsseldorf.) HOCHSTEIN. 6480

Rudolf Bökler, *Nomogramm zur Bestimmung des Spannungsverlaufes bei reiner Biegung für Werkstoffe mit linearer Verfestigung.* Für Werkstoffe, deren Fließkurve sich bei gleichem Zug- u. Druckverh. bis 1% Dehnung durch drei Gerade annähern läßt, wird aus dem Momentengleichgewicht bei Be- u. Entlastung die Spannungsverteilung in Stäben bei reiner Biegung abgeleitet u. in Nomogrammen dargestellt. Eine Randdehnung von über **1%** bewirkt erhebliche unzulässige Durchbiegungen, so daß die Fließkurve aus Biegeverss. sich höchstens bis zu diesem Dehnungswert feststellen läßt. Weiterhin ergab sich, unter welchen Bedingungen die Eigenspannungen im Stabinnern diejenigen am Rande überschreiten, u. daß Werkstoffe mit Verfestigung gegenüber denen ohne Verfestigung, jedoch mit gleicher Streckgrenze, geringere Nachspannungen zeigen. Als Anwendung der Kurventafeln werden die Fließkurvenbest. aus dem Biegevers. u. der Dehnungsrückgang bei gleichförmiger Querschnittsverminderung durch Ätzen beschrieben. (Z. Metallkunde **44.** 382—86. Aug. 1953. Stuttgart.) APEL. 6480

Heinz Günther Brandt, *Überschallprüfung von Rundstahl auf Innenfehler.* Bei der Unters. von Schnellarbeitsstahl nach dem Impulsecho-Verf. bei Querbeschallung konnten Zusammenhänge der Fehlergröße u. -form mit der Ausbldg. der Fehleranzeige im Schallbild zusammengestellt werden, wodurch eine Kennzeichnung der Fehlerart aus dem Schallbild möglich wird. (Stahl u. Eisen **73.** 1717—20. 17/12. 1953. Düsseldorf, Edelstahlwerke Gebr. Böhler & Co.) HOCHSTEIN. 6480

Kurt Mathesius und **Harro Bentke,** *Prüfung von Federstählen mit dem Rißsichtgerät von F. Förster.* Die mit dem Gerät unter verschied. Aufnahmebedingungen hergestellten Sichtbilder zeigen, daß geringe elast. oder bildsame Kaltverformungen die Richtung der Aufmagnetisierung u. die Bildhelligkeit das Sichtbild verändern können. Durch sorgfältige Ausführung der Prüfungen können die verschied. Einfll. so weit ausgeschaltet werden, daß eine quantitative Aussage über die Rißtiefe möglich wird. Es werden die Vorzüge u. Nachteile des Verf. erörtert. — Diskussion. (Stahl u. Eisen **72.** 1587—95. 4/12. 1952. Hohenlimburg.) HOCHSTEIN. 6480

Erich Siebel und **Walter Panknin,** *Beitrag zur Normung der Federstahldrähte.* Nach Unterss. ermöglichen die Brucheinschnürung des Zugvers., die Bruchschiebung des Verwindevers. sowie die technolog. Wertung der Verwindeproben in bezug auf die Oberflächenbeschaffenheit, die gleichmäßige Verwindung u. die Brucherscheinungen eine Beurteilung des Formänderungsvermögens der Federstahldrähte u. ihres Verh. bei der Herst. von Federn. (Stahl u. Eisen **72.** 1193—95. 25/11. 1952. Stuttgart, TH, Materialprüfungsamt.) HOCHSTEIN. 6490

I. A. Woltschanski, *Zur Frage der Stahlzementation mit flüssigen Kohlenwasserstoffen.* Erörtert werden die Schwierigkeiten bei der Aufkohlung von Stahlgegenständen mit fl. KW-stoffen, wie Bzl., White Spirit u. Leuchtpetroleum, die durch starke Rußbldg. während des Prozesses auf den zu zementierenden Gegenständen u. auf den Muffelwandungen verursacht werden. Die C-Eindringstiefen bei 12std. Dauer u. einer Zementationstemp. von 910—920° schwanken zwischen 1,2 u. 1,6 mm, wobei bei Verwendung von Leuchtpetroleum die größten Einsatztiefen erreicht wurden. Es werden die Nachteile des Verf. im einzelnen besprochen. (Вестник Машиностроения [Nachr. Maschinenbau] **33.** Nr. 7. 30—33. Juli 1953.) HOCHSTEIN. 6492

Franz Kösters, *Betriebsmäßiges Abschrecken von Thomasstahl aus der Walzhitze.* Es ist erforderlich, daß das Walzgut in der Härtevorr. schnell abkühlt, weshalb für schnellen Ab- u. Zufluß von W. zur Vermeidung von Warmwasserzonen u. Dampfblasenbldg. gesorgt werden muß. Wegen Gleichmäßigkeit der Werte des Zug- u. des Kerbschlagvers. ist eine gewisse Beschränkung des *C*- u. *P*-Geh. zweckmäßig. *Mn*-Gehh. bis 0,38% sind ohne Einfluß. Bei Verwendung eines mit *Al* beruhigten Werkstoffes für Form- u. Rundstahl konnte mit der Härtetemp. bis auf 650° heruntergegangen werden, ohne daß hierdurch die Alterungs-Kerbschlagzähigkeit wesentlich abfiel. Zugverss. an jahrelang gelagerten THOMAS-Stahl-Proben ergaben, daß die Streckgrenze unverändert geblieben u. die Zugfestigkeit geringfügig abgefallen war. Die Bruchdehnung hatte zugenommen. An Proben aus wassergehärtetem THOMAS-Stahl, die mit titansauren oder kalkbas. Elektroden V-Naht-geschweißt waren, wurde ein Streckgrenzenabfall vermieden, wenn die Probe nach dem Schweißen mit W. abgekühlt wurde. (Stahl u. Eisen **73.** 1342—49. 8/10. 1953. Köllerbach/Saar. HOCHSTEIN. 6492

J. Ruge, *Fortschritte auf dem Gebiete des Schweissens und Schneidens.* (Vgl. C. **1952.** 3239.) Überblick über 74 neuere Veröffentlichungen über die Lichtbogenschweißverfahren. (Schweissen u. Schneiden **4.** 226—28. Juni; 297—99. Aug. 1952.) HOCHSTEIN. 6506

J. E. Hughes, *Kaltpreßschweißen von Metallen.* Der Einfl. der Oberfläche u. der Oxyde auf die Anziehungskräfte der Atome wird erörtert. Verss. mit Rundstäben aus *Al, Cu, Fe,* wobei gleiche oder ungleiche Metalle im kalten Zustand zusammengepreßt werden, wurden ausgeführt u. der Zusammenhang zwischen der Haftung u. der Aufstauchung als Maß für den erforderlichen Druck wurde untersucht. — Schrifttum. (Metallurgia [Manchester] **49.** 15—19. Jan. 1954.) K. STEIN. 6506

John M. Parks, *Rekristallisationsschweißung.* Der Hauptvorgang der Schweißung im festen Zustand ist die Rekristallisation. Hierbei steht die Rekristallisationstemp. in Abhängigkeit vom Verformungsgrad. Es wird die Wichtigkeit von sauberen, kaltbearbeiteten Oberflächen für den Rekristallisationsschweißvorgang nachgewiesen. Die Scherfestigkeit der so hergestellten Schweißverbindungen sind denen von Stumpfschweißungen gleich u. stehen in Übereinstimmung mit den Scherfestigkeiten vom geglühten Werkstoff. — 29 Schrifttumsangaben. (Welding J. **32.** 209 S—222 S. Mai 1953. Chicago, Ill., Illinois Inst. of Technology.) HOCHSTEIN. 6506

Ss. W. Awakjan, N. F. Laschko und O. P. Schlykow, *Ungleichmäßige Kristallisation bei der Schweißung.* Bei der Abkühlung der Legierungssysteme *Al–Cu* u. *Al–Si* mit Geschwindigkeiten von 80—100°/Sek. wird eine Verschiebung der Löslichkeitsgrenze von 5,65 (%) Cu u. 1,65 Si auf 0,2 Cu u. entsprechend 0,05 Si beobachtet. Gleichzeitig wird die Kristallisationstemp. des Eutektikums in diesen Legierungen um 25—30° erniedrigt, während die Liquidus-Temp. prakt. unverändert bleibt. Bei viel langsamerer Abkühlung derselben Legierungen mit einer Geschwindigkeit von 10—12°/Sek. verschiebt sich die Löslichkeitsgrenze von Cu im Al von 5,65 Cu u. 1,65 Si auf 2,0 Cu u. entsprechend 0,2 Si. Die Liquidus-Temp. bleibt auch bei diesen Bedingungen unverändert. Die Kristallisationstemp. des Eutektikums wird im Vgl. mit der Kristallisationstemp. des Eutektikums unter Bedingungen einer dem Gleichgewicht entsprechenden Abkühlung nicht erniedrigt. Bei der Gasschweißung der bin. Al-Cu- u. Al-Si-Legierungen besitzen Legierungen mit 4—5% Eutektikum die größte Neigung zur Rißbildung. (Автогенное Дело [Autogene Ind.] **24.** Nr. 6. 12—16. Juni 1953.) HOCHSTEIN. 6506

K. K. Chrenow u. M. M. Bort, *Die Festigkeit der Schweißnaht bei Gasschweißung von niedriggekohltem Stahl.* Durch Verss. wird der Nachw. erbracht, daß bei Gasschweißung unter Verwendung von Flußmitteln eine wesentliche Verbesserung der chem. Zus. u. der Festigkeit des aufgetragenen Metalls erreicht werden kann. Als Elektrodendraht werden Stähle mit 0,05—0,15 bzw. 0,15—0,25 (%) *C*, 0,35—0,65 *Mn*, 0,17—0,37 *Si*, bis 0,045 *S* u. bis 0,045 *P* verwendet. Die Flußmittel, bei denen eine gute Schweißung erzielt wurde, enthielten 10—15 *Ferromangan*, 5—25 *Ferrosilicium*, 0—25 H_3BO_3, 10—40 $Na_2B_4O_7$, 0—10 Na_2CO_3, 0—40 $NaHCO_3$, 0—10 Na_3AlF_6, 0—20 CaF_2 u. 0—10 *Dextrin*. Die Verfahrensschritte werden mit Gasverbrauchswerten u. erreichbaren Festigkeitswerten angegeben. (Автогенное Дело [Autogene Ind.] **24.** Nr. 6. 1—5. Juni 1953.) HOCHSTEIN. 6506

Edwin Laird Cady, *Hohe Schweißqualität bei der Anwendung der wenig wasserstoffabgebenden Elektrode.* Die „Low Hydrogen Electrode“ ermöglicht rißfreie Schweißungen von lufthärtenden Stählen mit über 0,25% C sowie von anderen schwer schweißbaren Stählen, z. B. hoch S-haltigem S-Automatenstahl. Festigkeits- u. Dehnungswerte werden angegeben. — 2 Abbildungen. (Materials and Methods **34.** Nr. 3. 90—91. Sept. 1951.) KÜNTSCHER. 6506

Daniel Seferian, *Lichtbogenschweißelektroden mit basischer Ummantelung.* An 15 Probeelektroden, deren Basizität von 2,56—3,40 differierte, u. einer stark bas. Elektrode von der Basizität 5 wurden Verss. ausgeführt. Der Elektrodenkern wurde von einem extra weichen *Stahl* gebildet. Es wurden das Mn-Gleichgewicht u. das O-Gleichgewicht sowie die mechan. Eigg. der Schweißungen untersucht. (Iron Coal Trades Rev. **162.** 1369—72. 15/6. 1951.) PAHL .6506

F. Erdmann-Jesnitzer, *Beitrag zur Mechanik des Werkstoffüberganges im Schweißlichtbogen.* 1. Mitt. Die Aufnahmetechnik u. der Werkstoffübergang im Schweißlichtbogen bei Nacktdrahtelektroden, lichtbogenstabilisierenden Elektroden, mittelstark umhüllten Elektroden auf TiO_2-Basis, dickumhüllten erzsauren Elektroden mit TiO_2-Zusatz sowie bei leichtumhüllten Bronzeelektroden wurden beobachtet u. hieraus Schlüsse für die Entw. verschied. neuer Hand- u. Maschinenschweißverff. gezogen. — Berichtigung. (Schweisstechnik **3.** 164—71. Juni. 288. Sept. 1953. Freiberg i. Sa., Bergakademie, Inst. für Metallkunde u. Materialprüfung.) HOCHSTEIN. 6506

Jakob Colbus, *Festigkeitseigenschaften von Lichtbogenschweißungen bei wassergehärtetem Thomasstahl.* Mit wassergehärteten, unberuhigten u. Al-beruhigten THOMAS-Stählen mit ca. 0,10 (%) C u. über 0,15—0,20 C durchgeführte Stumpf- u. Kehlnahtschweißungen, für die erz- u. titansaure sowie kalkbas. Elektroden verwendet wurden, ergaben bei ungekühlten Schweißnähten von Feinblechen Verluste an Streckgrenze u. Zugfestigkeit bis zu 45% der ungeschweißten Probe. Durch eine Kühlung wurden zwar Streckgrenze u. Zugfestigkeit des Schweißgutes erhöht, aber Bruchdehnung u. Kerbschlagzähigkeit stark herabgesetzt. Auch bei einer verhältnismäßig milden Kühlung erreichten in keinem Falle die Werte aller Zugverss. die Ausgangswerte. Die wassergehärteten Al-beruhigten THOMAS-Stähle mit 0,15—0,20 C erwiesen sich gegenüber den Stählen mit ca. 0,10 C als geeigneter zum Schweißen. Sie waren beständiger gegen erneute Erwärmung. (Arch. Eisenhüttenwes. **25.** 77—84. Jan./Febr. 1954. Saarbrücken.) HOCHSTEIN. 6506

K. Winterton und **C. L. M. Cottrell,** *Wasserstoffausscheidung aus dem Schweißmetall.* Probeschweißungen mit verschieden umhüllten Elektroden werden in W. abgeschreckt, schnell von Schlacke gereinigt, getrocknet u. in durch Kochen entgastem medizin. Paraffin (einer höheren Fraktion mit größerer Viscosität) entgast. Die Menge des Gases, das prakt. aus reinem H_2 besteht, wird gemessen. Feuchte Umhüllungen, Fett u. Rost auf der Oberfläche der Bleche erhöhen den H_2-Gehalt. Der Zusammenhang zwischen Schweißrissigkeit u. H_2-Geh. wird erörtert. Güteeinteilung der Elektroden nach ihrem H_2-Geh. in der Schweiße. — Schrifttum. (Metallurgia [Manchester] **49.** 3—7. Jan. 1954. British Welding Res. Assoc.) K. STEIN. 6506

T. J. Palmer, *Schweißen von Temperguß.* Es wird gezeigt, welche Gefügeänderungen bei schwarzem Temperguß beim Erhitzen auf 750—1275° auftreten, u. hieraus Folgerungen für die Vorgänge beim Schweißen gezogen. Temperguß kann unter Anwendung des Lichtbogenschweißverf. mit Ni-legierten Zusatzwerkstoffen u. bei Gasschweißung mit *Bronze* als Zusatzwerkstoff geschweißt werden. Erörtert wird die Arbeitsweise bei den beiden Verff., u. es werden die Eigg. der Schweißen mitgeteilt. (Foundry Trade J. **93.** 667—72. 11/12. 1952.) HOCHSTEIN. 6506

L. Je. Fedotow, *Schweißung chromhaltiger Stähle.* Zusammenstellung der als geeignet erkannten Schweißbedingungen für folgende Gruppen: Cr-Stähle mit 4—6, 12—14, 16—18 u. 20—30% Cr sowie niedriggekohlte Cr-Stähle. (Автогенное Дело [Autogene Ind.] **24.** Nr. 6. 20—21. Juni 1953.) HOCHSTEIN. 6506

F. A. Ball, *Das Schweißen von austenitischen Stählen.* Anwendung verschied. Schweißverff. auf austenit. Cr–Ni-Stähle unter bes. Berücksichtigung der Bedeutung von Stabilisatoren, wie *Ti* u. *Nb*, zur Vermeidung der Versprödung u. des interkristallinen Zerfalls der Stähle durch Chromcarbidausscheidungen. (Sheet Metal Ind. **30.** 790—99. Sept. 1953. Birmingham, Mond Nickel Co. Ltd.) HOCHSTEIN. 6506

Ernst Klosse, *Bedeutung der austenitischen Schmelzschweißungen für den chemischen Apparatebau.* Anwendung bei unlegierten Stählen, wo konstruktiv bedingte große Schweißspannungen zu erwarten sind, u. bei legierten, säurefesten u. zunderfesten Stählen. Schwierigkeiten treten u. a. infolge der größeren Wärmespannungsrißgefahr auf, welche durch den großen Ausdehnungskoeff. dieser Gefügeausbldg. bedingt ist. Auch ist die Laugenempfindlichkeit solcher Schweißungen bei unlegierten

Kesselstählen zu beachten sowie der Kornzerfall, der durch sauerwirkende Agentien ausgelöst werden kann. (Chemie-Ing.-Techn. **24.** 615—17. Nov. 1952. Ladenburg a. N., TH Karlsruhe.) MARKHOFF. 6506

E. Fuchs und **A. J. P. Tucker**, *Moderne Praxis des Röhrenschweißens — Entwicklung und gegenwärtiger Stand.* Überblick über die Schweißtechniken für Rohre u. ihre Entw. in den letzten Jahrzehnten. (Trans. Inst. Welding **16.** 63—73. Juni 1953.) RUMPF. 6506

K. Krekeler und **E. Kauhausen**, *Das Standzeitverhalten von Drehmeißeln, die aus Vollmaterial und durch Auftragschweißung hergestellt sind.* Unterss. mit einem Co-legierten Schnellarbeits-*Stahl* u. einer gegossenen *Stellitlegierung*, die als Vollmaterial u. als nur aufgeschweißte Drehmeißel verwendet wurden, ergaben, daß mit aufgeschweißten Werkzeugen mindestens gleichwertige Schnittleistungen beim Schruppen u. beim Schlichten erreicht werden können, sofern die Auftragsschweißung mittels Gasschmelz- u. Lichtbogenschweißung ausgeführt ist. Die *Arcatom-S*chweißung erwies sich als wenig brauchbar. Die besten Ergebnisse wurden mit elektr. geschweißten Werkzeugen erreicht. (Werkstatt u. Betrieb **83.** 434—38. Okt. 1950. Aachen bzw. Düsseldorf.) HABBEL. 6506

M. Hesselbarth, *Möglichkeiten für die Metallspritztechnik.* Weniger hochwertige Konstruktionsstähle werden gegen Verschleiß u. Korrosion durch Spritzschichten aus *V 2 A-Stahl*, *Mn*-Stahl, *Fe-*, *Al-*, *Zn-*, *Cu-* u. andere Legierungen geschützt. Guter Mikroporenraum in der Spritzschicht begünstigt Schmierverhältnisse. Bearbeitung gespritzter Fe-, Al- u. *Pb*-Legierungen kann nach bekannten Bearbeitungsvorschriften erfolgen. Zerspanung von gespritzten *Cu–Zn-* u. *Cu–Sn*-Legierungen auf der Drehbank bei Schnittgeschwindigkeiten 200—300 m/Min., Vorschub nicht über 0,05 mm/U. Bohrmeißel mit Spitzenwinkel 75—80°. Durch Schleifen erhält man einwandfreie glatte Oberfläche (Silicium-Carbidscheiben, Körnung 50 K—L). Bleibronze kann nicht verwandt werden, da Pb beim Spritzen verdampft. (Fertigungstechnik **2.** 51. Febr. 1952. Trebbin.) VOLLENBRUCK. 6508

Paul Chlebus, *Das Metallspritzverfahren und seine Anwendungsmöglichkeiten im Bergbau.* Überblick über das Metalldrahtspritzen u. das Metallpulver-Spritzschweißverfahren. — Schrifttumsangaben. (Glückauf **87.** 875—83. 15/9. 1951. Essen-Steele.) HABBEL. 6508

August Fischer, *Die Anwendung des Metallspritzverfahrens auf der Zeche Alter Hellweg in Unna.* (Glückauf **87.** 703—04. 21/7. 1951. Unna/Westf.) HABBEL. 6508

Oskar P. Krämer, *Metallfärbung und Metallüberzüge ohne Stromquelle einschließlich der Vorbereitungsarbeiten: Schleifen, Polieren, Kratzen, Beizen, Brennen, Entfetten.* Zusammenfassender Überblick für den Praktiker. (Beih. Z. „Metallwaren-Ind. Galvanotechn," **1953.** Nr. 1. 3—70.) WINIKER. 6508

R. Bilfinger, *Mittel und Wege zur Einsparung von Nickel in der Galvanotechnik.* Überblick über Schutzwert der einzelnen galvan. erzeugten Metallüberzüge. Der Schutzwert ist direkt proportional der Schichtdicke bei *Cr-*, *Zn-*, *Cu-*, *Ni-* u. *Messing*überzügen. (Fertigungstechnik **3.** 391—93. Okt.; 443—46. Nov. 1953. Leipzig, VEB Galvanotechnik.) MARKHOFF. 6514

R. A. Schaus, *Metallüberzüge.* (Vgl. C. **1953.** 7395.) Überblick über Überzugsmetalle u. -verfahren. (Western Machinery Steel Wld. **43.** Nr. 11. 99—101. 116. Nov.; Nr. 12. 104—06. Dez. 1952. United States Steel, Columbia-Geneva Steel Div.) MARKHOFF. 6516

J. Lomas, *Überziehen durch Aufdampfen. Eine Darstellung der bestehenden Verfahren.* (Machinery Lloyd [europ. Edit.] **26.** Nr. 2A. 61—63. 65. 23/1. 1954.) MARKHOFF. 6516

Mark Shepard, *Überzüge ökonomisch aufgebracht durch Vakuummetallisieren.* Überblick über das Vakuummetallisieren von Metallen u. Nichtmetallen u. die Verwendung bes. in der Elektrotechnik u. Schmuckwarenindustrie. (Materials and Methods **37.** Nr. 6. 97—99. Juni 1953.) SPINDLER. 6516

Howard Vanderpool, *Verhindern der Seewasserkorrosion durch Metallisieren.* Durch Aufspritzen von *Zn-* oder *Al*-Überzügen auf Schiffsbauteile aus *Stahl*, wie den eigentlichen Schiffskörper, Rohrleitungen, Kondensatoren u. geschweißte Bauteile, wird ein befriedigender Korrosionsschutz erzielt, bes. wenn die Metallschicht noch mit einer Schicht aus plast. Kunststoffen auf Vinylbasis überzogen ist. — Abbildungen. (Welding J. **31.** 791—98. Sept. 1952.) MARKHOFF. 6516

Krahirus, *Die Entwicklungsgeschichte der Verchromung.* Überblick. (Metallwaren-Ind. Galvano-Techn. **45.** 11—14. Jan. 1954.) WINIKER. 6518

A. Pollack, *Dreißig Jahre Verchromung.* (*Die technischen Arten der Anwendung.*) (Metallwaren-Ind. Galvano-Techn. **45.** 15—17. Jan. 1954.) WINIKER. 6518

C. F. Paulson und **G. H. Saunders,** *Stabilität von Ionenaustauscherharzen gegenüber Chromsäure-Galvanisierbädern.* Im Permutit QS wurde ein Kationenaustauscher gefunden, der es ermöglicht, 40%ig. Chromsäurelsgg. aufzuarbeiten, ohne daß Verdünnung notwendig wird. Auf die näheren Arbeitsbedingungen wird eingegangen. — Diskussion. (Plating **40.** 1005—09. Sept. 1953. Birmingham, N. J., u. New York, N. Y., Permutit Comp.) SPINDLER. 6518

K. Oganowski, *Verzinken durch das Sendzimir-Verfahren.* (Vgl. C. **1952.** 130.) Beschreibung des Verfahrens. — Abbildungen u. Diagramme. (Blast Furnace Steel Plant **38.** 912—16. Aug. 1950. Armco Steel Corp.) MARKHOFF. 6522

Wolfgang Thury, *Beitrag zum kathodischen Korrosionsschutz.* Definition des Begriffes sowie Hinweis auf Anwendungsmöglichkeiten u. Grenzen des Verfahrens. Überblick über Versuchsergebnisse über Effekt u. Aufwand des kathod. Schutzes von *Fe* u. *Al* in einigen Korrosionsmitteln, wie in 5%ig. H_2SO_4, Na_2CO_3, in 3%ig. NaCl, in 5%ig. NH_4Cl u. in 5%ig. $Al(NO_3)_3$. (Werkstoffe u. Korrosion **5.** 84—87. März 1954. Leoben.) MARKHOFF. 6538

R. de Brouwer, *Kathodischer Schutz von vergrabenen Metallgegenständen.* Ein kathod. Schutz kann erhalten werden durch Ableiten der vagabundierenden Ströme (polarized drainage), durch Aufdrücken eines negativen Potentials über eine variable Drossel (forced drainage), durch Anwendung eines zusätzlichen Stromes u. durch die Anwendung von akt. Metallen, wie Zn oder Mg. (Water and Water Engng. **56.** 97—102. März 1952. Brüssel, Soc. Distribution du Gaz.) J. FISCHER. 6538

F. O. Waters, *Bodenwiderstandsmessungen zur Korrosionskontrolle.* Verss. zeigten, daß der elektr. Widerstand eines Bodens ein roher Maßstab für seine Korrosivität ist. Die Vor- u. Nachteile einiger Meßinstrumente werden beschrieben. (Corrosion [Houston] **8.** 407—09. Dez. 1952. Los Angeles, Calif., Southern California Gas Co.) MARKHOFF. 6540

Consolidated Mining and Smelting Co. of Canada Ltd., Montreal (Erfinder: **Byron Angus Stimmel, Kenneth Duncan McBean** und **Graham Cruickshank,** Trail, British Columbia), Canada, *Rösten von mineralischen Sulfiden im Schwebezustand.* Unter Vermeidung eines Wärmeverlustes werden geregelte Mengen feuchter Sulfide mittels der in der Röstkammer gebildeten heißen Gase einer Trocknung auf mehreren übereinanderliegenden, mit der Röstkammer zusammenhängenden Trocknungsherden mit einem den obersten Trocknungsherd abschließenden Deckel mit stufenweise zunehmender Temp. (ca. 120—150° im obersten u. 320—480° im darunterliegenden Trockenherd) unterzogen, wobei zunächst ein teilweises u. in den folgenden Stufen ein vollständiges Trocknen ohne Bldg. von SO_2 oder SO_3 stattfindet, worauf die getrockneten Sulfide, gegebenenfalls nach Vermahlung, zusammen mit oxydierenden Gasen in die Röstkammer geblasen werden. Die Menge der dem obersten Trocknungsherd zugeführten heißen Gase, sowie Trocknungsgrad u. -zeit der Füllung werden bes. so geregelt, daß die abziehenden feuchten Gase im wesentlichen frei von mitgerissenen Teilchen sind. Die heißen Röstgase können durch Wärmeaustauscher zur Vorerhitzung der in die Röstkammer einzuführenden oxydierenden Gase u./oder durch einen Wärmeaustauscher zur Umwandlung der Wärme der heißen Röstgase in nutzbare Energie geleitet werden. — Abb., Vorrichtungen. (**D. B. P. 885 394** Kl. 12i vom 5/2. 1937, ausg. 3/8. 1953. Neuseel. Prior. 18/4. 1936.) ZÜRN. 6379

New Jersey Zinc Co., New York, N. Y., übert. von: **Howard M. Cyr, Charles W. Siller** und **Tracey F. Steele,** Palmerton, Pa., V. St. A., *Wirbelschichtverfahren.* In einem zylinderförmigen Reaktionsgefäß werden ohne Zwischenschaltung von Rosten 2 oder mehrere Wirbelschichten erzeugt, indem z. B. 15—50 (%) des Gases von unten zur Erzeugung der untersten u. wenigstens 50 zur Erzeugung der oberen Schicht eingeleitet werden, wobei die D. der unteren Schicht z. B. 75—90, die der oberen 55—75, bezogen auf den nicht aufgewirbelten Feststoff, beträgt. Es können auch 3 oder mehr Schichten erzeugt werden, u. das Reaktionsgefäß kann an Stelle der oberen Schichten größeren Querschnitt aufweisen. — Das Verf. dient zum *Rösten sulfid. Erze.* — Zeichnungen. (**A. P. 2 621 118** vom 5/2. 1949, ausg. 9/12. 1952.) MATTHAES. 6379

United States Steel Co., New Jersey, N. J., übert. von: **Karl F. Schauwecker,** Franklin Park, Ill., V. St. A., *Stahl für Lager mit guter Verformbarkeit und hoher Härtefestigkeit* besteht aus 0,95—1,15 (%) *C,* 0,25—0,60 *Mn,* maximal 0,35 *Ni,* 1,35 bis 1,65 *Cr,* maximal 0,35 *Cu,* 0,75—1,25 *Al* u. 0,20—0,50 *Si* mit der Maßgabe, daß die Gesamtgehh. an Al u. Si zwischen 1,00 u. 1,75 liegen, sowie Rest Eisen mit den üblichen

Verunreinigungen. Zweckmäßig wird der Stahl von ca. 800° in W. abgeschreckt u. längere Zeit bei ca. 290° angelassen. (**A. P. 2 639 985** vom 11/8. 1949, ausg. 26/5. 1953.) HOCHSTEIN. 6411

Siemens-Schuckertwerke Akt.-Ges., Berlin und Erlangen (Erfinder: **Günther Ritzau**, Dortmund-Aplerbeck, und **Otto Berenstecher**, Berlin-Britz), *Herstellung von binären Eisen–Aluminium-Legierungen.* Eine *Fe–Al*-Legierung wird neutral bzw. oxydierend erschmolzen, derart, daß selbst Spuren von C oder C-Verbb. von der Legierung ferngehalten werden u. daß die Legierung vor dem Vergießen durch Überhitzen auf mindestens 1600° vorbehandelt wird. Vorzugsweise wird die so hergestellte Legierung als Werkstoff für solche Gegenstände benutzt, welche zunderbeständig, beständig gegen glühende Kohle u. C-haltige Dämpfe sowie unmagnet. sein sollen. (**D. B. P. 901 180** Kl. 18b vom 16/9. 1944, ausg. 7/1. 1954.) HOCHSTEIN. 6411

Hans Stüdemann, Deutschland, *Korrosionsbeständige und bearbeitbare Eisen–Aluminium–Mangan-Legierungen* enthalten 0,05—1,50 (%) *C*, 10,00—25,00 *Al* u. 1,00—10,00 *Mn*. Außerdem kann die Legierung noch 0,05—1,00 *S* u./oder 0,25—5 *Sb* sowie 0,05—0,8 *Ti* enthalten. Die Legierung besitzt eine gute spanabhebende Bearbeitbarkeit. (**F. P. 1 039 014** vom 25/6. 1951, ausg. 5/10. 1953.) HOCHSTEIN. 6411

Westinghouse Electric Corp., East Pittsburgh, Pa., übert. von: **Ezekiel F. Losco** und **Frederick C. Hull**, Pittsburgh, Pa., V. St. A., *Herstellung von Schraubenbolzen.* Eine geschmiedete Stange aus einer austenit. Legierung, die *Ni*, *Fe* u./oder *Co* als Grundmetall, ferner *Cr* u. ein ausscheidungsfähiges Element enthält, wird unterhalb der Rekristallisationstemp. mit einem Verformungsgrad von 10—25% kaltverformt u. darauf unterhalb von 900° angestaucht, worauf die angestauchte Stange einem ½—4 std. Lösungsglühen zwischen 950 u. 1260° unterworfen wird, um die Legierung unter Entfestigung zu rekristallisieren u. um eine im wesentlichen gleichmäßige, feine Korngröße im angestauchten Kopf u. im Stangenschaft zu erhalten. Abschließend wird die angestauchte Stange bei einer Temp. zwischen 650—870° mit einer Dauer von 20—100 Std. angelassen. — Schliffbilder. (**A. P. 2 637 672** vom 22/8. 1950, ausg. 5/5. 1953.) HOCHSTEIN. 6411

Gußstahlwerk Witten Akt.-Ges., Deutschland, *Hohlbohrstahl mit Hartmetallauskleidung oder anderen angebrachten Schneidteilen* besteht aus 0,4—0,7 (%) *C*, 0,7—1,5 *Si*, Rest Eisen mit den üblichen Gehh. an *P* u. *S* sowie 0,4—0,8 *Mn*. Der Stahl ist in seiner ganzen Länge zwecks Erzielung einer Festigkeit von über 90 kg/mm² wärmebehandelt worden. Der Stahl kann auch 0,8—1,5 *Mn* sowie noch 0,5—1,5 *Cr*, 0,05—0,2 *V*, 0,5—2 *Ni* u./oder 0,05—0,2 *Mo* enthalten. Vorzugsweise enthält der Stahl ca. 0,5—2 Cr u. 1,25 *W*. Nach der aus Härten bestehenden Wärmebehandlung wird der Hohlbohrstahl noch einer leichten Kaltverformung durch Ziehen unterworfen. (**F. P. 1 025 195** vom 27/9. 1950, ausg. 13/4. 1953. D. Priorr. 7/12. 1949 u. 27/2. 1950.) HOCHSTEIN. 6411

Soc. d'Électro-Chimie, d'Électro-Métallurgie et des Acieries Électriques d'Ugine, Paris, Frankreich, *Herstellung von Metallpulvern, insbesondere von Eisenpulvern.* Man löst in einer Säure mindestens ein in Pulver zu verwandelndes Metall, mischt mit der erhaltenen Lsg. nach Filterung eine $(NH_4)_2CO_3$-Lsg., wäscht das entstandene Metallcarbonat, trocknet u. erhitzt es. Dann red. man das Oxyd in einer oder mehreren Stufen bei Tempp. von mindestens 500°. — Schema. (**D. B. P. 873 539** Kl. 12n vom 22/5. 1951, ausg. 16/4. 1953. F. Prior. 22/5. 1950.) NEBELSIEK. 6475

Rudolf Kürth, vertreten durch **Gertrud Molkentin** geb. **Kürth**, Berlin, *Metallpulver für Sinterzwecke.* Um die Hohlräume zwischen den Staubpartikeln von Sinterkörpern auszufüllen, werden die Partikel mit Binde- oder Füllmittel dem Kraftfeld elektr. Kurzwellen, gegebenenfalls unter äußerem Druck, ausgesetzt. Hierdurch erfolgt durch die Feinstverteilung der Bindemittel zwischen den Partikeln, Kristallen u. Kristalloiden eine Vergrößerung der Haftfähigkeit u. damit die Möglichkeit höherer Umdrehungszahlen von Schmirgel-, Schneid-, Polierwerkzeugen u. dgl., die aus den Pulvern auf dem Sinterwege hergestellt worden sind. (**D. B. P. 891 452** Kl. 40b vom 25/7. 1940, ausg. 28/9. 1953.) GÖTZE. 6475

Akt.-Ges. für Unternehmungen der Eisen- und Stahlindustrie, Essen (Erfinder: **Hans-Heinz Meyer**, Essen, und **Paul Witting**, Langenwang/Allgäu), *Wärmebehandlung gesinterter Dauermagnete.* Bei über 1050° gesinterte Dauermagnete aus *Fe–Ni–Al*-Dauermagnetlegierungen, in denen Ni ganz oder teilweise durch *Co* u. *Al* durch Ti ersetzt werden kann u. die außerdem noch *Cu*, *Co*, *Mn*, *Mo* enthalten können, werden mit Tempp. zwischen 1350 u. 900° in ein Magnetfeld gebracht u. dort bis ca. 500° oder tiefer abgekühlt. Anschließend können die Magnete noch bei Tempp. zwischen 550 u. 700° angelassen werden. Zweckmäßig werden Legierungen mit 6—13 (%) *Al*,

10—25 Ni, 10—35 Co, 0—8 Cu, Rest Eisen oder mit 1—15 Al, 5—25 Ni, 10—40 Co, 0—8 Cu, 0,5—15 Ti, Rest Eisen verwendet. (**D. B. P. 896 503** Kl. 18c vom 21/4. 1940, ausg. 12/11. 1953.) HOCHSTEIN. 6475

Siemens-Schuckertwerke Akt.-Ges., Berlin und Erlangen (Erfinder: **Günther Ritzau**, Dortmund-Aplerbeck), *Werkstoff für Teile, welche mit geschmolzenem Aluminium oder geschmolzenen Aluminiumlegierunegn in Berührung kommen.* Verwendet wird ein gesintertes inniges Gemenge von *Fe* u. Al_2O_3, das vorzugsweise ca. 50 Gew.-% Fe bzw. Al_2O_3 enthält. Der Werkstoff eignet sich bes. für Spritzgußmaschinen u. Kabelpressen, die Al oder Al-Legierungen verarbeiten. (**D. B. P. 897 715** Kl. 18d vom 25/8. 1943, ausg. 23/11. 1953.) HOCHSTEIN. 6475

Allmänna Svenska Elektriska Aktiebolaget, Schweden, *Induktive Erhitzung von Knüppeln auf Schmiedetemperatur.* Die Erhitzung wird in mindestens zwei Stufen durchgeführt u. erstreckt sich auf unterschiedliche Knüppellängen. Bei einem magnetisierbaren Werkstoff wird die Erhitzung in der ersten Stufe bis zum magnet. Umwandlungspunkt oder kurz darüber u. in der zweiten bis zur Schmiedetemp. durchgeführt. Die Erhitzung wird zweckmäßig so durchgeführt, daß, wenn das äußerste Knüppelende Schmiedetemp. angenommen hat, der benachbarte Teil auf eine Zwischentemp. erhitzt ist, die grade hoch genug ist, um in der nächsten Erhitzungsstufe die Schmiedetemp. zu erreichen. — Abbildung. (**F. P. 1 031 745** vom 21/12. 1950, ausg. 25/6. 1953. Schwed. Prior. 21/12. 1949.) HOCHSTEIN. 6493

Deutsche Edelstahlwerke Akt.-Ges. (Erfinder: **Gerhard Seulen**), Krefeld, *Schutzmittel für Metallteile gegen Oberflächenoxydation während einer induktiven Erhitzung* besteht aus einem die zu schützenden Teile abdeckenden metall. oder porigen keram. Schutzmantel. Zweckmäßig ist der keram. Überzug derart, daß durch seine Poren ein Schutzgas auf der Oberfläche des zu behandelnden Teiles während seiner Behandlung festgehalten wird. (**F. P. 1 032 248** vom 9/2. 1951, ausg. 30/6. 1953. D. Prior. 7/8. 1950.) HOCHSTEIN. 6493

Otto Junker, Lammersdorf über Aachen, *Vergüten von Bändern oder Drähten aus Aluminium oder Aluminiumlegierungen* wird dad. bewirkt, daß in dem eine kurzgeschlossene Schleife bildenden Band bzw. Draht ein Induktionsstrom erzeugt wird. Zweckmäßig wird die Schleife durch ein Triowalzwerk geführt, dessen Walzen den elektr. Kurzschluß der Band- bzw. Drahtschleife bewirken. (**D. B. P. 888 181** Kl. 40d vom 4/4. 1944, ausg. 31/8. 1953.) GÖTZE. 6493

Aluminum Co. of America, Pittsburgh, Pa., V. St. A., übert. von: **Eric Shelton-Jones,** London, England, *Chemisches Glänzen von Aluminium und seinen Legierungen.* Die Gegenstände werden in konz. H_3PO_4 oder einem Gemisch von H_3PO_4 u. H_2SO_4 bei ca. 100° wenige Min. behandelt, z. B. in einer Lsg. von 50 (%) H_3PO_4 (D. 1,72) u. 50 H_2SO_4 (D. 1,84) bei 100—120° 5—10 Minuten. Das Verf. eignet sich als Vorbehandlung bei der anod. Oxydation von Al. (**A. P. 2 650 156** vom 10/9. 1947, ausg. 25/8. 1953. E. Prior. 13/9. 1946.) MARKHOFF. 6513

Aluminum Co. of America, Pittsburgh, übert. von: **William C. Cochran,** New Kensington, Pa., V. St. A., *Chemisches Glänzen von Aluminium.* Die Gegenstände werden in einer über ca. 70° warmen Lsg. von 73—83 (%) H_3PO_4, 2—5 HNO_3 u. 14—23 *W.* behandelt, der noch *Essigsäure* oder H_2SO_4 zugesetzt sein können. Beispiel: 70 (Gew.-%) H_3PO_4, 2 HNO_3, 13 W. u. 15 Essigsäure. In $^1/_4$—5 Min. wird in der 100° warmen Lsg. eine Steigerung des Glanzes erzielt. (**A. P. 2 650 157** vom 31/12. 1947, ausg. 25/8. 1953.) MARKHOFF. 6513

Aluminum Co. of America, Pittsburgh, übert. von: **Walter G. Zelley,** New Kensington, Pa., V. St. A., *Chemisches Glänzen von Nickel.* Die Gegenstände werden in einer Lsg. aus 45—60 (%) H_3PO_4, 15—25 H_2SO_4, 8—15 HNO_3 u. 10—20 *W.* bei einer Temp. oberhalb von 65° behandelt. Beispiel: 52 (Gew.-%) H_3PO_4, 21 H_2SO_4, 12 HNO_3 u. 15 Wasser. In kurzer Zeit erhält man glänzende Oberflächen. (**A. P. 2 638 410** vom 16/1. 1951, ausg. 12/5. 1953.) MARKHOFF. 6513

Wacker-Chemie G. m. b. H., München, *Reinigen von Gegenständen aus starrem Material.* Das Reinigungsgut wird in Fll., wie *Trichloräthylen, Perchloräthylen,* behandelt, das kugeliges *Polyvinylchlorid* in feiner Verteilung enthält. Das feinverteilte Material entfernt von den zu reinigenden Oberflächen die unlösl. Stoffe, wie Schleifmittelreste, Lagerstaub. (**Schwz. P. 293 129** vom 15/2. 1951, ausg. 1/12. 1953. D. Prior. 26/10. 1950.) MARKHOFF. 6513

Poor & Co., Chicago, Ill., V. St. A., *Reine Zn-Aldonate* erhält man durch Rk. von 1 (Mol) ZnO mit ca. 2 einer Aldon-, z. B. Gluconsäure, in ca. 50%ig. wss. Lsg. bei ca. 120—170° F. — Verwendung zur Herst. von *Zn-Elektroplattierbädern.* (**E. P. 693 592** vom 3/6. 1949, ausg. 1/7. 1953. A. Prior. 19/6. 1948.) MÜLLER-MEININGEN. 6523

United States Steel Co., übert. von: **John W. Andrews**, Pittsburgh, Pa., V. St. A., *Galvanisches Bad zur Abscheidung von Zinn und Zinnlegierungen* besteht aus einer sauren Lsg. eines Sn-Salzes der HBF_4, H_2SO_4 oder Phenolsulfonsäure u. einem Zusatzstoff, der aus 60—85 (Gew.-%) 4.4'-Dihydrodiphenylsulfon u. 40—15 2.4'-Dihydrodiphenylsulfon besteht. Beispiel: g/Liter: 30—60 *Phenolsulfonsäure*, 30—45 H_2SO_4, 30—50 *Sn* u. 6—12 Zusatzstoff. Die Bäder arbeiten bei 90—120° F (32—49° C) u. Stromdichten von 25—600 A/sq. ft (2,6—64 A/dm²). Die aus den Bädern erzeugten Ndd. sind dicht, duktil u. zeigen Glanz. — Diagramme. (**A. P. 2 633 450** vom 27/5. 1949, ausg. 31/3. 1953.) MARKHOFF. 6525

Meinecke Metallurgie G. m. b. H., Hannover (Erfinder: **Erich Pelzel**, Linz, Österreich), *Verzinnen von Metallgegenständen*. Der Gegenstand wird in ein fl. Bad von wasser-, oxyd- u. oxychloridfreiem, durch Eindampfen einer salzsauren, wss. $SnCl_2$-Lsg. hergestellten Schmelze getaucht. Die Lsg. enthält so viel *KCl*, daß ein Komplexsalz der Zus. 1 KCl : 3 $SnCl_2$ bis 1 KCl : 1 $SnCl_2$ entsteht. KCl kann ganz oder teilweise durch $ZnCl_2$ ersetzt werden. (**D. P. [DDR] 1867** Kl. 48b vom 8/3. 1944, ausg. 12/1. 1953 [Ausschließungspatent].) HOLM. 6525

Deutsche Gold- und Silberscheideanstalt vormals Roessler, Frankfurt/M. (Erfinder: **Walter Blomeyer, August Barthel** und **Alfred Haeuser**, Hanau/M.), *Metallischer Formkörper*, besteht aus einem Metallkern aus unedlen Metallen, einer diffusionshemmenden Zwischenschicht u. einem Mantel aus Edelmetallen. Die Zwischenschicht mit einer Dicke bis 10 μ, bes. 1—3 μ besteht aus *Re* oder *Ru* oder den Metallen der 4., 5. oder 6. Nebengruppe des Period. Syst., bes. *Ti*, *V*, *Nb*, *Ta*, *Mo* oder *W*. Als Kern werden *Cr-Stähle* oder durch Sintern hergestellte Verbundwerkstoffe auf *Ag*-Basis, z. B. Ag–W, Ag–Mo oder Ag–Ni, verwendet. Bei derartigen Zwischenschichten genügt eine Au-Auflage von 4 μ Stärke, um beim Erhitzen auf 800° ein Diffundieren des Kernmetalls in die Oberfläche zu verhindern, so daß der Edelmetallcharakter der Metalloberfläche erhalten bleibt. (**D. B. P. 904 490** Kl. 48b vom 2/3. 1952, ausg. 18/2. 1954.) VIER. 6527

H. A. Wilson Co., Newark, übert. von: **Edward Joseph Guinee**, Roselle, N. J., V. St. A., *Graphithaltige Silberschicht auf Stahl für elektrische Kontaktelemente*. Auf den Stahl wird eine reine Ag-Schicht aufgebracht, auf die das Graphit–Ag-Pulvergemisch aufgeschweißt wird. Danach wird bis zur endgültigen Dicke kalt gewalzt. Der Graphitgeh. soll 2—6% betragen. (**A. P. 2 652 624** vom 28/8. 1948, ausg. 22/9. 1953.) VIER. 6527

Libbey-Owens-Ford Glass Co., Toledo, Ohio, übert. von: **Arthur R. Weinrich**, North Wilkesboro, N. C., V. St. A., *Erzeugen einer Metalloxydschicht in einem mehrschichtigen Körper*. Man bringt zuerst auf der Grundschicht durch therm. Verdampfung im Vakuum eine Schicht aus einem leicht oxydierbaren Metall, wie *Al*, *Zn*, *Pb*, *Fe* oder *Ti*, auf, u. zwar in einer solchen Dicke, daß die Schicht durchoxydiert werden kann. Auf dieser Schicht wird dann ebenfalls durch therm. Verdampfung im Vakuum eine schwer oxydierbare Schicht, z. B. aus MgF_2, aufgebracht, die aber so dünn ist, das bei der sich anschließenden Oxydation in oxydierender Atmosphäre u. bei n. Druck der O_2 durchdiffundieren u. die darunterliegende Schicht durchoxydieren kann. Die Schichten dienen z. B. zur Reflexionsverminderung von Glas. — Abbildungen. (**A. P. 2 628 921** vom 18/4. 1949, ausg. 17/2. 1953.) MARKHOFF. 6531

Max Strötzel, Deutschland, *Herstellung von Schutzüberzügen auf Metallen*. Auf die Gegenstände wird ein *Cr*-Überzug durch Diffusion oder elektrolyt. aufgebracht. An der Oberfläche wird der Cr-Überzug durch Erhitzen in einer O_2-haltigen Atmosphäre oxydiert, dabei kann die Atmosphäre an O_2 angereichert sein. Die Erhitzung kann durch Hochfrequenz vorgenommen werden. Die Überzüge eignen sich z. B. für Turbinenschaufeln u. für Zylinder u. Kolbenringe, die sich verhältnismäßig leicht schmieren lassen. (**F. P. 1 027 202** vom 4/11. 1950, ausg. 8/5. 1953. D. Prior. 5/11. 1949.) VIER. 6531

Siemens-Schuckertwerke Akt.-Ges., Berlin und Erlangen (Erfinder: **Erich Fenner**, Berlin-Siemensstadt), *Herstellung von gegen flüssiges Aluminium beständigen Werkstoffen*. Die zuerst mit *Phosphat*-Schicht überzogenen Werkstücke werden nach dem Trocknen bei 750—900° in oxydierender Atmosphäre behandelt. Es bildet sich eine gegen fl. Al sehr widerstandsfähige Schutzschicht. Das Verf. ist bes. zum Überziehen von Kokillengußformen geeignet, aber auch für Al-Pressen. (**D. B. P. 903 300** Kl. 48d vom 24/11. 1944, ausg. 4/2. 1954.) MARKHOFF. 6531

Comp. d'Applications Chimiques à l'Industrie, Frankreich, *Erzeugen von Phosphatschichten auf Metallen, wie Eisen und Zink*. In den mit Chloraten als Beschleunigern arbeitenden Phosphatierungslsgg. wird der Geh. an freier Phosphorsäure ganz oder teilweise ersetzt durch andere Säuren, wie H_2SO_4, *Aminosulfon-*, *Salz-* oder *Ameisen-*

säure. Ersparnis an H_3PO_4, ohne die Schichtbldg. zu beeinträchtigen. (**F. P. 1 045 538** vom 28/11. 1951, ausg. 22/11. 1953.) Markhoff. 6533

Soc. Continentale Parker, Frankreich, *Herstellen von Zieh- und Preßteilen aus Blechen und Bändern.* Die Bleche u. Bänder werden vor dem Pressen oder Tiefziehen phosphatiert u. einer Vorverformung, z. B. durch Walzen, unterworfen. Die Phosphatierung wird im Schnellverf. mit *Zn-Phosphat*-Lsg., z. B. mit nitrathaltiger Zn-Phosphatlsg., durchgeführt. (**F. P. 1 031 800** vom 3/1. 1951, ausg. 26/6. 1953.) Vier. 6533

Mario Mainardis, I forni elettrici e le industrie elettrosiderurgiche, elettrometallurgiche, elletrochimiche, elettrotermiche, elettrolitiche. 3a ed. Milano: U. Hoepli. 1953. (XXXII + 686 S. m. Abb.) L 3500,—

—, Werkstoff-Handbuch Stahl und Eisen. Hrsg. vom Verein Deutscher Eisenhüttenleute. Mit dem Werkstoffausschuß des Vereins Dt. Eisenhüttenleute u. zahlreichen Fachgenossen bearb. von **Karl Daeves.** 3. vollst. neu bearb. Aufl. (Losebl.-Ausg.) Düsseldorf: Verl. Stahleisen. 1953. (228 Bilder, 226 Zahlentaf. u. Übersichtsbl.) DM 78,—.

IX. Organische Industrie.

R. E. Kinney und **D. J. Crowley,** *Pyrolyse von C_2- und C_3-Kohlenwasserstoffen.* Durch Pyrolyse von über $CaSO_4$ getrocknetem *Äthan* (**II**), *Äthylen* (**I**), *Propan* (**III**) u. *Propylen* (**IV**) bei ca. 1500° F (800° C) in einem elektr. beheizten Vycor-Rohr wurde die höchst erreichbare Ausbeute an **I** u. Aromaten ermittelt. Die höchste **I**-Ausbeute (Gew.-%, bezogen auf umgewandeltes Ausgangsmaterial) betrug 30% aus **III**, 45% aus **IV** u. über 85% aus **II**. Die höchste Aromatenausbeute betrug 28% aus **II** u. **IV**, 43% aus **III** u. 56% aus **I**, wobei die aromat. KW-stoffe Bzl. bis zu hochkondensierten Ringverbb. enthielten. Die Verteilung der aromat. Verbb. ist eine Funktion der Kontaktzeit bei einer gegebenen Temp. u. scheint unabhängig zu sein von der Natur der Ausgangs-KW-stoffe. Durch die Wahl geeigneter Reaktionsbedingungen u. Ausgangsmaterialien kann sowohl das Verhältnis von **I**:Aromaten als auch das Verhältnis von leichteren zu schweren Aromaten über einen weiten Bereich variiert werden. (Ind. Engng. Chem. **46.** 258—64. Febr. 1954. Paulsboro, N. J., Socony-Vacuum Labor., Res. and Developm. Dep.) K. O. Müller. H 520

—, *Citronensäure aus Citronen.* Schemat. Darst. u. kurze Beschreibung der Citronensäuregewinnung aus Citronensaft. (Food Engng. **25.** Nr. 6. 162—65. Juni 1953.) Fresenius. H 850

Otakar Černý, *Neue Methode zur Darstellung von synthetischem Phenol.* Beschreibung der Meth. von Hock u. Lang (C. **1944.** II. 523) zur Oxydation von Cumol zum Peroxyd u. dessen Spaltung mit H_2SO_4 zu Phenol u. Aceton. (Chem. Průmysl **2.** (**27**). 201—03. 1952. Východočeské chem. závody.) Rotter. H 1060

Ruhrchemie Akt.-Ges., Oberhausen (Erfinder: **Karl Büchner,** Duisburg, und **Heinrich Heckel,** Dinslaken), *Herstellung von Kobalt und/oder Nickel enthaltenden CO-Hydrierungskatalysatoren* aus Sulfatlösungen. Zur Fällung der Co- oder Ni-Katalysatoren können an Stelle der bisher üblichen Nitratlsgg. die Sulfate benutzt werden, wenn die Fällung mit Lsgg. von Alkalihydroxyden oder -carbonaten einer Konz., die höchstens die Hälfte der Konz. des Fällungsmittels besitzt, bes. $^1/_{10}$ n. oder weniger ist, ausgewaschen werden. Die beste Aktivierung wird erreicht, wenn zuerst mit W. u. dann mit der Lauge gewaschen u. schließlich der Überschuß an Alkali durch Waschen mit W. beseitigt wird. Das Verf. ist bes. geeignet zur Regenerierung der Katalysatoren. (**D. B. P. 884 791** Kl. 12o vom 6/8. 1941, ausg. 30/7. 1953.) Herold. H 500

I. G. Farbenindustrie Akt.-Ges., Frankfurt/M. (Erfinder: **Gustav Wirth, Franz Sabel** und **Hans Laudenklos,** Leuna, Kr. Merseburg), *Katalytische Umsetzung von CO mit H_2 zu Kohlenwasserstoffen* (**I**). Eine Steigerung der üblichen Gasdurchsatzgeschwindigkeit auf ein Mehrfaches bedingt zwar eine Verringerung der Ausbeute an **I**, bezogen auf eingesetztes Synthesegas. Die absol. Ausbeute steigt jedoch bis zu einem Maximalwert, der je nach Katalysatoraktivität, Temp., Druck u. Bauart der Anlage bei ca. 200—600 cm³ stündlichem Gasdurchsatz je cm³ Katalysatorraum liegt, u. fällt dann wieder ab. Erfindungsgemäß wird in diesem Maximumbereich gearbeitet, was den Vorteil hat, daß die gleiche Gesamtausbeute mit einem kleinen Katalysatorraum erreicht wird u. daß die betriebsüblichen Schwankungen in der Gaslieferung usw. keinen merklichen Einfl. auf den Umsatz haben. Es kann unter Kreislaufführung, mit oder ohne zwischengeschaltete Abtrennung der fl. Reaktionsprodd. sowie in einer oder mehreren Stufen, zweckmäßig unter Abtrennung der fl. Reaktionsprodd., gearbeitet werden. Die Synth. wird mit den üblichen Katalysatoren (Metalle der Fe-Gruppe) bei 150—350° u. 1—100, bes. 10—30 at, durchgeführt. (**D. R. P. 764 766** Kl. 12o vom 10/1. 1939, ausg. 17/8. 1953.) Herold. H 500

Standard Oil Development Co., Elizabeth, N. J., V. St. A., *Adsorptionsmittel für Gase*, bes. zum Abtrennen normalerweise *gasförmiger KW-stoffe*. Aus dem Säureschlamm der Erdölreinigung wird ein bes. Koks gewonnen, indem man den Säureschlamm in einer Zersetzungszone mit heißem Koks bei 400—750° F (bes. 600—700° F) genügend lange verrührt, um alle flüchtigen Prodd. zu verdampfen. Der carbonisierte Schlamm wird dann in einem Ofen bei 600—1200° F, bes. 1000—1200° F, 5—25 Min. (abhängig von dem gewünschten Kokstyp) mit Luft teilweise verbrannt u. nach dem Abkühlen zerkleinert. Ca. 6/7 des so erhaltenen Erdölkokses gehen zur Zersetzungszone zurück, der Rest wird wie folgt weiterbehandelt, um ein Absorptionsmittel zu ergeben. Der Koks wird bei 1350—1800° F, bes. 1400—1650° F, mit Wasserdampf oder CO_2 bzw. einem CO_2-haltigen Gas behandelt, wobei sich sein Gewicht vermindert. Die beste Adsorptionsaktivität erhält man, wenn diese Behandlung bis zu einer Ausbeute von 10—30 (Gew.-%) des eingesetzten Kokses fortgesetzt wird. Diese Prodd. sind aber für techn. Zwecke zu leicht u. zu wenig widerstandsfest. Oberhalb einer Ausbeute von 75 bei der Dampfbehandlung bzw. 65 bei der CO_2-Behandlung ist die Adsorptionsfähigkeit zu gering. Gutes Adsorptionsvermögen zeigen Kokse, die in Ausbeuten von 30—75% bei der Dampf- u. 20—65% bei der CO_2-Behandlung gewonnen wurden. Ein bes. Trennvermögen für (besser adsorbierte) schwere KW-stoffe von leichteren, z. B. C_3H_8 von C_2H_4, erhält man bei Koksausbeuten von 50—60% für dampf- u. 40—50% für CO_2-behandelten Koks. Bei der Behandlung mit H_2O oder CO_2 kann der Koks als festes, bewegtes oder Wirbelbett vorliegen. — Zeichnungen. (**E. P. 693 502** vom 14/9. 1950, ausg. 1/7. 1953. A. Priorr. 12/10. u. 14/12. 1949.) HEROLD. H 510

Standard Oil Development Co., Elizabeth, N. J., übert. von: **Joe L. Franklin jr.**, Baytown, Tex., V. St. A., *Photochemische Herstellung verzweigter Paraffinkohlenwasserstoffe* durch Alkylieren von Paraffinen (I) mit 3—5 C-Atomen mit Olefinen (II) mit 3—5 C-Atomen. Das I in mol. Überschuß enthaltende Gemisch aus I u. II wird in Ggw. von (bes. mehr als 0,001 mm) Hg-Dampf im kontinuierlichen Strom mit Hg-Licht (bes. 2537 Å) ca. 4 Min. behandelt. Aus Isobutan u. Propylen im Mol-Verh. 1:1 erhält man z. B. bei 175° F u. Normaldruck mit 4 Min. Belichtungszeit 19% *2.2.3-Trimethylbutan*, 33% *2.2.3.3-Tetramethylbutan* neben 30% Olefinen u. 18% nicht identifizierten KW-stoffen. (**A. P. 2 636 853** vom 28/12. 1949, ausg. 28/4. 1953.) HEROLD. H 510

Soc. An. des Manufactures des Glaces et Produits Chimiques de Saint Gobain, Chauny & Cirey, Seine, Frankreich, *Herstellung von chlorierten Kohlenwasserstoffen*. Man läßt in einem organ. Lösungsm. (Dichloräthan) gelöstes oder dispergiertes $AlCl_3$ vorzugsweise bei 0—20° auf ein Gemisch von Vinylchlorid u. HCl-Gas einwirken. Z. B. versetzt man 20 g mit Vinylchlorid gesätt. 1.1-Dichloräthan mit 1 g $AlCl_3$ u. leitet in die rotgefärbte Lsg. der $AlCl_3$-Komplexverb. ein Gasgemisch von 2 Vol. Vinylchlorid u. 1 Vol. HCl-Gas ein. Wenn keine Absorption des Gasgemisches mehr erfolgt, unterbricht man die Rk., gießt das Reaktionsgemisch in Eiswasser u. treibt die Cl-haltigen Verbb. mit Wasserdampf ab. Das Destillat trocknet man u. unterwirft es der fraktionierten Destillation. Man erhält 275 g neugebildetes 1.1-Dichloräthan u. 125 g *1.1.3-Trichlorbutan*. (**F. P. 1 012 191** vom 29/6. 1949, ausg. 7/7. 1952.) OPPERMANN. H 510

Oreste Flavio Alfredo Biginelli, Puy-de-Dôme, Frankreich, *Stabilisieren von in besonders aus Al und Al-Legierungen bestehenden Metallgefäßen enthaltenem Tetrachlorkohlenstoff*. Man setzt dem CCl_4 Pflanzenöle (z. B. Sesam-, Rüböl) oder organ. Säuren (z. B. Essigsäure) in Ggw. von CO_2 zu. Z. B. versetzt man 100 cm³ CCl_4 mit 5% Sesamöl, Spuren von $AlCl_3$ u. Al-Spänen. Nach 10 std. Kochen dieses Gemisches am Rückflußkühler bildete sich nur wenig schwarzes Kondensat, das nach 16 std. Kochen nicht zunahm. (**F. P. 1 012 289** vom 9/2. 1950, ausg. 8/7. 1952.) OPPERMANN. H 510

I. G. Farbenindustrie Akt.-Ges., Deutschland, *Herstellung von fluorierten Alkylenen*. Man erhält sie durch Erhitzen der Dämpfe von Cl u. F u. mindestens 1 H-Atom enthaltenden gesätt. KW-stoffen ohne oder auch in Ggw. von Katalysatoren (z. B. akt. Kohle, Bimsstein) vorzugsweise bei einem Druck, bei dem die Ausgangssubstanz einen Kp. von ca. 100° hat, auf mehr als 200°. Z. B. erhitzt man 152 g 1.1.2-Trichlor-2-fluoräthan (I) zum Sieden u. leitet die entwickelten Dämpfe durch ein auf 450° erhitztes Quarzrohr. Das gebildete gasförmige Reaktionsgemisch kühlt man zur Kondensation von überschüssigem I auf 30° ab, wäscht es mit W. von 35—40° HCl-frei, trocknet es mit $CaCl_2$ u. kondensiert es. Die Dest. des Kondensats ergab 110 g C_2HCl_2F, Kp. 37,2°, Ausbeute: 96%. Die Dämpfe von Dichlordifluoräthan, auf 650—670° erhitzt, ergaben C_2HClF_2, Kp. 2°, Ausbeute: 97%; die Dämpfe von 186 g Tetrachlorfluoräthan, auf 400—600° erhitzt, 140 g C_2Cl_3F, Kp. 72°. — Zwischenprodukte. (**F. P. 1 013 948** vom 11/11. 1942, ausg. 6/8. 1952.) OPPERMANN. H 520

Ruhrchemie Akt.-Ges., Oberhausen (Erfinder: **August Hagemann**, Duisburg), *Gewinnung synthetischer aliphatischer Alkohole* (**I**), dad. gek., daß zunächst CO u. H_2 enthaltende Gasgemische mit Fe-Katalysatoren in bekannter Weise zu Prodd. umgesetzt werden, die O-haltige Verbb., vorwiegend **I**, u. ungesätt. KW-stoffe in möglichst großen Mengen enthalten, darauf an die olefin. KW-stoffe der Syntheseprodd. unter Verwendung von Co-Verbb., vorzugsweise von wss. $CoSO_4$-Lsgg., unter erhöhtem Druck bei 120—220° CO u. H_2 angelagert u. schließlich die hierbei entstandenen Reaktionsprodd. katalyt. mit H_2 red. werden. Die Red. kann in 2 Stufen mit verschied. Katalysatoren ausgeführt werden. (**D. B. P. 902 492** Kl. 12o vom 4/2. 1950, ausg. 25/1. 1954.) G. König. H 560

Imperial Chemical Industries Ltd., London (Erfinder: **Peter William Reynolds** und **Laurence Roy Pittwell**, Norton-on-Tees), England, *Hydratisierungs- oder Dehydratisierungskatalysatoren.* Pulverförmiges oder pillenförmiges TiO_2-Gel wird mit Para-, Deka- oder Metawolframat oder Silicowolframsäure getränkt u. erhitzt. TiO_2 (hergestellt aus $TiCl_4$ + wss. NH_3 bei p_H 9, Trocknen bei 120 u. Calcinieren bei 400°) wird mit wss. Ammoniummetawolframat, $(NH_4)_2W_4O_{13} \cdot 8H_2O$, angepastet, bei 120° getrocknet u. die geformten Zylinder (3·3 mm) in Alkoholdampf bei 250° reduziert. — Verwendung zur Anlagerung von W. an Propylen zu *Isopropanol.* (**D. B. P. 895 768** Kl. 12o vom 24/2. 1949, ausg. 5/11. 1953. E. Prior. 27/2. 1948.) Krauss. H 560

Badische Anilin- & Soda-Fabrik Akt.-Ges., Ludwigshafen/Rh., *Isobutylalkohol* erhält man bei der CO-Hydrierung in erhöhter Ausbeute, wenn man das aus dem Reaktionsraum austretende Gemisch unter dem Reaktionsdruck in einer Destillationskolonne, unter Zugabe eines wesentliche Mengen Methanol enthaltenden Kondensats als Rückfluß, in eine fl. Phase u. eine Dampfphase trennt. Das Bodenprod. enthält das Isobutylöl u. geringe Mengen Methanol. Teile des Bodenprod. können in den unteren Teil der Kolonne als Rückfluß geleitet werden. Das entweichende Kopfdestillat wird gekühlt u. das Kondensat, enthaltend Methanol, gelangt in die Kolonne oder auch in den Reaktionsraum. — Zeichnung. (**E. P. 682 826** vom 29/11. 1950, ausg. 19/11. 1952. D. Prior. 9/12. 1949.) G. König. H 560

Badische Anilin- & Soda-Fabrik Akt.-Ges., Ludwigshafen/Rh. (Erfinder: **Wilhelm Wenzel**, Frankfurt/M.), *Überführung von niedrigmolekularen Alkoholen in solche mit der doppelten C-Zahl* in Ggw. von <1 (Mol) Alkoholat auf 2 A., dad. gek., daß man die Rk. in Ggw. eines wasserbindenden Mittels (**I**) ausführt. Als **I** kommen solche in Betracht, die bei den Reaktionstempp. (150—260°) W. aufnehmen, z. B. Erdalkalioxyde, Carbide, Hydride oder Nitride der Erdalkalimetalle, des Mg oder des Al. — n Butanol → *Octylalkohol, Buttersäure* u. eine Säure der doppelten C-Zahl. — Geradkettiger Nonylalkohol → *Octadecylalkohol* u. mono- u. dimol. Carbonsäuren. (**D. B. P. 891 253** Kl. 12o vom 1/10. 1943, ausg. 28/9. 1953.) G. König. H 560

I. G. Farbenindustrie Akt.-Ges., Deutschland, *Herstellung von höhermolekularen Alkoholen.* Man kondensiert Crotonaldehyd (**I**) zu geradkettigen Prodd. von der Art des Octatrienals, Dodecapentaenals u. Hexadecaheptaenals u. hydriert das Reaktionsgemisch nach einer vorherigen Behandlung mit Säure (z. B. Essigsäure, H_2SO_4, N_3PO_4). Z. B. kondensiert man ein Gemisch von 140 (g) **I**, 10 Crotonsäure, 1 Pyridin u. 10 Wasser. Das Reaktionsprod. kühlt man ab u. wäscht es mit 40—50 cm^3 20%ig. H_3PO_4. Nach Abtrennung der H_3PO_4 hydriert man es in Ggw. eines Katalysators (z. B. Raney-Ni, Raney-Co, Cr–Ni, Cu–Cr, Kupfer–Chrom–Oxyd einige Std. bei ca. 150° u. 150 at. Das klare Prod. behandelt man mit verd. Säure u. verd. Alkali u. unterwirft es der fraktionierten Destillation. Nach dieser Meth. erhält man im Mittel 45% *Butylalkohol*, 40% *Octylalkohol* u. 10% Alkohole mit höherem Mol.-Gewicht. Die Gesamtausbeute (bezogen auf **I**) beträgt ca. 95%. (**F. P. 1 013 944** vom 27/10. 1942, ausg. 6/8. 1952.) Oppermann. H 560

Distillers Co. Ltd., Edinburgh, **Edward James Gasson, Frank Millidge** und **William Webster**, Great Burgh, England, *1.2-Epoxy-2.4.4-trimethylpentan* erhält man durch Oxydation von α-Diisobuten mittels O_2 in der fl. Phase bei 90—150° in Ggw. eines Katalysators, wobei der p_H-Wert des Reaktionsmediums zwischen 7 u. 10,5 gehalten wird. Die Rk. wird vorteilhaft unterbrochen, wenn nicht >60% des Olefins oxydiert sind. (**E. P. 682 067** vom 22/3. 1950, ausg. 5/11. 1952.) G. König. H 560

I. G. Farbenindustrie Akt.-Ges., Deutschland, *Herstellung von Pinakon.* Man red. eine wss. Acetonlsg. mit einem Alkaliamalgam im Amalgamzersetzer einer Castner-Kellner-Zelle. Z. B. gibt man in den Amalgamzersetzer ein Gemisch von 1 (Teil) Aceton, 3 W. u. 0,1 NaOH. Wenn die Dichte der durch Zers. des Na-Amalgams gebildeten NaOH 1,15—1,20 beträgt, unterbricht man die Red., trennt die NaOH von der Acetonschicht u. dest. das Pinakon ab. Nach diesem Verf. bilden sich auf 1 (Teil)

Pinakon nur 0,26 Isopropylalkohol. Die H_2-Nutzung beträgt 80%. (**F. P. 1 013 967** vom 6/7. 1943, ausg. 6/8. 1952.) OPPERMANN. H 570

I. G. Farbenindustrie Akt.-Ges., Deutschland, *Herstellung von Pinakon aus Aceton.* Man erhält das Pinakon durch Red. einer wss. Acetonlsg. mit Alkalimetallamalgamen in Ggw. von Katalysatoren (z. B. akt. Kohle, Graphit, V 2 A-Legierungen). Hierdurch wird die Bldg. von Isopropylalkohol stark herabgedrückt. Z. B. leitet man in einen mit Graphitstücken gefüllten Turm ein Gemisch von 1 (Gewichtsteil) Aceton u. 2 W. ein u. läßt einen permanenten Strom von Na-Amalgam den Turm passieren. Nach Abtrennung der gebildeten NaOH unterwirft man das Reaktionsgemisch einer fraktionierten Destillation. (**F. P. 1 018 955** vom 28/11. 1942, ausg. 6/8. 1952.) OPPERMANN. H 570

Aerojet Engineering Corp., Azusa, übert. von: **Herman Plaut,** Los Angeles, Calif., V. St. A., *Dinitrodiole* (**I**) der nebenst. allg. Formel erhält man aus Mononitromethanen, die durch eine aliphat., aromat. oder heterocycl. Gruppe substituiert sind u. aliphat. Aldehyden in Ggw. von Alkalien bei Tempp. bis 50°. Das Reaktionsprod. wird neutralisiert u. **I** extrahiert. Es werden hergestellt: *1.4-Dinitro-2.3-butandiol,* F. 134°; *2.5-Dinitro-3.4-hexandiol,* F. 149—150°; *3.6-Dinitro-4.5-octandiol; 1.4-Diphenyl-1.4-dinitro-2.3-butandiol; 2.7-Dinitro-3.6-octandiol.* In der Formel kann R = H, Halogen, Alkyl-, Aryl- oder heterocycl. Gruppe sein; n = 0 oder höher. — Zwischenprodukte. (**A. P. 2 616 923** vom 22/1. 1949, ausg. 4/11. 1952.) G. KÖNIG. H 570

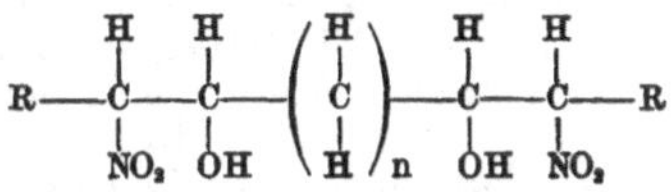

General Aniline & Film Corp., New York, N. Y., übert. von: **Frederick Grosser,** North Plainfield, N. J., V. St. A., *Reines Butandiol-1.4* erhält man aus dem techn. Prod. durch Behandeln mit einem festen Adsorbens, wie akt. Kohle, mit Säure behandeltes Kieselsäuregel, Fullererde u. dgl., bei 50° u. anschließende Dest. des Filtrats im Vakuum. (**A. P. 2 629 686** vom 25/8. 1950, ausg. 24/2. 1953.) G. KÖNIG. H 570

Badische Anilin- & Soda-Fabrik Akt.-Ges. (Erfinder: **Walter Reppe, Willi Schmidt, Alfred Schulz** und **Hans Wenderlein**), Ludwigshafen/Rh., *Herstellung von 1.4-Glykolen* durch Hydrierung von Acetylen-γ-glykolen in der fl. Phase mit Hilfe von Ni- oder Co-Katalysatoren, dad. gek., daß man Lsgg. von Butindiol-(1.4) oder dessen Derivv. der Formel $R_1R_2C(OH)-C{\equiv}C-C(OH)R_3R_4$, in der R_1, R_2, R_3 u. R_4 H oder beliebige aliphat., cycloaliphat., aromat., aliphat.-aromat. oder heterocycl. Reste bedeuten, mit überschüssigem H_2 unter erhöhtem Druck bei $<150°$ über den Katalysator leitet. — Man erhält z. B. aus einer wss. 35%ig. Butindiollsg. bei 50° u. 200 at *Butandiol-(1.4).* Bei 100—120° entstehen geringe Mengen *n-Butanol.* (**D. B. P. 890 944** Kl. 12o vom 17/4. 1938, ausg. 24/9. 1953.) G. KÖNIG. H 570

Imperial Chemical Industries Ltd., London (Erfinder: **William Gordon Allan,** Ardrossan, und **Thomas Joseph Tobin,** Saltcoats), England, *Kontinuierliche Herstellung von Isopropylnitrat* durch kontinuierliche Dest. einer Mischung von leichter flüchtigen Stoffen aus einer kochenden Reaktionsmischung, die aus HNO_3 u. Isopropylalkohol (**I**) gebildet wird, in welche getrennte Ströme von HNO_3 u. **I** einlaufen u. in welcher eine Harnstoffkonz. aufrechterhalten wird, welche ausreichend ist, um die HNO_3 zu zerstören, dad. gek., daß durch die kochende Reaktionsmischung während der kontinuierlichen Dest. ein Strom eines chem. indifferenten Gases hindurchgeleitet wird. (**D. B. P. 902 613** Kl. 12o vom 10/7. 1951, ausg. 25/1. 1954. E. Prior. 24/7. 1950.) G. KÖNIG. H 590

Universal Oil Products Co., Chicago, übert. von: **Ralph B. Thompson,** Riverside, Ill., V. St. A., *Ungesättigte organische Verbindungen und Disulfide* erhält man durch Kondensation eines NH_4-, Alkali- oder Erdalkalimercaptids mit einer organ. Verb. mit zwei vicinalen Halogenatomen; z. B. gibt ein 2.3-Dihalogenalkan mit einem Alkalimercaptid ein Monoolefin u. das entsprechende Disulfid. — Aus 2.3-Dibrom-2.3-dimethylbutan u. Äthylmercaptan entsteht in Methanol in Ggw. von KOH nach 1std. Erhitzen *2.3-Dimethylbuten-(2),* Kp. 71—80°, u. *Diäthyldisulfid,* Kp. 147 bis 150°. — 1.2.3.4-Tetrabrombutan → *Butadien-(1.3).* — Benzalacetophenondibromid + Propylmercaptan → *Benzalacetophenon* + *Dipropyldisulfid.* (**A. P. 2 553 797** vom 29/7. 1947, ausg. 22/5. 1951.) KRAUSS. H 600

N. V. de Bataafsche Petroleum Mij., Den Haag, Holland (Erfinder: **Malcolm Lee Sagenkahn,** Emeryville, Calif., V. St. A.), *Durchführung von Reaktionen mit Gasen oder Dämpfen in Gegenwart eines festen Katalysators.* Dieser wird in mehrere Portionen unterteilt, durch die abwechselnd das gesamte Reaktionsgemisch u. ein aus diesem unter Fortlassung einer oder mehrerer Komponenten bestehendes Gas geleitet wird, wobei die Gesamtmenge des in Betrieb befindlichen Katalysators nahezu konstant sein soll. Die Beschickungsweise wechselt periodisch. — Propylen gibt mit O_2 u. Wasserdampf in Ggw. von CuO auf Si-Carbidkörnern *Acrolein.* — Methyläthylketon → *Diacetyl.* — App., Zeichnung. (**D. B. P. 875 522** Kl. 12o vom 21/9. 1950, ausg. 4/5. 1953. A. Prior. 4/11. 1947.) KRAUSS. H 650

Stanolind Oil & Gas Co., übert. von: **Theodore Q. Eliot,** Tulsa, Okla., V. St. A., *Propionaldehyd* (I) gewinnt man aus dem wss. Azeotrop mit 2,4 (Gew.-%) W. durch Dest. unter Überdruck, vorteilhaft bei 3—10 at, wobei als Bodenprod. reiner I anfällt. Als Kopfdest. geht ein Azeotrop von I mit mehr als 2,4 W. (bei 6 at mit 6,9 W.) über. Dieses wird unter n. Druck dest., u. man erhält als Kopfdest. ein Azeotrop mit 2,4 W., welches wieder in den Kreislauf gelangt. Man kann das Azeotrop mit einer aussalzenden Verb. behandeln, wasserhaltiges I in die Kolonne zurückleiten u. aus der wss. Salzlsg., enthaltend I, in einer Abtreibkolonne I mit W. gemischt gewinnen. I gewinnt man auch aus Mischungen mit Verbb. gleichen Siedebereiches, z. B. I–Aceton-Mischung. — Zeichnung. (**A. P. 2 617 756** vom 20/5. 1950, ausg. 11/11. 1952.) G. KÖNIG. H 670

Standard Oil Development Co., Del., übert. von: **Erving Arundale,** Westfield, und **Henry O. Mottern,** Bloomfield, N. J., V. St. A., *Ungesättigte Carbonylverbindungen* erhält man durch Dehydratisieren von Glykolen bei 400—1000° in Ggw. eines Katalysators, bestehend aus ZnO, MgO oder BeO in Mischung mit 1—15% der Gesamtmenge des Katalysators eines Oxyds von Zr, Ce oder Th. Man kann der Katalysatormischung als Stabilisator noch Fe_2O_3, SiO_2 oder Al_2O_3 zusetzen. — 1.3-Butandiol ergibt *Methylvinylketon* u. *Crotonaldehyd.* — Aus 2-Äthyl-1.3-hexandiol erhält man *2-Äthyl-1-hexen-3-on,* Kp. 157—159°, u. *2-Äthyl-3-hexenal-1* sowie *2-Äthyl-2-hexenal-1.* — 2-Methyl-2.4-pentandiol ergibt *Aceton,* W. u. *Mesityloxyd.* (**A. P. 2 620 357** vom 22/8. 1949, ausg. 2/12. 1952.) G. KÖNIG. H 710

I. G. Farbenindustrie Akt.-Ges., Deutschland, *Herstellung von ungesättigten Ketonen.* Man gewinnt ungesätt. aliphat. Ketone durch Erhitzen von wss. Lsgg. der Salze der entsprechenden β-Aminoketone in einer Reaktionskammer, deren Temp. höher ist als der Kp. des Wassers. — Z. B. tropft man in ein mit RASCHIG-Ringen versehenes Reaktionsrohr in 1½ Std. bei 200° 151,5 Teile von in 102 W. gelöstem Dimethylaminomethylacetonhydrochlorid. Am Kopf des Rohres geht ein Gemisch von W. u. *Vinylmethylketon* über, $Kp._{760}$ 78°, Ausbeute 83%. Auf gleiche Weise erhält man aus Dimethylamino-[methyläthyl]-methylketonhydrochlorid *Isopropenylmethylketon,* $Kp._{60}$ 32—33°, Ausbeute 90%. (**F. P. 1 013 959** vom 25/1. 1943, ausg. 6/8. 1952.) OPPERMANN. H 710

Celanese Corp. of America, übert. von: **Walter Henry Groombridge,** Spondon, England, *Herstellung von Essigsäure* (I). CH_3Cl u. CO werden bei 180—350° u. 100 bis 500 at in Ggw. von W., $Ni(CO)_4$ u. CH_3J zur Rk. gebracht; Ausbeute: 50% I u. I-Methylester, bezogen auf angewandtes CH_3Cl. (**A. P. 2 556 271** vom 30/9. 1947, ausg. 12/6. 1951. E. Prior. 16/10. 1946.) LÜTTGEN. H 810

Badische Anilin- & Soda-Fabrik Akt.-Ges., Ludwigshafen/Rh., *Neutrale Al-Salze* (I) *von Ameisen-, Essig- oder Propionsäure* erhält man durch Rk. von wss. Lsgg. anorgan. Al-Salze, z. B. $AlCl_3$, in Ggw. von SO_4''-Ionen mit NH_4- oder Alkalihydroxyden oder -carbonaten unterhalb 50, bes. nicht über 40°, Abtrennen vom $(AlOH)_3$ (II), das man in wasserhaltigem Zustand mit 3 (Mol) einer der Carbonsäuren pro 1 II in Lsg. bringt, aus der man durch Eindampfen, bes. im Zerstäubungstrockner, I in krist. Form gewinnt. (**E. P. 699 195** vom 23/2. 1951, ausg. 4/11. 1953. D. Prior. 3/3. 1950.) MÜLLER-MEININGEN. H 810

Badische Anilin- & Soda-Fabrik (Erfinder: **Walter Reppe,** Ludwigshafen/Rh., und **Hugo Kröper,** Heidelberg), *Herstellung von Carbonsäureanhydriden.* Man läßt auf olefin. Verbb. (I) CO u. Carbonsäuren (II) in Ggw. von Metallcarbonyle bildenden Metallen oder deren Verbb., gegebenenfalls in Ggw. von Aktivatoren, unter erhöhtem Druck u. bei erhöhter Temp. einwirken. I u. II können durch olefin. Carbonsäuren ersetzt werden. — C_2H_5COOH erhitzt man mit NiCO 16 Std. auf 230° u. leitet gleichzeitig C_2H_4 u. CO bei 100 at ein; Ausbeute 63% $(C_2H_5CO)_2O$. Erhitzt man Undecylensäure mit CO, so entsteht *Dodecandicarbonsäureanhydrid.* (**D. B. P. 848 355** Kl. 12o vom 8/5. 1943, ausg. 4/9. 1952.) LÜTTGEN. H 810

Cassella Farbwerke Mainkur Akt.-Ges., Frankfurt/M.-Fechenheim, *Acrylsäureamid.* 1 (Mol) Acrylsäurenitril wird mit mindestens 1 W. in Ggw. von mindestens $^2/_3$ H_2SO_4, zweckmäßig bei 60—70°, umgesetzt; Ausbeute 90%; F. 82—83°. (**Schwz. P. 294 013** vom 3/8. 1943, ausg. 4/1. 1954. D. Priorr. 25/9. u. 14/12. 1942.) KRAUSS. H 810

Badische Anilin-& Soda-Fabrik (Erfinder: **Walter Reppe** und **Nikolaus v. Kutepow**), Ludwigshafen/Rh., *Aliphatische Carbonsäuren und deren Ester,* bes. *Essigsäure* (I) u. I-*Methylester,* erhält man durch Rk. von CO mit gesätt. Alkoholen, bes. CH_3OH, bei 250—300° u. über 100, bes. 200—300 at in Ggw. eines Metallcarbonyls, z. B.

Ni-Carbonyl, eines Halogens (II) oder einer II-Verb. u. eines inerten Lösungsm., z. B. I, eines gesätt. KW-stoffs, z. B. Bzl., eines gesätt. nichtaromat. Ketons oder tert. Amins. (**E. P. 699 556** vom 16/11. 1951, ausg. 11/11. 1953.)
MÜLLER-MEININGEN. H 810

Steinkohlenbergwerk „Rheinpreussen", Homberg, und **Richard Avenarius** (Erfinder: **Walter Grimme, Günter Campen,** Moers, und **Richard Avenarius**), Berlin, *Kontinuierliche katalytische Herstellung von mit Wasser binäre azeotrope Gemische bildenden Estern* aus niedermol. Fettsäuren (I) in Ggw. eines großen I-Überschusses, dad. gek., daß man das mol. Gemisch beider Veresterungskomponenten dem zwischen der Blase einer üblichen Veresterungskolonne (II), einer anschließenden Pumpe, einer entsprechend langen Rohrschlange (III) u. dem mittleren II-Teil umlaufenden katalysatorhaltigen I-Überschuß nach der Blase zusetzt, das Reaktionsgemisch vor seiner Verdampfung einen zur völligen Veresterung des A. genügend langen Weg durch die III zurücklegen läßt u. je nach Art des erhaltenen Esters (IV) zur Aufrechterhaltung des erforderlichen IV: W.-Verhältnisses im bin. Gemisch den fehlenden Anteil an einem der beiden Reaktionsteilnehmer aus dem kondensierten Destillat in den II-Oberteil zurückführt. — Beispiel für Herst. von sek.-Butylacetat. — Vorr., Zeichnung. (**D. R. P. 765 010** Kl. 12o vom 15/3. 1941, ausg. 8/2. 1954.)
MÜLLER-MEININGEN. H 810

I. G. Farbenindustrie Akt.-Ges., Deutschland, *Herstellung von Succinimid.* Man läßt ein Alkalicyanid auf Acrylsäurenitril in wss. Lsg. bei höherer Temp. einwirken. Z. B. erhitzt man 57 (Gewichtsteile) Acrylsäurenitril, gelöst in 150 W., mit 50 NaCN oder 65 KCN ca. 10—12 Std. auf 80—100°. Dann entfernt man aus dem Reaktionsgemisch durch Vakuumdest. das Lösungsm., trennt aus dem in Methanol gelösten Rückstand mittels H_2SO_4 die gebildete Alkalilauge ab u. dest. das *Succinimid* im Vakuum. Durch Verseifen des obigen Reaktionsgemisches mit H_2SO_4 erhält man *Bernsteinsäure* (Ausbeute ca. 70%), durch Erhitzen des Reaktionsgemisches mit einem Alkohol u. einer Säure *Bernsteinsäureester.* (**F. P. 1 013 932** vom 23/9. 1942, ausg. 6/8. 1952.)
OPPERMANN. H 820

I. G. Farbenindustrie Akt.-Ges., Frankfurt/M. (Erfinder: **Karl Rumscheidt,** Luzern, Schweiz), *Herstellung von Adipinsäure* (II) *und deren Homologen* erfolgt durch Anlagerung von O-haltigen Säuren an Cyclohexen (I) oder seine Homologen zu entsprechenden Cyclohexanolestern, die man dann in fl. Phase bei erhöhter Temp. mit HNO_3 (II) oder höheren N-Oxyden oxydiert. — Man läßt z. B. zur Lsg. von 33 (Teilen) I in 150 Eisessig unter Rühren 43 konz. H_2SO_4 zutropfen, rührt 15 Std. bei 20° u. weitere 30 Min. bei 100°, kühlt auf 20°, gießt auf Eis, läßt 25 des erhaltenen Cyclohexylacetats bei 70° in 180 63%ig. II einlaufen, kühlt nach Beendigung der NO-Entw. auf 10° u. erhält 84,4% II. (**D. R. P. 767 846** Kl. 12o vom 20/2. 1940, ausg. 8/2. 1954.)
MÜLLER-MEININGEN H 820

Interchemical Corp., New York, N. Y., V. St. A., *Trennung optisch isomerer Aminocarbonsäuren.* Man acyliert die Aminogruppe mit einer Monocarbonsäure u. versetzt mit einer Amidase. Beim p_H- u. Temperaturoptimum wird das *l*-Isomere entacyliert, das d-Isomere wird nicht angegriffen; man trennt beide durch fraktionierte Kristallisation. — Trennung von *Acetyl-* u. *Formyl-dl-tryptophan, Benzoyl-* u. *Acetyl-dl-methionin, Formyl-* u. *Phenylacetyl-dl-phenylalanin, Formyl-dl-isoleucin, Benzoyl-dl-asparaginsäure, Dibenzoyl-dl-lysin, Lauroyl-* u. *Palmitoyl-dl-alanin, Chloracetyl-dl-tyrosin.* (**E. P. 675 603** vom 19/12. 1949, ausg. 16/7. 1952.) LANGER. H 950

Merck & Co., Inc., übert. von: **Arthur J. Zambito,** Rahway, und **Eugene E. Howe,** Bound Brook, N. J., V. St. A., *Trennung des racemischen* DL-*Threonins* (I) *in seine optisch-aktiven Stereoisomeren.* Die Trennung des p-Nitrobenzoylderiv. von I erfolgt mit Brucin in Methanol bei 0—50°, wobei sich das Brucinsalz des p-Nitrobenzoyl-L-threonins abscheidet, F. 145—150°. Brucinsalz von p-Nitrobenzoyl-D-threonin, F. 190—192°. Durch Spaltung mit n-NaOH u. anschließend mit HBr entsteht aus den Brucinsalzen *L-Threonin,* $[\alpha]_D^{26}$ —27,9° (5% W.) bzw. *D-Threonin,* $[\alpha]_D^{26}$ +27,8° (5% W.). (**A. P. 2 563 804** vom 5/1. 1949, ausg. 14/8. 1951.) KRAUSS. H 950

Monsanto Chemical Co., St. Louis, Del., V. St. A., *Organische Si-Verbindungen.* Beim Abbrennen eines Gemisches aus Si, SiO_2, S (Molverhältnis 1 : 1 : 2) u. BaO_2 erhält man ein Reaktionsprod., das aus SiS_2 u. einer Si, O u. S enthaltenden Verb., vermutlich Siliciumoxysulfid, besteht. Behandelt man dieses Gemisch mit A., so erhält man hauptsächlich $(C_2H_5O)_4Si$, daneben *Hexaäthyldisilicat,* $(C_2H_5O)_3Si-O-Si(OC_2H_5)_3$, u. *Oktaäthyltrisilicat.* Verwendet man 2-Äthylhexanol an Stelle von A., so erhält man vorwiegend *Oktakis-(2-äthylhexyl)-trisilicat,* $Si_3O_2[OCH_2CH(C_2H_5)\cdot C_4H_9]_8$. (**E. P. 706 288** vom 28/4. 1952, ausg. 24/3. 1954. A. Prior. 27/4. 1951.)
BRÖSAMLE. H 980

Soc. An. des Manufactures des Glaces et Produits Chimiques de Saint-Gobain, Chauny & Cirey, Seine, Frankreich, *Herstellung von alkylierten Phosphorverbindungen.* Man läßt ein Metallphosphid auf einen Aldehyd in saurem Medium einwirken. — Z. B. leitet man in ein Gemisch von 400 (Gewichtsteilen) 30%ig. CH_2O u. 138 Zn-Phosphid bei 80° langsam 440 35%ig. HCl in Ggw. von N_2 ein. Das sich bildende Tetramethylolchlorphosphin, $Cl \cdot P(CH_2OH)_4$, hydrolysiert man mit Na_2CO_3 zu *Oxytrimethylolphosphin,* $OP(CH_2OH)_3$; Ausbeute ca. 63%, Reinheitsgrad 90%. (**F. P. 1 011 978** vom 10/5. 1949, ausg. 2/7. 1952.) OPPERMANN. H 980

Standard Oil Co., Chicago, übert. von: **David A. McCaulay,** Chicago, Ill., und **Arthur P. Lien,** Highland, Ind., V. St. A., *Disproportionieren von Diäthylbenzol* (**I**) zu *Triäthylbenzol* (**II**) als Hauptprod. neben *Bzl.* (**III**), *Mono-* (**IV**) u. *Tetraäthylbenzol* (**V**). Das keine anderen aromat. Verbb. enthaltende **I** wird in möglichst konz. Zustand unter wasserfreien Bedingungen bei Tempp. unter 100° F, bevorzugt 70—90° F, 1 Min. bis 2 Std. (bes. 1—30 Min.) mit mindestens der mol. Menge (bes. 1—5 mol.) BF_3 u. genügend fl. HF, um allen BF_3-I-Komplex zu lösen, z. B. dem 1—2fachen Vol., behandelt. Dann wird die Fl. in einem mit Trockeneis gekühlten Gefäß mit W. behandelt, die wss. HF–BF_3-Phase abgezogen u. der KW-stoff fraktioniert, wobei z. B. 15% **III**, 13% **IV**, 29% **I**, 39% **II** u. 4% **V** erhalten werden. (**A. P. 2 644 017** vom 29/6. 1951, ausg. 30/6. 1953.) W. HEROLD. H 1010

Universal Oil Products Co., Chicago, übert. von: **Warren W. Johnstone,** Riverside, Ill., V. St. A., *Alkylierverfahren.* Zum Alkylieren, bes. von aromat. Verbb. mit Monoolefinen mit 6—18 C-Atomen, wird $B_4O_7(H_3P_2O_6)_2$ als Katalysator benutzt, bes. bei 100—400°. Der Bor–Phosphorsäure-Katalysator wird durch Verreiben von 50 g gepulverter Borsäure mit 56 g P_2O_5-Pulver in einer Abdampfschale u. Zugabe einiger Tropfen W. auf die gehäufelte Mischung, wobei lebhafte Rk. unter Rauchentw. einsetzt, u. Trocknen des Prod. bei 95° hergestellt. 25 g des gepulverten Katalysators werden mit 150 g Bzl. unter 30 Min. Einleiten von 50 g Propylen in einem Autoklaven bei 175 at u. 275° verrührt u. dann 1 Std. nachgerührt, wobei die Temp. auf 25° fällt. Das Reaktionsprod. enthält bei vollem Umsatz des C_3H_6 *Isopropylbenzol* u. *Diisopropylbenzol* im Molverhältnis 8 : 2. (**A. P. 2 652 434** vom 13/6. 1951, ausg. 15/9. 1953.) W. HEROLD. H 1010

Standard Oil Development Co., Elizabeth, N. J., übert. von: **John M. Powers,** Baytown, Tex., V. St. A., *Reinigen kristallisierter aromatischer Kohlenwasserstoffe,* z. B. *p-Xylol,* durch Erwärmen der Oberfläche derselben bis zum F. der Verbb. unter gleichzeitigem Schleudern. Die Wärme wird mittels eines inerten Gasstromes zugeführt. — Zeichnung. (**A. P. 2 614 134** vom 21/6. 1950, ausg. 14/10. 1952.) G. KÖNIG. H 1010

Universal Oil Products Co., Chicago, übert. von: **Ralph B. Thompson,** Hinsdale, Ill., V. St. A., *Enthalogenierung von Halogenphenolen.* Diese werden mit einem wasserlösl. Alkali- oder Erdalkalisulfid ca. 2—5 Std. auf 150—350° erhitzt. — Aus p-Bromphenol erhält man mit wss. Na_2S nach 4 std. Erhitzen auf 200° unter N_2-Druck in 53%ig. Ausbeute Phenol. — 2-Brom-4-sek.-butylphenol → *4-sek.-Butylphenol.* — 2-tert.-Butyl-4-chlorphenol → *2-tert.-Butylphenol.* (**A. P. 2 576 161** vom 22/3. 1949, ausg. 27/11. 1951.) KRAUSS. H 1060

Imperial Chemical Industries Ltd., London (Erfinder: **Werner Kunz,** Norton-on-Tees), England, *Abtrennung von 4-Methyl-2.6-di-tert.-butylphenol* (**I**) aus Mischungen, die z. B. von der Butylierung handelsüblicher Kresole u. Xylenole her noch verschied. polysubstituierte Phenole enthalten. Die Mischung wird mit NaOH oder KOH in wss. einwertigem aliphat. Alkohol (Methanol bis Butanol), z. B. mit W. auf das 1½fache verd. CLAISEN-Lsg., behandelt, das ausgefällte **I** z. B. durch Filtrieren oder Zentrifugieren abgetrennt, mit wss. Alkohol gewaschen u. bes. bei <40° getrocknet. Enthält die Mischung >50% **I**, so daß dieses teilweise krist. vorliegt, ist es vorteilhaft, die Kristalle vorher abzutrennen oder die Mischung durch Erwärmen zu homogenisieren. (**D. B. P. 890 959** Kl. 12q vom 31/10. 1951, ausg. 24/9. 1953. E. Prior. 5/12. 1950.) W. HEROLD. H 1060

Sharp & Dohme, Inc., Philadelphia, Pa., V. St. A., *Alkylierte Arylmethylmethylketone* erhält man durch Rk. von Ketonen der Formel Aryl—CH_2—CO—CH_3 mit alkylierenden Mitteln, wie Alkylhalogenide u. -sulfate oder Sulfonsäurealkylester, in Ggw. von NaOH oder KOH. — Es werden dargestellt: *3-Phenyl-2-butanon,* $Kp._{22}$ 105 bis 110°, aus $C_6H_5CH_2COCH_3$ u. CH_3J oder Dimethylsulfat; *3-Phenyl-2-hexanon,* $Kp._{18-20}$ 123—125°; *3-Phenyl-5-hexen-2-on,* $Kp._{16}$ 120—122°; *3.4-Diphenyl-2-butanon,* $Kp._1$ 128—130°; *3-Phenyl-2-heptanon,* $Kp._{18,5}$ 131—138°; *3-p-Carboxyphenyl-2-butanon*; *3-p-Tolyl-2-butanon.* (**Schwz. P. 295 660** vom 15/11. 1950, ausg. 16/3. 1954. A. Prior. 30/12. 1949.) BRÖSAMLE. H 1160

Chemische Werke Hüls Akt.-Ges. (Erfinder: **Walter Franke, Richard Kraft** und **Rudolf Ströbele**), Marl, Kr. Recklinghausen, *1.3.5-Triacetylbenzol* erhält man durch Erhitzen von 3-Ketobutyraldehydacetalen, z. B. 3-Ketobutyraldehyd-1-dimethylacetal, in Ggw. von W. auf höhere Tempp., z. B. 80—85°. (**D. B. P. 912 209** Kl. 12o vom 17/11. 1951, ausg. 28/5. 1954. Anmeldung bekanntgemacht 15/10. 1953.) Brösamle. H 1170

Knoll Akt.-Ges. Chemische Fabriken, Ludwigshafen/Rh., *Nitrile* erhält man durch Rk. von seitenkettenhalogenierten fettaromat. KW-stoffen mit Alkalicyaniden in Ggw. von 0,5—5% eines lösl. Metall-, bes. Alkalijodids u. eines inerten organ. Lösungsm., in dem das verwendete Cyanid mindestens teilweise, bes. zu 0,1—1%, lösl. ist, z. B. eines aliphat. oder alicycl. Ketons. — Man erhält so z. B. aus 50 (g) Benzylchlorid in 250 cm³ Aceton mit 39 NaCN u. 2,5 NaJ in 24 Std. am sd. Wasserbad 50,6 (94%) *Phenylessigsäure*, F. 75—76°. — *Anisylcyanid* (*4-Methoxybenzylcyanid*), $Kp._{12}$ 147—150°. — *Piperonylcyanid* (*3.4-Methylendioxybenzylcyanid*) + 10%ig. NaOH → *Homopiperonylsäure*, F. 128—129°. — *Veratrylcyanid* (*3.4-Dimethoxybenzylcyanid*), $Kp._1$ 140°. — *3-Fluor-4-methoxybenzylcyanid*, $Kp._{10}$ 158°, F. 45—46°. — *9-Cyanmethylphenanthren* $\xrightarrow{NaOH}$ *9-Phenanthrenessigsäure*. — *1-Cyanmethyl-2-methylnaphthalin*, $Kp._{0,3}$ 155°, F. 77°. (**Schwz. P. 291 502** vom 1/2. 1951, ausg. 16/9. 1953. D. Prior. 30/3. 1950.) Müller-Meiningen. H 1210

Aktiebolaget Bofors, Bofors, Schweden (Erfinder: **E. B. Bengtsson**), *Oxydieren von aromatischen Verbindungen mit Seitenkette zu Carbonsäuren mittels Salpetersäure.* Man führt die Oxydation bei 30—50 at u. oberhalb 150, bes. bei 165—220°, durch. — Z. B. oxydiert man p-Nitrotoluol bei 174° mit 15%ig. HNO_3 zu *p-Nitrobenzoesäure*, F. 241,5°. Analog sind erhältlich *m-Nitrobenzoesäure* u. *Terephthalsäure*. Das Verf. kann auch kontinuierlich durchgeführt werden, indem man dem Reaktionsgemisch unter den Reaktionsbedingungen kontinuierlich frische Reaktionskomponenten zuführt u. einen Teil des Gemisches abzieht u. aufarbeitet. (**Schwed. P. 136 396** vom 6/10. 1948, ausg. 8/7. 1952.) Jürgen Schmidt. H 1220

E. I. du Pont de Nemours & Co., Wilmington, Del., V. St. A., *Herstellung von Terephthalsäure* (**III**). Man erhitzt z. B. 6,5 (g) p-Toluylsäure (**I**) mit 112 25%ig. HNO_3 (**II**) auf 185°, oder 30 **I** mit 1000 3%ig. **II** ebensolange auf 230—240° u. erhält 87,6 bzw. 92% **III**. — **I**-*Methylester* + 30%ig. **II** $\xrightarrow{185°}$ 90,5 **III**. Weitere Ausgangsprodd.: α-Nitro-p-xylol, p-Tolylaldehyddiacetat u. p-(Chlormethyl)-toluol. (**E. P. 698 734** vom 2/1. 1950, ausg. 21/10. 1953. A. Prior. 9/8. 1949.) Müller-Meiningen. H 1220

E. I. du Pont de Nemours & Co., übert. von: **Henry J. Leibu,** Wilmington, Del., V. St. A., *Carbonylierung von p-Dichlorbenzol* erfolgt in Ggw. der Triphenylphosphin-Ni-carbonylverb. $[(C_6H_5)_3P]_2Ni(CO)_2$ bei 250—450, bes. 300—400°, u. einem Druck >50, bes. 300—1000 at, in Ggw. eines Alkoxyl-„Donators" wie CH_3OH, Ae., Dialkylacetalen, Alkoxyalkoholen u. dgl. u. führt zu Gemischen aus *Terephthal-* u. *p-Chlorbenzoesäureestern*. (**A. P. 2 640 071** vom 9/2. 1951, ausg. 26/5. 1953.) Müller-Meiningen. H 1220

E. I. du Pont de Nemours & Co., übert. von: **Adrian L. Linch,** Wilmington, Del., V. St. A., *Stabilisierung aromatischer Amine* wird erzielt durch Zusatz bestimmter S-haltiger heterocycl. Verbindungen. — Beispiele für Stabilisierung von *Anilin*, *o-*, *m-* u. *p-Toluidin*, *Xylidinen*, *2-Chlor-4-aminotoluol*, *4-Chlor-2-aminotoluol*, *Diphenylamin*, *4-Aminodiphenylamin*, *3.3'-Dimethyl-4.4'-diaminodiphenyl*, *p-Aminophenol* u. *N-Isobutyl-p-aminophenol* durch *Δ²-Thiazolin-2-thiol*, dessen *Zn-Salz*, *5.5-Dimethyl-Δ²-thiazolin-2-thiol*, *Zn-Salz*, *5.6-Dihydro-4.6.6-trimethyl-1.3-thiazin-2-thiol*, dessen *Zn-Salz*, *1.3.4-Thiodiazol-2.5-dithiol*, *Δ²-Imidazolin-2-thiol*, *4-Methyl-Δ²-imidazolin-2-thiol*, *Hexahydro-2(3H)-benzimidazolthion*, *Tetrahydro-5.5-dimethyl-2(1)-pyrimidinthion*, *Tetrahydro-4.6.6-trimethyl-2(1)-pyrimidinthion*, *5.5-Dimethyl-2.4-dithiohydantoin*, *Thialdin*, *Trithiocyanursäure* u. verwandte Verbindungen. (**A. P. 2 655 543** vom 6/10. 1950, ausg. 13/10. 1953.) Langer. H 1300

Farbwerke Hoechst Akt.-Ges. vormals Meister Lucius & Brüning, Frankfurt/M. (Erfinder: **Wilhelm Seidenfaden** und **Konrad Löhe,** Offenbach/M.), *Antidiazotate. Antidiazotat des 1-Amino-2-phenoxy-5-chlorbenzols.* Man diazotiert 1-Amino-2-phenoxy-5-chlorbenzol mit $NaNO_2$ + HCl, versetzt mit überschüssiger KOH u. erhitzt. — Analog: *Antidiazotate des 1-Amino-2-(4'-chlorphenoxy)-5-chlorbenzols* u. des *1-Amino-2-(2'-methoxyphenoxy)-5-chlorbenzols*. (**D. B. P. 900 454** Kl. 12q vom 20/12. 1951, ausg. 28/12. 1953.) Langer. H 1320

Farbwerke Hoechst Akt.-Ges. vormals Meister Lucius & Brüning, Frankfurt/M. (Erfinder: **Gustav Ehrhart,** Bad Soden, und **Heinrich Ott,** Eppstein), *Substituierte α-Acylaminoacetessigester* entstehen durch Rk. von α-Acylaminoacetessigestern mit

Aroylhalogeniden in Ggw. säurebindender Mittel in Lösungsmitteln unter Ausschluß von W. u. anderen hydroxylgruppenhaltigen Lösungsmitteln. — *α-Benzoyl-α-phenacetylaminoacetessigsäureäthylester*, aus α-Phenacetylaminoacetessigsäureäthylester, Benzoylchlorid u. $Ca(OH)_2$ in CH_2Cl_2 bei 40°, F. 96—97°. — Analog: *α-(p-Benzyloxybenzoyl)-α-phenacetylaminoacetessigsäureäthylester*, F. 118—119°. — *α-(3.5-Dimethoxybenzoyl)-α-phenacetylaminoacetessigsäureäthylester*, Sirup. — *α-(p-Nitrobenzoyl)-α-(dichloracetylamino)-acetessigsäureäthylester*, F. 137—138°. — *α-Benzoyl-α-(phenacetylamino)-acetessigsäurebenzylester*, F. 138—139°. (**D. B. P. 905 852** Kl. 12q vom 2/3. 1951, ausg. 8/3. 1954. **Zusatz zu D. B. P. 843 406; 1953. 1056.**) Langer. H 1350

General Aniline & Film Corp., New York, N. Y., übert. von: **Leslie M. Schenck**, Westfield, N. J., V. St. A., *Aminoaroylacetonitrile* der Formel $NH_2-R(X)-CO\cdot CH_2\cdot CN$, worin R eine Arylengruppe u. X = H, Alkyl, Halogen, Alkoxy, Phenyl oder Phenoxy bedeuten, u. worin die Cyanacetylgruppe in m- oder p-Stellung zur NH_2-Gruppe steht, entstehen durch Rk. von Carbalkoxyaminoaroylchlorid mit Cyanessigsäureäthylester (I) u. einem enolisierenden Agens u. Erhitzen des Reaktionsprod. mit verd. Alkalilauge. — *p-Aminobenzoylacetonitril*, aus p-Carbäthoxyaminobenzoylchlorid, I u. Na-Methylat in Aceton unterhalb 5°. Man verseift mit sd. verd. NaOH, F. 158—160°. — Analog: *m-Aminobenzoylacetonitril*, F. 110—111°. (**A. P. 2 610 979** vom 29/10. 1949, ausg. 16/9. 1952.) Langer. H 1350

Charles Mentzer, Rhône, Frankreich (Erfinder: **Ch. Mentzer, D. Molho** und **Y. Bergner**), *Synthese der 3-Oxyanthranilsäure und ihrer Derivate*. Man stellt durch Kondensation eines aromat. Amins von der allg. Formel A (R = Alkyl, Aryl oder Aralkyl) mit einem Keton von der allg. Formel $CH_2(X)\cdot CO\cdot R_2$ (R_2 = Alkyl, Aralkyl, Aryl oder H; X = OH oder Halogen) ein Indol von der allg. Formel B (R_1 = Acyl oder H, R u. R_2 vgl. oben) her. Dann zerstört man die heterocycl. Doppelbindung durch Oxydation des Indols mit O_3, Chromsäureanhydrid oder einem anderen geeigneten Oxydationsmittel, hydrolysiert die Aminogruppe u. verwandelt die OR-Gruppe in eine OH-Gruppe. An Verbb. werden genannt: *2-Phenyl-7-methoxyindol* (I), hergestellt aus 20 g ω-Bromacetophenon u. 200 g o-Anisidin, $Kp._{10}$ 220—225°, F. 92°, Ausbeute 6 g; *N-Benzoyl-3-methoxyanthranilsäure* (II), aus 3 g I, oxydiert mit 0,6% O_3-haltigem O_2, F. 205°, Ausbeute 0,7 g; *Anthranil* von II, entsteht ebenfalls bei der Oxydation von I, F. 167°, Ausbeute 1 g; das Anthranil bei 100° in 5%ig. NaOH gelöst u. angesäuert, ergibt weitere 1 g II, Gesamtausbeute an II 1,7 g; *3-Methoxyanthranilsäure*, aus 1 g II erhitzt mit 100 cm^3 konz. HCl auf 110°, F. 168°. Daraus durch Entmethylierung *3-Oxyanthranilsäure*. — Verwendung der Verbb. als Zusatz zu Nahrungs- u. Futtermitteln sowie in der Veterinärmedizin u. Landwirtschaft. (**F. P. 1 016 164** vom 11/4. 1950, ausg. 4/11. 1952.) Oppermann. H 1350

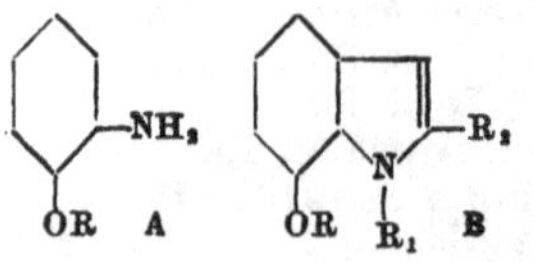

A B

Dow Chemical Co., übert. von: **Edgar C. Britton** und **Arthur R. Sexton**, Midland, Mich., V. St. A., *Glykoläther und Glykolätherester des α-Phenyläthylalkohols* (I) erhält man aus I u. Alkylenoxyden in Ggw. von Alkali- oder Erdalkalicyaniden (0,1 bis 5 Mol) u. W. (0,02—10% auf I bezogen) beim Erhitzen im geschlossenem Gefäß auf 100—200°. Die freie OH-Gruppe der Äther kann man z. B. mit Säurehalogeniden, in Ggw. eines fl. Amins, gegebenenfalls unter Verwendung eines inerten Verdünnungsmittels, bei 60—65° verestern. Man stellt folgende Verbb. her: *Äthylenglykolmono-α-phenyläthyläther*, $Kp._{1,1}$ 84—86°; $Kp._{10}$ 122°; $D.^{25}_{25}$ 1,0405; n_D^{25} 1,4890; *Diäthylenglykolmono-α-phenyläthyläther*, $Kp._1$ 120°; *Propylenglykolmono-α-phenyläthyläther*, $Kp._3$ 90—97°, $D.^{25}_{25}$ 1,0068, n_D^{25} 1,4965; *Phenyläthylenglykolmono-α-phenyläthyläther*, $Kp._3$ 118—125°, F. 65,5—67°; *Äthylenglykolmono-α-phenylätheracetat*, $Kp._{750}$ 258°, $D.^{25}_{25}$ 1,0411, n_D^{25} 1,4890; *2-(1-Phenyläthoxy)-äthylester der Chloressigsäure*, $Kp._{18}$ 180°, $D.^{25}_{25}$ 1,1592, n_D^{25} 1,5060; *2-(1-Phenyläthoxy)-äthylester der Propionsäure*, $Kp._{10}$ 145°, $D.^{25}_{25}$ 1,0255, n_D^{25} 1,4860; *2-(1-Phenyläthoxy)-äthylester der Benzoesäure*, $Kp._{0,03}$ 100°, $D.^{25}_{25}$ 1,1000, n_D^{25} 1,5440. *Plastifikatoren* für thermoplast. Celluloseester u. -äther u. Polyvinylharze. — An Stelle von I kann man aliphat. Alkohole unter gleichen Bedingungen umsetzen. Es werden hergestellt: *Äthylenglykol-* u. *Diäthylenglykolmonoisopropyläther, Dipropylenglykolmonoisopropyläther, Äthylenglykoläther des Dodecylalkohols*, $Kp._{0,4}$ >109°. (**A. PP. 2 620 359** u. **2 620 360** vom 26/9. 1947, ausg. 2/12. 1952.) G. König. H 1450

Universal Oil Products Co., übert. von: **Vladimir N. Ipatieff** und **Herman Pines**, Chicago, Ill., V. St. A., *Gesättigte cyclische Kohlenwasserstoffe* erhält man durch katalyt. Hydrierung von aromat. KW-stoffen mit H_2 in Ggw. von $Cu-Al_2O_3$, $Cu-Zn-Al_2O_3$

oder anderen Cu–Al_2O_3-Katalysatoren in Druckgefäßen aus rostfreiem Stahl mit ca. 10–67% Ni u./oder Cr bei 200–400° u. ca. 50–200 at. — p-Cymol → *p-Menthan*, Ausbeute 48%. Weiter können hydriert werden: Bzl., Toluol, Xylol, Mesitylen, Äthyl-, Propyl-, Butyl-, Alkylbenzole, Diphenyl, Naphthalin, Anthracen, Phenanthren u. deren Alkylderivate. (**A. P. 2 586 535** vom 29/12. 1948, ausg. 19/2. 1952.) KRAUSS. H 1810

Monsanto Chemical Ltd., London, England (Erfinder: **Ernest Bryson McCall** und **David Samuel Petrie Roebuck**), *Cycloalkylketone und Phenole* erhält man durch Oxydation von mit einer oder mehreren Cyclohexylgruppen substituierten Aromaten mit gasförmigem O_2 u. anschließende Zers. des gebildeten Hydroperoxyds. — Phenylcyclohexan gibt mit trockenem O_2 bei 105° nach 74 Std. 1-Phenylcyclohexyl-1-hydroperoxyd, das beim Zersetzen mit 10%ig. H_2SO_4 nach 4std. Erhitzen *Cyclohexanon* (I) u. *Phenol* liefert. — p-Dicyclohexylbenzol → Hydroperoxyd → *Hydrochinon* + I. (**E. P. 681 613** vom 25/12. 1949, ausg. 29/10. 1952.) KRAUSS. H 1960

Badische Anilin- & Soda-Fabrik (Erfinder: **Karl Adam** und **Hans-Georg Trieschmann**), Ludwigshafen/Rh., *Carbonsäureester* erhält man durch Rk. von Carbonsäuren in Ggw. von feinverteiltem Cu, Fe, Pd, tert.-Aminen, z. B. Pyridin (I), u. dgl. mit einem Chlorkohlensäureester (II) einer Oxyverb., indem man z. B. zu 128 (Teilen) Hexahydrobenzoesäure (III) u. 0,5 I bei 90–160° innerhalb 2 Std. 120 1.4-Butandiol-bis-chlorkohlensäureester zugibt, nach 30 Min. auf 150° erhitzt u. fraktioniert, wobei man außer 26 *1.4-Dichlorbutan* u. 32 III 139 *1.4-Butandiol-bis-hexahydrobenzoesäureester*, $Kp._{1,5}$ 188°, EZ. 374, erhält. — C_6H_5COOH + 4-Chlorbutyl-II $\xrightarrow[125-135^{\circ}]{\text{Cu-Pulver}}$ *Benzoesäure-4-chlorbutylester*, $Kp._1$ 157°. — *Essigsäure-sek.-butylester*. — *Adipinsäure-bis-n-butylester*, $Kp._{10}$ 184°. — (**D. B. P. 890 792** Kl. 12o vom 8/9. 1951, ausg. 21/9. 1953.) MÜLLER-MEININGEN. H 2010

American Cyanamid Co., New York, N. Y., übert. von: **Edward L. Kropa**, Old Greenwich, und **Arthur S. Nyquist**, Cos Cob, Conn., V. St. A., *Herstellung von Diaryläthanen*. Aromat. Verbb. mit wenigstens 1 H an einem Ring-C-Atom werden mit höchstens der halben Molzahl Vinylacetat (I) in Ggw. eines Alkylierungskatalysators, bes. konz. H_2SO_4, p-Toluolsulfosäure u. BF_3, bei –10 bis 100°, bevorzugt 20–50°, umgesetzt, wobei 1.1-Diaryläthane entstehen. Die Reaktionsprodd. dienen zur Herst. von *Insekticiden, Netzmitteln, Isoliermaterial* oder durch Cracken zur Darst. von substituierten *Styrolen* für die Kunstharzindustrie. — 300 (Teile) Toluol werden mit 60 konz. H_2SO_4 gemischt u. bei 25–30° während 90 Min. unter lebhaftem Rühren mit 60 I versetzt; nach weiteren 70 Min. werden 200 W. zugegeben u. 15–18 Std. stehengelassen. Die KW-stoffschicht wird abgehoben, 2mal mit W., dann mit verd. Na_2CO_3 u. nochmals 2mal mit W. gewaschen, über Na_2SO_4 getrocknet u. dest., wobei 21 eines Restes hinterbleiben, der bei red. Druck fraktioniert wird, wobei 10 einer gelben Fl. bei 6–7 mm von 100–144° (hauptsächlich 140–144°) übergehen, welche unverseifbar ist u. prakt. aus *1.1-Ditolyläthan* besteht. Andere geeignete Aromaten sind Xylol, Thiophen, Methylthiophen, Phenol, Kresol, Xylenol, Naphthalin, Aniline, Diphenyl u. ihre kernhalogenierten Derivate. (**A. P. 2 653 979** vom 5/11. 1948, ausg. 29/9. 1953.) W. HEROLD. H 2210

Soc. Chimique et Routière de la Gironde, Gironde, Frankreich, *Reinigen von Naphthalin*. Man schm. aus Steinkohlenteermittelöl abgeschiedenes Rohnaphthalin (F. 68–70°) u. läßt es auskristallisieren. Die großen Kristalle zerkleinert man grob u. schleudert das anhaftende Öl ab. Man erhält ein Naphthalin vom F. 78–79°, welches, mit Waschöl gewaschen u. gegebenenfalls dest., ein Naphthalin vom F. 79 bis 79,5° ergibt. — Vorrichtung. (**F. P. 1 011 921** vom 22/4. 1949, ausg. 1/7. 1952.) OPPERMANN. H 2700

Universal Oil Products Co., übert. von: **Vladimir N. Ipatieff** und **Herman Pines**, Chicago, Ill., V. St. A., *Dehydrieren von gem.-Alkylarylcyclohexanen* (I) zur Herst. kondensierter Ringsysteme (II) mit wenigstens 1 Ring mehr als I, bes. *Fluoren* (III) oder dessen Derivaten. Erhitzt man I, z. B. *1-Methyl-1-phenylcyclohexan* (**IV**), in Ggw. von Dehydrierungskatalysatoren, so wird neben H_2 auch Methan abgespalten u. man erhält Diphenyl. Erfindungsgemäß unterbleibt die Alkylabspaltung, wenn in Ggw. saurer oder säurebildender Stoffe, bes. Halogenwasserstoff oder Halogenalkyl, gearbeitet wird, u. man erhält III. Als saure Aktivatoren können auch SiO_2–Al_2O_3-Kontakte oder mit HF bzw. HCl behandelte Al_2O_3-Gele in geringer Menge neben den Dehydrierungskatalysatoren angewandt werden. Letztere sind bevorzugt Pt auf Trägermaterial wie Al_2O_3, SiO_2, Kohle, Bimsstein, grobem Porzellan usw., mit denen bei 250–450° gearbeitet wird. Pt-freie Kontakte, bes. solche aus einem Träger (Al_2O_3) mit Oxyden von Elementen der linken Gruppen der 4.–6. Spalte des Period. Syst.

(bes. Cr u. Mo), erfordern etwas höhere Tempp., aber nicht über 500°. Die bei der Rk. erhaltenen II dienen zur Herst. von Farbstoffen, Medikamenten, Insekticiden u. zu anderen Synthesen. – Durch Alkylieren von Bzl. mit Methylcyclohexen in Ggw. von HF wird **IV** hergestellt, das bei 300° zusammen mit 5% sek. Butylchlorid über Al_2O_3–Pt (5% Pt) geleitet wird, wobei 20% des **IV** in **III** u. H_2 umgewandelt werden. (**A. P. 2 658 089** vom 28/4. 1950, ausg. 3/11. 1953.) W. Herold. H 2750

Jefferson Chemical Co., Inc., New York, N. Y., übert. von: **Paul P. McClellan**, Old Greenwich, Conn., V. St. A., *Äthylenoxyd* (**I**), enthaltend noch Acetaldehyd (**II**), wird der Dest. unterworfen, wobei als Kopfdest. fast reines **I** übergeht, während in einem Seitenstrom **II** mit geringen Mengen **I** abgezogen wird. Man hydratisiert diese Mischung u. erhält neben unverändertem **II** Äthylenglykol neben Di- u. Triäthylenglykol. Man konz. u. erhält im 1. Konzentrator **II**. – Zeichnung. (**A. P. 2 615 901** vom 11/5. 1949, ausg. 28/10. 1952.) G. König. H 3030

Kemisk Vaerk Køge A/S, Kopenhagen, Dänemark, *Herstellung von 2.5-Dialkoxy-2.5-dihydrofuranen.* Man oxydiert Furane unter gleichzeitiger Substitution in 2- u. 5-Stellung in einem alkoh. Lösungsm. (aliphat. Alkohol oder dessen Halogen-, Amino- oder Ätherderivv.) elektrolyt. in Ggw. eines Elektrolyten, der bei der Elektrolyse ein Oxydationsmittel bildet. Man erhält Verbb. der Formel I, in denen R_1, R_2, R_3 u. R_4 H, KW-stoffreste oder heterocycl. Reste bedeuten. R_5 ist eine gegebenenfalls substituierte Alkylgruppe, die aus dem Alkohol stammt. (**Finn. P. 26 399** vom 29/12. 1949, Auszug veröff. 1/8. 1953. Dän. Prior. 29/12. 1949.) Jürgen Schmidt. H 3061

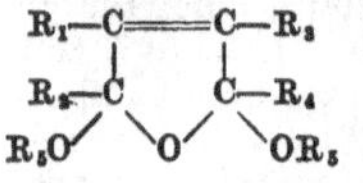

I

X. Färberei. Organische Farbstoffe.

Werner Schultze, *Die Farbmessung in der textilen Praxis.* Vf. gibt einen Überblick über den Stand der Farbmetrik, bespricht die bekannten Methoden der Farbmessung u. die Möglichkeiten ihrer Anwendung in der Textilpraxis, wo es darauf ankommt, die Abweichung von einer gegebenen Farbe objektiv zu prüfen sowie die Gleichmäßigkeit der Färbungen u. die durch verschied. Faktoren bedingte Änderung einer Farbe zu kontrollieren. (Textil-Prax. **9.** 82–85. Jan. 1954. Ludwigshafen/Rh., Bad. Anilin- & Soda-Fabrik A. G.) Dossmann. 7000

Paul W. Lange und **Erik Lindvall**, *Adsorption und Diffusion substantiver Farbstoffe in Cellulosefasern.* Verwendet wurden Modellfasern aus Viscose nach Herman, Reyon, Linters u. verschied. Zellstoffe. Die im Gleichgewicht adsorbierte Farbstoffmenge hängt von der techn. Behandlung der Faser ab u. scheint der adsorbierten Wassermenge proportional zu sein, welche eine monomol. Schicht gemäß der Gleichung nach Brunauer, Emmet u. Teller bildet. Der Adsorptionsverlauf kann durch die Adsorptionsisotherme nach Freundlich beschrieben werden. Die Menge des von den verschied. Fasern irreversibel gebundenen Farbstoffes wird gemessen. Durch Diffusionsmessungen wurde eine Diffusionskonstante für das Faserinnere bestimmt. Der Unterschied in der Diffusionsgeschwindigkeit für die äußeren u. inneren Bereiche der Fasern wird mit einer ungleichmäßigen Verteilung von Substanz u. Poren in der Faserwand, erklärt. (Svensk Papperstidn. **57.** 235–41. 15/4. 1954. Stockholm, Phys. Chem. Sect. Paper Technol. Dep., Swedish Forest Products Res. Labor., u. Säffle, Billeruds AB., Res. Labor.) P. Eckert. 7002

Howard P. Brokaw, *Betriebsverfahren zum Färben und Ausrüsten.* In Ergänzung der C. **1954.** 7058 referierten Arbeit werden Hinweise aus den betrieblichen Erfahrungen gegeben. (Canad. Textile J. **71.** Nr. 2. 71–77. 29/1. 1954.) Schoenmann. 7020

—, *Küpenfärben bei hohen Temperaturen. Optimale Ergebnisse durch die Technik der allmählichen Abkühlung. Das Problem der chemischen Unbeständigkeit beim Verdoppeln der normalen Verfahrenstemperatur.* Durch den Einbau von Halogen oder anderen Elementen in den Mol.-Bau der Küpenfarben (Nuancierung der Farbtöne) ergibt sich das Problem der Unbeständigkeit der Leukoverbb. bei Tempp. von 60 bis 130° bzw. passende Inhibitoren zu finden. Das Färben bei hohen Tempp. beginnt bei 110–130°, dann wird allmählich abgekühlt bis auf die Temp. der maximalen Farb-Faseraffinität. Bei festgewickeltem Nähgarn wurde ein gutes Durchdringungsvermögen u. gleichmäßiges Aufziehen der Farbe beobachtet. (Brit. Rayon Silk J. **30.** Nr. 358. 65. März 1954.) Schoenmann. 7020

L. S. Thompson, *Das Färben von Mischgespinsten aus synthetischen Fasern.* Nach einer kurzen Betrachtung der verschiedensten Mischgespinste, in denen als wesentlicher Anteil synthet. Fasern enthalten sind, weist Vf. auf die wichtigsten u. für das Färben ausschlaggebenden Eigg. der synthet. Fasern hin. Anschließend wird dann das Färben von Reyon–Acetat, Reyon–Nylon, Reyon–Acetat–Wolle, Reyon–Dacron, Reyon–Dynel, Reyon–Orlon 42, Reyon–Acrilan, Orlon–Wolle, Vicara–Wolle, Reyon–Wolle, Dacron–Wolle, Acrilan–Wolle, Nylon–Wolle u. Dynel–Wolle besprochen. Abschließend äußert sich Vf. über neuere Entwicklungen auf dem Gebiet des Färbens, wobei bes. das Färben bei hoher Temp. erwähnt wird. (Canad. Textile J. **71.** Nr. 6. 53–57. 26/3. 1954.) P. ECKERT. 7020

Carl Blau, *Das Färben von Wolle–Perlon- bzw. Wolle–Nylon-Mischwaren.* Färbevorschriften u. allg. Hinweise. (Z. ges. Textilind. **56.** 362–63. 5/4. 1954.) P. ECKERT. 7020

T. A. Feild jr. und **H. K. Townsley,** *Färben und Ausrüsten von Dynel und Dynelmischgeweben.* Durch eine Reihe von Verss. u. prakt. Hinweisen werden die spezif. Eigg. der Dynelfaser demonstriert (thermoplast., geringe Wasseraufnahme) auf die das Färben (96–99°) u. Ausrüsten (ca. 120°) abgestimmt werden müssen. (Canad. Textile J. **71.** Nr. 2. 49–58. 29/1. 1954.) SCHOENMANN. 7020

P. T. Standring, *Färben und Ausrüsten von Terylene. Terylene* oder *Dacron* (Äthylenglykolterephthalsäurepolyester), als endloser Faden u. als Stapelfaser hergestellt, besitzt ein geringes Wasseraufnahmevermögen, ist äußerst resistent gegen Säuren u. Hitzeeinfl. (Verwendung für Bekleidung u. Industriezwecke). Zum Färben eignen sich einige Acetatseidenfarbstoffe (der unlösl. dispersen Form) u. Azofarbstoffe (Kupplung der Komponenten „in situ"). Die geringe Farbaffinität, lediglich eine Folge der geringen Quellbarkeit der Faser, macht eine hohe Färbetemp. erforderlich (100° u. wenn möglich unter Druck bei ca. 120°). Eine andere Möglichkeit ist die Zugabe von Quellmitteln für die Faser (m-Kresol, Tumescal D, eine emulgierbare Diphenylverb., o-Phenylphenol). Eine Trockenhitzebehandlung bei ca. 220–230°, möglichst vor dem Färben, macht die Faser schrumpffest. Ein gegebenenfalls „harter Griff" wird durch das anschließende Färben aufgehoben. Beim Reinigen ist zu beachten, daß längeres Kochen in starker Sodalauge eine Oberflächenhydrolyse der Faser begünstigt. (Canad. Textile J. **71.** Nr. 2. 83–95. 29/1. 1954.) SCHOENMANN. 7020

Herman P. Baumann, *Neuartige Druckereieffekte.* Vf. beschreibt unter teilweiser Angabe von Rezepten einige Druckverff., die in USA noch wenig gebraucht werden, aber in Europa allg. schon zur Anwendung kommen. Es handelt sich um das Bedrucken von Viscose oder ähnlichem mit einer Beize von *Katanol O* u. anschließendes Färben mit ausgewählten sauren Farbstoffen, die die reservierten Stellen ungefärbt lassen. Weitere Angaben befassen sich mit der Druckerei von Acetatfaserspezialartikeln, mit dem Aufdrucken von Metallpigmenten unter Gebrauch geeigneter Bindemittel, mit einer Meth. der Ätzdruckimitation für glatte Nylonwaren u. mit der Erzeugung von Plissée-Effekten auf Nylonstoffen durch Bedrucken mit Phenol. Vf. erwähnt noch ein Schnelldruckverf. für Küpenfarbstoffe u. ein Spezialverf. für Weiß- u. Küpenbuntdruck auf küpenfarbigem Untergrund unter Mitverwendung von Indigosolen. (Amer. Dyestuff Reporter **42.** P463–65. 20/7. 1953. American Anilin Products, Inc.) E. WAGNER. 7022

—, *Das Studium über das anomale Verblassen im Fade-Ometer.* Ausführliche Diskussion über die Ergebnisse vergleichender Lichtechtheitsprüfungen (Fade-Ometer, Sonnenlicht ohne Glas, unter Glas, im Glaskasten mit u. ohne Ventilation). Die Versuchsbedingungen sind genau beschrieben u. mittels Abb. näher erläutert. (Amer. Dyestuff Reporter **42.** P379–85. 8/6. 1953.) H. G. FRÖHLICH. 7028

Röhm & Haas G. m. b. H., Darmstadt, *Herstellung einer gebrauchsfähigen haltbaren Flotte zur Verminderung der Quellbarkeit von Cellulosehydrattextilgut,* dad. gek., daß ein sauer kondensiertes, wasserlösl. Kondensationsprod. aus 1 (Mol) Harnstoff u. zusammen 2–4 Acrolein u. CH_2O in Ggw. sauer wirkender Stoffe (I) in W. gelöst wird. Als I können Metallfluoride verwendet werden. (**Schwz. P. 295 018** vom 6/8. 1943, ausg. 16/2. 1954. D. Prior. 13/8. 1942.) v. SCHILLER. 7009

General Aniline & Film Corp., New York, N. Y., V. St. A., *Färben von Fasermaterialien,* wie Papier, Filz oder Pelze. Man behandelt mit einer Mischung, die aus einem H_2SO_4-Ester eines Leukoküpenfarbstoffes, einem Oxydationsmittel, einem Katalysator u. einer Additionsverb. (I) eines Aldehyds u. eines anorgan. Salzes besteht, das die Gruppe $-HSO_n$ enthält, in welcher $n = 2$ oder 3 ist, u. entwickelt den Farbstoff durch Dämpfen. I ist z. B. Na-Formaldehydsulfoxylat oder eine I aus einem Aldehyd u. einem Bisulfit. (**Schwz. P. 291 216** vom 17/2. 1949, ausg. 1/9. 1953. A. Prior. 25/2. 1948.) v. SCHILLER. 7021

Ciba Akt.-Ges. (Erfinder: **Jacques Wegmann** und **Karl Menzi**), Basel, Schweiz, *Färben von Cellulosefasern mit direktziehenden Cu- oder Ni-haltigen Azofarbstoffen.* Man verwendet Färbebäder, die solche aliphat. Amine enthalten, welche mindestens 2 an je 2 C-Atome gebundene N-Atome u. mindestens 2 OH-Gruppen aufweisen, z. B. *1.2-Di-(β-oxyäthylamino)-äthan.* Die Amine wirken stark zurückhaltend, so daß nur ein Teil des Farbstoffes auf die Faser aufzieht. Durch Zusatz von Aldehyden, bes. CH_2O, kann die zurückhaltende Wrkg. wieder aufgehoben werden. (**D. B. P. 905 604** Kl. 8m vom 7/11. 1951, ausg. 4/3. 1954. F. Prior. 10/11. 1950.) v. SCHILLER. 7021

Fosse Dyeworks Ltd., Syston, Leicester, England, *Färben von Wolle in Melangeeffekten.* Man behandelt mit einer wss. Lsg. oder Paste, die enthält: a) eine Substanz, welche die in dem Eiweiß der Wolle befindlichen restlichen Aminosäuren ganz oder teilweise gegen Wollfarbstoffe reserviert u. die wenigstens 2 Sulfonsäuregruppen im Mol. enthält u. aus einem Kondensationsprod. eines Aldehyds, vorzugsweise CH_2O, mit einer aromat. Sulfonsäure oder einem wasserlösl. Harnstoff–CH_2O-Kondensationsprod. oder einem wasserlösl. Melamin–CH_2O-Kondensationsprod. mit einem Tannin, vorzugsweise Tanninsäure oder einer aromat. Sulfonsäure mit mindestens 3 Sulfonsäuregruppen oder deren Salz besteht, b) CH_3COOH, HCl, H_2SO_4, CH_2O_2, H_3PO_4 oder Milchsäure bzw. deren NH_4-Salze, c) einem Wollfarbstoff mit mindestens 2 Sulfonsäuregruppen im Molekül. Die Lsg. hat einen p_H-Wert von ca. 5,5 bei Verwendung von Säuren u. ca. 6,2 bei NH_4-Salzen, u. das Verhältnis von b : a ist nicht geringer als 0,2 : 1. (**E. P. 680 862** vom 28/7. 1950, ausg. 15/10. 1952.) v. SCHILLER. 7021

Celanese Corp. of America, New York, N. Y., übert. von: **Victor S. Salvin,** Irvington, N. J., V. St. A., *Färben von Textilien aus Celluloseacetat mit Naphtholfarbstoffen.* Man bringt die Diazo- u. Kupplungskomponenten auf das Material auf u. diazotiert in essigsaurer Lsg. mit $NaNO_2$. Anschließend wird in einem seifenhaltigen Bad bei p_H 9 entwickelt. Um die Kupplung zu vervollständigen u. eine bessere Durchdringung des Materials mit dem Farbstoff zu erzielen, wird noch 1—3 Min. bei 20—30° in einem Bad behandelt, das 2,5—30% A. enthält. (**A. P. 2 643 175** vom 5/12. 1950, ausg. 23/6. 1953.) v. SCHILLER. 7021

Soc. Rhodiaceta, Seine, Frankreich (Erfinder: **Louis Roche**), *Färben von Gegenständen aus Polyacrylnitril.* Man färbt Textilien aus Polyacrylnitril mit einer wss. sauren u. stabilen Dispersion eines sauren Leukoderiv. eines Küpenfarbstoffes u. oxydiert. — Man red. (5 Teile) Brillantgrün Solanthren FF bei 60° in einer Lsg. mit 25 g NaOH (36° Bé), 12,5 $Na_2S_2O_4$ u. 0,5 g Na-Alkylnaphthalinsulfonat, gießt die Lsg. in 2,5 Cellulosebisulfit, 0,2 Äthylenoxyd–Laurinalkohol-Polykondensat, 37,5 techn. Milchsäure von 80° u. W. zum Auffüllen auf 1000, bringt Polyacrylnitrilgarn 1 Std. bei 100° in das Bad, wäscht u. legt 1 Std. bei 60° in eine Lsg. von 5 cm^3/Liter H_2O_2 u. 0,5 g/Liter $NaHCO_3$. (**F. P. 1 025 189** vom 27/9. 1950, ausg. 13/4. 1953.) PANKOW. 7021

Laszlo Auer, South Orange, N. J., V. St. A., *Emulsionsverdünnung für Textildrucke,* bestehend aus 47—56 (%) W., 0,3—0,8 hochviscose, in W. lösl. Celluloseäther, z. B. Methylcellulose (Viscosität der wss. 2%ig. Lsg. 1200 cp. bei 20°), u. 43—51 in W. unlösl. Lösungsm., bes. aromat. Verbb., wie Xylol. Als Antischaummittel können z. B. Siliconharze zugesetzt werden. (**A. P. 2 637 705** vom 21/8. 1950, ausg. 5/5. 1953.) MÖLLERING. 7023

Farbenfabriken Bayer Akt.-Ges. (Erfinder: **Eugen Glietenberg** und **Josef Hasomann**), Leverkusen, *Erzeugung von Eisfarben beim Zeugdruck,* dad. gek., daß man

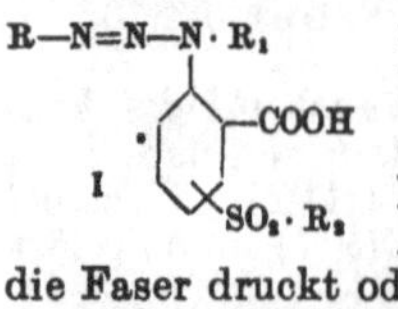

I

Druckpasten oder Klotzlsgg., die Diazoaminoverbb. der allg. Formel I, worin R Aryl, R_1 H, Alkyl oder substituiertes Alkyl u. R_2 den Rest einer Aminoalkylsulfonsäure oder -carbonsäure oder einen Alkylrest mit löslichmachenden Gruppen bedeutet, in Form ihrer neutralen Salze mit fixen Alkalien u. Salze fixer Alkalien von Eisfarbenkomponenten üblicher Art enthalten, auf die Faser druckt oder klotzt u. den Farbstoff durch Dämpfen mit neutralem Dampf entwickelt. Hierbei kann man in einem neutralen Entwicklungsverf. die Salze fixer Alkalien der Diazoaminoverbb. verwenden u. auf die Verwendung flüchtiger Basen verzichten. Die in den Diazoaminoverbb. enthaltenen Stabilisatoren enthalten außer unmittelbar am Benzolkern noch in dem externen Rest R_2 löslichmachende Reste. (**D. B. P. 906 215** Kl. 8n vom 23/10. 1951, ausg. 11/3. 1954.) v. SCHILLER. 7023

Sandoz Akt.-Ges., Basel, Schweiz, *Azofarbstoffe.* Durch Kuppeln von diazotierter *1-Oxy-2-amino-4-nitrobenzol-6-sulfonsäure* mit *1-(2-Oxy-5-tert.-amylphenyl)-carbamidsäurebutyl-* oder *-äthylester* erhält man Farbstoffe, die Wolle sauer in bräunlichen, nachchromiert in olivstichig braunen Tönen färben u. auch zum Färben nach dem Einbadchromverf. geeignet sind. (**Schwz. PP. 265 097** u. **265 098** vom 13/5. 1947, ausg. 16/2. 1950. **Zusätze zu Schwz. P. 196 653; C. 1938. II. 3615.**) HEYNE. 7053

Ciba Soc. An., Schweiz, *Azofarbstoffe der Stilbenreihe.* 4.4'-Dinitrostilben-2.2'-disulfonsäure (I) wird mit Aminoazofarbstoffen der Formel $X—R_1—N{=}N—R_2{=}(NH_2)_2$ (R_1, R_2 = Benzolreste; X = o-ständige OH- oder COOH-Gruppe; die NH_2-Gruppen stehen in o- u. p-Stellung) kondensiert. — Zu Schwz. P. 279 911; C. **1953.** 4121 sind folgende Farbstoffe nachzutragen: Kondensationsprod. aus 1 (Mol) I mit 2 (2-Amino-4-sulfobenzoesäure → 1.3-Diaminobenzol), färbt Chromleder braun; Kondensationsprod. aus 1 I mit 2 (4.6-Dinitro-2-amino-1-oxybenzol → 1.3-Diaminobenzol-4-sulfonsäure), Cu-Komplexverb. färbt Leder gelbstichigbraun. (**F. P. 1 030 732** vom 18/12. 1950, ausg. 16/6. 1953. Schwz. Prior. 23/12. 1949.) HOPPE. 7053

Ciba Akt.-Ges., Basel, Schweiz, *Disazofarbstoff.* Man kondensiert 1 (Mol) Cyanurhalogenid, bes. Cyanurchlorid, mit 1 2-Aminonaphthalin-4.8-disulfonsäure u. 2 4-Amino-4'-oxy-1.1'-azobenzol-3'-carbonsäure. Färbt Cellulose grünstichiggelb, gut ätzbar. (**Schwz. P. 290 298** vom 7/2. 1951, ausg. 1/8. 1953.) SIEVERS. 7055

Badische Anilin- & Soda-Fabrik Akt.-Ges., Ludwigshafen/Rh., *1-Methylamino-4-(4'-oxyphenylamino)-anthrachinon,* Farbstoff oder Zwischenprod. zur Herst. von Farbstoffen, blaue, metall. glänzende Verb., in konz. H_2SO_4 blaugrau u. in Aceton blaugrün lösl., erhält man durch Behandlung von 1-Methylamino-4-(4'-methoxyphenylamino)-anthrachinon (I) mit sauren Mitteln bei niedrigeren Tempp., als bei welchen ringförmige Verbb., wie die Coeramidonine oder Carbazole, entstehen. Geeignete saure Mittel sind z. B. Halogenwasserstoffsäuren, bes. in Form ihrer Salze mit tert. Aminen, H_2SO_4, BF_3, BCl_3 oder $AlCl_3$, die Metallhalogenide bes. in Form von Komplexverbb., wie Verbb. aus Essigsäure u. BF_3 oder aus $AlCl_3$ u. SO_2 oder Phosgen. — Mit H_2SO_4 erhält man den Farbstoff z. B. dadurch, daß man ein Gemisch von 10 (Teilen) I u. 200 80%ig. H_2SO_4 so lange bei 20—25° rührt, bis I nicht mehr nachgewiesen werden kann. (**Schwz. P. 294 699** vom 2/8. 1943, ausg. 1/2. 1954. D. Prior 12/5. 1942.) ROICK. 7059

General Aniline & Film Corp., New York, N. Y. (Erfinder: **John Taras,** Alpha, N. J.), V. St. A., *Wasserlösliche Schwefelsäureestersalze von Leukoküpenfarbstoffen.* Ein Leukoküpenfarbstoff (I) wird mit der SO_3-Additionsverb. (**II**) eines tert. Amins aus der Klasse des Pyridins oder α-Picolins (**IIa**) in einer wss., ein starkes anorgan. Alkali (**III**) enthaltenden Lsg. mit der Maßgabe in Rk. gebracht, daß auf jedes Mol I 10 bis ca. 40 Mol **III** u. wenigstens 3 Mol **II** kommen. Die Rk. wird zweckmäßig bei 20—50° durchgeführt. Die Ester können in sehr hohen Ausbeuten erhalten werden. — 125 (Gewichtsteile) Bz-2.Bz-2'-Dimethoxydibenzanthron gibt man zu einer Lsg. aus 5000 W., 175 gepulvertem Na_2SO_3 u. 3000 KOH, versetzt die erhaltene Küpe in inerter Atmosphäre mit 420 des Additionsprod. aus SO_3 u. **IIa** (erhältlich durch Zugabe von 1000 SO_3 zu 1186 **IIa** u. 3000 Chlf. bei 10—20°), rührt mehrere Std. bei 35—40°, verd. mit 15000 W., setzt 50 m-nitrobenzolsulfonsaures Na zu, erhitzt auf 60°, filtriert, konz. das rote Filtrat unter verringertem Druck u. salzt den Ester aus; Ausbeute 90 bis 95%. — In ähnlicher Weise können Ester aus Indigo, 6.6'-Diäthoxythioindigo, 5.5'.7.7'-Tetrabrom-, Pentabrom-, 2-Monobrom-, 5.5'-Dichlor-6.6'-dibrom- oder 1.1'-Dichlorindigo, Indanthrenküpenfarbstoffen, 3.4; 8.9-Dibenzopyrenchinon, dibromiertem Pyranthron oder Dibromdimethoxydibenzanthron erhalten werden. (**D. B. P. 890 404** Kl. 22e vom 1/1. 1949, ausg. 17/9. 1953. A. Prior. 29/4. 1947.) ROICK. 7069

J. R. Geigy Akt.-Ges., Basel, Schweiz, *Schwefelfarbstoffe.* Auf Indophenole der allg. Zus. I, worin R einen niederen aliphat. KW-stoffrest bedeutet u. die Benzolringe

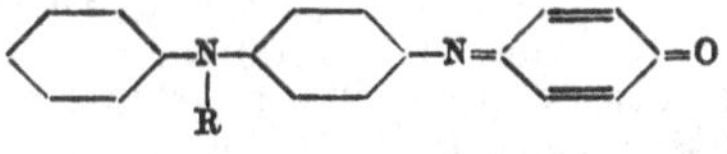

I

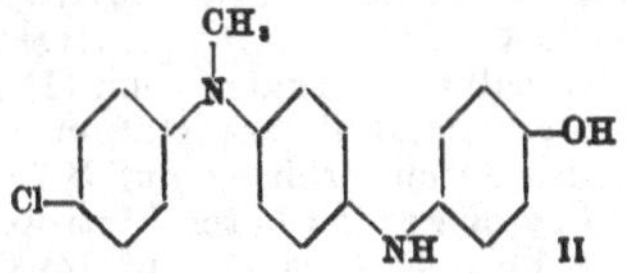

II

noch in Farbstoffen übliche Substituenten enthalten können, bzw. auf deren Leukoverbb. läßt man S einführende Mittel einwirken. Vorteilhafte Schwefelungstemp. 100—125°, Reaktionszeit 24—72 Std., organ. Lösungsmittel Glykolmonoalkyläther. I erhält man nach bekannten Methoden, z. B. aus den N-Alkyldiphenylaminen mit mindestens einer freien Stelle in p-Stellung zum tert. N-Atom durch Kondensation mit p-Nitrosophenolen in starker wss. Mineralsäure in der Kälte. — Die erhaltenen Farbstoffe, tiefblaue, bronzierende Pulver, färben Cellulosefasern sowohl aus der Na-Sulfid- als auch Na-Hydrosulfitküpe in sehr gut licht-, naß- u. chlorechten, reinen rotstichig- bis grünstichigblauen Tönen. — In eine Polysulfidlsg., erhalten durch Verschmelzen von 156 (Teilen) S u. 107 60%ig. techn. Na_2S mit 400 Äthylenglykolmonomethyläther, trägt man 100 eines trockenen Leukoindophenols der Zus. II ein, kocht 48 Std. bei 110° unter Rückfluß, entfernt dann das Lösungsm. durch Wasserdampfdest. u. fällt den Farbstoff durch Ansäuern mit Salzsäure. Der Farbstoff, ein dunkles, rot bronzierendes Pulver, in konz. H_2SO_4 klar blau lösl., färbt Baumwolle aus Na_2S enthaltender Flotte klar grünstichigblau. (**Schwz. P. 294 339** vom 22/3. 1951, ausg. 16/1. 1954.) ROICK. 7071

XIa. Farben. Anstriche. Lacke. Naturharze.

R. H. Kienle und **C. Maresh**, *Beobachtungen an optischen Eigenschaften pigmentierter Filme.* Der Einfl. von Refraktionsindex, Lichtabsorption, Teilchengröße u. Teilchenform, Flockungsgrad u. Flockungsverf., Bewitterung, Glanz u. Unvollkommenheiten der Oberfläche von Pigmenten auf opt. Eigg. von Filmen wird durch eine Anzahl von Elektronen- u. opt. Mikrophotographien dargestellt. (J. Oil Colour Chemists' Assoc. **36**. 619—45. Nov. 1953. Bound Brook, N. J., American Cyanamid Co., Calco Chem. Div.) STEINER. 7106

Max Kronstein, Philip Hixon und **Jack Granowitz**, *Löslichkeitseinfluß bei Metallphosphatvorbehandlungen.* Es wird die Abgabe wasserlösl. Stoffe bei Metallphosphatüberzügen mit Hilfe von Widerstandsmessungen u. photometr. Messungen untersucht. Ebenso der Einfl. dieser Stoffe auf das Anstrichbindungsvermögen. Durch Abspülen kann die Lebensdauer der Anstriche beträchtlich verlängert werden. Untersucht wurden je zwei verschied. Zn- u. Fe-Phosphatüberzüge. (Paint Varnish Product. **43**. Nr. 12. 19—30. Dez. 1953. New York, Univ., Coll. of Engng.) SPINDLER. 7106

G. Sprock, *Stand der Lack- und Anstrichtechnik auf dem Gebiet des Korrosionsschutzes.* Zusammenfassender Überblick. Rahmenrezept für Rostschutz- sowie säure- u. alkalibeständige Lacke auf Basis von *Vilit 40* (ein Vinylchlorid–Vinylacetat-Mischpolymerisat der CHEMISCHE WERKE HÜLS AG., Marl). (Fette, Seifen, Anstrichmittel **56**. 238—41. April 1954. Marl.) WINIKER. 7106

H. F. Vollmann und **J. Kendall**, *Deckkraft wässeriger Deckfarben.* Es wird auf offenbare Schwierigkeiten bei der von MUDD u. DOWNS (C. **1954**. 3341) angegebenen Meth. der elektrometr. Messung der Deckkraft von Pigmentfarben hingewiesen, die teils bei der Lichtabsorption, teils bei der Lichtreflexion zu erwarten sein sollen. (J. Soc. Leather Trades' Chemists **37**. 154—56. Mai 1953. Trading Estate, Slough, Vollmann Bros., Ltd.) STADLER. 7158

J. S. Mudd und **F. E. Downs**, *Kommentar zur obigen Kritik.* In Erwiderung auf die Hinweise von VOLLMANN u. KENDALL (vgl. vorst. Ref.) wird betont, daß es bei der von Vff. angegebenen Meth. auf die Menge des von dem weißen Hintergrund gegenüber dem schwarzen Hintergrund reflektierten Lichtes ankommt u. nur diese Differenz der beiden Werte zur Best. der Lichtdurchlässigkeit herangezogen wird. (J. Soc. Leather Trades' Chemists **37**. 156. Mai 1953.) STADLER. 7158

—, *Bestimmung des nichtflüchtigen Anteils von Farblackmedien.* Fünf Medien (Lackstoff + Bindemittel) bekannter Zus. wurden in Petrischalen 3 bzw. 4 Std. lang bei 110 bzw. 130° erhitzt. Bei 4 std. Erhitzen auf 110° wurden die besten Ergebnisse erzielt. (J. Oil Colour Chemists' Assoc. **36**. 649—53. Nov. 1953. Liverpool, Beck, Koller & Co.) STEINER. 7158

Sherwin-Williams Co., Cleveland, Ohio, übert. von: **James H. Sample**, Chicago, Ill., V. St. A., *Schnelltrocknende Mischpolymerisate für Lacke.* Im Molverhältnis 60 : 40 bis 25 : 75 werden aromat. Vinylverbb. mit durch Blasen anpolymerisierten trocknenden oder halbtrocknenden Ölen (I) in Ggw. von 0,02—1% (bezogen auf I-Geh.) in I lösl. Schwermetall-Trockenstoffen u. 0,5—2% (bezogen auf I-Geh.) eines metallfreien Peroxydes durch Erhitzen auf 107—260° polymerisiert. — 800 (g) geblasenes Leinöl u. 800 Styrol werden unter Eintropfen von 20 Tropfen H_2O_2 (30%ig) u. in Ggw. von 0,5 (%) Pb oder 0,05 Co auf 149° erhitzt. (**A. P. 2 650 907** vom 18/8. 1950, ausg. 1/9. 1953.) MÖLLERING. 7097

Herbert Hönel, Hamburg, und **Heinrich Manzano**, Wien, Österreich, *Härtbare Resol-Alkyd-Harze.* Resole aus Phenolen, die auf einen Phenolkern mehr als 2 C-Atome aufweisende Substituenten tragen, werden mit einem plastifizierenden Alkydharz, das mindestens 1 g überschüssige freie OH-Gruppen in ca. 300 g Harz aufweist, zusammenkondensiert. Für die Herst. der verfahrensgemäß anzuwendenden Resole können Phenole, wie p-tert.-Butylphenol (I), Cyclohexylphenol, Dioxydiphenylmethan oder sogenannte Terpenphenolharze, verwendet werden. — Z. B. wird ein Alkydharz aus 100 (Teilen) Adipinsäure u. 140 techn. Trimethylolpropan, das in 185 g eine überschüssige freie OH-Gruppe enthält, mit einem neutralgewaschenen fl. Resol aus

225 I u. 180 CH_2O (30%) in Ggw. von Xylol zusammenkondensiert. Zweckmäßig erfolgt dies bei einem p_H von ca. 4—5 unter ständiger Abführung des Reaktionswassers. Die Kondensation ist beendet, wenn eine Probe keine wesentliche Klebrigkeit mehr zeigt. In aromat. Lösungsmitteln lösl. Harz, das für *Einbrennlacke* verwendet werden kann. Auf Metalle bei 180—200° eingebrannte Überzüge besitzen hohen Glanz, große Haftfestigkeit u. hohen Widerstand gegen kochendes W., verd. Säuren u. warme Sodalösung. (**A. P. 2 626 249** vom 22/7. 1947, ausg. 20/1. 1953. D. Prior. 29/1. 1943.) HERBST. 7097

Herbert Hönel, Hamburg, und **Heinrich Manzano**, Wien, Österreich, *Härtbare Resol–Alkyd-Harze.* Resole aus einfachen Phenolen werden mit solchen Alkydharzen, die wenigstens 1 g freie prim. OH-Gruppen auf 250 g Harz enthalten, zusammenkondensiert. — Z. B. wird ein Resol aus 1000 (Teilen) Phenol u. 3000 CH_2O (30%) bei 30—35° in Ggw. von Alkali hergestellt. 180 so hergestellten Resols werden mit 150—250 eines nahezu neutralen Esters aus 1 Mol Adipinsäure u. 1½ Mol Trimethylolpropan bei 90—130° unter Abführung des Reaktionswassers kondensiert, wobei zweckmäßig ein saures Kondensationsmittel u. Bzl. oder ein sek. oder tert. Alkohol zugesetzt werden. Das erhaltene Harz ist lösl. in Xylol u. Butanol u. kann zur Herst. von *Einbrennlacken* herangezogen werden. Bei 160—170° während einer Std. eingebrannt, entsteht ein elast. zähhaftender Film von hoher Festigkeit gegen mechan. Einw. sowie gegen Treibstoffgemische. (**A. P. 2 649 433** vom 22/7. 1947, ausg. 18/8. 1953. D. Prior. 1/11. 1941.) HERBST. 7097

Armstrong Cork Co., Lancaster, übert. von: **Irving I. Bezman**, Pittsburgh, und **Daniel D. Browning**, Lancaster, Pa., V. St. A., *Vinylharzdispersionen* von niedriger Viscosität u. hohem Festkörpergeh. für *Überzüge.* Polyvinylchlorid wird nach dem üblichen Anteigen mit Weichmachern u. Verdünnungsmitteln mit 0,1—0,5% W. versetzt. — Beispiel: 100 (Gewichtsteile) Vinylharz, 63 Füllstoff, 10 Chlorparaffin, 33 Dioctylphthalat, 8 Polyoxyäthyläther, 2 Pb-Stabilisator u. 73 eines Gemisches aus aliphat. u. aromat. KW-stoffen werden mit der genannten Menge W. verrührt. (**A. P. 2 624 718** vom 24/7. 1951, ausg. 6/1. 1953.) SALZMANN. 7107

Kendall Co., Boston, übert. von: **Robert H. Gillespie**, Walpole, Mass., V. St. A., *Filmbildende Polyvinylchloriddispersionen für Überzüge.* 1—50 (Teile) eines fein verteilten Emulsionspolymerisates aus Vinylchlorid (I) mit einem Geh. von >90% I u. einem durchschnittlichen Mol.-Gew. >2000 werden in einer Acetonlsg. von 1 I-Polymerisat mit Mol.-Geww. von 5000—16000 unter Zusatz von Lösungs- u. Weichmachungsmitteln verteilt. (**A. P. 2 646 414** vom 13/3. 1952, ausg. 21/7. 1953.) MÖLLERING. 7107

Dow Chemical Co. (Erfinder: **Walter A. Henson** und **Franklin G. Edwards**), Midland, Mich., V. St. A., *Herstellung von homogenen Überzugsmischungen.* In einem trocknenden Öl (Lein-, Holz-, Perilla-, Oiticica- oder oxydiertem Sojabohnenöl) wird ein öllösl. Emulgator (Ricinusölsäureglycerinester oder ein Monoarylester des Äthylenglykols) gelöst u. dann die wss. Dispersion eines Emulsionspolymeren (Styrol–Butadien, Vinylidenchlorid–Acrylnitril, Vinylchlorid–Vinylidenchlorid, Vinylchlorid–Vinylidenchloridäthylacrylat, Butadien–Acrylnitril) eingerührt, wobei die Menge des Polymeren 10—50% des Öls beträgt. Vor der Verwendung wird die Dispersion zweckmäßig entwässert, bes. unter Durchblasen von Luft bei Eindickungstempp., nachdem gegebenenfalls ein flüchtiges Koagulierungsmittel für die Polymeren, das kein Lösungsm. für diese u. zumindest teilweise wasservermischbar ist (Methanol, A., Propanol, Isopropanol), zugefügt ist. (**D. B. P. 906 967** Kl. 22h vom 15/7. 1951, ausg. 18/3. 1954.) GRÄGER. 7107

Frank J. Sowa, Cranford, N. J., V. St. A., *Modifizierte Alkydharze für Lacke.* Alkydharze werden mit Verbb. der Formel R_ySiX_{4-y} (R = Alkyl- oder Arylrest oder Alkenylrest mit 3—4 C-Atomen, X = Alkoxyrest mit 1—5 C-Atomen, y = 1—3) bei einer Temp. behandelt, bei welcher der bei der Rk. gebildete Alkohol abgetrieben wird. — Eine 60%ig. Xylollsg. eines aus Sojafettsäure, Phthalsäureanhydrid u. Glycerin erhaltenen Alkydharzes wird im Verhältnis 1 : 1 bis 1 : 3 mit Monoamyltriäthoxysilan gemischt, als Lack aufgebracht u. 2 Std. bei 149° im Ofen getrocknet. Tabelle über Härte u. Alkalibeständigkeit der erhaltenen Filme. (**A. P. 2 605 243** vom 26/5. 1947, ausg. 29/7. 1952.) MÖLLERING. 7107

Unitrade Akt.-Ges., Zürich, Schweiz, *Herstellung eines aluminiumpulverhaltigen Spirituslackes,* der gegen Öl, Bzn., Bzl. u. Seewasser beständig ist. — 1 (Gewichtsteil) eines Novolakkunstharzes u. 1 eines spritlösl. Resolkunstharzes werden mit 2—3 A. u. dann mit einer Suspension von Al-Pulver, wie Al-Schliff, in A. innig vermischt. Der erhaltene Lack soll möglichst 30 (%) Kunstharz, 20 Al-Pulver u. 50 A. enthalten. (**Schwz. P. 294 340** vom 5/1. 1951, ausg. 16/1. 1954.) GRÄGER. 7107

Cowles Chemical Co., Cleveland, Ohio (Erfinder: **Clinton William MacMullen**, Fayetteville, und **Alfred Marzocchi**, Camillus, N. Y.), V. St. A., *Wasserabstoßende Überzüge ergebende Überzugsmasse*, bestehend aus einem zementösen Schlamm, dessen wss. Phase eine geringe Menge (0,05—1,5% des Schlammgewichts) eines wasserlösl. Organo-Si-Salzes mit der allg. Formel $[(RSi)_{n+1}O_n](OM)_{n+3}$ gelöst enthält, in der R ein organ. Rest ist, n aus der aus Null u. den positiven ganzen Zahlen bestehenden Gruppe gewählt ist u. M ein Alkalimetall bedeutet, z. B. ein Na-Salz, das bei der wss. alkal. Hydrolyse des Amyl- oder Nonyltrichlorsilans entsteht. Das Gemisch kann gleichzeitig 0,25—2% Alkalisilicat enthalten. — Beispiel: 40 (Gewichtsteile) weißer Portlandzement, 40 Sand, 20 W., 0,18 Na-Salz aus der Hydrolyse eines Amyltrichlorsilans u. 0,54 Na-Metasilicat. (**D. B. P. 905 770** Kl. 22g vom 23/12. 1951, ausg. 4/3. 1954. A. Prior. 23/12. 1950.) GRÄGER. 7107

Westdeutsche Mannesmannröhren Akt.-Ges., Düsseldorf, und **Hüttenwerk Huckingen Akt.-Ges.**, Duisburg (Erfinder: **Erwin Brauns**, Düsseldorf, und **Hans Stoffels**, Duisburg), *Herstellung eines Grundiermittels aus Steinkohlenteerpech und organischen Lösungsmitteln.* Steinkohlenteerpech (I) wird mit Pyridin (II) oder einem II enthaltenden Lösungsmittelgemisch u. geringen Mengen (0,1—3, bes. 2%, auf I bezogen) unter gleichzeitiger Oxydation (z. B. mittels durchgeleiteter Luft) längere Zeit (ca. 1 Std.) am Rückflußkühler sd. gehalten. Dem fertigen Grundiermittel können bekannte Weichmacher, wie Anthracenöl, zugesetzt werden. (**D. B. P. 905 771** Kl. 22g vom 18/11. 1941, ausg. 4/3. 1954.) GRÄGER. 7107

J. S. Remington and **W. Francis**, Pigments: their manufacture, properties and use. 3rd. rev. edn. London: L. Hill. 1954. (XV + 222 S. m. Abb.) 20 s.

XIb. Plaste (Kunstharze. Plastische Massen).

E. B. Bradford, *Elektronenmikroskopische Untersuchung von weichgemachten Latices.* Vf. stellt aus synthet. Latices mit u. ohne Geh. an Weichmachern durch Trocknung an der Luft Filme her. Auf diese dampft er im Hochvakuum SiO auf, löst den Polymerfilm in Lösungsm. u. betrachtet den SiO-Abdruck unter dem Elektronenmikroskop. Alle untersuchten Systeme, Saran–Latex (Vinylchlorid–Vinylidenchlorid-Copolymerisat), Polystyrol–Latex u. Polyvinyltoluol–Latex, ergeben ohne Zusatz von Weichmachern in der Praxis nicht brauchbare Filme, in denen die einzelnen kugelförmigen Latexteilchen diskret nebeneinander liegen. Dabei sind bei den einzelnen Latexarten Größe, Größenverteilung u. Regelmäßigkeit der Anordnung der Teilchen verschieden. Mit steigender Zugabe von Weichmachern gehen die Einzelteilchen dann immer mehr ineinander über, bis schließlich keine isolierten Partikeln mehr sichtbar sind. (J. appl. Physics **23**. 609—12. Juni 1952. Midland, Mich., Dow Chemical Co., Phys. Res. Labor.) CANTOW. 7170

A. Foulon, *Färben von Kunststoffen.* Allg. Ausführungen. (Plastverarbeiter **5**. 144—45. Mai 1954.) WINIKER. 7170

Chemische Werke Hüls G. m. b. H. (Erfinder: **Heinrich Weber**), Marl, *Alkylthioäthercarbonsäureester.* α.β-ungesätt. Carbonsäureester werden in Ggw. geringer Mengen bas. wirkender Stoffe mit aliphat. gebundene Sulfhydrylgruppen enthaltenden Verbb. (Mercaptane, Mono- u. Dithioglykole, Thiocarbonsäureester) umgesetzt. — Äthylmercaptan + Crotonsäuremethylester + Na bei 39—60° → *β-Äthylmercapto-n-buttersäuremethylester*, $Kp._{10}$ 79°. *n-Butylester*, $Kp._{10}$ 118°. —*β-Äthylmercaptopropionsäuremethylester*, $Kp._{11}$ 73°. — *β-Oxyäthylmercapto-n-buttersäuremethylester*, $Kp._{10}$ 140°. — β-Mercapto-n-buttersäurebutylester, $Kp._{10}$ 110°, + Crotonsäure-n-butylester → *β.β'-Thiodi-n-buttersäuredi-n-butylester*, $Kp._{0,3}$ 141°. — *Weichmacher* für *Kunststoffe* u. Zwischenprodukte. (**D. B. P. 891 391** Kl. 12o vom 17/7. 1942, ausg. 28/9. 1953.) KRAUSS. 7171

Cassella Farbwerke Mainkur Akt.-Ges. (Erfinder: **Ernst Honold** und **Wilhelm Kunze**), Frankfurt/M., *Weichmachungs- und Gelatinierungsmittel* für *Polyvinylverbb.*, *Polyamide* u. *Cellulosederivv.*, bestehend aus Diaryl- oder Aralkylketonen, z. B. 4-Phenoxy- bzw. 4-Äthoxyacetophenon, 4- bzw. 3-Methoxybenzophenon oder 4-Acetyldiphenylsulfid. (**D. B. P. 902 313** Kl. 39b vom 12/2. 1944, ausg. 21/1. 1954.) SALZMANN. 7171

Eastman Kodak Co., Rochester, N. Y., übert. von: **John R. Caldwell**, Kingsport, Tenn., V. St. A., *Lösungspolymerisation* von olefin. ungesätt. Verbb. erfolgt in Ggw. organ. oder anorgan. Peroxyde in einer wss. hoch-%ig. Lsg. von Alkalisalzen aromat. Sulfonsäuren der Benzolreihe. — Z. B. werden in Ggw. von $K_2S_2O_8$ oder Benzoylperoxyd Methylmethacrylat, Acrylnitril, Vinylacetat, Dimethylfumarat oder -maleat in wss. Lsgg. mit einem Geh. von 30—40% Na- oder K-Salz der (Äthyl-) Benzol-, Xylol-, Toluol- oder Cumolsulfonsäure in 20—30 Std. bei ca. 50° polymerisiert. Die Polymerisate werden in guter Ausbeute u. als leicht abtrennbarer Nd. gewonnen. Die Prodd. dienen als Preßmasse oder in Form von Lsgg. zur Herst. von Filmen, Fäden u. Überzügen. (**A. P. 2 639 279** vom 21/12. 1949, ausg. 19/5. 1953.) MÖLLERING. 7173

Farbwerke Hoechst Akt.-Ges., vormals Meister Lucius & Brüning, Frankfurt/M., *Weichmachungsmittel enthaltende Polymerisate* erhält man durch Emulsionspolymerisation, indem man Weichmacher u. monomere Verb. im Maße ihres Verbrauches der Rk. unter solchen Bedingungen zuführt, daß sich die Polymerisate absetzen. — In eine wss. Lsg. aus Emulgator u. Initiator setzt man unter N_2-Atmosphäre ein Gemisch z. B. aus 350 (Teilen) Vinylchlorid u. 150 Di-(2-äthylhexyl)-phthalat u. gleichzeitig H_2O_2-Lsg. nach u. nach zu, wobei bei Kühlung 3,5 at erreicht werden. Man erhält ein feines, weichgemachtes *Polyvinylchloridpulver.* (**Schwz. P. 294 028** vom 2/3. 1951, ausg. 4/1. 1954. D. Prior. 14/3. 1950.) MÖLLERING. 7173

Lonza Elektrizitätswerke und chemische Fabriken Akt.-Ges., Basel, Schweiz, *Zellkörper aus thermoplastischen Massen,* z. B. *Polyvinylchlorid.* Nach Einverleibung der Gase bzw. Treibmittel der M. u. nach vollständigem Gelieren derselben verändert man eine der drei Zustandsgrößen (Vol., Druck u. Temp.) in dem Sinne, daß in den heißen, unter Druck stehenden Massen eine geringe Expansion unter Bldg. sehr feiner, gashaltiger Zellen (Durchmesser 0,1—0,5 mm) herbeigeführt wird, u. daß man dann die M. unter Druck abkühlt, vom Druck entlastet u. vollständig expandiert. Die Volumenvergrößerung zwecks Zellenbldg. wird innerhalb eines Gefäßes durch Druckverminderung herbeigeführt, wobei die Gase in fein verteiltem Zustand innerhalb der M. frei werden. Die M. wird z. B. bei über 100 at auf 140—170° erhitzt, bis die Lsg. des einverleibten Gases erfolgt ist, der Druck entlastet, so daß sich das Vol. um $^1/_5$—$^2/_5$ vergrößert, die M. unter Druck abgekühlt u. wie oben behandelt. Man bedient sich einer Form, die aus einer Matrize u. einem relativ zu dieser verschiebbaren Stempel besteht. (**Schwz. P. 294 345** vom 5/12. 1950, ausg. 16/1. 1954.) SALZMANN. 7173

B. F. Goodrich Co., New York, N. Y., übert. von: **Harold P. Brown,** Akron, Ohio, V. St. A., *Elastomere aus Polyacrylsäureestern* (I) erhält man durch Behandlung der I-Emulsion mit einem alkal. Hydrolysierungsmittel, wobei 0,01—0,3 (Teile) COOH-Verbb. je 100 I erzeugt werden sollen, u. anschließende Behandlung mit einer starken Säure, worauf das ausgefällte Polymerisat durch Erhitzen auf 41—204° beständig gemacht wird. — Eine wss. Polyäthylacrylatemulsion wird mit 0,07% NaOH gemischt u. auf 150° erwärmt. Man säuert mit HCl auf p_H 1 an, wäscht den Nd. 3 mal bei 70° mit W. säurefrei u. trocknet in einem offenen Ofen. (**A. P. 2 649 439** vom 24/11. 1950, ausg. 18/8. 1953.) MÖLLERING. 7173

Chemstrand Corp., Del., übert. von: **Marion R. Lytton,** West Chester, Pa., V. St. A., *Färbbare Mischpolymerisate.* 80—99 (%) Acrylnitril werden zusammen mit 1—20 3-Oxydimethylaminobuten-1 oder dessen Acylierungs-, bes. Acetylierungsprod. in der M. oder in Emulsionsform in Ggw. üblicher Katalysatoren polymerisiert. (**A. P. 2 656 338** vom 13/3. 1950, ausg. 20/10. 1953.) MÖLLERING. 7173

Paul Halbig, Freiburg, Schweiz, *Lösungen von Polyacrylnitril.* Als Lösungsmittel werden Mischungen aus 9—45 (%) Formamid (I) u. 91—55 Nitromethan (II) verwendet, die gegebenenfalls noch Spuren von W. enthalten können. — Z. B. werden 25 (Teile) Polyacrylnitril (Mol.-Gew. 45000 nach STAUDINGER) in 85 **II** u. 15 **I** bei ca. 20° zu einer Suspension angerührt, worauf auf 90° erwärmt wird, wobei sich eine klare, hochviscose Lsg. bildet. Diese erstarrt beim Abkühlen auf 20° zu einer Gallerte u. geht beim Erwärmen wieder in Lösung. — Die Lsgg. können zu Filmen, Bändern, Fäden, Röhrchen usw. verarbeitet werden. (**Schwz. P. 295 072** vom 13/2. 1951, ausg. 16/2. 1954.) HERBST. 7173

Dow Chemical Co., übert. von: **Thomas E. Werkema,** Midland, Mich., V. St. A., *Polymerisation von α-Methylstyrol* (I). In Ggw. eines Alkalimetallkatalysators (z. B. Na, K, Li oder Legierungen dieser untereinander) wird **I** bis zu einer viscosen Fl. polymerisiert, vom Katalysator abfiltriert u. von nicht umgesetztem **I** durch Dest. befreit. Das abdest. **I** wird in den Kreislauf zurückgegeben. — Man erhält sehr reine Polymerisate, die bes. für *Hochfrequenzisolierungen* geeignet sind. (**A. P. 2 658 058** vom 29/9. 1952, ausg. 3/11. 1953.) MÖLLERING. 7173

Dynamit-Akt.-Ges. vormals Alfred Nobel & Co. (Erfinder: **Hans Pfahler**), Troisdorf bei Köln, *Herstellung von härtbaren Phenolharzen,* dad. gek., daß man Oxymethylverbb. von gegenüber Aldehyden reaktionsträgen Alkyl-, Cycloalkyl- oder Arylphenolen, wie o- u. p-Kresol u. Xylenolen, oder deren Gemischen in Ggw. von Alkali mit einwertigen Phenolen umsetzt u. die Reaktionsprodd. mit CH_2O kondensiert. Diese Kondensationsprodd. können zu Preßmassen verarbeitet werden. — Z. B. werden 500 (Teile) einer von 206—225° sd. Xylenolfraktion u. 750 CH_2O (30%) in Ggw. von 50 NaOH (30%) bei 25—30° bis zum Verschwinden des CH_2O-Geruches kondensiert. Die entstandene Oxymethylverb. des Xylenols wird hierauf mit 500 Phenol 30 Min. auf Siedetemp. erhitzt, worauf mit 750 CH_2O (30%) bei 75° weiterkondensiert wird. Nach Entwässern u. Erkalten fast bruchhartes Harz. (**D. B. P. 906 015** Kl. 39c vom 7/11. 1943, ausg. 8/3. 1954.) Herbst. 7177

Badische Anilin- & Soda-Fabrik Akt.-Ges. (Erfinder: **Leo Kollek und Fritz Stastny**), Ludwigshafen/Rh., *Weichmachungsmittel für Superpolyamide.* Als solche sind zu verwenden Ester aus verzweigten Fettalkoholen, die durch Anlagerung von CO u. H_2 unter Einw. von Katalysatoren an Olefine u. nachherige Hydrierung gewonnen worden sind, u. Oxysäuren, wie Milchsäure, Oxybuttersäure, p-Oxybenzoesäure, Salicylsäure, 2.3-Dioxybenzoesäure oder Kresylolpropionsäure. Diese Ester sind völlig wasserunlösl., wenig flüchtig u. geben mit den Polyamiden alterungsbeständige Massen, die auch kältebeständig sind. (**D. B. P. 905 884** Kl. 39b vom 16/12. 1942, ausg. 8/3. 1954.) Herbst. 7181

Rütgerswerke Akt.-Ges., Frankfurt/M. (Erfinder: **Walter Frost,** Saarau), *Herstellung hochmolekularer schwefelhaltiger Kondensationsprodukte* durch Umsetzung von anorgan., wasserlösl. Polysulfiden mit organ., mindestens an 2 Bindungen negative Reste enthaltenden Verbb. in Ggw. von organ. Zusatzstoffen, dad. gek., daß die Umsetzung in Ggw. von solchen organ. Verbb. vorgenommen wird, deren Radikale nur an einer Bindung negativ substituiert sind u. gegebenenfalls andere, nicht negative Substituenten enthalten können, wie Äthylchlorid, -bromid, Benzylchlorid, Acetylchlorid oder Methylsulfat. Durch derartige Zusätze können Weichheitsgrad u. Klebekraft der Erzeugnisse beliebig eingestellt werden. — Z. B. bringt man 1000 (Teile) Äthylenchlorid in Ggw. von 3,2 C_2H_5Cl mit einer wss. Lsg. von 1740 Na-Tetrasulfid von D. 1,2—1,3 unter Zusatz von 60 frisch gefälltem $Mg(OH)_2$ zur Rk. u. wäscht die entstandene Suspension aus, aus der durch Säurekoagulation ein Kunststoff von guter Klebkraft ausfällt. (**D. B. P. 906 147** Kl. 39c vom 2/2. 1948, ausg. 11/3. 1954.) Herbst. 7185

California Research Corp., San Francisco, Calif., V. St. A., *Alkoxysiloxangemische,* die gegen Hydrolyse u. Oxydation bes. beständig sind u. als Wärmeübertragungsmittel, hydraul. Fll. usw. verwendet werden, erhält man durch Rk. von kondensiertem Äthylsilicat (z. B. „Ethyl Silicate 40" mit einem Geh. von 38—42% SiO_2) bei erhöhter Temp. mit einem einwertigen aliphat. Alkohol C_{5-14} (der in 5—50%ig. Überschuß angewandt wird) u. Entfernung des gebildeten A., sowie des nicht umgesetzten Alkohols C_{5-14}. — Beispiele für letzteren: n-Amylalkohol, 2-Äthylbutylalkohol, Methylisobutylcarbinol, 2-Äthylhexylalkohol, gemischte Decanole. (**E. P. 706 029** vom 27/12. 1950, ausg. 24/3. 1954. A. Prior. 6/1. 1950.) Brösamle. 7189

Dow Corning Corp., Midland, Mich. (Erfinder: **James Franklin Hyde,** Corning, N. Y., **Rob Roy McGregor,** Verona, und **Earl Leathen Warrick,** Pittsburgh, Pa.), V. St. A., *Polymerisation flüssiger Organosiloxanpolymerer.* Hydrolysate von Organosilanen mit <3 organ. Resten werden in Ggw. eines Säurekatalysators, z. B. HCl, H_2SO_4, H_3PO_4 oder Oxalsäure, bei 100—250° polymerisiert, bis Prodd. mit den gewünschten Eigg. erhalten sind. — Das ölige, dehydratisierte cycl. trimere Hydrolysat aus $(C_6H_5)(C_2H_5)SiCl_2$ wird unter Zusatz von 2 (%) H_2SO_4-Lsg. (85%ig) oder 1,5 H_3PO_4-Lsg. (85%ig) oder bei Zutropfen wss. HCl-Lsg. auf 170—180° erwärmt; das nach mehreren Std. erhaltene klebrige, viscose Prod. hat ein Mol.-Gew. von ca. 1310 u. ist in organ. Lösungsmitteln löslich. — Die Prodd. eignen sich für elektr. Isolierungen, hydraul. Fll. oder als Wärmeträger. (**D. B. P. 880 487** Kl. 39c vom 28/9. 1950, ausg. 22/6. 1953. A. Prior. 30/3. 1943.) Möllering. 7189

Dow Corning Ltd., London, England, *Polysiloxane,* die an den Kettenenden durch esterhaltige Triorganosilylgruppen blockiert sind. Bei der Einw. von Oktamethylcyclotetrasiloxan auf ein Disiloxan der Formel $[C_2H_5OOCCH_2CH_2(CH_3)_2Si]_2O$ in Ggw. eines sauren Katalysators (H_2SO_4) erhält man ein Gemisch von $C_2H_5OOCCH_2CH_2\cdot(CH_3)_2SiO(CH_3)_2SiOSi(CH_3)_2CH_2CH_2COOC_2H_5$ (Kp.$_7$ 174°; D.$^{20}{}_4$ 0,9787), $C_2H_5OOC\cdot CH_2CH_2(CH_3)_2SiO[(CH_3)_2SiO]_2Si(CH_3)_2CH_2CH_2COOC_2H_5$ (Kp.$_7$ 186°; D.$^{20}{}_4$ 0,9796) u. $C_2H_5OOCCH_2CH_2(CH_3)_2SiO[(CH_3)_2SiO]_3Si(CH_3)_2CH_2CH_2COOC_2H_5$, Kp.$_4$ 190°; daneben entstehen noch höherpolymerisierte Siloxane. — *Zwischenprodd.* zur Herst. von *Siloxanharzen.* (**E. P. 706 290** vom 2/5. 1952, ausg. 24/3. 1954. A. Prior. 24/5. 1951.) Brösamle. 7189

Diamond Alkali Co., Cleveland, Ohio, V. St. A., *Harzartige organische Siliciumverbindungen.* Ein Gemisch aus $RSi(OR')_2X$ (R = Monoaryl- oder Alkylarylrest, R' = niedrigmol. aliphat. Rest, X = Cl oder Br), ferner XCH_2CHXCH_2X u. Zn-Pulver wird kondensiert u. nach Entfernung von $Zn(Hal)_2$ hydrolysiert. — 60 (Teile) Phenyldimethoxychlorsilan u. 12,3 Äthyldimethoxychlorsilan werden in 27,8 Trichlorpropan gelöst u. mit 5 Zn- u. 0,5 Cu-Pulver unter Rückfluß exotherm umgesetzt. Nach Zusatz von Bzl. filtriert man Zn- u. Cu-Salze ab u. hydrolysiert mit 200 W. bei 30°. Das isolierte Harz härtet in 16 Std. bei 170° zu einem biegsamen Film, der W. nicht aufnimmt. (**E. P. 691 395** vom 25/10. 1950, ausg. 13/5. 1953. A. Prior. 23/12. 1949.) MÖLLERING. 7189

Chemische Werke Albert (Erfinder: **Joseph Schmitz**), Wiesbaden-Biebrich, *Herstellen von kunstharzimprägnierten Bahnen, Vliesen oder Matten für ein- oder vielschichtige Preßstoffe.* Die aus beliebigen Stoffen bestehenden imprägnierten Bahnen oder Bahnkombinationen aus mehreren Einzellagen werden auf einer umlaufenden Trommel oder Siebtrommel im Hochfrequenzkondensatorfeld unter regelbarer Radialbeschleunigung vorgetrocknet. Durch die Beschleunigung in radialer Richtung wird das als Lsg. oder Emulsion in die Bahnen eingebrachte Harz nach der Außenfläche der Bahnen abgedrängt, so daß vom inneren Umfang der Bahnen zu ihrem äußeren Umfang hin eine stetig zunehmende Harzanreicherung auftritt. (**D. B. P. 905 315** Kl. 39a vom 25/12. 1951, ausg. 1/3. 1954.) SCHLITT. 7205

Allgemeine Elektricitäts-Ges., Berlin (Erfinder: **William R. Heinemann**, Meriden, Conn., V. St. A.), *Preßmasse zur Herstellung von Formkörpern*, bestehend aus *Phenol–Aldehyd*-Harz (I), Füllmitteln u. tier. Leim (II) sowie gegebenenfalls Farbpigmenten. — Z. B. besteht eine geeignete farbige Preßmasse aus 134 (Teilen) I (fl.), 97 II (in Lsg.), 5 Lampenruß, 22 rotem Pb-Oxyd, 45 Holzmehl, 96 Pflanzenfasern u. 450 Asbest. Daraus gebildete Formkörper zeichnen sich durch hohe Widerstandsfähigkeit gegen Abnutzung aus. (**D. B. P. 907 128** Kl. 39b vom 27/1. 1942, ausg. 22/3. 1954. Anmeldung bekanntgemacht 23/7. 1953. A. Prior. 29/1. 1941.) HERBST. 7205

Internationale Galalithgesellschaft Akt.-Ges. (Erfinder: **Werner Koall**), Hamburg-Harburg, *Holzfaserpreßmasse*, bestehend aus einem Kunstharz, Holzmehl (I) u. Fasern aus Birkenholzfurnierschnitzeln (II), wobei diese Komponenten in etwa gleichen Teilen vorliegen können. Die Fasern können aus längs der Faser geschnittenen u. zerkleinerten Schnitzeln gewonnen worden sein. — Beispiel: $33^1/_3$ (Teile) I, $33^1/_3$ II u. $33^1/_3$ Kunstharz, z. B. Phenol–Formaldehyd-Harz. Die Massen haben eine gute Fließfähigkeit, u. die aus ihnen hergestellten Formteile weisen eine erhöhte Kerbzähigkeit auf. (**D. B. P. 906 751** Kl. 39b vom 22/2. 1944, ausg. 18/3. 1954.) HERBST. 7205

United Kingdom of Great Britain, übert. von: **Cyril G. Evans**, Farnborough, und **Peter H. H. Bishop**, Gosport, England, *Mit Asbest verstärkte Kunstharzflächen.* Langfaseriger Rohasbest wird in Richtung der Faserlage zwischen Quetschwalzen zerteilt u. die erhaltene Fasermasse zwischen Siebbändern durch ein Phenol–Aldehyd-Kondensate enthaltendes Imprägnierband geführt, worauf die M. getrocknet, geformt u. durch Hitzeeinw. vergütet wird. — 1 Abbildung. (**A. P. 2 640 797** vom 13/6. 1949, ausg. 2/6. 1953. E. Prior. 2/7. 1948.) MÖLLERING. 7205

XII. Kautschuk. Guttapercha. Balata.

R. H. Smith, *Die Phosphatide im Latex von Hevea brasiliensis.* 1. Mitt. *Biochemische Veränderungen.* Es wird eine quantitative Meth. zur Extraktion u. Best. des Phosphatidphosphors (I) im Latex von Hevea brasiliensis angegeben. Der I-Geh. in verschied. Latexproben betrug 0,015—0,022% unmittelbar nach Abzapfen des Latex. Das *Cholin* (II)–N/P-Verhältnis war 0,68—0,77, nahezu unverändert bei der Lagerung des Latex. Während einer bis 8 std. Lagerung bei Zimmertemp. wird aus dem Phosphatid II frei gemacht. Dies wird auf ein Enzym zurückgeführt, das in frischem Latex inakt. ist u. mit fortschreitender Lagerung zerstört wird. Es ist jedoch akt. nach einer A.-Fällung unter 40°, durch Behandlung mit 1%ig. Ameisensäure bei p_H 4 oder durch 2 wöchiges Gefrieren des Latex. Im unbehandelten Latex kommt das Enzym nicht vor. Die Geschwindigkeit der II-Entstehung konnte durch Zugabe von Trichloressigsäure zur Ameisensäurefällung herabgesetzt werden. Im durch Zentrifugieren (21000 U/min) gewonnenen Serum ist das Enzym in hochakt. Form enthalten. Aus Eilecithin macht es in dieser Form II frei, wobei Optimumtemp. 30° u. p_H ca. 6 beobachtet wurden. Eine beobachtete Inaktivierung des Enzyms zwischen Abzapfen u. Spontankoagulation des Latex ist wahrscheinlich auf bakterielle Wrkg. zurückzuführen. (Biochem. J. **56.** 240—50. Febr. 1954. Kuala Lumpur, Rubber Res. Inst. of Malaya.) GENEST. 7222

—, *Kautschukverarbeitung.* Allg. Ausführungen, die Herst. von Mischungen auf Basis Natur- oder Kunstkautschuk betreffend. (Lubrication **9.** 81—92. Aug. 1954.) WINIKER. 7230

Charles Lein, *Pliofilm als Verpackungsmaterial.* Eigg. des Pliofilms: D. 1,11, Zugfestigkeit 250—350 kg/cm², Dehnung 500%; undurchlässig für W., Öle u. Fette, Bakterien, säure-, alkali- u. abriebfest, ungiftig u. unbrennbar; thermoplast., bei 77° klebrig, bei 105° verschweißbar, bei 120° undurchsichtig, unterhalb 4° brüchig, was durch erhöhten Weichmacherzusatz verhindert wird; gegen elektrostat. Aufladung wird Ionisierung der umgebenden Luft empfohlen (mittels Alphatron, Ionotron). Verwendung als Überzugs- u. Verpackungsmaterial. (Ind. Conserve **28.** 278—85. Okt./Dez. 1953.) STEINER. 7230

Siemens-Schuckertwerke Akt.-Ges., Berlin und Erlangen (Erfinder: **Eugen Sauter,** Nürnberg), *Schneiden von in der Wärme plastischem Gut,* z. B. von *Rohkautschuk* oder organ. *Kunststoffen.* Das Gut wird kurz vor dem Schneiden oder während desselben nur längs der Schnittfläche erhitzt; diese wird einem kapazitiven Hochfrequenzfeld ausgesetzt. Dabei bildet das Schneidemesser selbst eine Elektrode des Hochfrequenzfeldes. — Vorrichtungen. (**D. B. P. 891 736** Kl. 39a vom 24/11. 1951, ausg. 1/10. 1953.) SCHLITT. 7221

General Aniline & Film Corp., New York, N. Y., übert. von: **Joseph F. Shekleton,** Easton, Pa., V. St. A., *Kautschukähnliche Polymerisate* erhält man durch Polymerisation von Vinylmethyläther bei —50 bis —70° in Ggw. von einem in einem organ. Lösungsm. gelösten, sauer reagierenden ion. Katalysator, z. B. einer 10%ig. Lsg. von BF_3-Ae.-Komplex in Äther. (**A. P. 2 653 923** vom 13/11. 1948, ausg. 29/9. 1953.) MÖLLERING. 7225

Standard Oil Development Co., Elizabeth, N. J., übert. von: **John M. Powers,** Baytown, Tex., V. St. A., *Polymerisation von Olefinen.* Ein Gemisch aus tert.-Monoolefinen u. Diolefinen (beide mit 4—8 C-Atomen) u. eine Lsg. von FRIEDEL-CRAFTS-Katalysator werden beide auf —80 bis —120° abgekühlt u. miteinander vermischt. Durch teilweise Verdampfung nicht umgesetzter Olefine wird die Reaktionswärme abgeführt. — Aus einem Gemisch aus Isobutylen u. Isopren erhält man mit in CH_3Cl gelöstem $AlCl_3$ ein *kautschukähnliches Polymerisat.* — Vorrichtung. (**A. P. 2 561 226** vom 18/11. 1948, ausg. 17/7. 1951.) MÖLLERING. 7225

Phillips Petroleum Co., Bartlesville, Okla., V. St. A., *Kunstkautschuk durch Emulsionspolymerisation* aus äthylen. ungesätt. Verbb. erhält man bei —5 bis +30° u. einem Verhältnis von Monomeren zur Gesamtmenge W. von 1 : 1,5 bis 1 : 2,75, wobei ein bestimmtes angegebenes Verhältnis von organ. Peroxyd zu dem Monomerenanteil u. als Katalysator ein in angegebener Weise hergestellter Ferropyrophosphatkomplex verwendet werden soll. (**E. P. 686 394** vom 11/1. 1950, ausg. 21/1. 1953. A. Prior. 24/1. 1949.) MÖLLERING. 7225

Farbenfabriken Bayer Akt.-Ges. (Erfinder: **Hermann Holzrichter, Hermann Wolz** und **Richard Ludwig**), Leverkusen, *Polymerisierverfahren.* Bei der Emulsionspolymerisation von *Dien-KW-stoffen* in Mischung mit anderen polymerisierbaren Stoffen im Strömungsverf. wird, gegebenenfalls in Ggw. von Reglern, bei $\geq$100 at gearbeitet. (**D. B. P. 906 377** Kl. 39c vom 18/12. 1940, ausg. 11/3. 1954.) OVERBECK. 7225

Farbenfabriken Bayer Akt.-Ges. (Erfinder: **Ingofroh Dennstedt,** Köln, **Wilhelm Graulich, Heino Logemann** und **Wilhelm Becker**), Leverkusen, *Polymerisierverfahren.* Bei der Emulsionspolymerisation des *Butadiens* oder seiner Mischungen mit aktivierten Vinylverbb. wird eine neue Reglerdosis jeweils erst dann zugegeben, wenn in den Eigg. des Polymerisates eine deutliche Änderung eintritt. (**D. B. P. 906 017** Kl. 39c vom 8/4. 1941, ausg. 8/3. 1954.) OVERBECK. 7225

Phillips Petroleum Co., Del., übert. von: **Harold R. Snyder,** Urbana, Ill., und **John M. Stewart,** Missoula, Mont., V. St. A., *Emulsionspolymerisation* einer Mischung aus vorwiegend *1.3-Butadien* u. dem Rest *Styrol* in Ggw. von N.N-disubstituiertem Aminoalkyl- oder -cycloalkylmercaptan mit 2—6 C-Atomen, wobei die N.N-disubstituierte Aminogruppe eine N.N-Dialkylgruppe mit $\leq$24 C-Atomen, eine Piperidino- oder eine Pipecolinogruppe ist. Die Mercaptangruppe kann ein β-substituiertes Mercaptan sein mit der Formel $(n\text{-}C_6H_{11})_2N\text{-}CH_2\text{—}CH_2SH$ bzw. n-(β-Pipecolino)-tert.-butylmercaptan, β-Di-n-heptylaminoäthylmercaptan oder β-Di-n-heptylamino-tert.-butylmercaptan. (**A. P. 2 620 328** vom 17/11. 1947, ausg. 2/12. 1952.) OVERBECK. 7225

Phillips Petroleum Co., Del., übert. von: **Izaak M. Kolthoff** und **Charles W. Carr,** Minneapolis, Minn., V. St. A., *Emulsionspolymerisation zur Herstellung von syntheti-*

schem Kautschuk. Man behandelt das vorwiegend aus Butadien (I) u. geringeren Mengen Styrol (II) bestehende Monomerengemisch in Emulsionsform bei Tempp. von —10 bis 50° in Ggw. von Seifen (III) u. Katalysatoren mit *Ultraschall.* — Eine Mischung aus 75 I, 25 II, 0,3 K-Persulfat, 5 III, 180 W. u. 0,5 prim. Dodecylmercaptan wird bei 50° 4 Std. lang mit Ultraschallwellen mit einer Frequenz von 200000 Schwingungen pro Sek. polymerisiert. Der gebildete Latex wird mit A. koaguliert, gewaschen u. getrocknet. An Stelle von I können auch Styrole, Acrylsäure u. ihre Ester, Methacrylsäure, Vinylverbb., wie Vinyl- u. Vinylidenchloride, Vinylfurane, -carbazole, -acetylen u. andere ungesätt. KW-stoffe verwendet werden. (**A. P. 2 606 174** vom 25/8. 1947, ausg. 5/8. 1952.) SEIZ. 7225

Phillips Petroleum Co., übert. von: **Charles F. Fryling,** Phillips, und **Archie E. Follett,** Borger, Tex., V. St. A., *Emulsionspolymerisation* eines Gemisches von 90—65 (%) *1.3-Butadien* u. 10—35 *Styrol.* Eine Mischung aus einer Lsg. von 0,1 bis 10 mMol Diisopropylbenzolhydroperoxyd in Styrol u. 0,05—2 (% der Gesamtmonomeren) Alkylmercaptan mit 12—16 C-Atomen wird ohne Rühren mit einer Seifenlsg. 1—20 Std. bei +10 bis —10° in Berührung gehalten. Dann wird die Mischung mit Butadien u. so viel Fe-Pyrophosphat vermischt, daß die Polymerisation aktiviert wird u. nicht mehr als dem mol. Verhältnis zum Hydroperoxyd entspricht. Die Polymerisation wird bei —40 bis +30° bis zu einem Polymerisationsgrad von 50—98% durchgeführt. (**A. P. 2 588 975** vom 16/1. 1950, ausg. 11/3. 1952.) OVERBECK. 7225

Phillips Petroleum Co., übert. von: **James E. Pritchard,** Lafayette, Ind., und **Charles Frederick Fryling,** Phillips, Tex., V. St. A., *Emulsionspolymerisation* zur Herst. von *synthet. Kautschuk* aus 1.3-Butadien u. Styrol bei —10 bis 60° in Ggw. von 0,2—0,4 (Teilen) p-Methoxyphenyldiazothio-(2-naphthyl)-äther u. 0,24—0,3 tert.-Alkylmercaptan mit 12—16 C-Atomen als alleinigen Aktivatoren u. Modifiziermitteln. (**A. P. 2 640 821** vom 16/12. 1946, ausg. 2/6. 1953.) OVERBECK. 7225

Phillips Petroleum Co., Del., übert. von: **Walter A. Schulze** und **Willie W. Crouch,** Bartlesville, V. St. A., *Herstellung von synthetischem Kautschuk durch Polymerisation.* 1.3-Butadien (I) u. Styrol (II) wird in Emulsionsform in Ggw. von 50% organ. Alkohol als Gefrierschutzmittel u. 2—8% alkylaromat. Sulfonaten bei Tempp. von —30 bis 0° polymerisiert. — Z. B. werden 70 (Teile) I, 30 II, 250 25%ig. wss. Methanollsg., 5 Na-Alkyltoluolsulfonat der Formel: $C_{12}H_{25}C_6H_3(CH_3)SO_3 \cdot Na$ (III), 0,3 2-(4-Methoxybenzoldiazomercapto)-naphthalin, 0,3 K-Ferricyanid u. 0,4 tert. C_{12}-, C_{14}- u. C_{16}-Mercaptan im Verhältnis 3 : 1 : 1 bei —10° 22 Std. polymerisiert. Man erhält einen fl. Latex, der nicht zum Gelieren neigt u. frei von Fettsäuren ist. (**A. P. 2 595 892** vom 9/12. 1948, ausg. 6/5. 1952.) SEIZ. 7225

Monsanto Chemical Co., St. Louis, Mo., übert. von: **Harold F. Park,** East Longmeadow, Mass., V. St. A., *Emulsionsmischpolymerisation von konjugierten Dienen* (I) *und ungesättigten Estern* (II). Eine Mischung von monomeren I, wie Butadien, Isopren (III), Cyclopentadien, oder Dimethylbutadien, mit II, wie Äthylacrylat, n-Butylcrotonat (IV) oder Vinylacetat, wird in wss. Emulsion in Ggw. von 0,003—0,5% ionenakt. Emulgatoren, wie Alkalisalzen von Laurin-, Palmitin-, Stearin- u. Ölsäure, quaternären NH_3-Verbb. u. Salzen sulfonierter organ. Verbb., geringen Mengen p_H-Puffern u. 0,002% in W. lösl. Peroxyden mit einem Redoxpotential, das kleiner ist als 1,5 V, bei 30—40° polymerisiert. Die erhaltenen *gummiartigen* Prodd. können ohne Auswaschen verarbeitet werden, z. B. zur Herst. von künstlichem *Kautschuk.* — Z. B. werden 80000 (Teile) W., 450 CCl_4, 50 K-Persulfat, 200 Na-Sulfonat der Dioctylbernsteinsäure u. 15 NaOH in einem Autoklaven mit 450 festem CO_2 unter Druck vermischt. Dann setzt man 45000 III u. 9000 IV zu u. erhitzt bei geschlossenem Autoklaven auf 75°. Nach dem Zusatz von 60 Hydrochinon kann das erhaltene Mischpolymerisat sofort getrocknet u. weiterverarbeitet werden. (**A. PP. 2 600 679** u. **2 600 680** vom 12/5. 1947, ausg. 17/6. 1952.) SEIZ. 7225

Phillips Petroleum Co., Del., übert. von: **Charles F. Fryling** und **James E. Troyan,** Phillips, V. St. A., *Emulsionspolymerisation zur Herstellung von synthetischem Kautschuk.* Monomere Diolefine, wie Butadien (I), Isopren, Chloropren, werden allein oder in Mischung mit polymerisierbaren Verbb., wie Styrol (II), Acryl-, Methacrylnitril, Methylmethacrylat, in wss. Lsg. in Ggw. einer 20—50%ig. Lsg. von I in Dioxan (III) sowie von Katalysatoren, wie K-Persulfat, u. Reduktionsmitteln, wie Ferricyaniden, von in W. u. in Öl lösl. Diazoäthern der Formel R—N=N—S—R′, worin R = ein aromat. oder substituierter aromat. Rest, R′ = ein aromat., substituiert aromat., Alkyl- u. Cycloalkylrest sein kann, in Mengen von 0,05—2% bei —10 bis 50° polymerisiert. — 70 (Teile) I, 30 II, 200 W., 50 III, 5 Harzseife (p_H 10,3), 0,4 tert. Mercaptan, 0,3 2-(p-Methoxybenzoldiazomercapto)-naphthalin, 0,3 K-Ferricyanid, 0,5 Trinatriumphosphat werden bei 5° 24 Std. polymerisiert. (**A. P. 2 604 466** vom 8/7. 1947, ausg. 22/7. 1952.) SEIZ. 7225

Phillips Petroleum Co., Del., übert. von: **Willie W. Crouch** und **Lesher A. Mitchell**, Bartlesville, V. St. A., *Koagulieren von synthetischem Kautschuklatex.* Die bei der Emulsionspolymerisation von 1.3-Diolefinen verwendeten Emulgatoren (**I**) werden nach der Polymerisation mit auf p_H 1,5—4 eingestellten Lsgg. von in W. lösl. Al-Salzen ausgefällt, wobei in W. unlösl. KW-stoffsulfate entstehen. Durch die Behandlung mit auf p_H 9,4—12 eingestellten NaOH- oder KOH-Lsgg., Filtrieren u. Waschen erhält man ein von **I** u. Al-Salzen befreites Koagulat. — Z. B. wird eine Mischung aus 70 1.3-Butadien, 30 Styrol, 0,28 tert. Alkyl-C_{12}—C_{16}-mercaptan, 0,13 Cumolperoxyd, 5 Na-Monoalkyltoluolsulfat, 180 W., 0,5 Na_3PO_4, 1 $Na_4P_2O_7$, 3 Dextrose, 0,098 $FeCl_3$ bei 5° polymerisiert. Nach 16 Std. wird die Polymerisation durch Zusatz von 0,2 Di-tert.-butylhydrochinon beendet. Zu 41 Latex werden nun 10 einer 2,5%ig. $Al_2(SO_4)_3$-Lsg. zugesetzt, wodurch das Polymerisat in Form von feinen Teilchen ausgefällt wird. Das Koagulat wird 10 Min. mit einer auf p_H 11,1 eingestellten Alkalihydroxydlsg. behandelt, filtriert, gewaschen u. getrocknet. (**A. P. 2 604 467** vom 23/6. 1949, ausg. 22/7. 1952.) SEIZ. 7225

Imhausen & Co. G. m. b. H. und **Karl-Heinz Imhausen** (Erfinder: **Karl-Heinz Imhausen**), Witten/Ruhr, *Weichmacher für synthetischen Kautschuk*, bestehend aus chlorierten aliphat. hochmol. KW-stoffen mit F. $>85°$, bes. aus solchen KW-stoffen hergestellt, die bei der CO-Hydrierung anfallen. (**D. B. P. 906 994** Kl. 39b vom 7/12. 1948, ausg. 18/3. 1954.) OVERBECK. 7227

Phillips Petroleum Co., übert. von: **Martin R. Cines**, Bartlesville, Okla., V. St. A., *Nachbehandeln von Ofenruß für Kautschukmischungen.* Ofenruß (durch therm. Zers. oder unvollständige Verbrennung von KW-stoffen in reduzierender Atmosphäre erhalten) mit einem hohen p_H-Wert wird in eine Trockenzone zur Kügelchenbldg. u. dabei in Berührung mit einem O_2 enthaltenden Gas (Luft) gebracht, das 0,01 bis 5 Vol.-% SO_2 enthält, wobei 5—50 Kubikfuß Luft auf 1 pound Ruß bei 0—150° zur Anwendung kommen. Der Ruß hat jetzt einen p_H-Wert von 3—7 u. neigt so weniger in Kautschukmischungen zur Herbeiführung der Anvulkanisation. (**A. P. 2 641 535** vom 14/4. 1949, ausg. 9/6. 1953.) OVERBECK. 7227

B. F. Goodrich Co., New York, N. Y., V. St. A., *Einmischen von aktiven Füllstoffen*, bes. *Ruß*. Der Füllstoff wird in wss. Dispersion mit einem Dispergiermittel, z. B. Naphthalinsulfonsäure–CH_2O-Kondensationsprodd., Ligninsulfonsäure oder deren Salzen oder einem Glucosidextrakt von Gerbstoff, bes. Quebracho, u. mit einem Flockungsmittel, z. B. einem sauren Salz, bes. Al-Salz, das in wss. Lsg. einen $p_H > 7$ hat, in solcher Menge versetzt, daß zwar die durch das Dispergiermittel ermöglichte BROWNsche Bewegung aufgehoben wird, daß aber der Füllstoff flockig in Suspension bleibt. Verarbeitung in wss. *Kautschukdispersionen* oder in Walzenmischungen. (**E. P. 674 832** vom 3/10. 1947, ausg. 2/7. 1952. A. Prior. 8/5. 1944.) OVERBECK. 7227

Metzeler Gummiwerke Akt.-Ges., München (Erfinder: **Hermann Hellwage** Deisenhofen, und **Wilhelm Gross**, München), *Vulkanisierverfahren.* Bei der Vulkanisation von synthet. Kautschuk wird in völliger Abwesenheit von Schwermetalloxyden oder -verbb. u. mit um 10—30% erhöhtem S- u. Beschleunigerzusatz gearbeitet. (**D. B. P. 904 587** Kl. 39b vom 1/4. 1943, ausg. 22/3. 1954. Anmeldung bekanntgemacht 18/6. 1953.) OVERBECK. 7229

Dunlop Rubber Co. Ltd., London (Erfinder: **A. E. T. Neale**, Erdington), England, *Oberflächenbehandlung von unvulkanisiertem oder vulkanisiertem Kautschuk* mit der Lsg. eines Chlorits, z. B. Na-Chlorit, bes. gelöst in A. oder einer verd. (0,25—1%ig.) wss. organ. Säure, z. B. Ameisen-, Essig- oder Oxalsäure, bes. unter Zusatz eines Netzmittels. (**D. B. P. 907 126** Kl. 39b vom 21/3. 1952, ausg. 22/3. 1954. Anmeldung bekanntgemacht 23/7. 1953. E. Prior. 30/3. 1951.) OVERBECK. 7231

Continental Gummi-Werke Akt.-Ges. (Erfinder: **Otto Hainbach** und **Willy Reimann**), Hannover, *Herstellen von gasdichten Kautschukvulkanisaten.* Eine Naturkautschukmischung wird mit einer „Butyl"-Kautschuk-Mischung (**I**) verschnitten, deren Vulkanisiermittel durch eine Vorerhitzung ganz oder teilweise unwirksam geworden sind, u. dann n. verarbeitet. Statt frischer **I** kann auch deren Regenerat zum Verschnitt verwendet werden. — Verwendung für *Luftschläuche, Bälle, Pumpenmembranen* u. *Meßgeräte.* (**D. B. P. 907 218** Kl. 39b vom 6/12. 1950, ausg. 22/3. 1954. Anmeldung bekanntgemacht 4/10. 1951.) OVERBECK. 7231

XIII. Ätherische Öle. Parfümerie. Kosmetik.

K. Bergwein, *Aus dem Taschenbuch des Parfümeurs: Mimosenblütenöl.* Aus den Blüten der Mimosa wurden durch Ausziehen mit flüchtigen Lösungsmitteln, meist PAe., 0,66% konkretes Öl (I) erhalten. Eigg.: F. 52,5° (Meth. von UBBELOHDE), SZ. 14, EZ. 38, gelbliche Farbe, honigartige Konsistenz, süßlich-wachsartiger Geruch. Durch Dest. von I mit Äthylenglykol im Vakuum werden 4,7% flüchtige Riechstoffe erhalten. Behandlung von I mit 95%ig. A. liefert 20% absol. Öl (II), von sirupöser Beschaffenheit u. süßem, honigartigem Geruch. Die nach Dest. von I zurückbleibenden Blütenwachse waren fast geruchlos, die Wachse von II besaßen einen angenehmen, ziemlich haftfesten Geruch. Hinweise zur Herst. eines künstlichen Mimosenduftes. (Parfümerie u. Kosmet. **35.** 132—33. April 1954.) WINIKER. 7262

Alfons M. Burger, *Die Limetta (Limett).* Kurzer Überblick über Gewinnung, Eigg. ($D.^{15}$ 0,870; $[\alpha]_D^{20}$ +37°, n_D^{15} 1,475; Citralgeh. 8%) u. Anwendungsmöglichkeiten des *Limetteöls* (Öl von Citrus medica L. var. acila Brandis). (Parfümerie u. Kosmet. **35.** 86—88. März 1954.) WINIKER. 7262

T. Ruemele, *Spontane Emulgierung und ihre Anwendung in der Kosmetik.* Allg. Ausführungen. (Parfümerie u. Kosmet. **35.** 225. Juni 1954.) WINIKER. 7284

Adriano Fayaud, *Hydriertes Lanolin, ein neuer pharmazeutischer und kosmetischer Rohstoff.* Bei 330° u. 350 atü katalyt. hydriertes Lanolin ist von heller Farbe u. hat die Eigg. $[\alpha]_D$ +30°, SZ. 0,3, VZ. 3,5, AZ. 106,4, JZ. 12—13, Unverseifbares 95—96%, freie Fettsäuren 0,15%, F. 49—50°, mit Geh. an Dihydrocholesterin, hydrierten Sterinen, gesätt. Alkoholen u. KW-stoff, genaue Zus. ist noch nicht bekannt. Für pharmazeut. u. kosmet. Verwendung ist seine Wasseranziehung für medikamentöse Cremes mit wss. Lsgg., antibiot. u. Augencremes u. Salben wichtig, es wird nicht ranzig u. durchdringt die Haut. Einige Rezepte werden angegeben. (Soap, Perfum. Cosmet. **26.** 1247—48. Dez. 1953. Milano, Esperis, S. A.) MÜHLMEISTER. 7284

Horst Gohlke, *Verwendung von Placentaextrakten in Kosmeticis.* Die Wirkstoffe des Mutterkuchenextrakts, Sexual- u. andere Hormone, Vitamine, Fermente, Nucleoproteide, biogene Stimulantien u. a. haben auf Haut u. Körper belebenden Einfluß. Sie werden am besten durch die Haut aufgenommen, wobei wasserlösl. Salbengrundlagen, z. B. das aus Molken hergestellte *Serol,* den fettlösl. vorzuziehen sind. Vf. berichtet über Verff. zu Schutz u. Verjüngung der Haut, Heilung von Hautkrankheiten (Akne, Seborrhoe, Folliculitis u. a.) u. Behandlung der Brüste. Gefahr der Beeinflussung der weiblichen Geschlechtsfunktionen u. der Krebsbldg. besteht nicht. (Amer. Perfumer essent. Oil Rev. **63.** 97—100. Febr. 1954.) MÜHLMEISTER. 7284

—, *Lippenstifte, Lippenrot und Lippenlacke (Eine eingehende Darstellung in fabrikatorischer und gesundheitlicher Hinsicht).* (Parfümerie u. Kosmet. **35.** 81—86. März. 122. 124—32. April 1954.) WINIKER. 7284

Food Machinery and Chemical Corp., übert. von: **Richard B. Wearn** und **Carl Bordenca,** Birmingham, Ala., V. St. A., *2-p-Menthylcarbinylester.* 2-p-Menthanaldehyd (erhalten durch Kondensation von Limonen oder Δ^1-p-Menthen mit CO + H_2 in Ggw. von Hydrierungskatalysatoren) gibt beim Erhitzen mit Al-Isopropylat u. Isopropanol 2-p-Menthylcarbinol, $C_{11}H_{22}O$, $Kp._{1-2}$ 80°; n_D^{30} 1,4637; $D.^{20}$ 0,916. Die Hydrierung des Aldehyds zum Carbinol kann auch mit Ni auf Kieselgur erfolgen. Daraus durch Erhitzen mit Na-Acetat u. Essigsäureanhydrid in Bzl. *2-p-Menthylcarbinylacetat,* $Kp._{1-3}$ 72—73°; n_D^{30} 1,4495. — *Propionat; Butyrat.* — *Cyclopropancarbonsäureester. Cyclohexancarbonsäureester.* — *Riechstoffe.* (**A. P. 2 501 199** vom 26/12. 1946, ausg. 21/3. 1950.) KRAUSS. 7277

Maurice Lavril, Eure, Frankreich, *Schaumbildendes Bindemittel zur Herstellung von kosmetischen und pharmazeutischen Produkten.* Es besteht aus Na-Carboxymethylcellulose (I), einem Öl (z. B. Palmkernöl, Erdnußöl, Lebertran), ein oder mehreren Äthylenglykolstearaten, einem Ammoniumsulfat, einem Triäthanolaminsulfat, Methyl-p-oxybenzoat (II), Cholesterin oder Phytosterin u. Wasser. — Die Zus. ist z. B. folgende: 3 (%) I, 0,9 Polyäthylenglykolstearat, 0,1 Äthylenglykolstearat, 1 Palmkernöl, 0,03 Cholesterin, 9 Laurylammoniumsulfat, 9 Lauryltriäthanolaminsulfat, 0,1 II u. 60 Liter Wasser. (**F. P. 1 044 395** vom 2/11. 1951, ausg. 17/11. 1953.) OPPERMANN. 7285

Atlas Powder Co., Wilmington, Del., übert. von: **William C. Griffin,** West Chester, Pa., V. St. A., *Wachs,* bes. für *kosmet. Präparate.* Bienenwachs wird mit einem Polyäthylenoxyd, z. B. dem Reaktionsprod. von 20 Mol Äthylenoxyd mit Sorbit in Ggw.

einer geringen Menge NaOH bei 275° in wss. Medium unter Rühren in einer CO_2-Atmosphäre umgesetzt. Man erhält ein hydrophiles, selbstemulgierendes Prod., das sich zur Herst. von Cremes u. Lippenstiften eignet. (**A. P. 2 612 509** vom 24/5. 1950, ausg. 30/9. 1952.) E. PETERSEN. 7285

Josef Mang, Unterkammlach b. Mindelheim, *Herstellen von Hautpflege- und Hautschutzmitteln* aus Eiweißkörpern. Man verwendet die aus der Butter stammenden u. bei der Herst. von Butterschmalz im anfallenden Abwasser (I) enthaltenen Eiweißkörper. — Beispiel: 85 (Teile) eiweißhaltiges I mit 2,5% Trockensubstanz, 1 Benzoesäure, 6 Glycerin, 1 Hautleim, 3 lösl. Stärke, 1 Duftstoff, 3 Molke bzw. mit Reinkulturen angesäuerte Buttermilch ergeben ein noch gut fließendes Hautmilchpräp. mit vorzüglichen hautpflegenden Eigenschaften. (**D. B. P. 858 759** Kl. 30h vom 2/10. 1948, ausg. 8/12. 1952.) E. PETERSEN. 7285

Schering Akt.-Ges., Berlin (Erfinder: **Josef Vonkennel** und **Josef Kimmig**, Leipzig), *Lichtschutzmittel*, bestehend aus einem Gemisch der freien o-, m- u. p-Aminobenzoesäuren oder gewissen Derivv. dieser Säuren, bes. der Aryl- u. Acylaminderivv. sowie deren Triäthanolaminsalzen. — Beispiel: Man löst 15 (g) o- u. 15 p-Acetylaminobenzoesäure, 40 Triäthanolamin, 8 Milchsäure in 30 cm³ Wasser. (**D. B. P. 867 135** Kl. 30i vom 15/11. 1942, ausg. 16/2. 1953.) E. PETERSEN. 7285

XV. Gärungsindustrie.

Leo Wallerstein, Leonard T. Saletan und **Philip P. Gray**, *Fortschritte auf dem Gebiet der Brauereiwissenschaft und -technologie.* (Wallerstein Lab. Commun. **15.** 293—311. Dez. 1952. — C. **1953.** 4458.—) HAEVECKER. 7544

Jack Meyer, *Instrumente in der Brauerei.* Beschrieben wird die Arbeitsweise von Instrumenten zur Messung von fließenden Fll., spezif. Gewicht, Druck. (Amer. Brewer **85.** Nr. 12. I. 32—35. Dez. 1952. Philadelphia, Pa., Brown Instrument Div. Minneapolis-Honeywell Regulator Co.) HAEVECKER. 7544

John P. Harris, *Aktive Kohle. Ihre Anwendung in der Brauerei.* (Brewers Digest **27.** Nr. 2. 50—52. Febr. 1952. Chicago, Ill., John P. Harris, Inc.) HAEVECKER. 7544

W. Göpfert, *Über den Nachweis von weinfremden Aromastoffen im Dessertwein.* In einem italien. Dessertwein wird degustativ ein Gewürzton festgestellt u. darauf durch eine adsorptionsanalyt. Schnellmeth. Vanillin gefunden. Dieser Befund wird papierchromatograph. (nach BERGNER-SPERLICH) u. durch Ausschüttelung u. Sublimation (nach REIF) bestimmt. (Dtsch. Lebensmittel-Rdsch. **49.** 86—88. April 1953. Köln, Öffentl. Nahrungsmittel-Untersuchungsanstalt.) KIELHÖFER. 7554

L. R. Bishop, *Farbbestimmung in Würze und Bier. Eine Prüfung verschiedener Methoden durch das Analysenkomitee der „European Brewery Convention“.* Bericht über die Arbeiten des Analysenkomitees zur Verbesserung der Farbmessung von Bier u. Würze. Die ungenauen Brand- u. Jodskalen sollen durch die EBC-Skala mit gefärbten Gläsern ersetzt werden. (Svensk Bryggeritidskr. **69.** 110—17. März 1954.) BECKMANN. 7600

Alex P. Mathers und **Robert L. Schoeneman**, *Polarographische Bestimmung von Benzaldehyd in Wein. Wirkung eines Gärungsmilieus auf Benzaldehyd.* Zur polarograph. Best. von *Benzaldehyd* (I) werden 50 ml Wein mit 15 ml W. verd. u. mit Wasserdampf destilliert. Von den ersten 50 ml Destillat werden 15 ml mit 1 ml 0,1%ig. wss. Gelatinelsg. u. mit 14 ml Puffer (0,25 Mol KH_2PO_4, mit KOH auf p_H 7 eingestellt) versetzt. Nach 10 Min. dauerndem Durchperlen von O_2-freiem N_2, währenddem die Elektrolysezelle in ein Wasserbad von 25° verbracht wird, polarographiert man. Mit dieser Meth. konnten Vff. zeigen, daß zu Traubensaft in Menge von 100 mg/Liter zugesetzter I im Verlauf der alkoh. Gärung verschwindet. 1000 mg/Liter I jedoch können die Gärung hemmen, was durch Zusatz von 1400 mg/Liter Glycin verhindert wird. Durch im Verlauf der Gärung häufig wiederholte Zugabe von 100 mg/Liter I konnten die Umsetzungsprodd. von I angereichert werden. Etwa $^2/_3$ des zugesetzten I konnte als *Benzylalkohol*, ein geringerer Teil als *Benzoesäure* wiedergefunden werden. Nachweisbar waren außerdem *Benzoin* u. *Benzil.* Die I-Umsetzungsprodd. wurden durch UV-Absorptionsspektrographie bestimmt bzw. nachgewiesen. (J. Assoc. off. agric. Chemists **35.** 830—43. 15/11. 1952.) KRUSEN. 7606

Corn Products Refining Co., New York, N. Y., V. St. A., *Behandeln von Weichwässern.* Das Weich- oder Quellwasser von Cerealien wird zur Bldg. von Milchsäure mit Bakterien beimpft, mit so viel SO_2 versetzt, daß das p_H unter 2,0 bleibt, die Milchsäure abgetrennt, durch ein Erdalkalihydroxyd das p_H auf 5,5—7,5 gebracht u. die ganze Mischung unter Druck im Autoklaven behandelt, anschließend die Feststoffe abgetrennt u. die Fl. getrocknet. (**E. P. 694 795** vom 18/10. 1950, ausg. 29/7. 1953. A. Prior. 17/6. 1950.) KETTNER. 7541

Aktiebolaget Stockholms Bryggerier, Stockholm, Schweden, *Herstellen eines wasserlöslichen Bitterstoffes* aus den in W. schwerlösl. Bitterstoffen des Hopfens. Die letzteren werden einer schonenden Oxydation mit Luft, O_2 oder O_2 abgebenden Mitteln, wie H_2O_2, in Ggw. metall. Katalysatoren (Cu, Fe, Mn, Cr, Co u. Ni) unterworfen, z. B. in den Hopfentrebern, aus der dann das entstandene wasserlösl. Weichharz mittels einer wss.-alkal. Lsg. vom p_H 9—11 oder mittels organ. Lösungsmittel extrahiert werden kann. (**Schwz. P. 294 675** vom 21/12. 1950, ausg. 1/2. 1954.) KETTNER. 7541

Louis Anton Freiherr von Horst, Coburg, *Brauverfahren unter Anwendung von Hopfenextrakten.* Der in W. lösl. Hopfenrestextrakt (I) (Gerbstoff) wird zunächst mit Adsorptionsmitteln, wie A-Kohle, gereinigt u. erst dann mitvermaischt. Der I kann in wss. Lsg. als Einmaisch-Fl. benutzt oder der Kochmaische zugegeben werden. (**D. R. P. 759 602** Kl. 6b vom 20/11. 1940, ausg. 5/4. 1954.) KETTNER. 7545

Wallerstein Co., Inc., New York, N. Y., V. St. A., *Stabilisieren von Malzgetränken, wie Bier.* Zur Vermeidung schädlicher Einflüsse durch Oxydation wird das Getränk nach der Gärung mit einem Bisulfit, z. B. $NaHSO_3$, u. einer Substanz mit reduzierenden Eigg. (Reduktor), die die „endiol"-Gruppe $\left(\begin{matrix} OH & OH \\ | & | \\ -C & {=}\,C- \end{matrix}\right)$ enthält, z. B. *Ascorbinsäure,* behandelt. (**E. P. 689 119** vom 14/11. 1950, ausg. 7/10. 1953. A. Prior. 23/8. 1950.) KETTNER. 7551

Charles Mariller, Seine, Frankreich, *Extraktion von Glycerin aus Schlempen oder analogen glycerinhaltigen Substanzen.* Man dest. ein aus Schlempe u. einer inerten, porösen Substanz (z. B. Sägespänen, Torf, Lignin) bestehendes Gemisch mit einer aus der Erdöldest. stammenden Gasölfraktion (Kp. 215—230°) bei 150—180° u. 650—700 mm Druck. Zur Gewinnung eines wasserfreien u. raffinierten Glycerins dest. man das Glycerin der ersten Dest. mit einer entsprechenden Erdölfraktion ein zweites Mal. (**F. P. 1 041 356** vom 27/8. 1951, ausg. 22/10. 1953.) OPPERMANN. 7579

Brauer-Kalender, Gegr. von **A. Doemens.** Unter Mitarb. von **Josef Desechermayr.** Jg. 55. 1953/54. T. 1. 2. Nürnberg: Carl. 1953. (1. 516 S. u. 2. 248 S.) zus. DM 5,80.

XVI. Nahrungs-, Genuß- und Futtermittel.

M. v. Schelhorn, *Stand der Konservierungsmittel-Forschung.* (Vortrag.) Behandelt werden: Wirkungsweise der Konservierungsmittel (I) bes. Benzoesäure u. ihre Derivv., Salicylsäure, Ameisensäure, Propionsäure, schweflige Säure) gegenüber Mikroorganismen; Abhängigkeit der Wirksamkeit der I vom p_H-Wert des Syst. Substrat + I; Abhängigkeit der I-Wirksamkeit von der Zus. der zu konservierenden Substanz; verschied. Empfindlichkeit der einzelnen Mikroorganismenarten- u. -gruppen gegenüber I; verschied. Konservierungsverfahren. (Fette, Seifen, Anstrichmittel **56.** 221—24. April 1954. München, Inst. für Lebensmitteltechnol. u. Verpackung.) WINIKER. 7634

Georg Borgström, *Aktuelle Probleme der Konservierungsforschung.* Übersicht: Strahlungskonservierung; Gefrierkonservierung; Vorratsverpackung; biochem. Stabilisierung; mikrobiol. Neuheiten; chem. Gesichtspunkte; Anforderungen an den Nährwert; hygien. Probleme; Maschinenentw.; Rohstofferzeugung; verteilungswirtschaftliche Folgerungen. (Tidsskr. Hermetikind. **40.** 129—30. 132—35. 137—38. März 1954.) R. K. MÜLLER. 7634

T. G. Gillespy, *Bestimmung von Sterilisierungswerten von Verfahren zum Eindosen von Lebensmitteln.* 1. Mitt. *Erhitzen gefüllter Dosen durch (reine) Wärmeleitung.* Die Begriffe „F-Wert", „F_c-Wert" u. „Sterilisationsgrad" werden definiert. Es werden Gleichungen zur Berechnung des F-Wertes u. des F_c-Wertes aufgestellt. Zahlentabellen als Rechenhilfen sind angegeben. (J. Sci. Food Agric. **2.** 107—25. März 1951. Campden, Glos., Univ. of Bristol, Fruit and Vegetable Preservat. Res. Stat.) FRESENIUS. 7634

Eugenio Hugony und **Giuseppe Luft,** *Physikalisch-chemische Kennzeichen deformierbarer Aluminiumtuben bei ihrer Verwendung für Lebensmittel.* Das Al-Blech soll aus mindestens 99,5%ig. Material gefertigt sein. Die an den Tubenlack gestellten Anforderungen werden beschrieben. Das lackierte Blech muß gegen zweistd. Kochen mit folgenden Lsgg. beständig sein: 2%ig. Weinsäure + 10%ig. Zucker; 5%ig. NaCl; 1% Citronensäure. Bei den gefüllten, verschlossenen Tuben darf (bei 37°) Bombage erst nach 15 Tagen, Austreten des Inhalts nach 20 Tagen, Korrosion erst nach 30 Tagen auftreten; ferner sollen die Tuben einen Innenüberdruck von 0,2 at aushalten. (Ind. Conserve **28.** 269—77. Okt./Dez. 1953. Milano–Novarra.) STEINER. 7634

R. A. Barackman und **R. N. Bell,** *Die wachsende Bedeutung der Phosphate.* Die Bedeutung von Phosphorsäure u. einer Reihe phosphorsaurer Salze als Zusatz zu Lebensmitteln u. in der Lebensmittelindustrie wird dargelegt. Allg. dienen Phosphate zur Anreicherung von Lebensmitteln, zur Einstellung des p_H oder zur Pufferung, zum Ansäuern, Emulgieren, Koagulieren. Aber auch andere Verwendungsarten sind bekannt u. wichtig. (Food Engng. **25.** Nr. 6. 68—70. 108. Juni 1953. Chicago Heights, Ill., Victor Chem. Works.) FRESENIUS. 7642

Ss. N. Matzko, *Die Vitaminisierung der Nahrung im Rahmen der Gemeinschaftsernährung als wichtigste Aufgabe der praktischen Vitaminologie.* Die Überprüfung von Mittagskostsätzen ergab eine ungenügende Deckung des Tagesbedarfes an Vitamin C u. A. Es wird die Forderung aufgestellt, vor allem zu versuchen, durch das Brot fehlende Vitaminmengen, bes. C u. A, aber auch B_2, B_1 u. PP, zur Erlangung einer vollwertigen Tageskost bereitzustellen. Bei der sonstigen Kostzubereitung ist es zweckmäßiger, statt einer Zugabe von Vitaminpräpp. solche Naturprodd. anzuwenden, die diese Vitamine in genügender Menge enthalten, oder Prodd., die vorher vitaminisiert worden sind. Die Verwendung von Trockenobst u. Trockengemüse wird wegen deren Vitaminarmut abgelehnt. (Вопросы Питания [Fragen d. Ernähr.] **12.** Nr. **4.** 35—41. Juli/Aug. 1953. Moskau, Gesundheitsminist. der UdSSR, Vitamin-Kontrollstat.) ULMANN. 7642

Ss. A. Jermolajew, *Bemerkung zur Arbeit von Ss. N. Matzko. Die Vitaminisierung der Nahrung im Rahmen der Gemeinschaftsernährung als wichtigste Aufgabe der praktischen Vitaminologie.* (Vgl. vorst. Ref.) Polem. Ausführungen. Eine Vitaminisierung der Lebensmittel wird abgelehnt, statt dessen ein Zusatz von Vitaminpräpp. empfohlen. Die Ablehnung von Trockenobst u. Trockengemüse wird als falsch bezeichnet. (Вопросы Питания [Fragen d. Ernähr.] **12.** Nr. 4. 78—79. Juli/Aug. 1953. Leningrad, Hauptverwaltung für Gaststätten u. Cafés.) ULMANN. 7642

W. W. Jefremow, *Bemerkungen zur Arbeit von Ss. N. Matzko. Die Vitaminisierung der Nahrung im Rahmen der Gemeinschaftsernährung als wichtigste Aufgabe der praktischen Vitaminologie.* (Vgl. vorvorst. Ref.) Polemik gegen die ungenügende Berücksichtigung älterer Arbeiten zum Problem einer Vitaminanreicherung in der Kost. Für eine Vitaminisierung kommen vor allem in Betracht: Brot, Fette, Fleisch u. Salz.) (Вопросы Питания [Fragen d. Ernähr.] **12.** Nr. 4. 80—83. Juli/Aug. 1953. Moskau.) ULMANN. 7642

W. N. Bukin, *Zur Frage der Vitaminisierung der Nahrung der Bevölkerung.* Ausführungen zu der Arbeit von MATZKO (vgl. vorst. Reff.), wobei eine Vitaminisierung der Prodd. des Massenverbrauches befürwortet wird. (Вопросы Питания [Fragen d. Ernähr.] **12.** Nr. 4. 83—85. Juli/Aug. 1953. Moskau.) ULMANN. 7642

J. C. Bauernfeind, Ann D. Rokosny und **G. F. Siemers,** *Synthetisches Vitamin A zur Verbesserung der Nahrung.* Allg. Ausführungen über den Zusatz von synthet. Vitamin A zu verschied. Lebensmitteln, wie Margarine (**I**), Erdnußbutter, Süßwaren, Schokoladegetränk, diätet. u. Kindernährmitteln. Die Ergebnisse chem. Unterss. über die Haltbarkeit der vitaminierten **I** bei verschied. Tempp. u. Lagerzeiten werden mitgeteilt. — 41 Literaturangaben. (Food Engng. **25.** Nr. 6. 81. 82. 85. 87. Juni 1953. Nutley, N. J., Hoffmann-La Roche, Inc.) FRESENIUS. 7642

E. C. Bate-Smith, *Adstringierende Wirkung von Lebensmitteln.* Zusammenfassende Darst. von chem. Konst. u. Eigg. adstringierender Substanzen (Tannine, Catechine, Leukoanthocyanine) in pflanzlichen Lebensmitteln, z. B. unreifen Bananen, Äpfeln, Birnen, Pfirsichen, Wein, Kakao, Tee. — 17 Literaturhinweise. (Food **23.** 124—27. 135. April 1954. Cambridge, Low Temp. Res. Stat.) M. W. ROTHE. 7660

L. Acker, W. Diemair und **R. Jäger,** *Die biochemischen Ursachen des Lecithinrückgangs in Eierteigwaren.* 1. Mitt. *Neue Versuche und der Nachweis eines lecithinspaltenden Ferments in Eidauerwaren.* In Eierteigwaren wurde bei der Lagerung innerhalb von 12 Monaten ein Lecithin (**I**)-Rückgang bis zu **44%** festgestellt. Bei Makkaroni wurde bereits unmittelbar nach der Fabrikation ein starker I-Abfall beobachtet, bei Bandnudeln hingegen erst nach einigen Monaten. Bei gleichen Rohstoffen, gleicher Zus. u. gleichen Lagerungsbedingungen näherte sich bei längerer Lagerdauer die I-Abnahme in beiden Teigwarenarten etwa dem gleichen Wert. Eireiche Teigwaren zeigten einen stärkeren I-Rückgang als eiarme. Auf die Geschwindigkeit des Rückganges ist bei sonst gleichen Bedingungen erhöhte Luftfeuchtigkeit von erheblichem Einfluß. Eierdauerwaren besitzen ein Ferment, das **I** unter Freisetzung von Cholin aufzuspalten vermag. Dasselbe weist bzgl. Temperatur- u. p_H-Abhängigkeit weitgehende Ähnlichkeit mit der Phosphatidase aus Karotten auf. Jedoch liegt das p_H-Optimum bei p_H 6,0—6,4 (Karottenphosphatidase p_H 5,8) u. die Wirksamkeit geht selbst im deutlich alkal. Gebiet nicht ganz verloren. Das Temperaturoptimum liegt mit ca. 25°, wie bei Karotten, sehr niedrig, jedoch fällt die Aktivität mit steigender Temp. nur allmählich ab. Das Ferment macht keine Fettsäuren aus **I** frei. (Z. Lebensmittel-Unters. u. -Forsch. **97.** 373—81. Nov. 1953. Frankfurt/M., Univ.-Inst. für Lebensmittelchem.) WINIKER. 7672

O. Doose und **K. Wolter,** *Die Bedeutung der Teigtemperatur und Zugußmenge bei Weizenteigen.* Die Qualitätsschwankungen bei den Gebäcken sind nicht so sehr abhängig von der Wrkg. der gebräuchlichsten Teigtempp. als vielmehr von dem Variieren der Zugußmenge. Starke Qualitätsunterschiede wurden bei verschied. Teigfestigkeiten vor allem bei jungen Teigen gefunden. Zur Erzielung gleichmäßiger Qualitäten ist ein genaues Einhalten des Verhältnisses von Mehl zu W. wichtiger als das Einhalten der Teigtemperaturen. Zu hohe Zugußmengen verursachen eine geringe Porenzahl. (Brot u. Gebäck **7.** 21—24. Febr. 1953. Detmold, Bundesanst. für Getreideverarbeitung.) HOFER. 7674

T. Ja. Gorasdowski, *Untersuchung der rheologischen Eigenschaften von Konditorteig.* Rheolog. Unterss. sind zur Charakterisierung von Konditorteigen zur Feststellung der Qualität u. Art der Verarbeitung, bes. der Dauer u. Intensität des Knetens, geeignet. Auch die Qualitäten der Mehle lassen sich feststellen. (Коллоидный Журнал [Kolloid-J.] **14.** 408—13. Nov./Dez. 1952.) v. SCHROEDER. 7674

M. Rohrlich und **W. Essner,** *Einfluß des Penicillins auf die Sauerteiggärung.* 1. Mitt. *Förderung des Wachstums der Hefen durch Penicillin.* Während die die spontane Mehlteiggärung hervorrufenden Bakterien der Coli aerogenes-Gruppe gegenüber *Penicillin* (I) verhältnismäßig resistent sind (minimale Hemmdosis 25000 I.E./100 g Mehl), werden die spezif. Sauerteigbakterien schon durch 35 I.E./100g Mehl beeinflußt u. ihr Wachstum sowie die Säurebldg. durch 1000 I.E. I vollständig gehemmt. Demgegenüber wird eine gesteigerte Vermehrung der Hefe, bes. der kleinzelligen Sauerteighefe, schon durch 140 I.E. I gegenüber I-freien Teigen bewirkt. Die eigentliche Ursache der die Hefe stimulierenden I-Wrkg. ist noch unbekannt; es wird angenommen, daß durch die Bakterienhemmung dem Wachstum der Hefen Vorschub geleistet wird. (Dtsch. Lebensmittel-Rdsch. **49.** 288—92. Dez. 1953. Berlin, Versuchsanst. für Getreideverwertung.) KRUSEN. 7674

W. N. Bukin, L. Ja. Auerman, S. I. Saltzewa, L. Ss. Kutzewa, W. F. Paschowkin und **W. W. Schtscherbatenko,** *Über die Haltbarkeit und den Gehalt der Vitamine B_1, B_2 und PP im Brot aus verschiedenen Mehlsorten.* Im Mehl vorliegende *Vitamine B_1, B_2* u. *PP* werden beim Backprozeß teilweise zerstört; so gehen bei Roggenvollkornmehl an B_1 ca. 30% verloren, bei Weizenvollkornmehl ca. 20%, bei Weizenmehl 1. u. 2. Sorte 14 u. 12%. Ein umgekehrtes Bild zeigt die Beständigkeit von B_2: es gehen 12, 22, 31 bzw. 36% verloren. Von PP bleiben beim Backprozeß 95—100% erhalten. Künstlich hinzugefügte Vitamine zeigen eine merklich schlechtere Beständigkeit. Wird verlangt, daß das Brot nicht weniger als 50% der notwendigen Menge an den genannten Vitaminen zu decken hat, so müssen sämtliche Brotarten an B_2 angereichert werden. Roggenbrot bedarf außerdem eines Zusatzes an PP u. Weizenbrot aus Mehl von 72%ig. Ausmahlung eines Zusatzes von B_1. (Вопросы Питания [Fragen d. Ernähr.] **12.** Nr. 4. 29—34. Juli/Aug. 1953. Moskau, Bach-Inst. für Biochem. der Akad. der Wiss. der UdSSR u. Allunions Wiss. Forschungsinst. der Brotbäckerei.) ULMANN. 7674

P. F. Pelshenke, *Über die Wiederverwendung von Altbrot bei der Herstellung von Brot und Gebäck.* Verwendung von Altbrot ist eine bewährte Maßnahme u. völlig unbedenklich, vorausgesetzt, daß es hygien. einwandfrei ist ohne Befall von Schimmel u. Bacillus mesentericus (Fadenziehen). Seine Verdaulichkeit soll ernährungsphysiol. besser sein als die von Frischbrot. Altbrotzusatz wirkt sich in backtechn. Hinsicht vorteilhafter aus, namentlich bei der Herst. von Pumpernickel u. Schrotbrot, seine Geschmacksbeeinflussung ist durchaus positiv. Feinste Vermahlung trocken oder naß ist erforderlich, damit Zusatz in fertiger Backware mit bloßem Auge nicht merklich ist. Gestatteter Zusatz: bis zu 3% bezogen auf Mehl zur Brotherst., bis zu 10% bei Schrotbrot, Vollkornbrot u. Pumpernickel. (Brot u. Gebäck **7.** 26—28. Febr. 1953. Detmold. Bundesanstalt für Getreideverarbeitung) HOFER. 7674

A. Rotsch und **E. Tessmer,** *Über die Herstellung von Cocosmakronen.* Ein schwieriges Problem bei der Herst. der Cocosmakronen ist die Frischhaltung der fertigen Gebäcke. Günstig wirkt sich eine Zugabe von Eiweißlsg. aus (80 g Trockeneiweiß auf 1 Liter W.), ebenso Milchsäure. — Rezeptbeispiel. (Brot u. Gebäck **7.** 25. Febr. 1953. Detmold, Bundesanst. für Getreideverarbeitung.) HOFER. 7674

Ss. N. Beketowski, *Ein Versuch zur Anwendung von Naturgasen zum Nachreifen von Tomaten und Citronen.* Mit *Acetylen*-Dämpfen behandelte Citronen u. Tomaten reiften um 2—3 Tage früher als die der Wrkg. von CH_4 u. anderen Naturgasen ausgesetzten. (Достижения Науки и Передового Опыта в Сельском Хозяйстве [Errungenschaften Wiss. u. fortschr. Erfahrung Landwirtsch.] **1953.** Nr. 7. 86. Juli. Kiew, Landw. Inst.) M. GORDIENKO. 7688

Gemma Delindati, *Pantothensäure in Tomaten und in Tomatenkonserven.* Die Gehaltsbest. erfolgte nach der mikrobiol. Meth. mit dem *Lactobacillus arabinosus* 17/5. Frische, gesunde Tomaten enthalten 1,2—1,5 mg Pantothensäure (I) per kg. Beim Eindicken verringert sich der Geh. an I um 9%. Bei 12monatiger Lagerung bei 20° verliert der Inhalt der Dosen weitere 30% an I. (Ind. Conserve **28.** 258—60. Okt./Dez. 1953. Parma, Staz. Speriment. per l'ind. delle Conserve Alimentari.) STEINER. 7688

R. E. A. Mapes und **A. Kennedy-Ripon,** *Die Verhinderung von Schimmelwachstum auf Fruchtkonserven.* Eine zur Verhinderung der Schimmelbldg. auf Fruchtkonserven nicht genügende Zuckerkonz. kann bei an u. für sich ausreichender Zuckermenge durch osmot. Austritt von W. aus der Frucht bzw. durch Diffusion von Zucker in die Frucht zustande kommen. In beiden Fällen tritt eine Verringerung der Zuckerkonz. ein. Der osmot. u. der Diffusionseffekt werden an Fruchtgelees auf Basis Apfelpektin mit Aprikosen, Erdbeeren u. Reineclauden experimentell ermittelt. Daraus wird die beste Meth. zur Herst. von Obsterzeugnissen abgeleitet, die ein Schrumpfen der Frucht möglichst vermeidet u. rasch zu einem konstanten Zuckergeh. in der Gesamtmasse führt. Die ganze Frucht wird zunächst in Sirup gekocht, danach bleibt die M. 24 Std. stehen, u. dann wird der restliche Zucker zugegeben. (Food **23.** 65. 67. Febr. 1954. Frank Cooper Ltd.) FRESENIUS. 7688

F. W. Fabian und **Frank L. Baldwin,** *Das Verblassen von Essiggemüse bei künstlicher Beleuchtung.* Wenn Gläser mit Essiggemüse (pickles; I) Fluorescenzlicht ausgesetzt werden, bleicht der Inhalt, auch bei „Tageslichtlampen". Es wird über die Herst. verschied. I u. ihre Unters. auf das Verh. bei solcher Beleuchtung berichtet. Das Ausbleichen ist ein photochem. Prozeß. Das bessere Halten der Farbe bei bes. dichter Packung dürfte auf das dabei stattfindende Austreiben der Luft aus den Zellen zurückzuführen sein, außerdem auf das Zusammenpressen der Chloroplasten, wodurch die Farbe verstärkt wird. (Food Engng. **25.** Nr. 6. 61. 169. 171. 173. Juni 1953. East Lansing, Mich., Michigan Agric. Exp. Stat.) FRESENIUS. 7690

Peter Marquardt, Ernst Aring und **Georg Vogg,** *Untersuchungen über das gemeinsame Vorkommen von Acetylcholin und Diastase im Honig.* 156 verschied. naturreine Honige wurden auf ihren Geh. an *Acetylcholin* (I) u. *Diastase* (II) untersucht. Die I-Best. erfolgte durch Blutdrucksenkung an der Katze. II wurde als II-Zahl nach GOTHE in der Modifikation nach FIEHE u. KORDATZKI (Z. Unters. Lebensmittel **55.** [1928.] 162) bestimmt. Der Geh. an I schwankt zwischen 0,06 u. 5,0 γ pro g Honig u. steht in keinem Zusammenhang mit dem Geh. an II. (Arzneimittel-Forsch. **3.** 446—48. Sept. 1953. Freiburg/Br., Univ., Med. Fak., Abt. für exp. Therap.) KIRSTEN. 7700

Werner Schwabe, *Untersuchungen über Wasseraufnahme und -abgabe von Kunsthonig und gewichtsanalytische und pyknometrische Trockenmassenvergleiche.* Je nach der jeweilig vorhandenen relativen Luftfeuchtigkeit vermag Kunsthonig (I) beim Lagern W. aufzunehmen oder abzugeben. Die durch Trocknung im Vakuum bei 65—70° erhaltenen Trockenmassewerte sind niedriger als die mit Hilfe der üblichen Formen u. Tabellen aus der D. einer I-Lsg. (1 : 5) errechneten. (Z. Lebensmittel-Unters. u. -Forsch. **97.** 381—91. Nov. 1953. Lübeck, Städt. Untersuchungsamt.) WINIKER. 7700

Glenn H. Joseph, *Pektine.* Ausführungen über Eigg. u. Verwendung von Pektinen, bes. solchen mit niedrigem Methoxylgehalt. (Food Engng. **25.** Nr. 6. 71—73. 114. Juni 1953. Corona, Calif., Sunkist Growers.) FRESENIUS. 7702

Giovanni Cambosu, *Hygienische Anforderungen der Fruchtkonservenindustrie.* Der Zuckergeh. der Rohsäfte beträgt in % bei Tomaten 1,6, Kirschen 7,0, Mandarinen 7,1, Ananas 7,4, blauen Weintrauben 15,1, der Caloriengeh. steigt von 70 bei Tomaten auf 640 bei Weintrauben pro Liter. Konz. Fruchsäfte weisen einen Zuckergeh. bis zu 70% auf. Das p_H eingedickter Säfte schwankt zwischen 2,2 bei Citronen bis zu 4,3 bei Äpfeln u. Birnen u. wirkt konservierend auf Vitamine. Zur pathogenen Flora der Fruchtsäfte gehören bes. *B. botulinus* u. einige Saprophyten. (Ind. Conserve **28.** 239—46. Okt./Dez. 1953. Parma, Univ., Ist. d'Igiene.) STEINER. 7706

Alberto Bertuzzi, *Italienische Fruchtsäfte.* Allg. Ausführungen. Die Konservierung erfolgt durch Zzgabe von Konservierungsmitteln, durch Pasteurisieren, Ausfrieren oder durch Eindampfen im Vakuum. Da die Prodd. sehr hygroskop. sind, müssen die Dosen sofort verschlossen werden. (Ind. Conserve **28.** 264—68. Okt./Dez. 1953.) STEINER. 7706

John E. Kostura, *Reinigen von Kohlendioxyd für die Getränkeindustrie.* Das bei der Herst. von CO_2-haltigen Getränken verwendete CO_2 enthält Verunreinigungen, die den Geschmackswert der Getränke ungünstig beeinflussen u. daher vorher entfernt werden müssen. Bes. zu beachten sind die Verunreinigungen durch das im CO_2-Kompressor als Schmiermittel dienende Öl. Zur Reinigung des CO_2 dienen die verschiedensten Mittel, wie Waschen, chem. Reinigung, Absorption durch Silicagel u. akt. Kohlefilter. (Amer. Bottler **94.** 47—48. Juni 1952.) KRANZ. 7706

Volker Hamann, *Zur Frage der Coffeinierung von Kaffee-Ersatzstoffen.* Nach Unterss. des Vf. ist bei nach modernen Verff. durchgeführter Coffeinierung von Kaffee-Ersatz eine gleichmäßige Verteilung des Coffeins u. Verhinderung der Entmischung gewährleistet. Es werden Gründe für u. gegen die Coffeinierung von Kaffee-Ersatz besprochen. (Dtsch. Lebensmittel-Rdsch. **49.** 286—88. Dez. 1953. München, Dtsch. Forschungsanst. für Lebensmittelchem.) KRUSEN. 7722

J. C. Alexander, C. William Beckner und **C. A. Elvehjem,** *Der Gehalt von Fleisch an Alanin, Cystin, Glycin und Serin.* In verschied. Stücken Kalb-, Lamm-, Schweine- u. Rindfleisch, außerdem in Rinderhirn, -herz, -nieren, -leber u. -zunge werden Alanin (**I**), Cystin (**II**), Glycin (**III**) u. Serin (**IV**) mikrobiol. bestimmt. **I** wird bestimmt mit Leuconostoc citrovorum 8081 (**V**), **II** u. **III** mit **V** u. L. mesenteroides P60, **IV** mit Lactobact. casei u. delbrueckii 3. Die untersuchten Innereien ergaben in einigen Fällen höhere Werte an Aminosäuren als das Muskelfleisch. Tween 80 (Polyoxyäthylensorbitanmonooleat) bewährte sich als Zusatz zu den Nährmedien in Höhe von 0,005 Vol.-%. (J. Nutrit. **51.** 319—28. 10/11. 1953. Madison, Wis., Univ. of Wisconsin, Coll. of Agric.) FRESENIUS. 7750

A. G. Thomson, *Verhinderung der Schimmelbildung auf Fleisch.* 11 Arten Schimmel, die von Fleisch u. Fleischprodukten isoliert wurden, wurden auf ihr Verh. gegen Chemikalien geprüft. Es waren P. crustosum, P. cycaneum, P. cyclopium, P. martensii, P. olivino-viride, P. waksmani, A. niger, A. sydowi, Cephalosporium sp., H. claduspo-rioides, T. chaetocladiodes. Die Verss. betrafen die fungicide u. fungistat. Wrkg. der Mittel. Als Nährlsg. dienten CZAPEKsche Lsg. (I) u. ein Glutaminsäuremedium (II). Diesen wurden NaCl, $NaNO_3$ u. $NaNO_2$ zugesetzt. Bei 20% NaCl wuchsen noch 9 Arten, bei 25% noch 5 nur wenig u. bei 30% nichts mehr. Bei 30% $NaNO_3$ wuchsen noch 2 Arten. In I wirkten 0,25—0,5% $NaNO_2$ völlig wachstumshemmend, in II etwa erst die 6fache Menge. Weiter wurden niedere Fettsäuren u. ihre Salze sowie Na-Benzoat erprobt, außerdem eine Reihe anderer organ. Substanzen. Als sehr wirksam erwies sich 2.4.5-Trichlorphenoxyessigsäure, die sich im Mäusevers. als nur gering tox. zeigte. Weiter verdient besondere Beachtung das „G 4" (2.2'-Dioxy-5.5'-dichlordiphenylmethan), das in II wirksamer als in I war. (Food **23.** 57—58. 61. Febr. 1954.) FRESENIUS. 7750

Martin Stob, F. N. Andrews, M. X. Zarrow und **W. M. Beeson,** *Östrogene Aktivität des Fleisches vom Rind, Schaf und Geflügel nach Behandlung mit synthetischen Östrogenen und Progesteron.* Im Fleisch von Ochsen, Hammeln u. Hähnchen, die mit synthet. *Östrogenen* (I) behandelt waren, wurden I-Rückstände gefunden. Der Muskel u. die Leber von Ochsen enthielten Residual-I, beim Hammel nur das Muskelfleisch. Eine nachweisbare Wrkg. der Hormonimplantation auf die Höhe des im eßbaren Fleisch zurückbleibenden Hormons wurde nicht gefunden. Die Höhe des Residualhormones ist wahrscheinlich eine Funktion der Zeit, die nach Behandlung der Tiere mit I verflossen ist. Die einzige Wrkg. des Kochens auf das Residual-I war eine mögliche Verringerung der Aktivität beim ausgelassenen Fett u. Fleischsaft. Die Hitze (120—150° 2 Std.) hatte keine Wirkung. Die I-Menge im Rindermuskel u. in der Leber überschritt nicht 0,01 μg/g Trockensubstanz u. 0,1 μg/g Trockensubstanz beim Hammel- u. Hähnchenfleisch. (J. Animal Sci. **13.** 138—51. Febr. 1954. Purdue Univ., Agric. Exp. Stat.) PATZSCH. 7750

G. Schurajew und **D. Schapiro,** *Verringerung der Natriumnitritdosis in der Wurstfüllung.* Vff. schlagen auf Grund ihrer Unterss. vor, der Wurstmasse nur 3 g $NaNO_2$ pro 100 kg Fleisch zuzusetzen. Es wird 30 Min. gekuttert; die Wurstmasse bekommt eine rosarote Farbe. (Мясная Индустрия СССР [Fleisch-Ind. UdSSR] **23.** Nr. 4. 27. Juli/Aug. 1952.) ECKE. 7750

N. Krylowa und **L. Lawrowa,** *Über die Nitritdosierung bei der Wurstherstellung.* (Vgl. vorst. Ref.) Vff. wenden sich gegen die Herabsetzung der Nitritzugabe auf 3 g/ 100 kg Fleisch, da nur in Ggw. von freiem $NaNO_2$ die Wurstfarbe beständig ist. Theoret. sind zur Bldg. von NO-Myoglobin 5,38 mg $NaNO_2$ für 10 g Rindfleisch u. 3,14 mg für 100 g Schweinefleisch erforderlich. Wärme begünstigt den Nitritverbrauch. Deshalb schlagen Vff. vor, den Nitritzusatz bei Wurstmassen mit hohem Rindfleischzusatz zu erhöhen. (Мясная Индустрия СССР [Fleisch-Ind. UdSSR] **23.** Nr. 4. 28—29. Juli/Aug. 1952.) ECKE. 7750

M. Podlegajew, *Wege zur Qualitätssteigerung von Eipulver.* Detaillierte Fabrikationsvorschriften. (Мясная Индустрия СССР [Fleisch-Ind. UdSSR] **24.** Nr. 4. 79—81. Juli/Aug. 1953. Allunions-Wiss. Forschungsinst. für Geflügelind.) SCHMEISS. 7754

G. Tewes und **L. v. Gavél,** *Abtötungseffekt und Keimauslese bei den verschiedenen Milcherhitzungsverfahren.* In Modellverss. untersuchten Vff. die in verschieden lange u. auf verschied. Tempp. erhitzter Milch überlebenden Bakterien. Pathogene Keime u. Bakterien der Coli-Aerogenes-Gruppe werden schon bei Tempp. von 65–72° ausgeschaltet. Thermoresistente Streptokokken überleben 65° länger als 1 Std., einige vertragen noch 72° für 40 Sekunden. Die Kurzzeithocherhitzung (85°) wird nur noch von coryneformen Bakterien u. Sporenbildnern überstanden. Eine wirksame Pasteurisierung ist demnach weitgehend von der Art der bakteriellen Verunreinigung abhängig. Oberstes Gebot bleibt, Infektionen so weit wie möglich beim Erzeuger zu verhindern. (Dtsch. Molkerei-Ztg. **74.** 882–86. 19/6. 1953. Weihenstephan, Südd. Versuchs- u. Forschungsanst. für Milchwirtschaft.) KRUSEN. 7756

Franz Kieferle und **Gerhard Wildbrett,** *Chemische Reinigung von Plattenerhitzern aus nichtrostendem Stahl.* Als Ergebnis ihrer Verss. schlagen Vff. folgendes Verf. zur Reinigung von Milcherhitzungsanlagen aus rostfreiem Stahl vor: nach Durchspülen der App. mit W. wird 25 Min. lang eine saure Lsg., die einer 0,5%ig. HNO_3 entspricht, von 65–68° durchgepumpt, dann mit W. bis zur neutralen Rk. durchgespült u. eine mit enthärtetem W. angesetzte alkal. Lsg., die einer 0,3–0,4%ig. NaOH entspricht, von 65–68° 35 Min. durchgepumpt. Abschließend erfolgt Nachspülen mit W., Lüften u. Trocknen. Mit diesem Verf. ist eine vollkommene Beseitigung von mineral. u. organ. Ablagerungen auf den Platten möglich. (Dtsch. Molkerei-Ztg. **74.** 891–93. 19/6. 1953. Weihenstephan, Südd. Versuchs- u. Forschungsanst. für Milchwirtsch.) KRUSEN. 7756

G. Schwarz und **W. Lange,** *Über den Nachweis einer „Überpasteurisierung" von Käsereimilch mit Hilfe der Peroxydaseprobe.* Im Hinblick auf die in Holland bestehende Forderung, wonach eine für Käsereizwecke bestimmte Milch noch in 10facher Verdünnung eine positive Peroxydase-Rk. ergeben muß, untersuchten Vff. nach in Deutschland bestehenden Vorschriften behandelte Milch u. fanden, daß 0,7 Sek. auf 79–81° (Hocherhitzung) oder 40 Sek. auf 74–75° (Kurzzeiterhitzung) erhitzte Milchen in 10%ig. Mischungen mit gekochter Milch positive Peroxydase-Rkk. geben. Sie können also im Sinne der holländ. Forderungen nicht als überhitzt angesehen werden. (Dtsch. Molkerei-Ztg. **74.** 880–82. 19/6. 1953. Hohenheim, Landw. Hochsch., Inst. für landw. Technol.) KRUSEN. 7756

Ss. N. Kaschinzew, *Der Fettgehalt der Kuhmilch bei verschiedener Milchleistung.* Durch umfangreiches statist. Material über Milchleistungen u. Fettgeh. der Kuhmilch widerlegt Vf. die Ansicht, daß bei erhöhter Milchleistung der Fettgeh. der Milch sinkt. (Советская Зоотехния [Sowjet. Tierhaltung] **7.** Nr. 8. 14–30. Aug. 1952.) M. GORDIENKO. 7756

Carlo Gambazzi, *Natürliche und behandelte Milch.* 2. Mitt. *Industrielle Verfahren zur Herstellung von kondensierter Milch und Trockenmilch.* (1. vgl. C. **1954.** 1373.) Zusammenfassende Darst.: Physikal. Grundlagen; energet. Beziehungen; Beschreibung der Eindampfer u. Trocknungsapparate. — 14 Literaturhinweise. (Boll. chim. farmac. **92.** 292–303. Aug. 1953. Urbino, Univ., Ist. di Chim. farmac.) R. K. MÜLLER. 7756

Hans Lagoni, *Über Fehlerquellen bei der Sauermilchbereitung.* Überhitzte Milch, Bakteriophageninfektion, abweichendes Mischungsverhältnis der Kulturen u. Infektionen mit störenden Organismen werden besprochen. (Dtsch. Molkerei-Ztg. **74.** 896–97. 19/6. 1953. Kiel, Bundesvers.- u. Forschungsanst. für Milchwirtsch.) KRUSEN. 7756

W. Bogdanow, *Aromaverstärkung des Säureweckers für Butter.* Da Str. lactis (I) schneller abstirbt als Str. diacetilactis (II) u. Str. paracitrovovus (III), ergibt sich die Möglichkeit, aus 5–7 Tage bei 30° gehaltenen Säureweckern Material für Kulturen von **II** u. **III** zu gewinnen. Aus **II**, die das hocharomat. Diacetyl bilden, u. **I**, die zwar den Diacetylgeh. herabsetzen, jedoch **II** aktivieren, konnten hocharomat. Säurewecker hergestellt werden. Acetoin bildende Organismen, wie **III**, müssen ferngehalten werden. (Молочная Промышленность [Milch-Ind.] **14.** Nr. 8. 17–20. Aug. 1953. Allunions-Wiss. Forschungsinst. für Milch-Ind.) SCHMEISS. 7758

Karl J. Demeter, *Zur Bekämpfung von Buttersäuregärung auf antibiotischem Wege.* Literaturübersicht über die Fähigkeit von Strept. lactis u. Strept. faecalis u. von Lactobacillen, gegen Buttersäurebakterien antibiot. wirkende Stoffe (*Nisin, Lactobacillin*) zu bilden. Prakt. Auswertung der bisherigen Ergebnisse ist jedoch noch nicht möglich. (Dtsch. Molkerei-Ztg. **74.** 894–96. 19/6. 1953. Freising/Oberbayern.) KRUSEN. 7760

J. Meyer, J. Touillier und **J. Malgras,** *Bakteriolytische antituberkulöse Faktoren in Käse.* Ansäuerung mit lebenden Propionsäurebacillen wirkt stark hemmend auf das Wachstum von Tuberkelbacillen. Reines Na-Propionat war ohne Wirkung. (Lait **32.**

512—15. Sept./Okt. 1952. Strasbourg, Serv. d'Hyg. et de Microbiol. de la Fac. de Pharm.) GRIMME. 7760

E. Zollikofer, *Gärungstechnische Betrachtungen über schweizerische Lokalkäsesorten.* Es werden besprochen: Saanen-, Walliser Raclette-, Piora-, Appenzeller-, Balelay-, Toggenburger Ploder- u. Glarner Kräuterkäse, Vacherin pour fondue u. Vacherin Mont d'Or. Es handelt sich überwiegend um Hartkäse mit Milchsäuregärung u. gegebenenfalls nachfolgender leichter Propionsäuregärung. Toggenburger Ploderkäse ist ein Magermilchsauerkäse; der Glarner Kräuterkäse wird durch Säure- u. Hitzekoagulation von Casein u. Lactalbumin erhalten u. reift durch eine Milchsäure- u. nachfolgende starke Buttersäuregärung. (Dtsch. Molkerei-Ztg. **74.** 861—64. 19/6. 1953. Zürich, ETH, Milchtechn. Inst.) KRUSEN. 7760

Je. P. Trepatschew und **A. G. Latypow,** *Chemische Charakteristik einiger Sorten von italienischer Kolbenhirse.* Das Korn verschied. Sorten enthält 13—18% Protein, 5—8% Fett, 1,5—3% Zucker. Das Heu enthält 5—13% Protein, 1,7—3,1% Fett, 8—17% Zucker, 6,3—10,5% Asche, 24—35% Cellulose. Das Heu von italien. Kolbenhirse unterscheidet sich in der chem. Zus. wenig von dem aus Sorghum u. Mohrenhirse, stärker von dem der Luzerne. (Кормовая База [Futtermittel-Versorg.] **3.** Nr. 9. 57—58. Sept. 1952.) ECKE. 7782

W. N. Jegorow, *Mineralisches Beifutter für Vieh und Geflügel.* Allg. über die Anwendung von *Tricalciumphosphat* u. *Knochenmehl.* (Социалистическое Животноводство [Sozialist. Tierzucht] **15.** Nr. 1. 19—21. Jan. 1953.) SCHMEISS. 7786

T. M. MacIntyre und **M. H. Jenkins,** *Muschelschalen, Kalkstein und Austernschalen als Calciumquellen in der Fütterung von Legehühnern.* Die Verwendung von Muschel- oder Austernschalen auch unter Zusatz von Sand an Stelle von Kalkstein hatte keinen nachteiligen Einfl. auf Eiproduktion, Futterverbrauch u. Gewichtszunahme von Legehühnern, sondern bewirkte im Gegenteil eine wesentlich bessere Ausbldg. der Eierschale. (Sci. Agric. **32.** 645—50. Dez. 1952. Nappan, N. S., Can., Dominion Exp. Farm.) KRUSEN. 7786

T. H. Blosser, W. H. Abbitt, A. O. Shaw, U. S. Ashworth und **E. P. Smith,** *Die Zusammensetzung ausländischer und einheimischer Knochenmehle, die bei der Fütterung von Vieh verwendet werden.* Der durchschnittliche Geh. der hauptsächlichsten Bestandteile betrug: *Protein* 7,59 (%), Ätherextrakt 0,93, *Asche* 81,09, *Ca* 31,70, *P* 13,73, *Mg* 0,64 u. *S* 0,22. Der durchschnittliche Geh. der spektrograph. bestimmten Mineralien betrug (ausgedrückt in $^0/_{00}$ der Aschentrockensubstanz): *Al* 2344, *Ba* 361, *Cu* 16, *F* 803, *Fe* 964, *Mn* 49, *Na* 5000, *Sr* 2433 u. *Zn* 489. *B, Cr, Mo, Si, Ag, Ti* u. *V* wurden in einem oder dem anderen Muster gefunden. Der Geh. an den Spurenelementen Cu u. Co im Knochenmehl ist zu gering, als daß dieses zur Ergänzung dieser Spurenelemente dienen könnte. (J. Animal Sci. **13.** 152—59. Febr. 1954. Washington, D. C., State Coll.) PATZSCH. 7786

Gustav Fröbrich, *Die Bedeutung eines Hefewirkstoffkonzentrates in der Tierernährung.* Da die für Beifuttermittel verwendete Hefe zu teuer ist u. in größeren Mengen verhältnismäßig schlecht resorbiert wird, wurde durch Anwendung (nicht näher beschriebener) geeigneter Verff. ein Hefewirkstoffkonzentrat hergestellt. Die Wrkg. ist mit dem eines APF-B_{12}-Präp. oder mit dem eines Antibioticums vergleichbar. Das Konzentrat vermag pflanzliches Protein gut zu vervollständigen, so daß Einsparung von tier. Eiweiß im Futter möglich ist. Diskussion des vermutlichen biol. Wirkungsmechanismus. (Züchtungskunde **25.** 226—29. März 1954. München, Univ., Zoolog. Inst., Abt.: P. Buchner-Inst. für Symbioseforsch.) PATZSCH. 7786

H. Vogel, *Schweinemastversuch mit dem Futterzusatz „Astoral" (Hefe-Wirkstoff-Konzentrat).* *Astoral* (SÜDDEUTSCHE AST-GES., Kempten) ist ein Hefewirkstoffkonzentrat, das als Futterzusatz dient. Als Ergebnis eines Fütterungsvers. (mit 20 Läuferschweinen) wird festgestellt, daß die Tiere eine um 7% größere durchschnittliche Zunahme in der Mastzeit u. eine bessere Futterverwertung aufweisen u. daß eine Einsparung von 50% Fischmehl möglich war. (Züchtungskunde **25.** 229—31. März 1954. Grub, Bayer. Landesanst. für Tierzucht.) PATZSCH. 7786

Eberhard Galter, *Das „Titrierverfahren" zur Bestimmung der Wasseraufnahme von Mehlen nach Galter.* Das Titrierverf. stellt eine exakte Bestimmungsmeth. der Wasseraufnahmefähigkeit von Mahlprodd. dar u. ist der ersten Phase der Teigbereitung nachgebildet. Die Höhe der Wasseraufnahme steht in Beziehung zur Backfähigkeit. Das Verf. ist verwendbar zur exakten Herst. von Teigkügelchen für Prüfzwecke, deren Gleichförmigkeit eine Wiederholbarkeit bei chem. u. physikal. Unterss. an der Teigkugel gewährleistet. (Mühle **90.** 479—81. 6/8. 1953.) HOFER. 7800

A. H. Williams, *Das Tannin von Apfelsaft und Apfelwein. Eine Interpretation der Permanganattitrationsmethode.* Das „Tannin“ von Äpfeln u. Apfelwein wird gewöhnlich durch die Permanganattitration (I) mit Indigocarmin als Indicator bestimmt u. als Gallotannin angegeben. Dies ist willkürlich, zumal die Apfeltannine sich vom Brenzcatechin ableiten. Fällungen mit Gelatine u. Hautpulver lassen nicht streng zwischen wahren „Tanninen“ u. Polyphenolen unterscheiden, lassen jedoch auf die Ggw. verschied. Polyphenole mit sehr ähnlichen Eigg. schließen. Durch Papierchromatographie konnten abgetrennt u. in den Zonen durch I annähernd bestimmt werden: *Chlorogensäure, Epicatechin* u. *Leukoanthocyanin,* zusammen ~80% der durch I erfaßten phenol. Substanzen. Diese Verbb. enthalten die Brenzcatechingruppe; sie nehmen ~2,3 Atome O/Mol. auf (solche vom Pyrogalloltyp ~ 3 Atome O/Mol.). Die Permanganattitration von Apfeltanninen bestimmt somit im wesentlichen die Brenzcatechingruppen. — 6 Literaturangaben. (Chem. and Ind. **1953.** 540—41. 30/5. Bristol, Long Ashton Res. Stat., Agric. Res. Counc. Unit of Plant Nutr.) KIRMSE. 7808

Anton Zeilinger, *Kleinmethoden für die bakteriologische Betriebskontrolle.* Vf. beschreibt die Keimzählung nach LORENZ-ZEILINGER u. den Colinachw. nach SACHSLEHNER zur stationären u. ambulanten bakteriolog. Kontrolle in der Milchwirtschaft. (Dtsch. Molkerei-Ztg. **74.** 864—66. 19/6. 1953. Wolfpassing, Österreich, Bundes-Lehr- u. Versuchsanst. für Milchwirtsch.) KRUSEN. 7856

Burdet Heinemann, *Eine Untersuchung über bestimmte Techniken bei der Milchuntersuchung mittels Babcock-Test.* Vf. beschreibt Verss. über die einzuhaltenden Grenzen hinsichtlich Zentrifugengeschwindigkeit, D. der H_2SO_4 u. Probenahme der Milch bei Durchführung des BABCOCK-Tests. (J. Dairy Sci. **36.** 450—58. Mai 1953. Springfield, Mo., Producers Creamery Comp.) KRUSEN. 7856

D. A. A. Mossel und **J. G. Mandersloot,** *Der Nachweis von Konservierungsmitteln in Milch durch einen direkten Lactosevergärungstest mit besonderer Berücksichtigung von Bromessigsäurederivaten.* 50 ml der zu untersuchenden Milch werden mit 0,5 ml einer 1 : 10 verd. Kultur von Aerobacter aerogenes (die unverd. ca. $2 \cdot 10^9$ Organismen/ml enthalten soll) versetzt, in 2 sterile EINHORN-Röhrchen verbracht u. bei 37° inkubiert. Eine Milch ohne Konservierungsmittelzusatz muß nach 24 Std. 10 ml Gas entwickelt haben. Die noch nachweisbaren Grenzkonzz. (mindestens 50%ig. Reduzierung der Gasentw.) betragen bei *Chloramin* 0,2%, *Zephiran* (Alkyldimethylbenzylammoniumchlorid) 0,05%, *Na-Methyl-p-oxybenzoat* 0,2%, *Na-Dehydracetat* 0,1% u. *Äthylmonobromacetat* $1 \cdot 10^{-4}$%. Die Reproduzierbarkeit ist nach Reihenverss. gewährleistet, wobei es für Frühjahrs- u. Sommermilch zweckmäßig ist, durch Zusatz von 10% McILVAINE-Puffer (22,8 ml einer 0,3 mol. Citronensäuremonohydratlsg. 77,2 ml + einer 0,6 mol. Lsg. von $Na_2HPO_4 \cdot 2\ H_2O$) einen p_H-Wert von 6,8 einzustellen. Unternormaler Gärungsverlauf ist auf Aktivitätsverminderung des Teststammes, nicht auf die Anwesenheit anderer Mikroorganismen in der Milch zurückzuführen. (Nederl. Melk- en Zuiveltijdschr. **7.** 219—26. Okt./Dez. 1953. Utrecht, Centr. Inst. for Nutr. Res., TNO.) KRUSEN. 7856

A. M. Ssimskaja, *Phosphataseverfahren zur Kontrolle der Pasteurisierung bei saurer Sahne, Quark und Käse.* (Vgl. **1954.** 2295.) Vf. empfiehlt die Phosphataseprobe zur Kontrolle der Pasteurisierung. Da mit Schimmel die Phosphataseprobe positiv ist, sind Schimmelstellen vor der Probenahme zu entfernen. — 2 ml saure Sahne werden mit 1 ml Phosphatasereagens (0,1%ig. Na-Phenolphthaleinphosphat in NH_4OH-Pufferlsg., p_H 10,1) u. 3 Tropfen Chlf. versetzt u. 10 Min. bei 45° auf dem Wasserbad erhitzt. Rosafärbung innerhalb 24 Std. zeigt Verwendung von Rohprodd. oder ungenügende Pasteurisierung an. — Quark: 10 g Quark werden mit 15 ml W. verrieben, auf je 100 THÖRNER-Grade wird 1 ml n. Alkalilsg. zugesetzt. Zur Probe werden 5 ml verwendet. Käse: 10 g Käse werden mit 20 ml W. (40°) verrieben, auf 5 g M. 2 ml Reagens, 3 Tropfen Chlf. zugesetzt, 10 Min. auf 45° erwärmt. Neutralisation nur bei Quark, nicht bei Käse u. Sahne erforderlich. Bei Verwendung von pasteurisierten Prodd. ist die Phosphataseprobe negativ. (Гигиена и Санитария [Hyg. u. Sanitätswes.] **1952.** Nr. 5. 34—39. Mai. Zentralinst. für Ärztefortbldg., Lehrstuhl für Ernährungshyg.) v. WILPERT. 7856

B. Schachbasjan, *Zur Methodik der Salzbestimmung in Käse.* Die Käse-Einwaage wird mit Alkalilsg. von Eiweißstoffen befreit, dann werden 10 ml des Filtrats mit 4—5 Tropfen konz. HNO_3 u. genau 2 ml $Fe(CNS)_3$ (I)-Lsg. versetzt u. mit 0,05 n $Hg_2(NO_3)_2$ (II)-Lsg. bis zur Entfärbung titriert; der geringe Hg-Überschuß wird durch Blindvers. ermittelt. Das vorgeschlagene Schnellverf. liefert im Vgl. zum Standardverf. ausreichend genaue Ergebnisse. Die bei der Titration mit II bisher übliche Verwendung von Diphenylcarbazon als Indicator ergibt schwieriger wahrnehmbare Farbübergänge als I. (Молочная Промышленность [Milch-Ind.] **12.** Nr. 10. 25—27. Okt. 1951. Tierzucht-Inst. des Landw. Minist. der ArmSSR.) v. WILPERT. 7860

XVII. Fette. Seifen. Wasch- und Reinigungsmittel. Wachse. Bohnermassen usw.

F. A. Henglein und **G. Sohns,** *Die satzweise Gegenstromextraktion von Feststoffen in Batterien (Theorie und Experiment).* Vff. geben eine kurze Darst. der Theorie der Wirkungsweise von Extraktionsbatterien nach THORMANN u. machen auf bestimmte Nachteile aufmerksam. Von HENGLEIN wird eine vereinfachte u. verallgemeinerte Theorie der Extraktion entwickelt u. mathemat. abgeleitet. Diese Theorie wird an Hand der Extraktion von Leindottersamen mit Trichloräthylen experimentell bestätigt, wobei Temp., Extraktionszeit u. Extraktionsverhältnis (Rohgutmenge zu Lösungsmittelmenge) variiert werden. Es wird die graph. Berechnung der Zahl der erforderlichen Extraktionen u. Extraktionsbehälter bei einer bestimmten techn. Aufgabe: Extraktion des im Preßkuchen von Leindottersamen mit 12,4% Ölgeh. bis herab zu 1,5% durchgeführt. Bei einem Extraktionsverhältnis 1 : 10 wurde die Extraktionszahl zu n = 6 ermittelt. Durch Best. des Ölgeh. im Extraktionsrückstand konnte die Richtigkeit der Berechnung bestätigt werden. (Chemiker-Ztg. verein. dtsch. Chemiker-Z. **74.** 348–52. 6/7. 1950.) KAHLERT. 7872

G. W. Krutschenski, *Verarbeitung von Sesamsamen nach dem Schema Vorpfanne–Vorpresse.* Die konditionierte Saat wird bei 45° der Vorbereitungspfanne zugeführt, im Abwärtsstrom bis mindestens 14,5–15,5% Wassergeh. befeuchtet, in der Vorpfanne bei 55–64° von 48–70% des Öles befreit u. auf Pressen bei 119–128° fertig entölt. (Маслобойно-Жировая Промышленность [Öl- u. Fett-Ind.] **18.** Nr. 7. 28–30. Juli 1953.) SCHMEISS. 7894

P. A. Artamonow, B. Ja. Sterlin, N. Ss. Slaschtschew, D. I. Rumsch, T. I. Seliksson, L. I. Scheinin und **L. W. Arapow,** *Die Regeneration eines verbrauchten Katalysators mit einer vorherigen Entfettung.* Beschreibung einer Anlage, in welcher der verbrauchte Härtungskatalysator (I) durch 4std. Behandeln mit 5%ig. Sodalsg. bei 105–108° u. 0,3–0,5 atü sowie 30 Min. langem Rühren mit 20%ig. Salzlsg. entfettet wird. Danach wird **I** 2 Std. mittels offenen Dampfes mit der zur Auflösung des Ni theoret. erforderlichen Menge H_2SO_4 verrührt. Die überstehende Fl. wird abgesaugt. Der Rückstand wird zur Auflösung des Cu unter Zugabe von 4–5 kg Fe_2O_3 mittels Luft 16 Std. bei 90–95° mit einem Überschuß von 25–50% an H_2SO_4 (250–300 g/Liter) durchgerührt. (Маслобойно-Жировая Промышленность [Öl- u. Fett-Ind.] **18.** Nr. 6. 17–19. Juni 1953. Allunions Wiss. Forschungsinst. für Fette.) SCHMEISS. 7902

E. P. Wood, *Schwierigkeiten bei der Herstellung von Eschwegerseifen.* Vf. beschreibt den Gang der Fabrikation von blau marmorierten Seifen u. erläutert die Gründe, die zum Absetzen der Farbe führen können. Aus den sich zum Teil widersprechenden Angaben der Fachliteratur ergibt sich, daß noch nicht wissenschaftlich geklärt ist, wie die Marmorierung zustande kommt bzw. wodurch eine Trennung der Phasen erfolgt. (Soap, Perfum. Cosmet. **26.** 359–60. April 1953. Salisbury, Southern Rhodesia, Rhodesian Ind. Co., Ltd.) SEIFERT. 7910

P. A. Demtschenko und **L. G. Demtschenko,** *Der Einfluß von Ätznatron auf die Viscosität konzentrierter Seifenlösungen.* Die Viscosität η 20%ig. Lsgg. von *Na-Stearat*(**I**) oder techn. Seife (**II**) steigt bei 98° mit wachsendem Geh. an NaOH (**III**) zu einem Maximum an (η = 21 bei **I** mit 0,75% **III**, η = 5 bei **II** mit 1,5% **III**) u. fällt dann wieder zu sehr niedrigen Werten ab. (Маслобойно-Жировая Промышленность [Öl- u. Fett-Ind.] **18.** Nr. 5. 16–17. Mai 1953. Inst. für allg. u. anorg. Chem. der Akad. der Wiss. der UkrSSR.) SCHMEISS. 7910

H. Stüpel, *Kondensierte Phosphate und ihre Wirkung in synthetischen Waschmitteln.* Es werden die Eigg. von Na-Pyrophosphat, Na-Tripolyphosphat, Na-Hexametaphosphat u. speziellen Phosphaten wie z. B. Calgon W, Calgon B 1 u. hochpolymeren Phosphaten hinsichtlich Komplexbindungsvermögen für Ca-, Mg- u. Fe-Ionen, Temperatureinfl., Hygroskopizität u. p_H-Wert in wss. Lsg. beschrieben. Weiter wird an Hand von Kurven der die Waschwrkg. verstärkende Einfl. der verschied. Phosphate auf eine Anzahl Waschgrundstoffe wie Alkylarylsulfonat, Alkylsulfonat, sek. Alkylsulfat, prim. Alkylsulfat (Laurylsulfat), Oleylmethyltaurin (Igepon T), Alkylphenylpolyglykoläther (Sapogenat A) u. Seife demonstriert. (Soap, Perfum. Cosmet. **27.** 65–73. Jan. 1954. Hochdorf/Schweiz, Seifenfabrik Hochdorf.) G. RICHTER. 7912

—, *Bestimmung des Fettverlustes im Soapstock.* An Stelle der bisher üblichen Analysenmenge von höchstens 10 g verwendet Vf. 200–250 g. Es wurden völlig reproduzierbare Werte erhalten. Analysengang wie üblich. (Lebensmittel-Ind., Ausg. B **3.** 18. Juli 1951. Berlin-Lichtenberg, VEB-Hartfettwerk, Labor.) BÖSS. 7938

Institut de Recherches pour les Huiles de Palme et Oléagineux, Seine, Frankreich, *Neutralisieren von Fetten oder fetten Ölen und Abscheidung des Unverseifbaren.* Man ver-

mischt das Fett (z. B. Karitébutter, Palmöl, Talg) mit einer inerten, filternden Substanz (SiO_2, Infusorienerde, akt. Erde) mit oder ohne Zusatz von freie Säuren bindenden Mitteln (z. B. Carbonate oder Oxyde von Ca, Mg, Ba) u. behandelt sie dann mit mit W. gesätt. Furfurol. Nach Filtrieren oder Zentrifugieren der M. extrahiert man den Rückstand mit einem Cl-haltigen Lösungsm. oder mit einem KW-stoff (Octan, Isooctan) u. dest. das Lösungsm. ab. Man erhält ein ungefärbtes, geruchloses Fett mit niedrigem Säuregeh. (z. B. 0—0,3%). (**F. P. 1 036 588** vom 23/11. 1950, ausg. 9/9. 1953.)
OPPERMANN. 7875

Lever Brothers & Unilever N. V., Holland (Erfinder: **J. J. A. Blekkingh**), *Raffinieren von fetten Ölen, die ungesättigte Fettsäuren oder Derivate dieser Säuren enthalten.* Man raffiniert die Öle (z. B. Leinöl, Sesamöl, Palmöl, Erdnußöl, Walöl) durch 2 bis 8 std. Erhitzen auf eine Temp. unterhalb 140°, bes. bei 100—120°, mit 5—10% eines etwas S enthaltenden Ni- oder Co–SiO_2 (z. B. Infusorienerde)-Katalysators. (**F. P. 1 039 559** vom 31/8. 1950, ausg. 8/10. 1953. Holl. Prior. 31/8. 1949.) OPPERMANN. 7895

Charles Greenfield, River Edge, N. J., V. St. A., *Entwässern von Fetten.* Fetthaltige Massen, z. B. feingemahlene Fischleber, wird mit so viel Öl vermischt, daß das Verhältnis des Gesamtfettes zu den festen, nichtfettigen Anteilen (**I**) mindestens 2:1 beträgt, dann durch Erhitzen unter Druck vom W. befreit u. z. B. durch Zentrifugieren von den **I** abgetrennt. (**A. P. 2 651 647** vom 9/12. 1949, ausg. 8/9. 1953.)
LÜTTGEN. 7897

Stéarinerie Dubois Fils (Soc. An.), Seine, Frankreich, *Reinigung von Glycerinwässern aus der Seifenfabrikation.* Man konz. die Wässer bis auf 35—45% Glyceringeh. unter Abschöpfen der sich an der Oberfläche abscheidenden Fettsäuren. Dann neutralisiert man sie mit Kalkpulver bis zur leichten Rötung von Phenolphthaleinpapier u. schöpft die fettsauren Kalksalze ebenfalls ab. Die so behandelte Fl. schickt man mehrmals abwechselnd über Kationen- u. Anionen austauschende Harze („Alassion A u. C") bis der Widerstand 80000 Ω beträgt. (**F. P. 1 040 344** vom 4/8. 1951, ausg. 14/10. 1953.) OPPERMANN. 7909

Procter & Gamble Co., übert. von: **Frank L. Jackson**, Cincinnati, und **John C. Bayer**, Sharonville, Ohio, V. St. A., *Herstellung weißer Seife.* Hydrierte Öle, die latente Farbstoffe enthalten, werden mit 0,1 (%) Alkali- oder Erdalkalichlorit in wss. Lsg. bei 100—140° in Ggw. von 0,025 H_2SO_4 behandelt, um die Farbstoffe zu entwickeln, mit Alkali neutralisiert, mit 0,5—6 Bleicherde gebleicht, filtriert u. verseift. (**A. P. 2 646 435** vom 16/11. 1949, ausg. 21/7. 1953.) LÜTTGEN. 7911

Dobbelman N. V., Holland, *Herstellung von harter Toilettenseife.* Einer gewöhnlichen neutralen Seife wird ein Überfettungsmittel in Form von 5—100% Fettsäuren zugesetzt u. die Seifenmasse auf einen Wassergeh. von 10%, besser noch von 9% gebracht. — Ein Gemisch von 345 (kg) Palmöl, 20 dest. Palmölfettsäuren, 15 dest. Erdnußölfettsäuren u. 11 hydriertem Kolophonium wird mit NaOH zu einer neutralen Seife verseift, welche danach durch Zusatz von 31 kg Stearinsäure überfettet wird. Das in eine Blättchenform übergeführte Prod. wird an der Luft getrocknet, bis der Wassergeh. ca. 5—8 Gew.-% beträgt. Danach wird das Prod. in der Strangpresse zu Seifenstücken verarbeitet. — Ein Gemisch aus 300 (kg) Palmöl u. 30 Ricinusöl wird mit NaOH zu einer Neutralseife verarbeitet, welche mit 66 Stearinsäure überfettet wird. Die gebrochene u. getrocknete Seife mit ca. 2% Wassergeh. wird gemahlen u. gepreßt. — Vgl. E. P. 648 722; C. **1953**. 2212. (**F. P. 999 573** vom 14/11. 1949, ausg. 1/2. 1952.) M. F. MÜLLER. 7911

Dobbelman N. V., Holland, *Toilette- und Haushaltseifen,* die leicht u. stark schäumen, werden hergestellt durch Überfetten mit 5—100 (%), vorzugsweise 20—60% freien Fettsäuren, bes. bei Seifen aus Cocos- oder Palmkernöl. Man kann auch die Fettsäuren mit ungenügender Alkalimenge neutralisieren u. zur neutralen Seife saure Seife oder eine Säure (z. B. HCl) in solcher Menge zusetzen, wie zur Überfettung durch die in Freiheit gesetzte Fettsäure erforderlich ist. Zweckmäßig wird bis zu 10 (%) Ricinusöl u./oder Harz zugegeben. (**F. P. 1 027 353** vom 22/3. 1948, ausg. 11/5. 1953. Holl. Priorr. 9/4. u. 28/7. 1947.) RIEPE. 7911

Henkel & Cie. G. m. b. H., Deutschland, *Behandlung von Seifen aus ungesättigten Fettsäuren.* Man erhitzt die Seifen in Ggw. von W. mit kaust. Alkalien (z. B. KOH, NaOH oder Gemischen von beiden) auf 350—450°. Hierbei werden die langkettigen ungesätt. Fettsäuren unter Entw. von H_2 u. Bldg. von Essigsäure zu kurzkettigen gesätt. Fettsäuren abgebaut. — Z. B. erhitzt man 300 g techn. *Olein* (JZ. 85,7, JZ. 190, VZ. 195 u. E. unterhalb 0°) mit einem Geh. an Fettsäuren von 2% C_{12}, 5,5% C_{14}, 10,5% C_{16}, 69,5% C_{18} u. 12,5% $>C_{18}$ 30 Min. mit 129 g KOH u. 45 g W. auf 385°.

Das gebildete Fettsäurengemisch hat eine JZ. 32, E. 41,9° u. Unverseifbares 1,4%. Die Zus. ist: 4% C_{12}, 14,5% C_{14}, 43,5% C_{16}, 27% C_{18} u. 11% $>C_{18}$. — 400 g *Fischölfettsäuren* (JZ. 138, SZ. 191, VZ. 196 u. E. 24,9°) mit einem Fettsäurengeh. von 3% C_{14}, 21% C_{16}, 25% C_{18}, 19,5% C_{20}, 22,5% C_{22} u. 11% $>C_{22}$ 4 Std. mit 160 g NaOH u. 180 g W. auf 385° erhitzt, ergeben ein Fettsäurengemisch mit einer JZ. 28, E. 36,5°, Unverseifbares 5,2% u. der Zus.: 1,5% $<C_{12}$, 3% C_{12}, 10,5% C_{14}, 28,5% C_{16}, 17% C_{18}, 14% C_{20}, 10% C_{22} u. 15,5% $>C_{22}$. — 300 g *Sojabohnenölfettsäuren* (JZ. 107, SZ. 2C0, VZ. 207) mit einem Fettsäurengeh. von 1,5% C_{12}, 2% C_{14}, 21% C_{16}, 68% C_{18} u. 7,5% $>C_{18}$ 2 Std. mit 104 g NaOH u. 300 g W. auf 385° erhitzt, ergeben ein Fettsäurengemisch mit einer JZ. 19, E. 38,1°, Unverseifbares 1,9% u. der Zus.: 1,5% $<C_{12}$, 2,8% C_{12}, 28,2% C_{14}, 30,2% C_{16}, 18,7% C_{18} u. 18,6% $>C_{18}$. (**F. P. 1 037 261** vom 18/5. 1951, ausg. 15/9. 1953. D. Prior. 14/9. 1950.) OPPERMANN. 7911

Badische Anilin- & Soda-Fabrik Akt.-Ges., Ludwigshafen/Rh. (Erfinder: **Karl Horst**, Hofheim, Taunus, und **Heinz Schild**, Frankfurt/M.), *Wasserlösliche, capillaraktive Stoffe mit Schaum-, Netz- und Waschwirkung.* Die bei der Sulfohalogenierung paraffin. KW-stoffe mit mindestens 8 C-Atomen mit SO_2 + Halogen gebildeten O-, Halogen- u. S-enthaltenden Stoffe werden mit amino- oder iminogruppenhaltigen, kurzkettigen, aliphat. Sulfon- oder Carbonsäuren (Aminoäthansulfonsäure, N-Alkylaminoäthansulfonsäuren, Amino- bzw. N-Alkylaminomethan-, -propan- oder -butansulfonsäuren, Aminoessigsäure, N-Alkylaminoessigsäuren oder Amino- bzw. N-Alkylaminocarbonsäuren) umgesetzt, zweckmäßig unter Erhitzen in Methanol. Das aus gesätt., aliphat. KW-stoffen mit 11—18 C-Atomen, Kp. 200—350° (hergestellt durch Hydrierung von CO bei n. Druck u. Nachhydrierung), mit SO_2 + Cl_2 unter Bestrahlung mit kurzwelligem Licht gewonnene Sulfochlorid mit 5,5% Cl_2 gibt mit Na-Methyltaurin beim Erhitzen in Methanol ein schwachgelbes, wasserlösl. Prod. mit Netz-, Wasch- u. *Kalkseifendispergiervermögen.* In einem weiteren Beispiel wird mit N-Methylaminoessigsäure umgesetzt. (**D. B. P. 884 644** Kl. 12o vom 19/11. 1938, ausg. 27/7. 1953.) KRAUSS. 7913

Badische Anilin- & Soda-Fabrik Akt.-Ges. (Erfinder: **Max Bräuer**), Ludwigshafen/Rh., *Wasch- und Reinigungsmittel*, bestehend aus oberflächenakt. Stoffen u. wasserlösl., N-haltigen Polymerisaten oder Mischpolymerisaten von Äthylenimin oder Vinylpyrrolidon. (**D. B. P. 908 176** Kl. 23e vom 7/4. 1950, ausg. 1/4. 1954.) LÜTTGEN. 7913

Badische Anilin- & Soda-Fabrik, Deutschland, *Wasch- und Reinigungsmittel.* Man vermischt capillarakt. Substanzen (z. B. Seifen, sulfonierte Fettalkohole) mit Prodd., die man in An- oder Abwesenheit von Sulfiten (z. B. $NaHSO_3$, Na_2SO_3) durch Kondensation von CH_2O, z. B. mit Harnstoff, Thioharnstoff, Phenol oder Melamin, erhält. Man kann außerdem noch Füllstoffe (z. B. TiO_2, Kaolin), Kolloide (z. B. Leim, Gelatine) sowie die Haut nicht angreifende Substanzen (z. B. Kondensationsprodd. von CH_2O u. Naphthalin) zusetzen. — 4 Beispiele. (**F. P. 1 003 795** vom 26/2. 1947, ausg. 21/3. 1952.) OPPERMANN. 7913

Badische Anilin- & Soda-Fabrik, Deutschland, *Herstellung von hochcapillaraktiven Substanzen*, dad. gek., daß man rektifizierte, bei der katalyt. Hydrierung von Acetylen als Nebenprodd. anfallende Olefingemische oder besser bestimmte Fraktionen dieser Gemische mit aromat. Verbb., z. B. Bzl., Toluol, Naphthalin (**I**), Phenol, Naphthol, Chlorbenzol, Chlornaphthalinen, Phthalsäure, Benzoesäure, bei mehr als 40° in Ggw. eines Katalysators, z. B. $AlCl_3$, BF_3, H_2SO_4, kondensiert u. in das Mol. der Kondensationsprodd. Gruppen einführt, die ihre Löslichkeit in W. begünstigen. — Man leitet z. B. 250 Teile (Vol.) einer zwischen 50 u. 100° sd. Olefinfraktion bei 250—300° innerhalb 1 Std. über 1 Teil akt. SiO_2-Gel. Das gebildete Prod. kondensiert man mit **I** in Ggw. von $AlCl_3$ u. sulfoniert es mit Chlorsulfonsäure. Das sulfonierte Prod. besitzt ausgezeichnete schaumbildende u. benetzende Eigg. u. erteilt den Textilfasern keinen gelblichen Farbton. (**F. P. 1 009 836** vom 30/6. 1948, ausg. 4/6. 1952.) OPPERMANN. 7913

I. G. Farbenindustrie Akt.-Ges., Frankfurt/M., *Herstellung von Polyglykoläthern* aus aromat. oder hydroaromat. Oxyverbb. (**I**) u. Äthylenoxyd, dad. gek., daß man Äthylenoxyd (**II**) auf solche **I** einwirken läßt, in deren Kern ein oder mehrere H-Atome durch je einen aliphat. Rest mit wenigstens 4 C-Atomen substituiert sind. Als **I** sind verwendbar p-tert.-Butylphenol, p-n-Dodecylphenol, p-Oxybutyrophenon, Isooctylcyclohexanol. Als Katalysator dienen Ätzalkalien, Alkalialkoholate u. tert. Amine. Die erhaltenen Prodd. besitzen capillarakt. Eigg. u. eignen sich daher als *Netz-* u. *Waschmittel.* Zu der Schmelze von 206 (Teilen) p-Isooctylphenol werden 2 40%ig. NaOH-Lauge gegeben. Es wird bei 120° so lange **II** eingeleitet, bis 10 Mol **II** je Mol des Phenols aufgenommen sind. Das entstandene ölige Prod. ist in kaltem W. klar löslich. Die Lgg. schäumen stark. (**D. R. P. 767 842** Kl. 12q vom 13/12. 1935, ausg. 18/1. 1954.) SCHWECHTEN. 7913

I. G. Farbenindustrie Akt.-Ges., Frankfurt/M. (Erfinder: **Hans Krzikalla, Konrad Schöller, Wilhelm Pannwitz** und **Heinrich Denner**, Ludwigshafen/Rh.), *Capillaraktive stickstoffhaltige Kondensationsprodukte* entstehen aus β.β'-Dihalogendiäthyläther durch Rk. mit mindestens 2 Mol eines Amins, das keine aromat. Aminogruppe enthält, wobei mindestens 1 Rest 6 oder mehr unmittelbar miteinander verknüpfte C-Atome enthält. — Man kocht *β.β'-Dichlordiäthyläther* (I) mit *Octadecylamin* u. Pyridin. — Analoge Prodd. aus I u. *Dimethyldodecylamin, Dihydroabietinylamin, Dimethyl-(palmkernfettrest)-amin, Octadecylamin, Polyalkylenpolyamin, Dodecylamin + Äthylenoxyd, Octadecenylamin + Äthylenoxyd* u. *Waltranamingemisch.* (**D. R. P. 767 843** Kl. 12q vom 12/4. 1936, ausg. 18/1. 1954.) LANGER. 7913

Henkel & Cie. G. m. b. H., Deutschland, *Textilwaschmittel*, bes. für hartes W., bestehend aus Seife oder Seifenersatzmitteln, ferner aus wasserarmen phosphorsauren Salzen, z. B. von H_3PO_4, u. anderen Waschzusatzmitteln, bes. mit einem Geh. an in W. lösl. Mg-Silicaten in Form einer koll. Lsg., wovon 2—10% der Gesamtmenge angewandt werden. Das Mg-Silicat besteht aus dem Molverhältnis $MgO:SiO_2$ von 1:1 bis 3:2. — Das Waschmittel wird in Form von Flocken, Nudeln, Bändern u. Stücken angewandt. (**F. P. 1 017 944** vom 15/5. 1950, ausg. 22/12. 1952. D. Prior. 18/5. 1949.) M. F. MÜLLER. 7913

Henkel & Cie. G. m. b. H., Düsseldorf, *Beim Lagern nicht zusammenbackende Wasch- und Waschhilfsmittel*, bestehend aus größeren Mengen von kristallwasserhaltigen, bes. anorgan., alkal. reagierenden Salzen u. sonstigen üblichen Waschmittelzusätzen, ohne Perverbb., mit einem Zusatz von 2—10 Gew.-% in W. koll. lösl. Mg-Silicate, z. B. mit einem Verhältnis $MgO:SiO_2$ von ca. 1:1 bis 3:2. — Von den Salzen sind z. B. genannt Na_2CO_3, Na_2SO_4, phosphorsaure Salze. — Ein Einweichmittel besteht z. B. aus 45 (%) Na_2CO_3, 8,5 Na_2SO_4, 1,0 Fettalkoholsulfonat oder Alkylarylsulfonat, 6,0 Mg-Metasilicat, Rest ist Wasser. — Die M. wird durch Zerstäuben in ein Pulver übergeführt. Es bleibt beim Lagern schüttfähig ohne Klumpenbildung. (**Oe. P. 177 754** vom 20/3. 1950, ausg. 10/3. 1954.) M. F. MÜLLER. 7913

Detro Mfg. & Sales Co., Inc., Culver City, übert. von: **Charles C. Wright**, Buena Park, und **Paul Dickerson**, Los Angeles, Calif., V. St. A., *Putzlappen*, imprägniert mit einem chlorierten Diphenyl mit 60—65% Cl-Gehalt. Bei Verwendung von chloriertem Triphenyl mit ca. 42% Cl-Geh. setzt man Polystyrol zu. Auch chlorierte Paraffine mit 54—60% Cl-Geh. sind geeignet. (**A. P. 2 633 593** vom 24/10. 1949, ausg. 7/4. 1953.) MÖLLERING. 7915

Universal Oil Products Co., Chicago, übert. von: **Joseph A. Chenicek**, Bensenville, Ill., V. St. A., *Urethane* mit *oberflächenakt.* Wrkg., die sich bes. als *Reinigungsmittel* eignen. Man setzt zu ihrer Herst. entweder ein N-Alkylamin, z. B. Dodecylmethylamin, mit dem Chlorameisensäureester (I) eines Polyalkylenglykols um, wobei ca. 15 Oxyäthylengruppen (II) je Ester vorhanden sind; oder man setzt den I eines aliphat. Alkohols, z. B. A., mit einem polyoxyalkylensubstituierten Amin um, das z. B. durch Rk. von Äthylenoxyd mit Amylmethylamin erhalten wird u. 12 II enthält. (**A. P. 2 649 473** vom 28/12. 1950, ausg. 18/8. 1953.) BRÖSAMLE. 7917

Régie Nationale des Usines Renault, Seine, Frankreich, *Masse zum Herstellen von Formen zum Gießen von Wachs.* Die M. enthält im wesentlichen mindestens 50 (%) Paraffin u. 7—50 Polythen. (**F. P. 1 040 398** vom 8/8. 1951, ausg. 14/10. 1953.) OPPERMANN. 7925

XVIIIa. Holz. Cellulose. Zellstoff. Papier. Papierdruck. Celluloid. Linoleum.

Finn Stemsrud, *Kammertrocknung von Nutzholz.* An Hand einer ausführlichen Schrifttumsübersicht beschreibt Vf. das Verh. der Nutzhölzer bei der Kammertrocknung u. erörtert bes. hierbei die Einflüsse der Feuchtigkeit auch im Hinblick auf Trocknungsschäden. — 37 Schrifttumshinweise. (Norsk Skogind. **7**. 261—67. Aug. 1953.) BORCHERS. 7952

Gerd L. Borgin, V. B. Nicolaysen und **Nils Pedersen**, *Sorption von Ameisensäure an verschiedenen Cellulosen.* Verschied. Cellulosepräpp. wurden nach NICKERSON mit 90%ig. HCOOH (I) bei 40° 1 Std. behandelt u. in den so erhaltenen Formiaten der Geh. an I mit n/20 alkoh. KOH bestimmt. Die hierbei gefundenen Unterschiede bei techn. Acetat- u. Viscosezellstoffen waren nur gering. Bei Cellulosefasern wie Linters, Baumwolle, Flachs, Sisal, Jute u. Cocosfaser u. Viscoseseide wurden aber größere Unterschiede ermittelt. (Norsk Skogind. **7**. 198—201. Juni 1953. A/S Borregaard.) BORCHERS. 7954

Horace Freeman und **John D. Boadway,** *Neue Methoden zur Entfernung von Feststoffen und Gasen aus flüssigen Suspensionen mit besonderer Bezugnahme auf die Verhältnisse beim Zellstoffbrei.* Inhaltlich ident. mit der C. **1953.** 9670 referierten Arbeit. (Pulp Paper Mag. Canada **54.** Nr. 4. 102—07. März 1953.) F. HEINRICH. 7956

Waldemar Jensen, *Laboratoriumsuntersuchungen über Birke als Rohstoff zur Zellstoffherstellung.* Nach Mitt. der chem. Zus. der äußeren u. inneren Rinde u. des Holzes der Birke (**I**; *Betula verrucosa*) wird letzteres mit dem Holz der Fichte (**II**) verglichen, auch bzgl. der Fasereigenschaften. An Hand von Laboratoriumskochungen nach dem Sulfit- u. dem Sulfatverf. vergleicht Vf. die chem. Zus. der Zellstoffe aus **I** mit Sulfitzellstoff aus **II** u. Kiefersulfatzellstoff bei Papier- u. Kunstfaserzellstoffen. **I** ist gut geeignet für Papierzellstoffe des Sulfatverfahrens. Die Festigkeitswerte von Papieren aus Sulfatzellstoffmischungen von **I** u. **II** steigen bis zu 20% an **I**, was Vf. auf den hohen Hemicellulosegeh. zurückführt, der die Mahlbarkeit begünstigt. Hierbei war es einerlei, ob schon die Hackschnitzel von **I** u. **II** gemischt werden oder erst die fertigen Zellstoffe. (Norsk Skogind. **7.** 254—59. Aug. 1953. Inst. för Träkemi Åbo Akedemi.) BORCHERS. 7962

Waldemar Jensen, *Laboruntersuchungen von Birkenholz als Rohmaterial für die Erzeugung von Zellstoff.* Verkürzte Wiedergabe der vorst. referierten Arbeit. (Wbl. Papierfabrikat. **81.** 747—49. Okt. 1953.) P. ECKERT. 7962

—, *Harzschwierigkeiten und deren Behebung in der Papierindustrie.* Verkürzte Wiedergabe der C. **1953.** 3493 referierten) Arbeit von STOCKER. (Papier u. Druck **2.** Zellstoff u. Papier 186—88. Dez. 1953. H. BECKER. 7962

Terje Enkvist, Eva Solin und **Urho Maunula,** *Untersuchungen an von Braunfäule befallenem Kiefernholz.* Die Summenformel des Lignins von gefaultem Holz ist $(C_{10}H_{11}O_5)_n$ statt $(C_{10}H_{11}O_{3,5})_n$ von frischem Holz. Bei der Alkoholyse werden 48,9% statt 20% in W. lösl. u. Ae. unlösl. Prodd. erhalten. Auch die Vanillinausbeute ist mit 4,2% geringer. Die Lignosulfonsäuren bei der Sulfitkochung haben ein hohes Verhältnis S/OCH_3 u. N/S u. haben keine gerbende Wirkung. Bei alkal. Sulfitkochung sind sie nur zur Hälfte mit β-Naphthylaminhydrochlorid fällbar. Durch Methylierung wird die Sulfitkochung inhibiert. Natron- u. Sulfatkochung weniger. Nach der Natronkochung sind in dem mit HCl aus der Schwarzlauge gefälltem Lignin noch 26,3% OCH_3 nachweisbar. (Paperi ja Puu **36.** 65—68. 15/3. 1954. Helsinki, Univ.) H. BECKER. 7966

R. N. Hader, W. F. Waldeck und **F. W. Smith,** *Die Carboxymethylcellulose.* Inhaltlich ident. mit der C. **1954.** 1622 referierten Arbeit. (Chim. et Ind. **70.** 406. Sept. 1953.) P. ECKERT. 7970

W. Brockie, *Altpapier als Faserrohstoff.* Beschreibung der Aufarbeitung, Reinigung u. Herst. von Pappe aus Altpapier u. des Einfl. unerwünschter Bestandteile, wie Wachs- u. Pergamentpapier, auf das Endprodukt. (Proc. techn. Sect., Brit. Paper Board Makers' Assoc. (Inc.) **34.** 381—403. Dez. 1953.) H. BECKER. 7974

J. N. Turner, *Die Biologie des Schleimes in der Papierfabrik.* Im Schleim der Zellstoff- u. Papierfabriken können bis 40 verschied. Stämme Fungi, Bakterien u. Hefearten gefunden werden. Es wird eine Übersicht über Vork., Lebensbedingungen, Wrkg. u. Resistenz gegen chem. Gifte gegeben. (Proc. techn. Sect., Brit. Paper Board Makers' Assoc. (Inc.) **34.** 475—78. Dez. 1953.) H. BECKER. 7976

A. J. M. Draper, *Die Reaktion zwischen verschiedenen sauren Farbstoffen und Harzleimniederschlag.* Durch Messen der opt. D. der Farbstoffe nach Desorption mit 0,1 mol. Na_2SO_4-Lsg. vom Nd. des Leimes auf Papier läßt sich deren Affinität zum Harzleim bestimmen. Farbstoffe geringerer Affinität können von solchen höherer Affinität desorbiert werden, so daß unter Umständen Farbstoffgemische auf diesem Wege getrennt werden können. (Proc. techn. Sect., Brit. Paper Board Makers' Assoc. (Inc.) **34.** 497—507. Dez. 1953.) H. BECKER. 7978

Horst Tröger, *Der Wasssergehalt von Rohpappen bei verschiedenen Luftfeuchtigkeiten.* Bei den Verss. wurde ermittelt, daß der nach den DIN-Vorschriften zugelassene Maximalwert an Wassergeh. von den Rohpappen bei einer relativen Feuchtigkeit von 65% erreicht wird. (Papier u. Druck **2.** Zellstoff u. Papier 185—86. Dez. 1953. Altenburg, Deutsches Amt für Material- u. Warenprüfung der DDR.) H. BECKER. 7992

Ingvar Jullander und **Bertil Olsson,** *Schnellbestimmung von Harz in Zellstoff.* Die lang dauernde SOXLETH-Extraktion des Zellstoffs (**I**) zur Best. des Harzes (**II**) kann durch 5 Min. langes Schütteln mit 40° warmem 85—90%ig. A. ersetzt werden. Bei feuchtem **I** wird mit 95%ig. A. ausgeschüttelt. Die Best. des **II** kann auch gleich in Lsg. UV-spektroskop. erfolgen; hierzu müssen aber noch genauere Verss. ausgeführt werden. Das **II** läßt sich auch mit einem photoelektr. Colorimeter durch die

Absorption des Farbstoffes *Rhodamin B* aus wss. Lsg. bei p_H 4,1 in 30—45 Min. bestimmen. Gemessen wird die Lichtdurchlässigkeit der Farbstofflsg. vor u. nach der Absorption. Die Menge an absorbiertem Farbstoff m = log (T_b/T_a) ist dem **II**-Geh. annähernd proportional (T_a u. T_b = Durchlässigkeit vor u. nach der Absorption). (Svensk Papperstidn. **57**. 151—58. 15/3. 1954. Örnsköldvik, Mo och Domsjö A/B.) H. BECKER. 8006

C. S. Funk, H. D. Davis, J. E. Hanson und **J. R. Segesser**, *Bestimmung der Druckfestigkeit von Paraffinwachs.* Bei gewachsten Butterbrotpapieren u. Kartonen spielt die Druckfestigkeit (**I**) des verwendeten Paraffins eine wichtige Rolle, u. zwar sowohl während der Herst. als auch im Gebrauch. Zur Best. der **I** wird ein App. beschrieben, der reproduzierbare Ergebnisse mit 5% Genauigkeit zu messen ermöglicht. Einzelheiten u. Maße im Original. (Analytic. Chem. **22**. 179—82. Jan. 1950. San Leandro, Western Wax Co.; Richmond, Calif., California Res. Corp.) NEU. 8010

Amal (Soc. à r. l.) und **Roger Tripet**, Frankreich, *Feuer- und Wasserfestmachen von Gegenständen*, dad. gek., daß man sie nacheinander oder gleichzeitig mit Lsgg. behandelt, die zwei oder mehrere Substanzen enthalten, von denen mindestens eine Feuerfestigkeit verleiht, u. die so miteinander reagieren, daß die Gegenstände (**I**) mit einer wasserfesten Schicht umgeben werden. — Man löst z. B. 200 kg $MgCl_2$ in 1000 Liter W., setzt 100 kg Ameisensäure (**II**) u. danach 500 kg einer wss. 20%ig. Lsg. von Ammoniumphosphat (**III**) zu. Beim Trocknen der mit dieser Lsg. behandelten **I** wird durch die verdunstende **II** eine vor W. schützende Schicht, bestehend aus dem Reaktionsprod. von $MgCl_2$ u. **III**, auf den **I** niedergeschlagen. (**F. P. 977 545** vom 5/8. 1942, ausg. 2/4. 1951.) OPPERMANN. 7953

Henricus Gerardus Johannes Alphonsus van Swaay, Holland, *Holzkonservierungsmittel.* Man verwendet als Konservierungsmittel ein aus Na_3AsO_4, NaF, Na_2CrO_4 u. Dinitrophenol bestehendes WOLMAN-Salzgemisch, dessen Geh. an Bichromat u./oder Dinitrophenol man derart modifiziert, daß man beim Auflösen des Salzgemisches Lsgg. mit einem p_H 5—6 erhält. Als Korrosionen verhinderndes Mittel gegenüber Metallen versetzt man die WOLMAN-Salzlsgg. mit ca. 0,5% eines Chinolinderiv., z. B. Oxychinolinsulfat. (**F. P. 1 025 380** vom 2/10. 1950, ausg. 14/4. 1953. Holl. Prior. 3/10. 1949.) OPPERMANN. 7953

Henkel & Cie. G. m. b. H. (Erfinder: **Rudolf Köhler** und **Hans Harder**), Düsseldorf, *Verleimen von Holz* ohne Anwendung höherer Temp., dad. gek., daß als Leime wss. Lsgg. von sulfosäuregruppenhaltigen Kondensationsprodd. von Phenolen u. CH_2O bei Ggw. von Säuren verwendet werden. (**D. B. P. 822 865** Kl. 22i vom 2/10. 1948, ausg. 14/9. 1953.) LÜTTGEN. 7953

E. Farber, Washington, D. C., V. St. A., *Verarbeitung von Holzabfall.* Das zerkleinerte Holz wird mit einer wss. Lsg. (2—10%) einer Mineralsäure, wie Phosphorsäure, Salzsäure oder Schwefel enthaltenden Säure, getränkt, getrocknet u. bei n. Luftdruck auf 130—270° erhitzt. Die Temperatur muß unterhalb der exotherm. Zerfallstemp. der betreffenden Holzart liegen. Die Erhitzung wird so lange fortgesetzt, bis nennenswerte Anteile der Holzcellulose in eine *ligninähnliche* M. umgewandelt sind. (**Can. P. 480 937** vom 22/1. 1951, ausg. 5/2. 1952.) GLAFEY. 7967

Mo och Domsjö Aktiebolaget, Örnsköldsvik, Schweden, *Reinigung von verdünnten alkoholischen Lösungen*, bes. von Destillaten aus *Sulfitablauge.* Man behandelt die Lsgg. mit Asche, die beim Verbrennen von Sulfitablauge oder in Verbindung mit anderen Verbrennungsrückständen erhalten werden. Anschließend werden die Alkohole aus den Lsgg. dest., gegebenenfalls nach Abtrennung der gebildeten Niederschläge. (**Finn. P. 26 395** vom 5/4. 1951, Auszug veröff. 1/8. 1953. Schwed. Prior. 5/4. 1950.) JÜRGEN SCHMIDT. 7967

H. Olof V. Bergström, Stocksund, und **Karl G. Trobeck**, Stockholm, Schweden, *Eindampfen von Ablaugen*, bes. *Zellstoffablaugen.* Bei der mehrstufig (3 Stufen) durchgeführten Eindampfung erfolgt in der letzten Stufe bei einer verhältnismäßig hohen Anfangskonz. der Lauge (70—80% Trockensubstanz) die weitere Eindampfung durch unmittelbare Durchleitung von überhitztem Dampf bei einem nicht unter ca. 1,5 bis 2 atü betragendem Druck durch die Lauge bis zu einer solchen Konz. (80—90%), daß sie bei gewöhnlicher Temp. als fester Stoff anfällt. Die in der letzten Stufe entstehenden Brüden werden mittels Umwälz- u. Überhitzungsvorrichtungen als überhitzter Dampf der Lauge in dieser Stufe wieder zugeleitet. Die in der letzten Stufe eingedickte Lauge wird unter plötzlichem Druckabfall durch düsenartige Vorrichtungen abgelassen. (**Oe. P. 177 996** vom 3/7. 1950, ausg. 25/3. 1954. D. Prior. 15/1. 1942.) GLAFEY. 7967

Atlas Powder Co., Wilmington, Del., V. St. A., *β-Phenoxyäthanoldiglykolsäureester*, $(C_6H_5-O-C_2H_4-OOC-CH_2)_2O$. Man erhitzt 415 (g) β-Phenoxyäthanol (I) mit 134 Diglykolsäure unter Rückfluß in 7 Std. von 100 bzw. 140 auf 230°, dest. bei 200°/5—10 mm den I-Überschuß ab, kühlt auf 130°, rührt mit 1% akt. Kohle bei 100°, filtriert von dieser ab u. erhält beim Abkühlen 356 Rohprod. (SZ. 0,5, VZ. 304, OH-Zahl 0), löst in heißem Toluol u. erhält beim Abkühlen das Endprod. vom F. 80 bis 81°, SZ. 0,6, VZ. 300. — Weichmacher, bes. für *Nitrocellulose*. (**E. P. 692 235** vom 18/4. 1951, ausg. 3/6. 1953. A. Prior. 25/4. 1950.) MÜLLER-MEININGEN. 7971

Siemens-Schuckertwerke Akt.-Ges., Berlin und Erlangen (Erfinder: **Eugen Sauter,** Nürnberg), *Entfärben von Cellulosederivaten*, die zu klaren, nicht farbstichigen Folien verarbeitet werden sollen, dad. gek., daß das Material kurzwelligen Strahlen, z. B. von 3250 Å u. größer, erzeugt durch Hg-Hochdrucklampen, ausgesetzt wird. Das Strahlungsgehäuse ist mit Filterplatten (zum Absorbieren der längeren Strahlen), gerillten, Durchbrechungen (Zu- u. Abfuhr von Kühlluft) aufweisenden Boden- u. Deckplatten, gegebenenfalls mit konvexen Spiegeln versehen. (**D. B. P. 902 552** Kl. 39b vom 5/11. 1943, ausg. 25/1. 1954.) SALZMANN. 7971

Monsanto Chemical Co., St. Louis, Mo., übert. von: **George E. Niles,** Winchester, Mass., V. St. A., *Hitzehärtbare Kunstharze*, die, der Papiermasse zugesetzt, die *Naßfestigkeit* des daraus hergestellten Papiers erhöhen. — 1 (Mol) Harnstoff u. 2—3 CH_2O werden in wss. Lsg. bei p_H 7,2—8,5 umgesetzt, mit 0,5—0,05 einer organ. Oxysulfonsäure der Formel $Y-HC(R)-CH_2SO_3H$ (R = Aryl- oder Oxyalkoxyrest, Y = H, falls R = Oxyalkoxyrest, oder Y = OH, falls R = Arylrest) versetzt, worauf man die Lsg. auf 55—65% Festgeh. einengt, auf p_H 4,5—5,5 ansäuert u. auf 80—100° erwärmt. Nach Erreichung einer bestimmten Viscosität stellt man alkal. ein, um einen weiteren Viscositätsanstieg zu vermeiden. Als geeignet sind die Salze der Phenylisoäthionsäure u. des β-Oxy-β'-Na-sulfodiäthyläthers angeführt. Dem Papierbrei werden 1,5% (bezogen auf das Trockengewicht des erhaltenen Papiers) Harz zugesetzt. (**A. P. 2 632 700** vom 29/10. 1949, ausg. 24/3. 1953.) MÖLLERING. 7979

Norddeutsche Homogenholzgesellschaft m. b. H., Triangel b. Gifhorn/Hann. (Erfinder: **Paul Vögele,** Varel), *Imprägnieren von pflanzlichen Zellstoffasern mit Bindemitteln*, wie Kunstharz, Leim usw., zwecks Herst. von verfilzten Prodd., wie *Papier*, Pappe, Platten u. Formkörpern, dad. gek., daß der Rohstoff (Holzschnitzel, Stroh, Schilf, Bambus, Zuckerrohr) vor oder während des Aufschließprozesses mit den Bindemitteln bzw. deren Komponenten oder Vorkondensaten u. gegebenenfalls unter Zusatz von Katalysatoren, Füll- u. Farbstoffen usw. versetzt wird. — Beispiel: 20 (Teile) Strohhäcksel, 1 Kalk in 10%ig. Aufschlämmung, 30 W., 10 Kresol u. 7 CH_2O-Lsg. werden im Kugelkocher durch Dampf 4—8 Std. auf 80—90° gehalten. Nach dem Kollern u. Mahlen wird dem Stoff eine 1%ig. Lsg. von Hexamethylentetramin zugesetzt u. aus der M. das gewünschte Prod. geformt. (**D. B. P. 909 174** Kl. 55f vom 2/9. 1937, ausg.15/4. 1954. Anmeldung bekanntgemacht 27/8. 1953.) G. VOGEL. 7985

Natronzellstoff- und Papierfabriken Akt.-Ges., Mannheim (Erfinder: **Eugen Lendholt,** Goslar/Harz), *Herstellung von zwei- oder mehrlagigen durch eine Kaschiermasse, wie Bitumen, verbundenen Bahnen für Papiersäcke usw.* Um das Platzen von Längsnähten der Säcke beim Einfüllen heißen Gutes zu verhüten, wird zwischen die kaschiermassefreien Ränder der Einzelbahnen eine wärmeresistentere u. beim nachherigen Zusammenpressen schnell härtende Klebschicht, die die gleiche Dicke wie die anschließende Kaschiermasse besitzt, eingebracht. Zweckmäßig wird die Klebschicht, z. B. durch Rädchen, Düsen, mindestens in einer der Nahtüberlappung entsprechenden Breite, bes. an einer Stelle zwischen Randabstreifer u. Preßvorr., aufgetragen. (**D.B.P. 906 653** Kl. 55f vom 16/11. 1951, ausg. 15/3. 1954. Anmeldung bekanntgemacht 9/7. 1953.) G. VOGEL. 7985

Jihočeské Papírny, N. P., Český Krumlov, Tschechoslowakei, *Herstellung von bituminierten faserhaltigen Produkten*, dad. gek., daß man Tallseife mit Kiesabbrand bzw. aus letzterem gewonnenen Metallverbb. umsetzt u. mindestens einen bituminöse Stoffe enthaltenden Bestandteil des gewonnenen Prod. zur Behandlung der faserhaltigen Prodd. verwendet. — *Imprägnierungsmittel* für bituminöse *Papiere* u. *Pappen*. (**Schwz. P. 290 308** vom 9/11. 1949, ausg. 1/8. 1953. Tschech. Prior. 11/11. 1948.) v. SCHILLER. 7987

Eastman Kodak Co., übert. von: **William F. Fowler jr.** und **Donald R. Spear,** Rochester, N. Y., V. St. A., *Erzeugung von hochnaßfestem Papier*. 100 (Teilen) Stoff (Trockensubstanz) werden 1—5 des Na-Salzes (allg. eines wasserlösl. Salzes) eines Pimarsäure–Maleinsäureanhydrid-Adduktes, 1—20 Styrol (I)–Alkyl-(bes. Butyl-)Acrylatharz u. 2—20 $AlCl_3$ zugesetzt. Der I-Geh. des Harzes beträgt 40—75%. Statt des

Adduktes kaun n. oder hydrierte Adipinsäure verwendet werden. Wenn $AlCl_3$ zuerst eingetragen wird, müssen die beiden anderen Stoffe als Mischung zugesetzt werden. (**A. P. 2 632 699** vom 17/6. 1950, ausg. 24/3. 1953.) G. VOGEL. 7987

XVIIIb. Textilfasern.

I. A. Natansson, *Entschlichten und Ausrüsten von Geweben aus Stapelfasern.* Für das Entschlichten von Zellwollgeweben schlägt Vf. die Verwendung von techn. *Pankreatin* (I) vor. Behandelt wird auf einem 2-Walzen-Jigger; Durchlaufgeschwindigkeit 59 m/Min., wobei das Gewebe eine Strecke von 120 cm in der Lsg. zurücklegt u. dann auf 110—120% abgequetscht wird. Die Lsg. enthält 0,02 g/Liter I u. 3 g/Liter NaCl; Temp. 42°; p_H 6,8—7,2. Bei sehr dichten u. schweren Geweben erhöht man die I-Menge. Nach einem Lagern von wenigstens 3 Std. wird das Gewebe 20—45 Min. mit warmem W. (45°) ausgewaschen, danach spannungsfrei bei höchstens 85° getrocknet. (Текстильная Промышленность [Textil-Ind.] **13.** Nr. 10. 38—39. Okt. 1953.) STSCHERBINA. 8032

J. Monheim, *Wasserabweisende Imprägnierungen aus wässeriger und nichtwässeriger Phase.* Die Vorteile der Reinigung u. wasserabweisenden Imprägnierung von Regenschutzkleidung aus nichtwss. Phase werden besprochen. Die gleiche Imprägnierung ist auf den wenig quellenden synthet. Fasern waschbeständiger als auf den hydrophileren Naturfasern. Hinweise für das prakt. Arbeiten mit Trockenimprägnierungsmitteln werden gegeben. (Färber-Ztg. **6.** Nr. 11. 1—3. Nov. 1953.) A. v. KÖNIG. 8036

G. Rordorf, *Die Technik der Trikotstückwäsche.* Gegenstand der Ausführungen ist die Wäsche von Trikotstücken nach der Fertigung. Es wird auf die Bedeutung der Zus. der hierbei verwendeten Faserarten hingewiesen, u. es werden Angaben über die zu verwendenden Waschmittel gemacht. In diesem Zusammenhang werden auch die in der Rohware vorkommenden Verschmutzungsarten besprochen, wie beispielsweise die verschied. Schmälzen bei der Wolle. An Hand eines Wollartikels wird der Aufbau einer Waschvorschrift beschrieben u. auf die in diesem Zusammenhang stehenden Fragen eingegangen. (Z. ges. Textilind. **56.** 363—65. 5/4. 1954.) P. ECKERT. 8038

G. Neuhof und **C. M. Bannach,** *Statische Elektrizität in der Textilindustrie.* Allg. gehaltene Ausführungen. (Z. ges. Textilind. **56.** 349—52. 5/4. 1954.) P. ECKERT. 8040

V. E. Gonsalves, *Einige grundlegende Fragen der elektrostatischen Aufladung von Textilgarnen.* 1. Mitt. Vf. behandelt die Geschichte der Reibungselektrizität, die Theorie der elektrostat. Aufladung, bes. im Falle Metall/Isolator, u. stellt einige grundlegende physikal. Fragen zur Begründung einer Arbeitshypothese. (Textile Res. J. **23.** 711—18. Okt. 1953. Arnheim, Holland, A. K. V., Forschungslabor.) ZAHN. 8040

George Sims Wham jr. und **Pauline Beery Mack,** *Vorschlag für eine im Laboratorium durchführbare, beschleunigte Alterungsprüfung von chlorhaltigen Textilien.* Vff. geben ein Verf. an, das bei geeigneter Laboratoriumsbehandlung von Textilien in ganz kurzer Zeit das aufzeigt, was langwierige Trage- u. Waschverss. an Schädigungen durch Vergilben der Ware u. Nachlassen der Festigkeit erkennen lassen. Es wird kurz beschrieben, wie akt. Cl, Wärme u. Licht zur Einw. auf den Prüfling kommen. Eine Vergleichstabelle, die zugleich Zahlenwerte für die Schädigung durch entsprechende Wäschen u. Gebrauchseinflüsse enthält, soll die Brauchbarkeit der Meth. hervorheben. (Amer. Dyestuff Reporter **42.** 455—56. 20/7. 1953. Texas State Coll. of Women.) E. WAGNER. 8040

W. C. Sheehan, T. L. W. Bailey jr. und **Jack Compton,** *Änderungen in der Fluorescenz von Deltapine-15-Saatbaumwolle nach Einwirkung von Hitze.* An verschied. teilweise mit A.–Bzl. extrahierten Baumwollen (I) wurden Biegesteifigkeit, Feinheit, Einzelfaserfestigkeit, Reifegrad, Fluorescenz, Oxycellulosegeh. vor u. nach 1—15 Mins langem Erhitzen auf 98—165° gemessen. Die Fluorescenz von I ändert sich durch dar-Erhitzen in 4 Min. auf mindestens 143°, von Bläulichweiß nach Elfenbeinweiß. Dieses-Umschlag wird auf die Bldg. von Oxycellulose oder anderen Abbauprodd. zurückgeführt, da in W. lösl. Substanzen u. I-Wachse keine Rolle spielen u. die weiß fluorescierenden I-Proben Oxycellulose enthalten. (Textile Res. J. **23.** 736—43. Okt. 1953. Charlottesville, Va., Inst. Textile Technol.) ZAHN. 8044

R. W. Burley und **J. B. Speakman,** *Die Plastizität von Wolle.* 2. Mitt. *Abhängigkeit vom Follikeltyp.* (1. vgl. RIPA, C. **1952.** 1264.) Die Unterschiede in der Plastizität unter Fasern von einzelnen Stapeln von Neuseeland-Lincoln-Romney- u. austral. Merinowollen beruhen auf Unterschieden in den Follikeln (Typ u. Alter klassifiziert nach DRY). Prim. Follikel erzeugen Fasern geringerer Plastizität als die von sek. Follikeln. Die Anordnung der Fasern nach der Plastizität (gemessen in W. bei 22,2° unter einer Belastung von 7000 kg/cm²) ist im allg. umgekehrt wie die Anordnung nach der Entw. der Follikel; d. h. je später der Follikel, um so plast. die Faser, Crossbred-Wolle enthält einen höheren Anteil wenig plast. Fasern als Merinowolle. was in der Verarbeitung eine verlangsamte Relaxation verursacht. (Textile Res. J. **23**. 702—10. Okt. 1953. Leeds, England, Univ., Dep. Text. Ind.) ZAHN. 8060

A. Foulon, *Neue Verfahren zur Veredlung von Wolle.* Beschreibung eines Verf. zum Chlorieren der Wolle. Genaue Angaben über dessen Durchführung werden gemacht. (Z. ges. Textilind. **56**. 361—62. 5/4. 1954.) P. ECKERT. 8060

M. Perlmutter, *Die Veredelung der Schaffelle in der Pelzindustrie.* Es wird zusammenfassend über den chem. Aufbau u. die Filzhaltigkeit der Wolle u. den Einfl. des Lichtes auf Schafwolle berichtet. Dann wird die Einw. von Oxydations- u. Reduktionsmitteln, Alkalien u. Säuren u. CH_2O auf Wolle besprochen. Für die Verarbeitung von Schaffellen zu Pelzen ist die starke Filzfähigkeit der Wolle störend. Um sie zu verhindern, ist die Behandlung mit Kunstharzen, eiweißabbauenden Enzymen, wie Trypsin oder Papain, oder mit Siliconen empfohlen worden. (Rev. techn. Ind. Cuir **44**. 225—32. Dez. 1952. **45**. 4—10. Jan. 1953.) O. ENGEL. 8066

Je. G. Tokar, *Veredelung der Halbwollgewebe mit Melamin-Formaldehydharz.* Zur Verbesserung der Eigg. von Geweben aus 50% *Wolle* u. 50% *Viscosezellwolle* wurde letztere (vor dem Vermischen mit Wolle beim Spinnen) mit einem wasserlösl. *Methylol-Melaminester* behandelt. Durch Wärme (65—70°) kondensiert das Präp. im Innern der Faser u. bildet ein beständiges Hochpolymeres. Dadurch verringert sich die Quellfähigkeit u. erhöht sich die Naßfestigkeit der Zellwolle. Die Faser erhält die Fähigkeit, saure Farbstoffe zu binden. Die hergestellten Mischgewebe sind knitterfester u. lichtbeständiger u. laufen weniger ein. (Текстильная Промышленность [Textil-Ind.] **13**. Nr. 8. 24—26. Aug. 1953. Zentr. Wiss. Forschungsinst. für Baumwolle.) STSCHERBINA. 8074

Kurt Edelmann, *Die Rheologie der Lösungen von Hochpolymeren.* **4.** Mitt. *Der Einfluß der Polymolekularität.* (3. vgl. C. **1953**. 4793.) Auf möglichst einfachem Wege zu einer Vorstellung über das Ausmaß der Polymolekularität makromol. Substanzen zu gelangen, wird durch die Darst. der Fließkurven von deren Lsgg. bei verschied. Schubspannungen als eine Gerade ermöglicht. In einem Summenwahrscheinlichkeitsnetz wird der Ausdruck $\ln \eta/\eta_\infty : \ln \eta_0/\eta_\infty$ gegen das Geschwindigkeitsgefälle ln G aufgetragen. 3—5 Messungen genügen zur Ermittlung dieser Geraden, die bei 50% den Wendepunkt angibt u. für alle Konzz. der Lsgg. gilt. Die Neigung dieser Geraden gegen die Abscisse ist ein Maß für die Polymolekularität. Je steiler die Gerade verläuft, um so einheitlicher ist das Hochpolymere. Der Abstand zwischen 25 u. 75% in Dezibel (dzb) gibt einen Zahlenwert für die Polymolekularität. Beispiele an fraktionierten Zellstoffen zeigen, daß die niedermol. Anteile polymereinheitlicher sind als die hochmolekularen. — 13 Literaturhinweise. (Faserforsch. u. Textiltechn. **5**. 59—64. Febr. 1954. Dtsch. Akad. der Wissenschaften zu Berlin, Inst. für Faserstoff-Forschung, Teltow-Seehof.) H. REICHERT. 8080

—, *Entwicklung der Chemiefasern. Die Technologie der Herstellung und Verarbeitung 1953.* 1. Mitt. An Hand der Literatur (40 Literatur- u. Patentzitate) wird ein Überblick über die Abhängigkeit der Fasereigg. von der Art u. dem Aufbau der Polymeren gegeben. (Brit. Rayon Silk J. **30**. Nr. 356. 52. 53. 55—56. Jan. 1954.) P. ECKERT. 8080

K. Łączkowski, *Orlon.* Nach einem geschichtlichen Überblick über die Entw. der Forschungsarbeiten wird über die Herst. des Polymerisates einschließlich der Ausgangsmaterialien berichtet. Besprochen wird ferner die Herst. der Spinnlsg. sowie der Spinnprozeß. Anschließend werden Angaben über die chem., physikal. u. technolog. Eigg. der Faser gemacht. (Przemysł chem. **7** (**30**). 722—27. Dez. 1951.) v. WILPERT. 8080

—, *Mischpolyamidfaserstoffe Trelon.* Die Faserstoffe werden aus den Grundstoffen Caprolactam, Diamin u. Dicarbonsäure hergestellt. Je nach Mischungsverhältnis werden die Fertigerzeugnisse als „Eftrelon", „Wetrelon" bezeichnet u. verschied. Verwendungszwecken zugeführt. Angaben über physikal., chem. Eigg., Verwendungsgebiete von Eftrelon, analyt. Unterscheidung von Perlon. (Faserforsch. u. Textiltechn. **5**. 171—72. April 1954. Schwarza, VEB Thüringisches Kunstfaserwerk „Wilhelm Pieck".) DEMUS. 8080

R. W. Moncrieff, *Faserbildende Polymere aus Hydrazin.* 3. Mitt. (2. vgl. C. **1954**. 7086.) Polyaminotriazole haben den Nachteil, daß sie durch Säure leicht gelöst, wenn auch nicht abgebaut werden. Die Folge davon ist eine geringe Widerstandsfähigkeit gegenüber Säuren durch eine Substitution, z. B. Acetylierung oder Formylierung der Aminogruppen oder durch Vernetzung durch difunktionelle Reagentien, welche behoben werden kann. Durch Herst. niedrigpolymerer Polyaminotriazole mit geringeren Mengen Hydrazin ergeben sich Harze, die durch partielle Vernetzung in niedrig schm. Prodd. ungewandelt u. zu Fasern mit niedrigem F. verarbeitet werden können. Es besteht die Möglichkeit der gemeinsamen Verarbeitung mit Celluloseacetat. Ebenso können Copolymere von Polyaminotriazolen u. Polyamiden hergestellt werden, z. B. durch gemeinsame Kondensation von Sebacinsäuredihydrazid mit AH-Salz u. Adipinsäure. Es lassen sich hieraus Fasern von guter Färbbarkeit gewinnen. Aus Dihydraziden u. Dicarbonsäuren lassen sich durch Lösen der Säuren u. Dihydrazide in Nitrobenzol u. Erhitzen auf 170—180° lineare Polyhydrazide herstellen. Danach werden die Polymerisate in Methanol gefällt u. nach dem Schmelzspinnverf. versponnen. Durch Auswahl der Dihydrazide u. Dicarbonsäuren kann der F. in weitem Bereich geregelt werden. (Textile Manufacturer **80.** 33—39. Jan. 1954.) HUNYAR. 8080

G. Osawa, *Ein Verfahren zur automatischen Messung der Relaxation von Fasern oder Garnen.* Ein motorgetriebener Zugfestigskeitsmesser des Pendeltyps ist mit einem elektr. Relais verbunden, die Dehnung des Probestücks wird während der Prüfzeit konstant gehalten. Das Belastungs-Zeit-Diagramm bei konstanter Dehnung wird auf einem mit einem Uhrwerk angetriebenen Zylinder aufgezeichnet. Die Kurve eines empfindlichen Relais ist fast ohne Stufen. Analyse des Diagramms u. Best. der Spannung bei konstanter Dehnung. — 3 Skizzen, 7 Kurvendiagramme. (J. Soc. Textile Cellulose Ind., Japan [Sen-i Gakkaishi] **9.** 246—51. Mai 1953. Gumma Univ. [Orig.: japan., Auszug: engl.]) SCHULER. 8096

C. H. Giles und **E. Waters,** *Ein Schema zum Nachweis von Textilausrüstungschemikalien auf Cellulosefasern.* Inhaltlich ident. mit der C. **1953.** 3662 referierten Arbeit. (Z. ges. Textilind. **55.** 31—40. 5/1. 1953.) ZAHN. 8098

H. Rath, *Reaktionsweise und Erkennung von Polyvinyl- und Polyacrylverbindungen im Rahmen der Appretur- und Faseranalyse.* Durch Einw. von alkal. Agentien auf Vinylpolymerisate treten unter Abspaltung von HCl, H_2O oder Essigsäure u. unter Bldg. verschied. langer Polyenketten, Verfärbungen von Gelb über Braun bis Schwarz auf. Diese Reaktionsweise wird zur Differenzierung u. Identifizierung von Vinylpolymerisaten verwendet. Polyacryl- u. Polymethacrylsäureester lassen sich mit Hilfe der Phenylhydrazinprobe erkennen. Sie beruht darauf, daß der monomere Acrylsäureester mit Phenylhydrazin ein Kondensat ergibt, welches bei der Oxydation einen blauen Farbkörper bildet. Der Methacrylsäureester gibt diese Rk. nicht. Ein einwandfreier Nachw. u. eine Unterscheidung von Polyacryl- u. Polymethacrylsäureester gelingt mit Hilfe von Phenyllithium. Genaue Arbeitsvorschriften werden angegeben. Die Umsetzungen werden an Hand von Reaktionsschemata besprochen. (Textil-Rdsch. [St. Gallen] **9.** 196—201. April 1954.) P. ECKERT. 8098

Albert Darbey, *Spektrophotometrische Methode zur Gebrauchskontrollbestimmung von Cu-8-Oxychinolinat in Baumwolltextilien. Cu-8-Oxychinolinat* (I) wird oft angewandt bei der Behandlung von Baumwolle- u. anderen Cellulosematerialien zwecks Erhöhung der Beständigkeit gegen Einfl. von Mikroorganismen. Vf. geht kurz auf bekannte Methoden zur Best. von I in Textilien ein u. beschreibt ein von ihm ausgearbeitetes u. erprobtes Verf., das auf der Löslichkeit von I in verd. HCl u. auf dem markanten Absorptionsmaximum solcher Lsgg. bei 365 mμ beruht. Es werden Angaben gemacht über das gebrauchte Meßgerät, über den Gang der Prüfung, über die Schaffung von Eichkurven, über den Einfl. von gewissen Farbstoffen u. Hilfsmitteln. Vf. vergleicht seine Meth. zahlenmäßig mit anderen analyt. Verfahren. Voraussetzung ist dabei, daß keine weiteren Stoffe in den Textilien enthalten sind, die merkliche Absorptionsmaxima bei 365 mμ ergeben. (Amer. Dyestuff Reporter **42.** 453—55. 20/7. 1953. Providence, R. I., Alrose Chemical Co.) E. WAGNER. 8102

F. F. Elsworth und **J. Barritt,** *Bestimmung der Fettsubstanzen in Wolle durch Extraktion mit Diäthyläther.* In Zusammenhang mit der Ausarbeitung einer genormten Meth. zur Best. des Wollfetts in Kammzügen durch Extraktion im Soxhlet mit Ae. wurden Verss. über den Einfl. der Soxhletgröße, des Probengewichtes u. Zahl u. Geschwindigkeit der Abheberungen an trocken u. ölgekämmten Zügen ausgeführt. Das Mindestverhältnis Ae.:Wolle ist 10:1. Die Extraktion trockengekämmter Züge ist langsam u. unvollständig, während der nichtextrahierte Anteil in ölgekämmten Zügen nach n. Extraktion im Soxhlet vernachlässigt werden darf. (J. Textile Inst. **44.** P754—59. Nov. 1953. Leeds, Torridon, Wool Med. Res. Assoc.) ZAHN. 8108

Heinrich Demus, *Schnellbestimmung von Luft in Viscose.* Fll. lassen sich kaum zusammendrücken, wohl aber darin verteilte Gase. Gemäß $pv = p_0v_0$ läßt sich aus der Volumänderung ein Luftgeh. ermitteln. Je nach Luftgeh. dient als Meßgefäß ein 150 oder 400 ml-Glaskessel. App. u. Arbeitsweise werden eingehend besprochen. (Faserforsch. u. Textiltechn. **5.** 173—74. April 1954. Wolfen, VEB Filmfabrik Agfa, Vistra-Betriebslabor.) DEMUS. 8112

Shell Refining and Marketing Co. Ltd., London, England, *Textilschlichte*, bestehend aus einem Mineralöl, einem anionakt. Netzmittel, dem Teilester eines mehrwertigen Alkohols mit Fettsäuren mit >8 C-Atomen u. einem in W. dispergierbaren, OH-Gruppen enthaltendem Polyvinylharz. Geeignet ist ein Ansatz, der u. a. ein hochviscoses Paraffinöl, Glycerindioleat u. eine wss. Lsg. von Polyvinylalkohol (VZ. 140) enthält. (**Schwz. P. 294 654** vom 10/10. 1950, ausg. 1/2. 1954. E. Prior. 13/10. 1949.) MÖLLERING. 8031

Schweizerische Ferment Akt.-Ges., Basel, Schweiz, *Haltbares Entschlichtungsmittel*, enthaltend Amylase, NaCl u. ein pflanzliches Eiweiß. — Zu 700 (g) Kultur-Fl. aus Bac. subtilis setzt man 100 Wickenmehl u. 200 NaCl, oder man mischt 100 getrocknetes u. entfettetes Pankreatinpulver mit 100 Lupinenmehl u. 80 NaCl. Die Gemische sind haltbar. (**Schwz. P. 289 581** vom 11/6. 1949, ausg. 1/7. 1953. **Zusatz zu Schwz. P. 282 704; C. 1953. 6595.**) MÖLLERING. 8031

Monsanto Chemical Co., St. Louis, Mo., übert. von: **Oscar P. Cohen**, Chestnut Hill, und **Elmer H. Rossin**, Melrose, Mass., V. St. A., *Krumpf- und knitterfreie Textilausrüstung.* Man imprägniert mit neutralen bis alkal. wss. Lsgg. von N-halogenierten Melamin- oder Harnstoff–Aldehyd-Harzen, die durch Rk. von heterocycl. Aminaldehydkondensaten, bes. Aminotriazin–Formaldehyd-Kondensaten, erhalten sind. — 4 (Mol) CH_2O (als 37% ig. wss. Lsg.) werden mit 1 Melamin bei p_H 9,5 u. bei 80° zu einem in W. lösl. Harz kondensiert. 27 (Teile) Harz, 2,7 Chloramin T, 69 W. u. 4,3 2-Amino-2-methylpropanolphosphat geben eine Schlichtelsg., aus der auf Gewebe 12,7% aufgebracht u. durch Erhitzen bis 138° fixiert werden. (**A. P. 2 654 720** vom 31/5. 1951, ausg. 6/10. 1953.) MÖLLERING. 8033

Farbenfabriken Bayer Akt.-Ges., Leverkusen, *Knitterfestmachen von Cellulosefasern oder -filmen.* Man behandelt das Gut im Ein- oder Zweibadverf. mit Säureamiden (mit Ausnahme von Harnstoff) u. CH_2O in der Wärme. Geeignet sind z. B. Malonsäureamid, Benzoldisulfamid, Phthalsäure- oder Allophansäureamid, Asparagin oder Succinimid. — Cellulose wird mit einer wss. 1% ig. Lsg. von Acetamid imprägniert, abgeschleudert, getrocknet u. 2 Std. bei 120° mit CH_2O-Dampf behandelt. (**D. B. P. 903 207** Kl. 8k vom 24/11. 1934, ausg. 4/2. 1954.) MÖLLERING. 8033

Chemische Werke Albert (Erfinder: **Arthur Greth**), Wiesbaden, *Veredeln von Textilien.* Man imprägniert das Gut mit Lsgg. oder wss. Dispersionen von härtbaren Kondensaten, die aus härtbaren Phenol–Aldehyd-Harzen durch Verätherung der phenol. OH-Gruppen mit über 80° sd. einwertigen Alkoholen bei über 70° erhalten sind. Auf dem abgequetschten Gut wird das Harz durch Erhitzen fixiert. — Ein aus 1 (Mol) Phenol u. 1,8 CH_2O erhaltenes u. entwässertes Harz wird mit der gleichen Menge Butanol gelöst u. durch Erhitzen verestert. Der erhaltenen, zur Imprägnierung bestimmten Harzlsg. setzt man noch 30% (bezogen auf den Harzgeh.) Alkydharz aus Phthalsäure, Ricinolsäure u. Glycerin zu. (**D. B. P. 903 206** Kl. 8k vom 7/7. 1939, ausg. 4/2. 1954.) MÖLLERING. 8033

Farbenfabriken Bayer Akt.-Ges. Leverkusen (Erfinder: **Arnold Doser**, Köln, und **Otto Bayer**, Leverkusen), *Wasserabstoßendmachen von Textilien.* Man imprägniert mit einem Gemisch aus Bisulfitadditionsprodd. di- u. höherfunktioneller Isocyanate u. di- u. höherfunktioneller Amine mit mindestens 1 höheren KW-stoffrest (mit 7 C-Atomen) u. mindestens 2 reaktionsfähigen H-Atomen in Gemisch mit Paraffin (I), Wachsen oder Harzen. Nach der Imprägnierung setzt man das Gut Bedingungen aus, die eine Rk. zu Polyharnstoffen bewirken. — Eine Schmelze aus 7 (g) I, 2,2 Fettsäure–Äthylenglykol-Mischester, 1,2 Ozokerit, 1,4 Olein, 2 Na-Salz des Oleylsarkosins u. 6 $C_{18}H_{37}NH \cdot (CH_2)_6NH_2$ (erhalten aus Oleylaldehyd u. Hexamethylendiamin) wird mit 5nNaOH u. 600 W. emulgiert, worauf man 20 Addukt aus $KHSO_3$ u. Hexamethylendiisocyanat in 300 W. u. schließlich 4 Na_2CO_3 in 100 W. zusetzt. Mit der Lsg. imprägniertes Zellwollgewebe wird 10 Min. auf 130° erwärmt. (**D. B. P. 886 440** Kl. 8k vom 15/10. 1944, ausg. 13/8. 1953.) MÖLLERING. 8037

Dow Corning Corp. (Erfinder: **Firth Lombard Dennett**), Midland, Mich., V. St. A., *Schiebefeste und wasserabweisende Gewebe* erhält man durch Imprägnieren mit der wss. Emulsion eines Gemisches aus 15—45 (%) Methylwasserstoffpolysiloxan (I) der Formel $(CH_3)_aH_bSiO_{4-a-b/2}$ u. 20—65 Methylpolysiloxan (II) der Formel $(CH_3)_xSiO_{4-x/2}$, wobei $a = 1{,}0-1{,}5$; $b = 0{,}75-1{,}25$; $a + b = 2-2{,}25$ u. $x = 1-1{,}25$. — Als I ist ein fl., durch Trimethylsiloxygruppen endblockiertes Methylwasserstoffpolysiloxan geeignet, als **II** ein Mischpolymerisat mit $CH_3SiO_{1,5}$- u. $(CH_3)_2SiO$-Strukturen. Das imprägnierte Gewebe wird getrocknet u. 5 Sek. bis 1 Std. auf 37—246° erwärmt. (**D. B. P. 878 791** Kl. 8k vom 3/3. 1951, ausg. 5/6. 1953. A. Prior. 9/3. 1950.) MÖLLERING. 8037

Cluett Peabody & Co., Inc., Troy, N. Y., V. St. A. (Erfinder: **Charles Arthur Fetscher**), *Waschfeste Ausrüstung von Cellulosetextilien.* Ein Teil der OH-Gruppen der Cellulose wird mit olefin. Veresterungs- oder Verätherungsmitteln behandelt, wobei die Faserstruktur erhalten bleiben soll, worauf man an die Äther oder Esterbildungen olefin. Monomere anlagert. — Ein mit 85%ig. HCOOH imprägniertes *Baumwollgewebe* wird bei 30° in eine Mischung aus 74,5 (%) Methacrylsäure, 25 Methacrylsäureanhydrid u. 0,5 Perchloressigsäure eingetaucht u. 5 Min. bei 42° behandelt. Man quetscht ab, spült u. trocknet. — Ferner zur Behandlung geeignet ist Crotonsäure oder in CCl_4 gelöstes Methallylbromid. (**E. P. 693 111** vom 30/3. 1950, ausg. 24/6. 1953.) MÖLLERING. 8045

Metallgesellschaft Akt.-Ges., übert. von: **Joseph Nüsslein**, Frankfurt/M., *Walken von Wolle*, gek. durch die Verwendung einer wss. Lsg. eines Orthophosphorsäuremono- oder -diesters, z. B. einer 6—10%ig. Lsg. von Phosphorsäuremonocyclohexylester. (**A. P. 2 651 829** vom 25/7. 1950, ausg. 15/9. 1953. D. Prior. 12/1. 1949.) LÜTTGEN. 8061

British Cellophane Ltd., England (Erfinder: **William Berry, Charles Robert Oswin** und **Edward George Sanderson**), *Folien mit glatter Oberfläche, insbesondere aus regenerierter Cellulose.* Um den Folien zwecks besserer Trennung voneinander eine glatte Oberfläche zu verleihen, versieht man die noch im Gelzustand befindliche Folie mit einer wss. Dispersion eines Wachses (z. B. Bienenwachs, Carnaubawachs) oder einer wachsartigen Substanz (z. B. Paraffin, Stearinsäure, Chlortriakontan, Cerylmercaptan, Äthylenglykolmonostearat), deren Teilchen eine entgegengesetzt elektr. Ladung tragen wie die, die von der Folie im Kontakt mit der wss. Dispersion gebildet wird. Dann trocknet man die Folie. Die wss. Wachsdispersion kann außerdem noch ein Plastifizierungsmittel für die Folie, eine in W. lösl. kationakt. Substanz, eine wss. Dispersion von SiO_2 oder Tonerde oder beiden enthalten. (**F. P. 1 036 708** vom 22/2. 1951, ausg. 10/9. 1953. E. Priorr. 23/2. 1950 u. 19/2. 1951.) OPPERMANN. 8075

Phrix-Werke Akt.-Ges., Hamburg, *Cellulosehydratfäden mit erhöhter Anfärbbarkeit* für saure Farbstoffe erhält man durch Verspinnen einer Viscose, der sulfidierte phenolartige Verbb., z. B. sulfidierte Polyphenole, gegebenenfalls in Form einer wss. Emulsion von fettartigen Stoffen, zugegeben worden sind. (**Schwz. P. 292 358** vom 27/1. 1951, ausg. 2/11. 1953. D. Prior. 13/3. 1950.) SALZMANN. 8075

Ciba Akt.-Ges., Basel (Erfinder: **Albert Landolt**, Riehen, Schweiz), *Mattieren von Textilien.* Man behandelt das Gut mit wss. Dispersionen anorgan. Pigmente, wobei die wss. Phase aus Lsgg. von Al-Salzen, die Al als Kation enthalten, gegebenenfalls mit einem Geh. an Schutzkolloiden besteht. — 10 (Teile) TiO_2 u. 1 Al-Acetat werden mit wenig W. angepastet, worauf die Paste in 15000 W. von 20° eingerührt wird. Mit dem Ansatz werden 500 *Viscoseseide* imprägniert, gespült u. getrocknet. — Man kann auch Al-Triformiat verwenden. (**D. B. P. 905 967** Kl. 8k vom 2/8. 1940, ausg. 8/3. 1954. Schwz. Prior. 19/8. 1939.) MÖLLERING. 8075

Badische Anilin- & Soda-Fabrik Akt.-Ges., Ludwigshafen/Rh. (Erfinder: **Oscar Leupin †**, Mannheim), *Veredeln von Cellulose enthaltendem Textilgut.* Man imprägniert das Gut mit einer geringen Menge Polymerisationskatalysator u. saure Kondensationsmittel enthaltender Lsg. von Verbb., die 2 oder mehr Methylolgruppen enthalten, u. Verbb., die eine oder mehr C=C- oder C≡C-Bindungen u. eine oder mehr Amino-, Oxy- oder Carbonamidgruppe mit freiem H-Atom enthalten. — *Zellwollgewebe* wird mit einer wss., 10%ig. Lsg. des aus Tetramethylolacetylendiharnstoff u. Acrylsäureamid im N-Methyl-α-pyrrolidin in Ggw. von Eisessig erhaltenen Prod. unter Zusatz von 0,5% $(NH_4)_2S_2O_8$ imprägniert, abgequetscht, getrocknet u. 10 Min. auf 140° erhitzt. Das waschbeständig appretierte Gewebe hat Quellwertsverminderung um 35%. (**D. B. P. 895 436** Kl. 8k vom 27/1. 1944, ausg. 2/11. 1953.) MÖLLERING. 8075

Deering Milliken Research Trust, Greenwich, Conn., übert. von: **John Robert Janes**, Garden City, N. Y., V. St. A., *Wasserabweisende Textilien.* Man imprägniert das Gut mit 0,1—20% einer quaternären NH_4-Verb. der Formel $R_nSi(O[CH_2]_yNC_5H_5Cl)_{4-n}$ (R = Alkylrest mit 20 C-Atomen, y = 1—30) in Form einer wss. Lsg., trocknet bei $<100°$ u. fixiert ein Harz durch Erhitzen auf 80—260°. Bes. geeignet ist Trimethyl-(äthoxypyridiniumchlorid)-silan. Zur Herst. werden Alkyl- oder Arylchlorsilane mit Äthylenoxyd oder Alkoholen zu Äthern u. diese mit Pyridinhydrochlorid zu quaternären Salzen umgesetzt. — Z. B. wird ein *Kunstseidengarbadine* aus wss. Lsg. mit 8%

Dimethyldi-(oxylaurylcarbamylmethylenpyridiniumchlorid)-silan beladen, getrocknet u. 5 Min. auf 110° erwärmt. Nach dem Waschen mit 2% NaOH-Lsg., Trocknen bei 60° u. Vergüten in 15 Min. bei 160° erhält man dauernde Wasserabweisung. (**A. P. 2 637 623** vom 2/9. 1948, ausg. 5/5. 1953.) MÖLLERING. 8075

Heinz Ginzel, Dornbirn, Vorarlberg, Österreich, *Nicht rollende, chemisch versteifte Feingewebe aus Cellulose.* Gewebe aus gleichsinnig gedrehten oder gezwirnten Garnen mit engl. Garn-Nr. 60—80, bei denen Kette u. Schuß etwa gleiches Gewicht haben, werden ganz- oder teilflächig mit üblichen Pergamentierungs- oder Transparentierungsmitteln, z. B. 30 Sek. mit NaOH-Lsg. von 27° Bé, behandelt. (**D. B. P. 907 045** Kl. 8k vom 20/11. 1942, ausg. 22/3. 1954.) MÖLLERING. 8075

Badische Anilin- & Soda-Fabrik Akt.-Ges., Ludwigshafen/Rh., *Herstellung von Pigmentzubereitungen.* Pigmente, wie TiO_2, Zinkweiß, Lithopone, Ruß, wasserunlösl. Azofarbstoffe, Küpenfarbstoffe oder Phthalocyanine, werden mit Celluloseestern, wie Acetylcellulose, in Ggw. von elektroneutralen Emulgiermitteln, wie den Reaktionsprodd. von Äthylenoxyd auf höhermol. Alkohole (Octadecylalkohol), bes. auf dem Walzenstuhl innig gemischt. Mit dem gemahlenen Prod. lassen sich *Celluloseester-Spinn*-Lsgg. sehr leicht einheitlich färben. (**Schwz. P. 294 641** vom 23/7. 1951, ausg. 1/2. 1954. D. Prior. 24/6. 1944.) GRÄGER. 8077

United Shoe Machinery Corp., Flemington, übert. von: **John H. Highberger,** Marblehead, Mass., V. St. A., *Kollagenfasern* erhält man durch Zugabe von Mucoprotein (aus Blut) zu einer wss. Lsg. von säurelösl. Kollagen, Fällung u. Abtrennung mittels Dialyse gegen Wasser. — Eine Kalbshaut wird 48 Std. mit verd. $NaHPO_4$ von 0° mazeriert, der Faserbrei ausgewaschen, mit einem Citrat gepuffert u. die überstehende Fl. (**I**) abgetrennt u. filtriert. Aus koaguliertem Rinderblut gewonnenes Serum wird mit 50%ig. $(NH_4)_2SO_4$-Lsg. versetzt. Das Filtrat wird bis zur Beseitigung von SO_3-Ionen dialysiert, angesäuert u. 5 (Teile) zu 50 **I** gegeben u. die Fl. dialysiert. (**A. P. 2 631 942** vom 1/5. 1951, ausg. 17/3. 1953.) SALZMANN. 8079

Industrial Rayon Corp., Cleveland, O., V. St. A., *Fäden.* Man verspinnt eine z. B. 20%ig. Lsg. von *Polyacrylnitril,* gelöst in Äthylen-, Propylen- oder 1.3-Butylencarbonat, in ein 125° warmes Bad aus Polyalkylenglykol (Tri- bzw. Tetraäthylenglykol oder Tripropylenglykol). Nach Verlassen eines zweiten, gleichartigen Bades von 140° wird der Faden um das 8,55fache gestreckt u. kalt gewaschen. Anschließend wird 5 Min. bei 135° im entspannten Zustand geschrumpft. Auch die Mischpolymerisate mit Vinylpyridin, Monovinyläthern von Aminoalkoholen u. die Salze dieser Mischpolymerisate sind aus färbetechn. Gründen empfehlenswert. — Herst. von *Bekleidungsstücken.* (**Schwz. P. 292 091** vom 12/6. 1950, ausg. 16/10. 1953. A. Prior. 13/6. 1949.) SALZMANN. 8081

Eastman Kodak Co., Rochester, übert. von: **Theodore E. Stanin, Joseph B. Dickey,** Rochester, N. Y., und **Harry W. Coover,** Kingsport, Tenn., V. St. A., *Stabilisierte Spinnlösungen von Polyacrylnitrilen* mit einem Geh. von mindestens 80% Acrylnitril in N.N-Dimethylacetamid (**I**) erhält man durch Zusatz von 0,1—5% (bezogen auf **I**) Ortho- oder Hypophosphorsäure. (**A. P. 2 642 408** vom 15/4. 1950, ausg. 16/6. 1953.) MÖLLERING. 8081

Monsanto Chemical Co., übert. von: **Costas H. Basekis und George L. Wesp,** St. Louis, Miss., V. St. A., *Verspinnbare Mischpolymerisate* erhält man durch Emulsionspolymerisation von 95—98 (%) Acrylnitril (**I**) u. 2—5 mit bas. Aminogruppen substituierten Monovinylverbb., wobei das Monomerengemisch einer wss. Lsg. von 0,05—0,5 wasserlösl. Salzen von mit Aldehyden kondensierten Arylsulfonsäuren u. 0,5—2 $K_2S_2O_8$ zugesetzt wird. — So wird z. B. einer 0,06%ig. wss. Lsg. des Na-Salzes einer mit CH_2O kondensierten Naphtholsulfonsäure ein Gemisch aus 414 (Teilen) **I**, 36 2-Vinylpyridin u. 1,35 Dodecylmercaptan zugesetzt u. bei 80° während 2 Std. polymerisiert. (**E. P. 676 580** vom 12/7. 1950, ausg. 30/7. 1952. A. Prior. 20/8. 1949.) MÖLLERING. 8081

XIX. Brennstoffe. Erdöl. Mineralöle.

József Varga und **Miklós Szücs,** *Extraktion ungarischer Kohlen.* Bei der Extraktion vier verschied. Kohlensorten — Komló, Tata, Dorog u. Sajószentpéter — mit Tetralin bzw. Kresol ergab sich, daß ersteres viel günstiger ist. Die optimale Temp. liegt höher als die Zersetzungstemp. der Kohlen. Je höher die Extraktionstemp. ist, um so größer ist der höher sd. Anteil u. Rückstand des Tetralinextraktes, wahrscheinlich als Folge der Polymerisation. Beim Kresolextrakt liegen die Verhältnisse umgekehrt. Die Extrakte, die Kohle von Komló ausgenommen, bestehen überwiegend aus Verbb. sauren

Charakters. (Magyar Kémiai Folyóirat [Ung. Z. Chem.] **58.** 178—83. Juni 1952. Budapest, Techn. Univ., Inst. für Chem. Techn.) PLANK. 8126

Miklós Szücs und **Vilmos Hesp,** *Die Wirkung der Wasserdampfvorbehandlung auf die Extraktion ungarischer Kohlen.* Die vier ungar. Kohlen (vgl. vorst. Ref.) wurden im Autoklaven mit der doppelten Menge W. 3 Std. erhitzt, Wasserdampf u. das gebildete Gas abgeblasen u. nach dem Erkalten mit Tetralin extrahiert. Der Einfl. der Vordämpfung ist nicht eindeutig u. hängt auch von der Temp. des Dämpfens ab. Das Ergebnis der Extraktion bei vorgedämpften Kohlen mit Tetralin bei dessen Kp. ist schlechter als bei nicht gedämpften Kohlen. Beim Schwelen vorgedämpfter Kohlen ist die Ausbeute an Halbkoks besser, die Menge des gebildeten Gases u. Teers geringer. Das nach dem Dämpfen abgeblasene Gasgemisch besteht hauptsächlich aus H_2S u. CO_2. Das bei der Extraktion mit Tetralin gebildete Gas enthält mehr H_2S u. CO_2, wenn die Kohle vorher nicht gedämpft wurde. (Magyar Kémiai Folyóirat [Ung. Z. Chem.] **58.** 217—20. Juli 1952. Budapest, Techn. Univ., Inst. für Chem. Techn.) PLANK. 8126

S. S. Ghosh, P. N. Sanyal und **P. K. Subramanyan,** *Studien über geringwertige indische Kohlen.* 2. Mitt. *Versuchsschwelung und Reaktionsfähigkeit des Schwelkokses.* (1. vgl. C. **1954.** 7089.) Untersuchungsergebnisse von 7 typ. geringwertigen Kohlen des Iharia-Feldes u. von 2 Kohlen des Ranigunj-Feldes in Indien, mit hohem Geh. an flüchtigen Bestandteilen. Besprechung der Ergebnisse vom Gesichtspunkt des Inkohlungsgrades u. der möglichen Anwendung der Kohlen bei der Schwelung, Hydrierung oder vollständigen Vergasung. Die Ranigunj-Kohlen sind jüngeren Ursprungs u. haben subbituminösen Charakter, während im Iharia-Feld hochinkohlte Kohlen vorhanden sind, die einem semi-bituminösen Stadium ähneln. Geprüft wurden die Kohlen auf Aschegeh., Teerausbeute, Plastizität, Blähung usw. Die hochinkohlten Kohlen des Iharia-Feldes eignen sich nur schlecht für die Verschwelung u. Hydrierung, doch sind viele von ihnen sehr kohlenstoffreich u. werden für vollständige Vergasung empfohlen. Andere Kohlen dieser Vorkk. können jedoch erfolgreich verschwelt oder auch zur Hydrierung verwandt werden. (Brennstoff-Chem. **33.** 48—55. 20/2. 1952.) v. MICKWITZ. 8126

George A. Fearn jr. und **William Tessin,** *Der Einfluß von Schwefelsäure auf den Taupunkt von Verbrennungsgasen.* Das Auftreten korrodierender, schwefelsäurehaltiger Kondensate bei Verwendung von schwefelhaltigen Brennstoffen behindert den Gebrauch von Ekonomisern u. Luftvorwärmern im Dampfkesselbetrieb. Die Vff. zeigen ein Verf., den gegenüber dem Taupunkt des reinen W. erhöhten Taupunkt bei schwefelhaltigen Verbrennungsgasen vorauszuberechnen. Ausgehend von dem bekannten Siedediagramm eines bin. Gemisches, werden die Verhältnisse des H_2SO_4–W.-Syst. erläutert, das bei 98,3% H_2SO_4 azeotrop ist. Die Taupunktlinien verschied. H_2SO_4–W.-Gemische werden in Beziehung zur Taupunktlinie des reinen W. wiedergegeben u. berechnet, so daß die Kpp. der Schwefelsäurelsgg. für ein größeres Druckgebiet vorliegen. Aus Daten anderer Autoren (THOMAS, BARKER, TAYLOR u. FRANCIS) werden die H_2SO_4-Gleichgewichtskonzz., Dampf–Fl. als lineare Funktion berechnet, die keine wesentliche Temperaturabhängigkeit zeigt. Mit Hilfe dieser Gleichgewichtskurve u. der Taupunktfunktion ist es möglich, ohne besonderes 2-Stoff-Diagramm den Taupunkt u. die Anfangskondensat-Zus. eines Verbrennungsgases, dessen Partialdruck u. Zus. bekannt ist, vorauszusagen. Die Brennstoffanalyse kann jedoch nur zur Errechnung der Zus. des Verbrennungsgases benutzt werden, wenn ein Korrekturfaktor, der die aus dem Gesamtschwefel gebildete SO_3-Menge berücksichtigt, eingeführt wird u. der von den Betriebsbedingungen (Temp., Katalysatorwrkg., Aschengeh. im Abgas usw.) abhängt. Der Faktor kann aus der größtmöglichen H_2SO_4-Konz. im Dampf u. dem durch Vers. ermittelten Taupunkt errechnet werden. An 2 Heizölen wird der taupunktsenkende Einfl. dieses Faktors gezeigt. (J. Amer. Soc. Naval Engr., Inc. **65.** 753. Nov. 1953.) EYBER. 8128

John Griffen, *Das Schwerflüssigkeits-Waschverfahren nach Tromp.* Das Verf. nach TROMP benutzt als Schwer-Fl. eine wss. Suspension von Magnetit oder anderen Fe-Erzen. Das besondere Kennzeichen des Verf. besteht in der Anwendung des festen Materials in sehr großer Feinheit, so daß die Suspensionen gut fließen u. eine scharfe Trennung ermöglichen. Nach Schilderung des Verf. wird auf die in USA bereits errichteten bzw. geplanten Anlagen (Illinois, Eastern Kentucky, Alabama) eingegangen. (Blast Furnace, Coke Oven, raw Mater. Comittee Iron Steel Divis., Amer. Inst. Mining metallurg. Engr., Proc. **11.** 178—89. 1952.) F. SCHUSTER. 8134

C. L. Potter, *Der Wert von Versuchsöfen bei der systematischen Kohlen- und Koksforschung.* Im JONES & LAUGHLINs Kohlen- u. Koks-Forschungslabor. werden 3 Versuchsöfen benutzt: ein Bethlehem-Ofen mit einer Fassung von ca. 22 kg Kohle, ein KOPPERS-Ofen mit ca. 220 kg Kohlenfassung u. ein Illinois-Ofen mit ca. 240 kg Kohlenfassung. Die Ergebnisse sind gut reproduzierbar, wenn auch zwischen den Versuchswerten u. den Werten des Ofenbetriebs in mancher Hinsicht (Koksfestigkeit) größere Unterschiede auftreten, die sich jedoch durch Einführung von Umrechnungsfaktoren ausschalten lassen. Der Wert der Kohlenunters. in diesen Öfen liegt in folgendem: 1. Voraussage physikal. u. chem. Eigg. des Betriebskokses, zumindest relativ; 2. Vermeidung zu stark treibender Kohlen oder Gemische; 3. Ermittlung der günstigsten Zus. von Kohlenmischungen; 4. Ermittlung der notwendigen Eigg. einer Zusatzkohle. (Blast Furnace, Coke Oven, raw Mater. Comittee Iron Steel Divis., Amer. Inst. Mining metallurg. Engr., Proc. **11.** 159–77. 1952.) F. SCHUSTER. 8142

T. Bispham und **F. R. Weston,** *Die Natur der flüchtigen Bestandteile in Koks.* Dest. von getrocknetem Koks im Vakuum bei 965° zeigt, daß die Hauptbestandteile der Gase, Wasserdampf, CO_2 u. Gase sind, die den bei dem Ende der Verkokung entweichenden Gasen entsprechen. Vff. nehmen an, daß die ersten zwei genannten Bestandteile auf der chem. Sorption von O_2 beruhen oder Zersetzungsprodd. von Komplexen darstellen, die sich nach der Verkokung gebildet haben u. abhängig sind von den Bedingungen des Löschens u. der Lagerung. Diese Prodd. sind zum größten Teil verantwortlich für den Gewichtsverlust bei der Erhitzung u. werden schneller ausgetrieben als die Restgase des Verkokungsprozesses. — Beschreibung der Verss. u. Resultate an Hand von Bildern, Diagrammen u. Tabellen. Literaturhinweise. (J. Inst. Fuel **27.** 201–08. April 1954. North Thames Gas Board, Brentford Works.) K. O. MÜLLER. 8144

D. Wagener, *Die Verfahren zur Vergasung fester Brennstoffe.* Mit der Korngröße des zu vergasenden Stoffes, dem Vergasungsdruck, der Art des Vergasungsmittels, der Vergasungstemp. über oder unter dem Aschenschmelzpunkt, der Beheizungsart u. der Art des Wärmeträgers ergeben sich theoret. 180 denkbare Verff., denen 22 vorhandene Verff. gegenüberstehen, die im einzelnen beschrieben werden. Von ihnen sind oder waren 13 in Großanlagen zur Gaserzeugung eingesetzt. (Erdöl u. Kohle **7.** 219–26. April 1954. Aachen, TH.) F. SCHUSTER. 8148

W. M. Wilson, *Die Erfahrungen der Lion Oil Co. mit der Untertagelagerung von Butan, Propan und Gasolin.* In Salzlagerstätten werden durch Auslaugen mit W. Kavernen geschaffen. die als Lagerraum für die Gase dienen. Durch das Steigrohr der Bohrung wird W. eingedrückt, das Salz aus der Lagerstätte löst u. durch den Ringraum zutage tritt. Die Sole wird über Tage in mit Asphalt ausgekleideten Becken gespeichert u. später zur Druckerhaltung bei der Gasförderung wieder eingepreßt. Das Gas wird bei der Förderung vom mitgerissenen W. u. vom Hydratwasser befreit. Nach einem zweiten Verf. — U-Rohr-Verf. — wird die Lagerstätte mit einer zweiten Bohrung angefahren, so daß bis auf die Injektionsperiode ohne Steigrohre gearbeitet werden kann. Die Lagerungskosten sind gegenüber Tanklagerung wesentlich niedriger. (Oil Gas J. **52.** Nr. 43. 78–82. 1/3. 1954.) SYDOW. 8186

George Roberts jr., *„Hydraulic fracturing“.* Zur Erhöhung der Durchlässigkeit von Ölträgern wird durch das Bohrloch eine Sand bestimmter Korngröße enthaltende hochviscose Fl. in das Gebirge gedrückt. Der Sand lagert sich in den entstehenden Rissen ab u. hält diese offen, während die Fl. spontan dünnflüssig wird u. abfließt. In Kaltformationen werden verdickte Säuren, sonst verdickte Öle verwendet. Spezielle Anwendungsmöglichkeiten werden diskutiert. (Oil Gas J. **52.** Nr. 43. 82–86. 1/3. 1954.) SYDOW. 8190

R. Szczepanik, *Isomere Monomethylnaphthaline.* 2. Mitt. *Untersuchungen über die Möglichkeit der Anwendung einiger Erdölfraktionen als azeotroper Faktor für Naphthalin.* (1. vgl. C. **1954.** 4716.) Auf Grund der Unterss. von ŚWIĘTOSŁAWSKI u. ORSZAGH (Roczniki Chem. [Ann. Soc. chim. Polonorum] **25.** [1951.] 381. 392) werden die azeotropen Gemischtypen in Anwendung auf die Systeme aus Naphthalin (**I**) u. Erdöl-KW-stoffen untersucht. Für die Fraktion Kp. 200–220° wird die Löslichkeit von **I** u. die Kondensationstemp. des Destillats ermittelt. Zahlen für das azeotrope Verh. von **I** u. 2-Methylnaphthalin im Gemisch mit Erdöl-KW-stoffen werden tabellar. u. graph. mitgeteilt. (Przemysł chem. **9** (**32**). 263–71. Mai 1953.) R. K. MÜLLER. 8194

József Varga und **Vilmos Hesp,** *Umwandlung kohlendioxydhaltiger Erdgase in Synthesegas.* Aus $^2/_3$ CO_2 u. $^1/_3$ CH_4 bestehendes Gasgemisch, wie einige ungar. Erdgase, können in Ggw. nickelhaltiger Katalysatoren in Synthesegas umgewandelt werden. Vff. berechneten aus Literaturangaben die temperaturabhängigen Gleichgewichtskonstanten der gleichzeitig verlaufenden Rkk. $CH_4 + CO_2 = 2\,CO + 2\,H_2$ u. $CO_2 + H_2 = CO + H_2O$ u. stellten fest, daß das Gleichgewicht bei 850° tatsächlich den Versuchsergebnissen entspricht. Die Verss. wurden bei 600–850° in Ggw. verschied. Katalysatoren u. bei verschied. Raumgeschwindigkeit durchgeführt. Als bester Katalysator erwies sich ein Gemisch von 20% Ni, 77% Al_2O_3 u. 3% Portlandzement. Das Endgas enthält mit diesem Katalysator bei 850° 600 Liter/Liter/Std. 12,31% CO_2, das davon befreite Gas enthält 59,8% CO, 33,3% H_2 u. 6,9% N_2 als Verunreinigung des Erdgases. (Magyar Kémiai Folyóirat [Ung. Z. Chem.] **59.** 267—74. Sept. 1953. Budapest, Techn. Univ., Inst. für chem. Technol.) PLANK. 8200

I. A. Traktowenko und **N. G. Putschkow,** *Treibstoffe für schnellaufende Dieselmotoren.* Vff. haben durch Dauerprüfungen an Motoren festgestellt, daß einige neue Treibmittel (Petroleum–Gasöl-Fraktionen) nur wenig gegenüber Standardstoffen zurückstehen, wenn sie vor der Benutzung entsprechend (durch Auslaugen usw.) gereinigt werden. Speziell wird der Einfl. von Säuregeh., Viscosität u. Zus. von Dieseltreibstoffen nach Fraktionen auf ihre Neigung zu Koksansatz im Zylinder, auf den Verschleiß, die Arbeitsdauer u. -zuverlässigkeit des Motors u. a. untersucht. (Нефтяное Хозяйство [Petroleum-Wirtsch.] **32.** Nr. 1. 45—52. Jan. 1954.) E. v. PEZOLD. 8212

A. W. Stannett, *Die Leitfähigkeit von Transformatorölen auf Kohlenwasserstoffbasis mit einem Gehalt an Feuchtigkeit oder festen leitenden Teilchen.* Der Feuchtigkeitsgeh. von Transformatorölen, die mit feuchter Luft oder feuchten Isolierstoffen in Berührung stehen, ist stark temperaturabhängig. Die graph. Darst. des elektr. Widerstandes als Funktion der Temp. zeigt daher die besondere Form eines umgekehrten V. Die Abhängigkeit des elektr. Widerstandes von der angelegten Spannung ist sehr unterschiedlich, je nachdem ob sie bei einer Temp. unterhalb oder oberhalb des Scheitelwertes gemessen wird. Bei tieferen Tempp. Anstieg der Leitfähigkeit mit der Spannung, bei höheren Abnahme u. bei hoher Spannung konstanter Wert. Suspendierte Metallteilchen ergaben eine Temperaturabhängigkeit der Leitfähigkeit nur insoweit, als die Viscosität des Öles mit der Temp. abnimmt. Die Leitfähigkeit ist unabhängig von der Temp. proportional dem Quadrat der Prüfspannung u. umgekehrt proportional der Viscosität. Öle mit einer Widerstands/Temp.-Charakteristik in der Form eines umgekehrten V sind daher mit Sicherheit durch einen gewissen Feuchtigkeitsgeh. gekennzeichnet. (Brit. J. appl. Physics **2.** 110—14. April 1951. Leatherhead, Surrey, Brit. Electricity Labor.) REUSSE. 8218

R. J. S. Pigott und **H. A. Ambrose,** *Erdölschmiermittel.* Da es Hunderte von Erdölschmiermitteln gibt, wird hier eine Übersicht gegeben, wie diese, vor allem auch durch sogenannte Additives, gebrauchsfähig für die verschied. Zwecke werden. Eine Literaturübersicht über die diesbzgl. Literatur der letzten Jahre wird gegeben. (Advances in Chem. Ser. **1951.** Nr. 5. 235—45. 7/8.) K. L. WOLF. 8220

Leon Salz, *Welche Unterschiede bestehen zwischen Drahtziehschmierölen?* Übersicht über die Verff. der Drahtzieherei, die Aufgaben u. Eigg. der dabei angewandten Schmieröle u. ihre Einteilung in trockene, gekörnte Seifen, Fettseifenpasten, Mineralölmischungen. Erdölparaffine (mit Seife bei höheren Tempp. verschnittene Mineralöle), lösl. Öle, Graphit oder MoS_2 u. Weichmetalle. (Wire and Wire Products **27.** 1180—83. Nov. 1952. Garwood, N. J., Magnus Chemical Co., Inc., Lubricants Div.) WESLY. 8222

Th. Temme, *Die Auswahl der geeigneten Bitumen für die Dachpappenindustrie.* Bericht über die der amerikan. Dachpappenindustrie zur Verfügung stehenden u. von ihr verarbeiteten Bitumen, sowie über die gestellten Güteanforderungen. Tabellar. Wiedergabe der ASTM.-Vorschriften u. der für Dachpappen-Tränkmassen, Deckschicht- u. Klebemassen ermittelten Merkmale. (Bitumen, Teere, Asphalte, Peche verwandte Stoffe **5.** 33—37. Febr. 1954.) F. HEINRICH. 8224

N. N. Netschiporenko und **A. Ss. Epstein,** *Wärmeleitfähigkeit von geschmolzenen Steinkohlenpechen.* In einem liegenden zylindr. App. (Abb.) werden an 4 Proben von Steinkohlenpech (Erweichungspunkt nach Ring–Kugel-Meth. 103—175,5°, nach KRÄMER-SARNOW 75—150°) die Wärmeleitzahlen in Abhängigkeit von der Temp. bestimmt. Sie nehmen bei 3 der Proben zwischen 70 u. 720° von 0,11—0,12 auf 0,14 bis 0,16 (kcal/m·°C·Std.) zu, bei der Probe mit niedrigstem Erweichungspunkt liegt sie in der Größenordnung 0,08—0,09. Der Erweichungspunkt steigt während der Best. nur unbedeutend an. (Журнал Прикладной Химии [J. angew. Chem.] **26.** 547—49. Mai 1953.) R. K. MÜLLER. 8228

Standard Oil Development Co., Del., übert. von: **Ottis W. Moak** und **William E. Spicer,** Baton Rouge, La., V. St. A., *Katalysator für Wassergaserzeugung.* Fe_2O_3 u. Cr_2O_3 werden mit W. angepastet, granuliert, gegebenenfalls unter Zusatz von weiterem Fe_2O_3, getrocknet u. bei 1000—1300°F calciniert. Der Katalysator enthält z. B. 93 (%) Fe_2O_3 u. 7 Cr_2O_3 u. liefert ein H_2-reiches, CO-armes Gas. (**A. P. 2 631 086** vom 27/10. 1949, ausg. 10/3. 1953.) MATTHAES. 8153

F. Schussl, Mailand, Italien, *Carburieren von Wassergas mit Hilfe von Teer.* Man carburiert das aus bituminösen Brennstoffen erzeugte Wassergas in 2 hintereinanderliegenden Überhitzern, u. zwar in dem 1. Regenerator mit Dämpfen aus dem aus der Kohle gebildeten Teer bei 800—900°, u. in dem 2. Regenerator mit einem zugeführten Carburierungsöl bei 700—800°. Für eine Carburierung ist ein Temperaturunterschied von ca. 100° zwischen beiden Stufen wesentlich. (**Schwed. P. 135 062** vom 16/12. 1948, ausg. 1/4. 1952.) JÜRGEN SCHMIDT. 8159

Robert T. Collier, Palos Verdes Estates, Calif., V. St. A., *Herstellung von Öl- und Wassergas.* Ein fl., KW-stoffe enthaltendes Ausgangsmaterial, z. B. Rohöl, wird mit auf >1800°F erhitzten Wärmeträgerteilchen in Kontakt gebracht u. zu Ölgas u. festem C umgesetzt; die vom Ölgas abgetrennten, mit C behafteten festen Teilchen werden mit Dampf behandelt u. so Wassergas erzeugt, worauf nach Trennung vom Wassergas die Teilchen in einem Erhitzer wieder auf >1800°F aufgeheizt u. in die Reaktionszone zurückgeführt werden. — Zeichnung. (**A. P. 2 634 197** vom 9/10. 1944, ausg. 7/4. 1953.) DEMMLER. 8161

Badische Anilin- & Soda-Fabrik Akt.-Ges., Ludwigshafen/Rh. (Erfinder: **Hans Bähr,** Herne), *Reinigung von Gasen,* die schwache, gasförmige Säuren, wie H_2S u./oder CO_2, u. gegebenenfalls NH_3 enthalten, dad. gek., daß man die Gase zunächst in Ggw. von NH_3 mit W. behandelt u. dann in einer 2. Stufe das noch in den Gasen enthaltene NH_3 mit Hilfe schwerflüchtiger schwacher anorgan. oder organ. Säuren, deren Ammoniumsalze in wss. Lsg. in der Hitze in freies NH_3 u. die schwache Säure gespalten werden, aus den Gasen entfernt. (**D. B. P. 906 607** Kl. 26d vom 16/6. 1938, ausg. 15/3. 1954. Anmeldung bekanntgemacht 11/9. 1952.) DEMMLER. 8165

Concordia Bergbau Akt.-Ges. (Erfinder: **Walter Schairer** und **Fritz Diehl**), Oberhausen/Rhld., *Auswaschen von Naphthalin* in mehreren hintereinandergeschalteten Gaskühlern mittels Kühlerkondensat, dad. gek., daß man die bei der Kühlung der Gase bis herunter auf 60° anfallenden, stark ölhaltigen Kondensate gesondert auffängt u. sie auf die nachfolgenden Kühlstufen aufgibt. (**D. B. P. 907 687** Kl. 26d vom 12/7. 1951, ausg. 29/3. 1954. Anmeldung bekanntgemacht 15/5. 1952.) DEMMLER. 8167

Märkische Steinkohlengewerkschaft (Erfinder: **Paul Holthaus**), Hamm, *Kühlung der Brüden der Ammoniaksättiger* (Faulgase) der Kokereien unter gleichzeitiger Nutzbarmachung ihrer Wärme. Die Gase werden in einem Gegenstromwascher zum unmittelbaren Wärmeaustausch mit dem Gaswasser gebracht, bevor dieses abgetrieben wird. (**D. B. P. 902 166** Kl. 26d vom 25/12. 1951, ausg. 18/1. 1954.) DEMMLER. 8169

Arenberg Bergbau-Gesellschaft m. b. H., Essen (Erfinder: **Hermann Niggemann,** Bottrop), *Treibgas als Nebenprodukt bei der Gewinnung des Benzols aus Koksofengas* wird gewonnen, indem die nach der Austreibung der Benzol-KW-stoffe aus dem Waschöl im Benzolkühler nicht kondensierenden Entlüftungsgase durch einen Gassauger bei gleichen Druckverhältnissen, wie sie bei dem üblichen Ausströmen der Entlüftungsgase ins Freie vorliegen, angesaugt u. nach Auswaschen des Bzl., CO_2, H_2S u. CN einem Kompressor zugeleitet werden, um nach Verdichtung auf ca. 200 at durch eine Druckwäsche mit Bzl., Benzolhomologen u. dgl. von den in großer Menge im Gas enthaltenen harzbildenden Stoffen befreit zu werden. (**D. B. P. 888 297** Kl. 26d vom 20/3. 1942, ausg. 31/8. 1953.) DEMMLER. 8171

Ruhrchemie Akt.-Ges., Oberhausen-Holten, Deutschland, *Entschwefelung von Gasen* mittels zerkleinerter bzw. granulierter Reinigungsmittel, die in einer turmartigen Reinigungsvorr. über schräge gasdurchlässige Böden nach unten wandert, während die Strömungsgeschwindigkeit des nach oben strömenden Gases so gehalten wird, daß der Druck der M. auf die Böden stark verringert wird, ohne daß die Abwärtsbewegung der M. behindert ist. (**E. P. 697 204** vom 5/11. 1951, ausg. 16/9. 1953. D. Prior. 8/11. 1950.) DEMMLER. 8173

Ruhrchemie Akt.-Ges. (Erfinder: **Franz Schaub, Walther Sexauer** und **Otto Bär**), Oberhausen (Rhld.), *Entschwefelung von Gasen.* Man leitet die Gase mit so hoher Geschwindigkeit durch eine geformte Reinigungsmasse, daß der Auflagedruck u. das Eigengewicht der M. weitgehend aufgehoben werden, ohne daß der Hauptanteil der M. an der Abwärtsbewegung gehindert wird, wobei die gekörnte M. innerhalb eines turmartigen Behälters über mehrere kegelförmig u. trichterförmig aufeinanderfolgende rostartige Zwischenböden abwärts wandert, während die zu reinigenden Gase aufwärts durch den Behälter strömen. (**D. B. P. 904 579** Kl. 26d vom 9/11. 1950, ausg. 1/4. 1954. Anmeldung bekanntgemacht 4/9. 1952.) DEMMLER. 8173

Ruhrchemie Akt.-Ges. (Erfinder: **Franz Hanisch, Heinrich Heckel,** Uttenreuth über Erlangen, und **Otto Roelen**), Oberhausen-Holten, *Überführen des in Koksofengas*

u. anderen techn. Gasen in *organ. Bindung enthaltenen S in leicht absorbierbare Form* mittels feinverteilten Kupfers, indem Cu in aufgelockerter Form enthaltende Katalysatoren verwendet werden, die einen verkittend wirkenden Zusatz von Verbb. des Ca, Mg u. Al enthalten u. die aus Lsgg., die neben Cu-Salzen auch noch Salze des Ca u./oder Mg u./oder Al enthalten, ausgefällt sind, wobei die Fällung gegebenenfalls auf Trägerstoffe erfolgt. (**D. B. P. 891 315** Kl. 26 d vom 5/2. 1942, ausg. 28/9.1953.)
Demmler. 8173

Phillips Petroleum Co., Del., übert. von: **George Thodos,** Bartlesville, Okla., V. St. A., *Entfernung von Stickstoff aus Naturgas.* Das wenigstens 5 Mol.-% N_2 enthaltende Gas wird kontinuierlich in die Mitte eines sich abwärts bewegenden Bettes von granulierter Adsorptionsmasse (z. B. akt. Kohle oder Silicagel) eingeführt, wobei am Kopf dieses Bettes bei ca. —10 bis —155°F eine N_2-reiche Gasfraktion u. am Fuß bei 200—300°F die adsorbierten Bestandteile abgezogen werden. — Zeichnung. (**A. P. 2 656 010** vom 15/4. 1946, ausg. 20/10. 1953.) Demmler. 8178

Texaco Development Corp., New York, N. Y., übert. von: **Alfred C. Nestle,** Long Beach, Calif., V. St. A., *Bohrflüssigkeit.* Die wss. Fl. enthält mindestens 17 Vol.-% Mineralöl (Rohöl) u. außerdem feinzerkleinerte Baumrinde (Kork-Fraktion 15—20 [Gew.-%], Rindenfaser-Fraktion 35—45, gepulverte Rinde 35—45) in einer Menge von ca. 3 pounds/barrel Flüssigkeit. (**A. P. 2 601 050** vom 15/9. 1948, ausg. 17/6. 1952.)
W. Hauswald. 8191

Anglo-Iranian Oil Co. Ltd., übert. von: **F. W. B. Porter** und **F. R. G. Green,** London, England, *Katalytische Entschwefelung von Kerosin und anderen schwefel- und naphthenhaltigen Erdölfraktionen,* Kp. 150—240°, in Dampfform unter Verwendung eines Dehydrierungs- u. gleichzeitig Hydrierungskatalysators, welcher gegen Schwefelvergiftung unempfindlich u. befähigt ist, die Naphthene durch Dehydrierung in aromat. KW-stoffe überzuführen, während der organ. gebundene Schwefel als H_2S entfernt wird. Temp. 700—800°. Druck 50—250 lbs./sq.in. Vgl. F. P. 968 479; C. **1951.** I. 2110. (**Can. P. 483 358** vom 24/8. 1948, ausg. 20/5. 1952. E. Prior. 26/8. 1947.)
M. F. Müller. 8195

Standard Oil Development Co., Del., übert. von: **George L. Matheson†,** Summit, N. J., und **Summit Trust Co.,** Summit, N. J., V. St. A., *Zyklonabscheider für Fließbettverfahren.* Der Zyklonbehälter von rundem Querschnitt, der im Oberteil des das Fließbett enthaltenden geschlossenen Reaktionsbehälters angeordnet ist u. dem der Gasstrom mit den Feststoffteilchen tangential zugeführt wird, taucht mit seinem, am unteren Ende in ein vertikales Rohr (**I**) auslaufenden Teil zentr. in einen offenen Behälter (**II**) von kreisförmigem Querschnitt (**D**), dem von unten durch ein Rohr ein indifferentes Gas, wie Luft, Dampf, N_2, leichte KW-stoffe, zugeführt wird, wobei der Querschnitt von **II** 1—1,4 mal so groß ist als der von **I** u. das Verhältnis der Entfernung (**L**) der unteren Öffnung von **I** bis zum Boden von **II** L/D wenigstens 2,5, z. B. 3,5—6, ist. Vorteilhaft können **II** auch gröbere Katalysatorteilchen von $>80\ \mu$ (30—40%) zugeführt werden. Es können auch mehrere Zyklone in Serie geschaltet sein. Bessere Abscheidung der Feststoffe im Zyklon. Verwendung z. B. zur *Crackung* von *Gasöl.* — Zeichnungen. (**A. P. 2 656 242** vom 27/6. 1952, ausg. 20/10. 1953.)
Matthaes. 8197

Houdry Process Corp., Philadelphia, übert. von: **Jack C. Dart,** Moylan, Pa., V. St. A., *Katalytische Umwandlung von Kohlenwasserstoffen,* bes. *Cracken* von KW-stoffen (**I**) mit einem Kp. über dem des Benzins. Zur Umwandlung werden Katalysatoren verwandt, welche, wie Ton (bes. säurebehandelter Bentonit), bei hohen Tempp. W. exotherm aufnehmen. Die Rk. wird in 2 Stufen durchgeführt. In der 1. wird der frisch regenerierte, hydratisierbare Katalysator (bes. bei Tempp. unter 1000°F) als Suspension von einem **I**-Dampfstrom, der hierbei endotherm umgewandelt wird, in einen Sammelraum gehoben, in welchem er sich als dichtes Bett ablagert, während die **I**-Dämpfe abgezogen werden. Durch Behandeln mit Wasserdampf wird die Temp. des Katalysators infolge der freiwerdenden Hydratationswärme erhöht, u. der so erhitzte Katalysator wird als bewegtes, kompaktes Bett durch eine 2. Zone geführt, wo er wieder zur **I**-Umwandlung dient. Der in dieser 2. Zone durch Koks- oder Teerablagerungen verunreinigte Katalysator wird in einer Regenerationszone, z. B. durch Abbrennen, regeneriert u. im Kreislauf der 1. Zone zugeführt. Die aus der 2. abgezogenen **I**-Dämpfe werden bevorzugt wenigstens teilweise als Trägergas für den Katalysator in der 1. Zone benutzt, wo ihre Umwandlung vollendet wird. — Zeichnungen. (**A. P. 2 658 859** vom 5/3. 1949, ausg. 10/11. 1953.) W. Herold. 8197

Standard Oil Development Co., Elizabeth, N. Y., V. St. A., *Herstellung von Katalysatoren aus Kieselsäure und Magnesiumoxyd.* Ausgewaschenes Kieselsäurehydrogel (**I**) wird mit MgO u. W. in einer Kugel- oder Rohrmühle u. einer Kolloidmühle vermahlen, danach bei 20—95° gealtert u. bei 105—315° getrocknet. Die Alterung kann z. B. durch 2—12std. Erhitzen auf 50—95° erfolgen. Der getrocknete Katalysator kann durch Erhitzen auf ca. 675° aktiviert werden. Statt durch Vermahlen können die Katalysatoren durch Mischen oder Imprägnieren gewonnen werden, z. B. indem I mit lösl. Mg-Salz imprägniert u. das Hydrat ausgefällt wird. Die Katalysatoren zeigen hohe katalyt. Aktivität u. hohe Dampfbeständigkeit; sie werden bei der *Erdolspaltung* verwendet. (**D. B. P. 888 091** Kl. 12g vom 9/11. 1949, ausg. 31/8. 1953. A. Prior. 9/4. 1946.) MATTHAES. 8197

Standard Oil Development Co., Del., übert. von: **Albert B. Welty jr.,** Deer Path, Mountainside, N. J., V. St. A., *Abtrennen verunreinigter Katalysatorteilchen bei der Kohlenwasserstoffumwandlung.* Bei der KW-stoff-Synth., beim Cracken, beim Dehydrieren u. ähnlichen Verff. werden oft Mischungen von Katalysatorteilchen verschied. Zus. benutzt oder die Teilchen werden während der Rk. in verschied. Weise chem. umgewandelt oder verunreinigt. Diese verschied. Teilchen sind verschieden wieder verwendbar oder müssen in verschied. Weise regeneriert werden. Das erfordert eine Trennung der Katalysatormasse in die verschied. Teilchenarten. Zu diesem Zweck wird aus dem Wirbelbett oder dgl. der Reaktionszone ein relativ dichter Strom von verbrauchtem Katalysator nach unten abgezogen u. durch Einblasen eines Gases auf 30—100 Fuß/Sek. beschleunigt. Das Führungsrohr ist dann in einem Bogen von 5—30 Fuß Krümmungsradius etwa rechtwinklig umgebogen, so daß die spezif. schwereren Teilchen sich im äußeren u. die leichteren im inneren Teil des Rohrbogens anreichern. Durch Einblasen einer geringen Gasmenge in den äußeren Rohrbogen transversal zur Strömungsrichtung werden etwa vorhandene leichtere Teilchen aus dem äußeren Strom entfernt u. die beiden Ströme gesondert weitergeleitet. (**A. P. 2 658 860** vom 28/6. 1946, ausg. 10/11. 1953.) W. HEROLD. 8197

Badische Anilin- & Soda-Fabrik Akt.-Ges., Ludwigshafen/Rh. (Erfinder: **Gerhard Free, Wilhelm von Füner,** Ludwigshafen/Rh., und **Otto Göhre,** Heidelberg), *Katalytische Druckhydrierung von Kohlen, Teeren und Mineralölen.* Als Katalysatoren werden SiO_2 u. wenigstens 2 der Oxyde des Al, Mg u. Fe enthaltende u. mit Schwermetallsulfiden (bes. Mo, W, Ni, Fe) getränkte Kontakte benutzt, die durch Fällen eines SiO_2-Gels in Ggw. von Al-, Mg- u./oder Fe-Salzlsgg. bei p_H 3—7 (bes. 3,5—6,5), Erhitzen auf 250—800° u. Aufbringen des Schwermetallsulfids (z. B. WS_2 aus Ammoniumsulfowolframat in Ammonsulfid-Lsg.) hergestellt werden. Der getrocknete Katalysator wird bei 400—420° im H_2-Strom erhitzt u. geformt. Benzingeh. u. Octanzahl der unter Verwendung dieser Kontakte erhaltenen Reaktionsprodd. sind erheblich höher als an Kontakten, bei denen das Sulfid bereits bei der SiO_2-Gel-Fällung zugesetzt wurde. (**D. B. P. 884 041** Kl. 12o vom 24/12. 1938, ausg. 23/7. 1953.) W. HEROLD. 8199

Jules Senes, André Narbonne et Jean Verrien, Étude de la mesure des volumes de gaz naturel par systèmes déprimogènes associés à des manomètres différentiels enregistreurs. Toulouse: Impr. du Commerce. 1953. (36 S. m. Abb.)

—, Chemische Kohleveredlung. Mit Beitrag v. **G. Wirth** u. a. Berlin: Akademie-Verl. 1953. (59 S. m. Abb.) = Freiberger Forschungshefte. Reihe A. H. 17 = Bergakademie. Beih. DM 6,80.

XXI. Leder. Gerbstoffe.

Urbain J. Thuau, *Wissenschaftliche und praktische Methode zur vollkommenen Konservierung und Salzung von Häuten.* Um eine gute Konservierung von Häuten u. Fellen zu erreichen, wird empfohlen, die Fleischseite u. Narbenseite zunächst mit der Lsg. eines Konservierungsmittels zu besprühen u. dann mit einem sodahaltigen Salz zu salzen, so daß die Haut ein p_H von 9-10 annimmt. Zum Besprühen verwendet man eine Lsg. von 17,5 g NaOH, 100 g p-Chlor-m-kresol, 2500 g NaCl u. 100 g calcinierter Soda in 50 Liter Wasser. Per Quadratfuß werden ca. 4 ml Lsg. benötigt. Gesalzen wird in der üblichen Weise mit einem möglichst reinen Salz, dem 3—4% calcinierter Soda beigemischt sind. (Rev. techn. Ind. Cuir **45.** 1—4. 15/1. 1953.) O. ENGEL. 8334

F. F. Marshall und **H. G. Turley,** *Das Gerben von Sohlleder mit einer Mischung von 75% vegetabilischen und 25% synthetischen Gerbstoffen.* Es werden im Rahmen der Herst. von Ledern für militär. Zwecke Verss. beschrieben, in denen eine ganz n. geführte Gerbung unter Verwendung eines vegetabil. Gerbstoffgemisches, bei dem 25% Gerbstoff durch einen synthet. Gerbstoff (*Ovotan*) ersetzt waren, angewendet werden. Es wird die Feststellung gemacht, daß einwandfreie Leder erhalten werden, die auch gegen Schimmelbefall sehr beständig sind. (Leather Manufacturer **64.** Nr. 10. 9—10. Okt. 1953. Philadelphia, Tanning & Glus Comp., Inc.; Ridgway, Pa., Rohm & Hass Comp.) STADLER. 8336

F. Stather, H. Herfeld und **W. Hartung,** *Vergleichende Untersuchungen über den Einfluß von Neutralisation, Fettung und mechanischer Zurichtung auf die Flächenausbeute und Eigenschaften von Chromoberleder.* Da eine Steigerung der Flächenausbeute nur vertretbar ist, wenn damit keine Verschlechterung der Beschaffenheit u. der physikal. Eigg. des Leders verbunden ist, wurde in zahlreichen Verss. der Einfl. der Neutralisation, der Fettung u. der mechan. Zurichtung bei Verwendung einer einheitlichen Rohware untersucht. Die Neutralisation mit Borax zeigt die günstigsten Ergebnisse, während sie mit Ammoniak–Ammonsalzen ausgesprochen ungünstig ist. Die n. Fettung erwies sich in den Verss. als die beste, eine Zugabe von etwas Mineralöl als günstig. Eine möglichst milde Trocknung im Pastingverf. gab bei guter Lederqualität Flächenausbeuten bis zu 9%. (Gesammelte Abh. dtsch. Lederinst. Freiberg/Sa. **1953.** Nr. 9. 3—21. Freiberg/Sa., Deutsches Lederinstitut.) STADLER. 8340

S. G. Shuttleworth, *Verbesserte Methode zur Bestimmung des „freien" Sulfats in Chrombrühen.* Bei der Best. des nicht komplex gebundenen Sulfats in Chrombrühen nach der Standardmeth. macht die Filtration des mit Benzidinhydrochlorid entstandenen Nd. Schwierigkeiten. Zentrifugiert man den Nd. ab, so entstehen in weiten Gläsern beim Anhalten Strömungswirbel, die den Nd. wieder hochzerren. Es wird deshalb die Verwendung engerer, dafür längerer Zentrifugengläser vorgeschlagen. Beschreibung der Durchführung der Bestimmung. (J. Soc. Leather Trades' Chemists **37.** 156—57. Mai 1953. Grahamstown, South Africa, Leather Industries Research Inst.) STADLER. 8364

Herbert C. Hamel jr. und **William T. Roddy,** *Die physikalischen Eigenschaften von chromgegerbtem, mit Fettlickern behandeltem Ziegenleder.* Als Grundlage für spätere Unterss. des Einfl. von Fetten u. Lickern auf die physikal. Eigg. von Ziegenledern wurde in einleitenden Unterss. festgestellt, wie sich die verschied. Stellen solcher Leder bei den physikal. Prüfungen verhalten. Es wurden dabei nicht nur öfters große Unterschiede von Leder zu Leder, sondern auch an den verschied. Stellen des einzelnen Ziegenleders festgestellt, darüber hinaus aber auch wiederholt erhebliche Unterschiede zwischen den zusammengehörenden rechten u. linken Hälften. (J. Amer. Leather Chemists Assoc. **48.** 579—88. Sept. 1953. Univ. of Cincinnati, Dep. of app. Sci. in Tanning Res., Foundation Tanners' Council of America.) STADLER. 8368

C. D. Pomeroy, *Trageversuche an Sohlleder.* Da die Beziehungen zwischen der labormäßig bestimmten Abriebfestigkeit u. dem prakt. Tragversuch noch nicht als geklärt angesehen werden können, wurden an 10 Ledern Vergleichsverss. durchgeführt. Die Tragverss. wurden dabei auf einer 35 Yard langen vorgerichteten Rundstrecke in einer Halle gemacht. Ein Teil der Leder waren einander in der Qualität so ähnlich, daß hier irgendwelche Unterschiede nicht in Erscheinung treten konnten. Immerhin glaubt Vf. schließen zu dürfen, daß beide Prüfmethoden doch einigermaßen ähnliche Ergebnisse liefern. (J. Soc. Leather Trades' Chemists **37.** 145—54. Mai 1953. Egham, Surrey, Brit. Leather Manufacturers' Res. Assoc.) STADLER. 8368

G. A. R. Taylor, *Ein für die Bestimmung der Säurezahl von Leder geeignetes Nomogramm.* Zur Vereinfachung der Best. der Säurezahl von Leder nach der Meth. von ATKIN u. THOMPSON (J. int. Soc. Leather Trades' Chemists **13.** [1929.] 300) wurde ein Nomogramm entwickelt. (J. Soc. Leather Trades' Chemists **37.** 180—82. Mai 1953. Rochdale, Lancs.) STADLER. 8368

Hans Roser, Leonberg, und **Hellmuth Gnamm,** Stuttgart, *Schnellgerbung von Fellen und Häuten.* Die in üblicher Weise vorbehandelten Blössen werden nach einer kurzen Anfärbung in eine Gerbbrühe gebracht, welche durch kalte Extraktion von solchen pflanzlichen Gerbmitteln, die zu Schnellgerbextrakten führen, u. nachträgliches Eindampfen auf eine beliebige Stärke, z. B. 7° Bé, hergestellt wurde. — Die Kaltextraktion wird unter Bedingungen durchgeführt, bei denen die Gerbstoffe in den Extrakt gehen, das heißt bei vergleichsweise längerer Behandlungsdauer. Erst der Gerbstoffe enthaltende Extrakt, der auch bei Nichtgerbstoffe enthaltendem Ausgangsmaterial diese enthält, wird dann einer Wärmebehandlung zur Einengung unterworfen, wobei die Wärme sich nicht schädlich auswirkt. Die so gewonnenen Extrakte gerben Blössen durch, ohne daß ein Zusammenziehen des Narbens stattfindet. (**D. B. P. 906 006** Kl. 28a vom 9/3. 1941, ausg. 8/3. 1954.) SEIZ. 8337

DEHYDAG, Deutsche Hydrierwerke G. m. b. H., Düsseldorf (Erfinder: **Winfried Hentrich,** Riehen-Basel, Schweiz, und **Erik Schirm,** Cubatao, São Paulo, Brasilien), *Diacylimide mit Gerbstoffeigenschaften* entstehen, wenn man Aminoarylverbb. der Formel $NH_2 \cdot Ar \cdot X \cdot NH \cdot Y \cdot R$, worin Ar einen gegebenenfalls substituierten aromat. KW-stoffrest, X oder Y den Rest SO_2 u. der andere Rest SO_2 oder CO u. R einen gegebenenfalls substituierten KW-stoffrest bedeuten, mit gegebenenfalls Nitrogruppen enthaltenden Acylierungsmitteln umsetzt, im Reaktionsprod. gegebenenfalls vorhandene Nitrogruppen red. u. die entstandenen Aminogruppen mit gegebenenfalls Nitrogruppen enthaltenden Acylierungsmitteln acyliert, die gegebenenfalls vorhandenen Nitrogruppen erneut zu Aminogruppen red. u. diese wieder acyliert. — *3''.3'''-Dibenzolsulfamido-3.3'-dibenzolsulfamidodibenzolsulfonimid.* Man setzt Di-(3-aminobenzolsulfon)-imid mit 3-Nitrobenzolsulfochlorid u. Na-Acetat in W. um, red. mit Fe u. Essigsäure zu *3''.3'''-Diamino-3.3'-dibenzolsulfamidodibenzolsulfonimid* u. setzt mit Benzolsulfochlorid um. Grauweißes Pulver. — Analog: *3.3'-Dibenzolsulfamidodibenzoldisulfonimid*; rötliches amorphes Pulver. (**D. B. P. 907 176** Kl. 12q vom 24/7. 1940, ausg. 22/3. 1954.) LANGER. 8337

Soc. Neotann S. à r. l., Casablanca, Marokko, *Herstellung imprägnierter Leder.* Die mit Pankreas u. $(NH_4)_2SO_4$ gebeizten u. mit CH_2O bzw. Chrom- bzw. pflanzlichen Gerbstoffen gegerbten Leder werden mit einem Latex (**I**) behandelt, der 2 Monate der Einw. von Pankreas ausgesetzt war u. dann mit einer Harzseife, hergestellt aus 100 (Teilen) Kolophonium, 100 W. u. 16 NaOH, vermischt wurde. An Stelle von **I** kann auch künstlicher Latex aus Butadien verwendet werden. Als Stabilisierungsmittel wird Hydroxylamin dem **I** zugesetzt. (**Schwz. P. 294 342** vom 30/7. 1951, ausg. 16/1. 1954. F. Prior. 10/8. 1950.) SEIZ. 8341

Farbenfabriken Bayer Akt.-Ges. (Erfinder: **Eugen Himmen** und **Richard Wegler**), Leverkusen, *Modifizierung von sauerstoffhaltigen, reaktionsfähigen Kondensationsprodukten* aus aromat. oder aromat.-aliphat. KW-stoffen oder Substitionsprodd. derselben mit CH_2O, deren Reaktivität auf der Anwesenheit von Acetal- u. bzw. oder Äthergruppen beruht, durch Nachbehandlung mit Phenolen, Alkoholen, Säuren oder neutralen Estern, dad. gek., daß diese Nachbehandlung in Ggw. von Bleicherden, wie Fullererden, Floridaerde, Walkerde, Infusorienerde, Tonsil oder Terrana, durchgeführt wird. — Z. B. werden 36 (Teile) eines Xylol–CH_2O-Harzes (O-Geh. ca. 10,5%) mit 25,7 einer Fraktion vom Kp. 144—166° aus einem Gemisch höherer Fettalkohole u. 0,9 Bleicherde auf 185° unter Rühren erhitzt; nach 3 Std. wird die Bleicherde abgenutscht. Das Reaktionsprod. ist fl., lösl. in Ligroin u. eignet sich als *Lederöl.* Bei der Anwendung mehrbas. Säuren können hochschmelzende vernetzte Prodd. sowie carboxylgruppenhaltige Säureharze erhalten werden. (**D. B. P. 906 146** Kl. 39c vom 24/1. 1943, ausg. 11/3. 1954.) HERBST. 8341

Dow Corning Ltd., London, England, *Siloxane*, die sich bes. zum *Wasserdichtmachen* von *Leder* eignen, erhält man durch Copolymerisation von SiO_2-Hydrosolen u. Silanen bzw. Siloxanen, wie $(CH_3)_3SiCl$, $(CH_3)_3SiOC_2H_5$, $(CH_3)_3SiOC_3H_7$, $C_6H_5(CH_3)_2 \cdot SiCl$, Hexamethyldisiloxan, Dimethylsiloxan, $C_6H_5SiCl_3$, Diäthyltetramethyldisiloxan, $ClC_6H_4(CH_3)_2SiCl$, Monotolylsiloxan oder Trifluortolylmethyldichlorsilan, bei $p_H < 5$. (**E. P. 706 719** vom 27/7. 1951, ausg. 7/4. 1954. A. Priorr. 13/9. 1950 u. 21/2. 1951.) BRÖSAMLE. 8341

Léon Sylvain Max Lejeune, Seine, Frankreich, *Herstellung von Ledersatz.* Man vermischt ein Gemisch von Latex (aus natürlichem, regeneriertem oder synthet. Kautschuk), Vulkanisationsbeschleunigern, Antioxydationsmitteln u. Farbstoffen mit einer Suspension von in W. gequollenem Bentonit. Dann flockt man das Ganze durch Zusatz einer einen Elektrolyten (Al-Sulfat) enthaltenden Lsg. aus. Nach Verdünnen der M. mit W. gießt man sie auf eine Filtervorr. (z. B. einen Siebtisch) aus u. entfernt das W. unter Anlegen von Vakuum. Die erhaltenen Platten trocknet man 3—4 Std. bei ca. 50°. Man kann der M. vor der Vulkanisation noch Emulgatoren, Schutzkolloide, Plastifizierungsmittel sowie tier., vegetabil., synthet. oder mineral. Fasern zusetzen. Ein solches Latexgemisch hat z. B. die Zus.: 2500 (g) Latex, 830 Bentonit, 250 ZnO, S, Vulkanisationsbeschleuniger, Antioxydationsmittel, 3200 W., eingestellt mit 40%ig. NH_4OH auf p_H 8—9. Zum Ausflocken dient wss. 3%ig. Al-Sulfat-Lösung. (**F. P. 1 037 670** vom 11/4. 1951, ausg. 22/9. 1953.) OPPERMANN. 8353

XXII. Leim. Klebstoffe usw.

P. K. Fomenko und **L. K. Balina**, *Neues bei der Herstellung von Bitumen–Kolophonium-Klebstoff.* Ein für die Schuhindustrie geeigneter Klebstoff wurde erhalten durch Eintragen einer erwärmten Bitumen–Kolophonium-Mischung in eine kaolinhaltige Lsg. von Na_2CO_3 u. $Ca(OH)_2$ (80—90°). Mit W. wird auf die gewünschte Konsistenz eingestellt. (Легкая Промышленность [Leichtind.] **11.** Nr. 12. 35. Dez. 1951.) v. SCHROEDER. 8388

Rudolf Decker und Hellmuth Holz, Deutschland, *Herstellung von fast farblosem Leimpulver.* Man vermischt die Leimlösungen (Knochenleim-, Hautleim-Lsgg.) mit einem organ. Lösungsm., dessen Kp. über 100° liegt (z. B. Perchloräthylen), u. dest. das Gemisch, bis prakt. kein W. mehr übergeht. Dann entfernt man das Lösungsm. durch Verdampfen im Vakuum, mittels warmer Luft oder mit Wasserdampf unter Druck oder durch analoge Verfahren. (**F. P. 1 039 031** vom 25/6. 1951, ausg. 5/10. 1953. D. Prior. 24/6. 1950.) OPPERMANN. 8385

Reinhard Staeger, Schweiz, *Klebemittel.* Man verwendet zum Zusammenkleben von synthet., thermoplast. Material aus Polyvinylharzen miteinander oder mit anderen Stoffen, z. B. Leder, Holz, eine Naturkautschuk-Lsg., die koll. S, Vulkanisationsbeschleuniger u. Aktivierungsmittel enthält. Ein solches Klebemittel hat z. B. die Zus.: 20 (%) Kautschuk, 0,4 „Vulkazit P", 0,4 „Vulkazit 774", 0,2 „Mercaptothiazol" u. 2,5 ZnO. (**F. P. 1 031 940** vom 1/2. 1951, ausg. 29/6. 1953. Schwz. Prior. 7/2. 1950.) OPPERMANN. 8389

Rheinpreussen Akt.-Ges. für Bergbau und Chemie, Homberg/Ndrh. (Erfinder: **Walter Grimme, Friedrich Josten,** Moers, und **Willi Haferkamp,** Oberhausen), *Bindemittel für faserige Materialien.* Man verwendet durch alkal. Kondensation von Phenolen mit Aldehyden unter Zusatz von Ketonen u. gegebenenfalls anderen Carbonylverbb., z. B. $CH_3COC_2H_5$, gewonnene Prodd., deren Kondensation in einem Arbeitsgang mit hoher Anfangsalkalikonz. durchgeführt u. deren Kondensationszeit auf ca. 1 Std. u. länger ausgedehnt wird. (**D. B. P. 890 852** Kl. 22i vom 15/7. 1949, ausg. 24/9. 1953.) LÜTTGEN. 8389

Henkel & Cie. G. m. b. H., Düsseldorf, *Kaltleime zur Holzverleimung.* Hierfür werden wss. Lsgg. durch alkal. Kondensation von Phenolen, Phenolsulfonsäuren u. CH_2O erhältlicher Kondensationsprodd. unter Zusatz von sauren Härtungsmitteln, wie Sulfonsäuren von aromat. KW-stoffen oder auch HCl oder HCOOH, verwendet. Die Verleimungen sind feuchtigkeitsbeständig. (**E. P. 703 235** vom 28/2. 1949, ausg. 3/2. 1954. D. Prior. 1/10. 1948.) HERBST. 8389

Farbenfabriken Bayer Akt.-Ges., übert. von: **Erwin Windemuth,** Leverkusen, *Klebstoff,* bestehend aus einem wasserfreien, linearen Diisocyanatpolyester, der durch Rk. von aliphat. Diisocyanat mit einem Polycarbonsäurepolyester erhältlich ist u. als einzige reaktive Gruppen die an aliphat. C-Atome gebundenen Isocyanatgruppen besitzt, u. einem tert. Amin, das keine reaktionsfähigen H-Atome besitzt, bes. Hexahydrodimethylanilin, Methylpyrrolidin, Trimethylamin, Dimethylpiperazin u. Perhydroäthylcarbazol. (**A. P. 2 650 212** vom 20/8. 1949, ausg. 25/8. 1953.) LÜTTGEN. 8389

Lucien Segond, Seine, Frankreich, *Herstellung von Kunstharzleim hoher Konzentration.* Man verwendet stark konz. Lsgg. von CH_2O oder seinen Polymeren, nimmt die alkal. Rk. mit Harnstoff, Thioharnstoff oder Melamin in Ggw. von alkoh. u./oder aldehyd. Stoffen, wie Glucose, in größeren Mengen u. die anschließende saure Kondensation bei p_H 3,6—4 unter 80° vor. — Man verflüssigt in 1800 (g) W. u. 360 20%ig. NH_3 2340 Trioxymethylen bei 90—100°, gibt bei p_H 7,6—7,8 u. 35—40° 2160 Harnstoff zu, hält bei höchstens 30° bis zur Verflüssigung, gibt 1800 Glucose zu, erwärmt bis zur Lsg. auf 70—72°, stellt mit 12 H_3PO_4 (60° Bé) sauer u. hält bei 73—74°, bis beim Abkühlen die M. fl. bleibt, u. macht leicht alkalisch. Die Leime können mit sauer wirkenden Härtemitteln verarbeitet werden. (**F. P. 1 026 091** vom 18/10. 1950, ausg. 23/4. 1953.) PANKOW. 8389

Bobingen Akt.-Ges. für Textil-Faser (Erfinder: **Paul Schlack**), Bobingen, *Klebstoff,* bestehend aus lösl. Methylolverbb. linearer Polyamide (**I**), bes. Mischpolyamide, oder Mischungen solcher unter sich oder mit anderen lösl. **I.** Die Prodd. sind heiß oder alkal. härtbar. (**D. B. P. 902 539** Kl. 22i vom 3/9. 1943, ausg. 25/1. 1954.) LÜTTGEN. 8389

N. V. de Bataafsche Petroleum Mij., Den Haag, Holland (Erfinder: **Herbert Alfred Newey** und **Edward Charles Shokal,** San Francisco, Calif., V. St. A.), *Kalt- und heißhärtbarer Klebstoff,* bestehend aus 7—25 (%) Benzyldimethylamin in Mischung mit einem Glycidäther (**I**) oder einem Gemisch von Glycidäthern, die zu ca. 50—100 von einem oder mehreren 2wertigen Phenolen abstammen, während der Rest sich von aliphat. mehrwertigen Alkoholen ableitet, wobei die 1.2-Epoxyäquivalenz von **I** $>$1 ist, z. B. einem **I** von Bis-(4-oxyphenyl)-2.2-propan, gegebenenfalls in Mischung mit Füllern oder Verdünnungsmitteln. (**D. B. P. 889 345** Kl. 22i vom 27/6. 1950, ausg. 10/9. 1953. A. Prior. 5/7. 1949.) LÜTTGEN. 8389

American Machine & Foundry Co., New York, N. Y., V. St. A., *Kleb- und Anstrichmittel.* Man flockt Celluloseglykolsäure bzw. Carboxymethyloxäthylcellulose aus wss. Lsgg. ihrer Salze mittels Säure in gelatinöser Form aus, trennt sie ab, wäscht sie säurefrei u. dispergiert sie in W., gegebenenfalls unter Zusatz von Füllern. Man erhält wasserfeste Klebungen bzw. Überzüge. (**E. P. 698 948** vom 27/10. 1950, ausg. 28/10. 1953. A. Prior. 2/12. 1949.) LÜTTGEN. 8389

Curt Lüttgen, Die Technologie der Klebstoffe. Berlin-Wilmersdorf: Pansegrau. 1953. (426 S.) DM 34,80.

XXIV. Photographie.

Eastman Kodak Co., übert. von: **Edward C. Yackel**, Rochester, N. Y., V. St. A., *Auswaschen von Gelatine–Halogensilberemulsionen.* Die in der üblichen Weise hergestellte Emulsion von Halogensilber (I) in Gelatine wird (in fl. Zustande) bei p_H 6,5 mit $^1/_3$ bis 1 Teil ihres Gewichts eines alkalilösl., säureunlösl. synthet. Harzes (II) gemischt u. dann der p_H-Wert des Gemisches auf 4—5,5 erniedrigt. Hierbei fällt I+II aus, während die Gelatine in Lsg. bleibt. I+II wird ausgewaschen u. dann wieder in einer Gelatinelsg. von einem p_H-Wert 6,5 peptisiert. Als II werden Verbb. verwendet, die mehrere COOH-Gruppen enthalten, z. B. Phenoxyessigsäure–Formaldehyd- oder Salicylsäure–Formaldehydharz. (**A. P. 2 565 418** vom 13/8. 1947, ausg. 21/8. 1951.) KALIX. 8601

Farbwerke Hoechst Akt.-Ges. vormals Meister Lucius & Brüning (Erfinder: **Ludwig Berlin** und **Paul Heimke**), Frankfurt/M., *Polymethinfarbstoffe* entstehen aus Derivv. des Pyrrolidins bzw. Pyrrolins der Formeln I u. II, worin R_1 = H oder Alkyl, R_2 u. R_3 = H, Alkyl oder Aryl u. X einen Säurerest bedeuten, durch Rk. mit aromat. Diaminen in Ggw. von Kondensationsmitteln. — *p-Phenylen-bis-*[*2-*(*β-aminovinyl*)*-pyrroliniumäthyljodid*](III). Man erwärmt p-Phenylendiamindihydrochlorid mit N-Äthyl-2-(ω-anilinovinyl)-pyrrolidin u. konz. HCl auf 90—95° u. gießt in KJ-Lösung. Gelb, F. 310°. — Analog: *p-Phenylen-bis-*[*2-*(*β-aminovinyl*)*-4-methylpyrroliniumäthyljodid*], F. 308—310°. — *p-Phenylen-bis-*[*2-*(*β-aminovinyl*)*-4-phenylpyrroliniumäthyljodid*], F. 289—290°. — *p-Phenylen-bis-*[*2-*(*β-aminovinyl*)*-3-methylpyrroliniumäthyljodid*], F. 303—304°. — *2-Methoxy-p-phenylen-bis-*[*2-*(*β-aminovinyl*)*-3-methylpyrroliniumäthylperchlorat*], F. 241°. — *4.4'-Biphenylen-bis-*[*2-*(*β-aminovinyl*)*-3-methylpyrroliniumäthyljodid*], F. 307°. — *2.6-Naphthylen-bis-*[*2-*(*β-aminovinyl*)*-3-methylpyrroliniumäthyljodid*], F. 312°. — *2-Carboxy-p-phenylen-bis-*[*2-*(*β-aminovinyl*)*-pyrroliniumäthyljodid*], F. 234°. — *2-Carboxy-p-phenylen-bis-*[*2-*(*β-aminovinyl*)*-3-methylpyrroliniumäthyljodid*], F. 217°. — *2-Carboxy-p-phenylen-bis-*[*2-*(*β-aminovinyl*)*-4-phenylpyrroliniumäthyljodid*], F. 206—207°. — *3.3'-Dicarboxy-4.4'-biphenylen-bis-*[*2-*(*β-aminovinyl*)*-pyrroliniumäthyljodid*], F. 247°. — *3.3'-Dicarboxy-4.4'-biphenylen-bis-*[*2-*(*β-aminovinyl*)*-3-methylpyrroliniumäthyljodid*], F. 257°. — *2-Carbäthoxy-p-phenylen-bis-*[*2-*(*β-aminovinyl*)*-pyrroliniumäthylbromid*], F. 232°. — *2-Sulfo-p-phenylen-bis-*[*2-*(*β-aminovinyl*)*-pyrroliniumäthyljodid*], F. 320°. — Verwendung als *photograph. Sensibilisatoren.* (**D. B. P. 866 706** Kl. 22e vom 12/11. 1950, ausg. 12/2. 1953. Anmeldung bekanntgemacht 5/6. 1952.) LANGER. 8605

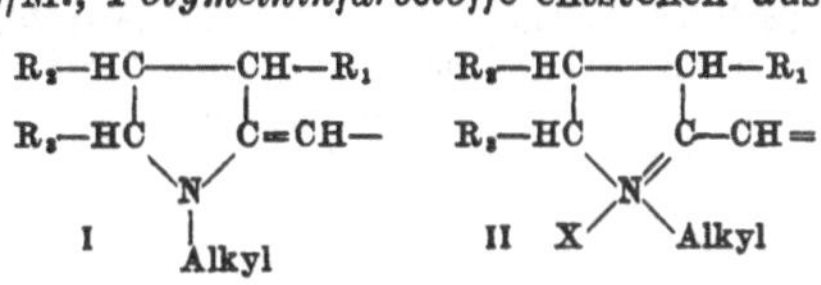

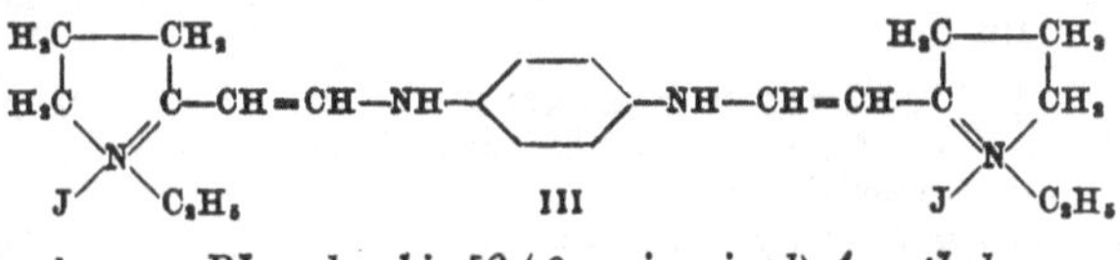

Alu-Émail (Soc. à r. l.), Seine, Frankreich, *Herstellung von Bildern auf mit einer photosensiblen Schicht versehenen metallischen Trägern.* Man verwendet mit gefärbten oder ungefärbten Oxydschichten bedeckte Metallplatten (z. B. aus Zn, Sn, Fe, Cu, bes. Al u. seinen Legierungen), welche mit einer diffundierenden, aus einem weißen Pigment, dispergiert in einem Bindemittel (z. B. Gelatine), bestehenden Schicht u. einer oder mehreren darüber angeordneten photosensiblen Schichten versehen sind; oder die photosensible Schicht enthält ein weißes undurchsichtiges Pigment. Die Gelatineschicht sowie die photosensiblen Schichten können Substanzen enthalten, die gehärtet oder undurchlässig gemacht werden können (z. B. Na-Stearat, Na-Resinat, Polyvinylalkohol, Linoleate, Na-Silicat, Porzellanpulver). Die Belichtung u. Fixierung der Platten erfolgt auf übliche Weise, worauf die betreffenden Substanzen durch Behandlung mit Säuren, Oxydation, Polymerisation oder Erhitzen gehärtet oder undurchlässig gemacht werden. (**F. P. 994 467** vom 4/7. 1949, ausg. 16/11. 1951.) OPPERMANN. 8611

McGraw Colorgraph Co., übert. von: **Werner G. Alexewicz**, Burbank, **Lawrence Plotin**, Hollywood, und **Richard F. McGraw**, Sierra Madre, Calif., V. St. A., *Abziehschicht.* Für Gelatine-, bes. für dicke Pigmentschichten, die nach der Belichtung von einer Papierunterlage in nassem Zustande abgezogen u. auf eine andere Fläche übertragen werden sollen, verwendet man als Zwischenschicht Polyvinylacetat, das aus einer Lsg. in 75 (%) Isopropanol + 20 W. + 5 Aceton in einer Menge von 0,8—1,8 g Harz auf 1 Quadratfuß Papier aufgetragen wird. Beim Abziehen der Gelatineschicht bleibt die Harzschicht restlos auf dem Papier. (**A. P. 2 606 130** vom 16/7. 1948, ausg. 5/8. 1952.) Kalix. 8613

Agfa Akt.-Ges. für Photofabrikation (Erfinder: **Edith Weyde** und **Erwin Müller**), Leverkusen, *Silbersalz-Diffusionsverfahren.* Als entwicklungsbeschleunigender Stoff werden *Guanazol* oder Alkyl-, Aryl- bzw. Acylguanazole oder ein Gemisch dieser Verbb. untereinander oder mit anderen bekannten Entwicklungsbeschleunigern verwendet. Diese Verbb. können den Negativ- u./oder Positivschichten u./oder den Entwicklern zugesetzt werden. (**D. B. P. 903 655** Kl. 57b vom 8/5. 1951, ausg. 8/2. 1954. **Zusatz zu D. B. P. 894 960; C. 1954. 5219.**) Kalix. 8619

Kalle & Co. Akt.-Ges. (Erfinder: **Maximilian Paul Schmidt** und **Oskar Süs**), Wiesbaden, *Lichtempfindliche Schichten für die Reproduktionstechnik.* Als lichtempfindliches Material u. zugleich Schichtbildner werden wasserunlösl. harzartige Ester der Sulfosäuren von o-Diazophenolen (**I**), sogenannten Chinon-(1.2)-diaziden, bes. von o-Naphthochinondiaziden verwendet. Die belichteten Stellen der Schicht werden alkalilösl. u. mit Di- oder Tri-Na-phosphat- oder anderen Pufferlsgg. ausgewaschen, die unveränderten **I** nehmen leicht Fettfarbe an, während die freigelegten Stellen der Unterlage, die hydrophil sein muß, W. annehmen u. damit die Fettfarbe abstoßen. Als **I** werden bes. Kondensationsprodd. aus alkalilösl. Phenol–CH_2O-Harzen mit o-Diazonaphtholsulfochloriden in einem organ. Lösungsm. in Ggw. von Alkalien verwendet, z. B. ein Reaktionsprod. aus einem o-Kresolharz nach D. R. P. 281 454 u. Naphthochinon-(1.2)-diazid-(2)-5-sulfochlorid. (**D. B. P. 865 860** Kl. 57d vom 1/11. 1950, ausg. 5/2. 1953.) Kalix. 8625

E. I. du Pont de Nemours & Co., übert. von: **Maynard S. Raasch,** Wilmington, Del., V. St. A., *Schwarzweiß- und Farbentwickler.* Verwendet werden p-Phenylendiamine, die am Benzolkern eine COOH-Gruppe enthalten, die mit demselben durch eine Kette von 1—6 C-Atomen verbunden ist, u. deren NH_2-Gruppen durch mindestens eine Alkylgruppe substituiert sind. Sie besitzen die allg. Formel **I**;

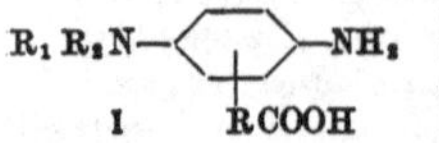

I

in dieser bedeutet R_1 ein H oder Alkyl, R_2 ein Alkyl, R Alkylen mit 1—6 C-Atomen. Beispiele: Ba-2-Amino-5-diäthylaminophenylacetat; Na-2-Amino-5-diäthylaminohydrocinnamat, Na-δ-(2-Amino-5-diäthylaminophenyl)-valerat, Ba-β-(2-Amino-5-diäthylaminophenyl)-butyrat. (**A. P. 2 603 659** vom 16/6. 1950, ausg. 15/7. 1952.) Kalix. 8631

August Grüninger, Lörrach i. B., *Photomechanische Herstellung von Druckwalzen und Moletten mit nahtlosem Übergang endloser Muster.* Die Druckwalze oder Molette wird mit einer an sich bekannten Chromatschicht (**I**) lichtempfindlich gemacht u. darauf der Film, der das Muster enthält, mittels eines Klebstoffes aufgeklebt, der **I** nicht angreift. Dann wird in üblicher Weise kopiert u. geätzt. (**D. B. P. 908 565** Kl. 57d vom 25/4. 1936, ausg. 8/4. 1954.) Kalix. 8645

Kodak-Pathé, Seine, Frankreich, *Photosensibles Material mit geschützter Emulsion.* Um photograph. Filme, Platten, Papiere vor der Einw. von Feuchtigkeit u. Hitze in trop. Ländern zu schützen, versieht man die lichtempfindliche Emulsion mit einer für Fll. u. Gase undurchlässigen, transparenten, temporären Folie von gleicher oder verschied. Zus. wie der Emulsionsträger (z. B. einer Nitrocellulose- bzw. Celluloseacetatfolie). Die Folie ist ihrerseits mit einer Gelatine oder ein anderes quellendes oder in W. lösl. Koll. enthaltenden Schicht bedeckt u. kann einen das Licht filternden Farbstoff enthalten u./oder als Lichthofschutzschicht dienen. (**F. P. 995 433** vom 2/3. 1945, ausg. 3/12. 1951.) Oppermann. 8655

Herausgeber u. verantwortlich für den Inhalt: Prof. Dr. Maximilian Pflücke, Berlin NW 7, Schiffbauerdamm 19, Fernsprecher: 42 55 71. Redaktion: Chefredakteure Dr. Eugen Klever und Prof. Dr. Maximilian Pflücke. Verlag: Akademie-Verlag GmbH, Berlin W 8, Mohrenstraße 39 (Fernsprecher 20 03 86, Postscheckkonto Berlin 350 21), u. Verlag Chemie GmbH, Weinheim/Bergstraße (Postscheckkonto Frankfurt/M. 145314 u. Berlin [West] 7430, Fernsprecher: Weinheim 2017). Bestell- u. Verlags-Nr. dieses Heftes: 1007/125/36. Das Chemische Zentralblatt erscheint wöchentlich.
Satz u. Druck: VEB Leipziger Druckhaus, Leipzig, III/18/203. IX. 54.
Veröffentlicht unter der Lizenznummer 1212 des Amtes für Literatur und Verlagswesen der Deutschen Demokratischen Republik.
Printed in Germany DDR.

Die Aufgabe von Anzeigen kann sowohl beim Akademie-Verlag, Berlin, als auch beim Verlag Chemie, GmbH, Weinheim/Bergstraße, erfolgen

NEUERSCHEINUNG

Prof. A. N. Sawarizki

Einführung in die Petrochemie der Eruptivgesteine

(Übersetzung aus dem Russischen)

Sawarizki ist ein in der internationalen wissenschaftlichen Welt durchaus bekannter und anerkannter Fachmann. Er berechnet in diesem Werk nach einer neuen Methode die Petrochemie der Eruptivgesteine und stellt sie in Diagrammen übersichtlich dar. Diese werden an Hand von physikalisch-chemischen Zustandsdiagrammen der petrologischen Systeme kontrolliert, wie sie im Laboratorium in den letzten 20 Jahren erarbeitet worden sind. Auf diese Weise werden neue und wichtige Erkenntnisse gesammelt. Außerdem wird auf nahezu 100 Seiten ein Überblick über die bisher international angewandten sehr verschiedenartigen Verfahren gegeben, mit deren Hilfe die chemische Natur der Eruptivgesteine erforscht und dargestellt werden.

445 Seiten 108 Abbildungen Gr. 8° 1954
Ganzleinen 31,– DM

Bestellungen an eine Buchhandlung erbeten

AKADEMIE-VERLAG BERLIN

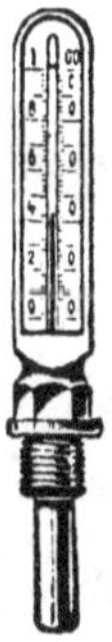

Glasapparate
und
Thermometer

Alfred Kühnlenz & Co.

Thermometer u. Glasinstrumente

Ilmenau/Thür. · Postfach 148

Neuerscheinung

Prof. Dr. KURT SCHWABE

Periodische Erscheinungen bei der anodischen Auflösung des Zinks

33 Seiten - 14 Abbildungen - 8° - 1954
DM 3,–

Bestellungen an eine Buchhandlung erbeten

AKADEMIE-VERLAG · BERLIN

Aufforderung zu Vorbestellungen

Das Buch der großen Chemiker

Unter Mitwirkung namhafter Gelehrter

herausgegeben von

GÜNTHER BUGGE

Band I: Von Zosimos bis Schönbein

37 Biographien. 508 Seiten mit 62 Abbildungen im Text und auf Tafeln. 1929

Band II: Von Liebig bis Arrhenius

30 Biographien nebst einer ausführlichen Bibliographie 560 Seiten mit 78 Abbildungen im Text und auf Tafeln. 1930

Die „Zeitschrift für angewandte Chemie" schrieb u. a.:

„... Überall treten uns die großen Männer in plastischer Darstellung entgegen und wir erkennen mit Erstaunen, was diese Forscher alles gewußt und gekonnt haben. Die Darstellungsweise der verschiedenen Verfasser ist fast durchweg so fesselnd und eindringlich, daß die Lektüre des Buches eine reine Freude bereitet ..."

Geplant ist eine Neuausgabe

Bei genügendem Interesse soll von diesem bekannten Werk ein unveränderter Nachdruck hergestellt werden. Die beiden Bände werden in Ganzleinen gebunden zusammen etwa DM 80.— kosten; sie sind nicht einzeln erhältlich.

Senden Sie bitte Ihre Vorbestellung an:

VERLAG CHEMIE · GMBH · WEINHEIM/BERGSTR.
Abt. Sortiment und Antiquariat

FSC
www.fsc.org
MIX
Papier | Fördert
gute Waldnutzung
FSC® C083411

Kolibri 360 GmbH
Ferdinand-Jühlke-Straße 7
99095 Erfurt, Deutschland
produktsicherheit@kolibri360.de